나합격
소방설비기사 [기계]
필기 X 무료특강

이론

나만의 합격비법
나합격은 다르다!

나합격 독자만을 위한
무료 동영상강의

공부가 어려우신가요?
합격을 위한 모든 동영상 강의를 무료로 시청할 수 있습니다.
지금 바로 나합격 쌤을 만나보세요.

오리엔테이션 › 이론 특강 › 기출 특강

신규 무료특강은 교재 출간 후 순차적으로 촬영 및 편집되어 업로드 됩니다.

모든 시험정보가 한곳에!
나합격 수험생지원센터

이제 혼자서 공부하지 마세요.
합격후기, 시험정보, Q&A 등 나합격 독자분들을 위한
다양한 서비스를 네이버 카페를 통해 지원받을 수 있습니다.

시험자료 › 질의응답 › 합격후기

본서의 정오사항은 상시 업데이트 해드리고 있습니다.
정오표 확인 및 오류문의는 네이버 카페를 이용해 주세요.

나합격 오픈카톡방 운영!

자격증 시험정보 및 진로정보 공유

나합격 교재인증 & 무료 동영상 수강방법

나합격 카페 가입하기
공부하는 자격증에 해당하는 카페에 가입합니다.

https://cafe.naver.com/napass1 | search

바로가기

교재인증페이지에 닉네임 작성
교재 맨 뒤페이지의 교재인증페이지에
가입하신 카페 닉네임을 지워지지 않는 펜으로 작성합니다.

교재인증페이지 촬영하기
교재인증페이지 전체가 나오게 촬영합니다.
중고도서 및 보정의 여지가 보일 경우 등업이 불가합니다.

나합격 카페에 게시물 작성하기
등업게시판에 촬영한 이미지를 업로드합니다.
평일 1일 3회(오전 9시 ~ 오후 6시 사이) 등업을 진행됩니다.

무료 동영상 시청하기
카페 등업이 완료된 후 해당 카페에서 무료 동영상 시청이 가능합니다.

NOTICE

교재인증 및 무료 강의 수강 방법에 대한 자세한 설명을
QR코드를 찍어 영상으로 확인해보세요!

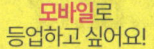

모바일로 등업하고 싶어요!   **PC**로 등업하고 싶어요!

시험접수부터 자격증발급까지 응시절차

01
시험일정 & 응시자격조건 확인

- 큐넷 시험일정안내에서 응시종목의 접수기간과 시험일을 확인합니다.
- 큐넷 자격정보에서 응시종목의 자격조건을 확인합니다(기능사 제외).

04
필기시험 합격자 발표

- 인터넷, ARS 또는 접수한 지사에서 공고됩니다.
- CBT의 경우 큐넷 합격자 발표조회에서 바로 확인이 가능합니다.

www.Q-net.or.kr   큐넷은 한국산업인력공단에서 운영하는 국가 자격증 포털 사이트입니다.

02 필기시험 원서접수

- 큐넷 www.Q-net.or.kr 에 로그인 합니다.
  (회원가입 시 반명함판 사진 등록 필수)
- 큐넷 원서접수에서 신청순서에 따라 접수하면 됩니다.
- 시험일자 및 장소는 현재접수 가능인원을 반드시 확인 후 선택해야 합니다.
- 결제하기에서 검정수수료 확인 후 결제를 진행합니다.

03 필기시험 응시 및 유의사항

- 신분증은 반드시 지참해야 하며, 기타 준비물은 큐넷 수험자준비물에서 확인하시면 됩니다.
- 시험시간 20분 전부터 입실이 가능합니다.
  (시험시간 미준수 시 시험응시 불가)

05 실기시험 원서접수

- 인터넷 접수 www.Q-net.or.kr 만 가능하며, 필기시험 합격자에 한하여 실기접수기간에 접수합니다.
- 최종합격여부는 큐넷 홈페이지를 통해 확인 가능합니다.

06 자격증 신청 및 수령

- 큐넷 자격증 발급 신청에서 상장형, 수첩형 자격증 선택
- 상장형 - 무료 / 수첩형 수수료 - 6,400원

콕!집어~ 꼭!필요한 소방설비기사(기계) 오리엔테이션

소방설비기사(기계) 시험정보

[시험과목]
- **필기** 소방원론, 소방유체역학, 소방관계법규, 소방기계시설의 구조 및 원리
- **실기** 소방기계시설 설계 및 시공실무

[검정방법]
- **필기** 객관지 4지 택일형 과목당 20문항(과목당 30분)
- **실기** 필답형(3시간, 100점)

[합격기준]
- **필기** 100점을 만점으로 하여 과목당 40점 이상, 전과목 평균 60점 이상
- **실기** 100점을 만점으로 하여 60점 이상

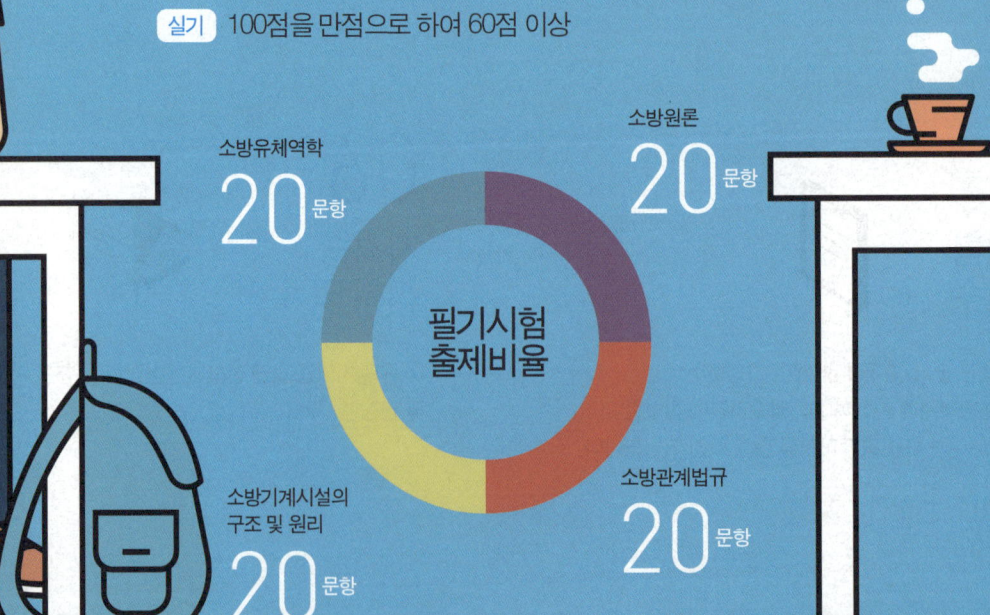

필기시험 출제비율
- 소방유체역학 20문항
- 소방원론 20문항
- 소방관계법규 20문항
- 소방기계시설의 구조 및 원리 20문항

소방설비기사(기계) 필기시험

필기시험은 과목별로 40점 미만이 되면 과락이 되므로 전체 평균도 중요하지만 개별 과목마다의 점수관리도 중요합니다. 특히 소방설비기사는 과목마다의 난이도 차이가 있습니다. 안정적인 합격을 위해서는 소방원론를 반드시 고득점으로 취득하고 최종적으로 4과목 평균 70~80점대를 목표로 공부해야 안정적으로 합격할 수 있습니다.

과목별 공부방법

1. 소방원론
소방원론에서는 소방에 대한 내용뿐만 아니라 나머지 3과목에 대한 기초적인 내용이 나옵니다. 소방 및 화재에 대한 이론을 통해 어느 정도의 기초지식을 갖춘 후 기출문제 풀이를 통해 암기하고 정리하는 것이 좋습니다.

2. 소방유체역학
전공자도 어려워하는 과목이기 때문에, 가장 기초되는 단위부터 구분할 줄 알아야 기출문제를 수월하게 풀 수 있습니다. 공식을 외우고 공학용 계산기를 통해 문제 풀이에 대입하는 연습을 많이 하는 것이 좋습니다. 제대로 된 공식에 값을 대입했음에도 불구하고 오답이 나온다면 문제에서 주어진 값의 단위, 요구하는 정답의 단위를 확인하는 습관을 기를 필요가 있습니다.

TIP 유체역학이 많이 어렵다면, 어려운 문제는 피하고 간단한 문제부터 공략해 보세요.

3. 소방관계법규
소방원론과 비슷하게 암기 위주의 과목입니다. 소방법규는 깊이있게 공부할수록 양이 방대해지고 어려워지는 과목입니다. 그렇기 때문에 이론을 자세히 보기 보다는 기출문제 다회독을 통해 비슷한 유형의 문제를 파악하고 암기해 나가시기 바랍니다.

4. 소방기계시설의 구조 및 원리
소화설비와 관련된 소화시설, 소화용수, 소화활동 등을 다루는 과목입니다. 생소한 단어가 많이 나오기 때문에 생소한 단어가 의미하는 것을 파악할 필요가 있습니다. 다행히 다양한 유형이 기출되기 보다는 빈출된 유형이 반복해서 출제됩니다. 기출문제 위주의 학습만으로도 충분히 과락을 피할 수 있습니다.

TIP 실기시험과 직접적인 연계성이 매우 큰 과목이므로 소방설비기사 최종합격을 목표로 한다면 이 과목의 이론공부를 충분히 하는 것을 추천합니다.

중요내용을 빠르게 파악하는 **핵심이론 구성**

NEW DESIGN

나합격만의 아이덴티티를 강조한
새로운 디자인과 함께 최신 출제경향을
완벽히 반영한 최신 개정판입니다.

본문의 이론을 유기적인 보충설명을 통해
지루하지 않고 탄탄하게 흡수하도록 구성했습니다.

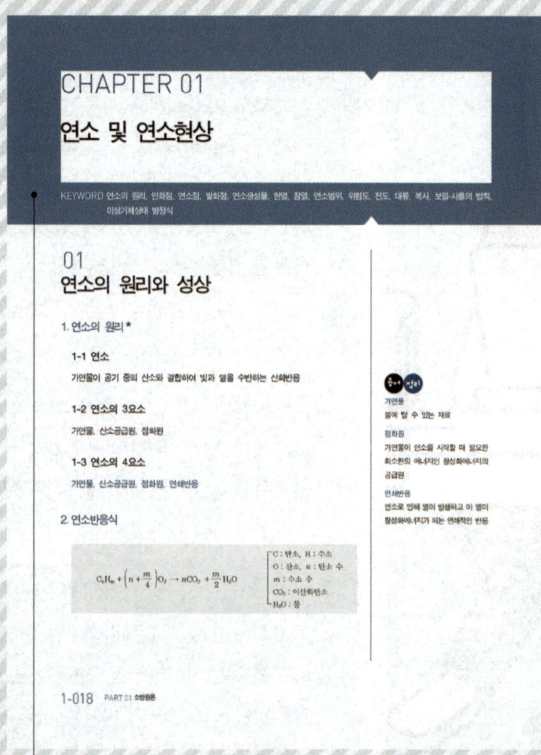

KEYWORD

빅데이터 키워드를 통해
시험에 중요한 키워드를
확인하세요.

저자 어드바이스

학습에 도움이 되는
공부팁을 만나보세요.

핵심 KEY

핵심KEY부터 용어정리까지
다양한 보충 설명과 정보로
학습에 도움을 드립니다.

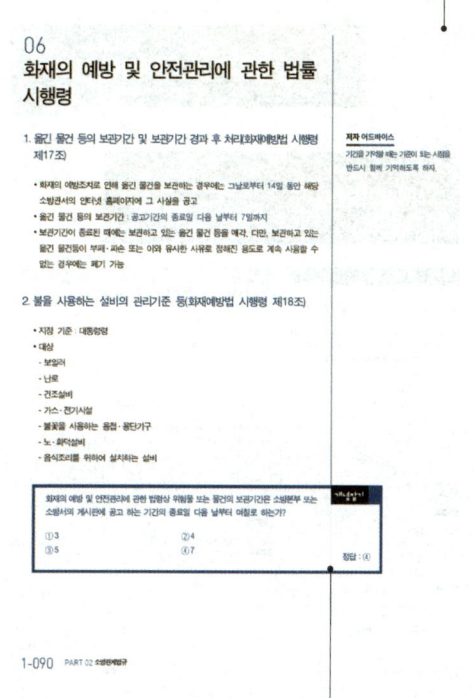

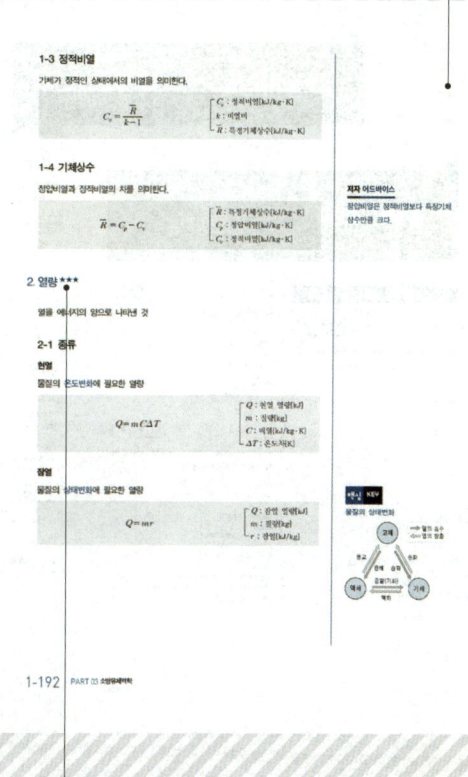

개념잡기

지루한 본문의 흐름을 피하고
문제의 개념잡기를 위해 바로바로
예제를 배치했습니다.

★★★

출제되는 정도에 따라
중요도를 별표로
표기하였습니다.

과목별 문제 구성
더 빠른 문제유형 파악!

과목별 기출문제 구성
과목별로 구성된 기출문제를 통해
문제의 유형을 빠르게 파악하고, 과락을 방지해 보세요.

상세 해설 구성
기본 개념과 풀이, 그리고 TIP까지!
문제 해결을 위한 상세 해설을 만나보세요.

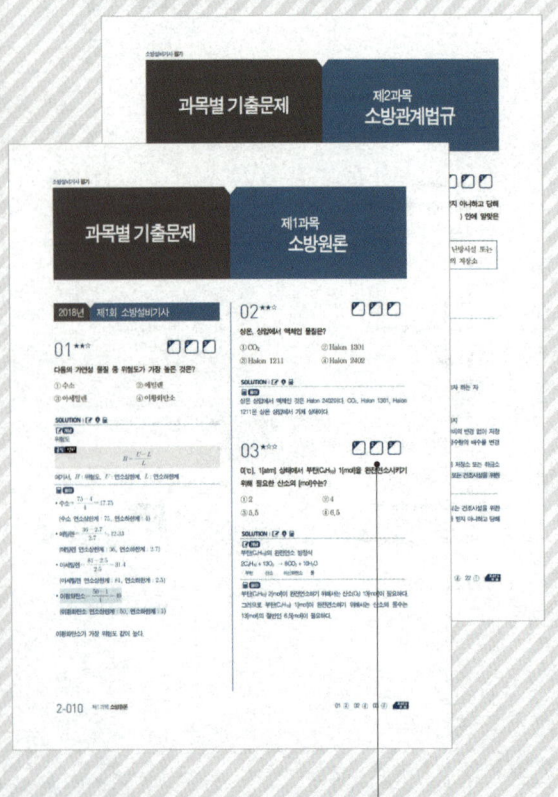

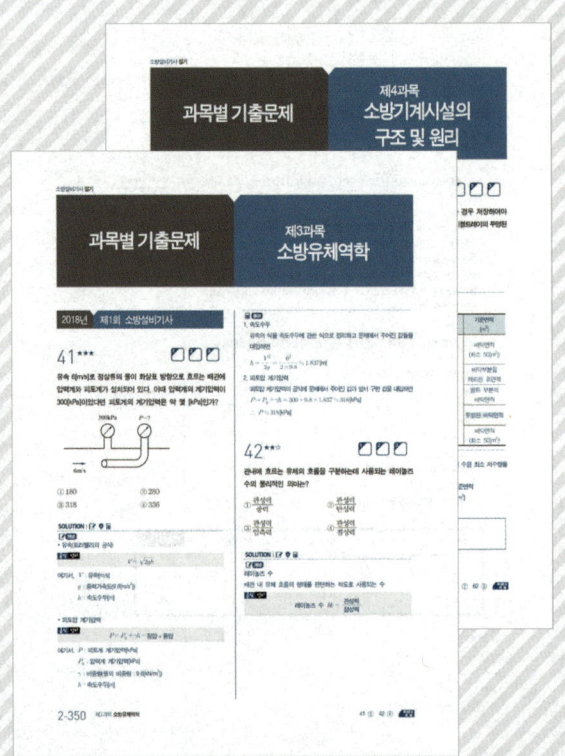

1 2 3
인강 시청 횟수 또는 문제 회독 횟수를 체크하고
문제만 보고 풀었다면 O, 해설을 봐야 풀린다면 △,
전혀 모르겠다면 X를 표기하세요.

개념
문제를 해결하기 위한 기본 공식이나 이론(법규) 정리

풀이
공식을 대입하는 방법이나 해설을 통해 정답에 도달

TIP
헷갈리거나 실수할 수 있는 부분까지 세심한 체크

시험에 나오는 것만 틈틈이 공부하는
전설의 합격족보

부록 ❶
나합격 유형별 빈출집
과목별 빈출 62형

부록 ❷
오답노트

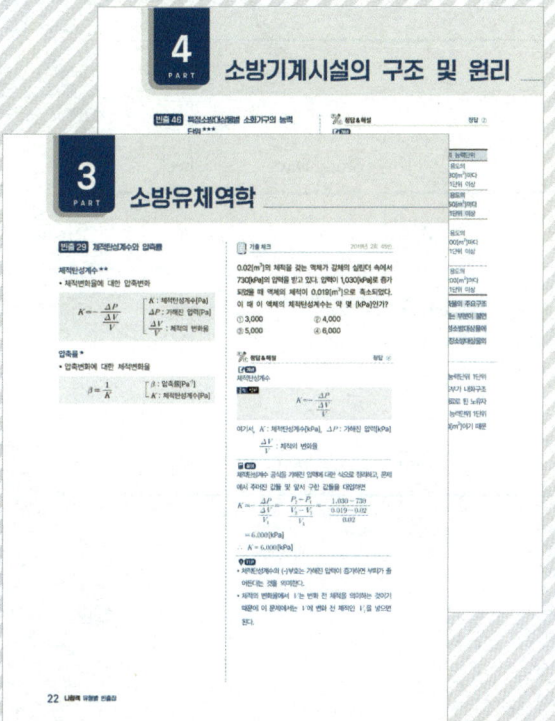

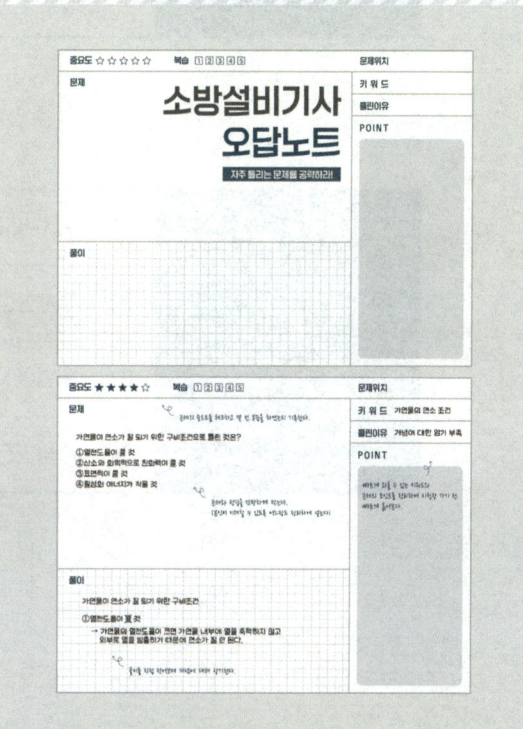

핵심 이론 요약집
시험에 나오는 내용만 담아 시험장에서도
유용하게 볼 수 있는 핵심요약집과 빈출되는
문제를 정리하였습니다.

오답노트
한번 틀리는 문제는 계속 틀리기 쉽습니다.
오답노트를 활용하여, 중요한 문제나 자주 틀리는 문제를
기록하여 점수를 확보해 보세요.

SELF-STUDY PLANNER

시험 당일까지 공부일정 및 계획을 짜는 것은 매우 중요합니다.
셀프스터디 합격플래너를 통해 스스로의 합격을 만들어 보세요.

나의 목표		시험일 /

				Study Day	Check
PART 01 소방원론**	01	연소 및 연소현상	1-018	/	
	02	화재현상	1-029	/	
	03	위험물	1-048	/	
	04	소방안전	1-053	/	

			Study Day	Check	
PART 02 **소방관계법규**	01	소방기본법	1-066	/	
	02	화재의 예방 및 안전관리에 관한 법률	1-081	/	
	03	소방시설 설치 및 관리에 관한 법률	1-098	/	
	04	소방시설공사업법	1-116	/	
	05	위험물안전관리법	1-127	/	

			Study Day	Check	
PART 03 **소방유체역학**	01	유체의 기본적 성질	1-150	/	
	02	유체정역학	1-158	/	
	03	유체유동의 해석	1-170	/	
	04	관내의 유동	1-178	/	
	05	펌프 및 송풍기의 성능 특성	1-183	/	
	06	소방 관련 열역학	1-191	/	

			Study Day	Check
PART 04 소방기계시설의 구조 및 원리	01	소화기구 및 자동소화장치	1-206	/
	02	수계 소화장치	1-211	/
	03	가스계 소화설비	1-235	/
	04	분말소화설비	1-243	/
	05	피난기구 및 인명구조기구	1-249	/
	06	기타 소화 설비	1-256	/

		Study Day	Check
PART 05 과목별 기출문제	제1과목 소방원론 (2018 ~ 2025년)	2-010	/
	제2과목 소방관계법규 (2018 ~ 2025년)	2-138	/
	제3과목 소방유체역학 (2018 ~ 2025년)	2-350	/
	제4과목 소방기계시설의 구조 및 원리 (2018 ~ 2025년)	2-566	/

※ 2022년 4회부터 CBT 방식으로 변경되어 문제가 공개되지 않아 실제 수험생 분들의 복원을 토대로 문제를 구성하였습니다.
※ 문제의 이해도를 높이고 과락을 방지하기 위해 과목별로 기출문제를 구성했습니다.
  정답을 체크해 가면서 실력을 키워보세요.

			Study Day	Check
부록	01	과목별 빈출 유형 62형	/	
	02	오답노트	/	

PART 01

소방원론

01 연소 및 연소현상
02 화재현상
03 위험물
04 소방안전

> 📢 **단원 들어가기 전**
> 본 단원은 소방에 대한 기본적인 내용을 담고 있습니다.
> 양이 적고 난이도가 비교적 낮은 단원에 해당하므로 반드시 꼼꼼히 학습하여 고득점을 노리도록 합시다.

CHAPTER 01
연소 및 연소현상

KEYWORD 연소의 원리, 인화점, 연소점, 발화점, 연소생성물, 현열, 잠열, 연소범위, 위험도, 전도, 대류, 복사, 보일-샤를의 법칙, 이상기체상태 방정식

01 연소의 원리와 성상

1. 연소의 원리 ★

1-1 연소

가연물이 공기 중의 산소와 결합하여 빛과 열을 수반하는 산화반응

1-2 연소의 3요소

가연물, 산소공급원, 점화원

1-3 연소의 4요소

가연물, 산소공급원, 점화원, 연쇄반응

2. 연소반응식

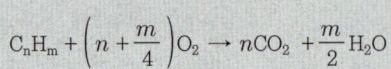
  C : 탄소, H : 수소
  O : 산소, n : 탄소 수
  m : 수소 수
  CO_2 : 이산화탄소
  H_2O : 물

가연물
불에 탈 수 있는 재료

점화원
가연물이 연소를 시작할 때 필요한 최소한의 에너지인 활성화에너지의 공급원

연쇄반응
연소로 인해 열이 발생하고 이 열이 활성화에너지가 되는 연쇄적인 반응

3. 연소와 관계되는 용어 ★

3-1 인화점
점화원을 주어졌을 때 연소가 시작하는 최저온도

3-2 연소점
외부 점화원에 의해 발화 후 연소를 자발적으로 지속시킬 수 있는 최저온도로 인화점보다 5 ~ 10[℃] 높고 불꽃이 최소 5초 이상 지속되는 온도

3-3 발화점(착화점)
외부의 점화원과 직접적인 접촉 없이 주위로부터 충분한 에너지를 받아 스스로 점화되는 최저온도

> **핵심 KEY**
> 인화점 < 연소점 < 발화점 순으로 온도가 높다.

> **핵심 KEY**
> 발화점이 낮아지는 조건 ★★
> - 활성화에너지가 작을수록
> - 발열량이 클수록
> - 산소의 친화력이 클수록
> - 압력이 높을수록
> - 분자구조가 복잡할수록
> - 열전도율이 낮을수록

개념잡기

가연성 액체로부터 발생한 증기가 액체표면에서 연소범위의 하한계에 도달할 수 있는 최저온도를 의미하는 것은?

① 비점　　　　　　　　　② 연소점
③ 발화점　　　　　　　　④ 인화점

연소범위의 하한계에 도달할 수 있는 최저온도는 인화점을 의미한다.
- 비점(끓는점) : 액체를 일정 압력 하에 있는 상태에서 가열시켰을 때 도달할 수 있는 최고온도
- 연소의 기본 용어
  - 인화점 : 점화원을 주어졌을 때 연소가 시작되는 최저온도
  - 연소점 : 점화원을 제거했을 때에도 일정 시간 이상 지속적으로 연소할 수 있는 최저온도
  - 발화점(착화점) : 점화원이 없어도 연소가 시작하는 최저온도

정답 : ④

---

4. 연소의 형태

표면연소	숯, 코크스, 목탄, 금속분
분해연소	아스팔트, 플라스틱, 고무, 종이, 목재, 석탄
증발연소	황, 왁스, 파라핀, 아세톤
자기연소	니트로(나이트로)글리세린, 니트로(나이트로)셀룰로오스

02 연소생성물과 특성

1. 연소생성물의 종류 및 특징

연소생성물	특징
이산화탄소 (CO_2)	• 완전연소 시 발생 • 다량 존재 시 산소 부족으로 인한 질식을 유발
일산화탄소 (CO)	• 불완전연소 시 발생 • 인체 내의 헤모글로빈과 결합하여 체내 산소의 운반을 방해
포스겐 ($COCl_2$)	• 할론1040인 사염화탄소(CCl_4)를 소화제로 사용 시 불꽃에 접촉하면 열분해되어 발생 • PVC 연소 시 발생 • 맹독성 가스
황화수소 (H_2S)	• 황을 포함한 유기화합물의 불완전연소로 발생 • 주로 고무가 탈 때 발생 • 달걀 썩는 냄새가 나는 독성가스
아크롤레인 (CH_2CHCHO)	• 석유 관련 물질, 유지 등의 연소 시 발생 • 맹독성 가스
시안화수소 (HCN)	• 청산가스라고도 함 • 호흡을 저해하여 질식을 유발 • 가연성 가스이며 맹독성 가스
암모니아 (NH_3)	• 질소를 포함한 물질이 연소할 때 발생 • 강한 악취가 나는 가연성 가스

> **저자 어드바이스**
> 이산화탄소는 완전 연소 시 발생, 일산화탄소는 불완전연소 시 발생한다는 것을 반드시 기억해두자.

 참고

달걀 썩는 냄새는 주로 황(S)을 포함한 물질에서 난다.

2. CO_2가 인체에 미치는 영향

농도	생리적 반응
2[%]	불쾌감, 피로감 등
4[%]	눈의 자극, 두통 등
8[%]	호흡곤란 등
9[%]	심박수 증가, 구토, 발한 등
10[%]	근육 경련, 1분 내 의식 상실 등
20[%]	의식 상실, 경련, 사망 등

03 열에너지원과 특성

1. 온도

1-1 섭씨온도

$$℃ = \frac{5}{9}(°F - 32)$$

$\begin{bmatrix} ℃ : 섭씨온도[℃] \\ °F : 화씨온도[°F] \end{bmatrix}$

저자 어드바이스
문제는 다양한 온도단위가 나오므로 온도변환 공식은 암기하도록 하자.

1-2 화씨온도 ★

$$°F = \frac{9}{5}℃ + 32$$

$\begin{bmatrix} °F : 화씨온도[°F] \\ ℃ : 섭씨온도[℃] \end{bmatrix}$

1-3 절대온도(켈빈온도) ★★★

$$K = ℃ + 273$$

$\begin{bmatrix} K : 절대온도[K] \\ ℃ : 섭씨온도[℃] \end{bmatrix}$

저자 어드바이스
열역학의 많은 공식들은 섭씨온도가 아닌 절대온도를 사용한다는 것을 기억해두자.

1-4 랭킨온도

$$= °F + 460$$

$\begin{bmatrix} °R : 랭킨온도[°R] \\ °F : 화씨온도[°F] \end{bmatrix}$

개념잡기

화씨 95도를 켈빈(Kelvin)온도로 나타내면 약 몇 [K]인가?

① 178   ② 252
③ 308   ④ 368

- 섭씨온도와 화씨온도의 관계식
  $℃ = \frac{5}{9}(°F - 32)$
  여기서, ℃ : 섭씨온도, °F : 화씨온도
- 켈빈온도(절대온도)와 섭씨온도의 관계식
  $K = ℃ + 273$
  여기서, K : 켈빈온도, ℃ : 섭씨온도

주어진 값을 관계식에 대입하면 $℃ = \frac{5}{9} \times (95-32) = 35[℃]$

$K = 35 + 273 = 308[K]$

정답 : ③

2. 열량 ★★

열을 에너지의 양으로 나타낸 것

2-1 종류

현열

물질의 온도변화에 필요한 열량

$$Q = mC\Delta T$$

- Q : 현열 열량[kJ]
- m : 질량[kg]
- C : 비열[kJ/kg·K]
- ΔT : 온도차[K]

잠열

물질의 상태변화에 필요한 열량

$$Q = mr$$

- Q : 잠열 열량[kJ]
- m : 질량[kg]
- r : 잠열[kJ/kg]

핵심 KEY

물질의 상태변화

개념잡기

20[℃] 물 100[L]를 화재현장의 화염에 실수하였다. 물이 모두 끓는 온도(100[℃])까지 가열되는 동안 흡수하는 열량은 약 몇 [kJ]인가? (단, 물의 비열은 4.2[kJ/kg·K]이다)

① 500 ② 2,000
③ 8,000 ④ 33,600

1. 물의 질량
   $m = \rho V = 1,000 \times 0.1 = 100 \text{[kg]}$
2. 물이 흡수하는 열량
   물이 수증기가 되기 전 20[℃]에서 100[℃]까지 온도가 상승할 때 흡수하는 열량은 현열 열량 공식을 통해 구한다.
   $Q = mC\Delta T = 100 \times 4.2 \times (100 - 20) = 33,600 \text{[kJ]}$
   $\therefore Q = 33,600 \text{[kJ]}$

정답 : ④

04 연소범위 *

1. 정의

점화원이 존재할 때 발화나 폭발이 일어날 수 있는 공기 중 가연성 가스의 농도범위. 연소하한계(LFL)와 연소상한계(UFL) 사이의 범위가 연소범위가 된다.

2. 위험도

가연성 가스의 위험성을 나타내는 척도. 여기서 연소상한계 및 연소하한계는 인화점을 기준으로 한다.

$$H = \frac{U-L}{L}$$

H : 위험도
U : 연소상한계
L : 연소하한계

저자 어드바이스
위험도에 사용하는 연소상한계 및 연소하한계는 인화점에서의 연소상한계, 연소하한계의 값을 사용한다.

3. 기출된 물질의 연소범위

가스	하한계[vol%]	상한계[vol%]
에테르	1.9	48
수소	4	75
에틸렌	2.7	36
부탄	1.8	8.4
이황화탄소	1	50
메탄	5	15
디메틸에테르	3.4	27
일산화탄소	12.5	74.2
아세틸렌	2.5	81

저자 어드바이스
연소범위를 물질별로 다 외우기보다는 연소범위가 넓은 물질을 중심으로 기억해두자.

05 열전달★

1. 전도

물질이 직접 이동하지 않고 물체에 이웃한 분자들의 연속적인 충돌로 열이 전달되는 현상

1-1 푸리에의 법칙(전도열전달)

$$Q = \frac{kA\Delta T}{l}$$

- Q : 이동열량[W]
- k : 열전도도[W/m·K]
- A : 단면적[m²]
- ΔT : 전열체 내·부의 온도차[K]
- l : 두께[m]

2. 대류

유체의 분자가 직접 이동하면서 열을 전달하는 현상

2-1 뉴턴의 냉각법칙(대류열전달)

$$Q = hA\Delta T$$

- Q : 이동열량[W]
- h : 대류열전달계수[W/m²·K]
- A : 전열면적(표면적)[m²]
- ΔT : 외기와 전열체의 온도차[K]

3. 복사

매질의 도움 없이 전자기파의 형태로 열이 직접 전달되는 현상

3-1 스테판-볼츠만의 법칙(복사열전달)

$$Q = \varepsilon \sigma A T^4$$

- Q : 복사열[W]
- ε : 방사율
- σ : 스테판-볼츠만 상수[W/m²·K⁴]
- A : 표면적[m²]
- T : 절대온도[K]

핵심 KEY
복사열전달은 절대온도의 4제곱에 비례한다는 것을 기억해두자.

개념잡기

화재 표면온도(절대온도)가 2배가 되면 복사에너지는 몇 배로 증가 되는가?

① 2 ② 4
③ 8 ④ 16

스테판-볼츠만의 법칙(열복사 법칙)
$Q = \sigma T^4$
여기서, Q : 단위면적당 복사에너지[W/m²], σ : 스테판-볼츠만 상수[W/m²·K⁴]
T : 절대온도[K]
스테판-볼츠만의 법칙에 따르면 복사에너지는 절대온도의 4제곱에 비례한다.
그러므로 화재 표면온도(절대온도)가 2배가 되면 복사에너지는 2^4배인 16배로 증가된다. **정답 : ④**

06 기체에 관한 법칙

1. 보일-샤를의 법칙 ★

1-1 보일의 법칙

온도가 일정할 때 압력은 기체의 부피에 반비례

$$P_1 V_1 = P_2 V_2$$

$\begin{bmatrix} P : 압력[\text{Pa}] \\ V : 부피[\text{m}^3] \end{bmatrix}$

1-2 샤를의 법칙

압력이 일정할 때 기체의 부피는 절대온도에 비례

$$\frac{V_1}{T_1} = \frac{V_2}{T_2}$$

$\begin{bmatrix} V : 부피[\text{m}^3] \\ T : 절대온도[\text{K}] \end{bmatrix}$

> **저자 어드바이스**
> 샤를의 법칙 및 보일-샤를의 법칙은 절대온도에서 관계가 성립한다.

1-3 보일-샤를의 법칙

기체의 부피는 절대온도에 비례하고 압력에 반비례

$$\frac{P_1 V_1}{T_1} = \frac{P_2 V_2}{T_2}$$

$\begin{bmatrix} P : 압력[\text{Pa}] \\ V : 부피[\text{m}^3] \\ T : 절대온도[\text{K}] \end{bmatrix}$

2. 증기비중

동일 부피의 공기에 대한 기체의 무게비

$$증기비중 = \frac{분자량}{공기의\ 평균\ 분자량} = \frac{분자량}{29}$$

여기서, 공기의 평균 분자량 : 29

3. 이상기체상태 방정식 ★★★

$$PV = nRT = \frac{m}{M}RT = m\overline{R}T$$

- P : 기압[kPa]
- V : 부피[m³]
- n : 몰수[mol]
- R : 기체상수
- T : 절대온도[K]
- m : 질량[kg]
- M : 분자량[kg/mol]
- $\overline{R}$: 특정기체상수[kJ/kg·K]

참고

주로 쓰는 기체상수 R
- 0.082[atm·L/mol·K]
- 8.314[J/mol·K]

4. 그레이엄의 확산속도 법칙

동일한 온도와 압력에서 기체의 확산속도는 그 기체의 분자량의 제곱근에 반비례

$$\frac{V_B}{V_A} = \sqrt{\frac{M_A}{M_B}}$$

- V : 기체의 확산속도[m/s]
- M : 분자량[kg/mol]

저자 어드바이스

분자량이 낮을수록 기체의 확산속도가 빠르다.

개념잡기

어떤 기체가 0[℃], 1기압에서 부피가 11.2[L], 기체질량이 22[g]이었다면 이 기체의 분자량은? (단, 이상기체로 가정한다)

① 22 ② 35
③ 44 ④ 56

이상기체상태 방정식

$$PV = nRT = \frac{w}{M}RT$$

여기서, P : 기압[atm], V : 부피[L], n : 몰수[mol],
  R : 기체상수(0.082[atm·L/mol·K]), T : 절대온도[K]
  w : 질량[g], M : 분자량[g/mol]

이상기체방정식을 분자량으로 구하는 식으로 정리하고, 값들을 대입하면

$$M = \frac{wRT}{PV} = \frac{22 \times 0.082 \times (0 + 273)}{1 \times 11.2} ≒ 44[g/mol]$$

TiP 이상기체방정식은 절대온도를 활용하므로 섭씨온도에서 절대온도로 변경해서 사용한다.

TiP 기체상수는 0.082[atm·L/mol·K], 8.314[J/mol·K]을 주로 사용한다. 이 문제에서는 1기압이 주어졌으므로 기체상수를 0.082[atm·L/mol·K]로 사용했다.

정답 : ③

07 LPG와 LNG

> **저자 어드바이스**
> LPG와 LNG의 차이점은 기출에 나오는 사항이므로 알아두도록 하자.

1. LPG(액화석유가스)

- 주성분은 프로판과 부탄이다.
- 공기보다 무겁다.
- 천연고무를 잘 녹인다.
- 물에 녹지 않으나 유기용매에 용해된다.

2. LNG(액화천연가스)

- 주성분은 메탄이다.
- 공기보다 가볍다.

개념잡기

액화석유가스(LPG)에 대한 성질로 틀린 것은?

① 주성분은 프로판, 부탄이다.
② 천연고무를 잘 녹인다.
③ 물에 녹지 않으나 유기용매에 용해된다.
④ 공기보다 1.5배 가볍다.

액화석유가스(LPG)는 공기보다 1.5~2배 무겁다. 공기보다 가벼운 것은 액화천연가스(LNG)이다.

정답 : ④

CHAPTER 02
화재현상

KEYWORD 화재의 종류, 폭발, 방폭구조, 목조건축물, 내화건축물, 구획화재, 플래시 오버, 백드래프트, 내화구조, 주요구조부, 방화문, 피난, 연기, 감광계수, 블레비, 프로스 오버, 슬롭 오버, 보일 오버, 증기운폭발

01 화재의 정의 및 특징

1. 화재의 정의

인간의 의도에 반하거나 방화에 의해 발생, 확대된 연소 현상으로 소화설비를 이용하여 소화할 필요가 있는 연소현상 및 화학적 폭발

2. 화재의 특징

우발성, 확대성, 불안정성

3. 화재의 원인

부주의 > 전기적 요인 > 기계적 요인 > 화학적 요인 > 방화 순으로 화재가 발생

02 화재의 종류 ★★★

등급	명칭	가연물질	표시색
A급 화재	일반화재	일반 가연물, 섬유, 목재, 고무, 플라스틱류	백색
B급 화재	유류화재	인화성 액체, 가연성 액체, 석유, 유류 및 가스	황색
C급 화재	전기화재	전기설비 및 전기기기	청색
D급 화재	금속화재	가연성 금속	무색
K급 화재	주방화재	주방에서 취급하는 동식물유	황색

개념잡기

화재의 종류에 따른 분류가 틀린 것은?

① A급 : 일반화재 ② B급 : 유류화재
③ C급 : 가스화재 ④ D급 : 금속화재

C급 화재는 전기화재이다.
• 화재의 종류
 - A급 화재 : 일반 화재
 - B급 화재 : 유류 화재
 - C급 화재 : 전기 화재
 - D급 화재 : 금속 화재
 - K급 화재 : 주방 화재

정답 : ③

개념잡기

화재의 종류에 따른 표시 색 연결이 틀린 것은?

① 일반화재 - 백색 ② 전기화재 - 청색
③ 금속화재 - 흑색 ④ 유류화재 - 황색

금속화재는 무색으로 표시한다.
• 화재의 유형별 표시 색
 - A급 화재(일반화재) : 백색으로 표시
 - B급 화재(유류화재) : 황색으로 표시
 - C급 화재(전기화재) : 청색으로 표시
 - D급 화재(금속화재) : 무색으로 표시

정답 : ③

03 폭발

1. 정의

급격한 압력상승으로 인해 일시적으로 충격파가 생기는 현상

2. 폭발의 종류

2-1 물리적 폭발

정의

급격한 상변화에 의한 폭발

종류

수증기폭발, 전선폭발, 증기폭발

2-2 화학적 폭발

정의

급격한 화학적 변화에 의한 폭발

종류

가스폭발, 증기운폭발, 분진폭발, 분해폭발

3. 분진폭발

아주 미세한 가연성의 입자(크기가 $1[\mu m]$ 이하인 입자)가 공기 중에 적당한 농도로 퍼져 있을 때, 아주 작은 에너지만으로 돌발적인 연쇄 산화-연소를 일으켜 폭발하는 현상

3-1 분진폭발을 일으키는 물질

석탄분, 목탄분(톱밥), 철가루, 플라스틱 가루, 알루미늄 분말, 마그네슘 분말

3-2 분진폭발을 일으키지 않는 물질 ★

석회석, 시멘트, 수산화칼슘(소석회), 산화칼슘(생석회), 탄산칼슘

핵심 KEY

폭굉
- 화약이나 폭발성 물질의 연소가 초음속 속도로 매우 빠르게 진행되는 폭발 현상
- 연소속도는 음속보다 빠르다.
- 압력상승은 상대적으로 높다.

폭연
- 화약이나 폭발성 물질의 연소가 느리게 진행되는 폭발 현상
- 연소속도는 음속보다 느리다.
- 압력상승은 상대적으로 낮다.

저자 어드바이스

칼슘(Ca)이 들어갈 물질은 분진폭발을 거의 일으키지 않는다고 기억하면 분진폭발을 일으키지 않는 물질을 암기할 때 수월할 것이다.

4. 방폭구조의 종류

4-1 내압방폭구조
용기 내부에 폭발이 발생할 경우 용기가 폭발의 압력을 견디고, 용기 내부에 발생한 불꽃이나 고온 가스가 용기 외부의 가스를 점화하지 않는 방폭구조

4-2 유입방폭구조
전기불꽃, 아크 등이 발생하는 부분을 기름 속에 넣어 폭발을 방지하는 방폭구조

4-3 안전증방폭구조
추가적인 안전조치를 통해 전기불꽃, 아크 등에 대한 안전도를 증가시킨 방폭구조

4-4 특수방폭구조
규정된 방폭구조 이외에 인증기관에 의하여 방폭성능이 증명된 구조

4-5 본질안전방폭구조
정상 또는 이상 상태에서 발생되는 에너지가 최소점화에너지 이하가 되도록 한 방폭구조

4-6 압력방폭구조
용기 내에 불활성 가스를 압입시켜 내부 압력을 유지함으로써 외부의 폭발성 가스로부터 점화원을 격리시키는 방폭구조

04 건축물의 종류 및 화재현상 ★★★

1. 건축물의 종류

1-1 목조건축물

목재로 만든 건축물

특징

- 습도가 낮을수록 연소 확대가 빠르다.
- 화재진행속도는 내화건축물보다 빠르다.
- 화재최성기의 온도는 내화건축물보다 높다.
- 화재성장속도는 횡방향보다 종방향이 빠르다.

목조건축물의 표준온도-온도곡선(고온단기형)

- 최고온도 : 1,300[℃]

1-2 내화건축물

화재를 견딜 수 있는 성능을 가진 건축물

특징

- 화재진행속도는 목조건축물보다 느리다.
- 화재최성기의 온도는 목조건축물보다 낮다.

핵심 KEY

목재건축물의 화재 진행과정

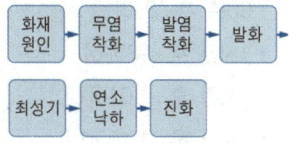

저자 어드바이스

목재건축물의 표준온도 - 온도곡선 모양을 반드시 기억해두자.

내화건축물의 표준온도 - 온도곡선(저온장기형)

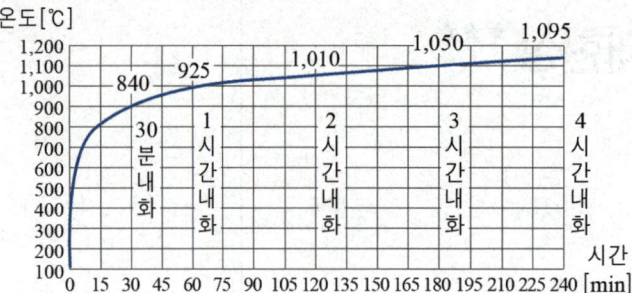

- 10분 후 : 700[℃]
- 30분 후 : 840[℃]
- 1시간 후 : 925[℃]
- 2시간 후 : 1,010[℃]
- 4시간 후 : 1,100[℃]

개념잡기

다음 그림에서 목조 건물의 표준 화재 온도 시간 곡선으로 옳은 것은?

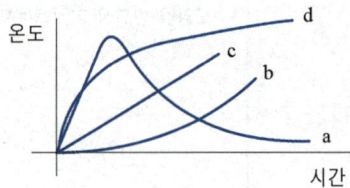

① a
② b
③ c
④ d

목조건축물의 화재는 내화건축물의 화재에 비해 **고온단기형**에 해당한다.
그래프에서 고온이고 단기형에 해당하는 곡선은 a인 것을 알 수 있다.
- 목조건축물의 화재특성
  - 습도가 낮을수록 연소 확대가 빠르다.
  - 화재진행속도는 내화건축물보다 빠르다.
  - 화재최성기의 온도는 내화건축물보다 높다.
  - 화재성장속도는 횡방향보다 종방향이 빠르다.

정답 : ①

2. 구획화재

2-1 정의

하나의 방이나 건축공간에 발생하는 화재

2-2 구획화재의 단계 ★

제1성장기(발화기)

연소의 4요소들이 서로 결합하여 연소가 시작될 때의 시기

제2성장기(성장기)

발화가 일어난 직후, 연소하는 가연물 위로 화염이 형성되는 시기

최성기

플래시오버의 직후 시기. 실내 온도가 급격히 상승하여 한 순간 화염을 일시에 분출하기 시작하는 시기

감쇠기

산소 소진으로 화재가 부분적으로 소멸되고 연기의 발생만 남는 시기. 만일 창문이 깨지거나 건축물의 파괴로 인해 새로운 개구부가 만들어져 외부의 신선한 공기가 유입될 경우 백드래프트 현상이 발생해 감쇠기 이전의 단계로 돌아갈 우려가 존재

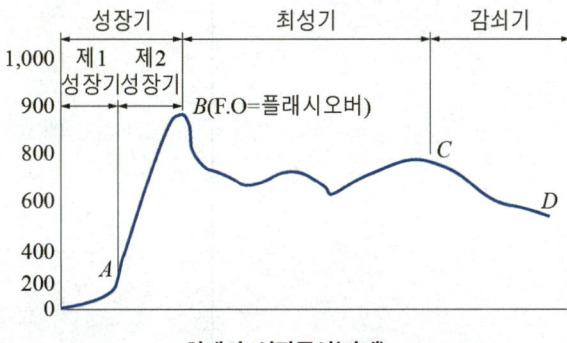

화재의 성장곡선(단계)

3. 플래시 오버(Flash Over) ★★

옥내의 화재가 주변으로 한정되어 있던 연소 범위가 차례대로 확대되면서 가연성 가스가 축적되었다가 농도가 연소 범위까지 높아져 한 번에 인화되어 폭발적으로 큰 불꽃이 되는 현상. 보통 화재의 성장기에서 최성기로 넘어가는 시기에 발생한다.

4. 백드래프트

밀폐된 공간에서의 화재 시 산소가 부족한 상태로 있다가 다량의 산소가 갑자기 공급되었을 때 실내에 축적된 가스가 순간적으로 연소 및 폭발하여 발생하는 불길 역류 현상

개념잡기

실내화재에서 화재의 최성기에 돌입하기 전에 다량의 가연성 가스가 동시에 연소되면서 급격한 온도상승을 유발하는 현상은?

① 패닉(Panic) 현상 ② 스택(Stack) 현상
③ 화이어 볼(Fire Ball) 현상 ④ 플래쉬 오버(Flash Over) 현상

플래시 오버(flash over)
실내의 화재가 주변으로 한정되어 있던 연소 범위가 차례대로 확대되면서 가연성 가스가 축적되었다가 농도가 연소 범위까지 높아져 한 번에 인화되어 폭발적으로 큰 불꽃이 되는 현상. 보통 화재의 성장기에서 최성기로 넘어가는 시기에 발생한다.

정답 : ④

05 내화구조

1. 정의

화재에 견딜 수 있는 성능을 가진 구조

2. 건축물 내화구조의 벽 기준 ★

구조부위 \ 구조종류	철근콘크리트조 철골철근 콘크리트조	철골조	무근콘크리트조 콘크리트블록조 벽돌조, 석조	철재로 보강된 콘크리트블록조, 벽돌조, 석조	기타
벽	두께 10[cm] 이상	• 두께 4[cm] 이상 철망모르타르 양면 바름 • 두께 5[cm] 이상 콘크리트블록, 벽돌, 석재로 덮은 것	벽돌조로서 두께 19[cm] 이상	철재에 덮은 콘크리트블록 등의 두께가 5[cm] 이상인 것	고온·고압의 증기로 양생된 경량기포콘크리트 패널, 경량기포 콘크리트블록조 두께가 10[cm] 이상인 것

3. 건축물 내화구조의 바닥 기준

3-1 철근콘크리트조 또는 철골철근콘크리트조 ★

두께 10[cm] 이상

3-2 철재로 보강된 콘크리트블록조·블록조 또는 석조로서 철재에 덮은 콘크리트블록

두께 5[cm] 이상

3-3 철재의 양면을 철망모르타르 또는 콘크리트로 덮은 것

두께 5[cm] 이상

06 소방건축

1. 주요구조부 ★★

1-1 정의
건축물의 구조 내력상 주요 부분

1-2 종류
내력벽, 기둥(사잇기둥 제외), 바닥(최하층 바닥 제외), 보(작은 보 제외), 지붕틀(차양 제외), 주계단(옥외계단 제외)

2. 무창층

2-1 무창층
지상층 중 요건을 갖춘 개구부의 면적의 합계가 해당 층의 바닥면적의 $\frac{1}{30}$ 이하가 되는 층

2-2 무창층 개구부의 기준
- 해당 층의 바닥면으로부터 개구부 밑부분까지의 높이가 1.2[m] 이내일 것
- 크기는 지름 50[cm] 이상의 원이 통과할 수 있을 것
- 도로 또는 차량이 진입할 수 있는 빈터를 향할 것
- 내부 또는 외부에서 쉽게 부수거나 열 수 있을 것
- 화재 시 건축물로부터 쉽게 피난할 수 있도록 창살이나 그 밖의 장애물이 설치되지 아니할 것

천장은 주요구조부에 해당하지 않는다.

요건을 갖춘 개구부
건축물에서 채광·환기·통풍 또는 출입 등을 위하여 만든 창·출입구, 그 밖에 이와 비슷한 것을 말한다.
(소방시설 설치 및 관리에 관한 법률 시행령 제2조)

07 방화구조

1. 정의

화염의 확산을 막을 수 있는 성능을 가진 구조

2. 방화구조의 기준

2-1 철망모르타르

바름 두께 2[cm] 이상

2-2 석고판 위에 시멘트모르타르 또는 회반죽을 바른 것

두께의 합계 2.5[cm] 이상

2-3 시멘트모르타르 위에 타일을 붙인 것

두께의 합계 2.5[cm] 이상

2-4 심벽에 흙으로 맞벽치기한 것

모두 해당

3. 방화벽의 구조 ★

- 내화구조로서 홀로 설 수 있는 구조일 것
- 방화벽의 양쪽 끝과 위쪽 끝을 건축물의 외벽면 및 지붕면으로부터 0.5[m] 이상 튀어나오게 할 것
- 방화벽에 설치하는 출입문의 너비 및 높이는 각각 2.5[m] 이하로 하고, 해당 출입문에는 60분 + 방화문 또는 60분 방화문을 설치할 것

4. 방화문의 종류

4-1 60분 + 방화문
연기 및 불꽃을 차단할 수 있는 시간이 60분 이상이고, 열을 차단할 수 있는 시간이 30분 이상인 방화문

4-2 60분 방화문
연기 및 불꽃을 차단할 수 있는 시간이 60분 이상인 방화문

4-3 30분 방화문
연기 및 불꽃을 차단할 수 있는 시간이 30분 이상 60분 미만인 방화문

5. 방화구획의 설치기준 ★★★

- 10층 이하의 층은 바닥면적 1,000[m^2](스프링클러 기타 이와 유사한 자동식 소화설비를 설치한 경우에는 바닥면적 3,000[m^2]) 이내마다 구획할 것
- 매층마다 구획할 것. 다만, 지하 1층에서 지상으로 직접 연결하는 경사로 부위는 제외한다.
- 11층 이상의 층은 바닥면적 200[m^2](스프링클러 기타 이와 유사한 자동식 소화설비를 설치한 경우에는 600[m^2]) 이내마다 구획할 것. 다만, 벽 및 반자의 실내에 접하는 부분의 마감을 불연재료로 한 경우에는 바닥면적 500[m^2](스프링클러 기타 이와 유사한 자동식 소화설비를 설치한 경우에는 1,500[m^2]) 이내마다 구획하여야 한다.

참고

과거 자료에서는 60분+ 방화문 또는 60분 방화문은 '갑종 방화문', 30분 방화문은 '을종 방화문'이라고 표기되어 있다.

저자 어드바이스

스프링클러를 설치한 경우 바닥면적은 3배 면적으로 구한다.
- 10층 이하 1,000[m^2] → 10층 이하 스프링클러 3,000[m^2]
- 11층 이상 200[m^2] → 11층 이상 스프링클러 600[m^2]

08 피난공간 및 동선계획

1. 피난계단

1-1 정의

피난층 또는 지상으로 통하는 직통계단

1-2 피난계단의 구조

- 계단은 그 계단으로 통하는 출입구 외의 창문 등으로부터 2[m] 이상의 거리를 두고 설치할 것
- 건축물의 내부에서 계단으로 통하는 출입구에는 60분+방화문 또는 60분 방화문을 설치할 것
- 계단의 유효너비는 0.9[m] 이상으로 할 것
- 계단은 내화구조로 하고 지상까지 직접 연결되도록 할 것

2. 특별피난계단

부속실을 거쳐 계단실에 도달할 수 있도록 한 계단으로 피난계단보다 더 높은 수준의 화재안전성능을 가진 계단

3. 화재발생 시 인간의 피난특성 ★★★

지광본능	밝은 쪽으로 피난한다.
추종본능	대피 시 최초로 행동하는 사람을 따른다.
퇴피본능	발화지점의 반대방향으로 이동한다.
귀소본능	평상시 사용하던 친숙한 출입구나 통로를 따라 대피한다.
직진본능	대피 시 직진해서 대피한다.

4. 피난의 형태 ★★★

구분	피난방향의 종류	피난로의 영향
X형	↕↔	확실한 피난로 보장
Y형	↙↓↘	
T형	←↑→	방향이 확실하여 분간하기 쉽다.
I형	←→	
H형	←↑→	피난자들이 집중된 패닉현상 우려
CO형	→□← ↑↓	

> **저자 어드바이스**
> 피난 방향을 보면서 피난의 형태를 기억하면 명칭을 기억하기 수월할 것이다.

5. 피난계획의 일반원칙 ★★

5-1 Fail-safe 원칙

- 한 가지 피난기구가 고장이 나도 다른 수단을 이용할 수 있도록 고려하는 것
- 2방향 이상의 피난동선을 항상 확보하는 원칙

5-2 Fool-proof 원칙

- 피난수단을 조작이 간편한 원시적 방법으로 하는 원칙
- 인간의 실수가 고장이나 사고로 이어지지 않도록 하는 것
- 간단한 그림이나 색채를 이용하여 안전표지를 표시
- 피난수단을 고정식 시설로 하는 원칙

6. 피난시설의 안전구획

1차 안전구획	복도
2차 안전구획	계단부속실(계단전실)
3차 안전구획	계단

저자 어드바이스
차수가 높을수록 계단과 가까워진다.

개념잡기

화재 시 나타나는 인간의 피난특성으로 볼 수 없는 것은?

① 어두운 곳으로 대피한다.
② 최초로 행동한 사람을 따른다.
③ 발화지점의 반대방향으로 이동한다.
④ 평소에 사용하던 문, 통로를 사용한다.

화재 시 인간은 밝은 쪽으로 대피하려 한다.
- 화재발생 시 인간의 피난특성
  - 지광본능 : 밝은 쪽으로 피난한다.
  - 추종본능 : 대피 시 최초로 행동하는 사람을 따른다.
  - 퇴피본능 : 발화지점의 반대방향으로 이동한다.
  - 귀소본능 : 평상시 사용하던 친숙한 경로를 따라 대피한다.
  - 직진본능 : 대피 시 직진해서 대피한다.

정답 : ①

개념잡기

피난계획의 일반원칙 Fool Proof 원칙에 대한 설명으로 옳은 것은?

① 1가지가 고장이 나도 다른 수단을 이용하는 원칙
② 2방향의 피난동선을 항상 확보하는 원칙
③ 피난수단을 이동식 시설로 하는 원칙
④ 피난수단을 조작이 간편한 원시적 방법으로 하는 원칙

피난대책의 일반 원칙
- Fail-safe 원칙
  - 한 가지 피난기구가 고장이 나도 다른 수단을 이용할 수 있도록 고려하는 것
  - 2방향 이상의 피난동선을 항상 확보하는 원칙
- Fool-proof 원칙
  - 피난수단을 조작이 간편한 원시적 방법으로 하는 원칙
  - 인간의 실수가 고장이나 사고로 이어지지 않도록 하는 것
  - 간단한 그림이나 색채를 이용하여 안전표지를 표시
  - 피난수단을 고정식 시설로 하는 원칙

정답 : ④

09 연기

1. 연기의 유동속도

수평방향	0.5~1[m/s]
수직방향	2~3[m/s]
실내계단	3~5[m/s]

> **저자 어드바이스**
> 연기의 유동속도는 실내계단 > 수직방향 > 수평방향 순으로 빠르다.

2. 연기의 유동

2-1 원인

- 공조설비
- 부력
- 굴뚝효과(= 연돌효과)

2-2 굴뚝효과(= 연돌효과) ★

정의

건물 내·외부의 온도차가 큰 겨울철에는 상대적으로 무거운 건물 외부의 찬 공기가 하부로 유입된다. 그러면 상대적으로 가벼운 내부의 따뜻한 공기는 위로 상승한다. 즉 건물 내외의 온도차로 인해 건물 내부에서 따뜻한 공기가 위로 상승하는 현상을 말한다.

굴뚝효과에 영향을 미치는 요소

건물 내·외의 온도차, 화재실의 온도, 건물의 높이

3. 감광계수 ★★★

연기농도를 나타내는 척도 중 하나로 연기에 의해 빛이 감소되는 계수를 의미

감광계수와 가시거리의 상황

감광계수[m^{-1}]	가시거리[m]	상황
0.1	20 ~ 30	연기감지기가 작동할 때의 농도 (연기감지기 작동직전 농도)
0.3	5	건물 내부에 익숙한 사람이 피난에 지장을 느낄 정도의 농도
0.5	3	어두운 것을 느낄 정도의 농도
1	1 ~ 2	앞이 거의 보이지 않을 정도의 농도
10	0.2 ~ 0.5	화재 시 최성기 때의 농도
30	-	출화실에서 연기가 분출할 때의 농도

> **저자 어드바이스**
> 감광계수와 가시거리 수치는 기출 문제에 자주 나오므로 외워두도록 하자.

4. 연기 제연방식의 종류

4-1 자연제연방식

건물에 설치된 배기구로 제연하는 방식

4-2 스모크타워제연방식

고층 건물에 굴뚝을 세워 제연하는 방식

4-3 기계식제연방식

송풍기와 배연기와 같은 기계를 활용하여 제연하는 방식

4-4 밀폐제연방식

밀폐도가 많은 벽이나 문에 화재가 발생했을 때 밀폐하여 연기의 유출 및 공기 등의 유입을 차단시켜 제연하는 방식

10 탱크 화재 ★★★

1. 블레비(BLEVE)

고압, 과열 상태의 탱크에서 균열이 발생해 내부에 있던 액화가스 또는 가연성 액체가 분출하여 기화되어 폭발하는 현상. 급격한 폭발로 인해 화구(Fire ball)가 형성되며, 대량의 복사열이 방출

2. 프로스 오버(Froth Over)

점성이 높은 기름표면 아래에 있던 물이 끓으면 화재를 수반하지 않고 기름이 용기 밖으로 넘치는 현상

3. 슬롭 오버(Slop Over)

유류탱크 화재 시 기름 표면에 물을 살수하면 액면에 거품을 일으키면서 기름의 일부가 불이 붙은 채 탱크 밖으로 비산하는 현상

4. 보일 오버(Boil Over)

기름 탱크 하부에 고여 있는 물이 열에 의해 수증기로 기화하면서 연소유를 탱크 밖으로 비산시키며 연소하는 현상

5. 증기운폭발(UVCE)

저장탱크에서 유출된 가스가 증기운으로 형성되어 떠다니다가 점화원(활성화 에너지)과 반응하여 발생하는 폭발

유류 탱크의 화재 시 탱크 저부의 물이 뜨거운 열류층에 의하여 수증기로 변하면서 급작스런 부피 팽창을 일으켜 유류가 탱크 외부로 분출하는 현상은?

① 슬롭 오버(Slop Over)
② 블레비(BLEVE)
③ 보일 오버(Boil Over)
④ 파이어 볼(Fire Ball)

화재 시 탱크에서 발생하는 현상
- 보일 오버(Boil Over) : 보일오버는 기름 탱크 하부에 고여 있는 물이 열에 의해 수증기로 기화하면서 연소유를 탱크 밖으로 비산시키며 연소하는 현상이다.
- 슬롭 오버(Slop Over) : 소화를 위해 기름 탱크의 화재면에 물을 분사할 때 수분이 급격히 기화하여 액면이 거품을 일으키면서 기름의 일부가 불이 붙은 채 탱크벽을 넘어서는 현상
- 블레비(BLEVE) 현상 : 고압, 과열 상태의 탱크에서 균열이 발생해 내부에 있던 액화가스 또는 가연성 액체가 분출하여 기화되어 폭발하는 현상이다. 급격한 폭발로 인해 파이어 볼(Fire ball)이 형성되며, 대량의 복사열이 방출된다.

정답 : ③

BLEVE 현상을 설명한 것으로 가장 옳은 것은?

① 물이 뜨거운 기름표면 아래에서 끓을 때 화재를 수반하지 않고 over flow 되는 현상
② 물이 연소유의 뜨거운 표면에 들어갈 때 발생되는 over flow 현상
③ 탱크 바닥에 물과 기름의 에멀전이 섞여있을 때 물의 비등으로 인하여 급격하게 over flow 되는 현상
④ 탱크 주위 화재로 탱크 내 인화성 액체가 비등하고 가스부분의 압력이 상승하여 탱크가 파괴되고 폭발을 일으키는 현상

블레비(BLEVE) 현상
탱크 주위 화재로 인해 고압, 과열 상태의 탱크에서 균열이 발생하고, 이로 인해 내부에 있던 액화가스 또는 가연성 액체가 분출하고 기화되어 폭발하는 현상이다. 급격한 폭발로 인해 화구(Fire ball)가 형성되며, 대량의 복사열이 방출된다.

정답 : ④

CHAPTER 03

위험물

KEYWORD 제1류 위험물, 산화성 고체, 제2류 위험물, 가연성 고체, 제3류 위험물, 자연발화성 물질 및 금수성 물질, 제4류 위험물, 인화성 액체, 제5류 위험물, 자기반응성 물질, 제6류 위험물, 산화성 액체

01 위험물의 종류 및 특징 ★★★

1. 제1류 위험물(산화성 고체)

1-1 품명 및 지정수량

품명	지정수량
아염소산염류	50[kg]
염소산염류	50[kg]
과염소산염류	50[kg]
무기과산화물	50[kg]
질산염류	300[kg]

1-2 특징

- 보관 시 가열, 충격, 마찰을 피해야 한다.
- 물에 잘 녹는다.
- 명칭에 ~산, ~류가 많이 들어간다.

1-3 소화방법

- 마른 모래 등을 활용한 질식소화
- 다량의 물을 활용한 냉각소화

> **저자 어드바이스**
> 지정수량은 모두 암기하기보다는 기출문제를 풀면서 빈출되는 위험물 중심으로 기억해두자.

2. 제2류 위험물(가연성 고체)

2-1 품명 및 지정수량

품명	지정수량
황화린(황화인)	100[kg]
적린	100[kg]
황(유황)	100[kg]
철분	500[kg]
인화성 고체	1,000[kg]

2-2 특징

물과 반응하므로 보관시 습기에 주의하여야 한다.

2-3 소화방법

- 마른 모래 등을 활용한 질식소화
- 적린은 주수에 의한 냉각소화가 가능

3. 제3류 위험물(자연발화성 물질 및 금수성 물질)

3-1 품명 및 지정수량

품명	지정수량
칼륨	10[kg]
나트륨	10[kg]
알킬알루미늄	10[kg]
알킬리튬	10[kg]
황린	20[kg]
탄화알루미늄	300[kg]

참고

물질은 기체, 액체, 고체를 모두 포함하는 개념이다.

3-2 특징

- 금수성 물질은 물과 반응하여 가연성 가스를 발생시키거나 발열한다.
- 자연발화성 물질은 자연 발화하기 때문에 보호액 속에 저장한다.
- 황린은 물 속에 넣어 저장한다.

3-3 소화방법

- 마른 모래, 팽창질석 등을 활용한 질식소화
- 금속화재용 소화약제을 활용한 질식소화

4. 제4류 위험물(인화성 액체)

4-1 품명 및 지정수량

품명	지정수량
특수인화물	50[ℓ]
제1석유류	비수용성 200[ℓ] 수용성 400[ℓ]
제2석유류	비수용성 1,000[ℓ] 수용성 2,000[ℓ]
제3석유류	비수용성 2,000[ℓ] 수용성 4,000[ℓ]
제4석유류	6,000[ℓ]
알코올류	400[ℓ]
동식물유류	10,000[ℓ]

> **저자 어드바이스**
> 위험물의 종류와 지정수량을 모두 암기하기 보다는 기출을 통해 나왔던 위험물 중심으로 기억하도록 하자.

4-2 제4류 위험물의 종류

품명	종류
특수인화물	디에틸에테르, 이황화탄소, 산화프로필렌
제1석유류	아세톤, 휘발유, 벤젠
제2석유류	아세트산, 아크릴산, 경유, 등유
제3석유류	에틸렌글리콜, 크레오소트유, 중유
제4석유류	실린더유, 기어유

4-3 특징

- 정전기 방전 조치를 취해야 한다.
- 인화점이 낮다.
- 슬롭오버와 같은 문제가 발생할 수 있으므로 주수에 의한 소화는 위험하다.

4-4 소화방법

- 포, 할론소화약제, CO_2 소화약제를 활용한 질식소화
- 수용성 액체에는 내알코올포 등을 활용한 질식소화

5. 제5류 위험물(자기반응성 물질)

5-1 품명 및 지정수량

품명	지정수량
유기과산화물	10[kg]
질산에스테르류(질산에스터류)	10[kg]
니트로화합물(나이트로화합물)	100[kg]
니트로소화합물(나이트로소화합물)	100[kg]

5-2 특징

- 물질 자체에 산소를 함유하고 있어 외부의 산소 공급 없이도 연소가 가능하다.
- 외부의 산소 공급 없이도 연소가 가능하기 때문에 질식소화의 형태로 소화가 불가능하다.

5-3 소화방법

주수에 의한 냉각소화

6. 제6류 위험물(산화성 액체)

6-1 품명 및 지정수량

품명	지정수량
과염소산	300[kg]
과산화수소	300[kg]
질산	300[kg]

6-2 특징

- 가연물과 접촉을 주의한다.
- 비중이 1보다 크다.
- 물을 피한다.

6-3 소화방법

- 마른 모래 등을 활용한 질식소화
- CO_2 소화약제를 활용한 질식소화

핵심 KEY

혼재가능한 위험물
- 제1류 위험물 + 제6류 위험물
- 제2류 위험물 + 제4류 위험물
- 제2류 위험물 + 제5류 위험물
- 제3류 위험물 + 제4류 위험물
- 제4류 위험물 + 제5류 위험물

참고

혼재가능한 위험물 외에는 위험물끼리 혼재가 불가능하다. 예를 들어 제1류 위험물은 산화성 고체로 충격, 마찰, 열에 의해 쉽게 분해 및 산소를 방출한다. 제1류 위험물이 가연성 고체인 제2류 위험물과 혼재하면 제1류 위험물에 의해 방출된 산소는 가연물의 연소를 급속하게 촉진하고 이는 큰 화재로 이어지기 쉽다.

개념잡기

위험물안전관리법령상 가연성 고체는 제 몇 류 위험물인가?

① 제1류 ② 제2류
③ 제3류 ④ 제4류

가연성 고체는 제2류 위험물에 해당한다.
- 위험물 분류
  - 제1류 위험물 : 산화성 고체
  - **제2류 위험물 : 가연성 고체**
  - 제3류 위험물 : 자연발화성 물질 및 금수성 물질
  - 제4류 위험물 : 인화성 액체
  - 제5류 위험물 : 자기반응성 물질
  - 제6류 위험물 : 산화성 액체

정답 : ②

CHAPTER 04
소방안전

KEYWORD 냉각소화, 질식소화, 제거소화, 억제소화, 물 소화약제, 이산화탄소 소화약제, 할론 소화약제, 할로겐화합물 및 불활성 기체 소화약제, 분말 소화약제, 포 소화약제

01 소화의 원리

소화는 연소의 4요소(가연물, 산소공급원, 점화원, 연쇄반응) 중 어느 한 가지 이상을 차단하여 연소가 일어날 수 없도록 하는 것

02 소화 방식 ★★★

1. 물리적 소화

1-1 냉각소화

점화원을 냉각하여 소화

적용

스프링클러설비, 옥내·옥외소화전설비, CO_2 소화설비, 포 소화설비

스프링클러설비
주변에 물을 뿌리는 장치로 화재 발생 시 초기 진화를 목적으로 한다.

포 소화설비
물과 소화약제의 원액의 혼합물을 활용해 소화하는 방법으로 소화효과가 작거나 화재가 확대될 위험성이 있는 화재에 사용하는 설비

1-2 질식소화

산소농도를 약 15~16[%] 이하로 저하시켜 소화

적용

마른 모래, 팽창질석, 팽창진주암, CO_2 소화설비, 포 소화설비, 분말 소화설비, 불활성 기체 소화설비

1-3 제거소화

가연물을 제거하여 소화

적용

가스화재 시 공급밸브 차단, 산림화재 시 나무 벌목

2. 화학적 소화

2-1 억제소화

연쇄반응을 일으키는 활성라디칼의 발생을 억제하여 연쇄반응을 차단함으로써 소화

적용

할론 소화설비, 할로겐화합물 소화설비

> **참고**
>
> 팽창질석과 팽창진주암은 고열로 가열할 경우 급격하게 박리팽창하는 성질을 가지고 있다. 박리팽창된 팽창질석과 팽창진주암은 화재부분을 덮으면서 바깥과의 공기를 차단한다.

개념잡기

소화원리에 대한 설명으로 틀린 것은?

① 억제소화 : 불활성기체를 방출하여 연소범위 이하로 낮추어 소화하는 방법
② 냉각소화 : 물의 증발잠열을 이용하여 가연물의 온도를 낮추는 소화방법
③ 제거소화 : 가연성 가스의 분출화재 시 연료공급을 차단시키는 소화방법
④ 질식소화 : 포소화약제 또는 불연성기체를 이용해서 공기 중의 산소공급을 차단하여 소화하는 방법

불활성기체를 방출하여 가연성 증기의 농도를 연소범위 이하로 낮추어 소화하는 방법은 희석소화이다.
• 억제소화(부촉매소화) : 연소반응 시 발생하는 활성라디칼 생성을 억제하여 소화하는 방법

정답 : ①

03 물 소화약제

1. 물의 성질

1-1 물리적 성질 ★

- 융해잠열 : 80[kcal/kg]
- 증발잠열 : 539[kcal/kg]
- 비열 : 1[kcal/kg · ℃]

1-2 화학적 성질

물은 극성분자이므로 수소결합으로 구성됨

2. 물 소화약제의 주수형태

2-1 봉상수주

- 막대모양 물줄기로 주수
- 냉각효과 및 파괴효과

2-2 적상수주

- 물방울 형태로 주수
- 냉각효과

2-3 무상수주

- 안개 같은 분무 형태로 주수
- 분무 형태의 물은 매우 작고 전기 전도성이 낮기 때문에 전기화재에 적용

3. 물 소화약제의 특징

- 쉽게 구할 수 있고 사용이 편리하다.
- 경제적이고 친환경적이다.
- 기화잠열(증발잠열) 및 비열이 매우 커서 냉각효과가 크다.
- 화학적 안전성이 높아 각종 첨가제 혼합이 가능하다.
- 소화속도가 느리다.
- 어는점이 높기 때문에 추운 곳에서는 사용이 불가하다.

4. 물과 반응시 발생하는 가스 ★★

- 탄화칼슘과 물이 반응하면 아세틸렌이 발생
- 탄화알루미늄과 물이 반응하면 메탄가스가 발생
- 인화칼슘과 물이 반응하면 포스핀이 발생
- 인화알루미늄과 물이 반응하면 포스핀이 발생
- 칼륨과 물이 반응하면 수소가스가 발생
- 마그네슘과 물이 반응하면 수소가스가 발생
- 부틸리튬과 물이 반응하면 부탄가스가 발생
- 산화칼륨과 물이 반응하면 수산화칼륨이 발생

저자 어드바이스

포스핀에 인(P)이 포함되어 있기 때문에 포스핀이 발생되기 위해서는 반드시 인(P)과 포함된 물질이 물과 반응해야 한다.

04 이산화탄소 소화약제

1. 이산화탄소의 물성 ★★

- 임계온도 : 약 31[℃]
- 증기비중 : 1.529
- 분자량 : 44

2. 이산화탄소의 소화효과

2-1 질식효과

산소농도를 15[%] 이하로 낮춰서 소화(주된 소화 효과)

2-2 냉각효과

방사 시 기화열에 의한 열 흡수

3. 가연물을 소화하기 위한 이산화탄소의 소화 농도 ★★★

$$CO_2 = \frac{21 - O_2}{21} \times 100 [\%]$$

$\begin{bmatrix} CO_2 : CO_2(\text{이산화탄소})\text{의 농도[vol\%]} \\ O_2 : O_2(\text{산소})\text{의 농도[vol\%]} \end{bmatrix}$

저자 어드바이스

산소의 농도가 주어지고 이산화탄소를 구하는 기출문제가 나오므로 이산화탄소의 소화 농도 공식은 외워두도록 하자.

4. 이산화탄소의 소화기의 특징

- 밀폐된 공간에서 사용시 질식 위험성이 있다.
- 인체에 직접 방출 시 동상의 위험성이 있다.
- 소화약제의 방사 시 소음이 크다.
- 전기적으로 비전도성이기 때문에 전기설비에 사용할 수 있다.
- 화재 진화 후 깨끗하다.
- 심부화재에 적합하다.

05 할론 소화약제

1. 할로겐 원소 ★

- 주기율표 17족 원소(F, Cl, Br, I 등)

전기음성도

F > Cl > Br > I 순으로 크다.

부촉매효과(연쇄반응 차단)

F < Cl < Br < I 순으로 크다.

2. 'Halon ABCD' 소화약제 분자식 구하기 ★★★

- A : C(탄소)의 개수
- B : F(불소)의 개수
- C : Cl(염소)의 개수
- D : Br(브롬(브로민))의 개수

예) CF_2ClBr은 C가 1개, F가 2개, Cl이 1개, Br이 1개이므로 소화약제는 Halon 1211이 된다.

3. 할론소화약제의 종류

할론 1211(기체), 할론 1301(기체), 할론 2402(액체)

4. 할론소화약제의 특징

- 연쇄반응을 차단하여 소화한다(억제소화).
- 할로겐족 원소가 사용된다.
- 전기적으로 비전도성이다.
- 소화약제의 변질분해 위험성이 낮다.
- 오존층을 파괴할 우려(ODP : 오존파괴지수)가 높다.

전기음성도
원자나 분자가 화학결합을 할 때 다른 전자를 끌어들이는 능력의 척도

할론 소화약제
탄소와 할로겐족 원소인 불소, 염소, 브롬(브로민)을 조합해 만든 소화약제

핵심 KEY
할론 1301이 가장 ODP(오존파괴지수)가 높다.

ODP(오존파괴지수)
오존을 파괴하는 화합물질의 오존파괴 정도를 숫자로 표시한 것

> **개념잡기**
>
> 할론 소화설비에서 Halon 1211 약제의 분자식은?
>
> ① CBr_2ClF
> ② CF_2BrCl
> ③ CCl_2BrF
> ④ BrC_2ClF
>
> 'Halon ABCD' 소화약제 분자식 구하기
> - A : C(탄소)의 개수
> - B : F(불소)의 개수
> - C : Cl(염소)의 개수
> - D : Br(브롬(브로민))의 개수
>
> Halon 1211은 C가 1개, F가 2개, Cl이 1개, Br이 1개이므로 분자식은 CF_2BrCl이 된다.
>
> 정답 : ②

06 할로겐화합물 및 불활성기체 소화약제

1. 할로겐화합물 소화약제

1-1 정의

할론소화약제를 제외한 F, Cl, Br, I 중 하나 이상의 원소를 포함하고 있는 유기화합물을 기본성분으로 하는 소화약제

1-2 특징

- 자유활성기를 억제하는 소화방법이다(억제소화).
- 소화약제 변질분해 위험성이 낮다.
- 전기적으로 비전도성이다.
- ODP(오존파괴지수)가 상대적으로 낮다.

2. 불활성기체 소화약제

2-1 정의

He, Ne, Ar, N_2 중 하나 이상의 원소를 기본성분으로 하는 소화약제

2-2 특징

- 불활성기체는 18족 원소로 화학적 반응을 거의 하지 않는다.
- 화학적 반응을 하지 않고 연소하는 곳을 덮어 공기와의 접촉을 차단하는 소화방법이다 (질식소화).

07 분말 소화약제

1. 분말 소화약제의 종류 ★★★

종별	소화약제	착색	적응화재
제1종	탄산수소나트륨($NaHCO_3$)	백색	B, C
제2종	탄산수소칼륨($KHCO_3$)	담회색	B, C
제3종	제1인산암모늄($NH_4H_2PO_4$)	담홍색(황색)	A, B, C
제4종	탄산수소칼륨 + 요소 ($KHCO_3 + CO[NH_2]_2$)	회색	B, C

저자 어드바이스

분말 소화약제 중에 A급 화재에 적응성이 있는 것은 제3종 분말소화약제만 해당한다.

08 포 소화약제

1. 포 소화약제 구비조건

- 기화가 용이하지 않을 것
- 부착성이 있을 것
- 유동·내열성이 있을 것
- 안정성이 있을 것

2. 포의 팽창비

$$팽창비 = \frac{발포\ 후\ 포의\ 체적}{발포\ 전\ 포수용액의\ 체적}$$

2-1 팽창비에 의한 포의 분류

저발포	팽창비 6배 이상 20배 이하
고발포	팽창비 80배 이상 1,000배 미만

3. 포의 분류

3-1 화학포

2가지의 소화약제가 화학반응을 일으켜 생성되는 기체를 핵으로 하는 포

3-2 기계포(공기포)

물과 약제의 혼합액에 공기를 불어넣어 발생시킨 포

4. 기계포의 종류 및 특징 ★

구분	특징
단백포	내열성이 우수하다.
	유면봉쇄성이 우수하다.
	쉽게 변질되어 저장성이 불량하다.
	유류 오염의 문제가 있다.
	유동성이 좋지 않아 소화시간이 길다.
수성막포	타 약제와 겸용이 가능하다.
	안전성이 좋다.
	표면하 주입방식에 적합하다.
	내열성이 좋지 않다.
	부식방지용 저장설비가 요구된다.
합성계면활성제포	저팽창, 고팽창 모두 사용가능하다.
	저장성이 우수하다.
	유동성이 좋다.
	적열된 기름탱크 주위에는 효과가 비교적 적다.
내알코올포	수용성 용제의 소화에 사용한다.
	포 약제와 물을 혼합 후 거품 생성까지 시간에 제한이 있다.

5. 포 소화약제의 특징

- 질식소화, 냉각소화 작용을 한다.
- 유류화재에 주로 사용한다.

개념잡기

포소화약제 중 고팽창포로 사용할 수 있는 것은?

① 단백포　　　　　② 불화단백포
③ 내알코올포　　　④ 합성계면활성제포

합성계면활성제포 소화약제는 저팽창포와 고팽창포 모두 사용할 수 있다.
- 저팽창포의 종류 : 단백포, 불화단백포, 수성막포, 내알코올포, 합성계면활성제포
- 고팽창포의 종류 : 합성계면활성제포

정답 : ④

PART 02

소방관계법규

01 소방기본법
02 화재의 예방 및 안전관리에 관한 법률
03 소방시설 설치 및 관리에 관한 법률
04 소방시설공사업법
05 위험물안전관리법

 단원 들어가기 전

본 단원은 소방 법규에 대한 내용을 담고 있습니다.
암기할 내용이 가장 많은 단원으로 빈출 내용을 중심으로 지속적인 반복 학습을 통해 학습해야 합니다.

CHAPTER 01
소방기본법

KEYWORD 소방대상물, 관계인, 소방대, 소방박물관, 119종합상황실, 소방의 날, 상호응원협정, 소방신호

01 총칙

1. 목적(기본법 제1조)

- 화재를 예방·경계 또는 진압
- 화재, 재난·재해, 그 밖의 위급한 상황에서의 구조·구급 활동
- 국민의 생명·신체 및 재산을 보호
- 공공의 안녕 및 질서 유지와 복리증진에 이바지

2. 정의(기본법 제2조)

소방대상물
건축물, 차량, 선박(항구에 매어둔 선박만 해당), 선박 건조 구조물, 산림, 그 밖의 인공 구조물 또는 물건

관계인
소방대상물의 소유자·관리자 또는 점유자

소방대
소방공무원, 의무소방원, 의용소방대원

> **핵심 KEY**
> 항구에 매어두지 않은 선박은 소방대상물에 해당하지 않는다.

> **개념잡기**
>
> 소방기본법의 정의상 소방대상물의 관계인이 아닌 자는?
>
> ① 감리자 ② 관리자
> ③ 점유자 ④ 소유자
>
> 소방대상물의 관계인은 소방대상물의 소유자, 관리자, 점유자를 말한다.
>
> **정의(기본법 제2조)**
> - 소방대상물 : 건축물, 차량, 선박(항구에 매어둔 선박만 해당), 선박 건조 구조물, 산림, 그 밖의 인공 구조물 또는 물건
> - 관계인 : 소방대상물의 소유자·관리자 또는 점유자
> - 소방대 : 소방공무원, 의무소방원, 의용소방대원
>
> 정답 : ①

3. 119종합상황실의 설치와 운영(기본법 제4조)

소방청장, 소방본부장 및 소방서장은 화재, 재난·재해, 그 밖에 구조·구급이 필요한 상황이 발생하였을 때에 신속한 소방활동(소방업무를 위한 모든 활동을 말한다)을 위한 정보의 수집·분석과 판단·전파, 상황관리, 현장 지휘 및 조정·통제 등의 업무를 수행하기 위하여 119종합상황실을 설치·운영

4. 소방박물관 등의 설립과 운영(기본법 제5조)

소방박물관
- **소방청장**이 설립 및 운영
- 소방의 역사와 안전문화를 발전시키고 국민의 안전 의식을 높이기 위함
- 행정안전부령에 따라 운영

소방체험관
- **시·도지사**가 설립 및 운영
- 화재 현장에서의 피난 등을 체험
- 시·도의 조례에 따라 운영

> **저자 어드바이스**
> 소방박물관과 소방체험관의 운영주체가 다르다는 것을 기억해두자.

5. 소방의 날 제정과 운영 등(기본법 제7조)

소방의 날
매년 11월 9일

시행 주체
소방청장 또는 시·도지사

> **저자 어드바이스**
> 소방의 날은 119구급대를 생각하면 11월 9일을 기억하기 편할 것이다.

6. 소방력의 기준(기본법 제8조)

- **소방력** : 소방기관이 소방업무를 수행하는 데에 필요한 인력과 장비
- 기준 : 행정안전부령
- 관할구역의 소방력 확충에 필요한 계획의 수립·시행 : 시·도지사
- 소방자동차 등 소방장비의 분류·표준화와 그 관리 등에 필요한 사항은 따로 법률에서 정함

02 소방 장비 및 소방용수 시설 등

1. 소방용수시설의 설치 및 관리 등(기본법 제10조)

- 소방활동에 필요한 소화전(消火栓)·급수탑(給水塔)·저수조(貯水槽)(이하 "소방용수시설"이라 한다)를 설치하고 유지·관리 : 시·도지사
- 「수도법」 따른 소화전을 설치(관할 소방서장과 사전협의 후)하고 유지·관리 : **일반수도사업자**
- 소방자동차의 진입이 곤란한 지역 등 화재발생 시에 초기 대응이 필요한 지역으로서 대통령령으로 정하는 지역에 소방호스 또는 호스 릴 등을 소방용수시설에 연결하여 화재를 진압하는 시설이나 장치(이하 "비상소화장치"라 한다)를 설치하고 유지·관리 : 시·도지사
- 설치기준 : 행정안전부령

2. 소방업무의 응원(기본법 제11조)

- 소방활동을 할 때에 긴급한 경우에는 이웃한 소방본부장 또는 소방서장에게 소방업무의 응원(應援)을 요청 : 소방본부장, 소방서장
- 시·도지사는 소방업무의 응원을 요청하는 경우를 대비하여 출동 대상지역 및 규모와 필요한 경비의 부담 등에 관하여 필요한 사항을 **행정안전부령으로 정하는 바에 따라 이웃하는 시·도지사와 협의**하여 미리 규약(規約)으로 정함

03 소방활동 등

1. 소방활동(기본법 제16조)

- 화재, 재난·재해, 그 밖의 위급한 상황이 발생하였을 때에는 소방대를 현장에 신속하게 출동시켜 화재진압과 인명구조·구급 등 소방에 필요한 활동(이하 이 조에서 "소방활동"이라 한다)을 하게 하여야 한다.
- 실시권자 : 소방청장, 소방본부장, 소방서장
- 누구든지 정당한 사유 없이 출동한 소방대의 소방활동을 방해하여서는 아니된다.

2. 소방교육·훈련(기본법 제17조)

- 소방업무를 전문적이고 효과적으로 수행하기 위하여 소방대원에게 필요한 교육·훈련을 실시
- 실시권자 : 소방청장, 소방본부장, 소방서장
- 법령근거 : 행정안전부령

3. 소방안전교육사의 결격사유(기본법 제17조의 3)

- 피성년후견인
- 금고 이상의 실형을 선고받고 그 집행이 끝나거나(집행이 끝난 것으로 보는 경우를 포함한다) 집행이 면제된 날부터 2년이 지나지 아니한 사람
- 금고 이상의 형의 집행유예를 선고받고 그 유예기간 중에 있는 사람
- 법원의 판결 또는 다른 법률에 따라 자격이 정지되거나 상실된 사람

저자 어드바이스
소방안전에 관련된 직업은 결격사유가 거의 모두 동일하다.

4. 소방활동구역의 설정(기본법 제23조)

- 설정권자 : 소방대장
- 설정구역 : 화재, 재난·재해, 그 밖의 위급한 상황이 발생한 현장
- 법령근거 : 대통령령
- 경찰공무원은 소방대장의 요청이 있을 때에는 출입 가능

5. 소방활동 종사 명령(기본법 제24조)

- 화재, 재난·재해, 그 밖의 위급한 상황이 발생한 현장에서 소방활동을 위하여 필요할 때에는 그 관할구역에 사는 사람 또는 그 현장에 있는 사람으로 하여금 사람을 구출하는 일 또는 불을 끄거나 불이 번지지 아니하도록 하는 일을 하게 명령 가능
- 명령권자 : 소방본부장, 소방서장, 소방대장
- 소방활동 비용 지급자 : 시·도지사
- 소방활동의 비용 미지급 대상
  - 소방대상물에 화재, 재난·재해, 그 밖의 위급한 상황이 발생한 경우 그 관계인
  - 고의 또는 과실로 화재 또는 구조·구급 활동이 필요한 상황을 발생시킨 사람
  - 화재 또는 구조·구급 현장에서 물건을 가져간 사람

6. 강제처분 등(기본법 제25조)

- 조치권자 : 소방본부장, 소방서장, 소방대장
- 강제처분내용
  - 사람을 구출하거나 불이 번지는 것을 막기 위하여 필요할 때에는 화재가 발생하거나 불이 번질 우려가 있는 소방대상물 및 토지를 일시적으로 사용하거나 그 사용의 제한 또는 소방활동에 필요한 처분을 할 수 있다.
  - 사람을 구출하거나 불이 번지는 것을 막기 위하여 긴급하다고 인정할 때에는 소방대상물 또는 토지 외의 소방대상물과 토지에 대하여 처분을 할 수 있다.
  - 소방활동을 위하여 긴급하게 출동할 때에는 소방자동차의 통행과 소방활동에 방해가 되는 주차 또는 정차된 차량 및 물건 등을 제거하거나 이동시킬 수 있다.
  - 소방활동에 방해가 되는 주차 또는 정차된 차량의 제거나 이동을 위하여 관할 지방자치단체 등 관련 기관에 견인차량과 인력 등에 대한 지원을 요청할 수 있고, 요청을 받은 관련 기관의 장은 정당한 사유가 없으면 이에 협조하여야 한다.
  - 시·도지사는 견인차량과 인력 등을 지원한 자에게 시·도의 조례로 정하는 바에 따라 비용을 지급할 수 있다

04 한국소방안전원

1. 안전원의 업무(기본법 제41조)

- 소방기술과 안전관리에 관한 교육 및 조사·연구
- 소방기술과 안전관리에 관한 각종 간행물 발간
- 화재 예방과 안전관리의식 고취를 위한 대국민 홍보
- 소방업무에 관하여 행정기관이 위탁하는 업무
- 소방안전에 관한 국제협력
- 그 밖에 회원에 대한 기술지원 등 정관으로 정하는 사항

05 벌칙

1. 5년 이하의 징역 또는 5천만원 이하의 벌금(기본법 제50조)

- 위력(威力)을 사용하여 출동한 소방대의 화재진압·인명구조 또는 구급활동을 방해하는 행위를 한 사람
- 소방대가 화재진압·인명구조 또는 구급활동을 위하여 현장에 출동하거나 현장에 출입하는 것을 고의로 방해하는 행위를 한 사람
- 출동한 소방대원에게 폭행 또는 협박을 행사하여 화재진압·인명구조 또는 구급활동을 방해하는 행위를 한 사람
- 출동한 소방대의 소방장비를 파손하거나 그 효용을 해하여 화재진압·인명구조 또는 구급활동을 방해하는 행위를 한 사람
- 소방자동차의 출동을 방해한 사람
- 사람을 구출하는 일 또는 불을 끄거나 불이 번지지 아니하도록 하는 일을 방해한 사람
- 정당한 사유 없이 소방용수시설 또는 비상소화장치를 사용하거나 소방용수시설 또는 비상소화장치의 효용을 해치거나 그 정당한 사용을 방해한 사람

2. 3년 이하의 징역 또는 3천만원 이하의 벌금(기본법 제51조)

구조·구급, 화재진압 등에 필요한 강제처분을 방해한 자 또는 정당한 사유 없이 그 처분에 따르지 아니한 자

3. 과태료(기본법 제56조)

500만원 이하의 과태료
- 화재 또는 구조·구급이 필요한 상황을 거짓으로 알린 사람
- 화재, 재난·재해, 그 밖의 위급한 상황을 소방본부, 소방서 또는 관계 행정기관에 알리지 아니한 관계인

200만원 이하의 과태료
- 한국119청소년단 또는 이와 유사한 명칭을 사용한 자
- 소방자동차의 출동에 지장을 준 자
- 소방활동구역을 출입한 사람
- 한국소방안전원 또는 이와 유사한 명칭을 사용한 자

100만원 이하의 과태료
전용구역에 차를 주차하거나 전용구역에의 진입을 가로막는 등의 방해행위를 한 자

4. 20만원 이하의 과태료(기본법 제57조)

- 다음 지역 또는 장소에서 화재로 오인할 만한 우려가 있는 불을 피우거나 연막 소독을 하려는 자가 신고를 하지 아니하여 소방자동차를 출동하게 한 자
  - 시장지역
  - 공장·창고가 밀집한 지역
  - 위험물의 저장 및 처리시설이 밀집한 지역
  - 목조건물이 밀집한 지역
  - 위험물의 저장 및 처리시설이 밀접한 지역
  - 석유화학제품을 생산하는 공장이 있는 지역
  - 그 밖에 시·도의 조례로 정하는 지역 또는 장소
- 과태료는 조례로 정하는 바에 따라 관할 소방본부장 또는 소방서장이 부과·징수한다.

벌금과 과태료의 차이는 벌금은 형벌에 해당하고 전과로 기재된다. 반면 과태료는 전과에 기재되지 않는다.

개념잡기

소방기본법령상 시장지역에서 화재로 오인할 만한 우려가 있는 불을 피우거나 연막소독을 하려는 자가 신고를 하지 아니하여 소방자동차를 출동하게 한 자에 대한 과태료 부과·징수권자는?

① 국무총리 ② 시·도지사
③ 행정안전부 장관 ④ 소방본부장 또는 소방서장

정답 : ④

06 소방기본법 시행령

1. 국고보조 대상사업의 범위와 기준보조율(기본법 시행령 제2조)

- 국고보조 대상사업의 범위
  - 소방자동차 구입 및 설치
  - 소방헬리콥터 및 소방정 구입 및 설치
  - 소방전용통신설비 및 전산설비 구입 및 설치
  - 그 밖에 방화복 등 소방활동에 필요한 소방장비 구입 및 설치
  - 소방관서용 청사의 건축
- 소방활동장비 및 설비의 종류와 규격 근거 : 행정안전부령
- 국고보조 대상사업의 기준보조율 : 「보조금 관리에 관한 법률 시행령」에 근거

2. 소방활동구역의 출입자(기본법 시행령 제8조)

- 법령근거 : 대통령령
- 소방활동구역의 출입자
  - 소방활동구역 안에 있는 소방대상물의 소유자·관리자 또는 점유자
  - 전기·가스·수도·통신·교통의 업무에 종사하는 사람으로서 원활한 소방활동을 위하여 필요한 사람
  - 의사·간호사 그 밖의 구조·구급업무에 종사하는 사람
  - 취재인력 등 보도업무에 종사하는 사람
  - 수사업무에 종사하는 사람
  - 그 밖에 소방대장이 소방활동을 위하여 출입을 허가한 사람

3. 소방안전교육사의 배치대상별 배치기준(기본법 시행령 별표 2의3)

배치대상	배치기준(단위 : 명)	비고
소방청	2 이상	
소방본부	2 이상	
소방서	1 이상	
한국소방안전원	본회 : 2 이상 시·도지부 : 1 이상	
한국소방산업기술원	2 이상	

저자 어드바이스

한국소방안전원에서 소방안전교육사의 배치기준은 본회 또는 시·도지부에 따라 달라진다.

개념잡기

소방기본법령상 국고보조 대상사업의 범위 중 소방활동장비와 설비에 해당하지 않는 것은?

① 소방자동차
② 소방헬리콥터 및 소방정
③ 소화용수설비 및 피난구조설비
④ 방화복 등 소방활동에 필요한 소방장비

소화용수설비 및 피난구조설비는 국고보조 대상사업의 범위에 들어가지 않는다.

국고보조 대상사업의 범위와 기준보조율(기본법 시행령 제2조)
- 국고보조 대상사업의 범위
  - 소방자동차 구입 및 설치
  - 소방헬리콥터 및 소방정 구입 및 설치
  - 소방전용통신설비 및 전산설비 구입 및 설치
  - 그 밖에 방화복 등 소방활동에 필요한 소방장비 구입 및 설치
  - 소방관서용 청사의 건축
- 소방활동장비 및 설비의 종류와 규격 근거 : 행정안전부령
- 국고보조 대상사업의 기준보조율 : 「보조금 관리에 관한 법률 시행령」에 근거

정답 : ③

07 소방기본법 시행규칙

1. 종합상황실의 실장의 업무 등(기본법 시행규칙 제3조) ★

종합상황실장의 서면·팩스 또는 컴퓨터통신 등의 보고대상 재해규모
- 사망자가 5인 이상 발생하거나 사상자가 10인 이상 발생한 화재
- 이재민이 100인 이상 발생한 화재
- 재산피해액이 50억원 이상 발생한 화재
- 관공서·학교·정부미도정공장·문화재·지하철 또는 지하구의 화재
- 관광호텔, 층수가 11층 이상인 건축물, 지하상가, 시장, 백화점, 지정수량의 3천배 이상의 위험물의 제조소·저장소·취급소, 층수가 5층 이상이거나 객실이 30실 이상인 숙박시설, 층수가 5층 이상이거나 병상이 30개 이상인 종합병원·정신병원·한방병원·요양소, 연면적 1만5천제곱미터 이상인 공장 또는 화재예방강화지구에서 발생한 화재
- 철도차량, 항구에 매어둔 총 톤수가 1천톤 이상인 선박, 항공기, 발전소 또는 변전소에서 발생한 화재
- 가스 및 화약류의 폭발에 의한 화재
- 다중이용업소의 화재
- 통제단장의 현장지휘가 필요한 재난상황
- 언론에 보도된 재난상황
- 그 밖에 소방청장이 정하는 재난상황

참고
"지정수량"이라 함은 위험물의 종류별로 위험성을 고려하여 대통령령이 정하는 수량으로서 제조소등의 설치허가 등에 있어서 최저의 기준이 되는 수량을 말한다.

개념잡기

소방기본법령상 소방본부 종합상황실의 실장이 서면·팩스 또는 컴퓨터통신 등으로 소방청 종합상황실에 보고하여야 하는 화재의 기준이 아닌 것은?

① 이재민이 100인 이상 발생한 화재
② 재산피해액이 50억원 이상 발생한 화재
③ 사망자가 3인 이상 발생하거나 사상자가 5인 이상 발생한 화재
④ 층수가 5층 이상이거나 병상이 30개 이상인 종합병원에서 발생한 화재

정답 : ③

개념잡기

소방기본법령상 소방본부 종합상황실 실장이 소방청의 종합상황실에 서면·팩스 또는 컴퓨터통신 등으로 보고하여야 하는 화재의 기준 중 틀린 것은?

① 항구에 매어둔 총 톤수가 1,000톤 이상인 선박에서 발생한 화재
② 층수가 5층 이상이거나 병상이 30개 이상인 종합병원·정신병원·한방병원·요양소에서 발생한 화재
③ 지정수량의 1,000배 이상의 위험물의 제조소·저장소·취급소에서 발생한 화재
④ 연면적 15,000[m²] 이상인 공장 또는 화재예방강화지구에서 발생한 화재

지정수량의 3,000배 이상의 위험물의 제조소·저장소·취급소에서 화재가 발생했을 때 소방본부 종합상황실 실장이 소방청의 종합상황실에 서면·팩스 또는 컴퓨터통신 등으로 보고하여야 한다.

종합상황실의 실장의 업무 등(기본법 시행규칙 제3조)
종합상활실장의 서면·팩스 또는 컴퓨터통신 등의 보고대상 재해규모
• 사망자가 5인 이상 발생하거나 사상자가 10인 이상 발생한 화재
• 이재민이 100인 이상 발생한 화재
• 재산피해액의 50억원 이상 발생한 화재
• 관공서·학교·정부미도정공장·문화재·지하철 또는 지하구의 화재
• 관광호텔, 층수가 11층 이상인 건축물, 지하상가, 시장, 백화점, 지정수량의 3천배 이상의 위험물의 제조소·저장소·취급소, 층수가 5층 이상이거나 객실이 30실 이상인 숙박시설, 층수가 5층 이상이거나 병상이 30개 이상인 종합병원·정신병원·한방병원·요양소, 연면적 1만5천제곱미터 이상인 공장 또는 화재예방강화지구에서 발생한 화재
• 철도차량, 항구에 매어둔 총 톤수가 1천톤 이상인 선박, 항공기, 발전소 또는 변전소에서 발생한 화재
• 가스 및 화약류의 폭발에 의한 화재
• 다중이용업소의 화재
• 통제단장의 현장지휘가 필요한 재난상황
• 언론에 보도된 재난상황
• 그 밖에 소방청장이 정하는 재난상황

정답 : ③

2. 소방용수시설 및 지리조사(기본법 시행규칙 제7조)

- 조사자 : 소방본부장, 소방서장
- 조사주기 : 월 1회 이상
- 조사내용
  - 설치된 소방용수시설에 대한 조사
  - 소방대상물 인접 도로의 폭·교통상황, 도로주변 토지의 고저·건축물 개황
  - 그 밖의 소방활동에 필요한 지리에 대한 조사
- 조사결과 보관 : 2년

3. 소방용수시설의 설치기준(기본법 시행규칙 별표 3, 기본법 시행규칙 제6조제2항 관련) ★★★

공통기준

- 주거지역·상업지역 및 공업지역에 설치하는 경우 : 소방대상물과의 수평거리 100[m] 이하
- 그 외 지역 : 소방대상물과의 수평거리 140[m] 이하

소화전

- 상수도와 연결하여 지하식 또는 지상식의 구조
- 소방용호스와 연결하는 소화전의 연결금속구의 구경은 65[mm]

급수탑

- 급수배관의 구경은 100[mm] 이상
- 개폐밸브는 지상에서 1.5[m] 이상 1.7[m] 이하의 위치에 설치

저수조

- 지면으로부터의 낙차가 4.5[m] 이하
- 흡수부분의 수심이 0.5[m] 이상
- 소방펌프자동차가 쉽게 접근할 수 있도록 할 것
- 흡수에 지장이 없도록 토사 및 쓰레기 등을 제거할 수 있는 설비를 갖출 것
- 흡수관의 투입구가 사각형의 경우에는 한 변의 길이가 60[cm] 이상, 원형의 경우에는 지름이 60[cm] 이상
- 저수조에 물을 공급하는 방법은 상수도에 연결하여 자동으로 급수되는 구조

소방기본법령상 상업지역에 소방용수시설 설치 시 소방대상물과의 수평거리 기준은 몇 [m] 이하인가?

① 100
② 120
③ 140
④ 160

상업지역에 소방용수시설 설치 시 소방대상물과의 수평거리는 100[m] 이하이다.

소방용수시설의 설치기준(기본법 시행규칙 별표 3)
- 공통기준
  - 주거지역·상업지역 및 공업지역에 설치하는 경우 : 소방대상물과의 수평거리 100[m] 이하
  - 그 외 지역 : 소방대상물과의 수평거리 140[m] 이하
- 소화전
  - 상수도와 연결하여 지하식 또는 지상식의 구조
  - 소방용호스와 연결하는 소화전의 연결금속구의 구경은 65[mm]
- 급수탑
  - 급수배관의 구경은 100[mm] 이상
  - 개폐밸브는 지상에서 1.5[m] 이상 1.7[m] 이하의 위치에 설치
- 저수조
  - 지면으로부터의 낙차가 4.5[m] 이하
  - 흡수부분의 수심이 0.5[m] 이상
  - 소방펌프자동차가 쉽게 접근할 수 있도록 할 것
  - 흡수에 지장이 없도록 토사 및 쓰레기 등을 제거할 수 있는 설비를 갖출 것
  - 흡수관의 투입구가 사각형의 경우에는 한 변의 길이가 60[cm] 이상, 원형의 경우에는 지름이 60[cm] 이상
  - 저수조에 물을 공급하는 방법은 상수도에 연결하여 자동으로 급수되는 구조

정답 : ①

4. 소방업무의 상호응원협정(기본법 시행규칙 제8조) ★

- 소방활동에 관한 사항
  - 화재의 경계·진압활동
  - 구조·구급업무의 지원
  - 화재조사활동
- 응원출동대상지역 및 규모
- 소요경비의 부담에 관한 사항
  - 출동대원의 수당·식사 및 의복의 수선
  - 소방장비 및 기구의 정비와 연료의 보급
  - 그 밖의 경비
- 응원출동의 요청방법
- 응원출동훈련 및 평가

5. 소방교육·훈련의 종류 등(기본법 시행규칙 별표 3의2, 기본법 시행규칙 제9조1항 관련)

- 실시주기 : 2년마다 1회 이상 실시
- 실시기간 : 2주 이상 실시
- 종류
  - 화재진압훈련
  - 인명구조훈련
  - 응급처치훈련
  - 인명대피훈련
  - 현장지휘훈련

6. 소방신호의 종류 및 방법(기본법 시행규칙 별표4, 기본법 시행규칙 제10조 제2항 관련)

- **경계신호** : 화재예방상 필요하거나 인정되거나 화재위험경보시 발령
- **발화신호** : 화재가 발생할 때 발령
- **해제신호** : 소화활동이 필요없다고 인정되는 때 발령
- **훈련신호** : 훈련상 필요하다고 인정되는 때 발령

종별 \ 신호방법	타종신호	싸이렌신호	그 밖의 신호
경계신호	1타와 연2타를 반복	5초 간격을 두고 30초씩 3회	"통풍대" 적색/백색 / "게시판" 화재경보 발령중
발화신호	난타	5초 간격을 두고 5초씩 3회	
해제신호	상당한 간격을 두고 1타씩 반복	1분간 1회	
훈련신호	연3타반복	10초 간격을 두고 1분씩 3회	"기" 적색/백색

[비고] 1. 소방신호의 방법은 그 전부 또는 일부를 함께 사용할 수 있다.
2. 게시판을 철거하거나 통풍대 또는 기를 내리는 것으로 소방활동이 해제되었음을 알린다.
3. 소방대의 비상소집을 하는 경우에는 훈련신호를 사용할 수 있다.

개념잡기

소방기본법령상 소방신호의 방법으로 틀린 것은?

① 타종에 의한 훈련신호는 연3타 반복
② 싸이렌에 의한 발화신호는 5초 간격을 두고 10초씩 3회
③ 타종에 의한 해제신호는 상당한 간격을 두고 1타씩 반복
④ 싸이렌에 의한 경계신호는 5초 간격을 두고 30초씩 3회

정답 : ②

CHAPTER 02
화재의 예방 및 안전관리에 관한 법률

KEYWORD 화재안전조사, 화재예방강화지구, 소방안전관리, 소방안전관리자, 강습교육, 실무교육

01 총칙

1. 정의(화재예방법 제2조)

예방
화재의 위험으로부터 사람의 생명·신체 및 재산을 보호하기 위하여 화재발생을 사전에 제거하거나 방지하기 위한 모든 활동

안전관리
화재로 인한 피해를 최소화하기 위한 예방, 대비, 대응 등의 활동

화재안전조사
소방청장, 소방본부장 또는 소방서장(이하 "소방관서장"이라 한다)이 소방대상물, 관계지역 또는 관계인에 대하여 소방시설 등이 소방 관계 법령에 적합하게 설치·관리되고 있는지, 소방대상물에 화재의 발생 위험이 있는지 등을 확인하기 위하여 실시하는 현장조사·문서열람·보고요구 등을 하는 활동

화재예방강화지구
특별시장·광역시장·특별자치시장·도지사 또는 특별자치도지사(이하 "시·도지사"라 한다)가 화재발생 우려가 크거나 화재가 발생할 경우 피해가 클것으로 예상되는 지역에 대하여 화재의 예방 및 안전관리를 강화하기 위해 지정·관리하는 지역

화재예방안전진단
화재가 발생할 경우 사회·경제적으로 피해 규모가 클 것으로 예상되는 소방대상물에 대하여 화재위험요인을 조사하고 그 위험성을 평가하여 개선대책을 수립하는 것

소방관서장
소방청장, 소방본부장, 소방서장을 일컫는 말이다.

02 화재안전조사

1. 화재안전조사(화재예방법 제7조)

- 조사명령권자 : 소방청장, 소방본부장, 소방서장
- 화재안전조사 실시대상
  ① 자체점검이 불성실하거나 불완전하다고 인정되는 경우
  ② 화재예방강화지구 등 법령에서 화재안전조사를 하도록 규정되어 있는 경우
  ③ 화재예방안전진단이 불성실하거나 불완전하다고 인정되는 경우
  ④ 국가적 행사 등 주요 행사가 개최되는 장소 및 그 주변의 관계 지역에 대하여 소방안전 관리 실태를 조사할 필요가 있는 경우
  ⑤ 화재가 자주 발생하였거나 발생할 우려가 뚜렷한 곳에 대한 조사가 필요한 경우
  ⑥ 재난예측정보, 기상예보 등을 분석한 결과 소방대상물에 화재의 발생 위험이 크다고 판단되는 경우
  ⑦ ①~⑥에서 규정한 경우 외에 화재, 그 밖의 긴급한 상황이 발생할 경우 인명 또는 재산 피해의 우려가 현저하다고 판단되는 경우
- 관계인의 승낙이 필요한 경우 : 개인의 주거
- **화재안전조사의 항목**
  - 화재의 예방조치 상황
  - 소방시설의 설치 및 관리 상황
  - 소방대상물의 화재 등의 발생 위험과 관련된 상황

2. 화재안전조사 결과에 따른 조치명령(화재예방법 제14조) ★

- **명령권자** : 소방청장, 소방본부장, 소방서장
- **명령사항** : 관계인에게 그 소방대상물의 개수(改修)·이전·제거, 사용의 금지 또는 제한, 사용폐쇄, 공사의 정지 또는 중지, 그 밖에 필요한 조치를 명함.

> **개념잡기**
>
> 화재의 예방 및 안전관리에 관한 법령상 화재안전조사 결과 소방대상물의 위치 상황이 화재 예방을 위하여 보완될 필요가 있을 것으로 예상되는 때에 소방대상물의 개수·이전·제거, 그 밖의 필요한 조치를 관계인에게 명령할 수 있는 사람은?
>
> ① 소방서장 ② 경찰청장
> ③ 시·도지사 ④ 해당구청장
>
> ---
>
> 화재안전조사 결과에 따른 조치명령을 내릴 수 있는 사람은 소방청장, 소방본부장, 소장서장이다.
>
> **화재안전조사 결과에 따른 조치명령(화재예방법 제14조)**
> • 명령권자 : 소방청장, 소방본부장, 소방서장
> • 명령사항 : 관계인에게 그 소방대상물의 개수(改修)·이전·제거, 사용의 금지 또는 제한, 사용폐쇄, 공사의 정지 또는 중지, 그 밖에 필요한 조치를 명함.
>
> 정답 : ①

03 화재의 예방조치

1. 화재의 예방조치 등(화재예방법 제17조)

- 명령권자 : 소방청장, 소방본부장, 소장서장
- 누구든지 화재예방강화지구 및 이에 준하는 대통령령으로 정하는 장소에서는 다음 각 호의 어느 하나에 해당하는 행위를 하여서는 아니 된다. 다만, 행정안전부령으로 정하는 바에 따라 안전조치를 한 경우에는 그러하지 아니한다.
  ① 모닥불, 흡연 등 화기의 취급
  ② 풍등 등 소형열기구 날리기
  ③ 용접·용단 등 불꽃을 발생시키는 행위
- **명령대상** : 화재 발생 위험이 크거나 소화 활동에 지장을 줄 수 있다고 인정되는 행위나 물건에 대하여 행위 당사자나 그 물건의 소유자, 관리자 또는 점유자
- 예방조치명령
  - ①~③의 어느 하나에 해당하는 행위의 금지 또는 제한
  - 목재, 플라스틱 등 가연성이 큰 물건의 제거, 이격, 적재 금지 등
  - 소방차량의 통행이나 소화 활동에 지장을 줄 수 있는 물건의 이동
- 보일러, 난로, 건조설비, 가스·전기시설, 그 밖에 화재 발생 우려가 있는 대통령령으로 정하는 설비 또는 기구 등의 위치·구조 및 관리와 화재 예방을 위하여 불을 사용할 때 지켜야하는 사항은 대통령령으로 정한다.

2. 화재예방강화지구의 지정 등(화재예방법 제18조) ★★★

- 화재예방강화지구의 지정권자 : 시·도지사
- **화재예방강화지구 지정지역**
  - 시장지역
  - 공장·창고가 밀집한 지역
  - 목조건물이 밀집한 지역
  - 노후·불량건축물이 밀집한 지역
  - 위험물의 저장 및 처리 시설이 밀집한 지역
  - 석유화학제품을 생산하는 공장이 있는 지역
  - 「산업입지 및 개발에 관한 법률」에 따른 산업단지
  - 소방시설·소방용수시설 또는 소방출동로가 없는 지역
  - 「물류시설의 개발 및 운영에 관한 법률」에 따른 물류단지
  - 그 밖에 위의 지역에 준하는 지역으로서 소방관서장이 화재예방강화지구로 지정할 필요가 있다고 인정하는 지역
- 시·도지사가 화재예방강화지구로 지정할 필요가 있는 지역을 화재예방강화지구로 지정하지 아니하는 경우 소방청장은 해당 시·도지사에게 해당 지역의 화재예방강화지구 지정을 요청 가능
- 화재안전조사 실시자 : 소방관서장

> **참고**
> 화재예방강화지구를 과거에는 화재경계지구라고 했다. 그래서 과거의 문헌 또는 과거의 소방관련 문제들을 보면 화재경계지구라는 단어를 심심치 않게 발견할 수 있다.

개념잡기

화재의 예방 및 안전관리에 관한 법령상 시·도지사가 화재예방강화지구로 지정할 필요가 있는 지역을 화재예방강화지구로 지정하지 아니하는 경우 해당 시·도지사에게 해당 지역의 화재예방강화지구 지정을 요청할 수 있는 자는?

① 행정안전부장관 ② 소방청장
③ 소방본부장   ④ 소방서장

시·도지사가 화재예방강화지구로 지정할 필요가 있는 지역을 화재예방강화지구로 지정하지 아니하는 경우 **소방청장**은 해당 시·도지사에게 해당 지역의 화재예방강화지구 지정을 요청 가능하다.

정답 : ②

04 소방대상물의 소방안전관리

1. 특정소방대상물의 소방안전관리(화재예방법 제24조) ★★

소방안전관리업무 대행자

소방시설관리업자(소방시설관리업을 등록한 자)

소방안전관리자의 선임

- 선임해당사유 발생일로부터 30일 이내
- 선임신고 : 선임한 날부터 14일 이내에 소방본부장 또는 소방서장에게 신고

특정소방대상물의 관계인 업무

- 피난시설·방화구획 및 방화시설의 관리
- 소방시설, 그 밖의 소방관련시설의 관리
- 화기 취급의 감독
- 화재발생 시 초기대응
- 그 밖에 소방안전관리에 필요한 업무

소방안전관리대상물의 소방안전관리자 업무

- 피난계획에 관한 사항과 소방계획서의 작성 및 시행
- 자위소방대 및 초기대응체계의 구성, 운영 및 교육
- 피난시설·방화구획 및 방화시설의 관리
- 소방시설이나 그 밖의 소방 관련 시설의 관리
- 소방훈련 및 교육
- 화기 취급의 감독
- 소방안전관리에 관한 업무수행에 관한 기록·유지
- 화재발생 시 초기대응
- 그 밖의 소방안전관리에 필요한 업무

개념잡기

화재의 예방 및 안전관리에 관한 법상 소방안전관리대상물의 소방안전관리자 업무가 아닌 것은?

① 소방시설 공사
② 소방훈련 및 교육
③ 자위소방대 및 초기대응체계의 구성·운영·교육
④ 피난계획에 관한 사항과 대통령령으로 정하는 사항이 포함된 소방계획서의 작성 및 시행

소방시설 공사는 소방안전관리자의 업무가 아닌 소방시설공사업자의 업무이다.

특정소방대상물의 소방안전관리(화재예방법 제24조)
- 소방안전관리업무 대행자 : 소방시설관리업자(소방시설관리업을 등록한 자)
- 소방안전관리자의 선임
  - 선임해당사유 발생일로부터 30일 이내
  - 선임신고 : 선임한 날부터 14일 이내에 소방본부장 또는 소방서장에게 신고
- 특정소방대상물의 관계인 업무
  - 피난시설·방화구획 및 방화시설의 관리
  - 소방시설, 그 밖의 소방관련시설의 관리
  - 화기 취급의 감독
  - 화재발생 시 초기대응
  - 그 밖에 소방안전관리에 필요한 업무
- 소방안전관리대상물의 소방안전관리자 업무
  - 피난계획에 관한 사항과 소방계획서의 작성 및 시행
  - 자위소방대 및 초기대응체계의 구성, 운영 및 교육
  - 피난시설·방화구획 및 방화시설의 관리
  - 소방시설이나 그 밖의 소방 관련 시설의 관리
  - 소방훈련 및 교육
  - 화기 취급의 감독
  - 소방안전관리에 관한 업무수행에 관한 기록·유지
  - 화재발생 시 초기대응
  - 그 밖의 소방안전관리에 필요한 업무

정답 : ①

2. 관리의 권원이 분리된 특정소방대상물의 소방안전관리(화재예방법 제35조) ★

총괄소방안전관리대상 특정소방대상물
- 복합건축물(지하층을 제외한 층수가 11층 이상 또는 연면적 3만[m^2] 이상인 건축물)
- 지하가(지하의 인공구조물 안에 설치된 상점 및 사무실, 그 밖에 이와 비슷한 시설이 연속하여 지하도에 접하여 설치된 것과 그 지하도를 합한 것)
- 그 밖에 대통령령으로 정하는 특정소방대상물 : 판매시설 중 도매시장, 소매시장, 전통시장

3. 소방안전관리대상물의 근무자 및 거주자에 대한 소방훈련 등 (화재예방법 제37조)

- 실시자 : 소방안전관리대상물의 관계인
- 소방훈련의 종류
  - 소화훈련
  - 통보훈련
  - 피난훈련
- 소방훈련 및 교육 결과 제출 : 소방훈련 및 교육을 한 날부터 30일 이내에 소방본부장 또는 소방서장에게 제출

개념잡기

화재의 예방 및 안전관리에 관한 법령상 소방안전관리대상물의 관계인이 근무자 등에게 실시해야 하는 소방훈련의 종류에 해당하지 않는 것은?

① 소화훈련 ② 통보훈련
③ 피난훈련 ④ 경계훈련

정답 : ④

05 벌칙

1. 3년 이하의 징역 또는 3천만원 이하의 벌금(화재예방법 제50조)

- 화재안전조사 결과에 따른 조치명령을 정당한 사유 없이 위반한 자
- 소방안전관리자 또는 소방안전관리보조자 선임명령 또는 업무 이행명령을 정당한 사유 없이 위반한 자
- 화재예방안전진단 결과에 따라 보수·보강 등의 조치 명령을 정당한 사유 없이 위반한 자
- 거짓이나 그 밖의 부정한 방법으로 진단기관으로 지정을 받은 자

2. 1년 이하의 징역 또는 1천만원 이하의 벌금(화재예방법 제50조)

- 관계인의 정당한 업무를 방해하거나, 조사업무를 수행하면서 취득한 자료나 알게 된 비밀을 다른 사람 또는 기관에게 제공 또는 누설하거나 목적 외의 용도로 사용한 자
- 자격증을 다른 사람에게 빌려 주거나 빌리거나 이를 알선한 자
- 진단기관으로부터 화재예방안전진단을 받지 아니한 자

3. 300만원 이하의 벌금(화재예방법 제50조)

- 화재안전조사를 정당한 사유 없이 거부·방해 또는 기피한 자
- 화재발생 위험이 크거나 소화활동에 지장을 줄 수 있다고 인정되는 행위나 물건에 대한 금지 또는 제한 명령을 정당한 사유 없이 따르지 아니하거나 방해한 자
- 소방안전관리자, 총괄소방안전관리자 또는 소방안전관리보조자를 선임하지 아니한 자
- 소방시설·피난시설·방화시설 및 방화구획 등이 법령에 위반된 것을 발견하였음에도 필요한 조치를 할 것을 요구하지 아니한 소방안전관리자
- 소방안전관리자에게 불이익한 처우를 한 관계인
- 업무를 수행하면서 알게 된 비밀을 이 법에서 정한 목적 외의 용도로 사용하거나 다른 사람 또는 기관에 제공하거나 누설한 자

참고
소방청장으로부터 진단기관으로 지정을 받으려는 자는 대통령령으로 정하는 시설과 전문인력 등 지정기준을 갖추어 소방청장에게 지정을 신청하여야 한다. (화재예방법 42조)

4. 과태료(화재예방법 제52조)

과태료는 대통령령으로 정하는 바에 따라 소방청장, 시·도지사, 소방본부장 또는 소방서장이 부과·징수

- 300만원 이하의 과태료
  - 정당한 사유 없이 화재예방강화지구 및 이에 준하는 대통령령으로 정하는 장소에서의 금지 명령에 해당하는 행위를 한 자
  - 다른 안전관리자가 소방안전관리자를 겸한 자
  - 소방안전관리업무를 하지 아니한 특정소방대상물의 관계인 또는 소방안전관리대상물의 소방안전관리자
  - 소방안전관리업무의 지도·감독을 하지 아니한 자
  - 건설현장 소방안전관리대상물의 소방안전관리자의 업무를 하지 아니한 소방안전관리자
  - 피난유도 안내정보를 제공하지 아니한 자
  - 소방훈련 및 교육을 하지 아니한 자
  - 화재예방안전진단 결과를 제출하지 아니한 자
- 200만원 이하의 과태료
  - 불을 사용할 때 지켜야 하는 사항 및 특수가연물의 저장 및 취급 기준을 위반한 자
  - 화재예방강화지구 내 화재안전조사 결과에 따른 소방설비 등의 설치 명령을 정당한 사유 없이 따르지 아니한 자
  - 소방안전관리자 또는 소방안전관리보조자의 선임신고를 기간 내에 선임신고를 하지 아니하거나 소방안전관리자의 성명 등을 게시하지 아니한 자
  - 건설현장 소방안전관리자 선임신고를 기간 내에 하지 아니한 자
  - 기간 내에 소방안전관리대상물 근무자 및 거주자 등에 대한 소방훈련 및 교육 결과를 제출하지 아니한 자
- 100만원 이하의 과태료
  - 실무교육을 받지 아니한 소방안전관리자 및 소방안전관리보조자

금지명령
- 모닥불, 흡연 등 화기의 취급
- 풍등 등 소형열기구 날리기
- 용접·용단 등 불꽃을 발생시키는 행위
- 그 밖에 대통령령으로 정하는 화재 발생 위험이 있는 행위

(화재예방법 제17조1항)

06 화재의 예방 및 안전관리에 관한 법률 시행령

1. 옮긴 물건 등의 보관기간 및 보관기간 경과 후 처리(화재예방법 시행령 제17조)

- 화재의 예방조치로 인해 옮긴 물건을 보관하는 경우에는 그날로부터 14일 동안 해당 소방관서의 인터넷 홈페이지에 그 사실을 공고
- 옮긴 물건 등의 보관기간 : 공고기간의 종료일 다음 날부터 7일까지
- 보관기간이 종료된 때에는 보관하고 있는 옮긴 물건 등을 매각. 다만, 보관하고 있는 옮긴 물건등이 부패·파손 또는 이와 유사한 사유로 정해진 용도로 계속 사용할 수 없는 경우에는 폐기 가능

2. 불을 사용하는 설비의 관리기준 등(화재예방법 시행령 제18조)

- 지정 기준 : 대통령령
- 대상
  - 보일러
  - 난로
  - 건조설비
  - 가스·전기시설
  - 불꽃을 사용하는 용접·용단기구
  - 노·화덕설비
  - 음식조리를 위하여 설치하는 설비

> **저자 어드바이스**
> 기간을 기억할 때는 기준이 되는 시점을 반드시 함께 기억하도록 하자.

개념잡기

화재의 예방 및 안전관리에 관한 법령상 위험물 또는 물건의 보관기간은 소방본부 또는 소방서의 게시판에 공고 하는 기간의 종료일 다음 날부터 며칠로 하는가?

① 3 ② 4
③ 5 ④ 7

정답 : ④

3. 보일러 등의 설비 또는 기구 등의 위치·구조 및 관리와 화재예방을 위하여 불을 사용할 때 지켜야 하는 사항(화재예방법 시행령 별표 1, 화재예방법 시행령 제18조 제2항 관련) ★

보일러
- 경유·등유 등 액체원료를 사용하는 경우
  - 연료탱크는 보일러 본체로부터 수평거리 1[m] 이상 간격을 두어 설치할 것
  - 연료탱크에는 화재 등 긴급상황이 발생하는 경우 연료를 차단할 수 있는 개폐밸브를 연료탱크로부터 0.5[m] 이내에 설치할 것
  - 연료탱크 또는 보일러 등에 연료를 공급하는 배관에는 여과장치를 설치할 것
  - 사용이 허용된 연료 외의 것을 사용하지 않을 것
  - 연료탱크가 넘어지지 않도록 받침대를 설치하고, 연료탱크 및 연료탱크 받침대는 불연재료로 할 것

건조설비
건조설비와 벽·천장 사이의 거리 : 0.5[m] 이상

불꽃을 사용하는 용접·용단기구
- 용접 또는 용단 작업장 주변 반경 5[m] 이내에 소화기를 갖추어 둘 것
- 용접 또는 용단 작업장 주변 반경 10[m] 이내에는 가연물을 쌓아두거나 놓아두지 말 것. 다만, 가연물의 제거가 곤란하여 방화포 등으로 방호조치를 한 경우는 제외

음식 조리를 위하여 설치하는 설비
- 주방설비에 부속된 배출덕트(공기 배출통로) : 0.5[mm] 이상의 아연도금강판 또는 이와 같거나 그 이상의 내식성 불연재료로 설치
- 주방시설 : 동물 또는 식물의 기름을 제거할 수 있는 필터 설치
- 열을 발생하는 조리기구 : 반자 또는 선반으로부터 0.6[m] 이상 떨어지게 할 것
- 열을 발생하는 조리기구로부터 0.15[m] 이내의 거리에 있는 가연성 주요구조부는 단열성이 있는 불연재료로 덮어 씌울 것

4. 특수가연물(화재예방법 시행령 별표 2, 화재예방법 시행령 제19조 제1항 관련) ★★

품명		수량
면화류		200[kg] 이상
나무껍질 및 대팻밥		400[kg] 이상
넝마 및 종이부스러기		1,000[kg] 이상
사류(絲類)		1,000[kg] 이상
볏짚류		1,000[kg] 이상
가연성 고체류		3,000[kg] 이상
석탄·목탄류		10,000[kg] 이상
가연성 액체류		2[m³] 이상
목재가공품 및 나무부스러기		10[m³] 이상
고무류·플라스틱류	발포시킨 것	20[m³] 이상
	그 밖의 것	3,000[kg] 이상

개념잡기

화재의 예방 및 안전관리에 관한 법령상 특수가연물의 품명별 수량 기준으로 틀린 것은?

① 고무류·플라스틱류(발포시킨 것) : 20[m³] 이상
② 가연성액체류 : 2[m³] 이상
③ 넝마 및 종이부스러기 : 400[kg] 이상
④ 볏짚류 : 1,000[kg] 이상

넝마 및 종이부스러기는 1,000[kg] 이상일 때 특수가연물에 해당한다.

특수가연물(화재예방법 시행령 별표 2, 화재예방법 시행령 제19조 제1항 관련)

품명		수량
면화류		200[kg] 이상
나무껍질 및 대팻밥		400[kg] 이상
넝마 및 종이부스러기		1,000[kg] 이상
사류(絲類)		1,000[kg] 이상
볏짚류		1,000[kg] 이상
가연성 고체류		3,000[kg] 이상
석탄·목탄류		10,000[kg] 이상
가연성 액체류		2[m³] 이상
목재가공품 및 나무부스러기		10[m³] 이상
고무류·플라스틱류	발포시킨 것	20[m³] 이상
	그 밖의 것	3,000[kg] 이상

정답 : ③

5. 특수가연물의 저장 및 취급 기준(화재예방법 시행령 별표 3, 화재예방법 시행령 제19조 제2항 관련) ★★★

구분	살수설비를 설치하거나 방사능력 범위에 해당 특수가연물이 포함되도록 대형수동식소화기를 설치하는 경우	그 밖의 경우
높이	15[m] 이하	10[m] 이하
쌓는 부분의 바닥면적	200[m^2] (석탄·목탄류의 경우에는 300[m^2] 이하)	50[m^2] (석탄·목탄류의 경우에는 200[m^2] 이하)

※ 다만, 석탄·목탄류를 발전용으로 저장하는 경우는 제외

개념잡기

화재의 예방 및 안전관리에 관한 법령상 특수가연물의 저장 및 취급의 기준 중 다음 (   ) 안에 알맞은 것은? (단, 석탄·목탄류를 발전용으로 저장하는 경우는 제외한다)

> 살수설비를 설치하거나, 방사능력 범위에 해당 특수가연물이 포함되도록 대형수동식소화기를 설치하는 경우에는 쌓는 높이를 (㉠)[m] 이하, 석탄·목탄류의 경우에는 쌓는 부분의 바닥면적을 (㉡)[m^2] 이하로 할 수 있다.

① ㉠ 10, ㉡ 50
② ㉠ 10, ㉡ 200
③ ㉠ 15, ㉡ 200
④ ㉠ 15, ㉡ 300

살수설비를 설치하거나, 방사능력 범위에 해당 특수가연물이 포함되도록 대형수동식소화기를 설치하는 경우에는 쌓는 높이를 15[m] 이하, 석탄·목탄류의 경우에는 쌓는 부분의 바닥면적을 300[m^2] 이하로 할 수 있다.

특수가연물의 저장 및 취급 기준(화재예방법 시행령 별표 3, 화재예방법 시행령 제19조 제2항 관련)

구분	살수설비를 설치하거나 방사능력 범위에 해당 특수가연물이 포함되도록 대형수동식소화기를 설치하는 경우	그 밖의 경우
높이	15[m] 이하	10[m] 이하
쌓는 부분의 바닥면적	200[m^2] (석탄·목탄류의 경우에는 300[m^2] 이하)	50[m^2] (석탄·목탄류의 경우에는 200[m^2] 이하)

다만, 석탄·목탄류를 발전용으로 저장하는 경우는 제외

정답 : ④

6. 화재예방강화지구의 관리(화재예방법 시행령 제20조)

화재안전조사
- 실시자 : 소방관서장(소방청장, 소방본부장, 소방서장)
- 실시횟수 : 연 1회 이상
- 통보 : 훈련 또는 교육 10일 전까지 통보
- 소방관서장은 화재예방강화지구 안의 관계인에 대하여 소방에 필요한 훈련 및 교육을 연 1회 이상 실시 가능

화재예방강화지구 관리대장
- 작성 및 관리자 : 시·도지사
- 내용
  - 화재예방강화지구의 지정 현황
  - 화재안전조사의 결과
  - 소방설비 등 설치 명령 현황
  - 소방훈련 및 교육 현황

개념잡기

화재의 예방 및 안전관리에 관한 법령에 따른 화재예방강화지구의 관리 기준 중 다음 ( ) 안에 알맞은 것은?

- 소방청장, 소방본부장 또는 소방서장은 화재예방강화지구 안의 소방대상물의 위치·구조 및 설비 등에 대한 화재안전조사를 (㉠)회 이상 실시하여야 한다.
- 소방청장, 소방본부장 또는 소방서장은 소방상 필요한 훈련 및 교육을 실시하고자 하는 때에는 화재예방강화지구 안의 관계인에게 훈련 또는 교육 (㉡)일 전까지 그 사실을 통보하여야 한다.

① ㉠ 월 1, ㉡ 7   ② ㉠ 월 1, ㉡ 10
③ ㉠ 연 1, ㉡ 7   ④ ㉠ 연 1, ㉡ 10

화재예방강화지구의 관리를 위해서 소방청장, 소방본부장 또는 소방서장은 화재예방강화지구 안의 소방대상물의 위치·구조 및 설비 등에 대한 화재안전조사를 연 1회 이상 실시하여야 한다. 또한 소방청장, 소방본부장 또는 소방서장은 소방상 필요한 훈련 및 교육을 실시하고자 하는 때에는 화재예방강화지구 안의 관계인에게 훈련 또는 교육 10일 전까지 그 사실을 통보하여야 한다.

정답 : ④

7. 소방안전관리자를 선임해야 하는 소방안전관리대상물의 범위와 소방안전관리자의 선임 대상별 자격 및 인원기준(화재예방법 시행령 별표 4, 화재예방법 시행령 제25조 제1항 관련) ★

소방안전관리자를 선임해야 하는 소방안전관리대상물

소방안전관리대상물	특정소방대상물
특급 소방안전 관리대상물	• 50층 이상(지하층 제외) 또는 높이 200[m] 이상 아파트 • 30층 이상(지하층 포함) 또는 높이 120[m] 이상(아파트 제외) • 연면적 10만[m²] 이상(아파트 제외) • 제외대상 : 동·식물원, 철강 등 불연성 물질을 저장·취급하는 창고, 지하구, 위험물 제조소 등
1급 소방안전 관리대상물	• 30층 이상(지하층 제외) 또는 높이 120[m] 이상 아파트 • 11층 이상(아파트 제외) • 연면적 15,000[m²] 이상(아파트, 연립주택 제외) • 가연성 가스를 1,000[t] 이상 저장·취급하는 시설 • 제외대상 : 동·식물원, 철강 등 불연성 물질을 저장·취급하는 창고, 지하구, 위험물 제조소 등
2급 소방안전 관리대상물	• 옥내소화전설비, 스프링클러설비 설치대상물 • 물분무등소화설비 설치대상물(호스릴 방식의 물분무등소화설비만을 설치한 설치대상물은 제외) • 가연성 가스를 100[t] 이상 1,000[t] 미만 저장·취급하는 시설 • 지하구 • 공동주택(옥내소화전설비 또는 스프링클러설비가 설치된 공동주택으로 한정) • 보물 또는 국보로 지정된 목조건축물
3급 소방안전 관리대상물	• 자동화재탐지설비 설치대상물 • 간이스프링클러설비 설치대상물(주택 전용 간이스프링클러설비 설치대상물 제외)

> **저자 어드바이스**
> 소방안전관리대상물의 기준을 기억할 때는 반드시 아파트와 아파트 이외의 대상물을 구분하여 기억하자.

소방안전관리자 선임대상자

	소방기술사, 소방시설관리사	소방설비기사	소방설비 산업기사	위험물안전관리자 (기능장, 산업기사, 기능사)	소방공무원
특급 소방안전 관리대상물	○	1급 대상물에서 5년 이상 경력	1급 대상물에서 7년 이상 경력	-	20년 이상 근무경력
1급 소방안전 관리대상물	○	○	○	-	7년 이상 근무경력
2급 소방안전 관리대상물	○	○	○	○	3년 이상 근무경력
3급 소방안전 관리대상물	○	○	○	○	1년 이상 근무경력

07
화재의 예방 및 안전관리에 관한 법률 시행규칙

1. 강습교육의 실시(화재예방법 시행규칙 제25조)

- 강습 또는 실무교육 실시자 : 소방청장
- 실시공고 : 강습교육 실시 20일 전까지 일시·장소, 그 밖에 강습교육 실시에 필요한 사항을 인터넷 홈페이지에 공고

2. 강습교육 과목, 시간 및 운영방법(화재예방법 시행규칙 별표 5, 화재예방법 시행규칙 제28조 관련)

소방안전관리자의 강습교육 시간
- 특급 소방안전관리자 : 160시간
- 1급 소방안전관리자 : 80시간
- 2급 및 공공기관 소방안전관리자 : 40시간
- 3급 소방안전관리자 : 24시간
- 업무 대행감독 소방안전관리자 : 16시간
- 건설현장 소방안전관리자 : 24시간

참고
소방안전관리자는 급수가 올라갈수록 강습교육 시간도 증가한다.

3. 실무교육의 실시(화재예방법 시행규칙 제29조)

- 실무교육 실시자 : 소방청장
- 실시공고 : 실무교육 실시 30일 전까지 일시·장소, 그 밖에 강습교육 실시에 필요한 사항을 인터넷 홈페이지에 공고하고 교육대상자에게 통보
- 실무교육의 주기 : 선임된 날로부터 6개월 이내, 교육실시 후 2년마다 1회 이상 실시

4. 소방안전관리자 및 소방안전관보조자에 대한 실무교육의 과목, 시간 및 운영방법(화재예방법 시행규칙 별표 6, 화재예방법 시행규칙 제31조 관련)

실무교육 시간

- 안전관리자 : 8시간 이내
- 소방안전관리보조자 : 4시간

5. 근무자 및 거주자에 대한 소방훈련과 교육(화재예방법 시행규칙 제36조)

- 실시자 : 소방안전관리대상물 관계인
- 주기 : 연 1회 이상
- 소방본부장 또는 소방서장은 특급 및 1급 소방안전관리대상물의 관계인으로 하여금 소방훈련과 교육을 소방기관과 합동으로 실시하게 할 수 있음
- 소방훈련·교육 실시 결과 기록부는 소방훈련·교육을 실시한 날부터 2년간 보관

CHAPTER 03
소방시설 설치 및 관리에 관한 법률

KEYWORD 소화시설, 특정소방대상물, 건축허가, 성능위주설계, 수용인원, 방염성능기준, 작동점검, 종합점검

01 총칙

1. 정의(소방시설법 제2조) ★

소방시설
소화설비, 경보설비, 피난구조설비, 소화용수설비, 그 밖에 소화활동설비로서 대통령령으로 정하는 것

소방시설 등
소방시설과 비상구(非常口), 그 밖에 소방 관련 시설로서 대통령령으로 정하는 것

특정소방대상물
건축물 등의 규모·용도 및 수용인원 등을 고려하여 소방시설을 설치하여야 하는 소방대상물로서 대통령령으로 정하는 것

화재안전성능
화재를 예방하고 화재발생 시 피해를 최소화하기 위하여 소방대상물의 재료, 공간 및 설비 등에 요구되는 안전성능

성능위주설계
건축물 등의 재료, 공간, 이용자, 화재 특성 등을 종합적으로 고려하여 공학적 방법으로 화재 위험성을 평가하고 그 결과에 따라 화재안전성능이 확보될 수 있도록 특정소방대상물을 설계하는 것

참고

소방시설 등에서 대통령령으로 정하는 것이란 방화문 및 자동방화셔터를 말한다.
(소방시설법 시행령 제4조)

화재안전기준

소방시설 설치 및 관리를 위한 다음의 기준
- 성능기준 : 화재안전 확보를 위하여 재료, 공간 및 설비 등에 요구되는 안전성능으로서 소방청장이 고시로 정하는 기준
- 기술기준 : 성능기준을 충족하는 상세한 규격, 특정한 수치 및 시험방법 등에 관한 기준으로서 행정안전부령으로 정하는 절차에 따라 소방청장의 승인을 받은 기준

소방용품

소방시설 등을 구성하거나 소방용으로 사용되는 제품 또는 기기로서 대통령령으로 정하는 것

02 소방시설 등의 설치·관리 및 방염

1. 건축허가등의 동의 등(소방시설법 제6조)

- 건축허가 동의권자 : 소방본부장, 소방서장
- 권한 행정기관의 신고수리 알림 : 건축물 등의 증축·개축·재축·용도변경 또는 대수선의 신고
- 권한 행정기관의 제출서류 : 건축물의 내부구조를 알 수 있는 설계도면. 다만, 국가안보상 중요하거나 국가기밀에 속하는 건축물을 건축하는 경우로서 관계 법령에 따라 행정기관이 설계도면을 확보할 수 없는 경우에는 제외

2. 성능위주설계(소방시설법 제8조)

- 대상 : 연면적·높이·층수 등이 일정 규모 이상인 특정소방대상물(신축하는 것만 해당한다)에 소방시설을 설치하려는 자
- 소방시설을 설치하려는 자가 성능위주설계를 한 경우에는 해당 특정소방대상물의 시공지 또는 소재지를 관할하는 소방서장에게 신고. 해당 특정소방대상물의 연면적·높이·층수의 변경 등 행정안전부령으로 정하는 사유로 신고한 성능위주설계를 변경하려는 경우도 포함

3. 특정소방대상물에 설치하는 소방시설의 관리 등(소방시설법 제12조)

- 소방시설 설치·관리자 : 특정소방대상물의 관계인
- 소방시설 조치 명령자 : 소방본부장, 소방서장
- 소방시설정보관리시스템 : 소방시설의 작동정보 등을 실시간으로 수집·분석할 수 있는 시스템
- 소방시설정보관리시스템 구축·운영자 : 소방청장, 소방본부장, 소방서장

4. 소방시설기준 적용의 특례(소방시설법 제13조)

대통령령 또는 화재안전기준의 변경 시 강화된 기준 적용 소방시설
- 소화기구
- 비상경보설비
- 자동화재탐지설비
- 자동화재속보설비
- 피난구조설비
- 공동구
- 전력 및 통신사업용 지하구
- 노유자시설
- 의료시설

5. 특정소방대상물의 방염 등(소방시설법 제20조)

방염성능기준 : 대통령령

6. 방염성능의 검사(소방시설법 제21조)

- 방염성능검사 실시자 : 소방청장
- 다만, 대통령령으로 정하는 방염대상물품의 경우에는 시·도지사가 실시하는 방염성능검사를 받은 것

방염
연소하기 쉬운 재질에 발화 및 화염 확산을 지연시키는 가공처리 방법

03 소방시설 등의 자체점검

1. 소방시설 등의 자체점검(소방시설법 제22조)

- 특정소방대상물의 관계인은 그 대상물에 설치되어 있는 소방시설 등이 이 법이나 이 법에 따른 명령 등에 적합하게 설치·관리되고 있는지에 대하여 기간 내에 스스로 점검하거나 점검능력 평가를 받은 관리업자 또는 행정안전부령으로 정하는 기술자격자(이하 "관리업자등"이라 한다)로 하여금 정기적으로 점검(이하 "자체점검"이라 한다)하게 하여야 한다. 이 경우 관리업자등이 점검한 경우에는 그 점검 결과를 행정안전부령으로 정하는 바에 따라 관계인에게 제출하여야 한다.
  - 해당 특정소방대상물의 소방시설 등이 신설된 경우 : 건축물을 사용할 수 있게 된 날로부터 60일
  - 그 외의 경우 : 행정안전부령으로 정하는 기간
- 관리자업등으로 하여금 자체점검하게 하는 경우의 점검 대가는 엔지니어링 사업의 대가 기준 가운데 행정안전부령으로 정하는 방식에 따라 산정한다.
- 관계인은 천재지변이나 그 밖에 대통령령으로 정하는 사유로 자체점검을 실시하기 곤란한 경우에는 대통령령으로 정하는 바에 따라 소방본부장 또는 소방서장에게 면제 또는 연기 신청을 할 수 있다. 이 경우 소방본부장 또는 소방서장은 그 면제 또는 연기 신청 승인 여부를 결정하고 그 결과를 관계인에게 알려주어야 한다.

04 벌칙

1. 10년 이하의 징역 또는 1억원 이하의 벌금(소방시설법 제56조)

소방시설에 폐쇄·차단 등의 행위를 하여 사람을 사망에 이르게 한 경우

2. 7년 이하의 징역 또는 7천만원 이하의 벌금(소방시설법 제56조)

소방시설에 폐쇄·차단 등의 행위를 하여 사람을 상해에 이르게 한 경우

3. 5년 이하의 징역 또는 5천만원 이하의 벌금(소방시설법 제56조)

소방시설에 폐쇄·차단 등의 행위를 한 자

4. 3년 이하의 징역 또는 3천만원 이하의 벌금(소방시설법 제57조)

- 다음의 명령을 정당한 사유 없이 위반한 자
  - 소방시설이 화재안전기준에 따라 설치·관리되어 있지 아니할 때 필요한 조치 명령
  - 임시소방시설 또는 소방시설의 설치 및 관리되지 아니할 때 필요한 조치 명령
  - 피난시설, 방화구획 및 방화시설의 관리를 위해 필요한 조치 명령
  - 특정소방대상물의 방염대상물품 제거 또는 방염성능검사 명령
  - 이행계획 미완료 시 필요한 조치 명령
  - 소방용품에 대한 제조자·수입자·판매자 또는 시공자에게 수거·폐기·교체 등 필요한 조치 명령
  - 소방용품의 회수·교환·폐기 또는 판매중지 명령
- 관리업의 등록을 하지 아니하고 영업을 한 자
- 소방용품의 형식승인을 받지 아니하고 소방용품을 제조하거나 수입한 자 또는 거짓이나 그 밖의 부정한 방법으로 형식승인을 받은 자
- 제품검사를 받지 아니한 자 또는 거짓이나 그 밖의 부정한 방법으로 제품검사를 받은 자
- 소방용품의 형식승인, 임의변경, 제품검사 및 합격표시 미이행 소방용품을 판매·진열하거나 소방시설공사에 사용한 자
- 거짓이나 그 밖의 부정한 방법으로 성능인증 또는 제품검사를 받은 자
- 제품검사를 받지 아니하거나 합격표시를 하지 아니한 소방용품을 판매·진열하거나 소방시설공사에 사용한 자
- 회수·교환·폐기 또는 판매중지 명령을 받은 사실을 구매자에게 알리지 아니하거나 필요한 조치를 하지 아니한 자
- 거짓이나 그 밖의 부정한 방법으로 전문기관으로 지정을 받은 자

5. 1년 이하의 징역 또는 1천만원 이하의 벌금(소방시설법 제58조) ★

- 소방시설 등에 대하여 스스로 점검을 하지 아니하거나 관리업자 등으로 하여금 정기적으로 점검하게 하지 아니한 자
- 소방시설관리사증을 다른 사람에게 빌려주거나 빌리거나 이를 알선한 자
- 동시에 둘 이상의 업체에 취업한 자
- 자격정지처분을 받고 그 자격정지기간 중에 관리사의 업무를 한 자
- 영업정지처분을 받고 그 영업정지기간 중에 관리업의 업무를 한 자
- 관리업의 등록증이나 등록수첩을 다른 자에게 빌려주거나 빌리거나 이를 알선한 자

- 제품검사에 합격하지 아니한 제품에 합격표시를 하거나 합격표시를 위조 또는 변조하여 사용한 자
- 형식승인의 변경승인을 받지 아니한 자
- 제품검사에 합격하지 아니한 소방용품에 성능인증을 받았다는 표시 또는 제품검사에 합격하였다는 표시를 하거나 성능인증을 받았다는 표시 또는 제품검사에 합격하였다는 표시를 위조 또는 변조하여 사용한 자
- 성능인증의 변경인증을 받지 아니한 자
- 우수품질인증을 받지 아니한 제품에 우수품질인증 표시를 하거나 우수품질인증 표시를 위조하거나 변조하여 사용한 자
- 관계인의 정당한 업무를 방해하거나 출입·검사 업무를 수행하면서 알게 된 비밀을 다른 사람에게 누설한 자

6. 과태료(소방시설법 제61조)

과태료는 대통령령으로 정하는 바에 따라 소방청장, 시·도지사, 소방본부장 또는 소방서장이 부과·징수

- 300만원 이하의 과태료
  - 소방시설을 화재안전기준에 따라 설치·관리하지 아니한 자
  - 공사 현장에 임시소방시설을 설치·관리하지 아니한 자
  - 피난시설, 방화구획 또는 방화시설의 폐쇄·훼손·변경 등의 행위를 한 자
  - 방염대상물품을 방염성능기준 이상으로 설치하지 아니한 자
  - 점검능력 평가를 받지 아니하고 점검을 한 관리업자
  - 관계인에게 점검 결과를 제출하지 아니한 관리업자 등
  - 점검인력의 배치기준 등 자체점검 시 준수사항을 위반한 자
  - 점검 결과를 보고하지 아니하거나 거짓으로 보고한 자
  - 이행계획을 기간 내에 완료하지 아니한 자 또는 이행계획 완료 결과를 보고하지 아니하거나 거짓으로 보고한 자
  - 점검기록표를 기록하지 아니하거나 특정소방대상물의 출입자가 쉽게 볼 수 있는 장소에 게시하지 아니한 관계인
  - 등록사항의 변경신고, 관리업자의 지위승계에 따른 신고를 하지 아니하거나 거짓으로 신고한 자
  - 지위승계, 행정처분 또는 휴업·폐업의 사실을 특정소방대상물의 관계인에게 알리지 아니하거나 거짓으로 알린 관리업자
  - 소속 기술인력의 참여 없이 자체점검을 한 관리업자
  - 점검실적을 증명하는 서류 등을 거짓으로 제출한 자
  - 보고 또는 자료제출을 하지 아니하거나 거짓으로 보고 또는 자료제출을 한 자 또는 정당한 사유 없이 관계 공무원의 출입 또는 검사를 거부·방해 또는 기피한 자

05 소방시설 설치 및 관리에 관한 법률 시행령

1. 정의(소방시설법 시행령 제2조)

무창층
지상층 중 다음 기준을 모두 갖춘 개구부의 면적의 합계가 해당 층의 바닥면적의 30분의 1 이하가 되는 층
- 크기는 지름 50[cm] 이상의 원이 통과할 수 있을 것
- 해당 층의 바닥면으로부터 개구부 밑부분까지의 높이가 1.2미터 이내일 것
- 도로 또는 차량이 진입할 수 있는 빈터를 향할 것
- 화재 시 건축물로부터 쉽게 피난할 수 있도록 창살이나 그 밖의 장애물이 설치되지 않을 것
- 내부 또는 외부에서 쉽게 부수거나 열 수 있을 것

피난층
곧바로 지상으로 갈 수 있는 출입구

2. 소화시설(소방시설법 시행령 별표 1, 소방시설법 시행령 제3조 관련) ★

소화설비
소화기구, 옥외소화전설비, 자동소화장치, 스프링클러설비, 물분무등소화설비, 옥외소화전설비

피난구조설비
피난기구, 인명구조기구, 유도등, 비상조명등

소화용수설비
상수도소화용수설비, 소화수조, 저수조

소화활동설비
연결송수관설비, 제연설비, 연결살수설비, 비상콘센트설비, 무선통신보조설비, 연소방지설비

 **용어 정리**

개구부
건축물에서 채광·환기·통풍 또는 출입 등을 위하여 만든 창·출입구, 그 밖에 이와 비슷한 것

소화설비
물 또는 그 밖의 소화약제를 사용하여 소화하는 기계·기구 또는 설비

피난구조설비
화재가 발생할 경우 피난하기 위하여 사용하는 기구 또는 설비

소화용수설비
화재를 진압하는 데 필요한 물을 공급하거나 저장하는 설비

소화활동설비
화재를 진압하거나 인명구조활동을 위하여 사용하는 설비

경보설비
화재발생 사실을 통보하는 기계·기구 또는 설비

경보설비

단독경보형감지기, 비상경보설비(비상벨설비, 자동식사이렌설비), 자동화재탐지설비, 시각경보기, 화재알림설비, 비상방송설비, 자동화재속보설비, 통합감시시설, 누전경보기, 가스누설경보기

3. 특정소방대상물(소방시설법 시행령 별표 2, 소방시설법 시행령 제5조 관련) ★

일반업무시설
- 금융업소
- 사무소
- 신문사
- 오피스텔
- 그 밖에 이와 비슷한 것으로서 근린생활시설에 해당하지 않는 것

> **핵심 KEY**
> 오피스텔은 숙박시설이 아닌 일반업무시설이다.

숙박시설
- 일반형 숙박시설
- 생활형 숙박시설
- 고시원(근린생활시설에 해당하지 않는 것)

4. 건축허가 등의 동의대상물의 범위 등(소방시설법 시행령 제7조) ★★

건축허가 동의대상 건축물
- 연면적 400[m^2] 이상인 건축물이나 시설. 다만, 다음에 해당하는 경우에는 아래 기준 이상인 것으로 할 것.
  - 학교시설 : 연면적 100[m^2] 이상
  - 노유자 시설 및 수련시설 : 연면적 200[m^2] 이상
  - 정신의료기관(입원실이 없는 정신건강의학과 의원은 제외) : 연면적 300[m^2] 이상
  - 장애인 의료재활시설 : 연면적 300[m^2] 이상
- 지하층 또는 무창층이 있는 건축물로서 바닥면적이 150[m^2](공연장의 경우에는 100[m^2]) 이상인 층이 있는 것
- 차고·주차장 또는 주차 용도로 사용되는 시설 중 다음 어느 하나에 해당하는 시설
  - 차고·주차장으로 사용되는 바닥면적이 200[m^2] 이상인 층이 있는 건축물이나 주차시설
  - 승강기 등 기계장치에 의한 주차시설로서 자동차 20대 이상을 주차할 수 있는 시설
- 층수가 6층 이상인 건축물
- 항공기 격납고, 관망탑, 항공관제탑, 방송용 송수신탑

- 특정소방대상물 중 공동주택, 의원(입원실 또는 인공신장실이 있는 것으로 한정한다)·조산원·산후조리원, 숙박시설, 위험물 저장 및 처리 시설, 발전시설 중 풍력발전소·전기저장시설, 지하구(地下溝)
- 노유자 시설 중 다음 어느 하나에 해당하는 시설
  - 노인 관련 시설(노인주거복지·노인의료복지·재가노인복지시설, 학대피해 노인전용 쉼터)
  - 아동복지시설(아동상담소, 아동전용시설 및 지역아동센터 제외)
  - 장애인 거주시설
  - 정신질환자 관련 시설(공동생활가정을 제외한 재활훈련시설, 종합시설 중 24시간 주거를 제공하지 않는 시설 제외)
  - 노숙인 관련 시설 중 노숙인자활시설, 노숙인재활시설 및 노숙인요양시설
  - 결핵환자나 한센인이 24시간 생활하는 노유자 시설
- 요양병원(의료재활시설 제외)
- 특정소방대상물 중 공장 또는 창고시설로서 지정수량의 750배 이상의 특수가연물을 저장·취급하는 것
- 가스시설로서 지상에 노출된 탱크의 저장용량의 합계가 100[t] 이상인 것

건축허가 동의대상 제외 건축물

- 특정소방대상물에 설치되는 소화기구, 자동소화장치, 누전경보기, 단독경보형감지기, 가스누설경보기 및 피난구조설비(비상조명등은 제외)가 화재안전기준에 적합한 경우 해당 특정소방대상물
- 건축물의 증축 또는 용도변경으로 인하여 해당 특정소방대상물에 추가로 소방시설이 설치되지 않는 경우 해당 특정소방대상물
- 「소방시설공사업법 시행령」에 따른 소방시설공사의 착공신고 대상에 해당하지 않는 경우 해당 특정소방대상물

개념잡기

소방시설 설치 및 관리에 관한 법령상 건축허가등을 할 때 미리 소방본부장 또는 소방서장의 동의를 받아야 하는 건축물 등의 범위가 아닌 것은?

① 연면적 200[m²] 이상인 노유자시설 및 수련시설
② 항공기격납고, 관망탑
③ 차고·주차장으로 사용되는 바닥면적이 100[m²] 이상인 층이 있는 건축물
④ 지하층 또는 무창층이 있는 건축물로서 바닥면적이 150[m²] 이상인 층이 있는 것

차고·주차장으로 사용되는 면적이 200[m²] 이상인 층이 있는 건축물이어야 한다.

건축허가 등의 동의대상물의 범위 등(소방시설법 시행령 제7조)

- 건축허가 동의대상 건축물
  - 연면적 400[m²] 이상인 건축물이나 시설. 다만, 다음에 해당하는 경우에는 아래 기준 이상인 것으로 할 것
    - 학교시설 : 연면적 100[m²] 이상
    - 노유자 시설 및 수련시설 : 연면적 200[m²] 이상
    - 정신의료기관(입원실이 없는 정신건강의학과 의원은 제외) : 연면적 300[m²] 이상
    - 장애인 의료재활시설 : 연면적 300[m²] 이상
  - 지하층 또는 무창층이 있는 건축물로서 바닥면적이 150[m²](공연장의 경우에는 100[m²]) 이상인 층이 있는 것
  - 차고·주차장 또는 주차 용도로 사용되는 시설 중 다음 어느 하나에 해당하는 시설
    - 차고·주차장으로 사용되는 바닥면적이 200[m²] 이상인 층이 있는 건축물이나 주차시설
    - 승강기 등 기계장치에 의한 주차시설로서 자동차 20대 이상을 주차할 수 있는 시설
  - 층수가 6층 이상인 건축물
  - 항공기 격납고, 관망탑, 항공관제탑, 방송용 송수신탑
  - 특정소방대상물 중 공동주택, 의원(입원실 또는 인공신장실이 있는 것으로 한정한다)
    · 조산원·산후조리원, 숙박시설, 위험물 저장 및 처리 시설, 발전시설 중 풍력발전소
    · 전기저장시설, 지하구(地下溝)
  - 노유자 시설 중 다음 어느 하나에 해당하는 시설
    - 노인 관련 시설(노인주거복지·노인의료복지·재가노인복지시설, 학대피해노인 전용쉼터)
    - 아동복지시설(아동상담소, 아동전용시설 및 지역아동센터 제외)
    - 장애인 거주시설
    - 정신질환자 관련 시설(공동생활가정을 제외한 재활훈련시설, 종합시설 중 24시간 주거를 제공하지 않는 시설 제외)
    - 노숙인 관련 시설 중 노숙인자활시설, 노숙인재활시설 및 노숙인요양시설
    - 결핵환자나 한센인이 24시간 생활하는 노유자 시설
  - 요양병원(의료재활시설 제외)
  - 특정소방대상물 중 공장 또는 창고시설로서 지정수량의 750배 이상의 특수가연물을 저장·취급하는 것
  - 가스시설로서 지상에 노출된 탱크의 저장용량의 합계가 100[t] 이상인 것
- 건축허가 동의대상 제외 건축물
  - 특정소방대상물에 설치되는 소화기구, 자동소화장치, 누전경보기, 단독경보형감지기, 가스누설경보기 및 피난구조설비(비상조명등은 제외)가 화재안전기준에 적합한 경우 해당 특정소방대상물
  - 건축물의 증축 또는 용도변경으로 인하여 해당 특정소방대상물에 추가로 소방시설이 설치되지 않는 경우 해당 특정소방대상물
  - 「소방시설공사업법 시행령」에 따른 소방시설공사의 착공신고 대상에 해당하지 않는 경우 해당 특정소방대상물

정답 : ③

5. 성능위주설계를 해야 하는 특정소방대상물의 범위(소방시설법 시행령 제9조)

- 연면적 20만[m²] 이상인 특정소방대상물. 다만, 5층 이상인 주택(이하 "아파트등"이라 한다)은 제외
- 50층 이상(지하층은 제외한다)이거나 지상으로부터 높이가 200[m] 이상인 아파트 등
- 30층 이상(지하층을 포함)이거나 지상으로부터 높이가 120[m] 이상인 특정소방대상물 (아파트 등은 제외한다)
- 연면적 3만[m²] 이상인 특정소방대상물로서 다음 어느 하나에 해당하는 특정소방대상물
  - 철도 및 도시철도 시설
  - 공항시설
- 창고시설 중 연면적 10만[m²] 이상인 것 또는 지하층의 층수가 2개 층 이상이고 지하층의 바닥면적의 합계가 3만[m²] 이상인 것
- 영화상영관이 10개 이상인 특정소방대상물
- 「초고층 및 지하연계 복합건축물 재난관리에 관한 특별법」에 따른 지하연계복합건축물에 해당하는 특정소방대상물
- 터널 중 수저(水底)터널 또는 길이가 5천[m] 이상인 것

6. 특정소방대상물의 관계인이 특정소방대상물에 설치·관리해야 하는 소방시설의 종류(소방시설법 시행령 별표 4, 소방시설법 시행령 제11조 관련) ★★

스프링클러설비를 설치해야하는 특정소방대상물

- 층수가 6층 이상인 특정소방대상물의 경우에는 모든 층
- 기숙사 또는 복합건축물로서 연면적 5,000[m²] 이상인 경우에는 모든 층
- 문화 및 집회시설, 종교시설, 운동시설로서 다음의 어느 하나에 해당하는 경우에는 모든 층
  ① 수용인원이 100명 이상인 것
  ② 영화상영관의 용도로 쓰는 층의 바닥면적이 지하층 또는 무창층인 경우에는 500[m²] 이상, 그 밖의 경우에는 1,000[m²] 이상인 것
  ③ 무대부가 지하층·무창층 또는 4층 이상의 층에 있는 경우에는 무대부의 면적이 300[m²] 이상인 것
  ④ 무대부가 ③의 경우 제외한 층에 있는 경우에는 무대부의 면적이 500[m²] 이상인 것
- 판매시설, 운수시설 및 창고시설(물류터미널로 한정)로서 바닥면적의 합계가 5,000[m²] 이상이거나 수용인원이 500명 이상인 경우에는 모든 층

참고

교정 및 군사시설인 보호감호소, 교도소, 구치소 및 그 지소, 보호관찰소, 갱생보호시설, 치료감호시설, 소년원 및 소년분류심사원의 수용거실도 스프링클러설비를 설치해야하는 특정소방대상물이다.

- 다음의 어느 하나에 해당하는 용도로 사용되는 시설의 바닥면적의 합계가 600[m²] 이상인 것은 모든 층
  - 근린생활시설 중 조산원 및 산후조리원
  - 의료시설 중 정신의료기관
  - 의료시설 중 종합병원, 병원, 치과병원, 한방병원 및 요양병원
  - 노유자 시설
  - 숙박이 가능한 수련시설
  - 숙박시설
- 창고시설(물류터미널 제외)로서 바닥면적 합계가 5,000[m²] 이상인 경우에는 모든 층
- 특정소방대상물의 지하층·무창층 또는 층수가 4층 이상인 층으로 바닥면적이 1,000[m²] 이상인 층이 있는 경우에는 해당 층
- 지하상가로서 연면적 1,000[m²] 이상인 것

소화기구를 설치해야 하는 특정소방대상물

① 연면적 33[m²] 이상인 것. 다만, 노유자시설의 경우에는 투척용 소화용구 등을 화재안전기준에 따라 산정된 소화기 수량의 2분의 1 이상으로 설치할 수 있다.
② ①에 해당하지 않는 시설로서 가스시설, 발전시설 중 전기저장시설 및 문화재(국가유산)
③ 터널
② 지하구

자동화재탐지설비를 설치해야 하는 특정소방대상물

① 공동주택 중 아파트 등·기숙사 및 숙박시설의 경우에는 모든 층
② 층수가 6층 이상인 건축물의 경우에는 모든 층
③ 근린생활시설(목욕장은 제외), 의료시설(정신의료기관 및 요양병원은 제외), 위락시설, 장례시설 및 복합건축물로서 연면적 600[m²] 이상인 경우에는 모든 층
④ 근린생활시설 중 목욕장, 문화 및 집회시설, 종교시설, 판매시설, 운수시설, 운동시설, 업무시설, 공장, 창고시설, 위험물 저장 및 처리 시설, 항공기 및 자동차 관련 시설, 교정 및 군사시설 중 국방·군사시설, 방송통신시설, 발전시설, 관광 휴게시설, 지하상가로서 연면적 1,000[m²] 이상인 경우에는 모든 층
⑤ 교육연구시설(교육시설 내에 있는 기숙사 및 합숙소를 포함), 수련시설(수련시설 내에 있는 기숙사 및 합숙소를 포함, 숙박시설이 있는 수련시설은 제외), 동물 및 식물 관련 시설(기둥과 지붕만으로 구성되어 외부와 기류가 통하는 장소는 제외), 자원순환 관련 시설, 교정 및 군사시설(국방·군사시설은 제외) 또는 묘지 관련 시설로서 연면적 2,000[m²] 이상인 경우에는 모든 층
⑥ 노유자 생활시설의 경우에는 모든 층
⑦ ⑥에 해당하지 않는 노유자 시설로서 연면적 400[m²] 이상인 노유자 시설 및 숙박시설이 있는 수련시설로서 수용인원 100명 이상인 경우에는 모든 층

⑧ 의료시설 중 정신의료기관 또는 요양병원으로서 다음의 어느 하나에 해당하는 시설
  - 요양병원(의료재활시설은 제외)
  - 정신의료기관 또는 의료재활시설로 사용되는 바닥면적의 합계가 300[m^2] 이상인 시설
  - 정신의료기관 또는 의료재활시설로 사용되는 바닥면적의 합계가 300[m^2] 미만이고, 창살(철재·플라스틱 또는 목재 등으로 사람의 탈출 등을 막기 위하여 설치한 것, 화재 시 자동으로 열리는 구조로 되어 있는 창살은 제외)이 설치된 시설
⑨ 판매시설 중 전통시장
⑩ 터널로서 길이가 1,000[m] 이상인 것
⑪ 지하구
⑫ ③항에 해당하지 않는 근린생활시설 중 조산원 및 산후조리원
⑬ ④항에 해당하지 않는 공장 및 창고시설로서 지정수량의 500배 이상의 특수가연물을 저장·취급하는 것
⑭ ④항에 해당하지 않는 발전시설 중 전기저장시설

단독경보형 감지기를 설치해야 하는 특정소방대상물

- 교육연구시설 또는 수련시설 내에 있는 기숙사 또는 합숙소로서 연면적 2,000[m^2] 미만인 것
- 숙박시설이 있는 수련시설로서 수용인원 100명 미만인 모든 층
- 연면적 400[m^2] 미만의 유치원
- 공동주택 중 연립주택 및 다세대주택(단독경보형 감지기는 연동형으로 설치해야 한다)

개념잡기

아파트로 층수가 20층인 특정소방대상물에서 스프링클러 설비를 하여야 하는 층수는? (단, 아파트는 신축을 실시하는 경우이다)

① 전층   ② 15층 이상
③ 11층 이상   ④ 6층 이상

층수가 6층 이상인 특정소방대상물의 경우에는 모든 층에 스프링클러설비를 설치해야 한다. 20층인 아파트는 6층 이상인 특정소방대상물에 해당하기 때문에 전층에 스프링클러설비를 설치한다.

특정소방대상물의 관계인이 특정소방대상물에 설치·관리해야 하는 소방시설의 종류 (소방시설법 시행령 별표 4, 소방시설법 시행령 제11조 관련)

스프링클러설비를 설치해야하는 특정소방대상물
- 층수가 6층 이상인 특정소방대상물의 경우에는 모든 층
- 기숙사 또는 복합건축물로서 연면적 5,000[m^2] 이상인 경우에는 모든 층
- 문화 및 집회시설, 종교시설, 운동시설로서 다음의 어느 하나에 해당하는 경우에는 모든 층
  ① 수용인원이 100명 이상인 것
  ② 영화상영관의 용도로 쓰는 층의 바닥면적이 지하층 또는 무창층인 경우에는 500[m^2] 이상, 그 밖의 경우에는 1,000[m^2] 이상인 것

- ③ 무대부가 지하층·무창층 또는 4층 이상의 층에 있는 경우에는 무대부의 면적이 300[m²] 이상인 것
- ④ 무대부가 ③항의 경우 제외한 층에 있는 경우에는 무대부의 면적이 500[m²] 이상인 것
- 판매시설, 운수시설 및 창고시설(물류터미널로 한정)로서 바닥면적의 합계가 5,000[m²] 이상이거나 수용인원이 500명 이상인 경우에는 모든 층
- 다음의 어느 하나에 해당하는 용도로 사용되는 시설의 바닥면적의 합계가 600[m²] 이상인 것은 모든 층
  - 근린생활시설 중 조산원 및 산후조리원
  - 의료시설 중 정신의료기관
  - 의료시설 중 종합병원, 병원, 치과병원, 한방병원 및 요양병원
  - 노유자 시설
  - 숙박이 가능한 수련시설
  - 숙박시설
- 창고시설(물류터미널 제외)로서 바닥면적 합계가 5,000[m²] 이상인 경우에는 모든 층
- 특정소방대상물의 지하층·무창층 또는 층수가 4층 이상인 층으로 바닥면적이 1,000[m²] 이상인 층이 있는 경우에는 해당 층
- 지하상가로서 연면적 1,000[m²] 이상인 것

정답 : ①

7. 특정소방대상물의 소방시설 설치의 면제 기준(소방시설법 시행령 별표 5, 소방시설법 시행령 제14조 관련)

물분무등소화설비

물분무등소화설비를 설치하여야 하는 차고·주차장에 스프링클러설비를 화재안전기준에 적합하게 설치한 경우에는 그 설비의 유효범위에서 설치가 면제된다.

8. 특정소방대상물의 증축 또는 용도변경 시의 소방시설 기준 적용의 특례(소방시설법 시행령 제15조)

증축시 소방시설

특정소방대상물이 증축되는 경우에는 기존 부분을 포함한 특정소방대상물의 전체에 대하여 증축 당시의 소방시설의 설치에 관한 대통령령 또는 화재안전기준을 적용. 다만, 다음 어느 하나에 해당하는 경우에는 기존 부분에 대해서는 증축 당시의 소방시설의 설치에 관한 대통령령 또는 화재안전기준을 적용 제외
- 기존 부분과 증축 부분이 내화구조(耐火構造)로 된 바닥과 벽으로 구획된 경우
- 기존 부분과 증축 부분이 자동방화셔터 또는 60분+ 방화문으로 구획되어 있는 경우
- 자동차 생산공장 등 화재 위험이 낮은 특정소방대상물 내부에 연면적 33[m²] 이하의 직원 휴게실을 증축하는 경우
- 자동차 생산공장 등 화재 위험이 낮은 특정소방대상물에 캐노피를 설치하는 경우

소방본부장이나 소방서장은 기존의 특정소방대상물이 증축되거나 용도변경되는 경우에는 대통령령으로 정하는 바에 따라 증축 또는 용도변경 당시의 소방시설의 설치에 관한 대통령령 또는 화재안전기준을 적용한다.

캐노피
기둥으로 받치거나 매달아 놓은 덮개를 말하며, 3면 이상에 벽이 없는 구조의 것

9. 수용인원의 산정 방법(소방시설법 시행령 별표 7, 소방시설법 시행령 제17조 관련) ★★★

> **저자 어드바이스**
> 숙박시설 수용인원에는 반드시 종사자 수를 포함시켜야 한다.

	용도	수용인원의 산정
숙박시설	침대가 있는 숙박시설	종사자수 + 침대수(2인용은 2개로 산정)
	침대가 없는 숙박시설	종사자수 + $\dfrac{\text{바닥면적의 합계}[m^2]}{3[m^2]}$
그 외 특정소방 대상물	강의실·교무실·상담실·실습실·휴게실	$\dfrac{\text{바닥면적의 합계}[m^2]}{1.9[m^2]}$
	강당, 문화 및 집회시설, 운동시설, 종교시설	$\dfrac{\text{바닥면적의 합계}[m^2]}{4.6[m^2]}$ • 관람석의 경우 : 고정식 의자 수 • 긴 의자의 경우 : $\dfrac{\text{의자 정면너비}[m]}{0.45[m]}$
	그 밖의 특정소방대상물	$\dfrac{\text{바닥면적의 합계}[m^2]}{3[m^2]}$

* 계산결과 소수점 이하는 반올림한다.

개념잡기

소방시설 설치 및 관리에 관한 법령상, 종사자 수가 5명이고, 숙박시설이 모두 2인용 침대이며 침대수량은 50개인 숙박시설에서 수용인원은 몇 명인가?

① 55 ② 75
③ 85 ④ 105

수용인원 : 침대가 있는 숙박시설 = 종사자수 + 침대수(2인용은 2명)
= 5 + (50×2) = 105[명]

수용인원의 산정 방법(소방시설법 시행령 별표 7, 소방시설법 시행령 제17조 관련)

	용도	수용인원의 산정
숙박시설	침대가 있는 숙박시설	종사자수 + 침대수(2인용은 2개로 산정)
	침대가 없는 숙박시설	종사자수 + $\dfrac{\text{바닥면적의 합계}[m^2]}{3[m^2]}$
그 외 특정소방 대상물	강의실·교무실·상담실·실습실·휴게실	$\dfrac{\text{바닥면적의 합계}[m^2]}{1.9[m^2]}$
	강당, 문화 및 집회시설, 운동시설, 종교시설	$\dfrac{\text{바닥면적의 합계}[m^2]}{4.6[m^2]}$ • 관람석의 경우 : 고정식 의자 수 • 긴 의자의 경우 : $\dfrac{\text{의자 정면너비}[m]}{0.45[m]}$
	그 밖의 특정소방대상물	$\dfrac{\text{바닥면적의 합계}[m^2]}{3[m^2]}$

* 계산결과 소수점 이하는 반올림한다.

정답 : ④

10. 방염성능기준 이상의 실내장식물 등을 설치해야 하는 특정소방대상물 (소방시설법 시행령 제30조)

- 근린생활시설 중 다음 어느 하나의 시설
  - 의원
  - 치과의원
  - 한의원
  - 조산원
  - 산후조리원
  - 체력단련장
  - 공연장
  - 종교집회장
- 건축물의 옥내에 있는 시설 중 다음 어느 하나의 시설
  - 문화 및 집회시설
  - 종교시설
  - 운동시설(수영장은 제외)
- 의료시설
- 교육연구시설 중 합숙소
- 노유자 시설
- 숙박이 가능한 수련시설
- 숙박시설
- 방송통신시설 중 방송국 및 촬영소
- 다중이용업소
- 그 외 층수가 11층 이상인 것(아파트 등 제외)

대통령령으로 정하는 특정소방대상물에 실내장식 등의 목적으로 설치 또는 부착하는 물품으로서 대통령령으로 정하는 물품(이하 "방염대상물품"이라 한다)은 방염성능기준 이상의 것으로 설치하여야 한다.
(소방시설법 제20조1항)

11. 방염대상물품 및 방염성능기준(소방시설법 시행령 제31조)

방염대상물품

- 제조 또는 가공 공정에서 방염처리를 한 물품
  - 창문에 설치하는 커튼류(블라인드를 포함)
  - 카펫
  - 벽지류(두께가 2[mm] 미만인 종이벽지는 제외)
  - 전시용 합판·목재 또는 섬유판, 무대용 합판·목재 또는 섬유판(합판·목재류의 경우 불가피하게 설치 현장에서 방염처리한 것을 포함)
  - 암막·무대막(스크린 포함)
  - 섬유류 또는 합성수지류 등을 원료로 하여 제작된 소파·의자(단란주점영업, 유흥주점영업 및 노래연습장업의 영업장에 설치하는 것으로 한정한다)

- 건축물 내부의 천장이나 벽에 부착하거나 설치하는 것
  - 종이류(두께 2[mm] 이상인 것)·합성수지류 또는 섬유류를 주원료로 한 물품
  - 합판이나 목재
  - 공간을 구획하기 위하여 설치하는 간이 칸막이(접이식 등 이동 가능한 벽체나 천장 또는 반자가 실내에 접하는 부분까지 구획하지 않는 벽체를 말한다)
  - 흡음(吸音)을 위하여 설치하는 흡음재(흡음용 커튼을 포함)
  - 방음(防音)을 위하여 설치하는 방음재(방음용 커튼을 포함)

방염성능기준

구분	내용	기준
잔염시간	버너의 불꽃을 제거한 때부터 불꽃을 올리며 연소하는 상태가 그칠 때까지 시간	20초 이내
잔신시간 (잔진시간)	버너의 불꽃을 제거한 때부터 불꽃을 올리지 않고 연소하는 상태가 그칠 때까지 시간	30초 이내
탄화면적	잔염, 잔신시간 내에 탄화한 면적	50[cm^2] 이내
탄화길이	잔염, 잔신시간 내에 탄화한 길이	20[cm] 이내
접염횟수	불꽃에 의하여 완전히 녹을 때까지 불꽃의 접촉 횟수	3회 이상
최대 연기밀도	소방청장이 정하여 고시한 방법으로 측정한 발연량(發煙量)	400 이하

06 소방시설 설치 및 관리에 관한 법률 시행규칙

1. 소방시설 등 자체점검의 구분 및 대상, 점검자의 자격, 점검 장비, 점검 방법 및 횟수 등 자체점검 시 준수해야 할 사항(소방시설법 시행규칙 별표 3, 소방시설법 시행규칙 제20조제1항 관련) ★★★

구분	작동점검	종합점검
점검대상	• 작동점검 제외대상 외 특정소방대상물 • 작동점검 제외대상 ① 소방안전관리자를 선임하지 않는 특정소방대상물 ② 위험물 제조소 등 ③ 특급 소방안전대상물	① 스프링클러설비가 설치된 특정소방대상물 ② 물분무등소화설비(호스릴 방식의 물분무등소화설비만을 설치한 경우 제외)가 설치된 연면적 5,000[m^2] 이상인 특정소방대상물(위험물 제조소 등 제외) ③ 다중이용업의 영업장이 설치된 특정소방대상물로서 연면적이 2,000[m^2] 이상인 것 ④ 제연설비가 설치된 터널 ⑤ 공공기관 중 연면적이 1,000[m^2] 이상인 것(옥내소화전설비 또는 자동화재탐지설비 설치), 소방대가 근무하는 공공기관 제외

소방시설 설치 및 관리에 관한 법령상 소방시설등의 종합점검 대상기준에 맞게 ( )에 들어갈 내용으로 옳은 것은?

> 물분무등소화설비[호스릴 방식의 물분무등소화설비만을 설치한 경우는 제외]가 설치된 연면적 ( )[m²] 이상인 특정소방대상물(위험물 제조소 등은 제외)

① 2,000
② 3,000
③ 4,000
④ 5,000

물분무등소화설비(호스릴 방식의 물분무등소화설비만을 설치한 경우 제외)가 설치된 연면적 5,000[m²] 이상인 특정소방대상물(위험물 제조소 등 제외)은 종합점검 실시대상이다.

소방시설 등 자체점검의 구분 및 대상, 점검자의 자격, 점검 장비, 점검 방법 및 횟수 등 자체점검 시 준수해야 할 사항(소방시설법 시행규칙 별표 3, 소방시설법 시행규칙 제20조제1항 관련)

구분	작동점검	종합점검
점검 대상	• 작동점검 제외대상 외 특정소방대상물 • 작동점검 제외대상 ① 소방안전관리자를 선임하지 않는 특정소방대상물 ② 위험물 제조소 등 ③ 특급 소방안전대상물	① 스프링클러설비가 설치된 특정소방대상물 ② 물분무등소화설비(호스릴 방식의 물분무등소화설비만을 설치한 경우 제외)가 설치된 연면적 5,000[m²] 이상인 특정소방대상물(위험물 제조소 등 제외) ③ 다중이용업의 영업장이 설치된 특정소방대상물로서 연면적이 2,000[m²] 이상인 것 ④ 제연설비가 설치된 터널 ⑤ 공공기관 중 연면적이 1,000[m²] 이상인 것(옥내소화전설비 또는 자동화재탐지설비 설치), 소방대가 근무하는 공공기관 제외

정답 : ④

CHAPTER 04
소방시설공사업법

KEYWORD 소방시설업, 소방시설공사, 감리, 시공능력, 하자보수 보증기간, 착공신고, 완공신고, 공사감리자

01 총칙

1. 정의(소방공사업법 제2조)

소방시설업
- 소방시설설계업 : 소방시설공사에 기본이 되는 공사계획, 설계도면, 설계 설명서, 기술계산서 및 이와 관련된 서류(이하 "설계도서")를 작성(이하 "설계")하는 영업
- 소방시설공사업 : 설계도서에 따라 소방시설을 신설, 증설, 개설, 이전 및 정비(이하 "시공")하는 영업
- 소방공사감리업 : 소방시설공사에 관한 발주자의 권한을 대행하여 소방시설공사가 설계도서와 관계 법령에 따라 적법하게 시공되는지를 확인하고, 품질·시공 관리에 대한 기술지도를 하는(이하 "감리") 영업
- 방염처리업 : 방염대상물품에 대하여 방염처리(이하 "방염")하는 영업

소방시설업자
소방시설업을 경영하기 위하여 소방시설업을 등록한 자

감리원
소방공사감리업자에 소속된 소방기술자로서 해당 소방시설공사를 감리하는 사람

소방기술자

소방기술 경력 등을 인정받은 사람과 다음 어느 하나에 해당하는 사람으로서 소방시설업과 소방시설관리업의 기술인력으로 등록된 사람

- 소방시설관리사
- 국가기술자격 법령에 따른 소방기술사, 소방설비기사, 소방설비산업기사, 위험물기능장, 위험물산업기사, 위험물기능사

발주자

소방시설의 설계, 시공, 감리 및 방염(이하 "소방시설공사 등")을 소방시설업자에게 도급하는 자. 다만, 수급인으로서 도급받은 공사를 하도급하는 자는 제외

02 소방시설업

1. 소방시설업의 등록(소방공사업법 제4조)

- 등록권자 : 시·도지사
- 필요요건 : 자본금(개인인 경우에는 자산 평가액), 기술인력 등
- 업종별 영업범위 : 대통령령

2. 등록의 결격사유(소방공사업법 제5조)

① 피성년후견인
② 「소방시설공사업법」, 「소방기본법」, 「화재의 예방 및 안전관리에 관한 법률」, 「소방시설 설치 및 관리에 관한 법률」 또는 「위험물안전관리법」에 따른 금고 이상의 실형을 선고받고 그 집행이 끝나거나(집행이 끝난 것으로 보는 경우를 포함한다) 면제된 날부터 2년이 지나지 아니한 사람
③ 「소방시설공사업법」, 「소방기본법」, 「화재의 예방 및 안전관리에 관한 법률」, 「소방시설 설치 및 관리에 관한 법률」 또는 「위험물안전관리법」에 따른 금고 이상의 형의 집행유예를 선고받고 그 유예기간 중에 있는 사람
④ 등록하려는 소방시설업 등록이 취소(피성년후견인 결격으로 인한 등록이 취소된 경우는 제외)된 날부터 2년이 지나지 아니한 자
⑤ 법인의 대표자가 ①~④항에 해당하는 경우 그 법인
⑥ 법인의 임원이 ②~④항에 해당하는 경우 그 법인

3. 소방시설업의 운영(소방공사업법 제8조)

- 소방시설업자는 다른 자에게 자기의 성명이나 상호를 사용하여 소방시설공사등을 수급 또는 시공하게 하거나 소방시설업의 등록증 또는 등록수첩을 빌려 주어서는 아니 된다.
- 소방시설업자는 다음 어느 하나에 해당하는 경우에는 소방시설공사등을 맡긴 특정소방 대상물의 관계인에게 지체 없이 그 사실을 알려야 한다.
  - 소방시설업자의 지위를 승계한 경우
  - 소방시설업의 등록취소처분 또는 영업정지처분을 받은 경우
  - 휴업하거나 폐업한 경우

4. 등록취소와 영업정지 등(소방공사업법 제9조)

- 처분권자 : 시·도지사
- 등록취소
  - 거짓이나 그 밖의 부정한 방법으로 등록한 경우
  - 등록 결격사유에 해당되는 경우(다만, 다만, 법인의 대표자가 결격사유에 해당하는 경우, 법인의 임원이 결격사유에 해당하는 경우의 그 법인이 그 사유가 발생한 날부터 3개월 이내에 그 사유를 해소한 경우는 제외)
  - 영업정지 기간 중에 소방시설공사 등을 한 경우

5. 과징금처분(소방공사업법 제10조)

- 부과권자 : 시·도지사
- **부과금액** : 영업정지가 그 이용자에게 불편을 주거나 그 밖에 공익을 해칠 우려가 있을 때에는 영업정지처분을 갈음하여 2억원 이하의 과징금을 부과

03 소방시설공사 등

1. 설계(소방공사업법 제11조)

- 소방시설설계업을 등록한 자(이하 "설계업자"라 한다)는 이 법이나 이 법에 따른 명령과 화재안전기준에 맞게 소방시설을 설계. 다만, 중앙소방기술심의위원회의 심의를 거쳐 소방시설의 구조와 원리 등에서 특수한 설계로 인정된 경우는 화재안전기준을 따르지 아니할 수 있다.
- 특정소방대상물(신축하는 것만 해당)에 대해서는 그 용도, 위치, 구조, 수용 인원, 가연물 (可燃物)의 종류 및 양 등을 고려하여 설계(이하 "성능위주설계")하여야 한다.

성능위주설계를 해야 하는 특정소방대상물의 범위는 '소방시설법 시행령 제9조'를 통해 확인할 수 있다.

2. 착공신고(소방공사업법 제13조)

- 착공 및 변경신고 : 소방본부장, 소방서장
- 행정안전부령으로 정하는 중요한 사항을 변경하였을 때에는 행정안전부령으로 정하는 바에 따라 변경신고를 하여야 한다.
- 변경신고 시 필요서류
  - 완공검사 또는 부분완공검사를 신청하는 서류
  - 공사감리 결과보고서
- 신고수리 여부 통지 : 2일 이내에 신고인에게 통지

3. 완공신고(소방공사업법 제14조)

- 공사업자는 소방시설공사를 완공하면 소방본부장 또는 소방서장의 완공검사를 받아야 한다.
- 공사업자가 소방대상물 일부분의 소방시설공사를 마친 경우로서 전체 시설이 준공되기 전에 부분적으로 사용할 필요가 있는 경우에는 그 일부분에 대하여 소방본부장이나 소방서장에게 완공검사(이하 "부분완공검사")를 신청 가능

4. 감리(소방공사업법 제16조)

- 감리업자의 업무
  - 소방시설등의 설치계획표의 적법성 검토
  - 소방시설등 설계도서의 적합성(적법성과 기술상의 합리성) 검토
  - 소방시설등 설계 변경 사항의 적합성 검토
  - 소방용품의 위치·규격 및 사용 자재의 적합성 검토
  - 공사업자가 한 소방시설등의 시공이 설계도서와 화재안전기준에 맞는지에 대한 지도·감독
  - 완공된 소방시설등의 성능시험
  - 공사업자가 작성한 시공 상세 도면의 적합성 검토
  - 피난시설 및 방화시설의 적법성 검토
  - 실내장식물의 불연화(不燃化)와 방염 물품의 적법성 검토
- 용도와 구조에서 특별히 안전성과 보안성이 요구되는 소방대상물로서 대통령령으로 정하는 장소에서 시공되는 소방시설물에 대한 감리는 감리업자가 아닌 자도 가능
- 감리의 종류와 방법 기준 : 대통령령

5. 공사감리 결과의 통보 등(소방공사업법 제20조)

- 서면통지 : 관계인, 도급인, 건축사
- 결과보고서 제출 : 소방본부장, 소방서장

6. 하도급의 제한(소방공사업법 제22조)

하도급
수급인이 자신이 해야 할 일의 완성을 제3자가 하게 하기 위하여 다시 체결하는 수급인과 제3자와의 계약

- 도급을 받은 자는 소방시설의 설계, 시공, 감리를 제3자에게 하도급 불가. 다만, 시공의 경우에는 대통령령으로 정하는 바에 따라 도급받은 소방시설공사의 일부를 다른 공사업자에게 하도급 가능
- 하수급인은 하도급받은 소방시설공사를 제3자에게 다시 하도급 불가

7. 시공능력 평가 및 공시(소방공사업법 제26조)

- 소방청장은 관계인 또는 발주자가 적절한 공사업자를 선정할 수 있도록 하기 위하여 공사업자의 신청이 있으면 그 공사업자의 소방시설공사 실적, 자본금 등에 따라 시공능력을 평가하여 공시
- 평가를 받으려는 공사업자는 전년도 소방시설공사 실적, 자본금, 그 밖에 행정안전부령으로 정하는 사항을 소방청장에게 제출
- 시공능력 평가신청 절차, 평가방법 및 공시방법 기준 : 행정안전부령

04 벌칙

1. 3년 이하의 징역 또는 3천만원 이하의 벌금(소방공사업법 제35조)

- 소방시설업 등록을 하지 아니하고 영업을 한 자
- 부정한 청탁을 받고 재물 또는 재산상의 이익을 취득하거나 부정한 청탁을 하면서 재물 또는 재산상의 이익을 제공한 자

2. 1년 이하의 징역 또는 1천만원 이하의 벌금(소방공사업법 제36조)

- 영업정지처분을 받고 그 영업정지 기간에 영업을 한 자
- 화재안전기준을 위반하여 설계나 시공을 한 자
- 감리업자의 업무범위를 위반하여 감리를 하거나 거짓으로 감리한 자
- 특정소방대상물의 관계인이 감리업자 지정의무를 위반하여 감리를 하거나 거짓으로 감리한 자
- 감리결과에 따른 보고를 소방본부장이나 소방서장에게 거짓으로 한 자
- 공사감리 결과의 통보 또는 공사감리 결과보고서의 제출을 거짓으로 한 자
- 소방시설업자가 아닌 자에게 소방시설공사등을 도급한 자
- 도급받은 소방시설의 설계, 시공, 감리를 하도급한 자
- 하도급받은 소방시설공사를 다시 하도급한 자
- 소방기술자가 「소방시설공사업법」 또는 「소방시설공사업법」의 명령을 따르지 아니하고 업무를 수행한 자

05 소방시설공사업법 시행령

1. 소방시설업의 업종별 등록기준 및 영업범위(소방공사업법 시행령 별표 1, 소방공사업법 시행령 제2조제1항 관련)

방염처리업
- 섬유류 방염업 : 커튼·카펫 등 섬유류를 주된 원료로 하는 방염대상물품을 제조 또는 가공 공정에서 방염처리
- 합성수지류 방염업 : 합성수지류를 주된 원료로 하는 방염대상물품을 제조 또는 가공 공정에서 방염처리
- 합판·목재류 방염업 : 합판 또는 목재류를 제조·가공 공정 또는 설치 현장에서 방염처리

2. 완공검사를 위한 현장확인 대상 특정소방대상물의 범위(소방공사업법 시행령 제5조)

- 문화 및 집회시설, 종교시설, 판매시설, 노유자(老幼者)시설, 수련시설, 운동시설, 숙박시설, 창고시설, 지하상가 및 다중이용업소
- 다음 어느 하나에 해당하는 설비가 설치되는 특정소방대상물
  - 스프링클러설비 등
  - 물분무등소화설비(호스릴 방식의 소화설비는 제외)
- 연면적 1만[m^2] 이상이거나 11층 이상인 특정소방대상물(아파트는 제외)
- 가연성가스를 제조·저장 또는 취급하는 시설 중 지상에 노출된 가연성가스탱크의 저장용량 합계가 1천[t] 이상인 시설

3. 하자보수 대상 소방시설과 하자보수 보증기간(소방공사업법 시행령 제6조)

보증기간 2년

비상경보설비, 비상방송설비, 피난기구, 유도등, 비상조명등 및 무선통신보조설비

보증기간 3년

자동소화장치, 옥내소화전설비, 스프링클러설비등, 물분무등소화설비, 옥외소화전설비, 자동화재탐지설비, 화재알림설비, 소화용수설비 및 소화활동설비(무선통신보조설비는 제외한다)

> **저자 어드바이스**
> 보증기간이 2년인 소방시설은 대부분 전기분야 설비이고, 보증기간이 3년인 소방시설은 대부분 기계분야 설비인 것을 알 수 있다.

4. 소방공사 감리의 종류, 방법 및 대상(소방공사업법 시행령 별표 3, 소방공사업법 시행령 제9조 관련)

종류	대상	방법
상주 공사 감리	① 연면적 3만[m²] 이상의 특정소방대상물(아파트 제외)에 대한 소방시설의 공사 ② 지하층을 포함한 층수가 16층 이상으로서 500세대 이상인 아파트에 대한 소방시설의 공사	① 감리원은 행정안전부령으로 정하는 기간동안 공사 현장에 상주하여 감리업무를 수행하고 감리일지에 기록할 것. 다만, 행정안전부령으로 정하는 기간 동안 공사가 이루어지는 경우만 해당 ② 감리원이 행정안전부령으로 정하는 기간 중 부득이한 사유로 1일 이상 현장을 이탈하는 경우에는 감리일지 등에 기록하여 발주청 또는 발주자의 확인을 받아야 함. 이 경우 감리업자는 감리원의 업무를 대행할 사람을 감리현장에 배치하여 감리업무에 지장이 없도록 할 것 ③ 감리업자는 감리원이 행정안전부령으로 정하는 기간 중 법에 따른 교육이나 유급 휴가로 현장을 이탈하게 되는 경우에는 감리업무에 지장이 없도록 감리원의 업무를 대행할 사람을 감리현장에 배치할 것. 이 경우 감리원은 새로 배치되는 업무대행자에게 업무 인수·인계 등의 필요한 조치를 할 것
일반 공사 감리	상주 공사감리에 해당하지 않는 소방시설의 공사	① 감리원은 공사 현장에 배치되어 법에 따른 업무를 수행. 다만, 행정안전부령으로 정하는 기간 동안 공사가 이루어지는 경우만 해당 ② 감리원은 행정안전부령으로 정하는 기간 중에는 주1회 이상 공사 현장에 배치되어 감리업무를 수행하고 감리일지에 기록할 것 ③ 감리업자는 감리원이 부득이한 사유로 14일 이내의 범위에서 감리업무를 수행할 수 없는 경우에는 업무대행자를 지정하여 그 업무를 수행하게 할 것 ④ 지정된 업무대행자는 주2회 이상 공사 현장에 배치되어 감리업무를 수행하며, 그 업무수행 내용을 감리원에게 통보하고 감리일지에 기록할 것

5. 공사감리자 지정대상 특정소방대상물의 범위(소방공사업법 시행령 제10조) ★★

- 옥내소화전설비를 신설·개설 또는 증설할 때
- 스프링클러설비등(캐비닛형 간이스프링클러설비는 제외)을 신설·개설하거나 방호·방수 구역을 증설할 때
- 물분무등소화설비(호스릴 방식의 소화설비는 제외)를 신설·개설하거나 방호·방수 구역을 증설할 때
- 옥외소화전설비를 신설·개설 또는 증설할 때
- 자동화재탐지설비를 신설 또는 개설할 때
- 화재알림설비를 신설 또는 개설할 때
- 비상방송설비를 신설 또는 개설할 때
- 통합감시시설을 신설 또는 개설할 때
- 소화용수설비를 신설 또는 개설할 때

- 다음에 따른 소화활동설비의 시공
  - 제연설비를 신설·개설하거나 제연구역을 증설할 때
  - 연결송수관설비를 신설 또는 개설할 때
  - 연결살수설비를 신설·개설하거나 송수구역을 증설할 때
  - 비상콘센트설비를 신설·개설하거나 전용회로를 증설할 때
  - 무선통신보조설비를 신설 또는 개설할 때
  - 연소방지설비를 신설·개설하거나 살수구역을 증설할 때

개념잡기

소방시설공사업법령상 공사감리자 지정대상 특정소방대상물의 범위가 아닌 것은?

① 물분무등소화설비(호스릴 방식의 소화설비는 제외)를 신설·개설하거나 방호·방수 구역을 증설할 때
② 재연설비를 신설·개설하거나 제연구역을 증설할 때
③ 연소방지설비를 신설·개설하거나 살수구역을 증설할 때
④ 캐비닛형 간이스프링클러설비를 신설·개설 하거나 방호·방수 구역을 증설할 때

스프링클러설비에서 캐비닛형 간이스프링클러설비의 신설, 개설하거나 방호, 방수 구역을 증설할 때는 공사감리자 지정대상 특정소방대상물의 범위에서 제외된다.

공사감리자 지정대상 특정소방대상물의 범위(소방공사업법 시행령 제10조)
- 옥내소화전설비를 신설·개설 또는 증설할 때
- 스프링클러설비등(캐비닛형 간이스프링클러설비는 제외)을 신설·개설하거나 방호·방수 구역을 증설할 때
- 물분무등소화설비(호스릴 방식의 소화설비는 제외)를 신설·개설하거나 방호·방수 구역을 증설할 때
- 옥외소화전설비를 신설·개설 또는 증설할 때
- 자동화재탐지설비를 신설 또는 개설할 때
- 화재알림설비를 신설 또는 개설할 때
- 비상방송설비를 신설 또는 개설할 때
- 통합감시시설을 신설 또는 개설할 때
- 소화용수설비를 신설 또는 개설할 때
- 다음에 따른 소화활동설비의 시공
  - 제연설비를 신설·개설하거나 제연구역을 증설할 때
  - 연결송수관설비를 신설 또는 개설할 때
  - 연결살수설비를 신설·개설하거나 송수구역을 증설할 때
  - 비상콘센트설비를 신설·개설하거나 전용회로를 증설할 때
  - 무선통신보조설비를 신설 또는 개설할 때
  - 연소방지설비를 신설·개설하거나 살수구역을 증설할 때

정답 : ④

6. 소방시설공사의 시공을 하도급할 수 있는 경우(소방공사업법 시행령 제12조)

- 주택건설사업
- 건설업
- 전기공사업
- 정보통신공사사업

06
소방시설공사업법 시행규칙

1. 소방시설업의 등록신청(소방공사업법 시행규칙 제2조, 제3조)

- 접수일로부터 15일 이내에 협회 경유 발급
- 등록신청 서류의 보완 기한 : 10일 이내의 기간을 정하여 보완
- 제출서류
  - 성명, 주민번호, 주소지 등 인적사항 적힌 서류
  - 기술인력 증빙서류(국가기술자격증, 자격·경력 수첩)
  - 금융, 공제조합 출자·예치·담보금액확인서, 90일 이내 자산평가액 또는 기업진단 보고서(소방시설공사업만 해당)

2. 등록사항의 변경신고사항(소방공사업법 시행규칙 제5조)

- 상호(명칭) 또는 영업소 소재지
- 대표자
- 기술인력

3. 등록사항의 변경신고 등(소방공사업법 시행규칙 제6조)

- 등록사항이 변경된 경우에는 변경일부터 30일 이내에 변경신고서를 협회에 제출
- 첨부서류
  - 상호(명칭) 또는 영업소 소재지가 변경된 경우 : 소방시설업 등록증 및 등록수첩
  - 대표자가 변경된 경우 : 소방시설업 등록증, 등록수첩, 변경된 대표자의 인적사항
  - 기술인력 변경 : 소방시설업 등록수첩, 기술인력 증빙서류

4. 지위승계 신고 등(소방공사업법 시행규칙 제7조)

- 소방시설업자 지위 승계를 신고하려는 자는 그 상속일, 양수일, 합병일 또는 인수일부터 30일 이내 서류를 협회에 제출
- 협회는 접수일부터 7일 이내에 지위를 승계한 사실을 확인한 후 그 결과를 시·도지사에게 보고
- 시·도지사는 소방시설업의 지위승계 신고의 확인 사실을 보고받은 날부터 3일 이내에 협회를 경유하여 지위 승계인에게 등록증 및 등록수첩을 발급

5. 착공신고 등(소방공사업법 시행규칙 제12조)

- 중요사항 변경신고 시 변경일로부터 30일 이내, 착공(변경)신고서 및 변경된 서류를 제출
- **소방본부장 또는 소방서장은 소방시설공사 착공신고 또는 변경신고를 받은 경우에는 2일 이내에 처리하고 그 결과를 신고인에게 통보**

다음의 어느 하나에 해당하는 자가 종전의 소방시설업자의 지위를 승계하려는 경우에는 그 상속일, 양수일 또는 합병일부터 30일 이내에 행정안전부령으로 정하는 바에 따라 그 사실을 시·도지사에게 신고하여야 한다.
- 소방시설업자가 사망한 경우 그 상속인
- 소방시설업자가 그 영업을 양도한 경우 그 양수인
- 법인인 소방시설업자가 다른 법인과 합병한 경우 합병 후 존속하는 법인이나 합병으로 설립되는 법인

(소방시설공사업법 제7조1항)

CHAPTER 05
위험물안전관리법

KEYWORD 위험물, 지정수량, 제조소, 위험물안전관리자, 안전교육, 취급소, 위험물취급자격자, 관계인, 정기점검, 자체소방대, 위험물 취급탱크

01 총칙

1. 목적(위험물법 제1조)

위험물의 저장·취급 및 운반과 이에 따른 안전관리에 관한 사항을 규정함으로써 위험물로 인한 위해를 방지하여 공공의 안전을 확보

2. 정의(위험물법 제2조) ★

위험물

인화성 또는 발화성 등의 성질을 가지는 것으로서 대통령령이 정하는 물품

지정수량

위험물의 종류별로 위험성을 고려하여 대통령령이 정하는 수량으로서 제조소등의 설치허가 등에 있어서 최저의 기준이 되는 수량

3. 적용 제외(위험물법 제3조)

항공기·선박·철도 및 궤도에 의한 위험물의 저장·취급 및 운반

4. 지정수량 미만의 위험물의 저장·취급(위험물법 제4조)

지정수량 미만인 위험물의 저장 또는 취급에 관한 기술상의 기준은 시·도 조례로 정함

5. 위험물의 저장 및 취급의 제한(위험물법 제5조) ★

- 지정수량 이상의 위험물을 저장소가 아닌 장소에서 저장하거나 제조소등이 아닌 장소에서 취급 제한
- 저장·취급 제한 예외
  - 시·도의 조례가 정하는 바에 따라 관할소방서장의 승인을 받아 지정수량 이상의 위험물을 90일 이내의 기간동안 임시로 저장 또는 취급하는 경우
  - 군부대가 지정수량 이상의 위험물을 군사목적으로 임시로 저장 또는 취급하는 경우
- 임시로 저장 또는 취급하는 장소에서의 저장 또는 취급의 기준과 임시로 저장 또는 취급하는 장소의 위치·구조 및 설비의 기준은 시·도의 조례로 정함
- 제조소등에서의 위험물의 저장 또는 취급에 관한 규정
  - 중요기준 : 화재 등 위해의 예방과 응급조치에 있어서 큰 영향을 미치거나 그 기준을 위반하는 경우 직접적으로 화재를 일으킬 가능성이 큰 기준으로서 행정안전부령이 정하는 기준
  - 세부기준 : 화재 등 위해의 예방과 응급조치에 있어서 중요기준보다 상대적으로 적은 영향을 미치거나 그 기준을 위반하는 경우 간접적으로 화재를 일으킬 수 있는 기준 및 위험물의 안전관리에 필요한 표시와 서류·기구 등의 비치에 관한 기준으로서 행정안전부령이 정하는 기준
- 제조소등의 위치·구조 및 설비의 기술기준은 행정안전부령으로 정함
- 둘 이상의 위험물을 같은 장소에서 저장 또는 취급하는 경우에 있어서 당해 장소에서 저장 또는 취급하는 각 위험물의 수량을 그 위험물의 지정수량으로 각각 나누어 얻은 수의 합계가 1 이상인 경우 당해 위험물은 지정수량 이상의 위험물로 봄

위험물안전관리법령상 제조소등이 아닌 장소에서 지정수량 이상의 위험물을 취급할 수 있는 경우에 대한 기준으로 맞는 것은? (단, 시·도의 조례가 정하는 바에 따른다)

① 관할 소방서장의 승인을 받아 지정수량 이상의 위험물을 60일 이내의 기간 동안 임시로 저장 또는 취급하는 경우
② 관할 소방대장의 승인을 받아 지정수량 이상의 위험물을 60일 이내의 기간 동안 임시로 저장 또는 취급하는 경우
③ 관할 소방서장의 승인을 받아 지정수량 이상의 위험물을 90일 이내의 기간 동안 임시로 저장 또는 취급하는 경우
④ 관할 소방대장의 승인을 받아 지정수량 이상의 위험물을 90일 이내의 기간 동안 임시로 저장 또는 취급하는 경우

관할 소방서장의 승인을 받아 지정수량 이상의 위험물을 90일 이내의 기간 동안 임시로 저장 또는 취급하는 경우에는 제조소등이 아닌 장소에서 지정수량 이상의 위험물을 취급할 수 있다.

위험물의 저장 및 취급의 제한(위험물법 제5조)
- 지정수량 이상의 위험물을 저장소가 아닌 장소에서 저장하거나 제조소등이 아닌 장소에서 취급 제한
- 저장·취급 제한 예외
  - 시·도의 조례가 정하는 바에 따라 관할 소방서장의 승인을 받아 지정수량 이상의 위험물을 90일 이내의 기간 동안 임시로 저장 또는 취급하는 경우
  - 군부대가 지정수량 이상의 위험물을 군사목적으로 임시로 저장 또는 취급하는 경우
- 임시로 저장 또는 취급하는 장소에서의 저장 또는 취급의 기준과 임시로 저장 또는 취급하는 장소의 위치·구조 및 설비의 기준은 시·도의 조례로 정함
- 제조소등에서의 위험물의 저장 또는 취급에 관한 규정
  - 중요기준 : 화재 등 위해의 예방과 응급조치에 있어서 큰 영향을 미치거나 그 기준을 위반하는 경우 직접적으로 화재를 일으킬 가능성이 큰 기준으로서 행정안전부령이 정하는 기준
  - 세부기준 : 화재 등 위해의 예방과 응급조치에 있어서 중요기준보다 상대적으로 적은 영향을 미치거나 그 기준을 위반하는 경우 간접적으로 화재를 일으킬 수 있는 기준 및 위험물의 안전관리에 필요한 표시와 서류·기구 등의 비치에 관한 기준으로서 행정안전부령이 정하는 기준
- 제조소등의 위치·구조 및 설비의 기술기준은 행정안전부령으로 정함
- 둘 이상의 위험물을 같은 장소에서 저장 또는 취급하는 경우에 있어서 당해 장소에서 저장 또는 취급하는 각 위험물의 수량을 그 위험물의 지정수량으로 각각 나누어 얻은 수의 합계가 1 이상인 경우 당해 위험물은 지정수량 이상의 위험물로 봄

정답 : ③

02 위험물시설의 설치 및 변경

1. 위험물시설의 설치 및 변경 등(위험물법 제6조) ★★

제조소 등의 설치허가
- 설치허가자 : 시 · 도지사
- 설치허가 대상
  - 제조소 등을 설치하려는 자
  - 제조소 등의 위치 · 구조 또는 설비를 변경하고자 하는 자

품명 등의 변경신고
- 변경신고 대상 : 시 · 도지사
- 변경신고 기한 : 변경하고자 하는 날의 1일 전까지 행정안전부령에 따라 신고
- 변경조건 : 해당 제조소 등의 위치 · 구조 또는 설비의 변경 없이 저장하거나 취급하는 위험물의 품명 · 수량 또는 지정수량의 배수를 변경

설치허가, 변경신고 등의 예외 조건
- 주택의 난방시설(공동주택의 중앙난방시설 제외)용 저장소 또는 취급소
- 농예용 · 축산용 또는 수산용으로 필요한 난방시설 또는 건조시설을 위한 지정수량 20배 이하의 저장소

개념잡기

제조소등의 위치 · 구조 또는 설비의 변경 없이 당해 제조소등에서 저장하거나 취급하는 위험물의 품명 · 수량 또는 지정수량의 배수를 변경하고자 할 때는 누구에게 신고해야 하는가?

① 국무총리 ② 시 · 도지사
③ 관할소방서장 ④ 행정안전부장관

제조소 등의 위치 · 구조 또는 설비의 변경 없이 당해 제조소 등에서 저장하거나 취급하는 위험물의 품명 · 수량 또는 지정수량의 배수를 변경하고자 하는 자는 변경하고자 하는 날의 1일 전까지 행정안전부령이 정하는 바에 따라 시 · 도지사에게 신고하여야 한다.

정답 : ②

2. 완공검사(위험물법 제9조)

- 허가를 받은 자가 제조소등의 설치를 마쳤거나 그 위치·구조 또는 설비의 변경을 마친 때에는 당해 제조소등마다 시·도지사가 행하는 완공검사를 받아 기술기준에 적합하다고 인정받은 후가 아니면 이를 사용하여서는 아니된다. 다만, 제조소등의 위치·구조 또는 설비를 변경함에 있어서 변경허가를 신청하는 때에 화재예방에 관한 조치사항을 기재한 서류를 제출하는 경우에는 당해 변경공사와 관계가 없는 부분은 완공검사를 받기 전에 미리 사용할 수 있다.
- 완공검사를 받고자 하는 자가 제조소등의 일부에 대한 설치 또는 변경을 마친 후 그 일부를 미리 사용하고자 하는 경우에는 당해 제조소등의 일부에 대하여 완공검사를 받을 수 있다.

3. 제조소 등 설치자의 지위 승계(위험물법 제10조)

- 신고처 : 시·도지사
- 신고기간 : 지위를 승계한 날부터 30일 이내

4. 제조소 등의 폐지(위험물법 제11조)

- 신고처 : 시·도지사
- 신고기간 : 폐지한 날부터 14일 이내

5. 과징금 처분(위험물법 제13조)

제조소 등 설치허가의 취소와 사용정지 등에 해당하는 경우로서 제조소 등에 대한 사용의 정지가 그 이용자에게 심한 불편을 주거나 그 밖에 공익을 해칠 우려가 있는 때에는 **사용정지처분에 갈음하여 2억원 이하의 과징금을** 부과

과징금은 금전적 제재라는 점에서 벌금이나 과태료와 유사한 성격을 가지고 있으나 과징금 수입을 징수분야의 행정 목적에 직접 사용한다는 점에서 벌금과 과태료와의 차이가 있다.

03 위험물시설의 안전관리

1. 위험물안전관리자(위험물법 제15조) ★

위험물안전관리자의 선임 기한
안전관리자를 선임한 제조소등의 관계인은 그 안전관리자를 해임하거나 안전관리자가 퇴직한 때에는 해임하거나 퇴직한 날부터 30일 이내

선임 신고 기한
선임한 날부터 14일 이내에 소방본부장 또는 소방서장에게 신고

대리자 직무대행 기간
30일 이내

역할
위험물 취급 시 입회 및 감독

2. 예방규정(위험물법 제17조)

대통령령으로 정하는 제조소등의 관계인은 해당 제조소등의 화재예방과 화재 등 재해 발생 시의 비상조치를 위하여 행정안전부령으로 정하는 바에 따라 예방규정을 정하여 해당 제조소등의 사용을 시작하기 전에 시·도지사에게 제출

3. 정기점검 및 정기검사(위험물법 제18조)

- 제조소등의 관계인은 그 제조소등에 대하여 행정안전부령이 정하는 바에 따라 기술기준에 적합한지의 여부를 정기적으로 점검하고 점검결과를 기록하여 보존
- 정기점검을 한 제조소등의 관계인은 점검을 한 날부터 30일 이내에 점검결과를 시·도지사에게 제출
- 정기점검의 대상이 되는 제조소 등의 관계인은 행정안전부령으로 정하는 바에 따라 소방본부장 또는 소방서장으로부터 해당 제조소 등이 기술기준에 적합하게 유지되고 있는지의 여부에 대하여 정기적으로 검사를 받아야 한다.

4. 자체소방대(위험물법 제19조)

다량의 위험물을 저장·취급하는 제조소등으로서 대통령령이 정하는 제조소 등이 있는 동일한 사업소에서 대통령령이 정하는 수량 이상의 위험물을 저장 또는 취급하는 경우 당해 사업소의 관계인은 대통령령이 정하는 바에 따라 당해 사업소에 자체소방대를 설치

04 보칙

1. 안전교육(위험물법 제28조)

안전관리자·탱크시험자·위험물운반자·위험물운송자 등 위험물의 안전관리와 관련된 업무를 수행하는 자는 소방청장이 실시하는 교육을 받아야 한다.

2. 청문(위험물법 제29조)

- 청문권자 : 시·도지사, 소방본부장, 소방서장
- 청문 해당 경우
  - 제조소 등 설치허가의 취소
  - 탱크시험자의 등록취소

개념잡기

위험물안전관리법상 청문을 실시하여 처분해야 하는 것은?

① 제조소 등 설치허가의 취소　　② 제조소 등 영업정지 처분
③ 탱크시험자의 영업정지 처분　　④ 과징금 부과 처분

제조소 등 설치허가의 취소는 청문을 실시해야 하는 경우이다.
- 청문(위험물법 제29조)
  - 청문권자 : 시·도지사, 소방본부장, 소방서장
  - 청문 해당 경우
    ‣ 제조소 등 설치허가의 취소
    ‣ 탱크시험자의 등록취소

정답 : ①

05 벌칙

1. 7년 이하의 금고 또는 7천만원 이하의 벌금(위험물법 제34조)

업무상 과실로 제조소등 또는 허가를 받지 않고 지정수량 이상의 위험물을 저장 또는 취급하는 장소에서 위험물을 유출·방출 또는 확산시켜 사람의 생명·신체 또는 재산에 대하여 위험을 발생시킨 자

2. 500만원 이하의 과태료(위험물법 제39조)

- 위험물의 저장 및 취급규정에 따른 승인을 받지 아니한 자
- 위험물의 저장 및 취급규정에 따른 위험물의 저장 또는 취급에 관한 세부기준을 위반한 자
- 품명 등의 변경신고를 기간 이내에 하지 아니하거나 허위로 한 자
- 지위승계신고를 기간 이내에 하지 아니하거나 허위로 한 자
- 제조소 등의 폐지신고 또는 안전관리자의 선임신고를 기간 이내에 하지 아니하거나 허위로 한 자
- 사용 중지신고 또는 재개신고를 기간 이내에 하지 아니하거나 거짓으로 한 자
- 탱크시험자의 30일 이내 등록사항의 변경신고를 기간 이내에 하지 아니하거나 허위로 한 자
- 예방규정을 준수하지 아니한 자
- 제조소 등의 점검결과를 기존·보존하지 아니한 자
- 제조소 등의 점검결과를 기간 이내에 제출하지 아니한 자
- 위험물의 운반에 관한 세부기준을 위반한 자
- 위험물의 운송에 관한 기준을 따르지 아니한 자

3. 200만원 이하의 과태료(위험물법 제39조)

- 지정수량 미만인 위험물의 저장 또는 취급에 관한 기준을 위반한 자
- 지정수량 이상의 위험물을 임시로 저장 또는 취급하는 경우 기준을 위반한 자

금고와 징역은 모두 교도소에서 일정 기간동안 생활한다는 공통점이 있다. 하지만 금고는 노역의 의무가 없으며, 징역은 노역의 의무가 있다는 차이점이 존재한다.

위험물의 운반에 관한 세부기준이란 화재 등 위해의 예방과 응급조치에 있어서 중요기준보다 상대적으로 적은 영향을 미치거나 그 기준을 위반하는 경우 간접적으로 화재를 일으킬 수 있는 기준 및 위험물의 안전관리에 필요한 표시와 서류·기구 등의 비치에 관한 기준으로서 행정안전부령이 정하는 기준이다.
(위험물관리법 제20조 2항)

06 위험물법 시행령

1. 위험물 및 지정수량(위험물법 시행령 별표1, 위험물법 시행령 제2조 및 제3조 관련) ★★★

위험물

유별	성질	품명
제1류	산화성 고체	• 아염소산염류 • 염소산염류 • 과염소산염류 • 무기과산화물 • 브롬산염류(브로민산염류) • 질산염류 • 요오드산염류(아이오딘산염류) • 과망간산염류(과망가니즈산염류) • 중크롬산염류(다이크로뮴산염류)
제2류	가연성 고체	• 황화린(황화인) • 적린 • 황(유황) • 철분 • 금속분 • 마그네슘 • 인화성 고체
제3류	자연발화성 물질 및 금수성 물질	• 칼륨 • 나트륨 • 알킬알루미늄 • 알킬리튬 • 황린 • 알칼리금속 및 알칼리토금속 • 유기금속화합물 • 금속의 수소화물 • 금속의 인화물 • 칼슘 또는 알루미늄의 탄화물

유별	성질	품명
제4류	인화성 액체	• 특수인화물 • 제1석유류 • 알코올류 • 제2석유류 • 제3석유류 • 제4석유류 • 동식물유류
제5류	자기반응성 물질	• 유기과산화물 • 질산에스테르류(질산에스터류) • 니트로화합물(나이트로화합물) • 니트로소화합물(나이트로소화합물) • 아조화합물 • 디아조화합물(다이아조화합물) • 하이드라진 유도체(히드라진 유도체) • 히드록실아민(하이드록실아민) • 히드록실아민염류(하이드록실아민염류)
제6류	산화성 액체	• 과염소산 • 과산화수소 • 질산

위험물의 지정수량

제4류	인화성 액체	특수인화물		50리터
		제1석유류	비수용성액체	200리터
			수용성액체	400리터
		알코올류		400리터
		제2석유류	비수용성액체	1,000리터
			수용성액체	2,000리터
		제3석유류	비수용성액체	2,000리터
			수용성액체	4,000리터
		제4석유류		6,000리터
		동식물유류		10,000리터

저자 어드바이스

소방관계법규에서 위험물의 지정수량은 제4류 위험물이 자주 나오기 때문에 제4류 위험물만 수록했다. 그 외의 위험물의 지정수량을 확인하고 싶다면 소방원론 과목에서 확인할 수 있다.

산화성 고체인 제1류 위험물에 해당되는 것은?

① 질산염류
② 특수인화물
③ 과염소산
④ 유기과산화물

보기에서 제1류 위험물에 해당하는 것은 질산염류이다. 특수인화물은 제4류 위험물, 과염소산은 제6류 위험물, 유기과산화물은 제5류 위험물에 해당한다.

위험물 및 지정수량(위험물법 시행령 별표 1, 위험물법 시행령 제2조 및 제3조 관련)

위험물

유별	성질	품명
제1류	산화성 고체	• 아염소산염류 • 염소산염류 • 과염소산염류 • 무기과산화물 • 브롬산염류(브로민산염류) • **질산염류** • 요오드산염류(아이오딘산염류) • 과망간산염류(과망가니즈산염류) • 중크롬산염류(다이크로뮴산염류)

정답 : ①

2. 위험물을 제조 외의 목적으로 취급하기 위한 장소와 그에 따른 취급소의 구분(위험물법 시행령 별표3, 위험물법 시행령 제5조 관련)

위험물을 제조 외의 목적으로 취급하기 위한 장소	취급소의 구분
고정된 주유설비에 의하여 자동차·항공기 또는 선박 등의 연료탱크에 직접 주유하기 위하여 위험물을 취급하는 장소	주유취급소
점포에서 위험물을 용기에 담아 판매하기 위하여 지정수량의 40배 이하의 위험물을 취급하는 장소	판매취급소
배관 및 이에 부속된 설비에 의하여 위험물을 이송하는 장소 단, 다음에 해당하는 경우의 장소를 제외 ① 송유관에 의하여 위험물을 이송하는 경우 ② 제조소 등에 관계된 시설(배관 제외) 및 그 부지가 같은 사업소 안에 있고 해당 사업소 안에서만 이송물을 이송하는 경우 ③ 사업소와 사업소의 사이에 도로(폭 2[m] 이상의 일반교통에 이용되는 도로로서 자동차의 통행이 가능한 것)만 있고 사업소와 사업소 사이의 이송배관이 그 도로를 횡단하는 경우 ④ 사업소와 사업소 사이의 이송배관이 제3자(해당 사업소와 관련이 있거나 유사한 사업을 하는 자에 한함)의 토지만을 통과하는 경우로서 해당 배관의 길이가 100[m] 이하인 경우 ⑤ 해상구조물에 설치된 배관(이송되는 위험물이 제4류 위험물 중 제1석유류인 경우에는 배관의 안지름이 30[cm] 미만인 것에 한함)으로서 해당 해상구조물에 설치된 배관이 길이가 30[m] 이하인 경우 ⑥ 사업소와 사업소 사이의 이송배관이 ③번부터 ⑤의 규정에 의한 경우 중 2 이상에 해당하는 경우 ⑦ 「농어촌 전기공급사업 촉진법」에 따라 설치된 자가발전시설에 사용되는 위험물을 이송하는 경우	이송취급소
주유취급소, 판매취급소, 이송취급소 외의 장소	일반취급소

3. 제조소 등의 설치 및 변경의 허가(위험물법 시행령 제6조)

허가조건
- 제조소 등의 위치·구조 및 설비가 기술기준에 적합할 것
- 제조소 등에서의 위험물의 저장 또는 취급이 공공의 안전유지 또는 재해의 발생 방지에 지장을 줄 우려가 없다고 인정될 것
- 다음의 제조소 등은 한국소방산업기술원의 기술검토를 받고, 그 결과가 행정안전부령으로 정하는 기준에 적합한 것으로 인정될 것
  - 지정수량의 1천배 이상의 위험물을 취급하는 제조소 또는 일반취급소 : 구조·설비에 관한 사항
  - 옥외탱크저장소(저장용량이 50만 리터 이상인 것만 해당한다) 또는 암반탱크저장소 : 위험물탱크의 기초·지반, 탱크본체 및 소화설비에 관한 사항

4. 위험물취급자격자의 자격(위험물법 시행령 별표5, 위험물법 시행령 제11조제1항 관련)

- 대통령령이 정하는 위험물 취급에 자격이 있는 자

위험물취급자격자의 구분	취급할 수 있는 위험물
위험물기능장, 위험물산업기사, 위험물기능사	모든 위험물
소방청장이 실시하는 안전관리자 교육이수자	제4류 위험물
소방공무원으로 근무한 경력이 3년 이상인 자	제4류 위험물

- 제조소 등의 위험물이 「화학물질관리법」상 인체급성유해성물질, 인체만성유해성물질, 생태유해성물질에 해당하는 경우 : 유해화학물질관리자로 선임된 자로서 유해화학물질 안전교육을 받은 자
- 소방안전관리자로 선임된 자로서 위험물안전관리자의 자격이 있는 자

제조소등의 종류 및 규모에 따라 선임하여야 하는 안전관리자의 자격은 대통령령으로 정한다.
(위험물관리법 제15조)

5. 관계인이 예방규정을 정하여야 하는 제조소 등(위험물법 시행령 제15조)

- 지정수량의 10배 이상의 위험물을 취급하는 제조소
- 지정수량의 100배 이상의 위험물을 저장하는 옥외저장소
- 지정수량의 150배 이상의 위험물을 저장하는 옥내저장소
- 지정수량의 200배 이상의 위험물을 저장하는 옥외탱크저장소
- 암반탱크저장소
- 이송취급소
- 지정수량의 10배 이상의 위험물을 취급하는 일반취급소. 다만, 제4류 위험물(특수인화물을 제외한다)만을 지정수량의 50배 이하로 취급하는 일반취급소(제1석유류·알코올류의 취급량이 지정수량의 10배 이하인 경우에 한한다)로서 다음 어느 하나에 해당하는 것은 제외
  - 보일러·버너 또는 이와 비슷한 것으로서 위험물을 소비하는 장치로 이루어진 일반취급소
  - 위험물을 용기에 옮겨 담거나 차량에 고정된 탱크에 주입하는 일반취급소

6. 정기점검의 대상인 제조소 등(위험물법 시행령 제16조) ★★

- 지정수량의 10배 이상의 위험물을 취급하는 제조소
- 지정수량의 100배 이상의 위험물을 저장하는 옥외저장소
- 지정수량의 150배 이상의 위험물을 저장하는 옥내저장소
- 지정수량의 200배 이상의 위험물을 저장하는 옥외탱크저장소
- 암반탱크저장소
- 이송취급소
- 지정수량의 10배 이상의 위험물을 취급하는 일반취급소. 다만, 제4류 위험물(특수인화물을 제외한다)만을 지정수량의 50배 이하로 취급하는 일반취급소(제1석유류·알코올류의 취급량이 지정수량의 10배 이하인 경우에 한한다)로서 다음 어느 하나에 해당하는 것은 제외
  - 보일러·버너 또는 이와 비슷한 것으로서 위험물을 소비하는 장치로 이루어진 일반취급소
  - 위험물을 용기에 옮겨 담거나 차량에 고정된 탱크에 주입하는 일반취급소
- **지하탱크저장소**
- **이동탱크저장소**
- 위험물을 취급하는 탱크로서 지하에 매설된 탱크가 있는 제조소·주유취급소 또는 일반취급소

개념잡기

위험물안전관리법령상 정기점검의 대상인 제조소등의 기준으로 틀린 것은?

① 지하탱크저장소
② 이동탱크저장소
③ 지정수량의 10배 이상의 위험물을 취급하는 제조소
④ 지정수량의 20배 이상의 위험물을 저장하는 옥외탱크저장소

지정수량의 200배 이상의 위험물을 저장하는 옥외탱크저장소는 정기점검의 대상인 제조소이다.

정기점검의 대상인 제조소 등(위험물법 시행령 제16조)
- 지정수량의 10배 이상의 위험물을 취급하는 제조소
- 지정수량의 100배 이상의 위험물을 저장하는 옥외저장소
- 지정수량의 150배 이상의 위험물을 저장하는 옥내저장소
- 지정수량의 200배 이상의 위험물을 저장하는 옥외탱크저장소
- 암반탱크저장소
- 이송취급소
- 지정수량의 10배 이상의 위험물을 취급하는 일반취급소. 다만, 제4류 위험물(특수인화물을 제외한다)만을 지정수량의 50배 이하로 취급하는 일반취급소(제1석유류·알코올류의 취급량이 지정수량의 10배 이하인 경우에 한한다)로서 다음 어느 하나에 해당하는 것은 제외
  - 보일러·버너 또는 이와 비슷한 것으로서 위험물을 소비하는 장치로 이루어진 일반취급소
  - 위험물을 용기에 옮겨 담거나 차량에 고정된 탱크에 주입하는 일반취급소
- 지하탱크저장소
- 이동탱크저장소
- 위험물을 취급하는 탱크로서 지하에 매설된 탱크가 있는 제조소·주유취급소 또는 일반취급소

정답 : ④

7. 정기검사의 대상인 제조소 등(위험물법 시행령 제17조)

액체위험물을 저장 또는 취급하는 50만리터 이상의 옥외탱크저장소

8. 자체소방대를 설치하여야 하는 사업소(위험물법 시행령 제18조)

- 제4류 위험물을 취급하는 제조소 또는 일반취급소 : 취급하는 제4류 위험물의 최대수량의 합이 지정수량의 3천배 이상
  다만, 보일러로 위험물을 소비하는 일반 취급소 등 행정안전부령으로 정하는 일반취급소는 제외
- 제4류 위험물을 저장하는 옥외탱크저장소 : 저장하는 제4류 위험물의 최대수량이 지정수량의 50만배 이상

9. 자체소방대에 두는 화학소방자동차 및 인원(위험물법 시행령 별표8, 위험물법 시행령 제18조제3항 관련)

사업소의 구분	화학소방자동차	자체소방대원의 수
제조소 또는 일반취급소에서 취급하는 제4류 위험물의 최대수량의 합이 지정수량의 3천배 이상 12만배 미만인 사업소	1대	5인
제조소 또는 일반취급소에서 취급하는 제4류 위험물의 최대수량의 합이 지정수량의 12만배 이상 24만배 미만인 사업소	2대	10인
제조소 또는 일반취급소에서 취급하는 제4류 위험물의 최대수량의 합이 지정수량의 24만배 이상 48만배 미만인 사업소	3대	15인
제조소 또는 일반취급소에서 취급하는 제4류 위험물의 최대수량의 합이 지정수량의 48만배 이상인 사업소	4대	20인
옥외탱크저장소에 저장하는 제4류 위험물의 최대수량이 지정수량의 50만배 이상인 사업소	2대	10인

[비고] 화학소방자동차에는 행정안전부령으로 정하는 소화능력 및 설비를 갖추어야 하고, 소화활동에 필요한 소화약제 및 기구(방열복 등 개인장구를 포함한다)를 비치하여야 한다.

자체소방대 편성의 특례
2이상의 사업소가 상호응원에 관한 협정을 체결하고 있는 경우에는 당해 모든 사업소를 하나의 사업소로 보고 제조소 또는 취급소에서 취급하는 제4류 위험물을 합산한 양을 하나의 사업소에서 취급하는 제4류 위험물의 최대수량으로 간주하여 화학소방자동차의 대수 및 자체소방대원을 정할 수 있다. 이 경우 상호응원에 관한 협정을 체결하고 있는 각 사업소의 자체소방대에는 화학소방차 대수의 2분의 1 이상의 대수와 화학소방자동차마다 5인 이상의 자체소방대원을 두어야 한다.

07 위험물법 시행규칙

1. 완공검사의 신청 등(위험물법 시행규칙 제19조)

완공검사의 신청서 제출
시·도지사, 소방서장, 소방산업기술원(기술원에 위탁하는 경우)

첨부서류
- 배관에 관한 내압시험, 비파괴시험 등에 합격하였음을 증명하는 서류(내압시험 등을 하여야 하는 배관이 있는 경우에 한한다)
- 소방서장, 기술원 또는 탱크시험자가 교부한 탱크검사합격확인증 또는 탱크시험합격확인증(해당 위험물탱크의 완공검사를 실시하는 소방서장 또는 기술원이 그 위험물탱크의 탱크안전성능검사를 실시한 경우는 제외)
- 재료의 성능을 증명하는 서류(이중벽탱크에 한한다)

2. 완공검사의 신청시기(위험물법 시행규칙 제20조)

지하탱크가 있는 제조소등의 경우
당해 지하탱크를 매설하기 전

이동탱크저장소의 경우
이동저장탱크를 완공하고 상시 설치 장소(이하 "상치장소"라 한다)를 확보한 후

이송취급소의 경우
이송배관 공사의 전체 또는 일부를 완료한 후. 다만, 지하·하천 등에 매설하는 이송배관의 공사의 경우에는 이송배관을 매설하기 전

전체 공사가 완료된 후에는 완공검사를 실시하기 곤란 경우
- 위험물설비 또는 배관의 설치가 완료되어 기밀시험 또는 내압시험을 실시하는 시기
- 배관을 지하에 설치하는 경우에는 시·도지사, 소방서장 또는 기술원이 지정하는 부분을 매몰하기 직전
- 기술원이 지정하는 부분의 비파괴시험을 실시하는 시기
- 그 밖의 제조소 등의 경우 : 제조소 등의 공사를 완료한 후

> **저자 어드바이스**
> 완공검사의 신청시기는 경우마다 다르다. 경우별로 완공검사의 신청시기를 구분해서 기억해두자.

3. 제조소의 위치·구조 및 설비의 기준(위험물법 시행규칙 별표4, 위험물법 시행규칙 제28조 관련) ★★

안전거리

제조소(제6류 위험물을 취급하는 제조소를 제외) 건축물의 외벽 또는 이에 상당하는 공작물의 외측으로부터 해당 제조소의 외벽 또는 이에 상당하는 공작물의 외측까지의 사이에 다음 규정에 의한 수평거리를 두어야 함. 다만, 불연재료로 된 방화상 유효한 담 또는 벽 설치 시 안전거리 단축이 가능

건축물 및 그 밖의 공작물	안전거리
주거용(제조소가 설치된 부지 내에 있는 것 제외)	10[m] 이상
고압가스, 액화석유가스, 도시가스를 저장 또는 취급하는 시설	20[m] 이상
학원, 병원, 극장 등 다수의 수용시설	30[m] 이상
지정문화유산 및 천연기념물등	50[m] 이상
사용전압 7,000[V] 초과 35,000[V] 이하 특고압가공전선	3[m] 이상
사용전압 35,000[V] 초과 특고압가공전선	5[m] 이상

보유공지

위험물을 취급하는 건축물 그 밖의 시설(위험물을 이송하기 위한 배관 그 밖에 이와 유사한 시설을 제외)의 주위에는 그 취급하는 위험물의 최대수량에 따라 다음 표에 의한 너비의 공지를 보유

취급하는 위험물의 최대수량	공지의 너비
지정수량의 10배 이하	3[m] 이상
지정수량의 10배 초과	5[m] 이상

표지 및 게시판

- "위험물 제조소"라는 표시를 한 표지를 설치
  - 표지는 한변의 길이가 0.3[m] 이상, 다른 한변의 길이가 0.6[m] 이상인 직사각형으로 할 것
  - 표지의 바탕은 백색으로, 문자는 흑색으로 할 것
- 방화에 관하여 필요한 사항을 게시한 게시판을 설치
  ① 게시판은 한 변의 길이가 0.3[m] 이상, 다른 한 변의 길이가 0.6[m] 이상인 직사각형으로 할 것
  ② 게시판에는 저장 또는 취급하는 위험물의 유형·품명 및 저장최대수량 또는 취급최대수량, 지정수량의 배수 및 안전관리자의 성명 또는 직명을 기재할 것
  ③ 표지의 바탕은 백색으로, 문자는 흑색으로 할 것
  ④ ②의 게시판 외에 저장 또는 취급하는 위험물에 따라 주의사항을 표시한 게시판을 설치할 것

위험물의 종류	주의사항	게시판
제1류 위험물 중 알칼리금속의 과산화물 제3류 위험물 중 금수성 물질	물기엄금	청색바탕에 백색문자
제2류 위험물(인화성 고체 제외)	화기주의	적색바탕에 백색문자
제2류 위험물 중 인화성 고체 제3류 위험물 중 자연발화성 물질 제4류 위험물 제5류 위험물	화기엄금	적색바탕에 백색문자

채광·조명 및 환기설비

- 환기는 자연배기방식으로 할 것
- 급기구는 해당 급기구가 설치된 실의 바닥면적 150[m^2]마다 1개 이상으로 하되, 급기구의 크기는 800[cm^2] 이상으로 할 것. 단, 바닥면적이 150[m^2] 미만인 경우에는 다음의 크기로 할 것

바닥면적	급기구의 면적
60[m^2] 미만	150[cm^2] 이상
60[m^2] 이상 90[m^2] 미만	300[cm^2] 이상
90[m^2] 이상 120[m^2] 미만	450[cm^2] 이상
120[m^2] 이상 150[m^2] 미만	600[cm^2] 이상

기타설비

피뢰설비 : 지정수량의 10배 이상의 위험물을 취급하는 제조소(제6류 위험물을 취급하는 위험물제조소 제외)에는 피뢰침을 설치. 단, 제조소의 주위의 상황에 따라 안전상 지장이 없는 경우에는 피뢰침을 설치하지 아니할 수 있다.

위험물 취급탱크

- 방유제 용량 계산

	옥내위험물취급 탱크의 방유턱	옥외위험물취급 탱크의 방유제 (액체위험물(이황화탄소 제외))
탱크 1기	탱크용량의 100[%]	탱크용량의 50[%]
탱크 2기 이상	최대탱크용량의 100[%]	최대탱크용량의 50[%]에 나머지 탱크용량의 합계의 10[%]를 가산한 양 이상

개념잡기

위험물안전관리법령상 제조소의 기준에 따라 건축물의 외벽 또는 이에 상당하는 공작물의 외측으로부터 제조소의 외벽 또는 이에 상당하는 공작물의 외측까지의 안전거리 기준으로 틀린 것은? (단, 제6류 위험물을 취급하는 제조소를 제외하고, 건축물에 불연재료로 된 방화상 유효한 담 또는 벽을 설치하지 않은 경우이다)

① 의료법에 의한 종합병원에 있어서는 30[m] 이상
② 도시가스사업법에 의한 가스공급시설에 있어서는 20[m] 이상
③ 사용전압 35,000[V]를 초과하는 특고압가공전선에 있어서는 5[m] 이상
④ 「문화유산의 보존 및 활용에 관한 법률」에 의한 지정문화재에 있어서는 30[m] 이상

지정문화유산 및 천연기념물 등의 안전거리는 50[m] 이상이다.

제조소의 위치·구조 및 설비의 기준(위험물법 시행규칙 별표 4, 위험물법 시행규칙 제28조 관련)

- 안전거리
제조소(제6류 위험물을 취급하는 제조소를 제외) 건축물의 외벽 또는 이에 상당하는 공작물의 외측으로부터 해당 제조소의 외벽 또는 이에 상당하는 공작물의 외측까지의 사이에 다음 규정에 의한 수평거리를 두어야 함. 단만, 불연재료로 된 방화상 유효한 담 또는 벽 설치 시 안전거리 단축이 가능

건축물 및 그 밖의 공작물	안전거리
주거용(제조소가 설치된 부지 내에 있는 것 제외)	10[m] 이상
고압가스, 액화석유가스, 도시가스를 저장 또는 취급하는 시설	20[m] 이상
학원, 병원, 극장 등 다수의 수용시설	30[m] 이상
지정문화유산 및 천연기념물등	50[m] 이상
사용전압 7,000[V] 초과 35,000[V] 이하 특고압가공전선	3[m] 이상
사용전압 35,000[V] 초과 특고압가공전선	5[m] 이상

정답 : ④

4. 옥외탱크저장소의 위치·구조 및 설비의 기준(위험물법 시행규칙 별표6, 위험물법 시행규칙 제30조 관련)

인화성액체위험물 옥외탱크저장소의 방유제의 용량기준(이황화탄소 제외)

- 높이 : 0.5[m] 이상 3[m] 이하
- 두께 : 0.2[m] 이상
- 지하매설깊이 : 1[m] 이상
- 높이가 1[m]를 넘는 방유제 및 간막이 둑의 안팎에는 방유제 내에 출입하기 위한 계단 또는 경사로를 약 50[m]마다 설치
- 방유제 내의 면적 : 80,000[m²] 이하
- 탱크의 수 : 10기 이하
- 방유제의 용량기준
  - 탱크 1기 : 탱크용량의 110[%] 이상
  - 탱크 2기 이상 : 설치된 탱크 중 용량이 최대인 것의 용량의 110[%] 이상

방유제내에 설치하는 모든 옥외저장탱크의 용량이 20만[L] 이하이고, 당해 옥외저장탱크에 저장 또는 취급하는 위험물의 인화점이 70[℃] 이상 200[℃] 미만인 경우에는 20기 이하

5. 판매취급소의 위치·구조 및 설비의 기준(위험물법 시행규칙 별표14, 위험물법 시행규칙 제38조 관련)

제1종 판매취급소
저장 또는 취급하는 위험물의 수량이 지정수량의 20배 이하

제2종 판매취급소
저장 또는 취급하는 위험물의 수량이 지정수량의 40배 이하

6. 유별을 달리하는 위험물의 혼재기준(위험물법 시행규칙 부록 2, 위험물법 시행규칙 별표 19 관련)

- 제1류 위험물 + 제6류 위험물
- 제2류 위험물 + 제4류 위험물
- 제2류 위험물 + 제5류 위험물
- 제3류 위험물 + 제4류 위험물
- 제4류 위험물 + 제5류 위험물

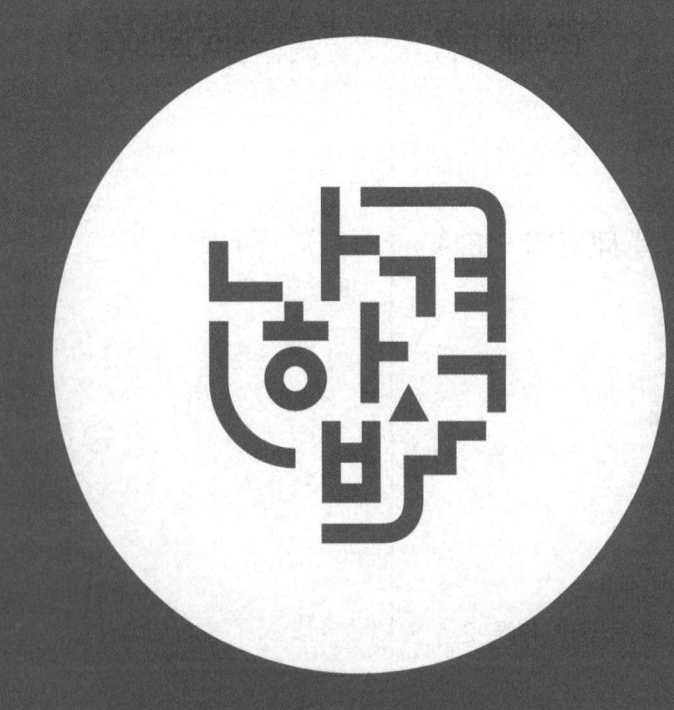

PART 03

소방유체역학

01 유체의 기본적 성질
02 유체정역학
03 유체유동의 해석
04 관내의 유동
05 펌프 및 송풍기의 성능 특성
06 소방 관련 열역학

단원 들어가기 전

본 단원은 유체 및 열에 대한 역학 내용을 담고 있습니다.
암기해야 할 내용은 타 과목에 비해 적지만 기계 전공자가 아닌 경우에는 내용이 다소 생소할 수 있습니다.
반복적인 문제 풀이를 통해 계산식이 익숙해질 수 있게 합시다.

CHAPTER 01
유체의 기본적 성질

KEYWORD 이상유체, 체적탄성계수, 압축률, 표면장력, 모세관현상, 뉴턴의 점성법칙, 점도

01 유체의 정의 및 성질

1. 유체의 정의

- 전단응력하에 연속적으로 변형되는 물질
- 물질의 상태 중 액체와 기체가 유체이다.

2. 유체의 분류

2-1 압력에 의한 체적 변화

압축성 유체
압력에 의해 체적이 변하는 유체

비압축성 유체
압력에 의해 체적이 변하지 않는 유체

2-2 전단속도에 의한 점도 변화

뉴턴유체
전단속도의 크기에 관계없이 일정한 점도를 나타내는 유체

비뉴턴유체
전단속도의 크기에 관계없이 일정한 점도를 나타내지 않는 유체

전단응력
단위면적이 받는 전단력의 크기

전단력
크기가 같고 방향이 서로 반대되는 힘들이 어떤 물체에 대해서 동시에 서로 작용할 때 그 대상 물체 내에서 면을 따라 평행하게 작용하는 힘

2-3 이상유체의 성질 ★

이상유체

점성과 압축성을 모두 가지지 않는 유체(비점성유체, 비압축성유체)

실제유체

점성과 압축성을 모두 가지는 유체

02 차원 및 단위

1. 차원의 구분

1-1 기본차원

질량(M), 길이(L), 시간(T), 힘(F)

1-2 절대차원계의 차원(MLT계 차원)

질량(M), 길이(L), 시간(T)로만 물리량의 차원을 구성

1-3 중력단위계의 차원(FLT계 차원)

힘(F), 길이(L), 시간(T)로만 물리량의 차원을 구성

> **저자 어드바이스**
>
> 절대차원은 M(질량), L(길이), T(시간)을 활용해 표현하는 방식이고, 중력차원은 F(힘), L(길이), T(시간)을 활용해 표현하는 방식이다. F(힘)은 MLT^{-2}인 것을 알고 있다면 둘 중에 하나의 차원만 기억해 자유롭게 환산해주면 된다.

2. 각종 물리량의 차원 ★

물리량 \ 차원	MLT계 차원	FLT계 차원
힘	MLT^{-2}	F
면적	L^2	L^2
속도	LT^{-1}	LT^{-1}
밀도	ML^{-3}	$FL^{-4}T^2$
운동량	MLT^{-1}	FT
압력	$ML^{-1}T^{-2}$	FL^{-2}
동력	ML^2T^{-3}	FLT^{-1}
점성계수	$ML^{-1}T^{-1}$	$FL^{-2}T$
동점성계수	L^2T^{-1}	L^2T^{-1}
일, 열	ML^2T^{-2}	FL

> **개념잡기**
>
> 동력(power)의 차원을 옳게 표시 한 것은? (단, M : 질량, L : 길이, T : 시간을 나타낸다)
>
> ① ML^2T^{-3} ② L^2T^{-1}
> ③ $ML^{-1}T^{-1}$ ④ MLT^{-2}
>
> 동력(power) 차원
> • 절대차원 : ML^2T^{-3}
> • 중력차원 : FLT^{-1}
>
> **TiP** 절대차원은 M(질량), L(길이), T(시간)을 활용해 표현하는 방식이고, 중력차원은 F(힘), L(길이), T(시간)을 활용해 표현하는 방식이다. F(힘)은 MLT^{-2}인 것을 알고 있다면 둘 중에 하나의 차원만 기억해 자유롭게 환산해주면 된다.
>
> 정답 : ①

03 밀도, 비중, 비중량, 음속, 체적탄성계수, 압축률

1. 밀도

물질의 단위체적당 질량

$$\rho = \frac{m}{V} = \frac{PM}{RT} = \frac{P}{\overline{R}T}$$

- ρ : 밀도[kg/m³]
- m : 질량[kg]
- V : 부피[m³]
- P : 기압[kPa]
- n : 몰수[mol]
- R : 기체상수[kPa·m³/mol·K]
- T : 절대온도[K]
- M : 분자량[kg/mol]
- $\overline{R}$: 특정기체상수[kJ/kg·K]

 참고

$\frac{m}{V} = \frac{PM}{RT} = \frac{P}{\overline{R}T}$ 는 이상기체 상태 방정식인 $PV = nRT$
$= \frac{m}{M}RT = m\overline{R}T$ 에서 정리되어 나온 식이다.

 **용어정리**

비체적
밀도의 역수로 단위질량당 체적
$v = \frac{V}{m} = \frac{1}{\rho}$

2. 비중

어떤 물질 밀도와 4[℃] 물 밀도의 비

$$s = \frac{\rho}{\rho_w} = \frac{\gamma}{\gamma_w}$$

- s : 비중
- ρ : 유체의 밀도[kg/m³]
- ρ_w : 물의 밀도(1,000[kg/m³])
- γ : 유체의 비중량[N/m³]
- γ_w : 물의 비중량(9,800[N/m³])

3. 비중량

물체의 단위체적이 받는 중량

$$\gamma = \frac{W}{V} = \frac{mg}{V} = \rho g$$

- γ : 유체의 비중량[N/m³]
- W : 중량[N]
- V : 부피[m³]
- m : 질량[kg]
- g : 중력가속도(9.8[m/s²])
- ρ : 밀도[kg/m³]

4. 음속

탄성이 있는 매질에서의 파동의 전달 속도

$$V = \sqrt{\frac{K}{\rho}}$$

- V : 음속[m/s]
- K : 체적탄성계수[Pa]
- ρ : 유체의 밀도[kg/m³]

5. 체적탄성계수 ★★

체적변화율에 대한 압축변화

$$K = -\frac{\Delta P}{\frac{\Delta V}{V}}$$

- K : 체적탄성계수[Pa]
- ΔP : 가해진 압력[Pa]
- $\frac{\Delta V}{V}$: 체적의 변화율

체적탄성계수 공식의 (-)부호는 가해진 압력이 증가하면 부피가 줄어든다는 것을 의미한다.

체적탄성계수가 클수록 압축하기 어려운 유체이다. 반면 압축률이 클수록 압축하기 쉬운 액체이다.

6. 압축률 ★

압축변화에 대한 체적변화율

$$\beta = \frac{1}{K}$$

$\begin{bmatrix} \beta : \text{압축률}[Pa^{-1}] \\ K : \text{체적탄성계수}[Pa] \end{bmatrix}$

개념잡기

체적탄성계수가 2×10^9[Pa]인 물의 체적을 3[%] 감소시키려면 몇 [MPa]의 압력을 가하여야 하는가?

① 25
② 30
③ 45
④ 60

체적탄성계수

$$K = -\frac{\Delta P}{\frac{\Delta V}{V}}$$

여기서, K : 체적탄성계수[MPa], ΔP : 가해진 압력[MPa]

$\frac{\Delta V}{V}$: 체적의 변화율

체적탄성계수 공식을 가해진 압력에 대한 식으로 정리하고, 문제에서 주어진 값들을 대입하면

$$\Delta P = -K \times \frac{\Delta V}{V} = -(2 \times 10^3) \times (-0.03) = 60 \text{[MPa]}$$

∴ $\Delta P = 60$[MPa]

• 단위 환산

  압력 2×10^9 [Pa] $= \frac{2 \times 10^9}{10^6}$ [MPa] $= 2 \times 10^3$ [MPa]

TIP 체적탄성계수 공식의 (-)부호는 가해진 압력이 증가하면 부피가 줄어든다는 것을 의미한다.

TIP 물의 체적을 감소시켜야 하므로 체적의 변화율 앞에 (-)부호를 붙여준다.

정답 : ④

04 표면장력, 모세관현상 등

1. 표면장력 ★★

- 액체방울의 표면적을 최소화하는 데 작용하는 장력
- 유체의 응집력과 부착력의 차이로 발생

1-1 물방울의 표면장력 계산식(속이 가득 차 있는 방울의 표면장력)

$$\sigma = \frac{\Delta P D}{4}$$

- σ : 표면장력[N/m]
- ΔP : 압력차[N/m²]
- D : 직경[m]

핵심 KEY

비눗방울의 표면장력(속이 비어 있는 방울의 표면장력)

$$\sigma = \frac{\Delta P D}{8}$$

- σ : 비눗방울의 표면장력[N/m]
- ΔP : 압력차[N/m²]
- D : 직경[m]

2. 모세관현상 ★★

- 모세관을 액체 속에 넣었을 때, 관 속의 액면이 관 밖의 액면보다 높아지거나 낮아지는 현상
- 모세관 내 유체의 부착력 > 응집력일 경우에는 유면이 상승하고, 모세관 내 유체의 응집력 > 부착력일 경우에는 유면이 하강

2-1 모세관 상승높이 계산식

$$h = \frac{4\sigma \cos\theta}{\gamma D}$$

- h : 상승높이[m]
- σ : 표면장력[N/m]
- θ : 접촉각
- γ : 비중량[N/m³]
- D : 지름[m]

수은은 유체의 응집력이 부착력보다 크기 때문에 유면이 하강한다. 반면 물은 부착력이 응집력보다 크기 때문에 유면이 상승한다.

05 유체의 점성 및 점성측정

1. 유체의 점성

유체의 흐름에 대한 저항 및 운동하는 유체의 내부에 나타나는 마찰력

2. 뉴턴의 점성법칙 ★★★

- 유체의 점성과 변형 정도의 관계를 규명한 법칙
- 유체가 **층상유동** 시 서로 접하는 두 개의 층 사이에 전단응력이 생기고, 이 전단응력은 속도기울기에 선형(직선관계)이라는 법칙

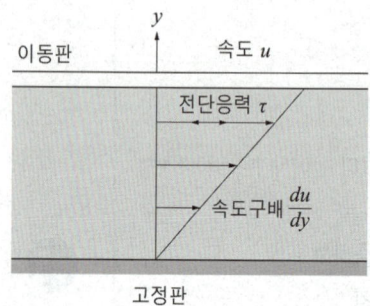

핵심 KEY

층류에서 전단응력의 크기
벽면 > 중앙

벽면의 속도기울기
난류 > 층류

2-1 전단응력 계산식

$$\tau = \mu \frac{du}{dy}$$

- τ : 전단응력[Pa]
- μ : 점성계수[N·s/m^2]
- $\frac{du}{dy}$: 속도구배(속도기울기)[s^{-1}]

3. 점성계수(점도)

- 유체의 끈끈한 정도를 나타내는 계수
- 유체의 온도 상승 시 점도 감소
- 기체의 온도 상승 시 점도 증가

$$\mu = \tau \frac{dy}{du}$$

- μ : 점성계수[N·s/m^2]
- τ : 전단응력[Pa]
- $\frac{du}{dy}$: 속도구배(속도기울기)[s^{-1}]

저자 어드바이스

점성계수와 동점성계수의 단위는 문제로 자주 출제되기 때문에 기억해 놓도록 하자.

4. 동점성계수

유체가 운동할 때 적용되는 계수

$$v = \frac{\mu}{\rho}$$

- v : 동점성계수 [m²/s]
- μ : 점성계수 [N·s/m²]
- ρ : 밀도 [kg/m³]

> **개념잡기**
>
> 점성계수와 동점성계수에 관한 설명으로 올바른 것은?
>
> ① 동점성계수 = 점성계수 × 밀도
> ② 점성계수 = 동점성계수 × 중력가속도
> ③ 동점성계수 = 점성계수/밀도
> ④ 점성계수 = 동점성계수/중력가속도
>
> 동점성계수
> $$\nu = \frac{\mu}{\rho}$$
> 여기서, ν : 동점성계수 [m²/s], μ : 점성계수 [N·s/m²], ρ : 밀도 [kg/m³]
>
> 정답 : ③

5. 점도의 측정 ★★

원리	종류
하겐-포아젤(Hagen-Poiseuille)의 법칙	• 세이볼트(Saybolt) 점도계 • 레드우드(Redwood) 점도계 • 앵글러(Engler) 점도계 • 바베이(Barbey) 점도계 • 오스트발트(Ostwald) 점도계
뉴턴(Newton)의 점성법칙	• 스토머(Stormer) 점도계 • 맥미셀(MacMichael) 점도계
스토크스(Stokes)의 법칙	• 낙구식 점도계

> **개념잡기**
>
> 낙구식 점도계는 어떤 법칙을 이론적 근거로 하는가?
>
> ① Stokes의 법칙
> ② 열역학 제1법칙
> ③ Hagen-Poiseuille의 법칙
> ④ Boyle의 법칙
>
> 정답 : ①

CHAPTER 02

유체정역학

KEYWORD 압력, 표준대기압, 파스칼의 원리, 유체의 전압력, 부력, 액주계, 수평분력, 수직분력

01 정지 및 강체유동(등가속도)유체의 압력 변화, 부력

1. 유체정역학의 기본개념

- 유체의 압력은 유체에 접하는 면에 수직으로 작용
- 정지된 유체 속 한 점에 작용하는 압력은 모든 방향에서 동일

2. 압력 ★★★

유체의 단위면적당 작용하는 힘

2-1 유체에 의한 압력 계산식

$$P = \gamma h = s\gamma_w h = \rho g h = s\rho_w g h$$

- P : 압력[Pa]
- γ : 유체의 비중량[N/m³]
- h : 높이[m]
- s : 비중
- γ_w : 물의 비중량(9,800[N/m³])
- ρ : 유체의 밀도[kg/m³]
- ρ_w : 물의 밀도(1,000[kg/m³])
- g : 중력가속도(9.8[m/s²])

핵심 KEY

$\gamma = s\gamma_w = \rho g = s\rho_w g$

- γ : 유체의 비중량
- s : 비중
- γ_w : 물의 비중량
- ρ : 유체의 밀도
- ρ_w : 물의 밀도
- g : 중력가속도

3. 표준대기압

해발이 0[m]인 해수면에서 공기의 무게에 의한 압력

3-1 표현방법 ★

$1[atm] = 101.325[kPa] = 0.101325[MPa] = 760[mmHg] = 10.332[mAq]$
$= 1.013[bar] = 1.0332[kgf/cm^2] = 14.7[psi]$

> **저자 어드바이스**
>
> 압력단위는 문제에서 여러 단위로 나오므로 1[atm]이 다른 압력 단위로 어떻게 표현되는지를 먼저 익혀 문제에 따라 환산하도록 하자. 또한 기사실기 문제에서도 매우 빈번하게 사용하는 개념이기 때문에 반드시 기억하도록 하자.

개념잡기

수두 100[mmAq]로 표시되는 압력은 몇 [Pa]인가?

① 0.098
② 0.98
③ 9.8
④ 980

압력 단위 변환
$1[atm] = 101.325[kPa] = 760[mmHg] = 10.332[mAq]$
여기서, 1[atm] : 1기압, 760[mmHg] : 수은주 높이 760[mm]
 10.332[mAq] : 물기둥 높이 10.332[m]
압력 단위 변환을 활용해 수두(물기둥 높이) 100[mmAq]를 [Pa]로 환산하면
$100[mmAq] = 0.1[mAq] = 0.1 \times \dfrac{101.325}{10.332} ≒ 0.98[kPa] = 980[Pa]$

∴ $100[mmAq] ≒ 980[Pa]$

- 단위 환산

 수두 $100[mmAq] = \dfrac{100}{1,000}[mAq] = 0.1[mAq]$

 파스칼 $0.98[kPa] = 0.98 \times 1,000[Pa] = 980[Pa]$

정답 : ④

4. 파스칼의 원리 ★

밀폐된 용기 내 유체의 어느 한 부분에 가해진 압력의 변화가 유체의 다른 부분에 그대로 전달된다는 원리

4-1 계산식

$$P_1 = \frac{F_1}{A_1} = \frac{F_2}{A_2} = P_2$$

- P : 압력[Pa]
- F : 힘[N]
- A : 단면적[m^2]

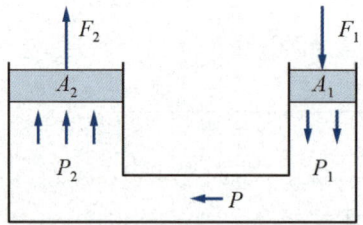

5. 절대압, 계기압, 진공압 ★★

5-1 절대압

완전 진공상태를 기준으로 측정한 압력

5-2 계기압

대기압을 기준으로 측정한 압력

5-3 진공압

대기압보다 낮은 압력

5-4 계산식

절대압이 대기압보다 높은 경우

> 절대압 = 대기압 + 진공압

절대압이 대기압보다 낮은 경우

> 절대압 = 대기압 - 진공압

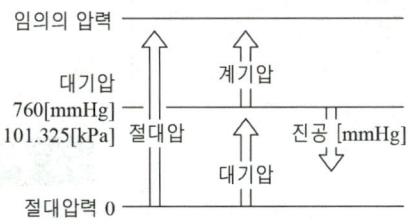

6. 유체의 전압력 ★★★

수평면의 한쪽면에 작용하는 전압력

$$F = PA = \gamma h A = s\gamma_w h A$$
$$= \rho g h A = s\rho_w g h A$$

- F : 힘[N]
- P : 압력[Pa]
- A : 면적[m^2]
- γ : 유체의 비중량[N/m^3]
- h : 깊이[m]
- s : 비중
- γ_w : 물의 비중량(9,800[N/m^3])
- ρ : 유체의 밀도[kg/m^3]
- ρ_w : 물의 밀도(1,000[kg/m^3])

핵심 KEY

물의 비중량
9,800[N/m^3], 9.8[kN/m^3]

물의 밀도
1,000[kg/m^3]

7. 작용점 깊이

물체에 힘이 가해지는 지점

저자 어드바이스
유체정역학에서의 작용점의 깊이는 유체의 전압력이 가해지는 지점을 말한다.

7-1 작용점 깊이 계산식

$$y_p = y + \frac{I_c}{Ay}$$

- y_p : 작용점의 깊이[m]
- y : 수면에서 수문 중심까지의 경사거리[m]
- I_c : 단면 2차 모멘트[m^4]
- A : 수문의 단면적[m^2]

7-2 단면 2차 모멘트

- 반지름 r인 원 : $\dfrac{\pi r^4}{4}$

- 너비 b, 높이 h인 직사각형 : $\dfrac{bh^3}{12}$

- 밑변 b, 높이 h인 삼각형 : $\dfrac{bh^3}{36}$

핵심 KEY

단면적
- 지름 d인 원 : $\dfrac{\pi d^2}{4}$
- 너비 b, 높이 h인 직사각형 : bh
- 너비 b, 높이 h인 삼각형 : $\dfrac{bh}{2}$

개념잡기

그림과 같이 수평과 30° 경사된 폭 50[cm]인 수문 AB가 A점에서 힌지(hinge)로 되어있다. 이 문을 열기 위한 최소한의 힘 F_B(수문에 직각 방향)는 약 몇 [kN]인가?
(단, 수문의 무게는 무시하고, 유체의 비중은 1이다.)

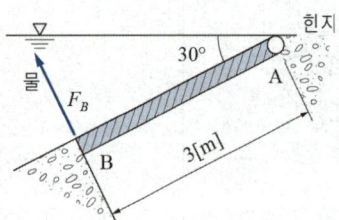

① 11.5　　② 7.35
③ 5.51　　④ 2.71

- 전압력

    $F = \gamma h A = \gamma y \sin\theta\, A$

    여기서, F : 물이 수문을 밀어내는 힘[kN], γ : 비중량(물의 비중량(9.8[kN/m³])
    h : 표면에서 수면 중심까지의 수직거리[m]
    A : 수면의 단면적[m²], y : 수문에서 수문까지의 경사거리[m]
    θ : 수문과 수면이 이루는 각도

- 작용점 깊이

    $y_p = y + \dfrac{I_c}{Ay}$

    여기서, y_p : 작용점의 깊이[m], y : 수면에서 수문 중심까지의 경사거리[m]
    I_c : 단면 2차 모멘트[m⁴]

    (사각형의 단면 2차 모멘트 $I_c = \dfrac{\text{폭} \times \text{높이}^3}{12}$)

    A : 수문의 단면적[m²]

- 물이 수문을 밀어내는 힘

    $F = \gamma h A = \gamma y \sin\theta\, A = 9.8 \times 1.5 \times \sin 30 \times (3 \times 0.5)$
    $= 11.025 \text{[kN]}$

- 수문에 작용하는 물의 작용점 깊이

    $y_p = y + \dfrac{I_c}{Ay} = 1.5 + \dfrac{\dfrac{0.5 \times 3^3}{12}}{(3 \times 0.5) \times 1.5} = 2\text{[m]}$

- B 지점에 가해야할 힘

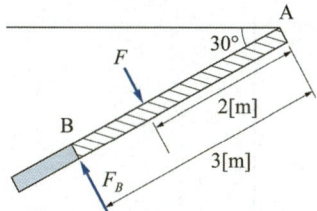

A점에 힌지가 있으므로 A점의 모멘트 합은 0이어야 한다.
$\sum M_A = (F_B \times 3) - (F \times 2) = 0$

위의 F_B에 관해 식을 정리하고, 문제에서 주어진 값 및 구한 값들을 대입하면

$F_B = \dfrac{F \times 2}{3} = \dfrac{11.025 \times 2}{3} = 7.35\text{[kN]}$

∴ $F_B = 7.35\text{[kN]}$

정답 : ②

8. 부력 ★

유체 속에서, 유체로부터 받는 중력과 반대 방향의 힘. 즉, 유체 속에 담긴 물체의 윗면과 아랫면의 압력차가 발생되어 유체 위로 물체를 밀어올리는 힘

$$F_B = \gamma V = s\gamma_w V$$

- F_B : 부력(무게)[N]
- γ : 액체의 비중량[N/m³]
- V : 잠긴 부피[m³]
- s : 액체의 비중
- γ_w : 물의 비중량(9,800[N/m³])

> **핵심 KEY**
>
> 유체 위에 물체가 떠 있는 경우
> W(물체의 무게)$= F_B$(부력)
>
> **물체의 무게**
>
> $W = mg = \rho Vg = s\rho_w Vg$
>
> - W : 무게[N]
> - m : 질량[kg]
> - g : 중력가속도(9.8[m/s²])
> - ρ : 물체의 밀도[kg/m³]
> - V : 부피[m³]
> - s : 비중
> - ρ_w : 물의 밀도(1,000[kg/m³])

02 액주계(마노미터) ★★★

1. 액주계의 기본 원리

- 동일수평면상의 압력은 동일
- 대기압은 보통 무시(단, 문제에서 주어지면 합산)
- 압력은 위에서 아래로 작용할 때는 양수, 아래에서 위로 작용할 때는 음수로 계산한다.

2. 단순 액주계

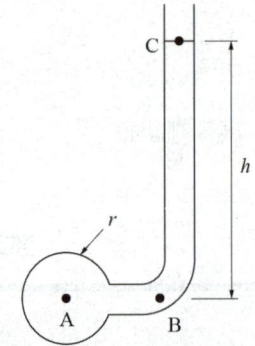

$$P_A = P_B = \gamma h$$

- P : 압력[Pa]
- γ : 액체의 비중량[N/m³]
- h : 유체의 높이[m]

3. U자관 액주계

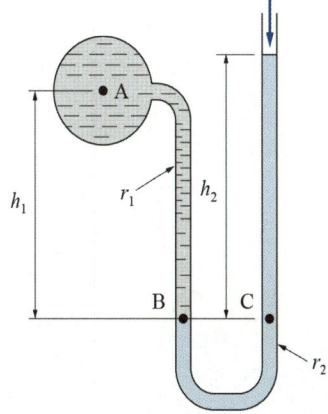

$$P_B = P_A + \gamma_1 h_1$$
$$P_C = \gamma_2 h_2$$
$$P_B = P_C \text{이므로}$$
$$P_A + \gamma_1 h_1 = \gamma_2 h_2$$

$\begin{bmatrix} P : 압력[Pa] \\ \gamma : 액체의 \ 비중량[N/m^3] \\ h : 유체의 \ 높이[m] \end{bmatrix}$

4. 역U자관 액주계

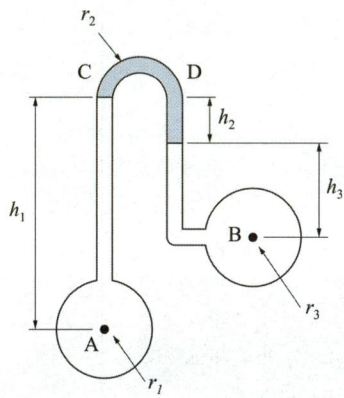

$$P_C = P_A - \gamma_1 h_1$$
$$P_D = P_B - \gamma_2 h_2 - \gamma_3 h_3$$
$$P_C = P_D \text{이므로}$$
$$P_A - \gamma_1 h_1 = P_B - \gamma_2 h_2 - \gamma_3 h_3$$

$\begin{bmatrix} P : 압력[Pa] \\ \gamma : 액체의 \ 비중량[N/m^3] \\ h : 유체의 \ 높이[m] \end{bmatrix}$

5. 시차 액주계

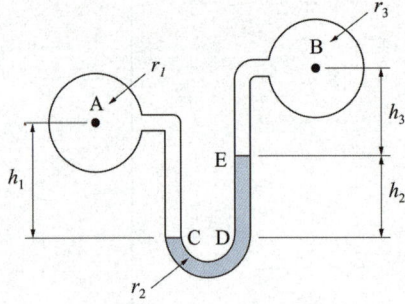

$$P_C = P_A + \gamma_1 h_1$$
$$P_D = P_B + \gamma_2 h_2 + \gamma_3 h_3$$
$$P_C = P_D 이므로$$
$$P_A + \gamma_1 h_1 = P_B + \gamma_2 h_2 + \gamma_3 h_3$$

- P : 압력[Pa]
- γ : 액체의 비중량[N/m^3]
- h : 유체의 높이[m]

6. 배관에 설치된 액주계

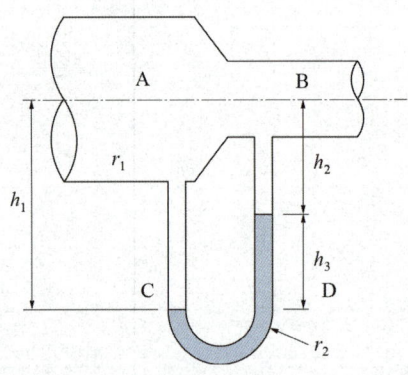

$$P_C = P_A + \gamma_1 h_1$$
$$P_D = P_B + \gamma_1 h_2 + \gamma_2 h_3$$
$$P_C = P_D 이므로$$
$$P_A + \gamma_1 h_1 = P_B + \gamma_1 h_2 + \gamma_2 h_3$$

- P_A : 오리피스 전의 압력[Pa]
- P_B : 오리피스 후의 압력[Pa]
- γ : 액체의 비중량[N/m^3]
- h : 유체의 높이[m]

개념잡기

그림의 액주계에서 밀도 $\rho_1 = 1{,}000[\text{kg/m}^3]$, $\rho_2 = 13{,}600[\text{kg/m}^3]$, 높이 $h_1 = 500\,[\text{mm}]$, $h_2 = 800[\text{mm}]$일 때 중심 A의 계기압력은 몇 [kPa]인가?

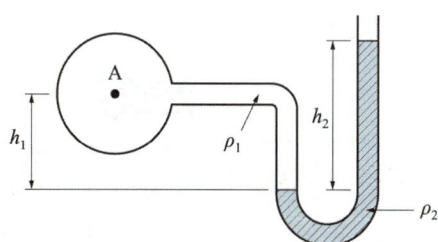

① 101.7
② 109.6
③ 126.4
④ 131.7

- 유체에 의한 압력
  $P = \gamma h = \rho g h$
  여기서, P : 압력[kPa], γ : 유체의 비중량[N/m³], h : 높이[m]
  ρ : 물질의 밀도[kg/m³], g : 중력가속도(9.8[m/s²])
- 왼쪽에서의 압력
  $P_\text{왼} = P_A + \rho_1 g h_1$
- 오른쪽에서의 압력
  $P_\text{오} = \rho_2 g h_2$
- 관 중심 A의 계기압력
  액주계에서 수평으로 같은 높이에 위치한다면 압력이 같다. 왼쪽에서의 압력과 오른쪽에서의 압력이 같은 높이에 위치하기 때문에 $P_\text{왼} = P_\text{오}$이다. 이를 식으로 정리하면
  $P_A + \rho_1 g h_1 = \rho_2 g h_2$
  이다. 위의 식을 P_A에 관해 정리하고 문제에서 주어진 값들을 대입하면
  $P_A = g(\rho_2 h_2 - \rho_1 h_1) = 9.8 \times (13{,}600 \times 0.8 - 1{,}000 \times 0.5)$
  $\fallingdotseq 101{,}724[\text{Pa}] = 101.724[\text{kPa}]$
  $\therefore P_A \fallingdotseq 101.7[\text{kPa}]$

정답 : ①

03 평면 및 곡면에 작용하는 유체력 ★★★

1. 수평분력

평면 및 곡면을 수평으로 투영시켰을 경우 직사각형에 해당하는 투영면적에 작용하는 전압력

$$F_H = \gamma h A$$

- F_H : 수평분력[kN]
- γ : 비중량(물의 비중량 9.8[kN/m³])
- h : 표면에서 수문 중심까지의 중심거리[m]
- A : 수평투영면적[m²]

2. 수직분력

평면 및 곡면이 떠받치고 있는 연직방향의 유체의 체적에 의한 무게

$$F_V = \gamma V$$

- F_V : 수직분력[kN]
- γ : 비중량(물의 비중량 9.8[kN/m³])
- V : 곡면 연직 상방향의 체적[m³]

> **핵심 KEY**
> 수평분력과 수직분력 공식의 차이점은 수평분력은 투영된 평면의 면적과 표면에서 수문 중심까지의 중심거리를 곱하는 것이다. 반면 수직분력은 평면 및 곡면이 떠받치고 있는 유체의 전체 체적을 이용해야 한다.

그림에서 물에 의하여 점 B에서 힌지된 사분원 모양의 수문이 평형을 유지하기 위하여 수면에서 수문을 잡아 당겨야 하는 힘 T는 약 몇 [kN]인가? (단, 수문의 폭 1[m], 반지름 $(r = \overline{OB})$은 2[m], 4분원의 중심은 O점에서 왼쪽으로 $4r/3\pi$인 곳에 있다)

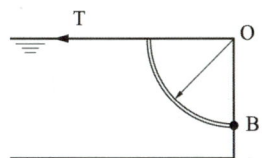

① 1.96 ② 9.8
③ 19.6 ④ 29.4

수평분력

$F_H = \gamma h A$

여기서, F_H : 수평분력[kN], γ : 비중량(물의 비중량 9.8[kN/m³]),
h : 표면에서 수문 중심까지의 중심거리[m], A : 수평투영면적[m²]

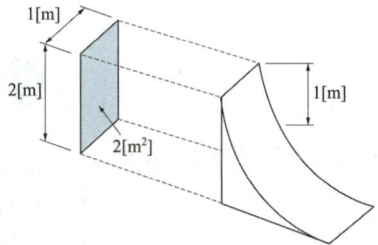

문제에서 수문을 잡아 당겨야 하는 힘은 곡면에 작용하는 수평분력의 힘의 크기와 동일하다. 표면에서 수문 중심까지의 중심거리는 곡면 반지름의 절반인 $h = \frac{2}{2} = 1$[m]이다. 수평분력 공식에 문제에서 주어진 값들을 대입하면

$T = F_H = \gamma h A = 9.8 \times 1 \times (2 \times 1) = 19.6$[kN]

∴ T = 19.6[kN]

정답 : ③

CHAPTER 03

유체유동의 해석

KEYWORD 연속방정식, 베르누이 방정식, 토리첼리의 정리, 피토관의 유속, 운동량 방정식

01 연속방정식과 응용

1. 연속방정식 ★★★

질량보존의 법칙으로 배관 내 흐르는 유체의 유량은 단면적의 변화와 관계없이 일정

1-1 체적유량

$$Q = A_1 V_1 = A_2 V_2 = \left(\frac{\pi D_1^2}{4}\right) V_1 = \left(\frac{\pi D_2^2}{4}\right) V_2$$

- Q : 유량[m³/s]
- A : 단면적[m²]
- V : 속도[m/s]
- D : 지름[m]

1-2 질량유량

$$\overline{m} = \rho A_1 V_1 = \rho A_2 V_2 = \rho\left(\frac{\pi D_1^2}{4}\right) V_1 = \rho\left(\frac{\pi D_2^2}{4}\right) V_2$$

- $\overline{m}$: 질량유량[kg/s]
- ρ : 밀도[kg/m³]
- A : 단면적[m²]
- V : 유속[m/s]
- D : 지름[m]

> **참고**
> 관 속을 흐르는 물의 유량은 어느 점에 있어서나 일정하다는 것이 연속방정식이다. 즉 어느 점에서나 유량이 일정하기 때문에 관의 넓이가 좁은 곳에서는 유속이 빠를 것이고, 관의 넓이가 넓은 곳에서는 유속이 느릴 것이다. 실생활에서 우리는 호스의 끝을 눌러서 호스의 넓이를 좁히면 유속이 빨라지는 것을 통해 연속방정식을 쉽게 관찰할 수 있다.

1-3 중량유량

$$G = \gamma A_1 V_1 = \gamma A_2 V_2$$
$$= \gamma \left(\frac{\pi D_1^2}{4}\right) V_1 = \gamma \left(\frac{\pi D_2^2}{4}\right) V_2$$

- G : 중량유량[N/s]
- γ : 비중량[N/m³]
- A : 단면적[m²]
- V : 유속[m/s]
- D : 지름[m]

개념잡기

지름이 75[mm]인 관로 속에 물이 평균 속도 4[m/s]로 흐르고 있을 때 유량[kg/s]은?

① 15.52
② 16.92
③ 17.67
④ 18.52

질량유량

$$\overline{m} = \rho A V = \rho \left(\frac{\pi D^2}{4}\right) V$$

여기서, $\overline{m}$: 질량유량[kg/s], ρ : 밀도(물의 밀도 1,000[kg/m³]),
A : 단면적[m²], V : 유속[m/s], D : 지름[m]

질량유량 공식에 문제에서 주어진 값들을 대입하면

$$\overline{m} = \rho \left(\frac{\pi D^2}{4}\right) V = 1,000 \times \left(\frac{\pi \times 0.075^2}{4}\right) \times 4 ≒ 17.67 [kg/s]$$

∴ $\overline{m} ≒ 17.67 [kg/s]$

• 단위 환산

지름 $75[mm] = \frac{75}{1,000}[m] = 0.075[m]$

정답 : ③

2. 연속방정식의 응용

2-1 옥내소화전 분당 방수량

$$Q = 0.653 D^2 \sqrt{10P}$$

- Q : 방수량[L/min]
- D : 구경[mm]
- P : 방수압[MPa]

저자 어드바이스

분당 방수량 공식은 방수량, 구경, 방수압 모두 흔하게 쓰지 않는 단위들을 사용하고 있다. 반드시 문제의 단위를 확인하여 단위를 일치시키도록 한다.

2-2 스프링클러 분당 방수량

$$Q = K\sqrt{10P}$$

- Q : 방수량[L/min]
- K : 유출계수
- P : 방수압[MPa]

2-3 수력직경

비원형 배관을 유체의 일반적인 공식에 이용하기 위하여 원형 배관의 직경으로 환산한 값

기본공식

$$D_h = 4 \times \frac{A}{L}$$

- D_h : 수력직경
- A : 단면 넓이
- L : 단면 둘레

환형관의 수력직경

$$D_h = D_1 - D_2$$

- D_h : 수력직경[cm]
- D_1 : 외경[cm]
- D_2 : 내경[cm]

02 베르누이 방정식의 기초 및 기본응용 ★★★

> **핵심 KEY**
> 베르누이 방정식 전제조건
> - 정상유동
> - 비점성 흐름
> - 비압축성 유체
> - 단일한 유선을 따르는 유동
> - 에너지의 출입이 없음

1. 개념

- 유체역학에서의 에너지보존의 법칙
- 압력수두$\left(\dfrac{P}{\gamma}\right)$ + 속도수두$\left(\dfrac{V^2}{2g}\right)$ + 위치수두(Z)의 값은 일정

2. 계산식

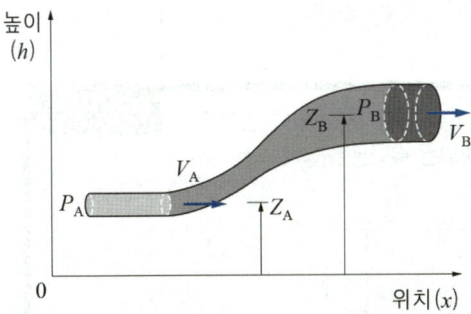

$$\frac{P_A}{\gamma} + \frac{V_A^2}{2g} + Z_A = \frac{P_B}{\gamma} + \frac{V_B^2}{2g} + Z_B$$

$\begin{bmatrix} P : 압력[kPa] \\ \gamma : 비중량[kN/m^3] \\ V : 유속[m/s] \\ g : 중력가속도(9.8[m/s^2]) \\ Z : 위치수두[m] \end{bmatrix}$

3. 토리첼리의 정리 ★★★

수조의 구멍에서 유출하는 물의 유속과 구멍과 수면까지 높이의 관계를 나타내는 정리

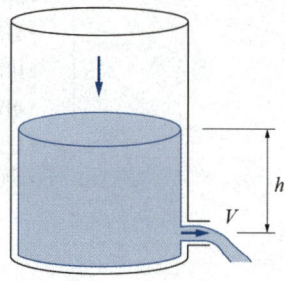

$$V = \sqrt{2gh}$$

- V : 유속[m/s]
- g : 중력가속도($9.8[m/s^2]$)
- h : 유체의 높이[m]

개념잡기

그림과 같이 수조의 밑부분에 구멍을 뚫고 물을 유량 Q로 방출시키고 있다. 손실을 무시할 때 수위가 처음 높이의 1/2로 되었을 때 방출되는 유량은 어떻게 되는가?

① $\dfrac{1}{\sqrt{2}}Q$ ② $\dfrac{1}{2}Q$

③ $\dfrac{1}{\sqrt{3}}Q$ ④ $\dfrac{1}{3}Q$

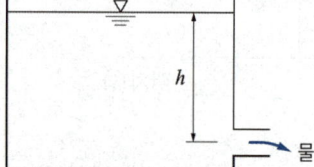

- 유량

  $Q = AV$

  여기서, Q : 유량, A : 단면적, V : 유속

- 유속(토리첼리의 식)

  $V = \sqrt{2gh}$

  여기서, V : 유속, g : 중력가속도, h : 유체의 높이

유량의 공식에서 토리첼리의 식을 대입하면

$Q = AV = A\sqrt{2gh}$

이다. 즉 다른 조건은 동일하고 높이만 변한다면 유량과 높이는 $Q \propto \sqrt{h}$ 의 관계를 갖는다. 처음 높이의 $\dfrac{1}{2}$가 된다면 유량은 $Q_2 = \sqrt{\dfrac{1}{2}}\,Q = \dfrac{1}{\sqrt{2}}Q$

∴ $Q_2 = \dfrac{1}{\sqrt{2}}Q$

정답 : ①

03 에너지선, 수력기울기선(수력구배선)

1. 에너지선

압력수두$\left(\dfrac{P}{\gamma}\right)$ + 속도수두$\left(\dfrac{V^2}{2g}\right)$ + 위치수두(Z)

2. 수력기울기선(수력구배선)

압력수두$\left(\dfrac{P}{\gamma}\right)$ + 위치수두(Z)

핵심 KEY

수력기울기선은 에너지선보다 속도수두만큼 아래에 있다. 그렇기 때문에 수력기울기선은 항상 에너지선보다 아래에 있다.

04 유량측정(속도계수, 유량계수), 피토관의 유속

1. 유량

1-1 이론 유량의 식 ★★★

$$Q = AV = \left(\dfrac{\pi D^2}{4}\right)V$$

- Q : 유량[m³/s]
- A : 단면적[m²]
- V : 유속[m/s]
- D : 지름[m]

1-2 실제 유량의 식

$$Q = CAV = C\left(\frac{\pi D^2}{4}\right)V$$

- Q : 유량[m³/s]
- C : 유량계수
- A : 단면적[m²]
- V : 유속[m/s]
- D : 지름[m]

2. 피토관의 유속 ★

$$V = C_V\sqrt{2gh}$$

- V : 피토관의 유속[m/s]
- C_V : 속도계수
- g : 중력가속도(9.8[m/s²])
- h : 유체의 높이[m]

저자 어드바이스

속도계수가 문제에서 주어지지 않았다면 속도계수는 무시하고 문제를 풀어준다.

05 운동량 방정식

1. 액체가 평판에 수직으로 충돌할 때 작용하는 힘 ★★

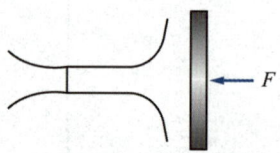

$$F = \rho QV = \rho(AV)V = \rho A V^2$$

- F : 힘[N]
- ρ : 밀도[kg/m³]
- Q : 유량[m³/s]
- A : 단면적[m²]
- V : 유속[m/s]

2. 노즐의 플랜지에 작용하는 힘

$$F = \frac{\gamma Q^2 A_1}{2g}\left(\frac{A_1 - A_2}{A_1 A_2}\right)^2$$
$$= \frac{\rho Q^2 A_1}{2}\left(\frac{A_1 - A_2}{A_1 A_2}\right)^2$$

- F : 플랜지에 작용하는 힘[N]
- γ : 비중량(물의 비중량 9,800[N/m³])
- Q : 유량[m³/s]
- A_1 : 호스의 단면적[m²]
- A_2 : 노즐의 단면적[m²]
- g : 중력가속도(9.8[m/s²])
- ρ : 밀도(물의 밀도 1,000[kg/m³])

개념잡기

단면적이 일정한 물 분류가 속도 20[m/s], 유량 0.3[m³/s]로 분출되고 있다. 분류와 같은 방향으로 10[m/s]의 속도로 운동하고 있는 평판에 이 분류가 수직으로 충돌할 경우 판에 작용하는 충격력은 몇 [N]인가?

① 1,500   ② 2,000
③ 2,500   ④ 3,000

- 평판에 작용하는 힘
  $F = \rho Q V = \rho(AV)V = \rho A V^2$
  여기서, F : 힘[N], ρ : 밀도(물의 밀도 1,000[kg/m³])
  Q : 유량[m³/s], A : 단면적[m²], V : 유속[m/s]

- 유속
  문제에서 물 분류의 방향과 운동하고 있는 평판의 방향이 동일하다고 했다.
  그러므로 평판과 물의 분류가 실제로 부딪히는 속도(유속)는 다음과 같다.
  $V = V_{물분류} - V_{평판} = 20 - 10 = 10 [\text{m/s}]$

- 충격력
  평판에 작용하는 힘 공식에 문제에서 주어진 값, 앞서 구한 값들을 대입하면
  $F = \rho Q V = 1,000 \times 0.3 \times 10 = 3,000 [\text{N}]$
  $\therefore F = 3,000 [\text{N}]$

정답 : ④

CHAPTER 04

관내의 유동

KEYWORD 층류, 난류, 레이놀즈수, 관의 상당길이, 배관의 미찰손실

01 유체의 유동 형태

1. 층류

- 유체가 평행한 층을 이루어 흐르는 형태
- 레이놀즈수 $Re \leq 2,100$

2. 전이영역

- 층류와 난류의 중간 형태
- 레이놀즈수 $2,100 < Re < 4,000$

3. 난류

- 유체가 불규칙적으로 운동하면서 흐르는 형태
- 레이놀즈수 $Re \geq 4,000$

02 무차원수, 레이놀즈수, 유량, 유속 측정

1. 무차원수

단위가 없는 수

1-1 종류 및 의미

종류	레이놀즈 수★	프루드 수	웨버 수	오일러 수	마하 수
의미	관성력/점성력	관성력/중력	관성력/표면장력	압력/관성력	유체의 음속/음속

2. 레이놀즈수 ★★★

유체의 흐름을 판별하는 무차원수

$$레이놀즈수\ Re = \frac{DV\rho}{\mu} = \frac{DV}{\nu}$$

- Re : 레이놀즈 수
- D : 지름[m]
- V : 유속[m/s]
- ρ : 밀도[kg/m³]
- μ : 점성계수(점도)[N·s/m²]
- ν : 동점성계수[m²/s]

> **저자 어드바이스**
> 레이놀즈 수로 층류와 난류를 구분하고 그에 따라 문제에 적용하는 공식(마찰손실 등)이 달라지므로 레이놀즈 수를 구하는 식은 꼭 알아두도록 하자.

3. 유량 및 유속 측정 장치

3-1 피토관

차압에 의해 유체의 국부속도를 측정하는 장치

3-2 로터미터

부자의 오르내림에 의해서 배관 내의 유량을 측정하는 장치

3-3 오리피스

작은 구멍이 있는 얇은 판이 있는 장치로 관로의 중간에 설치하여 두 점 간의 압력차를 측정하여 유속 및 유량을 측정하는 장치

3-4 벤투리미터

관수로 도중에 좁은 관을 설치하여 압력차에 의해 유량을 측정하는 장치

> **개념잡기**
>
> 관내에 흐르는 유체의 흐름을 구분하는 데 사용되는 레이놀즈 수의 물리적인 의미는?
>
> ① $\dfrac{관성력}{중력}$ ② $\dfrac{관성력}{점성력}$
>
> ③ $\dfrac{관성력}{탄성력}$ ④ $\dfrac{관성력}{압축력}$
>
> 레이놀즈 수
> 배관 내 유체 흐름의 형태를 판단하는 척도로 사용되는 수
> 레이놀즈수 $Re = \dfrac{관성력}{점성력}$
>
> 정답 : ②

03
배관의 마찰손실

1. 배관의 마찰손실

1-1 주손실

- 직관에서 발생하는 마찰손실
- 관로에 의한 마찰손실

1-2 부차적 손실 ★

- 관 단면의 확대 및 축소에 의한 손실
- 관 내 부속품에 의한 손실
- 배관 입구와 출구에서의 손실
- 곡선부에 의한 손실
- 유동단면의 장애물에 의한 손실

2. 손실계수

$$K = K_1 + K_2 + K_3$$

- K : 전체 손실계수
- K_1 : 관 손실계수
- K_2 : 밸브의 부차적 손실계수
- K_3 : 관의 부차적 손실계수

3. 관의 상당길이 ★

덕트, 관 등에 대하여 밸브나 굽은 부분 등이 있는 관을 그 관의 저항과 동등한 저항을 갖는 직선 관으로 대치했을 때, 대치된 직선 관의 길이

$$L_e = \frac{KD}{f}$$

- L_e : 관의 상당길이[m]
- K : 부차적 손실계수
- D : 지름[m]
- f : 마찰손실계수

4. 배관의 마찰손실

4-1 달시-바이스바하(마찰손실)의 식 ★★★

층류와 난류에 모두 적용

$$H = \frac{\Delta P}{\gamma} = \frac{flV^2}{2gD}$$

- H : 마찰손실수두[m]
- ΔP : 압력강하[kPa]
- γ : 비중량(물의 비중량 9.8[kN/m³])
- f : 마찰손실계수
- l : 등가길이[m]
- V : 유속[m/s]
- g : 중력가속도(9.8[m/s²])
- D : 지름[m]

핵심 KEY

층류일 때 마찰손실계수

$$f = \frac{64}{Re}$$

4-2 하겐-포아젤 방정식 ★

층류 원형직관에 적용

$$\Delta P = \frac{128\mu l Q}{\pi D^4}$$

- ΔP : 압력강하[Pa]
- μ : 점도(점성계수)[kg/m·s]
- l : 길이[m]
- Q : 유량[m³/s]
- D : 내경[m]

4-3 하겐-윌리엄즈의 식

난류에 적용

$$\Delta P = 6.053 \times 10^4 \times \frac{Q^{1.85}}{C^{1.85} \times D^{4.87}} \times l$$

- ΔP : 압력강하[MPa]
- Q : 유량[L/min]
- C : 조도계수
- D : 직경[mm]
- l : 길이[m]

저자 어드바이스

하겐-윌리엄즈 공식은 압력강하, 유량, 직경 모두 흔하게 쓰지 않는 단위들을 사용하고 있다. 반드시 문제의 단위를 확인하여 단위를 일치시키도록 한다.

5. 돌연확대관 및 축소관에서의 손실수두

$$H = K \frac{V^2}{2g}$$

- H : 손실수두[m]
- K : 손실계수
- V : 유속[m/s]
- g : 중력가속도(9.8[m/s²])

저자 어드바이스

손실계수 K는 돌연확대관에서는 돌연확대관 손실계수, 돌연축소관에서는 돌연축소관 손실계수를 사용한다.

개념잡기

밸브가 장치된 지름 10[cm]인 원관에 비중 0.8인 유체가 2[m/s]의 평균속도로 흐르고 있다. 밸브 전후의 압력 차이가 4[kPa]일 때, 이 밸브의 등가길이는 몇 [m]인가? (단, 관의 마찰계수는 0.02이다)

① 10.5   ② 12.5
③ 14.5   ④ 16.5

- 달시-바이스바하(마찰손실)의 식

$$H = \frac{\Delta P}{\gamma} = \frac{flV^2}{2gD}$$

여기서, H : 마찰손실수두[m], ΔP : 압력차[kPa], γ : 유체의 비중량[kN/m³],
f : 마찰손실계수, l : 등가길이[m], V : 유속[m/s],
g : 중력가속도(9.8[m/s²]), D : 지름[m]

- 유체의 비중량
유체의 비중량(γ)은 물의 비중량($\gamma_w = 9.8$[kN/m³])에서 유체의 비중($s = 0.8$)을 곱한 값이다.
$\gamma = s\gamma_w = 0.8 \times 9.8 = 7.84$[kN/m³]

- 등가길이
달시-바이스바하의 식을 등가길이에 관한 식으로 정리하고, 문제에서 주어진 값 및 앞서 구한 값들을 대입하면
$$l = \frac{2gD\Delta P}{fV^2\gamma} = \frac{2 \times 9.8 \times 0.1 \times 4}{0.02 \times 2^2 \times 7.84} = 12.5[m]$$
∴ $l = 12.5$[m]

- 단위 환산
지름 $10[cm] = \frac{10}{100}[m] = 0.1[m]$

정답 : ②

CHAPTER 05

펌프 및 송풍기의 성능 특성

KEYWORD 상사법칙, 성능곡선, 동력, 수격현상, 맥동현상, 공동현상

01 펌프의 상사법칙, 비속도, 펌프의 동작 (직렬, 병렬) 및 성능곡선

1. 펌프의 상사법칙 ★★★

실제 펌프와 실험에 의해 재현되는 펌프의 규모가 서로 다를 때 그 둘 간의 물리량을 서로 연관해서 해석할 수 있도록 하는 법칙

1-1 유량의 상사법칙

$$Q_2 = Q_1\left(\frac{N_2}{N_1}\right)\left(\frac{D_2}{D_1}\right)^3$$

- Q : 유량[m³/min]
- N : 회전수[rpm]
- D : 지름[m]

1-2 전양정의 상사법칙

$$H_2 = H_1\left(\frac{N_2}{N_1}\right)^2\left(\frac{D_2}{D_1}\right)^2$$

- H : 전양정[m]
- N : 회전수[rpm]
- D : 지름[m]

1-3 축동력의 상사법칙

$$L_2 = L_1 \left(\frac{N_2}{N_1}\right)^3 \left(\frac{D_2}{D_1}\right)^5$$

$\begin{bmatrix} L : 동력[kW] \\ N : 회전수[rpm] \\ D : 지름[m] \end{bmatrix}$

> **저자 어드바이스**
>
> 축동력은 회전수의 3제곱, 지름의 5제곱에 비례한다. 이는 유량과 양정의 상사법칙을 곱한 값과 동일하기 때문에 유량과 회전수, 양정과 회전수의 관계만 기억한다면 축동력과 회전수의 관계는 기억하기 훨씬 수월할 것이다.

2. 비속도(비교회전도)

1[m³/min]의 유량을 1[m] 송수하는 데 필요한 펌프의 회전수

$$N_s = \frac{N\sqrt{Q}}{\left(\dfrac{H}{n}\right)^{\frac{3}{4}}}$$

$\begin{bmatrix} N_s : 비교회전도(비속도)[m, m^3/min, rpm] \\ N : 회전수[rpm] \\ Q : 유량[m^3/min] \\ H : 양정[m] \\ n : 단수 \end{bmatrix}$

개념잡기

구조가 상사한 2대의 펌프에서, 유동상태가 상사할 경우 2대의 펌프 사이에 성립하는 상사법칙이 아닌 것은? (단, 비압축성유체인 경우이다)

① 유량에 관한 상사법칙　　② 전양정에 관한 상사법칙
③ 축동력에 관한 상사법칙　　④ 밀도에 관한 상사법칙

- 펌프의 상사법칙

    - 유량 : $Q_2 = Q_1 \left(\dfrac{N_2}{N_1}\right)\left(\dfrac{D_2}{D_1}\right)^3$

    - 양정 : $H_2 = H_1 \left(\dfrac{N_2}{N_1}\right)^2\left(\dfrac{D_2}{D_1}\right)^2$

    - 축동력 : $L_2 = L_1 \left(\dfrac{N_2}{N_1}\right)^3\left(\dfrac{D_2}{D_1}\right)^5$

    여기서, Q : 유량[m³/min], N : 회전속도[rpm], D : 지름[m], H : 양정[m], L : 동력[kW]

정답 : ④

3. 펌프의 운전 및 성능곡선 ★★

3-1 펌프의 직렬운전

유량은 변화 없고 양정만 펌프의 대수배만큼 증가

펌프의 직렬운전 성능곡선

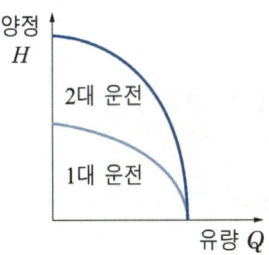

3-2 펌프의 병렬운전

양정은 변화 없고 유량만 펌프의 대수배만큼 증가

펌프의 병렬운전 성능곡선

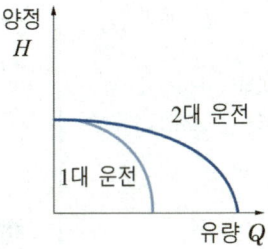

02 펌프 및 송풍기의 동력 계산 ★★★

1. 수동력

펌프에 의해 유체에 주어지는 동력

$$P = \gamma QH$$

- P : 펌프의 수동력[kW]
- γ : 물의 비중량(9.8[kN/m³])
- Q : 유량[m³/s]
- H : 양정(높이)[m]

2. 축동력

전동기에 의해 펌프에 주어지는 동력

$$P = \frac{\gamma QH}{\eta}$$

- P : 펌프의 축동력[kW]
- γ : 물의 비중량(9.8[kN/m³])
- Q : 유량[m³/s]
- H : 양정(높이)[m]
- η : 펌프의 효율

핵심 KEY

펌프의 효율

$\eta = \eta_m \times \eta_h \times \eta_v$

- η : 펌프의 효율
- η_m : 펌프의 기계효율
- η_h : 펌프의 수력효율
- η_v : 펌프의 체적효율

3. 전동기 용량(펌프의 용량)

전동기의 실제 운전에 필요한 소요동력

$$P = \frac{\gamma QH}{\eta} K$$

- P : 전동기 용량[kW]
- γ : 물의 비중량(9.8[kN/m³])
- Q : 유량[m³/s]
- H : 양정(높이)[m]
- η : 효율
- K : 전달계수

핵심 KEY

축동력 = $\dfrac{수동력}{펌프의 효율}$

전동기 용량(펌프의 용량)
= 축동력×전달계수

4. 송풍기(팬)의 동력

송풍기(팬)의 동력은 배연기의 동력과도 동일

$$P = \frac{P_T Q}{\eta} K$$

- P : 송풍기(팬)의 동력[kW]
- P_T : 풍압[kPa]
- Q : 유량[m³/s]
- η : 효율
- K : 전달계수

개념잡기

원심펌프를 이용하여 0.2[m³/s]로 저수지의 물을 2[m] 위의 물 탱크로 퍼 올리고자 한다. 펌프의 효율이 80[%]라고 하면 펌프에 공급해야 하는 동력[kW]은?

① 1.96　　　　　② 3.14
③ 3.92　　　　　④ 4.90

펌프(전동기)의 소요동력

$$P = \frac{\gamma Q H}{\eta} K$$

여기서, P : 전동기 용량[kW], γ : 물의 비중량(9.8[kN/m³]), Q : 유량[m³/s], H : 양정(높이)[m], η : 효율, K : 전달계수

전달계수는 문제에서 주어지지 않았기 때문에 고려하지 않고 계산한다. 문제에서 주어진 값들을 펌프의 소요동력 공식에 모두 대입하면

$$P = \frac{\gamma Q H}{\eta} = \frac{9.8 \times 0.2 \times 2}{0.8} = 4.9 \text{[kW]}$$

∴ $P = 4.9$[kW]

정답 : ④

03 펌프의 이상현상 ★★★

1. 수격현상

배관 내에 흐르는 물을 밸브로 갑작스레 차단하면 물의 운동에너지가 압력에너지로 전환되면서 강한 충격과 소음이 발생하는 현상

1-1 발생원인

- 펌프의 순간 기동이나 급정지
- 밸브의 급개폐 조작
- 유속 변화가 발생할 때
- 배관의 급격한 굴곡
- 터빈의 출력변화

1-2 방지대책

- 배관 내 유속을 느리게 제어한다.
- 펌프에 플라이 휠을 설치한다.
- 공기밸브를 설치한다.
- 조압수조를 설치한다.
- 에어 챔버를 설치한다.
- 수격방지기를 설치한다.
- 압력 및 방향제어밸브를 설치한다.

저자 어드바이스

펌프의 이상현상의 방지대책은 발생원인의 반대라고 생각하면 기억하기 수월할 것이다.

개념잡기

수격작용에 대한 설명으로 맞는 것은?

① 관로가 변할 때 물의 급격한 압력 저하로 인해 수중에서 공기가 분리되어 기포가 발생하는 것을 말한다.
② 펌프의 운전 중에 송출압력과 송출유량이 주기적으로 변동하는 현상을 말한다.
③ 관로의 급격한 온도변화로 인해 응결되는 현상을 말한다.
④ 흐르는 물을 갑자기 정지시킬 때 수압이 급격히 변화하는 현상을 말한다.

정답 : ④

2. 서징현상(맥동현상)

펌프의 입구와 출구에 부착되어 있는 진공계와 압력계의 계측 지침이 흔들리면서 **펌프의 유량이 주기적으로 변하는 현상**

2-1 발생원인

- 배관 중에 수조나 공기조가 있을 때
- 유량조절밸브가 탱크 뒤쪽에 설치되어 있을 때
- 펌프의 H(양정) - Q(유량) 곡선이 우상향 특성일 때

2-2 방지대책

- 배관 중에 수조나 공기조를 제거한다.
- 유량조절밸브를 펌프 토출측 직후에 설치한다.
- 펌프의 H(양정) - Q(유량) 곡선이 우하향 특성인 펌프 사용한다.

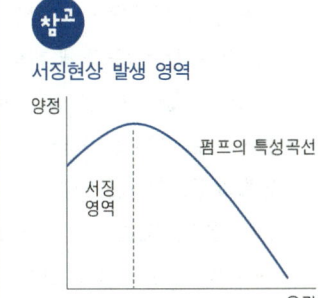

참고
서징현상 발생 영역

3. 공동현상(캐비테이션)

펌프의 흡입측 배관 내의 물의 정압이 기존의 증기압보다 낮아져서 물이 증발하여 **기포가 발생**하고 이로 인해 물이 흡입되지 않는 현상

3-1 발생원인

- 펌프의 흡입수두가 클 때
- 펌프의 마찰손실이 클 때
- 펌프의 임펠러 속도가 클 때
- 펌프의 설치위치가 수원보다 높을 때
- 관내의 수온이 높을 때
- 관내 물의 정압이 기존의 증기압보다 낮을 때
- 흡입관의 구경이 작을 때
- 흡입거리가 길 때

3-2 방지대책

- 펌프의 흡입수두를 작게 한다.
- 펌프의 마찰손실을 작게 한다.
- 펌프의 임펠러 속도를 작게 한다.
- 펌프의 설치위치를 수원보다 낮게 한다.
- 양흡입 펌프를 사용한다.
- 관내 물의 정압을 그때의 증기압보다 높게 한다.
- 흡입관의 구경을 크게 한다.
- 펌프를 2대 이상 설치한다.

개념잡기

펌프의 캐비테이션을 방지하기 위한 방법으로 틀린 것은?

① 펌프의 설치 위치를 낮추어서 흡입 양정을 작게 한다.
② 흡입관을 크게 하거나 밸브, 플랜지 등을 조정하여 흡입 손실 수두를 줄인다.
③ 펌프의 회전속도를 높여 흡입 속도를 크게 한다.
④ 2대 이상의 펌프를 사용한다.

공동현상(cavitation, 캐비테이션)
펌프 흡입측 배관 내의 액체가 포화 증기압 이하에서 비등하여 기포가 발생하고 물이 흡입되지 않는 현상

- 공동현상 방지 방법
  - 펌프의 설치위치를 되도록 낮게 하여 흡입양정을 짧게 한다.
  - 펌프의 회전수를 작게 한다.
  - 펌프의 흡입 관경을 크게 한다.
  - 단흡입펌프보다는 양흡입펌프를 사용한다.
  - 펌프를 2개 이상 설치한다.
  - 펌프의 마찰손실을 작게 한다.

  Tip 공동현상의 방지 방법의 반대는 공동현상의 발생원인이 될 수 있다는 것을 기억해주면 좋다.

정답 : ③

CHAPTER 06
소방 관련 열역학

KEYWORD 열량, 화씨온도, 절대온도, 단열변화, 전도, 대류, 열복사, 보일-샤를의 법칙, 이상기체상태 방정식, 카르노사이클

01 기본개념

1. 비열

어떤 물질의 단위중량을 단위온도만큼 상승시키는 데 필요한 열량

1-1 비열비

정적비열과 정압비열의 비를 의미한다.

$$k = \frac{C_p}{C_v} (k > 1)$$

- k : 비열비
- C_p : 정압비열[kJ/kg·K]
- C_v : 정적비열[kJ/kg·K]

1-2 정압비열

기체가 정압인 상태에서의 비열을 의미한다.

$$C_p = \frac{k}{k-1}\overline{R}$$

- C_p : 정압비열[kJ/kg·K]
- k : 비열비
- $\overline{R}$: 특정기체상수[kJ/kg·K]

핵심 KEY
정압비열이 정적비열보다 항상 크므로 비열비는 항상 1보다 크다.

1-3 정적비열

기체가 정적인 상태에서의 비열을 의미한다.

$$C_v = \frac{\overline{R}}{k-1}$$

- C_v : 정적비열[kJ/kg·K]
- k : 비열비
- $\overline{R}$: 특정기체상수[kJ/kg·K]

1-4 기체상수

정압비열과 정적비열의 차를 의미한다.

$$\overline{R} = C_p - C_v$$

- $\overline{R}$: 특정기체상수[kJ/kg·K]
- C_p : 정압비열[kJ/kg·K]
- C_v : 정적비열[kJ/kg·K]

저자 어드바이스

정압비열은 정적비열보다 특정기체상수만큼 크다.

2. 열량 ★★★

열을 에너지의 양으로 나타낸 것

2-1 종류

현열

물질의 온도변화에 필요한 열량

$$Q = mC\Delta T$$

- Q : 현열 열량[kJ]
- m : 질량[kg]
- C : 비열[kJ/kg·K]
- ΔT : 온도차[K]

잠열

물질의 상태변화에 필요한 열량

$$Q = mr$$

- Q : 잠열 열량[kJ]
- m : 질량[kg]
- r : 잠열[kJ/kg]

물질의 상태변화

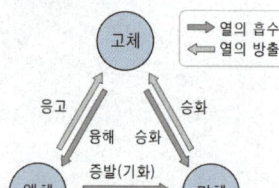

> **개념잡기**
>
> 대기압하에서 10[℃]의 물 2[kg]이 전부 증발하여 100[℃]의 수증기로 되는 동안 흡수되는 열량[kJ]은 얼마인가? (단, 물의 비열은 4.2[kJ/kg·K], 기화열은 2,250[kJ/kg]이다)
>
> ① 756　　　　　　　　　② 2,638
> ③ 5,256　　　　　　　　④ 5,360
>
> - 현열 열량
> $Q = mC\Delta T$
>   여기서, Q : 현열 열량[kJ], m : 질량[kg], C : 비열[kJ/kg·K], ΔT : 온도차[K]
> - 기화 열량
> $Q = mr$
>   여기서, Q : 잠열 열량[kJ], m : 질량[kg], r : 기화열[kJ/kg]
> - 현열 열량
>   물이 수증기가 되기 전 10[℃]에서 100[℃]까지 온도가 상승할 때 필요한 열량은 현열 열량 공식을 통해 구한다.
> $Q_1 = mC\Delta T = 2 \times 4.2 \times (100 - 10) = 756 [\text{kJ}]$
> - 기화 열량
>   물이 100[℃]가 됐을 때부터 수증기로 기화하기 시작한다. 물이 전부 수증기로 되기 위한 열량은 기화 열량 공식을 통해 구한다.
> $Q_2 = mr = 2 \times 2,250 = 4,500 [\text{kJ}]$
> - 총 열량
> $Q = Q_1 + Q_2 = 756 + 4,500 = 5,256 [\text{kJ}]$
> - 단위 환산
>   온도차$(100-10)[℃] = ((100+273) - (10+273))[\text{K}]$
>   　　　　　　　　　$= (100-10)[\text{K}]$
>
> 정답 : ③

3. 온도

3-1 섭씨온도

$$℃ = \frac{5}{9}(℉ - 32)$$

$\begin{bmatrix} ℃ : 섭씨온도[℃] \\ ℉ : 화씨온도[℉] \end{bmatrix}$

3-2 화씨온도 ★

$$℉ = \frac{9}{5}℃ + 32$$

$\begin{bmatrix} ℉ : 화씨온도[℉] \\ ℃ : 섭씨온도[℃] \end{bmatrix}$

저자 어드바이스

문제는 다양한 온도단위가 나오므로 온도변환 공식은 암기하도록 하자.

3-3 절대온도(켈빈온도) ★★★

$$K = ℃ + 273$$

- K : 절대온도[K]
- $℃$: 섭씨온도[℃]

> **저자 어드바이스**
> 열역학의 많은 공식들은 섭씨온도가 아닌 절대온도를 사용한다는 것을 기억해두자.

3-4 랭킨온도

$$°R = °F + 460$$

- $°R$: 랭킨온도[°R]
- $°F$: 화씨온도[°F]

4. 엔탈피

어떤 물체가 가지는 내부에너지와 유동에너지의 합

$$H = U + Pv$$

- H : 엔탈피[kJ/kg]
- U : 내부에너지[kJ/kg]
- P : 압력[kPa]
- v : 비체적[m³/kg]

5. 엔트로피

열의 이동과 더불어 유효하게 이용할 수 있는 에너지의 감소 정도나 무효 에너지의 증가 정도를 나타내는 양

$$\Delta S = \frac{\Delta Q}{T}$$

- ΔS : 엔트로피 변화량[kJ/K]
- ΔQ : 열량[kJ]
- T : 절대온도[K]

02 열역학

1. 열역학 제0법칙

- 열평형의 법칙
- 같은 열적 상태에 있는 양자 간에는 에너지 교환이 일어나지 않는다.

2. 열역학 제1법칙

- 에너지 보존의 법칙
- 열에너지는 다른 에너지로 전환될 수 있다.

3. 열역학 제2법칙

- 엔트로피의 법칙
- 열을 완전하게 일로 바꿀 수 있는 열기관은 만들 수 없다.

4. 열역학 제3법칙

- 물체의 온도를 절대영도(0[K])까지 내릴 수 없다.

03 상태변화

1. 단열변화 ★

- 외부 열의 출입이 없는 상태에서 기체가 팽창 또는 수축하는 것
- 가역(이상)단열상태 : 등엔트로피변화($\Delta S = 0$)
- 비가역(실제)단열상태 : 엔트로피 증가($\Delta S > 0$)

2. 폴리트로픽 변화

기체의 다양한 변화를 모두 포함한 실제적인 변화

2-1 폴리트로픽 변화에서의 관계식

$$\frac{T_2}{T_1} = \left(\frac{V_1}{V_2}\right)^{n-1} = \left(\frac{P_2}{P_1}\right)^{\frac{n-1}{n}}$$

- T : 절대온도[K]
- V : 체적[m³]
- n : 폴리트로픽 지수
- P : 압력[Pa]

2-2 폴리트로픽 지수($PV^n = $ 일정)

구분	$n = 0$	$n = 1$	$n = k$	$n = \infty$
내용	정압변화	등온변화	단열변화	정적변화

04 열전달★★

1. 전도

물질이 직접 이동하지 않고 물체에 이웃한 분자들의 연속적인 충돌로 열이 전달되는 현상

1-1 푸리에의 법칙(전도열전달)

$$Q = \frac{kA\Delta T}{l}$$

- Q : 이동열량[W]
- k : 열전도도[W/m·K]
- A : 단면적[m²]
- ΔT : 전열체 내·외부의 온도차[K]
- l : 두께[m]

2. 대류

유체의 분자가 직접 이동하면서 열을 전달하는 현상

2-1 뉴턴의 냉각법칙(대류열전달)

$$Q = hA\Delta T$$

- Q : 이동열량[W]
- h : 대류열전달계수[W/m²·K]
- A : 전열면적(표면적)[m²]
- ΔT : 온도차[K]

3. 복사

매질의 도움 없이 전자기파의 형태로 열이 직접 전달되는 현상

3-1 스테판-볼츠만의 법칙(복사열전달)

$$Q = \varepsilon \sigma A T^4$$

- Q : 복사열[W]
- ε : 방사율
- σ : 스테판-볼츠만 상수[W/m² · K⁴]
- A : 표면적[m²]
- T : 절대온도[K]

저자 어드바이스
복사열전달은 절대온도의 4제곱에 비례한다는 것을 기억해두자.

개념잡기

외부표면의 온도가 24[℃], 내부표면의 온도가 24.5[℃]일 때, 높이 1.5[m], 폭 1.5[m], 두께 0.5[cm]인 유리창을 통한 열전달률은 약 몇 [W]인가? (단, 유리창의 열전도계수는 0.8[W/m · K]이다)

① 180 ② 200
③ 1,800 ④ 2,000

Fourier법칙(전도열전달)

$$Q = \frac{kA\Delta T}{l}$$

여기서, Q : 이동열량[W], k : 열전도도[W/m · K], A : 단면적[m²],
ΔT : 전열체 내·외부의 온도차[K], l : 두께[m]

푸리에의 법칙 공식에 문제에서 주어진 값들을 대입하면

$$Q = \frac{kA\Delta T}{l} = \frac{0.8 \times (1.5 \times 1.5) \times (24.5 - 24)}{0.005} = 180[W]$$

∴ $Q = 180[W]$

- 단위 환산

  두께 $0.5[cm] = \frac{0.5}{100}[m] = 0.005[m]$

  온도차 $(24.5 - 24)[℃] = ((24.5 + 273) - (24 + 273))[K]$
  $= (24.5 - 24)[K]$

정답 : ①

05 이상기체

1. 이상기체의 가정

- 기체분자 자체가 차지하는 부피는 무시(단, 기체분자 질량은 존재)
- 분자의 평균 운동에너지는 절대온도에만 비례
- 분자들이 충돌할 때 완전탄성충돌
- 기체분자 상호 간 인력과 반발력 무시
- 기체분자는 무질서하게 운동

2. 보일-샤를의 법칙 ★

2-1 보일의 법칙

온도가 일정할 때 압력은 기체의 부피에 반비례

$$P_1 V_1 = P_2 V_2$$

P : 압력[Pa]
V : 부피[m³]

> **참고**
> 보일-샤를의 법칙은 대부분의 기체 관련 법칙과 마찬가지로 이상기체일 때만 적용이 가능하다.

2-2 샤를의 법칙

압력이 일정할 때 기체의 부피는 절대온도에 비례

$$\frac{V_1}{T_1} = \frac{V_2}{T_2}$$

V : 부피[m³]
T : 절대온도[K]

2-3 보일-샤를의 법칙

기체의 부피는 절대온도에 비례하고 압력에 반비례

$$\frac{P_1 V_1}{T_1} = \frac{P_2 V_2}{T_2}$$

P : 압력[Pa]
V : 부피[m³]
T : 절대온도[K]

개념잡기

어떤 기체를 20[℃]에서 등온 압축하여 절대압력이 0.2[MPa]에서 1[MPa]으로 변할 때 체적은 초기 체적과 비교하여 어떻게 변화하는가?

① 5배로 증가한다.   ② 10배로 증가한다.
③ 1/5로 감소한다.   ④ 1/10로 감소한다.

보일의 법칙
$P_1 V_1 = P_2 V_2$
여기서, P : 압력[MPa], V : 체적[m³]
등온인 상태에서 압력과 체적의 관계를 물었기 때문에 보일의 법칙을 사용한다. 보일의 법칙을 나중 체적(V_2)에 관해 정리하고 문제에서 주어진 값들을 대입하면

$V_2 = V_1 \times \dfrac{P_1}{P_2} = V_1 \times \dfrac{0.2}{1} = \dfrac{1}{5} V_1$

∴ $V_2 = \dfrac{1}{5} V_1$

나중 체적은 초기 체적에 비해 $\dfrac{1}{5}$로 감소한다.

정답 : ③

3. 이상기체상태 방정식

3-1 이상기체상태 방정식 ★★★

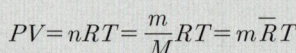
$\begin{cases} P : \text{기압[kPa]} \\ V : \text{부피[m}^3\text{]} \\ n : \text{몰수[mol]} \\ R : \text{기체상수} \\ T : \text{절대온도[K]} \\ m : \text{질량[kg]} \\ M : \text{분자량[kg/mol]} \\ \bar{R} : \text{특정기체상수[kJ/kg·K]} \end{cases}$

$PV = nRT = \dfrac{m}{M} RT = m \bar{R} T$

참고

주로 쓰는 기체상수 R
- 0.082[atm·L/mol·K]
- 8.314[J/mol·K]

3-2 이상기체의 변화

구분	내용
정압과정	$\dfrac{T}{V}$ = 일정
정적과정	$\dfrac{T}{P}$ = 일정
등온과정	PV = 일정
단열과정	PV^k = 일정

> **저자 어드바이스**
>
> 이상기체의 변화는 이상기체상태 방정식에서 과정대로 특정 변수를 고정하면 쉽게 기억할 수 있다. 예를 들면 정압과정은 압력이 일정한 과정이다. 그렇기 때문에
>
> $PV = nRT = \dfrac{m}{M}RT = m\overline{R}T$
>
> 에서 P의 값을 고정해서 식을 정리하면
>
> $P = \dfrac{nRT}{V} =$ 일정
>
> 이렇게 된다.
> 여기서 상수인 n(몰수)과 R(기체상수)를 제외하면
>
> $P = \dfrac{T}{V} =$ 일정
>
> 이 된다는 것을 확인할 수 있다.

06 카르노사이클 ★★

1. 개념

이상기체를 대상으로 한 가역사이클로 2개의 단열과정(단열팽창, 단열압축)과 2개의 등온과정(등온팽창, 등온압축)으로 이루어진 이론적으로 가장 이상적인 사이클

2. 카르노사이클의 순서

등온팽창 → 단열팽창 → 등온압축 → 단열압축

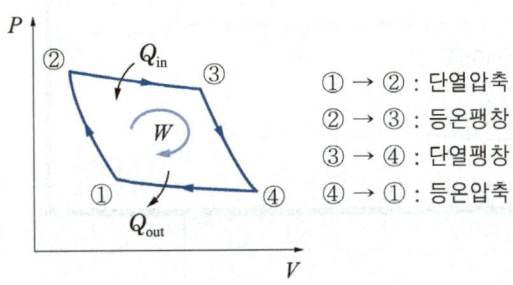

① → ② : 단열압축
② → ③ : 등온팽창
③ → ④ : 단열팽창
④ → ① : 등온압축

3. 계산식

3-1 카르노사이클의 열효율

$$\eta = 1 - \frac{T_L}{T_H} = 1 - \frac{Q_L}{Q_H}$$

- η : 카르노사이클의 열효율
- T_L : 저열원의 절대온도[K]
- T_H : 고열원의 절대온도[K]
- Q_L : 배출열량[J]
- Q_H : 공급열량[J]

3-2 카르노사이클의 일(출력)

$$W = Q_H \left(1 - \frac{T_L}{T_H}\right)$$

- W : 출력(일)[J]
- Q_H : 공급열량[J]
- T_L : 저열원의 절대온도[K]
- T_H : 고열원의 절대온도[K]

개념잡기

다음 보기는 열역학적 사이클에서 일어나는 여러 가지의 과정이다. 이들 중, 카르노(Carnot) 사이클에서 일어나는 과정을 모두 고른 것은?

| ㉠ 등온 압축 | ㉡ 단열 팽창 |
| ㉢ 정적 압축 | ㉣ 정압 팽창 |

① ㉠
② ㉠, ㉡
③ ㉡, ㉢, ㉣
④ ㉠, ㉡, ㉢, ㉣

- 카르노사이클 : 열기관 사이클 중 가장 이상적인 사이클
- 카르노사이클의 순서 : 등온팽창 → 단열팽창 → 등온압축 → 단열압축

TIP 카르노사이클은 두 개의 등온과정(등온팽창, 등온압축)과 두 개의 단열과정(단열팽창, 단열압축)으로 구성되어 있다.

정답 : ②

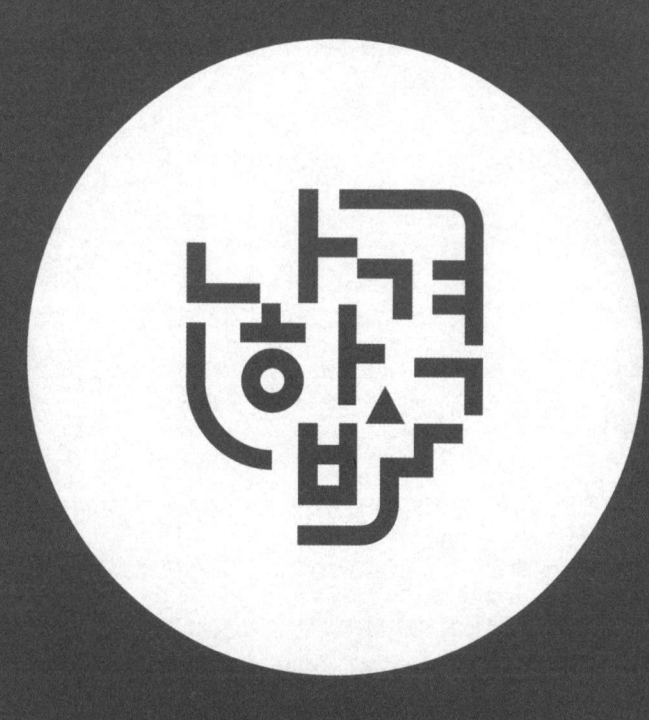

PART 04

소방기계시설의 구조 및 원리

01 소화기구 및 자동소화장치
02 수계 소화설비
03 가스계 소화설비
04 분말소화설비
05 피난기구 및 인명구조기구
06 기타 소화 설비

 단원 들어가기 전

본 단원은 소방기계시설에 대한 내용을 담고 있습니다.
소방설비기사(기계) 실기 부분과 밀접한 관련이 있는 단원으로 반복적인 암기를 통해
중요 내용을 기억할 수 있도록 합시다.

CHAPTER 01
소화기구 및 자동소화장치

KEYWORD 소화기구, 소화약제별 적응성, 능력단위, 소화기

01 개요

1. 소화기구

화재 초기 단계에 소화약제를 활용하여 사람이 수동으로 조작하여 소화하거나 자동으로 소화하는 기구

2. 자동소화장치

감지기에 의하여 화재를 감지하면 자동으로 약제를 방사하는 고정된 소화장치

소화약제
소화기구 및 자동소화장치에 사용되는 소화성능이 있는 고체·액체 및 기체의 물질을 말한다.

02 설치기준

1. 소화기구의 소화약제별 적응성 ★★★

소화약제		일반화재 (A급화재)	유류화재 (B급 화재)	전기화재 (C급 화재)
분말	중탄산염류	-	○	○
	인산염류	○	○	○
가스	할론	○	○	○
	이산화탄소	-	○	○
	할로겐화합물 및 불활성 기체	○	○	○
액체	강화액	○	○	*
	포	○	○	*
기타	마른모래	○	○	-
	팽창질석 · 팽창진주암	○	○	-

* : 조건부 적응성 인정

2. 특정소방대상물별 소화기구의 능력단위 ★★★

특정소방대상물	소화기구의 능력단위
위락시설	해당 용도의 바닥면적 $30[m^2]$마다 능력단위 1단위 이상
공연장 · 집회장 · 관람장 · 문화재 · 장례식장 · 의료시설	해당 용도의 바닥면적 $50[m^2]$마다 능력단위 1단위 이상
근린생활시설 · 판매시설 · 운수시설 · 숙박시설 · 노유자시설 · 전시장 · 공동주택 · 업무시설 · 방송통신시설 · 공장 · 창고시설 · 항공기 및 자동차 관련 시설 · 관광휴게시설	해당 용도의 바닥면적 $100[m^2]$마다 능력단위 1단위 이상
그 밖의 것	해당 용도의 바닥면적 $200[m^2]$마다 능력단위 1단위 이상

소화기구의 능력단위를 산출함에 있어서 건축물의 주요구조부가 내화구조이고, 벽 및 반자의 실내에 면하는 부분이 불연재료 · 준불연재료 또는 난연재료로 된 특정소방대상물에 있어서는 위 표의 바닥면적의 2배를 해당 특정소방대상물의 기준면적으로 한다.

3. 소화약제 외의 것을 이용한 간이소화용구 ★★

간이소화용구		능력단위
마른모래	삽을 상비한 50[L] 이상의 것 1포	0.5
팽창질석 또는 팽창진주암	삽을 상비한 80[L] 이상의 것 1포	

개념잡기

특정소방대상물별 소화기구의 능력단위의 기준 중 다음 ( ) 안에 알맞은 것은?

특정소방대상물	소화기구의 능력단위
장례식장 및 의료시설	해당 용도의 바닥면적 (㉠)[m²]마다 능력 단위 1단위 이상
노유자시설	해당 용도의 바닥면적 (㉡)[m²]마다 능력 단위 1단위 이상
위락시설	해당 용도의 바닥면적 (㉢)[m²]마다 능력 단위 1단위 이상

① ㉠ 30, ㉡ 50, ㉢ 100 ② ㉠ 30, ㉡ 100, ㉢ 50
③ ㉠ 50, ㉡ 100, ㉢ 30 ④ ㉠ 50, ㉡ 30, ㉢ 100

특정소방대상물별 소화기구의 능력단위

특정소방대상물	소화기구의 능력단위
위락시설	해당 용도의 바닥면적 30[m²]마다 능력단위 1단위 이상
공연장·집회장·관람장·문화재·장례식장·의료시설	해당 용도의 바닥면적 50[m²]마다 능력단위 1단위 이상
근린생활시설·판매시설·운수시설·숙박시설·노유자시설·전시장·공동주택·업무시설·방송통신시설·공장·창고시설·항공기 및 자동차 관련 시설·관광휴게시설	해당 용도의 바닥면적 100[m²]마다 능력단위 1단위 이상
그 밖의 것	해당 용도의 바닥면적 200[m²]마다 능력단위 1단위 이상

소화기구의 능력단위를 산출함에 있어서 건축물의 주요구조부가 내화구조이고, 벽 및 반자의 실내에 면하는 부분이 불연재료·준불연재료 또는 난연재료로 된 특정소방대상물에 있어서는 위 표의 바닥면적의 2배를 해당 특정소방대상물의 기준면적으로 한다.

정답 : ③

03 소화기

1. 소화기의 설치기준

- 특정소방대상물의 각 층마다 설치하되, 특정소방대상물의 각 부분으로부터 1개의 소화기까지의 보행거리가 소형소화기의 경우에는 20[m] 이내, 대형소화기의 경우에는 30[m] 이내가 되도록 배치할 것
- 각 층이 둘 이상의 거실로 구획된 경우에는 각 층마다 설치하는 것 외에 바닥면적이 33[m^2] 이상으로 구획된 각 거실에도 배치할 것

2. 능력단위에 따른 소화기의 분류

구분	능력단위
소형소화기	능력단위가 1단위 이상이고 대형소화기의 능력단위 미만인 소화기
대형소화기	A급 10단위 이상, B급 20단위 이상인 소화기

핵심 KEY

대형소화기는 화재 시 사람이 운반할 수 있도록 운반대와 바퀴가 설치되어 있어야 한다.

3. 소화기 추가 설치개수

용도별	추가 설치개수
전기설비(발전실·변전실·송전실·변압기실·배전반실 등)	바닥면적 50[m^2]마다 적응성이 있는 소화기 1개 이상
보일러·음식점·의료시설·업무시설 등	바닥면적 25[m^2]마다 적응성이 있는 소화기 1개 이상

4. 대형소화기의 소화약제 충전량 ★

구분	충전량
포소화기	20[L] 이상
강화액소화기	60[L] 이상
물소화기	80[L] 이상
분말소화기	20[kg] 이상
할로겐화합물소화기	30[kg] 이상
이산화탄소소화기	50[kg] 이상

> **저자 어드바이스**
> 액체류 소화약제는 충전량 단위를 [L]로 사용한다.

개념잡기

대형 이산화탄소 소화기의 소화약제 충전량은 얼마인가?

① 20[kg] 이상　　② 30[kg] 이상
③ 50[kg] 이상　　④ 70[kg] 이상

대형소화기의 소화약제 충전량

구분	충전량
포소화기	20[L] 이상
강화액소화기	60[L] 이상
물소화기	80[L] 이상
분말소화기	20[kg] 이상
할로겐화합물소화기	30[kg] 이상
이산화탄소소화기	50[kg] 이상

정답 : ③

---

5. A급 화재용 소화기의 능력단위 산정을 위한 소화능력시험

- 모형 배열 시 모형 간의 간격은 3[m] 이상으로 한다.
- 소화는 최초의 모형에 불을 붙인 다음 3분 후에 시작하되, 불을 붙인 순으로 한다. 이 경우 모형에 잔염이 있다고 인정될 경우에는 다음 모형에 대한 소화를 계속할 수 없다.
- 소화는 무풍상태(풍속이 0.5[m/s] 이하인 상태)와 사용상태(휴대식은 손에 휴대한 상태, 멜빵식은 멜빵으로 착용한 상태, 차륜식은 고정된 상태)에서 실시한다.
- 소화약제의 방사가 완료될 때 잔염이 없어야 하며, 방사완료 후 2분 이내에 다시 불타지 아니한 경우 그 모형은 완전 소화된 것으로 본다.

CHAPTER 02

수계 소화설비

KEYWORD 옥내소화전설비, 가압송수장치, 옥외소화전설비, 스프링클러설비, 포소화설비, 물분무소화설비, 미분무소화설비

01 옥내소화전설비

> **참고**
> 옥내소화전설비의 자세한 규정은 옥내소화전설비의 화재안전성능기준(NFPC 102)를 통해 확인할 수 있다.

1. 개요

건축물에 화재가 발생하는 경우 신속하게 진화할 수 있도록 건물 내에 설치하는 고정설비

2. 옥내소화전설비의 수원 ★

- 옥내소화전설비의 수원(29층 이하)은 그 저수량이 옥내소화전의 설치개수가 가장 많은 층의 설치개수(두 개 이상 설치된 경우에는 두 개)에 2.6[m³](호스릴옥내소화전설비를 포함한다)를 곱한 양 이상이 되도록 해야 한다.

$$Q = 2.6 \times N \quad \begin{bmatrix} Q : 수원의\ 양[m^3] \\ N : 가장\ 많이\ 설치된\ 층의 \\ \quad\ 옥내소화전\ 개수(최대\ 2개) \end{bmatrix}$$

- 옥내소화전설비의 유효수량(다른 설비 수원을 저수조로 겸용한 경우)은 옥내소화전용 펌프와 일반급수펌프의 후드 밸브 사이의 수량을 의미한다.

3. 가압송수장치

- 전동기 또는 내연기관에 따른 펌프를 이용하는 가압송수장치의 주펌프는 전동기에 따른 펌프로 설치해야 한다.
- 특정소방대상물의 어느 층에 있어서도 해당 층의 옥내소화전(두 개 이상 설치된 경우에는 두 개의 옥내소화전)을 동시에 사용할 경우 각 소화전의 노즐선단에서의 방수압력이 0.17[MPa](호스릴옥내소화전설비를 포함한다) 이상이고, 방수량이 130[L/min](호스릴옥내소화전설비를 포함한다) 이상이 되는 성능의 것으로 할 것. 다만, 하나의 옥내소화전을 사용하는 노즐선단에서의 방수압력이 0.7[MPa]을 초과할 경우에는 호스접결구의 인입측에 감압장치를 설치해야 한다.
- 학교·공장·창고시설(옥상수조를 설치한 대상은 제외)로서 동결의 우려가 있는 장소에 있어서는 기동스위치에 보호판을 부착하여 옥내소화전설비함 내에 설치할 수 있다. 이 경우에는 주펌프와 동등 이상의 성능이 있는 별도의 펌프로서 내연기관의 기동과 연동하여 작동되거나 비상전원을 연결한 펌프를 추가 설치해야 한다.
- 펌프의 성능은 체절 운전 시 정격토출압력의 140[%]를 초과하지 않고, 정격토출량의 150[%]로 운전 시 정격토출압력의 65[%] 이상이 되어야 하며, 펌프의 성능을 시험할 수 있는 성능시험배관을 설치할 것

옥내소화전 비상전원을 연결한 펌프의 추가 설치 제외 장소 ★

- 지하층만 있는 건축물
- 고가수조를 가압송수장치로 설치한 경우
- 수원이 건축물의 최상층에 설치된 방수구보다 높은 위치에 설치된 경우
- 건축물의 높이가 지표면으로부터 10[m] 이하인 경우
- 가압수조를 가압송수장치로 설치한 경우

옥내소화전 비상전원을 연결한 펌프의 추가 설치 제외 장소는 옥내소화전설비의 화재안전기술기준(NFTC 102)를 통해 확인할 수 있다.

4. 배관 ★★

배관 내 사용 압력에 따른 배관의 종류

배관 내 사용압력	배관의 종류
1.2[MPa] 미만	• 배관용 탄소강관 • 이음매 없는 구리 및 구리합금관(다만, 습식의 배관에 한함) • 배관용 스테인리스강관 또는 일반 배관용 스테인리스강관 • 덕타일 주철관
1.2[MPa] 이상	• 압력 배관용 탄소강관 • 배관용 아크 용접 탄소강관

- 펌프의 토출 측 주배관의 구경은 유속이 4[m/s] 이하가 될 수 있는 크기 이상이어야 한다.
- 연결송수관설비와 겸용하는 경우 주배관은 구경 100[mm] 이상, 방수구로 연결되는 배관의 구경은 65[mm] 이상의 것으로 해야 한다.
- 가압송수장치에는 체절운전 시 수온의 상승을 방지하기 위하여 체크밸브와 펌프 사이에서 분기한 구경 이상의 배관에 체절압력 미만에서 개방되는 릴리프밸브를 설치해야 한다.

옥내소화전설비의 성능시험배관의 기준

- 펌프의 토출측에 설치된 개폐밸브 이전에 분기하여 직선으로 설치하여야 한다.
- 유량측정장치를 기준으로 전단 직관부에 개폐밸브를 설치하여야 한다.
- 유량측정장치를 기준으로 후단 직관부에 유량조절밸브를 설치하여야 한다.
- 유량측정장치는 펌프의 정격토출량 175[%] 이상 측정할 수 있는 성능이 있어야 한다.

옥내소화전설비의 성능시험배관의 기준은 옥내소화전설비의 화재안전기술기준(NFTC 102)를 통해 확인할 수 있다.

개념잡기

다음 중 옥내소화전의 배관 등에 대한 설치방법으로 옳지 않은 것은?

① 펌프의 토출 측 주배관의 구경은 평균 유속을 5[m/s]가 되도록 설치하였다.
② 배관 내 사용압력이 1.1[MPa]인 곳에 배관용탄소강관을 사용하였다.
③ 옥내소화전 송수구를 단구형으로 설치하였다.
④ 송수구로부터 주배관에 이르는 연결배관에는 개폐밸브를 설치하지 않았다.

- 옥내소화전설비의 배관
  - 펌프의 토출 측 주배관의 구경은 유속이 4[m/s] 이하가 될 수 있는 크기 이상으로 할 것
  - 송수구는 구경 65[mm]의 쌍구형 또는 단구형으로 할 것
  - 송수구로부터 옥내소화전설비의 주배관에 이르는 연결배관에는 개폐밸브를 설치하지 않을 것
- 스프링클러설비의 배관 내 사용압력

배관 내 사용압력	배관의 종류
1.2[MPa] 미만	• 배관용 탄소강관 • 이음매 없는 구리 및 구리합금관(다만, 습식의 배관에 한함) • 배관용 스테인리스강관 또는 일반 배관용 스테인리스강관 • 덕타일 주철관
1.2[MPa] 이상	• 압력배관용 탄소강관 • 배관용 아크용접 탄소강관

정답 : ①

5. 함 및 방수구

5-1 옥내소화전설비함의 재질에 따른 두께

재질	합성수지	강판
두께	4[mm] 이상	1.5[mm] 이상

5-2 옥내소화전 방수구의 설치 제외 장소

- 식물원·수족관·목욕실·수영장(관람석 부분제외) 또는 이와 비슷한 장소
- 냉동창고 중 온도가 영하인 냉장실 또는 냉동창고의 냉동실
- 고온의 노가 설치된 장소 또는 물과 격렬하게 반응하는 물품의 저장 또는 취급 장소
- 발전소·변전소 등으로서 전기시설이 설치된 장소
- 야외 음악당·야외극장 또는 이와 비슷한 장소

옥내소화전 방수구의 설치 제외 장소와 옥내소화전설비 표시등의 설치기준은 옥내소화전설비의 화재안전기술기준(NFTC 102)를 통해 확인할 수 있다.

6. 옥내소화전설비 표시등의 설치기준

- 가압송수장치의 기동을 표시하는 표시등은 옥내소화전설비함의 상부 또는 그 직근에 설치하되 적색등으로 할 것. 다만, 자체소방대를 구성하여 운영하는 경우 가압송수장치의 기동표시등을 설치하지 않을 수 있다.
- 옥내소화전설비의 위치를 표시하는 표시등은 함의 상부에 설치하되, 소방청장이 고시하는 기준에 적합한 것으로 할 것

02 옥외소화전설비

1. 개요

소방대상물 주변에 일정간격으로 설치되어 화재 발생시 밸브를 개방하여 사용하는 건물 외부에 설치한 소화설비

옥외소화전설비의 자세한 규정은 옥외소화전설비의 화재안전성능기준(NFPC 109)를 통해 확인할 수 있다.

2. 가압송수장치 ★★

특정소방대상물에 설치된 옥외소화전(두 개 이상 설치된 경우에는 두 개의 옥외소화전)을 동시에 사용할 경우 각 옥외소화전의 노즐선단에서의 방수압력이 0.25[MPa] 이상이고, 방수량이 350[L/min] 이상이 유지되는 성능의 것으로 할 것. 다만, 하나의 옥외소화전을 사용하는 노즐선단에서의 방수압력이 0.7[MPa]을 초과할 경우에는 호스접결구의 인입측에 감압장치를 설치해야 한다.

개념잡기

전동기 또는 내연기관에 따른 펌프를 이용하는 옥외소화전설비의 가압송수장치의 설치기준 중 다음 ( ) 안에 알맞은 것은?

> 해당 특정소방대상물에 설치된 옥외소화전(2개 이상 설치된 경우에는 2개의 옥외소화전)을 동시에 사용할 경우 각 옥외소화전의 노즐선단에서의 방수압력이 (㉠)[MPa] 이상이고, 방수량이 (㉡)[L/min] 이상이 되는 성능의 것으로 할 것

① ㉠ 0.17, ㉡ 350   ② ㉠ 0.25, ㉡ 350
③ ㉠ 0.17, ㉡ 130   ④ ㉠ 0.25, ㉡ 130

정답 : ②

2-1 옥외소화전설비 고가수조방식의 자연낙차수두

$$H = h_1 + h_2 + 25$$

- H : 필요한 낙차[m]
- h_1 : 호스의 마찰손실수두[m]
- h_2 : 배관의 마찰손실수두[m]

옥외소화전설비 고가수조방식의 자연낙차수두는 옥외소화전설비의 화재안전기술기준(NFTC 109)를 통해 확인할 수 있다.

3. 배관

3-1 옥외소화전설비의 호스접결구 ★

수평거리

특정소방대상물의 각 부분으로부터 하나의 호스접결구까지의 수평거리 40[m] 이하

설치높이

지면으로부터 높이 0.5[m] 이상 1[m] 이하

3-2 옥외소화전설비 성능시험배관의 설치기준 ★★

- 펌프의 토출측에 설치된 개폐밸브 이전에 분기하여 직선으로 설치하여야 한다.
- 유량측정장치를 기준으로 전단 직관부에 개폐밸브를 설치하여야 한다.
- 유량측정장치를 기준으로 후단 직관부에 유량조절밸브를 설치하여야 한다.
- 유량측정장치는 펌프의 정격토출량 175[%] 이상 측정할 수 있는 성능이 있어야 한다.

저자 어드바이스

옥내소화전설비 성능시험배관의 설치기준과 동일하다.

옥외소화전설비 성능시험배관의 설치기준은 옥외소화전설비의 화재안전기술기준(NFTC 109)를 통해 확인할 수 있다.

개념잡기

옥외소화전설비의 화재안전기준상 옥외소화전설비에서 성능시험배관의 직관부에 설치된 유량측정장치는 펌프 및 정격토출량의 최소 몇 [%] 이상 측정할 수 있는 성능이 있어야 하는가?

① 175   ② 150
③ 75   ④ 50

옥외소화전설비 성능시험배관의 설치기준
- 펌프의 토출측에 설치된 개폐밸브 이전에 분기하여 직선으로 설치하여야 한다.
- 유량측정장치를 기준으로 전단 직관부에 개폐밸브를 설치하여야 한다.
- 유량측정장치를 기준으로 후단 직관부에 유량조절밸브를 설치하여야 한다.
- 유량측정장치는 펌프의 정격토출량 175[%] 이상 측정할 수 있는 성능이 있어야 한다.

정답 : ①

03 스프링클러설비

1. 개요

배관에 의하여 천장 또는 벽에 열 감지 및 살수를 해주는 설비로서 화재발생 시 자동적으로 감지하고 천장 또는 천장 속 등에 설치한 스프링클러헤드에서 방수되는 설비

스프링클러설비의 자세한 규정은 스프링클러설비의 화재안전성능기준(NFPC 103)를 통해 확인할 수 있다.

2. 스프링클러설비 관련 단어

프레임(frame)	스프링클러헤드의 나사부분과 반사판(디플렉터)를 연결하는 이음쇠부분
반사판(디플렉터)(deflector)	스프링클러헤드의 방수구에서 유출되는 물을 세분시키는 작용을 하는 것
유리벌브(glass bulb)	감열체 중 유리구 안에 액체 등을 넣어 봉한 것
퓨지블링크(fusible link)	감열체 중 이융성 금속으로 융착되거나 이융성 물질에 의하여 조립된 것
리타딩챔버	자동경보밸브의 오보(오작동 방지) 및 압력스위치의 손상을 방지하는 것

3. 폐쇄형스프링클러설비의 방호구역 및 유수검지장치

- 하나의 방호구역에는 1개 이상의 유수검지장치를 설치하되, 화재발생 시 접근이 쉽고 점검하기 편리한 장소에 설치할 것
- 하나의 방호구역에는 2개 층에 미치지 아니하도록 할 것. 다만, 1개 층에 설치되는 스프링클러헤드의 수가 10개 이하인 경우와 복층형구조의 공동주택에는 3개 층 이내로 할 수 있다.
- 스프링클러헤드에 공급되는 물은 유수검지장치를 지나도록 할 것. 다만, 송수구를 통하여 공급되는 물은 제외할 것
- 조기반응형 스프링클러헤드를 설치하는 경우에는 습식유수검지장치 또는 부압식 스프링클러설비를 설치할 것
- 하나의 방호구역의 바닥면적은 3,000[m²]를 초과하지 않을 것

폐쇄형스프링클러설비의 방호구역 및 유수검지장치는 스프링클러설비의 화재안전기술기준(NFTC 103)를 통해 확인할 수 있다.

4. 개방형스프링클러설비의 방수구역 ★

- 하나의 방수구역은 2개 층에 미치지 아니할 것
- 방수구역마다 일제개방밸브를 설치할 것
- 하나의 방수구역을 담당하는 헤드의 개수는 50개 이하로 할 것. 다만, 둘 이상의 방수구역으로 나눌 경우에는 하나의 방수구역을 담당하는 헤드의 개수는 25개 이상으로 할 것
- 일제개방밸브의 설치위치는 폐쇄형스프링클러설비의 유수검지장치의 설치장소 기준에 따르고, 표시는 "일제개방밸브실"이라고 표시할 것

5. 가압송수장치

- 스프링클러설비의 가압송수장치의 정격토출압력은 하나의 헤드선단에 0.1[MPa] 이상 1.2[MPa] 이하의 방수압력이 될 수 있는 크기이어야 한다.
- 스프링클러설비 고가수조에는 수위계·배수관·오버플로우관·급수관·맨홀을 설치해야 한다.

> **참고**
> 가압송수장치와 스프링클러설비 시험장치 설치기준은 스프링클러설비의 화재안전기술기준(NFTC 103)를 통해 확인할 수 있다.

6. 스프링클러설비 시험장치 설치기준

- 시험배관의 끝에는 물받이 통 및 배수관을 설치하여 시험 중 방사된 물이 바닥에 흘러내리지 않도록 할 것
- 화장실과 같은 배수처리가 쉬운 장소에 시험배관을 설치한 경우에는 물받이통 및 배수관을 생략할 수 있음
- 시험장치 배관의 구경은 25[mm] 이상으로 하고, 그 끝에 개폐밸브 및 개방형헤드 또는 스프링클러헤드와 동등한 방수성능을 가진 오리피스를 설치할 것

스프링클러설비	설치기준
습식스프링클러설비	• 유수검지장치 2차 측 배관에 연결하여 설치할 것
부압식스프링클러설비	
건식스프링클러설비	• 유수검지장치에서 가장 먼 거리에 위치한 가지배관의 끝으로부터 연결하여 설치할 것 • 유수검지장치 2차 측 설비의 내용적이 2,840[L]를 초과하는 경우 시험장치 개폐밸브를 완전 개방 후 1분 이내에 물이 방사 될 것

7. 배관

7-1 스프링클러설비의 배관 내 사용압력

배관 내 사용압력	배관의 종류
1.2[MPa] 미만	• 배관용 탄소강관 • 이음매 없는 구리 및 구리합금관(다만, 습식의 배관에 한함) • 배관용 스테인리스강관 또는 일반 배관용 스테인리스강관 • 덕타일 주철관
1.2[MPa] 이상	• 압력 배관용 탄소강관 • 배관용 아크 용접 탄소강관

저자 어드바이스
스프링클러헤드 개수가 증가할수록 급수관의 구경도 커진다.

7-2 스프링클러헤드 개수별 급수관의 구경

	25[mm]	32[mm]	40[mm]	50[mm]	65[mm]	80[mm]	90[mm]	100[mm]	125[mm]	150[mm]
폐쇄형 헤드수	2	3	5	10	30	60	80	100	160	161 이상
개방형 헤드수	1	2	5	8	15	27	40	55	90	91 이상

스프링클러헤드 개수별 급수관의 구경은 스프링클러설비의 화재안전기술기준(NFTC 103)를 통해 확인할 수 있다.

7-3 스프링클러설비 가지배관의 배열

- 교차배관에서 분기되는 지점을 기준으로 한쪽 가지배관에 설치되는 간이 헤드의 개수는 8개 이하이어야 한다.
- 토너먼트 방식이 아니어야 한다.
- 가지배관과 스프링클러헤드 사이의 배관을 신축배관으로 하는 경우에는 소방청장이 정하여 고시한 기준에 적합한 것으로 설치하여야 한다.

7-4 화재조기진압용 스프링클러설비 가지배관의 배열기준

천장 높이	가지배관 헤드 사이의 거리
9.1[m] 미만	2.4[m] 이상 3.7[m] 이하
9.1[m] 이상 13.7[m] 이하	2.4[m] 이상 3.1[m] 이하

화재조기진압용 스프링클러설비 가지배관의 배열기준은 화재조기진압용 스프링클러설비의 화재안전성능기준(NFPC 103B)를 통해 확인할 수 있다.

7-5 간이스프링클러설비의 배관 및 밸브 등의 순서

간이스프링클러설비의 배관 및 밸브 등의 순서는 간이스프링클러설비의 화재안전기술기준(NFTC 103A)를 통해 확인할 수 있다

상수도직결형

수도용계량기 → 급수차단장치 → 개폐표시형밸브 → 체크밸브 → 압력계 → 유수검지장치 → 시험밸브(2개)

펌프

수원 → 연성계 또는 진공계 → 펌프 또는 압력수조 → 압력계 → 체크밸브 → 성능시험배관 → 개폐표시형밸브 → 유수검지장치 → 시험밸브

가압수조

수원 → 가압수조 → 압력계 → 체크밸브 → 성능시험배관 → 개폐표시형밸브 → 유수검지장치 → 시험밸브(2개)

캐비닛형

수원 → 연성계 또는 진공계 → 펌프 또는 압력수조 → 압력계 → 체크밸브 → 개폐표시형밸브 → 시험밸브(2개)

8. 헤드

8-1 폐쇄형 헤드 수원의 저수량

$$Q = 1.6N$$

Q : 수원의 저수량[m^3]
N : 폐쇄형 헤드의 **기준 개수**(기준개수 보다 적은 경우에는 설치 개수)

8-2 폐쇄형 헤드의 기준개수

스프링클러설비의 설치장소			기준개수
지하층을 제외한 층수가 10층 이하인 특정소방대상물	공장 또는 창고 (렉크식 창고 포함)	특수가연물을 저장·취급하는 것	30
		그 밖의 것	20

8-3 스프링클러헤드의 공간 ★★★

구분	거리
벽과 스프링클러헤드 간의 공간	10[cm] 이상
스프링클러헤드의 자체 공간	반경 60[cm] 이상
스프링클러헤드와 부착면 간의 공간	30[cm] 이하

스프링클러헤드의 공간과 폐쇄형스프링클러헤드의 표시온도는 화재조기진압용 스프링클러설비의 화재안전기술기준(NFTC 103)를 통해 확인할 수 있다.

8-4 폐쇄형스프링클러헤드의 표시온도 ★★

설치장소의 최고 주위온도	표시온도
39[℃] 미만	79[℃] 미만
39[℃] 이상 64[℃] 미만	79[℃] 이상 121[℃] 미만
64[℃] 이상 106[℃] 미만	121[℃] 이상 162[℃] 미만
106[℃] 이상	162[℃] 이상

8-5 폐쇄형스프링클러헤드의 퓨지블링크형 표시온도

표시온도	프레임의 색별
77[℃] 미만	색 표시 안함
78~120[℃]	흰색
121~162[℃]	파랑
163~203[℃]	빨강
204~259[℃]	초록
260~319[℃]	오렌지
320[℃] 이상	검정

문제에 따라 프레임이 아닌 후레임이라고 나오기도 한다.

폐쇄형스프링클러헤드의 퓨지블링크형 표시온도는 스프링클러헤드의 형식승인 및 제품검사의 기술기준을 통해 확인할 수 있다.

8-6 스프링클러헤드의 수평거리(천장·반자·천장과 반자 사이·덕트·선반 등의 각 부분으로부터 하나의 스프링클러헤드까지의 수평거리)

설치장소		수평거리[m]
무대부·특수가연물 저장·취급장소		1.7 이하
렉크식 창고	일반적인 경우	2.5 이하
	특수가연물 저장·취급하는 경우	1.7 이하
공동주택(아파트) 세대 내의 거실		3.2 이하
상기 외의 특정소방대상물	비내화구조	2.1 이하
	내화구조	2.3 이하

8-7 조기반응형 스프링클러헤드의 설치장소 ★

- 공동주택의 거실
- 노유자시설의 거실
- 오피스텔의 침실
- 숙박시설의 침실
- 병원·의원의 입원실

8-8 스프링클러헤드의 설치기준 ★

- 살수에 방해되지 아니하도록 스프링클러헤드로부터 반경 60[cm] 이상의 공간을 보유할 것. 다만, 벽과 스프링클러헤드 간의 공간은 10[cm] 이상으로 한다.
- 스프링클러헤드와 그 부착면과의 거리는 30[cm] 이하로 할 것
- 측벽형스프링클러를 설치하는 경우 긴 벽의 한쪽 벽에 일렬로 설치하고 3.6[m] 이내마다 설치할 것
- 연소할 우려가 있는 개구부에는 그 상하좌우에 2.5[m] 간격으로 스프링클러헤드를 설치하되, 스프링클러헤드와 개구부의 내측 면으로부터 직선거리는 15[cm] 이하가 되도록 할 것

8-9 스프링클러헤드의 설치 제외 기준

연소할 우려가 있는 개구부에 다음의 기준에 따른 드렌처설비를 설치한 경우에는 해당 개구부에 한하여 스프링클러헤드를 설치하지 않을 수 있다.

- 드렌처헤드는 개구부 위 측에 2.5[m] 이내마다 1개를 설치할 것
- 제어밸브는 특정소방대상물 층마다에 바닥면으로부터 0.8[m] 이상 1.5[m] 이하의 위치에 설치할 것
- 드렌처헤드가 가장 많이 설치된 제어밸브에 설치된 드렌처헤드를 동시에 사용하는 경우에 각 헤드 산단의 방수압력은 0.1[MPa] 이상이 되도록 할 것
- 드렌처헤드가 가장 많이 설치된 제어밸브에 설치된 드렌처헤드를 동시에 사용하는 경우에 각 헤드선단의 방수량은 80[L/min] 이상이 되도록 할 것
- 수원의 수량은 드렌처헤드가 가장 많이 설치된 제어밸브의 드렌처헤드의 설치개수에 1.6[m³]를 곱하여 얻은 수치 이상이 되도록 할 것
- 수원에 연결하는 가압송수장치는 점검이 쉽고 화재 등의 재해로 인한 피해우려가 없는 장소에 설치할 것

참고

스프링클러헤드의 설치 제외 기준과 스프링클러헤드 설치 제외 장소는 스프링클러설비의 화재안전기술기준 (NFTC 103)을 통해 확인할 수 있다.

8-10 스프링클러헤드 설치 제외 장소 ★

- 발전실·변전실·변압기·기타 이와 유사한 장소
- 병원의 수술실·응급처치실·기타 이와 유사한 장소
- 통신기기실·전자기기실·기타 이와 유사한 장소
- 실내에 설치된 테니스장·게이트볼장·정구장 또는 이와 비슷한 장소로서 실내 바닥·벽·천장이 불연재료 또는 준불연재료로 구성되어 있고 가연물이 존재하지 않는 장소로서 관람석이 없는 운동시설(지하층 제외)
- 계단실(특별피난계단의 부속실 포함)·경사로·승강기의 승강로·비상용승강기의 승강장·파이프덕트 및 덕트피트(파이프·덕트를 통과시키기 위한 구획된 구멍에 한함)·목욕실·수영장(관람석부분제외)·화장실·직접 외기에 개방되어 있는 복도·기타 이와 유사한 장소

8-11 스프링클러헤드 상호 간의 최대 거리(정방형, 정사각형)

$$S = 2r \times \cos 45°$$

S : 포헤드 상호 간의 거리[m]
r : 유효반경

저자 어드바이스

유효반경은 스프링클러헤드 설치 장소마다 달라진다.

참고

스프링클러헤드 상호 간의 최대 거리(정방형, 정사각형)은 포소화설비의 화재안전기술기준(NFTC 105)을 통해 확인할 수 있다.

8-12 천장의 최상부를 중심으로 가지관을 서로 마주보게 설치하는 경우의 스프링클러헤드 수직거리

구분	거리
천장의 최상부로부터의 수직거리	90[cm] 이하
최상부의 가지관 상호간의 거리	가지관상의 스프링클러헤드 상호간의 거리의 $\dfrac{1}{2}$ 이하(최소 1[m] 이상)

개념잡기

스프링클러설비의 화재안전기준상 스프링클러헤드 설치 시 살수가 방해되지 아니하도록 벽과 스프링클러헤드 간의 공간은 최소 몇 [cm] 이상으로 하여야 하는가?

① 60　　　　　　② 30
③ 20　　　　　　④ 10

스프링클러헤드의 공간

구분	거리
벽과 스프링클러헤드 간의 공간	10[cm] 이상
스프링클러헤드의 자체 공간	반경 60[cm] 이상
스프링클러헤드와 부착면 간의 공간	30[cm] 이하

정답 : ④

9. 화재조기진압용 스프링클러설비의 설치장소

- 창고 내의 선반 등의 형태는 하부로 물이 침투되는 구조로 할 것
- 천장의 기울기가 $\frac{168}{1,000}$을 초과하지 않아야 하고, 이를 초과하는 경우에는 반자를 지면과 수평으로 설치할 것
- 천장은 평평하여야 하며 철재나 목재트러스 구조인 경우, 철재나 목재의 돌출부분이 102[mm]를 초과하지 아니할 것
- 해당 층의 높이가 13.7[m] 이하일 것. 다만, 2층 이상일 경우에는 해당 층의 바닥을 내화구조로 하고 다른 부분과 방화구획 할 것
- 보로 사용되는 목재·콘크리트 및 철재 사이의 간격이 0.9[m] 이상 2.3[m] 이하로 할 것. 다만, 보의 간격이 2.3[m] 이상인 경우에는 헤드의 동작을 원활히 하기 위해 보로 구획된 부분의 천장 및 반자의 넓이가 28[m²]를 초과하지 않아야 한다.

화재조기진압용 스프링클러설비의 설치장소는 화재조기진압용 스프링클러설비의 화재안전기술기준(NFTC 103B)을 통해 확인할 수 있다.

04 포소화설비

1. 개요

물만으로는 소화가 불가능하거나 소화효과가 적거나 또는 오히려 화재를 확대시킬 우려가 있는 인화성액체 물질에서 발생하는 화재를 효과적으로 진압하기 위한 소화설비

2. 특정소방대상물에 따른 포소화설비의 적응성 ★★

특정소방대상물	포소화설비
• 특수가연물을 저장·취급하는 공장 또는 창고 • 항공기격납고 • 차고 또는 주차장	• 포워터스프링클러설비 • 고정포방출설비 • 압축공기포소화설비 • 포헤드설비
• 완전 개방된 옥상주차장 또는 고가 밑의 주차장으로서 주된 벽이 없고 기둥 뿐이거나 주위가 위해방지용 철주 등으로 둘러쌓인 부분 • 지상 1층 차고·주차장으로서 지붕이 없는 부분	• 호스릴포소화설비 • 포소화전설비
• 발전기실, 변압기, 전기케이블실, 엔진펌프실, 유압설비로서 바닥면적의 합계 300[m²] 미만의 장소	• 고정식 압축공기포 소화설비

포소화설비의 자세한 규정은 포소화설비의 화재안전성능기준(NFPC 105)를 통해 확인할 수 있다.

> **개념잡기**
>
> 포소화설비의 화재안전기준상 특수가연물을 저장·취급하는 공장 또는 창고에 적응성이 없는 포소화설비는?
>
> ① 고정포방출설비 ② 포소화전설비
> ③ 압축공기포소화설비 ④ 포워터스프링클러설비
>
> 특정소방대상물에 따른 포소화설비의 적응성
>
> | 특정소방대상물 | 포소화설비 |
> |---|---|
> | • 특수가연물을 저장·취급하는 공장 또는 창고
• 항공기격납고
• 차고 또는 주차장 | • 포워터스프링클러설비
• 고정포방출설비
• 압축공기포소화설비
• 포헤드설비 |
> | • 완전 개방된 옥상주차장 또는 고가 밑의 주차장으로서 주된 벽이 없고 기둥 뿐이거나 주위가 위해방지용 철주 등으로 둘러쌓인 부분
• 지상 1층 차고·주차장으로서 지붕이 없는 부분 | • 호스릴포소화설비
• 포소화전설비 |
> | • 발전기실, 변압기, 전기케이블실, 엔진펌프실, 유압설비로서 바닥면적의 합계 300[m²] 미만의 장소 | • 고정식 압축공기포소화설비 |
>
> 정답 : ②

3. 포소화약제의 저장량

3-1 호스릴방식 포소화약제의 저장량(바닥면적 200[m²] 미만)

$$Q = N \times S \times 6{,}000 \times 0.75$$

Q : 포소화약제의 양[L]
N : 호스접결구 수(**최대 5개**)
S : 포소화약제의 사용농도[%]

3-2 호스릴방식 포소화약제의 저장량(바닥면적 200[m²] 이상)

$$Q = N \times S \times 6{,}000$$

Q : 포소화약제의 양[L]
N : 호스접결구 수(**최대 5개**)
S : 포소화약제의 사용농도[%]

참고

호스릴방식 포소화약제의 저장량은 포소화설비의 화재안전기술기준(NFTC 105)을 통해 확인할 수 있다.

4. 배관 ★

- 포워터스프링클러설비 또는 포헤드설비의 가지배관의 배열은 토너먼트 방식이 아니어야 하며, 교차배관에서 분기하는 지점을 기점으로 한쪽 가지배관에 설치하는 헤드의 개수는 8개 이하로 할 것
- 송액관은 전용으로 할 것
- 송액관은 포의 방출 종류 후 배관 안의 액을 배출하기 위하여 적당한 기울기를 유지하도록 하고 그 낮은 부분에 배액밸브를 설치할 것
- 펌프의 성능은 체절운전시 정격토출량의 140[%]를 초과하지 아니하고, 정격토출량의 150[%]로 운전 시 정격토출압력의 65[%] 이상이 되어야 하며 펌프의 성능을 시험할 수 있는 성능시험배관을 설치할 것

5. 포소화설비에 소방용 합성수지배관으로 설치할 수 있는 경우

- 배관을 지하에 매설하는 경우
- 다른 부분과 내화구조로 구획된 덕트 또는 피트의 내부에 설치하는 경우
- 천장과 반자를 불연재료 또는 준불연재료로 설치하고 소화배관 내부에 항상 소화수가 채워진 상태로 설치하는 경우

6. 포소화약제의 혼합장치 ★★★

6-1 라인 프로포셔너 방식

펌프와 발포기의 중간에 설치된 벤추리관의 벤추리작용에 따라 포소화약제를 흡입·혼합하는 방식

6-2 프레셔사이드 프로포셔너방식

펌프의 토출관에 압입기를 설치하여 포소화약제 압입용펌프로 포소화약제를 압입시켜 혼합하는 방식

6-3 프레셔 프로포셔너방식

펌프와 발포기의 중간에 설치된 벤추리관의 벤추리작용과 펌프 가압수의 포소화약제 저장탱크에 대한 압력에 따라 포소화약제를 흡입·혼합하는 방식

6-4 펌프 프로포셔너방식

펌프의 토출관과 흡입관 사이의 배관 도중에 설치한 흡입기에 펌프에서 토출된 물의 일부를 보내고, 농도 조정밸브에서 조정된 포소화약제의 필요량을 포소화약제 저장탱크에서 펌프 흡입측으로 보내어 이를 혼합하는 방식

> **저자 어드바이스**
>
> 압입기를 설치하는 것은 프레셔사이드 프로포셔너 방식 뿐이다. 그러므로 압입기 설치라는 표현이 나오면 프레셔사이드 프로포셔너 방식을 설명하는 것이다.

> 포소화설비에서 펌프의 토출관에 압입기를 설치하여 포소화약제 압입용 펌프로 포소화약제를 압입시켜 혼합하는 방식은?
>
> ① 라인 프로포셔너   ② 펌프 프로포셔너
> ③ 프레셔 프로포셔너   ④ 프레셔사이드 프로포셔너
>
> ---
>
> 프레셔사이드 프로포셔너
> 펌프의 토출관에 **압입기를 설치**하여 포소화약제 압입용펌프로 포소화약제를 압입시켜 혼합하는 방식
>
>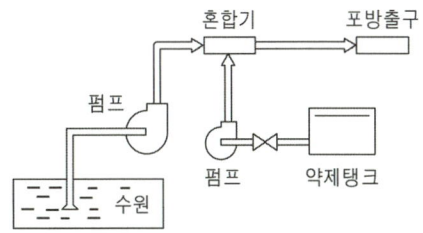
>
> 정답 : ④

7. 헤드

7-1 포소화설비 자동식 기동장치의 폐쇄형스프링클러헤드 ★★★

- **표시온도가 79[℃] 미만인 것**을 사용하고, 1개의 스프링클러헤드의 경계면적은 20[m²] 이하로 할 것
- 부착면의 높이는 바닥으로부터 5[m] 이하로 하고, 화재를 유효하게 감지할 수 있도록 할 것
- 하나의 감지장치 경계구역은 하나의 층이 되도록 할 것

7-2 압축공기포소화설비의 분사헤드 ★★★

구분	설치개수
유류탱크 주위	13.9[m²] 마다 1개 이상
특수가연물 저장소	9.3[m²] 마다 1개 이상

7-3 포소화설비 포헤드의 설치기준

- 바닥면적 9[m²]마다 1개 이상으로 하여 해당 방호대상물의 화재를 유효하게 소화할 수 있도록 할 것
- 특정소방대상물의 천장 또는 반자에 설치할 것

 포소화설비 자동식 기동장치의 폐쇄형 스프링클러헤드와 압축공기포소화설비의 분사헤드는 포소화설비의 화재안전기술기준(NFTC 105)을 통해 확인할 수 있다.

 포소화설비 포헤드의 설치기준과 포소화설비 포헤드의 방사량 기준과 포헤드의 거리는 포소화설비의 화재안전기술기준(NFTC 105)을 통해 확인할 수 있다.

7-4 포소화설비 포헤드의 방사량 기준

소방대상물	포소화약제의 종류	바닥면적 1[m³]당 방사량
차고·주차장·항공기격납고	단백포 소화약제	6.5[L] 이상
	합성계면활성제포 소화약제	8[L] 이상
	수성막포 소화약제	3.7[L] 이상
특수가연물을 저장·취급하는 소방대상물	단백포 소화약제	6.5[L] 이상
	합성계면활성제포 소화약제	
	수성막포 소화약제	

7-5 포헤드의 거리

포헤드 상호 간의 최대 거리(정방형, 정사각형)

$$S = 2r \times \cos 45°$$

S : 포헤드 상호 간의 거리[m]
r : 유효반경

헤드와 벽과의 최대 이격거리

$$X = \frac{S}{2}$$

X : 헤드와 벽과의 이격거리[m]
S : 포헤드 상호 간의 거리[m]

개념잡기

포소화설비의 화재안전기준상 포헤드의 설치 기준 중 다음 (   ) 안에 알맞은 것은?

압축공기포소화설비의 분사헤드는 천장 또는 반자에 설치하되 방호대상물에 따라 측벽에 설치할 수 있으며 유류탱크 주위에는 바닥면적 (㉠)[m²] 마다 1개 이상, 특수가연물저장소에는 바닥면적 (㉡)[m²] 마다 1개 이상으로 당해 방호대상물의 화재를 유효하게 소화할 수 있도록 할 것

① ㉠ 8, ㉡ 9
② ㉠ 9, ㉡ 8
③ ㉠ 9.3, ㉡ 13.9
④ ㉠ 13.9, ㉡ 9.3

압축공기포소화설비의 분사헤드

구분	설치개수
유류탱크 주위	13.9[m²]마다 1개 이상
특수가연물 저장소	9.3[m²]마다 1개 이상

정답 : ④

8. 포소화설비 송수구의 설치기준

- 구경 65[mm]의 쌍구형으로 할 것
- 하나의 층의 바닥면적이 3,000[m^2]를 넘을 때마다 1개 이상(최대 5개)를 설치할 것
- 지면으로부터 높이가 0.5[m] 이상 1[m] 이하의 위치에 설치할 것
- 송수구의 가까운 부분에 자동배수밸브(또는 직경 5[mm] 배수공) 및 체크밸브를 설치할 것

9. 차고·주차장에 설치하는 포소화전설비의 기준 ★

방사압력	0.35[MPa] 이상
방출량	300[L/min] 이상(단, 1개 층의 바닥면적이 200[m^2] 이하인 경우 230[L/min] 이상)
방사능력	수평거리 15[m] 이상
약제	저발포 포소화약제 사용

10. 포소화설비 자동식 기동장치의 화재감지기

화재감지기 회로에는 다음의 기준에 따른 발신기를 설치하여야 한다.

- 조작이 쉬운 장소에 설치하고, 스위치는 바닥으로부터 0.8[m] 이상 1.5[m] 이하의 높이에 설치하여야 한다.
- 특정소방대상물의 층마다 설치하되, 해당 특정소방대상물의 각 부분으로부터 수평거리가 25[m] 이하가 되도록 하여야 한다. 다만, 복도 또는 별도로 구획된 실로서 보행거리가 40[m] 이상일 경우에는 추가로 설치하여야 한다.

포소화설비 자동식 기동장치의 화재감지기는 포소화설비의 화재안전기술기준(NFTC 105)을 통해 확인할 수 있다.

05 물분무 및 미분무 소화설비

1. 개요

1-1 물분무 소화설비

화재시 직선류 또는 나선류의 물을 충돌·확산시켜 미립상태로 분무함으로써 소화하는 설비

1-2 미분무 소화설비

물만을 사용하여 사용하는 방식으로 최소설계압력에서 헤드로부터 방출되는 물입자 중 99[%]의 누적체적분포가 400[μm] 이하로 분무되고 A, B, C급 화재에 적응성을 갖는 것 ★

2. 물분무소화설비의 수원 ★★★

설치장소	가압송수장치 토출량 [L/min·m²]	방수시간 [min]	기준면적 [m²]
특수가연물을 저장·취급하는 특정소방대상물	10	20	바닥면적 (최소 50[m²])
절연유 봉입 변압기	10		바닥부분을 제외한 표면적
컨베이어 벨트 (콘베이어 벨트)	10		벨트 부분의 바닥면적
케이블트레이, 케이블 덕트	12		투영된 바닥면적
차고·주차장	20		바닥면적 (최소 50[m²])

- 물분무소화설비의 자세한 규정은 물분무소화설비의 화재안전성능기준(NFPC 104)를 통해 확인할 수 있다.

- 미분무소화설비의 자세한 규정은 미분무소화설비의 화재안전성능기준(NFPC 104A)를 통해 확인할 수 있다.

> **개념잡기**
>
> 물분무소화설비의 화재안전기준에 따른 물분무소화설비의 저수량에 대한 기준 중 다음 ( ) 안의 내용으로 맞는 것은?
>
> > 절연유 봉입 변압기는 바닥부분을 제외한 표면적을 합한 면적 1[m^2]에 대하여 ( )[L/min]로 20분간 방수할 수 있는 양 이상으로 할 것
>
> ① 4 ② 8
> ③ 10 ④ 12
>
> 물분무소화설비의 수원
>
> | 설치장소 | 가압송수장치 토출량 [L/min·m^2] | 방수시간 [min] | 기준면적 [m^2] |
> |---|---|---|---|
> | 특수가연물을 저장·취급하는 특정소방대상물 | 10 | 20 | 바닥면적 (최소 50[m^2]) |
> | 절연유 봉입 변압기 | 10 | | 바닥부분을 제외한 표면적 |
> | 컨베이어 벨트 (콘베이어 벨트) | 10 | | 벨트 부분의 바닥면적 |
> | 케이블트레이, 케이블 덕트 | 12 | | 투영된 바닥면적 |
> | 차고·주차장 | 20 | | 바닥면적 (최소 50[m^2]) |
>
> 정답 : ③

3. 물분무소화설비의 배관 등 설치기준

3-1 펌프의 흡입측 배관의 설치 기준

- 공기고임이 생기지 아니하는 구조로 여과장치를 설치할 것
- 수조가 펌프보다 낮게 설치된 경우에는 각 펌프(충압펌프 포함)마다 수조로부터 별도로 설치할 것

4. 물분무소화설비의 배수설비 ★★

- 차량이 주차하는 바닥은 배수구를 향하여 $\frac{2}{100}$ 이상의 기울기를 유지할 것
- 차량이 주차하는 장소의 적당한 곳에 높이 10[cm] 이상의 경계턱으로 배수구를 설치할 것
- 배수설비는 가압송수장치의 최대송수능력의 수량을 유효하게 배수할 수 있는 크기 및 기울기로 할 것
- 배수구에는 새어나온 기름을 모아 소화할 수 있도록 길이 40[m] 이하마다 집수관·소화핏트 등 기름분리장치를 설치할 것

참고

물분무소화설비의 배수설비와 물분무소화설비의 송수구는 물분무소화설비의 화재안전기술기준(NFTC 104)을 통해 확인할 수 있다.

5. 물분무소화설비의 송수구

- 송수구는 구경 65[mm]의 쌍구형으로 할 것
- 지면으로부터 높이가 0.5[m] 이상 1[m] 이하의 위치에 설치할 것
- 송수구는 하나의 층의 바닥면적이 3,000[m²]를 넘을 때마다 1개 이상 최대 5개를 설치할 것
- 송수구는 화재층으로부터 지면으로 떨어지는 유리창 등이 송수 및 그 밖의 소화작업에 지장을 주지 않는 장소에 설치할 것. 이 경우 가연성 가스의 저장·취급시설에 설치하는 송수구는 그 방호대상물로부터 20[m] 이상의 거리를 두거나 방호대상물에 면하는 부분이 높이 1.5[m] 이상, 폭 2.5[m] 이상의 철근콘크리트 벽으로 가려진 장소에 설치할 것

6. 헤드

헤드는 물분무소화설비의 화재안전기술기준(NFTC 104)을 통해 확인할 수 있다.

6-1 고압의 전기기기와 물분무헤드의 이격거리 ★★

전압	거리
66[kV] 이하	70[cm] 이상
66[kV] 초과 77[kV] 이하	80[cm] 이상
77[kV] 초과 110[kV] 이하	110[cm] 이상
110[kV] 초과 154[kV] 이하	150[cm] 이상
154[kV] 초과 181[kV] 이하	180[cm] 이상
181[kV] 초과 220[kV] 이하	210[cm] 이상
220[kV] 초과 275[kV] 이하	260[cm] 이상

6-2 물분무헤드의 종류

물분무헤드의 종류는 물소화설비용헤드의 성능인증 및 제품검사의 기술기준을 통해 확인할 수 있다.

헤드	정의
디프렉타형	수류를 살수판에 충돌하여 미세한 물방울을 만드는 헤드
충돌형	유수와 유수의 충돌에 의해 미세한 물방울을 만드는 헤드
슬리트형	수류를 슬리트에 의해 방출하여 수막상의 분무를 만드는 헤드
분사형	소구경의 오리피스로부터 고압으로 분사하여 미세한 물방울을 만드는 헤드
선회류형	선회류에 의해 확산·방출하든가 선회류와 직선류의 충돌에 의해 확산 방출하여 미세한 물방울을 만드는 물분무 헤드

6-3 물분무헤드의 설치 제외 장소

- 운전 시에 표면의 온도가 260[℃] 이상으로 되는 등 직접 분무를 하는 경우 그 부분에 손상을 입힐 우려가 있는 기계장치 등이 있는 장소
- 물에 심하게 반응하는 물질 또는 물과 반응하여 위험한 물질을 생성하는 물질을 저장 또는 취급하는 장소
- 고온의 물질 및 증류범위가 넓어 끓어 넘치는 위험이 있는 물질을 저장 또는 취급하는 장소

물분무헤드의 설치 제외 장소와 물분무소화설비 압력수조의 필요압력은 물분무소화설비의 화재안전기술기준(NFTC 104)을 통해 확인할 수 있다.

개념잡기

물분무소화설비의 화재안전기준상 110[kV] 초과 154[kV] 이하의 고압 전기기기와 물분무헤드 사이의 이격거리는 최소 몇 [cm] 이상이어야 하는가?

① 110 ② 150
③ 180 ④ 210

고압의 전기기기와 물분무헤드의 이격거리

전압	거리
66[kV] 이하	70[cm] 이상
66[kV] 초과 77[kV] 이하	80[cm] 이상
77[kV] 초과 110[kV] 이하	110[cm] 이상
110[kV] 초과 154[kV] 이하	150[cm] 이상
154[kV] 초과 181[kV] 이하	180[cm] 이상
181[kV] 초과 220[kV] 이하	210[cm] 이상
220[kV] 초과 275[kV] 이하	260[cm] 이상

정답 : ②

7. 물분무소화설비 압력수조의 필요압력

$$P = P_1 + P_2 + P_3$$

- P : 필요한 압력[MPa]
- P_1 : 물분무헤드의 설계압력[MPa]
- P_2 : 배관의 마찰손실수두압[MPa]
- P_3 : 낙차의 환산수두압[MPa]

8. 미분무소화설비의 종류

구분	저압	중압	고압
최저사용압력	1.2[MPa] 이하	1.2[MPa] 초과 3.5[MPa] 이하	3.5[MPa] 초과

9. 미분무소화설비의 성능 확인을 위한 설계도서 작성 고려사항

- 화재 위치
- 점화원의 형태
- 시공 유형과 내장재 유형
- 초기 점화되는 연료 유형
- 공기조화설비, 자연형(문, 창문) 및 기계형 여부
- 문과 창문의 초기상태(열림, 닫힘) 및 시간에 따른 변화상태

10. 미분무소화설비의 발신기의 설치기준

- 조작이 쉬운 장소에 설치하고, 스위치는 바닥으로부터 0.8[m] 이상 1.5[m] 이하의 높이에 설치할 것
- 소방대상물의 층마다 설치하되, 해당 소방대상물의 각 부분으로부터 하나의 발신기까지의 수평거리가 25[m] 이하가 되도록 할 것. 다만, 복도 또는 별도로 구획된 실로서 보행거리가 40[m] 이상일 경우에는 추가로 설치할 것
- 발신기의 위치를 표시하는 표시등은 함의 상부에 설치하되, 그 불빛은 부착면으로부터 15° 이상의 범위 안에서 부착지점으로부터 10[m] 이내의 어느 곳에서라도 쉽게 식별할 수 있는 적색등으로 할 것

미분무소화설비의 성능 확인을 위한 설계도서 작성 고려사항과 미분무소화설비의 발신기의 설치기준은 미분무소화설비의 화재안전기술기준(NFTC 104A)을 통해 확인할 수 있다.

CHAPTER 03

가스계 소화설비

KEYWORD 이산화탄소소화설비, 할론소화설비, 할로겐화합물소화설비, 불활성기체소화설비

01 이산화탄소소화설비

1. 개요

이산화탄소의 질식효과, 냉각효과를 활용해 소화하는 방식으로 화재 시 수동 또는 자동으로 화재에 분사하도록 한 고정식 또는 이동식 설비

2. 이산화탄소소화약제 저장용기의 기준

- 저압식 저장용기에는 내압시험압력의 0.64배부터 0.8배의 압력에서 작동하는 안전밸브와 내압시험압력의 0.8배부터 내압시험압력에서 작동하는 봉판을 설치할 것
- 저장용기의 충전비는 고압식은 1.5 이상 1.9 이하, 저압식은 1.1 이상 1.4 이하로 할 것
- 저압식 저장용기에는 액면계 및 압력계와 2.3[MPa] 이상 1.9[MPa] 이하의 압력에서 작동하는 압력경보장치를 설치할 것
- 저압식 저장용기에는 용기 내부의 온도가 -18[℃] 이하에서 2.1[MPa]의 압력을 유지할 수 있는 자동냉동장치를 설치할 것
- 저장용기는 고압식은 25[MPa] 이상, 저압식은 3.5[MPa] 이상의 내압시험압력에 합격한 것으로 할 것

> **참고**
> 이산화탄소소화설비의 자세한 규정은 이산화탄소소화설비의 화재안전성능기준(NFPC 106)를 통해 확인할 수 있다.

> **저자 어드바이스**
> 이산화탄소소화약제 저장용기의 기준은 저압식과 고압식을 각각 구분해서 기억하자.

> **개념잡기**
>
> 이산화탄소소화설비의 화재안전기준상 저압식 이산화탄소 소화약제 저장용기에 설치하는 안전밸브의 작동압력은 내압시험압력의 몇 배에서 작동해야 하는가?
>
> ① 0.24 ~ 0.4 ② 0.44 ~ 0.6
> ③ 0.64 ~ 0.8 ④ 0.84 ~ 1
>
> ---
>
> 이산화탄소소화약제 저장용기의 기준
> - 저압식 저장용기에는 내압시험압력의 0.64배부터 0.8배의 압력에서 작동하는 안전밸브와 내압시험압력의 0.8배부터 내압시험압력에서 작동하는 봉판을 설치할 것
> - 저장용기의 충전비는 고압식 1.5 이상 1.9 이하, 저압식은 1.1 이상 1.4 이하로 할 것
> - 저압식 저장용기에는 액면계 및 압력계와 2.3[MPa] 이상 1.9[MPa] 이하의 압력에서 작동하는 압력경보장치를 설치할 것
> - 저압식 저장용기에는 용기 내부의 온도가 -18[℃] 이하에서 2.1[MPa]의 압력을 유지할 수 있는 자동냉동장치를 설치할 것
> - 저장용기는 고압식은 25[MPa] 이상, 저압식은 3.5[MPa] 이상의 내압시험압력에 합격한 것으로 할 것
>
> 정답 : ③

3. 이산화탄소 소화약제 ★

3-1 소화약제의 저장량

$$Q = V \times K_1 + A \times K_2$$

- Q : 소화약제의 저장량[kg]
- V : 방호구역의 체적[m³]
- K_1 : 방호구역 1[m³]에 대한 소화약제의 양[kg/m³]
- A : 방호구역의 개구부면적[m²]
- K_2 : 개구부 가산량(자동폐쇄장치가 없는 경우)[kg/m²]

저자 어드바이스

자동폐쇄장치가 있다면 $K_2 = 0$으로 두고 계산하면 된다.

3-2 전역방출방식 이산화탄소설비의 소화약제 저장량

방호대상물	방호구역 1[m³]에 대한 소화약제의 양[kg/m³]	개구부 가산량 (자동폐쇄장치가 없는 경우)[kg/m²]
유압기기를 제외한 전기설비 (체적 55[m³] 이상), 케이블실	1.3	10
체적 55[m³] 미만의 전기설비	1.6	
서고, 전자제품창고, 목재가공품창고, 박물관	2.0	
고무류·면화류창고, 모피창고, 석탄창고, 집진설비	2.7	

4. 이산화탄소소화설비의 수동식 기동장치 설치기준

- 전역방출방식은 방호구역마다, 국소방출방식은 방호대상물마다 설치할 것
- 전기를 사용하는 기동장치에는 전원표시등을 설치할 것
- 기동장치의 조작부는 바닥으로부터 높이 0.8[m] 이상 1.5[m] 이하의 위치에 설치하고, 보호판 등에 따른 보호장치를 설치할 것
- 기동장치의 방출용 스위치는 음향경보장치와 연동하여 조작될 수 있도록 할 것
- 수동식 기동장치의 부근에는 소화약제의 방출을 지연시킬 수 있는 방출지연스위치를 설치할 것
- 해당 방호구역의 출입구 부분 등 조작을 하는 자가 쉽게 피난할 수 있는 장소에 설치할 것
- 기동장치 인근의 보기 쉬운 곳에 "이산화탄소소화설비 수동식 기동장치"라는 표지를 할 것

이산화탄소소화설비의 수동식 기동장치 설치기준과 이산화탄소소화설비의 자동식 기동장치 설치기준은 이산화탄소소화설비의 화재안전기술기준(NFTC 106)을 통해 확인할 수 있다.

5. 이산화탄소소화설비의 자동식 기동장치 설치기준 ★★

- 전자식 기동장치로서 7병 이상의 저장용기를 동시에 개방하는 설비는 2병 이상의 저장용기에 전자 개방밸브를 부착할 것
- 기동용가스용기 및 해당용기에 해당하는 밸브는 25[MPa] 이상의 압력에 견딜 수 있는 것으로 할 것
- 기동용가스용기에는 내압시험압력의 0.8배부터 내압시험압력 이하에서 작동하는 안전장치를 설치할 것
- 기동용가스용기의 체적은 5[L] 이상으로 하고, 해당 용기에 저장하는 질소 등의 비활성기체는 6.0[MPa] 이상(21[℃] 기준)의 압력으로 충전할 것
- 질소 등의 비활성기체 기동용가스용기에는 충전 여부를 확인할 수 있는 압력게이지를 설치할 것

6. 이산화탄소소화설비 배관의 성능기준

구분		성능기준
개폐밸브, 선택밸브의 배관부속	고압식	• 1차측 : 최소사용설계압력 9.5[MPa] • 2차측 : 최소사용설계압력 4.5[MPa]
	저압식	최소사용설계압력 4.5[MPa]

7. 전역방출방식 이산화탄소설비 분사헤드의 방출압력

고압식	2.1[MPa] 이상
저압식	1.05[MPa] 이상

8. 호스릴이산화탄소소화설비의 설치기준

- 노즐은 20[℃]에서 하나의 노즐마다 60[kg/min] 이상의 소화약제를 방사할 수 있을 것
- 방호대상물의 각 부분으로부터 하나의 호스접결구까지의 수평거리가 15[m] 이하가 되도록 할 것

02 할론소화설비

1. 개요

할론의 주된 소화효과인 연쇄반응 억제효과를 목적으로 할론소화약제를 방출하여 소화하는 설비

2. 할론소화약제 축압식 저장용기(20[℃] 기준) ★

구분	할론 1301	할론 1211
저장용기의 압력	2.5[MPa] 또는 4.2[MPa]	1.1[MPa] 또는 2.5[MPa]
축압가스	질소가스	

할론소화설비의 자세한 규정은 할론소화설비의 화재안전성능기준(NFPC 107)를 통해 확인할 수 있다.

할론소화약제 축압식 저장용기(20[℃]) 기준은 할론소화설비의 화재안전기술기준(NFTC 107)을 통해 확인할 수 있다.

> **개념잡기**
>
> 할론소화설비의 화재안전기준상 할론소화약제 저장용기의 설치 기준 중 다음 (   ) 안에 알맞은 것은?
>
> > 축압식 저장용기의 압력은 온도 20[℃]에서 할론 1301을 저장하는 것은 (㉠)[MPa] 또는 (㉡)[MPa]이 되도록 질소가스로 축압할 것
>
> ① ㉠ 2.5, ㉡ 4.2   ② ㉠ 2.0, ㉡ 3.5
> ③ ㉠ 1.5, ㉡ 3.0   ④ ㉠ 1.1, ㉡ 2.5
>
> 할론소화약제 축압식 저장용기(20[℃] 기준)
>
> | 구분 | 할론 1301 | 할론 1211 |
> |---|---|---|
> | 저장용기의 압력 | 2.5[MPa] 또는 4.2[MPa] | 1.1[MPa] 또는 2.5[MPa] |
> | 축압가스 | 질소가스 | |
>
> 정답 : ①

3. 소화약제

3-1 국소방출방식 할론소화설비 소화약제의 저장량(가연물이 비산할 우려가 있는 경우)

$$Q = X - Y\frac{a}{A}$$

- Q : 방호공간 1[m³]에 대한 할론소화약제 저장량[kg/m³]
- X, Y : 약제별 수치
- a : 방호대상물의 주위에 설치된 벽면적 합계[m²]
- A : 방호공간의 벽면적 합계[m²]

3-2 할론1301의 약제량

특정소방대상물 또는 그 부분		방호구역 1[m³]당 소화약제의 양[kg/m³]
차고·주차장·전기실·통신기기실·전산실		0.32 이상 0.64 이하
특수가연물을 저장·취급하는 특정소방대상물 또는 그 부분	가연성 고체류·가연성 액체류	0.32 이상 0.64 이하
	면화류·나무껍질 및 대팻밥·넝마 및 종이부스러기·사류·볏집류·목재가공품 및 나무부스러기	0.52 이상 0.64 이하
	합성수지류	0.32 이상 0.64 이하

4. 할론소화설비 분사헤드의 방출압력

소화약제의 종류	방출압력[MPa]
할론 1211	0.2 이상
할론 1301	0.9 이상
할론 2402	0.1 이상

- 할론 2402를 방출하는 분사헤드는 해당 소화약제가 무상으로 분무되는 것으로 할 것
- 기준저장량의 소화약제를 10초 이내에 방출할 수 있는 것으로 할 것

5. 할론소화설비 수동식 기동장치의 설치기준

- 전역방출방식은 방호구역마다, 국소방출방식은 방호대상물마다 설치할 것
- 기동장치의 방출용스위치는 음향경보장치와 연동하여 조작될 수 있는 것으로 할 것
- 전기를 사용하는 기동장치에는 전원표시등을 설치할 것
- 조작부는 바닥으로부터 높이 0.8[m] 이상 1.5[m] 이하의 위치에 설치할 것
- 수동식 기동장치의 부근에는 소화약제의 방출을 지연시킬 수 있는 방출지연스위치를 설치할 것
- 해당 방호구역의 출입구 부분 등 조작을 하는 자가 쉽게 피난할 수 있는 장소에 설치할 것
- 기동장치 인근의 보기 쉬운 곳에 "할론소화설비 수동식 기동장치"라는 표지를 할 것

참고

할론소화설비 수동식 기동장치의 설치기준은 할론소화설비의 화재안전기술기준(NFTC 107)을 통해 확인할 수 있다.

6. 할론소화설비 화재표시반의 설치기준

- 각 방호구역마다 음향경보장치의 조작 및 감지기의 작동을 명시하는 표시등과 이와 연동하여 작동하는 벨·버저 등의 경보기를 설치할 것. 이 경우 음향경보장치의 조작 및 감지기의 작동을 명시하는 표시등을 겸용할 수 있다.
- 수동식 기동장치는 그 방출용 스위치의 작동을 명시하는 표시등을 설치할 것
- 소화약제의 방출을 명시하는 표시등을 설치할 것
- 자동시 기동장치는 자동·수동의 전환을 명시하는 표시등을 설치할 것

03 할로겐화합물소화설비 및 불활성기체 소화설비

1. 개요

할로겐화합물(할론 1301, 할론 2402, 할론 1211 제외) 및 불활성기체로서 전기적으로 비전도성이며 휘발성이 있거나 증발 후 잔여물을 남기지 않는 소화약제를 활용하는 설비

2. 할로겐화합물 및 불활성기체 소화설비 설치 제외 장소

- 제3류 위험물 및 제5류 위험물을 저장·보관·사용하는 장소(소화성능이 인정되는 위험물은 제외할 것)
- 사람이 상주하는 곳으로서 최대허용설계농도를 초과하는 장소

3. 할로겐화합물 및 불활성기체소화설비 저장용기의 설치기준

- 온도가 55[℃] 이하이고, 온도 변화가 적은 곳에 설치할 것
- 용기 간의 간격은 점검에 지장이 없도록 3[cm] 이상의 간격을 유지할 것
- 직사광선 및 빗물이 침투할 우려가 없는 곳에 설치할 것
- 저장용기를 방호구역 외에 설치한 경우에는 방화문으로 구획된 실에 설치할 것
- 용기의 설치장소에는 해당 용기가 설치된 곳임을 표시하는 표지를 할 것
- 방호구역 외의 장소에 설치할 것. 다만, 방호구역 내에 설치할 경우에는 피난 및 조작이 용이하도록 피난구 부근에 설치할 것
- 저장용기와 집합관을 연결하는 연결배관에는 체크밸브를 설치할 것. 다만, 저장용기가 하나의 방호구역만을 담당하는 경우에는 제외할 것

참고

할로겐화합물 및 불활성기체소화설비의 자세한 규정은 할로겐화합물 및 불활성기체소화설비의 화재안전기술기준(NFTC 107A)를 통해 확인할 수 있다.

4. 할로겐화합물 및 불활성기체소화설비 수동식 기동장치의 설치 기준

- 50[N] 이하의 힘을 가하여 기동할 수 있는 구조로 할 것
- 전기를 사용하는 기동장치에는 전원표시등을 설치할 것
- 기동장치의 방출용스위치는 음향경보장치와 연동하여 조작될 수 있는 것으로 할 것
- 해당 방호구역의 출입구 부근 등 조작을 하는 자가 쉽게 피난할 수 있는 장소에 설치할 것
- 수동식 기동장치 부근에는 소화약제의 방출을 지연시킬 수 있는 방출지연스위치를 설치할 것
- 방호구역마다 설치할 것
- 기동장치의 조작부는 바닥으로부터 0.8[m] 이상 1.5[m] 이상의 위치에 설치하고, 보호판 등에 따른 보호장치를 설치할 것
- 기동장치 인근의 보기 쉬운 곳에 "할로겐화합물 및 불활성기체소화설비 기동장치"라는 표지를 할 것

개념잡기

할로겐화합물 및 불활성기체소화설비의 화재안전기준에 따른 할로겐화합물 및 불활성기체소화설비의 수동식 기동장치의 설치기준에 대한 설명으로 틀린 것은?

① 50[N] 이상의 힘을 가하여 기동할 수 있는 구조로 할 것
② 전기를 사용하는 기동장치에는 전원표시등을 설치할 것
③ 기동장치의 방출용스위치는 음향경보장치와 연동하여 조작될 수 있는 것으로 할 것
④ 해당 방호구역의 출입구 부근 등 조작을 하는 자가 쉽게 피난할 수 있는 장소에 설치할 것

할로겐화합물 및 불활성기체소화설비 수동식 기동장치의 설치 기준
- 50[N] 이하의 힘을 가하여 기동할 수 있는 구조로 할 것
- 전기를 사용하는 기동장치에는 전원표시등을 설치할 것
- 기동장치의 방출용스위치는 음향경보장치와 연동하여 조작될 수 있는 것으로 할 것
- 해당 방호구역의 출입구 부근 등 조작을 하는 자가 쉽게 피난할 수 있는 장소에 설치할 것
- 수동식 기동장치 부근에는 소화약제의 방출을 지연시킬 수 있는 방출지연스위치를 설치할 것
- 방호구역마다 설치할 것
- 기동장치의 조작부는 바닥으로부터 0.8[m] 이상 1.5[m] 이상의 위치에 설치하고, 보호판 등에 따른 보호장치를 설치할 것
- 기동장치 인근의 보기 쉬운 곳에 "할로겐화합물 및 불활성기체소화설비 기동장치"라는 표지를 할 것

정답 : ①

CHAPTER 04
분말소화설비

KEYWORD 분말소화설비, 분말소화약제, 제1종 분말, 제2종 분말, 제3종 분말, 제3종 분말, 호스릴분말소화설비

01 분말소화설비

1. 개요

분말 소화 약제를 분사 헤드로부터 방사하여 분말의 열분해에 의해 생기는 이산화탄소의 질식 작용 외에 억제 작용에 의해 소화하는 설비

2. 저장용기

2-1 분말소화약제 저장용기의 설치기준

- 저장용기의 **충전비는 0.8 이상**으로 할 것
- 가압식 저장용기에는 내부압력이 설정압력으로 되었을 때 주밸브를 개방하는 정압작동장치를 설치할 것
- 저장용기에는 **가압식은 최고사용압력의 1.8배 이하, 축압식은 용기의 내압시험압력의 0.8배 이하의 압력**에서 작동하는 안전밸브를 설치할 것
- 저장용기 및 배관에는 잔류 소화약제를 처리할 수 있는 청소장치를 설치할 것
- 축압식 저장용기에는 사용압력 범위를 표시한 지시압력계를 설치할 것

> **참고**
> 분말소화설비의 자세한 규정은 분말소화설비의 화재안전성능 기준(NFPC 108)를 통해 확인할 수 있다.

2-2 분말소화약제 저장용기의 내용적

소화약제의 종류	소화약제 1[kg] 당 저장용기의 내용적
제1종 분말(탄산수소나트륨)	0.8[L]
제2종 분말(탄산수소칼륨)	1[L]
제3종 분말(제1종인산암모늄)	1[L]
제4종 분말(탄산수소칼륨 + 요소)	1.25[L]

참고

분말소화약제 저장용기의 내용적은 분말소화설비의 화재안전기술기준(NFTC 108)을 통해 확인할 수 있다.

2-3 분말소화설비 저장용기에 설치된 밸브 상태

	가스도입밸브	주밸브	배기밸브	클리닝밸브
잔압 방출 시기	폐쇄	폐쇄	개방	폐쇄
약제 이동 시기	개방	개방	폐쇄	폐쇄
클리닝 시기	폐쇄	폐쇄	폐쇄	개방

개념잡기

주차장에 분말소화약제 120[kg]을 저장하려고 한다. 이때 필요한 저장용기의 최소 내용적 [L]은?

① 96 ② 120
③ 150 ④ 180

- 분말소화약제 저장용기의 내용적

소화약제의 종류	소화약제 1[kg]당 저장용기의 내용적
제1종 분말(탄산수소나트륨)	0.8[L]
제2종 분말(탄산수소칼륨)	1[L]
제3종 분말(제1종인산암모늄)	1[L]
제4종 분말(탄산수소칼륨+요소)	1.25[L]

차고 또는 주차장에 설치하는 분말소화설비의 소화약제는 **제3종 분말**로 하여야 한다. 그러므로 제3종 분말의 소화약제 1[kg]당 저장용기의 내용적은 1[L]이므로 이를 식으로 정리하면

최소 내용적 = $1 \times 120 = 120$[L]

∴ 최소 내용적 = 120[L]

정답 : ②

3. 분말소화약제의 가압용가스 또는 축압용가스의 설치기준 ★★★

구분	질소가스(소화약제 1[kg]당 양, 35[℃], 1기압 기준)	이산화탄소
가압용	40[L] 이상	소화약제 1[kg]당 20[g] + 배관 청소 필요량 이상
축압용	10[L] 이상	

- 분말소화약제의 가스용기는 분말소화약제의 저장용기에 접속하여 설치할 것
- 분말소화약제의 가압용가스 용기를 3병 이상 설치한 경우에는 2개 이상의 용기에 전자개방밸브를 부착할 것
- 분말소화약제의 가압용가스 용기에는 2.5[MPa] 이하의 압력에서 조정이 가능한 압력조정기를 설치할 것

4. 소화약제

4-1 분말소화약제의 종류 및 적응화재 ★★★

종별	주성분	적응화재
제1종 분말	탄산수소나트륨($NaHCO_3$)	B, C급 화재
제2종 분말	탄산수소칼륨($KHCO_3$)	B, C급 화재
제3종 분말	제1인산암모늄($NH_4H_2PO_4$)	A, B, C급 화재
제4종 분말	탄산수소칼륨($KHCO_3$) + 요소($CO(NH_2)_2$)	B, C급 화재

핵심 KEY

차고·주차장에서는 제3종 분말을 사용한다.

4-2 소화약제의 저장량

$$Q = V \times K_1 + A \times K_2$$

- Q : 소화약제의 저장량[kg]
- V : 방호구역의 체적[m^3]
- K_1 : 방호구역 1[m^3]에 대한 소화약제의 양[kg/m^3]
- A : 방호구역의 개구부면적[m^2]
- K_2 : 개구부 가산량(자동폐쇄장치가 없는 경우)[kg/m^2]

저자 어드바이스

자동폐쇄장치가 있다면 $K_2 = 0$으로 두고 계산하면 된다.

4-3 전역방출방식 분말소화설비

소화약제의 종류	방호구역 1[m³]에 대한 소화약제의 양[kg/m³]	개구부 가산량 [kg/m²]
제1종 분말	0.60	4.5
제2종 분말 또는 제3종 분말	0.36	2.7
제4종 분말	0.24	1.8

전역방출방식 분말소화설비는 분말소화설비의 화재안전기술기준(NFTC 108)을 통해 확인할 수 있다.

- 국소방출방식 분말소화설비의 분사헤드는 기준저장량의 30초 이내에 방출할 수 있는 것으로 하여야 한다.
- 차고 또는 주차장에 설치하는 분말소화설비의 소화약제는 제3종 분말로 하여야 한다.

개념잡기

역방출방식 분말 소화설비에서 방호구역의 개구부에 자동폐쇄장치를 설치하지 아니한 경우, 개구부의 면적 1[m²]에 대한 분말소화약제의 가산량으로 잘못 연결된 것은?

① 제1종 분말 - 4.5[kg] 　② 제2종 분말 - 2.7[kg]
③ 제3종 분말 - 2.5[kg] 　④ 제4종 분말 - 1.8[kg]

전역방출방식 분말소화설비

소화약제의 종류	방호구역 1[m³]에 대한 소화약제의 양[kg/m³]	개구부 가산량 [kg/m²]
제1종 분말	0.60	4.5
제2종 분말 또는 제3종 분말	0.36	2.7
제4종 분말	0.24	1.8

정답 : ③

---

5. 배관

- 배관은 전용으로 할 것
- 밸브류는 개폐위치 또는 개폐방향을 표시한 것으로 할 것

5-1 배관의 성능기준

구분	성능기준	
강관	아연도금에 따른 배관용 탄소강관	
	축압식(20[℃]에서 2.5[MPa] 이상 4.2[MPa] 이하)	압력배관용 탄소강관 중 이음이 없는 스케줄 40 이상
동관	고정압력 또는 최고사용압력의 1.5배 이상의 압력에 견딜수 있는 것	

6. 분말소화설비 자동식 기동장치의 설치기준 ★★

- 전기식 기동장치로서 7병 이상의 저장용기를 동시에 개방하는 설비는 2병 이상의 저장용기에 전자 개방밸브를 부착할 것
- 가스압력식 기동장치의 기동용가스용기 및 해당 용기에 사용하는 밸브는 25[MPa] 이상의 압력에 견딜 수 있는 것으로 할 것
- 가스압력식 기동장치의 기동용가스용기에는 내압시험압력의 0.8배부터 내압시험압력 이하에서 작동하는 안전장치를 설치할 것
- 가스압력식 기동장치의 기동용가스용기의 체적은 5[L] 이상으로 하고, 해당 용기에 저장하는 질소 등의 비활성기체는 6[MPa] 이상(21[℃] 기준)의 압력으로 충전할 것. 다만, 기동용가스용기의 체적을 1[L] 이상으로 하고, 해당 용기에 저장하는 이산화탄소의 양은 0.6[kg] 이상으로 하며, 충전비는 1.5 이상 1.9 이하의 기동용가스용기로 가능
- 자동식 기동장치는 수동으로도 기동할 수 있는 구조로 할 것
- 기계식 기동장치는 저장용기를 쉽게 개방할 수 있는 구조로 할 것

분말소화설비 자동식 기동장치의 설치기준은 분말소화설비의 화재안전기술기준(NFTC 108)을 통해 확인할 수 있다.

개념잡기

자동화재탐지설비의 감지기의 작동과 연동하는 분말소화설비 자동식 기동장치의 설치기준 중 다음 ( ) 안에 알맞은 것은?

- 전기식 기동장치로서 (㉠)병 이상의 저장용기를 동시에 개방하는 설비는 2병 이상의 저장용기에 전자개방밸브를 부착할 것
- 가스압력식 기동장치의 기동용 가스 용기 및 해당 용기에 사용하는 밸브는 (㉡)[MPa] 이상의 압력에 견딜 수 있는 것으로 할 것

① ㉠ 3, ㉡ 2.5　　② ㉠ 7, ㉡ 2.5
③ ㉠ 3, ㉡ 25　　④ ㉠ 7, ㉡ 25

분말소화설비 자동식 기동장치의 설치기준
- 전기식 기동장치로서 **7병 이상**의 저장용기를 동시에 개방하는 설비는 2병 이상의 저장용기에 전자 개방밸브를 부착할 것
- 가스압력식 기동장치의 기동용가스용기 및 해당 용기에 사용하는 밸브는 **25[MPa] 이상**의 압력에 견딜 수 있는 것으로 할 것
- 가스압력식 기동장치의 기동용가스용기에는 내압시험압력의 0.8배부터 내압시험압력 이하에서 작동하는 안전장치를 설치할 것
- 가스압력식 기동장치의 기동용가스용기의 체적은 5[L] 이상으로 하고, 해당 용기에 저장하는 질소 등의 비활성기체는 6[MPa] 이상(21[℃] 기준)의 압력으로 충전할 것. 다만, 기동용가스용기의 체적을 1[L] 이상으로 하고, 해당 용기에 저장하는 이산화탄소의 양은 0.6[kg] 이상으로 하며, 충전비는 1.5 이상 1.9 이하의 기동용가스용기로 가능
- 자동식 기동장치는 수동으로도 기동할 수 있는 구조로 할 것
- 기계식 기동장치는 저장용기를 쉽게 개방할 수 있는 구조로 할 것

정답 : ④

7. 호스릴분말소화설비의 설치대상

- 지상 1층 및 피난층에 있는 부분으로서 지상에서 수동 또는 원격조작에 따라 개방할 수 있는 개구부의 유효면적의 합계가 바닥면적의 15[%] 이상이 되는 부분
- 전기설비가 설치되어 있는 부분 또는 다량의 화기를 사용하는 부분의 바닥면적이 해당 설비가 설치되어 있는 구획의 바닥면적의 $\frac{1}{5}$ 미만이 되는 부분

8. 분말소화설비의 관련 용어

- 방출지연스위치(방출지연 비상스위치) : 자동복귀형 스위치로서 수동식 기동장치의 부근에 설치하며 수동식 기동장치의 타이머를 순간정지시키는 기능의 스위치
- 분말소화설비의 선택밸브 : 하나의 특정소방대상물 또는 그 부분에 둘 이상의 방호구역 또는 방호대상물이 있어 분말소화설비 저장용기를 공용하는 경우에는 방호구역 또는 방호대상물마다 선택밸브를 설치하여야 한다.

CHAPTER 05
피난기구 및 인명구조기구

KEYWORD 피난기구, 인명구조기구, 다수인피난장비, 피난사다리

01 개요

1. 피난기구

화재층에서 다른 층 및 외부로의 피난을 돕는 기구

2. 인명구조기구

화재 시 소방활동을 수행하거나 인명을 안전하게 보호 또는 구조하는 데 사용되는 기구

피난기구는 피난기구의 화재안전성능기준(NFPC 301)을 통해 확인할 수 있다.

02 피난기구 설치 시 특정소방대상물의 기준면적★

특정소방대상물	기준면적마다 1개 이상
숙박시설·노유자시설·의료시설	바닥면적 500[m²]
위락시설·문화집회·운동시설·판매시설·복합용도의 층	바닥면적 800[m²]
계단실형 아파트	각 세대
그 밖의 용도의 층	바닥면적 1,000[m²]

피난기구 설치 시 특정소방대상물의 기준면적과 소방대상물의 설치장소별 피난기구의 적응성은 피난기구의 화재안전기술기준(NFTC 301)을 통해 확인할 수 있다.

03 소방대상물의 설치장소별 피난기구의 적응성 ★★

1. 의료시설·근린생활시설 중 입원실이 있는 의원·접골원·조산원 피난기구의 적응성

	1층	2층	3층	4층 이상 10층 이하
의료시설·근린생활시설 중 입원실이 있는 의원·접골원·조산원	-	-	• 미끄럼대 • 구조대 • 피난교 • 피난용트랩 • 다수인피난장비 • 승강식피난기	• 구조대 • 피난교 • 피난용트랩 • 다수인피난장비 • 승강식피난기

> **저자 어드바이스**
> 의료시설, 근린생활시설 중 입원실이 있는 입원·접골원·조산원에서 미끄럼대는 3층에만 설치한다.

2. 노유자시설 피난기구의 적응성

	1층	2층	3층	4층 이상 10층 이하
노유자시설	• 미끄럼대 • 구조대 • 피난교 • 다수인피난장비 • 승강식피난기	• 미끄럼대 • 구조대 • 피난교 • 다수인피난장비 • 승강식피난기	• 미끄럼대 • 구조대 • 피난교 • 다수인피난장비 • 승강식피난기	• 구조대 • 피난교 • 다수인피난장비 • 승강식피난기

4층 이상 10층 이하에서 구조대의 적응성은 장애인 관련 시설로서 주된 사용자 중 스스로 피난이 불가한 자가 있는 경우 추가로 설치하는 경우에 한한다.

> **저자 어드바이스**
> 노유자시설에서 1층, 2층, 3층에는 설치하지만 4층 이상 10층 이하에 설치하지 않는 피난기구는 미끄럼대이다.

> **개념잡기**
>
> 피난기구의 화재안전기준상 의료시설에 구조대를 설치해야할 층이 아닌 것은?
>
> ① 2   ② 3
> ③ 4   ④ 5
>
> - 의료시설의 경우 3층과 4층 이상 10층 이하에 해당하는 층에 구조대를 설치하여야 한다. 여기에 해당하지 않는 층은 2층이다.
> - 소방대상물의 설치장소별 피난기구의 적응성
>
> | | 1층 | 2층 | 3층 | 4층 이상 10층 이하 |
> |---|---|---|---|---|
> | 의료시설·
근린생활시설 중 입원실이 있는 의원·접골원·조산원 | - | - | • 미끄럼대
• 구조대
• 피난교
• 피난용트랩
• 다수인피난장비
• 승강식피난기 | • 구조대
• 피난교
• 피난용트랩
• 다수인피난장비
• 승강식피난기 |
>
> 정답 : ①

04 설치기준

1. 피난기구의 설치기준 ★

- 피난기구를 설치하는 개구부는 서로 동일직선상이 아닌 위치에 있어야 할 것
- 피난기구를 설치한 장소에는 가까운 곳의 보기 쉬운 곳에 피난기구의 위치를 표시하는 발광식 또는 축광식표지와 그 사용방법을 표시한 표지를 부착할 것
- 피난기구는 특정소방대상물의 기둥·바닥·보·기타 구조상 견고한 부분에 볼트조임·매입 및 용접 등의 방법으로 견고하게 부착할 것
- 계단·피난구·기타 피난시설로부터 적당한 거리에 있는 안전한 구조로 된 피난 또는 소화 활동상 유효한 개구부에 고정하여 설치하거나 필요한 때에 신속하고 유효하고 설치할 수 있는 상태로 둘 것
- 4층 이상의 층에 피난사다리(하향식 피난구용 내림식사다리 제외)를 설치하는 경우에는 금속성 고정사다리를 설치하고, 해당 고정사다리에는 쉽게 피난할 수 있는 구조의 노대를 설치할 것

2. 다수인피난장비의 설치기준

- 사용 시에 보관실 외측 문이 먼저 열리고 탑승기가 외측으로 자동으로 전개될 것
- 하강 시에 탑승기가 건물 외벽이나 돌출물에 충돌하지 않도록 설치할 것
- 피난층에는 해당 층에 설치된 피난기구가 착지에 지장이 없도록 충분한 공간을 확보할 것

3. 피난기구의 $\frac{1}{2}$ 감소 조건

- 주요구조부가 내화구조로 되어 있을 것
- 특별피난계단이 2개 이상 설치되어 있을 것
- 직통계단이 피난계단이 2개 이상 설치되어 있을 것

4. 피난기구의 설치 제외 장소

- 주요구조부가 내화구조이고 지하층을 제외한 층수가 4층 이하이며 소방사다리차가 쉽게 통행할 수 있는 도로 또는 공지에 면하는 부분에 기준에 적합한 개구부가 둘 이상 설치되어 있는 층(문화집회 및 운동시설·판매시설 및 영업시설 또는 노유자시설의 용도로 사용되는 층으로서 그 층의 바닥면적이 1,000[m^2] 이상인 것 제외)
- 갓복도식 아파트 또는 발코니에 해당하는 구조 또는 시설을 설치하여 인접세대로 피난할 수 있는 아파트
- 주요구조부가 내화구조로서 거실의 각 부분으로 직접 복도로 피난할 수 있는 학교(강의실 용도로 사용되는 층에 한함)
- 무인공장 또는 자동창고로서 사람의 출입이 금지된 장소(관리를 위하여 일시적으로 출입하는 장소 포함)
- 건축물의 옥상부분으로서 거실에 해당하지 아니하고 층수로 산정된 층으로 사람이 근무하거나 거주하지 아니하는 장소

피난기구의 설치 제외 장소는 피난기구의 화재안전기술기준(NFTC 301)을 통해 확인할 수 있다.

05 피난사다리

1. 피난사다리의 분류

- 고정식 사다리(수납식, 신축식, 접는식)
- 올림식 사다리
- 내림식 사다리(체인식, 와이어식, 접는식)

피난사다리는 피난기구의 피난사다리의 형식승인 및 제품검사의 기술기준을 통해 확인할 수 있다.

2. 피난사다리의 구조

- 안전하고 확실하며 쉽게 사용할 수 있는 구조이어야 한다.
- 피난사다리는 2개 이상의 종봉 및 횡봉으로 구성되어야 한다. 다만, 고정식사다리인 경우에는 종봉의 수를 1개로 가능하다.
- 피난사다리(종봉이 1개인 고정식사다리는 제외)의 종봉의 간격은 최외각 종봉 사이의 안치수가 30[cm] 이상이어야 한다.
- 피난사다리의 횡봉은 지름 14[mm] 이상 35[mm] 이하의 원형인 단면이거나 또는 이와 비슷한 손으로 잡을 수 있는 형태의 단면이 있는 것이어야 한다.
- 피난사다리의 횡봉은 종봉에 동일한 간격으로 부착한 것이어야 하며, 그 간격은 25[cm] 이상 35[cm] 이하이어야 한다.
- 피난사다리 횡봉의 디딤면은 미끄러지지 아니하는 구조이어야 한다.

3. 내림식사다리의 구조

- 사용 시 소방대상물로부터 10[cm] 이상의 거리를 유지하기 위한 유효한 돌자를 횡봉의 위치마다 설치하여야 한다. 다만, 그 돌자를 설치하지 아니하여도 사용 시 소방대상물에서 10[cm] 이상의 거리를 유지할 수 있는 것은 그러하지 아니한다.
- 걸림장치 등은 쉽게 이탈하거나 파손되지 아니하는 구조이어야 한다.
- 종봉의 끝 부분에는 가변식 걸고리 또는 걸림장치가 부착되어야 한다.
- 하향식피난구용 내림식사다리는 사다리를 접거나 천천히 펼쳐지게 하는 완강장치를 부착할 수 있다.

내림식사다리의 구조기준 중 다음 (   ) 안에 공통으로 들어갈 내용은?

> 사용 시 소방대상물로부터 (   )[cm] 이상의 거리를 유지하기 위한 유효한 돌자를 횡봉의 위치마다 설치하여야 한다. 다만, 그 돌자를 설치하지 아니하여도 사용 시 소방대상물에서 (   )[cm] 이상의 거리를 유지할 수 있는 것은 그러하지 아니하다.

① 15 ② 10
③ 7   ④ 5

내림식사다리의 구조
- 사용 시 대상대상물로부터 10[cm] 이상의 거리를 유지하기 위한 유효한 돌자를 횡봉의 위치마다 설치하여야 한다. 다만, 그 돌자를 설치하지 아니하여도 사용 시 소방대상물에서 10[cm] 이상의 거리를 유지할 수 있는 것은 그러하지 아니한다.
- 걸림장치 등은 쉽게 이탈하거나 파손되지 아니하는 구조이어야 한다.
- 종봉의 끝 부분에는 가변식 걸고리 또는 걸림장치가 부착되어야 한다.
- 하향식피난구용 내림식사다리는 사다리를 접거나 천천히 펼쳐지게 하는 완강장치를 부착할 수 있다.

정답 : ②

06 인명구조기구

1. 인명구조기구의 종류

- 방열복
- 공기호흡기
- 인공소생기
- 방화복

2. 인명구조기구의 설치대상 및 수량

특정소방대상물	인명구조기구의 종류	설치 수량
• 지하층을 포함하는 층수가 7층 이상인 관광호텔 및 5층 이상인 병원	방열복 또는 방화복 공기호흡기 인공소생기	각 2개 이상 비치할 것 (병원의 경우 인공소생기를 설치하지 않을 수 있음)
• 문화 및 집회시설 중 수용인원 100명 이상의 영화상영관 • 판매시설 중 대규모 점포 • 운수시설 중 지하역사 • 지하가 중 지하상가	공기호흡기	층마다 2개 이상 비치할 것 (각 층마다 갖추어 두어야 할 공기호흡기 중 일부를 직원이 상주하는 인근 사무실에 갖추어 둘 수 있음)
• 물분무등소화설비 중 이산화탄소소화설비를 설치하는 특정소방대상물	공기호흡기	이산화탄소소화설비가 설치된 장소의 출입구 외부 인근에 1대 이상 비치할 것

 참고

인명구조기구는 인명구조기구의 화재안전성능기준(NFPC 302)을 통해 확인할 수 있다

저자 어드바이스

인명구조기구를 설치해야 하는 특정소방대상물 대부분에는 공기호흡기를 비치해야 한다.

CHAPTER 06
기타 소화 설비

KEYWORD 소방용수설비, 소화수조, 저수조, 제연설비, 계단실

01 소화용수설비

1. 상수도소화용수설비의 설치기준 ★★★

- 호칭지름 75[mm] 이상의 수도배관에 호칭지름 100[mm] 이상의 소화전을 접속할 것
- 소화전은 소방자동차 등의 진입이 쉬운 도로변 또는 공지에 설치할 것
- 소화전은 특정소방대상물의 수평투영면의 각 부분으로부터 140[m] 이하가 되도록 설치할 것

참고

소화용수설비는 상수도소화용수설비의 화재안전성능기준(NFPC 401)을 통해 확인할 수 있다.

2. 소화수조 및 저수조의 저수량 ★★

$$저수량 = \frac{연면적}{기준면적}(절상한 값) \times 20[m^3]$$

소방대상물의 구분	기준면적[m²]
1층 및 2층의 바닥면적 합계가 15,000[m²] 이상인 특정소방대상물	7,500
그 밖의 특정소방대상물	12,500

3. 소화용수설비에 설치하는 채수구의 수 ★★

소요수량[m³]	20 이상 40 미만	40 이상 100 미만	100 이상
채수구의 수	1개	2개	3개

> **개념잡기**
>
> 소화수조의 소요수량이 20[m³] 이상 40[m³] 미만인 경우 설치하여야 하는 채수구의 개수로 옳은 것은?
>
> ① 1개　　　　　　　② 2개
> ③ 3개　　　　　　　④ 4개
>
> 소화용수설비에 설치하는 채수구의 수
>
> | 소요수량[m³] | 20 이상 40 미만 | 40 이상 100 미만 | 100 이상 |
> |---|---|---|---|
> | 채수구의 수 | 1개 | 2개 | 3개 |
>
> 정답 : ①

4. 소화수조 및 저수조의 설치기준

- 소화수조가 옥상 또는 옥탑부분에 설치된 경우에는 지상에 설치된 채수구에서의 압력 0.15[MPa] 이상 되도록 할 것
- 소화수조의 깊이가 4.5[m] 이상일 경우 가압송수장치를 설치할 것
- 소화수조는 소방차가 채수구로부터 2[m] 이내의 지점까지 접근할 수 있는 위치에 설치할 것

5. 소화용수설비에 설치하는 채수구의 설치기준 ★

- 채수구는 지면으로부터 높이가 0.5[m] 이상 1[m] 이하의 위치에 설치하고 "채수구"라고 표지를 할 것
- 채수구는 소방용호스 또는 소방용흡수관에 사용하는 구경 65[mm] 이상의 나사식 결합금속구를 설치할 것

> **개념잡기**
>
> 소화용수설비에 설치하는 채수구의 설치기준 중 다음 (　) 안에 알맞은 것은?
>
> 채수구는 지면으로부터의 높이가 (㉠)[m] 이상 (㉡) 이하의 위치에 설치하고 "채수구"라고 표시한 표지를 할 것
>
> ① ㉠ 0.5, ㉡ 1.0　　　　② ㉠ 0.5, ㉡ 1.5
> ③ ㉠ 0.8, ㉡ 1.0　　　　④ ㉠ 0.8, ㉡ 1.5
>
> 소화용수설비에 설치하는 채수구의 설치기준
> - 채수구는 지면으로부터 높이가 0.5[m] 이상 1[m] 이하의 위치에 설치하고 "채수구"라고 표지를 할 것
> - 채수구는 소방용호스 또는 소방용흡수관에 사용하는 구경 65[mm] 이상의 나사식 결합금속구를 설치할 것
>
> 정답 : ①

6. 채수구 또는 흡수관투입구의 설치기준

- 소화수조 및 저수조의 채수구 또는 흡수관투입구는 소방차가 2[m] 이내의 지점까지 접근할 수 있는 위치에 설치할 것
- 지하에 설치하는 소방용수설비의 흡수관투입구는 그 한 변이 0.6[m] 이상이거나 직경이 0.6[m] 이상인 것으로 하고, 소요수량이 80[m^3] 미만인 것은 1개 이상, 80[m^3] 이상인 것은 2개 이상을 설치할 것

7. 연결송수관설비 방수구의 설치 제외 장소

연결송수관설비 방수구의 설치 제외 장소는 연결송수관설비의 화재안전기술기준(NFTC 502)을 통해 확인할 수 있다.

- 송수구가 부설된 옥내소화전을 설치한 특정소방대상물(집회장·관람장·백화점·도매시장·소매시장·판매시설·공장·창고시설 또는 지하가 제외)에서 지하층을 제외한 층수가 4층 이하이고 연면적이 6,000[m^2] 미만인 특정소방대상물의 지상층
- 송수구가 부설된 옥내소화전을 설치한 특정소방대상물(집회장·관람장·백화점·도매시장·소매시장·판매시설·공장·창고시설 또는 지하가 제외)에서 지하층의 층수가 2 이하인 특정소방대상물의 지하층
- 아파트의 1층 및 2층
- 소방차의 접근이 가능하고 소방대원이 소방차로부터 각 부분에 쉽게 도달할 수 있는 피난층

8. 연결살수설비(전용헤드를 사용하는 경우) 배관의 구경 ★

연결살수설비(전용헤드를 사용하는 경우) 배관의 구경은 연결살수설비의 화재안전성능기준(NFPC 503)을 통해 확인할 수 있다.

하나의 배관에 부착하는 살수헤드의 개수	1개	2개	3개	4개 또는 5개	6개 이상 10개 이하
배관의 구경 [mm]	32 이상	40 이상	50 이상	65 이상	80 이상

> **개념잡기**
>
> 연결살수설비의 화재안전기준상 배관의 설치기준 중 하나의 배관에 부착하는 살수헤드의 개수가 3개인 경우 배관의 구경은 최소 몇 [mm] 이상으로 설치해야 하는가? (단, 연결살수설비 전용 헤드를 사용하는 경우이다)
>
> ① 40 ② 50
> ③ 65 ④ 80
>
> 연소방지설비(전용헤드를 사용하는 경우) 배관의 구경
>
> | 하나의 배관에 부착하는 살수헤드의 개수 | 배관의 구경 [mm] |
> |---|---|
> | 1개 | 32 이상 |
> | 2개 | 40 이상 |
> | 3개 | 50 이상 |
> | 4개 또는 5개 | 65 이상 |
> | 6개 이상 10개 이하 | 80 이상 |
>
> 정답 : ②

02 제연설비

참고
제연설비는 제연설비의 화재안전성능기준(NFPC 501)을 통해 확인할 수 있다.

1. 제연설비의 설치장소 ★

- 하나의 제연구역의 면적은 1,000[m²] 이내로 할 것
- 하나의 제연구역은 직경 60[m] 원 내에 들어갈 수 있을 것
- 하나의 제연구역은 2개 이상의 층에 미치지 아니하도록 할 것 다만, 층의 구분이 불분명한 부분은 그 부분을 다른 부분과 별도로 제연구획 할 것
- 통로상의 제연구역은 보행중심선의 길이가 60[m]를 초과하지 아니할 것
- 거실과 통로(복도 포함)는 각각 제연구획 할 것

2. 제연설비의 풍속

조건	풍속
예상제연구역의 공기유입 풍속	5[m/s] 이하
배출기의 흡입측 풍속	15[m/s] 이하
배출기의 배출측 풍속	20[m/s] 이하

저자 어드바이스

제연설비의 풍속은 배출기의 흡입측과 배출측이 다르다는 것을 기억해두자.

3. 거실 제연설비 배출량 산정 시 고려사항

- 예상제연구역의 수직거리
- 예상제연구역의 바닥면적
- 제연설비의 배출방식
- 예상제연구역의 구획 기준
- 예상제연구역의 사용용도

4. 특수피난계단의 계단실 및 부속실 제연설비의 차압 등 ★★★

- 제연구역과 옥내 사이에 유지하여야 하는 최소차압은 40[Pa](옥내에 스프링클러설비가 설치된 경우는 12.5[Pa]) 이상
- 제연설비가 가동되었을 경우 출입문의 개방에 필요한 힘은 110[N] 이하
- 출입문이 일시적으로 개방되는 경우 개방되지 아니하는 제연구역과 옥내와의 차압은 기준차압의 70[%] 이상
- 계단실과 부속실을 동시에 제연하는 경우 부속실의 기압은 계단실과 같게 하거나 계단실의 기압보다 낮게 할 경우에는 부속실과 계단실의 압력 차이는 5[Pa] 이하
- 계단실 및 그 부속실을 동시에 제연하는 것 또는 계단실만 제연할 때의 방연풍속은 0.5[m/s] 이상

특수피난계단의 계단실 및 부속실 제연설비의 차압 등과 특별피난계단의 계단실 및 부속실 제연설비의 배출댐퍼 설치기준은 제연설비의 특별피난계단의 계단실 및 부속실 제연설비의 화재안전성능기준(NFPC 501A)을 통해 확인할 수 있다.

개념잡기

특별피난계단의 계단실 및 부속실 제연설비의 화재안전기준상 차압 등에 관한 기준 중 다음 (   ) 안에 알맞은 것은?

> 제연설비가 가동되었을 경우 출입문의 개방에 필요한 힘은 (   )[N] 이하로 하여야 한다.

① 12.5
② 40
③ 70
④ 110

특수피난계단의 계단실 및 부속실 제연설비의 차압 등
- 제연구역과 옥내 사이에 유지하여야 하는 최소차압은 40[Pa](옥내에 스프링클러설비가 설치된 경우는 12.5[Pa]) 이상
- 제연설비가 가동되었을 경우 출입문의 개방에 필요한 힘은 110[N] 이하
- 출입문이 일시적으로 개방되는 경우 개방되지 아니하는 제연구역과 옥내와의 차압은 기준차압의 70[%] 이상
- 계단실과 부속실을 동시에 제연하는 경우 부속실의 기압은 계단실과 같게 하거나 계단실의 기압보다 낮게 할 경우에는 부속실과 계단실의 압력 차이는 5[Pa] 이하
- 계단실 및 그 부속실을 동시에 제연하는 것 또는 계단실만 제연할 때의 방연풍속은 0.5[m/s] 이상

정답 : ④

5. 특별피난계단의 계단실 및 부속실 제연설비의 배출댐퍼 설치기준

- 화재 층의 옥내에 설치된 화재감지기의 동작에 따라 해당 층의 댐퍼가 개방될 것
- 풍도의 내부마감상태에 대한 점검 및 댐퍼의 장비가 가능한 이·탈착구조로 할 것
- 개폐여부를 당해 장치 및 제어반에서 확인할 수 있는 감지기능을 내장하고 있을 것
- 배출댐퍼는 두께 1.5[mm] 이상의 강판 또는 이와 동등 이상의 성능이 있는 것으로 설치하여야 하며 비 내식성 재료의 경우에는 부식방지 조치를 할 것
- 평상시 닫힌 구조로 기밀상태를 유지할 것
- 구동부의 작동상태와 닫혀 있을 때의 기밀상태를 수시로 점검할 수 있는 구조일 것
- 개방 시의 실제개구부의 크기는 수직풍도의 최소 내부단면적 이상으로 할 것
- 댐퍼는 풍도 내의 공기흐름에 지장을 주지 않도록 수직풍도의 내부로 돌출하지 않게 설치할 것

6. 제연설비의 배출량 및 배출방식(바닥면적 400[m^2] 미만인 거실)

- 예상제연 구역에 대한 배출량 : 바닥면적 1[m^2]당 1[m^3/min] 이상
- 예상제연구역 전체에 대한 최저 배출량 : 5,000[m^3/hr] 이상

나합격
유형별
빈출집

과목별 빈출 62형

PART 1 소방원론

빈출 01 발화점이 낮아지는 조건 ★★

- 활성화에너지가 작을수록
- 발열량이 클수록
- 산소의 친화력이 클수록
- 압력이 높을수록
- 분자구조가 복잡할수록
- 열전도율이 낮을수록

기출 체크 2024년 3회 19번

일반적인 자연발화 예방대책으로 옳지 않은 것은?

① 습도를 높게 유지한다.
② 통풍을 양호하게 한다.
③ 열의 축적을 방지한다.
④ 주위 온도를 낮게 한다.

정답 & 해설 정답 ①

개념
자연발화 방지법
- 통풍이 잘 되도록 한다.
- 퇴적 및 수납 시 열이 쌓이지 않게 한다.
- 습도를 낮게 유지한다.
- 저장실의 온도를 낮게 한다.
- 산소와의 접촉을 차단한다.
- 열전도성을 좋게 한다.
- 촉매물질과의 접촉을 피한다.

풀이
자연발화를 방지하기 위해서는 습도를 낮게 유지해야 한다.

빈출 02 온도

섭씨온도

$$℃ = \frac{5}{9}(℉ - 32)$$

$\begin{bmatrix} ℃ : 섭씨온도[℃] \\ ℉ : 화씨온도[℉] \end{bmatrix}$

화씨온도 ★

$$℉ = \frac{9}{5}℃ + 32$$

$\begin{bmatrix} ℉ : 화씨온도[℉] \\ ℃ : 섭씨온도[℃] \end{bmatrix}$

절대온도(켈빈온도) ★★★

$$K = ℃ + 273$$

$\begin{bmatrix} K : 절대온도[K] \\ ℃ : 섭씨온도[℃] \end{bmatrix}$

랭킨온도

$$℉R = ℉ + 460$$

$\begin{bmatrix} ℉R : 랭킨온도[℉R] \\ ℉ : 화씨온도[℉] \end{bmatrix}$

기출 체크 2024년 1회 13번

화씨 95도를 켈빈(Kelvin)온도로 나타내면 약 몇 [K]인가?

① 178   ② 252
③ 308   ④ 368

정답 & 해설   정답 ③

개념

- 섭씨온도와 화씨온도의 관계식

$$℃ = \frac{5}{9}(℉ - 32)$$

여기서, ℃ : 섭씨온도, ℉ : 화씨온도

- 켈빈온도(절대온도)와 섭씨온도의 관계식

$$K = ℃ + 273$$

여기서, K : 켈빈온도, ℃ : 섭씨온도

풀이

주어진 값을 섭씨온도와 화씨온도의 관계식에 대입하면

$$℃ = \frac{5}{9} \times (95 - 32) = 35[℃]$$

섭씨온도의 값을 켈빈온도와 섭씨온도의 관계식에 대입하면

$$K = 35 + 273 = 308[K]$$

빈출 03 이상기체상태 방정식 ★★★

$$PV = nRT = \frac{m}{M}RT = m\overline{R}T$$

- P : 기압[kPa]
- V : 부피[m³]
- n : 몰수[mol]
- R : 기체상수
- T : 절대온도[K]
- m : 질량[kg]
- M : 분자량[kg/mol]
- $\overline{R}$: 특정기체상수[kJ/kg·K]

기출 체크 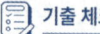 2018년 4회 11번

어떤 기체가 0[℃], 1기압에서 부피가 11.2[L], 기체 질량이 22[g]이었다면 이 기체의 분자량[g/mol]은? (단, 이상기체로 가정한다)

① 22 ② 35
③ 44 ④ 56

정답 & 해설 정답 ③

개념
이상기체상태 방정식

공식 정리
$$PV = nRT = \frac{w}{M}RT$$

여기서, P : 기압[atm], L : 부피[L], n : 몰수[mol]
R : 기체상수(0.082[atm·L/mol·K])
T : 절대온도[K], w : 질량[g], M : 분자량[g/mol]

풀이
이상기체방정식을 분자량으로 구하는 식으로 정리하고, 값들을 대입하면

$$M = \frac{wRT}{PV} = \frac{22 \times 0.082 \times (0+273)}{1 \times 11.2} ≒ 44[g/mol]$$

TIP
- 이상기체방정식은 절대온도를 활용하므로 섭씨온도에서 절대온도로 변경해서 사용한다.
- 기체상수는 0.082[atm·L/mol·K], 8.314[J/mol·K]을 주로 사용한다.
  이 문제에서는 1기압이 주어졌으므로 기체상수를 0.082[atm·L/mol·K]로 사용했다.

빈출 04 목조건축물

목재로 만든 건축물

특징
- 습도가 낮을수록 연소 확대가 빠르다.
- 화재진행속도는 내화건축물보다 빠르다.
- 화재최성기의 온도는 내화건축물보다 높다.
- 화재성장속도는 횡방향보다 종방향이 빠르다.

목재건축물의 표준온도-온도곡선(고온단기형)

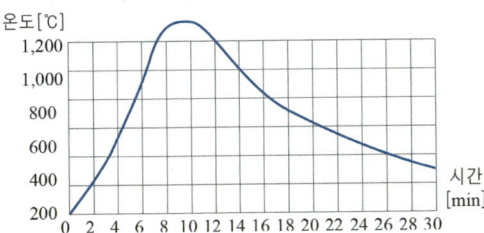

- 최고온도 : 1,300[℃]

기출 체크 2018년 1회 4번

다음 그림에서 목조 건물의 표준 화재 온도 시간 곡선으로 옳은 것은?

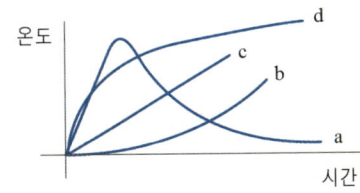

① a ② b
③ c ④ d

정답 & 해설 정답 ①

개념

목조건축물의 화재특성
- 습도가 낮을수록 연소 확대가 빠르다.
- 화재진행속도는 내화건축물보다 빠르다.
- 화재최성기의 온도는 내화건축물보다 높다.
- 화재성장속도는 횡방향보다 종방향이 빠르다.

풀이

목조건축물의 화재는 내화건축물의 화재에 비해 고온단기형에 해당한다. 그래프에서 고온이고 단기형에 해당하는 곡선은 a인 것을 알 수 있다.

빈출 05 주요구조부 ★★

정의
건축물의 구조 내력상 주요 부분

종류
내력벽, 기둥(사잇기둥 제외), 바닥(최하층 바닥 제외), 보(작은 보 제외), 지붕틀(차양 제외), 주계단(옥외계단 제외)

기출 체크 2021년 1회 17번

건축법령상 내력벽, 기둥, 바닥, 보, 지붕틀 및 주계단을 무엇이라 하는가?

① 내진구조부　　② 건축설비부
③ 보조구조부　　④ 주요구조부

정답 ④

빈출 06 방화구획의 설치기준 ★★★

- 10층 이하의 층은 바닥면적 1,000[m^2](스프링클러 기타 이와 유사한 자동식 소화설비를 설치한 경우에는 바닥면적 3,000[m^2])이내마다 구획할 것
- 매층마다 구획할 것. 다만, 지하 1층에서 지상으로 직접 연결하는 경사로 부위는 제외한다.
- 11층 이상의 층은 바닥면적 200[m^2](스프링클러 기타 이와 유사한 자동식 소화설비를 설치한 경우에는 600[m^2])이내마다 구획할 것. 다만, 벽 및 반자의 실내에 접하는 부분의 마감을 불연재료로 한 경우에는 바닥면적 500[m^2](스프링클러 기타 이와 유사한 자동식 소화설비를 설치한 경우에는 1,500[m^2])이내마다 구획하여야 한다.

기출 체크 2018년 2회 3번

건축물에 설치하는 방화구획의 설치기준 중 스프링클러 설비를 설치한 11층 이상의 층은 바닥면적 몇 [m^2] 이내마다 방화구획을 하여야 하는가? (단, 벽 및 반자의 실내에 접하는 부분의 마감은 불연재료가 아닌 경우이다)

① 200　　② 600
③ 1,000　　④ 3,000

정답 ②

빈출 07 화재발생 시 인간의 피난특성 ★★★

지광본능
밝은 쪽으로 피난한다.

추종본능
대피 시 최초로 행동하는 사람을 따른다.

퇴피본능
발화지점의 반대방향으로 이동한다.

귀소본능
평상시 사용하던 친숙한 출입구나 통로를 따라 대피한다.

직진본능
대피 시 직진해서 대피한다.

📋 **기출 체크**   2018년 2회 15번

건축물의 화재발생 시 인간의 피난 특성으로 틀린 것은?

① 평상 시 사용하는 출입구나 통로를 사용하는 경향이 있다.
② 화재의 공포감으로 인하여 빛을 피해 어두운 곳으로 몸을 숨기는 경향이 있다.
③ 화염, 연기에 대한 공포감으로 발화지점의 반대방향으로 이동하는 경향이 있다.
④ 화재 시 최초로 행동을 개시한 사람을 따라 전체가 움직이는 경향이 있다.

✏️ **정답**   정답 ②

빈출 08 피난의 형태 ★★★

구분	피난방향의 종류	피난로의 영향
X형	↕↔	확실한 피난로 보장
Y형	↖↗	
T형	↔↓	방향이 확실하여 분간하기 쉽다.
I형	↔	
H형	↕↔	피난자들이 집중된 패닉현상 우려
CO형	→□←	

📋 **기출 체크**   2021년 1회 3번

건축물의 화재 시 피난자들의 집중으로 패닉(Panic)현상이 일어날 수 있는 피난방향은?

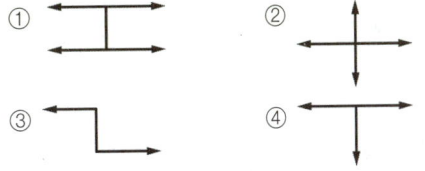

✏️ **정답**   정답 ①

빈출 09 피난계획의 일반원칙 ★★

Fail-safe 원칙
- 한 가지 피난기구가 고장이 나도 다른 수단을 이용할 수 있도록 고려하는 것
- 2방향 이상의 피난동선을 항상 확보하는 원칙

Fool-proof 원칙
- 피난수단을 조작이 **간편한 원시적 방법**으로 하는 원칙
- 인간의 실수가 고장이나 사고로 이어지지 않도록 하는 것
- 간단한 그림이나 색채를 이용하여 안전표지를 표시
- 피난수단을 고정식 시설로 하는 원칙

기출 체크 2018년 2회 11번

피난계획의 일반원칙 Fool Proof 원칙에 대한 설명으로 옳은 것은?
① 1가지가 고장이 나도 다른 수단을 이용하는 원칙
② 2방향의 피난동선을 항상 확보하는 원칙
③ 피난수단을 이동식 시설로 하는 원칙
④ 피난수단을 조작이 간편한 원시적 방법으로 하는 원칙

정답 ④

빈출 10 감광계수 ★★★

연기농도를 나타내는 척도 중 하나로 연기에 의해 빛이 감소되는 계수를 의미

감광계수와 가시거리의 상황

감광계수[m^{-1}]	가시거리[m]	상황
0.1	20 ~ 30	연기감지기가 작동할 때의 농도(연기감지기 작동직전 농도)
0.3	5	건물 내부에 익숙한 사람이 피난에 지장을 느낄 정도의 농도
0.5	3	어두운 것을 느낄 정도의 농도
1	1 ~ 2	앞이 거의 보이지 않을 정도의 농도
10	0.2 ~ 0.5	화재 시 최성기 때의 농도
30	-	출화실에서 연기가 분출할 때의 농도

기출 체크 2020년 1,2회 7번

실내 화재 시 발생한 연기로 인한 감광계수[m^{-1}]와 가시거리에 대한 설명 중 틀린 것은?
① 감광계수가 0.1일 때 가시거리는 20 ~ 30[m]이다.
② 감광계수가 0.3일 때 가시거리는 15 ~ 20[m]이다.
③ 감광계수가 1.0일 때 가시거리는 1 ~ 2[m]이다.
④ 감광계수가 10일 때 가시거리는 0.2 ~ 0.5[m]이다.

정답 ②

빈출 11 탱크 화재 ★★★

블레비(BLEVE)
고압, 과열 상태의 탱크에서 균열이 발생해 내부에 있던 액화가스 또는 가연성 액체가 분출하여 기화되어 폭발하는 현상. 급격한 폭발로 인해 화구(Fire ball)가 형성되며, 대량의 복사열이 방출

프로스 오버(Froth Over)
점성이 높은 기름표면 아래에 있던 물이 끓으면 **화재를 수반하지 않고** 기름이 용기 밖으로 넘치는 현상

슬롭 오버(Slop Over)
유류탱크 화재 시 기름 표면에 물을 살수하면 **액면에 거품을 일으키면서** 기름의 일부가 불이 붙은 채 탱크 밖으로 비산하는 현상

보일 오버(Boil Over)
기름 탱크 하부에 고여 있는 물이 열에 의해 **수증기로 기화**하면서 연소유를 탱크 밖으로 비산시키며 연소하는 현상

증기운폭발(UVCE)
저장탱크에서 유출된 가스가 증기운으로 형성되어 떠다니다가 점화원(활성화 에너지)과 반응하여 발생하는 폭발

기출 체크 2025년 2회 16번

유류탱크 화재 시 기름 표면에 물을 살수하면 기름이 탱크 밖으로 비산하여 화재가 확대되는 현상은?
① 보일 오버(Boil over)
② 스롭 오버(Slop over)
③ 블레비(BLEVE)
④ 프로스 오버(Froth over)

정답 ②

빈출 12 소화 방식 ★★★

물리적 소화

[냉각소화]
- 개요 : 점화원을 냉각하여 소화
- 적용 : 스프링클러설비, 옥내·옥외소화전설비, CO_2 소화설비, 포 소화설비

[질식소화]
- 개요 : 산소농도를 약 15~16[%] 이하로 저하시켜 소화
- 적용 : 마른 모래, 팽창질석, 팽창진주암, CO_2 소화설비, 포 소화설비, 분말 소화설비, 불활성기체 소화설비

[제거소화]
- 개요 : 가연물을 제거하여 소화
- 적용 : 가스화재 시 공급밸브 차단, 산림화재 시 나무 벌목

화학적 소화

[억제소화]
- 개요 : 연쇄반응을 일으키는 활성라디칼의 발생을 억제하여 연쇄반응을 차단함으로써 소화
- 적용 : 할론 소화설비, 할로겐화합물 소화설비

기출 체크 2018년 4회 14번

연소의 4요소 중 자유활성기(free radical)의 생성을 저하시켜 연쇄반응을 중지시키는 소화방법은?
① 제거소화   ② 냉각소화
③ 질식소화   ④ 억제소화

정답 ④

빈출 13   이산화탄소 소화약제

이산화탄소의 물성 ★★
- 임계온도 : 약 31[℃]
- 증기비중 : 1.529
- 분자량 : 44

이산화탄소의 소화효과
[질식효과]
산소농도를 15[%] 이하로 낮춰서 소화(주된 소화 효과)
[냉각효과]
방사 시 기화열에 의한 열 흡수

가연물을 소화하기 위한 이산화탄소의 소화 농도 ★★★

$$CO_2 = \frac{21 - O_2}{21} \times 100[\%]$$

$\begin{bmatrix} CO_2 : CO_2(\text{이산화탄소})\text{의 농도}[vol\%] \\ O_2 : O_2(\text{산소})\text{의 농도}[vol\%] \end{bmatrix}$

기출 체크   2019년 1회 6번

이산화탄소 소화약제의 임계온도로 옳은 것은?
① 24.4[℃]   ② 31.1[℃]
③ 56.4[℃]   ④ 78.2[℃]

정답   정답 ②

빈출 14   'Halon ABCD' 소화약제 분자식 구하기 ★★★

- A : C(탄소)의 개수
- B : F(불소)의 개수
- C : Cl(염소)의 개수
- D : Br(브롬(브로민))의 개수

예) CF_2ClBr은 C가 1개, F가 2개, Cl이 1개, Br이 1개이므로 소화약제는 Halon 1211이 된다.

기출 체크   2022년 2회 11번

할론 소화설비에서 Halon 1211 약제의 분자식은?
① CBr_2ClF ② CF_2BrCl
③ CCl_2BrF ④ BrC_2ClF

정답 & 해설   정답 ②

[개념]
'Halon ABCD' 소화약제 분자식 구하기
- A : C(탄소)의 개수
- B : F(불소)의 개수
- C : Cl(염소)의 개수
- D : Br(브롬(브로민))의 개수

[풀이]
Halon 1211은 C가 1개, F가 2개, Cl이 1개, Br이 1개이므로 분자식은 CF_2BrCl이 된다.

빈출 15 분말 소화약제의 종류 ★★★

종별	소화약제	착색	적응화재
제1종	탄화수소나트륨 ($NaHCO_3$)	백색	B, C
제2종	탄산수소칼륨 ($KHCO_3$)	담회색	B, C
제3종	제1인산암모늄 ($NH_4H_2PO_4$)	담홍색 (황색)	A, B, C
제4종	탄산수소칼륨 + 요소 ($KHCO_3 + CO[NH_2]_2$)	회색	B, C

 기출 체크　　　　　2019년 1회 18번

분말 소화약제 중 A급, B급, C급 화재에 모두 사용할 수 있는 것은?

① Na_2CO_3
② $NH_4H_2PO_4$
③ $KHCO_3$
④ $NaHCO_3$

정답　　　　　　　　　　　　정답 ②

PART 2 소방관계법규

빈출 16 종합상황실의 실장의 업무 등(기본법 시행규칙 제3조) ★

종합상황실장의 서면·팩스 또는 컴퓨터통신 등의 보고대상 재해규모

- 사망자가 5인 이상 발생하거나 사상자가 10인 이상 발생한 화재
- 이재민이 100인 이상 발생한 화재
- 재산피해액의 50억원 이상 발생한 화재
- 관공서·학교·정부미도정공장·문화재·지하철 또는 지하구의 화재
- 관광호텔, 층수가 11층 이상인 건축물, 지하상가, 시장, 백화점, 지정수량의 3천배 이상의 위험물의 제조소·저장소·취급소, 층수가 5층 이상이거나 객실이 30실 이상인 숙박시설, 층수가 5층 이상이거나 병상이 30개 이상인 종합병원·정신병원·한방병원·요양소, 연면적 1만5천제곱미터 이상인 공장 또는 화재예방강화지구에서 발생한 화재
- 철도차량, 항구에 매어둔 총 톤수가 1천톤 이상인 선박, 항공기, 발전소 또는 변전소에서 발생한 화재
- 가스 및 화약류의 폭발에 의한 화재
- 다중이용업소의 화재
- 통제단장의 현장지휘가 필요한 재난상황
- 언론에 보도된 재난상황
- 그 밖에 소방청장이 정하는 재난상황

기출 체크 2021년 4회 37번

소방기본법령상 소방본부 종합상황실의 실장이 서면·팩스 또는 컴퓨터통신 등으로 소방청 종합상황실에 보고하여야 하는 화재의 기준이 아닌 것은?

① 이재민이 100인 이상 발생한 화재
② 재산피해액이 50억원 이상 발생한 화재
③ 사망자가 3인 이상 발생하거나 사상자가 5인 이상 발생한 화재
④ 층수가 5층 이상이거나 병상이 30개 이상인 종합병원에서 발생한 화재

정답 정답 ③

빈출 17 소방용수시설의 설치기준(기본법 시행규칙 별표 3, 기본법 시행규칙 제6조제2항 관련) ★★★

공통기준
- 주거지역. 상업지역 및 공업지역에 설치하는 경우 : 소방대상물과의 수평거리 100[m] 이하
- 그 외 지역 : 소방대상물과의 수평거리 140[m] 이하

소화전
- 상수도와 연결하여 지하식 또는 지상식의 구조
- 소방용호스와 연결하는 소화전의 연결금속구의 구경은 65[mm]

급수탑
- 급수배관의 구경은 100[mm] 이상
- 개폐밸브는 지상에서 1.5[m] 이상 1.7[m] 이하의 위치에 설치

저수조
- 지면으로부터의 낙차가 4.5[m] 이하
- 흡수부분의 수심이 0.5[m] 이상
- 소방펌프자동차가 쉽게 접근할 수 있도록 할 것
- 흡수에 지장이 없도록 토사 및 쓰레기 등을 제거할 수 있는 설비를 갖출 것
- 흡수관의 투입구가 사각형의 경우에는 한 변의 길이가 60[cm] 이상, 원형의 경우에는 지름이 60[cm] 이상
- 저수조에 물을 공급하는 방법은 상수도에 연결하여 자동으로 급수되는 구조

기출 체크 2023년 2회 29번

소방기본법령에 따라 주거지역·상업지역 및 공업지역에 소방용수시설을 설치하는 경우 소방대상물과의 수평거리를 몇 [m] 이하가 되도록 해야 하는가?

① 50 ② 100
③ 150 ④ 200

정답 정답 ②

빈출 18 특정소방대상물의 소방안전관리(화재예방법 제24조) ★★

소방안전관리업무 대행자
- 소방시설관리업자(소방시설관리업을 등록한 자)

소방안전관리자의 선임
- 선임해당사유 발생일로부터 30일 이내
- 선임신고 : 선임한 날부터 14일 이내에 소방본부장 또는 소방서장에게 신고

특정소방대상물의 관계인 업무
- 피난시설·방화구획 및 방화시설의 관리
- 소방시설, 그 밖의 소방관련시설의 관리
- 화기 취급의 감독
- 화재발생 시 초기대응
- 그 밖에 소방안전관리에 필요한 업무

소방안전관리대상물의 소방안전관리자 업무
- 피난계획에 관한 사항과 소방계획서의 작성 및 시행
- 자위소방대 및 초기대응체계의 구성, 운영 및 교육
- 피난시설·방화구획 및 방화시설의 관리
- 소방시설이나 그 밖의 소방 관련 시설의 관리
- 소방훈련 및 교육
- 화기 취급의 감독
- 소방안전관리에 관한 업무수행에 관한 기록·유지
- 화재발생 시 초기대응
- 그 밖의 소방안전관리에 필요한 업무

기출 체크 2024년 2회 22번

화재의 예방 및 안전관리에 관한 법령상 특정소방대상물의 관계인이 수행하여야 하는 소방안전관리 업무가 아닌 것은?

① 소방훈련의 지도·감독
② 화기(火氣) 취급의 감독
③ 피난시설, 방화구획 및 방화시설의 유지·관리
④ 소방시설이나 그 밖의 소방 관련 시설의 유지·관리

정답 정답 ①

빈출 19 정의(기본법 제2조) ★★★

소방대상물
건축물, 차량, 선박(항구에 매어둔 선박만 해당), 선박 건조 구조물, 산림, 그 밖의 인공 구조물 또는 물건

관계인
소방대상물의 소유자·관리자 또는 점유자

소방대
소방공무원, 의무소방원, 의용소방대원

빈출 20 특수가연물(화재예방법 시행령 별표 2, 화재예방법 시행령 제19조 제1항 관련) ★★

품명		수량
면화류		200[kg] 이상
나무껍질 및 대팻밥		400[kg] 이상
넝마 및 종이부스러기		1,000[kg] 이상
사류(絲類)		1,000[kg] 이상
볏짚류		1,000[kg] 이상
가연성 고체류		3,000[kg] 이상
석탄·목탄류		10,000[kg] 이상
가연성 액체류		2[m³] 이상
목재가공품 및 나무부스러기		10[m³] 이상
고무류· 플라스틱류	발포시킨 것	20[m³] 이상
	그 밖의 것	3,000[kg] 이상

기출 체크 2019년 2회 24번

소방대라 함은 화재를 진압하고 화재, 재난·재해 그 밖의 위급한 상황에서 구조·구급 활동 등을 하기 위하여 구성된 조직체를 말한다. 소방대의 구성원으로 틀린 것은?

① 소방공무원 ② 소방안전관리원
③ 의무소방원 ④ 의용소방대원

  정답 ②

기출 체크 2024년 2회 39번

화재의 예방 및 안전관리에 관한 법령상 특수가연물의 품명별 수량 기준으로 틀린 것은?

① 고무류·플라스틱류(발포시킨 것) : 20[m³] 이상
② 가연성액체류 : 2[m³] 이상
③ 넝마 및 종이부스러기 : 400[kg] 이상
④ 볏짚류 : 1,000[kg] 이상

정답 ③

빈출 21 수용인원의 산정 방법(소방시설법 시행령 별표 7, 소방시설법 시행령 제17조 관련) ★★★

용도		수용인원의 산정
숙박시설	침대가 있는 숙박시설	종사자수 + 침대수 (2인용은 2개로 산정)
	침대가 없는 숙박시설	종사자수 + $\dfrac{\text{바닥면적의 합계}[m^2]}{3[m^2]}$
그 외 특정소방 대상물	강의실·교무실·상담실·실습실·휴게실	$\dfrac{\text{바닥면적의 합계}[m^2]}{1.9[m^2]}$
	강당, 문화 및 집회시설, 운동시설, 종교시설	$\dfrac{\text{바닥면적의 합계}[m^2]}{4.6[m^2]}$ • 관람석의 경우 : 고정식 의자 수 • 긴 의자의 경우 : $\dfrac{\text{의자 정면너비}[m]}{0.45[m]}$
	그 밖의 특정소방 대상물	$\dfrac{\text{바닥면적의 합계}[m^2]}{3[m^2]}$

* 계산결과 소수점 이하는 반올림한다.

기출 체크
2018년 4회 23번

소방시설 설치 및 관리에 관한 법령에 따른 특정소방대상물의 수용 인원의 산정방법 기준 중 틀린 것은?

① 침대가 있는 숙박시설의 경우는 해당 특정소방대상물의 종사자 수에 침대 수(2인용 침대는 2인으로 산정)를 합한 수
② 침대가 없는 숙박시설의 경우는 해당 특정소방대상물의 종사자 수에 숙박시설 바닥면적의 합계를 3[m^2]로 나누어 얻은 수를 합한 수
③ 강의실 용도로 쓰이는 특정소방대상물의 경우는 해당 용도로 사용하는 바닥면적의 합계를 1.9[m^2]로 나누어 얻은 수
④ 문화 및 집회시설의 경우는 해당 용도로 사용하는 바닥면적의 합계를 2.6[m^2]로 나누어 얻은 수

정답 ④

빈출 22 특수가연물의 저장 및 취급 기준(화재예방법 시행령 별표 3, 화재예방법 시행령 제19조 제2항 관련) ★★★

구분	살수설비를 설치하거나 방사능력 범위에 해당 특수가연물이 포함되도록 대형수동식소화기를 설치하는 경우	그 밖의 경우
높이	15[m] 이하	10[m] 이하
쌓는 부분의 바닥면적	200[m²] (석탄·목탄류의 경우에는 300[m²] 이하)	50[m²] (석탄·목탄류의 경우에는 200[m²] 이하)

빈출 23 소방시설 등 자체점검의 구분 및 대상, 점검자의 자격, 점검 장비, 점검 방법 및 횟수 등 자체점검 시 준수해야할 사항 (소방시설법 시행규칙 별표 3, 소방시설법 시행규칙 제20조제1항 관련) ★★★

구분	작동점검	종합점검
점검대상	• 작동점검 제외대상 외 특정소방대상물 • 작동점검 제외대상 ① 소방안전관리자를 선임하지 않는 특정소방대상물 ② 위험물 제조소 등 ③ 특급 소방안전 대상물	① 스프링클러설비가 설치된 특정소방대상물 ② 물분무등소화설비(호스릴 방식의 물분무등소화설비만을 설치한 경우 제외)가 설치된 연면적 5,000[m²] 이상인 특정소방대상물(위험물 제조소 등 제외) ③ 다중이용업의 영업장이 설치된 특정소방대상물로서 연면적이 2,000[m²] 이상인 것 ④ 제연설비가 설치된 터널 ⑤ 공공기관 중 연면적이 1,000[m²] 이상인 것(옥내소화전설비 또는 자동화재탐지설비 설치), 소방대가 근무하는 공공기관 제외

기출 체크   2018년 1회 25번

화재의 예방 및 안전관리에 관한 법령상 특수가연물의 저장 및 취급의 기준 중 다음 (　) 안에 알맞은 것은? (단, 석탄·목탄류를 발전용으로 저장하는 경우는 제외한다)

살수설비를 설치하거나, 방사능력 범위에 해당 특수가연물이 포함되도록 대형수동식소화기를 설치하는 경우에는 쌓는 높이를 (㉠)[m] 이하, 석탄·목탄류의 경우에는 쌓는 부분의 바닥면적을 (㉡)[m²] 이하로 할 수 있다.

① ㉠ 10, ㉡ 50　　② ㉠ 10, ㉡ 200
③ ㉠ 15, ㉡ 200　　④ ㉠ 15, ㉡ 300

정답 ④

기출 체크   2018년 1회 34번

소방시설 설치 및 관리에 관한 법령상 종합점검 실시 대상이 되는 특정소방대상물의 기준 중 다음 (　)안에 알맞은 것은?

• 물분무등소화설비(호스릴 방식의 물분무등소화설비만을 설치한 경우 제외)가 설치된 연면적 (㉠)[m²] 이상인 특정소방대상물(위험물 제조소 등 제외)
• 다중이용업의 영업장이 설치된 특정소방대상물로서 연면적이 (㉡)[m²] 이상인 것

① ㉠ 2,000, ㉡ 1,000　　② ㉠ 2,000, ㉡ 2,000
③ ㉠ 5,000, ㉡ 1,000　　④ ㉠ 5,000, ㉡ 2,000

정답 ④

빈출 24 위험물시설의 설치 및 변경 등(위험물법 제6조) ★★

제조소 등의 설치허가
- 설치허가자 : 시·도지사
- 설치허가 대상
  - 제조소 등을 설치하려는 자
  - 제조소 등의 위치·구조 또는 설비를 변경하고자 하는 자

품명 등의 변경신고
- 변경신고 대상 : 시·도지사
- 변경신고 기한 : 변경하고자 하는 날의 1일 전까지 행정안전부령에 따라 신고
- 변경조건 : 해당 제조소 등의 위치·구조 또는 설비의 변경 없이 저장하거나 취급하는 위험물의 품명·수량 또는 지정수량의 배수를 변경

설치허가, 변경신고 등의 예외 조건
- 주택의 난방시설(공동주택의 중앙난방시설 제외)용 저장소 또는 취급소
- 농예용·축산용 또는 수산용으로 필요한 난방시설 또는 건조시설을 위한 지정수량 20배 이하의 저장소

기출 체크 2018년 2회 37번

위험물안전관리법상 위험물시설의 설치 및 변경 등에 관한 기준 중 다음 (   ) 안에 알맞은 것은?

> 제조소등의 위치·구조 또는 설비의 변경 없이 당해 제조소 등에서 저장하거나 취급하는 위험물의 품명·수량 또는 지정수량의 배수를 변경하고자 하는 자는 변경하고자 하는 날의 (㉠)일 전까지 (㉡)이 정하는 바에 따라 (㉢)에게 신고하여야 한다.

① ㉠ 1,   ㉡ 행정안전부령,   ㉢ 시·도지사
② ㉠ 1,   ㉡ 대통령령,   ㉢ 소방본부장·소방서장
③ ㉠ 14, ㉡ 행정안전부령,   ㉢ 시·도지사
④ ㉠ 14, ㉡ 대통령령,   ㉢ 소방본부장·소방서장

정답   정답 ①

빈출 25 위험물 및 지정수량(위험물법 시행령 별표1, 위험물법 시행령 제2조 및 제3조 관련) ★★★

위험물

유별	성질	품명
제1류	산화성 고체	• 아염소산염류 • 염소산염류 • 과염소산염류 • 무기과산화물 • 브롬산염류(브로민산염류) • 질산염류 • 요오드산염류(아이오딘산염류) • 과망간산염류(과망가니즈산염류) • 중크롬산염류(다이크로뮴산염류)
제2류	가연성 고체	• 황화린(황화인) • 적린 • 황(유황) • 철분 • 금속분 • 마그네슘 • 인화성 고체
제3류	자연발화성 물질 및 금수성 물질	• 칼륨 • 나트륨 • 알킬알루미늄 • 알킬리튬 • 황린 • 알칼리금속 및 알칼리토금속 • 유기금속화합물 • 금속의 수소화물 • 금속의 인화물 • 칼슘 또는 알루미늄의 탄화물
제4류	인화성 액체	• 특수인화물 • 제1석유류 • 알코올류 • 제2석유류 • 제3석유류 • 제4석유류 • 동식물유류
제5류	자기반응성 물질	• 유기과산화물 • 질산에스테르류(질산에스터류) • 니트로화합물(나이트로화합물) • 니트로소화합물(나이트로소화합물) • 아조화합물 • 디아조화합물(다이아조화합물) • 하이드라진 유도체(히드라진 유도체) • 히드록실아민(하이드록실아민) • 히드록실아민염류(하이드록실아민염류)
제6류	산화성 액체	• 과염소산 • 과산화수소 • 질산

📝 **기출 체크**   2019년 2회 32번

산화성 고체인 제1류 위험물에 해당되는 것은?

① 질산염류 ② 특수인화물
③ 과염소산 ④ 유기과산화물

✏️ **정답**   정답 ①

빈출 26 공사감리자 지정대상 특정소방대상물의 범위(소방공사업법 시행령 제10조) ★★

- 옥내소화전설비를 신설·개설 또는 증설할 때
- **스프링클러설비등(캐비닛형 간이스프링클러설비는 제외)을 신설·개설하거나 방호·방수 구역을 증설할 때**
- **물분무등소화설비(호스릴 방식의 소화설비는 제외)를 신설·개설하거나 방호·방수 구역을 증설할 때**
- 옥외소화전설비를 신설·개설 또는 증설할 때
- 자동화재탐지설비를 신설 또는 개설할 때
- 화재알림설비를 신설 또는 개설할 때
- 비상방송설비를 신설 또는 개설할 때
- 통합감시시설을 신설 또는 개설할 때
- 소화용수설비를 신설 또는 개설할 때
- 다음에 따른 소화활동설비의 시공
  - **제연설비를 신설·개설하거나 제연구역을 증설할 때**
  - 연결송수관설비를 신설 또는 개설할 때
  - 연결살수설비를 신설·개설하거나 송수구역을 증설할 때
  - 비상콘센트설비를 신설·개설하거나 전용회로를 증설할 때
  - 무선통신보조설비를 신설 또는 개설할 때
  - **연소방지설비를 신설·개설하거나 살수구역을 증설할 때**

기출 체크   2018년 2회 36번

소방시설공사업법령상 공사감리자 지정대상 특정 소방대상물의 범위가 아닌 것은?

① 캐비닛형 간이스프링클러설비를 신설·개설하거나 방호·방수 구역을 증설할 때
② 물분무등소화설비(호스릴 방식의 소화설비는 제외)를 신설·개설하거나 방호·방수구역을 증설할 때
③ 제연설비를 신설·개설하거나 제연구역을 증설할 때
④ 연소방지설비를 신설·개설하거나 살수구역을 증설할 때

정답 ①

빈출 27 정기점검의 대상인 제조소 등(위험물법 시행령 제16조) ★★

- 지정수량의 10배 이상의 위험물을 취급하는 제조소
- 지정수량의 100배 이상의 위험물을 저장하는 옥외저장소
- 지정수량의 150배 이상의 위험물을 저장하는 옥내저장소
- 지정수량의 200배 이상의 위험물을 저장하는 옥외탱크저장소
- 암반탱크저장소
- 이송취급소
- 지정수량의 10배 이상의 위험물을 취급하는 일반취급소. 다만, 제4류 위험물(특수인화물을 제외한다)만을 지정수량의 50배 이하로 취급하는 일반취급소(제1석유류·알코올류의 취급량이 지정수량의 10배 이하인 경우에 한한다)로서 다음 어느 하나에 해당하는 것은 제외
  - 보일러·버너 또는 이와 비슷한 것으로서 위험물을 소비하는 장치로 이루어진 일반취급소
  - 위험물을 용기에 옮겨 담거나 차량에 고정된 탱크에 주입하는 일반취급소
- **지하탱크저장소**
- **이동탱크저장소**
- 위험물을 취급하는 탱크로서 지하에 매설된 탱크가 있는 제조소·주유취급소 또는 일반취급소

기출 체크   2021년 4회 31번

위험물안전관리법령상 정기점검의 대상인 제조소등의 기준으로 틀린 것은?

① 지하탱크저장소
② 이동탱크저장소
③ 지정수량의 10배 이상의 위험물을 취급하는 제조소
④ 지정수량의 20배 이상의 위험물을 저장하는 옥외탱크저장소

정답 ④

빈출 28 제조소의 위치·구조 및 설비의 기준(위험물법 시행규칙 별표4, 위험물법 시행규칙 제28조 관련) ★★

안전거리

제조소(제6류 위험물을 취급하는 제조소를 제외) 건축물의 외벽 또는 이에 상당하는 공작물의 외측으로부터 해당 제조소의 외벽 또는 이에 상당하는 공작물의 외측까지의 사이에 다음 규정에 의한 수평거리를 두어야 함. 다만, 불연재료로 된 방화상 유효한 담 또는 벽 설치 시 안전거리 단축이 가능

건축물 및 그 밖의 공작물	안전거리
주거용 (제조소가 설치된 부지 내에 있는 것 제외)	10[m] 이상
고압가스, 액화석유가스, 도시가스를 저장 또는 취급하는 시설	20[m] 이상
학원, 병원, 극장 등 다수의 수용시설	30[m] 이상
지정문화유산 및 천연기념물	50[m] 이상
사용전압 7,000[V] 초과 35,000[V] 이하 특고압가공전선	3[m] 이상
사용전압 35,000[V] 초과 특고압가공전선	5[m] 이상

보유공지

위험물을 취급하는 건축물 그 밖의 시설(위험물을 이송하기 위한 배관 그 밖에 이와 유사한 시설을 제외)의 주위에는 그 취급하는 위험물의 최대수량에 따라 다음 표에 의한 너비의 공지를 보유

취급하는 위험물의 최대수량	공지의 너비
지정수량의 10배 이하	3[m] 이상
지정수량의 10배 초과	5[m] 이상

기출 체크 2023년 2회 34번

문화 및 자연 유산의 보존 및 활용에 관한 법률 규정에 의한 지정문화유산 및 천연기념물등에 있어서는 제조소 등과의 수평거리를 몇 [m] 이상 유지하여야 하는가?

① 20 ② 30
③ 50 ④ 70

정답 정답 ③

PART 3 소방유체역학

빈출 29 체적탄성계수와 압축률

체적탄성계수 ★★

- 체적변화율에 대한 압축변화

$$K = -\frac{\Delta P}{\dfrac{\Delta V}{V}}$$

K : 체적탄성계수[Pa]
ΔP : 가해진 압력[Pa]
$\dfrac{\Delta V}{V}$: 체적의 변화율

압축률 ★

- 압축변화에 대한 체적변화율

$$\beta = \frac{1}{K}$$

β : 압축률[Pa^{-1}]
K : 체적탄성계수[Pa]

기출 체크 2019년 2회 45번

0.02[m^3]의 체적을 갖는 액체가 강체의 실린더 속에서 730[kPa]의 압력을 받고 있다. 압력이 1,030[kPa]로 증가되었을 때 액체의 체적이 0.019[m^3]으로 축소되었다. 이 때 이 액체의 체적탄성계수는 약 몇 [kPa]인가?

① 3,000 ② 4,000
③ 5,000 ④ 6,000

정답 & 해설 정답 ④

개념
체적탄성계수

공식정리
$$K = -\frac{\Delta P}{\dfrac{\Delta V}{V}}$$

여기서, K : 체적탄성계수[kPa], ΔP : 가해진 압력[kPa]
$\dfrac{\Delta V}{V}$: 체적의 변화율

풀이
체적탄성계수 공식을 가해진 압력에 대한 식으로 정리하고, 문제에서 주어진 값들 및 앞서 구한 값들을 대입하면

$$K = -\frac{\Delta P}{\dfrac{\Delta V}{V_1}} = -\frac{P_2 - P_1}{\dfrac{V_2 - V_1}{V_1}} = -\frac{1,030 - 730}{\dfrac{0.019 - 0.02}{0.02}}$$

$= 6,000$[kPa]

∴ $K = 6,000$[kPa]

TIP
- 체적탄성계수의 (-)부호는 가해진 압력이 증가하면 부피가 줄어든다는 것을 의미한다.
- 체적의 변화율에서 V는 변화 전 체적을 의미하는 것이기 때문에 이 문제에서는 V에 변화 전 체적인 V_1을 넣으면 된다.

빈출 30 뉴턴의 점성법칙 ★★★

- 유체의 점성과 변형 정도의 관계를 규명한 법칙
- 유체가 **층상유동** 시 서로 접하는 두 개의 층 사이에 전단응력이 생기고, 이 전단응력은 속도기울기에 선형(직선관계)이라는 법칙

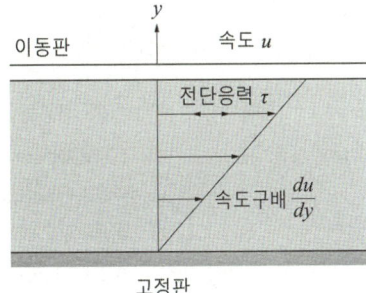

전단응력 계산식

$$\tau = \mu \frac{du}{dy}$$

- τ : 전단응력[Pa]
- μ : 점성계수[N·s/m²]
- $\frac{du}{dy}$: 속도구배(속도기울기)[s⁻¹]

기출 체크
2021년 1회 50번

Newton의 점성법칙에 대한 옳은 설명으로 모두 짝지은 것은?

㉠ 전단응력은 점성계수와 속도기울기의 곱이다.
㉡ 전단응력은 점성계수에 비례한다.
㉢ 전단응력은 속도기울기에 반비례한다.

① ㉠, ㉡ ② ㉡, ㉢
③ ㉠, ㉢ ④ ㉠, ㉡, ㉢

정답 & 해설
정답 ①

개념
Newton의 점성법칙

공식 정리
$$\tau = \mu \frac{du}{dy}$$

여기서, τ : 전단응력, μ : 점성계수
$\frac{du}{dy}$: 속도기울기(속도구배)

풀이
- 전단응력은 점성계수와 속도기울기의 곱이다.
- 전단응력은 점성계수에 비례한다.
- 전단응력은 속도기울기에 비례한다.
- 속도기울기가 0인 곳에서 전단응력은 0이다.

빈출 31 점도의 측정 ★★

원리	종류
하겐-포아젤 (Hagen-Poiseuille)의 법칙	• 세이볼트(Saybolt) 점도계 • 레드우드(Redwood) 점도계 • 앵글러(Engler) 점도계 • 바베이(Barbey) 점도계 • 오스왈트(Ostwald) 점도계
뉴턴(Newton)의 점성법칙	• 스토머(Stormer) 점도계 • 맥미셸(MacMichael) 점도계
스토크스(Stokes)의 법칙	• 낙구식 점도계

기출 체크 2022년 4회 46번

다음 중 뉴턴(Newton)의 점성법칙을 이용하여 만든 회전 원통식 점도계는?

① 세이볼트(Saybolt) 점도계
② 오스왈트(Ostwald) 점도계
③ 레드우드(Redwood) 점도계
④ 맥미셸(MacMichael) 점도계

정답 정답 ④

빈출 32 압력 ★★★

유체의 단위면적당 작용하는 힘

유체에 의한 압력 계산식

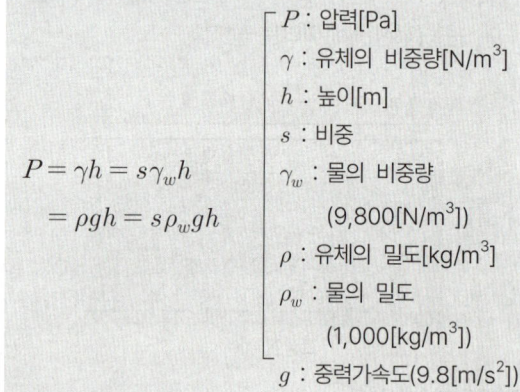

$$P = \gamma h = s\gamma_w h = \rho g h = s\rho_w g h$$

- P : 압력[Pa]
- γ : 유체의 비중량[N/m³]
- h : 높이[m]
- s : 비중
- γ_w : 물의 비중량 (9,800[N/m³])
- ρ : 유체의 밀도[kg/m³]
- ρ_w : 물의 밀도 (1,000[kg/m³])
- g : 중력가속도(9.8[m/s²])

기출 체크 2021년 4회 53번

그림의 액주계에서 밀도 ρ_1 = 1,000[kg/m³], ρ_2 = 13,600[kg/m³], 높이 h_1 = 500[mm], h_2 = 800[mm]일 때 중심 A의 계기압력은 몇 [kPa]인가?

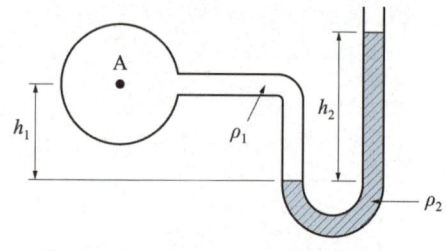

① 101.7 ② 109.6
③ 126.4 ④ 131.7

정답 & 해설

정답 ①

개념
유체에 의한 압력

공식 정리
$$P = \gamma h = \rho g h$$

여기서, P : 압력[kPa], γ : 유체의 비중량[N/m³], h : 높이[m]
ρ : 물질의 밀도[kg/m³], g : 중력가속도(9.8[m/s²])

풀이
1. 왼쪽에서의 압력
$$P_{왼} = P_A + \rho_1 g h_1$$

2. 오른쪽에서의 압력
$$P_{오} = \rho_2 g h_2$$

3. 관 중심 A의 계기압력
액주계에서 수평으로 같은 높이에 위치한다면 압력이 같다. 왼쪽에서의 압력과 오른쪽에서의 압력이 같은 높이에 위치하기 때문에 $P_{왼} = P_{오}$ 이다. 이를 식으로 정리하면

$$P_A + \rho_1 g h_1 = \rho_2 g h_2$$

이다. 위의 식을 P_A에 관해 정리하고 문제에서 주어진 값들을 대입하면

$$P_A = g(\rho_2 h_2 - \rho_1 h_1) = 9.8 \times (13,600 \times 0.8 - 1,000 \times 0.5)$$
$$\fallingdotseq 101,700 [Pa] = 101.7 [kPa]$$

∴ $P_A \fallingdotseq 101.7 [kPa]$

[단위환산]

- 높이 $500[mm] = \dfrac{500}{1,000}[m] = 0.5[m]$

- 높이 $800[mm] = \dfrac{800}{1,000}[m] = 0.8[m]$

- 압력 $101,700[Pa] = \dfrac{101,700}{1,000}[kPa] = 101.7[kPa]$

빈출 33 절대압, 계기압, 진공압 ★★

절대압
완전 진공상태를 기준으로 측정한 압력

계기압
대기압을 기준으로 측정한 압력

진공압
대기압보다 낮은 압력

계산식

[절대압이 대기압보다 높은 경우]

절대압 = 대기압 + 진공압

[절대압이 대기압보다 낮은 경우]

절대압 = 대기압 - 진공압

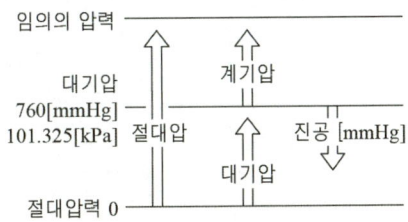

기출 체크 2022년 4회 60번

절대압력을 가장 적절히 표현한 것은?

① 절대압력 = 대기압력 + 게이지압력
② 절대압력 = 대기압력 - 게이지압력
③ 절대압력 = 표준대기압력 + 게이지압력
④ 절대압력 = 표준대기압력 - 게이지압력

정답 정답 ①

빈출 34 액주계의 기본 원리

- 동일수평면상의 압력은 동일
- 대기압은 보통 무시(단, 문제에서 주어지면 합산)
- 압력은 위에서 아래로 작용할 때는 양수, 아래에서 위로 작용할 때는 음수로 계산한다.

기출 체크 2021년 2회 42번

수은이 채워진 U자관에 수은보다 비중이 작은 어떤 액체를 넣었다. 액체기둥의 높이가 10[cm], 수은과 액체의 자유 표면의 높이 차이가 6[cm]일 때 이 액체의 비중은? (단, 수은의 비중은 13.6이다)

① 5.44   ② 8.16
③ 9.63   ④ 10.88

정답 & 해설   정답 ①

개념
유체에 의한 압력

공식 정리
$$P = \gamma h = s\gamma_w h$$

여기서, P : 압력[kPa], γ : 유체의 비중량[N/m³]
h : 높이[m], s : 비중
γ_w : 물의 비중량 : 9.8[kN/m³]

풀이

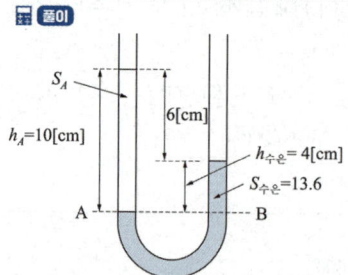

1. A지점에서의 압력
   $P_A = s_A \gamma_w h_A$
2. B지점에서의 압력
   $P_B = s_{수은} \gamma_w h_{수은}$
3. 액체A의 비중
   U자관에서 수평으로 같은 높이에 위치한다면 압력이 같다. 즉 A지점과 B지점은 같은 높이에 위치하기 때문에 $P_A = P_B$이다. 이를 식으로 정리하면
   $s_A \gamma_w h_A = s_{수은} \gamma_w h_{수은}$
   위의 식을 액체 A의 비중에 관한 식으로 정리하고 문제에서 주어진 값들을 대입하면
   $s_A = s_{수은} \times \dfrac{h_{수은}}{h_A} = 13.6 \times \dfrac{4}{10} = 5.44$

   $\therefore\ s_A = 5.44$

빈출 35 연속방정식 ★★★

질량보존의 법칙으로 배관 내 흐르는 유체의 유량은 단면적의 변화와 관계없이 일정

체적유량

$$Q = A_1 V_1 = A_2 V_2$$
$$= \left(\frac{\pi D_1^2}{4}\right) V_1$$
$$= \left(\frac{\pi D_2^2}{4}\right) V_2$$

- Q : 유량[m³/s]
- A : 단면적[m²]
- V : 속도[m/s]
- D : 지름[m]

질량유량

$$\overline{m} = \rho A_1 V_1$$
$$= \rho A_2 V_2$$
$$= \rho \left(\frac{\pi D_1^2}{4}\right) V_1$$
$$= \rho \left(\frac{\pi D_2^2}{4}\right) V_2$$

- $\overline{m}$: 질량유량[kg/s]
- ρ : 밀도[kg/m³]
- A : 단면적[m²]
- V : 유속[m/s]
- D : 지름[m]

중량유량

$$G = \gamma A_1 V_1 = \gamma A_2 V_2$$
$$= \gamma \left(\frac{\pi D_1^2}{4}\right) V_1$$
$$= \gamma \left(\frac{\pi D_2^2}{4}\right) V_2$$

- G : 중량유량[N/s]
- γ : 비중량[N/m³]
- A : 단면적[m²]
- V : 유속[m/s]
- D : 지름[m]

기출 체크 2022년 2회 42번

원형 물탱크의 안지름이 1[m]이고, 아래쪽 옆면에 안지름 100[mm]인 송출관을 통해 물을 수송할 때의 순간 유속이 3[m/s]이었다. 이 때 탱크 내 수면이 내려오는 속도는 몇 [m/s]인가?

① 0.015   ② 0.02
③ 0.025   ④ 0.03

정답 & 해설   정답 ④

개념
유량의 연속방정식

공식 정리

$$Q = A_1 V_1 = A_2 V_2 = \left(\frac{\pi D_1^2}{4}\right) V_1 = \left(\frac{\pi D_2^2}{4}\right) V_2$$

여기서, Q : 유량[m³/s], A : 단면적[m²], V : 속도[m/s], D : 지름[m]

풀이

유량의 연속방정식에서 수면이 내려오는 속도 V_1로 정리하고 문제에서 주어진 값들을 대입하면

$$V_1 = V_2 \times \left(\frac{D_2}{D_1}\right)^2 = 3 \times \left(\frac{0.1}{1}\right)^2 = 0.03 \, [\text{m/s}]$$

$$\therefore V_1 = 0.03 \, [\text{m/s}]$$

[단위환산]
- 안지름 $100 [\text{mm}] = \frac{100}{1,000} [\text{m}] = 0.1 [\text{m}]$

빈출 36 평면 및 곡면에 작용하는 유체력 ★★★

수평분력
평면 및 곡면을 수평으로 투영시켰을 경우 직사각형에 해당하는 투영면적에 작용하는 전압력

$$F_H = \gamma h A$$

- F_H : 수평분력[kN]
- γ : 비중량(물의 비중량 9.8[kN/m^3])
- h : 표면에서 수문 중심까지의 중심거리[m]
- A : 수평투영면적[m^2]

수직분력
평면 및 곡면이 떠받치고 있는 연직방향의 유체의 체적에 의한 무게

$$F_V = \gamma V$$

- F_V : 수직분력[kN]
- γ : 비중량(물의 비중량 9.8[kN/m^3])
- V : 곡면 연직 상방향의 체적[m^3]

기출 체크   2019년 1회 55번

그림과 같은 1/4원형의 수문(水) AB가 받는 수평성분 힘(F_H)과 수직성분 힘(F_V)은 각각 약 몇 [kN]인가?
(단, 수문의 반지름은 2[m]이고, 폭은 3[m]이다)

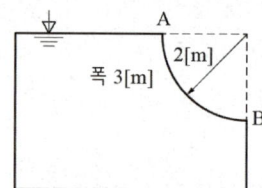

① $F_H = 24.4$, $F_V = 46.2$
② $F_H = 24.4$, $F_V = 92.4$
③ $F_H = 58.8$, $F_V = 46.2$
④ $F_H = 58.8$, $F_V = 92.4$

정답 & 해설   정답 ④

개념
- 수평분력

$$F_H = \gamma h A$$

여기서, F_H : 수평분력[kN]

γ : 비중량(물의 비중량 9.8[kN/m³])

h : 표면에서 수문 중심까지의 중심거리[m]

A : 수평투영면적[m²]

- 수직분력

$$F_V = \gamma V = \gamma \times \left(\frac{1}{4}\pi r^2 b\right)$$

여기서, F_V : 수직분력[kN]

γ : 비중량(물의 비중량 9.8[kN/m³])

V : 곡면 연직 상방향의 체적[m³]

r : 곡면의 반지름[m]

b : 폭[m]

풀이

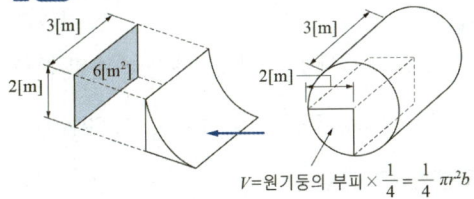

$V = $ 원기둥의 부피 $\times \frac{1}{4} = \frac{1}{4}\pi r^2 b$

1. 수평분력

   표면에서 수문 중심까지의 중심거리는 곡면 반지름의 절반인 1[m]이다.

   수평분력 공식에 문제에서 주어진 값들을 대입하면

   $F_H = \gamma h A = 9.8 \times 1 \times (2 \times 3) = 58.8$[kN]

2. 수직분력

   수직분력 공식에 문제에서 주어진 값들을 대입하면

   $F_V = \gamma V = \gamma \times \left(\frac{1}{4}\pi r^2 b\right) = 9.8 \times \left(\frac{1}{4}\pi \times 2^2 \times 3\right)$

   $\fallingdotseq 92.4$[kN]

   $\therefore F_H = 58.8$[kN], $F_V \fallingdotseq 92.4$[kN]

빈출 37 액체가 평판에 수직으로 충돌할 때 작용하는 힘 ★★

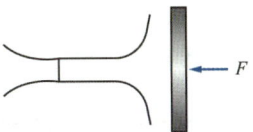

$$F = \rho Q V = \rho(AV)V = \rho A V^2$$

F : 힘[N]
ρ : 밀도[kg/m³]
Q : 유량[m³/s]
A : 단면적[m²]
V : 유속[m/s]

기출 체크   2023년 1회 47번

단면적이 일정한 물 분류가 속도 20[m/s], 유량 0.3[m³/s]로 분출되고 있다. 분류와 같은 방향으로 10[m/s]의 속도로 운동하고 있는 평판에 이 분류가 수직으로 충돌할 경우 판에 작용하는 충격력은 몇 [N]인가?

① 1,500   ② 2,000
③ 2,500   ④ 3,000

정답 & 해설   정답 ④

개념
평판에 작용하는 힘

$$F = \rho Q V = \rho(AV)V = \rho A V^2$$

여기서, F : 힘[N], ρ : 밀도(물의 밀도 1,000[kg/m³])

Q : 유량[m³/s], A : 단면적[m²], V : 유속[m/s]

풀이

1. 유속

   문제에서 물 분류의 방향과 운동하고 있는 평판의 방향이 동일하다고 했다. 그러므로 평판과 물의 분류가 실제로 부딪히는 속도(유속)는 다음과 같다.

   $V = V_{물분류} - V_{평판} = 20 - 10 = 10$[m/s]

2. 충격력

   평판에 작용하는 힘 공식에 문제에서 주어진 값, 앞서 구한 값들을 대입하면

   $F = \rho Q V = 1,000 \times 0.3 \times 10 = 3,000$[N]

   $\therefore F = 3,000$[N]

빈출 38 베르누이 방정식의 기초 및 기본응용 ★★★

개념

- 유체역학에서의 에너지보존의 법칙
- 압력수두$\left(\dfrac{P}{\gamma}\right)$ + 속도수두$\left(\dfrac{V^2}{2g}\right)$ + 위치수두(Z)의 값은 일정

계산식

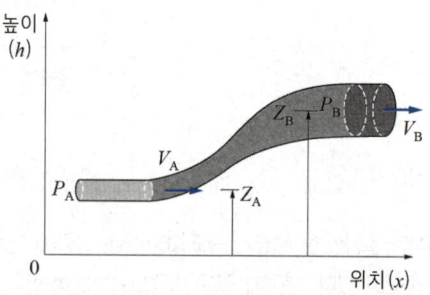

$$\dfrac{P_A}{\gamma} + \dfrac{V_A^2}{2g} + Z_A = \dfrac{P_B}{\gamma} + \dfrac{V_B^2}{2g} + Z_B$$

- P : 압력[kPa]
- γ : 비중량[kN/m³]
- V : 유속[m/s]
- g : 중력가속도(9.8[m/s²])
- Z : 위치수두[m]

기출 체크 2022년 2회 56번

유체의 흐름에 적용되는 다음과 같은 베르누이 방정식에 관한 설명으로 옳은 것은?

$$\dfrac{P}{\gamma} + \dfrac{V^2}{2g} + Z = C \text{ (일정)}$$

① 비정상상태의 흐름에 대해 적용된다.
② 동일한 유선상이 아니더라도 흐름 유체의 임의점에 대해 항상 적용된다.
③ 흐름 유체의 마찰효과가 충분히 고려된다.
④ 압력수두, 속도수두, 위치수두의 합이 일정함을 표시한다.

정답 & 해설   정답 ④

개념
베르누이 방정식 전제조건

- 정상유동
- 동일한 유선을 따르는 유동
- 마찰손실이 없는 유동(비점성 흐름)
- 비압축성 유체

풀이
베르누이 방정식은 유체에 적용하는 에너지 보존의 법칙이다.

베르누이 방정식은 압력수두$\left(\dfrac{P}{\gamma}\right)$, 속도수두$\left(\dfrac{V^2}{2g}\right)$, 위치수두($Z$) 합이 일정함을 표시한다.

빈출 39 토리첼리의 정리 ★★★

수조의 구멍에서 유출하는 물의 유속과 구멍과 수면까지 높이의 관계를 나타내는 정리

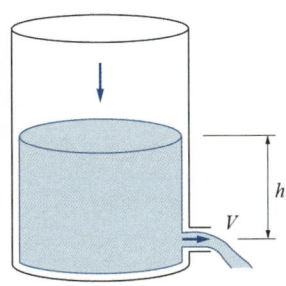

$$V = \sqrt{2gh}$$
$\begin{bmatrix} V : \text{유속[m/s]} \\ g : \text{중력가속도}(9.8[\text{m/s}^2]) \\ h : \text{유체의 높이[m]} \end{bmatrix}$

기출 체크 2022년 2회 55번

그림과 같이 물이 수조에 연결된 원형 파이프를 통해 분출하고 있다. 수면과 파이프의 출구 사이에 총 손실수두가 200[mm]이라고 할 때 파이프에서의 방출유량은 약 몇 [m³/s]인가? (단, 수면 높이의 변화 속도는 무시한다)

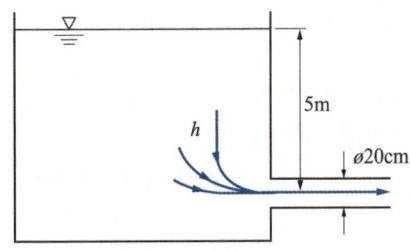

① 0.285   ② 0.295
③ 0.305   ④ 0.315

정답 & 해설 정답 ③

개념
- 유속(토리첼리의 식)

공식 정리
$$V = \sqrt{2gh}$$

여기서, V : 유속, g : 중력가속도, h : 유체의 높이

- 유량

공식 정리
$$Q = AV = \left(\frac{\pi D^2}{4}\right) V$$

여기서, Q : 유량[m³/s], A : 단면적[m²]
V : 유속[m/s], D : 직경[m]

풀이
1. 유속

   손실수두가 200[mm](0.2[m])이므로 수면과 출구 사이의 실제적인 높이는 $(5-0.2)$[m]가 된다. 높이 값을 식에 대입하면
   $$V = \sqrt{2gh} = \sqrt{2 \times 9.8 \times (5-0.2)} ≒ 9.7[\text{m/s}]$$

2. 방출유량

   유량의 식에 문제에서 주어진 값과 앞서 구한 값을 대입하면
   $$Q = AV = \left(\frac{\pi D^2}{4}\right) \times V = \left(\frac{\pi \times 0.2^2}{4}\right) \times 9.7$$
   $$≒ 0.305[\text{m}^3/\text{s}]$$
   $$∴ Q ≒ 0.305[\text{m}^3/\text{s}]$$

[단위환산]
- 지름 $20[\text{cm}] = \frac{20}{100}[\text{m}] = 0.2[\text{m}]$

빈출 40 레이놀즈수 ★★★

유체의 흐름을 판별하는 무차원수

레이놀즈수
$$Re = \frac{DV\rho}{\mu} = \frac{DV}{\nu}$$

- Re : 레이놀즈 수
- D : 지름[m]
- V : 유속[m/s]
- ρ : 밀도[kg/m³]
- μ : 점성계수(점도)[N·s/m²]
- ν : 동점성계수[m²/s]

기출 체크 2018년 2회 59번

동점성계수가 1.15×10^{-6} [m²/s]인 물이 30[mm]의 지름 원관 속을 흐르고 있다. 층류가 기대될 수 있는 최대 유량은 약 몇 [m³/s]인가? (단, 임계 레이놀즈 수는 2,100이다)

① 2.85×10^{-5} ② 5.69×10^{-5}
③ 2.85×10^{-7} ④ 5.69×10^{-7}

정답 & 해설 정답 ②

개념
- 레이놀즈 수 : 배관 내 유체 흐름의 형태를 판단하는 척도로 사용되는 수

공식 정리
$$레이놀즈 수 \ Re = \frac{DV\rho}{\mu} = \frac{DV}{\nu}$$

여기서, Re : 레이놀즈 수, D : 지름[m]
V : 유속[m/s], ρ : 밀도[kg/m³]
μ : 점성계수(점도)[N·s/m²]
ν : 동점성계수[m²/s]

- 유량

공식 정리
$$Q = AV = \left(\frac{\pi D^2}{4}\right) V$$

여기서, Q : 유량[m³/s], A : 단면적[m²]
V : 유속[m/s], D : 지름[m]

풀이

1. 유속

층류가 기대될 수 있는 최대 유속을 구하기 위해서는 임계 레이놀즈 수($Re = 2,100$)를 넣어야 한다. 레이놀즈 수의 공식을 유속에 관한 식으로 정리하고 문제에서 주어진 값들을 대입하면

$$V = \frac{Re\nu}{D} = \frac{2,100 \times (1.15 \times 10^{-6})}{0.03} = 0.0805 \text{[m/s]}$$

2. 유량

유량의 공식에 문제에서 주어진 값 및 앞서 구한 값을 대입하면

$$Q = AV = \left(\frac{\pi D^2}{4}\right) V = \frac{\pi \times 0.03^2}{4} \times 0.0805$$

$$\fallingdotseq 5.69 \times 10^{-5} \text{[m}^3\text{/s]}$$

$\therefore Q \fallingdotseq 5.69 \times 10^{-5}$ [m³/s]

[단위환산]
- 지름 $30\text{[mm]} = \frac{30}{1,000}\text{[m]} = 0.03\text{[m]}$

빈출 41 배관의 마찰손실

달시-바이스바하(마찰손실)의 식 ★★★
층류와 난류에 모두 적용

$$H = \frac{\Delta P}{\gamma} = \frac{flV^2}{2gD}$$

- H : 마찰손실수두[m]
- ΔP : 압력강하[kPa]
- γ : 비중량(물의 비중량 9.8[kN/m³])
- f : 마찰손실계수
- l : 등가길이[m]
- V : 유속[m/s]
- g : 중력가속도(9.8[m/s²])
- D : 지름[m]

하겐-포아젤 방정식 ★
층류 원형직관에 적용

$$\Delta P = \frac{128 \mu l Q}{\pi D^4}$$

- ΔP : 압력강하[Pa]
- μ : 점도(점성계수)[kg/m·s]
- l : 길이[m]
- Q : 유량[m³/s]
- D : 내경[m]

기출 체크 2019년 2회 54번

수평관의 길이가 100[m]이고, 안지름이 100[mm]인 소화설비 배관 내를 평균유속 2[m/s]로 물이 흐를 때 마찰손실수두는 약 몇 [m]인가? (단, 관의 마찰계수는 0.05이다)

① 9.2   ② 10.2
③ 11.2   ④ 12.2

정답 & 해설   정답 ②

개념
달시-바이스바하(마찰손실)의 식

공식정리
$$H = \frac{\Delta P}{\gamma} = \frac{flV^2}{2gD}$$

여기서, H : 마찰손실수두[m], ΔP : 압력차[kPa]
γ : 유체의 비중량[kN/m³], f : 마찰손실계수
l : 등가길이[m], V : 유속[m/s]
g : 중력가속도(9.8[m/s²]), D : 지름[m]

풀이
마찰손실수두의 공식에 문제에서 주어진 값들을 대입하면

$$H = \frac{flV^2}{2gD} = \frac{0.05 \times 100 \times 2^2}{2 \times 9.8 \times 0.1} \fallingdotseq 10.2[m]$$

∴ $H \fallingdotseq 10.2[m]$

[단위환산]
- 지름 $100[mm] = \frac{100}{1,000}[m] = 0.1[m]$

빈출 42 펌프의 상사법칙 ★★★

실제 펌프와 실험에 의해 재현되는 펌프의 규모가 서로 다를 때 그 둘 간의 물리량을 서로 연관해서 해석할 수 있도록 하는 법칙

유량의 상사법칙

$$Q_2 = Q_1 \left(\frac{N_2}{N_1}\right)\left(\frac{D_2}{D_1}\right)^3$$

$\begin{bmatrix} Q : \text{유량}[m^3/min] \\ N : \text{회전수}[rpm] \\ D : \text{지름}[m] \end{bmatrix}$

전양정의 상사법칙

$$H_2 = H_1 \left(\frac{N_2}{N_1}\right)^2 \left(\frac{D_2}{D_1}\right)^2$$

$\begin{bmatrix} H : \text{전양정}[m] \\ N : \text{회전수}[rpm] \\ D : \text{지름}[m] \end{bmatrix}$

축동력의 상사법칙

$$P_2 = P_1 \left(\frac{N_2}{N_1}\right)^3 \left(\frac{D_2}{D_1}\right)^5$$

$\begin{bmatrix} P : \text{동력}[kW] \\ N : \text{회전수}[rpm] \\ D : \text{지름}[m] \end{bmatrix}$

기출 체크 2020년 1,2회 50번

전속도 N[rpm]일 때 송출량 Q[m³/min], 전양정 H[m]인 원심펌프를 상사한 조건에서 회전속도를 $1.4N$[rpm]으로 바꾸어 작동할 때 (㉠)유량과 (㉡)전양정은?

① ㉠ $1.4Q$, ㉡ $1.4H$
② ㉠ $1.4Q$, ㉡ $1.96H$
③ ㉠ $1.96Q$, ㉡ $1.4H$
④ ㉠ $1.96Q$, ㉡ $1.96H$

정답 & 해설 정답 ②

개념
펌프의 상사법칙

공식정리
(1) 유량 $Q_2 = Q_1 \left(\frac{N_2}{N_1}\right)\left(\frac{D_2}{D_1}\right)^3$

(2) 양정 $H_2 = H_1 \left(\frac{N_2}{N_1}\right)^2 \left(\frac{D_2}{D_1}\right)^2$

(3) 축동력 $L_2 = L_1 \left(\frac{N_2}{N_1}\right)^3 \left(\frac{D_2}{D_1}\right)^5$

여기서, Q : 유량[m³/min], N : 회전속도[rpm]
D : 지름[m], H : 양정[m], L : 동력[kW]

풀이
문제에서 지름에 대한 조건은 제시하지 않았기 때문에 펌프의 상사법칙에서 회전수만을 고려해서 풀어주면 된다.

1. 유량
   펌프의 상사법칙에서 유량에 해당하는 공식에 문제에서 주어진 값을 대입하면

   $$Q_2 = Q_1 \left(\frac{N_2}{N_1}\right) = Q \times \frac{1.4N}{N} = 1.4Q$$

   ∴ $Q_2 = 1.4Q$

2. 양정
   펌프의 상사법칙에서 양정에 해당하는 공식에 문제에서 주어진 값들을 대입하면

   $$H_2 = H_1 \left(\frac{N_2}{N_1}\right)^2 = H \times \left(\frac{1.4N}{N}\right)^2 = 1.96H$$

   ∴ $H_2 = 1.96H$

빈출 43 펌프의 운전 및 성능곡선 ★★

펌프의 직렬운전

유량은 변화 없고 **양정만 펌프의 대수배만큼 증가**

[펌프의 직렬운전 성능곡선]

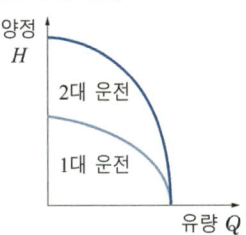

펌프의 병렬운전

양정은 변화 없고 **유량만 펌프의 대수배만큼 증가**

[펌프의 병렬운전 성능곡선]

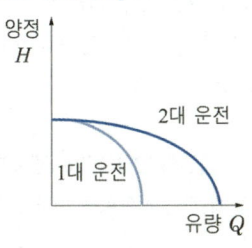

기출 체크   2022년 1회 56번

성능이 같은 3대의 펌프를 병렬로 연결하였을 경우 양정과 유량은 얼마인가? (단, 펌프 1대의 유량은 Q, 양정은 H이다)

① 유량은 $3Q$, 양정은 H
② 유량은 $3Q$, 양정은 $3H$
③ 유량은 $9Q$, 양정은 H
④ 유량은 $9Q$, 양정은 $3H$

정답 & 해설   정답 ①

개념
- 펌프의 3대의 병렬 운전
  - 유량 : $3Q$(3배로 증가)/양정 : H(변화 없음)
- 펌프의 3대의 직렬 운전
  - 유량 : Q(변화 없음)/양정 : $3H$(3배로 증가)

TIP
펌프를 병렬로 운전하면 유량은 펌프의 개수만큼 증가하고 양정은 그대로이다. 반면 펌프를 직렬로 운전하면 유량은 그대로이고, 양정은 펌프의 개수만큼 증가한다.

빈출 44 펌프 및 송풍기의 동력 계산 ★★★

수동력
펌프에 의해 유체에 주어지는 동력

$$P = \gamma Q H \begin{cases} P : \text{펌프의 수동력[kW]} \\ \gamma : \text{물의 비중량(9.8[kN/m}^3\text{])} \\ Q : \text{유량[m}^3\text{/s]} \\ H : \text{양정(높이)[m]} \end{cases}$$

축동력
전동기에 의해 펌프에 주어지는 동력

$$P = \frac{\gamma Q H}{\eta} \begin{cases} P : \text{펌프의 축동력[kW]} \\ \gamma : \text{물의 비중량(9.8[kN/m}^3\text{])} \\ Q : \text{유량[m}^3\text{/s]} \\ H : \text{양정(높이)[m]} \\ \eta : \text{펌프의 효율} \end{cases}$$

전동기 용량(펌프의 용량)
전동기의 실제 운전에 필요한 소요동력

$$P = \frac{\gamma Q H}{\eta} K \begin{cases} P : \text{전동기 용량[kW]} \\ \gamma : \text{물의 비중량(9.8[kN/m}^3\text{])} \\ Q : \text{유량[m}^3\text{/s]} \\ H : \text{양정(높이)[m]} \\ \eta : \text{효율} \\ K : \text{전달계수} \end{cases}$$

기출 체크 2022년 2회 49번

물을 송출하는 펌프의 소요동력이 70[kW], 펌프의 효율이 78[%], 전양정이 60[m]일 때, 펌프의 송출유량은 약 몇 [m³/min]인가?

① 5.57 ② 2.57
③ 1.09 ④ 0.093

정답 & 해설   정답 ①

개념
펌프(전동기)의 소요동력

공식정리
$$P = \frac{\gamma Q H}{\eta} K$$

여기서, P : 전동기 용량[kW]
γ : 물의 비중량(9.8[kN/m³])
Q : 유량[m³/s], H : 양정(높이)[m]
η : 효율, K : 전달계수

풀이
전달계수는 따로 언급되지 않았으므로 전달계수는 빼고 계산한다. 공식을 유량에 관한 식으로 정리하고 문제에서 주어진 값들을 대입하면

$$Q = \frac{P\eta}{\gamma H} = \frac{70 \times 0.78}{9.8 \times 60} ≒ 0.0929 [\text{m}^3/\text{s}] ≒ 5.57 [\text{m}^3/\text{min}]$$

∴ $Q ≒ 5.57 [\text{m}^3/\text{min}]$

[단위환산]
- 유량 $0.0929 [\text{m}^3/\text{s}] = 0.0929 \times 60 [\text{m}^3/\text{min}]$
  $≒ 5.57 [\text{m}^3/\text{min}]$

빈출 45 펌프의 이상현상 ★★★

수격현상
배관 내에 흐르는 물을 밸브로 갑작스레 차단하면 **물의 운동에너지가 압력에너지로 전환**되면서 강한 충격과 소음이 발생하는 현상

[발생원인]
- 펌프의 순간 기동이나 급정지
- 밸브의 급개폐 조작
- 유속 변화가 발생할 때
- 배관의 급격한 굴곡
- 터빈의 출력변화

[방지대책]
- 배관 내 유속을 느리게 제어한다.
- 펌프에 플라이 휠을 설치한다.
- 공기밸브를 설치한다.
- 조압수조를 설치한다.
- 에어 챔버를 설치한다.
- 수격방지기를 설치한다.
- 압력 및 방향제어밸브를 설치한다.

서징현상(맥동현상)
펌프의 입구와 출구에 부착되어 있는 진공계와 압력계의 계측 지침이 흔들리면서 **펌프의 유량이 주기적으로 변하는 현상**

[발생원인]
- 배관 중에 수조나 공기조가 있을 때
- 유량조절밸브가 탱크 뒤쪽에 설치되어 있을 때
- 펌프의 H(양정) - Q(유량) 곡선이 우상향 특성일 때

[방지대책]
- 배관 중에 수조나 공기조를 제거한다.
- 유량조절밸브를 펌프 토출측 직후에 설치한다.
- 펌프의 H(양정) - Q(유량) 곡선이 우하향 특성인 펌프 사용한다.

공동현상(캐비테이션)
펌프의 흡입측 배관 내의 물의 정압이 기존의 증기압보다 낮아져서 물이 증발하여 **기포가 발생**하고 이로 인해 물이 흡입되지 않는 현상

[발생원인]
- 펌프의 흡입수두가 클 때
- 펌프의 마찰손실이 클 때
- 펌프의 임펠러 속도가 클 때
- 펌프의 설치위치가 수원보다 높을 때
- 관내의 수온이 높을 때
- 관내 물의 정압이 기존의 증기압보다 낮을 때
- 흡입관의 구경이 작을 때
- 흡입거리가 길 때

[방지대책]
- 펌프의 흡입수두를 작게 한다.
- 펌프의 마찰손실을 작게 한다.
- 펌프의 임펠러 속도를 작게 한다.
- 펌프의 설치위치를 수원보다 낮게 한다.
- 양흡입 펌프를 사용한다.
- 관내 물의 정압을 그때의 증기압보다 높게 한다.
- 흡입관의 구경을 크게 한다.
- 펌프를 2대 이상 설치한다.

기출 체크 2023년 4회 49번

펌프의 공동현상(cavitation)을 방지하기 위한 방법이 아닌 것은?

① 펌프의 설치 위치를 되도록 낮게 하여 흡입 양정을 짧게 한다.
② 단흡입펌프보다는 양흡입펌프를 사용한다.
③ 펌프의 흡입 관경을 크게 한다.
④ 펌프의 회전수를 크게 한다.

정답 정답 ④

PART 4 소방기계시설의 구조 및 원리

빈출 46 특정소방대상물별 소화기구의 능력단위 ★★★

특정소방대상물	소화기구의 능력단위
위락시설	해당 용도의 바닥면적 30[m²]마다 능력단위 1단위 이상
공연장·집회장·관람장·문화재·장례식장·의료시설	해당 용도의 바닥면적 50[m²]마다 능력단위 1단위 이상
근린생활시설·판매시설·운수시설·숙박시설·노유자시설·전시장·공동주택·업무시설·방송통신시설·공장·창고시설·항공기 및 자동차 관련 시설·관광휴게시설	해당 용도의 바닥면적 100[m²]마다 능력단위 1단위 이상
그 밖의 것	해당 용도의 바닥면적 200[m²]마다 능력단위 1단위 이상

소화기구의 능력단위를 산출함에 있어서 건축물의 주요구조부가 내화구조이고, 벽 및 반자의 실내에 면하는 부분이 불연재료·준불연재료 또는 난연재료로 된 특정소방대상물에 있어서는 위 표의 바닥면적의 2배를 해당 특정소방대상물의 기준면적으로 한다.

기출 체크 2018년 4회 79번

바닥면적이 1,300[m²]인 관람장에 소화기구를 설치할 경우 소화기구의 최소 능력단위는? (단, 주요구조부가 내화구조이고, 벽 및 반자의 실내와 면하는 부분이 불연재료로 된 특정 소방대상물이다)

① 7단위 ② 13단위
③ 22단위 ④ 26단위

정답 & 해설 정답 ②

개념
특정소방대상물별 소화기구의 능력단위

특정소방대상물	소화기구의 능력단위
위락시설	해당 용도의 바닥면적 30[m²]마다 능력단위 1단위 이상
공연장·집회장·관람장·문화재·장례식장·의료시설	해당 용도의 바닥면적 50[m²]마다 능력단위 1단위 이상
근린생활시설·판매시설·운수시설·숙박시설·노유자시설·전시장·공동주택·업무시설·방송통신시설·공장·창고시설·항공기 및 자동차 관련 시설·관광휴게시설	해당 용도의 바닥면적 100[m²]마다 능력단위 1단위 이상
그 밖의 것	해당 용도의 바닥면적 200[m²]마다 능력단위 1단위 이상

• 소화기구의 능력단위를 산출함에 있어서 건축물의 주요구조부가 내화구조이고, 벽 및 반자의 실내에 면하는 부분이 불연재료·준불연재료 또는 난연재료로 된 특정소방대상물에 있어서는 위 표의 바닥면적의 2배를 해당 특정소방대상물의 기준면적으로 한다.

풀이
관람장은 해당 용도의 바닥면적 50[m²]마다 능력단위 1단위 이상의 소화기구를 배치한다. 하지만 주요구조부가 내화구조이고, 벽 및 반자의 실내에 면하는 부분이 불연재료로 된 노유자시설이기 때문에 2배인 바닥면적 100[m²]마다 능력단위 1단위 이상의 소화기구를 배치한다. 바닥면적이 1,300[m²]이기 때문에 기준면적으로 나누어주면

$$능력단위 = \frac{바닥면적}{기준면적} = \frac{1,300}{100} = 13단위$$

∴ 능력단위 = 13단위

빈출 47 소화기구의 소화약제별 적응성 ★★★

소화약제		일반화재 (A급화재)	유류화재 (B급화재)	전기화재 (C급화재)
분말	중탄산염류	–	○	○
	인산염류	○	○	○
가스	할론	○	○	○
	이산화탄소	–	○	○
	할로겐화합물 및 불활성 기체	○	○	○
액체	강화액	○	○	*
	포	○	○	*
기타	마른모래	○	○	–
	팽창질석· 팽창진주암	○	○	–

* : 조건부 적응성 인정

빈출 48 소화약제 외의 것을 이용한 간이소화용구 ★★

간이소화용구		능력단위
마른모래	삽을 상비한 50[L] 이상의 것 1포	0.5
팽창질석 또는 팽창진주암	삽을 상비한 80[L] 이상의 것 1포	

기출 체크 2018년 2회 75번

소화기구의 소화약제별 적응성 중 C급 화재에 적응성이 없는 소화약제는?

① 마른 모래
② 할로겐화합물 및 불활성기체 소화약제
③ 이산화탄소 소화약제
④ 중탄산염류 소화약제

정답 ①

기출 체크 2018년 2회 76번

소화약제 외의 것을 이용한 간이소화용구의 능력단위 기준 중 다음 (   ) 안에 알맞은 것은?

간이소화용구		능력단위
마른모래	삽을 상비한 50[L] 이상의 것 1포	( )단위

① 0.5 ② 1
③ 3   ④ 5

정답 ①

빈출 49 배관 내 사용 압력에 따른 배관의 종류

배관 내 사용압력	배관의 종류
1.2[MPa] 미만	• 배관용 탄소강관 • 이음매 없는 구리 및 구리합금관 (다만, 습식의 배관에 한함) • 배관용 스테인리스강관 또는 일반 배관용 스테인리스강관 • 덕타일 주철관
1.2[MPa] 이상	• 압력 배관용 탄소강관 • 배관용 아크 용접 탄소강관

- 펌프의 토출 측 주배관의 구경은 유속이 4[m/s] 이하가 될 수 있는 크기 이상이어야 한다.
- 연결송수관설비와 겸용하는 경우 주배관은 구경 100[mm] 이상, 방수구로 연결되는 배관의 구경은 65[mm] 이상의 것으로 해야 한다.
- 가압송수장치에는 체절운전 시 수온의 상승을 방지하기 위하여 체크밸브와 펌프 사이에서 분기한 구경 배관에 체절압력 미만에서 개방되는 릴리프밸브를 설치해야 한다.

기출 체크   2019년 1회 65번

스프링클러소화설비의 배관 내 압력이 얼마 이상일 때 압력배관용 탄소강관을 사용해야 하는가?

① 0.1[MPa]   ② 0.5[MPa]
③ 0.8[MPa]   ④ 1.2[MPa]

정답 ④

빈출 50 옥외소화전설비 성능시험배관의 기준

- 펌프의 토출측에 설치된 개폐밸브 이전에 분기하여 설치할 것
- 유량측정장치를 기준으로 전단 직관부에 개폐밸브를, 후단 직관부에 유량조절밸브를 설치할 것
- 유량측정장치는 성능시험배관의 직관부에 설치하되, 펌프의 정격토출량 175[%] 이상 측정할 수 있는 성능이 있을 것

기출 체크   2022년 1회 65번

옥외소화전설비의 화재안전기준상 옥외소화전설비에서 성능시험배관의 직관부에 설치된 유량측정장치는 펌프 및 정격토출량의 최소 몇 [%] 이상 측정할 수 있는 성능이 있어야 하는가?

① 175   ② 150
③ 75   ④ 50

정답 ①

빈출 51 스프링클러헤드의 공간 ★★★

구분	거리
벽과 스프링클러헤드 간의 공간	10[cm] 이상
스프링클러헤드의 자체 공간	반경 60[cm] 이상
스프링클러헤드와 부착면 간의 공간	30[cm] 이하

 2022년 1회 76번

스프링클러설비의 화재안전기준상 스프링클러헤드 설치 시 살수가 방해되지 아니하도록 벽과 스프링클러헤드 간의 공간은 최소 몇 [cm] 이상으로 하여야 하는가?

① 60
② 30
③ 20
④ 10

정답 ④

빈출 52 폐쇄형스프링클러헤드의 표시온도 ★★

설치장소의 최고 주위온도	표시온도
39[℃] 미만	79[℃] 미만
39[℃] 이상 64[℃] 미만	79[℃] 이상 121[℃] 미만
64[℃] 이상 106[℃] 미만	121[℃] 이상 162[℃] 미만
106[℃] 이상	162[℃] 이상

기출 체크 2023년 2회 70번

스프링클러설비의 화재안전기준에 따라 폐쇄형스프링클러헤드를 최고 주위온도 40[℃]인 장소(공장 및 창고 제외)에 설치할 경우 표시온도는 몇 [℃]의 것을 설치하여야 하는가?

① 79[℃] 미만
② 79[℃] 이상 121[℃] 미만
③ 121[℃] 이상 162[℃] 미만
④ 162[℃] 이상

정답 ②

빈출 53 포소화약제의 혼합장치

라인 프로포셔너 방식
펌프와 발포기의 중간에 설치된 벤추리관의 벤추리작용에 따라 포소화약제를 흡입·혼합하는 방식

프레셔사이드 프로포셔너방식
펌프의 토출관에 **압입기를 설치**하여 포소화약제 압입용 펌프로 포소화약제를 압입시켜 혼합하는 방식

프레셔 프로포셔너방식
펌프와 **발포기의 중간에 설치된 벤추리관의 벤추리작용과 펌프 가압수의 포소화약제 저장탱크에 대한 압력**에 따라 포소화약제를 흡입·혼합하는 방식

펌프 프로포셔너방식
펌프의 토출관과 흡입관 사이의 배관 도중에 설치한 흡입기에 펌프에서 토출된 물의 일부를 보내고, 농도 조정밸브에서 조정된 포소화약제의 필요량을 포소화약제 저장탱크에서 펌프 흡입측으로 보내어 이를 혼합하는 방식

기출 체크 2018년 2회 72번

포 소화약제의 혼합장치에 대한 설명 중 옳은 것은?

① 라인 프로포셔너방식 이란 펌프의 토출관과 흡입관 사이의 배관 도중에 설치한 흡입기에 펌프에서 토출된 물의 일부를 보내고, 농도 조절밸브에서 조정된 포 소화약제의 필요량을 포 소화약제 탱크에서 펌프 흡입측으로 보내어 이를 혼합하는 방식을 말한다.
② 프레셔사이드 프로포셔너방식 이란 펌프의 토출관에 압입기를 설치하여 포 소화약제 압입용펌프로 포 소화약제를 압입시켜 혼합하는 방식을 말한다.
③ 프레셔 프로포셔너방식 이란 펌프와 발포기 중간에 설치된 벤추리관의 벤추리작용에 따라 포 소화약제를 흡입·혼합하는 방식을 말한다.
④ 펌프 프로포셔너방식 이란 펌프와 발포기의 중간에 설치된 벤추리관의 벤추리작용과 펌프 가압수의 포 소화약제 저장탱크에 대한 압력에 따라 포 소화약제를 흡입·혼합하는 방식을 말한다.

 정답 정답 ②

빈출 54 특정소방대상물에 따른 포소화설비의 적응성 ★★

특정소방대상물	포소화설비
• 특수가연물을 저장·취급하는 공장 또는 창고 • 항공기격납고 • 차고 또는 주차장	• 포워터스프링클러설비 • 고정포방출설비 • 압축공기포소화설비 • 포헤드설비
• 완전 개방된 옥상주차장 또는 고가 밑의 주차장으로서 주된 벽이 없고 기둥 뿐이거나 주위가 위해 방지용 철주 등으로 둘러쌓인 부분 • 지상 1층 차고·주차장으로서 지붕이 없는 부분	• 호스릴포소화설비 • 포소화전설비
• 발전기실, 변압기, 전기케이블실, 엔진펌프실, 유압설비로서 바닥면적의 합계 300[m²] 미만의 장소	• 고정식 압축공기포소화설비

기출 체크 2018년 1회 64번

차고·주차장의 부분에 호스릴포소화설비 또는 포소화전설비를 설치할 수 있는 기준 중 틀린 것은?

① 지상 1층으로서 방화구획 되거나 지붕이 없는 부분
② 고가 밑의 주차장으로서 주된 벽이 없고 기둥 뿐이거나 주위가 위해방지용 철주 등으로 둘러쌓인 부분
③ 옥외로 통하는 개구부가 상시 개방된 구조의 부분으로서 그 개방된 부분의 합계면적이 해당 차고 또는 주차장의 바닥면적의 20[%] 이상인 부분
④ 완전 개방된 옥상주차장

정답 ③

빈출 55 포소화설비 자동식 기동장치의 폐쇄형 스프링클러헤드 ★★★

• 표시온도가 79[°C] 미만인 것을 사용하고, 1개의 스프링클러헤드의 경계면적은 20[m²] 이하로 할 것
• 부착면의 높이는 바닥으로부터 5[m] 이하로 하고, 화재를 유효하게 감지할 수 있도록 할 것
• 하나의 감지장치 경계구역은 하나의 층이 되도록 할 것

기출 체크 2019년 2회 77번

포소화설비의 자동식 기동장치를 폐쇄형 스프링클러헤드의 개방과 연동하여 가압송수장치·일제개방밸브 및 포 소화약제 혼합 장치를 기동하는 경우 다음 ( ) 안에 알맞은 것은? (단, 자동화재탐지설비의 수신기가 설치된 장소에 상시 사람이 근무하고 있고, 화재시 즉시 해당 조작부를 작동시킬 수 있는 경우는 제외한다)

표시온도가 (㉠)[°C] 미만인 것을 사용하고, 1개의 스프링클러헤드의 경계면적은 (㉡)[m²] 이하로 할 것

① ㉠ 79, ㉡ 8   ② ㉠ 121, ㉡ 8
③ ㉠ 79, ㉡ 20   ④ ㉠ 121, ㉡ 20

정답 ③

빈출 56 압축공기포소화설비의 분사헤드 ★★★

구분	설치개수
유류탱크 주위	13.9[m²] 마다 1개 이상
특수가연물 저장소	9.3[m²] 마다 1개 이상

기출 체크 2020년 3회 70번

포소화설비의 화재안전기준상 포헤드의 설치 기준 중 다음 괄호 안에 알맞은 것은?

> 압축공기포소화설비의 분사헤드는 천장 또는 반자에 설치하되 방호대상물에 따라 측벽에 설치할 수 있으며 유류탱크 주위에는 바닥면적 (㉠)[m²]마다 1개 이상, 특수가연물저장소에는 바닥면적 (㉡)[m²]마다 1개 이상으로 당해 방호대상물의 화재를 유효하게 소화할 수 있도록 할 것

① ㉠ 8, ㉡ 9 ② ㉠ 9, ㉡ 8
③ ㉠ 9.3, ㉡ 13.9 ④ ㉠ 13.9, ㉡ 9.3

정답 ④

빈출 57 물분무소화설비의 수원 ★★★

설치장소	가압송수장치 토출량 [L/min·m²]	방수시간 [min]	기준면적 [m²]
특수가연물을 저장·취급하는 특정소방대상물	10	20	바닥면적 (최소 50[m²])
절연유 봉입 변압기	10		바닥부분을 제외한 표면적
컨베이어 벨트 (콘베이어 벨트)	10		벨트 부분의 바닥면적
케이블트레이, 케이블 덕트	12		투영된 바닥면적
차고·주차장	20		바닥면적 (최소 50[m²])

기출 체크 2022년 2회 79번

다음은 물분무소화설비의 화재안전기준에 따른 수원의 저수량 기준이다. ( )에 들어갈 내용으로 옳은 것은?

> 특수가연물을 저장 또는 취급하는 특정소방대상물 또는 그 부분에 있어서 수원의 저수량은 그 바닥면적 1[m²]에 대하여 ( )[L/min]로 20분간 방수할 수 있는 양 이상으로 할 것

① 10 ② 12
③ 15 ④ 20

정답 ①

빈출 58 물분무소화설비의 배수설비 ★★

- 차량이 주차하는 바닥은 배수구를 향하여 $\frac{2}{100}$ 이상의 기울기를 유지할 것
- 차량이 주차하는 장소의 적당한 곳에 높이 10[cm] 이상의 경계턱으로 배수구를 설치할 것
- 배수설비는 가압송수장치의 최대송수능력의 수량을 유효하게 배수할 수 있는 크기 및 기울기로 할 것
- 배수구에는 새어나온 기름을 모아 소화할 수 있도록 길이 40[m] 이하마다 집수관·소화핏트 등 기름분리 장치를 설치할 것

기출 체크　　　　　2018년 2회 78번

물분무소화설비를 설치하는 차고의 배수설비 설치기준 중 틀린 것은?

① 차량이 주차하는 장소의 적당한 곳에 높이 10[cm] 이상의 경계턱으로 배수구를 설치할 것
② 길이 40[m] 이하마다 집수관, 소화핏트 등 기름분리장치를 설치할 것
③ 차량이 주차하는 바닥은 배수구를 향하여 100분의 1 이상의 기울기를 유지할 것
④ 배수설비는 가압송수장치의 최대 송수능력의 수량을 유효하게 배수할 수 있는 크기 및 기울기로 할 것

정답 ③

빈출 59 이산화탄소소화약제 저장용기의 기준 ★★★

- 저압식 저장용기에는 내압시험압력의 0.64배부터 0.8배의 압력에서 작동하는 안전밸브와 내압시험압력의 0.8배부터 내압시험압력에서 작동하는 봉판을 설치할 것
- 저장용기의 충전비는 고압식은 1.5 이상 1.9 이하, 저압식은 1.1 이상 1.4 이하로 할 것
- 저압식 저장용기에는 액면계 및 압력계와 2.3[MPa] 이상 1.9[MPa] 이하의 압력에서 작동하는 압력경보 장치를 설치할 것
- 저압식 저장용기에는 용기 내부의 온도가 -18[℃] 이하에서 2.1[MPa]의 압력을 유지할 수 있는 자동 냉동장치를 설치할 것
- 저장용기는 고압식은 25[MPa] 이상, 저압식은 3.5[MPa] 이상의 내압시험 압력에 합격한 것으로 할 것

기출 체크　　　　　2018년 2회 62번

이산화탄소 소화약제의 저장용기 설치기준 중 옳은 것은?

① 저장용기의 충전비는 고압식은 1.9 이상 2.3 이하, 저압식은 1.5 이상 1.9 이하로 할 것
② 저압식 저장용기에는 액면계 및 압력계와 2.1[MPa] 이상 1.9[MPa] 이하의 압력에서 작동하는 압력경보장치를 설치할 것
③ 저장용기 고압식은 25[MPa] 이상, 저압식은 3.5[MPa] 이상의 내압시험압력에 합격한 것으로 할 것
④ 저압식 저장용기에는 내압시험압력의 1.8배의 압력에서 작동하는 안전밸브와 내압시험압력의 0.8배로부터 내압시험압력에서 작동하는 봉판을 설치할 것

정답 ③

빈출 60 의료시설·근린생활시설 중 입원실이 있는 의원·접골원·조산원 피난기구의 적응성

	1층	2층	3층	4층 이상 10층 이하
의료시설·근린생활시설 중 입원실이 있는 의원·접골원·조산원	-	-	• 미끄럼대 • 구조대 • 피난교 • 피난용트랩 • 다수인피난장비 • 승강식피난기	• 구조대 • 피난교 • 피난용트랩 • 다수인피난장비 • 승강식피난기

기출 체크 — 2021년 1회 79번

피난기구의 화재안전기준상 의료시설에 구조대를 설치해야 할 층이 아닌 것은?

① 2 　　② 3
③ 4 　　④ 5

정답 ①

빈출 61 소화용수설비

상수도소화용수설비의 설치기준 ★★★

- 호칭지름 75[mm] 이상의 수도배관에 호칭지름 100[mm] 이상의 소화전을 접속할 것
- 소화전은 소방자동차 등의 진입이 쉬운 도로변 또는 공지에 설치할 것
- 소화전은 특정소방대상물의 **수평투영면의 각 부분으로부터 140[m] 이하**가 되도록 설치할 것

소화수조 및 저수조의 저수량 ★★

$$저수량 = \frac{연면적}{기준면적}(절상한\ 값) \times 20[m^3]$$

소방대상물의 구분	기준면적[m²]
1층 및 2층의 바닥면적 합계가 15,000[m²] 이상인 특정소방대상물	7,500
그 밖의 특정소방대상물	12,500

소화용수설비에 설치하는 채수구의 수 ★★

소요수량[m³]	20 이상 40 미만	40 이상 100 미만	100 이상
채수구의 수	1개	2개	3개

기출 체크 — 2023년 2회 75번

소화용수설비에서 소화수조의 소요수량이 20[m³] 이상 40[m³] 미만인 경우에 설치하여야 하는 채수구의 개수는?

① 1개 　　② 2개
③ 3개 　　④ 4개

정답 ①

빈출 62 특수피난계단의 계단실 및 부속실 제연설비의 차압 등 ★★★

- 제연구역과 옥내 사이에 유지하여야 하는 **최소차압은 40[Pa]**(옥내에 스프링클러설비가 설치된 경우는 12.5[Pa]) 이상
- **제연설비가 가동되었을 경우 출입문의 개방에 필요한 힘은 110[N] 이하**
- 출입문이 일시적으로 개방되는 경우 개방되지 아니하는 제연구역과 옥내와의 차압은 기준차압의 70[%] 이상
- 계단실과 부속실을 동시에 제연하는 경우 부속실의 기압은 계단실과 같게 하거나 계단실의 기압보다 낮게 할 경우에는 **부속실과 계단실의 압력 차이는 5[Pa] 이하**
- 계단실 및 그 부속실을 동시에 제연하는 것 또는 계단실만 제연할 때의 방연풍속은 0.5[m/s] 이상

 기출 체크　　　2023년 4회 77번

특별피난계단의 계단실 및 부속실 제연설비의 차압 등에 관한 기준 중 옳은 것은?

① 제연설비가 가동되었을 경우 출입문의 개방에 필요한 힘은 130[N] 이하로 하여야 한다.
② 제연구역과 옥내와의 사이에 유지하여야 하는 최소차압은 40[Pa](옥내에 스프링클러설비가 설치된 경우에는 12.5 [Pa]) 이상으로 하여야 한다.
③ 피난을 위하여 제연구역의 출입문이 일시적으로 개방되는 경우 개방되지 아니하는 제연구역과 옥내와의 차압은 기준 차압의 60[%] 미만이 되어서는 아니 된다.
④ 계단실과 부속실을 동시에 제연 하는 경우 부속실의 기압은 계단실과 같게 하거나 계단실의 기압보다 낮게 할 경우에는 부속실과 계단실의 압력차이는 10[Pa] 이하가 되도록 하여야 한다.

 정답　　　　　　　　　　　　　　정답 ②

중요도 ☆☆☆☆☆   복습 1 2 3 4 5   문제위치

문제

소방설비기사
오답노트
자주 틀리는 문제를 공략하라!

키 워 드

틀린이유

POINT

풀이

중요도 ★★★★☆   복습 1 2 3 4 5   문제위치

문제

문제의 중요도를 체크하고 몇 번 복습을 하였는지 기록한다.

가연물이 연소가 잘 되기 위한 구비조건으로 틀린 것은?

① 열전도율이 클 것
② 산소와 화학적으로 친화력이 클 것
③ 표면적이 클 것
④ 활성화 에너지가 작을 것

문제와 정답을 간략하게 적는다.
(본인이 이해할 수 있도록 어느정도 정리하여 넣는다)

키 워 드 가연물의 연소 조건

틀린이유 개념에 대한 암기 부족

POINT

빠르게 외울 수 있는 키워드와 문제의 포인트를 정리하여 시험장 가기 전 빠르게 훑어본다.

풀이

가연물이 연소가 잘 되기 위한 구비조건

① 열전도율이 ~~클~~ 것
→ 가연물의 열전도율이 크면 가연물 내부에 열을 축적하지 않고
  외부로 열을 방출하기 때문에 연소가 잘 안 된다.

풀이를 직접 적어보며 개념에 대해 상기한다.

중요도 ☆☆☆☆☆	복습 1 2 3 4 5		문제위치
문제			키 워 드
			틀린이유
			POINT
풀이			

중요도 ☆☆☆☆☆	복습 1 2 3 4 5		문제위치
문제			키 워 드
			틀린이유
			POINT
풀이			

| 중요도 ☆ ☆ ☆ ☆ ☆ | 복습 1 2 3 4 5 | 문제위치 |

문제

풀이

키 워 드

틀린이유

POINT

| 중요도 ☆ ☆ ☆ ☆ ☆ | 복습 1 2 3 4 5 | 문제위치 |

문제

풀이

키 워 드

틀린이유

POINT

중요도 ☆☆☆☆☆	복습 1 2 3 4 5	문제위치

문제	키 워 드
	틀린이유
	POINT

풀이

중요도 ☆☆☆☆☆	복습 1 2 3 4 5	문제위치

문제	키 워 드
	틀린이유
	POINT

풀이

중요도 ☆☆☆☆☆　　복습 1 2 3 4 5	문제위치
문제	키 워 드
	틀린이유
	POINT
풀이	

중요도 ☆☆☆☆☆　　복습 1 2 3 4 5	문제위치
문제	키 워 드
	틀린이유
	POINT
풀이	

중요도 ☆☆☆☆☆ 복습 1 2 3 4 5	문제위치
문제	키 워 드
	틀린이유
	POINT
풀이	

중요도 ☆☆☆☆☆ 복습 1 2 3 4 5	문제위치
문제	키 워 드
	틀린이유
	POINT
풀이	

중요도 ☆☆☆☆☆　　복습 1 2 3 4 5	문제위치
문제	키워드
	틀린이유
	POINT
풀이	

중요도 ☆☆☆☆☆　　복습 1 2 3 4 5	문제위치
문제	키워드
	틀린이유
	POINT
풀이	

중요도 ☆☆☆☆☆	복습 1 2 3 4 5	문제위치

문제

풀이

키 워 드

틀린이유

POINT

중요도 ☆☆☆☆☆	복습 1 2 3 4 5	문제위치

문제

풀이

키 워 드

틀린이유

POINT

중요도 ☆☆☆☆☆	복습 ①②③④⑤	문제위치

문제

풀이

키 워 드

틀린이유

POINT

중요도 ☆☆☆☆☆	복습 ①②③④⑤	문제위치

문제

풀이

키 워 드

틀린이유

POINT

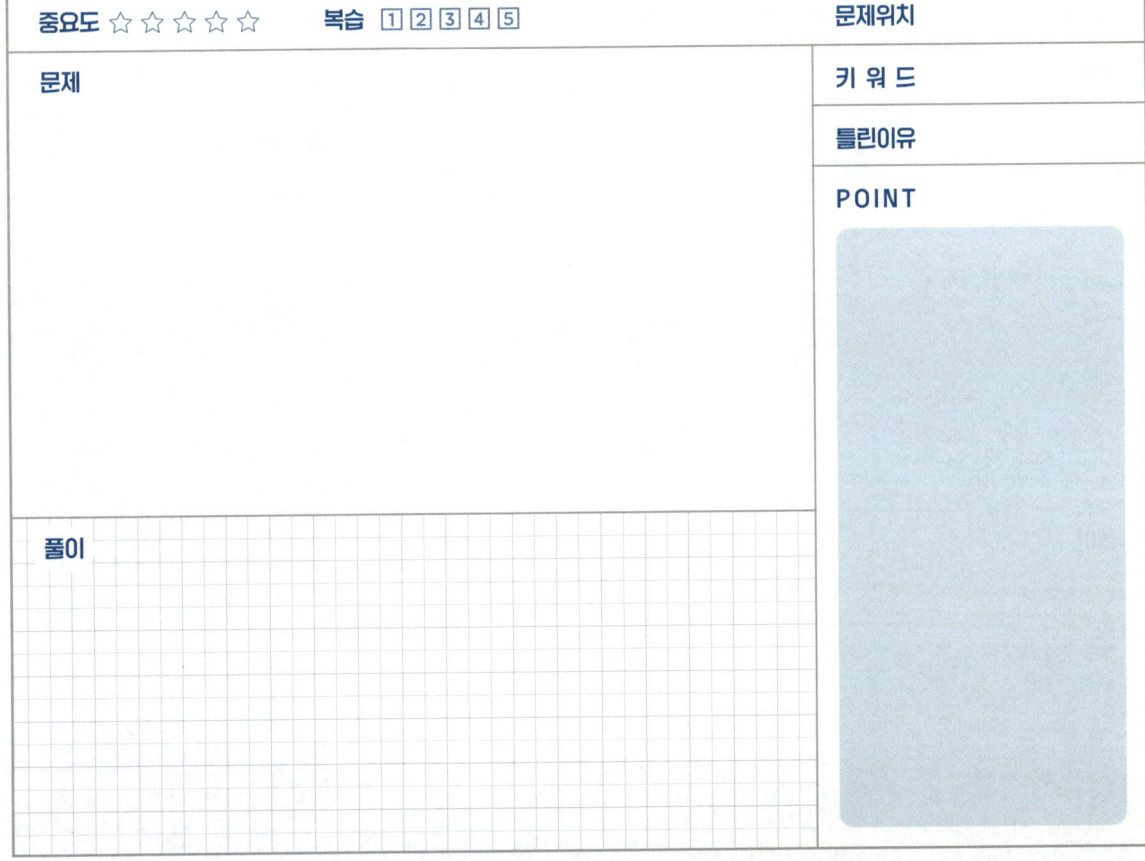

중요도 ☆☆☆☆☆	복습 1 2 3 4 5	문제위치

문제

풀이

키 워 드

틀린이유

POINT

중요도 ☆☆☆☆☆	복습 1 2 3 4 5	문제위치

문제

풀이

키 워 드

틀린이유

POINT

중요도 ☆☆☆☆☆	복습 1 2 3 4 5	문제위치

문제

키 워 드

틀린이유

POINT

풀이

중요도 ☆☆☆☆☆	복습 1 2 3 4 5	문제위치

문제

키 워 드

틀린이유

POINT

풀이

중요도 ☆☆☆☆☆ 복습 1 2 3 4 5	문제위치
문제	키 워 드
	틀린이유
	POINT
풀이	

중요도 ☆☆☆☆☆ 복습 1 2 3 4 5	문제위치
문제	키 워 드
	틀린이유
	POINT
풀이	

| 중요도 ☆☆☆☆☆ | 복습 1 2 3 4 5 | 문제위치 |
|---|---|---|али

문제

풀이

키 워 드

틀린이유

POINT

| 중요도 ☆☆☆☆☆ | 복습 1 2 3 4 5 | 문제위치 |

문제

풀이

키 워 드

틀린이유

POINT

중요도 ☆☆☆☆☆ 복습 1 2 3 4 5	문제위치
문제	키 워 드
	틀린이유
	POINT
풀이	

중요도 ☆☆☆☆☆ 복습 1 2 3 4 5	문제위치
문제	키 워 드
	틀린이유
	POINT
풀이	

중요도 ☆☆☆☆☆	복습 1 2 3 4 5	문제위치

문제

풀이

키 워 드

틀린이유

POINT

중요도 ☆☆☆☆☆	복습 1 2 3 4 5	문제위치

문제

풀이

키 워 드

틀린이유

POINT

중요도 ☆☆☆☆☆	복습 1 2 3 4 5	문제위치

문제

풀이

키워드

틀린이유

POINT

중요도 ☆☆☆☆☆	복습 1 2 3 4 5	문제위치

문제

풀이

키워드

틀린이유

POINT

중요도 ☆☆☆☆☆ 복습 ①②③④⑤	문제위치
문제	키 워 드
	틀린이유
	POINT
풀이	

중요도 ☆☆☆☆☆ 복습 ①②③④⑤	문제위치
문제	키 워 드
	틀린이유
	POINT
풀이	

중요도 ☆☆☆☆☆　　복습 １２３４５　　　　　　문제위치

문제

풀이

키워드

틀린이유

POINT

중요도 ☆☆☆☆☆　　복습 １２３４５　　　　　　문제위치

문제

풀이

키워드

틀린이유

POINT

중요도 ☆ ☆ ☆ ☆ ☆	복습 ① ② ③ ④ ⑤	문제위치
문제		키 워 드
		틀린이유
		POINT
풀이		

중요도 ☆ ☆ ☆ ☆ ☆	복습 ① ② ③ ④ ⑤	문제위치
문제		키 워 드
		틀린이유
		POINT
풀이		

중요도 ☆ ☆ ☆ ☆ ☆   **복습** 1 2 3 4 5   **문제위치**

문제

키 워 드

틀린이유

POINT

풀이

중요도 ☆ ☆ ☆ ☆ ☆   **복습** 1 2 3 4 5   **문제위치**

문제

키 워 드

틀린이유

POINT

풀이

중요도 ☆ ☆ ☆ ☆ ☆　　복습 ① ② ③ ④ ⑤　　　　　　문제위치

문제

키 워 드

틀린이유

POINT

풀이

중요도 ☆ ☆ ☆ ☆ ☆　　복습 ① ② ③ ④ ⑤　　　　　　문제위치

문제

키 워 드

틀린이유

POINT

풀이

중요도 ☆☆☆☆☆	복습 ①②③④⑤	문제위치
문제		키 워 드
		틀린이유
		POINT
풀이		

중요도 ☆☆☆☆☆	복습 ①②③④⑤	문제위치
문제		키 워 드
		틀린이유
		POINT
풀이		

중요도 ☆☆☆☆☆	복습 1 2 3 4 5	문제위치

문제	키 워 드
	틀린이유
	POINT

풀이

중요도 ☆☆☆☆☆	복습 1 2 3 4 5	문제위치

문제	키 워 드
	틀린이유
	POINT

풀이

중요도 ☆☆☆☆☆	복습 1 2 3 4 5	문제위치

문제

풀이

키 워 드

틀린이유

POINT

중요도 ☆☆☆☆☆	복습 1 2 3 4 5	문제위치

문제

풀이

키 워 드

틀린이유

POINT

중요도 ☆☆☆☆☆ 복습 1 2 3 4 5	문제위치
문제	키 워 드
	틀린이유
	POINT
풀이	

중요도 ☆☆☆☆☆ 복습 1 2 3 4 5	문제위치
문제	키 워 드
	틀린이유
	POINT
풀이	

중요도 ☆☆☆☆☆ 복습 1 2 3 4 5	문제위치
문제	키 워 드
	틀린이유
	POINT
풀이	

중요도 ☆☆☆☆☆ 복습 1 2 3 4 5	문제위치
문제	키 워 드
	틀린이유
	POINT
풀이	

중요도 ☆☆☆☆☆	복습 1 2 3 4 5	문제위치

문제

풀이

키 워 드

틀린이유

POINT

중요도 ☆☆☆☆☆	복습 1 2 3 4 5	문제위치

문제

풀이

키 워 드

틀린이유

POINT

중요도 ☆☆☆☆☆	복습 1 2 3 4 5	문제위치
문제		키 워 드
		틀린이유
		POINT
풀이		

중요도 ☆☆☆☆☆	복습 1 2 3 4 5	문제위치
문제		키 워 드
		틀린이유
		POINT
풀이		

중요도 ☆☆☆☆☆	복습 1 2 3 4 5	문제위치

문제

풀이

키 워 드

틀린이유

POINT

중요도 ☆☆☆☆☆	복습 1 2 3 4 5	문제위치

문제

풀이

키 워 드

틀린이유

POINT

중요도 ☆☆☆☆☆	복습 1 2 3 4 5	문제위치

문제

풀이

키 워 드

틀린이유

POINT

중요도 ☆☆☆☆☆	복습 1 2 3 4 5	문제위치

문제

풀이

키 워 드

틀린이유

POINT

중요도 ☆☆☆☆☆	복습 1 2 3 4 5	문제위치

문제

풀이

키 워 드

틀린이유

POINT

중요도 ☆☆☆☆☆	복습 1 2 3 4 5	문제위치

문제

풀이

키 워 드

틀린이유

POINT

| 중요도 ☆☆☆☆☆ | 복습 1 2 3 4 5 | 문제위치 |

문제

풀이

키 워 드

틀린이유

POINT

| 중요도 ☆☆☆☆☆ | 복습 1 2 3 4 5 | 문제위치 |

문제

풀이

키 워 드

틀린이유

POINT

중요도 ☆☆☆☆☆	복습 1 2 3 4 5	문제위치

문제

풀이

키 워 드

틀린이유

POINT

중요도 ☆☆☆☆☆	복습 1 2 3 4 5	문제위치

문제

풀이

키 워 드

틀린이유

POINT

중요도 ☆☆☆☆☆	복습 1 2 3 4 5	문제위치

문제

풀이

키 워 드

틀린이유

POINT

중요도 ☆☆☆☆☆	복습 1 2 3 4 5	문제위치

문제

풀이

키 워 드

틀린이유

POINT

중요도 ☆☆☆☆☆	복습 1 2 3 4 5	문제위치
문제		키 워 드
		틀린이유
		POINT
풀이		

중요도 ☆☆☆☆☆	복습 1 2 3 4 5	문제위치
문제		키 워 드
		틀린이유
		POINT
풀이		

중요도 ☆ ☆ ☆ ☆ ☆   **복습** 1 2 3 4 5

문제위치

문제

풀이

키 워 드

틀린이유

POINT

중요도 ☆ ☆ ☆ ☆ ☆   **복습** 1 2 3 4 5

문제위치

문제

풀이

키 워 드

틀린이유

POINT

중요도 ☆ ☆ ☆ ☆ ☆	복습 1 2 3 4 5	문제위치

문제

풀이

키 워 드

틀린이유

POINT

중요도 ☆ ☆ ☆ ☆ ☆	복습 1 2 3 4 5	문제위치

문제

풀이

키 워 드

틀린이유

POINT

중요도 ☆ ☆ ☆ ☆ ☆   복습 1 2 3 4 5

문제위치

문제

풀이

키 워 드

틀린이유

POINT

중요도 ☆ ☆ ☆ ☆ ☆   복습 1 2 3 4 5

문제위치

문제

풀이

키 워 드

틀린이유

POINT

중요도 ☆☆☆☆☆	복습 1 2 3 4 5	문제위치
문제		키 워 드
		틀린이유
		POINT
풀이		

중요도 ☆☆☆☆☆	복습 1 2 3 4 5	문제위치
문제		키 워 드
		틀린이유
		POINT
풀이		

중요도 ☆☆☆☆☆	복습 1 2 3 4 5	문제위치

문제

풀이

키워드

틀린이유

POINT

중요도 ☆☆☆☆☆	복습 1 2 3 4 5	문제위치

문제

풀이

키워드

틀린이유

POINT

물이

POINT

난이도 ★☆☆☆☆ · 녹습 ①②③④⑤

문제: 동저의치

기 여 그

난이도

물이

POINT

문제: 동저의치

난이도 ★☆☆☆☆ · 녹습 ①②③④⑤

기 여 그

난이도

POINT

기억 그

틀린 이유

운제사진

복습 1 2 3 4 5

중요도 ☆ ☆ ☆ ☆ ☆

풀이

문제

POINT

기억 그

틀린 이유

운제사진

복습 1 2 3 4 5

중요도 ☆ ☆ ☆ ☆ ☆

풀이

문제

POINT

기한	틀린이유

오답노트 ☆☆☆☆☆   난도 ①②③④⑤

문제

풀이

POINT

기한	틀린이유

오답노트 ☆☆☆☆☆   난도 ①②③④⑤

문제

풀이

POINT

기억트

틀린이유

응원군 ☆ ☆ ☆ ☆ ☆ 난도 1 2 3 4 5	문제위치

문제

풀이

POINT

기억트

틀린이유

응원군 ☆ ☆ ☆ ☆ ☆ 난도 1 2 3 4 5	문제위치

문제

풀이

오답노트 난이도 ☆☆☆☆☆ 복습 1 2 3 4 5

기하 드

틀린이유

POINT

풀이

문제

오답노트 난이도 ☆☆☆☆☆ 복습 1 2 3 4 5

기하 드

틀린이유

POINT

풀이

문제

POINT

기분 / 들인이름

운영로 ☆☆☆☆☆ 별점 ①②③④⑤ 인재하지

문제

풀이

POINT

기분 / 들인이름

운영로 ☆☆☆☆☆ 별점 ①②③④⑤ 인재하지

문제

풀이

오답노트

별점 ☆☆☆☆☆ 난도 ① ② ③ ④ ⑤

문제

풀이

POINT

기억도
틀린이유

오답노트

별점 ☆☆☆☆☆ 난도 ① ② ③ ④ ⑤

문제

풀이

POINT

기억도
틀린이유

풀이

문제

중요도 ☆☆☆☆☆ 난이도 ① ② ③ ④ ⑤ 민재지

키워드

틀린이유

POINT

풀이

문제

중요도 ☆☆☆☆☆ 난이도 ① ② ③ ④ ⑤ 민재지

키워드

틀린이유

POINT

나합격
소방설비기사 [기계]
필기 X 무료특강

기출

소방원론
STUDY DIARY

STUDY GRAPH

STUDY CHECK

NO	연도 / 회차	학습성취율	회독수
①	2023년 / 2회		✓ 2 3
②	/		1 2 3
③	/		1 2 3
④	/		1 2 3
⑤	/		1 2 3
⑥	/		1 2 3
⑦	/		1 2 3
⑧	/		1 2 3
⑨	/		1 2 3
⑩	/		1 2 3
⑪	/		1 2 3
⑫	/		1 2 3
⑬	/		1 2 3
⑭	/		1 2 3
⑮	/		1 2 3

소방관계법규
STUDY DIARY

STUDY GRAPH

STUDY CHECK

NO	연도 / 회차	학습성취율	회독수
①	/		1 2 3
②	/		1 2 3
③	/		1 2 3
④	/		1 2 3
⑤	/		1 2 3
⑥	/		1 2 3
⑦	/		1 2 3
⑧	/		1 2 3
⑨	/		1 2 3
⑩	/		1 2 3
⑪	/		1 2 3
⑫	/		1 2 3
⑬	/		1 2 3
⑭	/		1 2 3
⑮	/		1 2 3

소방유체역학
STUDY DIARY

STUDY GRAPH

STUDY CHECK

NO	연도 / 회차	학습성취율	회독수
①	/		1 2 3
②	/		1 2 3
③	/		1 2 3
④	/		1 2 3
⑤	/		1 2 3
⑥	/		1 2 3
⑦	/		1 2 3
⑧	/		1 2 3
⑨	/		1 2 3
⑩	/		1 2 3
⑪	/		1 2 3
⑫	/		1 2 3
⑬	/		1 2 3
⑭	/		1 2 3
⑮	/		1 2 3

소방기계시설의 구조 및 원리
STUDY DIARY

STUDY GRAPH

STUDY CHECK

NO	연도 / 회차	학습성취율	회독수
①	/		1 2 3
②	/		1 2 3
③	/		1 2 3
④	/		1 2 3
⑤	/		1 2 3
⑥	/		1 2 3
⑦	/		1 2 3
⑧	/		1 2 3
⑨	/		1 2 3
⑩	/		1 2 3
⑪	/		1 2 3
⑫	/		1 2 3
⑬	/		1 2 3
⑭	/		1 2 3
⑮	/		1 2 3

기출문제
STUDY DIARY

STUDY GRAPH

STUDY CHECK

NO	연도 / 회차	학습성취율	회독수
①	/		1 2 3
②	/		1 2 3
③	/		1 2 3
④	/		1 2 3
⑤	/		1 2 3
⑥	/		1 2 3
⑦	/		1 2 3
⑧	/		1 2 3
⑨	/		1 2 3
⑩	/		1 2 3
⑪	/		1 2 3
⑫	/		1 2 3
⑬	/		1 2 3
⑭	/		1 2 3
⑮	/		1 2 3

SELF-STUDY PLANNER

시험 당일까지 공부일정 및 계획을 짜는 것은 매우 중요합니다.
셀프스터디 합격플래너를 통해 스스로의 합격을 만들어 보세요.

나의 목표		시험일 /

			Study Day	Check
PART 05 과목별 기출문제	제1과목 소방원론 (2018 ~ 2025년)	2-010	/	
	제2과목 소방관계법규 (2018 ~ 2025년)	2-138	/	
	제3과목 소방유체역학 (2018 ~ 2025년)	2-350	/	
	제4과목 소방기계시설의 구조 및 원리 (2018 ~ 2025년)	2-566	/	

※ 2022년 4회부터 CBT 방식으로 변경되어 문제가 공개되지 않아 실제 수험생 분들의 복원을 토대로 문제를 구성하였습니다.
※ 문제의 이해도를 높이고 과락을 방지하기 위해 과목별로 기출문제를 구성했습니다.
  정답을 체크해 가면서 실력을 키워보세요.

PART 05

과목별 기출문제

제1과목 소방원론
2018년 제1, 2, 4회 | 2019년 제1, 2, 4회
2020년 제1·2, 3, 4회 | 2021년 제1, 2, 4회
2022년 제1, 2, 4회 | 2023년 제1, 2, 4회
2024년 제1, 2, 3회 | 2025년 제1, 2, 3회

제2과목 소방관계법규
2018년 제1, 2, 4회 | 2019년 제1, 2, 4회
2020년 제1·2, 3, 4회 | 2021년 제1, 2, 4회
2022년 제1, 2, 4회 | 2023년 제1, 2, 4회
2024년 제1, 2, 3회 | 2025년 제1, 2, 3회

제3과목 소방유체역학
2018년 제1, 2, 4회 | 2019년 제1, 2, 4회
2020년 제1·2, 3, 4회 | 2021년 제1, 2, 4회
2022년 제1, 2, 4회 | 2023년 제1, 2, 4회
2024년 제1, 2, 3회 | 2025년 제1, 2, 3회

제4과목 소방기계시설의 구조 및 원리
2018년 제1, 2, 4회 | 2019년 제1, 2, 4회
2020년 제1·2, 3, 4회 | 2021년 제1, 2, 4회
2022년 제1, 2, 4회 | 2023년 제1, 2, 4회
2024년 제1, 2, 3회 | 2025년 제1, 2, 3회

과목별 기출문제

제1과목 소방원론

2018년 제1회 소방설비기사

01 ★★☆

다음의 가연성 물질 중 위험도가 가장 높은 것은?

① 수소
② 에틸렌
③ 아세틸렌
④ 이황화탄소

SOLUTION

개념
위험도

공식 정의
$$H = \frac{U-L}{L}$$

여기서, H : 위험도, U : 연소상한계, L : 연소하한계

풀이
- 수소 = $\frac{75-4}{4} = 17.75$
  (수소 연소상한계 : 75, 연소하한계 : 4)
- 에틸렌 = $\frac{36-2.7}{2.7} ≒ 12.33$
  (에틸렌 연소상한계 : 36, 연소하한계 : 2.7)
- 아세틸렌 = $\frac{81-2.5}{2.5} = 31.4$
  (아세틸렌 연소상한계 : 81, 연소하한계 : 2.5)
- 이황화탄소 = $\frac{50-1}{1} = 49$
  (이황화탄소 연소상한계 : 50, 연소하한계 : 1)

이황화탄소가 가장 위험도 값이 높다.

02 ★★☆

상온, 상압에서 액체인 물질은?

① CO_2
② Halon 1301
③ Halon 1211
④ Halon 2402

SOLUTION

풀이
상온 상압에서 액체인 것은 Halon 2402이다. CO_2, Halon 1301, Halon 1211은 상온 상압에서 기체 상태이다.

03 ★☆☆

0[℃], 1[atm] 상태에서 부탄(C_4H_{10}) 1[mol]을 완전연소시키기 위해 필요한 산소의 [mol]수는?

① 2
② 4
③ 5.5
④ 6.5

SOLUTION

개념
부탄(C_4H_{10})의 완전연소 방정식
$2C_4H_{10} + 13O_2 \rightarrow 8CO_2 + 10H_2O$
부탄   산소   이산화탄소 물

풀이
부탄(C_4H_{10}) 2[mol]이 완전연소하기 위해서는 산소(O_2) 13[mol]이 필요하다. 그러므로 부탄(C_4H_{10}) 1[mol]이 완전연소하기 위해서는 산소의 몰수는 13[mol]의 절반인 6.5[mol]이 필요하다.

정답 01 ④ 02 ④ 03 ④

04 ★★★

다음 그림에서 목조 건물의 표준 화재 온도 시간 곡선으로 옳은 것은?

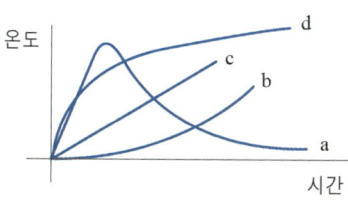

① a　　　　　　② b
③ c　　　　　　④ d

SOLUTION

개념
목조건축물의 화재특성
- 습도가 낮을수록 연소 확대가 빠르다.
- 화재진행속도는 내화건축물보다 빠르다.
- 화재최성기의 온도는 내화건축물보다 높다.
- 화재성장속도는 횡방향보다 종방향이 빠르다.

풀이
목조건축물의 화재는 내화건축물의 화재에 비해 고온단기형에 해당한다. 그래프에서 고온이고 단기형에 해당하는 곡선은 a인 것을 알 수 있다.

05 ★☆☆

포소화약제가 갖추어야 할 조건이 아닌 것은?

① 부착성이 있을 것
② 유동성과 내열성이 있을 것
③ 응집성과 안정성이 있을 것
④ 소포성이 있고 기화가 용이할 것

SOLUTION

개념
포소화약제가 갖추어야 할 조건
- 부착성이 있을 것
- 유동성과 내열성이 있을 것
- 응집성과 안정성이 있을 것
- 소포성이 없고 기화가 용이하지 않을 것
- 독성이 적을 것

풀이
포소화약제는 소포성(포가 깨지는 성질)이 없고, 기화가 용이하지 않아야 한다.

TIP
소포성과 소포현상의 혼동을 주의해야 한다. 소포성은 포가 깨지는 성질을 말하고 소포현상은 거품이 없어지는 현상을 말한다.

06 ★★☆

건축물 내 방화벽에 설치하는 출입문의 너비 및 높이의 기준은 각각 몇 [m] 이하인가?

① 2.5　　　　　② 3.0
③ 3.5　　　　　④ 4.0

SOLUTION

개념
방화벽의 구조
- 내화구조로서 홀로 설 수 있는 구조일 것
- 방화벽의 양쪽 끝과 위쪽 끝을 건축물의 외벽면 및 지붕면으로부터 0.5[m] 이상 튀어나오게 할 것
- 방화벽에 설치하는 출입문의 너비 및 높이는 각각 2.5[m] 이하로 하고, 해당 출입문에는 60분+ 방화문 또는 60분 방화문을 설치할 것

풀이
건축물 내 방화벽에 설치하는 출입문의 너비 및 높이는 각각 2.5[m] 이하로 한다.

07 ★☆☆

건축물의 바깥쪽에 설치하는 피난계단의 구조 기준 중 계단의 유효너비는 몇 [m] 이상으로 하여야 하는가?

① 0.6
② 0.7
③ 0.8
④ 0.9

SOLUTION

개념
피난계단의 구조
- 계단은 그 계단으로 통하는 출입구 외의 창문 등으로부터 2[m] 이상의 거리를 두고 설치할 것
- 건축물의 내부에서 계단으로 통하는 출입구에는 60분+방화문 또는 60분 방화문을 설치할 것
- 계단의 유효너비는 0.9[m] 이상으로 할 것
- 계단은 내화구조로 하고 지상까지 직접 연결되도록 할 것

풀이
피난계단의 유효너비는 0.9[m] 이상으로 하여야 한다.

08 ★★★

소화약제로 물을 사용하는 주된 이유는?

① 촉매역할을 하기 때문에
② 증발잠열이 크기 때문에
③ 연소작용을 하기 때문에
④ 제거작용을 하기 때문에

SOLUTION

풀이
물은 다른 물질에 비해 증발잠열이 크기 때문에 냉각소화를 활용하는 소화약제로 사용한다.

09 ★☆☆

MOC(Minimum Oxygen Concentration : 최소 산소 농도)가 가장 작은 물질은?

① 메탄
② 에탄
③ 프로판
④ 부탄

SOLUTION

개념
최소산소농도(MOC : Minimum Oxygen Concentration)
- 물질이 연소하는 데 필요한 최소한의 산소 농도

$$MOC = 물질 1몰 연소에 필요한 산소 몰수 \times 연소하한계[vol\%]$$

풀이
- 메탄
$CH_4 + 2O_2 \rightarrow CO_2 + 2H_2O$
메탄 1몰 연소에 필요한 산소 몰수 : 2[mol]
메탄 연소하한계 : 5[vol%]
메탄 MOC = 2몰 × 5 = 10[vol%]

- 에탄
$2C_2H_6 + 7O_2 \rightarrow 4CO_2 + 6H_2O$
에탄 1몰 연소에 필요한 산소 몰수 : 3.5[mol]
에탄 연소하한계 : 3[vol%]
에탄 MOC = 3.5몰 × 3 = 10.5[vol%]

- 프로판
$C_3H_8 + 5O_2 \rightarrow 4H_2O + 3CO_2$
프로판 1몰 연소에 필요한 산소 몰수 : 5[mol]
프로판 연소하한계 : 2.1[vol%]
프로판 MOC = 5 × 2.1 = 10.5[vol%]

- 부탄
$C_4H_{10} + 6.5O_2 \rightarrow 4CO_2 + 5H_2O$
부탄 1몰 연소에 필요한 산소 몰수 : 6.5[mol]
부탄 연소하한계 : 1.8[vol%]
부탄 MOC = 6.5몰 × 1.8 = 11.7[vol%]

메탄의 MOC가 가장 작다.

10 ★★★

소화의 방법으로 틀린 것은?

① 가연성 물질을 제거한다.
② 불연성 가스의 공기 중 농도를 높인다.
③ 산소의 공급을 원활히 한다.
④ 가연성 물질을 냉각시킨다.

SOLUTION

풀이
산소의 공급을 차단하는 것은 질식소화의 방법이다. 반면 산소의 공급을 원활히 하는 것은 소화의 방법이 아닌 연소를 촉진하는 방법이다.
①은 제거소화, ②는 희석소화, ④는 냉각소화 방법이다.

11 ★★☆

다음 중 발화점이 가장 낮은 물질은?

① 휘발유   ② 이황화탄소
③ 적린   ④ 황린

SOLUTION

개념
발화점
가연성 물질이 외부의 직접적인 점화원 없이 연소가 가능한 최저온도

풀이
발화점은 황린($34[℃]$) < 이황화탄소($90[℃]$) < 적린($260[℃]$) < 휘발유($300[℃]$) 순으로 낮다. 그러므로 황린이 가장 발화점이 낮다.

12 ★★★

탄화칼슘이 물과 반응 시 발생하는 가연성 가스는?

① 메탄   ② 포스핀
③ 아세틸렌   ④ 수소

SOLUTION

풀이
탄화칼슘과 물이 반응하면 아세틸렌(C_2H_2)이 발생한다.
$CaC_2 + 2H_2O \rightarrow Ca(OH)_2 + C_2H_2 \uparrow$

13 ★☆☆

수성막포소화약제의 특성에 대한 설명으로 틀린 것은?

① 내열성이 우수하여 고온에서 수성막의 형성이 용이하다.
② 기름에 의한 오염이 적다.
③ 다른 소화약제와 병용하여 사용이 가능하다.
④ 불소계 계면활성제가 주성분이다.

SOLUTION

개념
수성막포소화약제의 특성
- 내열성이 좋지 않다.
- 기름에 의한 오염이 적다.
- 다른 소화약제와 병용하여 사용이 가능하다.
- 불소계 계면활성제가 주성분이다.
- 가격이 비싸다.
- 안정성이 좋아 장기보관이 가능하다.

풀이
수성막포소화약제는 내열성이 좋지 않다.

14 ★★☆

Fourier법칙(전도)에 대한 설명으로 틀린 것은?

① 이동열량은 전열체의 단면적에 비례한다.
② 이동열량은 전열체의 두께에 비례한다.
③ 이동열량은 전열체의 열전도도에 비례한다.
④ 이동열량은 전열체 내·외부의 온도차에 비례한다.

SOLUTION

개념
Fourier법칙(전도)

공식 정리
$$Q = \frac{k A \Delta T}{l}$$

여기서, Q : 이동열량[W], k : 전열체의 열전도도[W/m·K]
A : 전열체의 단면적[m²], ΔT : 전열체 내·외부의 온도차[K]
l : 전열체의 두께[m]

풀이
Fourier 법칙에 따르면 전도에 의한 이동열량은 전열체의 열전도도, 단면적, 온도차에 비례하고, 두께에 반비례한다.

TIP
뜨거운 물이 담긴 컵을 잡을 때 컵의 두께가 얇을수록 컵이 더 많이 뜨거워진 다는 것을 알 수 있다.

15 ★★★

대두유가 침적된 기름걸레를 쓰레기통에 장시간 방치한 결과 자연발화에 의하여 화재가 발생한 경우 그 이유로 옳은 것은?

① 분해열 축적   ② 산화열 축적
③ 흡착열 축적   ④ 발효열 축적

SOLUTION

개념
산화열
물질이 산소와 화합하여 반응하는 과정에서 생기는 열

풀이
기름 걸레를 쓰레기통에 장시간 방치하면 산화열이 축적되어 자연발화가 일어난다.

16 ★★☆

분진폭발의 위험성이 가장 낮은 것은?

① 알루미늄분   ② 유황
③ 팽창질석   ④ 소맥분

SOLUTION

개념
분진폭발의 위험성이 있는 물질
- 알루미늄분
- 석탄분말
- 밀가루(소맥분)
- 황(유황)
- 마그네슘 분말

풀이
팽창질석은 분진폭발을 일으키지 않는 물질이다.

17 ★★★

1기압상태에서, 100[℃] 물 1[g]이 모두 기체로 변할 때 필요한 열량은 몇 [cal]인가?

① 429   ② 499
③ 539   ④ 639

SOLUTION

개념
- 물의 기화잠열 : 539[cal/g], 2,255[J/g]
- 물의 융해잠열 : 80[cal/g], 335[J/g]

풀이
액체가 기체로 변화하는 현상을 기화현상이라고 한다. 물의 기화잠열은 1기압 상태에서, 100[℃]의 물 1[g]이 모두 기체로 변하는데 필요한 열량이다. 물의 기화잠열은 539[cal/g]이다.

TIP
물의 상태변화에 따른 열량을 구하는 문제는 [cal]와 [J]를 활용해 빈번하게 출제된다. 물의 기화잠열, 융해잠열은 모두 암기해두는 것이 좋다.
1[cal] = 4.184[J]도 함께 기억하도록 하자.

18 ★★☆

pH9 정도의 물을 보호액으로 하여 보호액 속에 저장하는 물질은?

① 나트륨
② 탄화칼슘
③ 칼륨
④ 황린

SOLUTION

풀이
황린의 발화점(약 30[℃])은 매우 낮아 실온에서도 발화할 수 있기 때문에 pH9 정도의 물을 보호액으로 하여 보호액 속에 저장한다.

19 ★☆☆

위험물안전관리법령에서 정하는 위험물의 한계에 대한 정의로 틀린 것은?

① 유황은 순도가 60 중량퍼센트 이상인 것
② 인화성고체는 고형알코올 그 밖에 1기압에서 인화점이 섭씨 40도 미만인 고체
③ 과산화수소는 그 농도가 35 중량퍼센트 이상인 것
④ 제1석유류는 아세톤, 휘발유 그 밖에 1기압에서 인화점이 섭씨 21도 미만인 것

SOLUTION

개념
위험물의 정의
- 황(유황) : 순도가 60 중량퍼센트 이상인 것
- 인화성 고체 : 고형알코올 또는 1기압에서 인화점이 40[℃] 미만인 고체
- 과산화수소 : 농도가 36 중량퍼센트 이상일 것
- 제1석유류 : 아세톤, 휘발유 또는 1기압에서 인화점이 21[℃] 미만인 것

풀이
과산화수소는 농도가 36 중량퍼센트 이상인 것을 위험물로 정의한다.

20 ★★☆

고분자 재료와 열적 특성의 연결이 옳은 것은?

① 폴리염화비닐 수지 – 열가소성
② 페놀 수지 – 열가소성
③ 폴리에틸렌 수지 – 열경화성
④ 멜라민 수지 – 열가소성

SOLUTION

개념
플라스틱 분류
- 열경화성수지 : 한번 열을 가하면 다시 성형할 수 없는 플라스틱이다.
  예) 페놀수지, 요소수지, 멜라민수지
- 열가소성수지 : 열에 의해 변형되는 플라스틱이다.
  예) 폴리에틸렌, 폴리염화비닐, 폴리스티렌

풀이
폴리염화비닐 수지는 열가소성 수지이다.

2018년 제2회 소방설비기사

01 ★☆☆

액화석유가스(LPG)에 대한 성질로 틀린 것은?

① 주성분은 프로판, 부탄이다.
② 천연고무를 잘 녹인다.
③ 물에 녹지 않으나 유기용매에 용해된다.
④ 공기보다 1.5배 가볍다.

SOLUTION

풀이
액화석유가스(LPG)는 공기보다 1.5~2배 무겁다. 공기보다 가벼운 것은 액화천연가스(LNG)이다.

02 ★☆☆

다음의 소화약제 중 오존 파괴 지수(ODP)가 가장 큰 것은?

① 할론 104   ② 할론 1301
③ 할론 1211   ④ 할론 2402

SOLUTION

개념
오존 파괴 지수(ODP)
물질의 오존 파괴능력을 나타내는 지표

풀이
할론소화약제 중 할론 1301이 가장 오존 파괴 지수(ODP)가 가장 크다.

03 ★★★

건축물에 설치하는 방화구획의 설치기준 중 스프링클러설비를 설치한 11층 이상의 층은 바닥면적 몇 [m²] 이내마다 방화구획을 하여야 하는가? (단, 벽 및 반자의 실내에 접하는 부분의 마감은 불연재료가 아닌 경우이다)

① 200   ② 600
③ 1,000   ④ 3,000

SOLUTION

개념
방화구획의 설치기준

• 10층 이하의 층은 바닥면적 1,000[m²](스프링클러 기타 이와 유사한 자동식 소화설비를 설치한 경우에는 바닥면적 3,000[m²]) 이내마다 구획할 것
• 매층마다 구획할 것. 다만, 지하 1층에서 지상으로 직접 연결하는 경사로 부위는 제외한다.
• 11층 이상의 층은 바닥면적 200[m²](스프링클러 기타 이와 유사한 자동식 소화설비를 설치한 경우에는 600[m²]) 이내마다 구획할 것. 다만, 벽 및 반자의 실내에 접하는 부분의 마감을 불연재료로 한 경우에는 바닥면적 500[m²](스프링클러 기타 이와 유사한 자동식 소화설비를 설치한 경우에는 1,500[m²]) 이내마다 구획하여야 한다.

TIP
스프링클러를 설치한 경우 바닥면적은 3배 면적으로 구한다.
• 10층 이하 1,000[m²] → 10층 이하 스프링클러 3,000[m²]
• 11층 이상 200[m²] → 11층 이상 스프링클러 600[m²]

04 ★☆☆

삼림화재 시 소화효과를 증대시키기 위해 물에 첨가하는 증점제로서 적합한 것은?

① Ethylene Glycol
② Potassium Carbonate
③ Ammonium Phosphate
④ Sodium Carboxy Methyl Cellulose

SOLUTION

개념
증점제
용액의 점도를 증가시키는 물질, 물의 점성을 높여 입체 면에 잔류 시간 향상

풀이
Sodium Carboxy Methyl Cellulose(카르복시메틸셀룰로스나트륨)는 물에 첨가하는 증점제로 사용된다.

정답 01 ④ 02 ② 03 ② 04 ④

05 ★★★

소화방법 중 제거소화에 해당되지 않는 것은?

① 산불이 발생하면 화재의 진행방향을 앞질러 벌목
② 방안에서 화재가 발생하면 이불이나 담요로 덮음
③ 가스 화재 시 밸브를 잠가 가스흐름을 차단
④ 불타고 있는 장작더미 속에서 아직 타지 않은 것을 안전한 곳으로 운반

SOLUTION

개념
제거소화
가연물의 공급을 정지 또는 가연물을 제거하여 소화하는 방법

풀이
방 안에서 화재가 발생하면 이불이나 담요로 덮는 행위는 제거소화가 아닌 질식소화에 해당한다.

06 ★★★

물체의 표면온도가 250[℃]에서 650[℃]로 상승하면 열 복사량은 약 몇 배 정도 상승하는가?

① 2.5 ② 5.7
③ 7.5 ④ 9.7

SOLUTION

개념
스테판 - 볼츠만의 법칙(열복사 법칙)

공식 정리
$$Q = \sigma T^4$$

여기서, Q : 단위면적당 복사에너지[W/m²]
σ : 스테판 - 볼츠만 상수[W/m²·K]
T : 절대온도[K]

풀이
스테판 - 볼츠만의 법칙에 따르면 복사에너지는 절대온도의 4제곱에 비례한다. 문제에서 다른 조건은 동일하고 물체의 표면온도만 변경되었다. 식을 정리하면

$$\frac{Q_2}{Q_1} = \frac{T_2^4}{T_1^4} = \frac{(650+273)^4}{(250+273)^4} \fallingdotseq 9.7$$

TIP
스테판 - 볼츠만의 법칙은 절대온도를 사용하기 때문에 문제에서 주어진 섭씨온도에서 273을 더해서 절대온도로 변환해주어야 한다.

07 ★★☆

제2류 위험물에 해당하는 것은?

① 유황 ② 질산칼륨
③ 칼륨 ④ 톨루엔

SOLUTION

개념
제2류 위험물에 해당하는 물질
- 황(유황)
- 황화린(황화인)
- 적린
- 철분

풀이
황(유황)은 제2류 위험물에 속한다. 질산칼륨은 제1류 위험물, 칼륨은 제3류 위험물, 톨루엔은 제4류 위험물에 속한다.

08 ★★☆

주수소화 시 가연물에 따라 발생하는 가연성 가스의 연결이 틀린 것은?

① 탄화칼슘 – 아세틸렌
② 탄화알루미늄 – 프로판
③ 인화칼슘 – 포스핀
④ 수소화리튬 – 수소

SOLUTION

개념
인화점
점화원을 주었을 때 연소가 시작되는 최저온도

풀이
탄화알루미늄과 물이 반응하면 메탄가스(CH_4)가 발생한다.
$Al_4C_3 + 12H_2O \rightarrow 4Al(OH)_3 + 3CH_4 \uparrow$

정답 05 ② 06 ④ 07 ① 08 ②

09 ★☆☆

물리적 폭발에 해당하는 것은?

① 분해 폭발 ② 분진 폭발
③ 증기운 폭발 ④ 수증기 폭발

SOLUTION

개념
- 물리적 폭발
  - 수증기 폭발(증기폭발)
  - 전선 폭발
  - 압력방출에 의한 폭발
- 화학적 폭발
  - 분해 폭발
  - 분진 폭발
  - 중합 폭발
  - 가스 폭발
  - 증기운 폭발

풀이
수증기 폭발은 물리적 폭발에 해당한다.

10 ★☆☆

위험물안전관리법령상 지정된 동식물유류의 성질에 대한 설명으로 틀린 것은?

① 요오드가가 작을수록 자연발화의 위험성이 크다.
② 상온에서 모두 액체이다.
③ 물에 불용성이지만 에테르 및 벤젠 등의 유기용매에는 잘 녹는다.
④ 인화점은 1기압하에서 250[℃] 미만이다.

SOLUTION

개념
- 요오드(아이오딘)값이 클수록
  - 불포화도가 높다.
  - 건성유이다.
  - 자연발화성이 높다.
  - 산소와의 결합이 쉽다.

* 요오드(아이오딘)값 : 기름 100[g]에 첨가되는 요오드(아이오딘)의 [g]수이다.

풀이
요오드(아이오딘)가가 클수록 자연발화의 위험성이 크다.

11 ★☆☆

피난계획의 일반원칙 Fool Proof 원칙에 대한 설명으로 옳은 것은?

① 1가지가 고장이 나도 다른 수단을 이용하는 원칙
② 2방향의 피난동선을 항상 확보하는 원칙
③ 피난수단을 이동식 시설로 하는 원칙
④ 피난수단을 조작이 간편한 원시적 방법으로 하는 원칙

SOLUTION

개념
피난대책의 일반 원칙
- Fail-safe 원칙
  - 한 가지 피난기구가 고장이 나도 다른 수단을 이용할 수 있도록 고려하는 것
  - 2방향 이상의 피난동선을 항상 확보하는 원칙
- Fool-proof 원칙
  - 피난수단을 조작이 간편한 원시적 방법으로 하는 원칙
  - 인간의 실수가 고장이나 사고로 이어지지 않도록 하는 것
  - 간단한 그림이나 색채를 이용하여 안전표지를 표시
  - 피난수단을 고정식 시설로 하는 원칙

12 ★★☆

인화점이 낮은 것부터 높은 순서로 옳게 나열된 것은?

① 에틸알코올 < 이황화탄소 < 아세톤
② 이황화탄소 < 에틸알코올 < 아세톤
③ 에틸알코올 < 아세톤 < 이황화탄소
④ 이황화탄소 < 아세톤 < 에틸알코올

SOLUTION

개념
인화점
점화원을 주었을 때 연소가 시작되는 최저온도

풀이
인화점은 이황화탄소(-30[℃]) < 아세톤(-18[℃]) < 에틸알코올(13[℃]) 순으로 높아진다.

정답 09 ④ 10 ① 11 ④ 12 ④

13 ★★☆

화재발생 시 발생하는 연기에 대한 설명으로 틀린 것은?

① 연기의 유동속도는 수평방향이 수직방향보다 빠르다.
② 동일한 가연물에 있어 환기지배형 화재가 연료지배형 화재에 비하여 연기발생량이 많다.
③ 고온상태의 연기는 유동확산이 빨라 화재전파의 원인이 되기도 한다.
④ 연기는 일반적으로 불완전 연소 시에 발생한 고체, 액체, 기체 생성물의 집합체이다.

SOLUTION

개념
연기의 유동속도
- 수평방향 : 0.5 ~ 1[m/s]
- 수직방향 : 2 ~ 3[m/s]
- 실내계단 : 3 ~ 5[m/s]

풀이
연기의 유동속도는 수평방향(0.5 ~ 1[m/s])이 수직방향(2 ~ 3[m/s])보다 느리다.

14 ★★☆

물과 반응하여 가연성 기체를 발생하지 않는 것은?

① 칼륨   ② 인화아연
③ 산화칼슘   ④ 탄화알루미늄

SOLUTION

풀이
산화칼슘은 물과 반응하여 가연성 기체가 아닌 수산화칼슘을 발생한다.
① 칼륨은 물과 반응하여 가연성 기체인 수소를 발생한다.
② 인화아연은 물과 반응하여 가연성 기체인 포스핀을 발생한다.
④ 탄화알루미늄은 물과 반응하여 가연성 기체인 메탄을 발생한다.

15 ★★★

건축물의 화재발생 시 인간의 피난 특성으로 틀린 것은?

① 평상 시 사용하는 출입구나 통로를 사용하는 경향이 있다.
② 화재의 공포감으로 인하여 빛을 피해 어두운 곳으로 몸을 숨기는 경향이 있다.
③ 화염, 연기에 대한 공포감으로 발화지점의 반대방향으로 이동하는 경향이 있다.
④ 화재 시 최초로 행동을 개시한 사람을 따라 전체가 움직이는 경향이 있다.

SOLUTION

개념
화재발생 시 인간의 피난특성
- 지광본능 : 밝은 쪽으로 피난한다.
- 추종본능 : 대피 시 최초로 행동하는 사람을 따른다.
- 퇴피본능 : 발화지점의 반대방향으로 이동한다.
- 귀소본능 : 평상시 사용하던 친숙한 출입구나 통로를 따라 대피한다.
- 직진본능 : 대피 시 직진해서 대피한다.

풀이
화재 발생 시 인간은 밝은 쪽으로 대피하려 한다.

16 ★☆☆

포소화약제의 적응성이 있는 것은?

① 칼륨 화재   ② 알킬리튬 화재
③ 가솔린 화재   ④ 인화알루미늄 화재

SOLUTION

풀이
가솔린은 제4류 위험물이다. 제4류 위험물에 적응성이 있는 약제는 포소화약제이다. 칼륨, 알킬리튬, 인화알루미늄은 제3류 위험물이기 때문에 포소화약제의 적응성이 없다.

정답 13 ① 14 ③ 15 ② 16 ③

17 ★★☆

조연성 가스에 해당하는 것은?

① 일산화탄소　　② 산소
③ 수소　　　　　④ 부탄

SOLUTION

개념
- 조연성 가스 : 자신은 연소하지 않고 다른 물질의 연소를 돕는 가스
  예) 산소, 공기, 염소, 불소, 오존 등
- 가연성 가스 : 연소가 가능한 가스
  예) 수소, 일산화탄소, 부탄, 에탄 등

풀이
산소는 조연성 가스에 해당한다. 일산화탄소, 수소, 부탄은 가연성 가스에 해당한다.

18 ★★★

자연발화 방지대책에 대한 설명 중 틀린 것은?

① 저장실의 온도를 낮게 유지한다.
② 저장실의 환기를 원활히 시킨다.
③ 촉매물질과의 접촉을 피한다.
④ 저장실의 습도를 높게 유지한다.

SOLUTION

개념
자연발화 방지법
- 통풍이 잘 되도록 한다.
- 퇴적 및 수납 시 열이 쌓이지 않게 한다.
- 습도를 낮게 유지한다.
- 저장실의 온도를 낮게 한다.
- 산소와의 접촉을 차단한다.
- 열전도성을 좋게 한다.
- 촉매물질과의 접촉을 피한다.

풀이
자연발화를 방지하기 위해서는 습도를 낮게 유지해야 한다.

19 ★★★

분말소화약제로서 ABC급 화재에 적응성이 있는 소화약제의 종류는?

① $NH_4H_2PO_4$　　② $NaHCO_3$
③ Na_2CO_3　　　④ $KHCO_3$

SOLUTION

개념
분말소화약제의 종류 및 적응화재
- 제1종 분말 : 탄산수소나트륨($NaHCO_3$) → 적응화재 : B, C급
- 제2종 분말 : 탄산수소칼륨($KHCO_3$) → 적응화재 : B, C급
- 제3종 분말 : 제1인산암모늄($NH_4H_2PO_4$) → 적응화재 : A, B, C급
- 제4종 분말 : 탄산수소칼륨($KHCO_3$) + 요소($CO(NH_2)_2$) → 적응화재 : B, C급

20 ★☆☆

과산화칼륨이 물과 접촉하였을 때 발생하는 것은?

① 산소　　　② 수소
③ 메탄　　　④ 아세틸렌

SOLUTION

풀이
과산화칼륨(K_2O_2)이 물과 접촉하면 산소(O_2)가 발생한다.
$2K_2O_2 + 2H_2O \rightarrow 4KOH + O_2 \uparrow$

정답 17 ② 18 ④ 19 ① 20 ①

2018년 제4회 소방설비기사

01 ★☆☆

60분 방화문과 30분 방화문이 연기 및 불꽃을 차단할 수 있는 시간은 몇 분이어야 하는가?

① 60분 방화문 : 60분 이상
   30분 방화문 : 30분 이상
② 60분 방화문 : 60분 이상
   30분 방화문 : 30분 이상 60분 미만
③ 60분 방화문 : 60분 이상 120분 미만
   30분 방화문 : 30분 이상
④ 60분 방화문 : 60분 이상 120분 미만
   30분 방화문 : 30분 이상 60분 미만

SOLUTION

개념
방화문의 구분
- 60분 + 방화문 : 연기 및 불꽃을 차단할 수 있는 시간이 60분 이상이고, 열을 차단할 수 있는 시간이 30분 이상인 방화문
- 60분 방화문 : 연기 및 불꽃을 차단할 수 있는 시간이 60분 이상인 방화문
- 30분 방화문 : 연기 및 불꽃을 차단할 수 있는 시간이 30분 이상 60분 미만인 방화문

02 ★☆☆

염소산염류, 과염소산염류, 알칼리 금속의 과산화물, 질산염류, 과망간산염류의 특징과 화재 시 소화방법에 대한 설명 중 틀린 것은?

① 가열 등에 의해 분해하여 산소를 발생하고 화재 시 산소의 공급원 역할을 한다.
② 가연물, 유기물, 기타 산화하기 쉬운 물질과 혼합물은 가열, 충격, 마찰 등에 의해 폭발하는 수도 있다.
③ 알칼리금속의 과산화물을 제외하고 다량의 물로 냉각소화 한다.
④ 그 자체가 가연성이며 폭발성을 지니고 있어 화약류 취급 시와 같이 주의를 요한다.

SOLUTION

풀이
염소산염류, 과염소산염류, 알칼리 금속의 과산화물 등 문제에서 주어진 물질들은 제1류 위험물이다. 제1류 위험물은 일반적으로 불연성이지만 가연물과 접촉하면 폭발할 수 있기 때문에 주의를 요한다.

03 ★★★

비열이 가장 큰 물질은?

① 구리   ② 수은
③ 물   ④ 철

SOLUTION

개념
비열
어떤 물질 1[g]의 온도를 1[℃] 올리는 데 필요한 열량

풀이
비열은 물(1[cal/g·℃]) > 철(0.107[cal/g·℃]) > 구리(0.092[cal/g·℃]) > 수은(0.033[cal/g·℃]) 순으로 크다. 그러므로 물이 가장 비열이 크다.

정답 01 ② 02 ④ 03 ③

04 ★★☆

건축물의 피난·방화구조 등의 기준에 관한 규칙에 따른 철망 모르타르로서 그 바름두께가 최소 몇 [cm] 이상인 것을 방화구조로 규정하는가?

① 2
② 2.5
③ 3
④ 3.5

SOLUTION

개념
방화구조의 기준
- 철망모르타르 바른 것 : 두께가 2[cm] 이상인 것
- 석고판 위에 시멘트모르타르 또는 회반죽을 바른 것 : 두께의 합계가 2.5[cm] 이상인 것
- 시멘트모르타르 위에 타일을 붙인 것 : 두께의 합계가 2.5[cm] 이상인 것
- 심벽에 흙으로 맞벽치기한 것 : 모두 해당

05 ★★★

제3종 분말소화약제에 대한 설명으로 틀린 것은?

① A, B, C급 화재에 모두 적응한다.
② 주성분은 탄산수소칼륨과 요소이다.
③ 열분해 시 발생되는 불연성 가스에 의한 질식효과가 있다.
④ 분말운무에 의한 열방사를 차단하는 효과가 있다.

SOLUTION

개념
분말소화약제의 종류 및 적응화재
- 제1종 분말 : 탄산수소나트륨($NaHCO_3$) → 적응화재 : B, C급
- 제2종 분말 : 탄산수소칼륨($KHCO_3$) → 적응화재 : B, C급
- 제3종 분말 : 제1인산암모늄($NH_4H_2PO_4$) → 적응화재 : A, B, C급
- 제4종 분말 : 탄산수소칼륨($KHCO_3$) + 요소($CO(NH_2)_2$) → 적응화재 : B, C급

풀이
제3종 분말소화약제의 주성분은 제1인산암모늄이다. 탄산수소칼륨과 요소는 제4종 분말의 주성분이다.

06 ★☆☆

어떤 유기화합물을 원소 분석한 결과 중량백분율이 C : 39.9[%], H : 6.7[%], O : 53.4[%]인 경우 이 화합물의 분자식은? (단, 원자량은 C = 12, O = 16, H = 1이다)

① $C_3H_8O_2$
② $C_2H_4O_2$
③ C_2H_4O
④ $C_2H_6O_2$

SOLUTION

풀이
유기화합물이 구성하고 있는 원자는 C(탄소), H(수소), O(산소)이다.
유기화합물의 몰수비를 구하면 다음과 같다.
화합물 몰수비 = C의 몰수 : H의 몰수 : O의 몰수
$$= \frac{C의\ 중량백분율}{C의\ 원자량} : \frac{H의\ 중량백분율}{H의\ 원자량} : \frac{O의\ 중량백분율}{O의\ 원자량}$$
$$= \frac{39.9}{12} : \frac{6.7}{1} : \frac{53.4}{16} ≒ 3.3 : 6.7 : 3.3 ≒ 1 : 2 : 1$$
C와 H와 O의 몰수가 1 : 2 : 1이고, 이 비례에 해당하는 화합물의 분자식은 $C_2H_4O_2$이다.

07 ★☆☆

제4류 위험물의 물리·화학적 특성에 대한 설명으로 틀린 것은?

① 증기비중은 공기보다 크다.
② 정전기에 의한 화재발생위험이 있다.
③ 인화성 액체이다.
④ 인화점이 높을수록 증기발생이 용이하다.

SOLUTION

개념
제4류 위험물의 특성
- 증기비중은 공기보다 크다.
- 정전기에 의한 화재발생위험이 있다.
- 인화성 액체이다.
- 인화점이 낮을수록 증기발생이 용이하다.
- 상온에서 안정하다.

풀이
제4류 위험물은 인화점이 낮을수록 증기발생이 용이하다.

정답 04 ① 05 ② 06 ② 07 ④

08 ★★☆

유류 탱크의 화재 시 탱크 저부의 물이 뜨거운 열류층에 의하여 수증기로 변하면서 급작스런 부피 팽창을 일으켜 유류가 탱크 외부로 분출하는 현상은?

① 슬롭 오버(Slop Over)
② 블레비(BLEVE)
③ 보일 오버(Boil Over)
④ 파이어 볼(Fire Ball)

SOLUTION

개념

화재 시 탱크에서 발생하는 현상

- 보일 오버(Boil Over) : 보일오버는 기름 탱크 하부에 고여 있는 물이 열에 의해 수증기로 기화하면서 연소유를 탱크 밖으로 비산시키며 연소하는 현상이다.
- 슬롭 오버(Slop Over) : 소화를 위해 기름 탱크의 화재 면에 물을 분사할 때 수분이 급격히 기화하여 액면이 거품을 일으키면서 기름의 일부가 불이 붙은 채 탱크벽을 넘어서는 현상
- 블레비(BLEVE) 현상 : 고압, 과열 상태의 탱크에서 균열이 발생해 내부에 있던 액화가스 또는 가연성 액체가 분출하여 기화되어 폭발하는 현상이다. 급격한 폭발로 인해 파이어 볼(Fire ball)이 형성되며, 대량의 복사열이 방출된다.

09 ★☆☆

화재예방, 소방시설 설치·유지 및 안전관리에 관한 법령에 따른 개구부의 기준으로 틀린 것은?

① 해당 층의 바닥면으로부터 개구부 밑부분까지의 높이가 1.5[m] 이내일 것
② 크기는 지름 50[cm] 이상의 원이 내접할 수 있는 크기일 것
③ 도로 또는 차량이 진입할 수 있는 빈터를 향할 것
④ 내부 또는 외부에서 쉽게 부수거나 열 수 있을 것

SOLUTION

개념

- 무창층의 개구부 기준
  - 해당 층의 바닥면으로부터 개구부 밑부분까지의 높이가 1.2[m] 이내일 것
  - 크기는 지름 50[cm] 이상의 원이 통과할 수 있을 것
  - 도로 또는 차량이 진입할 수 있는 빈터를 향할 것
  - 내부 또는 외부에서 쉽게 부수거나 열 수 있을 것
  - 화재 시 건축물로부터 쉽게 피난할 수 있도록 창살이나 그 밖의 장애물이 설치되지 아니할 것
- 무창층 : 지상층 중 요건을 갖춘 개구부의 면적의 합계가 해당 층의 바닥 면적의 $\frac{1}{30}$ 이하가 되는 층

풀이

무창층의 개구부는 해당 층의 바닥면으로부터 개구부 밑부분까지의 높이가 1.2[m] 이내어야 한다.

10 ★★★

소화약제로 사용할 수 없는 것은?

① $KHCO_3$ ② $NaHCO_3$
③ CO_2 ④ NH_3

SOLUTION

풀이

NH_3(암모니아)는 독성이 있으므로 소화약제로 사용할 수 없다.
$KHCO_3$(제2종분말)과 $NaHCO_3$(제1종분말)는 분말소화약제이다.
CO_2는 이산화탄소소화약제이다.

11 ★★☆

어떤 기체가 0[℃], 1기압에서 부피가 11.2[L], 기체질량이 22[g]이었다면 이 기체의 분자량[g/mol]은? (단, 이상기체로 가정한다)

① 22 ② 35
③ 44 ④ 56

SOLUTION

개념
이상기체상태 방정식

공식정리
$$PV = nRT = \frac{w}{M}RT$$

여기서, P : 기압[atm], L : 부피[L], n : 몰수[mol]
R : 기체상수(0.082[atm·L/mol·K])
T : 절대온도[K], w : 질량[g], M : 분자량[g/mol]

풀이
이상기체방정식을 분자량으로 구하는 식으로 정리하고, 값들을 대입하면
$$M = \frac{wRT}{PV} = \frac{22 \times 0.082 \times (0 + 273)}{1 \times 11.2} ≒ 44[\text{g/mol}]$$

TIP
- 이상기체방정식은 절대온도를 활용하므로 섭씨온도에서 절대온도로 변경해서 사용한다.
- 기체상수는 0.082[atm·L/mol·K], 8.314[J/mol·K]을 주로 사용한다. 이 문제에서는 1기압이 주어졌으므로 기체상수를 0.082[atm·L/mol·K]로 사용했다.

12 ★★☆

다음 중 분진 폭발의 위험성이 가장 낮은 것은?

① 소석회 ② 알루미늄분
③ 석탄분말 ④ 밀가루

SOLUTION

개념
분진폭발의 위험성이 있는 물질
- 알루미늄분
- 석탄분말
- 밀가루(소맥분)
- 황(유황)
- 마그네슘 분말

풀이
칼슘이 들어가는 무기화합물(시멘트, 석회석, 탄산칼슘, 소석회, 생석회 등)은 분진폭발을 일으키지 않는 물질이다.

13 ★☆☆

폭연에서 폭굉으로 전이되기 위한 조건에 대한 설명으로 틀린 것은?

① 정상연소속도가 작은 가스일수록 폭굉으로 전이가 용이하다.
② 배관내에 장애물이 존재할 경우 폭굉으로 전이가 용이하다.
③ 배관의 관경이 가늘수록 폭굉으로 전이가 용이하다.
④ 배관내 압력이 높을수록 폭굉으로 전이가 용이하다.

SOLUTION

개념
폭연에서 폭굉으로 전이되기 위한 조건
- 정상연소속도가 큰 가스인 경우
- 배관 내에 장애물이 존재할 경우
- 배관의 관경이 가는 경우
- 배관 내 압력이 높을 경우
- 점화원의 에너지가 강한 경우

풀이
정상연소속도가 큰 가스일수록 폭굉으로 전이가 용이하다.

14 ★★★

연소의 4요소 중 자유활성기(free radical)의 생성을 저하시켜 연쇄반응을 중지시키는 소화방법은?

① 제거소화 ② 냉각소화
③ 질식소화 ④ 억제소화

SOLUTION

개념
소화의 형태
- 제거소화 : 가연물을 제거하여 소화하는 방법
- 냉각소화 : 점화원을 냉각하여 가연물의 온도를 낮추는 소화하는 방법
- 질식소화 : 불활성기체를 방출하여 가연성 증기를 연소범위 이하로 낮추어 소화하는 방법
- 억제소화(부촉매소화) : 연소반응 시 발생하는 자유활성기(활성라디칼)의 생성을 저하시켜 연쇄반응을 중지시키는 소화방법

정답 11 ③ 12 ① 13 ① 14 ④

15 ★★☆

내화구조에 해당하지 않는 것은?

① 철근콘크리트조로 두께가 10[cm] 이상인 벽
② 철근콘크리트조로 두께가 5[cm] 이상인 외벽 중 비 내력벽
③ 벽돌조로서 두께가 19[cm] 이상인 벽
④ 철골철근콘크리트조로서 두께가 10[cm] 이상인 벽

SOLUTION

개념
건축물 내화구조의 기준

구조 종류 구조 부위	철근 콘크리트조 철골철근 콘크리트조	철골조	무근콘크리트조 콘크리트블록조 벽돌조, 석조	철재로 보강된 콘크리트 블록조, 벽돌조, 석조	기타
벽	두께 10[cm] 이상	• 두께 4cm 이상 철망모르타르 양면바름 • 두께 5cm 이상 콘크리트블록, 벽돌, 석재로 덮은 것	두께 19[cm] 이상의 벽돌조	철재에 덮은 콘크리트블록 등의 두께가 5[cm] 이상인 것	고온·고압의 증기로 양생된 경량기포 콘크리트 패널, 경량기포 콘크리트블록조 두께가 10[cm] 이상인 것
외벽중 비내력벽	두께 7[cm] 이상	• 두께 3cm 이상 철망모르타르 양면바름 • 두께 4cm 이상 콘크리트블록, 벽돌, 석재로 덮은 것	두께 7[cm] 이상	철재에 덮은 콘크리트블록 등의 두께가 4[cm] 이상인 것	

풀이
철근콘크리트조로 두께가 7[cm] 이상인 외벽 중 비 내력벽이 내화구조에 해당한다.

16 ★☆☆

피난로의 안전구획 중 2차 안전구획에 속하는 것은?

① 복도
② 계단부속실(계단전실)
③ 계단
④ 피난층에서 외부와 직면한 현관

SOLUTION

개념
피난시설의 안전구획
• 1차 안전구획 : 복도
• 2차 안전구획 : 계단부속실(계단전실)
• 3차 안전구획 : 계단

풀이
계단부속실(계단전실)은 2차 안전구획에 해당한다.

TIP
1차인 복도에서 차수가 커질수록 계단과 가까워진다고 생각하면 기억하기 편하다. 2차 안전구획인 계단부속실은 계단으로 들어가는 입구부분을 말한다.

17 ★☆☆

경유화재가 발생했을 때 주수소화가 오히려 위험할 수 있는 이유는?

① 경유는 물과 반응하여 유독가스를 발생하므로
② 경유의 연소열로 인하여 산소가 방출되어 연소를 돕기 때문에
③ 경유는 물보다 비중이 가벼워 화재면의 확대 우려가 있으므로
④ 경유가 연소할 때 수소가스를 발생하여 연소를 돕기 때문에

SOLUTION

풀이
경유는 물보다 비중이 가볍기 때문에 경유화재가 발생했을 때 주수소화를 하면 화재면의 확대 우려가 있다.

TIP
대표적인 예로 슬롭 오버를 떠올리면 된다.

정답 15 ② 16 ② 17 ③

18 ★☆☆

TLV(Threshold Limit Value)가 가장 높은 가스는?

① 시안화수소 ② 포스겐
③ 일산화탄소 ④ 이산화탄소

SOLUTION

개념
TLV(Threshold Limit Value)
허용한계농도라고도 한다. 투여량이 몸 안에서 해독시켜 제거할 수 있어 몸에 아무런 영향을 주지 않는 투여량을 의미한다. 즉 TLV(Threshold Limit Value) 값이 낮을수록 몸에 치명적이다.

풀이
TLV(Threshold Limit Value)은 이산화탄소(5,000[ppm]) > 일산화탄소(50[ppm]) > 시안화수소(10[ppm]) > 포스겐(0.1[ppm]) 순으로 높다.

19 ★★★

할론계 소화약제의 주된 소화효과 및 방법에 대한 설명으로 옳은 것은?

① 소화약제의 증발잠열에 의한 소화방법이다.
② 산소의 농도를 15[%] 이하로 낮게 하는 소화 방법이다.
③ 소화약제의 열분해에 의해 발생하는 이산화탄소에 의한 소화방법이다.
④ 자유활성기(free radical)의 생성을 억제하는 소화방법이다.

SOLUTION

개념
할론계 소화약제의 특징
- 연쇄반응을 차단하여 소화한다(억제소화).
- 할로겐족 원소가 사용된다.
- 전기적으로 비전도성이다.
- 소화약제의 변질분해 위험성이 낮다.
- 오존층을 파괴할 우려가 있다.

풀이
할론계 소화약제는 연쇄반응을 일으키는 자유활성기의 생성을 억제하는 억제소화 방법을 사용한다.

20 ★☆☆

소방시설 중 피난설비에 해당하지 않는 것은?

① 무선통신보조설비 ② 완강기
③ 구조대 ④ 공기안전매트

SOLUTION

개념
피난구조설비의 종류
- 완강기
- 구조대
- 공기안전매트
- 피난사다리

풀이
무선통신보조설비는 피난구조설비가 아닌 소방활동설비이다.

2019년 제1회 소방설비기사

01 ★★☆

공기와 접촉되었을 때 위험도(H)가 가장 큰 것은?

① 에테르 ② 수소
③ 에틸렌 ④ 부탄

SOLUTION

[개념] 위험도

[공식 정리]
$$H = \frac{U - L}{L}$$

여기서, H : 위험도, U : 연소상한계, L : 연소하한계

[풀이]

- 에테르 = $\frac{48 - 1.9}{1.9} ≒ 24.26$

  (에테르 연소상한계 : 48, 연소하한계 : 1.9)

- 수소 = $\frac{75 - 4}{4} = 17.75$

  (수소 연소상한계 : 75, 연소하한계 : 4)

- 에틸렌 = $\frac{36 - 2.7}{2.7} ≒ 12.33$

  (에틸렌 연소상한계 : 36, 연소하한계 : 2.7)

- 부탄 = $\frac{8.4 - 1.8}{1.8} ≒ 3.67$

  (부탄 연소상한계 : 8.4, 연소하한계 : 1.8)

에테르(디에틸에테르)가 가장 위험도 값이 높다.

02 ★★☆

연면적이 1,000[m²] 이상인 목조건축물은 그 외벽 및 처마 밑의 연소할 우려가 있는 부분을 방화구조로 하여야 하는데 이때 연소우려가 있는 부분은? (단, 동일한 대지 안에 2동 이상의 건물이 있는 경우이며, 공원·광장·하천의 공지나 수면 또는 내화구조의 벽 기타 이와 유사한 것에 접하는 부분을 제외한다)

① 상호의 외벽 간 중심선으로부터 1층은 3[m] 이내의 부분
② 상호의 외벽 간 중심선으로부터 2층은 7[m] 이내의 부분
③ 상호의 외벽 간 중심선으로부터 3층은 11[m] 이내의 부분
④ 상호의 외벽 간 중심선으로부터 4층은 13[m] 이내의 부분

SOLUTION

[개념] 연소할 우려가 있는 부분

인접대지경계선·도로중심선 또는 동일한 대지 안에 있는 2동 이상의 건축물 상호의 외벽 간의 중심선으로부터 1층은 3[m] 이내, 2층 이상은 5[m] 이내의 거리에 있는 건축물의 각 부분을 말한다.

03 ★☆☆

주요구조부가 내화구조로 된 건축물에서 거실 각 부분으로부터 하나의 직통계단에 이르는 보행거리는 피난자의 안전상 몇 [m] 이하이어야 하는가?

① 50 ② 60
③ 70 ④ 80

SOLUTION

[개념] 직통계단의 설치거리

- 일반건축물 : 보행거리 30[m] 이하
- 주요구조부가 내화구조 또는 불연재료로 된 건축물 : 보행거리 50[m] 이하
  (16층 이상인 공동주택의 경우 16층 이상인 층에 대해서는 40[m] 이하)

정답 01 ① 02 ① 03 ①

04 ★★☆

제2류 위험물에 해당하지 않는 것은?

① 유황 ② 황화린
③ 적린 ④ 황린

SOLUTION

📖 개념

제2류 위험물(가연성 고체)
- 황(유황)
- 황화린(황화인)
- 적린
- 철분

📖 풀이

황린은 제3류 위험물이다.

05 ★☆☆

화재에 관련된 국제적인 규정을 제정하는 단체는?

① IMO(International Matritime Organization)
② SFPE(Society of Fire Protection Engineers)
③ NFPA(Nation Fire Protection Association)
④ ISO(International Organization for Standardization) TC 92

SOLUTION

📖 개념

- IMO(International Maritime Organization) : 국제해사기구이다. 선박 및 항만 관련 기구이다.
- SFPE(Society of Fire Protection Engineers) : 미국소방기술사회이다. 국제적인 규정과 거리가 멀다.
- NFPA(Nation Fire Protection Association) : 미국방화협회이다. 국제적인 규정과 거리가 멀다.
- ISO(International Organization for Standardization) TC 92 : ISO는 국제 표준화기구이다. 그 중 TC92는 ISO의 전문기술위원회 중 화재에 관련된 국제적인 규정과 관련된 전문기술위원회이다.

06 ★★★

이산화탄소 소화약제의 임계온도로 옳은 것은?

① 24.4[℃] ② 31.1[℃]
③ 56.4[℃] ④ 78.2[℃]

SOLUTION

📖 개념

이산화탄소의 물성
- 임계온도 : 약 31[℃]
- 증기비중 : 1.529
- 임계온도 : 기체가 액화할 수 있는 최고의 온도

📖 풀이

이산화탄소의 임계온도는 약 31[℃]이다.

07 ★☆☆

위험물안전관리법령상 위험물의 지정수량이 틀린 것은?

① 과산화나트륨 – 50[kg]
② 적린 – 100[kg]
③ 트리니트로톨루엔 – 200[kg]
④ 탄화알루미늄 – 400[kg]

SOLUTION

📖 풀이

탄화알루미늄의 지정수량은 300[kg]이다.

08 ★★☆

물질의 취급 또는 위험성에 대한 설명 중 틀린 것은?

① 융해열은 점화원이다.
② 질산은 물과 반응 시 발열 반응하므로 주의를 해야한다.
③ 네온, 이산화탄소, 질소는 불연성 물질로 취급한다.
④ 암모니아를 충전하는 공업용 용기의 색상은 백색이다.

SOLUTION

개념
점화원이 될 수 없는 것
- 융해열
- 증발열(기화열)
- 흡착열

풀이
융해열은 잠열의 일종으로 고체를 융해하여 액체로 만들 때 소요되는 열에너지이다. 융해는 주위의 열을 흡수하여 이뤄진다. 즉 융해가 일어날 때는 주위의 온도가 떨어지기 때문에 점화원이 될 수 없다.

09 ★★☆

인화점이 40[℃] 이하인 위험물을 저장, 취급하는 장소에 설치하는 전기설비는 방폭구조로 설치하는데, 용기의 내부에 기체를 압입하여 압력을 유지하도록 함으로써 폭발성가스가 침입하는 것을 방지하는 구조는?

① 압력 방폭구조
② 유입 방폭구조
③ 안전증 방폭구조
④ 본질안전 방폭구조

SOLUTION

개념
방폭구조의 종류
- 압력 방폭구조 : 용기 내에 보호용 가스(불활성 가스)를 충전하여 압력을 유지하도록 함으로써 외부 폭발성 가스가 침입하는 것을 방지하는 방폭구조
- 유입 방폭구조 : 전기불꽃, 아크 등이 발생하는 부분을 기름 속에 넣어 폭발을 방지하는 방폭구조
- 안전증 방폭구조 : 추가적인 안전조치를 통해 전기불꽃, 아크 등에 대한 안전도를 증가시킨 방폭구조
- 본질안전 방폭구조 : 폭발성 가스가 단선, 단락, 지락 등에 의해 발생하는 에너지에 의해 점화되지 않는 것이 확인된 방폭구조

10 ★★★

화재의 분류방법 중 유류화재를 나타낸 것은?

① A급 화재
② B급 화재
③ C급 화재
④ D급 화재

SOLUTION

개념
화재의 종류
- A급 화재 : 일반 화재
- B급 화재 : 유류 화재
- C급 화재 : 전기 화재
- D급 화재 : 금속 화재
- K급 화재 : 주방 화재

11 ★★☆

마그네슘의 화재에 주수하였을 때 물과 마그네슘의 반응으로 인하여 생성되는 가스는?

① 산소
② 수소
③ 일산화탄소
④ 이산화탄소

SOLUTION

풀이
마그네슘(Mg)은 물과 반응하면 수소(H_2)가 생성된다.
$Mg + 2H_2O \rightarrow Mg(OH)_2 + H_2 \uparrow$

TIP
실생활에서 '주유하다'라는 표현을 빈번하게 사용할 것이다. '주유하다'는 '기름을 공급한다'라는 의미이다. 같은 맥락으로 '주수하다'는 '물을 공급한다'라는 의미이다.

12 ★★★

물의 기화열이 539.6[cal/g]인 것은 어떤 의미인가?

① 0[℃]의 물 1[g]이 얼음으로 변화하는 데 539.6[cal]의 열량이 필요하다.
② 0[℃]의 물 1[g]이 물로 변화하는 데 539.6[cal]의 열량이 필요하다.
③ 0[℃]의 물 1[g]이 100[℃]의 물로 변화하는 데 539.6[cal]의 열량이 필요하다.
④ 100[℃]의 물 1[g]이 수증기로 변화하는 데 539.6[cal]의 열량이 필요하다.

SOLUTION

개념
- 물의 기화열 : 539.6[cal/g]
- 얼음의 융해열 : 80[cal/g]

풀이
물의 기화열은 100[℃]의 물 1[g]이 수증기로 변화하는 데 필요한 539.6[cal]의 열량이다.

13 ★★★

방화구획의 설치기준 중 스프링클러 기타 이와 유사한 자동식 소화설비를 설치한 10층 이하의 층은 몇 [m²] 이내마다 구획하여야 하는가?

① 1,000 ② 1,500
③ 2,000 ④ 3,000

SOLUTION

개념
방화구획의 설치기준
- 10층 이하의 층은 바닥면적 1,000[m²](스프링클러 기타 이와 유사한 자동식 소화설비를 설치한 경우에는 바닥면적 3,000[m²]) 이내마다 구획할 것
- 매층마다 구획할 것. 다만, 지하 1층에서 지상으로 직접 연결하는 경사로 부위는 제외한다.
- 11층 이상의 층은 바닥면적 200[m²](스프링클러 기타 이와 유사한 자동식 소화설비를 설치한 경우에는 600[m²]) 이내마다 구획할 것. 다만, 벽 및 반자의 실내에 접하는 부분의 마감을 불연재료로 한 경우에는 바닥면적 500[m²](스프링클러 기타 이와 유사한 자동식 소화설비를 설치한 경우에는 1,500[m²]) 이내마다 구획하여야 한다.

TIP
스프링클러를 설치한 경우 바닥면적은 3배 면적으로 구한다.
- 10층 이하 1,000[m²] → 10층 이하 스프링클러 3,000[m²]
- 11층 이상 200[m²] → 11층 이상 스프링클러 600[m²]

14 ★☆☆

불활성 가스에 해당하는 것은?

① 수증기   ② 일산화탄소
③ 아르곤   ④ 아세틸렌

SOLUTION

개념
- 불활성 가스
  화학적으로 안정되어 다른 원자들과 잘 반응하지 않는 기체
- 불활성 가스 종류
  - 아르곤(Ar)
  - 헬륨(He)
  - 네온(Ne)
  - 크립톤(Kr)
  - 크세논(Xe)

풀이
보기에서 불활성 가스에 해당하는 것은 아르곤 가스이다.

15 ★☆☆

이산화탄소의 질식 및 냉각 효과에 대한 설명 중 틀린 것은?

① 이산화탄소의 증기비중이 산소보다 크기 때문에 가연물과 산소의 접촉을 방해한다.
② 액체 이산화탄소가 기화되는 과정에서 열을 흡수한다.
③ 이산화탄소는 불연성 가스로서 가연물의 연소반응을 방해한다.
④ 이산화탄소는 산소와 반응하며 이 과정에서 발생한 연소열을 흡수하므로 냉각효과를 나타낸다.

SOLUTION

풀이
이산화탄소(CO_2)는 반응물질이 더 이상 산화되지 않는 물질로 변화하도록 하는 완전연소의 생성물이기 때문에 산소와 더 이상 반응하지 않는다.

16 ★☆☆

분말 소화약제 분말입도의 소화성능에 관한 설명으로 옳은 것은?

① 미세할수록 소화성능이 우수하다.
② 입도가 클수록 소화성능이 우수하다.
③ 입도와 소화성능과는 관련이 없다.
④ 입도가 너무 미세하거나 너무 커도 소화성능은 저하된다.

SOLUTION

개념
입도
분말을 이루는 알갱이 하나하나의 평균 지름

풀이
분말 소화약제의 분말입도는 20~25[μm]의 입자로 미세도의 분포가 골고루 되어 있어야 최적의 소화효과가 나타난다. 즉 입도가 너무 미세하거나 너무 크면 소화성능은 저하된다.

17 ★☆☆

화재하중에 대한 설명 중 틀린 것은?

① 화재하중이 크면 단위면적 당의 발열량이 크다.
② 화재하중이 크다는 것은 화재구획의 공간이 넓다는 것이다.
③ 화재하중이 같더라도 물질의 상태에 따라 가혹도는 달라진다.
④ 화재하중은 화재구획실 내의 가연물 총량을 목재 중량당 비로 환산하여 면적으로 나눈 수치이다.

SOLUTION

개념
• 화재하중 : 가연물 등의 연소 시 건축물 등을 고려하여 설계하는 하중

공식

$$Q = \frac{\sum G_t H_t}{HA} = \frac{\sum Q_t}{4,500A}$$

여기서, Q : 화재하중[kg/m²], G_t : 가연물의 양[kg]
H_t : 가연물의 단위발열량[kcal/kg]
H : 목재의 단위발열량(4,500[kcal/kg])
A : 바닥면적[m²]
$\sum Q_t$: 가연물의 전체 발열량[kcal]

• 화재가혹도 : 화재로 인하여 건물 내에 수납되어 있는 재산 및 건물 자체에 손상을 주는 능력의 정도

풀이
화재하중이 크다고 화재구획의 공간이 반드시 넓은 것은 아니다.

18 ★★★

분말 소화약제 중 A급, B급, C급 화재에 모두 사용할 수 있는 것은?

① Na_2CO_3
② $NH_4H_2PO_4$
③ $KHCO_3$
④ $NaHCO_3$

SOLUTION

개념
분말소화약제의 종류 및 적응화재
• 제1종 분말 : 탄산수소나트륨($NaHCO_3$) → 적응화재 : B, C급
• 제2종 분말 : 탄산수소칼륨($KHCO_3$) → 적응화재 : B, C급
• 제3종 분말 : 제1인산암모늄($NH_4H_2PO_4$) → 적응화재 : A, B, C급
• 제4종 분말 : 탄산수소칼륨($KHCO_3$) + 요소($CO(NH_2)_2$) → 적응화재 : B, C급

19 ★★★

증기비중의 정의로 옳은 것은? (단, 분자, 분모의 단위는 모두 [g/mol]이다)

① $\dfrac{\text{분자량}}{22.4}$
② $\dfrac{\text{분자량}}{29}$
③ $\dfrac{\text{분자량}}{44.8}$
④ $\dfrac{\text{분자량}}{100}$

SOLUTION

개념
증기비중

공식

$$\text{증기비중} = \frac{\text{기체의 분자량}}{\text{공기의 평균 분자량}} = \frac{\text{기체의 분자량}}{29}$$

정답 16 ④ 17 ② 18 ② 19 ②

20 ★★★

탄화칼슘의 화재 시 물을 주수하였을 때 발생하는 가스로 옳은 것은?

① C_2H_2
② H_2
③ O_2
④ C_2H_6

SOLUTION

풀이
탄화칼슘과 물이 반응하면 아세틸렌(C_2H_2)이 발생한다.
$CaC_2 + 2H_2O \rightarrow Ca(OH)_2 + C_2H_2 \uparrow$

2019년 제2회 소방설비기사

01 ★☆☆

건축물의 화재를 확산시키는 요인이라 볼 수 없는 것은?

① 비화(飛火)
② 복사열(輻射熱)
③ 자연발화(自然發火)
④ 접염(接炎)

SOLUTION

개념
건축물의 화재를 확산시키는 요인
- 비화 : 불티가 바람에 날리거나 화재현장에서 발생하는 열기류에 휩쓸려 먼 거리에 있는 가연물에 착화하는 현상
- 복사열 : 복사파에 의해 열이 전달되는 현상
- 접염(화염의 접촉) : 화염 또는 열과 직접적으로 접촉하여 불이 다른 곳으로 옮겨 붙는 현상

풀이
자연발화는 화재를 확산시키는 요인이 아니다.

02 ★☆☆

화재의 일반적 특성으로 틀린 것은?

① 확대성
② 정형성
③ 우발성
④ 불안정성

SOLUTION

개념
화재의 일반적 특성
- 확대성
- 우발성
- 불안정성

풀이
정형성은 화재의 일반적 특성이 아니다.

03 ★★★

다음 중 가연물의 제거를 통한 소화 방법과 무관한 것은?

① 산불의 확산방지를 위하여 산림의 일부를 벌채한다.
② 화학반응기의 화재 시 원료 공급관의 밸브를 잠근다.
③ 전기실 화재 시 IG-541 약재를 방출한다.
④ 유류탱크 화재 시 주변에 있는 유류탱크의 유류를 다른 곳으로 이동시킨다.

SOLUTION

개념
- 제거소화 : 가연물을 제거하거나 공급을 정지시켜 소화하는 방법
- 질식소화 : 공기 중의 산소 농도를 15 ~ 16[%] 이하로 감소시켜 소화하는 방법

풀이
IG-541 약재는 불활성기체 소화약제로 산소의 공급을 차단하는 질식소화의 소화 방법이다.

04 ★★★

물의 소화능력에 관한 설명 중 틀린 것은?

① 다른 물질보다 비열이 크다.
② 다른 물질보다 융해잠열이 작다.
③ 다른 물질보다 증발잠열이 크다.
④ 밀폐된 장소에서 증발가열되면 산소희석작용을 한다.

SOLUTION

개념
물의 소화 능력
- 물은 다른 물질보다 증발잠열과 비열이 크기 때문에 냉각효과가 매우 우수하다.
- 물이 증발되는 과정에서 발생하는 수증기는 밀폐된 장소에서 산소희석 작용을 한다.

풀이
물의 융해잠열은 80[cal/g]으로 다른 물질보다 상당히 큰 편이다.

05 ★★☆

탱크화재 시 발생되는 보일오버(Boil Over)의 방지방법으로 틀린 것은?

① 탱크 내용물의 기계적 교반
② 물의 배출
③ 과열 방지
④ 위험물 탱크 내의 하부에 냉각수 저장

SOLUTION

개념
- 보일오버(Boil Over)

  보일오버는 기름 탱크 하부에 고여 있는 물이 열에 의해 수증기로 기화하면서 연소유를 탱크 밖으로 비산시키며 연소하는 현상이다.

- 보일오버의 방지대책
  - 탱크 내용물의 기계적 교반
  - 탱크 하부에 고여 있는 물을 배출
  - 탱크 내부 과열 방지

풀이
보일오버는 위험물 탱크 하부에 고여 있는 물로 인해 발생하는 현상이다. 그렇기 때문에 위험물 탱크 내의 하부에 냉각수를 저장하는 것은 보일오버를 방지하는 것이 아닌 발생시키는 방법이다.

TIP
보일(Boil)을 끓다라는 뜻을 가진 단어이다. 라면이나 찌개를 끓일 때 물이 끓으면서 국물이 냄비 밖으로 빠져나가는 것을 보일오버(Boil Over)와 흡사한 현상이라고 생각하면 이해하기 한결 쉬울 것이다.

정답 03 ③ 04 ② 05 ④

06 ★☆☆

물 소화약제를 어떠한 상태로 주수할 경우 전기화재의 진압에서도 소화능력을 발휘할 수 있는가?

① 물에 의한 봉상주수
② 물에 의한 적상주수
③ 물에 의한 무상주수
④ 어떤 상태의 주수에 의해서도 효과가 없다.

SOLUTION

개념
물 소화약제 주수 방법
- 봉상주수 : 물을 가늘고 긴 봉의 형태로 주수하는 방식
- 적상주수 : 물을 작은 물방울 형태로 주수하는 방식
- 무상주수 : 물을 매우 미세한 물방울 형태로 분사하는 방식

풀이
물은 기본적으로 전기전도성이 매우 높으므로 전기화재에 적응성이 없다. 하지만 물을 무상수주(미세한 물방울 형태로 분사)하면 전기전도성이 낮아지므로 전기화재에 적응성이 생긴다.

07 ★★★

화재 시 CO_2를 방사하여 산소농도를 11[vol%]로 낮추어 소화하려면 공기 중 CO_2의 농도는 약 몇 [vol%]가 증가 되어야 하는가?

① 47.6
② 42.9
③ 37.9
④ 34.5

SOLUTION

개념
가연물을 소화하기 위한 이산화탄소의 소화 농도

공식
$$CO_2 = \frac{21 - O_2}{21} \times 100 [\text{vol\%}]$$

여기서, CO_2 : CO_2(이산화탄소)의 농도[vol%]
O_2 : O_2(산소)의 농도[vol%]

풀이
주어진 값들을 공식에 대입하면
$$CO_2 = \frac{21 - 11}{21} \times 100 ≒ 47.6 [\text{vol\%}]$$

08 ★☆☆

분말 소화약제의 취급 시 주의사항으로 틀린 것은?

① 습도가 높은 공기 중에 노출되면 고화되므로 항상 주의를 기울인다.
② 충진시 다른 소화약제와 혼합을 피하기 위하여 종별로 각각 다른 색으로 착색되어 있다.
③ 실내에서 다량 방사하는 경우 분말을 흡입하지 않도록 한다.
④ 분말 소화약제와 수성막포를 함께 사용할 경우 포의 소포 현상을 발생시키므로 병용해서는 안 된다.

SOLUTION

개념
소포 현상
거품이 제거되는 현상

풀이
분말 소화약제는 수성막포와 함께 사용해도 포의 소포 현상이 발생되지 않으므로 병용해도 된다.

TIP
수성막포는 합성계면활성제를 주원료로 하는 포소화약제이다. 합성계면활성제는 우리 실생활에서 설거지 세제, 또는 빨래 세제로 많이 활용된다. 수성막포를 사용하면 많은 거품이 발생하고, 이 거품을 이용해 소화한다.

09 ★☆☆

화재실의 연기를 옥외로 배출시키는 제연방식으로 효과가 가장 적은 것은?

① 자연 제연방식
② 스모크 타워 제연방식
③ 기계식 제연방식
④ 냉난방설비를 이용한 제연방식

SOLUTION

개념
제연방식의 종류
- 자연제연방식 : 건물에 설치된 배기구로 제연하는 방식
- 스모크타워제연방식 : 고층 건물에 굴뚝을 세워 제연하는 방식
- 기계식제연방식 : 송풍기와 배연기와 같은 기계를 활용하여 제연하는 방식
- 밀폐제연 방식 : 밀폐도가 많은 벽이나 문에 화재가 발생했을 때 밀폐하여 연기의 유출 및 공기 등의 유입을 차단시켜 제연하는 방식

풀이
냉난방설비를 이용한 제연방식은 존재하지 않는다.

10 ★☆☆

다음 위험물 중 특수인화물이 아닌 것은?

① 아세톤
② 디에틸에테르
③ 산화프로필렌
④ 아세트알데히드

SOLUTION

개념
- 특수인화물
  인화점이 −20[℃] 이하이고 비점이 40[℃] 이하인 것 또는 1기압에서 발화점이 100[℃] 이하인 것
- 특수인화물의 종류
  - 디에틸에테르
  - 산화프로필렌
  - 아세트알데히드
  - 이황화탄소

풀이
아세톤은 제1석유류에 속한다.

11 ★★☆

목조건축물의 화재 진행상황에 관한 설명으로 옳은 것은?

① 화원 – 발염착화 – 무염착화 – 출화 – 최성기 – 소화
② 화원 – 발염착화 – 무염착화 – 소화 – 연소낙하
③ 화원 – 무염착화 – 발염착화 – 출화 – 최성기 – 소화
④ 화원 – 무염착화 – 출화 – 발염착화 – 최성기 – 소화

SOLUTION

개념
목재건축물의 화재 진행상황

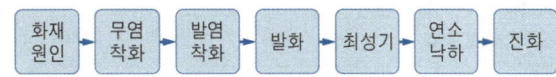

12 ★★☆

방호공간 안에서 화재의 세기를 나타내고 화재가 진행되는 과정에서 온도에 따라 변하는 것으로 온도-시간 곡선으로 표시할 수 있는 것은?

① 화재저항
② 화재가혹도
③ 화재하중
④ 화재플럼

SOLUTION

개념
화재 관련 용어
- 화재저항 : 화재 시 최고온도를 얼마만큼 견디는지 나타내는 능력
- 화재가혹도 : 화재로 인하여 건물 내에 수납되어 있는 재산 및 건물 자체에 손상을 주는 능력의 정도
- 화재하중 : 가연물 등의 연소 시 건축물 등을 고려하여 설계하는 하중
- 화재플럼 : 부력에 의해 연소가스와 유입공기가 상승하면서 화염이 섞인 연기 기둥형태를 나타내는 현상

풀이
화재가혹도는 화재로 인하여 건물 내에 수납되어 있는 재산 및 건물 자체에 손상을 주는 능력의 정도이며 지속시간과 최고온도개념을 포함하고 있다. 즉 온도-시간 곡선으로 표시할 수 있는 것은 화재가혹도이다.

13 ★★★

다음 중 동일한 조건에서 증발잠열[kJ/kg]이 가장 큰 것은?

① 질소　　　　　　② 할론 1301
③ 이산화탄소　　　④ 물

SOLUTION

개념
소화약제의 증발잠열
- 질소 : 199[kJ/kg]
- 할론 1301 : 119[kJ/kg]
- 이산화탄소 : 574[kJ/kg]
- 물 : 2,245[kJ/kg]

풀이
물의 증발잠열이 가장 크다.

14 ★★★

화재 표면온도(절대온도)가 2배가 되면 복사에너지는 몇 배로 증가 되는가?

① 2　　　　② 4
③ 8　　　　④ 16

SOLUTION

개념
스테판-볼츠만의 법칙(열복사 법칙)

공식 정리
$$Q = \sigma T^4$$

여기서, Q : 단위면적당 복사에너지[W/m²]
　　　　σ : 스테판-볼츠만 상수[W/m²·K⁴]
　　　　T : 절대온도[K]

풀이
스테판-볼츠만의 법칙에 따르면 복사에너지는 절대온도의 4제곱에 비례한다. 그러므로 화재 표면온도(절대온도)가 2배가 되면 복사에너지는 2^4배인 16배로 증가된다.

15 ★★☆

연면적이 1,000[m²] 이상인 건축물에 설치하는 방화벽이 갖추어야 할 기준으로 틀린 것은?

① 내화구조로서 설 수 있는 구조일 것
② 방화벽의 양쪽 끝과 위쪽 끝을 건축물의 외벽면 및 지붕면으로부터 0.1[m] 이상 튀어나오게 할 것
③ 방화벽에 설치하는 출입문의 너비는 2.5[m] 이하로 할 것
④ 방화벽에 설치하는 출입문의 높이는 2.5[m] 이하로 할 것

SOLUTION

개념
방화벽의 구조
- 내화구조로서 홀로 설 수 있는 구조일 것
- 방화벽의 양쪽 끝과 위쪽 끝을 건축물의 외벽면 및 지붕면으로부터 0.5[m] 이상 튀어나오게 할 것
- 방화벽에 설치하는 출입문의 너비 및 높이는 각각 2.5[m] 이하로 하고, 해당 출입문에는 60분+방화문 또는 60분 방화문을 설치할 것

풀이
방화벽의 양쪽 끝과 위쪽 끝을 건축물의 외벽면 및 지붕면으로부터 0.5[m] 이상 튀어나오게 해야 한다.

16 ★☆☆

도장작업 공정에서의 위험도를 설명한 것으로 틀린 것은?

① 도장작업 그 자체 못지않게 건조공정도 위험하다.
② 도장작업에서는 인화성 용제가 쓰이지 않으므로 폭발의 위험이 없다.
③ 도장작업장은 폭발 시를 대비하여 지붕을 시공한다.
④ 도장실은 환기덕트를 주기적으로 청소하여 도료가 덕트 내에 부착되지 않게 한다.

SOLUTION

개념
도장작업
건물의 내외부에 도료를 바르는 작업으로 건물을 외부 환경으로부터 보호하고, 외관을 아름답게 유지하는 작업

풀이
도장작업 공정에서는 인화성 또는 가연성 용제가 쓰이므로 폭발의 위험이 크다.

13 ④　14 ④　15 ②　16 ②

17 ★☆☆

공기의 부피 비율이 질소 79[%], 산소 21[%]인 전기실에 화재가 발생하여 이산화탄소 소화약제를 방출하여 소화하였다. 이 때 산소의 부피농도가 14[%]이었다면 이 혼합 공기의 분자량은 약 얼마인가? (단, 화재 시 발생한 연소가스는 무시한다)

① 28.9　　② 30.9
③ 33.9　　④ 35.9

SOLUTION

개념
이산화탄소의 농도

공식 정리
$$CO_2 = \frac{21 - O_2}{21} \times 100[\%]$$

여기서, CO_2 : CO_2(이산화탄소)의 농도[vol%]
　　　　O_2 : O_2(산소)의 농도[vol%]

풀이

1. 이산화탄소약제 방출 이후 이산화탄소 농도 구하기

$$CO_2 = \frac{21 - 14}{21} \times 100 ≒ 33.3[\%]$$

2. 혼합공기의 구성비율 구하기

산소(O_2) = 14[%], 이산화탄소(CO_2) = 33.3[%]
질소(N_2) = 100 − 산소(O_2)의 농도 − 이산화탄소(CO_2)의 농도
　　　　 = 100 − 14 − 33.3 = 52.7[%]

3. 혼합공기의 분자량 구하기

원자량 : 탄소(C) = 12, 질소(N) = 14, 산소(O) = 16
혼합공기의 분자량 = 14[%] 농도의 산소(O_2)의 분자량 + 33.3[%] 농도의 이산화탄소(CO_2)의 분자량 + 52.7[%] 농도의 질소(N_2)의 분자량
　　　　= $(16 \times 2) \times 0.14 + (12 + 16 \times 2) \times 0.333$
　　　　　$+ (14 \times 2) \times 0.527$
　　　　= $4.48 + 14.65 + 14.76 ≒ 33.9$

18 ★☆☆

산불화재의 형태로 틀린 것은?

① 지중화 형태　　② 수평화 형태
③ 지표화 형태　　④ 수관화 형태

SOLUTION

개념
산불화재의 형태
- 지중화 형태
- 지표화 형태
- 수관화 형태
- 수간화 형태

풀이
산불화재의 형태 중 수평화 형태는 존재하지 않는다.

19 ★☆☆

석유, 고무, 동물의 털, 가죽 등과 같이 황성분을 함유하고 있는 물질이 불완전연소될 때 발생하는 연소가스로 계란 썩는 듯한 냄새가 나는 기체는?

① 아황산가스　　② 시안화수소
③ 황화수소　　　④ 암모니아

SOLUTION

풀이
황화수소(H_2S)는 황성분을 함유하고 있고, 불완전연소될 때 발생하는 연소가스로 계란 썩는 듯한 냄새가 난다.

TIP
문제에서 황성분을 포함하고 있다고 했으므로 시안화수소(HCN), 암모니아(NH_3)는 답이 될 수 없다는 것을 알 수 있다.

정답　17 ③　18 ②　19 ③

20 ★☆☆

다음 가연성 기체 1몰이 완전 연소하는 데 필요한 이론 공기량으로 틀린 것은? (단, 체적비로 계산하며 공기 중 산소의 농도를 21[vol%]로 한다)

① 수소 - 약 2.38몰
② 메탄 - 약 9.52몰
③ 아세틸렌 - 약 16.97몰
④ 프로판 - 약 23.81몰

SOLUTION

개념
이론공기량 공식

공식정리
$$이론공기량 = \frac{완전연소에\ 필요한\ 산소\ 몰수}{공기\ 중\ 산소농도(0.21)}$$

풀이
이론공기량 공식에 따르면 이론공기량을 구하기 위해서는 완전연소에 필요한 산소 몰수가 필요하다.

• 완전연소에 필요한 산소 몰수 구하기
 - 수소 : $2H_2 + O_2 \rightarrow 2H_2O$

  수소 1몰 연소에 필요한 산소 몰수 $= \dfrac{산소\ 몰수}{수소\ 몰수} = \dfrac{1}{2} = 0.5몰$

 - 메탄 : $CH_4 + 2O_2 \rightarrow CO_2 + 2H_2O$

  메탄 1몰 연소에 필요한 산소 몰수 $= \dfrac{산소\ 몰수}{메탄\ 몰수} = \dfrac{2}{1} = 2몰$

 - 아세틸렌 : $2C_2H_2 + 5O_2 \rightarrow 4CO_2 + 2H_2O$

  아세틸렌 1몰 연소에 필요한 산소 몰수 $= \dfrac{산소\ 몰수}{아세틸렌\ 몰수} = \dfrac{5}{2} = 2.5몰$

 - 프로판 : $C_3H_8 + 5O_2 \rightarrow 3CO_2 + 4H_2O$

  프로판 1몰 연소에 필요한 산소 몰수 $= \dfrac{산소\ 몰수}{프로판\ 몰수} = \dfrac{5}{1} = 5몰$

• 이론공기량 구하기
 - 수소 $= \dfrac{0.5몰}{0.21} ≒ 2.38몰$
 - 메탄 $= \dfrac{2몰}{0.21} ≒ 9.52몰$
 - 아세틸렌 $= \dfrac{2.5몰}{0.21} ≒ 11.9몰$
 - 프로판 $= \dfrac{5몰}{0.21} ≒ 23.81몰$

2019년 제4회 소방설비기사

01 ★★★

소화원리에 대한 설명으로 틀린 것은?

① 냉각소화 : 물의 증발잠열에 의해서 가연물의 온도를 저하시키는 소화방법
② 제거효과 : 가연성 가스의 분출화재 시 연료공급을 차단시키는 소화방법
③ 질식소화 : 포소화약제 또는 불연성가스를 이용해서 공기 중의 산소공급을 차단하여 소화하는 방법
④ 억제소화 : 불활성기체를 방출하여 연소범위 이하로 낮추어 소화하는 방법

SOLUTION

개념
억제소화(부촉매소화)
연소반응 시 발생하는 활성라디칼의 생성을 억제하여 소화하는 방법

풀이
불활성기체를 방출하여 가연성 증기의 농도를 연소범위 이하로 낮추어 소화하는 방법은 희석소화이다.

02 ★★★

할로겐화합물 청정소화약제는 일반적으로 열을 받으면 할로겐족이 분해되어 가연물질의 연소 과정에서 발생하는 활성종과 화합하여 연소의 연쇄반응을 차단한다. 연쇄반응의 차단과 가장 거리가 먼 소화약제는?

① FC-3-1-10
② HFC-125
③ IG-541
④ FIC-1311

SOLUTION

풀이
IG-541은 불활성기체 소화약제이다. 불활성기체 소화약제는 연쇄반응의 차단을 하는 억제효과가 아닌 질식효과를 이용해 소화한다.

03 ★☆☆

물의 소화력을 증대시키기 위하여 첨가하는 첨가제 중 물의 유실을 방지하고 건물, 임야 등의 입체 면에 오랫동안 잔류하게 하기 위한 것은?

① 증점제　　　　② 강화액
③ 침투제　　　　④ 유화제

SOLUTION

개념
물의 첨가제 종류
- 증점제 : 물의 점성을 높여 입체 면에 잔류 시간 향상
- 강화액 : 약제의 분해, 침전 등을 억제하여 소화력 향상
- 침투제 : 물의 표면장력을 감소시켜 가연물에 대한 침투성을 향상
- 유화제 : 가연성 혼합기체의 생성을 억제

04 ★★★

화재 시 이산화탄소를 방출하여 산소농도를 13[vol%]로 낮추어 소화하기 위한 공기 중 이산화탄소의 농도는 약 몇 [vol%]인가?

① 9.5　　　　② 25.8
③ 38.1　　　　④ 61.5

SOLUTION

개념
이산화탄소의 농도

공식 정리
$$CO_2 = \frac{21 - O_2}{21} \times 100 [\%]$$

여기서, CO_2 : CO_2(이산화탄소)의 농도[vol%]
　　　　O_2 : O_2(산소)의 농도[vol%]

풀이
주어진 값들을 공식에 대입하면
$CO_2 = \frac{21 - 13}{21} \times 100 ≒ 38.1[\%]$

05 ★☆☆

다음 중 인명구조기구에 속하지 않는 것은?

① 방열복　　　　② 공기안전매트
③ 공기호흡기　　④ 인공소생기

SOLUTION

개념
인명구조기구
- 방열복
- 공기호흡기
- 인공소생기
- 방화복

풀이
공기안전매트는 피난기구에 속한다.

06 ★★☆

다음 중 인화점이 가장 낮은 물질은?

① 산화프로필렌　　② 이황화탄소
③ 메틸알코올　　　④ 등유

SOLUTION

개념
인화점
점화원을 주었을 때 연소가 시작되는 최저온도

풀이
인화점은 산화프로필렌(-37[℃]) < 이황화탄소(-30[℃]) < 메틸알코올(11[℃]) < 등유(40~70[℃]) 순으로 낮으므로 산화프로필렌이 가장 인화점이 낮다.

정답　03 ①　04 ③　05 ②　06 ①

07 ★★★

화재의 지속시간 및 온도에 따라 목재건물과 내화건물을 비교했을 때, 목재건물의 화재성상으로 가장 적합한 것은?

① 저온장기형이다.
② 저온단기형이다.
③ 고온장기형이다.
④ 고온단기형이다.

SOLUTION

개념
목조건축물의 화재특성
- 습도가 낮을수록 연소 확대가 빠르다.
- 화재진행속도는 내화건축물보다 빠르다.
- 화재최성기의 온도는 내화건축물보다 높다.
- 화재성장속도는 횡방향보다 종방향이 빠르다.

풀이
목조건축물의 화재는 내화건축물에 비해 고온단기형에 해당한다.

08 ★★☆

방화벽의 구조 기준 중 다음 ( ) 안에 알맞은 것은?

- 방화벽의 양쪽 끝과 위쪽 끝을 건축물의 외벽면 및 지붕면으로부터 (㉠)[m] 이상 튀어 나오게 할 것
- 방화벽에 설치하는 출입문의 너비 및 높이는 각각 (㉡)[m] 이하로 하고, 해당 출입문에는 60분+ 방화문 또는 60분 방화문을 설치할 것

① ㉠ 0.3, ㉡ 2.5
② ㉠ 0.3, ㉡ 3.0
③ ㉠ 0.5, ㉡ 2.5
④ ㉠ 0.5, ㉡ 3.0

SOLUTION

개념
방화벽의 구조
- 내화구조로서 홀로 설 수 있는 구조일 것
- 방화벽의 양쪽 끝과 위쪽 끝을 건축물의 외벽면 및 지붕면으로부터 0.5[m] 이상 튀어나오게 할 것
- 방화벽에 설치하는 출입문의 너비 및 높이는 각각 2.5[m] 이하로 하고, 해당 출입문에는 60분+ 방화문 또는 60분 방화문을 설치할 것

09 ★☆☆

에테르, 케톤, 에스테르, 알데히드, 카르복실산, 아민 등과 같은 가연성인 용매에 유효한 포소화약제는?

① 단백포
② 수성막포
③ 불화단백포
④ 내알코올포

SOLUTION

개념
포소화약제의 종류
- 단백포 : 단백질을 가수분해한 것을 주원료로 하는 포소화약제
- 수성막포 : 합성계면활성제를 주원료로 하는 포소화약제
- 불화단백포 : 단백포에 불소계 계면활성제를 혼합한 포소화약제
- 내알코올포 : 단백질의 가수분해 생성물과 합성세제 등을 주성분으로 하며, 수용성 용제의 소화에 사용하는 약제

풀이
에테르, 케톤 등과 같은 수용성인 가연성 액체에는 내알코올포를 사용한다.

10 ★☆☆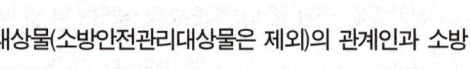

특정소방대상물(소방안전관리대상물은 제외)의 관계인과 소방안전관리대상물의 소방안전관리자의 업무가 아닌 것은?

① 화기 취급의 감독
② 자체소방대의 운용
③ 소방 관련 시설의 유지·관리
④ 피난시설, 방화구획 및 방화시설의 유지·관리

SOLUTION

개념
소방안전관리자의 업무
- 화기 취급의 감독
- 자위소방대의 운용
- 소방 관련 시설의 관리
- 피난시설, 방화구획 및 방화시설의 관리
- 소방훈련 및 교육
- 피난계획에 관한 사항과 대통령령으로 정하는 사항이 포함된 소방계획서의 작성 및 시행

풀이
소방안전관리자는 자체소방대가 아닌 자위소방대를 운용한다.

11 ★★☆

화재의 유형별 특성에 관한 설명으로 옳은 것은?

① A급 화재는 무색으로 표시하며, 감전의 위험이 있으므로 주수소화를 엄금한다.
② B급 화재는 황색으로 표시하며, 질식소화를 통해 화재를 진압한다.
③ C급 화재는 백색으로 표시하며, 가연성이 강한 금속의 화재이다.
④ D급 화재는 청색으로 표시하며, 연소 후에 재를 남긴다.

SOLUTION

개념
화재의 유형별 특성
- A급 화재 : 백색으로 표시하며, 감전의 위험이 없으므로 주수소화를 한다.
- B급 화재 : 황색으로 표시하며, 질식소화를 통해 화재를 진입한다.
- C급 화재 : 청색으로 표시하며, 전기화재이다.
- D급 화재 : 무색으로 표시하며, 가연성이 강한 금속의 화재이다.

12 ★☆☆

화재발생 시 인명피해 방지를 위한 건물로 적합한 것은?

① 피난설비가 없는 건물
② 특별피난계단의 구조로 된 건물
③ 피난기구가 관리되고 있지 않은 건물
④ 피난구 폐쇄 및 피난구유도등이 미비되어 있는 건물

SOLUTION

개념
인명피해 방지에 적합한 건물
- 피난설비가 있는 건물
- 특별피난계단의 구조로 된 건물
- 피난기구가 관리되고 있는 건물
- 피난구 개방 및 피난구유도등이 적절히 설치되어 있는 건물

13 ★☆☆

프로판가스의 연소범위[vol%]에 가장 가까운 것은?

① 9.8 ~ 28.4
② 2.5 ~ 81
③ 4.0 ~ 75
④ 2.1 ~ 9.5

SOLUTION

풀이
프로판가스의 연소범위는 약 2.1 ~ 9.5[vol%]이다.

14 ★★★

불포화섬유지나 석탄에 자연발화를 일으키는 원인은?

① 분해열
② 산화열
③ 발효열
④ 중합열

SOLUTION

개념
자연발화를 일으키는 원인
- 분해열 : 셀룰로이드, 니트로(나이트로)셀룰로오스
- 산화열 : 불포화섬유지, 석탄, 건성유, 고무분말
- 발효열 : 퇴비, 먼지, 곡물
- 중합열 : 시안화수소, 염화비닐

풀이
불포화섬유지나 석탄에 자연발화를 일으키는 것은 산화열이다.

정답 11 ② 12 ② 13 ④ 14 ②

15 ★★★

CF₃Br 소화약제의 명칭을 옳게 나타낸 것은?

① 할론 1011
② 할론 1211
③ 할론 1301
④ 할론 2402

SOLUTION

개념
'할론 ABCD' 소화약제 분자식 구하기
- A : C(탄소)의 개수
- B : F(불소)의 개수
- C : Cl(염소)의 개수
- D : Br(브롬(브로민))의 개수

풀이
CF₃Br은 C가 1개, F가 3개, Cl이 0개, Br이 1개이므로 소화약제는 할론 1301이 된다.

16 ★★★

다음 중 전산실, 통신 기기실 등에서의 소화에 가장 적합한 것은?

① 스프링클러설비
② 옥내소화전설비
③ 분말소화설비
④ 할로겐화합물 및 불활성기체 소화설비

SOLUTION

풀이
전산실, 통신 기기실은 전기·전자 기기의 손상 우려가 낮고, 잔여물이 없어 더럽힐 우려가 적은 할로겐화합물 및 불활성 기체 소화설비를 사용한다.

17 ★☆☆

가연물의 제거와 가장 관련이 없는 소화방법은?

① 유류화재 시 유류공급 밸브를 잠근다.
② 산불화재 시 나무를 잘라 없앤다.
③ 팽창 진주암을 사용하여 진화한다.
④ 가스화재 시 중간밸브를 잠근다.

SOLUTION

개념
질식소화 소화약제
- 팽창질석
- 마른모래
- 팽창진주암
- 불활성기체 소화약제

풀이
팽창 진주암을 이용한 소화방법은 질식소화이다.

18 ★☆☆

독성이 매우 높은 가스로서 석유제품, 유지(油脂) 등이 연소할 때 생성되는 알데히드계통의 가스는?

① 시안화수소
② 암모니아
③ 포스겐
④ 아크롤레인

SOLUTION

풀이
독성이 매우 높고, 석유제품, 유지 등이 연소할 때 생성되는 알데히드계통의 가스는 아크롤레인(CH₂ = CHCHO)이다.

19 ★★☆

BLEVE 현상을 설명한 것으로 가장 옳은 것은?

① 물이 뜨거운 기름표면 아래에서 끓을 때 화재를 수반하지 않고 over flow 되는 현상
② 물이 연소유의 뜨거운 표면에 들어갈 때 발생되는 over flow 현상
③ 탱크 바닥에 물과 기름의 에멀전이 섞여있을 때 물의 비등으로 인하여 급격하게 over flow 되는 현상
④ 탱크 주위 화재로 탱크 내 인화성 액체가 비등하고 가스부분의 압력이 상승하여 탱크가 파괴되고 폭발을 일으키는 현상

SOLUTION

개념
블레비(BLEVE) 현상
탱크 주위 화재로 인해 고압, 과열 상태의 탱크에서 균열이 발생하고, 이로 인해 내부에 있던 액화가스 또는 가연성 액체가 분출하고 기화되어 폭발하는 현상이다. 급격한 폭발로 인해 화구(Fire ball)가 형성되며, 대량의 복사열이 방출된다.

20 ★☆☆

화재강도(Fire Intensity)와 관계가 없는 것은?

① 가연물의 비표면적
② 발화원의 온도
③ 화재실의 구조
④ 가연물의 발열량

SOLUTION

개념
화재강도에 영향을 주는 인자
- 가연물의 비표면적
- 화재실의 구조
- 가연물의 발열량
- 가연물의 배열상태

풀이
발화원의 온도는 화재강도와 관계가 없다.

2020년 제1·2회 소방설비기사

01 ★★☆

0[℃], 1기압에서 44.8[m³]의 용적을 가진 이산화탄소를 액화하여 얻을 수 있는 액화탄산 가스의 무게는 약 몇 [kg]인가?

① 88
② 44
③ 22
④ 11

SOLUTION

개념
이상기체상태 방정식

공식정리
$$PV = nRT = \frac{w}{M}RT$$

여기서, P : 기압[atm], L : 부피[L], n : 몰수[mol]
R : 기체상수(0.082[atm·L/mol·K])
T : 절대온도[K], w : 질량[g], M : 분자량[g/mol]

풀이
위의 식을 활용하기 위해서는 이산화탄소의 분자량이 추가로 필요하다.
원자량 : 탄소(C) = 12, 산소(O) = 16
이산화탄소(CO_2) 분자량 $M = 12 + 16 \times 2 = 44$
이상기체방정식을 질량으로 구하는 식으로 정리하고, 값들을 대입하면
$$w = \frac{PVM}{RT} = \frac{1 \times 44.8 \times 44}{0.082 \times (0 + 273)} \fallingdotseq 88[kg]$$

TIP
- 이상기체방정식은 절대온도를 활용하므로 섭씨온도에서 절대온도로 변경해서 사용한다.
- 기체상수는 0.082[atm·L/mol·K], 8.314[J/mol·K]을 주로 사용한다. 이 문제에서는 1기압이 주어졌으므로 기체상수를 0.082[atm·L/mol·K]로 사용했다.

02 ★★★

제거소화의 예에 해당하지 않는 것은?

① 밀폐 공간에서의 화재 시 공기를 제거한다.
② 가연성가스 화재 시 가스의 밸브를 닫는다.
③ 산림화재 시 확산을 막기 위하여 산림의 일부를 벌목한다.
④ 유류탱크 화재 시 연소되지 않은 기름을 다른 탱크로 이동시킨다.

SOLUTION

개념
제거소화
가연물을 제거하거나 공급을 정지시켜 소화하는 방법

풀이
밀폐 공간에서의 화재 시 공기를 제거하는 방법은 질식소화에 해당한다.

04 ★★☆

인화알루미늄의 화재 시 주수소화하면 발생하는 물질은?

① 수소   ② 메탄
③ 포스핀   ④ 아세틸렌

SOLUTION

풀이
인화알루미늄(AlP)과 물이 반응하면 포스핀(PH_3)이 생성된다.
$AlP + 3H_2O \rightarrow Al(OH)_3 + PH_3 \uparrow$

TIP
- 실생활에서 '주유하다'라는 표현을 빈번하게 사용할 것이다. '주유하다'는 '기름을 공급한다'라는 의미이다. 같은 맥락으로 '주수하다'는 '물을 공급한다'라는 의미이다.
- 포스핀은 인(P)을 포함하고 있기 때문에 인(P)이 들어간 물질과 물이 만난다면 포스핀(PH_3)이 생성될 수도 있다는 것을 염두에 두자.

03 ★☆☆

다음 중 소화에 필요한 이산화탄소 소화약제의 최소설계농도값이 가장 높은 물질은?

① 메탄   ② 에틸렌
③ 천연가스   ④ 아세틸렌

SOLUTION

개념
설계농도
소화약제의 저장량을 산출하기 위하여 소화농도에 안전율을 고려하여 설정한 농도이다.

풀이
이산화탄소 소화약제의 최소설계농도값은 아세틸렌(66[%]) > 에틸렌(49[%]) > 천연가스(37[%]) > 메탄(34[%]) 순으로 높다.

05 ★☆☆

다음 물질의 저장창고에서 화재가 발생하였을 때 주수 소화를 할 수 없는 물질은?

① 부틸리튬   ② 질산에틸
③ 나이트로셀룰로스 ④ 적린

SOLUTION

개념
주수소화 시 위험한 물질
- 금속분
- 마그네슘
- 알루미늄
- 칼륨
- 나트륨
- 부틸리튬
- 수소화리튬

풀이
부틸리튬(C_4H_9Li)이 물과 만나면 부탄가스(C_4H_{10})이 발생하기 때문에 부틸리튬 저장창고에는 주수소화를 할 수 없다.
$C_4H_9Li + H_2O \rightarrow LiOH + C_4H_{10} \uparrow$

06 ★★★

이산화탄소에 대한 설명으로 틀린 것은?

① 임계온도는 97.5[℃]이다.
② 고체의 형태로 존재할 수 있다.
③ 불연성가스로 공기보다 무겁다.
④ 드라이아이스와 분자식이 동일하다.

SOLUTION

개념
이산화탄소의 물성
• 임계온도 : 약 31.3[℃]
• 증기비중 : 1.529
• 임계온도 : 기체가 액화할 수 있는 최고의 온도

풀이
이산화탄소의 임계온도는 약 31.3[℃]이다.

07 ★★★

실내 화재 시 발생한 연기로 인한 감광계수[m^{-1}]와 가시거리에 대한 설명 중 틀린 것은?

① 감광계수가 0.1일 때 가시거리는 20 ~ 30[m]이다.
② 감광계수가 0.3일 때 가시거리는 15 ~ 20[m]이다.
③ 감광계수가 1.0일 때 가시거리는 1 ~ 2[m]이다.
④ 감광계수가 10일 때 가시거리는 0.2 ~ 0.5[m]이다.

SOLUTION

개념
감광계수와 가시거리의 상황

감광계수[m^{-1}]	가시거리[m]	상황
0.1	20 ~ 30	연기감지기가 작동할 때의 농도 (연기감지기 작동직전 농도)
0.3	5	건물 내부에 익숙한 사람이 피난에 지장을 느낄 정도의 농도
0.5	3	어두운 것을 느낄 정도의 농도
1	1 ~ 2	앞이 거의 보이지 않을 정도의 농도
10	0.2 ~ 0.5	화재 시 최성기 때의 농도
30	-	출화실에서 연기가 분출할 때의 농도

풀이
감광계수가 0.3[m^{-1}]일 때 가시거리는 5[m]이다.

08 ★☆☆

물질의 화재 위험성에 대한 설명으로 틀린 것은?

① 인화점 및 착화점이 낮을수록 위험
② 착화에너지가 작을수록 위험
③ 비점 및 융점이 높을수록 위험
④ 연소범위가 넓을수록 위험

SOLUTION

개념
화재 위험성
• 인화점 및 착화점이 낮을수록 위험
• 착화에너지가 작을수록 위험
• 비점 및 융점이 낮을수록 위험
• 연소범위가 넓을수록 위험
• 연소하한계가 낮을수록 위험

풀이
비점 및 융점이 낮을수록 위험하다.

TIP
물질의 화재 위험성은 작은 에너지에도 화재가 발생해야 위험한 것이다.

09 ★★★

이산화탄소의 증기비중은 약 얼마인가? (단, 공기의 분자량은 29이다)

① 0.81   ② 1.52
③ 2.02   ④ 2.51

SOLUTION

개념
증기비중

공식 정리
$$증기비중 = \frac{기체의\ 분자량}{공기의\ 평균\ 분자량} = \frac{기체의\ 분자량}{29}$$

풀이
원자량 : 탄소(C) = 12, 산소(O) = 16
이산화탄소(CO_2) 분자량 $M = 12 + 16 \times 2 = 44$
이산화탄소 증기비중 $= \dfrac{44}{29} ≒ 1.52$

TIP
이산화탄소의 증기비중은 많이 빈출되므로 1.52라고 아예 암기하도록 하자

정답 06 ① 07 ② 08 ③ 09 ②

10 ★☆☆

위험물안전관리법령상 제2석유류에 해당하는 것으로만 나열된 것은?

① 아세톤, 벤젠
② 중유, 아닐린
③ 에테르, 이황화탄소
④ 아세트산, 아크릴산

SOLUTION

개념
제4류 위험물의 분류
- 특수인화물 : 에테르(디에틸에테르), 이황화탄소, 산화프로필렌
- 제1석유류 : 아세톤, 벤젠, 휘발유, 톨루엔
- 제2석유류 : 아세트산, 아크릴산, 등유, 경유
- 제3석유류 : 중유, 아닐린, 글리세린, 니트로(나이트로)벤젠
- 제4석유류 : 기어유, 실린더유

풀이
보기 중 제2석유류에 해당하는 것은 아세트산과 아크릴산이다.

11 ★★☆

다음 중 연소범위를 근거로 계산한 위험도 값이 가장 큰 물질은?

① 이황화탄소 ② 메탄
③ 수소 ④ 일산화탄소

SOLUTION

개념
위험도

공식 정리
$$H = \frac{U-L}{L}$$

여기서, H : 위험도
U : 연소상한계
L : 연소하한계

풀이
- 이황화탄소 $= \dfrac{50-1}{1} = 49$

  (이황화탄소 연소상한계 : 50, 연소하한계 : 1)

- 메탄 $= \dfrac{15-5}{5} = 2$

  (메탄 연소상한계 : 15, 연소하한계 : 5)

- 수소 $= \dfrac{75-4}{4} = 17.75$

  (수소 연소상한계 : 75, 연소하한계 : 4)

- 일산화탄소 $= \dfrac{74.2-12.5}{12.5} ≒ 4.94$

  (일산화탄소 연소상한계 : 74.2, 연소하한계 : 12.5)

이황화탄소가 가장 위험도 값이 높다.

12 ★★☆

가연물이 연소가 잘 되기 위한 구비조건으로 틀린 것은?

① 열전도율이 클 것
② 산소와 화학적으로 친화력이 클 것
③ 표면적이 클 것
④ 활성화 에너지가 작을 것

SOLUTION

개념
가연물이 연소가 잘 되기 위한 구비조건
- 열전도율이 작을 것
- 산소와 화학적으로 친화력이 클 것
- 표면적이 클 것
- 활성화 에너지가 작을 것
- 발열량이 클 것
- 연쇄반응을 일으킬 수 있을 것

풀이
가연물의 열전도율이 크면 가연물 내부에 열을 축적하지 않고 외부로 열을 방출하기 때문에 연소가 잘 안 된다.

정답 10 ④ 11 ① 12 ①

13 ★☆☆

유류탱크 화재 시 기름 표면에 물을 살수하면 기름이 탱크 밖으로 비산하여 화재가 확대되는 현상은?

① 슬롭 오버(Slop Over)
② 플래시 오버(Flash Over)
③ 프로스 오버(Froth Over)
④ 블레비(BLEVE)

SOLUTION

개념
화재 시 탱크에서 발생하는 현상
- **슬롭 오버(Slop Over)** : 유류탱크 화재 시 기름 표면에 물을 살수하면 액면에 거품을 일으키면서 기름의 일부가 불이 붙은 채 탱크 밖으로 비산하는 현상
- 플래시 오버(Flash Over) : 옥내의 화재가 주변으로 한정되어 있던 연소범위가 차례대로 확대되면서 가연성 가스가 축적되었다가 농도가 연소범위까지 높아져 한 번에 인화되어 폭발적으로 큰 불꽃이 되는 현상. 보통 화재의 성장기에서 최성기로 넘어가는 시기에 발생한다.
- 프로스 오버(Froth Over) : 점성이 높은 기름표면 아래에 있던 물이 끓으면 화재를 수반하지 않고 기름이 용기 밖으로 넘치는 현상
- 블레비(BLEVE) : 고압, 과열 상태의 탱크에서 균열이 발생해 내부에 있던 액화가스 또는 가연성 액체가 분출하여 기화되어 폭발하는 현상. 급격한 폭발로 인해 화구(Fire ball)가 형성되며, 대량의 복사열이 방출된다.

14 ★★★

화재 시 나타나는 인간의 피난특성으로 볼 수 없는 것은?

① 어두운 곳으로 대피한다.
② 최초로 행동한 사람을 따른다.
③ 발화지점의 반대방향으로 이동한다.
④ 평소에 사용하던 문, 통로를 사용한다.

SOLUTION

개념
화재발생 시 인간의 피난특성
- **지광본능 : 밝은 쪽으로 피난한다.**
- 추종본능 : 대피 시 최초로 행동하는 사람을 따른다.
- 퇴피본능 : 발화지점의 반대방향으로 이동한다.
- 귀소본능 : 평상시 사용하던 친숙한 경로를 따라 대피한다.
- 직진본능 : 대피 시 직진해서 대피한다.

풀이
화재 시 인간은 밝은 쪽으로 대피하려 한다.

15 ★★★

종이, 나무, 섬유류 등에 의한 화재에 해당하는 것은?

① A급 화재
② B급 화재
③ C급 화재
④ D급 화재

SOLUTION

개념
화재의 종류
- A급 화재 : 일반 화재
- B급 화재 : 유류 화재
- C급 화재 : 전기 화재
- D급 화재 : 금속 화재
- K급 화재 : 주방 화재

풀이
일반 가연물, 종이, 나무, 섬유류에 의한 화재는 A급 화재에 속한다.

16 ★★★

$NH_4H_2PO_4$를 주성분으로 한 분말소화약제는 제 몇 종 분말소화약제인가?

① 제1종
② 제2종
③ 제3종
④ 제4종

SOLUTION

개념
분말소화약제의 종류
- 제1종 분말 : 탄산수소나트륨($NaHCO_3$)
- 제2종 분말 : 탄산수소칼륨($KHCO_3$)
- **제3종 분말 : 제1인산암모늄($NH_4H_2PO_4$)**
- 제4종 분말 : 탄산수소칼륨($KHCO_3$) + 요소($CO(NH_2)_2$)

정답 13 ① 14 ① 15 ① 16 ③

17 ★☆☆

다음 물질 중 연소하였을 때 시안화수소를 가장 많이 발생시키는 물질은?

① Polyethylene
② Polyurethane
③ Polyvinyl Chloride
④ Polystyrene

SOLUTION

개념
연소 시 시안화수소(HCN) 발생물질
- Polyurethane(폴리우레탄)
- 요소
- 아닐린
- 멜라닌

풀이
Polyurethane(폴리우레탄)은 연소하였을 때 독성 물질인 시안화수소(HCN)와 일산화탄소(CO)가 대량으로 발생하기 때문에 주의해야 한다.

18 ★★★

산소의 농도를 낮추어 소화하는 방법은?

① 냉각소화
② 질식소화
③ 제거소화
④ 억제소화

SOLUTION

개념
소화의 종류
- 제거소화 : 가연물을 제거하여 소화하는 방법
- 냉각소화 : 점화원을 냉각하여 소화하는 방법
- 부촉매소화(억제소화) : 연쇄반응을 일으키는 활성라디칼의 생성을 억제하여 소화하는 방법
- 질식소화 : 공기 중의 산소 농도를 15~16% 이하로 감소시켜 소화하는 방법

풀이
산소의 농도를 낮추어 소화하는 방법은 질식소화이다.

19 ★★☆

다음 중 상온 상압에서 액체인 것은?

① 탄산가스
② 할론 1301
③ 할론 2402
④ 할론 1211

SOLUTION

풀이
상온 상압에서 액체인 것은 할론 2402이다. 탄산가스, 할론 1301, 할론 1211은 상온 상압에서 기체 상태이다.

20 ★☆☆

밀폐된 내화건물의 실내에 화재가 발생했을 때 그 실내의 환경 변화에 대한 설명 중 틀린 것은?

① 기압이 급강하한다.
② 산소가 감소한다.
③ 일산화탄소가 증가한다.
④ 이산화탄소가 증가한다.

SOLUTION

풀이
밀폐된 내화건물의 실내에 화재가 발생하면 많은 연소생성물의 생성과 높은 온도로 인한 기체 팽창으로 인해 기압이 급상승한다.

2020년 제3회 소방설비기사

01 ★★★

화재의 종류에 따른 분류가 틀린 것은?

① A급 : 일반화재
② B급 : 유류화재
③ C급 : 가스화재
④ D급 : 금속화재

SOLUTION

[개념]
화재의 종류
- A급 화재 : 일반 화재
- B급 화재 : 유류 화재
- C급 화재 : 전기 화재
- D급 화재 : 금속 화재
- K급 화재 : 주방 화재

02 ★☆☆

다음 중 고체 가연물이 덩어리보다 가루일 때 연소되기 쉬운 이유로 가장 적합한 것은?

① 발열량이 작아지기 때문이다.
② 공기와 접촉면이 커지기 때문이다.
③ 열전도율이 커지기 때문이다.
④ 활성에너지가 커지기 때문이다.

SOLUTION

[풀이]
고체 가연물이 가루가 되면 덩어리일 때 보다 공기와 접촉면이 커져서 연소가 더 잘 된다.

03 ★☆☆

위험물과 위험물안전관리법령에서 정한 지정수량을 옳게 연결한 것은?

① 무기과산화물 – 300[kg]
② 황화린 – 500[kg]
③ 황린 – 20[kg]
④ 질산에스테르류 – 200[kg]

SOLUTION

[풀이]
위험물의 지정수량
③ 황린 - 20[kg]
① 무기과산화물 - 50[kg]
② 황화린(황화인) - 100[kg]
④ 질산에스테르류(질산에스터류) - 10[kg]

04 ★★☆

다음 중 발화점이 가장 낮은 물질은?

① 휘발유
② 이황화탄소
③ 적린
④ 황린

SOLUTION

[개념]
발화점
가연성 물질이 외부의 직접적인 점화원 없이 연소가 가능한 최저 온도

[풀이]
발화점은 황린(34[℃]) < 이황화탄소(90[℃]) < 적린(260[℃]) < 휘발유(300[℃]) 순으로 낮다.

정답 01 ③ 02 ② 03 ③ 04 ④

05 ★☆☆

화재 시 발생하는 연소가스 중 인체에서 헤모글로빈과 결합하여 혈액의 산소운반을 저해하고 두통, 근육조절의 장애를 일으키는 것은?

① CO_2
② CO
③ HCN
④ H_2S

SOLUTION

풀이
CO(일산화탄소)는 인체에서 헤모글로빈과 결합하여 혈액의 산소운반을 저해하고, 두통, 근육조절의 장애를 일으킨다.

06 ★★☆

다음 원소 중 전기 음성도가 가장 큰 것은?

① F
② Br
③ Cl
④ I

SOLUTION

풀이
할로겐 원소 중에서 전기 음성도는 $F > Cl > Br > I$ 순으로 크다. 즉, 할로겐 원소는 숫자가 낮은 주기일수록 전기 음성도가 크다.

TIP
할로겐 원소 중 소화능력 크기는 전기 음성도와 반대인 $I > Br > Cl > F$ 순으로 크다.

07 ★★★

탄화칼슘이 물과 반응 시 발생하는 가연성 가스는?

① 메탄
② 포스핀
③ 아세틸렌
④ 수소

SOLUTION

풀이
탄화칼슘과 물이 반응하면 아세틸렌(C_2H_2)이 발생한다.
$CaC_2 + 2H_2O \rightarrow Ca(OH)_2 + C_2H_2 \uparrow$

08 ★★★

공기의 평균 분자량이 29일 때 이산화탄소 기체의 증기비중은 얼마인가?

① 1.44
② 1.52
③ 2.88
④ 3.24

SOLUTION

개념
증기비중

$$증기비중 = \frac{기체의\ 분자량}{공기의\ 평균\ 분자량} = \frac{기체의\ 분자량}{29}$$

풀이
원자량 : 탄소(C) = 12, 산소(O) = 16
이산화탄소(CO_2) 분자량 $M = 12 + 16 \times 2 = 44$

이산화탄소 증기비중 $= \frac{44}{29} ≒ 1.52$

TIP
이산화탄소의 물성
- 임계온도 : 약 31.3[℃]
- 증기비중 : 1.529

09 ★★★

밀폐된 공간에 이산화탄소를 방사하여 산소의 체적 농도를 12[%] 되게 하려면 상대적으로 방사된 이산화탄소의 농도는 얼마가 되어야 하는가?

① 25.40[%]
② 28.70[%]
③ 38.35[%]
④ 42.86[%]

SOLUTION

개념
이산화탄소의 농도

$$CO_2 = \frac{21 - O_2}{21} \times 100[\%]$$

여기서, CO_2 : CO_2(이산화탄소)의 농도[vol%]
O_2 : O_2(산소)의 농도[vol%]

풀이
주어진 값들을 공식에 대입하면
$CO_2 = \frac{21 - 12}{21} \times 100 ≒ 42.86[\%]$

정답 05 ② 06 ① 07 ③ 08 ② 09 ④

10 ★☆☆

화재하중의 단위로 옳은 것은?

① $[kg/m^2]$ ② $[℃/m^2]$
③ $[kg \cdot L/m^3]$ ④ $[℃ \cdot L/m^3]$

SOLUTION

개념
화재하중
가연물 등의 연소 시 건축물의 붕괴 등을 고려하여 설계하는 하중

풀이
화재하중의 단위는 $[kg/m^2]$이다.

11 ★☆☆

인화점이 20[℃]인 액체위험물을 보관하는 창고의 인화 위험성에 대한 설명 중 옳은 것은?

① 여름철에 창고 안이 더워질수록 인화의 위험성이 커진다.
② 겨울철에 창고 안이 추워질수록 인화의 위험성이 커진다.
③ 20[℃]에서 가장 안전하고 20[℃] 보다 높아지거나 낮아질수록 인화의 위험성이 커진다.
④ 인화의 위험성은 계절의 온도와는 상관없다.

SOLUTION

풀이
위험물의 인화 위험성은 창고 내 온도가 높아질수록 커진다. 그러므로 여름철에 창고 안이 더워질수록 인화의 위험성은 커진다.

12 ★☆☆

소화약제인 IG-541의 성분이 아닌 것은?

① 질소 ② 아르곤
③ 헬륨 ④ 이산화탄소

SOLUTION

풀이
소화약제인 IG-541은 질소(N_2) 52[%], 아르곤(Ar) 40[%], 이산화탄소(CO_2) 8[%]로 구성되어 있다.

TIP
IG-541에서 IG는 불활성기체(Inert Gas)의 약자이다. 즉 IG-541은 불활성기체 소화약제이다.

13 ★★☆

이산화탄소 소화약제 저장용기의 설치장소에 대한 설명 중 옳지 않은 것은?

① 반드시 방호구역 내의 장소에 설치한다.
② 온도의 변화가 적은 곳에 설치한다.
③ 방화문으로 구획된 실에 설치한다.
④ 해당 용기가 설치된 곳임을 표시하는 표지를 한다.

SOLUTION

개념
이산화탄소 소화약제 저장용기 설치기준
• 반드시 방호구역 외의 장소에 설치한다.
• 온도의 변화가 적은 곳에 설치한다.
• 방화문으로 구획된 실에 설치한다.
• 해당 용기가 설치된 곳임을 표시하는 표지를 한다.
• 온도가 40[℃] 이하인 장소에 설치한다.
• 직사광선 및 빗물이 침투할 우려가 없는 곳에 설치한다.

풀이
이산화탄소 소화약제 저장용기는 방호구역 외의 장소에 설치해야 한다.

14 ★★★

화재의 소화원리에 따른 소화방법의 적용으로 틀린 것은?

① 냉각소화 : 스프링클러설비
② 질식소화 : 이산화탄소 소화설비
③ 제거소화 : 포소화설비
④ 억제소화 : 할로겐화합물 소화설비

SOLUTION

개념
소화설비별 소화원리
- 냉각소화 : 스프링클러설비, 옥내·옥외소화전설비
- 질식소화 : 이산화탄소 소화설비, 포소화설비, 분말소화설비, 불활성기체 소화설비
- 억제소화 : 할론 소화설비, 할로겐화합물 소화설비

풀이
포소화설비는 산소공급이 차단되는 질식소화를 이용한다.

15 ★★☆

건축물의 내화구조에서 바닥의 경우에는 철근콘크리트의 두께가 몇 [cm] 이상이어야 하는가?

① 7   ② 10
③ 12   ④ 15

SOLUTION

풀이
건축물의 내화구조에서 바닥의 경우에는 철근콘크리트의 두께를 10[cm] 이상으로 해야 한다.

16 ★☆☆

소화효과를 고려하였을 경우 화재 시 사용할 수 있는 물질이 아닌 것은?

① 이산화탄소   ② 아세틸렌
③ Halon 1211   ④ Halon 1301

SOLUTION

풀이
아세틸렌(C_2H_2)은 가연성 물질이기 때문에 화재 시 사용하면 더 큰 화재로 이어질 수 있다.

17 ★★★

질식소화 시 공기 중의 산소농도는 일반적으로 약 몇 [vol%] 이하로 하여야 하는가?

① 25   ② 21
③ 19   ④ 15

SOLUTION

풀이
질식소화는 공기 중의 산소 농도를 15~16[%] 이하로 감소시켜 소화하는 방법이다.

TIP
통상적으로 대기 중의 산소농도는 약 21[%]이다. 그렇기 때문에 소화를 위해서 요구되는 산소농도는 21[%]보다 낮은 숫자가 되어야 한다.

18 ★★★

제1종 분말소화약제의 주성분으로 옳은 것은?

① $KHCO_3$ ② $NaHCO_3$
③ $NH_4H_2PO_4$ ④ $Al_2(SO_4)_3$

SOLUTION

개념
분말소화약제의 종류
- 제1종 분말 : 탄산수소나트륨($NaHCO_3$)
- 제2종 분말 : 탄산수소칼륨($KHCO_3$)
- 제3종 분말 : 제1인산암모늄($NH_4H_2PO_4$)
- 제4종 분말 : 탄산수소칼륨($KHCO_3$) + 요소($CO(NH_2)_2$)

정답 14 ③ 15 ② 16 ② 17 ④ 18 ②

19 ★★★

Halon 1301의 분자식은?

① CH_3Cl
② CH_3Br
③ CF_3Cl
④ CF_3Br

SOLUTION

개념
'Halon ABCD' 소화약제 분자식 구하기
- A : C(탄소)의 개수
- B : F(불소)의 개수
- C : Cl(염소)의 개수
- D : Br(브롬(브로민))의 개수

풀이
Halon 1301은 C가 1개, F가 3개, Cl이 0개, Br이 1개이므로 소화약제는 CF_3Br이 된다.

20 ★☆☆

다음 중 연소와 가장 관련 있는 화학반응은?

① 중화반응
② 치환반응
③ 환원반응
④ 산화반응

SOLUTION

개념
산화반응
물질이 산소와 결합하는 반응

풀이
연소는 가연물이 공기 중에 있는 산소와 반응하여 열과 빛을 동반하는 현상으로, 산소와 결합하기 때문에 산화반응에 해당한다.

2020년 제4회 소방설비기사

01 ★★☆

일반적인 플라스틱 분류상 열경화성 플라스틱에 해당하는 것은?

① 폴리에틸렌
② 폴리염화비닐
③ 페놀수지
④ 폴리스티렌

SOLUTION

개념
플라스틱 분류
- **열경화성 플라스틱** : 한번 열을 가하면 다시 성형할 수 없는 플라스틱이다.
  예) 페놀수지, 요소수지, 멜라민수지
- 열가소성 플라스틱 : 열에 의해 변형되는 플라스틱이다.
  예) 폴리에틸렌, 폴리염화비닐, 폴리스티렌

풀이
페놀수지는 열경화성 플라스틱에 해당한다. 폴리에틸린, 폴리염화비닐, 폴리스티렌은 열가소성 플라스틱에 해당한다.

02 ★☆☆

공기 중에서 수소의 연소범위로 옳은 것은?

① 0.4 ~ 4[vol%]
② 1 ~ 12.5[vol%]
③ 4 ~ 75[vol%]
④ 67 ~ 92[vol%]

SOLUTION

풀이
수소(H_2)의 연소범위는 4 ~ 75[vol%]이다.

03 ★☆☆

건물 내 피난동선의 조건으로 옳지 않은 것은?

① 2개 이상의 방향으로 피난할 수 있어야 한다.
② 가급적 단순한 형태로 한다.
③ 통로의 말단은 안전한 장소이어야 한다.
④ 수직동선은 금하고 수평동선만 고려한다.

SOLUTION

개념
피난동선
복도, 통로, 계단과 같은 피난전용의 통행구조

풀이
건물 내 피난동선은 수직동선과 수평동선 모두 고려해야 한다.

04 ★★★

증발잠열을 이용하여 가연물의 온도를 떨어뜨려 화재를 진압하는 소화방법은?

① 제거소화   ② 억제소화
③ 질식소화   ④ 냉각소화

SOLUTION

개념
소화 방법
- 냉각소화 : 점화원을 냉각하여 소화하는 방법
- 질식소화 : 산소 공급을 차단해 공기 중의 산소의 농도를 낮춰 소화하는 방법
- 제거소화 : 가연물을 제거하여 소화하는 방법
- 부촉매소화(억제소화) : 연쇄반응을 일으키는 활성라디칼의 생성

풀이
증발잠열을 이용하여 가연물의 온도를 떨어뜨려 화재를 진압하는 소화방법은 냉각소화이다.

05 ★☆☆

열분해에 의해 가연물 표면에 유리상의 메타인산 피막을 형성하여 연소에 필요한 산소의 유입을 차단하는 분말약제는?

① 요소   ② 탄산수소칼륨
③ 제1인산암모늄   ④ 탄산수소나트륨

SOLUTION

개념
분말소화약제의 종류
- 제1종 분말 : 탄산수소나트륨($NaHCO_3$)
- 제2종 분말 : 탄산수소칼륨($KHCO_3$)
- 제3종 분말 : 제1인산암모늄($NH_4H_2PO_4$)
- 제4종 분말 : 탄산수소칼륨($KHCO_3$) + 요소($CO(NH_2)_2$)

풀이
제1인산암모늄(제3종 분말)이 열분해에 의해 가연물 표면에 유리상의 메타인산(HPO_3) 피막은 산소의 유입을 차단한다.

06 ★★★

화재를 소화하는 방법 중 물리적 방법에 의한 소화가 아닌 것은?

① 억제소화   ② 제거소화
③ 질식소화   ④ 냉각소화

SOLUTION

개념
물리적 소화방법
- 질식소화 : 산소공급원 차단
- 냉각소화 : 온도 냉각
- 제거소화 : 가연물제거

풀이
억제소화는 화학적 소화방법에 해당한다.

07 ★★☆

물과 반응하여 가연성 기체를 발생하지 않는 것은?

① 칼륨 ② 인화아연
③ 산화칼슘 ④ 탄화알루미늄

SOLUTION

풀이
산화칼슘은 물과 반응하여 가연성 기체가 아닌 수산화칼슘을 발생한다.
① 칼륨은 물과 반응하여 가연성 기체인 수소를 발생한다.
② 인화아연은 물과 반응하여 가연성 기체인 포스핀을 발생한다.
④ 탄화알루미늄은 물과 반응하여 가연성 기체인 메탄을 발생한다.

08 ★★☆

다음 물질을 저장하고 있는 장소에서 화재가 발생하였을 때 주수소화가 적합하지 않은 것은?

① 적린 ② 마그네슘 분말
③ 과염소산칼륨 ④ 유황

SOLUTION

풀이
마그네슘(Mg)은 물과 반응하면 수소(H_2)가 생성된다.
$Mg + 2H_2O \rightarrow Mg(OH)_2 + H_2 \uparrow$

TIP
실생활에서 '주유하다'라는 표현을 빈번하게 사용할 것이다. '주유하다'는 '기름을 공급한다'라는 의미이다. 같은 맥락으로 '주수하다'는 '물을 공급한다'라는 의미이다.

09 ★☆☆

과산화수소와 과염소산의 공통성질이 아닌 것은?

① 산화성 액체이다. ② 유기화합물이다.
③ 불연성 물질이다. ④ 비중이 1보다 크다.

SOLUTION

개념
제6류 위험물 성질
• 산화성 액체이다.
• 무기화합물이다.
• 불연성 물질이다.
• 대부분 비중이 1보다 크다.
• 산소를 함유하고 있다.

풀이
과산화수소와 과염소산은 모두 제6류 위험물로, 무기화합물이다.

10 ★★☆

다음 중 가연성 가스가 아닌 것은?

① 일산화탄소 ② 프로판
③ 아르곤 ④ 메탄

SOLUTION

개념
가연성 가스
연소가 가능한 가스
예) 수소, 일산화탄소, 부탄, 에탄, 프로판 등

풀이
아르곤은 불활성 기체로서 반응을 거의 하지 않아 소화약제로 사용되고 있다.

11 ★★★

화재 발생 시 인간의 피난 특성으로 틀린 것은?

① 본능적으로 평상시 사용하는 출입구를 사용한다.
② 최초로 행동을 개시한 사람을 따라서 움직인다.
③ 공포감으로 인해서 빛을 피하여 어두운 곳으로 몸을 숨긴다.
④ 무의식중에 발화 장소의 반대쪽으로 이동한다.

SOLUTION

개념
화재발생 시 인간의 피난특성
- 지광본능 : 밝은 쪽으로 피난한다.
- 추종본능 : 대피 시 최초로 행동하는 사람을 따른다.
- 퇴피본능 : 발화지점의 반대방향으로 이동한다.
- 귀소본능 : 평상시 사용하던 친숙한 출입구를 따라 대피한다.
- 직진본능 : 대피 시 직진해서 대피한다.

풀이
화재 발생 시 인간은 밝은 쪽으로 대피하려 한다.

12 ★★☆

실내화재에서 화재의 최성기에 돌입하기 전에 다량의 가연성 가스가 동시에 연소되면서 급격한 온도상승을 유발하는 현상은?

① 패닉(Panic) 현상
② 스택(Stack) 현상
③ 화이어 볼(Fire Ball) 현상
④ 플래시 오버(Flash Over) 현상

SOLUTION

개념
플래시 오버(Flash Over)
실내의 화재가 주변으로 한정되어 있던 연소 범위가 차례대로 확대되면서 가연성 가스가 축적되었다가 농도가 연소 범위까지 높아져 한 번에 인화되어 폭발적으로 큰 불꽃이 되는 현상. 보통 화재의 성장기에서 최성기로 넘어가는 시기에 발생한다.

13 ★☆☆

다음 원소 중 할로겐족 원소인 것은?

① Ne
② Ar
③ Cl
④ Xe

SOLUTION

개념
할로겐족 원소(17족)
- 불소(F)
- 염소(Cl)
- 브롬(브로민)(Br)
- 요오드(아이오딘)(I)

풀이
Cl(염소)는 할로겐족 원소이다. Ne(네온), Ar(아르곤), Xe(제논)은 모두 18족 불활성 기체이다.

14 ★☆☆

피난 시 하나의 수단이 고장 등으로 사용이 불가능하더라도 다른 수단 및 방법을 통해서 피난 할 수 있도록 하는 것으로 2방향 이상의 피난통로를 확보하는 피난대책의 일반 원칙은?

① Risk-down 원칙
② Feed-back 원칙
③ Fool-proof 원칙
④ Fail-safe 원칙

SOLUTION

개념
피난대책의 일반 원칙
- Fail-safe 원칙
  - 한 가지 피난기구가 고장이 나도 다른 수단을 이용할 수 있도록 고려하는 것
  - 2방향 이상의 피난동선을 항상 확보하는 원칙
- Fool-proof 원칙
  - 피난수단을 조작이 간편한 원시적 방법으로 하는 원칙
  - 인간의 실수가 고장이나 사고로 이어지지 않도록 하는 것
  - 간단한 그림이나 색채를 이용하여 안전표지를 표시

정답 11 ③ 12 ④ 13 ③ 14 ④

15 ★★☆

목재건축물의 화재 진행과정을 순서대로 나열한 것은?

① 무염착화 – 발염착화 – 발화 – 최성기
② 무염착화 – 최성기 – 발염착화 – 발화
③ 발염착화 – 발화 – 최성기 – 무염착화
④ 발염착화 – 최성기 – 무염착화 – 발화

SOLUTION

개념
목재건축물의 화재 진행과정

16 ★★★

탄산수소나트륨이 주성분인 분말 소화약제는?

① 제1종 분말   ② 제2종 분말
③ 제3종 분말   ④ 제4종 분말

SOLUTION

개념
분말소화약제의 종류

- 제1종 분말 : 탄산수소나트륨($NaHCO_3$)
- 제2종 분말 : 탄산수소칼륨($KHCO_3$)
- 제3종 분말 : 제1인산암모늄($NH_4H_2PO_4$)
- 제4종 분말 : 탄산수소칼륨($KHCO_3$) + 요소($CO(NH_2)_2$)

17 ★☆☆

공기와 할론 1301의 혼합기체에서 할론 1301에 비해 공기의 확산속도는 약 몇 배인가? (단, 공기의 평균분자량은 29, 할론 1301의 분자량은 149이다)

① 2.27배   ② 3.85배
③ 5.17배   ④ 6.46배

SOLUTION

개념
그레이엄의 확산속도 법칙

공식 정리

$$\frac{V_B}{V_A} = \sqrt{\frac{M_A}{M_B}}$$

여기서, V_A, V_B : 기체의 확산속도
M_A, M_B : 기체의 분자량

풀이
기체 A를 할론 1301, 기체 B를 공기라고 한다면

$$\frac{V_B}{V_A} = \sqrt{\frac{M_A}{M_B}} = \sqrt{\frac{\text{할론 1301의 분자량}}{\text{공기의 분자량}}} = \sqrt{\frac{149}{29}} \fallingdotseq 2.27$$

∴ $V_B = 2.27 V_A$

공기의 확산속도(V_B)는 할론 1301의 확산속도(V_A)보다 약 2.27배 빠르다.

18 ★★★

불연성 기체나 고체 등으로 연소물을 감싸 산소공급을 차단하는 소화방법은?

① 질식소화   ② 냉각소화
③ 연쇄반응차단소화   ④ 제거소화

SOLUTION

개념
- 소화의 종류
  - 제거소화 : 가연물을 제거하여 소화하는 방법
  - 냉각소화 : 점화원을 냉각하여 소화하는 방법
- 연쇄반응차단소화(억제소화, 부촉매소화)
  연쇄반응을 일으키는 활성라디칼의 생성을 억제하여 소화하는 방법

풀이
산소공급을 차단하는 소화방법은 질식소화이다.

정답 15 ① 16 ① 17 ① 18 ①

19 ★☆☆

공기 중의 산소의 농도는 약 몇 [vol%]인가?

① 10 ② 13
③ 17 ④ 21

SOLUTION

개념
공기의 구성 성분
- 질소 : 78[%]
- 산소 : 21[%]
- 아르곤 : 1[%]

풀이
공기 중의 산소의 농도는 약 21[vol%]이다.

20 ★★★

자연발화 방지대책에 대한 설명 중 틀린 것은?

① 저장실의 온도를 낮게 유지한다.
② 저장실의 환기를 원활히 시킨다.
③ 촉매물질과의 접촉을 피한다.
④ 저장실의 습도를 높게 유지한다.

SOLUTION

개념
자연발화 방지법
- 통풍이 잘 되도록 한다.
- 퇴적 및 수납 시 열이 쌓이지 않게 한다.
- 습도를 낮게 유지한다.
- 저장실의 온도를 낮게한다.
- 산소와의 접촉을 차단한다.
- 열전도성을 좋게 한다.
- 촉매물질과의 접촉을 피한다.

풀이
자연발화를 방지하기 위해서는 습도를 낮게 유지해야 한다.

2021년 제1회 소방설비기사

01 ★☆☆

위험물별 저장방법에 대한 설명 중 틀린 것은?

① 유황은 정전기가 축적되지 않도록 하여 저장한다.
② 적린은 화기로부터 격리하여 저장한다.
③ 마그네슘은 건조하면 부유하여 분진폭발의 위험이 있으므로 물에 적시어 보관한다.
④ 황화린은 산화제와 격리하여 저장한다.

SOLUTION

풀이
마그네슘은 물과 반응하면 가연성 가스인 수소를 발생시킨다. 그러므로 물과의 접촉을 주의해야 한다.

02 ★★★

분자식이 CF_2BrCl인 할로겐화합물 소화약제는?

① Halon 1301 ② Halon 1211
③ Halon 2402 ④ Halon 2021

SOLUTION

개념
'Halon ABCD' 소화약제 분자식 구하기
- A : C(탄소)의 개수
- B : F(불소)의 개수
- C : Cl(염소)의 개수
- D : Br(브롬(브로민))의 개수

풀이
CF_2BrCl은 C가 1개, F가 2개, Cl이 1개, Br이 1개이므로 소화약제는 Halon 1211이 된다.

정답 19 ④ 20 ④ / 01 ③ 02 ②

03 ★★☆

건축물의 화재 시 피난자들의 집중으로 패닉(Panic) 현상이 일어날 수 있는 피난방향은?

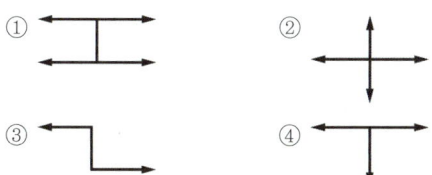

SOLUTION

풀이
H형은 피난자들의 집중으로 인해 패닉(Panic)현상이 발생할 수 있다.

TIP
피난형태는 피난방향 모양대로 생각하면 된다. ①은 H형, ②은 X형, ③은 Z형, ④은 T형이다.

04 ★★★

할로겐화합물 소화약제에 관한 설명으로 옳지 않은 것은?

① 연쇄반응을 차단하여 소화한다.
② 할로겐족 원소가 사용된다.
③ 전기에 도체이므로 전기화재에 효과가 있다.
④ 소화약제의 변질분해 위험성이 낮다.

SOLUTION

개념
할로겐화합물 소화약제의 특징
- 연쇄반응을 차단하여 소화한다(억제소화).
- 할로겐족 원소가 사용된다.
- 전기적으로 비전도성이다.
- 소화약제의 변질분해 위험성이 낮다.
- 오존층을 파괴할 우려가 있다.

풀이
할로겐화합물 소화약제는 전기에 부도체이다.

05 ★★★

스테판 - 볼츠만의 법칙에 의해 복사열과 절대온도와의 관계를 옳게 설명한 것은?

① 복사열은 절대온도의 제곱에 비례한다.
② 복사열은 절대온도의 4제곱에 비례한다.
③ 복사열은 절대온도의 제곱에 반비례한다.
④ 복사열은 절대온도의 4제곱에 반비례한다.

SOLUTION

개념
스테판 - 볼츠만의 법칙(복사)

$$Q = \sigma A T^4$$

여기서, Q : 복사열량[W], σ : 스테판 - 볼츠만 상수[W/m²·K⁴]
A : 단면적[m²], T : 복사체 절대온도[K]

풀이
스테판 - 볼츠만 법칙에 의하면 복사열은 단면적과 복사체 절대온도의 4제곱에 비례한다.

TIP
복사열은 섭씨온도[℃]가 아닌 절대온도[K]를 활용해서 구한다.

06 ★★★

일반적으로 공기 중 산소농도를 몇 [vol%] 이하로 감소시키면 연소속도의 감소 및 질식소화가 가능한가?

① 15   ② 21
③ 25   ④ 31

SOLUTION

풀이
질식소화는 공기 중의 산소 농도를 15~16[%] 이하로 감소시켜 소화하는 방법이다.

TIP
통상적으로 대기 중의 산소농도는 약 21[%]이다. 그렇기 때문에 소화를 위해서 요구되는 산소농도는 21[%]보다 낮은 숫자가 되어야 한다.

07 ★★★

이산화탄소의 물성으로 옳은 것은?

① 임계온도 : 31.35[℃], 증기비중 : 0.529
② 임계온도 : 31.35[℃], 증기비중 : 1.529
③ 임계온도 : 0.35[℃], 증기비중 : 1.529
④ 임계온도 : 0.35[℃], 증기비중 : 0.529

SOLUTION

개념
• 증기비중

$$증기비중 = \frac{기체의\ 분자량}{공기의\ 평균\ 분자량} = \frac{기체의\ 분자량}{29}$$

• 이산화탄소의 물성
 - 임계온도 : 약 31.35[℃]
 - 증기비중 : 1.529
 - 임계온도 : 기체가 액화할 수 있는 최고의 온도

풀이
이산화탄소의 임계온도는 약 31.35[℃], 증기비중은 1.529이다.

08 ★★☆

조연성 가스에 해당하는 것은?

① 일산화탄소   ② 산소
③ 수소   ④ 부탄

SOLUTION

개념
• **조연성 가스** : 자신은 연소하지 않고 다른 물질의 연소를 돕는 가스
 예) 산소, 공기, 염소, 불소, 오존 등
• 가연성 가스 : 연소가 가능한 가스
 예) 수소, 일산화탄소, 부탄, 에탄 등

풀이
산소는 조연성 가스에 해당한다.

09 ★★☆

가연물질의 구비조건으로 옳지 않은 것은?

① 화학적 활성이 클 것
② 열의 축적이 용이할 것
③ 활성화 에너지가 작을 것
④ 산소와 결합할 때 발열량이 작을 것

SOLUTION

개념
가연물질의 구비조건
• 화학적 활성이 클 것
• 열의 축적이 용이할 것
• 활성화 에너지가 작을 것
• 산소와 결합할 때 발열량이 클 것
• 열전도도가 작을 것
• 산소와 친화력이 클 것

10 ★☆☆

가연성 가스이면서도 독성 가스인 것은?

① 질소   ② 수소
③ 염소   ④ 황화수소

SOLUTION

개념
가연성과 독성이 함께 있는 가스
• 황화수소
• 암모니아

풀이
황화수소는 가연성과 독성이 함께 있는 가스이다.

정답 07 ② 08 ② 09 ④ 10 ④

11 ★★☆

다음 물질 중 연소범위를 통해 산출한 위험도 값이 가장 높은 것은?

① 수소
② 에틸렌
③ 메탄
④ 이황화탄소

SOLUTION

개념
위험도

공식 정리
$$H = \frac{U-L}{L}$$

여기서, H : 위험도, U : 연소상한계, L : 연소하한계

풀이
- 수소 = $\frac{75-4}{4} = 17.75$
  (수소 연소상한계 : 75, 연소하한계 : 4)
- 에틸렌 = $\frac{36-2.7}{2.7} ≒ 12.33$
  (에틸렌 연소상한계 : 36, 연소하한계 : 2.7)
- 메탄 = $\frac{15-5}{5} = 2$
  (메탄 연소상한계 : 15, 연소하한계 : 5)
- 이황화탄소 = $\frac{50-1}{1} = 49$
  (이황화탄소 연소상한계 : 50, 연소하한계 : 1)

이황화탄소가 가장 위험도 값이 높다.

12 ★★☆

다음 각 물질과 물이 반응하였을 때 발생하는 가스의 연결이 틀린 것은?

① 탄화칼슘 – 아세틸렌
② 탄화알루미늄 – 이산화황
③ 인화칼슘 – 포스핀
④ 수소화리튬 – 수소

SOLUTION

풀이
탄화알루미늄과 물이 반응하면 메탄가스(CH_4)가 발생한다.
$Al_4C_3 + 12H_2O \rightarrow 4Al(OH)_3 + 3CH_4 \uparrow$

13 ★★☆

블레비(BLEVE) 현상과 관계가 없는 것은?

① 핵분열
② 가연성액체
③ 화구(Fire ball)의 형성
④ 복사열의 대량 방출

SOLUTION

개념
블레비(BLEVE) 현상
고압, 과열 상태의 탱크에서 균열이 발생해 내부에 있던 액화가스 또는 가연성 액체가 분출하여 기화되어 폭발하는 현상이다. 급격한 폭발로 인해 화구(Fire ball)가 형성되며, 대량의 복사열이 방출된다.

풀이
핵분열은 블레비 현상과 관계가 없다.

14 ★★☆

인화점이 낮은 것부터 높은 순서로 옳게 나열된 것은?

① 에틸알코올 < 이황화탄소 < 아세톤
② 이황화탄소 < 에틸알코올 < 아세톤
③ 에틸알코올 < 아세톤 < 이황화탄소
④ 이황화탄소 < 아세톤 < 에틸알코올

SOLUTION

개념
인화점
점화원을 주었을 때 연소가 시작되는 최저온도

풀이
인화점은 이황화탄소(-30[℃]) < 아세톤(-18[℃]) < 에틸알코올(13[℃]) 순으로 높아진다.

15 ★★☆

물에 저장하는 것이 안전한 물질은?

① 나트륨 ② 수소화칼슘
③ 이황화탄소 ④ 탄화칼슘

SOLUTION

개념
물속에 저장하는 물질
- 이황화탄소
- 황린

16 ★★★

대두유가 침적된 기름 걸레를 쓰레기통에 장시간 방치한 결과 자연발화에 의하여 화재가 발생한 경우 그 이유로 옳은 것은?

① 융해열 축적 ② 산화열 축적
③ 증발열 축적 ④ 발효열 축적

SOLUTION

개념
산화열
물질이 산소와 화합하여 반응하는 과정에서 생기는 열

풀이
기름 걸레를 쓰레기통에 장시간 방치하면 산화열이 축적되어 자연발화가 일어난다.

17 ★★☆

건축법령상 내력벽, 기둥, 바닥, 보, 지붕틀 및 주계단을 무엇이라 하는가?

① 내진구조부 ② 건축설비부
③ 보조구조부 ④ 주요구조부

SOLUTION

개념
건축법령상에 따른 주요구조부
- 내력벽
- 기둥(사이기둥 제외)
- 바닥(최하층바닥 제외)
- 보(작은 보 제외)
- 지붕틀(차양 제외)
- 주계단(옥외계단 제외)

18 ★☆☆

전기화재의 원인으로 거리가 먼 것은?

① 단락 ② 과전류
③ 누전 ④ 절연 과다

SOLUTION

개념
전기화재의 원인
- 단락
- 과전류
- 누전
- 절연저항 감소
- 정전기
- 낙뢰

풀이
절연이 과다하면 전기화재를 방지할 수 있다.

19 ★★★

소화약제로 사용하는 물의 증발잠열로 기대할 수 있는 소화효과는?

① 냉각소화
② 질식소화
③ 제거소화
④ 촉매소화

SOLUTION

개념
소화 방법
- 냉각소화 : 점화원을 냉각하여 소화하는 방법
- 질식소화 : 공기 중의 산소의 농도를 낮춰 소화하는 방법
- 제거소화 : 가연물을 제거하여 소화하는 방법
- 부촉매소화(억제소화) : 연쇄반응을 일으키는 활성라디칼의 생성을 억제하여 소화하는 방법

부촉매소화(억제소화)는 존재하지만 촉매소화는 존재하지 않는다.

풀이
물은 증발잠열(기화잠열)이 크기 때문에 냉각효과가 크다.

20 ★★★

1기압상태에서, 100[℃] 물 1[g]이 모두 기체로 변할 때 필요한 열량은 몇 [cal]인가?

① 429
② 499
③ 539
④ 639

SOLUTION

개념
- 물의 기화잠열 : 539[cal/g], 2,255[J/g]
- 물의 융해잠열 : 80[cal/g], 335[J/g]

풀이
액체가 기체로 변화하는 현상을 기화현상이라고 한다. 물의 기화잠열은 1기압 상태에서, 100[℃]의 물 1[g]이 모두 기체로 변하는 데 필요한 열량이다. 물의 기화잠열은 539[cal/g]이다.

TIP
물의 상태변화에 따른 열량을 구하는 문제는 [cal]와 [J]를 활용해 빈번하게 출제된다. 물의 기화잠열, 융해잠열은 모두 암기해두는 것이 좋다. 1[cal] = 4.184[J]도 함께 기억하도록 하자.

2021년 제2회 소방설비기사

01 ★★★

내화건축물과 비교한 목조건축물 화재의 일반적인 특징을 옳게 나타낸 것은?

① 고온, 단시간형
② 저온, 단시간형
③ 고온, 장시간형
④ 저온, 장시간형

SOLUTION

개념
목조건축물의 화재특성
- 습도가 낮을수록 연소 확대가 빠르다.
- 화재진행속도는 내화건축물보다 빠르다.
- 화재최성기의 온도는 내화건축물보다 높다.
- 화재성장속도는 횡방향보다 종방향이 빠르다.

풀이
목조건축물의 화재는 내화건축물의 화재에 비해 고온단기형에 해당한다.

02 ★☆☆

다음 중 증기 비중이 가장 큰 것은?

① Halon 1301
② Halon 2402
③ Halon 1211
④ Halon 104

SOLUTION

풀이
Halon 소화약제에서 증기 비중이 큰 순서
Halon 2402 > Halon 1211 > Halon 104 > Halon 1301

정답 19 ① 20 ③ / 01 ① 02 ②

03 ★☆☆

화재발생 시 피난기구로 직접 활용할 수 없는 것은?

① 완강기   ② 무선통신보조설비
③ 피난사다리   ④ 구조대

SOLUTION

[개념]
피난기구
- 완강기
- 피난사다리
- 구조대
- 미끄럼대
- 공기안전매트
- 승강식피난기

[풀이]
무전통신보조설비는 피난기구가 아닌 소화활동설비이다.

04 ★☆☆

정전기에 의한 발화과정으로 옳은 것은?

① 방전 → 전하의 축적 → 전하의 발생 → 발화
② 전하의 발생 → 전하의 축적 → 방전 → 발화
③ 전하의 발생 → 방전 → 전하의 축적 → 발화
④ 전하의 축적 → 방전 → 전하의 발생 → 발화

SOLUTION

[개념]
정전기
물체 위에 정지하고 있는 전기

[풀이]
정전기에 의한 발화과정
전하의 발생 → 전하의 축적 → 방전 → 발화

05 ★★★

물리적 소화방법이 아닌 것은?

① 산소공급원 차단   ② 연쇄반응 차단
③ 온도 냉각   ④ 가연물제거

SOLUTION

[개념]
물리적 소화방법
- 질식소화 : 산소공급원 차단
- 냉각소화 : 온도 냉각
- 제거소화 : 가연물제거

[풀이]
연쇄반응 차단(억제소화)은 화학적 소화방법에 해당한다.

06 ★★★

탄화칼슘이 물과 반응할 때 발생되는 기체는?

① 일산화탄소   ② 아세틸렌
③ 황화수소   ④ 수소

SOLUTION

[풀이]
탄화칼슘과 물이 반응하면 아세틸렌(C_2H_2)이 발생한다.
$CaC_2 + 2H_2O \rightarrow Ca(OH)_2 + C_2H_2 \uparrow$

정답 03 ② 04 ② 05 ② 06 ②

07 ★★★

분말소화약제 중 A급, B급, C급 화재에 모두 사용할 수 있는 것은?

① 제1종 분말 ② 제2종 분말
③ 제3종 분말 ④ 제4종 분말

SOLUTION

개념
분말소화약제의 적응 화재
- 제1종 분말 : B급 화재, C급 화재
- 제2종 분말 : B급 화재, C급 화재
- 제3종 분말 : A급 화재, B급 화재, C급 화재
- 제4종 분말 : B급 화재, C급 화재

풀이
A급, B급, C급 화재에 모두 사용할 수 있는 분말은 제3종 분말이다.

08 ★★☆

조연성 가스에 해당하는 것은?

① 수소 ② 일산화탄소
③ 산소 ④ 에탄

SOLUTION

개념
- 조연성 가스 : 자신은 연소하지 않고 다른 물질의 연소를 돕는 가스
  예) 산소, 공기, 염소, 불소, 오존 등
- 가연성 가스 : 연소가 가능한 가스
  예) 수소, 일산화탄소, 부탄, 에탄 등

풀이
산소는 조연성 가스에 해당한다. 수소, 일산화탄소, 에탄은 가연성 가스에 해당한다.

09 ★☆☆

분자 내부에 니트로기를 갖고 있는 TNT, 니트로셀룰로오스 등과 같은 제5류 위험물의 연소 형태는?

① 분해연소 ② 자기연소
③ 증발연소 ④ 표면연소

SOLUTION

풀이
제5류 위험물은 물질 자체에 산소를 함유하고 있어, 외부의 산소 공급 없이도 자기연소가 가능한 자기반응성 물질이다.

10 ★★★

가연물질의 종류에 따라 화재를 분류하였을 때 섬유류 화재가 속하는 것은?

① A급 화재 ② B급 화재
③ C급 화재 ④ D급 화재

SOLUTION

개념
화재의 종류
- A급 화재 : 일반 화재
- B급 화재 : 유류 화재
- C급 화재 : 전기 화재
- D급 화재 : 금속 화재
- K급 화재 : 주방 화재

풀이
일반 가연물, 종이류, 목재, 섬유류는 A급 화재에 속한다.

정답 07 ③ 08 ③ 09 ② 10 ①

11 ★☆☆

위험물안전관리법령상 제6류 위험물을 수납하는 운반용기의 외부에 주의사항을 표시하여야 할 경우, 어떤 내용을 표시하여야 하는가?

① 물기엄금 ② 화기엄금
③ 화기주의/충격주의 ④ 가연물 접촉주의

SOLUTION

개념
위험물 운반용기의 주의사항

류별	품명	주의사항
제1류 위험물	알칼리금속의 과산화물	화기주의, 충격주의, 가연물접촉주의, 물기엄금
	그 밖의 것	화기주의, 충격주의, 가연물접촉주의
제2류 위험물	철분, 금속분, 마그네슘	화기주의, 물기엄금
	인화성고체	화기엄금
	그 밖의 것	화기주의
제3류 위험물	자연발화성물질	화기엄금, 공기접촉엄금
	금수성물질	물기엄금
제4류 위험물	인화성액체	화기엄금
제5류 위험물	자기연소성물질	화기엄금, 충격주의
제6류 위험물	산화성액체	가연물접촉주의

풀이
제6류 위험물을 수납하는 운반용기의 외부에 주의사항을 표시하여야 할 경우, '가연물 접촉주의'를 표시하여야 한다.

12 ★☆☆

다음 연소 생성물 중 인체에 독성이 가장 높은 것은?

① 이산화탄소 ② 일산화탄소
③ 수증기 ④ 포스겐

SOLUTION

풀이
포스겐은 사염화탄소(CCl_4)를 소화제로 사용 시 발생하는 가스로, 인체에 독성이 매우 높다. 이런 문제 때문에 현재는 사염화탄소(CCl_4)를 소화제로 사용하지 않고 있다.

13 ★☆☆

알킬알루미늄 화재에 적합한 소화약제는?

① 물 ② 이산화탄소
③ 팽창질석 ④ 할로겐화합물

SOLUTION

풀이
알킬알루미늄 화재 시 팽창질석, 마른모래, 팽창진주암을 활용한 질식소화를 한다.

14 ★☆☆

열전도도(thermal conductivity)를 표시하는 단위에 해당하는 것은?

① $[J/m^2 \cdot h]$ ② $[kcal/h \cdot ℃^2]$
③ $[W/m \cdot K]$ ④ $[J \cdot K/m^3]$

SOLUTION

개념
Fourier법칙(전도)

공식 정리
$$Q = \frac{kA\Delta T}{l}$$

여기서, Q : 이동열량[W]
k : 전열체의 열전도도[W/m·K]
A : 전열체의 단면적[m^2]
ΔT : 전열체 내·외부의 온도차[K]
l : 전열체의 두께[m]

풀이
열전도도의 단위는 [W/m·K]이다.

15 ★☆☆

위험물안전관리법령상 위험물에 대한 설명으로 옳은 것은?

① 과염소산은 위험물이 아니다.
② 황린은 제2류 위험물이다.
③ 황화린의 지정수량은 100[kg]이다.
④ 산화성고체는 제6류 위험물의 성질이다.

SOLUTION

풀이
③ 황화린(황화인)의 지정수량은 100[kg]이다.
① 과염소산은 제6류 위험물이다.
② 황린은 제3류 위험물이다.
④ 산화성고체는 제1류 위험물의 성질이다.

16 ★★★

제3종 분말소화약제의 주성분은?

① 인산암모늄
② 탄산수소칼륨
③ 탄산수소나트륨
④ 탄산수소칼륨과 요소

SOLUTION

개념
분말소화약제의 종류
- 제1종 분말 : 탄산수소나트륨($NaHCO_3$)
- 제2종 분말 : 탄산수소칼륨($KHCO_3$)
- 제3종 분말 : 제1인산암모늄($NH_4H_2PO_4$)
- 제4종 분말 : 탄산수소칼륨($KHCO_3$) + 요소($CO(NH_2)_2$)

17 ★☆☆

이산화탄소 소화기의 일반적인 성질에서 단점이 아닌 것은?

① 밀폐된 공간에서 사용 시 질식의 위험성이 있다.
② 인체에 직접 방출 시 동상의 위험성이 있다.
③ 소화약제의 방사 시 소음이 크다.
④ 전기가 잘 통하기 때문에 전기설비에 사용할 수 없다.

SOLUTION

개념
이산화탄소 소화기의 특징
- 밀폐된 공간에서 사용 시 질식 위험성이 있다.
- 인체에 직접 방출 시 동상의 위험성이 있다.
- 소화약제의 방사 시 소음이 크다.
- 전기적으로 비전도성이기 때문에 전기설비에 사용할 수 있다.
- 화재 진화 후 깨끗하다.
- 심부화재에 적합하다.

풀이
이산화탄소 소화약제는 전기 비전도성이기 때문에 전기설비 화재에 사용할 수 있다.

18 ★★☆

IG-541이 15[℃]에서 내용적 50리터 압력용기에 155[kgf/cm²]으로 충전되어 있다. 온도가 30[℃]가 되었다면 IG-541 압력은 약 몇 [kgf/cm²]가 되겠는가? (단, 용기의 팽창은 없다고 가정한다)

① 78
② 155
③ 163
④ 310

SOLUTION

개념
보일-샤를의 법칙

공식
$$\frac{P_1 V_1}{T_1} = \frac{P_2 V_2}{T_2}$$

여기서, P : 압력[kgf/cm²], V : 부피[L], T : 절대온도[K]

풀이
용기의 팽창은 없다고 가정했기 때문에 $V_1 = V_2$이다.

$$\frac{P_1}{T_1} = \frac{P_2}{T_2}$$

$$P_2 = P_1 \times \frac{T_2}{T_1} = 155 \times \frac{30+273}{15+273} ≒ 163 [kgf/cm^2]$$

TIP
보일-샤를의 법칙에서 온도는 절대온도를 사용하기 때문에 섭씨온도에 273씩 더해서 사용해야 한다.

19 ★☆☆

소화약제 중 HFC-125의 화학식으로 옳은 것은?

① CHF_2CF_3
② CHF_3
③ CF_3CHFCF_3
④ CF_3I

SOLUTION

개념
할로겐화합물 소화약제

- HFC-125의 화학식 : CHF_2CF_3
- HFC-23의 화학식 : CHF_3
- HFC-227ea의 화학식 : CF_3CHFCF_3
- FIC-1311의 화학식 : CF_3I

20 ★★☆

프로판 50[vol%], 부탄 40[vol%], 프로필렌 10[vol%]로 된 혼합가스의 폭발하한계는 약 몇 [vol%]인가? (단, 각 가스의 폭발하한계는 프로판 2.2[vol%], 부탄은 1.9[vol%], 프로필렌은 2.4[vol%]이다)

① 0.83
② 2.09
③ 5.05
④ 9.44

SOLUTION

개념
혼합가스의 폭발하한계

공식
$$L = \frac{100}{\frac{V_1}{L_1} + \frac{V_2}{L_2} + \frac{V_3}{L_3}}$$

여기서, L : 혼합가스의 폭발하한계[vol%],
L_1, L_2, L_3 : 가연성 가스의 폭발하한계[vol%],
V_1, V_2, V_3 : 가연성 가스의 용량[vol%]

풀이
문제에서 주어진 값을 대입하면

$$L = \frac{100}{\frac{50}{2.2} + \frac{40}{1.9} + \frac{10}{2.4}} ≒ 2.09 [vol\%]$$

2021년 제4회 소방설비기사

01 ★☆☆

소화기구 및 자동소화장치의 화재안전기준에 따르면 소화기구(자동확산소화기는 제외)는 거주자 등이 손쉽게 사용할 수 있는 장소에 바닥으로부터 높이 몇 [m] 이하의 곳에 비치하여야 하는가?

① 0.5
② 1.0
③ 1.5
④ 2.0

SOLUTION

풀이
소화기구(자동확산소화기 제외)는 거주자 등이 손쉽게 사용할 수 있는 장소에 바닥으로부터 높이 1.5[m] 이하의 곳에 비치하여야 한다.

02 ★★★

화재의 분류방법 중 유류화재를 나타낸 것은?

① A급 화재
② B급 화재
③ C급 화재
④ D급 화재

SOLUTION

개념
화재의 종류
- A급 화재 : 일반 화재
- B급 화재 : 유류 화재
- C급 화재 : 전기 화재
- D급 화재 : 금속 화재
- K급 화재 : 주방 화재

03 ★★★

연기감지기가 작동할 정도이고 가시거리가 20 ~ 30[m]에 해당하는 감광계수는 얼마인가?

① $0.1[m^{-1}]$
② $1.0[m^{-1}]$
③ $2.0[m^{-1}]$
④ $10[m^{-1}]$

SOLUTION

개념
감광계수와 가시거리의 상황

감광계수[m⁻¹]	가시거리[m]	상황
0.1	20 ~ 30	연기감지기가 작동할 때의 농도 (연기감지기 작동직전 농도)
0.3	5	건물 내부에 익숙한 사람이 피난에 지장을 느낄 정도의 농도
0.5	3	어두운 것을 느낄 정도의 농도
1	1 ~ 2	앞이 거의 보이지 않을 정도의 농도
10	0.2 ~ 0.5	화재 시 최성기 때의 농도
30	-	출화실에서 연기가 분출할 때의 농도

TIP
문제에서 가시거리와 감광계수를 혼동하지 말고 잘 확인해야 한다.

04 ★★★

소화약제로 사용되는 물에 관한 소화성능 및 물성에 대한 설명으로 틀린 것은?

① 비열과 증발잠열이 커서 냉각소화 효과가 우수하다.
② 물(15[℃])의 비열은 약 1[cal/g·℃]이다.
③ 물(100[℃])의 증발잠열은 439.6[cal/g]이다.
④ 물의 기화에 의한 팽창된 수증기는 질식소화 작용을 할 수 있다.

SOLUTION

개념
- 물의 기화잠열 : 539[cal/g], 2,255[J/g]
- 물의 융해잠열 : 80[cal/g], 335[J/g]

풀이
물의 증발잠열(기화잠열)은 약 539[cal/g]이다.

TIP
물의 상태변화에 따른 열량을 구하는 문제는 [cal]와 [J]를 활용해 빈번하게 출제된다. 물의 기화잠열, 융해잠열은 모두 암기해두는 것이 좋다. 1[cal] = 4.184[J]도 함께 기억하도록 하자.

05 ★★★

소화에 필요한 CO_2의 이론소화농도가 공기 중에서 37[vol%]일 때 한계산소농도는 약 몇 [vol%]인가?

① 13.2 ② 14.5
③ 15.5 ④ 16.5

SOLUTION

개념
가연물을 소화하기 위한 이산화탄소의 소화 농도

$$CO_2 = \frac{21-O_2}{21} \times 100[\%]$$

여기서, CO_2 : CO_2(이산화탄소)의 농도[vol%]
O_2 : O_2(산소)의 농도[vol%]

풀이
위의 식을 정리하면

$$O_2 = 21 - \frac{CO_2 \times 21}{100} = 21 - \frac{37 \times 21}{100} ≒ 13.2[vol\%]$$

06 ★★★

물리적 소화방법이 아닌 것은?

① 연쇄반응의 억제에 의한 방법
② 냉각에 의한 방법
③ 공기와의 접촉 차단에 의한 방법
④ 가연물 제거에 의한 방법

SOLUTION

개념
물리적 소화방법
- 질식소화 : 공기와의 접촉 차단에 의한 방법
- 냉각소화 : 냉각에 의한 방법
- 제거소화 : 가연물 제거에 의한 방법

풀이
연쇄반응의 억제에 의한 방법(억제소화, 부촉매소화)은 화학적 소화방법에 해당한다.

07 ★★★

Halon 1211의 화학식에 해당하는 것은?

① CH_2BrCl ② CF_2ClBr
③ CH_2BrF ④ CF_2HBr

SOLUTION

개념
'Halon ABCD' 소화약제 분자식 구하기
- A : C(탄소)의 개수
- B : F(불소)의 개수
- C : Cl(염소)의 개수
- D : Br(브롬(브로민))의 개수

풀이
Halon 1211은 C가 1개, F가 2개, Cl이 1개, Br이 1개이므로 분자식은 CF_2ClBr이 된다.

08 ★★☆

마그네슘의 화재에 주수하였을 때 물과 마그네슘의 반응으로 인하여 생성되는 가스는?

① 산소 ② 수소
③ 일산화탄소 ④ 이산화탄소

SOLUTION

풀이
마그네슘(Mg)은 물과 반응하면 수소(H_2)가 생성된다.
$Mg + 2H_2O \rightarrow Mg(OH)_2 + H_2 \uparrow$

TIP
실생활에서 '주유하다'라는 표현을 빈번하게 사용할 것이다. '주유하다'는 '기름을 공급한다'라는 의미이다. 같은 맥락으로 '주수하다'는 '물을 공급한다'라는 의미이다.

09 ★★★

제2종 분말소화약제의 주성분으로 옳은 것은?

① NaH_2PO_4 ② KH_2PO_4
③ $NaHCO_3$ ④ $KHCO_3$

SOLUTION

개념
분말소화약제의 종류
- 제1종 분말 : 탄산수소나트륨($NaHCO_3$)
- 제2종 분말 : 탄산수소칼륨($KHCO_3$)
- 제3종 분말 : 제1인산암모늄($NH_4H_2PO_4$)
- 제4종 분말 : 탄산수소칼륨($KHCO_3$) + 요소($CO(NH_2)_2$)

10 ★★☆

조연성가스로만 나열되어 있는 것은?

① 질소, 불소, 수증기
② 산소, 불소, 염소
③ 산소, 이산화탄소, 오존
④ 질소, 이산화탄소, 염소

SOLUTION

개념
- 조연성 가스 : 자신은 연소하지 않고 다른 물질의 연소를 돕는 가스
  예) 산소, 공기, 염소, 불소, 오존 등
- 가연성 가스 : 연소가 가능한 가스
  예) 수소, 일산화탄소, 부탄, 에탄 등

풀이
조연성가스로만 나열되어 있는 것은 산소, 불소, 염소이다.

11 ★☆☆

위험물안전관리법령상 자기반응성 물질의 품명에 해당하지 않는 것은?

① 니트로화합물 ② 할로겐간화합물
③ 질산에스테르류 ④ 히드록실아민염류

SOLUTION

개념
자기반응성 물질(제5류 위험물)
- 니트로화합물(나이트로화합물)
- 질산에스테르류(질산에스터류)
- 히드록실아민염류(하이드록실아민염류)
- 유기과산화물
- 니트로소화합물(나이트로소화합물)
- 아조화합물

풀이
할로겐간화합물은 제6류 위험물로 산화성 액체이다. 반면 자기반응성 물질은 제5류 위험물이다.

12 ★★☆

건축물 화재에서 플래시 오버(Flash Over) 현상이 일어나는 시기는?

① 초기에서 성장기로 넘어가는 시기
② 성장기에서 최성기로 넘어가는 시기
③ 최성기에서 감쇠기로 넘어가는 시기
④ 감쇠기에서 종기로 넘어가는 시기

SOLUTION

개념
플래시 오버(Flash Over)
옥내의 화재가 주변으로 한정되어 있던 연소 범위가 차례대로 확대되면서 가연성 가스가 축적되었다가 농도가 연소 범위까지 높아져 한 번에 인화되어 폭발적으로 큰 불꽃이 되는 현상. 보통 화재의 성장기에서 최성기로 넘어가는 시기에 발생한다.

풀이
플래시 오버는 성장기에서 최성기로 넘어가는 시기에 발생한다.

13 ★★☆

물과 반응하였을 때 가연성 가스를 발생하여 화재의 위험성이 증가하는 것은?

① 과산화칼슘 ② 메탄올
③ 칼륨   ④ 과산화수소

SOLUTION

풀이
칼륨(K)은 물과 반응하면 수소(H_2)가 생성된다. 수소(H_2)는 가연성 기체이기 때문에 화재의 위험성을 증가시킨다.
$2K + 2H_2O \rightarrow 2KOH + H_2 \uparrow$

14 ★★☆

인화칼슘과 물이 반응할 때 생성되는 가스는?

① 아세틸렌 ② 황화수소
③ 황산   ④ 포스핀

SOLUTION

풀이
인화칼슘(Ca_3P_2)과 물이 반응하면 포스핀(PH_3)이 생성된다.
$Ca_3P_2 + 6H_2O \rightarrow 3Ca(OH)_2 + 2PH_3 \uparrow$

15 ★★☆

다음 중 공기에서의 연소범위를 기준으로 했을 때 위험도(H) 값이 가장 큰 것은?

① 디에틸에테르 ② 수소
③ 에틸렌   ④ 부탄

SOLUTION

개념
위험도

공식 정리
$$H = \frac{U - L}{L}$$

여기서, H : 위험도, U : 연소상한계, L : 연소하한계

풀이
- 디에틸에테르 = $\frac{48 - 1.9}{1.9} \fallingdotseq 24.26$
  (디에틸에테르 연소상한계 : 48, 연소하한계 : 1.9)
- 수소 = $\frac{75 - 4}{4} = 17.75$
  (수소 연소상한계 : 75, 연소하한계 : 4)
- 에틸렌 = $\frac{36 - 2.7}{2.7} \fallingdotseq 12.33$
  (에틸렌 연소상한계 : 36, 연소하한계 : 2.7)
- 부탄 = $\frac{8.4 - 1.8}{1.8} \fallingdotseq 3.67$
  (부탄 연소상한계 : 8.4, 연소하한계 : 1.8)

디에틸에티르(에테르)가 가장 위험도 값이 높다

16 ★★★

소화약제로 사용되는 이산화탄소에 대한 설명으로 옳은 것은?

① 산소와 반응 시 흡열반응을 일으킨다.
② 산소와 반응하여 불연성 물질을 발생시킨다.
③ 산화하지 않으나 산소와는 반응한다.
④ 산소와 반응하지 않는다.

SOLUTION

풀이
이산화탄소는 매우 안정된 물질이므로 산소와 화학반응을 하지 않는다. 이러한 성질로 인해 소화약제의 한 종류로 이산화탄소를 사용한다.

17 ★★☆

다음 중 피난자의 집중으로 패닉현상이 일어날 우려가 가장 큰 형태는?

① T형　　② X형
③ Z형　　④ H형

SOLUTION

풀이
H형은 피난자들의 집중으로 인해 패닉(Panic)현상이 발생할 수 있다.

18 ★☆☆

물리적 폭발에 해당하는 것은?

① 분해 폭발　　② 분진 폭발
③ 중합 폭발　　④ 수증기 폭발

SOLUTION

개념
- 물리적 폭발
  - 수증기 폭발(증기폭발)
  - 전선 폭발
  - 압력방출에 의한 폭발
- 화학적 폭발
  - 분해 폭발
  - 분진 폭발
  - 중합 폭발
  - 가스 폭발
  - 증기운 폭발

풀이
수증기 폭발은 물리적 폭발에 해당한다.

19 ★★☆

다음 중 착화온도가 가장 낮은 것은?

① 아세톤　　② 휘발유
③ 이황화탄소　　④ 벤젠

SOLUTION

개념
착화온도
점화를 하지 않아도 연소하기 시작하는 온도

풀이
착화온도는 이황화탄소(90[℃]) < 휘발유(300[℃]) < 아세톤(465[℃]) < 벤젠(497.78[℃]) 순으로 낮다.

20 ★☆☆

건물화재 시 패닉(Panic)의 발생원인과 직접적인 관계가 없는 것은?

① 연기에 의한 시계 제한
② 유독가스에 의한 호흡 장애
③ 외부와 단절되어 고립
④ 불연내장재의 사용

SOLUTION

개념
패닉(Panic)의 발생원인
- 연기에 의한 시계 제한
- 유독가스에 의한 호흡 장애
- 외부와 단절되어 고립

풀이
불연내장재는 불에 타지 않는 성질은 가진 내장재를 의미한다. 즉 불연내장재는 패닉의 발생원인과는 아무런 관련이 없다.

2022년 제1회 소방설비기사

01 ★★☆

동식물유류에서 "요오드값이 크다"라는 의미를 옳게 설명한 것은?

① 불포화도가 높다.　② 불건성유이다.
③ 자연발화성이 낮다.　④ 산소와의 결합이 어렵다.

SOLUTION

개념
- 요오드(아이오딘)값이 클수록
  - 불포화도가 높다.
  - 건성유이다.
  - 자연발화성이 높다.
  - 산소와의 결합이 쉽다.

* 요오드(아이오딘)값 : 기름 100[g]에 첨가되는 요오드(아이오딘)의 [g]수이다.

02 ★☆☆

화재에 관련된 국제적인 규정을 제정하는 단체는?

① IMO(International Maritime Organization)
② SFPE(Society of Fire Protection Engineers)
③ NFPA(Nation Fire Protection Association)
④ ISO(International Organization for Standardization) TC 92

SOLUTION

개념
- IMO(International Maritime Organization) : 국제해사기구이다. 선박 및 항만 관련 기구이다.
- SFPE(Society of Fire Protection Engineers) : 미국소방기술사회이다. 국제적인 규정과 거리가 멀다.
- NFPA(Nation Fire Protection Association) : 미국방화협회이다. 국제적인 규정과 거리가 멀다.
- ISO(International Organization for Standardization) TC 92 : ISO는 국제표준화기구이다. 그 중 TC92는 ISO의 전문기술위원회 중 화재에 관련된 국제적인 규정과 관련된 전문기술위원회이다.

03 ★★★

위험물의 유별에 따른 분류가 잘못된 것은?

① 제1류 위험물 : 산화성 고체
② 제3류 위험물 : 자연발화성 물질 및 금수성 물질
③ 제4류 위험물 : 인화성 액체
④ 제6류 위험물 : 가연성 액체

SOLUTION

개념
위험물 분류
- 제1류 위험물 : 산화성 고체
- 제2류 위험물 : 가연성 고체
- 제3류 위험물 : 자연발화성 물질 및 금수성 물질
- 제4류 위험물 : 인화성 액체
- 제5류 위험물 : 자기반응성 물질
- 제6류 위험물 : 산화성 액체

풀이
제6류 위험물은 산화성 액체이다.

04 ★★★

상온·상압의 공기중에서 탄화수소류의 가연물을 소화하기 위한 이산화탄소 소화약제의 농도는 약 몇 [%]인가? (단, 탄화수소류는 산소농도가 10[%]일 때 소화된다고 가정한다)

① 28.57　② 35.48
③ 49.56　④ 52.38

SOLUTION

개념
가연물을 소화하기 위한 이산화탄소의 소화 농도

$$CO_2 = \frac{21 - O_2}{21} \times 100[\%]$$

여기서, CO_2 : CO_2(이산화탄소)의 농도[%]
O_2 : O_2(산소)의 농도[%]

풀이
주어진 값들을 공식에 대입하면
$$CO_2 = \frac{21 - 10}{21} \times 100 ≒ 52.38[\%]$$

정답 01 ① 02 ④ 03 ④ 04 ④

05 ★☆☆

제연설비의 화재안전기준상 예상제연구역에 공기가 유입되는 순간의 풍속은 몇 [m/s] 이하가 되도록 하여야 하는가?

① 2
② 3
③ 4
④ 5

SOLUTION

[풀이]
제연설비 예상제연구역의 공기유입 풍속은 5[m/s] 이하이다.

06 ★☆☆

상온에서 무색의 기체로서 암모니아와 유사한 냄새를 가지는 물질은?

① 에틸벤젠
② 에틸아민
③ 산화프로필렌
④ 사이클로프로판

SOLUTION

[개념]
에틸아민($C_2H_5NH_2$)
상온에서 무색의 기체로서 암모니아와 유사한 냄새를 가지는 물질이다.

[TIP]
에틸아민은 암모니아(NH_3)와 유사한 NH_2를 포함하고 있다.

07 ★☆☆

소화약제의 형식승인 및 제품검사의 기술기준상 강화액 소화약제의 응고점은 몇 [℃] 이하이어야 하는가?

① 0
② −20
③ −25
④ −30

SOLUTION

[풀이]
소화약제의 형식승인 및 제품검사의 기술기준상 강화액 소화약제의 응고점은 (−20[℃]) 이하이다.

08 ★★★

소화원리에 대한 설명으로 틀린 것은?

① 억제소화 : 불활성기체를 방출하여 연소범위 이하로 낮추어 소화하는 방법
② 냉각소화 : 물의 증발잠열을 이용하여 가연물의 온도를 낮추는 소화방법
③ 제거소화 : 가연성 가스의 분출화재 시 연료공급을 차단시키는 소화방법
④ 질식소화 : 포소화약제 또는 불연성기체를 이용해서 공기 중의 산소공급을 차단하여 소화하는 방법

SOLUTION

[개념]
억제소화(부촉매소화)
연소반응 시 발생하는 활성라디칼의 생성을 억제하여 소화하는 방법

[풀이]
불활성기체를 방출하여 가연성 증기의 농도를 연소범위 이하로 낮추어 소화하는 방법은 희석소화이다.

09 ★☆☆

단백포 소화약제의 특징이 아닌 것은?

① 내열성이 우수하다.
② 유류에 대한 유동성이 나쁘다.
③ 유류를 오염시킬 수 있다.
④ 변질의 우려가 없어 저장 유효기간의 제한이 없다.

SOLUTION

개념
단백포 소화약제의 특징
• 내열성이 우수하다.
• 유면봉쇄성이 우수하다.
• 소화기간이 길다.
• 유동성이 나쁘다.
• 유류를 오염시킬 수 있다.
• 쉽게 변질되기 때문에 저장 유효기간이 존재한다.

풀이
단백포 소화약제는 쉽게 변질되기 때문에 저장 유효기간이 존재한다.

TIP
우리가 실생활에서 볼 수 있는 단백질(육류, 어류 등)을 보면 단백질은 변질되기 쉽다는 것을 확인할 수 있다.

10 ★★☆

고층 건축물 내 연기거동 중 굴뚝효과에 영향을 미치는 요소가 아닌 것은?

① 건물 내·외의 온도차
② 화재실의 온도
③ 건물의 높이
④ 층의 면적

SOLUTION

개념
• 굴뚝효과에 영향을 미치는 요소
 - 건물 내·외의 온도차
 - 화재실의 온도
 - 건물의 높이

• 굴뚝효과
건물 내·외부의 온도차가 큰 겨울철에는 상대적으로 무거운 건물 외부의 찬 공기가 하부로 유입된다. 그러면 상대적으로 가벼운 내부의 따뜻한 공기는 위로 상승한다. 이때 따뜻한 공기가 위로 상승하는 것을 굴뚝효과라고 한다.

풀이
층의 면적은 굴뚝효과에 영향을 미치지 않는다.

11 ★★☆

전기불꽃, 아크 등이 발생하는 부분을 기름 속에 넣어 폭발을 방지하는 방폭구조는?

① 내압방폭구조
② 유입방폭구조
③ 안전증방폭구조
④ 특수방폭구조

SOLUTION

개념
• 내압방폭구조 : 용기 내부에 폭발이 발생할 경우 용기가 폭발의 압력을 견디고, 용기 내부에 발생한 불꽃이나 고온 가스가 용기 외부의 가스를 점화하지 않는 방폭구조
• 유입방폭구조 : 전기불꽃, 아크 등이 발생하는 부분을 기름 속에 넣어 폭발을 방지하는 방폭구조
• 안전증방폭구조 : 추가적인 안전조치를 통해 전기불꽃, 아크 등에 대한 안전도를 증가시킨 방폭구조
• 특수방폭구조 : 규정된 방폭구조 이외에 인증기관에 의하여 방폭성능이 증명된 구조

TIP
유입방폭구조에서 유(油)는 기름을 나타내는 글자이다.

12 ★★★

건축물의 피난·방화구조 등의 기준에 관한 규칙상 방화구획의 설치기준 중 스프링클러를 설치한 10층 이하의 층은 바닥면적 몇 [m²] 이내마다 방화구획을 구획하여야 하는가?

① 1,000
② 1,500
③ 2,000
④ 3,000

SOLUTION

개념
방화구획의 설치기준

- 10층 이하의 층은 바닥면적 1,000[m²](스프링클러 기타 이와 유사한 자동식 소화설비를 설치한 경우에는 바닥면적 3,000[m²]) 이내마다 구획할 것
- 매층마다 구획할 것. 다만, 지하 1층에서 지상으로 직접 연결하는 경사로 부위는 제외한다.
- 11층 이상의 층은 바닥면적 200[m²](스프링클러 기타 이와 유사한 자동식 소화설비를 설치한 경우에는 600[m²]) 이내마다 구획할 것. 다만, 벽 및 반자의 실내에 접하는 부분의 마감을 불연재료로 한 경우에는 바닥면적 500[m²](스프링클러 기타 이와 유사한 자동식 소화설비를 설치한 경우에는 1,500[m²]) 이내마다 구획하여야 한다.

TIP
스프링클러를 설치한 경우 바닥면적은 3배 면적으로 구한다.
- 10층 이하 1,000[m²] → 10층 이하 스프링클러 3,000[m²]
- 11층 이상 200[m²] → 11층 이상 스프링클러 600[m²]

13 ★☆☆

백열전구가 발열하는 원인이 되는 열은?

① 아크열
② 유도열
③ 저항열
④ 정전기열

SOLUTION

풀이
백열전구는 전구 내부의 필라멘트의 저항열을 이용해 빛을 내는 조명 장치이다. 그러므로 백열전구가 발열을 한다면 이는 백열전구의 저항열이 원인이 된다.

14 ★★★

이산화탄소 소화약제의 임계온도는 약 몇 [℃]인가?

① 24.4
② 31.4
③ 56.4
④ 78.4

SOLUTION

개념
이산화탄소의 물성
- 임계온도 : 약 31.4[℃]
- 증기비중 : 1.529

* 임계온도 : 기체가 액화할 수 있는 최고의 온도

풀이
이산화탄소의 임계온도는 약 31.4[℃]이다.

15 ★★★

이산화탄소 소화약제의 주된 소화효과는?

① 제거소화
② 억제소화
③ 질식소화
④ 냉각소화

SOLUTION

풀이
이산화탄소 소화약제는 질식효과, 냉각효과를 모두 이용하지만, 주된 소화효과는 질식효과이다.

16 ★☆☆

과산화수소 위험물의 특성이 아닌 것은?

① 비수용성이다.　② 무기화합물이다.
③ 불연성 물질이다.　④ 비중은 물보다 무겁다.

SOLUTION

개념
과산화수소 성질
- 수용성이다.
- 무기화합물이다.
- 불연성 물질이다.
- 비중은 1보다 크기 때문에 물보다 무겁다.
- 제6류 위험물(산화성 액체)이다.
- 산소를 함유하고 있다.

풀이
과산화수소는 제6류 위험물로 물에 잘 녹는 수용성이다.

17 ★☆☆

화재의 정의로 옳은 것은?

① 가연성물질과 산소와의 격렬한 산화반응이다.
② 사람의 과실로 인한 실화나 고의에 의한 방화로 발생하는 연소현상으로서 소화할 필요성이 있는 연소현상이다.
③ 가연물과 공기와의 혼합물이 어떤 점화원에 의하여 활성화되어 열과 빛을 발하면서 일으키는 격렬한 발열반응이다.
④ 인류의 문화와 문명의 발달을 가져오게 한 근본 존재로서 인간의 제어수단에 의하여 컨트롤 할 수 있는 연소현상이다.

SOLUTION

풀이
화재는 사람의 과실로 인한 실화나 고의에 의한 방화로 발생하는 연소현상으로서 소화할 필요성 있는 연소현상이다.

18 ★☆☆

물에 황산을 넣어 묽은 황산을 만들 때 발생되는 열은?

① 연소열　② 분해열
③ 용해열　④ 자연발열

SOLUTION

개념
- 연소열 : 어떤 물질이 연소되는 과정에서 발생하는 열
- 분해열 : 어떤 물질이 분해할 때 발생하는 열
- 용해열 : 어떤 물질이 액체에 용해될 때 발생하는 열
- 자연발열 : 어떤 물질이 외부로부터 열의 공급을 받지 않은 상태에도 불구하고 온도가 상승하는 현상

풀이
물에 황산을 넣어 묽은 황산을 만들 때 발생되는 열은 용해열이다.

19 ★★★

자연발화의 방지방법이 아닌 것은?

① 통풍이 잘 되도록 한다.
② 퇴적 및 수납 시 열이 쌓이지 않게 한다.
③ 높은 습도를 유지한다.
④ 저장실의 온도를 낮게 한다.

SOLUTION

개념
자연발화 방지법
- 통풍이 잘 되도록 한다.
- 퇴적 및 수납 시 열이 쌓이지 않게 한다.
- 습도를 낮게 유지한다.
- 저장실의 온도를 낮게 한다.
- 산소와의 접촉을 차단한다.
- 열전도성을 좋게 한다.
- 촉매물질과의 접촉을 피한다.

풀이
자연발화를 방지하기 위해서는 습도를 낮게 유지해야 한다.

20 ★★☆

다음 중 분진 폭발의 위험성이 가장 낮은 것은?

① 시멘트가루 ② 알루미늄분
③ 석탄분말 ④ 밀가루

SOLUTION

[개념]
분진폭발의 위험성이 있는 물질
- 알루미늄분
- 석탄분말
- 밀가루(소맥분)
- 황(유황)
- 마그네슘 분말

[풀이]
칼슘이 들어가는 무기화합물(시멘트, 석회석, 탄산칼슘, 소석회, 생석회 등)은 분진폭발을 일으키지 않는 물질이다.

2022년 제2회 소방설비기사

01 ★★★

목조건축물의 화재특성으로 틀린 것은?

① 습도가 낮을수록 연소 확대가 빠르다.
② 화재진행속도는 내화건축물보다 빠르다.
③ 화재최성기의 온도는 내화건축물보다 낮다.
④ 화재성장속도는 횡방향보다 종방향이 빠르다.

SOLUTION

[개념]
목조건축물의 화재특성
- 습도가 낮을수록 연소 확대가 빠르다.
- 화재진행속도는 내화건축물보다 빠르다.
- 화재최성기의 온도는 내화건축물보다 높다.
- 화재성장속도는 횡방향보다 종방향이 빠르다.

[풀이]
목조건축물 화재최성기의 온도(1,300℃)는 내화건축물 화재최성기의 온도(900 ~ 1,000℃)보다 높다.

[TIP]
목조건축물의 화재는 고온단기형이다.

정답 20 ① / 01 ③

02 ★★★

물이 소화약제로써 사용되는 장점이 아닌 것은?

① 가격이 저렴하다.
② 많은 양을 구할 수 있다.
③ 증발잠열이 크다.
④ 가연물과 화학반응이 일어나지 않는다.

SOLUTION

개념
물 소화약제의 특징
- 가격이 저렴하다.
- 쉽게 많은 양을 구할 수 있다.
- 증발잠열(기화잠열)이 커서 냉각효과가 크다.
- 가연물 중 금수성 물질과 화학반응을 일으킨다.
- 사용이 편리하다.

풀이
물은 가연물 중 하나인 금수성 물질과 화학반응을 일으킨다.

03 ★☆☆

정전기로 인한 화재를 줄이고 방지하기 위한 대책 중 틀린 것은?

① 공기 중 습도를 일정 값 이상으로 유지한다.
② 기기의 전기 절연성을 높이기 위하여 부도체로 차단공사를 한다.
③ 공기 이온화 장치를 설치하여 가동시킨다.
④ 정전기 축적을 막기 위해 접지선을 이용하여 대지로 연결 작업을 한다.

SOLUTION

개념
정전기로 인한 화재 방지 대책
- 공기 중 습도를 일정 값 이상으로 유지한다.
- 공기를 이온화한다.
- 접지선을 이용하여 대지로 연결작업을 한다.

풀이
부도체로 차단공사를 하면 주위에 전하를 방출하지 못하고 기기에 계속 축적되기 때문에 정전기로 인한 화재가 발생할 수 있다.

04 ★☆☆

프로판가스의 최소점화에너지는 일반적으로 약 몇 [mJ] 정도 되는가?

① 0.25
② 2.5
③ 25
④ 250

SOLUTION

풀이
프로판가스의 최소점화에너지는 0.25[mJ]이다.

TIP
프로판가스의 최소점화에너지는 매우 작은 값이기 때문에 값이 생각나지 않을 때는 가장 작은 값의 보기를 선택하도록 하자.

05 ★★★

목재 화재 시 다량의 물을 뿌려 소화할 경우 기대되는 주된 소화 효과는?

① 제거효과
② 냉각효과
③ 부촉매효과
④ 희석효과

SOLUTION

개념
소화의 종류
- 제거소화 : 가연물을 제거하여 소화하는 방법
- 냉각소화 : 점화원을 냉각하여 소화하는 방법
- 부촉매소화(억제소화) : 연쇄반응을 일으키는 활성라디칼의 생성을 억제하여 소화하는 방법
- 희석소화 : 불연성 가스의 공기 중 농도를 높여 소화하는 방법

풀이
물은 증발잠열(기화잠열)이 크기 때문에 냉각효과가 크다.

06 ★☆☆

물질의 연소 시 산소공급원이 될 수 없는 것은?

① 탄화칼슘
② 과산화나트륨
③ 질산나트륨
④ 압축공기

SOLUTION

개념
산소공급원
- 제1류 위험물(산화성 고체) 예 과산화나트륨, 질산화나트륨
- 제6류 위험물(산화성 액체) 예 과산화수소, 과염소산
- 조연성 기체 예 압축공기

풀이
탄화칼슘은 산소공급원이 아닌 불에 잘 타는 성질을 가진 물질인 가연물이다.

07 ★★☆

다음 물질 중 공기 중에서의 연소범위가 가장 넓은 것은?

① 부탄
② 프로판
③ 메탄
④ 수소

SOLUTION

개념
연소 범위의 공식

공식 정리
연소 범위 = 연소상한계 - 연소하한계

풀이
연소 범위(= 폭발한계)
- 부탄 : 6.6
- 프로판 : 7.3
- 메탄 : 10
- 수소 : 71

TIP
연소 범위 값은 큰 값에 속하는 아세틸렌(78.5) > 수소(71) > 일산화탄소(61.7) 등을 중심으로 기억해두면 유용하다.

08 ★☆☆

이산화탄소 20[g]은 약 몇 [mol]인가?

① 0.23
② 0.45
③ 2.2
④ 4.4

SOLUTION

풀이
1. 이산화탄소 분자량 계산하기
   C(탄소)의 원자량 = 12
   O(산소)의 원자량 = 16
   CO_2(이산화탄소)의 분자량 = 탄소 1개의 원자량 + 산소 2개의 원자량
   $= 12 + 16 \times 2 = 44$

2. 몰수 구하기
   이산화탄소의 분자량은 44이다. 이 말은 즉, 이산화탄소 분자 1[mol]의 질량은 44[g]이다.
   이산화탄소 20[g]의 몰수를 구하기 위해 비례식을 활용하면 다음과 같다.
   $44[g] : 1[mol] = 20[g] : x$
   $44x = 20$
   $x = \dfrac{20}{44} ≒ 0.45[mol]$

TIP
알아두면 편리한 원자량 모음
H(수소) : 1 / C(탄소) : 12 / N(질소) : 14 / O(산소) : 16

09 ★★☆

플래시 오버(Flash Over)에 대한 설명으로 옳은 것은?

① 도시가스의 폭발적 연소를 말한다.
② 휘발유 등 가연성 액체가 넓게 흘러서 발화한 상태를 말한다.
③ 옥내화재가 서서히 진행하여 열 및 가연성 기체가 축적되었다가 일시에 연소하여 화염이 크게 발생하는 상태를 말한다.
④ 화재층의 불이 상부층으로 올라가는 현상을 말한다.

SOLUTION

개념
플래시 오버(Flash Over)
옥내의 화재가 주변으로 한정되어 있던 연소 범위가 차례대로 확대되면서 가연성 가스가 축적되었다가 농도가 연소 범위까지 높아져 한 번에 인화되어 폭발적으로 큰 불꽃이 되는 현상. 보통 화재의 성장기에서 최성기로 넘어가는 시기에 발생한다.

10 ★★★

제4류 위험물의 성질로 옳은 것은?

① 가연성 고체
② 산화성 고체
③ 인화성 액체
④ 자기반응성 물질

SOLUTION

개념
위험물 분류
- 제1류 위험물 : 산화성 고체
- 제2류 위험물 : 가연성 고체
- 제3류 위험물 : 자연발화성 물질 및 금수성 물질
- 제4류 위험물 : 인화성 액체
- 제5류 위험물 : 자기반응성 물질
- 제6류 위험물 : 산화성 액체

풀이
제4류 위험물은 인화성 액체이다.

11 ★★★

할론 소화설비에서 Halon 1211 약제의 분자식은?

① CBr_2ClF
② CF_2BrCl
③ CCl_2BrF
④ BrC_2ClF

SOLUTION

개념
'Halon ABCD' 소화약제 분자식 구하기
- A : C(탄소)의 개수
- B : F(불소)의 개수
- C : Cl(염소)의 개수
- D : Br(브롬(브로민))의 개수

풀이
Halon 1211은 C가 1개, F가 2개, Cl이 1개, Br이 1개이므로 분자식은 CF_2BrCl이 된다.

12 ★★★

다음 중 가연물의 제거를 통한 소화 방법과 무관한 것은?

① 산불의 확산방지를 위하여 산림의 일부를 벌채한다.
② 화학반응기의 화재 시 원료 공급관의 밸브를 잠근다.
③ 전기실 화재 시 IG-541 약제를 방출한다.
④ 유류탱크 화재 시 주변에 있는 유류탱크의 유류를 다른 곳으로 이동시킨다.

SOLUTION

풀이
IG-541 약제는 불활성기체 소화약제로 산소의 공급을 차단하는 질식소화의 소화 방법이다.

13 ★☆☆

건물화재의 표준시간-온도곡선에서 화재발생 후 1시간이 경과할 경우 내부 온도는 약 몇 [℃] 정도 되는가?

① 125　　② 325
③ 640　　④ 925

SOLUTION

[개념]
시간 경과에 따른 건물화재의 내부 온도
- 10분 : 700℃
- 30분 : 840℃
- 1시간 : 925℃
- 2시간 : 1,010℃

14 ★☆☆

위험물안전관리법령상 위험물로 분류되는 것은?

① 과산화수소　　② 압축산소
③ 프로판가스　　④ 포스겐

SOLUTION

[풀이]
과산화수소는 제6류 위험물로 분류되는 위험물이다.

15 ★★★

연기에 의한 감광계수가 $0.1[m^{-1}]$, 가시거리가 20 ~ 30[m]일 때의 상황으로 옳은 것은?

① 건물 내부에 익숙한 사람이 피난에 지장을 느낄 정도
② 연기감지기가 작동할 정도
③ 어두운 것을 느낄 정도
④ 앞이 거의 보이지 않을 정도

SOLUTION

[개념]
감광계수와 가시거리의 상황

감광계수[m^{-1}]	가시거리[m]	상황
0.1	20 ~ 30	연기감지기가 작동할 때의 농도 (연기감지기 작동직전 농도)
0.3	5	건물 내부에 익숙한 사람이 피난에 지장을 느낄 정도의 농도
0.5	3	어두운 것을 느낄 정도의 농도
1	1 ~ 2	앞이 거의 보이지 않을 정도의 농도
10	0.2 ~ 0.5	화재 시 최성기 때의 농도
30	-	출화실에서 연기가 분출할 때의 농도

16 ★★☆

물질의 취급 또는 위험성에 대한 설명 중 틀린 것은?

① 융해열은 점화원이다.
② 질산은 물과 반응 시 발열 반응하므로 주의를 해야 한다.
③ 네온, 이산화탄소, 질소는 불연성 물질로 취급한다.
④ 암모니아를 충전하는 공업용 용기의 색상은 백색이다.

SOLUTION

[개념]
점화원이 될 수 없는 것
- 융해열
- 증발열(기화열)
- 흡착열

[풀이]
융해열은 잠열의 일종으로 고체를 융해하여 액체로 만들 때 소요되는 열에너지이다. 융해는 주위의 열을 흡수하여 이뤄진다. 즉 융해가 일어날 때는 주위의 온도가 떨어지기 때문에 점화원이 될 수 없다.

정답 13 ④　14 ①　15 ②　16 ①

17 ★★☆

Fourier법칙(전도)에 대한 설명으로 틀린 것은?

① 이동열량은 전열체의 단면적에 비례한다.
② 이동열량은 전열체의 두께에 비례한다.
③ 이동열량은 전열체의 열전도도에 비례한다.
④ 이동열량은 전열체 내·외부의 온도차에 비례한다.

SOLUTION

개념
Fourier법칙(전도)

공식 정리
$$Q = \frac{kA\Delta T}{l}$$

여기서, Q : 이동열량[W], k : 전열체의 열전도도[W/m·K]
A : 전열체의 단면적[m²], ΔT : 전열체 내·외부의 온도차[K]
l : 전열체의 두께[m]

풀이
Fourier 법칙에 따르면 전도에 의한 이동열량은 전열체의 열전도도, 단면적, 온도차에 비례하고, 두께에 반비례한다.

TIP
뜨거운 물이 담긴 컵을 잡을 때 컵의 두께가 얇을수록 컵이 더 많이 뜨거워진다는 것을 알 수 있다.

18 ★★★

자연발화가 일어나기 쉬운 조건이 아닌 것은?

① 열전도율이 클 것
② 적당량의 수분이 존재할 것
③ 주위의 온도가 높을 것
④ 표면적이 넓을 것

SOLUTION

개념
자연발화가 일어나기 쉬운 조건
• 열전도율이 작을 것
• 적당량의 수분이 존재할 것
• 주위의 온도가 높을 것
• 표면적이 넓을 것
• 발열량이 클 것

풀이
열전도율이 크면 주위로 열을 방출하기 쉽기 때문에 물질 내부에 열이 축적되지 않는다. 물질 내부에 열이 축적되지 않으면 자연발화는 발생하지 않는다.

19 ★★★

분말소화약제 중 탄산수소칼륨($KHCO_3$)과 요소($CO(NH_2)_2$)와의 반응물을 주성분으로 하는 소화약제는?

① 제1종 분말
② 제2종 분말
③ 제3종 분말
④ 제4종 분말

SOLUTION

개념
분말소화약제의 종류
• 제1종 분말 : 탄산수소나트륨($NaHCO_3$)
• 제2종 분말 : 탄산수소칼륨($KHCO_3$)
• 제3종 분말 : 제1인산암모늄($NH_4H_2PO_4$)
• 제4종 분말 : 탄산수소칼륨($KHCO_3$) + 요소($CO(NH_2)_2$)

20 ★☆☆

폭굉(detonation)에 관한 설명으로 틀린 것은?

① 연소속도가 음속보다 느릴 때 나타난다.
② 온도의 상승은 충격파의 압력에 기인한다.
③ 압력상승은 폭연의 경우보다 크다.
④ 폭굉의 유도거리는 배관의 지름과 관계가 있다.

SOLUTION

개념
폭굉의 특징
• 연소속도가 음속보다 빠를 때 나타난다.
• 온도의 상승은 충격파의 압력에 기인한다.
• 압력상승은 폭연의 경우보다 크다.
• 폭굉의 유도거리는 배관의 지름과 관계가 있다.

풀이
폭굉은 연소속도가 음속보다 빠를 때 발생한다.

2022년 제4회 소방설비기사 [CBT 복원문제]

01 ★★☆

프로판 50[vol%], 부탄 40[vol%], 프로필렌 10[vol%]로 된 혼합가스의 폭발하한계는 약 몇 [vol%]인가? (단, 각 가스의 폭발하한계는 프로판은 2.2[vol%], 부탄은 1.9[vol%], 프로필렌은 2.4[vol%]이다)

① 0.83 ② 2.09
③ 5.05 ④ 9.44

SOLUTION

개념
혼합가스의 폭발하한계

공식 정리
$$L = \frac{100}{\frac{V_1}{L_1} + \frac{V_2}{L_2} + \frac{V_3}{L_3}}$$

여기서, L : 혼합가스의 폭발하한계[vol%],
L_1, L_2, L_3 : 가연성 가스의 폭발하한계[vol%],
V_1, V_2, V_3 : 가연성 가스의 용량[vol%]

풀이
문제에서 주어진 값을 대입하면
$$L = \frac{100}{\frac{50}{2.2} + \frac{40}{1.9} + \frac{10}{2.4}} \fallingdotseq 2.09[vol\%]$$

02 ★★★

화재를 소화하는 방법 중 물리적 방법에 의한 소화가 아닌 것은?

① 억제소화 ② 제거소화
③ 질식소화 ④ 냉각소화

SOLUTION

개념
물리적 소화방법
- 질식소화 : 산소공급원 차단
- 냉각소화 : 온도 냉각
- 제거소화 : 가연물제거

풀이
억제소화는 화학적 소화방법에 해당한다.

03 ★★☆

조연성 가스에 해당하는 것은?

① 일산화탄소 ② 산소
③ 수소 ④ 부탄

SOLUTION

개념
- 조연성 가스 : 자신은 연소하지 않고 다른 물질의 연소를 돕는 가스
  예 산소, 공기, 염소, 불소, 오존 등
- 가연성 가스 : 연소가 가능한 가스
  예 수소, 일산화탄소, 에탄, 부탄 등

풀이
산소는 조연성 가스에 해당한다. 일산화탄소, 수소, 부탄은 가연성 가스에 해당한다.

정답 01 ② 02 ① 03 ②

04 ★★★

분말소화약제 중 A급, B급, C급 화재에 모두 사용할 수 있는 것은?

① 제1종 분말 ② 제2종 분말
③ 제3종 분말 ④ 제4종 분말

SOLUTION

개념
분말소화약제의 적응 화재
- 제1종 분말 : B급 화재, C급 화재
- 제2종 분말 : B급 화재, C급 화재
- 제3종 분말 : A급 화재, B급 화재, C급 화재
- 제4종 분말 : B급 화재, C급 화재

풀이
A급, B급, C급 화재에 모두 사용할 수 있는 분말은 제3종 분말이다.

06 ★☆☆

분말 소화약제 분말입도의 소화성능에 관한 설명으로 옳은 것은?

① 미세할수록 소화성능이 우수하다.
② 입도가 클수록 소화성능이 우수하다.
③ 입도와 소화성능과는 관련이 없다.
④ 입도가 너무 미세하거나 너무 커도 소화성능은 저하된다.

SOLUTION

개념
입도
분말을 이루는 알갱이 하나하나의 평균 지름

풀이
분말 소화약제의 분말입도는 20~25[μm]의 입자로 미세도의 분포가 골고루 되어 있어야 최적의 소화효과가 나타난다. 즉 입도가 너무 미세하거나 너무 크면 소화성능은 저하된다.

05 ★☆☆

FM200이라는 상품명을 가지며 오존파괴 지수(ODP)가 0인 할론 대체 소화약제는 무슨 계열인가?

① HFC 계열   ② HCFC 계열
③ FC 계열   ④ Blend 계열

SOLUTION

풀이
FM200은 HFC-227ea라고 불리기도 하는 HFC 계열 소화약제이다. FM200은 오존파괴 지수(ODP)가 0인 소화약제이기 때문에 오존을 파괴하는 할론 소화약제 대체재로 사용하고 있다.

07 ★★☆

건물의 주요 구조부에 해당되지 않는 것은?

① 바닥   ② 천장
③ 기둥   ④ 주계단

SOLUTION

개념
건축법령상에 따른 주요구조부
- 내력벽
- 기둥(사이기둥 제외)
- 바닥(최하층바닥 제외)
- 보(작은 보 제외)
- 지붕틀(차양 제외)
- 주계단(옥외계단 제외)

풀이
천장은 건물의 주요 구조부에 해당하지 않는다.

정답: 04 ③ 05 ① 06 ④ 07 ②

08 ★★★

화재 최성기 때의 농도로 유도등이 보이지 않을 정도의 연기 농도는? (단, 감광계수로 나타낸다)

① $0.1[m^{-1}]$ ② $1[m^{-1}]$
③ $10[m^{-1}]$ ④ $30[m^{-1}]$

SOLUTION

개념
감광계수와 가시거리의 상황

감광계수[m⁻¹]	가시거리[m]	상황
0.1	20 ~ 30	연기감지기가 작동할 때의 농도 (연기감지기 작동직전 농도)
0.3	5	건물 내부에 익숙한 사람이 피난에 지장을 느낄 정도의 농도
0.5	3	어두운 것을 느낄 정도의 농도
1	1 ~ 2	앞이 거의 보이지 않을 정도의 농도
10	0.2 ~ 0.5	화재 시 최성기 때의 농도
30	-	출화실에서 연기가 분출할 때의 농도

풀이
감광계수가 $10[m^{-1}]$일 때 화재 최성기 때의 농도로 유도등이 보이지 않을 시기이다.

09 ★★★

위험물안전관리법령상 위험물 유별에 따른 성질이 잘못 연결된 것은?

① 제1류 위험물 – 산화성고체
② 제2류 위험물 – 가연성고체
③ 제4류 위험물 – 인화성액체
④ 제6류 위험물 – 자기반응성물질

SOLUTION

개념
위험물 분류
- 제1류 위험물 : 산화성 고체
- 제2류 위험물 : 가연성 고체
- 제3류 위험물 : 자연발화성 물질 및 금수성 물질
- 제4류 위험물 : 인화성 액체
- 제5류 위험물 : 자기반응성 물질
- 제6류 위험물 : 산화성 액체

풀이
제6류 위험물은 산화성 액체이다.

10 ★☆☆

화재하중에 대한 설명 중 틀린 것은?

① 화재하중이 크면 단위면적당의 발열량이 크다.
② 화재하중이 크다는 것은 화재구획의 공간이 넓다는 것이다.
③ 화재하중이 같더라도 물질의 상태에 따라 가혹도는 달라진다.
④ 화재하중은 화재구획실 내의 가연물 총량을 목재 중량당비로 환산하여 면적으로 나눈 수치이다.

SOLUTION

개념
- 화재하중 : 가연물 등의 연소 시 건축물 등을 고려하여 설계하는 하중

$$Q = \frac{\sum G_t H_t}{HA} = \frac{\sum Q_t}{4,500A}$$

여기서, Q : 화재하중[kg/m²], G_t : 가연물의 양[kg]
H_t : 가연물의 단위발열량[kcal/kg]
H : 목재의 단위발열량(4,500[kcal/kg])
A : 바닥면적[m²]
$\sum Q_t$: 가연물의 전체 발열량[kcal]

- 화재가혹도 : 화재로 인하여 건물 내에 수납되어 있는 재산 및 건물 자체에 손상을 주는 능력의 정도

풀이
화재하중이 크다고 화재구획의 공간이 반드시 넓은 것은 아니다.
오히려 화재하중은 바닥면적과 반비례 관계이다.

정답 08 ③ 09 ④ 10 ②

11 ★★☆

제2류 위험물에 해당하는 것은?

① 유황 ② 질산칼륨
③ 칼륨 ④ 톨루엔

SOLUTION

개념
제2류 위험물에 해당하는 물질
- 황(유황)
- 황화린(황화인)
- 적린
- 철분

풀이
황(유황)은 제2류 위험물에 속한다. 질산칼륨은 제1류 위험물, 칼륨은 제3류 위험물, 톨루엔은 제4류 위험물에 속한다.

12 ★★☆

할로겐 원소의 소화효과가 큰 순서대로 배열된 것은?

① I > Br > Cl > F
② Br > I > F > Cl
③ Cl > F > I > Br
④ F > Cl > Br > I

SOLUTION

풀이
할로겐 원소는 I > Br > Cl > F 순으로 소화효과가 크다. 즉, 할로겐 원소는 숫자가 큰 주기일수록 소화효과가 크다.

TIP
할로겐 원소 중에서 전기 음성도는 소화효과 순서와 반대인 F > Cl > Br > I 순으로 크다.

13 ★★★

유류탱크 화재 시 기름 표면에 물을 살수하면 기름이 탱크 밖으로 비산하여 화재가 확대되는 현상은?

① 슬롭 오버(Slop over)
② 보일 오버(Boil over)
③ 프로스 오버(Froth over)
④ 블레비(BLEVE)

SOLUTION

개념
화재 시 탱크에서 발생하는 현상
- 슬롭 오버(Slop Over) : 유류탱크 화재 시 기름 표면에 물을 살수하면 액면에 거품을 일으키면서 기름의 일부가 불이 붙은 채 탱크 밖으로 비산하는 현상
- 보일오버(Boil Over) : 기름 탱크 하부에 고여 있는 물이 열에 의해 수증기로 기화하면서 연소유를 탱크 밖으로 비산시키며 연소하는 현상
- 프로스 오버(Froth Over) : 점성이 높은 기름표면 아래에 있던 물이 끓으면 화재를 수반하지 않고 기름이 용기 밖으로 넘치는 현상
- 블레비(BLEVE) : 고압, 과열 상태의 탱크에서 균열이 발생해 내부에 있던 액화가스 또는 가연성 액체가 분출하여 기화되어 폭발하는 현상. 급격한 폭발로 인해 화구(Fire ball)가 형성되며, 대량의 복사열이 방출된다.

14 ★★☆

인화칼슘과 물이 반응할 때 생성되는 가스는?

① 아세틸렌 ② 황화수소
③ 황산   ④ 포스핀

SOLUTION

풀이
인화칼슘(Ca_3P_2)과 물이 반응하면 포스핀(PH_3)이 생성된다.
$Ca_3P_2 + 6H_2O \rightarrow 3Ca(OH)_2 + 2PH_3 \uparrow$

15 ★☆☆

촛불의 주된 연소형태에 해당하는 것은?

① 표면연소 ② 분해연소
③ 증발연소 ④ 자기연소

SOLUTION

[개념]
증발연소의 형태로 연소하는 물질
황, 왁스, 파라핀, 양초(초), 가솔린, 나프탈렌, 알코올

[풀이]
촛불은 증발연소의 형태로 연소한다.

16 ★☆☆

저팽창포와 고팽창포에 모두 사용할 수 있는 포 소화약제는?

① 단백포 소화약제
② 수성막포 소화약제
③ 불화단백포 소화약제
④ 합성계면활성제포 소화약제

SOLUTION

[풀이]
저팽창포와 고팽창포에 모두 사용할 수 있는 포 소화약제는 합성계면활성제포 소화약제이다.

17 ★☆☆

단백포 소화약제의 특징이 아닌 것은?

① 내열성이 우수하다.
② 유류에 대한 유동성이 나쁘다.
③ 유류를 오염시킬 수 있다.
④ 변질의 우려가 없어 저장 유효기간의 제한이 없다.

SOLUTION

[개념]
단백포 소화약제의 특징
- 내열성이 우수하다.
- 유면봉쇄성이 우수하다.
- 소화기간이 길다.
- 유동성이 나쁘다.
- 유류를 오염시킬 수 있다.
- 쉽게 변질되기 때문에 저장 유효기간이 존재한다.

[풀이]
단백포 소화약제는 쉽게 변질되기 때문에 저장 유효기간이 존재한다.

[TIP]
우리가 실생활에서 볼 수 있는 단백질(육류, 어류 등)을 보면 단백질은 변질되기 쉽다는 것을 확인할 수 있다.

18 ★☆☆

위험물안전관리법령상 제4류 위험물의 화재에 적응성이 있는 것은?

① 옥내소화전설비 ② 옥외소화전설비
③ 봉상수소화기   ④ 물분무소화설비

SOLUTION

[개념]
제4류 위험물의 소화방법
포, 분말, 이산화탄소, 할론, 물분무 소화약제에 의한 질식소화

[풀이]
보기에서 제4류 위험물의 화재에 적응성이 있는 것은 물분무소화설비이다.

19 ★★☆

목재건축물의 화재 진행과정을 순서대로 나열한 것은?

① 무염착화 – 발염착화 – 발화 – 최성기
② 무염착화 – 최성기 – 발염착화 – 발화
③ 발염착화 – 발화 – 최성기 – 무염착화
④ 발염착화 – 최성기 – 무염착화 – 발화

SOLUTION

개념
목재건축물의 화재 진행과정

20 ★★★

이산화탄소 소화약제의 임계온도는 약 몇 [℃]인가?

① 24.4   ② 31.4
③ 56.4   ④ 78.4

SOLUTION

개념
이산화탄소의 물성
- 임계온도 : 약 31.4[℃]
- 증기비중 : 1.529

* 임계온도 : 기체가 액화할 수 있는 최고의 온도

풀이
이산화탄소의 임계온도는 약 31.4[℃]이다.

2023년 제1회 소방설비기사 CBT 복원문제

01 ★☆☆

주된 연소의 형태가 표면연소에 해당하는 물질이 아닌 것은?

① 숯   ② 나프탈렌
③ 목탄   ④ 금속분

SOLUTION

개념
표면연소의 형태에 해당하는 물질
숯, 목탄, 금속분, 코크스

풀이
나프탈렌은 증발연소의 형태에 해당한다.

02 ★★★

제1인산암모늄이 주성분인 분말 소화약제는?

① 제1종 분말소화약제   ② 제2종 분말소화약제
③ 제3종 분말소화약제   ④ 제4종 분말소화약제

SOLUTION

개념
분말소화약제의 종류
- 제1종 분말 : 탄산수소나트륨($NaHCO_3$)
- 제2종 분말 : 탄산수소칼륨($KHCO_3$)
- 제3종 분말 : 제1인산암모늄($NH_4H_2PO_4$)
- 제4종 분말 : 탄산수소칼륨($KHCO_3$) + 요소($CO(NH_2)_2$)

03 ★★☆

화재의 종류에 따른 표시 색 연결이 틀린 것은?

① 일반화재 – 백색
② 전기화재 – 청색
③ 금속화재 – 흑색
④ 유류화재 – 황색

SOLUTION

개념

화재의 유형별 표시 색
- A급 화재(일반화재) : 백색으로 표시
- B급 화재(유류화재) : 황색으로 표시
- C급 화재(전기화재) : 청색으로 표시
- D급 화재(금속화재) : 무색으로 표시

풀이

금속화재는 무색으로 표시한다.

04 ★☆☆

소화기구는 바닥으로부터 높이 몇 [m] 이하의 곳에 비치하여야 하는가? (단, 자동소화장치를 제외한다)

① 0.5
② 1.0
③ 1.5
④ 2.0

SOLUTION

풀이

소화기구(자동확산소화기 제외)는 거주자 등이 손쉽게 사용할 수 있는 장소에 바닥으로부터 높이 1.5[m] 이하의 곳에 비치하여야 한다.

05 ★☆☆

섭씨 30도는 랭킨(Rankine)온도로 나타내면 몇 도인가?

① 546도
② 515도
③ 498도
④ 463도

SOLUTION

개념

- 화씨온도와 섭씨온도의 관계식

$$°F = \frac{9}{5}°C + 32$$

여기서, °F : 화씨온도, °C : 섭씨온도

- 랭킨온도와 화씨온도의 관계식

$$R = °F + 460$$

여기서, R : 랭킨온도, °F : 화씨온도

풀이

문제에 주어진 값을 화씨온도와 섭씨온도의 관계식에 대입하면

$$°F = \frac{9}{5} \times 30 + 32 = 86[°F]$$

화씨온도를 랭킨온도와 화씨온도의 관계식에 대입하면
$R = 86 + 460 = 546[R]$

06 ★★★

소화약제로 사용할 수 없는 것은?

① $KHCO_3$
② $NaHCO_3$
③ CO_2
④ NH_3

SOLUTION

풀이

NH_3(암모니아)는 독성이 있으므로 소화약제로 사용할 수 없다. $KHCO_3$(제2종 분말)과 $NaHCO_3$(제1종분말)는 분말소화약제이다. CO_2는 이산화탄소소화약제이다.

정답 03 ③ 04 ③ 05 ① 06 ④

07 ★☆☆

화재의 일반적 특성으로 틀린 것은?

① 확대성   ② 정형성
③ 우발성   ④ 불안정성

SOLUTION

개념
화재의 일반적 특성
- 확대성
- 우발성
- 불안정성

풀이
정형성은 화재의 일반적 특성이 아니다.

08 ★★☆

가연물이 연소가 잘 되기 위한 구비조건으로 틀린 것은?

① 열전도율이 클 것
② 산소와 화학적으로 친화력이 클 것
③ 표면적이 클 것
④ 활성화 에너지가 작을 것

SOLUTION

개념
가연물이 연소가 잘 되기 위한 구비조건
- 열전도율이 작을 것
- 산소와 화학적으로 친화력이 클 것
- 표면적이 클 것
- 활성화 에너지가 작을 것
- 발열량이 클 것
- 연쇄반응을 일으킬 수 있을 것

풀이
가연물의 열전도율이 크면 가연물 내부에 열을 축적하지 않고 외부로 열을 방출하기 때문에 연소가 잘 안 된다.

09 ★★★

화재의 분류방법 중 유류화재를 나타낸 것은?

① A급 화재   ② B급 화재
③ C급 화재   ④ D급 화재

SOLUTION

개념
화재의 종류
- A급 화재 : 일반 화재
- B급 화재 : 유류 화재
- C급 화재 : 전기 화재
- D급 화재 : 금속 화재
- K급 화재 : 주방 화재

10 ★☆☆

프로판가스의 최소점화에너지는 일반적으로 약 몇 [mJ] 정도 되는가?

① 0.25   ② 2.5
③ 25   ④ 250

SOLUTION

풀이
프로판가스의 최소점화에너지는 0.25[mJ]이다.

TIP
프로판가스의 최소점화에너지는 매우 작은 값이기 때문에 값이 생각나지 않을 때는 가장 작은 값의 보기를 선택하도록 하자.

정답 07 ② 08 ① 09 ② 10 ①

11 ★★☆

점화원이 될 수 없는 것은?

① 정전기　　　② 기화열
③ 금속성 불꽃　④ 전기 스파크

SOLUTION

개념
점화원이 될 수 없는 것
- 융해열
- 증발열(기화열)
- 흡착열

풀이
기화열은 잠열의 일종으로 액체가 기화하여 기체로 만들 때 소요되는 열에너지이다. 기화는 주위의 열을 흡수하여 이뤄진다. 즉 기화가 일어날 때는 주위의 온도가 떨어지기 때문에 점화원이 될 수 없다.

12

할로겐화합물 소화약제에서 구성 원소가 아닌 것은?

① 염소　　② 브롬
③ 네온　　④ 탄소

SOLUTION

풀이
할로겐화합물 소화약제는 C(탄소), F(불소), Cl(염소), Br(브롬(브로민))으로 구성되어 있다. Ne(네온)은 불활성기체 소화약제의 구성 원소이다.

13 ★★★

연쇄반응을 차단하여 소화하는 약제는?

① 물　　　　② 포
③ 할론 1301　④ 이산화탄소

SOLUTION

풀이
할로겐 소화약제는 연쇄반응을 일으키는 자유활성기의 생성을 억제하는 억제소화 방법을 사용한다.

14 ★☆☆

인화성 액체의 연소점, 인화점, 발화점을 온도가 높은 것부터 옳게 나열한 것은?

① 발화점 > 연소점 > 인화점
② 연소점 > 인화점 > 발화점
③ 인화점 > 발화점 > 연소점
④ 인화점 > 연소점 > 발화점

SOLUTION

개념
연소의 기본 용어
- 인화점 : 점화원을 주어졌을 때 연소가 시작되는 최저온도
- 연소점 : 점화원을 제거했을 때에도 일정 시간 이상 지속적으로 연소할 수 있는 최저온도
- 발화점(착화점) : 점화원이 없어도 연소가 시작하는 최저온도

풀이
인화성 액체는 발화점 > 연소점 > 인화점 순으로 온도가 높다.

15 ★★☆

고층 건축물 내 연기거동 중 굴뚝효과에 영향을 미치는 요소가 아닌 것은?

① 건물 내·외의 온도차
② 화재실의 온도
③ 건물의 높이
④ 층의 면적

SOLUTION

개념
- 굴뚝효과에 영향을 미치는 요소
  - 건물 내·외의 온도차
  - 화재실의 온도
  - 건물의 높이
- 굴뚝효과
  건물 내·외부의 온도차가 큰 겨울철에는 상대적으로 무거운 건물 외부의 찬 공기가 하부로 유입된다. 그러면 상대적으로 가벼운 내부의 따뜻한 공기는 위로 상승한다. 이때 따뜻한 공기가 위로 상승하는 것을 굴뚝효과라고 한다.

풀이
층의 면적은 굴뚝효과에 영향을 미치지 않는다.

16 ★★★

제3종 분말소화약제에 대한 설명으로 틀린 것은?

① A, B, C급 화재에 모두 적용한다.
② 주성분은 탄산수소칼륨과 요소이다.
③ 열분해 시 발생되는 불연성 가스에 의한 질식효과가 있다.
④ 분말운무에 의한 열방사를 차단하는 효과가 있다.

SOLUTION

개념
분말소화약제의 종류 및 적응화재
- 제1종 분말 : 탄산수소나트륨($NaHCO_3$) → 적응화재 : B, C급
- 제2종 분말 : 탄산수소칼륨($KHCO_3$) → 적응화재 : B, C급
- 제3종 분말 : 제1인산암모늄($NH_4H_2PO_4$) → 적응화재 : A, B, C급
- 제4종 분말 : 탄산수소칼륨($KHCO_3$) + 요소($CO(NH_2)_2$) → 적응화재 : B, C급

풀이
제3종 분말소화약제의 주성분은 제1인산암모늄이다. 탄산수소칼륨과 요소는 제4종 분말의 주성분이다.

17 ★★☆

방호공간 안에서 화재의 세기를 나타내고 화재가 진행되는 과정에서 온도에 따라 변하는 것으로 온도 - 시간 곡선으로 표시할 수 있는 것은?

① 화재저항
② 화재가혹도
③ 화재하중
④ 화재플럼

SOLUTION

개념
화재 관련 용어
- 화재저항 : 화재 시 최고온도를 얼마만큼 견디는지 나타내는 능력
- 화재가혹도 : 화재로 인하여 건물 내에 수납되어 있는 재산 및 건물 자체에 손상을 주는 능력의 정도
- 화재하중 : 가연물 등의 연소 시 건축물 등을 고려하여 설계하는 하중
- 화재플럼 : 부력에 의해 연소가스와 유입공기가 상승하면서 화염이 섞인 연기 기둥형태를 나타내는 현상

풀이
화재가혹도는 화재로 인하여 건물 내에 수납되어 있는 재산 및 건물 자체에 손상을 주는 능력의 정도이며 지속시간과 최고온도개념을 포함하고 있다. 즉 온도-시간 곡선으로 표시할 수 있는 것은 화재가혹도이다.

정답: 15 ④ 16 ② 17 ②

18 ★★☆

0[℃], 1기압에서 44.8[m³]의 용적을 가진 이산화탄소를 액화하여 얻을 수 있는 액화탄산 가스의 무게는 약 몇 [kg]인가?

① 88
② 44
③ 22
④ 11

SOLUTION

개념
이상기체상태 방정식

공식정리
$$PV = nRT = \frac{w}{M}RT$$

여기서, P : 기압[atm], V : 부피[m³], n : 몰수[kmol]
R : 기체상수(0.082[atm·m³/kmol·K])
T : 절대온도[K], w : 질량[kg], M : 분자량[kg/kmol]

풀이
위의 식을 활용하기 위해서는 이산화탄소의 분자량이 추가로 필요하다.
원자량 : 탄소(C) = 12, 산소(O) = 16
이산화탄소(CO_2) 분자량 $M = 12 + 16 \times 2 = 44$
이상기체방정식을 질량으로 구하는 식으로 정리하고, 값들을 대입하면
$$w = \frac{PVM}{RT} = \frac{1 \times 44.8 \times 44}{0.082 \times (0 + 273)} \fallingdotseq 88[kg]$$

TIP
- 이상기체방정식은 절대온도를 활용하므로 섭씨온도에서 절대온도로 변경해서 사용한다.
- 기체상수는 0.082[atm·L/mol·K], 8.314[J/mol·K]을 주로 사용한다. 이 문제에서는 1기압이 주어졌으므로 기체상수를 0.082[atm·L/mol·K]로 사용했다.

19 ★★☆

다음 중 착화온도가 가장 낮은 것은?

① 아세톤
② 휘발유
③ 이황화탄소
④ 벤젠

SOLUTION

개념
착화온도
점화를 하지 않아도 연소하기 시작하는 온도

풀이
착화온도는 이황화탄소(90[℃]) < 휘발유(300[℃]) < 아세톤(465[℃]) < 벤젠(497.78[℃]) 순으로 낮다.

20 ★★★

할론 소화설비에서 Halon 1211 약제의 분자식은?

① CBr_2ClF
② CF_2BrCl
③ CCl_2BrF
④ BrC_2ClF

SOLUTION

개념
'Halon ABCD' 소화약제 분자식 구하기
- A : C(탄소)의 개수
- B : F(불소)의 개수
- C : Cl(염소)의 개수
- D : Br(브롬(브로민))의 개수

풀이
Halon 1211은 C가 1개, F가 2개, Cl이 1개, Br이 1개이므로 분자식은 CF_2BrCl이 된다.

정답 18 ① 19 ③ 20 ②

2023년 제2회 소방설비기사 [CBT 복원문제]

01 ★★☆

건축물의 화재 시 피난자들의 집중으로 패닉(Panic) 현상이 일어날 수 있는 피난방향은?

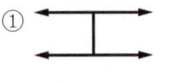   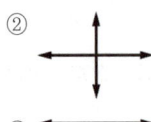

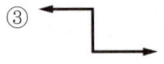   

SOLUTION | 풀이
H형은 피난자들의 집중으로 인해 패닉(Panic)현상이 발생할 수 있다.

TIP
피난형태는 피난방향 모양대로 생각하면 된다. ①은 H형, ②은 X형, ③은 Z형, ④은 T형이다.

02 ★☆☆

화재 시 발생하는 연소가스 중 인체에서 헤모글로빈과 결합하여 혈액의 산소운반을 저해하고 두통, 근육조절의 장애를 일으키는 것은?

① CO_2　　② CO
③ HCN　　④ H_2S

SOLUTION | 풀이
CO(일산화탄소)는 인체에서 헤모글로빈과 결합하여 혈액의 산소운반을 저해하고, 두통, 근육조절의 장애를 일으킨다.

03 ★★☆

방화벽의 구조 기준 중 다음 ( ) 안에 알맞은 것은?

- 방화벽의 양쪽 끝과 위쪽 끝을 건축물의 외벽면 및 지붕면으로부터 (㉠)[m] 이상 튀어 나오게 할 것
- 방화벽에 설치하는 출입문의 너비 및 높이는 각각 (㉡)[m] 이하로 하고, 해당 출입문에는 60분+ 방화문 또는 60분 방화문을 설치할 것

① ㉠ 0.3, ㉡ 2.5　　② ㉠ 0.3, ㉡ 3.0
③ ㉠ 0.5, ㉡ 2.5　　④ ㉠ 0.5, ㉡ 3.0

SOLUTION | 개념
방화벽의 구조
- 내화구조로서 홀로 설 수 있는 구조일 것
- 방화벽의 양쪽 끝과 위쪽 끝을 건축물의 외벽면 및 지붕면으로부터 0.5[m] 이상 튀어나오게 할 것
- 방화벽에 설치하는 출입문의 너비 및 높이는 각각 2.5[m] 이하로 하고, 해당 출입문에는 60분+ 방화문 또는 60분 방화문을 설치할 것

04 ★★★

1기압상태에서, 100[℃] 물 1[g]이 모두 기체로 변할 때 필요한 열량은 몇 [cal]인가?

① 429　　② 499
③ 539　　④ 639

SOLUTION | 개념
- 물의 기화잠열 : 539[cal/g], 2,255[J/g]
- 물의 융해잠열 : 80[cal/g], 335[J/g]

풀이
액체가 기체로 변화하는 현상을 기화현상이라고 한다. 물의 기화잠열은 1기압 상태에서, 100[℃]의 물 1[g]이 모두 기체로 변하는 데 필요한 열량이다. 물의 기화잠열은 539[cal/g]이다.

TIP
물의 상태변화에 따른 열량을 구하는 문제는 [cal]와 [J]를 활용해 빈번하게 출제된다. 물의 기화잠열, 융해잠열은 모두 암기해두는 것이 좋다. 1[cal] = 4.184[J]도 함께 기억하도록 하자.

정답 01 ① 02 ② 03 ③ 04 ③

05 ★☆☆

다음 중 열전도율이 가장 작은 것은?

① 알루미늄 ② 철재
③ 은 ④ 암면(광물섬유)

SOLUTION

풀이
열전도율은 암면(0.046[W/m·K]) < 철재(80.3[W/m·K]) < 알루미늄(237[W/m·K]) < 은(427[W/m·K]) 순으로 작다.

TIP
암면(광물섬유)를 제외하면 나머지 보기는 금속물질이라는 것을 알 수 있다. 금속물질은 열전도율이 높다는 특징을 가지고 있기 때문에 구체적인 열전도율을 알지 못하더라도 암면이 가장 열전도율이 작다는 것을 추측할 수 있다.

06 ★★☆

다음 원소 중 수소와의 결합력이 가장 큰 것은?

① F ② Cl
③ Br ④ I

SOLUTION

풀이
전기음성도가 클수록 수소와의 결합력이 크다. 할로겐 원소 중에서 전기음성도는 F > Cl > Br > I 순으로 크다. 그러므로 F가 수소와의 결합력이 가장 크다.

TIP
할로겐 원소는 숫자가 낮은 주기일수록 전기 음성도가 크다.

07 ★★☆

조연성가스로만 나열되어 있는 것은?

① 질소, 불소, 수증기 ② 산소, 불소, 염소
③ 산소, 이산화탄소, 오존 ④ 질소, 이산화탄소, 염소

SOLUTION

개념
- 조연성 가스 : 자신은 연소하지 않고 다른 물질의 연소를 돕는 가스
  예 산소, 공기, 염소, 불소, 오존 등
- 가연성 가스 : 연소가 가능한 가스
  예 수소, 일산화탄소, 부탄, 에탄 등

풀이
조연성가스로만 나열되어 있는 것은 산소, 불소, 염소이다.

08 ★☆☆

불활성가스 청정소화약제인 IG-541의 성분이 아닌 것은?

① 질소 ② 아르곤
③ 헬륨 ④ 이산화탄소

SOLUTION

풀이
소화약제인 IG-541은 질소(N_2) 52[%], 아르곤(Ar) 40[%], 이산화탄소(CO_2) 8[%]로 구성되어 있다.

TIP
IG-541에서 IG는 불활성기체(Inert Gas)의 약자이다. 즉 IG-541은 불활성기체 소화약제이다.

정답 05 ④ 06 ① 07 ② 08 ③

09 ★★★

소화를 하기 위한 산소농도를 알 수 있다면 CO_2소화약제 사용 시 최소 소화농도를 구하는 식은?

① $CO_2[\%] = 21 \times \left(\dfrac{100 - O_2[\%]}{100}\right)$

② $CO_2[\%] = \left(\dfrac{21 - O_2[\%]}{21}\right) \times 100$

③ $CO_2[\%] = 21 \times \left(\dfrac{O_2[\%]}{100} - 1\right)$

④ $CO_2[\%] = \left(\dfrac{21 \times O_2[\%]}{100} - 1\right)$

SOLUTION

개념
이산화탄소 소화약제의 최소 소화농도

공식 정리
$$CO_2 = \dfrac{21 - O_2}{21} \times 100[\%]$$

여기서, CO_2 : CO_2(이산화탄소)의 농도[vol%]
O_2 : O_2(산소)의 농도[vol%]

10 ★★☆

간이소화용구에 해당되지 않는 것은?

① 이산화탄소소화기
② 마른모래
③ 팽창질석
④ 팽창진주암

SOLUTION

개념
간이소화용구의 종류
- 마른모래
- 팽창질석
- 팽창진주암

풀이
이산화탄소소화기는 간이소화용구에 해당하지 않는다.

11 ★★☆

다음 각 물질과 물이 반응하였을 때 발생하는 가스의 연결이 틀린 것은?

① 탄화칼슘 – 아세틸렌
② 탄화알루미늄 – 이산화황
③ 인화칼슘 – 포스핀
④ 수소화리튬 – 수소

SOLUTION

풀이
탄화알루미늄과 물이 반응하면 메탄가스(CH_4)가 발생한다.
$Al_4C_3 + 12H_2O \rightarrow 4Al(OH)_3 + 3CH_4 \uparrow$

12 ★☆☆

위험물과 위험물안전관리법령에서 정한 지정수량을 옳게 연결한 것은?

① 무기과산화물 – 300[kg]
② 황화린 – 500[kg]
③ 황린 – 20[kg]
④ 질산에스테르류 – 200[kg]

SOLUTION

풀이
위험물의 지정수량
① 무기과산화물 - 50[kg]
② 황화린(황화인) - 100[kg]
③ 황린 - 20[kg]
④ 질산에스테르류(질산에스터류) - 10[kg]

13 ★★★

CF_3Br 소화약제의 명칭을 옳게 나타낸 것은?

① 할론 1011 ② 할론 1211
③ 할론 1301 ④ 할론 2402

SOLUTION

개념
'할론 ABCD' 소화약제 분자식 구하기
- A : C(탄소)의 개수
- B : F(불소)의 개수
- C : Cl(염소)의 개수
- D : Br(브롬(브로민))의 개수

풀이
CF_3Br은 C가 1개, F가 3개, Cl이 0개, Br이 1개이므로 소화약제는 할론 1301이 된다.

14 ★★★

소화약제로 물을 사용하는 주된 이유는?

① 촉매역할을 하기 때문에
② 증발잠열이 크기 때문에
③ 연소작용을 하기 때문에
④ 제거작용을 하기 때문에

SOLUTION

풀이
물은 다른 물질에 비해 증발잠열이 크기 때문에 냉각소화를 활용하는 소화약제로 사용한다. 물의 증발잠열(기화잠열)은 약 539[cal/g]이다.

15 ★★★

질식소화 시 공기 중의 산소농도는 일반적으로 약 몇 [vol%] 이하로 하여야 하는가?

① 25 ② 21
③ 19 ④ 15

SOLUTION

풀이
질식소화는 공기 중의 산소 농도를 15 ~ 16[%] 이하로 감소시켜 소화하는 방법이다.

TIP
통상적으로 대기 중의 산소농도는 약 21[%]이다. 그렇기 때문에 소화를 위해서 요구되는 산소농도는 21[%]보다 낮은 숫자가 되어야 한다.

16 ★☆☆

정전기에 의한 발화과정으로 옳은 것은?

① 방전 → 전하의 축적 → 전하의 발생 → 발화
② 전하의 발생 → 전하의 축적 → 방전 → 발화
③ 전하의 발생 → 방전 → 전하의 축적 → 발화
④ 전하의 축적 → 방전 → 전하의 발생 → 발화

SOLUTION

개념
정전기
물체 위에 정지하고 있는 전기

풀이
정전기에 의한 발화과정
전하의 발생 → 전하의 축적 → 방전 → 발화

정답 13 ③ 14 ② 15 ④ 16 ②

17 ★☆☆

화재실 혹은 화재공간의 단위바닥면적에 대한 등가가연물량의 값을 화재하중이라 하며 식으로 표시할 경우에는 $Q = \sum (G_t \cdot H_t)/H \cdot A$와 같이 표현할 수 있다. 여기에서 H는 무엇을 나타내는가?

① 목재의 단위발열량
② 가연물의 단위발열량
③ 화재실내 가연물의 전체 발열량
④ 목재의 단위발열량과 가연물의 단위발열량을 합한 것

SOLUTION

개념
화재하중
가연물 등의 연소 시 건축물 등을 고려하여 설계하는 하중

공식 정리
$$Q = \frac{\sum G_t H_t}{HA} = \frac{\sum Q_t}{4{,}500A}$$

여기서, Q : 화재하중[kg/m²], G_t : 가연물의 양[kg]
H_t : 가연물의 단위발열량[kcal/kg]
H : 목재의 단위발열량(4,500[kcal/kg])
A : 바닥면적[m²]
$\sum Q_t$: 가연물의 전체 발열량[kcal]

18 ★☆☆

착화에너지가 충분하지 않아 가연물이 발화되지 못하고 다량의 연기가 발생되는 연소형태는?

① 훈소   ② 표면연소
③ 분해연소   ④ 증발연소

SOLUTION

개념
연소의 형태
- 훈소 : 착화에너지가 충분하지 않아 가연물이 발화되지 못하고 다량의 연기가 발생하며 연소하는 형태
- 표면연소 : 열분해에 의하여 가연성 가스를 발생하지 않고 그 물질 자체가 연소하는 형태
- 분해연소 : 연소 시 열분해에 의하여 발생된 가스와 산소가 혼합하여 연소하는 형태
- 증발연소 : 가열하면 고체에서 액체로, 액체에서 기체로 상태가 변하여 그 기체가 연소하는 형태

풀이
착화에너지가 충분하지 않아 가연물이 발화되지 못하고 다량의 연기가 발생되는 연소형태를 훈소라고 한다.

19 ★★☆

열전달의 대표적인 3가지 방법에 해당하지 않는 것은?

① 전도   ② 복사
③ 대류   ④ 대전

SOLUTION

개념
열전달 방법
- 전도 : 하나의 물체가 다른 물체의 직접적인 접촉하여 열이 이동하는 현상
- 복사 : 열전달 매질이 없이 전자파의 형태로 열이 전달되는 형태
- 대류 : 유체의 흐름에 의하여 열이 이동하는 현상

풀이
열전달은 전도, 복사, 대류에 의해 이루어진다. 대전은 열전달 방법이 아닌 어떤 물질이 전기를 띨 때 사용하는 단어이다.

20 ★★☆

가연물에 해당하지 않는 것은?

① 셀룰라이트   ② 철가루
③ 유리   ④ 경유

SOLUTION

개념
가연물
연료라고 칭하기도 하는 물질이며, 불에 잘 탈 수 있는 물질

풀이
유리는 가연물에 해당하지 않는다.

2023년 제4회 소방설비기사 CBT 복원문제

01 ★★★

전열기의 표면온도가 250[℃]에서 650[℃]로 상승되면 복사열은 약 몇 배 정도로 상승하는가?

① 2.5 ② 9.7
③ 17.2 ④ 45.1

SOLUTION

개념
스테판 - 볼츠만의 법칙(열복사 법칙)

공식 정리
$$Q = \sigma T^4$$

여기서, Q : 단위면적당 복사에너지[W/m²]
σ : 스테판 - 볼츠만 상수[W/m² · K⁴]
T : 절대온도[K]

풀이
스테판 - 볼츠만의 법칙에 따르면 복사에너지는 절대온도의 4제곱에 비례한다.
문제에서 다른 조건은 동일하고 물체의 표면온도만 변경되었다.
식을 정리하면
$$\frac{Q_2}{Q_1} = \frac{T_2^4}{T_1^4} = \frac{(650+273)^4}{(250+273)^4} \fallingdotseq 9.7$$

TIP
스테판 - 볼츠만의 법칙은 절대온도를 사용하기 때문에 문제에서 주어진 섭씨온도에서 273을 더해서 절대온도로 변환해주어야 한다.

02 ★★★   3

위험물안전관리법령상 가연성 고체는 제 몇 류 위험물인가?

① 제1류 ② 제2류
③ 제3류 ④ 제4류

SOLUTION

개념
위험물 분류
• 제1류 위험물 : 산화성 고체
• **제2류 위험물 : 가연성 고체**
• 제3류 위험물 : 자연발화성 물질 및 금수성 물질
• 제4류 위험물 : 인화성 액체
• 제5류 위험물 : 자기반응성 물질
• 제6류 위험물 : 산화성 액체

풀이
가연성 고체는 제2류 위험물에 해당한다.

03 ★★★

이산화탄소(CO_2)에 대한 설명으로 틀린 것은?

① 임계온도는 97.5[℃]이다.
② 고체의 형태로 존재할 수 있다.
③ 불연성가스로 공기보다 무겁다.
④ 상온, 상압에서 기체 상태로 존재한다.

SOLUTION

개념
이산화탄소의 물성
• **임계온도 : 약 31.3[℃]**
• 증기비중 : 1.529

• 임계온도 : 기체가 액화할 수 있는 최고의 온도

풀이
이산화탄소의 임계온도는 약 31.3[℃]이다.

정답 01 ② 02 ② 03 ①

04 ★☆☆

포소화약제 중 고팽창포로 사용할 수 있는 것은?

① 단백포
② 불화단백포
③ 내알코올포
④ 합성계면활성제포

SOLUTION

개념
- 저팽창포의 종류 : 단백포, 불화단백포, 수성막포, 내알코올포, 합성계면활성제포
- 고팽창포의 종류 : 합성계면활성제포

풀이
합성계면활성제포 소화약제는 저팽창포와 고팽창포 모두 사용할 수 있다.

05 ★☆☆

폭발의 형태 중 화학적 폭발이 아닌 것은?

① 분해폭발
② 가스폭발
③ 수증기폭발
④ 분진폭발

SOLUTION

개념
- 물리적 폭발
  - 수증기 폭발(증기폭발)
  - 전선 폭발
  - 압력방출에 의한 폭발
- 화학적 폭발
  - 분해 폭발
  - 분진 폭발
  - 중합 폭발
  - 가스 폭발
  - 증기운 폭발

풀이
수증기 폭발은 물리적 폭발에 해당한다.

06 ★☆☆

피난계획의 일반원칙 Fool Proof 원칙에 대한 설명으로 옳은 것은?

① 1가지가 고장이 나도 다른 수단을 이용하는 원칙
② 2방향의 피난동선을 항상 확보하는 원칙
③ 피난수단을 이동식 시설로 하는 원칙
④ 피난수단을 조작이 간편한 원시적 방법으로 하는 원칙

SOLUTION

개념
피난대책의 일반 원칙
- Fail-safe 원칙
  - 한 가지 피난기구가 고장이 나도 다른 수단을 이용할 수 있도록 고려하는 것
  - 2방향 이상의 피난동선을 항상 확보하는 원칙
- Fool-proof 원칙
  - 피난수단을 조작이 간편한 원시적 방법으로 하는 원칙
  - 인간의 실수가 고장이나 사고로 이어지지 않도록 하는 것
  - 간단한 그림이나 색채를 이용하여 안전표지를 표시
  - 피난수단을 고정식 시설로 하는 원칙

07 ★★★

증기비중의 정의로 옳은 것은? (단, 분자, 분모의 단위는 모두 [g/mol]이다)

① $\dfrac{분자량}{22.4}$
② $\dfrac{분자량}{29}$
③ $\dfrac{분자량}{44.8}$
④ $\dfrac{분자량}{100}$

SOLUTION

개념
증기비중

공식
$$증기비중 = \dfrac{기체의\ 분자량}{공기의\ 평균\ 분자량} = \dfrac{기체의\ 분자량}{29}$$

08 ★★☆

실내화재에서 화재의 최성기에 돌입하기 전에 다량의 가연성 가스가 동시에 연소되면서 급격한 온도상승을 유발하는 현상은?

① 패닉(Panic) 현상
② 스택(Stack) 현상
③ 화이어 볼(Fire Ball) 현상
④ 플래시 오버(Flash Over) 현상

SOLUTION

개념
플래시 오버(Flash Over)
실내의 화재가 주변으로 한정되어 있던 연소 범위가 차례대로 확대되면서 가연성 가스가 축적되었다가 농도가 연소 범위까지 높아져 한 번에 인화되어 폭발적으로 큰 불꽃이 되는 현상. 보통 화재의 성장기에서 최성기로 넘어가는 시기에 발생한다.

09 ★☆☆

다음 연소 생성물 중 인체에 독성이 가장 높은 것은?

① 이산화탄소   ② 일산화탄소
③ 수증기   ④ 포스겐

SOLUTION

풀이
포스겐은 사염화탄소(CCl_4)를 소화제로 사용시 발생하는 가스로, 인체에 독성이 매우 높다. 이런 문제 때문에 현재는 사염화탄소(CCl_4)를 소화제로 사용하지 않고 있다.

10 ★★★

자연발화의 방지방법이 아닌 것은?

① 통풍이 잘 되도록 한다.
② 퇴적 및 수납 시 열이 쌓이지 않게 한다.
③ 높은 습도를 유지한다.
④ 저장실의 온도를 낮게 한다.

SOLUTION

개념
자연발화 방지법
- 통풍이 잘 되도록 한다.
- 퇴적 및 수납 시 열이 쌓이지 않게 한다.
- 습도를 낮게 유지한다.
- 저장실의 온도를 낮게 한다.
- 산소와의 접촉을 차단한다.
- 열전도성을 좋게 한다.
- 촉매물질과의 접촉을 피한다.

풀이
자연발화를 방지하기 위해서는 습도를 낮게 유지해야 한다.

11 ★★★

물의 기화열이 539.6[cal/g]인 것은 어떤 의미인가?

① 0[℃]의 물 1[g]이 얼음으로 변화하는 데 539.6[cal]의 열량이 필요하다.
② 0[℃]의 물 1[g]이 물로 변화하는 데 539.6[cal]의 열량이 필요하다.
③ 0[℃]의 물 1[g]이 100[℃]의 물로 변화하는 데 539.6[cal]의 열량이 필요하다.
④ 100[℃]의 물 1[g]이 수증기로 변화하는 데 539.6[cal]의 열량이 필요하다.

SOLUTION

개념
- 물의 기화열 : 539.6[cal/g]
- 얼음의 융해열 : 80[cal/g]

풀이
물의 기화열은 100[℃]의 물 1[g]이 수증기로 변화하는 데 필요한 539.6[cal]의 열량이다.

12 ★★★

가연물이 공기 중에서 산화되어 산화열의 축적으로 발화되는 현상은?

① 분해연소 ② 자기연소
③ 자연발화 ④ 폭굉

SOLUTION

개념
산화열
물질이 산소와 화합하여 반응하는 과정에서 생기는 열

풀이
가연물이 공기 중에서 산화되어 산화열의 축적으로 발화되는 현상은 자연발화 현상이다.

13 ★☆☆

목조건축물에서 발생하는 옥외출화 시기를 나타낸 것으로 옳은 것은?

① 창, 출입구 등에 발염 착화한 때
② 전장 속, 벽 속 등에서 발염 착화한 때
③ 가옥 구조에서는 천장면에 발염 착화한 때
④ 불연 천장인 경우 실내의 그 뒷면에 발염 착화한 때

SOLUTION

개념
목조건축물의 옥내출화 시기
천장 속, 벽 속에서 발염착화 할 때

풀이
목조건축물의 옥외출화 시기는 창, 출입구 등에 발염 착화한 때를 말한다.

14 ★★☆

가연성 가스가 아닌 것은?

① 일산화탄소 ② 프로판
③ 수소   ④ 아르곤

SOLUTION

개념
- 가연성 가스 : 산소 또는 공기와 혼합하여 점화하면 빛과 열을 발해서 연소하는 가스
- 불활성 가스 : 다른 물질과 화학반응을 거의 일으키지 않는 가스

풀이
아르곤 가스는 가연성 가스가 아닌 불활성 가스에 해당한다.

15 ★☆☆

이산화탄소 20[g]은 약 몇 [mol]인가?

① 0.23   ② 0.45
③ 2.2   ④ 4.4

SOLUTION

풀이
1. 이산화탄소 분자량 계산하기
   C(탄소)의 원자량 = 12
   O(산소)의 원자량 = 16
   CO_2(이산화탄소)의 분자량 = 탄소 1개의 원자량 + 산소 2개의 원자량
   $= 12 + 16 \times 2 = 44$

2. 몰수 구하기
   이산화탄소의 분자량은 44이다. 이 말은 즉, 이산화탄소 분자 1[mol]의 질량은 44[g]이다.
   이산화탄소 20[g]의 몰수를 구하기 위해 비례식을 활용하면 다음과 같다.
   $44[g] : 1[mol] = 20[g] : x$
   $44x = 20$
   $x = \dfrac{20}{44} ≒ 0.45[mol]$

TIP
알아두면 편리한 원자량 모음
H(수소) : 1 / C(탄소) : 12 / N(질소) : 14 / O(산소) : 16

정답 12 ③ 13 ① 14 ④ 15 ②

16 ★☆☆

다음의 소화약제 중 오존 파괴 지수(ODP)가 가장 큰 것은?

① 할론 104
② 할론 1301
③ 할론 1211
④ 할론 2402

SOLUTION

개념
오존 파괴 지수(ODP)
물질의 오존 파괴능력을 나타내는 지표

풀이
할론소화약제 중 할론 1301이 가장 오존 파괴 지수(ODP)가 가장 크다.

17 ★★☆

공기와 접촉되었을 때 위험도(H)가 가장 큰 것은?

① 에테르
② 수소
③ 에틸렌
④ 부탄

SOLUTION

개념
위험도

$$H = \frac{U-L}{L}$$

여기서, H : 위험도, U : 연소상한계, L : 연소하한계

풀이
- 에테르 = $\frac{48-1.9}{1.9} ≒ 24.26$
  (에테르 연소상한계 : 48, 연소하한계 : 1.9)
- 수소 = $\frac{75-4}{4} = 17.75$
  (수소 연소상한계 : 75, 연소하한계 : 4)
- 에틸렌 = $\frac{36-2.7}{2.7} ≒ 12.33$
  (에틸렌 연소상한계 : 36, 연소하한계 : 2.7)
- 부탄 = $\frac{8.4-1.8}{1.8} ≒ 3.67$
  (부탄 연소상한계 : 8.4, 연소하한계 : 1.8)

에테르(디에틸에테르)가 가장 위험도 값이 높다.

18 ★☆☆

공기 중에서 수소의 연소범위로 옳은 것은?

① 0.4 ~ 4[vol%]
② 1 ~ 12.5[vol%]
③ 4 ~ 75[vol%]
④ 67 ~ 92[vol%]

SOLUTION

풀이
수소(H_2)의 연소범위는 4 ~ 75[vol%]이다.

19 ★☆☆

화재발생 시 피난기구로 직접 활용할 수 없는 것은?

① 완강기
② 무선통신보조설비
③ 피난사다리
④ 구조대

SOLUTION

개념
피난기구
- 완강기
- 피난사다리
- 구조대
- 미끄럼대
- 공기안전매트
- 승강식피난기

풀이
무전통신보조설비는 피난기구가 아닌 소화활동설비이다.

20 ★★★

이산화탄소 소화약제의 주된 소화효과는?

① 제거소화
② 억제소화
③ 질식소화
④ 냉각소화

SOLUTION

풀이
이산화탄소 소화약제는 질식효과, 냉각효과, 질식효과를 모두 이용하지만, 주된 소화효과는 질식효과이다.

2024년 제1회 소방설비기사 [CBT 복원문제]

01 ★★★

물이 소화약제로써 사용되는 장점이 아닌 것은?

① 가격이 저렴하다.
② 많은 양을 구할 수 있다.
③ 증발잠열이 크다.
④ 가연물과 화학반응이 일어나지 않는다.

SOLUTION

[개념]
물 소화약제의 특징
- 가격이 저렴하다.
- 쉽게 많은 양을 구할 수 있다.
- 증발잠열(기화잠열)이 커서 냉각효과가 크다.
- 가연물 중 금수성 물질과 화학반응을 일으킨다.
- 사용이 편리하다.

[풀이]
물은 가연물 중 하나인 금수성 물질과 화학반응을 일으킨다.

02 ★★★

제2종 분말소화약제의 주성분으로 옳은 것은?

① NaH_2PO_4
② KH_2PO_4
③ $NaHCO_3$
④ $KHCO_3$

SOLUTION

[개념]
분말소화약제의 종류
- 제1종 분말 : 탄산수소나트륨($NaHCO_3$)
- 제2종 분말 : 탄산수소칼륨($KHCO_3$)
- 제3종 분말 : 제1인산암모늄($NH_4H_2PO_4$)
- 제4종 분말 : 탄산수소칼륨($KHCO_3$) + 요소($CO(NH_2)_2$)

03 ★☆☆

다음 물질의 저장창고에서 화재가 발생하였을 때 주수 소화를 할 수 없는 물질은?

① 부틸리튬
② 질산에틸
③ 나이트로셀룰로스
④ 적린

SOLUTION

[개념]
주수소화 시 위험한 물질
- 금속분
- 마그네슘
- 알루미늄
- 칼륨
- 나트륨
- 부틸리튬
- 수소화리튬

[풀이]
부틸리튬(C_4H_9Li)이 물과 만나면 부탄가스(C_4H_{10})이 발생하기 때문에 부틸리튬 저장창고에는 주수소화를 할 수 없다.

$C_4H_9Li + H_2O \rightarrow LiOH + C_4H_{10} \uparrow$

04 ★☆☆

분말 소화약제의 취급 시 주의사항으로 틀린 것은?

① 습도가 높은 공기 중에 노출되면 고화되므로 항상 주의를 기울인다.
② 충전 시 다른 소화약제와 혼합을 피하기 위하여 종별로 각각 다른 색으로 착색되어 있다.
③ 실내에서 다량 방사하는 경우 분말을 흡입하지 않도록 한다.
④ 분말 소화약제와 수성막포를 함께 사용할 경우 포의 소포 현상을 발생시키므로 병용해서는 안 된다.

SOLUTION

[개념]
소포 현상
거품이 제거되는 현상

[풀이]
분말 소화약제는 수성막포와 함께 사용해도 포의 소포 현상이 발생되지 않으므로 병용해도 된다.

정답 01 ④ 02 ④ 03 ① 04 ④

05 ★★☆

어떤 기체가 0[℃], 1기압에서 부피가 11.2[L], 기체질량이 22[g]이었다면 이 기체의 분자량은? (단, 이상기체로 가정한다)

① 22   ② 35
③ 44   ④ 56

SOLUTION

개념
이상기체상태 방정식

공식 정리
$$PV = nRT = \frac{w}{M}RT$$

여기서, P : 기압[atm], L : 부피[L], n : 몰수[mol]
R : 기체상수(0.082[atm·L/mol·K])
T : 절대온도[K], w : 질량[g], M : 분자량[g/mol]

풀이
이상기체방정식을 분자량으로 구하는 식으로 정리하고, 값들을 대입하면
$$M = \frac{wRT}{PV} = \frac{22 \times 0.082 \times (0+273)}{1 \times 11.2} \fallingdotseq 44[g/mol]$$

TIP
- 이상기체방정식은 절대온도를 활용하므로 섭씨온도에서 절대온도로 변경해서 사용한다.
- 기체상수는 0.082[atm·L/mol·K], 8.314[J/mol·K]을 주로 사용한다. 이 문제에서는 1기압이 주어졌으므로 기체상수를 0.082[atm·L/mol·K]로 사용했다.

06 ★★★

화재의 종류에 따른 분류가 틀린 것은?

① A급 : 일반화재   ② B급 : 유류화재
③ C급 : 가스화재   ④ D급 : 금속화재

SOLUTION

개념
화재의 종류
- A급 화재 : 일반 화재
- B급 화재 : 유류 화재
- C급 화재 : 전기 화재
- D급 화재 : 금속 화재
- K급 화재 : 주방 화재

풀이
C급 화재는 전기화재이다.

07 ★★☆

공기 중에서 연소 범위가 가장 넓은 물질은?

① 수소   ② 이황화탄소
③ 아세틸렌   ④ 에테르

SOLUTION

개념
연소 범위의 공식

공식 정리
연소범위 = 연소상한계 - 연소하한계

풀이
연소 범위
- 수소 연소 범위 : $75 - 4 = 71$
- 이황화탄소 : $50 - 1 = 49$
- 아세틸렌 : $81 - 2.5 = 78.5$
- 에테르 : $48 - 1.9 = 46.1$

아세틸렌이 보기에서 연소 범위가 가장 넓다.

08 ★☆☆

굴뚝효과에 관한 설명으로 틀린 것은?

① 건물내·외부의 온도차에 따른 공기의 흐름 현상이다.
② 굴뚝효과는 고층건물에서는 잘 나타나지 않고 저층건물에서 주로 나타난다.
③ 평상시 건물 내의 기류분포를 지배하는 중요요소이며 화재 시 연기의 이동에 큰 영향을 미친다.
④ 건물외부의 온도가 내부의 온도보다 높은 경우 저층부에서는 내부에서 외부로 공기의 흐름이 생긴다.

SOLUTION

개념
굴뚝효과
건물 내·외부의 온도차가 큰 겨울철에는 상대적으로 무거운 건물 외부의 찬 공기가 하부로 유입된다. 그러면 상대적으로 가벼운 내부의 따뜻한 공기는 위로 상승한다. 이때 따뜻한 공기가 위로 상승하는 것을 굴뚝효과라고 한다.

풀이
굴뚝효과는 저층건물이 아닌 고층건물에서 주로 나타난다.

09 ★☆☆

화재 시 분말 소화약제와 병용하여 사용할 수 있는 포 소화약제는?

① 수성막포 소화약제
② 단백포 소화약제
③ 알코올형포 소화약제
④ 합성계면활성제포 소화약제

SOLUTION

개념
소포 현상
거품이 제거되는 현상

풀이
분말 소화약제는 수성막포와 함께 사용해도 포의 소포 현상이 발생되지 않으므로 병용해도 된다.

TIP
수성막포는 합성계면활성제를 주원료로 하는 포소화약제이다. 합성계면활성제는 우리 실생활에서 설거지 세제, 또는 빨래 세제로 많이 활용된다. 수성막포를 사용하면 많은 거품이 발생하고, 이 거품을 이용해 소화한다.

10 ★★★

Halon 1301의 분자식에 해당하는 것은?

① CCl_3H
② CH_3Cl
③ CF_3Br
④ $C_2F_2Br_2$

SOLUTION

개념
'Halon ABCD' 소화약제 분자식 구하기
- A : C(탄소)의 개수
- B : F(불소)의 개수
- C : Cl(염소)의 개수
- D : Br(브롬(브로민))의 개수

풀이
Halon 1301은 C가 1개, F가 3개, Cl이 0개, Br이 1개이므로 소화약제는 CF_3Br이 된다.

11 ★★☆

보일오버(Boil Over) 현상에 대한 설명으로 옳은 것은?

① 아래층에서 발생한 화재가 위층으로 급격히 옮겨 가는 현상
② 연소유의 표면이 급격히 증발하는 현상
③ 탱크 저부의 물이 급격히 증발하여 기름이 탱크 밖으로 화재를 동반하여 방출하는 현상
④ 기름이 뜨거운 물 표면 아래에서 끓는 현상

SOLUTION

개념
보일오버(Boil Over)
보일오버는 기름 탱크 하부에 고여 있는 물이 열에 의해 수증기로 기화하면서 연소유를 탱크 밖으로 비산시키며 연소하는 현상이다.

TIP
보일(Boil)은 끓다라는 뜻을 가진 단어이다. 라면이나 찌개를 끓일 때 물이 끓으면서 국물이 냄비 밖으로 빠져나가는 것을 보일오버(Boil Over)와 흡사한 현상이라고 생각하면 이해하기 한결 쉬울 것이다.

정답 08 ② 09 ① 10 ③ 11 ③

12 ★★☆

분진폭발을 일으키는 물질이 아닌 것은?

① 시멘트 분말   ② 마그네슘 분말
③ 석탄 분말   ④ 알루미늄 분말

SOLUTION

개념
분진폭발의 위험성이 있는 물질
- 알루미늄 분말
- 석탄 분말
- 밀가루(소맥분)
- 황(유황)
- 마그네슘 분말

풀이
칼슘이 들어가는 무기화합물(시멘트, 석회석, 탄산칼슘, 소석회, 생석회 등)은 분진폭발을 일으키지 않는 물질이다.

13 ★★☆

화씨 95도를 켈빈(Kelvin)온도로 나타내면 약 몇 [K]인가?

① 178   ② 252
③ 308   ④ 368

SOLUTION

개념
- 섭씨온도와 화씨온도의 관계식

공식 정리
$$℃ = \frac{5}{9}(°F - 32)$$

여기서, ℃ : 섭씨온도, °F : 화씨온도

- 켈빈온도(절대온도)와 섭씨온도의 관계식

공식 정리
$$K = ℃ + 273$$

여기서, K : 켈빈온도, ℃ : 섭씨온도

풀이
주어진 값을 섭씨온도와 화씨온도의 관계식에 대입하면
$$℃ = \frac{5}{9} \times (95 - 32) = 35[℃]$$
섭씨온도의 값을 켈빈온도와 섭씨온도의 관계식에 대입하면
$$K = 35 + 273 = 308[K]$$

14 ★★★

화재 발생 시 인간의 피난 특성으로 틀린 것은?

① 본능적으로 평상시 사용하는 출입구를 사용한다.
② 최초로 행동을 개시한 사람을 따라서 움직인다.
③ 공포감으로 인해서 빛을 피하여 어두운 곳으로 몸을 숨긴다.
④ 무의식 중에 발화 장소의 반대쪽으로 이동한다.

SOLUTION

개념
화재발생 시 인간의 피난특성
- 지광본능 : 밝은 쪽으로 피난한다.
- 추종본능 : 대피 시 최초로 행동하는 사람을 따른다.
- 퇴피본능 : 발화지점의 반대방향으로 이동한다.
- 귀소본능 : 평상시 사용하던 친숙한 경로를 따라 대피한다.
- 직진본능 : 대피 시 직진해서 대피한다.

풀이
화재 시 인간은 밝은 쪽으로 대피하려 한다.

15 ★★☆

건축물에 설치하는 방화벽의 구조에 대한 기준 중 틀린 것은?

① 내화구조로서 홀로 설 수 있는 구조이어야 한다.
② 방화벽의 양쪽 끝은 지붕면으로부터 0.2[m] 이상 튀어나오게 하여야 한다.
③ 방화벽의 위쪽 끝은 지붕면으로부터 0.5[m] 이상 튀어나오게 하여야 한다.
④ 방화벽에 설치하는 출입문은 너비 및 높이가 각각 2.5[m] 이하인 60분+방화문 또는 60분 방화문을 설치하여야 한다.

SOLUTION

개념
방화벽의 구조
- 내화구조로서 홀로 설 수 있는 구조일 것
- 방화벽의 양쪽 끝과 위쪽 끝을 건축물의 외벽면 및 지붕면으로부터 0.5[m] 이상 튀어나오게 할 것
- 방화벽에 설치하는 출입문의 너비 및 높이는 각각 2.5[m] 이하로 하고, 해당 출입문에는 60분 + 방화문 또는 60분 방화문을 설치할 것

풀이
방화벽의 양쪽 끝을 건축물의 외벽면 및 지붕면으로부터 0.5[m] 이상 튀어나오게 해야 한다.

16 ★☆☆

피난로의 안전구획 중 2차 안전구획에 속하는 것은?

① 복도
② 계단부속실(계단전실)
③ 계단
④ 피난층에서 외부와 직면한 현관

SOLUTION

개념
피난시설의 안전구획
- 1차 안전구획 : 복도
- 2차 안전구획 : 계단부속실(계단전실)
- 3차 안전구획 : 계단

풀이
계단부속실(계단전실)은 2차 안전구획에 해당한다.

TIP
1차인 복도에서 차수가 커질수록 계단과 가까워진다고 생각하면 기억하기 편하다. 2차 안전구획인 계단부속실은 계단으로 들어가는 입구부분을 말한다.

17 ★☆☆

밀폐된 내화건물의 실내에 화재가 발생했을 때 그 실내의 환경 변화에 대한 설명 중 틀린 것은?

① 기압이 급강하한다.
② 산소가 감소한다.
③ 일산화탄소가 증가한다.
④ 이산화탄소가 증가한다.

SOLUTION

풀이
밀폐된 내화건물의 실내에 화재가 발생하면 많은 연소생성물의 생성과 높은 온도로 인한 기체 팽창으로 인해 기압이 급상승한다.

18 ★☆☆

건축물 설계 시 방화계획에 해당하지 않는 것은?

① 굴토계획
② 평면계획
③ 단면계획
④ 배치계획

SOLUTION

개념
방화계획
인명 및 재산보호를 위한 건축물·건축설비의 계획, 유지관리 등의 요소로 이루어진 종합적인 계획
- 배치계획
- 평면계획
- 단면계획
- 입면계획
- 설비계획

19 ★★★

연기감지기가 작동할 정도이고 가시거리가 20~30[m]에 해당하는 감광계수는 얼마인가?

① $0.1[m^{-1}]$
② $1.0[m^{-1}]$
③ $2.0[m^{-1}]$
④ $10[m^{-1}]$

SOLUTION

개념
감광계수와 가시거리의 상황

감광계수[m⁻¹]	가시거리[m]	상황
0.1	20~30	연기감지기가 작동할 때의 농도 (연기감지기 작동직전 농도)
0.3	5	건물 내부에 익숙한 사람이 피난에 지장을 느낄 정도의 농도
0.5	3	어두운 것을 느낄 정도의 농도
1	1~2	앞이 거의 보이지 않을 정도의 농도
10	0.2~0.5	화재 시 최성기 때의 농도
30	-	출화실에서 연기가 분출할 때의 농도

TIP
문제에서 가시거리와 감광계수를 혼동하지 말고 잘 확인해야 한다.

정답 16 ② 17 ① 18 ① 19 ①

20 ★☆☆

건물화재의 표준시간 - 온도곡선에서 화재발생 후 1시간이 경과할 경우 내부 온도는 약 몇 [℃] 정도 되는가?

① 125
② 325
③ 640
④ 925

SOLUTION

개념
시간 경과에 따른 건물화재의 내부 온도
- 10분 : 700[℃]
- 30분 : 840[℃]
- 1시간 : 925[℃]
- 2시간 : 1,010[℃]

2024년 제2회 소방설비기사 _{CBT 복원문제}

01 ★★☆

고분자 재료와 열적 특성의 연결이 옳은 것은?

① 폴리염화비닐 수지 – 열가소성
② 페놀 수지 – 열가소성
③ 폴리에틸렌 수지 – 열경화성
④ 멜라민 수지 – 열가소성

SOLUTION

개념
플라스틱 분류
- 열경화성수지 : 한번 열을 가하면 다시 성형할 수 없는 플라스틱이다.
  예) 페놀수지, 요소수지, 멜라민수지
- 열가소성수지 : 열에 의해 변형되는 플라스틱이다.
  예) 폴리에틸렌, 폴리염화비닐, 폴리스티렌

풀이
폴리염화비닐 수지는 열가소성 수지이다.

02 ★★☆

다음 중 pH9 정도의 물을 보호액으로 하여 보호액 속에 저장하는 물질은?

① 나트륨
② 탄화칼슘
③ 칼륨
④ 황린

SOLUTION

풀이
황린의 발화점(약 30[℃])은 매우 낮아 실온에서도 발화할 수 있기 때문에 pH9 정도의 물을 보호액으로 하여 보호액 속에 저장한다.

03 ★☆☆

소방안전관리대상물에 대한 소방안전관리자의 업무가 아닌 것은?

① 소방계획서의 작성
② 자위소방대의 운용
③ 소방훈련 및 교육
④ 소방용수시설의 지정

SOLUTION

개념
소방안전관리자의 업무
- 화기 취급의 감독
- 자위소방대의 운용
- 소방 관련 시설의 관리
- 피난시설, 방화구획 및 방화시설의 관리
- 소방훈련 및 교육
- 피난계획에 관한 사항과 대통령령으로 정하는 사항이 포함된 소방계획서의 작성 및 시행

풀이
소방용수시설의 지정은 시·도지사의 업무이다.

04 ★★★

다음 중 제거소화 방법과 무관한 것은?

① 산불의 확산방지를 위하여 산림의 일부를 벌채한다.
② 화학반응기의 화재 시 원료 공급관의 밸브를 잠근다.
③ 유류화재 시 가연물을 포로 덮는다.
④ 유류탱크 화재 시 주변에 있는 유류탱크의 유류를 다른 곳으로 이동시킨다.

SOLUTION

개념
- 제거소화 : 가연물을 제거하거나 공급을 정지시켜 소화하는 방법
- 질식소화 : 산소 공급을 차단해 공기 중의 산소 농도를 15~16% 이하로 감소시켜 소화하는 방법

풀이
유류화재 시 가연물을 포로 덮는 것은 질식소화의 소화 방법이다.

05 ★★☆

제1종 분말소화약제인 탄산수소나트륨은 어떤 색으로 착색되어 있는가?

① 담회색
② 담홍색
③ 회색
④ 백색

SOLUTION

개념
분말소화기의 착색
- 제1종 분말소화약제 : 백색
- 제2종 분말소화약제 : 담회색
- 제3종 분말소화약제 : 담홍색(홍색)
- 제4종 분말소화약제 : 회색

풀이
제1종 분말소화약제인 탄산수소나트륨은 백색으로 착색되어 있다.

06 ★★☆

내화구조의 기준 중 벽의 경우 벽돌조로서 두께가 최소 몇 [cm] 이상이어야 하는가?

① 5
② 10
③ 12
④ 19

SOLUTION

개념
건축물 내화구조의 기준

구조 부위 \ 구조 종류	철근 콘크리트조 철골철근 콘크리트조	철골조	무근콘크리트조 콘크리트블록조 벽돌조, 석조	철재로 보강된 콘크리트 블록조, 벽돌조, 석조	기타
벽	두께 10[cm] 이상	• 두께 4[cm] 이상 철망모르타르 양면바름 • 두께 5[cm] 이상 콘크리트블록, 벽돌, 석재로 덮은 것	두께 19[cm] 이상의 벽돌조	철재에 덮은 콘크리트블록 등의 두께가 5[cm] 이상인 것	고온·고압의 증기로 양생된 경량기포 콘크리트 패널, 경량기포 콘크리트블록조 두께가 10[cm] 이상인 것
외벽중 비내력벽	두께 7[cm] 이상	• 두께 3[cm] 이상 철망모르타르 양면바름 • 두께 4[cm] 이상 콘크리트블록, 벽돌, 석재로 덮은 것	두께 7[cm] 이상	철재에 덮은 콘크리트블록 등의 두께가 4[cm] 이상인 것	-

풀이
내화구조의 기준 중 벽의 경우 벽돌조로서 두께가 최소 19[cm] 이상이어야 한다.

07 ★★★

다음 그림에서 목조 건물의 표준 화재 온도 시간 곡선으로 옳은 것은?

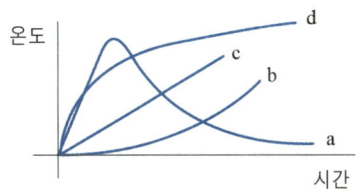

① a
② b
③ c
④ d

SOLUTION

개념
목조건축물의 화재특성
• 습도가 낮을수록 연소 확대가 빠르다.
• 화재진행속도는 내화건축물보다 빠르다.
• 화재최성기의 온도는 내화건축물보다 높다.
• 화재성장속도는 횡방향보다 종방향이 빠르다.

풀이
목조건축물의 화재는 내화건축물의 화재에 비해 고온단기형에 해당한다. 그래프에서 고온이고 단기형에 해당하는 곡선은 a인 것을 알 수 있다.

08 ★☆☆

화재발생 시 인명피해 방지를 위한 건물로 적합한 것은?

① 피난설비가 없는 건물
② 특별피난계단의 구조로 된 건물
③ 피난기구가 관리되고 있지 않은 건물
④ 피난구 폐쇄 및 피난구유도등이 미비되어 있는 건물

SOLUTION

개념
인명피해 방지에 적합한 건물
• 피난설비가 있는 건물
• 특별피난계단의 구조로 된 건물
• 피난기구가 관리되고 있는 건물
• 피난구 개방 및 피난구유도등이 적절히 설치되어 있는 건물

정답 06 ④ 07 ① 08 ②

09 ★★★

탄화칼슘이 물과 반응 시 발생하는 가연성 가스는?

① 메탄 ② 포스핀
③ 아세틸렌 ④ 수소

SOLUTION

풀이
탄화칼슘과 물이 반응하면 아세틸렌(C_2H_2)이 발생한다.
$CaC_2 + 2H_2O \rightarrow Ca(OH)_2 + C_2H_2 \uparrow$

10 ★★★

할로겐화합물 소화약제에 관한 설명으로 옳지 않은 것은?

① 연쇄반응을 차단하여 소화한다.
② 할로겐족 원소가 사용된다.
③ 전기에 도체이므로 전기화재에 효과가 있다.
④ 소화약제의 변질분해 위험성이 낮다.

SOLUTION

개념
할로겐화합물 소화약제의 특징
- 연쇄반응을 차단하여 소화한다(억제소화).
- 할로겐족 원소가 사용된다.
- 전기적으로 비전도성이다.
- 소화약제의 변질분해 위험성이 낮다.
- 오존층을 파괴할 우려가 있다.

풀이
할로겐화합물 소화약제는 전기에 부도체이다.

11 ★☆☆

가연성 가스이면서도 독성 가스인 것은?

① 질소 ② 수소
③ 염소 ④ 황화수소

SOLUTION

개념
가연성과 독성이 함께 있는 가스
- 황화수소
- 암모니아

풀이
황화수소는 가연성과 독성이 함께 있는 가스이다.

12 ★★★

공기의 평균 분자량이 29일 때 이산화탄소 기체의 증기비중은 얼마인가?

① 1.44 ② 1.52
③ 2.88 ④ 3.24

SOLUTION

개념
증기비중

$$\text{증기비중} = \frac{\text{기체의 분자량}}{\text{공기의 평균 분자량}} = \frac{\text{기체의 분자량}}{29}$$

풀이
원자량 : 탄소(C) = 12, 산소(O) = 16
이산화탄소(CO_2) 분자량 $M = 12 + 16 \times 2 = 44$
이산화탄소 증기비중 $= \frac{44}{29} \fallingdotseq 1.52$

정답 09 ③ 10 ③ 11 ④ 12 ②

13 ★☆☆

물의 소화력을 증대시키기 위하여 첨가하는 첨가제 중 물의 유실을 방지하고 건물, 임야 등의 입체 면에 오랫동안 잔류하게 하기 위한 것은?

① 증점제 ② 강화액
③ 침투제 ④ 유화제

SOLUTION

개념
물의 첨가제 종류
- 증점제 : 물의 점성을 높여 입체 면에 잔류 시간 향상
- 강화액 : 약제의 분해, 침전 등을 억제하여 소화력 향상
- 침투제 : 물의 표면장력을 감소시켜 가연물에 대한 침투성을 향상
- 유화제 : 가연성 혼합기체의 생성을 억제

14 ★★☆

다음 중 발화점이 가장 낮은 물질은?

① 휘발유 ② 이황화탄소
③ 적린   ④ 황린

SOLUTION

개념
발화점
가연성 물질이 외부의 직접적인 점화원 없이 연소가 가능한 최저온도

풀이
발화점은 황린(34[℃]) < 이황화탄소(90[℃]) < 적린(260[℃]) < 휘발유(300[℃]) 순으로 낮다. 그러므로 황린이 가장 발화점이 낮다.

15 ★★☆

동식물유류에서 "요오드값이 크다." 라는 의미를 옳게 설명한 것은?

① 불포화도가 높다.   ② 불건성유이다.
③ 자연발화성이 낮다.   ④ 산소와의 결합이 어렵다.

SOLUTION

개념
- 요오드(아이오딘)값이 클수록
  - 불포화도가 높다.
  - 건성유이다.
  - 자연발화성이 높다.
  - 산소와의 결합이 쉽다.

* 요오드(아이오딘)값 : 기름 100[g]에 첨가되는 요오드(아이오딘)의 [g]수이다.

16 ★☆☆

주성분이 인산염류인 제3종 분말소화약제가 다른 분말소화약제와 다르게 A급 화재에 적용할 수 있는 이유는?

① 열분해 생성물인 CO_2가 열을 흡수하므로 냉각에 의하여 소화된다.
② 열분해 생성물인 수증기가 산소를 차단하여 탈수작용 한다.
③ 열분해 생성물인 메타인산(HPO_3)이 산소의 차단 역할을 하므로 소화가 된다.
④ 열분해 생성물인 암모니아가 부촉매 작용을 하므로 소화가 된다.

SOLUTION

개념
분말소화약제의 적응 화재
- 제1종 분말 : B급 화재, C급 화재
- 제2종 분말 : B급 화재, C급 화재
- 제3종 분말 : A급 화재, B급 화재, C급 화재
- 제4종 분말 : B급 화재, C급 화재

풀이
제3종 분말소화약제의 열분해 생성물인 메타인산(HPO_3)은 가연물 표면에 부착되어 산소의 차단 역할을 한다.

17 ★★★

자연발화의 예방을 위한 대책이 아닌 것은?

① 열의 축적을 방지한다.
② 주위 온도를 낮게 유지한다.
③ 열전도성을 나쁘게 한다.
④ 산소와의 접촉을 차단한다.

SOLUTION

개념
자연발화 방지법
- 통풍이 잘 되도록 한다.
- 퇴적 및 수납 시 열이 쌓이지 않게 한다.
- 습도를 낮게 유지한다.
- 저장실의 온도를 낮게 한다.
- 산소와의 접촉을 차단한다.
- 열전도성을 좋게 한다.
- 촉매물질과의 접촉을 피한다.

풀이
열전도율이 좋으면 주위로 열을 방출하기 쉽기 때문에 물질 내부에 열이 축적되지 않는다. 물질 내부에 열이 축적되지 않으면 자연발화는 발생하지 않는다.

18 ★★★

벤젠의 소화에 필요한 CO_2의 이론소화농도가 공기 중에서 37[vol%]일 때 한계산소농도는 몇 [vol%]인가?

① 13.2　　② 14.5
③ 15.5　　④ 16.5

SOLUTION

개념
가연물을 소화하기 위한 이산화탄소의 소화 농도

$$CO_2 = \frac{21-O_2}{21} \times 100[\%]$$

여기서, CO_2 : CO_2(이산화탄소)의 농도[vol%]
　　　　O_2 : O_2(산소)의 농도[vol%]

풀이
위의 식을 정리하면

$$O_2 = 21 - \frac{CO_2 \times 21}{100} = 21 - \frac{37 \times 21}{100} ≒ 13.2 \,[vol\%]$$

19 ★☆☆

다음 중 이산화탄소의 3중점에 가장 가까운 온도는?

① -48[℃]　　② -57[℃]
③ -62[℃]　　④ -75[℃]

SOLUTION

개념
3중점
3개의 상(고체, 액체, 기체)이 평형상태에서 함께 존재할 수 있는 압력과 온도

풀이
이산화탄소의 3중점은 약 -57[℃]이다.

20 ★★☆

자연발화의 원인에 해당하지 않은 것은?

① 미생물에 의해 발생하는 열
② 정전기에 의해 발생하는 열
③ 물질이 분해되면서 발생하는 열
④ 가연물이 산화하면서 발생하는 열

SOLUTION

개념
자연발화의 종류
- 산화열에 의한 발화
- 분해열에 의한 발화
- 흡착열에 의한 발화
- 중합열에 의한 발화
- 발효열(미생물)에 의한 발화

풀이
정전기에 의해 발생하는 열은 자연발화의 원인이 아니다.

2024년 제3회 소방설비기사 (CBT 복원문제)

01 ★☆☆

물에 황산을 넣어 묽은 황산을 만들 때 발생되는 열은?

① 연소열
② 분해열
③ 용해열
④ 자연발열

SOLUTION

개념
- 연소열 : 어떤 물질이 연소되는 과정에서 발생하는 열
- 분해열 : 어떤 물질이 분해할 때 발생하는 열
- 용해열 : 어떤 물질이 액체에 용해될 때 발생하는 열
- 자연발열 : 어떤 물질이 외부로부터 열의 공급을 받지 않은 상태에도 불구하고 온도가 상승하는 현상

풀이
물에 황산을 넣어 묽은 황산을 만들 때 발생되는 열은 용해열이다.

02 ★★☆

다음 중 분진 폭발의 위험성이 가장 낮은 것은?

① 시멘트가루
② 알루미늄분
③ 석탄분말
④ 밀가루

SOLUTION

개념
분진폭발의 위험성이 있는 물질
- 알루미늄분
- 석탄분말
- 밀가루(소맥분)
- 황(유황)
- 마그네슘 분말

풀이
칼슘이 들어가는 무기화합물(시멘트, 석회석, 탄산칼슘, 소석회, 생석회 등)은 분진폭발을 일으키지 않는 물질이다.

03 ★☆☆

열전도도(thermal conductivity)를 표시하는 단위에 해당하는 것은?

① $[J/m^2 \cdot h]$
② $[kcal/h \cdot ℃^2]$
③ $[W/m \cdot K]$
④ $[J \cdot K/m^3]$

SOLUTION

개념
Fourier법칙(전도)

공식
$$Q = \frac{kA\Delta T}{l}$$

여기서, Q : 이동열량[W], k : 전열체의 열전도도[W/m·K]
A : 전열체의 단면적[m²], ΔT : 전열체 내·외부의 온도차[K]
l : 전열체의 두께[m]

풀이
열전도도의 단위는 [W/m·K]이다.

04 ★★★

화재를 소화하는 방법 중 물리적 방법에 의한 소화가 아닌 것은?

① 억제소화
② 제거소화
③ 질식소화
④ 냉각소화

SOLUTION

개념
물리적 소화방법
- 질식소화 : 산소공급원 차단
- 냉각소화 : 온도 냉각
- 제거소화 : 가연물제거

풀이
억제소화는 화학적 소화방법에 해당한다.

정답 01 ③ 02 ① 03 ③ 04 ①

05 ★★☆

프로판 50[vol%], 부탄 40[vol%], 프로필렌 10[vol%]로 된 혼합가스의 폭발하한계는 약 몇 [vol%]인가? (단, 각 가스의 폭발하한계는 프로판은 2.2[vol%], 부탄은 1.9[vol%], 프로필렌은 2.4[vol%]이다)

① 0.83
② 2.09
③ 5.05
④ 9.44

SOLUTION

개념

혼합가스의 폭발하한계

$$L = \dfrac{100}{\dfrac{V_1}{L_1} + \dfrac{V_2}{L_2} + \dfrac{V_3}{L_3}}$$

여기서, L : 혼합가스의 폭발하한계[vol%],
$L_1,\ L_2,\ L_3$: 가연성 가스의 폭발하한계[vol%],
$V_1,\ V_2,\ V_3$: 가연성 가스의 용량[vol%]

풀이

문제에서 주어진 값을 대입하면

$$L = \dfrac{100}{\dfrac{50}{2.2} + \dfrac{40}{1.9} + \dfrac{10}{2.4}} ≒ 2.09\,[\text{vol}\%]$$

06 ★☆☆

피난 시 하나의 수단이 고장 등으로 사용이 불가능하더라도 다른 수단 및 방법을 통해서 피난 할 수 있도록 하는 것으로 2방향 이상의 피난통로를 확보하는 피난대책의 일반 원칙은?

① Risk-down 원칙
② Feed-back 원칙
③ Fool-proof 원칙
④ Fail-safe 원칙

SOLUTION

개념

피난대책의 일반 원칙

- Fail-safe 원칙
  - 한 가지 피난기구가 고장 나도 다른 수단을 이용할 수 있도록 고려하는 것
  - 2방향 이상의 피난동선을 항상 확보하는 원칙

- Fool-proof 원칙
  - 피난수단을 조작이 간편한 원시적 방법으로 하는 원칙
  - 인간의 실수가 고장이나 사고로 이어지지 않도록 하는 것
  - 간단한 그림이나 색채를 이용하여 안전표지를 표시

07 ★☆☆

화재에 관련된 국제적인 규정을 제정하는 단체는?

① IMO(International Matritime Organization)
② SFPE(Society of Fire Protection Engineers)
③ NFPA(Nation Fire Protection Association)
④ ISO(International Organization for Standardization) TC 92

SOLUTION

개념

- IMO(International Maritime Organization) : 국제해사기구이다. 선박 및 항만 관련 기구이다.
- SFPE(Society of Fire Protection Engineers) : 미국소방기술사회이다. 국제적인 규정과 거리가 멀다.
- NFPA(Nation Fire Protection Association) : 미국방화협회이다. 국제적인 규정과 거리가 멀다.
- ISO(International Organization for Standardization) TC 92 : ISO는 국제표준화기구이다. 그 중 TC92는 ISO의 전문기술위원회 중 화재에 관련된 국제적인 규정과 관련된 전문기술위원회이다.

08 ★★★

방화구획의 설치기준 중 스프링클러 기타 이와 유사한 자동식 소화설비를 설치한 10층 이하의 층은 몇 [m²] 이내마다 구획하여야 하는가?

① 1,000
② 1,500
③ 2,000
④ 3,000

SOLUTION

개념

방화구획의 설치기준

- 10층 이하의 층은 바닥면적 1,000[m²](스프링클러 기타 이와 유사한 자동식 소화설비를 설치한 경우에는 바닥면적 3,000[m²]) 이내마다 구획할 것

정답 05 ② 06 ④ 07 ④ 08 ④

- 매층마다 구획할 것. 다만, 지하 1층에서 지상으로 직접 연결하는 경사로 부위는 제외한다.
- 11층 이상의 층은 바닥면적 200[m²](스프링클러 기타 이와 유사한 자동식 소화설비를 설치한 경우에는 600[m²]) 이내마다 구획할 것. 다만, 벽 및 반자의 실내에 접하는 부분의 마감을 불연재료로 한 경우에는 바닥면적 500[m²](스프링클러 기타 이와 유사한 자동식 소화설비를 설치한 경우에는 1,500[m²]) 이내마다 구획하여야 한다.

TIP
스프링클러를 설치한 경우 바닥면적은 3배 면적으로 구한다.
- 10층 이하 1,000[m²] → 10층 이하 스프링클러 3,000[m²]
- 11층 이상 200[m²] → 11층 이상 스프링클러 600[m²]

09 ★☆☆

삼림화재 시 소화효과를 증대시키기 위해 물에 첨가하는 증점제로서 적합한 것은?

① Ethylene Glycol
② Potassium Carbonate
③ Ammonium Phosphate
④ Sodium Carboxy Methyl Cellulose

SOLUTION

개념
증점제
용액의 점도를 증가시키는 물질, 물의 점성을 높여 입체 면에 잔류 시간 향상

풀이
Sodium Carboxy Methyl Cellulose(카르복시메틸셀룰로스나트륨)는 물에 첨가하는 증점제로 사용된다.

10 ★★☆

제2류 위험물에 해당하는 것은?

① 유황   ② 질산칼륨
③ 칼륨   ④ 톨루엔

SOLUTION

개념
제2류 위험물에 해당하는 물질
- 황(유황)
- 황화린(황화인)
- 적린
- 철분

풀이
황(유황)은 제2류 위험물에 속한다. 질산칼륨은 제1류 위험물, 칼륨은 제3류 위험물, 톨루엔은 제4류 위험물에 속한다.

11 ★☆☆

피난층에 대한 정의로 옳은 것은?

① 지상으로 통하는 피난계단이 있는 층
② 비상용 승강기의 승강장이 있는 층
③ 비상용 출입구가 설치되어 있는 층
④ 직접 지상으로 통하는 출입구가 있는 층

SOLUTION

풀이
피난층은 직접 지상으로 갈 수 있는 출입구가 있는 층을 말한다. 재난을 피하기 위한 목적으로 설치된 층이다.

12 ★☆☆

폭발의 형태 중 화학적 폭발이 아닌 것은?

① 분해폭발   ② 가스폭발
③ 수증기폭발   ④ 분진폭발

SOLUTION

개념
- 물리적 폭발
  - 수증기 폭발(증기폭발)
  - 전선 폭발
  - 압력방출에 의한 폭발
- 화학적 폭발
  - 분해 폭발
  - 분진 폭발
  - 중합 폭발
  - 가스 폭발
  - 증기운 폭발

풀이
수증기 폭발은 물리적 폭발에 해당한다.

13 ★★☆

분말소화약제에 관한 설명 중 틀린 것은?

① 제1종 분말은 담홍색 또는 황색으로 착색되어 있다.
② 분말의 고화를 방지하기 위하여 실리콘 수지 등으로 방습 처리 한다.
③ 일반화재에도 사용할 수 있는 분말소화약제는 제3종 분말이다.
④ 제2종 분말의 열분해식은 $2KHCO_3 \rightarrow K_2CO_3 + CO_2 + H_2O$이다.

SOLUTION

개념
분말소화기의 착색
- 제1종 분말소화약제 : 백색
- 제2종 분말소화약제 : 담회색
- 제3종 분말소화약제 : 담홍색(홍색)
- 제4종 분말소화약제 : 회색

풀이
제1종 분말은 백색으로 착색되어 있다.

14 ★☆☆

건물화재 시 패닉(Panic)의 발생원인과 직접적인 관계가 없는 것은?

① 연기에 의한 시계 제한
② 유독가스에 의한 호흡 장애
③ 외부와 단절되어 고립
④ 불연내장재의 사용

SOLUTION

개념
패닉(Panic)의 발생원인
- 연기에 의한 시계 제한
- 유독가스에 의한 호흡 장애
- 외부와 단절되어 고립

풀이
불연내장재는 불에 타지 않는 성질을 가진 내장재를 의미한다. 즉 불연내장재는 패닉의 발생원인과는 아무런 관련이 없다.

15 ★★☆

황린의 보관 방법으로 옳은 것은?

① 물속에 보관
② 이황화탄소 속에 보관
③ 수산화칼륨 속에 보관
④ 통풍이 잘 되는 공기 중에 보관

SOLUTION

개념
물 속에 저장하는 물질
- 이황화탄소
- 황린

풀이
황린의 발화점(약 30[℃])은 매우 낮아 실온에서도 발화할 수 있기 때문에 pH9 정도의 물을 보호액으로 하여 보호액 속에 저장한다.

16 ★★★

분말 소화약제 중 A급, B급, C급 화재에 모두 사용할 수 있는 것은?

① Na_2CO_3
② $NH_4H_2PO_4$
③ $KHCO_3$
④ $NaHCO_3$

SOLUTION

개념
분말소화약제의 종류 및 적응화재
- 제1종 분말 : 탄산수소나트륨($NaHCO_3$) → 적응화재 : B, C급
- 제2종 분말 : 탄산수소칼륨($KHCO_3$) → 적응화재 : B, C급
- 제3종 분말 : 제1인산암모늄($NH_4H_2PO_4$) → 적응화재 : A, B, C급
- 제4종 분말 : 탄산수소칼륨($KHCO_3$) + 요소($CO(NH_2)_2$) → 적응화재 : B, C급

17 ★☆☆

버너의 불꽃을 제거한 때부터 불꽃을 올리며 연소하는 상태가 끝날 때까지의 시간은?

① 10초 이내   ② 20초 이내
③ 30초 이내   ④ 40초 이내

SOLUTION

풀이
버너의 불꽃을 제거한 때부터 불꽃을 올리며 연소하는 상태가 끝날 때까지의 시간을 잔염시간이라고 하며 20초 이내에 이루어져야 한다.

18 ★★★

유류탱크 화재 시 기름 표면에 물을 살수하면 기름이 탱크 밖으로 비산하여 화재가 확대되는 현상은?

① 슬롭 오버(Slop over)
② 보일 오버(Boil over)
③ 프로스 오버(Froth over)
④ 블레비(BLEVE)

SOLUTION

개념
화재 시 탱크에서 발생하는 현상

- 슬롭 오버(Slop Over) : 유류탱크 화재 시 기름 표면에 물을 살수하면 액면에 거품을 일으키면서 기름의 일부가 불이 붙은 채 탱크 밖으로 비산하는 현상
- 보일오버(Boil Over) : 기름 탱크 하부에 고여 있는 물이 열에 의해 수증기로 기화하면서 연소유를 탱크 밖으로 비산시키며 연소하는 현상
- 프로스 오버(Froth Over) : 점성이 높은 기름표면 아래에 있던 물이 끓으면 화재를 수반하지 않고 기름이 용기 밖으로 넘치는 현상
- 블레비(BLEVE) : 고압, 과열 상태의 탱크에서 균열이 발생해 내부에 있던 액화가스 또는 가연성 액체가 분출하여 기화되어 폭발하는 현상. 급격한 폭발로 인해 화구(Fire ball)가 형성되며, 대량의 복사열이 방출된다.

19 ★★★

일반적인 자연발화 예방대책으로 옳지 않은 것은?

① 습도를 높게 유지한다.
② 통풍을 양호하게 한다.
③ 열의 축적을 방지한다.
④ 주위 온도를 낮게 한다.

SOLUTION

개념
자연발화 방지법
- 통풍이 잘 되도록 한다.
- 퇴적 및 수납 시 열이 쌓이지 않게 한다.
- 습도를 낮게 유지한다.
- 저장실의 온도를 낮게 한다.
- 산소와의 접촉을 차단한다.
- 열전도성을 좋게 한다.
- 촉매물질과의 접촉을 피한다.

풀이
자연발화를 방지하기 위해서는 습도를 낮게 유지해야 한다.

20 ★☆☆

가연성 액체로부터 발생한 증기가 액체표면에서 연소범위의 하한계에 도달할 수 있는 최저온도를 의미하는 것은?

① 비점   ② 연소점
③ 발화점   ④ 인화점

SOLUTION

개념
연소의 기본 용어
- 인화점 : 점화원을 주어졌을 때 연소가 시작되는 최저온도
- 연소점 : 점화원을 제거했을 때에도 일정 시간 이상 지속적으로 연소할 수 있는 최저온도
- 발화점(착화점) : 점화원이 없어도 연소가 시작하는 최저온도

풀이
연소범위의 하한계에 도달할 수 있는 최저온도는 인화점을 의미한다.

TIP
- 비점(끓는점) : 액체를 일정 압력 하에 있는 상태에서 가열시켰을 때 도달할 수 있는 최고온도

2025년 제1회 소방설비기사 (CBT 복원문제)

01 ★★☆

인화점이 낮아, 공기 중에서 가연성 증기를 많이 발생시킬 수 있어 물을 채운 탱크에 보관하면 안전한 물질은?

① 아세톤 ② 알킬리튬
③ 질산염류 ④ 이황화탄소

SOLUTION

개념
인화점
점화원을 주어졌을 때 연소가 시작되는 최저온도

풀이
이황화탄소의 인화점은 −30[℃]로 매우 낮은 물질이다. 실온에서도 가연성 증기를 많이 발생시킬 수 있기 때문에 이황화탄소는 물을 채운 탱크에 보관한다.

02 ★★★

다음 중 동일한 조건에서 증발잠열이 가장 큰 것은?

① 물 ② 할론 1301
③ 질소 ④ 이산화탄소

SOLUTION

개념
소화약제의 증발잠열
- 물 : 2,245[kJ/kg]
- 할론 1301 : 119[kJ/kg]
- 질소 : 199[kJ/kg]
- 이산화탄소 : 574[kJ/kg]

풀이
물의 증발잠열(2,254[kJ/kg])이 가장 크다. 물의 증발잠열이 큰 성질을 활용해 냉각효과에 의한 소화작용을 한다.

03 ★★★

Halon 1301의 분자식은?

① CH_3Br ② CF_3Br
③ CF_3Cl ④ CH_3Cl

SOLUTION

개념
'할론 ABCD' 소화약제 분자식 구하기
- A : C(탄소)의 개수
- B : F(불소)의 개수
- C : Cl(염소)의 개수
- D : Br(브롬(브로민))의 개수

풀이
CF_3Br은 C가 1개, F가 3개, Cl이 0개, Br이 1개이므로 소화약제는 할론 1301이 된다.

04 ★☆☆

다공질 고체입자를 아세톤에 침윤시켜 저장할 수 있는 기체는?

① 아세틸렌 ② 프로판
③ 메탄 ④ 에탄

SOLUTION

풀이
아세틸렌은 기체 상태로의 압축은 위험하므로 아세톤을 흡수시킨 다공질(목탄 + 규조토) 고체입자를 넣는 방법으로 아세틸렌을 용해 압축한다.

05 ★☆☆

고층 건물의 방화계획 시 고려해야 할 사항이 아닌 것은?

① 복도 양 끝에는 계단보다 엘리베이터를 우선으로 배치한다.
② 화재의 확대를 방지하기 위해 구획한다.
③ 자동소화장치를 설치한다.
④ 발화요인을 최소화한다.

SOLUTION

풀이
고층 건물의 방화계획 시 복도 양 끝에는 계단을 우선적으로 배치해야 한다.

정답: 01 ④ 02 ① 03 ② 04 ① 05 ①

06 ★★☆

할로겐 원소의 소화효과가 큰 순서대로 배열된 것은?

① Cl > F > I > Br
② Br > I > F > Cl
③ I > Br > Cl > F
④ F > Cl > Br > I

SOLUTION

풀이
할로겐 원소는 I > Br > Cl > F 순으로 소화효과가 크다. 즉, 할로겐 원소는 숫자가 큰 주기일수록 소화효과가 크다.

TIP
할로겐 원소 중에서 전기 음성도는 소화효과 순서와 반대인 F > Cl > Br > I 순으로 크다.

07 ★☆☆

제1종 분말소화약제의 적응성이 없는 장소는?

① 옥외경유저장탱크
② LPG저장탱크
③ 면화류저장창고
④ 전기설비

SOLUTION

개념
분말소화약제의 적응 화재
- 제1종 분말 : B급 화재, C급 화재
- 제2종 분말 : B급 화재, C급 화재
- 제3종 분말 : A급 화재, B급 화재, C급 화재
- 제4종 분말 : B급 화재, C급 화재

풀이
제1종 분말은 B급 화재(유류화재), C급 화재(전기화재)에 적응성이 있다. 면화류는 특수가연물로 A급 화재(일반화재)에 해당하기 때문에 면화류 저장창고는 제1종 분말소말소화약제의 적응성이 없는 장소이다.

08 ★☆☆

화재실 혹은 화재공간의 단위바닥면적에 대한 등가가연물량의 값을 화재하중이라 하며 식으로 표시할 경우에는 $Q = \sum(G_t \cdot H_t)/H \cdot A$와 같이 표현할 수 있다. 여기에서 H는 무엇을 나타내는가?

① 가연물의 단위발열량
② 목재의 단위발열량
③ 화재실 내 가연물의 전체 발열량
④ 목재의 단위발열량과 가연물의 단위발열량을 합한 것

SOLUTION

개념
- 화재하중 : 가연물 등의 연소 시 건축물 등을 고려하여 설계하는 하중

공식 정리
$$Q = \frac{\sum G_t H_t}{HA} = \frac{\sum Q_t}{4,500A}$$

여기서, Q : 화재하중[kg/m²], G_t : 가연물의 양[kg]
H_t : 가연물의 단위발열량[kcal/kg]
H : 목재의 단위발열량(4,500[kcal/kg])
A : 바닥면적[m²]
$\sum Q_t$: 가연물의 전체 발열량[kcal]

풀이
화재하중 공식에서 H는 목재의 단위발열량을 의미한다.

09 ★☆☆

연소범위에 대한 설명 중 틀린 것은?

① 압력이 높아지면 연소 상한계의 값은 커진다.
② 지름 5[cm]보다 작은 파이프에서 측정하면 연소범위는 좁아진다.
③ 공기 중의 산소 농도가 증가하면 연소범위는 넓어진다.
④ 온도가 올라가면 연소범위는 좁아진다.

SOLUTION

개념
연소범위
가연성 기체가 공기 중에서 연소 또는 폭발을 일으킬 수 있는 농도 범위

풀이
④ 온도가 올라가면 연소 반응의 활성화 에너지가 낮아지고 반응 속도가 빨라지므로, 하한계는 내려가고 상한계는 올라가게 되어 연소범위가 넓어진다.
① 압력이 높아지면 가연성 가스와 공기의 혼합상태가 더욱 밀집되어 연소 상한계가 커진다.
② 연소범위는 파이프 지름이 작을수록 좁아진다. 파이프 벽면에서 열이 빠르게 손실되어 연소를 지속하기 어렵기 때문이다. 특히 지름 5[cm] 미만의 파이프에서 연소범위가 좁아지는 현상이 두드러지게 나타난다.
③ 산소 농도가 증가하면 연소 반응이 더 쉽게 일어나므로, 연소범위는 넓어진다.

10 ★☆☆

니트로셀룰로오스(나이트로셀룰로스)에 대한 설명 중 틀린 것은?

① 물을 첨가하여 습윤시켜 운반한다.
② 고체이다.
③ 화약의 원료로 사용된다.
④ 질화도가 낮을수록 위험성이 크다.

SOLUTION

개념
질화도
니트로(나이트로)셀룰로오스 중에 포함된 질소함유율

풀이
니트로(나이트로)셀룰로오스의 질화도가 높아질수록 폭발성이 커지고 민감도가 높아지며, 더 위험한 폭발물로 분류된다.

11 ★★★

물의 기화열이 539.6[cal/g]인 것은 어떤 의미인가?

① 0[℃]의 물 1[g]이 얼음으로 변화하는데 539.6[cal]의 열량이 필요하다.
② 0[℃]의 얼음이 1[g]이 물로 변화하는데 539.6[cal]의 열량이 필요하다.
③ 0[℃]의 물 1[g]이 100[℃]의 물로 변화하는데 539.6[cal]의 열량이 필요하다.
④ 100[℃]의 물 1[g]이 수증기로 변화하는데 539.6[cal]의 열량이 필요하다.

SOLUTION

개념
- 물의 기화열 : 539.6[cal/g]
- 얼음의 융해열 : 80[cal/g]

풀이
물의 기화열은 100[℃]의 물 1[g]이 수증기로 변화하는 데 필요한 539.6[cal]의 열량이다.

12 ★★☆

에테르의 공기 중 연소범위를 1.9 ~ 48[vol%]라고 할 때 이에 대한 설명으로 틀린 것은?

① 연소범위의 상한점은 48[vol%]이다.
② 연소범위의 하한점은 1.9[vol%]이다.
③ 공기 중 에테르 증기가 1.9 ~ 48[vol%] 범위에 있을 때 연소한다.
④ 공기 중 에테르 증기가 48[vol%]를 넘으면 연소한다.

SOLUTION

개념
연소범위
가연성 기체가 공기 중에서 연소 또는 폭발을 일으킬 수 있는 농도 범위

풀이
에테르의 연소범위는 1.9 ~ 48[vol%]이다. 이는 에테르가 공기 중에서 이 범위 안의 농도일 때만 연소가 발생한다는 의미이다. 즉 48[vol%]를 넘어가면 에테르는 공기 중에서 연소하지 않는다.

13 ★☆☆

폭발을 방지하기 위한 대책 중 틀린 것은?

① 발화성 물질의 제거 또는 억제
② 재료의 불연화 또는 제거
③ 조연성가스 혼입
④ 격한 화학 반응을 일으키는 물질 제거

SOLUTION

개념
조연성가스
연소를 촉진시키는 물질로 산소, 아산화질소, 염소 등이 있다.

풀이
조연성 가스는 연소를 촉진시키는 물질이다. 따라서 조연성 가스를 혼입하는 것은 폭발을 방지하는 방법이 아니라 유발할 수 있는 방법이다.

14 ★★★

제1류 위험물에 해당하는 것은?

① 염소산염류　　② 적린
③ 황린　　　　　④ 과염소산

SOLUTION

개념
제1류 위험물(산화성 고체)
- 아염소산염류
- 염소산염류
- 과염소산염류
- 무기과산화물
- 브롬산염류(브로민산염류)
- 질산염류
- 요오드산염류(아이오딘산염류)
- 과망간산염류(과망가니즈산염류)
- 중크롬산염류(다이크로뮴산염류)

풀이
보기에서 제1류 위험물에 해당하는 것은 염소산염류이다. 적린은 제2류 위험물, 황린은 제3류 위험물, 과염소산은 제6류 위험물이다.

15 ★☆☆

방화구획의 설치기준에 대한 설명 중 틀린 것은?

① 급수관·배전관 또는 그 밖의 관이나 전선 등이 방화구획을 관통하여 관통부가 생기는 경우에는 반드시 내화채움성능이 인정된 구조로 메운다.
② 11층 이상의 층에서 벽 및 반자의 실내에 접하는 부분의 마감을 불연재료로 한 경우에는 구획을 줄일 수 있다.
③ 환기·난방 또는 냉방시설의 풍도가 방화구획을 관통하는 경우에는 그 관통부분 또는 이에 근접한 부분에 화재로 인한 연기 또는 불꽃을 감지하여 자동적으로 닫히는 구조를 가진 댐퍼를 설치한다.
④ 스프링클러설비를 설치한 경우에는 그렇지 않았을 때보다 내화시간을 3배 완화할 수 있다.

SOLUTION

풀이
④ 스프링클러 설치 시 내화시간 완화는 가능하지만 '3배 완화'는 틀린 표현이다. 법령에서는 30분, 1시간 등으로 시간 단위로 일부 완화해주는 규정은 있으나 배수로 완화하는 규정은 없다.
① 관이나 전선 등이 방화구획을 관통할 경우에는 내화성능이 인정된 충전재 또는 재료로 틈을 메워야 한다. 내화채움성능이 있는 구조란 건축물 내 화재 확산을 방지하기 위해 배관, 덕트 등 설비 틈새를 채우는 내화성 재료로 구성된 구조를 말한다.
② 11층 이상의 층에서는 방화구획이 강화되나, 일정 조건을 갖추면 일부 완화가 가능하다. 특히 불연재료의 마감, 스프링클러 설치 등으로 구획을 생략하거나 간소화할 수 있다.
③ 풍도(Duct)가 방화구획을 관통하는 경우에는 반드시 자동댐퍼(방화댐퍼 또는 연기댐퍼)를 설치해야 한다.

TIP
방화구획은 내화시간이 아닌 바닥면적에서 스프링클러를 설치한 경우에 3배를 완화해준다. 즉 방화구획의 설치기준에 대한 정확한 개념을 알고 있는지를 확인하기 위해 출제한 문제이다.

정답 13 ③　14 ①　15 ④

16 ★★★

연쇄 반응과 연관된 소화법은?

① 질식소화   ② 부촉매소화
③ 제거소화   ④ 냉각소화

SOLUTION

📗 개념
소화의 형태
- 제거소화 : 가연물을 제거하여 소화하는 방법
- 냉각소화 : 점화원을 냉각하여 가연물의 온도를 낮추는 소화하는 방법
- 질식소화 : 불활성기체를 방출하여 가연성 증기를 연소범위 이하로 낮추어 소화하는 방법
- 억제소화(부촉매소화) : 연소반응 시 발생하는 자유활성기(활성라디칼)의 생성을 저하시켜 연쇄반응을 중지시키는 소화방법

📗 풀이
연쇄반응을 중지시켜 소화하는 방법은 부촉매소화이다.

17 ★☆☆

아세틸렌 가스를 용기에 옮기기 위해 사용하는 용매로 올바른 것은?

① 아세톤   ② 에틸알콜
③ 벤젠   ④ 톨루엔

SOLUTION

📗 풀이
아세틸렌 가스를 고압인 상태에서 매우 불안전하기 때문에 폭발의 위험이 크다. 그렇기 때문에 아세틸렌 가스를 용기에 옮기기 위해서는 아세톤을 용매로 사용하여 함께 저장한다.

18 ★★☆

정전기로 인한 화재를 줄이고 방지하기 위한 대책 중 틀린 것은?

① 공기 이온화 장치를 설치하여 가동시킨다.
② 기기의 전기 절연성을 높이기 위하여 부도체로 차단공사를 한다.
③ 공기 중 습도를 일정값 이상으로 유지한다.
④ 정전기 축적을 막기 위해 접지선을 이용하여 대지로 연결 작업을 한다.

SOLUTION

📗 개념
정전기로 인한 화재 방지 대책
- 공기 중 습도를 일정 값 이상으로 유지한다.
- 공기를 이온화한다.
- 접지선을 이용하여 대지로 연결작업을 한다.

📗 풀이
부도체로 차단공사를 하면 주위에 전하를 방출하지 못하고 기기에 계속 축적되기 때문에 정전기로 인한 화재가 발생할 수 있다.

19 ★★★

연기감지가 작동할 정도이고 가시거리가 20 ~ 30[m]에 해당하는 감광계수는 얼마인가?

① $0.1[m^{-1}]$ ② $1.0[m^{-1}]$
③ $2.0[m^{-1}]$ ④ $10[m^{-1}]$

SOLUTION

📗 개념
감광계수와 가시거리의 상황

감광계수[m^{-1}]	가시거리[m]	상황
0.1	20 ~ 30	연기감지기가 작동할 때의 농도 (연기감지기 작동직전 농도)
0.3	5	건물 내부에 익숙한 사람이 피난에 지장을 느낄 정도의 농도
0.5	3	어두운 것을 느낄 정도의 농도
1	1 ~ 2	앞이 거의 보이지 않을 정도의 농도
10	0.2 ~ 0.5	화재 시 최성기 때의 농도
30	-	출화실에서 연기가 분출할 때의 농도

정답 16 ② 17 ① 18 ② 19 ①

20 ★★★

연소의 4대 요소로 옳은 것은?

① 가연물-열-산소-발열량
② 가연물-발화온도-산소-반응속도
③ 가연물-산화반응-발열량-반응속도
④ 가연물-열-산소-순조로운 연쇄반응

SOLUTION

개념
연소의 4대 요소
- 가연물
- 산소공급원(산소)
- 점화원(열)
- 순조로운 연쇄 반응

2025년 제2회 소방설비기사 CBT 복원문제

01 ★★★

건축물에 설치하는 방화구획의 설치기준 중 스프링클러설비를 설치한 11층 이상의 층은 바닥면적 몇 [m²] 이내마다 방화구획을 하여야 하는가? (단, 벽 및 반자의 실내에 접하는 부분의 마감은 불연재료가 아닌 경우이다)

① 200 ② 600
③ 1,000 ④ 3,000

SOLUTION

개념
방화구획의 설치기준

- 10층 이하의 층은 바닥면적 1,000[m²](스프링클러 기타 이와 유사한 자동식 소화설비를 설치한 경우에는 바닥면적 3,000[m²]) 이내마다 구획할 것
- 매층마다 구획할 것. 다만, 지하 1층에서 지상으로 직접 연결하는 경사로 부위는 제외한다.
- 11층 이상의 층은 바닥면적 200[m²](스프링클러 기타 이와 유사한 자동식 소화설비를 설치한 경우에는 600[m²]) 이내마다 구획할 것. 다만, 벽 및 반자의 실내에 접하는 부분의 마감을 불연재료로 한 경우에는 바닥면적 500[m²](스프링클러 기타 이와 유사한 자동식 소화설비를 설치한 경우에는 1,500[m²]) 이내마다 구획하여야 한다.

TIP
스프링클러를 설치한 경우 바닥면적은 3배 면적으로 구한다.
- 10층 이하 1,000[m²] → 10층 이하 스프링클러 3,000[m²]
- 11층 이상 200[m²] → 11층 이상 스프링클러 600[m²]

02 ★★★

1기압, 100[℃]에서의 물 1[g]의 기화잠열은 약 몇 [cal]인가?

① 425 ② 539
③ 647 ④ 734

SOLUTION

개념
- 물의 기화잠열 : 539[cal/g], 2,255[J/g]
- 물의 융해잠열 : 80[cal/g], 335[J/g]

풀이
액체가 기체로 변화하는 현상을 기화현상이라고 한다. 물의 기화잠열은 1기압 상태에서, 100[℃]의 물 1[g]이 모두 기체로 변하는 데 필요한 열량이다. 물의 기화잠열은 539[cal/g]이다.

TIP
물의 상태변화에 따른 열량을 구하는 문제는 [cal]와 [J]를 활용해 빈번하게 출제된다. 물의 기화잠열, 융해잠열은 모두 암기해두는 것이 좋다. 1[cal] = 4.184[J]도 함께 기억하도록 하자.

03 ★☆☆

연소범위에 대한 설명 중 틀린 것은?

① 압력이 높아지면 연소 상한계의 값은 커진다.
② 지름 5[cm]보다 작은 파이프에서 측정하면 연소범위는 좁아진다.
③ 공기 중의 산소 농도가 증가하면 연소범위는 넓어진다.
④ 온도가 올라가면 연소범위는 좁아진다.

SOLUTION

개념
연소범위
가연성 기체가 공기 중에서 연소 또는 폭발을 일으킬 수 있는 농도 범위

풀이
④ 온도가 올라가면 연소 반응의 활성화 에너지가 낮아지고 반응 속도가 빨라지므로, 하한계는 내려가고 상한계는 올라가게 되어 연소범위가 넓어진다.
① 압력이 높아지면 가연성 가스와 공기의 혼합상태가 더욱 밀집되어 연소 상한계가 커진다.
② 연소범위는 파이프 지름이 작을수록 좁아진다. 파이프 벽면에서 열이 빠르게 손실되어 연소를 지속하기 어렵기 때문이다. 특히 지름 5[cm] 미만의 파이프에서 연소범위가 좁아지는 현상이 두드러지게 나타난다.
③ 산소 농도가 증가하면 연소 반응이 더 쉽게 일어나므로, 연소범위는 넓어진다.

04 ★★☆

내화구조 건축물 화재의 특성으로 거리가 먼 것은?

① 고온 단기형이라 할 수 있다.
② 발화기, 성장기, 최성기, 감쇠기를 거친다.
③ 화재 진행 시간은 두세시간 정도이다.
④ 최성기때 온도는 1,000도 전후이다.

SOLUTION

개념
- 내화구조 건축물 화재의 특성
  - 화재진행속도는 목조건축물보다 느리다.
  - 화재최성기의 온도는 목조건축물보다 낮다.
- 내화건축물의 표준온도 - 표준곡선(저온장기형)

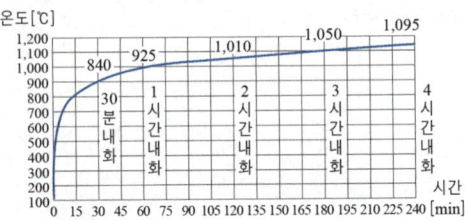

- 10분 후 : 700[℃]
- 30분 후 : 840[℃]
- 1시간 후 : 925[℃]
- 2시간 후 : 1,010[℃]
- 4시간 후 : 1,100[℃]

풀이
① 내화구조 건축물의 화재는 목조건축물에 비해 저온 장기형이다.
② 모든 화재는 발화기 → 성장기 → 최성기 → 감쇠기의 4단계를 거친다.
③ 내화구조물은 구조체가 쉽게 붕괴되지 않기 때문에 화재가 장시간 지속될 수 있다. 그러므로 화재 진행 시간이 2~3시간 이상 이어질 수 있는 구조이다.
④ 내화구조 건축물 내부에서 발생하는 화재는 구조물 내부에 열이 축적되므로, 최성기 때의 온도는 1,000℃ 전후로 도달할 수 있다.

TIP
내화구조 건축물의 화재는 고온장기형인지 저온장기형인지 서적마다 다르게 안내되어 있는 경우가 많다. 고온장기형이라는 입장은 1,000[℃]이기 때문에 고온 장기형이라고 서술하는 것이고 저온 장기형이라고 하는 것은 목조건축물에 비해 최고 온도가 낮기 때문에 그렇게 서술하는 것이다. 내화구조의 화재가 고온 장기형, 저온 장기형을 구분하는 문제는 출제되지 않고 있기 때문에 내화구조 건축물의 화재가 장기형인 것에 초점을 두고 기억하면 좋을 것이다.

정답 02 ② 03 ④ 04 ①

05 ★★★

일반적인 자연발화의 방지법으로 틀린 것은?

① 저장실의 온도를 낮출 것
② 정촉매 작용을 하는 물질을 피할 것
③ 습도를 높일 것
④ 통풍을 원활하게 하여 열축적을 방지할 것

SOLUTION

[개념]
자연발화 방지법
- 통풍이 잘 되도록 한다.
- 퇴적 및 수납 시 열이 쌓이지 않게 한다.
- 습도를 낮게 유지한다.
- 저장실의 온도를 낮게 한다.
- 산소와의 접촉을 차단한다.
- 열전도성을 좋게 한다.
- 촉매물질과의 접촉을 피한다.

[풀이]
자연발화를 방지하기 위해서는 습도를 낮게 유지해야 한다.

06 ★★★

탄산수소나트륨이 주성분인 분말소화약제는 무엇인가?

① 제1종 분말   ② 제2종 분말
③ 제3종 분말   ④ 제4종 분말

SOLUTION

[개념]
분말소화약제의 종류
- 제1종 분말 : 탄산수소나트륨($NaHCO_3$)
- 제2종 분말 : 탄산수소칼륨($KHCO_3$)
- 제3종 분말 : 제1인산암모늄($NH_4H_2PO_4$)
- 제4종 분말 : 탄산수소칼륨($KHCO_3$) + 요소($CO(NH_2)_2$)

07 ★☆☆

가연성 액체에서 발생한 증기가 액체 표면에서 연소 범위 하한계에 도달하는 최저온도로 정의되는 용어는?

① 폭발점   ② 비점
③ 착화점   ④ 인화점

SOLUTION

[개념]
연소의 기본 용어
- 인화점 : 점화원을 주어졌을 때 연소가 시작되는 최저온도
- 연소점 : 점화원을 제거했을 때에도 일정 시간 이상 지속적으로 연소할 수 있는 최저온도
- 발화점(착화점) : 점화원이 없어도 연소가 시작하는 최저온도

[풀이]
연소범위의 하한계에 도달할 수 있는 최저온도는 인화점을 의미한다.

[TIP]
- 비점(끓는점) : 액체를 일정 압력 하에 있는 상태에서 가열시켰을 때 도달할 수 있는 최고온도

08 ★☆☆

인화점이 20[℃]인 액체위험물을 보관하는 창고의 인화위험성에 대한 설명 중 옳은 것은?

① 인화의 위험성은 계절의 온도와는 상관없다.
② 20[℃]에서 가장 안전하고 20[℃]보다 높아지거나 낮아질수록 인화의 위험성이 커진다.
③ 여름철에 창고 안이 더워질수록 인화의 위험성이 커진다.
④ 겨울철에 창고 안이 추워질수록 인화의 위험성이 커진다.

SOLUTION

[풀이]
위험물의 인화 위험성은 창고 내 온도가 높아질수록 커진다. 그러므로 여름철에 창고 안이 더워질수록 인화의 위험성은 커진다.

정답 05 ③ 06 ① 07 ④ 08 ③

09 ★★☆

프로판 1몰 연소 시 필요한 이론 공기량은 약 얼마인가?
(단, 공기 중 산소량은 21[vol%]이다)

① 16[mol] ② 24[mol]
③ 32[mol] ④ 44[mol]

SOLUTION

개념
이론공기량 공식

공식
$$이론공기량 = \frac{완전연소에\ 필요한\ 산소\ 몰수}{공기\ 중\ 산소농도(0.21)}$$

풀이
이론공기량 공식에 따르면 이론공기량을 구하기 위해서는 완전연소에 필요한 산소 몰수가 필요하다.

1. 프로판 완전연소에 필요한 산소 몰수 구하기

$$C_3H_8 + 5O_2 \rightarrow 3CO_2 + 4H_2O$$
프로판   산소   이산화탄소 물

프로판 1몰 연소에 필요한 산소 몰수 $= \frac{산소\ 몰수}{프로판\ 몰수} = \frac{5}{1} = 5몰$

2. 프로판 완전연소에 필요한 이론공기량 구하기

$$이론공기량 = \frac{완전연소에\ 필요한\ 산소\ 몰수}{0.21} = \frac{5}{0.21} \fallingdotseq 24[mol]$$

10 ★★★

이산화탄소의 증기비중은 약 얼마인가?

① 0.81 ② 1.52
③ 2.02 ④ 2.51

SOLUTION

개념
증기비중

공식
$$증기비중 = \frac{기체의\ 분자량}{공기의\ 평균\ 분자량} = \frac{기체의\ 분자량}{29}$$

풀이
원자량 : 탄소(C) = 12, 산소(O) = 16

이산화탄소(CO_2) 분자량 $M = 12 + 16 \times 2 = 44$

이산화탄소 증기비중 $= \frac{44}{29} \fallingdotseq 1.52$

TIP
이산화탄소의 증기비중은 많이 빈출되므로 1.52라고 아예 암기하도록 하자

11 ★★★

연소의 연쇄반응을 차단 및 억제하여 소화하는 방법은?

① 냉각소화 ② 제거소화
③ 질식소화 ④ 부촉매소화

SOLUTION

개념
소화의 종류
- 냉각소화 : 점화원을 냉각하여 소화하는 방법
- 제거소화 : 가연물을 제거하여 소화하는 방법
- 질식소화 : 공기 중의 산소 농도를 15 ~ 16% 이하로 감소시켜 소화하는 방법
- 부촉매소화(억제소화) : 연쇄반응을 일으키는 활성라디칼의 생성을 억제하여 소화하는 방법

풀이
연소의 연쇄반응을 차단 및 억제하여 소화하는 방법은 부촉매소화이다.

12 ★☆☆

화재강도(Fire Intensity)와 관계가 없는 것은?

① 발화원의 온도 ② 가연물의 발열량
③ 화재실의 구조 ④ 가연물의 비표면적

SOLUTION

개념
화재강도에 영향을 주는 인자
- 가연물의 비표면적
- 화재실의 구조
- 가연물의 발열량
- 가연물의 배열상태

풀이
발화원의 온도는 화재강도와 관계가 없다.

13 ★★☆

비수용성 유류의 화재 시 물로 소화할 수 없는 이유는?

① 수용성으로 변하여 인화점이 상승하기 때문
② 발화점이 변하기 때문
③ 연소면이 확대되기 때문
④ 인화점이 변하기 때문

SOLUTION

풀이
비수용성 유류의 화재 시 물로 소화하면 연소면이 확대되어 화재가 더 커질 수 있으므로 비수용성 유류의 화재 시 물로 소화하지 않는다.

14 ★☆☆

이산화탄소의 농도에 따른 인체에 미치는 영향에 대한 설명으로 틀린 것은?

① 농도가 6%의 경우 의식 불명 또는 생명을 잃게 된다.
② 농도가 4%의 경우 복부에 압박감이 느껴진다.
③ 농도가 3%의 경우 호흡수가 증가되기 시작한다.
④ 농도가 0.5%인 경우 6시간 노출해도 이상이 없다.

SOLUTION

개념
CO_2가 인체에 미치는 영향

농도	생리적 반응
0.5[%]	이상 없음
2[%]	불쾌감, 피로감 등
3[%]	호흡수 증가
4[%]	눈의 자극, 두통, 복부의 압박감 시작 등
8[%]	호흡곤란 등
9[%]	심박수 증가, 구토, 발한 등
10[%]	근육 경련, 1분 내 의식 상실 등
20[%]	의식 상실, 경련, 사망 등

풀이
이산화탄소의 농도에 의해서 의식 상실 및 사망에 이르기 위해서는 20[%] 이상이 되어야 한다.

TIP
CO_2 농도가 인체에 미치는 영향은 주로 근육 경련, 의식 상실, 사망에 대해서 많이 물어왔으므로 거기에 해당하는 농도는 반드시 기억하도록 하자.

15 ★☆☆

출하가옥의 기둥 등은 발화부를 향하여 무너지는 경향이 있다. 이를 활용하여 출화부 위치를 추정하는 것을 무엇이라고 하는가?

① 접염비교법
② 연소비교법
③ 도괴방향법
④ 탄화심도비교법

SOLUTION

개념
발화부(출화부) 추정 원칙

- 접염비교법 : 여러 지점의 연소 흔적을 비교하여, 연소 정도가 가장 심한 지점을 발화 지점으로 추정하는 원칙
- 연소비교법 : 연소 속도, 연소 형태, 연소 잔해 등을 비교하여 발화 지점을 추정하는 원칙
- 도괴방향법 : 출화가옥의 기둥 등은 발화부를 향하여 파괴되는 경향이 있으므로 이곳을 출화부로 추정하는 원칙
- 탄화심도비교법 : 탄화심도는 발화부에 가까워질수록 깊어지는 경향이 있으므로 이곳을 출화부로 추정하는 원칙

풀이
출하가옥의 기둥 등은 발화부를 향하여 무너지는 경향을 활용해 출화부를 추정하는 원칙을 도괴방향법이라고 한다.

16 ★☆☆

제4류 위험물의 화재 방지책으로 틀린 것은?

① 화기나 과열을 피한다.
② 정전기 발생을 억제하여야 한다.
③ 인화점 이하로 보관한다.
④ 낮은 온도를 유지하고 통풍이 되지 않도록 저장한다.

SOLUTION

개념
제4류 위험물(인화성 액체)의 화재 방지책

- 저장 및 취급 시 화기 및 점화원을 멀리한다.
- 통풍이 잘 되는 냉암소에 보관한다.
- 인화점 이하로 온도를 유지한다.
- 액체나 증기가 새어나가지 않도록 용기를 밀폐한다.
- 정전기 발생에 주의하고, 발생 시에는 적절한 예방 조치를 취한다.

풀이
제4류 위험물은 통풍이 잘 되는 장소에 저장해야 한다.

정답 13 ③ 14 ① 15 ③ 16 ④

17 ★★★

유류탱크 화재 시 기름 표면에 물을 살수하면 기름이 탱크 밖으로 비산하여 화재가 확대되는 현상은?

① 보일 오버(Boil over)
② 스롭 오버(Slop over)
③ 블레비(BLEVE)
④ 프로스 오버(Froth over)

SOLUTION

개념
화재시 탱크에서 발생하는 현상

- 보일 오버(Boil Over) : 보일오버는 기름 탱크 하부에 고여 있는 물이 열에 의해 수증기로 기화하면서 연소유를 탱크 밖으로 비산시키며 연소하는 현상
- 스롭 오버(Slop Over) : 유류탱크 화재 시 기름 표면에 물을 살수하면 액면에 거품을 일으키면서 기름의 일부가 불이 붙은 채 탱크 밖으로 비산하는 현상
- 블레비(BLEVE) : 고압, 과열 상태의 탱크에서 균열이 발생해 내부에 있던 액화가스 또는 가연성 액체가 분출하여 기화되어 폭발하는 현상. 급격한 폭발로 인해 화구(Fire ball)가 형성되며, 대량의 복사열이 방출된다.
- 프로스 오버(Froth Over) : 점성이 높은 기름표면 아래에 있던 물이 끓으면 화재를 수반하지 않고 기름이 용기 밖으로 넘치는 현상

18 ★★☆

소화약제로 사용되는 이산화탄소에 대한 설명으로 옳은 것은?

① 산소와 반응하지 않는다.
② 산화하지 않으나 산소와는 반응한다.
③ 산소와 반응 시 흡열반응을 일으킨다.
④ 산소와 반응하여 불연성 물질을 발생한다.

SOLUTION

풀이
이산화탄소는 매우 안정된 물질이므로 산소와 화학반응을 하지 않는다. 이러한 성질로 인해 소화약제의 한 종류로 이산화탄소를 사용한다.

19 ★★☆

화씨 95도를 켈빈(Kelvin)온도로 나타내면 약 몇 [K]인가?

① 178 ② 252
③ 308 ④ 368

SOLUTION

개념
- 섭씨온도와 화씨온도의 관계식

$$℃ = \frac{5}{9}(°F - 32)$$

여기서, ℃ : 섭씨온도, °F : 화씨온도

- 켈빈온도(절대온도)와 섭씨온도의 관계식

$$K = ℃ + 273$$

여기서, K : 켈빈온도, ℃ : 섭씨온도

풀이
주어진 값을 섭씨온도와 화씨온도의 관계식에 대입하면

$$℃ = \frac{5}{9} \times (95 - 32) = 35[℃]$$

섭씨온도의 값을 켈빈온도와 섭씨온도의 관계식에 대입하면
K = 35 + 273 = 308[K]

20 ★★☆

다음 중 가연성 물질에 해당하는 것은?

① 질소 ② 일산화탄소
③ 이산화탄소 ④ 아황산가스

SOLUTION

풀이
가연성 물질이란 공기 중 산소와 반응하여 연소할 수 있는 물질이다. 질소, 이산화탄소, 아황산가스는 모두 불연성 기체에 해당하고 일산화탄소만 폭발 위험성이 있는 가연성 물질에 해당한다.

2025년 제3회 소방설비기사 [CBT 복원문제]

01 ★☆☆

건축물을 설계 시 방화 계획에 해당하지 않는 것은?

① 배치계획　　② 평면계획
③ 단면계획　　④ 굴토계획

SOLUTION

개념
방화계획
- 배치계획 : 화재 확산 방지를 위한 공간적 배치 고려
- 평면계획 : 화재 시 피난 및 확산 방지를 위한 동선 설계
- 단면계획 : 연기나 화염의 수직 이동을 막기 위한 구조 설계

풀이
굴토계획은 기초공사나 지반 굴착을 위한 공사 계획으로, 방화계획과는 관련이 없다.

02 ★★☆

점화원을 제거해도 연쇄적으로 산화 반응을 발생해 지속적인 연소가 발생하는 온도는?

① 연소점　　② 인화점
③ 발화점　　④ 폭발온도

SOLUTION

개념
연소와 관계되는 온도
① 연소점 : 외부 점화원에 의해 발화 후 연소를 자발적으로 지속시킬 수 있는 최저온도, 인화점보다 5~10[℃] 높고 불꽃이 최소 5초 이상 지속되는 온도
② 인화점 : 점화원을 주어졌을 때 연소가 시작하는 최저온도
③ 발화점 : 외부의 점화원과 직접적인 접촉 없이 주위로부터 충분한 에너지를 받아 스스로 점화되는 최저온도
④ 폭발온도 : 폭발열에 의하여 폭발할 때에 생기는 물질들이 가열되는 최대 온도

03 ★☆☆

분말소화약제의 열분해 반응식 중 틀린 것은?

① $2KHCO_3 \rightarrow K_2CO_3 + CO_2 + H_2O$
② $2NaHCO_3 \rightarrow 2NaCO_3 + 2CO_3 + H_2O$
③ $NH_4H_2PO_4 \rightarrow H_3PO_4 + NH_3$
④ $2KHCO_3 + (NH_2)_2CO \rightarrow K_2CO_3 + 2NH_3 + 2CO_2$

SOLUTION

개념
분말소화약제 열분해 반응식

종류	주요 성분	반응식(또는 작용)
제1종	$NaHCO_3$	$2NaHCO_3 \rightarrow Na_2CO_3 + CO_2 + H_2O$
제2종	$KHCO_3$	$2KHCO_3 \rightarrow K_2CO_3 + CO_2 + H_2O$
제3종	$NH_4H_2PO_4$	$NH_4H_2PO_4 \rightarrow NH_3 + H_3PO_4$ $\rightarrow NH_3 + HPO_3 + H_2O$
제4종	$KHCO_3 + (NH_2)_2CO$	$2KHCO_3 + (NH_2)_2CO$ $\rightarrow K_2CO_3 + 2NH_3 + 2CO_2$

풀이
제1종 분말 탄산수소나트륨의 반응식은 다음과 같다.
$2NaHCO_3 \rightarrow Na_2CO_3 + CO_2 + H_2O$

04 ★☆☆

연소에 관한 설명으로 틀린 것은?

① 고체의 표면에서 연소가 일어나는 경우 표면연소라 한다.
② 나트륨, 유황의 연소형태는 자기연소이다.
③ 목재, 석탄은 분해연소를 한다.
④ 알코올은 증발연소를 한다.

SOLUTION

풀이
나트륨은 금속연소, 유황은 증발연소에 해당한다. 자기연소에 해당하는 물질은 니트로(나이트로)글리세린, 니트로(나이트로)셀룰로오스 등이 있다.

정답 01 ④　02 ①　03 ②　04 ②

05 ★★★

그림에 표현된 불꽃연소의 기본요소 중 ( ) 안에 해당되는 것은?

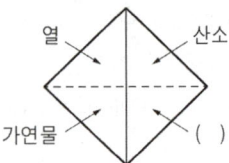

① 기체
② 풍속
③ 열분해 증발고체
④ 순조로운 연쇄반응

SOLUTION

개념
연소의 4요소
가연물, 산소공급원, 점화원, 연쇄반응

풀이
문제에서 주어진 가연물, 산소(산소공급원), 열(점화원)이 주어졌기 때문에 남은 연소의 요소는 순조로운 연쇄반응(연쇄반응)이 된다.

06 ★★☆

일반적인 방폭구조의 종류에 해당하지 않는 것은?

① 내압방폭구조
② 내화방폭구조
③ 유입방폭구조
④ 안전증방폭구조

SOLUTION

개념
방폭구조의 종류
- 내압방폭구조
- 유입방폭구조
- 안전증방폭구조
- 특수방폭구조
- 본질안전방폭구조
- 압력방폭구조

풀이
내화방폭구조는 일반적인 방폭구조에 해당하지 않는다.

07 ★★☆

물의 특성이 아닌 것은?

① 물의 증발잠열은 539.6[cal/g]으로 다른 물질에 비해 매우 큰 편이다.
② 대기압하에서 100[℃]의 물이 액체에서 수증기로 바뀌면 체적은 약 1,603배 정도 증가한다.
③ 수소 1분자와 산소 1/2분자로 이루어져 있으며 이들 사이의 화학결합은 극성 공유결합이다.
④ 분자간의 결합은 쌍극자-쌍극자 상호작용의 일종인 산소결합에 의해 이루어진다.

SOLUTION

풀이
물은 산소결합이 아닌 수소결합이다.

08 ★☆☆

제4류 위험물의 물리·화학적 특성에 대한 설명으로 틀린 것은?

① 정전기에 의한 화재발생위험이 있다.
② 시안화수소를 제외한 물질의 증기비중은 공기보다 크다.
③ 인화성 액체이다.
④ 인화점이 높을수록 증기발생이 용이하다.

SOLUTION

개념
제4류 위험물의 특성
- 증기비중은 공기보다 크다.
- 정전기에 의한 화재발생위험이 있다.
- 인화성 액체이다.
- 인화점이 낮을수록 증기발생이 용이하다.
- 상온에서 안정하다.

풀이
제4류 위험물은 인화점이 낮을수록 증기발생이 용이하다.

09 ★☆☆

제4류 위험물의 수용성 용매 소화약제는?

① 단백포
② 불화단백포
③ 내알콜포
④ 수성막포

SOLUTION

풀이
내알콜포는 제4류 위험물의 수용성 액체용으로 개발된 특수 포이다. 그러므로 내알콜포는 알코올, 아세톤, 에탄올 등 제4류 위험물의 수용성 용매의 소화약제로 적합하다.

10 ★★☆

화재하중 계산 시 목재의 단위발열량은 약 몇 [kcal/kg]인가?

① 3,000
② 4,500
③ 9,000
④ 12,000

SOLUTION

개념
화재하중
가연물 등의 연소 시 건축물 등을 고려하여 설계하는 하중

공식
$$Q = \frac{\sum G_t H_t}{HA} = \frac{\sum Q_t}{4,500A}$$

여기서, Q : 화재하중[kg/m²], G_t : 가연물의 양[kg]
H_t : 가연물의 단위발열량[kcal/kg]
H : 목재의 단위발열량(4,500[kcal/kg])
A : 바닥면적[m²]
$\sum Q_t$: 가연물의 전체 발열량[kcal]

풀이
화재하중 공식에서 목재의 단위발열량은 4,500[kcal/kg]이다.

11 ★★★

자연발화 방지책에 대한 설명 중 틀린 것은?

① 저장실의 온도를 낮게 유지한다.
② 습도를 높게 유지한다.
③ 환기를 원활히 시킨다.
④ 촉매물질과의 접촉을 피한다.

SOLUTION

개념
자연발화 방지법
- 통풍이 잘 되도록 한다.
- 퇴적 및 수납 시 열이 쌓이지 않게 한다.
- 습도를 낮게 유지한다.
- 저장실의 온도를 낮게 한다.
- 산소와의 접촉을 차단한다.
- 열전도성을 좋게 한다.
- 촉매물질과의 접촉을 피한다.

풀이
자연발화를 방지하기 위해서는 습도를 낮게 유지해야 한다.

12 ★☆☆

가압송수장치 가압방식이 아닌 것은?

① 펌프 방식
② 압력 수조 방식
③ 고가 수조 방식
④ 솔레노이드 밸브 또는 버터플라이 밸브 방식

SOLUTION

풀이
가압송수장치는 화재 발생 시 소화용수를 필요한 장소로 압력을 이용해 공급하는 장치이다. 펌프 방식, 압력 수조 방식, 고가 수조 방식 모두 압력을 가하는 가압 방식이지만 솔레노이드 밸브 또는 버터플라이 밸브는 밸브를 제어하는 장치이다.

13 ★★☆

건축물의 주요구조부에 해당하지 않는 것은?

① 바닥 ② 기둥
③ 천장 ④ 주계단

SOLUTION

개념
주요구조부의 종류
내벽력, 기둥(사잇기둥 제외), 바닥(최하층 바닥 제외), 보(작은 보 제외), 지붕틀(차양 제외), 주계단(옥외계단 제외)

풀이
천장은 건축물의 주요구조부에 해당하지 않는다.

14 ★☆☆

다공질 고체입자를 아세톤에 침윤시켜 저장할 수 있는 기체는?

① 아세틸렌 ② 프로판
③ 메탄 ④ 에탄

SOLUTION

풀이
아세틸렌은 기체 상태로의 압축은 위험하므로 아세톤을 흡수시킨 다공질(목탄 + 규조토) 고체입자를 넣는 방법으로 아세틸렌을 용해 압축한다.

15 ★☆☆

바닥면적이 250[m²]인 창고에 종이 300[kg], 고무 300[kg]가 저장되어있다. 이때 화재하중은 약 몇 [kg/m²]인가? (단 종이와 고무의 발열량[Mcal/kg]은 각각 4와 9, 기타 가연물은 무시하고 완전 연소로 가정한다)

① 3.53 ② 18.81
③ 12.18 ④ 9.07

SOLUTION

개념
- 화재하중 : 가연물 등의 연소 시 건축물 등을 고려하여 설계하는 하중

공식 정리
$$Q = \frac{\sum G_t H_t}{HA} = \frac{\sum Q_t}{4,500A}$$

여기서, Q : 화재하중[kg/m²], G_t : 가연물의 양[kg]
H_t : 가연물의 단위발열량[kcal/kg]
H : 목재의 단위발열량(4,500[kcal/kg])
A : 바닥면적[m²]
$\sum Q_t$: 가연물의 전체 발열량[kcal]

풀이
1. 가연물의 총 발열량 계산
   종이의 총 발열량 : 300[kg] × 4[Mcal/kg] = 1,200[Mcal]
   고무의 총 발열량 : 300[kg] × 9[Mcal/kg] = 2,700[Mcal]
   총 발열량 : 1,200[Mcal] + 2,700[Mcal] = 3,900[Mcal]

2. 화재하중 계산
   화재하중 공식에 앞서 구한 값들을 대입하면
   화재하중 = $\frac{\text{가연물의 전체 발열량}}{4,500 \times \text{바닥면적}} = \frac{3,900 \times 10^3}{4,500 \times 250} ≒ 3.47[kg/m^2]$

[단위환산]
- 3,900[Mcal] = $3,900 \times 10^3$[kcal]

보기에서 계산결과인 3.47과 가장 가까운 값인 3.53이 정답이 된다.

16 ★☆☆

인화점이 20도인 액체 위험물을 보관하는 창고의 인화 위험성에 대한 설명으로 옳은 것은?

① 20도에서 가장 안전하고 20도보다 높아지거나 낮아질수록 인화의 위험성이 커진다.
② 겨울철에 창고 안이 추워질수록 인화의 위험성이 커진다.
③ 여름철에 창고 안이 더워질수록 인화의 위험성이 커진다.
④ 인화의 위험성은 계절의 온도와는 상관없다.

SOLUTION

풀이
위험물의 인화 위험성은 창고 내 온도가 높아질수록 커진다. 그러므로 여름철에 창고 안이 더워질수록 인화의 위험성은 커진다.

17 ★☆☆

건축물 내 방화벽에 설치하는 출입문의 너비 및 높이의 기준은 각각 몇 [m] 이하인가?

① 2.5
② 3.0
③ 3.5
④ 4.0

SOLUTION

개념
방화벽의 구조
- 내화구조로서 홀로 설 수 있는 구조일 것
- 방화벽의 양쪽 끝과 위쪽 끝을 건축물의 외벽면 및 지붕면으로부터 0.5[m] 이상 튀어나오게 할 것
- 방화벽에 설치하는 출입문의 너비 및 높이는 각각 2.5[m] 이하로 하고, 해당 출입문에는 60분 + 방화문 또는 60분 방화문을 설치할 것

풀이
건축물 내 방화벽에 설치하는 출입문의 너비 및 높이는 각각 2.5[m] 이하로 한다.

18 ★☆☆

0[℃], 1[atm] 상태에서 부탄(C_4H_{10}) 1[mol]을 완전연소시키기 위해 필요한 산소의 [mol] 수는?

① 2
② 4
③ 5.5
④ 6.5

SOLUTION

개념
부탄(C_4H_{10})의 완전연소 방정식
$2C_4H_{10} + 13O_2 \rightarrow 8CO_2 + 10H_2O$
부탄   산소   이산화탄소   물

풀이
부탄(C_4H_{10}) 2[mol]이 완전연소하기 위해서는 산소(O_2) 13[mol]이 필요하다. 그러므로 부탄(C_4H_{10}) 1[mol]이 완전연소하기 위해서는 산소의 몰수는 13[mol]의 절반인 6.5[mol]이 필요하다.

19 ★★★

이산화탄소의 증기 비중은 약 얼마인가? (단, 공기의 분자량은 29이다)

① 2.02
② 0.81
③ 2.51
④ 1.52

SOLUTION

개념
증기비중

공식
$$증기비중 = \frac{기체의 분자량}{공기의 평균 분자량} = \frac{기체의 분자량}{29}$$

풀이
원자량 : 탄소(C) = 12, 산소(O) = 16
이산화탄소(CO_2) 분자량 $M = 12 + 16 \times 2 = 44$
이산화탄소 증기비중 = $\frac{44}{29} ≒ 1.52$

TIP
이산화탄소의 증기비중은 많이 빈출되므로 1.52라고 아예 암기하도록 하자

20 ★☆☆

방화구역에 적합한 자동방화셔터의 설치기준으로 틀린 것은?

① 열을 감지한 경우 완전 개방되는 구조일 것
② 불꽃 감지기 또는 연기 감지기 중 하나와 열 감지기를 설치할 것
③ 불꽃이나 연기를 감지한 경우 일부 폐쇄되는 구조일 것
④ 전동 방식이나 수동 방식으로 개폐할 수 있을 것

SOLUTION

풀이
자동방화셔터는 화재 시 연기나 열을 감지하여 화염 및 연기의 확산을 막고 방화구획을 형성하는 역할을 한다. 따라서 방화구역에 적합한 자동방화셔터는 열을 감지하면 완전 폐쇄되는 것이 올바른 동작이다.

과목별 기출문제

제2과목 소방관계법규

2018년 제1회 소방설비기사

21 ★★☆

소방시설 설치 및 관리에 관한 법령상 화재안전기준을 달리 적용하여야 하는 특수한 용도 또는 구조를 가진 특정 소방 대상물인 원자력 발전소에 설치하지 아니할 수 있는 소방시설은?

① 물분무등소화설비
② 스프링클러설비
③ 상수도소화용수설비
④ 연결살수설비

SOLUTION

개념
소방시설을 설치하지 않을 수 있는 특정소방대상물 및 소방시설의 범위 (소방시설법 시행령 별표 6, 소방시설법 시행령 제16조 관련)
- 화재안전기준을 달리 적용해야 하는 특수한 용도 또는 구조를 가진 특정소방대상물
  - 원자력발전소, 중·저준위 방사성폐기물의 저장시설
    · 설치하지 않을 수 있는 소방시설 : 연결송수관설비 및 연결살수 설비

풀이
원자력 발전소에 설치하지 아니할 수 있는 소방시설은 연결송수관설비 및 연결살수설비이다.

22 ★★☆

위험물안전관리법상 시·도지사의 허가를 받지 아니하고 당해 제조소등을 설치할 수 있는 기준 중 다음 (   ) 안에 알맞은 것은?

> 농예용·축산용 또는 수산용으로 필요한 난방시설 또는 건조시설을 위한 지정수량 (   )배 이하의 저장소

① 20
② 30
③ 40
④ 50

SOLUTION

개념
위험물시설의 설치 및 변경 등(위험물법 제6조)
- 제조소 등의 설치허가
  - 설치허가자 : 시·도지사
  - 설치허가 대상
    · 제조소 등을 설치하려는 자
    · 제조소 등의 위치·구조 또는 설비를 변경하고자 하는 자
- 품명 등의 변경신고
  - 변경신고 대상 : 시·도지사
  - 변경신고 기한 : 변경하고자 하는 날의 1일 전까지
  - 변경조건 : 해당 제조소 등의 위치·구조 또는 설비의 변경 없이 저장하거나 취급하는 위험물의 품명·수량 또는 지정수량의 배수를 변경
- 설치허가, 변경신고 등의 예외 조건
  - 주택의 난방시설(공동주택의 중앙난방시설 제외)용 저장소 또는 취급소
  - 농예용·축산용 또는 수산용으로 필요한 난방시설 또는 건조시설을 위한 지정수량 20배 이하의 저장소

풀이
농예용·축산용 또는 수산용으로 필요한 난방시설 또는 건조시설을 위한 지정수량 20배 이하의 저장소는 시·도지사의 허가를 받지 아니하고 당해 제조소 등을 설치할 수 있다.

정답 21 ④ 22 ①

23 ★☆☆

소방시설공사업법령상 특정소방대상물의 관계인 또는 발주자가 해당 도급계약의 수급인을 도급계약 해지할 수 있는 경우의 기준 중 틀린 것은?

① 하도급계약의 적정성 심사 결과 하수급인 또는 하도급계약 내용의 변경 요구에 정당한 사유 없이 따르지 아니하는 경우
② 정당한 사유 없이 15일 이상 소방시설공사를 계속하지 아니하는 경우
③ 소방시설업이 등록 취소되거나 영업 정지된 경우
④ 소방시설업을 휴업하거나 폐업한 경우

SOLUTION

개념
도급계약의 해지(소방공사업법 제23조)
- 특정소방대상물의 관계인 또는 발주자는 해당 도급계약의 수급인이 다음 어느 하나에 해당하는 경우에는 도급계약을 해지할 수 있다.
  - 소방시설업이 등록취소되거나 영업정지된 경우
  - 소방시설업을 휴업하거나 폐업한 경우
  - 정당한 사유 없이 30일 이상 소방시설공사를 계속하지 아니하는 경우
  - 적정성 심사에 따른 수급인에 대하여 하수급인 또는 하도급 계약내용의 변경요구에 정당한 사유 없이 따르지 아니하는 경우

풀이
정당한 사유 없이 30일 이상 소방시설공사를 계속하지 아니하는 경우에는 도급계약을 해지할 수 있다.

24 ★★☆

소방시설공사업법령상 소방시설공사 완공 검사를 위한 현장 확인 대상 특정소방대상물의 범위가 아닌 것은?

① 위락시설 ② 판매시설
③ 운동시설 ④ 창고시설

SOLUTION

개념
완공검사를 위한 현장확인 대상 특정소방대상물의 범위(소방공사업법 시행령 제5조)
- 문화 및 집회시설, 종교시설, 판매시설, 노유자(老幼者)시설, 수련시설, 운동시설, 숙박시설, 창고시설, 지하상가 및 다중이용업소
- 다음 어느 하나에 해당하는 설비가 설치되는 특정소방대상물
  - 스프링클러설비 등
  - 물분무등소화설비(호스릴 방식의 소화설비는 제외)
- 연면적 1만[m²] 이상이거나 11층 이상인 특정소방대상물(아파트는 제외)
- 가연성가스를 제조·저장 또는 취급하는 시설 중 지상에 노출된 가연성가스탱크의 저장용량 합계가 1천[t] 이상인 시설

풀이
위락시설은 현장확인대상 특정소방대상물에 해당하지 않는다.

25 ★★★

화재의 예방 및 안전관리에 관한 법령상 특수가연물의 저장 및 취급의 기준 중 다음 (   ) 안에 알맞은 것은? (단, 석탄·목탄류를 발전용으로 저장하는 경우는 제외한다)

> 살수설비를 설치하거나, 방사능력 범위에 해당 특수가연물이 포함되도록 대형수동식소화기를 설치하는 경우에는 쌓는 높이를 (㉠)[m] 이하, 석탄·목탄류의 경우에는 쌓는 부분의 바닥면적을 (㉡)[m²] 이하로 할 수 있다.

① ㉠ 10, ㉡ 50
② ㉠ 10, ㉡ 200
③ ㉠ 15, ㉡ 200
④ ㉠ 15, ㉡ 300

SOLUTION

개념
특수가연물의 저장 및 취급 기준(화재예방법 시행령 별표 3, 화재예방법 시행령 제19조 제2항 관련)

구분	높이	쌓는 부분의 바닥면적
살수설비를 설치하거나 방사능력 범위에 해당특수가연물이 포함되도록 대형수동식소화기를 설치하는 경우	15[m] 이하	200[m²](석탄·목탄류의 경우에는 300[m²]) 이하
그 밖의 경우	10[m] 이하	50[m²](석탄·목탄류의 경우에는 200[m²]) 이하

다만, 석탄·목탄류를 발전용으로 저장하는 경우는 제외

풀이
살수설비를 설치하거나, 방사능력 범위에 해당 특수가연물이 포함되도록 대형수동식소화기를 설치하는 경우에는 쌓는 높이를 15[m] 이하, 석탄·목탄류의 경우에는 쌓는 부분의 바닥면적을 300[m²] 이하로 할 수 있다.

26 ★☆☆

소방시설 설치 및 관리에 관한 법령상 중앙소방기술심의위원회의 심의사항이 아닌 것은?

① 화재안전기준에 관한 사항
② 소방시설의 설계 및 공사감리의 방법에 관한 사항
③ 소방시설에 하자가 있는지의 판단에 관한 사항
④ 소방시설공사의 하자를 판단하는 기준에 관한 사항

SOLUTION

개념
소방기술심의위원회(소방시설법 제18조)
- 다음 사항을 심의하기 위하여 소방청에 중앙소방기술심의위원회(이하 "중앙위원회"라 한다)를 둔다.
  - 화재안전기준에 관한 사항
  - 소방시설의 구조 및 원리 등에서 공법이 특수한 설계 및 시공에 관한 사항
  - 소방시설의 설계 및 공사감리의 방법에 관한 사항
  - 소방시설공사의 하자를 판단하는 기준에 관한 사항
  - 신기술·신공법 등 검토·평가에 고도의 기술이 필요한 경우로서 중앙위원회에 심의를 요청한 사항
  - 그 밖에 소방기술 등에 관하여 대통령령으로 정하는 사항

풀이
중앙소방기술심의위원회에서는 소방시설의 하자 유무에 관한 사항이 아닌 소방시설공사의 하자를 판단하는 기준에 관한 사항을 심의한다.

27 ★★★

소방시설 설치 및 관리에 관한 법령상 단독경보형감지기를 설치하여야 하는 특정소방대상물의 기준 중 옳은 것은?

① 연면적 600[m²] 미만의 아파트 등
② 연면적 400[m²] 미만의 유치원
③ 교육연구시설 또는 수련시설 내에 있는 기숙사로서 연면적 3,000[m²] 미만인 것
④ 교육연구시설 또는 수련시설 내에 있는 합숙소로서 연면적 3,000[m²] 미만인 것

SOLUTION

개념
특정소방대상물의 관계인이 특정소방대상물에 설치·관리해야 하는 소방시설의 종류(소방시설법 시행령 별표 4, 소방시설법 시행령 제11조 관련)
- 단독경보형 감지기를 설치해야하는 특정소방대상물
  - 교육연구시설 또는 수련시설 내에 있는 기숙사 또는 합숙소로서 연면적 2,000[m²] 미만인 것
  - 숙박시설이 있는 수련시설로서 수용인원 100명 미만인 모든 층
  - 연면적 400[m²] 미만의 유치원
  - 공동주택 중 연립주택 및 다세대주택(단독경보형 감지기는 연동형으로 설치해야 한다)

풀이
단독경보형 감지기를 설치하여야 하는 특정소방대상물의 기준에서 유치원은 연면적 400[m²] 미만이어야 한다.

정답 26 ③ 27 ②

28 ★★★

소방시설 설치 및 관리에 관한 법령상 용어의 정의 중 다음 ( ) 안에 알맞은 것은?

> 특정소방대상물이란 소방시설을 설치하여야 하는 소방대상물로서 ( )으로 정하는 것을 말한다.

① 행정안전부령
② 국토교통부령
③ 고용노동부령
④ 대통령령

SOLUTION

개념
정의(소방시설법 제2조)
- 소방시설 : 소화설비, 경보설비, 피난구조설비, 소화용수설비, 그 밖에 소화활동설비로서 대통령령으로 정하는 것
- 소방시설 등 : 소방시설과 비상구(非常口), 그 밖에 소방 관련 시설로서 대통령령으로 정하는 것
- 특정소방대상물 : 건축물 등의 규모·용도 및 수용인원 등을 고려하여 소방시설을 설치하여야 하는 소방대상물로서 대통령령으로 정하는 것
- 화재안전성능 : 화재를 예방하고 화재발생 시 피해를 최소화하기 위하여 소방대상물의 재료, 공간 및 설비 등에 요구되는 안전성능
- 성능위주설계 : 건축물 등의 재료, 공간, 이용자, 화재 특성 등을 종합적으로 고려하여 공학적 방법으로 화재 위험성을 평가하고 그 결과에 따라 화재안전성능이 확보될 수 있도록 특정소방대상물을 설계하는 것
- 화재안전기준 : 소방시설 설치 및 관리를 위한 다음의 기준
  - 성능기준 : 화재안전 확보를 위하여 재료, 공간 및 설비 등에 요구되는 안전성능으로서 소방청장이 고시로 정하는 기준
  - 기술기준 : 성능기준을 충족하는 상세한 규격, 특정한 수치 및 시험방법 등에 관한 기준으로서 행정안전부령으로 정하는 절차에 따라 소방청장의 승인을 받은 기준
- 소방용품 : 소방시설 등을 구성하거나 소방용으로 사용되는 제품 또는 기기로서 대통령령으로 정하는 것

풀이
특정소방대상물은 건축물 등의 규모·용도 및 수용인원 등을 고려하여 소방시설을 설치하여야 하는 소방대상물로서 **대통령령**으로 정하는 것이다.

29 ★☆☆

화재의 예방 및 안전관리에 관한 법령상 소방안전 특별관리시설물의 대상 기준 중 틀린 것은?

① 수련시설
② 항만시설
③ 전력용 및 통신용 지하구
④ 지정문화재인 시설(시설이 아닌 지정문화재를 보호하거나 소장하고 있는 시설을 포함)

SOLUTION

개념
소방안전 특별관리시설물의 안전관리(화재예방법 제40조)
- 소방청장은 화재 등 재난이 발생할 경우 사회·경제적으로 피해가 큰 다음 시설(이하 "소방안전 특별관리시설물"이라 한다)에 대하여 소방안전 특별관리를 하여야 한다.
  - 공항시설
  - 철도시설
  - 도시철도시설
  - 항만시설
  - 지정문화재인 시설(시설이 아닌 지정문화재를 보호하거나 소장하고 있는 시설 포함)
  - 산업기술단지
  - 산업단지
  - 초고층 건축물 및 지하연계 복합건축물
  - 영화상영관 중 수용인원 1,000명 이상인 영화상영관
  - 전력용 및 통신용 지하구
  - 석유비축시설
  - 천연가스 인수기지 및 공급망
  - 점포가 500개 이상인 전통시장
  - 그 밖에 대통령령으로 정하는 시설물
- 소방청장은 특별관리를 체계적이고 효율적으로 하기 위하여 시·도지사와 협의하여 소방안전 특별관리기본계획을 기본계획에 포함하여 수립 및 시행하여야 한다.

풀이
수련시설은 소방안전 특별관리시설물에 해당하지 않는다.

정답 28 ④ 29 ①

30 ★★☆

위험물안전관리법령상 인화성액체위험물(이황화탄소를 제외)의 옥외탱크저장소의 탱크 주위에 설치하여야 하는 방유제의 설치 기준 중 틀린 것은?

① 방유제 내의 면적은 60,000[m²] 이하로 하여야 한다.
② 방유제는 높이 0.5[m] 이상 3[m] 이하, 두께 0.2[m] 이상, 지하매설깊이 1[m] 이상으로 할 것. 다만, 방유제와 옥외저장탱크 사이의 지반면 아래에 불침윤성 구조물을 설치하는 경우에는 지하매설깊이를 해당 불침윤성 구조물까지로 할 수 있다.
③ 방유제의 용량은 방유제 안에 설치된 탱크가 하나인 때에는 그 탱크 용량의 110[%] 이상, 2기 이상인 때에는 그 탱크 중 용량이 최대인 것의 용량의 110[%] 이상으로 하여야 한다.
④ 방유제는 철근콘크리트로 하고, 방유제와 옥외저장탱크 사이의 지표면은 불연성과 불침윤성이 있는 구조(철근콘크리트 등)로 할 것. 다만, 누출된 위험물을 수용할 수 있는 전용유조 및 펌프 등의 설비를 갖춘 경우에는 방유제와 옥외저장탱크 사이의 지표면을 흙으로 할 수 있다.

SOLUTION

개념
옥외탱크저장소의 위치·구조 및 설비의 기준(위험물법 시행규칙 별표 6, 위험물법 시행규칙 제30조 관련)
- 인화성액체위험물 옥외탱크저장소의 방유제의 용량기준(이황화탄소 제외)
 - 높이 : 0.5[m] 이상 3[m] 이하
 - 두께 : 0.2[m] 이상
 - 지하매설깊이 : 1[m] 이상
 - 높이가 1[m]를 넘는 방유제 및 간막이 둑의 안쪽에는 방유제 내에 출입하기 위한 계단 또는 경사로를 약 50[m]마다 설치
 - 방유제 내의 면적 : 80,000[m²] 이하
 - 탱크의 수 : 10기 이하
 - 방유제의 용량기준
   ▸ 탱크 1기 : 탱크용량의 110[%] 이상
   ▸ 탱크 2기 이상 : 설치된 탱크 중 용량이 최대인 것의 용량의 110[%] 이상

풀이
방유제 내의 면적은 80,000[m²] 이하로 하여야 한다.

31 ★★★

화재의 예방 및 안전관리에 관한 법령상 특수가연물의 품명별 수량 기준으로 틀린 것은?

① 고무류·플라스틱류(발포시킨 것) : 20[m³] 이상
② 가연성액체류 : 2[m³] 이상
③ 넝마 및 종이부스러기 : 400[kg] 이상
④ 볏짚류 : 1,000[kg] 이상

SOLUTION

개념
특수가연물(화재예방법 시행령 별표 2, 화재예방법 시행령 제19조 제1항 관련)

품명		수량
면화류		200[kg] 이상
나무껍질 및 대팻밥		400[kg] 이상
넝마 및 종이부스러기		1,000[kg] 이상
사류(絲類)		1,000[kg] 이상
볏짚류		1,000[kg] 이상
가연성 고체류		3,000[kg] 이상
석탄·목탄류		10,000[kg] 이상
가연성 액체류		2[m³] 이상
목재가공품 및 나무부스러기		10[m³] 이상
고무류·플라스틱류	발포시킨 것	20[m³] 이상
	그 밖의 것	3,000[kg] 이상

풀이
넝마 및 종이부스러기는 1,000[kg] 이상일 때 특수가연물에 해당한다.

정답 30 ① 31 ③

32 ★★☆

위험물안전관리법상 업무상 과실로 제조소등에서 위험물을 유출·방출 또는 확산시켜 사람의 생명·신체 또는 재산에 대하여 위험을 발생시킨 자에 대한 벌칙 기준으로 옳은 것은?

① 10년 이하의 징역 또는 금고나 1억 원 이하의 벌금
② 7년 이하의 금고 또는 7천만 원 이하의 벌금
③ 5년 이하의 징역 또는 1억 원 이하의 벌금
④ 3년 이하의 징역 또는 3천만 원 이하의 벌금

SOLUTION

개념

7년 이하의 금고 또는 7천만원 이하의 벌금(위험물법 제34조)
업무상 과실로 제조소등 또는 허가를 받지 않고 지정수량 이상의 위험물을 저장 또는 취급하는 장소에서 위험물을 유출·방출 또는 확산시켜 사람의 생명·신체 또는 재산에 대하여 위험을 발생시킨 자

풀이

업무상 과실로 제조소등 또는 허가를 받지 않고 지정수량 이상의 위험물을 저장 또는 취급하는 장소에서 위험물을 유출·방출 또는 확산시켜 사람의 생명·신체 또는 재산에 대하여 위험을 발생시킨 자는 7년 이하의 금고 또는 7천만원 이하의 벌금에 처한다.

33 ★★★

위험물안전관리법령상 제조소의 위치·구조 및 설비의 기준 중 위험물을 취급하는 건축물 그 밖의 시설의 주위에는 그 취급하는 위험물을 최대수량이 지정수량의 10배 이하인 경우 보유하여야 할 공지의 너비는 몇 [m] 이상 이어야 하는가?

① 3 ② 5
③ 8 ④ 10

SOLUTION

개념

제조소의 위치·구조 및 설비의 기준(위험물법 시행규칙 별표 4, 위험물법 시행규칙 제28조 관련)

- 보유공지
  - 위험물을 취급하는 건축물 그 밖의 시설(위험물을 이송하기 위한 배관 그 밖에 이와 유사한 시설을 제외)의 주위에는 그 취급하는 위험물의 최대수량에 따라 다음 표에 의한 너비의 공지를 보유

취급하는 위험물의 최대수량	공지의 너비
지정수량의 10배 이하	3[m] 이상
지정수량의 10배 초과	5[m] 이상

풀이

위험물의 최대수량이 지정수량의 10배 이하인 경우에는 보유하여야 할 공지의 너비는 3[m] 이상이어야 한다.

정답 32 ② 33 ①

34 ★★★

소방시설 설치 및 관리에 관한 법령상 종합점검 실시 대상이 되는 특정소방대상물의 기준 중 다음 (   )안에 알맞은 것은?

- 물분무등소화설비(호스릴 방식의 물분무등소화설비만을 설치한 경우 제외)가 설치된 연면적 (㉠)[m²] 이상인 특정소방대상물(위험물 제조소 등 제외)
- 다중이용업의 영업장이 설치된 특정소방대상물로서 연면적이 (㉡)[m²] 이상인 것

① ㉠ 2,000, ㉡ 1,000
② ㉠ 2,000, ㉡ 2,000
③ ㉠ 5,000, ㉡ 1,000
④ ㉠ 5,000, ㉡ 2,000

SOLUTION

개념

소방시설 등 자체점검의 구분 및 대상, 점검자의 자격, 점검 장비, 점검 방법 및 횟수 등 자체점검 시 준수해야할 사항(소방시설법 시행규칙 별표 3, 소방시설법 시행규칙 제20조제1항 관련)

구분	작동점검	종합점검
점검 대상	작동점검 제외대상 외 특정소방대상물 작동점검 제외대상 ① 소방안전관리자를 선임하지 않는 특정소방대상물 ② 위험물 제조소 등 ③ 특급 소방안전 대상물	① 스프링클러설비가 설치된 특정소방 대상물 ② 물분무등소화설비(호스릴 방식의 물분무등소화설비만을 설치한 경우 제외)가 설치된 연면적 5,000[m²] 이상인 특정소방대상물(위험물 제조소 등 제외) ③ 다중이용업의 영업장이 설치된 특정소방 대상물로서 연면적이 2,000[m²] 이상인 것 ④ 제연설비가 설치된 터널 ⑤ 공공기관 중 연면적이 1,000[m²] 이상인 것(옥내소화전설비 또는 자동화재탐지설비 설치), 소방대가 근무하는 공공기관 제외

풀이

물분무등소화설비(호스릴 방식의 물분무등소화설비만을 설치한 경우 제외)가 설치된 연면적 5,000[m²] 이상인 특정소방대상물(위험물 제조소 등 제외)과 다중이용업의 영업장이 설치된 특정소방대상물로서 연면적이 2,000[m²] 이상인 것은 종합점검 대상이다.

35 ★★☆

소방기본법상 소방업무의 응원에 대한 설명 중 틀린 것은?

① 소방본부장이나 소방서장은 소방활동을 할 때에 긴급한 경우에는 이웃한 소방본부장 또는 소방서장에게 소방업무의 응원을 요청할 수 있다.
② 소방업무의 응원 요청을 받은 소방본부장 또는 소방서장은 정당한 사유 없이 그 요청을 거절하여서는 아니 된다.
③ 소방업무의 응원을 위하여 파견된 소방대원은 응원을 요청한 소방본부장 또는 소방서장의 지휘에 따라야 한다.
④ 시·도지사는 소방업무의 응원을 요청하는 경우를 대비하여 출동 대상지역 및 규모와 필요한 경비의 부담 등에 관하여 필요한 사항을 대통령령으로 정하는 바에 따라 이웃하는 시·도지사와 협의하여 미리 규약으로 정하여야 한다.

SOLUTION

개념

소방업무의 응원(기본법 제11조)

- 소방활동을 할 때에 긴급한 경우에는 이웃한 소방본부장 또는 소방서장에게 소방업무의 응원(應援)을 요청 : 소방본부장, 소방서장
- 시·도지사는 소방업무의 응원을 요청하는 경우를 대비하여 출동 대상지역 및 규모와 필요한 경비의 부담 등에 관하여 필요한 사항을 행정안전부령으로 정하는 바에 따라 이웃하는 시·도지사와 협의하여 미리 규약(規約)으로 정함

풀이

시·도지사는 소방업무의 응원을 요청하는 경우를 대비하여 출동 대상지역 및 규모와 필요한 경비의 부담 등에 관하여 필요한 사항을 행정안전부령으로 정하는 바에 따라 이웃하는 시·도지사와 협의하여 미리 규약으로 정하여야 한다.

정답 34 ④ 35 ④

36 ★☆☆

화재의 예방 및 안전관리에 관한 법령상 소방안전관리대상물의 소방안전관리자가 소방훈련 및 교육을 하지 않은 경우 과태료 금액 기준으로 옳은 것은?

① 200만원 이하
② 100만원 이하
③ 300만원 이하
④ 30만원 이하

SOLUTION

개념
과태료(화재예방법 제52조)
- 과태료는 대통령령으로 정하는 바에 따라 소방청장, 시·도지사, 소방본부장 또는 소방서장이 부과·징수
  - 300만원 이하의 과태료
    · 정당한 사유 없이 화재예방강화지구 및 이에 준하는 대통령령으로 정하는 장소에서의 금지 명령에 해당하는 행위를 한 자
    · 다른 안전관리자가 소방안전관리자를 겸한 자
    · 소방안전관리업무를 하지 아니한 특정소방대상물의 관계인 또는 소방안전관리대상물의 소방안전관리자
    · 소방안전관리업무의 지도·감독을 하지 아니한 자
    · 건설현장 소방안전관리대상물의 소방안전관리자의 업무를 하지 아니한 소방안전관리자
    · 피난유도 안내정보를 제공하지 아니한 자
    · **소방훈련 및 교육을 하지 아니한 자**
    · 화재예방안전진단 결과를 제출하지 아니한 자
  - 200만원 이하의 과태료
    · 불을 사용할 때 지켜야 하는 사항 및 특수가연물의 저장 및 취급 기준을 위반한 자
    · 화재예방강화지구 내 화재안전조사 결과에 따른 소방설비 등의 설치 명령을 정당한 사유 없이 따르지 아니한 자
    · 소방안전관리자 또는 소방안전관리보조자의 선임신고를 기간 내에 선임신고를 하지 아니하거나 소방안전관리자의 성명 등을 게시하지 아니한 자
    · 건설현장 소방안전관리자 선임신고를 기간 내에 하지 아니한 자
    · 기간 내에 소방안전관리대상물 근무자 및 거주자 등에 대한 소방훈련 및 교육 결과를 제출하지 아니한 자
  - 100만원 이하의 과태료
    · 실무교육을 받지 아니한 소방안전관리자 및 소방안전관리보조자

풀이
소방안전관리대상물의 소방안전관리자가 소방훈련 및 교육을 하지 않은 경우 **300만원 이하**의 과태료가 부과된다.

37 ★★★

화재의 예방 및 안전관리에 관한 법령상 시·도지사가 화재예방강화지구로 지정할 필요가 있는 지역을 화재예방강화지구로 지정하지 아니하는 경우 해당 시·도지사에게 해당 지역의 화재예방강화지구 지정을 요청할 수 있는 자는?

① 행정안전부장관
② 소방청장
③ 소방본부장
④ 소방서장

SOLUTION

개념
화재예방강화지구의 지정 등(화재예방법 제18조)
- 화재예방강화지구의 지정권자 : 시·도지사
- 화재예방강화지구 지정지역
  - 시장지역
  - 공장·창고가 밀집한 지역
  - 목조건물이 밀집한 지역
  - 노후·불량건축물이 밀집한 지역
  - 위험물의 저장 및 처리 시설이 밀집한 지역
  - 석유화학제품을 생산하는 공장이 있는 지역
  - 「산업입지 및 개발에 관한 법률」 제2조제8호에 따른 산업단지
  - 소방시설·소방용수시설 또는 소방출동로가 없는 지역
  - 「물류시설의 개발 및 운영에 관한 법률」 제2조제6호에 따른 물류단지
  - 그 밖에 위의 지역에 준하는 지역으로서 소방관서장이 화재예방강화지구로 지정할 필요가 있다고 인정하는 지역
- **시·도지사가 화재예방강화지구로 지정할 필요가 있는 지역을 화재예방강화지구로 지정하지 아니하는 경우 소방청장은 해당 시·도지사에게 해당 지역의 화재예방강화지구 지정을 요청 가능**
- 화재안전조사 실시자 : 소방관서장

풀이
시·도지사가 화재예방강화지구로 지정할 필요가 있는 지역을 화재예방강화지구로 지정하지 아니하는 경우 **소방청장**은 해당 시·도사에게 해당 지역의 화재예방강화지구 지정을 요청 가능하다.

정답 36 ③ 37 ②

38 ★★☆

화재의 예방 및 안전관리에 관한 법령상 총괄소방안전관리자 선임대상 특정소방대상물의 기준 중 틀린 것은?

① 판매시설 중 상점
② 복합건축물(지하층을 제외한 층수가 11층 이상인 건축물만 해당)
③ 지하가(지하의 인공구조물 안에 설치된 상점 및 사무실, 그 밖에 이와 비슷한 시설이 연속하여 지하도에 접하여 설치된 것과 그 지하도를 합한 것)
④ 복합건축물로서 연면적이 30,000[m²] 이상인 것

SOLUTION

개념
관리의 권원이 분리된 특정소방대상물의 소방안전관리(화재예방법 제35조)
- 총괄소방안전관리대상 특정소방대상물
  - 복합건축물(지하층을 제외한 층수가 11층 이상 또는 연면적 3만[m²] 이상인 건축물)
  - 지하가(지하의 인공구조물 안에 설치된 상점 및 사무실, 그 밖에 이와 비슷한 시설이 연속하여 지하도에 접하여 설치된 것과 그 지하도를 합한 것)
  - 그 밖에 대통령령으로 정하는 특정소방대상물 : 판매시설 중 도매시장, 소매시장, 전통시장

풀이
총괄소방안전관리자대상 특정소방대상물에서 판매시설은 도매시장, 소매시장, 전통시장이 해당한다.

39 ★★☆

화재의 예방 및 안전관리에 관한 법령상 일반음식점에서 조리를 위하여 불을 사용하는 설비를 설치하는 경우 지켜야 하는 사항 중 다음 ( ) 안에 알맞은 것은?

- 주방설비에 부속된 배기덕트는 (㉠)[mm] 이상의 아연도금 강판 또는 이와 동등 이상의 내식성 불연재료로 설치할 것
- 열을 발생하는 조리기구로부터 (㉡)[m] 이내의 거리에 있는 가연성 주요구조부는 석면판 또는 단열성이 있는 불연재료로 덮어 씌울 것

① ㉠ 0.5, ㉡ 0.15
② ㉠ 0.5, ㉡ 0.6
③ ㉠ 0.6, ㉡ 0.15
④ ㉠ 0.6, ㉡ 0.5

SOLUTION

개념
보일러 등의 설비 또는 기구 등의 위치·구조 및 관리와 화재예방을 위하여 불을 사용할 때 지켜야 하는 사항(화재예방법 시행령 별표 1, 화재예방법 시행령 제18조 제2항 관련)
- 음식 조리를 위하여 설치하는 설비
  - 주방설비에 부속된 배출덕트(공기 배출통로) : 0.5[mm] 이상의 아연도금 강판 또는 이와 같거나 그 이상의 내식성 불연재료로 설치
  - 주방시설 : 동물 또는 식물의 기름을 제거할 수 있는 필터 설치
  - 열을 발생하는 조리기구 : 반자 또는 선반으로부터 0.6[m] 이상 떨어지게 할 것
  - 열을 발생하는 조리기구로부터 0.15[m] 이내의 거리에 있는 가연성 주요구조부는 단열성이 있는 불연재료로 덮어 씌울 것

풀이
주방설비에 부속된 배기덕트는 0.5[mm] 이상의 아연도금강판 또는 이와 동등 이상의 내식성 불연재료로 설치해야 한다. 또한 열을 발생하는 조리기구로부터 0.15[m] 이내의 거리에 있는 가연성 주요구조부는 석면판 또는 단열성이 있는 불연재료로 덮어 씌워야 한다.

40 ★★★

소방기본법령상 소방용수시설별 설치기준 중 옳은 것은?

① 저수조는 지면으로부터의 낙차가 4.5[m] 이상일 것
② 소화전은 상수도와 연결하여 지하식 또는 지상식의 구조로 하고, 소방용 호스와 연결하는 소화전의 연결금속구의 구경은 50[mm]로 할 것
③ 저수조 흡수관의 투입구가 사각형의 경우에는 한 변의 길이가 60[cm] 이상일 것
④ 급수탑 급수배관의 구경은 65[mm] 이상으로 하고, 개폐밸브는 지상에서 0.8[m] 이상, 1.5[m] 이하의 위치에 설치하도록 할 것

SOLUTION

개념
소방용수시설의 설치기준(기본법 시행규칙 별표 3, 기본법 시행규칙 제6조 제2항 관련)
- 공통기준
  - 주거지역·상업지역 및 공업지역에 설치하는 경우 : 소방대상물과의 수평거리 100[m] 이하
  - 그 외 지역 : 소방대상물과의 수평거리 140[m] 이하
- 소화전
  - 상수도와 연결하여 지하식 또는 지상식의 구조
  - 소방용호스와 연결하는 소화전의 연결금속구의 구경은 65[mm]
- 급수탑
  - 급수배관의 구경은 100[mm] 이상
  - 개폐밸브는 지상에서 1.5[m] 이상 1.7[m] 이하의 위치에 설치
- 저수조
  - 지면으로부터의 낙차가 4.5[m] 이하
  - 흡수부분의 수심이 0.5[m] 이상
  - 소방펌프자동차가 쉽게 접근할 수 있도록 할 것
  - 흡수에 지장이 없도록 토사 및 쓰레기 등을 제거할 수 있는 설비를 갖출 것
  - 흡수관의 투입구가 사각형의 경우에는 한 변의 길이가 60[cm] 이상, 원형의 경우에는 지름이 60[cm] 이상
  - 저수조에 물을 공급하는 방법은 상소도에 연결하여 자동으로 급수되는 구조

풀이
저수조 흡수관의 투입구가 사각형의 경우에는 한 변의 길이가 60[cm] 이상이 되도록 설치한다.

2018년 제2회 소방설비기사

21 ★★★

소방시설 설치 및 관리에 관한 법령상 비상경보설비를 설치하여야 할 특정소방대상물의 기준 중 옳은 것은?(단, 지하구, 모래·석재 등 불연재료 창고 및 위험물 저장·처리 시설 중 가스시설은 제외한다)

① 지하층 또는 무창층의 바닥면적이 50[m²] 이상인 것
② 연면적 400[m²] 이상인 것
③ 터널로서 길이가 300[m] 이상인 것
④ 30명 이상의 근로자가 작업하는 옥내 작업장

SOLUTION

개념
특정소방대상물의 관계인이 특정소방대상물에 설치·관리해야 하는 소방시설의 종류(소방시설법 시행령 별표 4, 소방시설법 시행령 제11조 관련)
- 비상경보설비를 설치해야 하는 특정소방대상물
  - 연면적 400[m²] 이상인 모든 층
  - 지하층 또는 무창층의 바닥면적이 150[m²](공연장의 경우 100[m²]) 이상인 것은 모든 층
  - 터널로서 길이가 500[m] 이상인 것
  - 50명 이상의 근로자가 작업하는 옥내 작업장

풀이
보기에서 비상경보설비를 설치해야 하는 특정소방대상물의 기준에 부합하는 것은 연면적 400[m²] 이상인 것이다.

22 ★★☆

화재의 예방 및 안전관리에 관한 법령상 위험물 또는 물건의 보관기간은 소방본부 또는 소방서의 게시판에 공고 하는 기간의 종료일 다음 날부터 며칠로 하는가?

① 3
② 4
③ 5
④ 7

SOLUTION

개념

옮긴 물건 등의 보관기간 및 보관기간 경과 후 처리(화재예방법 시행령 제17조)

- 화재의 예방조치로 인해 옮긴 물건을 보관하는 경우에는 그날로부터 14일 동안 해당 소방관서의 인터넷 홈페이지에 그 사실을 공고
- 옮긴 물건 등의 보관기간 : 공고기간의 종료일 다음 날부터 7일까지
- 보관기간이 종료된 때에는 보관하고 있는 옮긴 물건 등을 매각. 다만, 보관하고 있는 옮긴 물건등이 부패·파손 또는 이와 유사한 사유로 정해진 용도로 계속 사용할 수 없는 경우에는 폐기 가능

풀이

옮긴 물건의 보관기간은 공고기간의 종료일 다음 날부터 7일이다.

23 ★★★

소방시설 설치 및 관리에 관한 법령상 스프링클러설비를 설치하여야 하는 특정소방대상물의 기준 중 틀린 것은?(단, 위험물 저장 및 처리 시설 중 가스시설 또는 지하구는 제외한다.)

① 숙박이 가능한 수련시설 용도로 사용되는 시설의 바닥면적의 합계가 600[m²] 이상인 것은 모든 층
② 창고시설(물류터미널은 제외)로서 바닥면적 합계가 5,000[m²] 이상인 경우에는 모든 층
③ 판매시설, 운수시설 및 창고시설(물류터미널에 한정)로서 바닥면적의 합계가 5,000[m²] 이상이거나 수용인원이 500명 이상인 경우에는 모든 층
④ 복합건축물로서 연면적이 3,000[m²] 이상인 경우에는 모든 층

SOLUTION

개념

특정소방대상물의 관계인이 특정소방대상물에 설치·관리해야 하는 소방시설의 종류(소방시설법 시행령 별표 4, 소방시설법 시행령 제11조 관련)

- 스프링클러설비를 설치해야 하는 특정소방대상물
  - 층수가 6층 이상인 특정소방대상물의 경우에는 모든 층
  - 기숙사 또는 복합건축물로서 연면적 5,000[m²] 이상인 경우에는 모든 층
  - 문화 및 집회시설, 종교시설, 운동시설로서 다음의 어느 하나에 해당하는 경우에는 모든 층
    1. 수용인원이 100명 이상인 것
    2. 영화상영관의 용도로 쓰는 층의 바닥면적이 지하층 또는 무창층인 경우에는 500[m²] 이상, 그 밖의 경우에는 1,000[m²] 이상인 것
    3. 무대부가 지하층·무창층 또는 4층 이상의 층에 있는 경우에는 무대부의 면적이 300[m²] 이상인 것
    4. 무대부가 3항의 경우 제외한 층에 있는 경우에는 무대부의 면적이 500[m²] 이상인 것
  - 판매시설, 운수시설 및 창고시설(물류터미널로 한정)로서 바닥면적의 합계가 5,000[m²] 이상이거나 수용인원이 500명 이상인 경우에는 모든 층
  - 다음의 어느 하나에 해당하는 용도로 사용되는 시설의 바닥면적의 합계가 600[m²] 이상인 것은 모든 층
    ▸ 근린생활시설 중 조산원 및 산후조리원
    ▸ 의료시설 중 정신의료기관
    ▸ 의료시설 중 종합병원, 병원, 치과병원, 한방병원 및 요양병원
    ▸ 노유자 시설
    ▸ 숙박이 가능한 수련시설
    ▸ 숙박시설
  - 창고시설(물류터미널 제외)로서 바닥면적 합계가 5,000[m²] 이상인 경우에는 모든 층
  - 특정소방대상물의 지하층·무창층 또는 층수가 4층 이상인 층으로 바닥면적 1,000[m²] 이상인 층이 있는 경우에는 해당 층
  - 지하상가로서 연면적 1,000[m²] 이상인 것

풀이

스프링클러설비를 설치해야 하는 특정소방대상물의 기준에서 복합건축물은 연면적 5,000[m²] 이상인 경우에 모든 층이 해당한다.

24 ★★☆

소방기본법상 소방본부장, 소방서장 또는 소방대장의 권한이 아닌 것은?

① 화재, 재난·재해, 그 밖의 위급한 상황이 발생한 현장에서 소방활동을 위하여 필요할 때에는 그 관할구역에 사는 사람 또는 그 현장에 있는 사람으로 하여금 사람을 구출하는 일 또는 불을 끄거나 불이 번지지 아니하도록 하는 일을 하게 할 수 있다.

② 소방활동을 할 때에 긴급한 경우에는 이웃한 소방본부장 또는 소방서장에게 소방업무의 응원을 요청할 수 있다.

③ 사람을 구출하거나 불이 번지는 것을 막기 위하여 필요할 때에는 화재가 발생하거나 불이 번질 우려가 있는 소방대상물 및 토지를 일시적으로 사용하거나 그 사용의 제한 또는 소방활동에 필요한 처분을 할 수 있다.

④ 소방활동을 위하여 긴급하게 출동할 때에는 소방자동차의 통행과 소방활동에 방해가 되는 주차 또는 정차된 차량 및 물건 등을 제거하거나 이동시킬 수 있다.

SOLUTION

개념
소방업무의 응원(기본법 제11조)
- 소방활동을 할 때에 긴급한 경우에는 이웃한 소방본부장 또는 소방서장에게 소방업무의 응원(應援)을 요청 : 소방본부장, 소방서장
- 시·도지사는 소방업무의 응원을 요청하는 경우를 대비하여 출동 대상지역 및 규모와 필요한 경비의 부담 등에 관하여 필요한 사항을 행정안전부령으로 정하는 바에 따라 이웃하는 시·도지사와 협의하여 미리 규약(規約)으로 정함

풀이
상호응원협정 요청권자는 소방본부장과 소방서장이다. 소방대장은 상호응원협정 요청에 대한 권한이 없다.

25 ★☆☆

위험물안전관리법상 지정수량 미만인 위험물의 저장 또는 취급에 관한 기술상의 기준은 무엇으로 정하는가?

① 대통령령
② 총리령
③ 시·도의 조례
④ 행정안전부령

SOLUTION

개념
지정수량 미만의 위험물의 저장·취급(위험물법 제4조)
지정수량 미만인 위험물의 저장 또는 취급에 관한 기술상의 기준은 시·도 조례로 정함

풀이
지정수량 미만인 위험물의 저장 또는 취급에 관한 기술상의 기준은 시·도 조례로 정한다.

26 ★★☆

위험물안전관리법상 업무상 과실로 제조소등에서 위험물을 유출·방출 또는 확산시켜 사람의 생명·신체 또는 재산에 대하여 위험을 발생시킨 자에 대한 벌칙 기준으로 옳은 것은?

① 5년 이하의 금고 또는 2,000만원 이하의 벌금
② 5년 이하의 금고 또는 7,000만원 이하의 벌금
③ 7년 이하의 금고 또는 2,000만원 이하의 벌금
④ 7년 이하의 금고 또는 7,000만원 이하의 벌금

SOLUTION

개념
7년 이하의 금고 또는 7천만원 이하의 벌금(위험물법 제34조)
업무상 과실로 제조소등 또는 허가를 받지 않고 지정수량 이상의 위험물을 저장 또는 취급하는 장소에서 위험물을 유출·방출 또는 확산시켜 사람의 생명·신체 또는 재산에 대하여 위험을 발생시킨 자

풀이
업무상 과실로 제조소등 또는 허가를 받지 않고 지정수량 이상의 위험물을 저장 또는 취급하는 장소에서 위험물을 유출·방출 또는 확산시켜 사람의 생명·신체 또는 재산에 대하여 위험을 발생시킨 자는 7년 이하의 금고 또는 7천만원 이하의 벌금에 처한다.

정답 24 ② 25 ③ 26 ④

27 ★☆☆

소방기본법상 소방활동구역의 설정권자로 옳은 것은?

① 소방본부장 ② 소방서장
③ 소방대장   ④ 시·도지사

SOLUTION

[개념]
소방활동구역의 설정(기본법 제23조)
- 설정권자 : 소방대장
- 설정구역 : 화재, 재난·재해, 그 밖의 위급한 상황이 발생한 현장
- 법령근거 : 대통령령
- 경찰공무원은 소방대장의 요청이 있을 때에는 출입 가능

[풀이]
소방활동구역의 설정권자는 소방대장이다.

28 ★★★

소방기본법령상 소방용수시설별 설치기준 중 틀린 것은?

① 급수탑 개폐밸브는 지상에서 1.5[m] 이상 1.7[m] 이하의 위치에 설치하도록 할 것
② 소화전은 상수도와 연결하여 지하식 또는 지상식의 구조로 하고, 소방용호스와 연결하는 소화전의 연결금속구의 구경은 100[mm]로 할 것
③ 저수조 흡수관의 투입구가 사각형의 경우에는 한 변의 길이가 60[cm] 이상, 원형의 경우에는 지름이 60[cm] 이상일 것
④ 저수조는 지면으로부터의 낙차가 4.5[m] 이하일 것

SOLUTION

[개념]
소방용수시설의 설치기준(기본법 시행규칙 별표 3)
- 공통기준
  - 주거지역·상업지역 및 공업지역에 설치하는 경우 : 소방대상물과의 수평거리 100[m] 이하
  - 그 외 지역 : 소방대상물과의 수평거리 140[m] 이하
- 소화전
  - 상수도와 연결하여 지하식 또는 지상식의 구조
  - 소방용호스와 연결하는 소화전의 연결금속구의 구경은 65[mm]
- 급수탑
  - 급수배관의 구경은 100[mm] 이상
  - 개폐밸브는 지상에서 1.5[m] 이상 1.7[m] 이하의 위치에 설치
- 저수조
  - 지면으로부터의 낙차가 4.5[m] 이하
  - 흡수부분의 수심이 0.5[m] 이상
  - 소방펌프자동차가 쉽게 접근할 수 있도록 할 것
  - 흡수에 지장이 없도록 토사 및 쓰레기 등을 제거할 수 있는 설비를 갖출 것
  - 흡수관의 투입구가 사각형의 경우에는 한 변의 길이가 60[cm] 이상, 원형의 경우에는 지름이 60[cm] 이상
  - 저수조에 물을 공급하는 방법은 상수도에 연결하여 자동으로 급수되는 구조

[풀이]
소방용 호스와 연결하는 소화전의 연결금속구의 구경은 65[mm]로 해야 한다.

29 ★☆☆

소방시설 설치 및 관리에 관한 법령상 특정소방대상물에 소방시설이 화재안전기준에 따라 설치 또는 유지·관리 되어 있지 아니할 때 해당 특정소방대상물의 관계인에게 필요한 조치를 명할 수 있는 자는?

① 소방본부장   ② 소방청장
③ 시·도지사   ④ 행정안전부장관

SOLUTION

[개념]
특정소방대상물에 설치하는 소방시설의 관리 등(소방시설법 제12조)
- 소방시설 설치·관리자 : 특정소방대상물의 관계인
- 소방시설 조치 명령자 : 소방본부장, 소방서장
- 소방시설정보관리시스템 : 소방시설의 작동정보 등을 실시간으로 수집·분석할 수 있는 시스템
- 소방시설정보관리시스템 구축·운영자 : 소방청장, 소방본부장, 소방서장

[풀이]
소방시설을 관계인에게 조치를 명할 수 있는 사람은 소방본부장과 소방서장이다.

정답 27 ③ 28 ② 29 ①

30 ★★★

화재의 예방 및 안전관리에 관한 법령상 소방안전관리대상물의 소방안전관리자 업무가 아닌 것은?

① 소방훈련 및 교육
② 자위소방대 및 초기대응체계의 구성·운영·교육
③ 피난시설, 방화구획 및 방화시설의 설치
④ 피난계획에 관한 사항과 대통령령으로 정하는 사항이 포함된 소방계획서의 작성 및 시행

SOLUTION

[개념]
특정소방대상물의 소방안전관리(화재예방법 제24조)
- 소방안전관리업무 대행자 : 소방시설관리업자(소방시설관리업을 등록한 자)
- 소방안전관리자의 선임
  - 선임해당사유 발생일로부터 30일 이내
  - 선임신고 : 선임한 날부터 14일 이내에 소방본부장 또는 소방서장에게 신고
- 특정소방대상물의 관계인 업무
  - 피난시설·방화구획 및 방화시설의 관리
  - 소방시설, 그 밖의 소방관련시설의 관리
  - 화기 취급의 감독
  - 화재발생 시 초기대응
  - 그 밖에 소방안전관리에 필요한 업무
- 소방안전관리대상물의 소방안전관리자 업무
  - 피난계획에 관한 사항과 소방계획서의 작성 및 시행
  - 자위소방대 및 초기대응체계의 구성, 운영 및 교육
  - 피난시설·방화구획 및 방화시설의 관리
  - 소방시설이나 그 밖의 소방 관련 시설의 관리
  - 소방훈련 및 교육
  - 화기 취급의 감독
  - 소방안전관리에 관한 업무수행에 관한 기록·유지
  - 화재발생 시 초기대응
  - 그 밖의 소방안전관리에 필요한 업무

[풀이]
소방안전관리자는 피난시설·방화구획 및 방화시설의 관리하는 것이 업무이지 피난시설·방화구획 및 방화시설의 설치는 업무가 아니다.

31 ★☆☆

화재의 예방 및 안전관리에 관한 법령상 소방안전관리대상물의 소방계획서에 포함되어야 하는 사항이 아닌 것은?

① 예방규정을 정하는 제조소등의 위험물 저장·취급에 관한 사항
② 소방시설·피난시설 및 방화시설의 점검·정비계획
③ 특정소방대상물의 근무자 및 거주자의 자위소방대 조직과 대원의 임무에 관한 사항
④ 방화구획, 제연구획, 건축물의 내부 마감 재료(불연재료·준불연재료 또는 난연재료로 사용된 것) 및 방염물품의 사용현황과 그 밖의 방화구조 및 설비의 유지·관리계획

SOLUTION

[개념]
소방안전관리대상물의 소방계획서 작성 등(화재예방법 시행령 제27조)
- 소방안전관리대상물의 위치·구조·연면적·용도 및 수용인원 등 일반현황
- 소방안전관리대상물에 설치한 소방시설, 방화시설, 전기시설, 가스시설 및 위험물시설의 현황
- 화재 예방을 위한 자체점검계획 및 대응대책
- 소방시설·피난시설 및 방화시설의 점검·정비계획
- 피난층 및 피난시설의 위치와 피난경로의 설정, 화재안전취약자의 피난계획 등을 포함한 피난계획
- 방화구획, 제연구획(除煙區劃), 건축물의 내부 마감재료 및 방염대상물품의 사용 현황과 그밖의 방화구조 및 설비의 유지·관리계획
- 관리의 권원이 분리된 특정소방대상물의 소방안전관리에 관한 사항
- 소방훈련·교육에 관한 계획
- 소방안전관리대상물의 근무자 및 거주자의 자위소방대 조직과 대원의 임무(화재안전취약자의 피난 보조 임무를 포함한다)에 관한 사항
- 화기 취급 작업에 대한 사전 안전조치 및 감독 등 공사 중 소방안전관리에 관한 사항
- 소화에 관한 사항과 연소 방지에 관한 사항
- 위험물의 저장·취급에 관한 사항(예방규정을 정하는 제조소등은 제외)
- 소방안전관리에 대한 업무수행에 관한 기록 및 유지에 관한 사항
- 화재발생 시 화재경보, 초기소화 및 피난유도 등 초기대응에 관한 사항
- 그 밖에 소방본부장 또는 소방서장이 소방안전관리대상물의 위치·구조·설비 또는 관리 상황 등을 고려하여 소방안전관리에 필요하여 요청하는 사항

[풀이]
예방규정을 정하는 제조소 등은 소방계획서에 포함되어야 하는 사항에서 제외한다.

정답 30 ③ 31 ①

32 ★★☆

소방시설 설치 및 관리에 관한 법령상 소방시설등에 대한 자체점검을 하지 아니하거나 관리업자 등으로 하여금 정기적으로 점검하게 하지 아니한 자에 대한 벌칙 기준으로 옳은 것은?

① 6개월 이하의 징역 또는 1,000만원 이하의 벌금
② 1년 이하의 징역 또는 1,000만원 이하의 벌금
③ 3년 이하의 징역 또는 1,500만원 이하의 벌금
④ 3년 이하의 징역 또는 3,000만원 이하의 벌금

SOLUTION

개념
1년 이하의 징역 또는 1천만원 이하의 벌금(소방시설법 제58조)
- 소방시설 등에 대하여 스스로 점검을 하지 아니하거나 관리업자 등으로 하여금 정기적으로 점검하게 하지 아니한 자
- 소방시설관리사증을 다른 사람에게 빌려주거나 빌리거나 이를 알선한 자
- 동시에 둘 이상의 업체에 취업한 자
- 자격정지처분을 받고 그 자격정지기간 중에 관리사의 업무를 한 자
- 관리업의 등록증이나 등록수첩을 다른 자에게 빌려주거나 빌리거나 이를 알선한 자
- 영업정지처분을 받고 그 영업정지기간 중에 관리업의 업무를 한 자
- 제품검사에 합격하지 아니한 제품에 합격표시를 하거나 합격표시를 위조 또는 변조하여 사용한 자
- 형식승인의 변경승인을 받지 아니한 자
- 제품검사에 합격하지 아니한 소방용품에 성능인증을 받았다는 표시 또는 제품검사에 합격하였다는 표시를 하거나 성능인증을 받았다는 표시 또는 제품검사에 합격하였다는 표시를 위조 또는 변조하여 사용한 자
- 성능인증의 변경인증을 받지 아니한 자
- 우수품질인증을 받지 아니한 제품에 우수품질인증 표시를 하거나 우수품질인증 표시를 위조하거나 변조하여 사용한 자
- 관계인의 정당한 업무를 방해하거나 출입·검사 업무를 수행하면서 알게 된 비밀을 다른 사람에게 누설한 자

풀이
소방시설 등에 대하여 스스로 점검을 하지 아니하거나 관리업자 등으로 하여금 정기적으로 점검하게 하지 아니한 자는 1년 이하의 징역 또는 1천만원 이하의 벌금에 처한다.

33 ★★☆

소방시설 설치 및 관리에 관한 법령상 소방용품이 아닌 것은?

① 소화약제 외의 것을 이용한 간이소화용구
② 자동소화장치
③ 가스누설경보기
④ 소화용으로 사용하는 방염제

SOLUTION

개념
소방용품(소방시설법 시행령 별표 3, 소방시설법 제6조 관련)
- 소화설비를 구성하는 제품 또는 기기
  - 제품 : 소화기, 자동확산소화기, 간이소화용구(소화약제 외의 것을 이용한 간이소화용구는 제외), 자동소화장치
  - 기기 : 소화전, 관창, 소방호스, 스프링클러헤드, 기동용수압개폐장치, 유수제어밸브, 가스관선택밸브
- 경보설비를 구성하는 제품 또는 기기
  - 제품 : 누전경보기, 가스누설경보기
  - 기기 : 발신기, 수신기, 중계기, 감지기, 음향장치 중 경종
- 소화용으로 사용하는 제품 또는 기기 : 상업용 주방자동소화장치, 캐비닛형 자동소화장치, 포소화설비, 이산화탄소소화설비, 할론소화설비, 할로겐화합물 및 불활성기체소화설비, 분말소화설비, 강화액소화설비, 고체에어로졸소화설비의 소화약제, 방염제(방염액·방염도료 및 방염성 물질)

풀이
소화약제 외의 것을 이용한 간이소화용구는 제외는 소방용품에서 제외한다.

34 ★★★

소방기본법령상 소방본부 종합상황실 실장이 소방청의 종합상황실에 서면·팩스 또는 컴퓨터통신 등으로 보고하여야 하는 화재의 기준 중 틀린 것은?

① 항구에 매어둔 총 톤수가 1,000톤 이상인 선박에서 발생한 화재
② 층수가 5층 이상이거나 병상이 30개 이상인 종합병원·정신병원·한방병원·요양소에서 발생한 화재
③ 지정수량의 1,000배 이상의 위험물의 제조소·저장소·취급소에서 발생한 화재
④ 연면적 15,000[m²] 이상인 공장 또는 화재예방강화지구에서 발생한 화재

SOLUTION

개념

종합상황실의 실장의 업무 등(기본법 시행규칙 제3조)
- 종합상황실장의 서면·팩스 또는 컴퓨터통신 등의 보고대상 재해규모
  - 사망자가 5인 이상 발생하거나 사상자가 10인 이상 발생한 화재
  - 이재민이 100인 이상 발생한 화재
  - 재산피해액이 50억원 이상 발생한 화재
  - 관공서·학교·정부미도정공장·문화재·지하철 또는 지하구의 화재
  - 관광호텔, 층수가 11층 이상인 건축물, 지하상가, 시장, 백화점, 지정수량의 3천배 이상의 위험물의 제조소·저장소·취급소, 층수가 5층 이상이거나 객실이 30실 이상인 숙박시설, 층수가 5층 이상이거나 병상이 30개 이상인 종합병원·정신병원·한방병원·요양소, 연면적 1만5천제곱미터 이상인 공장 또는 화재예방강화지구에서 발생한 화재
  - 철도차량, 항구에 매어둔 총 톤수가 1천톤 이상인 선박, 항공기, 발전소 또는 변전소에서 발생한 화재
  - 가스 및 화약류의 폭발에 의한 화재
  - 다중이용업소의 화재
  - 통제단장의 현장지휘가 필요한 재난상황
  - 언론에 보도된 재난상황
  - 그 밖에 소방청장이 정하는 재난상황

풀이

지정수량의 3,000배 이상의 위험물의 제조소·저장소·취급소에서 화재가 발생했을 때 소방본부 종합상황실 실장이 소방청의 종합상황실에 서면·팩스 또는 컴퓨터통신 등으로 보고하여야 한다.

35 ★☆☆

위험물안전관리법령상 위험물의 안전관리와 관련된 업무를 수행하는 자로서 소방청장이 실시하는 안전교육대상자가 아닌 것은?

① 안전관리자로 선임된 자
② 탱크시험자의 기술인력으로 종사하는 자
③ 위험물운송자로 종사하는 자
④ 제조소등의 관계인

SOLUTION

개념

안전교육대상자(위험물법 시행령 제20조)
- 안전관리자로 선임된 자
- 탱크시험자의 기술인력으로 종사하는 자
- 위험물운반자로 종사하는 자
- 위험물운송자로 종사하는 자

풀이

제조소등의 관계인은 안전교육대상자의 대상이 아니다.

정답 34 ③ 35 ④

36 ★★★

소방시설공사업법령상 공사감리자 지정대상 특정 소방대상물의 범위가 아닌 것은?

① 캐비닛형 간이스프링클러설비를 신설·개설하거나 방호·방수 구역을 증설할 때
② 물분무등소화설비(호스릴 방식의 소화설비는 제외)를 신설·개설하거나 방호·방수구역을 증설할 때
③ 제연설비를 신설·개설하거나 제연구역을 증설할 때
④ 연소방지설비를 신설·개설하거나 살수구역을 증설할 때

SOLUTION

개념
공사감리자 지정대상 특정소방대상물의 범위(소방공사업법 시행령 제10조)
- 옥내소화전설비를 신설·개설 또는 증설할 때
- 스프링클러설비등(캐비닛형 간이스프링클러설비는 제외)을 신설·개설하거나 방호·방수 구역을 증설할 때
- 물분무등소화설비(호스릴 방식의 소화설비는 제외)를 신설·개설하거나 방호·방수 구역을 증설할 때
- 옥외소화전설비를 신설·개설 또는 증설할 때
- 자동화재탐지설비를 신설 또는 개설할 때
- 화재알림설비를 신설 또는 개설할 때
- 비상방송설비를 신설 또는 개설할 때
- 통합감시시설을 신설 또는 개설할 때
- 소화용수설비를 신설 또는 개설할 때
- 다음에 따른 소화활동설비의 시공
  - 제연설비를 신설·개설하거나 제연구역을 증설할 때
  - 연결송수관설비를 신설 또는 개설할 때
  - 연결살수설비를 신설·개설하거나 송수구역을 증설할 때
  - 비상콘센트설비를 신설·개설하거나 전용회로를 증설할 때
  - 무선통신보조설비를 신설 또는 개설할 때
  - 연소방지설비를 신설·개설하거나 살수구역을 증설할 때

풀이
스프링클러설비에서 캐비닛형 간이스프링클러설비의 신설, 개설하거나 방호, 방수 구역을 증설할 때는 공사감리자 지정대상 특정소방대상물의 범위에서 제외한다.

37 ★★★

위험물안전관리법상 위험물시설의 설치 및 변경 등에 관한 기준 중 다음 ( ) 안에 알맞은 것은?

> 제조소등의 위치·구조 또는 설비의 변경 없이 당해 제조소 등에서 저장하거나 취급하는 위험물의 품명·수량 또는 지정수량의 배수를 변경하고자 하는 자는 변경하고자 하는 날의 (㉠)일 전까지 (㉡)이 정하는 바에 따라 (㉢)에게 신고하여야 한다.

① ㉠ 1, ㉡ 행정안전부령, ㉢ 시·도지사
② ㉠ 1, ㉡ 대통령령, ㉢ 소방본부장·소방서장
③ ㉠ 14, ㉡ 행정안전부령, ㉢ 시·도지사
④ ㉠ 14, ㉡ 대통령령, ㉢ 소방본부장·소방서장

SOLUTION

개념
위험물시설의 설치 및 변경 등(위험물법 제6조)
- 제조소 등의 설치허가
  - 설치허가자 : 시·도지사
  - 설치허가 대상
    · 제조소 등을 설치하려는 자
    · 제조소 등의 위치·구조 또는 설비를 변경하고자 하는 자
- 품명 등의 변경신고
  - 변경신고 대상 : 시·도지사
  - 변경신고 기한 : 변경하고자 하는 날의 1일 전까지 행정안전부령에 따라 신고
  - 변경조건 : 해당 제조소 등의 위치·구조 또는 설비의 변경 없이 저장하거나 취급하는 위험물의 품명·수량 또는 지정수량의 배수를 변경
- 설치허가, 변경신고 등의 예외 조건
  - 주택의 난방시설(공동주택의 중앙난방시설 제외)용 저장소 또는 취급소
  - 농예용·축산용 또는 수산용으로 필요한 난방시설 또는 건조시설을 위한 지정수량 20배 이하의 저장소

풀이
제조소 등의 위치·구조 또는 설비의 변경 없이 당해 제조소 등에서 저장하거나 취급하는 위험물의 품명·수량 또는 지정수량의 배수를 변경하고자 하는 자는 변경하고자 하는 날의 1일 전까지 행정안전부령이 정하는 바에 따라 시·도지사에게 신고하여야 한다.

정답 36 ① 37 ①

38 ★☆☆

소방시설 설치 및 관리에 관한 법령상 특정소방대상물의 피난시설, 방화 구획 또는 방화시설의 폐쇄·훼손·변경 등의 행위를 한 자에 대한 과태료 기준으로 옳은 것은?

① 200만원의 이하의 과태료
② 300만원의 이하의 과태료
③ 500만원의 이하의 과태료
④ 600만원의 이하의 과태료

SOLUTION

개념

과태료(소방시설법 제61조)

- 과태료는 대통령령으로 정하는 바에 따라 소방청장, 시·도지사, 소방본부장 또는 소방서장이 부과·징수
  - 300만원 이하의 과태료
    - 소방시설을 화재안전기준에 따라 설치·관리하지 아니한 자
    - 공사 현장에 임시소방시설을 설치·관리하지 아니한 자
    - 피난시설, 방화구획 또는 방화시설의 폐쇄·훼손·변경 등의 행위를 한 자
    - 방염대상물품을 방염성능기준 이상으로 설치하지 아니한 자
    - 점검능력 평가를 받지 아니하고 점검을 한 관리업자
    - 관계인에게 점검 결과를 제출하지 아니한 관리업자 등
    - 점검인력의 배치기준 등 자체점검 시 준수사항을 위반한 자
    - 점검 결과를 보고하지 아니하거나 거짓으로 보고한 자
    - 이행계획을 기간 내에 완료하지 아니한 자 또는 이행계획 완료 결과를 보고하지 아니하거나 거짓으로 보고한 자
    - 점검기록표를 기록하지 아니하거나 특정소방대상물의 출입자가 쉽게 볼 수 있는 장소에 게시하지 아니한 관계인
    - 등록사항의 변경신고, 관리업자의 지위승계에 따른 신고를 하지 아니하거나 거짓으로 신고한 자
    - 지위승계, 행정처분 또는 휴업·폐업의 사실을 특정소방대상물의 관계인에게 알리지 아니하거나 거짓으로 알린 관리업자
    - 소속 기술인력의 참여 없이 자체점검을 한 관리업자
    - 점검실적을 증명하는 서류 등을 거짓으로 제출한 자
    - 보고 또는 자료제출을 하지 아니하거나 거짓으로 보고 또는 자료제출을 한 자 또는 정당한 사유 없이 관계 공무원의 출입 또는 검사를 거부·방해 또는 기피한 자

풀이

피난시설, 방화구획 또는 방화시설의 폐쇄·훼손·변경 등의 행위를 한 자는 300만원 이하의 과태료에 처한다.

39 ★★★

화재의 예방 및 안전관리에 관한 법령상 특수가연물의 저장 및 취급 기준 중 다음 (   ) 안에 알맞은 것은?(단, 석탄·목탄류를 발전용으로 저장하는 경우는 제외한다)

> 살수설비를 설치하거나, 방사능력 범위에 해당 특수가연물이 포함되도록 대형수동식소화기를 설치하는 경우에는 쌓는 높이를 (㉠)[m] 이하, 쌓는 부분의 바닥면적을 (㉡)[m²] 이하로 할 수 있다.

① ㉠ 10, ㉡ 30
② ㉠ 10, ㉡ 50
③ ㉠ 15, ㉡ 100
④ ㉠ 15, ㉡ 200

SOLUTION

개념

특수가연물의 저장 및 취급 기준(화재예방법 시행령 별표 3, 화재예방법 시행령 제19조 제2항 관련)

구분	높이	쌓는 부분의 바닥면적
살수설비를 설치하거나 방사능력 범위에 해당특수가연물이 포함되도록 대형수동식소화기를 설치하는 경우	15[m] 이하	200[m²](석탄·목탄류의 경우에는 300[m²]) 이하
그 밖의 경우	10[m] 이하	50[m²](석탄·목탄류의 경우에는 200[m²]) 이하

다만, 석탄·목탄류를 발전용으로 저장하는 경우는 제외

풀이

살수설비를 설치하거나, 방사능력 범위에 해당 특수가연물이 포함되도록 대형수동식소화기를 설치하는 경우에는 쌓는 높이를 15[m] 이하, 쌓는 부분의 바닥면적을 200[m²] 이하로 할 수 있다.

40 ★★☆

소방시설공사업법령상 상주 공사감리 대상 기준 중 다음 ( ) 안에 알맞은 것은?

- 연면적 (㉠)[m²] 이상의 특정소방대상물(아파트는 제외)에 대한 소방시설의 공사
- 지하층을 포함한 층수가 (㉡)층 이상으로서 (㉢)세대 이상인 아파트에 대한 소방시설의 공사

① ㉠ 10,000, ㉡ 11, ㉢ 600
② ㉠ 10,000, ㉡ 16, ㉢ 500
③ ㉠ 30,000, ㉡ 11, ㉢ 600
④ ㉠ 30,000, ㉡ 16, ㉢ 500

SOLUTION

개념
소방공사 감리의 종류, 방법 및 대상(소방공사업법 시행령 별표 3, 소방공사업법 시행령 제9조 관련)
- 상주 공사감리
- 연면적 3만[m²] 이상의 특정소방대상물(아파트 제외)에 대한 소방시설의 공사
- 지하층을 포함한 층수가 16층 이상으로서 500세대 이상인 아파트에 대한 소방시설의 공사

풀이
상주 공사감리 대상의 기준은 연면적 30,000[m²] 이상의 특정소방대상물(아파트 제외) 및 지하층을 포함한 층수가 16층 이상으로서 500세대 이상인 아파트에 대한 소방시설의 공사이다.

2018년 제4회 소방설비기사

21 ★★☆

화재의 예방 및 안전관리에 관한 법령에 따른 용접 또는 용단 작업장에서 불꽃을 사용하는 용접·용단기구 사용에 있어서 작업자로부터 반경 몇 [m] 이내에 소화기를 갖추어야 하는가? (단, 산업안전보건법에 따른 안전조치의 적용을 받는 사업장의 경우는 제외한다)

① 1   ② 3
③ 5   ④ 7

SOLUTION

개념
보일러 등의 설비 또는 기구 등의 위치·구조 및 관리와 화재예방을 위하여 불을 사용할 때 지켜야 하는 사항(화재예방법 시행령 별표 1, 화재예방법 시행령 제18조 제2항 관련)
- 불꽃을 사용하는 용접·용단기구
 - 용접 또는 용단 작업장 주변 반경 5[m] 이내에 소화기를 갖추어 둘 것
 - 용접 또는 용단 작업장 주변 반경 10[m] 이내에는 가연물을 쌓아두거나 놓아두지 말 것. 다만, 가연물의 제거가 곤란하여 방화포 등으로 방호조치를 한 경우는 제외

풀이
용접 또는 용단 작업자로부터 주변 반경 5[m] 이내에 소화기를 갖추어야 한다.

정답 40 ④ / 21 ③

22 ★☆☆

소방기본법에 따른 벌칙의 기준이 다른 것은?

① 구조·구급, 화재진압 등에 필요한 강제처분을 방해한 자
② 소방활동 종사 명령에 따른 사람을 구출하는 일 또는 불을 끄거나 불이 번지지 아니하도록 하는 일을 방해한 사람
③ 정당한 사유 없이 소방용수시설 또는 비상소화장치를 사용하거나 소방용수시설 또는 비상소화장치의 효용을 해치거나 그 정당한 사용을 방해한 사람
④ 출동한 소방대의 소방장비를 파손하거나 그 효용을 해하여 화재진압·인명구조 또는 구급활동을 방해하는 행위를 한 사람

SOLUTION

개념

5년 이하의 징역 또는 5천만원 이하의 벌금(기본법 제50조)

- 위력(威力)을 사용하여 출동한 소방대의 화재진압·인명구조 또는 구급활동을 방해하는 행위를 한 사람
- 소방대가 화재진압·인명구조 또는 구급활동을 위하여 현장에 출동하거나 현장에 출입하는 것을 고의로 방해하는 행위를 한 사람
- 출동한 소방대원에게 폭행 또는 협박을 행사하여 화재진압·인명구조 또는 구급활동을 방해하는 행위를 한 사람
- 출동한 소방대의 소방장비를 파손하거나 그 효용을 해하여 화재진압·인명구조 또는 구급활동을 방해하는 행위를 한 사람
- 소방자동차의 출동을 방해한 사람
- 사람을 구출하는 일 또는 불을 끄거나 불이 번지지 아니하도록 하는 일을 방해한 사람
- 정당한 사유 없이 소방용수시설 또는 비상소화장치를 사용하거나 소방용수시설 또는 비상소화장치의 효용을 해치거나 그 정당한 사용을 방해한 사람

풀이

구조·구급, 화재진압 등에 필요한 강제처분을 방해한 자는 3년 이하의 징역 또는 3천만원 이하의 벌금에 처한다. 나머지 보기의 경우에는 5년 이하의 징역 또는 5천만원 이하의 벌금 사항에 해당한다.

23 ★★★

소방시설 설치 및 관리에 관한 법령에 따른 특정소방대상물의 수용 인원의 산정방법 기준 중 틀린 것은?

① 침대가 있는 숙박시설의 경우는 해당 특정소방대상물의 종사자 수에 침대 수(2인용 침대는 2인으로 산정)를 합한 수
② 침대가 없는 숙박시설의 경우는 해당 특정소방대상물의 종사자 수에 숙박시설 바닥면적의 합계를 3[m²]로 나누어 얻은 수를 합한 수
③ 강의실 용도로 쓰이는 특정소방대상물의 경우는 해당 용도로 사용하는 바닥면적의 합계를 1.9[m²]로 나누어 얻은 수
④ 문화 및 집회시설의 경우는 해당 용도로 사용하는 바닥면적의 합계를 2.6[m²]로 나누어 얻은 수

SOLUTION

개념

수용인원의 산정 방법(소방시설법 시행령 별표 7, 소방시설법 시행령 제17조 관련)

용도		수용인원의 산정
숙박시설	침대가 있는 숙박시설	종사자수 + 침대수 (2인용은 2개로 산정)
	침대가 없는 숙박시설	종사자수 + $\dfrac{\text{바닥면적의 합계}[m^2]}{3[m^2]}$
그 외 특정소방 대상물	강의실·교무실· 상담실·실습실· 휴게실	$\dfrac{\text{바닥면적의 합계}[m^2]}{1.9[m^2]}$
	강당, 문화 및 집회시설, 운동시설, 종교시설	$\dfrac{\text{바닥면적의 합계}[m^2]}{4.6[m^2]}$ • 관람석의 경우 : 고정식 의자 수 • 긴 의자의 경우 : $\dfrac{\text{의자 정면 너비}[m]}{0.45[m]}$
	그 밖의 특정소방대상물	$\dfrac{\text{바닥면적의 합계}[m^2]}{3[m^2]}$

* 계산결과 소수점 이하는 반올림한다.

풀이

특정소방대상물의 수용인원 산정방법에서 관람석이 없을 경우 문화 및 집회시설은 해당용도로 사용하는 바닥면적의 합계를 4.6[m²]로 나누어 얻은 수로 한다.

24 ★☆☆

소방시설공사업법령에 따른 소방시설공사 중 특정소방대상물에 설치된 소방시설등을 구성 하는 것의 전부 또는 일부를 개설, 이전 또는 정비하는 공사의 착공신고 대상이 아닌 것은?

① 수신반
② 소화펌프
③ 동력(감시)제어반
④ 제연설비의 제연구역

SOLUTION

개념

소방시설공사의 착공신고 대상(소방공사업법 시행령 제4조)

- 신설공사 : 옥내소화전설비(호스릴옥내소화전설비를 포함), 옥외소화전설비, 스프링클러설비·간이스프링클러설비(캐비닛형 간이스프링클러설비를 포함) 및 화재조기진압용 스프링클러설비, 물분무소화설비·포소화설비·이산화탄소소화설비·할론소화설비·할로겐화합물 및 불활성기체 소화설비·미분무소화설비·강화액소화설비·분말소화설비 및 고체에어로졸소화설비, 연결송수관설비, 연결살수설비, 제연설비, 소화용수설비 또는 연소방지설비
- 증설공사 : 옥내·옥외소화전설비, 스프링클러설비등 또는 물분무등소화설비의 방호·방수구역, 자동화재탐지설비 또는 화재알림설비의 경계구역, 제연설비의 제연구역(소방용 외의 용도와 겸용되는 제연설비를 「건설산업기본법 시행령」 별표 1에 따른 기계설비·가스공사업자가 공사하는 경우는 제외), 연결송수관설비의 송수구역, 연결살수설비의 살수구역, 비상콘센트설비의 전용회로, 연소방지설비의 살수구역
- 교체보수공사 : 수신반, 소화펌프, 동력제어반, 감시제어반의 전부 또는 일부를 개설, 이전, 정비하는 공사(단, 고장 파손으로 인한 교체보수공사는 신고대상 제외)

풀이

제연 설비의 제연구역은 증설공사 시 착공신고 대상이다.

25 ★☆☆

소방기본법에 따른 소방력의 기준에 따라 관할구역의 소방력을 확충하기 위하여 필요한 계획을 수립하여 시행하여야 하는 자는?

① 소방서장
② 소방본부장
③ 시·도지사
④ 행정안전부장관

SOLUTION

개념

소방력의 기준(기본법 제8조)

- 소방력 : 소방기관이 소방업무를 수행하는 데에 필요한 인력과 장비
- 기준 : 행정안전부령
- 관할구역의 소방력 확충에 필요한 계획의 수립·시행 : 시·도지사
- 소방자동차 등 소방장비의 분류·표준화와 그 관리 등에 필요한 사항은 따로 법률에서 정함.

풀이

관할구역의 소방력 확충에 필요한 계획의 수립·시행하는 자는 시·도지사이다.

26 ★★☆

소방시설 설치 및 관리에 관한 법령에 따른 화재안전기준을 달리 적용하여야 하는 특수한 용도 또는 구조를 가진 특정소방대상물 중 핵폐기물처리시설에 설치하지 아니할 수 있는 소방시설은?

① 소화용수설비
② 옥외소화전설비
③ 물분무등소화설비
④ 연결송수관설비 및 연결살수설비

SOLUTION

개념

소방시설을 설치하지 않을 수 있는 특정소방대상물 및 소방시설의 범위(소방시설법 시행령 별표 6, 소방시설법 시행령 제16조 관련)

- 화재안전기준을 달리 적용해야 하는 특수한 용도 또는 구조를 가진 특정소방대상물
  - 원자력발전소, 중·저준위 방사성폐기물의 저장시설
    ▸ 설치하지 않을 수 있는 소방시설 : 연결송수관설비 및 연결살수 설비

풀이

핵폐기물처리시설에 설치하지 아니할 수 있는 소방시설은 연결송수관설비 및 연결살수설비이다.

정답 24 ④ 25 ③ 26 ④

27 ★★☆

위험물안전관리법령에 따른 인화성액체 위험물(이황화탄소를 제외)의 옥외탱크 저장소의 탱크 주위에 설치하는 방유제의 설치기준 중 옳은 것은?

① 방유제의 높이는 0.5[m] 이상 2.0[m] 이하로 할 것
② 방유제내의 면적은 100,000[m²] 이하로 할 것
③ 방유제의 용량은 방유제안에 설치된 탱크가 2기 이상인 때에는 그 탱크 중 용량이 최대인 것의 용량의 120[%] 이상으로 할 것
④ 높이가 1[m]를 넘는 방유제 및 간막이 둑의 안팎에는 방유제내에 출입하기 위한 계단 또는 경사로를 약 50[m]마다 설치할 것

SOLUTION

개념

옥외탱크저장소의 위치·구조 및 설비의 기준(위험물법 시행규칙 별표 6, 위험물법 시행규칙 제30조 관련)

- 인화성액체위험물 옥외탱크저장소의 방유제의 용량기준(이황화탄소 제외)
  - 높이 : 0.5[m] 이상 3[m] 이하
  - 두께 : 0.2[m] 이상
  - 지하매설깊이 : 1[m] 이상
  - 높이가 1[m]를 넘는 방유제 및 간막이 둑의 안팎에는 방유제 내에 출입하기 위한 계단 또는 경사로를 약 50[m]마다 설치
  - 방유제 내의 면적 : 80,000[m²] 이하
  - 탱크의 수 : 10기 이하
  - 방유제의 용량기준
    ‣ 탱크 1기 : 탱크용량의 110[%] 이상
    ‣ 탱크 2기 이상 : 설치된 탱크 중 용량이 최대인 것의 용량의 110[%] 이상

풀이

높이가 1[m]를 넘는 방유제 및 간막이 둑의 안팎에는 방유제 내에 출입하기 위한 계단 또는 경사로를 약 50[m]마다 설치해야 한다.

28 ★☆☆

소방시설 설치 및 관리에 관한 법령에 따른 임시소방시설 중 간이소화 장치를 설치하여야 하는 공사의 작업현장의 규모의 기준 중 다음 ( ) 안에 알맞은 것은?

- 연면적 (㉠)[m²] 이상
- 지하층, 무창층 또는 (㉡)층 이상의 층. 이 경우 해당 층의 바닥면적이 (㉢)[m²] 이상인 경우만 해당

① ㉠ 1,000, ㉡ 6, ㉢ 150
② ㉠ 1,000, ㉡ 6, ㉢ 600
③ ㉠ 3,000, ㉡ 4, ㉢ 150
④ ㉠ 3,000, ㉡ 4, ㉢ 600

SOLUTION

개념

임시소방시설의 종류와 설치기준 등(소방시설법 시행령 별표 8, 소방시설법 시행령 제18조제2항 및 제3항 관련)

- 간이소화장치를 설치해야 하는 공사의 종류와 규모
  - 연면적 3,000[m²] 이상
  - 지하층, 무창층 또는 4층 이상의 층. 이 경우 해당 층의 바닥면적이 600[m²] 이상인 경우만 해당

풀이

연면적 3,000[m²] 이상이거나 지하층, 무창층 또는 4층 이상의 층. 이 경우 해당 층의 바닥면적이 600[m²] 이상인 경우에는 임시소방시설 중 간이소화장치를 설치해야 한다.

29 ★☆☆

피난시설, 방화구획 또는 방화시설을 폐쇄·훼손·변경 등의 행위를 3차 이상 위반한 경우에 대한 과태료 부과기준으로 옳은 것은?

① 200만원 ② 300만원
③ 500만원 ④ 1,000만원

SOLUTION

개념

과태료의 부과기준(소방시설법 시행령 별표 10, 소방시설법 시행령 제52조 관련)

- 피난시설, 방화구획 또는 방화시설을 폐쇄·훼손·변경 등의 행위
  - 1차 위반 : 100만원
  - 2차 위반 : 200만원
  - 3차 이상 위반 : 300만원

풀이

피난시설, 방화구획 또는 방화시설을 폐쇄·훼손·변경 등의 행위를 3차 이상 위반한 경우에는 300만원의 과태료를 부과한다.

30 ★★☆

소방시설 설치 및 관리에 관한 법령에 따른 성능위주설계를 할 수 있는 자의 설계범위 기준 중 틀린 것은?

① 연면적 30,000[m²] 이상인 특정소방대상물로서 공항시설
② 연면적 100,000[m²] 이상인 특정소방대상물(단, 아파트등은 제외)
③ 지하층을 포함한 층수가 30층 이상인 특정소방대상물 (단, 아파트 등은 제외)
④ 하나의 건축물에 영화상영관이 10개 이상인 특정소방대상물

SOLUTION

개념

성능위주설계를 해야 하는 특정소방대상물의 범위(소방시설법 시행령 제9조)
- 연면적 20만[m²] 이상인 특정소방대상물. 다만, 5층 이상인 주택(이하 "아파트등"이라 한다)은 제외
- 50층 이상(지하층은 제외한다)이거나 지상으로부터 높이가 200[m] 이상인 아파트등
- 30층 이상(지하층을 포함)이거나 지상으로부터 높이가 120미터 이상인 특정소방대상물(아파트 등은 제외)
- 연면적 3만[m²] 이상인 특정소방대상물로서 다음 어느 하나에 해당하는 특정소방대상물
  - 철도 및 도시철도 시설
  - 공항시설
- 창고시설 중 연면적 10만[m²] 이상인 것 또는 지하층의 층수가 2개 층 이상이고 지하층의 바닥면적의 합계가 3만[m²] 이상인 것
- 영화상영관이 10개 이상인 특정소방대상물
- 「초고층 및 지하연계 복합건축물 재난관리에 관한 특별법」에 따른 지하연계복합건축물에 해당하는 특정소방대상물
- 터널 중 수저(水底)터널 또는 길이가 5천[m] 이상인 것

풀이

연면적 20만[m²] 이상인 특정소방대상물(단, 아파트 등은 제외)은 성능위주설계를 해야 하는 특정소방대상물에 해당한다.

31 ★☆☆

소방시설 설치 및 관리에 관한 법령에 따른 특정소방대상물 중 의료시설에 해당하지 않는 것은?

① 요양병원
② 마약진료소
③ 한방병원
④ 노인의료복지시설

SOLUTION

개념

특정소방대상물(소방시설법 시행령 별표 2, 소방시설법 시행령 제5조 관련)

• 의료시설
 - 병원 : 종합병원, 병원, 치과병원, 한방병원, 요양병원
 - 격리병원 : 전염병원, 마약진료소, 그 밖에 이와 비슷한 것
 - 정신의료기관
 - 장애인 의료재활시설

풀이

노인의료복지시설은 의료시설이 아닌 노인관련 노유자시설이다.

32 ★☆☆

소방기본법령에 따른 소방대원에게 실시할 교육·훈련 횟수 및 기간의 기준 중 다음 ( ) 안에 알맞은 것은?

횟수	기간
(㉠)년마다 1회	(㉡)주 이상

① ㉠ 2, ㉡ 2
② ㉠ 2, ㉡ 4
③ ㉠ 1, ㉡ 2
④ ㉠ 1, ㉡ 4

SOLUTION

개념

소방대원에게 실시할 교육·훈련의 종류 등(기본법 시행규칙 별표 3의2, 기본법 시행규칙 제9조제1항 관련)

소방대원에게 실시하는 교육·훈련 횟수는 2년마다 1회, 기간은 2주 이상 실시한다.

풀이

소방대원에게 실시하는 교육·훈련 횟수는 2년마다 1회, 기간은 2주 이상 실시한다.

33 ★★★

위험물안전관리법령에 따른 정기점검의 대상인 제조소등의 기준 중 틀린 것은?

① 암반탱크저장소
② 지하탱크저장소
③ 이동탱크저장소
④ 지정수량의 150배 이상의 위험물을 저장하는 옥외탱크저장소

SOLUTION

개념

정기점검의 대상인 제조소 등(위험물법 시행령 제16조)

• 지정수량의 10배 이상의 위험물을 취급하는 제조소
• 지정수량의 100배 이상의 위험물을 저장하는 옥외저장소
• 지정수량의 150배 이상의 위험물을 저장하는 옥내저장소
• 지정수량의 200배 이상의 위험물을 저장하는 옥외탱크저장소
• 암반탱크저장소
• 이송취급소
• 지정수량의 10배 이상의 위험물을 취급하는 일반취급소. 다만, 제4류 위험물(특수인화물을 제외한다)만을 지정수량의 50배 이하로 취급하는 일반취급소(제1석유류·알코올류의 취급량이 지정수량의 10배 이하인 경우에 한한다)로서 다음 어느 하나에 해당하는 것은 제외
 - 보일러·버너 또는 이와 비슷한 것으로서 위험물을 소비하는 장치로 이루어진 일반취급소
 - 위험물을 용기에 옮겨 담거나 차량에 고정된 탱크에 주입하는 일반취급소
• 지하탱크저장소
• 이동탱크저장소
• 위험물을 취급하는 탱크로서 지하에 매설된 탱크가 있는 제조소·주유취급소 또는 일반취급소

풀이

지정수량의 200배 이상의 위험물을 저장하는 옥외탱크저장소는 정기점검의 대상인 제조소이다.

34 ★☆☆

화재의 예방 및 안전관리에 관한 법령에 따른 소방안전 특별관리시설물의 안전관리 대상 전통시장의 기준 중 다음 (   ) 안에 알맞은 것은?

> 전통시장으로서 대통령령으로 정하는 전통시장 : 점포가 (   )개 이상인 전통시장

① 100　　　　　② 300
③ 500　　　　　④ 600

SOLUTION

개념
소방안전 특별관리시설물(화재예방법 시행령 제41조)
- 전통시장으로서 대통령령으로 정하는 전통시장 : 점포가 500개 이상인 전통시장
- 대통령령으로 정하는 시설물
  - 발전사업자가 가동 중인 발전소
  - 물류창고로서 연면적 10만[m^2] 이상인 것
  - 가스공급시설

풀이
특별관리시설물의 안전관리대상에서 전통시장은 점포가 500개 이상인 전통시장이 해당한다.

35 ★☆☆

소방시설 설치 및 관리에 관한 법령에 따른 소방시설관리업자로 선임된 소방시설관리사 및 소방기술사는 자체점검을 실시한 경우 그 점검이 끝난 날로부터 며칠 이내에 소방시설 등 자체점검 실시 결과보고서를 관계인에게 제출하여야 하는가?

① 5일　　　　　② 7일
③ 10일　　　　④ 14일

SOLUTION

개념
소방시설등의 자체점검 결과의 조치 등(소방시설법 시행규칙 제23조)
- 관리업자 또는 소방안전관리자로 선임된 소방시설관리사 및 소방기술사(이하 "관리업자등"이라 한다)는 자체점검을 실시한 경우에는 그 점검이 끝난 날부터 10일 이내에 자체점검 실시결과 보고서(전자문서로 된 보고서를 포함)에 소방청장이 정하여 고시하는 소방시설등점검표를 첨부하여 관계인에게 제출해야 한다.
- 자체점검 실시결과 보고서를 제출받거나 스스로 자체점검을 실시한 관계인은 자체점검이 끝난 날부터 15일 이내에 자체점검 실시결과 보고서(전자문서로 된 보고서를 포함)에 규정된 서류를 첨부하여 소방본부장 또는 소방서장에게 서면이나 소방청장이 지정하는 전산망을 통하여 보고해야 한다.

풀이
소방시설관리업자로 선임된 소방시설관리사 및 소방기술사는 자체점검을 실시한 경우 그 점검이 끝난 날로부터 10일 이내에 소방시설 등 자체점검 실시 결과보고서를 관계인에게 제출하여야 한다.

34 ③　35 ③

36

위험물안전관리법령에 따른 위험물제조소의 옥외에 있는 위험물 취급탱크 용량이 100[m³] 및 180[m³]인 2개의 취급탱크 주위에 하나의 방유제를 설치하는 경우 방유제의 최소 용량은 몇 [m³]이어야 하는가?

① 100
② 140
③ 180
④ 280

SOLUTION

개념

제조소의 위치·구조 및 설비의 기준(위험물법 시행규칙 별표 4, 위험물법 시행규칙 제28조 관련)

- 위험물 취급탱크
  - 방유제 용량 계산

	옥내위험물취급 탱크의 방유턱	옥외위험물취급 탱크의 방유제 (액체위험물(이황화탄소 제외))
탱크 1기	탱크용량의 100[%]	탱크용량의 50[%]
탱크 2기 이상	최대탱크용량의 100[%]	최대탱크용량의 50[%]에 나머지 탱크용량의 합계의 10[%]를 가산한 양 이상

풀이

옥외에 2개의 탱크가 있으므로 최대탱크용량의 50[%]에 나머지 탱크용량의 합계의 10[%]를 가산한 양 이상이어야 한다. 이를 식으로 정리하면
방유제 용량 = 180(최대 탱크용량)×0.5+ 100(나머지 탱크용량)×0.1
= 100[m³]

37

소방시설 설치 및 관리에 관한 법령에 따른 방염성능기준 이상의 실내 장식물 등을 설치하여야 하는 특정소방대상물의 기준 중 틀린 것은?

① 건축물의 옥내에 있는 시설로서 종교시설
② 층수가 11층 이상인 아파트
③ 의료시설 중 종합병원
④ 노유자시설

SOLUTION

개념

방염성능기준 이상의 실내장식물 등을 설치해야 하는 특정소방대상물 (소방시설법 시행령 제30조)

- 근린생활시설 중 다음 어느 하나의 시설
  - 의원
  - 치과의원
  - 한의원
  - 조산원
  - 산후조리원
  - 체력단련장
  - 공연장
  - 종교집회장
- 건축물의 옥내에 있는 시설 중 다음 어느 하나의 시설
  - 문화 및 집회시설
  - 종교시설
  - 운동시설(수영장은 제외)
- 의료시설
- 교육연구시설 중 합숙소
- 노유자 시설
- 숙박이 가능한 수련시설
- 숙박시설
- 방송통신시설 중 방송국 및 촬영소
- 다중이용업소
- 그 외 층수가 11층 이상인 것(아파트 등 제외)

풀이

방염성능기준 이상의 실내장식물 등을 설치하여야 하는 특정소방대상물의 기준에서 층수가 11층 이상인 것에서 아파트는 제외한다.

정답 36 ① 37 ②

38 ★★☆

화재의 예방 및 안전관리에 관한 법령에 따른 총괄소방안전관리자를 선임하여야 하는 특정소방대상물 중 복합건축물은 지하층을 제외한 층수가 몇 층 이상인 건축물만 해당되는가?

① 6층
② 11층
③ 20층
④ 30층

SOLUTION

개념

관리의 권원이 분리된 특정소방대상물의 소방안전관리(화재예방법 제35조)

- 총괄소방안전관리대상 특정소방대상물
  - 복합건축물(지하층을 제외한 층수가 11층 이상 또는 연면적 3만제곱미터 이상인 건축물)
  - 지하가(지하의 인공구조물 안에 설치된 상점 및 사무실, 그 밖에 이와 비슷한 시설이 연속하여 지하도에 접하여 설치된 것과 그 지하도를 합한 것)
  - 그 밖에 대통령령으로 정하는 특정소방대상물
    ・ 판매시설 중 도매시장
    ・ 소매시장 중 전통시장

풀이

지하층을 제외한 층수가 11층 이상인 복합건축물은 총괄소방안전관리자를 선임해야 한다.

39 ★★☆

화재의 예방 및 안전관리에 관한 법령에 따른 화재예방강화지구의 관리 기준 중 다음 ( ) 안에 알맞은 것은?

> - 소방청장, 소방본부장 또는 소방서장은 화재예방강화지구 안의 소방대상물의 위치·구조 및 설비 등에 대한 화재안전조사를 (㉠)회 이상 실시하여야 한다.
> - 소방청장, 소방본부장 또는 소방서장은 소방상 필요한 훈련 및 교육을 실시하고자 하는 때에는 화재예방강화지구 안의 관계인에게 훈련 또는 교육 (㉡)일 전까지 그 사실을 통보하여야 한다.

① ㉠ 월 1, ㉡ 7
② ㉠ 월 1, ㉡ 10
③ ㉠ 연 1, ㉡ 7
④ ㉠ 연 1, ㉡ 10

SOLUTION

개념

화재예방강화지구의 관리(화재예방법 시행령 제20조)

- 화재안전조사
  - 실시자 : 소방관서장(소방청장, 소방본부장, 소방서장)
  - 실시횟수 : 연 1회 이상
  - 통보 : 훈련 또는 교육 10일 전까지 통보
  - 소방관서장은 화재예방강화지구 안의 관계인에 대하여 소방에 필요한 훈련 및 교육을 연 1회 이상 실시 가능
- 화재예방강화지구 관리대장
  - 작성 및 관리자 : 시·도지사
  - 내용
    ・ 화재예방강화지구의 지정 현황
    ・ 화재안전조사의 결과
    ・ 소방설비 등 설치 명령 현황
    ・ 소방훈련 및 교육 현황

풀이

화재예방강화지구의 관리를 위해서 소방청장, 소방본부장 또는 소방서장은 화재예방강화지구 안의 소방대상물의 위치·구조 및 설비 등에 대한 화재안전조사를 연 1회 이상 실시하여야 한다. 또한 소방청장, 소방본부장 또는 소방서장은 소방상 필요한 훈련 및 교육을 실시하고자 하는 때에는 화재예방강화지구 안의 관계인에게 훈련 또는 교육 10일 전까지 그 사실을 통보하여야 한다.

40 ★★☆

위험물안전관리법령에 따른 소화난이도등급 Ⅰ의 옥내탱크저장소에서 유황만을 저장·취급할 경우 설치하여야 하는 소화설비로 옳은 것은?

① 물분무소화설비 ② 스프링클러설비
③ 포소화설비 ④ 옥내소화전설비

SOLUTION

개념
소화설비, 경보설비 및 피난설비의 기준(위험물법 시행규칙 별표 17, 위험물법 시행규칙 제41조제2항, 제42조제2항 및 제43조제2항 관련)
- 소화난이도등급 Ⅰ의 소화설비 설치기준
  - 옥내탱크저장소의 소화설비
    · 황(유황)만을 저장·취급하는 것 : 물분무소화설비
    · 인화점 70[℃] 이상의 제4류 위험물만을 저장·취급하는 것 : 물분무소화설비, 고정식 포소화설비, 이동식 이외의 불활성가스소화설비, 이동식 이외의 할로겐화합물소화설비 또는 이동식 이외의 분말소화설비
    · 그 밖의 것 : 고정식 포소화설비, 이동식 이외의 불활성가스소화설비, 이동식 이외의 할로겐화합물소화설비 또는 이동식 이외의 분말소화설비

풀이
옥내탱크저장소에서 황(유황)만을 저장·취급할 경우 설치하여야 하는 소화설비는 **물분무소화설비**이다.

2019년 제1회 소방설비기사

21 ★★☆

화재의 예방 및 안전관리에 관한 법령상 소방본부장 또는 소방서장은 소방상 필요한 훈련 및 교육을 실시하고자 하는 때에는 화재예방강화지구 안의 관계인에게 훈련 또는 교육 며칠 전까지 그 사실을 통보하여야 하는가?

① 5 ② 7
③ 10 ④ 14

SOLUTION

개념
화재예방강화지구의 관리(화재예방법 시행령 제20조)
- 화재안전조사
  - 실시자 : 소방관서장
  - 실시횟수 : 연 1회 이상
  - 통보 : 훈련 또는 교육 10일 전까지 통보
  - 소방관서장은 화재예방강화지구 안의 관계인에 대하여 소방에 필요한 훈련 및 교육을 연 1회 이상 실시 가능
- 화재예방강화지구 관리대장
  - 작성 및 관리자 : 시·도지사
  - 내용
    · 화재예방강화지구의 지정 현황
    · 화재안전조사의 결과
    · 소방설비 등 설치 명령 현황
    · 소방훈련 및 교육 현황

풀이
소방관서장은 소방상 필요한 훈련 및 교육을 실시하고자 하는 때에는 화재예방강화지구 안의 관계인에게 훈련 또는 교육 10일 전까지 그 사실을 통보해야 한다.

22 ★☆☆

특정소방대상물의 관계인이 소방안전관리자를 해임한 경우 재선임을 해야 하는 기준은? (단, 해임한 날부터를 기준일로 한다)

① 10일 이내
② 20일 이내
③ 30일 이내
④ 40일 이내

SOLUTION

개념
소방안전관리자의 선임신고 등(화재예방법 시행규칙 제14조)
소방안전관리자의 해임, 퇴직 등으로 해당 소방안전관리자의 업무가 종료된 경우 : 소방안전 관리자가 해임된 날, 퇴직한 날 등 근무를 종료한 날로부터 30일 이내에 소방안전관리자를 선임해야 한다.

풀이
소방안전관리자를 해임한 경우 해임한 날부터 30일 이내에 다시 소방안전관리자를 재선임하여야 한다.

23 ★★★

소방용수시설 중 소화전과 급수탑의 설치기준으로 틀린 것은?

① 급수탑 급수배관의 구경은 100[mm] 이상으로 할 것
② 소화전은 상수도와 연결하여 지하식 또는 지상식의 구조로 할 것
③ 소방용호스와 연결하는 소화전의 연결금속구의 구경은 65[mm]로 할 것
④ 급수탑의 개폐밸브는 지상에서 1.5[m] 이상 1.8[m] 이하의 위치에 설치할 것

SOLUTION

개념
소방용수시설의 설치기준(기본법 시행규칙 별표 3, 기본법 시행규칙 제6조 제2항 관련)

- 공통기준
  - 주거지역·상업지역 및 공업지역에 설치하는 경우 : 소방대상물과의 수평거리 100[m] 이하
  - 그 외 지역 : 소방대상물과의 수평거리 140[m] 이하
- 소화전
  - 상수도와 연결하여 지하식 또는 지상식의 구조
  - 소방용호스와 연결하는 소화전의 연결금속구의 구경은 65[mm]
- 급수탑
  - 급수배관의 구경은 100[mm] 이상
  - 개폐밸브는 지상에서 1.5[m] 이상 1.7[m] 이하의 위치에 설치
- 저수조
  - 지면으로부터의 낙차가 4.5[m] 이하
  - 흡수부분의 수심이 0.5[m] 이상
  - 소방펌프자동차가 쉽게 접근할 수 있도록 할 것
  - 흡수에 지장이 없도록 토사 및 쓰레기 등을 제거할 수 있는 설비를 갖출 것
  - 흡수관의 투입구가 사각형의 경우에는 한 변의 길이가 60[cm] 이상, 원형의 경우에는 지름이 60[cm] 이상
  - 저수조에 물을 공급하는 방법은 상소도에 연결하여 자동으로 급수되는 구조

풀이
급수탑의 개폐밸브는 지상에서 1.5[m] 이상 1.7[m] 이하의 위치에 설치한다.

24 ★★☆

경유의 저장량이 2,000리터, 중유의 저장량이 4,000리터, 등유의 저장량이 2,000리터인 저장소에 있어서 지정수량의 배수는?

① 동일 ② 6배
③ 3배 ④ 2배

SOLUTION

개념

위험물 및 지정수량(위험물법 시행령 별표 1, 위험물법 시행령 제2조 및 제3조 관련)

• 제4류 위험물의 지정수량

제4류	1. 특수인화물		50리터
	2. 제1석유류	비수용성액체	200리터
		수용성액체	400리터
	3. 알코올류		400리터
인화성 액체	4. 제2석유류	비수용성액체	1,000리터
		수용성액체	2,000리터
	5. 제3석유류	비수용성액체	2,000리터
		수용성액체	4,000리터
	6. 제4석유류		6,000리터
	7. 동식물유류		10,000리터

풀이

제2석유류 비수용성 액체인 경유의 지정수량은 1,000[L], 제3석유류 비수용성 액체인 중유의 지정수량은 2,000[L], 제2석유류 비수용성 액체인 등유의 지정수량은 1,000[L]이다. 이를 활용해 지정수량의 배수를 구하면

$\frac{2,000}{1,000}$(경유) + $\frac{4,000}{2,000}$(중유) + $\frac{2,000}{1,000}$(등유) = 6

경유는 지정수량의 2배, 중유는 지정수량의 2배, 등유도 지정수량의 2배이기 때문에 이들을 합한 지정수량의 6배가 정답이다.

25 ★★☆

소방기본법상 명령권자가 소방본부장, 소방서장 또는 소방대장에게 있는 사항은?

① 소방활동을 할 때에 긴급한 경우에는 이웃한 소방본부장 또는 소방서장에게 소방업무의 응원을 요청할 수 있다.
② 화재, 재난·재해, 그 밖의 위급한 상황이 발생한 현장에서 소방활동을 위하여 필요할 때에는 그 관할구역에 사는 사람 또는 그 현장에 있는 사람으로 하여금 사람을 구출하는 일 또는 불을 끄거나 불이 번지지 아니하도록 하는 일을 하게 할 수 있다.
③ 수사기관이 방화 또는 실화의 혐의가 있어서 이미 피의자를 체포하였거나 증거물을 압수하였을 때에 화재조사를 위하여 필요한 경우에는 수사에 지장을 주지 아니하는 범위에서 그 피의자 또는 압수된 증거물에 대한 조사를 할 수 있다.
④ 화재, 재난·재해, 그밖의 위급한 상황이 발생하였을 때에는 소방대를 현장에 신속하게 출동시켜 화재진압과 인명구조·구급 등 소방에 필요한 활동을 하게 하여야 한다.

SOLUTION

개념

소방활동 종사 명령(기본법 제24조)

• 화재, 재난·재해, 그 밖의 위급한 상황이 발생한 현장에서 소방활동을 위하여 필요할 때에는 그 관할구역에 사는 사람 또는 그 현장에 있는 사람으로 하여금 사람을 구출하는 일 또는 불을 끄거나 불이 번지지 아니하도록 하는 일을 하게 명령 가능
• 명령권자 : 소방본부장, 소방서장, 소방대장
• 소방활동 비용 지급자 : 시·도지사
• 소방활동의 비용 미지급 대상
  - 소방대상물에 화재, 재난·재해, 그 밖의 위급한 상황이 발생한 경우 그 관계인
  - 고의 또는 과실로 화재 또는 구조·구급 활동이 필요한 상황을 발생시킨 사람
  - 화재 또는 구조·구급 현장에서 물건을 가져간 사람

풀이

소방활동 종사 명령을 할 수 있는 명령권자는 소방본부장, 소방서장, 소방대장이다.

26 ★★★

화재가 발생하는 경우 인명 또는 재산의 피해가 클 것으로 예상되는 때 소방대상물의 개수·이전·제거, 사용금지 등의 필요한 조치를 명할 수 있는 자는?

① 시·도지사
② 의용소방대장
③ 기초자치단체장
④ 소방본부장 또는 소방서장

SOLUTION

개념

화재안전조사 결과에 따른 조치명령(화재예방법 제14조)
- 명령권자 : 소방청장, 소방본부장, 소방서장
- 명령사항 : 관계인에게 그 소방대상물의 개수(改修)·이전·제거, 사용의 금지 또는 제한, 사용폐쇄, 공사의 정지 또는 중지, 그 밖에 필요한 조치를 명함.

풀이

화재안전조사 결과에 따른 조치명령을 내릴 수 있는 사람은 소방청장, 소방본부장, 소장서장이다.

27 ★☆☆

화재의 예방 및 안전관리에 관한 법령상 보일러, 난로, 건조설비, 가스·전기시설, 그 밖에 화재 발생 우려가 있는 설비 또는 기구 등의 위치·구조 및 관리와 화재 예방을 위하여 불을 사용할 때 지켜야 하는 사항은 무엇으로 정하는가?

① 총리령
② 대통령령
③ 시·도 조례
④ 행정안전부령

SOLUTION

개념

화재의 예방조치 등(화재예방법 제17조)
- 명령권자 : 소방청장, 소방본부장, 소장서장
- 누구든지 화재예방강화지구 및 이에 준하는 대통령령으로 정하는 장소에서는 다음 각 호의 어느 하나에 해당하는 행위를 하여서는 아니 된다. 다만, 행정안전부령으로 정하는 바에 따라 안전조치를 한 경우에는 그러하지 아니한다.
  1. 모닥불, 흡연 등 화기의 취급
  2. 풍등 등 소형열기구 날리기
  3. 용접·용단 등 불꽃을 발생시키는 행위
- 명령대상 : 화재 발생 위험이 크거나 소화 활동에 지장을 줄 수 있다고 인정되는 행위나 물건에 대하여 행위 당사자나 그 물건의 소유자, 관리자 또는 점유자
- 예방조치명령
  - 1 ~ 3항의 어느 하나에 해당하는 행위의 금지 또는 제한
  - 목재, 플라스틱 등 가연성이 큰 물건의 제거, 이격, 적재 금지 등
  - 소방차량의 통행이나 소화 활동에 지장을 줄 수 있는 물건의 이동
- 보일러, 난로, 건조설비, 가스·전기시설, 그 밖에 화재 발생 우려가 있는 대통령령으로 정하는 설비 또는 기구 등의 위치·구조 및 관리와 화재 예방을 위하여 불을 사용할 때 지켜야하는 사항은 대통령령으로 정한다.

풀이

보일러, 난로, 건조설비, 가스·전기시설, 그 밖에 화재 발생 우려가 있는 대통령령으로 정하는 설비 또는 기구 등의 위치·구조 및 관리와 화재 예방을 위하여 불을 사용할 때 지켜야하는 사항은 대통령령으로 정한다.

정답 26 ④ 27 ②

28 ★★★

아파트로 층수가 20층인 특정소방대상물에서 스프링클러 설비를 하여야 하는 층수는? (단, 아파트는 신축을 실시하는 경우이다)

① 전층 ② 15층 이상
③ 11층 이상 ④ 6층 이상

SOLUTION

개념

특정소방대상물의 관계인이 특정소방대상물에 설치·관리해야 하는 소방시설의 종류(소방시설법 시행령 별표 4, 소방시설법 시행령 제11조 관련)

• 스프링클러설비를 설치해야하는 특정소방대상물
  - 층수가 6층 이상인 특정소방대상물의 경우에는 모든 층
  - 기숙사 또는 복합건축물로서 연면적 5,000[m²] 이상인 경우에는 모든 층
  - 문화 및 집회시설, 종교시설, 운동시설로서 다음의 어느 하나에 해당하는 경우에는 모든 층
    1. 수용인원이 100명 이상인 것
    2. 영화상영관의 용도로 쓰는 층의 바닥면적이 지하층 또는 무창층인 경우에는 500[m²] 이상, 그 밖의 경우에는 1,000[m²] 이상인 것
    3. 무대부가 지하층·무창층 또는 4층 이상의 층에 있는 경우에는 무대부의 면적이 300[m²] 이상인 것
    4. 무대부가 3항의 경우 제외한 층에 있는 경우에는 무대부의 면적이 500[m²] 이상인 것
  - 판매시설, 운수시설 및 창고시설(물류터미널로 한정)로서 바닥면적의 합계가 5,000[m²] 이상이거나 수용인원이 500명 이상인 경우에는 모든 층
  - 다음의 어느 하나에 해당하는 용도로 사용되는 시설의 바닥면적의 합계가 600[m²] 이상인 것은 모든 층
    ▸ 근린생활시설 중 조산원 및 산후조리원
    ▸ 의료시설 중 정신의료기관
    ▸ 의료시설 중 종합병원, 병원, 치과병원, 한방병원 및 요양병원
    ▸ 노유자 시설
    ▸ 숙박이 가능한 수련시설
    ▸ 숙박시설
  - 창고시설(물류터미널 제외)로서 바닥면적 합계가 5,000[m²] 이상인 경우에는 모든 층
  - 특정소방대상물의 지하층·무창층 또는 층수가 4층 이상인 층으로 바닥면적이 1,000[m²] 이상인 층이 있는 경우에는 해당 층
  - 지하상가로서 연면적 1,000[m²] 이상인 것

풀이

층수가 6층 이상인 특정소방대상물의 경우에는 모든 층에 스프링클러설비를 설치해야 한다. 20층인 아파트는 6층 이상인 특정소방대상물에 해당하기 때문에 전층에 스프링클러설비를 설치한다.

29 ★★★

소방기본법령상 소방본부 종합상황실 실장이 소방청의 종합상황실에 서면·팩스 또는 컴퓨터통신 등으로 보고하여야 하는 화재의 기준에 해당하지 않는 것은?

① 항구에 매어둔 총 톤수가 1,000톤 이상인 선박에서 발생한 화재
② 연면적 15,000[m²] 이상인 공장 또는 화재예방강화지구에서 발생한 화재
③ 지정수량의 1,000배 이상의 위험물의 제조소·저장소·취급소에서 발생한 화재
④ 층수가 5층 이상이거나 병상이 30개 이상인 종합병원·정신병원·한방병원·요양소에서 발생한 화재

SOLUTION

개념

종합상황실의 실장의 업무 등(기본법 시행규칙 제3조)

• 종합상황실장의 서면·팩스 또는 컴퓨터통신 등의 보고대상 재해규모
  - 사망자가 5인 이상 발생하거나 사상자가 10인 이상 발생한 화재
  - 이재민이 100인 이상 발생한 화재
  - 재산피해액의 50억원 이상 발생한 화재
  - 관공서·학교·정부미도정공장·문화재·지하철 또는 지하구의 화재
  - 관광호텔, 층수가 11층 이상인 건축물, 지하상가, 시장, 백화점, 지정수량의 3천배 이상의 위험물의 제조소·저장소·취급소, 층수가 5층 이상이거나 객실이 30실 이상인 숙박시설, 층수가 5층 이상이거나 병상이 30개 이상인 종합병원·정신병원·한방병원·요양소, 연면적 1만5천제곱미터 이상인 공장 또는 화재예방강화지구에서 발생한 화재
  - 철도차량, 항구에 매어둔 총 톤수가 1천톤 이상인 선박, 항공기, 발전소 또는 변전소에서 발생한 화재
  - 가스 및 화약류의 폭발에 의한 화재
  - 다중이용업소의 화재
  - 통제단장의 현장지휘가 필요한 재난상황
  - 언론에 보도된 재난상황
  - 그 밖에 소방청장이 정하는 재난상황

풀이

지정수량의 3,000배 이상의 위험물의 제조소·저장소·취급소에서 발생한 화재일 경우 소방청의 종합상황실에 서면·팩스 또는 컴퓨터통신 등으로 보고하여야 한다.

30 ★★☆

소방시설 설치 및 관리에 관한 법령상 소방시설 등에 대한 자체점검을 하지 아니하거나 관리업자 등으로 하여금 정기적으로 점검하게 하지 아니한 자에 대한 벌칙 기준으로 옳은 것은?

① 1년 이하의 징역 또는 1,000만원 이하의 벌금
② 3년 이하의 징역 또는 1,500만원 이하의 벌금
③ 3년 이하의 징역 또는 3,000만원 이하의 벌금
④ 6개월 이하의 징역 또는 1,000만원 이하의 벌금

SOLUTION

개념
1년 이하의 징역 또는 1천만원 이하의 벌금(소방시설법 제58조)
- 소방시설 등에 대하여 스스로 점검을 하지 아니하거나 관리업자 등으로 하여금 정기적으로 점검하게 하지 아니한 자
- 소방시설관리사증을 다른 사람에게 빌려주거나 빌리거나 이를 알선한 자
- 동시에 둘 이상의 업체에 취업한 자
- 자격정지처분을 받고 그 자격정지기간 중에 관리사의 업무를 한 자
- 관리업의 등록증이나 등록수첩을 다른 자에게 빌려주거나 빌리거나 이를 알선한 자
- 영업정지처분을 받고 그 영업정지기간 중에 관리업의 업무를 한 자
- 제품검사에 합격하지 아니한 제품에 합격표시를 하거나 합격표시를 위조 또는 변조하여 사용한 자
- 형식승인의 변경승인을 받지 아니한 자
- 제품검사에 합격하지 아니한 소방용품에 성능인증을 받았다는 표시 또는 제품검사에 합격하였다는 표시를 하거나 성능인증을 받았다는 표시 또는 제품검사에 합격하였다는 표시를 위조 또는 변조하여 사용한 자
- 성능인증의 변경인증을 받지 아니한 자
- 우수품질인증을 받지 아니한 제품에 우수품질인증 표시를 하거나 우수품질인증 표시를 위조하거나 변조하여 사용한 자
- 관계인의 정당한 업무를 방해하거나 출입·검사 업무를 수행하면서 알게 된 비밀을 다른 사람에게 누설한 자

풀이
소방시설 등에 대하여 스스로 점검을 하지 아니하거나 관리업자 등으로 하여금 정기적으로 점검하게 하지 아니한 자는 1년 이하의 징역 또는 1천만원 이하의 벌금에 처한다.

31 ★★★

화재의 예방 및 안전관리에 관한 법령상 특수가연물의 저장 및 취급기준 중 석탄·목탄류를 저장하는 경우 쌓는 부분의 바닥면적은 몇 [㎡] 이하인가? (단, 살수설비를 설치하거나, 방사능력 범위에 해당 특수가연물이 포함되도록 대형수동식소화기를 설치하는 경우이다)

① 200
② 250
③ 300
④ 350

SOLUTION

개념
특수가연물의 저장 및 취급 기준(화재예방법 시행령 별표 3, 화재예방법 시행령 제19조 제2항 관련)

구분	높이	쌓는 부분의 바닥면적
살수설비를 설치하거나 방사능력 범위에 해당특수가연물이 포함되도록 대형수동식소화기를 설치하는 경우	15[m] 이하	200[㎡](석탄·목탄류의 경우에는 300[㎡]) 이하
그 밖의 경우	10[m] 이하	50[㎡](석탄·목탄류의 경우에는 200[㎡]) 이하

다만, 석탄·목탄류를 발전용으로 저장하는 경우는 제외

풀이
살수설비를 설치하거나 방사능력 범위에 해당 특수가연물이 포함되도록 대형수동식소화기를 설치하는 경우 석탄·목탄류를 쌓는 부분의 바닥면적은 300[㎡] 이하이어야 한다.

32 ★★☆

제3류 위험물 중 금수성 물품에 적응성이 있는 소화약제는?

① 물
② 강화액
③ 팽창질석
④ 인산염류분말

SOLUTION

개념
위험물 및 지정수량(위험물법 시행령 별표 1, 위험물법 시행령 제2조 및 제3조 관련)
- 제3류 위험물(자연발화성 물질 및 금수성 물질) 소화방법
  - 황린 외에는 물 소화 금지
  - 건조사, 팽창질석, 팽창진주암 등으로 질식소화
  - 이산화탄소, 사염화탄소 사용가능(칼륨, 나트륨 적용 제외)

풀이
건조사, 팽창질석, 팽창진주암 등은 질식소화 형태로 소화하는 소화약제로서 금수성 물품의 소화에 사용할 수 있다.

33 ★☆☆

화재의 예방 및 안전관리에 관한 법령상 화재안전조사위원회의 위원에 해당하지 아니하는 사람은?

① 소방기술사
② 소방시설관리사
③ 소방 관련 분야의 석사학위 이상을 취득한 사람
④ 소방 관련 법인 또는 단체에서 소방 관련 업무에 3년 이상 종사한 사람

SOLUTION

개념
화재안전조사위원회의 구성·운영 등(화재예방법 시행령 제11조)
- 위원장 : 소방관서장(소방청장, 소방본부장, 소방서장)
- 위촉권한자 : 소방관서장(소방청장, 소방본부장, 소방서장)
- 위원장 1명을 포함하여 7명 이내의 위원으로 성별을 고려하여 구성
- 구성
  - 과장급 직위 이상의 소방공무원
  - 소방기술사
  - 소방시설관리사
  - 소방 관련 분야의 석사 이상 학위를 취득한 사람
  - 소방 관련 법인 또는 단체 소방관련업무 5년 이상 종사자
  - 소방공무원 교육훈련기관, 학교 또는 연구소에서 소방과 관련한 교육 또는 연구에 5년 이상 종사자

풀이
화재안전조사위원회의 위원이 되기 위해서는 소방 관련 법인 또는 단체에서 소방 관련 업무에 5년 이상 종사한 사람이어야 한다.

34 ★☆☆

화재안전조사 결과에 따른 조치명령으로 손실을 입어 손실을 보상하는 경우 그 손실을 입은 자는 누구와 손실보상을 협의하여야 하는가?

① 소방서장
② 시·도지사
③ 소방본부장
④ 행정안전부장관

SOLUTION

개념
손실보상(화재예방법 제15조)
소방청장 또는 시·도지사는 화재안전조사 결과에 따른 조치명령으로 손실을 입은 자가 있는 경우에는 대통령령으로 정하는 바에 따라 보상하여야 한다.

풀이
소방청장 또는 시·도지사는 화재안전조사 결과에 따른 조치명령으로 손실을 입은 자가 있는 경우에는 대통령령으로 정하는 바에 따라 보상하여야 한다.

35 ★☆☆

위험물운송자 자격을 취득하지 아니한 자가 위험물 이동탱크저장소 운전 시의 벌칙으로 옳은 것은?

① 100만원 이하의 벌금
② 300만원 이하의 벌금
③ 500만원 이하의 벌금
④ 1,000만원 이하의 벌금

SOLUTION

개념
1천만원 이하의 벌금(위험물법 제37조)
- 위험물의 취급에 관한 안전관리자와 감독을 하지 아니한 자
- 안전관리자 또는 그 대리자가 참여하지 아니한 상태에서 위험물을 취급한 자
- 변경한 예방규정을 제출하지 아니한 관계인으로서 제조소 등의 설치규정에 따른 허가를 받은 자
- 위험물의 운반에 관한 중요 기준에 따르지 아니한 자
- 자격요건을 갖추지 아니한 위험물운반자
- 감독지원과 주의의무를 위반한 위험물운송자
- 관계인의 정당한 업무를 방해하거나 출입·검사 등을 수행하면서 알게 된 비밀을 누설한 자

풀이
위험물운송자 자격을 취득하지 아니한 자가 위험물 이동탱크저장소를 운전 시 1천만원 이하의 벌금이 부과된다.

36 ★★☆

1급 소방안전관리대상물이 아닌 것은?

① 15층인 특정소방대상물(아파트는 제외)
② 가연성가스를 2,000톤 저장·취급하는 시설
③ 21층인 아파트로서 300세대인 것
④ 연면적 20,000[m²]인 문화집회 및 운동시설

SOLUTION

개념

소방안전관리자를 선임해야 하는 소방안전관리대상물의 범위와 소방안전관리자의 선임 대상별 자격 및 인원기준(화재예방법 시행령 별표 4, 화재예방법 시행령 제25조 제1항 관련)

• 소방안전관리자를 선임해야 하는 소방안전관리대상물

소방안전 관리대상물	특정소방대상물
특급 소방 안전관리 대상물	• 50층 이상(지하층 제외) 또는 높이 200[m] 이상 아파트 • 30층 이상(지하층 포함) 또는 높이 120[m] 이상(아파트 제외) • 연면적 10만[m²] 이상(아파트 제외) • 제외대상 : 동·식물원, 철강 등 불연성 물질을 저장·취급하는 창고, 지하구, 위험물 제조소 등
1급 소방 안전관리 대상물	• 30층 이상(지하층 제외) 또는 높이 120[m] 이상 아파트 • 11층 이상(아파트 제외) • 연면적 15,000[m²] 이상(아파트, 연립주택 제외) • 가연성 가스를 1,000[t] 이상 저장·취급하는 시설 • 제외대상 : 동·식물원, 철강 등 불연성 물질을 저장·취급하는 창고, 지하구, 위험물 제조소 등
2급 소방 안전관리 대상물	• 옥내소화전설비, 스프링클러설비 설치대상물 • 물분무등소화설비 설치대상물(호스릴 방식의 물분무등소화설비만을 설치한 설치대상물은 제외) • 가연성 가스를 100[t] 이상 1,000[t] 미만 저장·취급하는 시설 • 지하구 • 공동주택(옥내소화전설비 또는 스프링클러설비가 설치된 공동주택으로 한정) • 보물 또는 국보로 지정된 목조건축물
3급 소방 안전관리 대상물	• 자동화재탐지설비 설치대상물 • 간이스프링클러설비 설치대상물(주택 전용 간이스프링클러설비 설치대상물 제외)

풀이

아파트는 30층 이상(지하층은 제외) 또는 높이가 120[m] 이상일 때 1급 소방안전관리대상물에 해당한다. 21층인 아파트는 30층보다 낮기 때문에 1급 소방안전관리대상물이 될 수 없다.

37 ★★★

문화 및 자연 유산의 보존 및 활용에 관한 법률 규정에 의한 지정문화유산 및 천연기념물 등에 있어서는 제조소 등과의 수평거리를 몇 [m] 이상 유지하여야 하는가?

① 20 ② 30
③ 50 ④ 70

SOLUTION

개념

제조소의 위치·구조 및 설비의 기준(위험물법 시행규칙 별표 4, 위험물법 시행규칙 제28조 관련)

• 안전거리
 - 제조소(제6류 위험물을 취급하는 제조소를 제외) 건축물의 외벽 또는 이에 상당하는 공작물의 외측으로부터 해당 제조소의 외벽 또는 이에 상당하는 공작물의 외측까지의 사이에 다음 규정에 의한 수평거리를 두어야 함. 다만, 불연재료로 된 방화상 유효한 담 또는 벽 설치 시 안전거리 단축이 가능

건축물 및 그 밖의 공작물	안전거리
주거용(제조소가 설치된 부지 내에 있는 것 제외)	10[m] 이상
고압가스, 액화석유가스, 도시가스를 저장 또는 취급하는 시설	20[m] 이상
학원, 병원, 극장 등 다수의 수용시설	30[m] 이상
지정문화유산 및 천연기념물	50[m] 이상
사용전압 7,000[V] 초과 35,000[V] 이하 특고압가공전선	3[m] 이상
사용전압 35,000[V] 초과 특고압가공전선	5[m] 이상

풀이

지정문화유산 및 천연기념물 등의 안전거리는 50[m] 이상이다.

38 ★☆☆

다음 중 중급기술자의 학력·경력자에 대한 기준으로 옳은 것은? (단, "학력·경력자"란 고등학교·대학 또는 이와 같은 수준 이상의 교육기관의 소방 관련학과의 정해진 교육과정을 이수하고 졸업하거나 그 밖의 관계법령에 따라 국내 또는 외국에서 이와 같은 수준 이상의 학력이 있다고 인정되는 사람을 말한다)

① 고등학교를 졸업 후 8년 이상 소방 관련 업무를 수행한 자
② 학사학위를 취득한 후 5년 이상 소방 관련 업무를 수행한 자
③ 석사학위를 취득한 후 3년 이상 소방 관련 업무를 수행한 자
④ 박사학위를 취득한 후 1년 이상 소방 관련 업무를 수행한 자

SOLUTION

개념
소방기술과 관련된 자격·학력 및 경력의 인정 범위(소방공사업법 시행규칙 별표 4의2, 소방공사업법 시행규칙 제24조제1항 관련)

• 중급기술자 학력·경력자에 대한 기준
 - 박사학위를 취득한 사람
 - 석사학위를 취득한 후 2년 이상 소방 관련 업무를 수행한 사람
 - 학사학위를 취득한 후 5년 이상 소방 관련 업무를 수행한 사람
 - 전문학사학위를 취득한 후 8년 이상 소방 관련 업무를 수행한 사람
 - 고등학교 소방학과를 졸업한 후 10년 이상 소방 관련 업무를 수행한 사람
 - 고등학교를 졸업한 후 12년 이상 소방 관련 업무를 수행한 사람

풀이
중급기술자의 학력·경력자에 대한 기준에서 학사학위를 취득한 경우 5년 이상 소방 관련 업무를 수행한 사람이어야 한다.

39 ★★☆

소방시설공사업법령상 상주 공사감리 대상 기준 중 다음 ㉠, ㉡, ㉢에 알맞은 것은?

• 연면적 (㉠)[m²] 이상의 특정소방대상물(아파트는 제외)에 대한 소방시설의 공사
• 지하층을 포함한 층수가 (㉡)층 이상으로서 (㉢)세대 이상인 아파트에 대한 소방시설의 공사

① ㉠ 10,000, ㉡ 11, ㉢ 600
② ㉠ 10,000, ㉡ 16, ㉢ 500
③ ㉠ 30,000, ㉡ 11, ㉢ 600
④ ㉠ 30,000, ㉡ 16, ㉢ 500

SOLUTION

개념
소방공사 감리의 종류, 방법 및 대상(소방공사업법 시행령 별표 3, 소방공사업법 시행령 제9조 관련)

• 상주 공사감리
 - 연면적 3만[m²] 이상의 특정소방대상물(아파트 제외)에 대한 소방시설의 공사
 - 지하층을 포함한 층수가 16층 이상으로서 500세대 이상인 아파트에 대한 소방시설의 공사

풀이
상주 공사감리 대상의 기준은 연면적 30,000[m²] 이상의 특정소방대상물(아파트 제외) 및 지하층을 포함한 층수가 16층 이상으로서 500세대 이상인 아파트에 대한 소방시설의 공사이다.

40 ★★★

화재의 예방 및 안전관리에 관한 법령상 소방안전관리대상물의 소방안전관리자 업무가 아닌 것은?

① 소방시설 공사
② 소방훈련 및 교육
③ 자위소방대 및 초기대응체계의 구성·운영·교육
④ 피난계획에 관한 사항과 대통령령으로 정하는 사항이 포함된 소방계획서의 작성 및 시행

SOLUTION

개념

특정소방대상물의 소방안전관리(화재예방법 제24조)
- 소방안전관리업무 대행자 : 소방시설관리업자(소방시설관리업을 등록한 자)
- 소방안전관리자의 선임
  - 선임해당사유 발생일로부터 30일 이내
  - 선임신고 : 선임한 날부터 14일 이내에 소방본부장 또는 소방서장에게 신고
- 특정소방대상물의 관계인 업무
  - 피난시설·방화구획 및 방화시설의 관리
  - 소방시설, 그 밖의 소방관련시설의 관리
  - 화기 취급의 감독
  - 화재발생 시 초기대응
  - 그 밖에 소방안전관리에 필요한 업무
- 소방안전관리대상물의 소방안전관리자 업무
  - 피난계획에 관한 사항과 소방계획서의 작성 및 시행
  - 자위소방대 및 초기대응체계의 구성, 운영 및 교육
  - 피난시설·방화구획 및 방화시설의 관리
  - 소방시설이나 그 밖의 소방 관련 시설의 관리
  - 소방훈련 및 교육
  - 화기 취급의 감독
  - 소방안전관리에 관한 업무수행에 관한 기록·유지
  - 화재발생 시 초기대응
  - 그 밖의 소방안전관리에 필요한 업무

풀이
소방시설 공사는 소방안전관리자의 업무가 아닌 소방시설공사업자의 업무이다.

2019년 제2회 소방설비기사

21 ★★☆

소방시설을 구분하는 경우 소화설비에 해당되지 않는 것은?

① 스프링클러설비
② 제연설비
③ 자동소화장치
④ 옥외소화전설비

SOLUTION

개념

소화시설(소방시설법 시행령 별표 1, 소방시설법 시행령 제3조 관련)
- 소화설비 : 소화기구, 옥외소화전설비, 자동소화장치, 스프링클러설비, 물분무등소화설비, 옥외소화전설비
- 피난구조설비 : 피난기구, 인명구조기구, 유도등, 비상조명등
- 소화용수설비 : 상수도소화용수설비, 소화수조, 저수조
- 소화활동설비 : 연결송수관설비, 제연설비, 연결살수설비, 비상콘센트설비, 무선통신보조설비, 연소방지설비
- 경보설비 : 단독경보형감지기, 비상경보설비(비상벨설비, 자동식사이렌설비), 자동화재탐지설비, 시각경보기, 화재알림설비, 비상방송설비, 자동화재속보설비, 통합감시시설, 누전경보기, 가스누설경보기

풀이
제연설비는 소방활동설비에 해당한다.

22 ★★★

화재안전조사 결과 소방대상물의 위치·구조·설비 또는 관리의 상황이 화재나 재난·재해 예방을 위하여 보완될 필요가 있거나 화재가 발생하면 인명 또는 재산의 피해가 클 것으로 예상되는 때에 관계인에게 그 소방대상물의 개수·이전·제거, 사용의 금지 또는 제한, 사용폐쇄, 공사의 정지 또는 중지, 그 밖의 필요한 조치를 명할 수 있는 자로 틀린 것은?

① 시·도지사   ② 소방서장
③ 소방청장   ④ 소방본부장

정답 40 ① / 21 ② 22 ①

SOLUTION

개념

화재안전조사 결과에 따른 조치명령(화재예방법 제14조)
- 명령권자 : 소방청장, 소방본부장, 소방서장
- 명령사항 : 관계인에게 그 소방대상물의 개수(改修)·이전·제거, 사용의 금지 또는 제한, 사용폐쇄, 공사의 정지 또는 중지, 그 밖에 필요한 조치를 명함.

풀이

화재안전조사 결과에 따른 조치명령의 권한이 있는 사람은 소방청장, 소방본부장, 소방서장이다.

23 ★☆☆

소방시설 설치 및 관리에 관한 법령상 둘 이상의 특정소방대상물이 내화구조로 된 연결통로가 벽이 없는 구조로서 그 길이가 몇 [m] 이하인 경우 하나의 소방대상물로 보는가?

① 6
② 9
③ 10
④ 12

SOLUTION

개념

특정소방대상물(소방시설법 시행령 별표 2, 소방시설법 시행령 제5조 관련)
- 하나의 소방대상물로 보는 경우
  둘 이상의 특정소방대상물이 다음 중 어느 하나에 해당되는 구조의 복도 또는 통로(이하 "연결통로")로 연결된 경우 하나의 특정소방대상물로 본다.
  - 내화구조로 된 연결통로로 다음의 어느 하나에 해당되는 경우
    · 벽이 없는 구조로서 그 길이가 6[m] 이하인 경우
    · 벽이 있는 구조로서 그 길이가 10[m] 이하인 경우. 다만, 벽 높이가 바닥에서 천장까지의 높이의 2분의 1 이상인 경우에는 벽이 있는 구조로 보고, 벽 높이가 바닥에서 천장까지의 높이의 2분의 1 미만인 경우에는 벽이 없는 구조로 본다.
  - 내화구조가 아닌 연결통로로 연결된 경우
  - 컨베이어로 연결되거나 플랜트 설비의 배관 등으로 연결되어 있는 경우
  - 지하보도, 지하상가, 지하가로 연결된 경우
  - 자동방화셔터 또는 60분+ 방화문이 설치되지 않은 피트로 연결된 경우
  - 지하구로 연결된 경우

풀이

둘 이상의 특정소방대상물이 내화구조로 된 연결통로가 벽이 없는 구조라면 길이가 6[m] 이하일 때 하나의 소방대상물로 본다.

24 ★★★

소방대라 함은 화재를 진압하고 화재, 재난·재해 그 밖의 위급한 상황에서 구조·구급 활동 등을 하기 위하여 구성된 조직체를 말한다. 소방대의 구성원으로 틀린 것은?

① 소방공무원
② 소방안전관리원
③ 의무소방원
④ 의용소방대원

SOLUTION

개념

정의(기본법 제2조)
- 소방대상물 : 건축물, 차량, 선박(항구에 매어둔 선박만 해당), 선박 건조 구조물, 산림, 그 밖의 인공 구조물 또는 물건
- 관계인 : 소방대상물의 소유자·관리자 또는 점유자
- 소방대 : 소방공무원, 의무소방원, 의용소방대원

풀이

소방대란 소방공무원, 의무소방원, 의용소방대원으로 구성된 조직체이다.

25 ★☆☆

소방시설관리업자가 기술인력을 변경하는 경우, 시·도지사에게 제출하여야 하는 서류로 틀린 것은?

① 소방시설관리업 등록수첩
② 변경된 기술인력의 기술자격증(경력수첩 포함)
③ 소방기술인력대장
④ 사업자등록증 사본

SOLUTION

개념

등록사항의 변경신고 등(소방시설법 시행규칙 제34조)
- 기술인력을 변경하는 경우 제출 서류
  - 소방시설관리업 등록수첩
  - 변경된 기술인력의 기술자격증(경력수첩을 포함)
  - 소방기술인력대장

풀이

기술인력을 변경하는 경우 소방시설관리업 등록수첩, 변경된 기술인력의 기술자격증(경력수첩 포함), 소방기술인력대장을 제출해야 한다.

26 ★★☆

제4류 위험물을 저장·취급하는 제조소에 "화기엄금"이란 주의사항을 표시하는 게시판을 설치할 경우 게시판의 색상은?

① 청색바탕에 백색문자 ② 적색바탕에 백색문자
③ 백색바탕에 적색문자 ④ 백색바탕에 흑색문자

SOLUTION

개념
제조소의 위치·구조 및 설비의 기준(위험물법 시행규칙 별표 4, 위험물법 시행규칙 제28조 관련)
• 표지 및 게시판

위험물의 종류	주의사항	게시판
• 제1류 위험물 중 알칼리금속의 과산화물 • 제3류 위험물 중 금수성 물질	물기엄금	청색바탕에 백색문자
• 제2류 위험물(인화성 고체 제외)	화기주의	적색바탕에 백색문자
• 제2류 위험물 중 인화성 고체 • 제3류 위험물 중 자연발화성 물질 • 제4류 위험물 • 제5류 위험물	화기엄금	적색바탕에 백색문자

풀이
"화기엄금"이란 주의사항을 표시하는 게시판을 설치할 경우 게시판의 색상은 적색바탕에 백색문자이어야 한다.

TIP
물기엄금은 물과 관련되어 있기 때문에 청색바탕에 백색문자, 화기주의 및 화기엄금은 불과 관련되어 있기 때문에 적색바탕에 백색문자라고 기억하면 기억하기 수월할 것이다.

27 ★☆☆

다음 중 품질이 우수하다고 인정되는 소방용품에 대하여 우수품질인증을 할 수 있는 자는?

① 산업통상자원부장관
② 시·도지사
③ 소방청장
④ 소방본부장 또는 소방서장

SOLUTION

개념
우수품질 제품에 대한 인증(소방시설법 제43조)
• 소방청장은 형식승인의 대상이 되는 소방용품 중 품질이 우수하다고 인정하는 소방용품에 대하여 인증(이하 "우수품질인증"이라 한다)을 할 수 있다.
• 우수품질인증을 받으려는 자는 행정안전부령으로 정하는 바에 따라 소방청장에게 신청하여야 한다.
• 우수품질인증을 받은 소방용품에는 우수품질인증 표시를 할 수 있다.
• 우수품질인증의 유효기간은 5년의 범위에서 행정안전부령으로 정한다.

풀이
소방용품에 대하여 우수품질인증을 할 수 있는 자는 소방청장이다.

28 ★☆☆

다음 중 중급기술자에 해당하는 학력·경력 기준으로 옳은 것은?

① 전문학사학위를 취득한 후 1년 이상 소방 관련 업무를 수행한 사람
② 석사학위를 취득한 후 2년 이상 소방 관련 업무를 수행한 사람
③ 학사학위를 취득한 후 4년 이상 소방 관련 업무를 수행한 사람
④ 고등학교를 졸업 후 8년 이상 소방 관련 업무를 수행한 사람

SOLUTION

개념
소방기술과 관련된 자격·학력 및 경력의 인정 범위(소방공사업법 시행규칙 별표 4의2, 소방공사업법 시행규칙 제24조제1항 관련)
• 중급기술자 학력·경력자에 대한 기준
 - 박사학위를 취득한 사람
 - 석사학위를 취득한 후 2년 이상 소방 관련 업무를 수행한 사람
 - 학사학위를 취득한 후 5년 이상 소방 관련 업무를 수행한 사람
 - 전문학사학위를 취득한 후 8년 이상 소방 관련 업무를 수행한 사람
 - 고등학교 소방학과를 졸업한 후 10년 이상 소방 관련 업무를 수행한 사람
 - 고등학교를 졸업한 후 12년 이상 소방 관련 업무를 수행한 사람

풀이
중급기술자의 학력·경력자에 대한 기준에서 석사학위를 취득한 경우 2년 이상 소방 관련 업무를 수행한 사람이어야 한다.

정답 26 ② 27 ③ 28 ②

29 ★★★

소방기본법령상 인접하고 있는 시·도간 소방업무의 상호응원협정을 체결하고자 할 때, 포함되어야 하는 사항으로 틀린 것은?

① 소방교육·훈련의 종류에 관한 사항
② 화재의 경계·진압활동에 관한 사항
③ 출동대원의 수당·식사 및 피복의 수선의 소요경비의 부담에 관한 사항
④ 화재조사활동에 관한 사항

SOLUTION

개념

소방업무의 상호응원협정(기본법 시행규칙 제8조)
- 소방활동에 관한 사항
  - 화재의 경계·진압활동
  - 구조·구급업무의 지원
  - 화재조사활동
- 응원출동대상지역 및 규모
- 소요경비의 부담에 관한 사항
  - 출동대원의 수당·식사 및 의복의 수선
  - 소방장비 및 기구의 정비와 연료의 보급
  - 그 밖의 경비
- 응원출동의 요청방법
- 응원출동훈련 및 평가

풀이

소방교육·훈련의 종류에 관한 사항은 상호응원협정 사항이 아니다.

30 ★★☆

화재의 예방 및 안전관리에 관한 법령상 위험물 또는 물건의 보관기간은 소방 본부 또는 소방서의 게시판에 공고하는 기간의 종료일 다음 날부터 며칠로 하는가?

① 3일
② 5일
③ 7일
④ 14일

SOLUTION

개념

옮긴 물건 등의 보관기간 및 보관기간 경과 후 처리(화재예방법 시행령 제17조)
- 화재의 예방조치로 인해 옮긴 물건을 보관하는 경우에는 그날로부터 14일 동안 해당 소방관서의 인터넷 홈페이지에 그 사실을 공고
- 옮긴 물건 등의 보관기간 : 공고기간의 종료일 다음 날부터 7일까지
- 보관기간이 종료된 때에는 보관하고 있는 옮긴 물건 등을 매각. 다만, 보관하고 있는 옮긴 물건등이 부패·파손 또는 이와 유사한 사유로 정해진 용도로 계속 사용할 수 없는 경우에는 폐기 가능

풀이

옮긴 물건의 보관기간은 공고기간의 종료일 다음 날부터 7일이다.

31 ★☆☆

지정수량의 최소 몇 배 이상의 위험물을 취급하는 제조소에는 피뢰침을 설치해야 하는가? (단, 제6류 위험물을 취급하는 위험물제조소는 제외하고, 제조소 주위의 상황에 따라 안전상 지장이 없는 경우도 제외한다)

① 5배
② 10배
③ 50배
④ 100배

SOLUTION

개념

제조소의 위치·구조 및 설비의 기준(위험물법 시행규칙 별표 4, 위험물법 시행규칙 제28조 관련)
- 기타설비
  - 피뢰설비 : 지정수량의 10배 이상의 위험물을 취급하는 제조소(제6류 위험물을 취급하는 위험물제조소 제외)에는 피뢰침을 설치. 단, 제조소의 주위의 상황에 따라 안전상 지장이 없는 경우에는 피뢰침을 설치하지 아니할 수 있다.

풀이

지정수량의 10배 이상의 위험물을 취급하는 제조소(제6류 위험물을 취급하는 위험물 제조소 제외)에는 피뢰침을 설치해야 한다.

32 ★★★

산화성 고체인 제1류 위험물에 해당되는 것은?

① 질산염류
② 특수인화물
③ 과염소산
④ 유기과산화물

SOLUTION

개념
위험물 및 지정수량(위험물법 시행령 별표 1, 위험물법 시행령 제2조 및 제3조 관련)

• 위험물

유별	성질	품명
제1류	산화성 고체	• 아염소산염류 • 염소산염류 • 과염소산염류 • 무기과산화물 • 브롬산염류(브로민산염류) • **질산염류** • 요오드산염류(아이오딘산염류) • 과망간산염류(과망가니즈산염류) • 중크롬산염류(다이크로뮴산염류)
제2류	가연성 고체	• 황화린(황화인) • 적린 • 황(유황) • 철분 • 금속분 • 마그네슘 • 인화성 고체
제3류	자연발화성 물질 및 금수성 물질	• 칼륨 • 나트륨 • 알킬알루미늄 • 알킬리튬 • 황린 • 알칼리금속 및 알칼리토금속 • 유기금속화합물 • 금속의 수소화물 • 금속의 인화물 • 칼슘 또는 알루미늄의 탄화물
제4류	인화성 액체	• **특수인화물** • 제1석유류 • 알코올류 • 제2석유류 • 제3석유류 • 제4석유류 • 동식물유류
제5류	자기반응성 물질	• **유기과산화물** • 질산에스테르류(질산에스터류) • 니트로화합물(나이트로화합물) • 니트로소화합물(나이트로소화합물) • 아조화합물 • 디아조화합물(다이아조화합물) • 하이드라진 유도체(히드라진 유도체) • 히드록실아민(하이드록실아민) • 히드록실아민염류(하이드록실아민염류)
제6류	산화성 액체	• **과염소산** • 과산화수소 • 질산

풀이
보기에서 제1류 위험물에 해당하는 것은 질산염류이다. 특수인화물은 제4류 위험물, 과염소산은 제6류 위험물, 유기과산화물은 제5류 위험물에 해당한다.

33 ★☆☆

위험물안전관리법상 청문을 실시하여 처분해야 하는 것은?

① 제조소 등 설치허가의 취소
② 제조소 등 영업정지 처분
③ 탱크시험자의 영업정지 처분
④ 과징금 부과 처분

SOLUTION

개념
청문(위험물법 제29조)

• 청문권자 : 시·도지사, 소방본부장, 소방서장
• 청문 해당 경우
 - 제조소 등 설치허가의 취소
 - 탱크시험자의 등록취소

풀이
제조소 등 설치허가의 취소는 청문을 실시해야 하는 경우이다.

34 ★★☆

소방시설 설치 및 관리에 관한 법령상 특정소방대상물 중 오피스텔은 어느 시설에 해당하는가?

① 숙박시설
② 일반업무시설
③ 공동주택
④ 근린생활시설

SOLUTION

개념
특정소방대상물(소방시설법 시행령 별표 2, 소방시설법 시행령 제5조 관련)
- 일반업무시설
  - 금융업소
  - 사무소
  - 신문사
  - 오피스텔
  - 그 밖에 이와 비슷한 것으로서 근린생활시설에 해당하지 않는 것

풀이
오피스텔은 일반업무시설에 해당한다.

35 ★★★

소방시설 설치 및 관리에 관한 법령상, 종사자 수가 5명이고, 숙박시설이 모두 2인용 침대이며 침대수량은 50개인 숙박시설에서 수용인원은 몇 명인가?

① 55
② 75
③ 85
④ 105

SOLUTION

개념
수용인원의 산정 방법(소방시설법 시행령 별표 7, 소방시설법 시행령 제17조 관련)

	용도	수용인원의 산정
숙박시설	침대가 있는 숙박시설	종사자수 + 침대수 (2인용은 2개로 산정)
	침대가 없는 숙박시설	종사자수 + $\dfrac{\text{바닥면적의 합계}[m^2]}{3[m^2]}$
그 외 특정소방 대상물	강의실·교무실· 상담실·실습실· 휴게실	$\dfrac{\text{바닥면적의 합계}[m^2]}{1.9[m^2]}$
	강당, 문화 및 집회시설, 운동시설, 종교시설	$\dfrac{\text{바닥면적의 합계}[m^2]}{4.6[m^2]}$ · 관람석의 경우 : 고정식 의자 수 · 긴 의자의 경우 : $\dfrac{\text{의자 정면 너비}[m]}{0.45[m]}$
	그 밖의 특정소방대상물	$\dfrac{\text{바닥면적의 합계}[m^2]}{3[m^2]}$

* 계산결과 소수점 이하는 반올림한다.

풀이
수용인원
침대가 없는 숙박시설 = 종사자수 + 침대수(2인용은 2명)
= 5 + (50×2) = 105[명]

정답 34 ② 35 ④

36 ★☆☆

다음 중 300만원 이하의 벌금에 해당되지 않는 것은?

① 소방시설공사의 완공검사를 받지 아니한 자
② 소방시설업의 등록수첩을 다른 자에게 빌려준 자
③ 소방기술자가 동시에 둘 이상의 업체에 취업한 사람
④ 소방시설공사 현장에 감리원을 배치하지 아니한 자

SOLUTION

개념
300만원 이하의 벌금(소방공사업법 제37조)
- 다른 자에게 자기의 성명이나 상호를 사용하여 소방시설공사등을 수급 또는 시공하게 하거나 소방시설업의 등록증이나 등록수첩을 빌려준 자
- 소방시설공사 현장에 감리원을 배치하지 아니한 자
- 감리업자의 보완 요구에 따르지 아니한 자
- 공사감리 계약을 해지하거나 대가 지급을 거부하거나 지연시키거나 불이익을 준 자
- 소방시설공사를 다른 업종의 공사와 분리하여 도급하지 아니한 자
- 자격수첩 또는 경력수첩을 빌려 준 사람
- 소방기술자가 동시에 둘 이상의 업체에 취업한 사람
- 관계인의 정당한 업무를 방해하거나 업무상 알게 된 비밀을 누설한 사람

풀이
소방시설공사의 완공검사를 받지 아니한 자는 200만원 이하의 과태료가 부과된다.

37 ★☆☆

소방시설 설치 및 관리에 관한 법령상 건축허가등의 동의를 요구한 기관이 그 건축허가 등을 취소하였을 때, 취소한 날로부터 최대 며칠 이내에 건축물 등의 시공지 또는 소재지를 관할 하는 소방본부장 또는 소방서장에게 그 사실을 통보하여야 하는가?

① 3일 ② 4일
③ 7일 ④ 10일

SOLUTION

개념
건축허가 등의 동의 요구(소방시설법 시행규칙 제3조)
건축허가 동의요구기관의 건축허가 취소 시, 취소한 날로부터 7일 이내에 관할 소방본부장, 소방서장에게 통보하여야 한다.

풀이
건축허가 동의를 요구한 기관의 건축허가 취소 시, 취소한 날로부터 7일 이내에 관할 소방본부장 또는 소방서장에게 통보하여야 한다.

38 ★★☆

소방기본법상 화재 현장에서의 피난 등을 체험할 수 있는 소방 체험관의 설립·운영권자는?

① 시·도지사
② 행정안전부장관
③ 소방본부장 또는 소방서장
④ 소방청장

SOLUTION

개념
소방박물관 등의 설립과 운영(기본법 제5조)
- 소방박물관
  - 소방청장이 설립 및 운영
  - 소방의 역사와 안전문화를 발전시키고 국민의 안전 의식을 높이기 위함
  - 행정안전부령에 따라 운영
- 소방체험관
  - 시·도지사가 설립 및 운영
  - 화재 현장에서의 피난 등을 체험
  - 시·도의 조례에 따라 운영

풀이
현장에서의 피난 등을 체험할 수 있는 소방체험관의 설립과 운영은 시·도지사가 담당한다.

정답 36 ① 37 ③ 38 ①

39 ★★☆

소방기본법령상 소방활동구역의 출입자에 해당되지 않는 자는?

① 소방활동구역 안에 있는 소방대상물의 소유자·관리자 또는 점유자
② 전기·가스·수도·통신·교통의 업무에 종사하는 사람으로서 원활한 소방활동을 위하여 필요한 자
③ 화재건물과 관련 있는 부동산업자
④ 취재인력 등 보도업무에 종사하는 자

SOLUTION

개념
소방활동구역의 출입자(기본법 시행령 제8조)
- 법령근거 : 대통령령
- 소방활동구역의 출입자
  - 소방활동구역 안에 있는 소방대상물의 소유자·관리자 또는 점유자
  - 전기·가스·수도·통신·교통의 업무에 종사하는 사람으로서 원활한 소방활동을 위하여 필요한 사람
  - 의사·간호사 그 밖의 구조·구급업무에 종사하는 사람
  - 취재인력 등 보도업무에 종사하는 사람
  - 수사업무에 종사하는 사람
  - 그 밖에 소방대장이 소방활동을 위하여 출입을 허가한 사람

풀이
화재건물과 관련 있는 부동산업자는 소방활동구역의 출입자가 아니다.

40 ★☆☆

소방본부장 또는 소방서장은 건축허가 등의 동의요구 서류를 접수한 날부터 최대 며칠 이내에 건축허가 등의 동의여부를 회신하여야 하는가? (단, 허가 신청한 건축물은 지상으로부터 높이가 200[m]인 아파트이다)

① 5일   ② 7일
③ 10일 ④ 15일

SOLUTION

개념
건축허가 등의 동의 요구(소방시설법 시행규칙 제3조)
- 동의 회부 여신 기한
  - 특급소방안전관리대상물 : 10일 이내
  - 특정소방대상물 : 5일 이내

풀이
지상으로부터 높이가 200[m]인 아파트는 특급소방안전관리대상물에 해당한다. 특급소방안전관리대상물 건축허가 등의 동의 여부는 10일 이내에 회신하여야 한다.

TIP
- 특급소방안전관리대상물
  - 50층(지하층 제외), 높이 200[m] 이상 아파트
  - 30층(지하층 포함), 높이 120[m] 이상 아파트 이상의 특정소방대상물(아파트 제외)
  - 연면적 10만[m²] 이상 특정소방대상물(아파트 제외)
- 특정소방대상물 : 건축허가동의대상 특정소방대상물

정답 39 ③ 40 ③

2019년 제4회 소방설비기사

21 ★☆☆

소방안전관리자 및 소방안전관리보조자에 대한 실무교육의 교육대상, 교육일정 등 실무교육에 필요한 계획을 수립하여 매년 누구의 승인을 얻어 교육을 실시하는가?

① 한국소방안전원장
② 소방본부장
③ 소방청장
④ 시·도지사

SOLUTION

개념
소방기술자의 실무교육(소방공사업법 제29조)
- 화재 예방, 안전관리의 효율화, 새로운 기술 등 소방에 관한 지식의 보급을 위하여 소방시설관리업의 기술인력으로 등록된 소방기술자는 행정안전부령으로 정하는 바에 따라 실무교육을 받아야 한다.
- 소방기술자가 정하여진 교육을 받지 아니하면 그 교육을 이수할 때까지 그 소방기술자는 소방시설관리업의 기술인력으로 등록된 사람으로 보지 아니한다.
- 소방청장은 소방기술자에 대한 실무교육을 효율적으로 하기 위하여 실무교육기관을 지정할 수 있다.

풀이
실무교육은 위탁된 실무교육기관에서 이루어지고, 실무교육기관의 지정은 소방청장이 담당한다.

22 ★★★

화재예방강화지구로 지정할 수 있는 대상이 아닌 것은?

① 시장지역
② 소방출동로가 있는 지역
③ 공장·창고가 밀집한 지역
④ 목조건물이 밀집한 지역

SOLUTION

개념
화재예방강화지구의 지정 등(화재예방법 제18조)
- 화재예방강화지구의 지정권자 : 시·도지사
- 화재예방강화지구 지정지역
  - 시장지역
  - 공장·창고가 밀집한 지역
  - 목조건물이 밀집한 지역
  - 노후·불량건축물이 밀집한 지역
  - 위험물의 저장 및 처리 시설이 밀집한 지역
  - 석유화학제품을 생산하는 공장이 있는 지역
  - 「산업입지 및 개발에 관한 법률」제2조제8호에 따른 산업단지
  - 소방시설·소방용수시설 또는 소방출동로가 없는 지역
  - 「물류시설의 개발 및 운영에 관한 법률」제2조제6호에 따른 물류단지
  - 그 밖에 위의 지역에 준하는 지역으로서 소방관서장이 화재예방강화지구로 지정할 필요가 있다고 인정하는 지역
- 시·도지사가 화재예방강화지구로 지정할 필요가 있는 지역을 화재예방강화지구로 지정하지 아니하는 경우 소방청장은 해당 시·도지사에게 해당 지역의 화재예방강화지구 지정을 요청 가능
- 화재안전조사 실시자 : 소방관서장

풀이
소방출동로가 있는 지역은 화재예방강화지구로 지정할 수 있는 대상이 아니다. 오히려 소방출동로가 없는 지역이 화재예방강화지구로 지정할 수 있는 대상이다.

23 ★☆☆

화재의 예방 및 안전관리에 관한 법령상 정당한 사유 없이 화재안전조사결과에 따른 조치명령을 위반한 자에 대한 벌칙으로 옳은 것은?

① 100만원 이하의 벌금
② 300만원 이하의 벌금
③ 1년 이하의 징역 또는 1천만원 이하의 벌금
④ 3년 이하의 징역 또는 3천만원 이하의 벌금

SOLUTION

개념
3년 이하의 징역 또는 3천만원 이하의 벌금(화재예방법 제50조)
- 화재안전조사 결과에 따른 조치명령을 정당한 사유 없이 위반한 자
- 소방안전관리자 또는 소방안전관리보조자 선임명령 또는 업무 이행명령을 정당한 사유 없이 위반한 자
- 화재예방안전진단 결과에 따라 보수·보강 등의 조치 명령을 정당한 사유 없이 위반한 자
- 거짓이나 그 밖의 부정한 방법으로 진단기관으로 지정을 받은 자

풀이
정당한 사유 없이 화재안전조사결과에 따른 조치명령을 위반한 자에게는 3년 이하의 징역 또는 3천만원 이하의 벌금에 처한다.

정답 21 ③ 22 ② 23 ④

24 ★★☆

다음 중 한국소방안전원의 업무에 해당하지 않는 것은?

① 소방용 기계·기구의 형식승인
② 소방업무에 관하여 행정기관이 위탁하는 업무
③ 화재예방과 안전관리의식 고취를 위한 대국민 홍보
④ 소방기술과 안전관리에 관한 교육, 조사·연구 및 각종 간행물 발간

SOLUTION

개념
안전원의 업무(기본법 제41조)
- 소방기술과 안전관리에 관한 교육 및 조사·연구
- 소방기술과 안전관리에 관한 각종 간행물 발간
- 화재 예방과 안전관리의식 고취를 위한 대국민 홍보
- 소방업무에 관하여 행정기관이 위탁하는 업무
- 소방안전에 관한 국제협력
- 그 밖에 회원에 대한 기술지원 등 정관으로 정하는 사항

풀이
소방용 기계·기구의 형식승인은 한국소방산업기술원의 업무이다.

25 ★★★

소방기본법상 소방대의 구성원에 속하지 않는 자는?

① 소방공무원법에 따른 소방공무원
② 의용소방대 설치 및 운영에 관한 법률에 따른 의용소방대원
③ 위험물안전관리법에 따른 자체소방대원
④ 의무소방대설치법에 따라 임용된 의무소방원

SOLUTION

개념
정의(기본법 제2조)
- 소방대상물 : 건축물, 차량, 선박(항구에 매어둔 선박만 해당), 선박 건조 구조물, 산림, 그 밖의 인공 구조물 또는 물건
- 관계인 : 소방대상물의 소유자·관리자 또는 점유자
- 소방대 : 소방공무원, 의무소방원, 의용소방대원

풀이
자체소방대원은 소방기본법상에서 정의한 소방대의 구성원에 속하지 않는다.

26 ★★★

위험물안전관리법령상 제조소등이 아닌 장소에서 지정수량 이상의 위험물을 취급할 수 있는 기준 중 다음 ( ) 안에 알맞은 것은?

> 시·도의 조례가 정하는 바에 따라 관할 소방서장의 승인을 받아 지정수량 이상의 위험물을 ( )일 이내의 기간 동안 임시로 저장 또는 취급하는 경우

① 15
② 30
③ 60
④ 90

SOLUTION

개념
위험물의 저장 및 취급의 제한(위험물법 제5조)
- 지정수량 이상의 위험물을 저장소가 아닌 장소에서 저장하거나 제조소등이 아닌 장소에서 취급 제한
- 저장·취급 제한 예외
  - 시·도의 조례가 정하는 바에 따라 관할 소방서장의 승인을 받아 지정수량 이상의 위험물을 90일 이내의 기간 동안 임시로 저장 또는 취급하는 경우
  - 군부대가 지정수량 이상의 위험물을 군사목적으로 임시로 저장 또는 취급하는 경우
- 임시로 저장 또는 취급하는 장소에서의 저장 또는 취급의 기준과 임시로 저장 또는 취급하는 장소의 위치·구조 및 설비의 기준은 시·도의 조례로 정함
- 제조소등에서의 위험물의 저장 또는 취급에 관한 규정
  - 중요기준 : 화재 등 위해의 예방과 응급조치에 있어서 큰 영향을 미치거나 그 기준을 위반하는 경우 직접적으로 화재를 일으킬 가능성이 큰 기준으로서 행정안전부령이 정하는 기준
  - 세부기준 : 화재 등 위해의 예방과 응급조치에 있어서 중요기준보다 상대적으로 적은 영향을 미치거나 그 기준을 위반하는 경우 간접적으로 화재를 일으킬 수 있는 기준 및 위험물의 안전관리에 필요한 표시와 서류·기구 등의 비치에 관한 기준으로서 행정안전부령이 정하는 기준
- 제조소등의 위치·구조 및 설비의 기술기준은 행정안전부령으로 정함
- 둘 이상의 위험물을 같은 장소에서 저장 또는 취급하는 경우에 있어서 당해 장소에서 저장 또는 취급하는 각 위험물의 수량을 그 위험물의 지정수량으로 각각 나누어 얻은 수의 합계가 1 이상인 경우 당해 위험물은 지정수량 이상의 위험물로 봄

풀이
시·도의 조례가 정하는 바에 따라 관할 소방서장의 승인을 받아 지정수량 이상의 위험물을 90일 이내의 기간 동안 임시로 저장 또는 취급하는 경우에는 제조소등이 아닌 장소에서 지정수량 이상의 위험물을 취급할 수 있다.

27 ★☆☆

화재의 예방 및 안전관리에 관한 법령상 소방대상물의 개수·이전·제거, 사용의 금지 또는 제한, 사용폐쇄, 공사의 정지 또는 중지, 그 밖의 필요한 조치로 인하여 손실을 받은 자가 손실보상청구서에 첨부하여야 하는 서류로 틀린 것은?

① 손실보상 합의서
② 손실을 증명할 수 있는 사진
③ 손실을 증명할 수 있는 증빙자료
④ 소방대상물의 관계인임을 증명할 수 있는 서류(건축물대장은 제외)

SOLUTION

개념
손실보상 청구자가 제출해야 하는 서류 등(화재예방법 시행규칙 제6조)
- 소방대상물의 관계인임을 증명할 수 있는 서류(건축물대장은 제외)
- 손실을 증명할 수 있는 사진 및 그 밖의 증빙자료
- 손실보상 청구서

풀이
손실보상 청구자가 제출하여야 하는 서류는 손실보상 합의서가 아닌 손실보상 청구서이다. 손실보상 합의서는 손실보상에 관하여 협의가 이루어진 경우에 작성한다.

28 ★☆☆

화재의 예방 및 안전관리에 관한 법령상 소방청장, 소방본부장 또는 소방서장은 관할구역에 있는 소방대상물에 대하여 화재안전조사를 실시할 수 있다. 화재안전조사 대상과 거리가 먼 것은? (단, 개인 주거에 대하여는 관계인의 승낙을 득한 경우이다)

① 화재예방강화지구에 대한 소방특별조사 등 다른 법률에서 화재안전조사를 실시하도록 한 경우
② 관계인이 법령에 따라 실시하는 소방시설등, 방화시설, 피난시설 등에 대한 자체점검 등이 불성실하거나 불완전하다고 인정되는 경우
③ 화재가 발생할 우려는 없으나 소방대상물의 정기점검이 필요한 경우
④ 국가적 행사 등 주요행사가 개최되는 장소에 대하여 소방안전관리 실태를 점검할 필요가 있는 경우

SOLUTION

개념
화재안전조사(화재예방법 제7조)
- 조사명령권자 : 소방청장, 소방본부장, 소방서장
- 화재안전조사 실시대상
  1. 자체점검이 불성실하거나 불완전하다고 인정되는 경우
  2. 화재예방강화지구 등 법령에서 화재안전조사를 하도록 규정되어 있는 경우
  3. 화재예방안전진단이 불성실하거나 불완전하다고 인정되는 경우
  4. 국가적 행사 등 주요 행사가 개최되는 장소 및 그 주변의 관계 지역에 대하여 소방안전관리 실태를 조사할 필요가 있는 경우
  5. 화재가 자주 발생하였거나 발생할 우려가 뚜렷한 곳에 대한 조사가 필요한 경우
  6. 재난예측정보, 기상예보 등을 분석한 결과 소방대상물에 화재의 발생 위험이 크다고 판단되는 경우
  7. 1 ~ 6항에서 규정한 경우 외에 화재, 그 밖의 긴급한 상황이 발생할 경우 인명 또는 재산 피해의 우려가 현저하다고 판단되는 경우
- 관계인의 승낙이 필요한 경우 : 개인의 주거
- 화재안전조사의 항목
  - 화재의 예방조치 상황
  - 소방시설의 설치 및 관리 상황
  - 소방대상물의 화재 등의 발생 위험과 관련된 상황

풀이
화재가 발생할 우려가 없는 경우가 아닌 화재의 발생할 우려가 높은 경우 화재안전조사를 실시한다.

정답 27 ① 28 ③

29 ★★★

다음 조건을 참고하여 숙박시설이 있는 특정소방대상물의 수용인원 산정 수로 옳은 것은?

> 침대가 있는 숙박시설로서 1인용 침대의 수는 20개이고, 2인용 침대의 수는 10개이며, 종업원의 수는 3명이다.

① 33명 ② 40명
③ 43명 ④ 46명

SOLUTION

개념

수용인원의 산정 방법(소방시설법 시행령 별표 7, 소방시설법 시행령 제17조 관련)

용도		수용인원의 산정
숙박시설	침대가 있는 숙박시설	종사자수 + 침대수 (2인용은 2개로 산정)
	침대가 없는 숙박시설	종사자수 + $\frac{바닥면적의 합계[m^2]}{3[m^2]}$
그 외 특정소방 대상물	강의실·교무실·상담실·실습실·휴게실	$\frac{바닥면적의 합계[m^2]}{1.9[m^2]}$
	강당, 문화 및 집회시설, 운동시설, 종교시설	$\frac{바닥면적의 합계[m^2]}{4.6[m^2]}$ • 관람석의 경우 : 고정식 의자 수 • 긴 의자의 경우 : $\frac{의자 정면 너비[m]}{0.45[m]}$
	그 밖의 특정소방대상물	$\frac{바닥면적의 합계[m^2]}{3[m^2]}$

* 계산결과 소수점 이하는 반올림한다.

풀이

수용인원
침대가 없는 숙박시설 = 종사자수 + 침대수(2인용은 2명)
= 3 + {20 + (10×2)} = 43[명]

30 ★★☆

다음 중 상주 공사감리를 하여야 할 대상의 기준으로 옳은 것은?

① 지하층을 포함한 층수가 16층 이상으로서 300세대 이상인 아파트에 대한 소방시설의 공사
② 지하층을 포함한 층수가 16층 이상으로서 500세대 이상인 아파트에 대한 소방시설의 공사
③ 지하층을 포함하지 않은 층수가 16층 이상으로서 300세대 이상인 아파트에 대한 소방시설의 공사
④ 지하층을 포함하지 않은 층수가 16층 이상으로서 500세대 이상인 아파트에 대한 소방시설의 공사

SOLUTION

개념

소방공사 감리의 종류, 방법 및 대상(소방공사업법 시행령 별표 3, 소방공사 업법 시행령 제9조 관련)

• 상주 공사감리
  - 연면적 3만[m²] 이상의 특정소방대상물(아파트 제외)에 대한 소방시설의 공사
  - 지하층을 포함한 층수가 16층 이상으로서 500세대 이상인 아파트에 대한 소방시설의 공사

풀이

지하층을 포함한 층수가 16층 이상으로서 500세대 이상인 아파트에 대한 소방시설의 공사인 경우 상주 공사감리의 대상이 된다.

정답 29 ③ 30 ②

31 ★★☆

화재의 예방 및 안전관리에 관한 법령상 소방안전관리대상물의 관계인이 근무자 등에게 실시해야 하는 소방훈련의 종류에 해당하지 않는 것은?

① 소화훈련
② 통보훈련
③ 피난훈련
④ 경계훈련

SOLUTION

개념

소방안전관리대상물의 근무자 및 거주자에 대한 소방훈련 등(화재예방법 제37조)

- 실시자 : 소방안전관리대상물의 관계인
- 소방훈련의 종류
  - 소화훈련
  - 통보훈련
  - 피난훈련
- 소방훈련 및 교육 결과 제출 : 소방훈련 및 교육을 한 날부터 30일 이내에 소방본부장 또는 소방서장에게 제출

풀이

경계훈련은 소방훈련에 해당하지 않는다.

32 ★★★

소방시설 설치 및 관리에 관한 법령상 간이스프링클러설비를 설치하여야 하는 특정소방대상물의 기준으로 옳은 것은?

① 근린생활시설로 사용하는 부분의 바닥면적 합계가 1,000[m²] 이상인 것은 모든 층
② 교육연구시설 내에 있는 합숙소로서 연면적 50[m²] 이상인 것
③ 정신병원과 의료재활시설을 제외한 요양병원으로 사용되는 바닥면적의 합계가 300[m²] 이상 600[m²] 미만인 시설
④ 정신의료기관 또는 의료재활시설로 사용되는 바닥면적의 합계가 600[m²] 미만인 시설

SOLUTION

개념

특정소방대상물의 관계인이 특정소방대상물에 설치·관리해야 하는 소방시설의 종류(소방시설법 시행령 별표 4, 소방시설법 시행령 제11조 관련)

- 간이스프링클러설비를 설치해야하는 특정소방대상물
  - 공동주택 중 연립주택 및 다세대주택
  - 근린생활시설 중 다음의 어느 하나에 해당하는 것
    ▸ 근린생활시설로 사용하는 부분의 바닥면적 합계가 1,000[m²] 이상인 것은 모든 층
    ▸ 의원, 치과의원 및 한의원으로서 입원실이 있는 시설
    ▸ 조산원 및 산후조리원으로서 연면적 600[m²] 미만인 시설
  - 의료시설 중 다음의 어느 하나에 해당하는 시설
    ▸ 종합병원, 병원, 치과병원, 한방병원 및 요양병원(의료재활시설은 제외)으로 사용되는 바닥면적의 합계가 600[m²] 미만인 시설
    ▸ 정신의료기관 또는 의료재활시설로 사용되는 바닥면적의 합계가 300[m²] 이상 600[m²] 미만인 시설
    ▸ 정신의료기관 또는 의료재활시설로 사용되는 바닥면적의 합계가 300[m²] 미만이고, 창살(철재·플라스틱 또는 목재 등으로 사람의 탈출 등을 막기 위하여 설치한 것을 말하며, 화재 시 자동으로 열리는 구조로 되어 있는 창살은 제외)이 설치된 시설
  - 교육연구시설 내에 합숙소로서 연면적 100[m²] 이상인 경우에는 모든 층
  - 노유자 시설로서 다음의 어느 하나에 해당하는 시설
    1. 건축허가 동의대상 건축물 중 노유자 생활시설
    2. 1항에 해당하지 않는 노유자 시설로 해당 시설로 사용하는 바닥면적의 합계가 300[m²] 이상 600[m²] 미만인 시설
    3. 1항에 해당하지 않는 노유자 시설로 합계가 300[m²] 미만이고, 창살(철재·플라스틱 또는 목재 등으로 사람의 탈출 등을 막기 위하여 설치한 것을 말하며, 화재 시 자동으로 열리는 구조로 되어 있는 창살은 제외)이 설치된 시설
  - 숙박시설로 사용되는 바닥면적의 합계가 300[m²] 이상 600[m²] 미만인 시설
  - 건물을 임차하여 출입국관리법에 따른 보호시설로 사용하는 부분
  - 복합건축물로서 연면적 1,000[m²] 이상인 것은 모든 층

풀이

보기 중 간이스프링클러설비를 설치하여야 하는 특정소방대상물의 기준으로 옳은 것은 근린생활시설로 사용하는 부분의 바닥면적 합계가 1,000[m²] 이상인 것은 모든 층이다.

33 ★☆☆

소방시설 설치 및 관리에 관한 법령상 소방시설 등의 자체점검 시 점검인력 배치기준 중 종합점검에 대한 점검인력 1단위가 하루 동안 점검할 수 있는 특정소방대상물의 연면적 기준으로 옳은 것은? (단, 보조 인력을 추가하는 경우는 제외한다)

① 3,500[m^2]
② 7,000[m^2]
③ 8,000[m^2]
④ 12,000[m^2]

SOLUTION

개념

소방시설등의 자체점검 시 점검인력의 배치기준(소방시설법 시행규칙 별표 4, 소방시설법 시행규칙 제20조제1항 관련)

- 점검인력 1단위가 하루 동안 점검할 수 있는 특정소방대상물의 연면적 (점검한도 면적)
  - 종합점검 : 8,000[m^2]
  - 작동점검 : 10,000[m^2]
  - 점검인력 1단위에 보조 점검인력을 1명씩 추가할 때마다 종합점검의 경우에는 2,000[m^2] 추가
  - 점검인력 1단위에 보조 점검인력을 1명씩 추가할 때마다 작동점검의 경우에는 2,500[m^2] 추가

풀이

종합점검 시 보조인력을 추가하지 않을 경우 점검한도 면적은 8,000[m^2]이다.

34 ★★☆

소방본부장 또는 소방서장은 화재예방강화지구안의 관계인에 대하여 소방상 필요한 훈련 및 교육은 연 몇 회 이상 실시할 수 있는가?

① 1
② 2
③ 3
④ 4

SOLUTION

개념

화재예방강화지구의 관리(화재예방법 시행령 제20조)

- 화재안전조사
  - 실시자 : 소방관서장(소방청장, 소방본부장, 소방서장)
  - 실시횟수 : 연 1회 이상
  - 통보 : 훈련 또는 교육 10일 전까지 통보
  - 소방관서장은 화재예방강화지구 안의 관계인에 대하여 소방에 필요한 훈련 및 교육을 연 1회 이상 실시 가능
- 화재예방강화지구 관리대장
  - 작성 및 관리자 : 시·도지사
  - 내용
    ‣ 화재예방강화지구의 지정 현황
    ‣ 화재안전조사의 결과
    ‣ 소방설비 등 설치 명령 현황
    ‣ 소방훈련 및 교육 현황

풀이

소방관서장(소방청장, 소방본부장, 소방서장)은 화재예방강화지구 안의 관계인에 대하여 소방에 필요한 훈련 및 교육을 연 1회 이상 실시할 수 있다.

35 ★★★

제조소등의 위치·구조 또는 설비의 변경 없이 당해 제조소등에서 저장하거나 취급하는 위험물의 품명·수량 또는 지정수량의 배수를 변경하고자 할 때는 누구에게 신고해야 하는가?

① 국무총리
② 시·도지사
③ 관할소방서장
④ 행정안전부장관

SOLUTION

개념

위험물시설의 설치 및 변경 등(위험물법 제6조)
- 제조소 등의 설치허가
  - 설치허가자 : 시·도지사
  - 설치허가 대상
    ‣ 제조소 등을 설치하려는 자
    ‣ 제조소 등의 위치·구조 또는 설비를 변경하고자 하는 자
- 품명 등의 변경신고
  - 변경신고 대상 : 시·도지사
  - 변경신고 기한 : 변경하고자 하는 날의 1일 전까지 행정안전부령에 따라 신고
  - 변경조건 : 해당 제조소 등의 위치·구조 또는 설비의 변경 없이 저장하거나 취급하는 위험물의 품명·수량 또는 지정수량의 배수를 변경
- 설치허가, 변경신고 등의 예외 조건
  - 주택의 난방시설(공동주택의 중앙난방시설 제외)용 저장소 또는 취급소
  - 농예용·축산용 또는 수산용으로 필요한 난방시설 또는 건조시설을 위한 지정수량 20배 이하의 저장소

풀이

제조소 등의 위치·구조 또는 설비의 변경 없이 당해 제조소 등에서 저장하거나 취급하는 위험물의 품명·수량 또는 지정수량의 배수를 변경하고자 하는 자는 변경하고자 하는 날의 1일 전까지 행정안전부령이 정하는 바에 따라 시·도지사에게 신고하여야 한다.

36 ★☆☆

항공기격납고는 특정소방대상물 중 어느 시설에 해당하는가?

① 위험물 저장 및 처리 시설
② 항공기 및 자동차 관련 시설
③ 창고시설
④ 업무시설

SOLUTION

개념

특정소방대상물(소방시설법 시행령 별표 2, 소방시설법 시행령 제5조 관련)
- 항공기 및 자동차 관련 시설(건설기계 관련 시설을 포함)
  - 항공기 격납고
  - 차고, 주차용 건축물, 철골 조립식 주차시설(바닥면이 조립식 아닌 것을 포함) 및 기계장치에 의한 주차시설
  - 세차장
  - 폐차장
  - 자동차 검사장
  - 자동차 매매장
  - 자동차 정비공장
  - 운전학원·정비학원
  - 주차장
  - 차고 및 주기장

풀이

항공기 격납고는 항공기 및 자동차 관련 시설에 해당한다.

정답 35 ② 36 ②

37 ★★☆

소방기본법령상 국고보조 대상사업의 범위 중 소방활동장비와 설비에 해당하지 않는 것은?

① 소방자동차
② 소방헬리콥터 및 소방정
③ 소화용수설비 및 피난구조설비
④ 방화복 등 소방활동에 필요한 소방장비

SOLUTION

개념
국고보조 대상사업의 범위와 기준보조율(기본법 시행령 제2조)
- 국고보조 대상사업의 범위
  - 소방자동차 구입 및 설치
  - 소방헬리콥터 및 소방정 구입 및 설치
  - 소방전용통신설비 및 전산설비 구입 및 설치
  - 그 밖에 방화복 등 소방활동에 필요한 소방장비 구입 및 설치
  - 소방관서용 청사의 건축
- 소방활동장비 및 설비의 종류와 규격 근거 : 행정안전부령
- 국고보조 대상사업의 기준보조율 : 「보조금 관리에 관한 법률 시행령」에 근거

풀이
소화용수설비 및 피난구조설비는 국고보조 대상사업의 범위에 들어가지 않는다.

38 ★★☆

위험물안전관리법령상 제조소등의 관계인은 위험물의 안전관리에 관한 직무를 수행하게 하기 위하여 제조소등마다 위험물의 취급에 관한 자격이 있는 자를 위험물안전관리자로 선임하여야 한다. 이 경우 제조소등의 관계인이 지켜야 할 기준으로 틀린 것은?

① 제조소등의 관계인은 안전관리자를 해임하거나 안전관리자가 퇴직한 때에는 해임하거나 퇴직한 날부터 15일 이내에 다시 안전관리자를 선임하여야한다.
② 제조소등의 관계인이 안전관리자를 선임한 경우에는 선임한 날부터 14일 이내에 소방본부장 또는 소방서장에게 신고하여야 한다.
③ 제조소등의 관계인은 안전관리자가 여행·질병 그 밖의 사유로 인하여 일시적으로 직무를 수행할 수 없는 경우에는 국가기술자격법에 따른 위험물의 취급에 관한 자격 취득자 또는 위험물안전에 관한 기본지식과 경험이 있는 자를 대리자로 지정하여 그 직무를 대행하게 하여야 한다. 이 경우 대행하는 기간은 30일을 초과할 수 없다.
④ 안전관리자는 위험물을 취급하는 작업을 하는 때에는 작업자에게 안전관리에 관한 필요한 지시를 하는 등 위험물의 취급에 관한 안전관리와 감독을 여야 하고, 제조소등의 관계인은 안전관리자의 위험물 안전관리에 관한 의견을 존중하고 그 권고에 따라야 한다.

SOLUTION

개념
위험물안전관리자(위험물법 제15조)
- 위험물안전관리자의 선임 기한 : 안전관리자를 선임한 제조소등의 관계인은 그 안전관리자를 해임하거나 안전관리자가 퇴직한 때에는 해임하거나 퇴직한 날부터 30일 이내
- 선임 신고 기한 : 선임한 날부터 14일 이내에 소방본부장 또는 소방서장에게 신고
- 대리자 직무대행 기간 : 30일 이내
- 역할 : 위험물 취급 시 입회 및 감독

풀이
안전관리자를 선임한 제조소 등의 관계인은 그 안전관리자를 해임하거나 안전관리자를 퇴직한 때에는 해임하거나 퇴직한 날로부터 30일 이내에 다시 안전관리자를 선임하여야 한다.

39 ★☆☆

소방대상물의 방염 등과 관련하여 방염성능기준은 무엇으로 정하는가?

① 대통령령
② 행정안전부령
③ 소방청훈령
④ 소방청예규

SOLUTION

개념
특정소방대상물의 방염 등(소방시설법 제20조)
• 방염성능기준 : 대통령령

풀이
방염성능기준은 대통령령으로 정한다.

40 ★★★

제6류 위험물에 속하지 않는 것은?

① 질산
② 과산화수소
③ 과염소산
④ 과염소산염류

SOLUTION

개념
위험물 및 지정수량(위험물법 시행령 별표 1, 위험물법 시행령 제2조 및 제3조 관련)
• 위험물

유별	성질	품명
제1류	산화성 고체	• 아염소산염류 • 염소산염류 • 과염소산염류 • 무기과산화물 • 브롬산염류(브로민산염류) • 질산염류 • 요오드산염류(아이오딘산염류) • 과망간산염류(과망가니즈산염류) • 중크롬산염류(다이크로뮴산염류)
제2류	가연성 고체	• 황화린(황화인) • 적린 • 황(유황) • 철분 • 금속분 • 마그네슘 • 인화성 고체
제3류	자연발화성 물질 및 금수성 물질	• 칼륨 • 나트륨 • 알킬알루미늄 • 알킬리튬 • 황린 • 알칼리금속 및 알칼리토금속 • 유기금속화합물 • 금속의 수소화물 • 금속의 인화물 • 칼슘 또는 알루미늄의 탄화물
제4류	인화성 액체	• 특수인화물 • 제1석유류 • 알코올류 • 제2석유류 • 제3석유류 • 제4석유류 • 동식물유류
제5류	자기반응성 물질	• 유기과산화물 • 질산에스테르류(질산에스터류) • 니트로화합물(나이트로화합물) • 니트로소화합물(나이트로소화합물) • 아조화합물 • 디아조화합물(다이아조화합물) • 하이드라진 유도체(히드라진 유도체) • 히드록실아민(하이드록실아민) • 히드록실아민염류(하이드록실아민염류)
제6류	산화성 액체	• 과염소산 • 과산화수소 • 질산

풀이
과염소산염류는 제1류 위험물에 속한다.

2020년 제1·2회 소방설비기사

21 ★☆☆

소방시설공사업법령상 소방공사감리를 실시함에 있어 용도와 구조에서 특별히 안전성과 보안성이 요구되는 소방대상물로서 소방시설물에 대한 감리를 감리업자가 아닌 자가 감리할 수 있는 장소는?

① 정보기관의 청사
② 교도소 등 교정관련시설
③ 국방 관계시설 설치장소
④ 원자력안전법상 관계시설이 설치되는 장소

SOLUTION

개념
감리업자가 아닌 자가 감리할 수 있는 보안성 등이 요구되는 소방대상물의 시공 장소(소방공사업법 시행령 제8조)
「원자력안전법」에 따른 관계시설(원자로의 안전에 관계되는 시설로서 대통령령으로 정하는 것)이 설치되는 장소를 말한다.

풀이
원자력안전법상 관계시설이 설치되는 장소는 감리업자가 아닌 자가 감리할 수 있는 보안성 등이 요구되는 소방대상물이다.

22 ★★☆

소방시설공사업법령에 따른 소방시설업 등록이 가능한 사람은?

① 피성년후견인
② 위험물안전관리법에 따른 금고 이상의 형의 집행 유예를 선고받고 그 유예기간 중에 있는 사람
③ 등록하려는 소방시설업 등록이 취소된 날부터 3년이 지난 사람
④ 소방기본법에 따른 금고 이상의 실형을 선고받고 그 집행이 면제된 날부터 1년이 지난 사람

SOLUTION

개념
등록의 결격사유(소방공사업법 제5조)
1. 피성년후견인
2. 「소방시설공사업법」, 「소방기본법」, 「화재의 예방 및 안전관리에 관한 법률」, 「소방시설 설치 및 관리에 관한 법률」 또는 「위험물안전관리법」에 따른 금고 이상의 실형을 선고받고 그 집행이 끝나거나(집행이 끝난 것으로 보는 경우를 포함한다) 면제된 날부터 2년이 지나지 아니한 사람
3. 「소방시설공사업법」, 「소방기본법」, 「화재의 예방 및 안전관리에 관한 법률」, 「소방시설 설치 및 관리에 관한 법률」 또는 「위험물안전관리법」에 따른 금고 이상의 형의 집행유예를 선고받고 그 유예기간 중에 있는 사람
4. 등록하려는 소방시설업 등록이 취소(피성년후견인 결격으로 인한 등록이 취소된 경우는 제외)된 날부터 2년이 지나지 아니한 자
5. 법인의 대표자가 1항 ~ 4항에 해당하는 경우 그 법인
6. 법인의 임원이 2항 ~ 4항에 해당하는 경우 그 법인

풀이
등록하려는 소방시설업 등록이 취소된 날부터 2년이 지나면 소방시설업 등록이 가능하다. 그러므로 등록하려는 소방시설업 등록이 취소된 날부터 3년이 지난 사람은 2년보다 지난 시점이기 때문에 소방시설업 등록이 가능하다.

정답 21 ④ 22 ③

23 ★★★

소방기본법령상 소방업무 상호응원협정 체결 시 포함되어야 하는 사항이 아닌 것은?

① 응원출동의 요청방법
② 응원출동훈련 및 평가
③ 응원출동대상지역 및 규모
④ 응원출동 시 현장지휘에 관한 사항

SOLUTION

개념
소방업무의 상호응원협정(기본법 시행규칙 제8조)
- 소방활동에 관한 사항
  - 화재의 경계·진압활동
  - 구조·구급업무의 지원
  - 화재조사활동
- 응원출동 대상지역 및 규모
- 소요경비의 부담에 관한 사항
  - 출동대원의 수당·식사 및 의복의 수선
  - 소방장비 및 기구의 정비와 연료의 보급
  - 그 밖의 경비
- 응원출동의 요청방법
- 응원출동훈련 및 평가

풀이
응원출동 시 현장지휘에 관한 사항은 상호응원협정 체결 시 포함되어야 하는 사항이 아니다.

24 ★★★

소방기본법령에 따른 소방용수시설 급수탑 개폐밸브의 설치 기준으로 맞는 것은?

① 지상에서 1.0[m] 이상 1.5[m] 이하
② 지상에서 1.2[m] 이상 1.8[m] 이하
③ 지상에서 1.5[m] 이상 1.7[m] 이하
④ 지상에서 1.5[m] 이상 2.0[m] 이하

SOLUTION

개념
소방용수시설의 설치기준(기본법 시행규칙 별표 3, 기본법 시행규칙 제6조 제2항 관련)
- 공통기준
  - 주거지역·상업지역 및 공업지역에 설치하는 경우 : 소방대상물과의 수평거리 100[m] 이하
  - 그 외 지역 : 소방대상물과의 수평거리 140[m] 이하
- 소화전
  - 상수도와 연결하여 지하식 또는 지상식의 구조
  - 소방용호스와 연결하는 소화전의 연결금속구의 구경은 65[mm]
- 급수탑
  - 급수배관의 구경은 100[mm] 이상
  - 개폐밸브는 지상에서 1.5[m] 이상 1.7[m] 이하의 위치에 설치
- 저수조
  - 지면으로부터의 낙차가 4.5[m] 이하
  - 흡수부분의 수심이 0.5[m] 이상
  - 소방펌프자동차가 쉽게 접근할 수 있도록 할 것
  - 흡수에 지장이 없도록 토사 및 쓰레기 등을 제거할 수 있는 설비를 갖출 것
  - 흡수관의 투입구가 사각형의 경우에는 한 변의 길이가 60[cm] 이상, 원형의 경우에는 지름이 60[cm] 이상
  - 저수조에 물을 공급하는 방법은 상소도에 연결하여 자동으로 급수되는 구조

풀이
급수탑 개폐밸브는 지상에서 1.5[m] 이상 1.7[m] 이하의 위치에 설치해야 한다.

25 ★★☆

소방기본법에 따라 화재 등 그 밖의 위급한 상황이 발생한 현장에서 소방활동을 위하여 필요한 때에는 그 관할구역에 사는 사람 또는 그 현장에 있는 사람으로 하여금 사람을 구출하는 일 또는 불을 끄는 등의 일을 하도록 명령할 수 있는 권한이 없는 사람은?

① 소방서장 ② 소방대장
③ 시·도지사 ④ 소방본부장

SOLUTION

개념

소방활동 종사 명령(기본법 제24조)

- 화재, 재난·재해, 그 밖의 위급한 상황이 발생한 현장에서 소방활동을 위하여 필요할 때에는 그 관할구역에 사는 사람 또는 그 현장에 있는 사람으로 하여금 사람을 구출하는 일 또는 불을 끄거나 불이 번지지 아니하도록 하는 일을 하게 명령 가능
- 명령권자 : 소방본부장, 소방서장, 소방대장
- 소방활동 비용 지급자 : 시·도지사
- 소방활동의 비용 미지급 대상
  - 소방대상물에 화재, 재난·재해, 그 밖의 위급한 상황이 발생한 경우 그 관계인
  - 고의 또는 과실로 화재 또는 구조·구급 활동이 필요한 상황을 발생시킨 사람
  - 화재 또는 구조·구급 현장에서 물건을 가져간 사람

풀이

소방활동 종사 명령을 할 수 있는 명령권자는 소방본부장, 소방서장, 소방대장이다. 시·도지사는 소방활동 종사 명령에 대한 권한은 없다.

26 ★☆☆

소방시설 설치 및 관리에 관한 법령상 소방용품의 형식승인을 받지 아니하고 소방용품을 제조하거나 수입한 자에 대한 벌칙 기준은?

① 100만원 이하의 벌금
② 300만원 이하의 벌금
③ 1년 이하의 징역 또는 1천만원 이하의 벌금
④ 3년 이하의 징역 또는 3천만원 이하의 벌금

SOLUTION

개념

3년 이하의 징역 또는 3천만원 이하의 벌금(소방시설법 제57조)

- 다음의 명령을 정당한 사유 없이 위반한 자
  - 소방시설이 화재안전기준에 따라 설치·관리되어 있지 아니할 때 필요한 조치 명령
  - 임시소방시설 또는 소방시설의 설치 및 관리되지 아니할 때 필요한 조치 명령
  - 피난시설, 방화구획 및 방화시설의 관리를 위해 필요한 조치 명령
  - 특정소방대상물의 방염대상물품 제거 또는 방염성능검사 명령
  - 이행계획 미완료 시 필요한 조치 명령
  - 소방용품에 대한 제조자·수입자·판매자 또는 시공자에게 수거·폐기·교체 등 필요한 조치 명령
  - 소방용품의 회수·교환·폐기 또는 판매중지 명령
- 관리업의 등록을 하지 아니하고 영업을 한 자
- 소방용품의 형식승인을 받지 아니하고 소방용품을 제조하거나 수입한 자 또는 거짓이나 그 밖의 부정한 방법으로 형식승인을 받은 자
- 제품검사를 받지 아니한 자 또는 거짓이나 그 밖의 부정한 방법으로 제품검사를 받은 자
- 소방용품의 형식승인, 임의변경, 제품검사 및 합격표시 미이행 소방용품을 판매·진열하거나 소방시설공사에 사용한 자
- 거짓이나 그 밖의 부정한 방법으로 성능인증 또는 제품검사를 받은 자
- 제품검사를 받지 아니하거나 합격표시를 하지 아니한 소방용품을 판매·진열하거나 소방시설공사에 사용한 자
- 회수·교환·폐기 또는 판매중지 명령을 받은 사실을 구매자에게 알리지 아니하거나 필요한 조치를 하지 아니한 자
- 거짓이나 그 밖의 부정한 방법으로 전문기관으로 지정을 받은 자

풀이

소방용품의 형식승인을 받지 아니하고 소방용품을 제조하거나 수입한 자는 3년 이하의 징역 또는 3천만원 이하의 벌금에 처한다.

정답 25 ③ 26 ④

27 ★★☆

위험물안전관리법령에 따라 위험물안전관리자를 해임하거나 퇴직한 때에는 해임하거나 퇴직한 날부터 며칠 이내에 다시 안전관리자를 선임하여야 하는가?

① 30일 ② 35일
③ 40일 ④ 55일

SOLUTION

개념
위험물안전관리자(위험물법 제15조)
- 위험물안전관리자의 선임 기한 : 안전관리자를 선임한 제조소등의 관계인은 그 안전관리자를 해임하거나 안전관리자가 퇴직한 때에는 해임하거나 퇴직한 날부터 30일 이내
- 선임 신고 기한 : 선임한 날부터 14일 이내에 소방본부장 또는 소방서장에게 신고
- 대리자 직무대행 기간 : 30일 이내
- 역할 : 위험물 취급 시 입회 및 감독

풀이
위험물안전관리자를 해임하거나 퇴직한 때에는 해임하거나 퇴직한 날부터 30일 이내에 다시 안전관리자를 선임하여야 한다.

28 ★☆☆

소방시설 설치 및 관리에 관한 법령상 화재위험도가 낮은 특정소방대상물 중 불연성 건축재료의 가공공장에 설치하지 아니할 수 있는 소방시설은?

① 피난기구 ② 비상방송설비
③ 연결송수관설비 ④ 연결살수설비

SOLUTION

개념
소방시설을 설치하지 않을 수 있는 특정소방대상물 및 소방시설의 범위 (소방시설법 시행령 별표 6, 소방시설법 시행령 제16조 관련)
- 화재 위험도가 낮은 특정소방대상물
  - 석재, 불연성금속, 불연성 건축재료 등의 가공공장·기계조립공장 또는 불연성 물품을 저장하는 창고
  - 설치하지 않을 수 있는 소방시설 : 옥외소화전 및 연결살수설비

풀이
연결살수설비는 화재 위험도가 낮은 특정소방대상물에 설치하지 않을 수 있는 소방시설이다.

29 ★★☆

화재의 예방 및 안전관리에 관한 법령상 불꽃을 사용하는 용접·용단 기구의 용접 또는 용단 작업장에서 지켜야 하는 사항 중 다음 ( ) 안에 알맞은 것은?

> 용접 또는 용단 작업자로부터 반경 (㉠)[m] 이내에 소화기를 갖추어 둘 것. 용접 또는 용단 작업장 주변 반경 (㉡)[m] 이내에는 가연물을 쌓아두거나 놓아두지 말 것. 다만, 가연물의 제거가 곤란하여 방지포 등으로 방호조치를 한 경우는 제외한다.

① ㉠ 3, ㉡ 5 ② ㉠ 5, ㉡ 3
③ ㉠ 5, ㉡ 10 ④ ㉠ 10, ㉡ 5

SOLUTION

개념
보일러 등의 설비 또는 기구 등의 위치·구조 및 관리와 화재예방을 위하여 불을 사용할 때 지켜야하는 사항(화재예방법 시행령 별표 1, 화재예방법 시행령 제18조 제2항 관련)
- 불꽃을 사용하는 용접·용단기구
  - 용접 또는 용단 작업장 주변 반경 5[m] 이내에 소화기를 갖추어 둘 것
  - 용접 또는 용단 작업장 주변 반경 10[m] 이내에는 가연물을 쌓아두거나 놓아두지 말 것. 다만, 가연물의 제거가 곤란하여 방화포 등으로 방호조치를 한 경우는 제외

풀이
용접 또는 용단 작업자로부터 주변 반경 5[m] 이내에 소화기를 갖추어 둘 것. 용접 또는 용단 작업장 주변 반경 10[m] 이내에는 가연물을 쌓아두거나 놓아두지 말 것. 다만, 가연물의 제거가 곤란하여 방지포 등으로 방호조치를 한 경우는 제외한다.

27 ① 28 ④ 29 ③

30 ★★★

소방시설 설치 및 관리에 관한 법령상 소방시설 등에 대한 자체점검 중 종합점검 대상인 것은?

① 제연설비가 설치되지 않은 터널
② 스프링클러설비가 설치된 특정소방대상물
③ 물분무등소화설비가 설치된 연면적이 5,000[m²]인 위험물 제조소
④ 호스릴 방식의 물분무등소화설비만을 설치한 연면적 3,000[m²]인 특정소방대상물

SOLUTION

개념

소방시설 등 자체점검의 구분 및 대상, 점검자의 자격, 점검 장비, 점검방법 및 횟수 등 자체점검 시 준수해야할 사항(소방시설법 시행규칙 별표 3, 소방시설법 시행규칙 제20조제1항 관련)

구분	작동점검	종합점검
점검 대상	작동점검 제외대상 외 특정소방대상물 작동점검 제외대상 ① 소방안전관리자를 선임하지 않는 특정소방대상물 ② 위험물 제조소 등 ③ 특급 소방안전대상물	① 스프링클러설비가 설치된 특정소방대상물 ② 물분무등소화설비(호스릴 방식의 물분무등소화설비만을 설치한 경우 제외)가 설치된 연면적 5,000[m²] 이상인 특정소방대상물(위험물 제조소 등 제외) ③ 다중이용업의 영업장이 설치된 특정소방대상물로서 연면적이 2,000[m²] 이상인 것 ④ 제연설비가 설치된 터널 ⑤ 공공기관 중 연면적이 1,000[m²] 이상인 것(옥내소화전설비 또는 자동화재탐지설비 설치), 소방대가 근무하는 공공기관 제외

풀이

스프링클러설비가 설치된 특정소방대상물은 종합점검 실시대상이다.

31 ★★★

화재의 예방 및 안전관리에 관한 법령상 소방안전관리대상물의 소방안전관리자의 업무가 아닌 것은?

① 소방시설 공사
② 소방훈련 및 교육
③ 소방계획서의 작성 및 시행
④ 자위소방대의 구성·운영·교육

SOLUTION

개념

특정소방대상물의 소방안전관리(화재예방법 제24조)

- 소방안전관리업무 대행자 : 소방시설관리업자(소방시설관리업을 등록한 자)
- 소방안전관리자의 선임
  - 선임해당사유 발생일로부터 30일 이내
  - 선임신고 : 선임한 날부터 14일 이내에 소방본부장 또는 소방서장에게 신고
- 특정소방대상물의 관계인 업무
  - 피난시설·방화구획 및 방화시설의 관리
  - 소방시설, 그 밖의 소방관련시설의 관리
  - 화기 취급의 감독
  - 화재발생 시 초기대응
  - 그 밖에 소방안전관리에 필요한 업무
- 소방안전관리대상물의 소방안전관리자 업무
  - 피난계획에 관한 사항과 소방계획서의 작성 및 시행
  - 자위소방대 및 초기대응체계의 구성, 운영 및 교육
  - 피난시설·방화구획 및 방화시설의 관리
  - 소방시설이나 그 밖의 소방 관련 시설의 관리
  - 소방훈련 및 교육
  - 화기 취급의 감독
  - 소방안전관리에 관한 업무수행에 관한 기록·유지
  - 화재발생 시 초기대응
  - 그 밖의 소방안전관리에 필요한 업무

풀이

소방시설 공사는 소방안전관리자의 업무가 아닌 소방시설공사업자의 업무이다.

정답 30 ② 31 ①

32 ★★★

소방기본법령에 따라 주거지역·상업지역 및 공업지역에 소방용수시설을 설치하는 경우 소방대상물과의 수평거리를 몇 [m] 이하가 되도록 해야 하는가?

① 50
② 100
③ 150
④ 200

SOLUTION

개념

소방용수시설의 설치기준(기본법 시행규칙 별표 3)

- 공통기준
  - 주거지역·상업지역 및 공업지역에 설치하는 경우 : 소방대상물과의 수평거리 100[m] 이하
  - 그 외 지역 : 소방대상물과의 수평거리 140[m] 이하
- 소화전
  - 상수도와 연결하여 지하식 또는 지상식의 구조
  - 소방용호스와 연결하는 소화전의 연결금속구의 구경은 65[mm]
- 급수탑
  - 급수배관의 구경은 100[mm] 이상
  - 개폐밸브는 지상에서 1.5[m] 이상 1.7[m] 이하의 위치에 설치
- 저수조
  - 지면으로부터의 낙차가 4.5[m] 이하
  - 흡수부분의 수심이 0.5[m] 이상
  - 소방펌프자동차가 쉽게 접근할 수 있도록 할 것
  - 흡수에 지장이 없도록 토사 및 쓰레기 등을 제거할 수 있는 설비를 갖출 것
  - 흡수관의 투입구가 사각형의 경우에는 한 변의 길이가 60[cm] 이상, 원형의 경우에는 지름이 60[cm] 이상
  - 저수조에 물을 공급하는 방법은 상소도에 연결하여 자동으로 급수되는 구조

풀이

주거지역·상업지역 및 공업지역에 소방용수시설 설치 시 소방대상물과의 수평거리는 100[m] 이하이다.

33 ★☆☆

위험물안전관리법령상 다음의 규정을 위반하여 위험물의 운송에 관한 기준을 따르지 아니한 자에 대한 과태료 기준은?

> 위험물운송자는 이동탱크저장소에 의하여 위험물을 운송하는 때에는 행정안전부령으로 정하는 기준을 준수하는 등 당해 위험물의 안전확보를 위하여 세심한 주의를 기울여야 한다.

① 100만원 이하
② 200만원 이하
③ 500만원 이하
④ 1,000만원 이하

SOLUTION

개념

500만원 이하의 과태료(위험물법 제39조)

- 위험물의 저장 및 취급규정에 따른 승인을 받지 아니한 자
- 위험물의 저장 및 취급규정에 따른 위험물의 저장 또는 취급에 관한 세부기준을 위반한 자
- 품명 등의 변경신고를 기간 이내에 하지 아니하거나 허위로 한 자
- 지위승계신고를 기간 이내에 하지 아니하거나 허위로 한 자
- 제조소 등의 폐지신고 또는 안전관리자의 선임신고를 기간 이내에 하지 아니하거나 허위로 한 자
- 사용 중지신고 또는 재개신고를 기간 이내에 하지 아니하거나 거짓으로 한 자
- 탱크시험자의 30일 이내 등록사항의 변경신고를 기간 이내에 하지 아니하거나 허위로 한 자
- 예방규정을 준수하지 아니한 자
- 제조소 등의 점검결과를 기존·보존하지 아니한 자
- 제조소 등의 점검결과를 기간 이내에 제출하지 아니한 자
- 위험물의 운반에 관한 세부기준을 위반한 자
- 위험물의 운송에 관한 기준을 따르지 아니한 자

풀이

위험물의 운송에 관한 기준을 따르지 아니한 자는 500만원 이하의 과태료에 처한다.

34 ★★☆

다음 소방시설 중 경보설비가 아닌 것은?

① 통합감시시설
② 가스누설경보기
③ 비상콘센트설비
④ 자동화재속보설비

SOLUTION

[개념]

소화시설(소방시설법 시행령 별표 1, 소방시설법 시행령 제3조 관련)

- 소화설비 : 소화기구, 옥외소화전설비, 자동소화장치, 스프링클러설비, 물분무등소화설비, 옥내소화전설비
- 피난구조설비 : 피난기구, 인명구조기구, 유도등, 비상조명등
- 소화용수설비 : 상수도소화용수설비, 소화수조, 저수조
- 소화활동설비 : 연결송수관설비, 제연설비, 연결살수설비, **비상콘센트설비**, 무선통신보조설비, 연소방지설비
- 경보설비 : 단독경보형감지기, 비상경보설비(비상벨설비, 자동식사이렌설비), **자동화재탐지설비**, 시각경보기, 화재알림설비, 비상방송설비, 자동 **화재속보설비**, **통합감시시설**, 누전경보기, 가스누설경보기

[풀이]

비상콘센트설비는 소화활동설비에 해당한다.

35 ★★★

소방시설 설치 및 관리에 관한 법령상 건축허가 등의 동의대상물이 아닌 것은?

① 항공기 격납고
② 연면적이 300[m²]인 공연장
③ 바닥면적이 300[m²]인 차고
④ 층수가 6층 이상인 건축물

SOLUTION

[개념]

건축허가 등의 동의대상물의 범위 등(소방시설법 시행령 제7조)

- 건축허가 동의대상 건축물
  - 연면적 400[m²] 이상인 건축물이나 시설. 다만, 다음에 해당하는 경우에는 아래 기준 이상인 것으로 할 것.
    · 학교시설 : 연면적 100[m²] 이상
    · 노유자 시설 및 수련시설 : 연면적 200[m²] 이상
    · 정신의료기관(입원실이 없는 정신건강의학과 의원은 제외) : 연면적 300[m²] 이상
    · 장애인 의료재활시설 : 연면적 300[m²] 이상
  - 지하층 또는 무창층이 있는 건축물로서 바닥면적이 150[m²](공연장의 경우에는 100[m²]) 이상인 층이 있는 것
  - 차고·주차장 또는 주차 용도로 사용되는 시설 중 다음 어느 하나에 해당하는 시설
    · 차고·주차장으로 사용되는 바닥면적이 200[m²] 이상인 층이 있는 건축물이나 주차시설
    · 승강기 등 기계장치에 의한 주차시설로서 자동차 20대 이상을 주차할 수 있는 시설
  - 층수가 6층 이상인 건축물
  - 항공기 격납고, 관망탑, 항공관제탑, 방송용 송수신탑
  - 특정소방대상물 중 공동주택, 의원(입원실이 있는 것으로 한정한다)·조산원·산후조리원, 숙박시설, 위험물 저장 및 처리 시설, 발전시설 중 풍력발전소·전기저장시설, 지하구(地下溝)
  - 노유자 시설 중 다음 어느 하나에 해당하는 시설
    · 노인 관련 시설(노인거주복지·노인의료복지·재가노인복지시설, 학대피해노인전용쉼터)
    · 아동복지시설(아동상담소, 아동전용시설 및 지역아동센터 제외)
    · 장애인 거주시설
    · 정신질환자 관련 시설(공동생활가정을 제외한 재활훈련시설, 종합시설 중 24시간 주거를 제공하지 않는 시설 제외)
    · 노숙인 관련 시설 중 노숙인자활시설, 노숙인재활시설 및 노숙인요양시설
    · 결핵환자나 한센인이 24시간 생활하는 노유자 시설
  - 요양병원(의료재활시설 제외)
  - 특정소방대상물 중 공장 또는 창고시설로서 지정수량의 750배 이상의 특수가연물을 저장·취급하는 것
  - 가스시설로서 지상에 노출된 탱크의 저장용량의 합계가 100[t] 이상인 것

- 건축허가 동의대상 제외 건축물
  - 특정소방대상물에 설치되는 소화기구, 자동소화장치, 누전경보기, 단독경보형감지기, 가스누설경보기 및 피난구조설비(비상조명등은 제외)가 화재안전기준에 적합한 경우 해당 특정소방대상물
  - 건축물의 증축 또는 용도변경으로 인하여 해당 특정소방대상물에 추가로 소방시설이 설치되지 않는 경우 해당 특정소방대상물
  - 「소방시설공사업법 시행령」에 따른 소방시설공사의 착공신고 대상에 해당하지 않는 경우 해당 특정소방대상물

[풀이]

공연장은 연면적이 아닌 **바닥면적 100[m²] 이상**이어야 건축허가 동의대상 건축물에 해당한다.

36 ★★☆

위험물안전관리법령상 제조소등의 경보설비 설치기준에 대한 설명으로 틀린 것은?

① 제조소 및 일반취급소의 연면적이 500[m²] 이상인 것에는 자동화재탐지설비를 설치한다.
② 자동신호장치를 갖춘 스프링클러설비 또는 물분무등소화설비를 설치한 제조소등에 있어서는 자동화재탐지설비를 설치한 것으로 본다.
③ 경보설비는 자동화재탐지설비·비상경보설비(비상벨장치 또는 경종 포함)·확성장치(휴대용확성기 포함) 및 비상방송설비로 구분한다.
④ 지정수량의 10배 이상의 위험물을 저장 또는 취급하는 제조소등(이동탱크저장소를 포함한다)에는 화재발생 시 이를 알릴 수 있는 경보설비를 설치하여야 한다.

SOLUTION

개념
소화설비, 경보설비 및 피난설비의 기준(위험물법 시행규칙 별표 17, 위험물법 시행규칙 제41조제2항, 제42조제2항 및 제43조제2항 관련)
- 제조소등별로 설치해야 하는 경보설비의 종류
  - 지정수량의 10배 이상의 위험물을 저장 또는 취급하는 제조소등(이동탱크저장소를 제외) : 자동화재탐지설비, 비상경보설비, 확성장치 또는 비상방송설비 중 1종 이상
  - 연면적이 500[m²] 이상인 제조소 및 일반취급소 : 자동화재탐지설비

풀이
지정수량의 10배 이상의 위험물을 저장 또는 취급하는 제조소등(이동탱크저장소를 제외)에는 화재발생 시 이를 알릴 수 있는 경보설비를 설치하여야 한다.

37 ★☆☆

화재의 예방 및 안전관리에 관한 법령상 정당한 사유 없이 화재의 예방조치에 관한 명령에 따르지 아니한 경우에 대한 벌칙은?

① 100만원 이하의 벌금
② 200만원 이하의 벌금
③ 300만원 이하의 벌금
④ 500만원 이하의 벌금

SOLUTION

개념
300만원 이하의 벌금(화재예방법 제50조)
- 화재안전조사를 정당한 사유 없이 거부·방해 또는 기피한 자
- 화재발생 위험이 크거나 소화활동에 지장을 줄 수 있다고 인정되는 행위나 물건에 대한 금지 또는 제한 명령을 정당한 사유 없이 따르지 아니하거나 방해한 자
- 소방안전관리자, 총괄소방안전관리자 또는 소방안전관리보조자를 선임하지 아니한 자
- 소방시설·피난시설·방화시설 및 방화구획 등이 법령에 위반된 것을 발견하였음에도 필요한 조치를 할 것을 요구하지 아니한 소방안전관리자
- 소방안전관리자에게 불이익한 처우를 한 관계인
- 업무를 수행하면서 알게 된 비밀을 이 법에서 정한 목적 외의 용도로 사용하거나 다른 사람 또는 기관에 제공하거나 누설한 자

풀이
화재의 예방조치에 관한 명령을 따르지 않았을 때는 300만원 이하의 벌금이 부과된다.

38 ★★☆

소방시설 설치 및 관리에 관한 법령상 방염성능기준 이상의 실내장식물 등을 설치해야 하는 특정소방대상물이 아닌 것은?

① 숙박이 가능한 수련시설
② 층수가 11층 이상인 아파트
③ 건축물 옥내에 있는 종교시설
④ 방송통신시설 중 방송국 및 촬영소

SOLUTION

개념
방염성능기준 이상의 실내장식물 등을 설치해야 하는 특정소방대상물 (소방시설법 시행령 제30조)

- 근린생활시설 중 다음 어느 하나의 시설
  - 의원
  - 치과의원
  - 한의원
  - 조산원
  - 산후조리원
  - 체력단련장
  - 공연장
  - 종교집회장
- 건축물의 옥내에 있는 시설 중 다음 어느 하나의 시설
  - 문화 및 집회시설
  - 종교시설
  - 운동시설(수영장은 제외)
- 의료시설
- 교육연구시설 중 합숙소
- 노유자 시설
- 숙박이 가능한 수련시설
- 숙박시설
- 방송통신시설 중 방송국 및 촬영소
- 다중이용업소
- 그 외 층수가 11층 이상인 것(아파트 등 제외)

풀이
층수가 11층 이상인 것에서 아파트는 방염성능기준 이상의 실내장식물 등을 설치해야 하는 특정소방대상물에서 제외된다.

39 ★☆☆

소방시설공사업법령에 따른 소방시설업의 등록권자는?

① 국무총리   ② 소방서장
③ 시·도지사   ④ 한국소방안전협회장

SOLUTION

개념
소방시설업의 등록(소방공사업법 제4조)
- 등록권자 : 시·도지사
- 필요요건 : 자본금(개인인 경우에는 자산 평가액), 기술인력 등
- 업종별 영업범위 : 대통령령

풀이
소방시설업의 등록권자는 시·도지사이다.

40 ★☆☆

위험물안전관리법령상 정기검사를 받아야 하는 특정·준특정 옥외탱크저장소의 관계인은 특정·준특정옥외탱크저장소의 설치허가에 따른 완공검사필증을 발급받은 날부터 몇 년 이내에 정기검사를 받아야 하는가?

① 9   ② 10
③ 11   ④ 12

SOLUTION

개념
특정·준특정옥외탱크저장소의 정기점검(위험물법 시행규칙 제65조)
- 특정·준특정옥외탱크저장소의 설치허가에 따른 완공검사합격확인증을 발급받은 날부터 12년
- 최근의 정밀정기검사를 받은 날부터 11년
- 특정·준특정옥외저장탱크에 안전조치를 한 후 구조안전점검시기 연장신청을 하여 해당 안전조치가 적정한 것으로 인정받은 경우에는 최근의 정밀정기검사를 받은 날부터 13년

풀이
특정·준특정옥외탱크저장소의 설치허가에 따른 완공검사합격확인증을 발급받은 날부터 12년 이내에 정기검사를 받아야 한다.

정답 38 ② 39 ③ 40 ④

2020년 제3회 소방설비기사

21 ★★★

다음 중 화재의 예방 및 안전관리에 관한 법령상 특수가연물에 해당하는 품명별 기준수량으로 틀린 것은?

① 사류 1,000[kg] 이상
② 면화류 200[kg] 이상
③ 나무껍질 및 대팻밥 400[kg] 이상
④ 넝마 및 종이부스러기 500[kg] 이상

SOLUTION

개념
특수가연물(화재예방법 시행령 별표 2, 화재예방법 시행령 제19조 제1항 관련)

품명		수량
면화류		200[kg] 이상
나무껍질 및 대팻밥		400[kg] 이상
넝마 및 종이부스러기		1,000[kg] 이상
사류(絲類)		1,000[kg] 이상
볏짚류		1,000[kg] 이상
가연성 고체류		3,000[kg] 이상
석탄·목탄류		10,000[kg] 이상
가연성 액체류		2[m³] 이상
목재가공품 및 나무부스러기		10[m³] 이상
고무류·플라스틱류	발포시킨 것	20[m³] 이상
	그 밖의 것	3,000[kg] 이상

풀이
넝마 및 종이부스러기는 1,000[kg] 이상일 때 특수가연물에 해당한다.

22 ★★☆

다음 중 소방시설 설치 및 관리에 관한 법령상 소방시설관리업을 등록할 수 있는 자는?

① 피성년후견인
② 소방시설관리업의 등록이 취소된 날부터 2년이 경과된 자
③ 금고 이상의 형의 집행유예를 선고받고 그 유예기간 중에 있는 자
④ 금고 이상의 실형을 선고받고 그 집행이 면제된 날부터 2년이 지나지 아니한 자

SOLUTION

개념
등록의 결격사유(소방시설법 제30조)
1. 피성년후견인
2. 「소방시설 설치 및 관리에 관한 법률」, 「소방기본법」, 「화재의 예방 및 안전관리에 관한 법률」, 「소방시설공사업법」 또는 「위험물안전관리법」에 따른 금고 이상의 실형을 선고받고 그 집행이 끝나거나(집행이 끝난 것으로 보는 경우를 포함한다) 집행이 면제된 날부터 2년이 지나지 아니한 사람
3. 「소방시설 설치 및 관리에 관한 법률」, 「소방기본법」, 「화재의 예방 및 안전관리에 관한 법률」, 「소방시설공사업법」 또는 「위험물안전관리법」에 따른 금고 이상의 형의 집행유예를 선고받고 그 유예기간 중에 있는 사람
4. 관리업의 등록이 취소(피성년후견인 결격으로 인한 등록이 취소된 경우는 제외)된 날부터 2년이 지나지 아니한 자
5. 임원 중에 1항~4항에 어느 하나에 해당하는 사람이 있는 법인

풀이
등록하려는 소방시설관리업 등록이 취소된 날부터 2년이 지나면 소방시설업 등록이 가능하다.

정답 21 ④ 22 ②

23 ★☆☆

위험물안전관리법령상 위험물취급소의 구분에 해당하지 않는 것은?

① 이송취급소 ② 관리취급소
③ 판매취급소 ④ 일반취급소

SOLUTION

개념
위험물을 제조외의 목적으로 취급하기 위한 장소와 그에 따른 취급소의 구분(위험물법 시행령 별표 3, 위험물법 시행령 제5조 관련)

위험물을 제조 외의 목적으로 취급하기 위한 장소	취급소의 구분
고정된 주유설비에 의하여 자동차·항공기 또는 선박 등의 연료탱크에 직접 주유하기 위하여 위험물을 취급하는 장소	주유취급소
점포에서 위험물을 용기에 담아 판매하기 위하여 지정수량의 40배 이하의 위험물을 취급하는 장소	판매취급소
배관 및 이에 부속된 설비에 의하여 위험물을 이송하는 장소. 단, 다음에 해당하는 경우의 장소를 제외 ① 송유관에 의하여 위험물을 이송하는 경우 ② 제조소 등에 관계된 시설(배관 제외) 및 그 부지가 같은 사업소 안에 있고 해당 사업소 안에서만 이송물을 이송하는 경우 ③ 사업소와 사업소의 사이에 도로(폭 2[m] 이상의 일반교통에 이용되는 도로로서 자동차의 통행이 가능한 것)만 있고 사업소와 사업소 사이의 이송배관이 그 도로를 횡단하는 경우 ④ 사업소와 사업소 사이의 이송배관이 제3자(해당 사업소와 관련이 있거나 유사한 사업을 하는 자에 한함)의 토지만을 통과하는 경우로서 해당 배관의 길이가 100[m] 이하인 경우 ⑤ 해상구조물에 설치된 배관(이송되는 위험물이 제4류 위험물 중 제1석유류인 경우에는 배관의 안지름이 30[cm] 미만인 것에 한함)으로서 해당 해상구조물에 설치된 배관이 길이가 30[m] 이하인 경우 ⑥ 사업소와 사업소 사이의 이송배관이 ③번부터 ⑤의 규정에 의한 경우 중 2 이상에 해당하는 경우 ⑦ '농어촌 전기공급사업 촉진법'에 따라 설치된 자가발전시설에 사용되는 위험물을 이송하는 경우	이송취급소
주유취급소, 판매취급소, 이송취급소 외의 장소	일반취급소

풀이
위험물취급소는 주유취급소, 판매취급소, 이송취급소, 일반취급소 이렇게 4가지가 존재한다. 관리취급소는 위험물취급소의 구분에 들어가지 않는다.

24 ★☆☆

국민의 안전의식과 화재에 대한 경각심을 높이고 안전문화를 정착시키기 위한 소방의 날은 몇 월 며칠인가?

① 1월 19일 ② 10월 9일
③ 11월 9일 ④ 12월 19일

SOLUTION

개념
소방의 날 제정과 운영 등(기본법 제7조)
- 소방의 날 : 매년 11월 9일
- 시행 주체 : 소방청장 또는 시·도지사

풀이
소방의 날은 매년 11월 9일이다.

TIP
소방의 날 11월 9일은 119구급대를 생각하면 기억하기 수월할 것이다.

25 ★★★

화재의 예방 및 안전관리에 관한 법령상 화재안전조사 결과 소방대상물의 위치 상황이 화재 예방을 위하여 보완될 필요가 있을 것으로 예상되는 때에 소방대상물의 개수·이전·제거, 그 밖의 필요한 조치를 관계인에게 명령할 수 있는 사람은?

① 소방서장 ② 경찰청장
③ 시·도지사 ④ 해당구청장

SOLUTION

개념
화재안전조사 결과에 따른 조치명령(화재예방법 제14조)
- 명령권자 : 소방청장, 소방본부장, 소방서장
- 명령사항 : 관계인에게 그 소방대상물의 개수(改修)·이전·제거, 사용의 금지 또는 제한, 사용폐쇄, 공사의 정지 또는 중지, 그 밖에 필요한 조치를 명함.

풀이
화재안전조사 결과에 따른 조치명령을 내릴 수 있는 사람은 소방청장, 소방본부장, 소장서장이다.

26 ★☆☆

소방시설 설치 및 관리에 관한 법령상 터널로서 길이가 1천미터일 때 설치하지 않아도 되는 소방시설은?

① 인명구조기구
② 옥내소화전설비
③ 연결송수관설비
④ 무선통신보조설비

SOLUTION

개념

특정소방대상물의 관계인이 특정소방대상물에 설치·관리해야 하는 소방시설의 종류(소방시설법 시행령 별표 4, 소방시설법 시행령 제11조 관련)

• 터널에 설치하여야 할 소방시설

터널길이	소방시설
500[m] 이상	• 비상콘센트설비 • 비상경보설비 • 무선통신보조설비 • 비상조명등
1,000[m] 이상	• 비상콘센트설비 • 비상경보설비 • 무선통신보조설비 • 비상조명등 • 자동화재탐지설비 • 옥내소화전설비 • 연결송수관설비
모든 길이	• 소화기구

풀이

터널 길이가 1,000[m] 이상일 때는 옥내소화전설비, 연결송수관설비, 무선통신보조설비는 설치하여야 한다. 인명구조기구는 터널에 설치하여야 하는 소방시설은 아니다.

27 ★★☆

위험물안전관리법령상 허가를 받지 아니하고 당해 제조소등을 설치하거나 그 위치·구조 또는 설비를 변경할 수 있으며, 신고를 하지 아니하고 위험물의 품명·수량 또는 지정수량의 배수를 변경할 수 있는 기준으로 옳은 것은?

① 축산용으로 필요한 건조시설을 위한 지정수량 40배 이하의 저장소
② 수산용으로 필요한 건조시설을 위한 지정수량 30배 이하의 저장소
③ 농예용으로 필요한 난방시설을 위한 지정수량 40배 이하의 저장소
④ 주택의 난방시설(공동주택의 중앙난방시설 제외)을 위한 저장소

SOLUTION

개념

위험물시설의 설치 및 변경 등(위험물법 제6조)

• 제조소 등의 설치허가
  - 설치허가자 : 시·도지사
  - 설치허가 대상
    ‣ 제조소 등을 설치하려는 자
    ‣ 제조소 등의 위치·구조 또는 설비를 변경하고자 하는 자
• 품명 등의 변경신고
  - 변경신고 대상 : 시·도지사
  - 변경신고 기한 : 변경하고자 하는 날의 1일 전까지
  - 변경조건 : 해당 제조소 등의 위치·구조 또는 설비의 변경 없이 저장하거나 취급하는 위험물의 품명·수량 또는 지정수량의 배수를 변경
• 설치허가, 변경신고 등의 예외 조건
  - 주택의 난방시설(공동주택의 중앙난방시설 제외)용 저장소 또는 취급소
  - 농예용·축산용 또는 수산용으로 필요한 난방시설 또는 건조시설을 위한 지정수량 20배 이하의 저장소

풀이

농예용·축산용 또는 수산용으로 필요한 난방시설 또는 건조시설을 위한 지정수량 20배 이하의 저장소에서 시·도지사의 허가를 받지 아니하고 당해 제조소 등을 설치할 수 있다.

28 ★★☆

소방기본법령상 시장지역에서 화재로 오인할 만한 우려가 있는 불을 피우거나 연막소독을 하려는 자가 신고를 하지 아니하여 소방자동차를 출동하게 한 자에 대한 과태료 부과·징수권자는?

① 국무총리
② 시·도지사
③ 행정안전부 장관
④ 소방본부장 또는 소방서장

SOLUTION

개념
20만원 이하의 과태료(기본법 제57조)

- 다음 지역 또는 장소에서 화재로 오인할 만한 우려가 있는 불을 피우거나 연막 소독을 하려는 자가 신고를 하지 아니하여 소방자동차를 출동하게 한 자
  - 시장지역
  - 공장·창고가 밀집한 지역
  - 위험물의 저장 및 처리시설이 밀집한 지역
  - 목조건물이 밀집한 지역
  - 위험물의 저장 및 처리시설이 밀접한 지역
  - 석유화학제품을 생산하는 공장이 있는 지역
  - 그 밖에 시·도의 조례로 정하는 지역 또는 장소
- 과태료는 조례로 정하는 바에 따라 관할 소방본부장 또는 소방서장이 부과·징수한다.

풀이
화재로 오인할 만한 우려가 있는 불을 피우거나 연막소독을 하려는 자가 신고를 하지 아니하여 소방자동차를 출동하게 한 자에 대해서는 20만원 이하의 과태료가 부과되고, 과태료는 조례로 정하는 바에 따라 관할 소방본부장 또는 소방서장이 부과·징수한다.

29 ★★★

소방시설공사업법령상 공사감리자 지정대상 특정소방대상물의 범위가 아닌 것은?

① 제연설비를 신설·개설하거나 제연구역을 증설할 때
② 연소방지설비를 신설·개설하거나 살수구역을 증설할 때
③ 캐비닛형 간이스프링클러설비를 신설·개설하거나 방호·방수 구역을 증설할 때
④ 물분무등소화설비(호스릴 방식의 소화설비 제외)를 신설·개설하거나 방호·방수 구역을 증설할 때

SOLUTION

개념
공사감리자 지정대상 특정소방대상물의 범위(소방공사업법 시행령 제10조)

- 옥내소화전설비를 신설·개설 또는 증설할 때
- 스프링클러설비등(캐비닛형 간이스프링클러설비는 제외)을 신설·개설 하거나 방호·방수 구역을 증설할 때
- 물분무등소화설비(호스릴 방식의 소화설비는 제외)를 신설·개설하거나 방호·방수 구역을 증설할 때
- 옥외소화전설비를 신설·개설 또는 증설할 때
- 자동화재탐지설비를 신설 또는 개설할 때
- 화재알림설비를 신설 또는 개설할 때
- 비상방송설비를 신설 또는 개설할 때
- 통합감시시설을 신설 또는 개설할 때
- 소화용수설비를 신설 또는 개설할 때
- 다음에 따른 소화활동설비의 시공
  - 제연설비를 신설·개설하거나 제연구역을 증설할 때
  - 연결송수관설비를 신설 또는 개설할 때
  - 연결살수설비를 신설·개설하거나 송수구역을 증설할 때
  - 비상콘센트설비를 신설·개설하거나 전용회로를 증설할 때
  - 무선통신보조설비를 신설 또는 개설할 때
  - 연소방지설비를 신설·개설하거나 살수구역을 증설할 때

풀이
스프링클러설비에서 캐비닛형 간이스프링클러설비의 신설, 개설하거나 방호, 방수 구역을 증설할 때는 공사감리자 지정대상 특정소방대상물의 범위에서 제외된다.

30 ★★☆

소방기본법령상 소방대장의 권한이 아닌 것은?

① 화재 현장에 대통령령으로 정하는 사람외에는 그 구역에 출입하는 것을 제한할 수 있다.
② 화재 진압 등 소방활동을 위하여 필요할 때에는 소방용수 외에 댐·저수지 등의 물을 사용할 수 있다.
③ 국민의 안전의식을 높이기 위하여 소방박물관 및 소방체험관을 설립하여 운영할 수 있다.
④ 불이 번지는 것을 막기 위하여 필요할 때에는 불이 번질 우려가 있는 소방대상물 및 토지를 일시적으로 사용할 수 있다.

SOLUTION

개념
- 소방대장의 권한(기본법 제23조 ~ 27조)
  - 소방활동구역의 설정과 출입제한
  - 소방활동 종사 명령
  - 소방활동에 필요한 강제처분
  - 피난명령
  - 위험시설 등에 대한 긴급조치
- 소방박물관 등의 설립과 운영(기본법 제5조)
  - 소방박물관
    ‣ 소방청장이 설립 및 운영
    ‣ 소방의 역사와 안전문화를 발전시키고 국민의 안전 의식을 높이기 위함
    ‣ 행정안전부령에 따라 운영
  - 소방체험관
    ‣ 시·도지사가 설립 및 운영
    ‣ 화재 현장에서의 피난 등을 체험
    ‣ 시·도의 조례에 따라 운영

풀이
소방박물관의 설립과 운영은 소방청장이 담당하고, 소방체험관의 설립과 운영은 시·도지사가 담당한다.

31 ★★★

소방시설 설치 및 관리에 관한 법령상 스프링클러설비를 설치하여야 하는 특정소방대상물의 기준으로 틀린 것은? (단, 위험물 저장 및 처리 시설 중 가스시설 또는 지하구는 제외한다)

① 복합건축물로서 연면적 3,500[m²] 이상인 경우에는 모든 층
② 창고시설(물류터미널은 제외)로서 바닥면적 합계가 5,000[m²] 이상인 경우에는 모든 층
③ 숙박이 가능한 수련시설 용도로 사용되는 시설의 바닥면적의 합계가 600[m²] 이상인 것은 모든 층
④ 판매시설, 운수시설 및 창고시설(물류터미널에 한정)로서 바닥면적의 합계가 5,000[m²] 이상이거나 수용인원이 500명 이상인 경우에는 모든 층

SOLUTION

개념
특정소방대상물의 관계인이 특정소방대상물에 설치·관리해야 하는 소방시설의 종류(소방시설법 시행령 별표 4, 소방시설법 시행령 제11조 관련)

- 스프링클러설비를 설치해야하는 특정소방대상물
  - 층수가 6층 이상인 특정소방대상물의 경우에는 모든 층
  - 기숙사 또는 복합건축물로서 연면적 5,000[m²] 이상인 경우에는 모든 층
  - 문화 및 집회시설, 종교시설, 운동시설로서 다음의 어느 하나에 해당하는 경우에는 모든 층
    1. 수용인원이 100명 이상인 것
    2. 영화상영관의 용도로 쓰는 층의 바닥면적이 지하층 또는 무창층인 경우에는 500[m²] 이상, 그 밖의 경우에는 1,000[m²] 이상인 것
    3. 무대부가 지하층·무창층 또는 4층 이상의 층에 있는 경우에는 무대부의 면적이 300[m²] 이상인 것
    4. 무대부가 3항의 경우 제외한 층에 있는 경우에는 무대부의 면적 500[m²] 이상인 것
  - 판매시설, 운수시설 및 창고시설(물류터미널로 한정)로서 바닥면적의 합계가 5,000[m²] 이상이거나 수용인원이 500명 이상인 경우에는 모든 층
  - 다음의 어느 하나에 해당하는 용도로 사용되는 시설의 바닥면적의 합계가 600[m²] 이상인 것은 모든 층
    ‣ 근린생활시설 중 조산원 및 산후조리원
    ‣ 의료시설 중 정신의료기관
    ‣ 의료시설 중 종합병원, 병원, 치과병원, 한방병원 및 요양병원
    ‣ 노유자 시설
    ‣ 숙박이 가능한 수련시설
    ‣ 숙박시설
- 창고시설(물류터미널 제외)로서 바닥면적 합계가 5,000[m²] 이상인 경우에는 모든 층

- 특정소방대상물의 지하층·무창층 또는 층수가 4층 이상인 층으로 바닥면적이 1,000[m²] 이상인 층이 있는 경우에는 해당 층
- 지하상가로서 연면적 1,000[m²] 이상인 것

풀이
복합건축물로서 연면적 5,000[m²] 이상인 경우에는 모든 층은 스프링클러설비 설치대상 특정소방대상물이다.

32 ★★★

소방시설 설치 및 관리에 관한 법령상 단독경보형 감지기를 설치하여야 하는 특정소방대상물의 기준으로 틀린 것은?

① 연면적 600[m²] 이상의 기숙사
② 연면적 400[m²] 미만의 유치원
③ 연면적 2,000[m²] 미만의 교육연구시설 내에 있는 합숙소
④ 수련시설 내에 있는 합숙소로서 연면적 2,000[m²] 미만인 것

SOLUTION

개념
특정소방대상물의 관계인이 특정소방대상물에 설치·관리해야 하는 소방시설의 종류(소방시설법 시행령 별표 4, 소방시설법 시행령 제11조 관련)
- 단독경보형 감지기를 설치해야하는 특정소방대상물
  - 교육연구시설 또는 수련시설 내에 있는 기숙사 또는 합숙소로서 연면적 2,000[m²] 미만인 것
  - 숙박시설이 있는 수련시설로서 수용인원 100명 미만인 모든 층
  - 연면적 400[m²] 미만의 유치원
  - 공동주택 중 연립주택 및 다세대주택(단독경보형 감지기는 연동형으로 설치해야 한다)

풀이
단독경보형 감지기를 설치하여야 하는 특정소방대상물의 기준에서 기숙사는 연면적 2,000[m²] 미만이어야 한다.

33 ★★☆

소방시설공사업법령상 소방시설공사의 하자보수 보증기간이 3년이 아닌 것은?

① 자동소화장치
② 무선통신보조설비
③ 자동화재탐지설비
④ 스프링클러설비

SOLUTION

개념
하자보수 대상 소방시설과 하자보수 보증기간(소방공사업법 시행령 제6조)
- 보증기간 2년 : 비상경보설비, 비상방송설비, 피난기구, 유도등, 비상조명등 및 무선통신보조설비
- 보증기간 3년 : 자동소화장치, 옥내소화전설비, 스프링클러설비등, 물분무등소화설비, 옥외소화전설비, 자동화재탐지설비, 화재알림설비, 소화용수설비 및 소화활동설비(무선통신보조설비는 제외)

풀이
무선통신보조설비의 하자보수 보증기간은 2년이다.

TIP
보증기간이 2년인 소방시설은 대부분 전기분야 설비이고 보증기간이 3년인 소방시설은 대부분 기계분야 설비인 것을 알 수 있다.

34 ★★★

위험물안전관리법령상 제조소의 기준에 따라 건축물의 외벽 또는 이에 상당하는 공작물의 외측으로부터 제조소의 외벽 또는 이에 상당하는 공작물의 외측까지의 안전거리 기준으로 틀린 것은? (단, 제6류 위험물을 취급하는 제조소를 제외하고, 건축물에 불연재료로 된 방화상 유효한 담 또는 벽을 설치하지 않은 경우이다)

① 의료법에 의한 종합병원에 있어서는 30[m] 이상
② 도시가스사업법에 의한 가스공급시설에 있어서는 20[m] 이상
③ 사용전압 35,000[V]를 초과하는 특고압가공전선에 있어서는 5[m] 이상
④ 문화유산의 보존 및 활용에 관한 법률에 의한 지정문화재에 있어서는 30[m] 이상

SOLUTION

개념

제조소의 위치·구조 및 설비의 기준(위험물법 시행규칙 별표 4, 위험물법 시행규칙 제28조 관련)

• 안전거리
 - 제조소(제6류 위험물을 취급하는 제조소를 제외) 건축물의 외벽 또는 이에 상당하는 공작물의 외측으로부터 해당 제조소의 외벽 또는 이에 상당하는 공작물의 외측까지의 사이에 다음 규정에 의한 수평거리를 두어야 함. 다만, 불연재료로 된 방화상 유효한 담 또는 벽 설치 시 안전거리 단축이 가능

건축물 및 그 밖의 공작물	안전거리
주거용(제조소가 설치된 부지 내에 있는 것 제외)	10[m] 이상
고압가스, 액화석유가스, 도시가스를 저장 또는 취급하는 시설	20[m] 이상
학원, 병원, 극장 등 다수의 수용시설	30[m] 이상
지정문화유산 및 천연기념물등	50[m] 이상
사용전압 7,000[V] 초과 35,000[V] 이하 특고압가공전선	3[m] 이상
사용전압 35,000[V] 초과 특고압가공전선	5[m] 이상

풀이

지정문화유산 및 천연기념물 등의 안전거리는 50[m] 이상이다.

35 ★☆☆

화재의 예방 및 안전관리에 관한 법률상 화재안전조사를 하여야 하는 자는?

① 시·도지사
② 소방청장
③ 소방파출소장
④ 행정안전부장관

SOLUTION

개념

정의(화재예방법 제2조)

• 예방 : 화재의 위험으로부터 사람의 생명·신체 및 재산을 보호하기 위하여 화재발생을 사전에 제거하거나 방지하기 위한 모든 활동
• 안전관리 : 화재로 인한 피해를 최소화하기 위한 예방, 대비, 대응 등의 활동
• 화재안전조사 : 소방청장, 소방본부장 또는 소방서장(이하 "소방관서장"이라 한다)이 소방대상물, 관계지역 또는 관계인에 대하여 소방시설 등이 소방 관계 법령에 적합하게 설치·관리되고 있는지, 소방대상물에 화재의 발생 위험이 있는지 등을 확인하기 위하여 실시하는 현장조사·문서열람·보고요구 등을 하는 활동
• 화재예방강화지구 : 특별시장·광역시장·특별자치시장·도지사 또는 특별자치도지사(이하 "시·도지사"라 한다)가 화재발생 우려가 크거나 화재가 발생할 경우 피해가 클것으로 예상되는 지역에 대하여 화재의 예방 및 안전관리를 강화하기 위해 지정·관리하는 지역
• 화재예방안전진단 : 화재가 발생할 경우 사회·경제적으로 피해 규모가 클 것으로 예상되는 소방대상물에 대하여 화재위험요인을 조사하고 그 위험성을 평가하여 개선대책을 수립하는 것

풀이

화재안전조사는 소방청장, 소방본부장, 소방서장에 의해 이루어진다.

36 ★★☆

소방기본법령상 국고보조 대상사업의 범위 중 소방활동장비와 설비에 해당하지 않는 것은?

① 소방자동차
② 소방헬리콥터 및 소방정
③ 소화용수설비 및 피난구조설비
④ 방화복 등 소방활동에 필요한 소방장비

SOLUTION

개념

국고보조 대상사업의 범위와 기준보조율(기본법 시행령 제2조)
- 국고보조 대상사업의 범위
  - 소방자동차 구입 및 설치
  - 소방헬리콥터 및 소방정 구입 및 설치
  - 소방전용통신설비 및 전산설비 구입 및 설치
  - 그 밖에 방화복 등 소방활동에 필요한 소방장비 구입 및 설치
  - 소방관서용 청사의 건축
- 소방활동장비 및 설비의 종류와 규격 근거 : 행정안전부령
- 국고보조 대상사업의 기준보조율 : 「보조금 관리에 관한 법률 시행령」에 근거

풀이

소방용수설비 및 피난구조설비는 국고보조 대상사업의 범위에 들어가지 않는다.

37 ★★★

위험물안전관리법령상 위험물시설의 설치 및 변경 등에 관한 기준 중 다음 ( ) 안에 들어갈 내용으로 옳은 것은?

> 제조소등의 위치·구조 또는 설비의 변경 없이 당해 제조소 등에서 저장하거나 취급하는 위험물의 품명·수량 또는 지정수량의 배수를 변경하고자 하는 자는 변경하고자 하는 날의 (㉠)일 전까지 (㉡)이 정하는 바에 따라 (㉢)에게 신고하여야 한다.

① ㉠ 1, ㉡ 대통령령, ㉢ 소방본부장
② ㉠ 1, ㉡ 행정안전부령, ㉢ 시·도지사
③ ㉠ 14, ㉡ 대통령령, ㉢ 소방서장
④ ㉠ 14, ㉡ 행정안전부령, ㉢ 시·도지사

SOLUTION

개념

위험물시설의 설치 및 변경 등(위험물법 제6조)
- 제조소 등의 설치허가
  - 설치허가자 : 시·도지사
  - 설치허가 대상
    · 제조소 등을 설치하려는 자
    · 제조소 등의 위치·구조 또는 설비를 변경하고자 하는 자
- 품명 등의 변경신고
  - 변경신고 대상 : 시·도지사
  - 변경신고 기한 : 변경하고자 하는 날의 1일 전까지 행정안전부령에 따라 신고
  - 변경조건 : 해당 제조소 등의 위치·구조 또는 설비의 변경 없이 저장하거나 취급하는 위험물의 품명·수량 또는 지정수량의 배수를 변경
- 설치허가, 변경신고 등의 예외 조건
  - 주택의 난방시설(공동주택의 중앙난방시설 제외)용 저장소 또는 취급소
  - 농예용·축산용 또는 수산용으로 필요한 난방시설 또는 건조시설을 위한 지정수량 20배 이하의 저장소

풀이

제조소 등의 위치·구조 또는 설비의 변경 없이 당해 제조소 등에서 저장하거나 취급하는 위험물의 품명·수량 또는 지정수량의 배수를 변경하고자 하는 자는 변경하고자 하는 날의 1일 전까지 행정안전부령이 정하는 바에 따라 시·도지사에게 신고하여야 한다.

38 ★★★

소방시설 설치 및 관리에 관한 법령상 수용인원 산정 방법 중 침대가 없는 숙박시설로서 해당 특정소방대상물의 종사자의 수는 5명, 복도, 계단 및 화장실의 바닥면적을 제외한 바닥면적이 158[m²]인 경우의 수용인원은 약 몇 명인가?

① 37
② 45
③ 58
④ 84

SOLUTION

개념

수용인원의 산정 방법(소방시설법 시행령 별표 7, 소방시설법 시행령 제17조 관련)

	용도	수용인원의 산정
숙박시설	침대가 있는 숙박시설	종사자수 + 침대수 (2인용은 2개로 산정)
	침대가 없는 숙박시설	종사자수 + $\dfrac{\text{바닥면적의 합계}[m^2]}{3[m^2]}$
그 외 특정소방 대상물	강의실·교무실· 상담실·실습실· 휴게실	$\dfrac{\text{바닥면적의 합계}[m^2]}{1.9[m^2]}$
	강당, 문화 및 집회시설, 운동시설, 종교시설	$\dfrac{\text{바닥면적의 합계}[m^2]}{4.6[m^2]}$ • 관람석의 경우 : 고정식 의자 수 • 긴 의자의 경우 : $\dfrac{\text{의자 정면 너비}[m]}{0.45[m]}$
	그 밖의 특정소방대상물	$\dfrac{\text{바닥면적의 합계}[m^2]}{3[m^2]}$

*계산결과 소수점 이하는 반올림한다.

풀이

수용인원

침대가 없는 숙박시설 = 종사자수 + $\dfrac{\text{바닥면적합계}}{3[m^2]}$ = $5 + \dfrac{158}{3}$

≒ 57.67 ≒ 58[명]

39 ★★☆

화재의 예방 및 안전관리에 관한 법령상 1급 소방안전관리대상물에 해당하는 건축물은?

① 지하구
② 층수가 15층인 공공업무시설
③ 연면적 15,000[m²] 이상인 동물원
④ 층수가 20층이고, 지상으로부터 높이가 100미터인 아파트

SOLUTION

개념

소방안전관리자를 선임해야 하는 소방안전관리대상물의 범위와 소방안전관리자의 선임 대상별 자격 및 인원기준(화재예방법 시행령 별표 4, 화재예방법 시행령 제25조 제1항 관련)

• 소방안전관리자를 선임해야 하는 소방안전관리대상물

소방안전 관리대상물	특정소방대상물
특급 소방 안전관리 대상물	• 50층 이상(지하층 제외) 또는 높이 200[m] 이상 아파트 • 30층 이상(지하층 포함) 또는 높이 120[m] 이상(아파트 제외) • 연면적 10만[m²] 이상(아파트 제외) • 제외대상 : 동·식물원, 철강 등 불연성 물질을 저장·취급하는 창고, 지하구, 위험물 제조소 등
1급 소방 안전관리 대상물	• 30층 이상(지하층 제외) 또는 높이 120[m] 이상 아파트 • 11층 이상(아파트 제외) • 연면적 15,000[m²] 이상(아파트, 연립주택 제외) • 가연성 가스를 1,000[t] 이상 저장·취급하는 시설 • 제외대상 : 동·식물원, 철강 등 불연성 물질을 저장·취급하는 창고, 지하구, 위험물 제조소 등
2급 소방 안전관리 대상물	• 옥내소화전설비, 스프링클러설비 설치대상물 • 물분무등소화설비 설치대상물(호스릴 방식의 물분무등소화설비만을 설치한 설치대상물은 제외) • 가연성 가스를 100[t] 이상 1,000[t] 미만 저장·취급하는 시설 • 지하구 • 공동주택(옥내소화전설비 또는 스프링클러설비가 설치된 공동주택으로 한정) • 보물 또는 국보로 지정된 목조건축물
3급 소방 안전관리 대상물	• 자동화재탐지설비 설치대상물 • 간이스프링클러설비 설치대상물(주택 전용 간이스프링클러설비 설치대상물 제외)

풀이

층수가 15층인 공공업무시설은 아파트가 아닌 층수가 11층 이상인 건축물이기 때문에 1급 소방안전관리대상물에 해당한다.

정답 38 ③ 39 ②

40 ★★☆

소방시설 설치 및 관리에 관한 법령상 1년 이하의 징역 또는 1천만원 이하의 벌금 기준에 해당하는 경우는?

① 소방용품의 형식승인을 받지 아니하고 소방용품을 제조하거나 수입한 자
② 형식승인을 받은 소방용품에 대하여 제품검사를 받지 아니한 자
③ 거짓이나 그 밖의 부정한 방법으로 제품검사 전문기관으로 지정을 받은 자
④ 소방용품에 대하여 형상 등의 일부를 변경한 후 형식승인의 변경승인을 받지 아니한 자

SOLUTION

개념

- 1년 이하의 징역 또는 1천만원 이하의 벌금(소방시설법 제58조)
  - 소방시설 등에 대하여 스스로 점검을 하지 아니하거나 관리업자 등으로 하여금 정기적으로 점검하게 하지 아니한 자
  - 소방시설관리사증을 다른 사람에게 빌려주거나 빌리거나 이를 알선한 자
  - 동시에 둘 이상의 업체에 취업한 자
  - 자격정지처분을 받고 그 자격정지기간 중에 관리사의 업무를 한 자
  - 관리업의 등록증이나 등록수첩을 다른 자에게 빌려주거나 빌리거나 이를 알선한 자
  - 영업정지처분을 받고 그 영업정지기간 중에 관리업의 업무를 한 자
  - 제품검사에 합격하지 아니한 제품에 합격표시를 하거나 합격표시를 위조 또는 변조하여 사용한 자
  - 형식승인의 변경승인을 받지 아니한 자
  - 제품검사에 합격하지 아니한 소방용품에 성능인증을 받았다는 표시 또는 제품검사에 합격하였다는 표시를 하거나 성능인증을 받았다는 표시 또는 제품검사에 합격하였다는 표시를 위조 또는 변조하여 사용한 자
  - 성능인증의 변경인증을 받지 아니한 자
  - 우수품질인증을 받지 아니한 제품에 우수품질인증 표시를 하거나 우수품질인증 표시를 위조하거나 변조하여 사용한 자
  - 관계인의 정당한 업무를 방해하거나 출입·검사 업무를 수행하면서 알게 된 비밀을 다른 사람에게 누설한 자

- 3년 이하의 징역 또는 3천만원 이하의 벌금(소방시설법 제57조)
  - 다음의 명령을 정당한 사유 없이 위반한 자
    · 소방시설이 화재안전기준에 따라 설치·관리되어 있지 아니할 때 필요한 조치 명령
    · 임시소방시설 또는 소방시설의 설치 및 관리되지 아니할 때 필요한 조치 명령
    · 피난시설, 방화구획 및 방화시설의 관리를 위해 필요한 조치 명령
    · 특정소방대상물의 방염대상물품 제거 또는 방염성능검사 명령
    · 이행계획 미완료 시 필요한 조치 명령
    · 소방용품에 대한 제조자·수입자·판매자 또는 시공자에게 수거·폐기·교체 등 필요한 조치 명령
    · 소방용품의 회수·교환·폐기 또는 판매중지 명령
  - 관리업의 등록을 하지 아니하고 영업을 한 자
  - 소방용품의 형식승인을 받지 아니하고 소방용품을 제조하거나 수입한 자 또는 거짓이나 그 밖의 부정한 방법으로 형식승인을 받은 자
  - 제품검사를 받지 아니한 자 또는 거짓이나 그 밖의 부정한 방법으로 제품검사를 받은 자
  - 소방용품의 형식승인, 임의변경, 제품검사 및 합격표시 미이행 소방용품을 판매·진열하거나 소방시설공사에 사용한 자
  - 거짓이나 그 밖의 부정한 방법으로 성능인증 또는 제품검사를 받은 자
  - 제품검사를 받지 아니하거나 합격표시를 하지 아니한 소방용품을 판매·진열하거나 소방시설공사에 사용한 자
  - 회수·교환·폐기 또는 판매중지 명령을 받은 사실을 구매자에게 알리지 아니하거나 필요한 조치를 하지 아니한 자
  - 거짓이나 그 밖의 부정한 방법으로 전문기관으로 지정을 받은 자

풀이

소방용품에 대하여 형상 등의 일부를 변경한 후 형식승인의 변경승인을 받지 아니한 자는 1년 이하의 징역 또는 1천만원 이하의 벌금에 처하고, 나머지 보기는 3년 이하의 징역 또는 3천만원 이하의 벌금에 처한다.

2020년 제4회 소방설비기사

21 ★★★

소방시설 설치 및 관리에 관한 법령상 소방시설 등의 자체점검 중 종합점검을 받아야 하는 특정소방대상물 대상 기준으로 틀린 것은?

① 제연설비가 설치된 터널
② 스프링클러설비가 설치된 특정소방대상물
③ 공공기관 중 연면적이 1,000[m²] 이상인 것으로서 옥내소화전설비 또는 자동화재탐지설비가 설치된 것(단, 소방대가 근무하는 공공기관은 제외한다)
④ 호스릴 방식의 물분무등소화설비만이 설치된 연면적 5,000[m²] 이상인 특정소방대상물 (단, 위험물 제조소등은 제외한다)

SOLUTION

개념

소방시설 등 자체점검의 구분 및 대상, 점검자의 자격, 점검 장비, 점검 방법 및 횟수 등 자체점검 시 준수해야할 사항(소방시설법 시행규칙 별표 3, 소방시설법 시행규칙 제20조제1항 관련)

구분	작동점검	종합점검
점검 대상	작동점검 제외대상 외 특정소방대상물 작동점검 제외대상 ① 소방안전관리자를 선임하지 않는 특정소방대상물 ② 위험물 제조소 등 ③ 특급 소방안전 대상물	① 스프링클러설비가 설치된 특정소방대상물 ② 물분무등소화설비(호스릴 방식의 물분무등소화설비만을 설치한 경우 제외)가 설치된 연면적 5,000[m²] 이상인 특정소방대상물(위험물 제조소 등 제외) ③ 다중이용업의 영업장이 설치된 특정소방대상물로서 연면적이 2,000[m²] 이상인 것 ④ 제연설비가 설치된 터널 ⑤ 공공기관 중 연면적이 1,000[m²] 이상인 것(옥내소화전설비 또는 자동화재탐지설비 설치), 소방대가 근무하는 공공기관 제외

풀이

호스릴 방식의 물분무등소화설비만을 설치한 경우는 종합점검 대상에서 제외된다.

22 ★★★

위험물안전관리법령상 제조소등이 아닌 장소에서 지정수량 이상의 위험물을 취급할 수 있는 경우에 대한 기준으로 맞는 것은? (단, 시·도의 조례가 정하는 바에 따른다)

① 관할 소방서장의 승인을 받아 지정수량 이상의 위험물을 60일 이내의 기간 동안 임시로 저장 또는 취급하는 경우
② 관할 소방대장의 승인을 받아 지정수량 이상의 위험물을 60일 이내의 기간 동안 임시로 저장 또는 취급하는 경우
③ 관할 소방서장의 승인을 받아 지정수량 이상의 위험물을 90일 이내의 기간 동안 임시로 저장 또는 취급하는 경우
④ 관할 소방대장의 승인을 받아 지정수량 이상의 위험물을 90일 이내의 기간 동안 임시로 저장 또는 취급하는 경우

SOLUTION

개념

위험물의 저장 및 취급의 제한(위험물법 제5조)

- 지정수량 이상의 위험물을 저장소가 아닌 장소에서 저장하거나 제조소등이 아닌 장소에서 취급 제한
- 저장·취급 제한 예외
  - 시·도의 조례가 정하는 바에 따라 관할 소방서장의 승인을 받아 지정수량 이상의 위험물을 90일 이내의 기간 동안 임시로 저장 또는 취급하는 경우
  - 군부대가 지정수량 이상의 위험물을 군사목적으로 임시로 저장 또는 취급하는 경우
- 임시로 저장 또는 취급하는 장소에서의 저장 또는 취급의 기준과 임시로 저장 또는 취급하는 장소의 위치·구조 및 설비의 기준은 시·도의 조례로 정함
- 제조소등에서의 위험물의 저장 또는 취급에 관한 규정
  - 중요기준: 화재 등 위해의 예방과 응급조치에 있어서 큰 영향을 미치거나 그 기준을 위반하는 경우 직접적으로 화재를 일으킬 가능성이 큰 기준으로서 행정안전부령이 정하는 기준
  - 세부기준: 화재 등 위해의 예방과 응급조치에 있어서 중요기준보다 상대적으로 적은 영향을 미치거나 그 기준을 위반하는 경우 간접적으로 화재를 일으킬 수 있는 기준 및 위험물의 안전관리에 필요한 표시와 서류·기구 등의 비치에 관한 기준으로서 행정안전부령이 정하는 기준
- 제조소등의 위치·구조 및 설비의 기술기준은 행정안전부령으로 정함
- 둘 이상의 위험물을 같은 장소에서 저장 또는 취급하는 경우에 있어서 당해 장소에서 저장 또는 취급하는 각 위험물의 수량을 그 위험물의 지정수량으로 각각 나누어 얻은 수의 합계가 1 이상인 경우 당해 위험물은 지정수량 이상의 위험물로 봄

정답 21 ④ 22 ③

관할 소방서장의 승인을 받아 지정수량 이상의 위험물을 90일 이내의 기간 동안 임시로 저장 또는 취급하는 경우에는 제조소등이 아닌 장소에서 지정수량 이상의 위험물을 취급할 수 있다.

23 ★★★

화재의 예방 및 안전관리에 관한 법령상 화재예방강화지구의 지정권자는?

① 소방서장　　　② 시·도지사
③ 소방본부장　　④ 행정자치부장관

SOLUTION

개념

화재예방강화지구의 지정 등(화재예방법 제18조)
- 화재예방강화지구의 지정권자 : 시·도지사
- 화재예방강화지구 지정지역
  - 시장지역
  - 공장·창고가 밀집한 지역
  - 목조건물이 밀집한 지역
  - 노후·불량건축물이 밀집한 지역
  - 위험물의 저장 및 처리 시설이 밀집한 지역
  - 석유화학제품을 생산하는 공장이 있는 지역
  - 「산업입지 및 개발에 관한 법률」 제2조제8호에 따른 산업단지
  - 소방시설·소방용수시설 또는 소방출동로가 없는 지역
  - 「물류시설의 개발 및 운영에 관한 법률」 제2조제6호에 따른 물류단지
  - 그 밖에 위의 지역에 준하는 지역으로서 소방관서장이 화재예방강화지구로 지정할 필요가 있다고 인정하는 지역
- 시·도지사가 화재예방강화지구로 지정할 필요가 있는 지역을 화재예방강화지구로 지정하지 아니하는 경우 소방청장은 해당 시·도지사에게 해당 지역의 화재예방강화지구 지정을 요청 가능
- 화재안전조사 실시자 : 소방관서장

풀이

화재예방강화지구로 지정할 수 있는 사람은 시·도지사이다.

TIP

과거 문제에는 화재예방강화지구가 아닌 화재경계지구로 표기된 경우가 있다. 소방관계법규 변경으로 인해 단어가 변경된 것이기 때문에 혼동하지 않도록 한다.

24 ★★☆

위험물안전관리법령상 위험물 중 제1석유류에 속하는 것은?

① 경유　　　② 등유
③ 중유　　　④ 아세톤

SOLUTION

개념

위험물 및 지정수량(위험물법 시행령 별표 1, 위험물법 시행령 제2조 및 제3조 관련)
- 제4류 위험물의 품명
  - 특수인화물 : 이황화탄소, 디에틸에테르 등
  - 제1석유류 : 휘발유, 아세톤 등
  - 알코올류
  - 제2석유류 : 경유, 등유 등
  - 제3석유류 : 중유, 크레오소트유 등
  - 제4석유류 : 기어유, 실린더유 등

풀이

보기 중에 제1석유류에 속하는 것은 아세톤이다.

25 ★★★

소방시설 설치 및 관리에 관한 법령상 수용인원 산정 방법 중 다음과 같은 시설의 수용인원은 몇 명인가?

> 숙박시설이 있는 특정소방대상물로서 종사자수는 5명, 숙박시설은 모두 2인용 침대이며 침대수량은 50개이다.

① 55
② 75
③ 85
④ 105

SOLUTION

개념

수용인원의 산정 방법(소방시설법 시행령 별표 7, 소방시설법 시행령 제17조 관련)

용도		수용인원의 산정
숙박시설	침대가 있는 숙박시설	종사자수 + 침대수 (2인용은 2개로 산정)
	침대가 없는 숙박시설	종사자수 + $\dfrac{\text{바닥면적의 합계}[m^2]}{3[m^2]}$
그 외 특정소방 대상물	강의실·교무실· 상담실·실습실· 휴게실	$\dfrac{\text{바닥면적의 합계}[m^2]}{1.9[m^2]}$
	강당, 문화 및 집회시설, 운동시설, 종교시설	$\dfrac{\text{바닥면적의 합계}[m^2]}{4.6[m^2]}$ • 관람석의 경우 : 고정식 의자 수 • 긴 의자의 경우 : $\dfrac{\text{의자 정면 너비}[m]}{0.45[m]}$
	그 밖의 특정소방대상물	$\dfrac{\text{바닥면적의 합계}[m^2]}{3[m^2]}$

* 계산결과 소수점 이하는 반올림한다.

풀이

수용인원

침대가 없는 숙박시설 = 종사자수 + 침대수(2인용은 2명)
= 5 + (50×2) = 105[명]

26 ★★☆

위험물안전관리법령상 관계인이 예방규정을 정하여야 하는 위험물을 취급하는 제조소의 지정수량 기준으로 옳은 것은?

① 지정수량의 10배 이상
② 지정수량의 100배 이상
③ 지정수량의 150배 이상
④ 지정수량의 200배 이상

SOLUTION

개념

관계인이 예방규정을 정하여야 하는 제조소 등(위험물법 시행령 제15조)
- 지정수량의 10배 이상의 위험물을 취급하는 제조소
- 지정수량의 100배 이상의 위험물을 저장하는 옥외저장소
- 지정수량의 150배 이상의 위험물을 저장하는 옥내저장소
- 지정수량의 200배 이상의 위험물을 저장하는 옥외탱크저장소
- 암반탱크저장소
- 이송취급소
- 지정수량의 10배 이상의 위험물을 취급하는 일반취급소. 다만, 제4류 위험물(특수인화물을 제외한다)만을 지정수량의 50배 이하로 취급하는 일반취급소(제1석유류·알코올류의 취급량이 지정수량의 10배 이하인 경우에 한한다)로서 다음 어느 하나에 해당하는 것은 제외
  - 보일러·버너 또는 이와 비슷한 것으로서 위험물을 소비하는 장치로 이루어진 일반취급소
  - 위험물을 용기에 옮겨 담거나 차량에 고정된 탱크에 주입하는 일반취급소

풀이

관계인이 예방규정을 정하여야 하는 위험물을 취급하는 제조소는 **지정수량의 10배 이상**의 위험물을 취급하는 제조소이다.

27 ★★☆

화재의 예방 및 안전관리에 관한 법령상 총괄소방안전관리자를 선임해야 하는 특정소방대상물이 아닌 것은?

① 판매시설 중 전통시장
② 판매시설 중 도매시장 및 소매시장
③ 지하층을 제외한 층수가 7층 이하인 복합건축물
④ 복합건축물로서 연면적이 30,000[m²] 이상인 것

25 ④ 26 ① 27 ③

SOLUTION

개념

관리의 권원이 분리된 특정소방대상물의 소방안전관리(화재예방법 제35조)

- 총괄소방안전관리대상 특정소방대상물
  - 복합건축물(지하층을 제외한 층수가 11층 이상 또는 연면적 3만[㎡] 이상인 건축물)
  - 지하가(지하의 인공구조물 안에 설치된 상점 및 사무실, 그 밖에 이와 비슷한 시설이 연속하여 지하도에 접하여 설치된 것과 그 지하도를 합한 것)
  - 그 밖에 대통령령으로 정하는 특정소방대상물 : 판매시설 중 도매시장, 소매시장, 전통시장

풀이

지하층을 제외한 층수가 11층 이상인 복합건축물에 총괄소방안전관리자를 선임해야 한다.

28 ★☆☆

소방기본법령상 소방안전교육사의 배치대상별 배치기준으로 틀린 것은?

① 소방청 : 2명 이상 배치
② 소방서 : 1명 이상 배치
③ 소방본부 : 2명 이상 배치
④ 한국소방안전원(본회) : 1명 이상 배치

SOLUTION

개념

소방안전교육사의 배치대상별 배치기준(기본법 시행령 별표 2의3)

배치대상	배치기준(단위 : 명)	비고
1. 소방청	2 이상	
2. 소방본부	2 이상	
3. 소방서	1 이상	
4. 한국소방안전원	본회 : 2 이상	
	시·도지부 : 1 이상	
5. 한국소방산업기술원	2 이상	

풀이

한국소방안전원(본회)에는 소방안전교육사를 2명 이상 배치하여야 한다.

29 ★☆☆

소방시설공사업법령상 정의된 업종 중 소방시설업의 종류에 해당되지 않는 것은?

① 소방시설설계업
② 소방시설공사업
③ 소방시설정비업
④ 소방공사감리업

SOLUTION

개념

정의(소방공사업법 제2조)

- 소방시설업
  - **소방시설설계업** : 소방시설공사에 기본이 되는 공사계획, 설계도면, 설계설명서, 기술계산서 및 이와 관련된 서류(이하 "설계도서")를 작성(이하 "설계")하는 영업
  - **소방시설공사업** : 설계도서에 따라 소방시설을 신설, 증설, 개설, 이전 및 정비(이하 "시공")하는 영업
  - **소방공사감리업** : 소방시설공사에 관한 발주자의 권한을 대행하여 소방시설공사가 설계도서와 관계 법령에 따라 적법하게 시공되는지를 확인하고, 품질·시공 관리에 대한 기술지도를 하는(이하 "감리") 영업
  - 방염처리업 : 방염대상물품에 대하여 방염처리(이하 "방염")하는 영업
- 소방시설업자 : 소방시설업을 경영하기 위하여 소방시설업을 등록한 자
- 감리원 : 소방공사감리업자에 소속된 소방기술자로서 해당 소방시설공사를 감리하는 사람
- 소방기술자 : 소방기술 경력 등을 인정받은 사람과 다음 어느 하나에 해당하는 사람으로서 소방시설업과 소방시설관리업의 기술인력으로 등록된 사람
  - 소방시설관리사
  - 국가기술자격 법령에 따른 소방기술사, 소방설비기사, 소방설비산업기사, 위험물기능장, 위험물산업기사, 위험물기능사
- 발주자 : 소방시설의 설계, 시공, 감리 및 방염(이하 "소방시설공사 등")을 소방시설업자에게 도급하는 다만, 수급인으로서 도급받은 공사를 하도급하는 자는 제외

풀이

소방시설업은 소방시설설계업, 소방시설공사업, 소방공사감리업, 방염처리업이 해당한다. 소방시설정비업은 소방시설업과 관련이 없다.

정답 28 ④ 29 ③

30 ★★☆

소방기본법상 소방대장의 권한이 아닌 것은?

① 소방활동을 할 때에 긴급한 경우에는 이웃한 소방본부장 또는 소방서장에게 소방업무의 응원을 요청할 수 있다.
② 화재, 재난·재해, 그 밖의 위급한 상황이 발생한 현장에서 소방활동을 위하여 필요할 때에는 그 관할구역에 사는 사람 또는 그 현장에 있는 사람으로 하여금 사람을 구출하는 일 또는 불을 끄거나 불이 번지지 아니하도록 하는 일을 하게 할 수 있다.
③ 사람을 구출하거나 불이 번지는 것을 막기 위하여 필요할 때에는 화재가 발생하거나 불이 번질 우려가 있는 소방대상물 및 토지를 일시적으로 사용하거나 그 사용의 제한 또는 소방활동에 필요한 처분을 할 수 있다.
④ 소방활동을 위하여 긴급하게 출동할 때에는 소방자동차의 통행과 소방활동에 방해가 되는 주차 또는 정차된 차량 및 물건 등을 제거하거나 이동시킬 수 있다.

SOLUTION

개념
소방대장의 권한(기본법 제23조 ~ 27조)
- 소방활동구역의 설정과 출입제한
- 소방활동 종사 명령
- 소방활동에 필요한 강제처분
- 피난명령
- 위험시설 등에 대한 긴급조치

소방업무의 응원(기본법 제11조)
- 소방활동을 할 때에 긴급한 경우에는 이웃한 소방본부장 또는 소방서장에게 소방업무의 응원(應援)을 요청 : 소방본부장, 소방서장
- 시·도지사는 소방업무의 응원을 요청하는 경우를 대비하여 출동 대상지역 및 규모와 필요한 경비의 부담 등에 관하여 필요한 사항을 행정안전부령으로 정하는 바에 따라 이웃하는 시·도지사와 협의하여 미리 규약(規約)으로 정함

풀이
소방활동을 할 때에 긴급한 경우에 소방업무의 응원을 요청할 수 있는 사람은 소방본부장, 소방서장이다.

31 ★☆☆

소방시설공사업법령상 도급을 받은 자가 제3자에게 소방시설공사의 시공을 하도급한 경우에 대한 벌칙 기준으로 옳은 것은? (단, 대통령령으로 정하는 경우는 제외한다)

① 100만원 이하의 벌금
② 300만원 이하의 벌금
③ 1년 이하의 징역 또는 1,000만원 이하의 벌금
④ 3년 이하의 징역 또는 1,500만원 이하의 벌금

SOLUTION

개념
1년 이하의 징역 또는 1천만원 이하의 벌금(소방공사업법 제36조)
- 영업정지처분을 받고 그 영업정지 기간에 영업을 한 자
- 화재안전기준을 위반하여 설계나 시공을 한 자
- 감리업자의 업무범위를 위반하여 감리를 하거나 거짓으로 감리한 자
- 특정소방대상물의 관계인이 감리업자 지정의무를 위반하여 감리를 하거나 거짓으로 감리한 자
- 감리결과에 따른 보고를 소방본부장이나 소방서장에게 거짓으로 한 자
- 공사감리 결과의 통보 또는 공사감리 결과보고서의 제출을 거짓으로 한 자
- 소방시설업자가 아닌 자에게 소방시설공사등을 도급한 자
- 도급받은 소방시설의 설계, 시공, 감리를 하도급한 자
- 하도급받은 소방시설공사를 다시 하도급한 자
- 소방기술자가 「소방시설공사업법」 또는 「소방시설공사업법」의 명령을 따르지 아니하고 업무를 수행한 자

풀이
도급받은 소방시설의 설계, 시공, 감리를 하도급한 경우에는 1년 이하의 징역 또는 1천만원 이하의 벌금에 처한다.

32 ★☆☆

소방시설 설치 및 관리에 관한 법령상 주택의 소유자가 소방시설을 설치하여야 하는 대상이 아닌 것은?

① 아파트
② 연립주택
③ 다세대주택
④ 다가구주택

SOLUTION

개념

주택에 설치하는 소방시설(소방시설법 제10조)
- 공동주택 : 관리주체가 소방시설 설치
  - 아파트 등 : 주택으로 쓰이는 층수가 5층 이상인 주택
  - 일반기숙사 : 학교 또는 공장 등의 학생 또는 종업원 등을 위하여 사용하는 것으로서 해당 기숙사의 공동취사시설 이용 세대 수가 전체 세대 수(건축물의 일부를 기숙사로 사용하는 경우에는 기숙사로 사용하는 세대 수로 한다)의 50퍼센트 이상인 것(학생복지주택을 포함)
- 주택(단독주택 및 공동주택으로 아파트, 기숙사 제외) : 다세대주택, 연립주택, 다가구주택은 소유자가 소방시설 설치

풀이

아파트는 관리주체가 소방시설을 설치하여야 한다.

33 ★★★

화재의 예방 및 안전관리에 관한 법령상 화재예방강화지구의 지정대상이 아닌 것은? (단, 소방청장·소방본부장 또는 소방서장이 화재예방강화지구로 지정할 필요가 있다고 인정하는 지역은 제외한다)

① 시장지역
② 농촌지역
③ 목조건물이 밀집한 지역
④ 공장·창고가 밀집한 지역

SOLUTION

개념

화재예방강화지구의 지정 등(화재예방법 제18조)
- 화재예방강화지구의 지정권자 : 시·도지사
- 화재예방강화지구 지정지역
  - 시장지역
  - 공장·창고가 밀집한 지역
  - 목조건물이 밀집한 지역
  - 노후·불량건축물이 밀집한 지역
  - 위험물의 저장 및 처리 시설이 밀집한 지역
  - 석유화학제품을 생산하는 공장이 있는 지역
  - 「산업입지 및 개발에 관한 법률」 제2조제8호에 따른 산업단지
  - 소방시설·소방용수시설 또는 소방출동로가 없는 지역
  - 「물류시설의 개발 및 운영에 관한 법률」 제2조제6호에 따른 물류단지
  - 그 밖에 위의 지역에 준하는 지역으로서 소방관서장이 화재예방강화지구로 지정할 필요가 있다고 인정하는 지역
- 시·도지사가 화재예방강화지구로 지정할 필요가 있는 지역을 화재예방강화지구로 지정하지 아니하는 경우 소방청장은 해당 시·도지사에게 해당 지역의 화재예방강화지구 지정을 요청 가능
- 화재안전조사 실시자 : 소방관서장

풀이

농촌지역은 화재예방강화지구의 지정대상이 아니다.

34 ★★☆

위험물안전관리법령상 제4류 위험물별 지정수량 기준의 연결이 틀린 것은?

① 특수인화물 – 50리터
② 알코올류 – 400리터
③ 동식물유류 – 1,000리터
④ 제4석유류 – 6,000리터

SOLUTION

개념

위험물 및 지정수량(위험물법 시행령 별표 1, 위험물법 시행령 제2조 및 제3조 관련)

- 위험물의 지정수량

제4류	인화성 액체	1. 특수인화물		50리터
		2. 제1석유류	비수용성액체	200리터
			수용성액체	400리터
		3. 알코올류		400리터
		4. 제2석유류	비수용성액체	1,000리터
			수용성액체	2,000리터
		5. 제3석유류	비수용성액체	2,000리터
			수용성액체	4,000리터
		6. 제4석유류		6,000리터
		7. 동식물유류		10,000리터

풀이

동식물유류의 지정수량은 10,000[L]이다.

35 ★★☆

소방시설 설치 및 관리에 관한 법령상 소방시설등에 대한 자체점검을 하지 아니하거나 관리업자 등으로 하여금 정기적으로 점검하게 하지 아니한 자에 대한 벌칙 기준으로 옳은 것은?

① 6개월 이하의 징역 또는 1,000만원 이하의 벌금
② 1년 이하의 징역 또는 1,000만원 이하의 벌금
③ 3년 이하의 징역 또는 1,500만원 이하의 벌금
④ 3년 이하의 징역 또는 3,000만원 이하의 벌금

SOLUTION

개념

1년 이하의 징역 또는 1천만원 이하의 벌금(소방시설법 제58조)

- 소방시설 등에 대하여 스스로 점검을 하지 아니하거나 관리업자 등으로 하여금 정기적으로 점검하게 하지 아니한 자
- 소방시설관리사증을 다른 사람에게 빌려주거나 빌리거나 이를 알선한 자
- 동시에 둘 이상의 업체에 취업한 자
- 자격정지처분을 받고 그 자격정지기간 중에 관리사의 업무를 한 자
- 관리업의 등록증이나 등록수첩을 다른 자에게 빌려주거나 빌리거나 이를 알선한 자
- 영업정지처분을 받고 그 영업정지기간 중에 관리업의 업무를 한 자
- 제품검사에 합격하지 아니한 제품에 합격표시를 하거나 합격표시를 위조 또는 변조하여 사용한 자
- 형식승인의 변경승인을 받지 아니한 자
- 제품검사에 합격하지 아니한 소방용품에 성능인증을 받았다는 표시 또는 제품검사에 합격하였다는 표시를 하거나 성능인증을 받았다는 표시 또는 제품검사에 합격하였다는 표시를 위조 또는 변조하여 사용한 자
- 성능인증의 변경인증을 받지 아니한 자
- 우수품질인증을 받지 아니한 제품에 우수품질인증 표시를 하거나 우수품질인증 표시를 위조하거나 변조하여 사용한 자
- 관계인의 정당한 업무를 방해하거나 출입·검사 업무를 수행하면서 알게 된 비밀을 다른 사람에게 누설한 자

풀이

소방시설 등에 대하여 스스로 점검을 하지 아니하거나 관리업자 등으로 하여금 정기적으로 점검하게 하지 아니한 자는 1년 이하의 징역 또는 1천만원 이하의 벌금에 처한다.

36 ★☆☆

화재의 예방 및 안전관리에 관한 법령상 특수가연물의 저장 및 취급 기준을 위반한 경우 과태료 부과기준은?

① 50만원 이하
② 100만원 이하
③ 150만원 이하
④ 200만원 이하

SOLUTION

개념

과태료(화재예방법 제52조)

- 과태료는 대통령령으로 정하는 바에 따라 소방청장, 시·도지사, 소방본부장 또는 소방서장이 부과·징수
- 200만원 이하의 과태료
  - 불을 사용할 때 지켜야 하는 사항 및 **특수가연물의 저장 및 취급 기준을 위반한 자**
  - 화재예방강화지구 내 화재안전조사 결과에 따른 소방설비 등의 설치 명령을 정당한 사유 없이 따르지 아니한 자
  - 소방안전관리자 또는 소방안전관리보조자의 선임신고를 기간 내에 선임신고를 하지 아니하거나 소방안전관리자의 성명 등을 게시하지 아니한 자
  - 건설현장 소방안전관리자 선임신고를 기간 내에 하지 아니한 자
  - 기간 내에 소방안전관리대상물 근무자 및 거주자 등에 대한 소방훈련 및 교육 결과를 제출하지 아니한 자

풀이

특수가연물의 저장 및 취급 기준을 위반한 경우 200만원 이하의 과태료가 부과된다.

37 ★★★

화재의 예방 및 안전관리에 관한 법령상 특수가연물의 품명과 지정수량 기준의 연결이 틀린 것은?

① 사류 – 1,000[kg] 이상
② 볏짚류 – 3,000[kg] 이상
③ 석탄·목탄류 – 10,000[kg] 이상
④ 합성수지류 중 발포시킨 것 – 20[m³] 이상

SOLUTION

개념

특수가연물(화재예방법 시행령 별표 2, 화재예방법 시행령 제19조 제1항 관련)

품명		수량
면화류		200[kg] 이상
나무껍질 및 대팻밥		400[kg] 이상
넝마 및 종이부스러기		1,000[kg] 이상
사류(絲類)		1,000[kg] 이상
볏짚류		1,000[kg] 이상
가연성 고체류		3,000[kg] 이상
석탄·목탄류		10,000[kg] 이상
가연성 액체류		2[m³] 이상
목재가공품 및 나무부스러기		10[m³] 이상
고무류·플라스틱류	발포시킨 것	20[m³] 이상
	그 밖의 것	3,000[kg] 이상

풀이

볏짚류는 수량이 1,000[kg] 이상일 때 특수가연물이다.

38 ★★☆

소방시설 설치 및 관리에 관한 법령상 특정소방대상물로서 숙박시설에 해당되지 않는 것은?

① 오피스텔
② 일반형 숙박시설
③ 생활형 숙박시설
④ 근린생활시설에 해당하지 않는 고시원

SOLUTION

개념
특정소방대상물(소방시설법 시행령 별표 2, 소방시설법 시행령 제5조 관련)
- 일반업무시설
  - 금융업소
  - 사무소
  - 신문사
  - 오피스텔
  - 그 밖에 이와 비슷한 것으로서 근린생활시설에 해당하지 않는 것
- 숙박시설
  - 일반형 숙박시설
  - 생활형 숙박시설
  - 고시원(근린생활시설에 해당하지 않는 것)

풀이
오피스텔은 숙박시설이 아닌 업무시설에 해당한다.

39 ★☆☆

화재의 예방 및 안전관리에 관한 법령상 정당한 사유 없이 화재예방안전진단 결과에 따른 보수·보강 등의 조치 명령을 위반한 경우 이에 대한 벌칙 기준으로 옳은 것은?

① 200만원 이하의 벌금
② 300만원 이하의 벌금
③ 1년 이하의 징역 또는 1,000만원 이하의 벌금
④ 3년 이하의 징역 또는 3,000만원 이하의 벌금

SOLUTION

개념
3년 이하의 징역 또는 3천만원 이하의 벌금(화재예방법 제50조)
- 화재안전조사 결과에 따른 조치명령을 정당한 사유 없이 위반한 자
- 소방안전관리자 또는 소방안전관리보조자 선임명령 또는 업무 이행명령을 정당한 사유 없이 위반한 자
- 화재예방안전진단 결과에 따른 보수·보강 등의 조치 명령을 정당한 사유 없이 위반한 자
- 거짓이나 그 밖의 부정한 방법으로 진단기관으로 지정을 받은 자

풀이
화재예방안전진단 결과에 따른 보수·보강 등의 조치 명령을 정당한 사유 없이 위반한 자는 3년 이하의 징역 또는 3천만원 이하의 벌금에 처한다.

40 ★★☆

소방시설 설치 및 관리에 관한 법령상 소방시설이 아닌 것은?

① 소화설비 ② 경보설비
③ 방화설비 ④ 소화활동설비

SOLUTION

개념

정의(소방시설법 제2조)

- 소방시설 : 소화설비, 경보설비, 피난구조설비, 소화용수설비, 그 밖에 소화활동설비로서 대통령령으로 정하는 것
- 소방시설 등 : 소방시설과 비상구(非常口), 그 밖에 소방 관련 시설로서 대통령령으로 정하는 것
- 특정소방대상물 : 건축물 등의 규모·용도 및 수용인원 등을 고려하여 소방시설을 설치하여야 하는 소방대상물로서 대통령령으로 정하는 것
- 화재안전성능 : 화재를 예방하고 화재발생 시 피해를 최소화하기 위하여 소방대상물의 재료, 공간 및 설비 등에 요구되는 안전성능
- 성능위주설계 : 건축물 등의 재료, 공간, 이용자, 화재 특성 등을 종합적으로 고려하여 공학적 방법으로 화재 위험성을 평가하고 그 결과에 따라 화재안전성능이 확보될 수 있도록 특정소방대상물을 설계하는 것
- 화재안전기준 : 소방시설 설치 및 관리를 위한 다음의 기준
  - 성능기준 : 화재안전 확보를 위하여 재료, 공간 및 설비 등에 요구되는 안전성능으로서 소방청장이 고시로 정하는 기준
  - 기술기준 : 성능기준을 충족하는 상세한 규격, 특정한 수치 및 시험방법 등에 관한 기준으로서 행정안전부령으로 정하는 절차에 따라 소방청장의 승인을 받은 기준
- 소방용품 : 소방시설 등을 구성하거나 소방용으로 사용되는 제품 또는 기기로서 대통령령으로 정하는 것

풀이

소방시설에는 소화설비, 경보설비, 피난구조설비, 소화용수설비, 그 밖에 소화활동설비로서 대통령령으로 정하는 것이 있다. 방화설비는 소방시설이 아니다.

2021년 제1회 소방설비기사

21 ★★★

소방기본법에서 정의하는 소방대의 조직구성원이 아닌 것은?

① 의무소방원 ② 소방공무원
③ 의용소방대원 ④ 공항소방대원

SOLUTION

개념

정의(기본법 제2조)

- 소방대상물 : 건축물, 차량, 선박(항구에 매어둔 선박만 해당), 선박 건조 구조물, 산림, 그 밖의 인공 구조물 또는 물건
- 관계인 : 소방대상물의 소유자·관리자 또는 점유자
- 소방대 : 소방공무원, 의무소방원, 의용소방대원

풀이

소방대란 소방공무원, 의무소방원, 의용소방대원으로 구성된 조직체이다. 공항소방대원은 소방대의 조직구성원에 해당하지 않는다.

22 ★★☆

위험물안전관리법령상 인화성액체위험물(이황화탄소를 제외)의 옥외탱크저장소의 탱크 주위에 설치하여야 하는 방유제의 기준 중 틀린 것은?

① 방유제의 용량은 방유제 안에 설치된 탱크가 하나인 때에는 그 탱크 용량의 110[%] 이상으로 할 것
② 방유제의 용량은 방유제안에 설치된 탱크가 2기 이상인 때에는 그 탱크 중 용량이 최대인 것의 용량의 110[%] 이상으로 할 것
③ 방유제는 높이 1[m] 이상 2[m] 이하, 두께 0.2[m] 이상, 지하매설깊이 0.5[m] 이상으로 할 것
④ 방유제내의 면적은 80,000[m²] 이하로 할 것

SOLUTION

개념
옥외탱크저장소의 위치·구조 및 설비의 기준(위험물법 시행규칙 별표 6, 위험물법 시행규칙 제30조 관련)
- 인화성액체위험물 옥외탱크저장소의 방유제의 용량기준(이황화탄소 제외)
  - 높이 : 0.5[m] 이상 3[m] 이하
  - 두께 : 0.2[m] 이상
  - 지하매설깊이 : 1[m] 이상
- 높이가 1[m]를 넘는 방유제 및 간막이 둑의 안팎에는 방유제 내에 출입하기 위한 계단 또는 경사로를 약 50[m]마다 설치
- 방유제 내의 면적 : 80,000[m²] 이하
- 탱크의 수 : 10기 이하
- 방유제의 용량기준
  ▸ 탱크 1기 : 탱크용량의 110[%] 이상
  ▸ 탱크 2기 이상 : 설치된 탱크 중 용량이 최대인 것의 용량의 110[%] 이상

풀이
방유제는 높이 0.5[m] 이상 3[m] 이하, 지하매설깊이 1[m] 이상으로 설치해야 한다.

23 ★★★

소방시설공사업법령상 공사감리자 지정대상 특정소방대상물의 범위가 아닌 것은?

① 물분무등소화설비(호스릴 방식의 소화설비는 제외)를 신설·개설하거나 방호·방수 구역을 증설할 때
② 제연설비를 신설·개설하거나 제연구역을 증설할 때
③ 연소방지설비를 신설·개설하거나 살수구역을 증설할 때
④ 캐비닛형 간이스프링클러설비를 신설·개설 하거나 방호·방수 구역을 증설할 때

SOLUTION

개념
공사감리자 지정대상 특정소방대상물의 범위(소방공사업법 시행령 제10조)
- 옥내소화전설비를 신설·개설 또는 증설할 때
- 스프링클러설비등(캐비닛형 간이스프링클러설비는 제외)을 신설·개설 하거나 방호·방수 구역을 증설할 때
- 물분무등소화설비(호스릴 방식의 소화설비는 제외)를 신설·개설하거나 방호·방수 구역을 증설할 때
- 옥외소화전설비를 신설·개설 또는 증설할 때
- 자동화재탐지설비를 신설 또는 개설할 때
- 화재알림설비를 신설 또는 개설할 때
- 비상방송설비를 신설 또는 개설할 때
- 통합감시시설을 신설 또는 개설할 때
- 소화용수설비를 신설 또는 개설할 때
- 다음에 따른 소화활동설비의 시공
  - 제연설비를 신설·개설하거나 제연구역을 증설할 때
  - 연결송수관설비를 신설 또는 개설할 때
  - 연결살수설비를 신설·개설하거나 송수구역을 증설할 때
  - 비상콘센트설비를 신설·개설하거나 전용회로를 증설할 때
  - 무선통신보조설비를 신설 또는 개설할 때
  - 연소방지설비를 신설·개설하거나 살수구역을 증설할 때

풀이
스프링클러설비에서 캐비닛형 간이스프링클러설비의 신설, 개설하거나 방호, 방수 구역을 증설할 때는 공사감리자 지정대상 특정소방대상물의 범위에서 제외된다.

정답 22 ③ 23 ④

24 ★★☆

소방기본법령상 소방신호의 방법으로 틀린 것은?

① 타종에 의한 훈련신호는 연3타 반복
② 싸이렌에 의한 발화신호는 5초 간격을 두고 10초씩 3회
③ 타종에 의한 해제신호는 상당한 간격을 두고 1타씩 반복
④ 싸이렌에 의한 경계신호는 5초 간격을 두고 30초씩 3회

SOLUTION

개념

소방신호의 종류 및 방법(기본법 시행규칙 제10조)

- 경계신호 : 화재예방상 필요하거나 인정되거나 화재위험경보시 발령
- 발화신호 : 화재가 발생할 때 발령
- 해제신호 : 소화활동이 필요없다고 인정되는 때 발령
- 훈련신호 : 훈련상 필요하다고 인정되는 때 발령
- 소방신호의 방법(제10조 제2항 관련)

신호방법 종별	타종신호	싸이렌신호	그 밖의 신호
경계신호	1타와 연2타를 반복	5초 간격을 두고 30초씩 3회	"통풍대" "게시판" 적색 백색 화재경보발령중
발화신호	난타	5초 간격을 두고 5초씩 3회	
해제신호	상당한 간격을 두고 1타씩 반복	1분간 1회	"기" 적색 백색
훈련신호	연3타반복	10초 간격을 두고 1분씩 3회	

[비고] 1. 소방신호의 방법은 그 전부 또는 일부를 함께 사용할 수 있다.
2. 게시판을 철거하거나 통풍대 또는 기를 내리는 것으로 소방활동이 해제되었음을 알린다.
3. 소방대의 비상소집을 하는 경우에 훈련신호를 사용할 수 있다.

풀이

싸이렌에 의한 발화신호는 5초 간격을 두고 5초씩 3회이다.

25 ★★☆

소방시설 설치 및 관리에 관한 법령상 대통령령 또는 화재안전기준이 변경되어 그 기준이 강화되는 경우 기존 특정소방대상물 소방시설 중 강화된 기준을 적용하여야 하는 소방시설은?

① 비상경보설비
② 비상방송설비
③ 비상콘센트설비
④ 옥내소화전설비

SOLUTION

개념

소방시설기준 적용의 특례(소방시설법 제13조)

- 대통령령 또는 화재안전기준의 변경 시 강화된 기준 적용 소방시설
  - 소화기구
  - 비상경보설비
  - 자동화재탐지설비
  - 자동화재속보설비
  - 피난구조설비
  - 공동구
  - 전력 및 통신사업용 지하구
  - 노유자시설
  - 의료시설

풀이

비상경보설비는 강화된 기준을 적용하여야 하는 소방시설이다.

정답 24 ② 25 ①

26 ★★★

소방시설 설치 및 관리에 관한 법령상 지하상가는 연면적이 최소 몇 [m²] 이상이어야 스프링클러설비를 설치하여야 하는 특정소방대상물에 해당하는가?

① 100
② 200
③ 1,000
④ 2,000

SOLUTION

개념

특정소방대상물의 관계인이 특정소방대상물에 설치·관리해야 하는 소방시설의 종류(소방시설법 시행령 별표 4, 소방시설법 시행령 제11조 관련)

- 스프링클러설비를 설치해야하는 특정소방대상물
  - 층수가 6층 이상인 특정소방대상물의 경우에는 모든 층
  - 기숙사 또는 복합건축물로서 연면적 5,000[m²] 이상인 경우에는 모든 층
  - 문화 및 집회시설, 종교시설, 운동시설로서 다음의 어느 하나에 해당하는 경우에는 모든 층
    1. 수용인원이 100명 이상인 것
    2. 영화상영관의 용도로 쓰는 층의 바닥면적이 지하층 또는 무창층인 경우에는 500[m²] 이상, 그 밖의 경우에는 1,000[m²] 이상인 것
    3. 무대부가 지하층·무창층 또는 4층 이상의 층에 있는 경우에는 무대부의 면적이 300[m²] 이상인 것
    4. 무대부가 3항의 경우 제외한 층에 있는 경우에는 무대부의 면적이 500[m²] 이상인 것
  - 판매시설, 운수시설 및 창고시설(물류터미널로 한정)로서 바닥면적의 합계가 5,000[m²] 이상이거나 수용인원이 500명 이상인 경우에는 모든 층
  - 다음의 어느 하나에 해당하는 용도로 사용되는 시설의 바닥면적의 합계가 600[m²] 이상인 것은 모든 층
    ▸ 근린생활시설 중 조산원 및 산후조리원
    ▸ 의료시설 중 정신의료기관
    ▸ 의료시설 중 종합병원, 병원, 치과병원, 한방병원 및 요양병원
    ▸ 노유자 시설
    ▸ 숙박이 가능한 수련시설
    ▸ 숙박시설
  - 창고시설(물류터미널 제외)로서 바닥면적 합계가 5,000[m²] 이상인 경우에는 모든 층
  - 특정소방대상물의 지하층·무창층 또는 층수가 4층 이상인 층으로 바닥면적이 1,000[m²] 이상인 층이 있는 경우에는 해당 층
  - 지하상가로서 연면적 1,000[m²] 이상인 것

풀이

지하상가로서 연면적 1,000[m²] 이상인 곳은 스프링클러설비를 설치하여야 하는 특정소방대상물에 해당한다.

27 ★★★

화재의 예방 및 안전관리에 관한 법령상 특정소방대상물의 관계인이 수행하여야 하는 소방안전관리 업무가 아닌 것은?

① 소방훈련의 지도·감독
② 화기(火氣) 취급의 감독
③ 피난시설, 방화구획 및 방화시설의 유지·관리
④ 소방시설이나 그 밖의 소방 관련 시설의 유지·관리

SOLUTION

개념

특정소방대상물의 소방안전관리(화재예방법 제24조)

- 소방안전관리업무 대행자 : 소방시설관리업자(소방시설관리업을 등록한 자)
- 소방안전관리자의 선임
  - 선임해당사유 발생일로부터 30일 이내
  - 선임신고 : 선임한 날부터 14일 이내에 소방본부장 또는 소방서장에게 신고
- 특정소방대상물의 관계인 업무
  - 피난시설·방화구획 및 방화시설의 관리
  - 소방시설, 그 밖의 소방관련시설의 관리
  - 화기 취급의 감독
  - 화재발생 시 초기대응
  - 그 밖에 소방안전관리에 필요한 업무
- 소방안전관리대상물의 소방안전관리자 업무
  - 피난계획에 관한 사항과 소방계획서의 작성 및 시행
  - 자위소방대 및 초기대응체계의 구성, 운영 및 교육
  - 피난시설·방화구획 및 방화시설의 관리
  - 소방시설이나 그 밖의 소방 관련 시설의 관리
  - 소방훈련 및 교육
  - 화기 취급의 감독
  - 소방안전관리에 관한 업무수행에 관한 기록·유지
  - 화재발생 시 초기대응
  - 그 밖의 소방안전관리에 필요한 업무

풀이

소방훈련의 지도·감독은 소방본부장, 소방서장이 수행해야 하는 업무이다.

정답 26 ③ 27 ①

28 ★★★

소방기본법령상 저수조의 설치기준으로 틀린 것은?

① 지면으로부터의 낙차가 4.5[m] 이상일 것
② 흡수부분의 수심이 0.5[m] 이상일 것
③ 흡수에 지장이 없도록 토사 및 쓰레기 등을 제거할 수 있는 설비를 갖출 것
④ 흡수관의 투입구가 사각형의 경우에는 한 변의 길이가 60[cm] 이상, 원형의 경우에는 지름이 60[cm] 이상일 것

SOLUTION

[개념]
소방용수시설의 설치기준(기본법 시행규칙 별표 3, 기본법 시행규칙 제6조 제2항 관련)

- 공통기준
  - 주거지역·상업지역 및 공업지역에 설치하는 경우 : 소방대상물과의 수평거리 100[m] 이하
  - 그 외 지역 : 소방대상물과의 수평거리 140[m] 이하
- 소화전
  - 상수도와 연결하여 지하식 또는 지상식의 구조
  - 소방용호스와 연결하는 소화전의 연결금속구의 구경은 65[mm]
- 급수탑
  - 급수배관의 구경은 100[mm] 이상
  - 개폐밸브는 지상에서 1.5[m] 이상 1.7[m] 이하의 위치에 설치
- 저수조
  - 지면으로부터의 낙차가 4.5[m] 이하
  - 흡수부분의 수심이 0.5[m] 이상
  - 소방펌프자동차가 쉽게 접근할 수 있도록 할 것
  - 흡수에 지장이 없도록 토사 및 쓰레기 등을 제거할 수 있는 설비를 갖출 것
  - 흡수관의 투입구가 사각형의 경우에는 한 변의 길이가 60[cm] 이상, 원형의 경우에는 지름이 60[cm] 이상
  - 저수조에 물을 공급하는 방법은 상수도에 연결하여 자동으로 급수되는 구조

[풀이]
저수조는 지면으로부터의 낙차가 4.5[m] 이하이어야 한다.

29 ★★☆

위험물안전관리법상 시·도지사의 허가를 받지 아니하고 당해 제조소등을 설치할 수 있는 기준 중 다음 (　) 안에 알맞은 것은?

> 농예용·축산용 또는 수산용으로 필요한 난방시설 또는 건조시설을 위한 지정수량 (　)배 이하의 저장소

① 20　　　　② 30
③ 40　　　　④ 50

SOLUTION

[개념]
위험물시설의 설치 및 변경 등(위험물법 제6조)

- 제조소 등의 설치허가
  - 설치허가자 : 시·도지사
  - 설치허가 대상
    · 제조소 등을 설치하려는 자
    · 제조소 등의 위치·구조 또는 설비를 변경하고자 하는 자
- 품명 등의 변경신고
  - 변경신고 대상 : 시·도지사
  - 변경신고 기한 : 변경하고자 하는 날의 1일 전까지
  - 변경조건 : 해당 제조소 등의 위치·구조 또는 설비의 변경 없이 저장하거나 취급하는 위험물의 품명·수량 또는 지정수량의 배수를 변경
- 설치허가, 변경신고 등의 예외 조건
  - 주택의 난방시설(공동주택의 중앙난방시설 제외)용 저장소 또는 취급소
  - 농예용·축산용 또는 수산용으로 필요한 난방시설 또는 건조시설을 위한 지정수량 20배 이하의 저장소

[풀이]
농예용·축산용 또는 수산용으로 필요한 난방시설 또는 건조시설을 위한 지정수량 20배 이하의 저장소는 시·도지사의 허가를 받지 아니하고 당해 제조소 등을 설치할 수 있다.

30 ★★☆

화재의 예방 및 안전관리에 관한 법령상 소방안전관리대상물의 관계인이 근무자 등에게 실시해야 하는 소방훈련의 종류에 해당하지 않는 것은?

① 소화훈련　　　② 통보훈련
③ 피난훈련　　　④ 경계훈련

SOLUTION

개념
소방안전관리대상물의 근무자 및 거주자에 대한 소방훈련 등(화재예방법 제37조)
- 실시자 : 소방안전관리대상물의 관계인
- 소방훈련의 종류
  - 소화훈련
  - 통보훈련
  - 피난훈련
- 소방훈련 및 교육 결과 제출 : 소방훈련 및 교육을 한 날부터 30일 이내에 소방본부장 또는 소방서장에게 제출

풀이
경계훈련은 소방훈련에 해당하지 않는다.

31 ★★☆

소방시설 설치 및 관리에 관한 법령상 특정소방대상물의 소방시설 설치의 면제기준 중 다음 (　) 안에 알맞은 것은?

> 물분무등소화설비를 설치하여야 하는 차고·주차장에 (　)를 화재안전 기준에 적합하게 설치한 경우에는 그 설비의 유효범위에서 설치가 면제된다.

① 옥내소화전설비　　　② 스프링클러설비
③ 간이스프링클러설비　④ 청정소화약제소화설비

SOLUTION

개념
특정소방대상물의 소방시설 설치의 면제 기준(소방시설법 시행령 별표 5, 소방시설법 시행령 제14조 관련)
- 물분무등소화설비
  - 물분무등소화설비를 설치하여야 하는 차고·주차장에 스프링클러설비를 화재안전기준에 적합하게 설치한 경우에는 그 설비의 유효범위에서 설치가 면제된다.

풀이
물분무등소화설비를 설치하여야 하는 차고·주차장에 스프링클러설비를 화재안전기준에 적합하게 설치한 경우에는 그 설비의 유효범위에서 설치가 면제된다.

정답　30 ④　31 ②

32 ★☆☆

화재의 예방 및 안전관리에 관한 법령상 소방안전관리대상물의 소방계획서에 포함되어야 하는 사항이 아닌 것은?

① 소방시설·피난시설 및 방화시설의 점검·정비계획
② 위험물안전관리법에 따라 예방규정을 정하는 제조소등의 위험물 저장·취급에 관한 사항
③ 특정소방대상물의 근무자 및 거주자의 자위소방대 조직과 대원의 임무에 관한 사항
④ 방화구획, 제연구획, 건축물의 내부 마감 재료(불연재료·준불연재료 또는 난연재료로 사용된 것) 및 방염물품의 사용 현황과 그 밖의 방화구조 및 설비의 유지·관리계획

SOLUTION

개념
소방안전관리대상물의 소방계획서 작성 등(화재예방법 시행령 제27조)
- 소방안전관리대상물의 위치·구조·연면적·용도 및 수용인원 등 일반현황
- 소방안전관리대상물에 설치한 소방시설, 방화시설, 전기시설, 가스시설 및 위험물시설의 현황
- 화재 예방을 위한 자체점검계획 및 대응대책
- 소방시설·피난시설 및 방화시설의 점검·정비계획
- 피난층 및 피난시설의 위치와 피난경로의 설정, 화재안전취약자의 피난계획 등을 포함한 피난계획
- 방화구획, 제연구획(除煙區劃), 건축물의 내부 마감재료 및 방염대상물품의 사용 현황과 그밖의 방화구조 및 설비의 유지·관리계획
- 관리의 권원이 분리된 특정소방대상물의 소방안전관리에 관한 사항
- 소방훈련·교육에 관한 계획
- 소방안전관리대상물의 근무자 및 거주자의 자위소방대 조직과 대원의 임무(화재안전취약자의 피난 보조 임무를 포함한다)에 관한 사항
- 화기 취급 작업에 대한 사전 안전조치 및 감독 등 공사 중 소방안전관리에 관한 사항
- 소화에 관한 사항과 연소 방지에 관한 사항
- 위험물의 저장·취급에 관한 사항(예방규정을 정하는 제조소등은 제외)
- 소방안전관리에 대한 업무수행에 관한 기록 및 유지에 관한 사항
- 화재발생 시 화재경보, 초기소화 및 피난유도 등 초기대응에 관한 사항
- 그 밖에 소방본부장 또는 소방서장이 소방안전관리대상물의 위치·구조·설비 또는 관리 상황 등을 고려하여 소방안전관리에 필요하여 요청하는 사항

풀이
예방규정을 정하는 제조소 등의 위험물 저장·취급에 관한 사항은 소방계획서에서 제외한다.

33 ★★☆

위험물안전관리법상 업무상 과실로 제조소등에서 위험물을 유출·방출 또는 확산시켜 사람의 생명·신체 또는 재산에 대하여 위험을 발생시킨 자에 대한 벌칙 기준은?

① 5년 이하의 금고 또는 2,000만원 이하의 벌금
② 5년 이하의 금고 또는 7,000만원 이하의 벌금
③ 7년 이하의 금고 또는 2,000만원 이하의 벌금
④ 7년 이하의 금고 또는 7,000만원 이하의 벌금

SOLUTION

개념
7년 이하의 금고 또는 7천만원 이하의 벌금(위험물법 제34조)
업무상 과실로 제조소등 또는 허가를 받지 않고 지정수량 이상의 위험물을 저장 또는 취급하는 장소에서 위험물을 유출·방출 또는 확산시켜 사람의 생명·신체 또는 재산에 대하여 위험을 발생시킨 자

풀이
업무상 과실로 제조소등 또는 허가를 받지 않고 지정수량 이상의 위험물을 저장 또는 취급하는 장소에서 위험물을 유출·방출 또는 확산시켜 사람의 생명·신체 또는 재산에 대하여 위험을 발생시킨 자는 7년 이하의 금고 또는 7천만원 이하의 벌금에 처한다.

34 ★★☆

소방시설공사업법령상 소방시설업 등록을 하지 아니하고 영업을 한 자에 대한 벌칙은?

① 500만원 이하의 벌금
② 1년 이하의 징역 또는 1,000만원 이하의 벌금
③ 3년 이하의 징역 또는 3,000만원 이하의 벌금
④ 5년 이하의 징역

SOLUTION

개념
3년 이하의 징역 또는 3천만원 이하의 벌금(소방공사업법 제35조)
- 소방시설업 등록을 하지 아니하고 영업을 한 자
- 부정한 청탁을 받고 재물 또는 재산상의 이익을 취득하거나 부정한 청탁을 하면서 재물 또는 재산상의 이익을 제공한 자

풀이
소방시설업 등록을 하지 아니하고 영업을 한 자는 3년 이하의 징역 또는 3천만원 이하의 벌금에 처한다.

정답 32 ② 33 ④ 34 ③

35 ★☆☆

위험물안전관리법령상 위험물의 유별 저장·취급의 공통기준 중 다음 ( ) 안에 알맞은 것은?

> ( ) 위험물은 산화제와의 접촉·혼합이나 불티·불꽃·고온체와의 접근 또는 과열을 피하는 한편, 철분·금속분·마그네슘 및 이를 함유한 것에 있어서는 물이나 산과의 접촉을 피하고 인화성 고체에 있어서는 함부로 증기를 발생시키지 아니하여야 한다.

① 제1류　　② 제2류
③ 제3류　　④ 제4류

SOLUTION

개념
제조소등에서의 위험물의 저장 및 취급에 관한 기준(위험물법 시행규칙 별표 18, 위험물법 시행규칙 제49조 관련)

- 제2류 위험물의 저장·취급의 공통기준
  - 제2류 위험물은 산화제와의 접촉·혼합이나 불티·불꽃·고온체와의 접근 또는 과열을 피하는 한편, 철분·금속분·마그네슘 및 이를 함유한 것에 있어서는 물이나 산과의 접촉을 피하고 인화성 고체에 있어서는 함부로 증기를 발생시키지 아니하여야 한다.

풀이
제2류 위험물은 산화제와의 접촉·혼합이나 불티·불꽃·고온체와의 접근 또는 과열을 피하는 한편, 철분·금속분·마그네슘 및 이를 함유한 것에 있어서는 물이나 산과의 접촉을 피하고 인화성 고체에 있어서는 함부로 증기를 발생시키지 아니하여야 한다.

36 ★★★

소방기본법령상 소방용수시설의 설치기준 중 급수탑의 급수배관의 구경은 최소 몇 [mm] 이상이어야 하는가?

① 100　　② 150
③ 200　　④ 250

SOLUTION

개념
소방용수시설의 설치기준(기본법 시행규칙 별표 3, 기본법 시행규칙 제6조 제2항 관련)

- 공통기준
  - 주거지역·상업지역 및 공업지역에 설치하는 경우 : 소방대상물과의 수평거리 100[m] 이하
  - 그 외 지역 : 소방대상물과의 수평거리 140[m] 이하
- 소화전
  - 상수도와 연결하여 지하식 또는 지상식의 구조
  - 소방용호스와 연결하는 소화전의 연결금속구의 구경은 65[mm]
- 급수탑
  - 급수배관의 구경은 100[mm] 이상
  - 개폐밸브는 지상에서 1.5[m] 이상 1.7[m] 이하의 위치에 설치
- 저수조
  - 지면으로부터의 낙차가 4.5[m] 이하
  - 흡수부분의 수심이 0.5[m] 이상
  - 소방펌프자동차가 쉽게 접근할 수 있도록 할 것
  - 흡수에 지장이 없도록 토사 및 쓰레기 등을 제거할 수 있는 설비를 갖출 것
  - 흡수관의 투입구가 사각형의 경우에는 한 변의 길이가 60[cm] 이상, 원형의 경우에는 지름이 60[cm] 이상
  - 저수조에 물을 공급하는 방법은 상수도에 연결하여 자동으로 급수되는 구조

풀이
급수탑의 급수배관의 구경은 최소 100[mm] 이상이어야 한다.

정답 35 ② 36 ①

37 ★★★

소방시설 설치 및 관리에 관한 법령상 자동화재탐지설비를 설치하여야 하는 특정소방대상물에 대한 기준 중 (   )에 알맞은 것은?

> 근린생활시설(목욕장 제외), 의료시설(정신의료기관 또는 요양병원 제외), 숙박시설, 위락시설, 장례시설 및 복합건축물로서 연면적 (   )[m²] 이상인 것

① 400
② 600
③ 1,000
④ 3,500

SOLUTION

[개념]
특정소방대상물의 관계인이 특정소방대상물에 설치·관리해야 하는 소방시설의 종류(소방시설법 시행령 별표 4, 소방시설법 시행령 제11조 관련)

- 자동화재탐지설비를 설치해야 하는 특정소방대상물
  1. 공동주택 중 아파트등·기숙사 및 숙박시설의 경우에는 모든 층
  2. 층수가 6층 이상인 건축물의 경우에는 모든 층
  3. 근린생활시설(목욕장은 제외), 의료시설(정신의료기관 및 요양병원은 제외), 위락시설, 장례시설 및 복합건축물로서 연면적 600[m²] 이상인 경우에는 모든 층
  4. 근린생활시설 중 목욕장, 문화 및 집회시설, 종교시설, 판매시설, 운수시설, 운동시설, 업무시설, 공장, 창고시설, 위험물 저장 및 처리 시설, 항공기 및 자동차 관련 시설, 교정 및 군사시설 중 국방·군사시설, 방송통신시설, 발전시설, 관광 휴게시설, 지하상가로서 연면적 1,000[m²] 이상인 경우에는 모든 층
  5. 교육연구시설(교육시설 내에 있는 기숙사 및 합숙소를 포함), 수련시설(수련시설 내에 있는 기숙사 및 합숙소를 포함, 숙박시설이 있는 수련시설은 제외), 동물 및 식물 관련 시설(기둥과 지붕만으로 구성되어 외부와 기류가 통하는 장소는 제외), 자원순환 관련 시설, 교정 및 군사시설(국방·군사시설은 제외) 또는 묘지 관련 시설로서 연면적 2,000[m²] 이상인 경우에는 모든 층
  6. 노유자 생활시설의 경우에는 모든 층
  7. 6항에 해당하지 않는 노유자 시설로서 연면적 400[m²] 이상인 노유자 시설 및 숙박시설이 있는 수련시설로서 수용인원 100명 이상인 경우에는 모든 층
  8. 의료시설 중 정신의료기관 또는 요양병원으로서 다음의 어느 하나에 해당하는 시설
     - 요양병원(의료재활시설은 제외)
     - 정신의료기관 또는 의료재활시설로 사용되는 바닥면적의 합계가 300[m²] 이상인 시설
     - 정신의료기관 또는 의료재활시설로 사용되는 바닥면적의 합계가 300[m²] 미만이고, 창살(철재·플라스틱 또는 목재 등으로 사람의 탈출 등을 막기 위하여 설치한 것, 화재 시 자동으로 열리는 구조로 되어 있는 창살은 제외)이 설치된 시설
  9. 판매시설 중 전통시장
  10. 터널로서 길이가 1,000[m] 이상인 것
  11. 지하구
  12. 3항에 해당하지 않는 근린생활시설 중 조산원 및 산후조리원
  13. 4항에 해당하지 않는 공장 및 창고시설로서 지정수량의 500배 이상의 특수가연물을 저장·취급하는 것
  14. 4항에 해당하지 않는 발전시설 중 전기저장시설

[풀이]
근린생활시설(목욕장은 제외), 의료시설(정신의료기관 및 요양병원은 제외), 위락시설, 장례시설 및 복합건축물로서 연면적 600[m²] 이상인 경우에는 모든 층에 자동화재탐지설비를 설치하여야 한다.

38 ★★★

소방기본법에서 정의하는 소방대상물에 해당되지 않는 것은?

① 산림
② 차량
③ 건축물
④ 항해 중인 선박

SOLUTION

[개념]
정의(기본법 제2조)
- 소방대상물 : 건축물, 차량, 선박(항구에 매어둔 선박만 해당), 선박 건조 구조물, 산림, 그 밖의 인공 구조물 또는 물건
- 관계인 : 소방대상물의 소유자·관리자 또는 점유자
- 소방대 : 소방공무원, 의무소방원, 의용소방대원

[풀이]
선박 중 항구에 매어둔 선박만 소방대상물에 해당한다.

정답 37 ② 38 ④

39 ★★★

소방시설 설치 및 관리에 관한 법령상 건축허가등의 동의대상물의 범위 기준 중 틀린 것은?

① 건축 등을 하려는 학교시설 : 연면적 200[m²] 이상
② 노유자시설 : 연면적 200[m²] 이상
③ 정신의료기관(입원실이 없는 정신건강의학과 의원은 제외) : 연면적 300[m²] 이상
④ 장애인 의료재활시설 : 연면적 300[m²] 이상

SOLUTION

개념

건축허가 등의 동의대상물의 범위 등(소방시설법 시행령 제7조)

• 건축허가 동의대상 건축물
 - 연면적 400[m²] 이상인 건축물이나 시설. 다만, 다음에 해당하는 경우에는 아래 기준 이상인 것으로 할 것.
  · 학교시설 : 연면적 100[m²] 이상
  · 노유자 시설 및 수련시설 : 연면적 200[m²] 이상
  · 정신의료기관(입원실이 없는 정신건강의학과 의원은 제외) : 연면적 300[m²] 이상
  · 장애인 의료재활시설 : 연면적 300[m²] 이상
 - 지하층 또는 무창층이 있는 건축물로서 바닥면적이 150[m²](공연장의 경우에는 100[m²]) 이상인 층이 있는 것
 - 차고·주차장 또는 주차 용도로 사용되는 시설 중 다음 어느 하나에 해당하는 시설
  · 차고·주차장으로 사용되는 바닥면적이 200[m²] 이상인 층이 있는 건축물이나 주차시설
  · 승강기 등 기계장치에 의한 주차시설로서 자동차 20대 이상을 주차할 수 있는 시설
 - 층수가 6층 이상인 건축물
 - 항공기 격납고, 관망탑, 항공관제탑, 방송용 송수신탑
 - 특정소방대상물 중 공동주택, 의원입원실 또는 인공신장실이 있는 것으로 한정한다)·조산원·산후조리원, 숙박시설, 위험물 저장 및 처리 시설, 발전시설 중 풍력발전소·전기저장시설, 지하구(地下溝)
 - 노유자 시설 중 다음 어느 하나에 해당하는 시설
  · 노인 관련 시설(노인거주복지·노인의료복지·재가노인복지시설, 학대피해노인전용쉼터)
  · 아동복지시설(아동상담소, 아동전용시설 및 지역아동센터 제외)
  · 장애인 거주시설
  · 정신질환자 관련 시설(공동생활가정을 제외한 재활훈련시설, 종합시설 중 24시간 주거를 제공하지 않는 시설 제외)
  · 노숙인 관련 시설 중 노숙인자활시설, 노숙인재활시설 및 노숙인요양시설
  · 결핵환자나 한센인이 24시간 생활하는 노유자 시설
 - 요양병원(의료재활시설 제외)
 - 특정소방대상물 중 공장 또는 창고시설로서 지정수량의 750배 이상의 특수가연물을 저장·취급하는 것
 - 가스시설로서 지상에 노출된 탱크의 저장용량의 합계가 100[t] 이상인 것

• 건축허가 동의대상 제외 건축물
 - 특정소방대상물에 설치되는 소화기구, 자동소화장치, 누전경보기, 단독경보형감지기, 가스누설경보기 및 피난구조설비(비상조명등은 제외)가 화재안전기준에 적합한 경우 해당 특정소방대상물
 - 건축물의 증축 또는 용도변경으로 인하여 해당 특정소방대상물에 추가로 소방시설이 설치되지 않는 경우 해당 특정소방대상물
 - 「소방시설공사업법 시행령」에 따른 소방시설공사의 착공신고 대상에 해당하지 않는 경우 해당 특정소방대상물

풀이

건축 등을 하려는 학교시설은 연면적 100[m²] 이상이어야 건축허가 동의대상 건축물에 해당한다.

정답 39 ①

40 ★☆☆

소방시설 설치 및 관리에 관한 법령상 형식승인을 받지 아니한 소방용품을 판매하거나 판매 목적으로 진열하거나 소방시설공사에 사용한 자에 대한 벌칙 기준은?

① 3년 이하의 징역 또는 3,000만원 이하의 벌금
② 2년 이하의 징역 또는 1,500만원 이하의 벌금
③ 1년 이하의 징역 또는 1,000만원 이하의 벌금
④ 1년 이하의 징역 또는 500만원 이하의 벌금

SOLUTION

개념
3년 이하의 징역 또는 3천만원 이하의 벌금(소방시설법 제57조)
- 다음의 명령을 정당한 사유 없이 위반한 자
  - 소방시설이 화재안전기준에 따라 설치·관리되어 있지 아니할 때 필요한 조치 명령
  - 임시소방시설 또는 소방시설의 설치 및 관리되지 아니할 때 필요한 조치 명령
  - 피난시설, 방화구획 및 방화시설의 관리를 위해 필요한 조치 명령
  - 특정소방대상물의 방염대상물품 제거 또는 방염성능검사 명령
  - 이행계획 미완료 시 필요한 조치 명령
  - 소방용품에 대한 제조자·수입자·판매자 또는 시공자에게 수거·폐기·교체 등 필요한 조치 명령
  - 소방용품의 회수·교환·폐기 또는 판매중지 명령
- 관리업의 등록을 하지 아니하고 영업을 한 자
- 소방용품의 형식승인을 받지 아니하고 소방용품을 제조하거나 수입한 자 또는 거짓이나 그 밖의 부정한 방법으로 형식승인을 받은 자
- 제품검사를 받지 아니한 자 또는 거짓이나 그 밖의 부정한 방법으로 제품검사를 받은 자
- 소방용품의 형식승인, 임의변경, 제품검사 및 합격표시 미이행 소방용품을 판매·진열하거나 소방시설공사에 사용한 자
- 거짓이나 그 밖의 부정한 방법으로 성능인증 또는 제품검사를 받은 자
- 제품검사를 받지 아니하거나 합격표시를 하지 아니한 소방용품을 판매·진열하거나 소방시설공사에 사용한 자
- 회수·교환·폐기 또는 판매중지 명령을 받은 사실을 구매자에게 알리지 아니하거나 필요한 조치를 하지 아니한 자
- 거짓이나 그 밖의 부정한 방법으로 전문기관으로 지정을 받은 자

풀이
형식승인을 받지 아니한 소방용품을 판매하거나 판매 목적으로 진열하거나 소방시설공사에 사용한 자는 3년 이하의 징역 또는 3천만원 이하의 벌금에 처한다.

2021년 제2회 소방설비기사

21 ★★★

소방기본법의 정의상 소방대상물의 관계인이 아닌 자는?

① 감리자
② 관리자
③ 점유자
④ 소유자

SOLUTION

개념
정의(기본법 제2조)
- 소방대상물 : 건축물, 차량, 선박(항구에 매어둔 선박만 해당), 선박 건조 구조물, 산림, 그 밖의 인공 구조물 또는 물건
- 관계인 : 소방대상물의 소유자·관리자 또는 점유자
- 소방대 : 소방공무원, 의무소방원, 의용소방대원

풀이
소방대상물의 관계인은 소방대상물의 소유자, 관리자, 점유자를 말한다.

22 ★☆☆

화재의 예방 및 안전관리에 관한 법령상 화재의 예방상 위험하다고 인정되는 행위를 하는 사람에게 행위의 금지 또는 제한 명령을 할 수 있는 사람은?

① 소방본부장
② 시·도지사
③ 의용소방대원
④ 소방대상물의 관리자

SOLUTION

개념
화재의 예방조치 등(화재예방법 제17조)
- 명령권자 : 소방청장, 소방본부장, 소장서장
- 누구든지 화재예방강화지구 및 이에 준하는 대통령령으로 정하는 장소에서는 다음 각 호의 어느 하나에 해당하는 행위를 하여서는 아니 된다. 다만, 행정안전부령으로 정하는 바에 따라 안전조치를 한 경우에는 그러하지 아니한다.
  1. 모닥불, 흡연 등 화기의 취급
  2. 풍등 등 소형열기구 날리기
  3. 용접·용단 등 불꽃을 발생시키는 행위
- 명령대상 : 화재 발생 위험이 크거나 소화 활동에 지장을 줄 수 있다고 인정되는 행위나 물건에 대하여 행위 당사자나 그 물건의 소유자, 관리자 또는 점유자
- 예방조치명령
  - 1~3항의 어느 하나에 해당하는 행위의 금지 또는 제한
  - 목재, 플라스틱 등 가연성이 큰 물건의 제거, 이격, 적재 금지 등
  - 소방차량의 통행이나 소화 활동에 지장을 줄 수 있는 물건의 이동

풀이
화재의 예방조치를 명령할 수 있는 사람은 소방관서장(소방청장, 소방본부장, 소방서장)이다.

23 ★★★

위험물안전관리법령상 위험물을 취급하는 건축물 그 밖의 시설의 주위에는 그 취급하는 위험물의 최대수량이 지정수량의 10배 이하인 경우 보유하여야 할 공지의 너비 기준은?

① 2[m] 이하
② 2[m] 이상
③ 3[m] 이하
④ 3[m] 이상

SOLUTION

개념
제조소의 위치·구조 및 설비의 기준(위험물법 시행규칙 별표 4, 위험물법 시행규칙 제28조 관련)
- 보유공지
  위험물을 취급하는 건축물 그 밖의 시설(위험물을 이송하기 위한 배관 그 밖에 이와 유사한 시설을 제외)의 주위에는 그 취급하는 위험물의 최대수량에 따라 다음 표에 의한 너비의 공지를 보유

취급하는 위험물의 최대수량	공지의 너비
지정수량의 10배 이하	3[m] 이상
지정수량의 10배 초과	5[m] 이상

풀이
위험물의 최대수량이 지정수량의 10배 이하인 경우에는 보유하여야 할 공지의 너비는 3[m] 이상이어야 한다.

24 ★☆☆

위험물안전관리법령상 제조소 또는 일반 취급소에서 취급하는 제4류 위험물의 최대수량의 합이 지정수량의 48만배 이상인 사업소의 자체소방대에 두는 화학소방자동차 및 인원기준으로 다음 ( ) 안에 알맞은 것은?

화학소방자동차	자체소방대원의 수
(㉠)	(㉡)

① ㉠ 1대, ㉡ 5인
② ㉠ 2대, ㉡ 10인
③ ㉠ 3대, ㉡ 15인
④ ㉠ 4대, ㉡ 20인

SOLUTION

개념

자체소방대에 두는 화학소방자동차 및 인원(위험물법 시행령 별표 8, 위험물법 시행령 제18조제3항 관련)

사업소의 구분	화학소방 자동차	자체소방 대원의 수
1. 제조소 또는 일반취급소에서 취급하는 제4류 위험의 최대수량의 합이 지정수량의 3천배 이상 12만배 미만인 사업소	1대	5인
2. 제조소 또는 일반취급소에서 취급하는 제4류 위험의 최대수량의 합이 지정수량의 12만배 이상 24만배 미만인 사업소	2대	10인
3. 제조소 또는 일반취급소에서 취급하는 제4류 위험의 최대수량의 합이 지정수량의 24만배 이상 48만배 미만인 사업소	3대	15인
4. 제조소 또는 일반취급소에서 취급하는 제4류 위험의 최대수량의 합이 지정수량의 48만배 이상인 사업소	4대	20인
5. 옥외탱크저장소에 저장하는 제4류 위험물의 최대수량이 지정수량의 50만배 이상인 사업소	2대	10인

[비고] 화학소방자동차에는 행정안전부령으로 정하는 소화능력 및 설비를 갖추어야 하고, 소화활동에 필요한 소화약제 및 기구(방열복 등 개인장구를 포함한다)를 비치하여야 한다.

풀이

제4류 위험물의 최대수량의 합이 지정수량의 48만배 이상인 사업소의 자체소방대에는 **4대의 화학소방자동차와 20인의 자체소방대원의 수**를 갖추어야 한다.

25 ★★★

화재의 예방 및 안전관리에 관한 법령상 특수가연물의 저장 및 취급기준이 아닌 것은? (단, 석탄/목탄류를 발전용으로 저장하는 경우는 제외)

① 품명별로 구분하여 쌓는다.
② 쌓는 높이는 20[m] 이하가 되도록 한다.
③ 쌓는 부분의 바닥면적 사이는 실외의 경우 3m 또는 쌓는 높이 중 큰 값 이상으로 간격을 두어야 한다.
④ 특수가연물을 저장 또는 취급하는 장소에는 품명·최대수량·단위체적당 질량·관리책임자 성명·직책, 연락처 및 화기취급의 금지 표지가 포함된 특수가연물 표지를 설치해야 한다.

SOLUTION

개념

특수가연물의 저장 및 취급 기준(화재예방법 시행령 별표 3, 화재예방법 시행령 제19조 제2항 관련)

구분	높이	쌓는 부분의 바닥면적
살수설비를 설치하거나 방사능력 범위에 해당특수가연물이 포함되도록 대형수동식소화기를 설치하는 경우	15[m] 이하	200[m²](석탄·목탄류의 경우에는 300[m²]) 이하
그 밖의 경우	10[m] 이하	50[m²](석탄·목탄류의 경우에는 200[m²]) 이하

다만, 석탄·목탄류를 발전용으로 저장하는 경우는 제외

풀이

대형수동식소화기를 설치했다는 언급이 따로 없으므로 특수가연물의 쌓는 높이는 **10[m] 이하**가 되도록 한다.

26 ★★☆

소방시설공사업법령에 따른 완공검사를 위한 현장확인 대상 특정소방대상물의 범위기준으로 틀린 것은?

① 연면적 1만제곱미터 이상이거나 11층 이상인 특정소방대상물(아파트는 제외)
② 가연성가스를 제조·저장 또는 취급하는 시설 중 지상에 노출된 가연성가스탱크의 저장용량 합계가 1천톤 이상인 시설
③ 호스릴 방식의 소화설비가 설치되는 특정소방대상물
④ 문화 및 집회시설, 종교시설, 판매시설, 노유자시설, 수련시설, 운동시설, 숙박시설, 창고시설, 지하상가

SOLUTION

개념
완공검사를 위한 현장확인 대상 특정소방대상물의 범위(소방공사업법 시행령 제5조)
- 문화 및 집회시설, 종교시설, 판매시설, 노유자(老幼者)시설, 수련시설, 운동시설, 숙박시설, 창고시설, 지하상가 및 다중이용업소
- 다음 어느 하나에 해당하는 설비가 설치되는 특정소방대상물
  - 스프링클러설비 등
  - 물분무등소화설비(호스릴 방식의 소화설비는 제외)
- 연면적 1만[m²] 이상이거나 11층 이상인 특정소방대상물(아파트는 제외)
- 가연성가스를 제조·저장 또는 취급하는 시설 중 지상에 노출된 가연성가스탱크의 저장용량 합계가 1천[t] 이상인 시설

풀이
완공검사를 위한 현장확인 대상 특정소방대상물에는 물분무등소화설비가 들어가지만 호스릴 방식의 소화설비는 제외이다.

27 ★☆☆

소방기본법령상 출동한 소방대원에게 폭행 또는 협박을 행사하여 화재진압·인명구조 또는 구급활동을 방해한 사람에 대한 벌칙 기준은?

① 500만원 이하의 과태료
② 1년 이하의 징역 또는 1,000만원 이하의 벌금
③ 3년 이하의 징역 또는 3,000만원 이하의 벌금
④ 5년 이하의 징역 또는 5,000만원 이하의 벌금

SOLUTION

개념
5년 이하의 징역 또는 5천만원 이하의 벌금(기본법 제50조)
- 위력(威力)을 사용하여 출동한 소방대의 화재진압·인명구조 또는 구급활동을 방해하는 행위를 한 사람
- 소방대가 화재진압·인명구조 또는 구급활동을 위하여 현장에 출동하거나 현장에 출입하는 것을 고의로 방해하는 행위를 한 사람
- 출동한 소방대원에게 폭행 또는 협박을 행사하여 화재진압·인명구조 또는 구급활동을 방해하는 행위를 한 사람
- 출동한 소방대의 소방장비를 파손하거나 그 효용을 해하여 화재진압·인명구조 또는 구급활동을 방해하는 행위를 한 사람
- 소방자동차의 출동을 방해한 사람
- 사람을 구출하는 일 또는 불을 끄거나 불이 번지지 아니하도록 하는 일을 방해한 사람
- 정당한 사유 없이 소방용수시설 또는 비상소화장치를 사용하거나 소방용수시설 또는 비상소화장치의 효용을 해치거나 그 정당한 사용을 방해한 사람

풀이
출동한 소방대원에게 폭행 또는 협박을 행사하여 화재진압·인명구조 또는 구급활동을 방해한 사람에게는 5년 이하의 징역 또는 5천만원 이하의 벌금에 처한다.

28 ★★★

소방시설 설치 및 관리에 관한 법령상 건축허가 등의 동의 대상물의 범위로 틀린 것은?

① 항공기 격납고
② 방송용 송·수신탑
③ 연면적이 400제곱미터 이상인 건축물
④ 지하층 또는 무창층이 있는 건축물로서 바닥면적이 50제곱미터 이상인 층이 있는 것

SOLUTION

개념

건축허가 등의 동의대상물의 범위 등(소방시설법 시행령 제7조)

- 건축허가 동의대상 건축물
  - 연면적 400[m²] 이상인 건축물이나 시설. 다만, 다음에 해당하는 경우에는 아래 기준 이상인 것으로 할 것.
    · 학교시설 : 연면적 100[m²] 이상
    · 노유자 시설 및 수련시설 : 연면적 200[m²] 이상
    · 정신의료기관(입원실이 없는 정신건강의학과 의원은 제외) : 연면적 300[m²] 이상
    · 장애인 의료재활시설 : 연면적 300[m²] 이상
  - 지하층 또는 무창층이 있는 건축물로서 바닥면적이 150[m²](공연장의 경우에는 100[m²]) 이상인 층이 있는 것
  - 차고·주차장 또는 주차 용도로 사용되는 시설 중 다음 어느 하나에 해당하는 시설
    · 차고·주차장으로 사용되는 바닥면적이 200[m²] 이상인 층이 있는 건축물이나 주차시설
    · 승강기 등 기계장치에 의한 주차시설로서 자동차 20대 이상을 주차할 수 있는 시설
  - 층수가 6층 이상인 건축물
  - 항공기 격납고, 관망탑, 항공관제탑, 방송용 송수신탑
  - 특정소방대상물 중 공동주택, 의원(입원실 또는 인공신장실이 있는 것으로 한정한다)·조산원·산후조리원, 숙박시설, 위험물 저장 및 처리 시설, 발전시설 중 풍력발전소·전기저장시설, 지하구(地下溝)
  - 노유자 시설 중 다음 어느 하나에 해당하는 시설
    · 노인 관련 시설(노인거주복지·노인의료복지·재가노인복지시설, 학대피해노인전용쉼터)
    · 아동복지시설(아동상담소, 아동전용시설 및 지역아동센터 제외)
    · 장애인 거주시설
    · 정신질환자 관련 시설(공동생활가정을 제외한 재활훈련시설, 종합시설 중 24시간 주거를 제공하지 않는 시설 제외)
    · 노숙인 관련 시설 중 노숙인자활시설, 노숙인재활시설 및 노숙인요양시설
    · 결핵환자나 한센인이 24시간 생활하는 노유자 시설
  - 요양병원(의료재활시설 제외)
  - 특정소방대상물 중 공장 또는 창고시설로서 지정수량의 750배 이상의 특수가연물을 저장·취급하는 것
  - 가스시설로서 지상에 노출된 탱크의 저장용량의 합계가 100[t] 이상인 것

- 건축허가 동의대상 제외 건축물
  - 특정소방대상물에 설치되는 소화기구, 자동소화장치, 누전경보기, 단독경보형감지기, 가스누설경보기 및 피난구조설비(비상조명등은 제외)가 화재안전기준에 적합한 경우 해당 특정소방대상물
  - 건축물의 증축 또는 용도변경으로 인하여 해당 특정소방대상물에 추가로 소방시설이 설치되지 않는 경우 해당 특정소방대상물
  - 「소방시설공사업법 시행령」에 따른 소방시설공사의 착공신고 대상에 해당하지 않는 경우 해당 특정소방대상물

풀이

지하층 또는 무창층이 있는 건축물로서 바닥면적이 150[m²] 이상인 층이 있는 것이 건축허가 등의 대상물에 해당한다.

29 ★★☆

소방시설 설치 및 관리에 관한 법령상 소화설비를 구성하는 제품 또는 기기에 해당하지 않는 것은?

① 가스누설경보기
② 소방호스
③ 스프링클러헤드
④ 분말자동소화장치

SOLUTION

개념

소방용품(소방시설법 시행령 별표 3, 소방시설법 제6조 관련)

- 소화설비를 구성하는 제품 또는 기기
  - 제품 : 소화기, 자동확산소화기, 간이소화용구(소화약제 외의 것을 이용한 간이소화용구는 제외), 자동소화장치
  - 기기 : 소화전, 관창, 소방호스, 스프링클러헤드, 기동용수압개폐장치, 유수제어밸브, 가스관선택밸브

- 경보설비를 구성하는 제품 또는 기기
  - 제품 : 누전경보기, 가스누설경보기
  - 기기 : 발신기, 수신기, 중계기, 감지기, 음향장치 중 경종

풀이

가스누설경보기는 경보설비를 구성하는 제품이다.

정답 28 ④ 29 ①

30 ★★☆

소방시설 설치 및 관리에 관한 법령상 스프링클러설비를 설치하여야 할 특정소방대상물(발전시설 중 전기저장시설은 제외)에 다음 중 어떤 소방시설을 화재안전기준에 적합하게 설치하면 설치를 면제 받을 수 있는가?

① 포소화설비
② 물분무소화설비
③ 간이스프링클러설비
④ 이산화탄소소화설비

SOLUTION

개념
특정소방대상물의 소방시설 설치의 면제 기준(소방시설법 시행령 별표 5, 소방시설법 시행령 제14조 관련)

• 스프링클러설비
 - 스프링클러설비를 설치해야 하는 특정소방대상물(발전시설 중 전기저장시설은 제외)에 적응성 있는 자동소화장치 또는 물분무등소화설비를 화재안전기준에 적합하게 설치한 경우에는 그 설비의 유효범위에서 설치가 면제
 - 스프링클러설비를 설치해야 하는 전기저장시설에 소화설비를 소방청장이 정하여 고시하는 방법에 따라 설치한 경우에는 그 설비의 유효범위에서 설치가 면제

풀이
스프링클러설비를 설치해야 하는 특정소방대상물(발전시설 중 전기저장시설은 제외)에 적응성 있는 자동소화장치 또는 물분무등소화설비를 화재안전기준에 적합하게 설치한 경우에는 그 설비의 유효범위에서 설치를 면제 받을 수 있다.

31 ★★☆

소방시설 설치 및 관리에 관한 법령상 대통령령 또는 화재안전기준이 변경되어 그 기준이 강화되는 경우 기존 특정소방대상물의 소방시설 중 강화된 기준을 적용할 수 있는 것은? (단, 건축물의 신축·개축·재축·이전 및 대수선중인 특정소방대상물을 포함한다)

① 제연설비
② 비상경보설비
③ 옥내소화전설비
④ 화재조기진압용 스프링클러설비

SOLUTION

개념
소방시설기준 적용의 특례(소방시설법 제13조)

• 대통령령 또는 화재안전기준의 변경 시 강화된 기준 적용 소방시설
 - 소화기구
 - 비상경보설비
 - 자동화재탐지설비
 - 자동화재속보설비
 - 피난구조설비
 - 공동구
 - 전력 및 통신사업용 지하구
 - 노유자시설
 - 의료시설

풀이
비상경보설비는 화재안전기준의 변경 시 강화된 기준을 적용할 수 있다.

32 ★☆☆

소방시설 설치 및 관리에 관한 법령상 시·도지사가 소방시설 등의 자체점검을 하지 아니한 관리업자에게 영업정지를 명할 수 있으나, 이로 인해 국민에게 심한 불편을 줄 때에는 영업정지 처분을 갈음하여 과징금 처분을 한다. 과징금의 기준은?

① 1,000만원 이하
② 2,000만원 이하
③ 3,000만원 이하
④ 5,000만원 이하

SOLUTION

개념
과징금 처분(소방시설법 제36조)
시·도지사는 영업정지를 명하는 경우로서 그 영업정지가 이용자에게 불편을 주거나 그 밖에 공익을 해칠 우려가 있을 때에는 영업정지처분을 갈음하여 3천만원 이하의 과징금을 부과할 수 있다.

풀이
시·도지사는 영업정지를 명하는 경우(소방시설 등의 자체점검을 하지 아니한 경우도 포함)로서 그 영업정지가 이용자에게 불편을 주거나 그 밖에 공익을 해칠 우려가 있을 때에는 영업정지처분을 갈음하여 3천만원 이하의 과징금을 부과할 수 있다.

33 ★★★

위험물안전관리법령상 위험물별 성질로서 틀린 것은?

① 제1류 : 산화성 고체
② 제2류 : 가연성 고체
③ 제4류 : 인화성 액체
④ 제6류 : 인화성 고체

SOLUTION

개념
위험물 및 지정수량(위험물법 시행령 별표 1, 위험물법 시행령 제2조 및 제3조 관련)

• 위험물

유별	성질	품명
제1류	산화성 고체	• 아염소산염류 • 염소산염류 • 과염소산염류 • 무기과산화물 • 브롬산염류(브로민산염류) • 질산염류 • 요오드산염류(아이오딘산염류) • 과망간산염류(과망가니즈산염류) • 중크롬산염류(다이크로뮴산염류)
제2류	가연성 고체	• 황화린(황화인) • 적린 • 황(유황) • 철분 • 금속분 • 마그네슘 • 인화성 고체
제3류	자연발화성 물질 및 금수성 물질	• 칼륨 • 나트륨 • 알킬알루미늄 • 알킬리튬 • 황린 • 알칼리금속 및 알칼리토금속 • 유기금속화합물 • 금속의 수소화물 • 금속의 인화물 • 칼슘 또는 알루미늄의 탄화물
제4류	인화성 액체	• 특수인화물 • 제1석유류 • 알코올류 • 제2석유류 • 제3석유류 • 제4석유류 • 동식물유류
제5류	자기반응성 물질	• 유기과산화물 • 질산에스테르류(질산에스터류) • 니트로화합물(나이트로화합물) • 니트로소화합물(나이트로소화합물) • 아조화합물 • 디아조화합물(다이아조화합물) • 하이드라진 유도체(히드라진 유도체) • 히드록실아민(하이드록실아민) • 히드록실아민염류(하이드록실아민염류)
제6류	산화성 액체	• 과염소산 • 과산화수소 • 질산

풀이
제6류 위험물은 산화성 액체이다.

34 ★★★

소방시설 설치 및 관리에 관한 법령상 소방시설등의 종합점검 대상기준에 맞게 ( )에 들어갈 내용으로 옳은 것은?

물분무등소화설비[호스릴 방식의 물분무등소화설비만을 설치한 경우는 제외]가 설치된 연면적 ( )[m²] 이상인 특정소방대상물(위험물 제조소등은 제외)

① 2,000 ② 3,000
③ 4,000 ④ 5,000

SOLUTION

개념

소방시설 등 자체점검의 구분 및 대상, 점검자의 자격, 점검 장비, 점검 방법 및 횟수 등 자체점검 시 준수해야할 사항(소방시설법 시행규칙 별표 3, 소방시설법 시행규칙 제20조제1항 관련)

구분	작동점검	종합점검
점검 대상	작동점검 제외대상 외 특정소방대상물 작동점검 제외대상 ① 소방안전관리자를 선임하지 않는 특정소방대상물 ② 위험물 제조소 등 ③ 특급 소방안전 대상물	① 스프링클러설비가 설치된 특정소방대상물 ② 물분무등소화설비(호스릴 방식의 물분무등소화설비만을 설치한 경우 제외)가 설치된 연면적 5,000[m²] 이상인 특정소방대상물(위험물 제조소 등 제외) ③ 다중이용업의 영업장이 설치된 특정소방대상물로서 연면적이 2,000[m²] 이상인 것 ④ 제연설비가 설치된 터널 ⑤ 공공기관 중 연면적이 1,000[m²] 이상인 것(옥내소화전설비 또는 자동화재탐지설비 설치), 소방대가 근무하는 공공기관 제외

풀이

물분무등소화설비(호스릴 방식의 물분무등소화설비만을 설치한 경우 제외)가 설치된 **연면적 5,000[m²] 이상**인 특정소방대상물(위험물 제조소 등 제외)은 종합점검 실시대상이다.

35 ★☆☆

소방시설 설치 및 관리에 관한 법령상 펄프공장의 작업장, 음료수 공장의 세정 또는 충전을 하는 작업장 등과 같이 화재안전기준을 적용하기 어려운 특정소방대상물에 설치하지 아니할 수 있는 소방시설의 종류가 아닌 것은?

① 상수도소화용수설비 ② 스프링클러설비
③ 연결송수관설비 ④ 연결살수설비

SOLUTION

개념

소방시설을 설치하지 않을 수 있는 특정소방대상물 및 소방시설의 범위(소방시설법 시행령 별표 6, 소방시설법 시행령 제16조 관련)

- 화재안전기준을 적용하기 어려운 특정소방대상물
  - 펄프공장의 작업장, 음료수 공장의 세정 또는 충전을 하는 작업장, 그 밖에 이와 비슷한 용도로 사용하는 것
    ▸ 설치하지 않을 수 있는 소방시설 : 스프링클러설비, 상수도소화용수설비 및 연결살수설비
  - 정수장, 수영장, 목욕장, 농예·축산·어류양식용 시설, 그 밖에 이와 비슷한 용도로 사용되는 것
    ▸ 설치하지 않을 수 있는 소방시설 : 자동화재탐지설비, 상수도소화용수설비 및 연결살수설비

풀이

연결송수관설비는 펄프공장의 작업장, 음료수 공장의 작업장과 같이 화재안전기준을 적용하기 어려운 특정소방대상물에 설치하지 않을 수 있는 소방시설이 아니다.

36 ★★★

화재의 예방 및 안전관리에 관한 법령에 따른 특수가연물의 기준 중 다음 ( ) 안에 알맞은 것은?

품명	수량
나무껍질 및 대팻밥	(㉠)[kg] 이상
면화류	(㉡)[kg] 이상

① ㉠ 200, ㉡ 400
② ㉠ 200, ㉡ 1,000
③ ㉠ 400, ㉡ 200
④ ㉠ 400, ㉡ 1,000

SOLUTION

개념

특수가연물(화재예방법 시행령 별표 2, 화재예방법 시행령 제19조 제1항 관련)

품명		수량
면화류		200[kg] 이상
나무껍질 및 대팻밥		400[kg] 이상
넝마 및 종이부스러기		1,000[kg] 이상
사류(絲類)		1,000[kg] 이상
볏짚류		1,000[kg] 이상
가연성 고체류		3,000[kg] 이상
석탄·목탄류		10,000[kg] 이상
가연성 액체류		2[m³] 이상
목재가공품 및 나무부스러기		10[m³] 이상
고무류·플라스틱류	발포시킨 것	20[m³] 이상
	그 밖의 것	3,000[kg] 이상

풀이

나무껍질 및 대팻밥 400[kg] 이상, 면화류는 200[kg] 이상이 특수가연물에 해당한다.

37 ★☆☆

화재의 예방 및 안전관리에 관한 법령상 화재안전조사위원회의 위원에 해당하지 아니하는 사람은?

① 소방기술사
② 소방시설관리사
③ 소방 관련 분야의 석사학위 이상을 취득한 사람
④ 소방 관련 법인 또는 단체에서 소방 관련 업무에 3년 이상 종사한 사람

SOLUTION

개념

화재안전조사위원회의 구성·운영 등(화재예방법 시행령 제11조)

- 위원장 : 소방관서장(소방청장, 소방본부장, 소방서장)
- 위촉권한자 : 소방관서장(소방청장, 소방본부장, 소방서장)
- 위원장 1명을 포함하여 7명 이내의 위원으로 성별을 고려하여 구성
- 구성
  - 과장급 직위 이상의 소방공무원
  - 소방기술사
  - 소방시설관리사
  - 소방 관련 분야의 석사 이상 학위를 취득한 사람
  - 소방 관련 법인 또는 단체 소방관련업무 5년 이상 종사자
  - 소방공무원 교육훈련기관, 학교 또는 연구소에서 소방과 관련한 교육 또는 연구에 5년 이상 종사자

풀이

화재안전조사위원회의 위원이 되기 위해서는 소방 관련 법인 또는 단체에서 소방 관련 업무에 5년 이상 종사한 사람이어야 한다.

38 ★★☆

위험물안전관리법령상 소화난이도등급 Ⅰ의 옥내탱크저장소에서 유황만을 저장·취급 할 경우 설치하여야 하는 소화설비로 옳은 것은?

① 물분무소화설비 ② 스프링클러설비
③ 포소화설비   ④ 옥내소화전설비

SOLUTION

개념
소화설비, 경보설비 및 피난설비의 기준(위험물법 시행규칙 별표 17, 위험물법 시행규칙 제41조제2항, 제42조제2항 및 제43조제2항 관련)
• 소화난이도등급 Ⅰ의 소화설비 설치기준
 - 옥내탱크저장소의 소화설비
  ‣ 황(유황)만을 저장·취급하는 것 : 물분무소화설비
  ‣ 인화점 70[℃] 이상의 제4류 위험물만을 저장·취급하는 것 : 물분무소화설비 또는 포소화설비
  ‣ 그 밖의 것 : 고정식 포소화설비(포소화설비가 적응성이 없는 경우에는 분말소화설비)

풀이
옥내탱크저장소에서 황(유황)만을 저장·취급할 경우 설치하여야 하는 소화설비는 물분무소화설비이다.

39 ★★☆

소방시설공사업법령상 하자보수를 하여야하는 소방시설 중 하자보수 보증기간이 3년이 아닌 것은?

① 자동소화장치   ② 비상방송설비
③ 스프링클러설비 ④ 소화용수설비

SOLUTION

개념
하자보수 대상 소방시설과 하자보수 보증기간(소방공사업법 시행령 제6조)
• 보증기간 2년 : 비상경보설비, 비상방송설비, 피난기구, 유도등, 비상조명등 및 무선통신보조설비
• 보증기간 3년 : 자동소화장치, 옥내소화전설비, 스프링클러설비등, 물분무등소화설비, 옥외소화전설비, 자동화재탐지설비, 화재알림설비, 소화용수설비 및 소화활동설비(무선통신보조설비는 제외)

풀이
비상방송설비의 하자보수 보증기간은 2년이다.

TIP
보증기간이 2년인 소방시설은 대부분 전기분야 설비이고, 보증기간이 3년인 소방시설은 대부분 기계분야 설비인 것을 알 수 있다.

40 ★★☆

소방기본법령상 소방대장은 화재, 재난·재해 그 밖의 위급한 상황이 발생한 현장에 소방활동구역을 정하여 소방활동에 필요한 자로서 대통령령으로 정하는 사람 외에는 그 구역에의 출입을 제한할 수 있다. 다음 중 소방활동구역에 출입할 수 없는 사람은?

① 소방활동구역 안에 있는 소방대상물의 소유자·관리자 또는 점유자
② 전기·가스·수도·통신·교통의 업무에 종사하는 사람으로서 원활한 소방활동을 위하여 필요한 사람
③ 시·도지사가 소방활동을 위하여 출입을 허가한 사람
④ 의사·간호사 그 밖의 구조·구급업무에 종사하는 사람

SOLUTION

개념
소방활동구역의 출입자(기본법 시행령 제8조)
- 법령근거 : 대통령령
- 소방활동구역의 출입자
  - 소방활동구역 안에 있는 소방대상물의 소유자·관리자 또는 점유자
  - 전기·가스·수도·통신·교통의 업무에 종사하는 사람으로서 원활한 소방활동을 위하여 필요한 사람
  - 의사·간호사 그 밖의 구조·구급업무에 종사하는 사람
  - 취재인력 등 보도업무에 종사하는 사람
  - 수사업무에 종사하는 사람
  - 그 밖에 소방대장이 소방활동을 위하여 출입을 허가한 사람

풀이
소방활동구역에 출입할 수 있는 사람은 시·도지사가 아닌 소방대장이 소방활동을 위하여 출입을 허가한 사람이다.

2021년 제4회 소방설비기사

21 ★☆☆

소방기본법 제1장 총칙에서 정하는 목적의 내용으로 거리가 먼 것은?

① 구조, 구급 활동 등을 통하여 공공의 안녕 및 질서 유지
② 풍수해의 예방, 경계, 진압에 관한 계획, 예산 지원 활동
③ 구조, 구급 활동 등을 통하여 국민의 생명, 신체, 재산 보호
④ 화재, 재난, 재해 그 밖의 위급한 상황에서의 구조, 구급 활동

SOLUTION

개념
목적(기본법 제1조)
- 화재를 예방·경계 또는 진압
- 화재, 재난·재해, 그 밖의 위급한 상황에서의 구조·구급 활동
- 국민의 생명·신체 및 재산을 보호
- 공공의 안녕 및 질서 유지와 복리증진에 이바지

풀이
풍수해의 예방, 경계, 진압에 대한 계획, 예산 지원 활동은 소방기본법 제1장 총칙에서 정하는 목적의 내용과 관계가 없다.

22 ★★☆

화재의 예방 및 안전관리에 관한 법령상 옮긴 물건의 보관기간은 소방본부 또는 소방서의 게시판에 공고하는 기간의 종료일 다음 날부터 며칠로 하는가?

① 3
② 4
③ 5
④ 7

SOLUTION

개념

옮긴 물건 등의 보관기간 및 보관기간 경과 후 처리(화재예방법 시행령 제17조)

- 화재의 예방조치로 인해 옮긴 물건을 보관하는 경우에는 그날로부터 14일 동안 해당 소방관서의 인터넷 홈페이지에 그 사실을 공고
- 옮긴 물건 등의 보관기간 : 공고기간의 종료일 다음 날부터 7일까지
- 보관기간이 종료된 때에는 보관하고 있는 옮긴 물건 등을 매각. 다만, 보관하고 있는 옮긴 물건등이 부패·파손 또는 이와 유사한 사유로 정해진 용도로 계속 사용할 수 없는 경우에는 폐기 가능

풀이

옮긴 물건의 보관기간은 공고기간의 종료일 다음 날부터 7일이다.

23 ★☆☆

소방시설 설치 및 관리에 관한 법령상 관리업자가 소방시설등의 점검을 마친 후 점검기록표에 기록하고 이를 해당 특정소방대상물의 출입자가 쉽게 볼 수 있는 장소에 게시하여야 하나 이를 위반하였을 경우 벌칙 기준은?

① 100만원 이하의 과태료
② 200만원 이하의 과태료
③ 300만원 이하의 과태료
④ 500만원 이하의 과태료

SOLUTION

개념

과태료(소방시설법 제61조)

- 과태료는 대통령령으로 정하는 바에 따라 소방청장, 시·도지사, 소방본부장 또는 소방서장이 부과·징수
  - 300만원 이하의 과태료
    · 소방시설을 화재안전기준에 따라 설치·관리하지 아니한 자
    · 공사 현장에 임시소방시설을 설치·관리하지 아니한 자
    · 피난시설, 방화구획 또는 방화시설의 폐쇄·훼손·변경 등의 행위를 한 자
    · 방염대상물품을 방염성능기준 이상으로 설치하지 아니한 자
    · 점검능력 평가를 받지 아니하고 점검을 한 관리업자
    · 관계인에게 점검 결과를 제출하지 아니한 관리업자 등
    · 점검인력의 배치기준 등 자체점검 시 준수사항을 위반한 자
    · 점검 결과를 보고하지 아니하거나 거짓으로 보고한 자
    · 이행계획을 기간 내에 완료하지 아니한 자 또는 이행계획 완료 결과를 보고하지 아니하거나 거짓으로 보고한 자
    · 점검기록표를 기록하지 아니하거나 특정소방대상물의 출입자가 쉽게 볼 수 있는 장소에 게시하지 아니한 관계인
    · 등록사항의 변경신고, 관리업자의 지위승계에 따른 신고를 하지 아니하거나 거짓으로 신고한 자
    · 지위승계, 행정처분 또는 휴업·폐업의 사실을 특정소방대상물의 관계인에게 알리지 아니하거나 거짓으로 알린 관리업자
    · 소속 기술인력의 참여 없이 자체점검을 한 관리업자
    · 점검실적을 증명하는 서류 등을 거짓으로 제출한 자
    · 보고 또는 자료제출을 하지 아니하거나 거짓으로 보고 또는 자료제출을 한 자 또는 정당한 사유 없이 관계 공무원의 출입 또는 검사를 거부·방해 또는 기피한 자

풀이

점검기록표를 기록하지 아니하거나 특정소방대상물의 출입자가 쉽게 볼 수 있는 장소에 게시하지 아니한 관계인에게는 300만원 이하의 과태료를 부과한다.

24 ★★☆

위험물안전관리법령상 제4류 위험물 중 경유의 지정수량은 몇 리터인가?

① 500
② 1,000
③ 1,500
④ 2,000

SOLUTION

개념

위험물 및 지정수량(위험물법 시행령 별표 1, 위험물법 시행령 제2조 및 제3조 관련)

- 위험물의 지정수량

		1. 특수인화물		50리터
제4류	인화성 액체	2. 제1석유류	비수용성액체	200리터
			수용성액체	400리터
		3. 알코올류		400리터
		4. 제2석유류	비수용성액체	1,000리터
			수용성액체	2,000리터
		5. 제3석유류	비수용성액체	2,000리터
			수용성액체	4,000리터
		6. 제4석유류		6,000리터
		7. 동식물유류		10,000리터

풀이

경유는 제4류 위험물에서 제2석유류 비수용성액체에 속한다. 그러므로 경유의 지정수량은 1,000[L]이다.

25 ★★☆

화재의 예방 및 안전관리에 관한 법령상 소방청장, 소방본부장 또는 소방서장이 화재안전조사를 실시하려는 경우 조사대상, 조사기간 및 조사사유 등을 사전에 공개하여야 한다. 이 경우 공개기간은 며칠 이상으로 하는가?(단, 긴급하게 조사할 필요가 있는 경우와 사전에 통지하면 조사목적을 달성할 수 없다고 인정되는 경우는 제외한다)

① 7
② 10
③ 12
④ 14

SOLUTION

개념

화재안전조사의 방법·절차 등(화재예방법 시행령 제8조)
소방관서장은 화재안전조사를 실시하려는 경우 사전에 조사대상, 조사기간 및 조사사유 등 조사계획을 소방청, 소방본부 또는 소방서의 인터넷 홈페이지나 전산시스템을 통해 7일 이상 공개해야 한다.

26 ★☆☆

소방시설공사업법령상 소방시설공사업자가 소속 소방기술자를 소방시설공사 현장에 배치하지 않았을 경우의 과태료 기준은?

① 100만원 이하
② 200만원 이하
③ 300만원 이하
④ 400만원 이하

SOLUTION

개념

200만원 이하의 과태료(소방공사업법 제40조)

- 등록사항의 변경신고, 휴업 및 폐업 신고, 지위승계, 착공신고, 감리자 지정신고를 위반하여 신고를 하지 아니하거나 거짓으로 신고한 자
- 관계인에게 지위승계, 행정처분 또는 휴업·폐업의 사실을 거짓으로 알린 자
- 하자보수 보증기간 동안 보관의무를 위반하여 관계 서류를 보관하지 아니한 자
- 소방기술자를 공사 현장에 배치하지 아니한 자
- 완공검사를 받지 아니한 자
- 3일 이내에 하자를 보수하지 아니하거나 하자보수계획을 관계인에게 거짓으로 알린 자
- 감리 관계 서류를 인수·인계하지 아니한 자
- 배치통보 및 변경통보를 하지 아니하거나 거짓으로 통보한 자
- 방염성능기준 미만으로 방염을 한 자
- 방염처리능력 평가에 관한 서류를 거짓으로 제출한 자
- 도급계약 체결 시 의무를 이행하지 아니한 자(하도급 계약의 경우에는 하도급받은 소방시설업자는 제외)
- 하도급 등의 통지를 하지 아니한 자
- 공사대금의 지급보증, 담보의 제공 또는 보험료 등의 지급을 정당한 사유 없이 이행하지 아니한 자
- 시공능력 평가에 관한 서류를 거짓으로 제출한 자
- 사업수행능력 평가에 관한 서류를 위조하거나 변조하는 등 거짓이나 그 밖의 부정한 방법으로 입찰에 참여한 자
- 명령을 위반하여 보고 또는 자료 제출을 하지 아니하거나 거짓으로 보고 또는 자료 제출을 한 자

풀이

소방기술자를 공사 현장에 배치하지 않았을 경우 200만원 이하의 과태료가 부과된다.

정답 24 ② 25 ① 26 ②

27 ★★☆

화재의 예방 및 안전관리에 관한 법령상 천재지변 및 그 밖에 대통령령으로 정하는 사유로 화재안전조사를 받기 곤란하여 화재안전조사의 연기를 신청하려는 자는 화재안전조사 시작 최대 며칠 전까지 연기신청서 및 증명서류를 제출해야 하는가?

① 3   ② 5
③ 7   ④ 10

SOLUTION

개념
화재안전조사의 연기신청 등(화재예방법 시행규칙 제4조)
화재안전조사의 연기를 신청하려는 관계인은 화재안전조사 시작 3일 전까지 화재안전조사 연기신청서(전자문서를 포함)에 화재안전조사를 받기 곤란함을 증명할 수 있는 서류(전자문서를 포함)를 첨부하여 소방청장, 소방본부장 또는 소방서장(이하 "소방관서장")에게 제출해야 한다.

풀이
화재안전조사의 연기를 신청하려는 관계인은 화재안전조사 시작 3일 전까지 관련 서류를 소방청장, 소방본부장 또는 소방서장(이하 "소방관서장")에게 제출해야 한다.

28 ★☆☆

화재의 예방 및 안전관리에 관한 법령상 1급 소방안전관리대상물의 소방안전관리자 자격시험에 응시할 수 있는 사람의 자격기준 중 ( ) 안에 알맞은 내용은?

> 산업안전기사 또는 산업안전산업기사의 자격을 취득한 후 ( ) 2급 소방안전관리대상물 또는 3급 소방안전관리대상물의 소방안전관리자로 근무한 실무경력이 있는 사람

① 1년 이상   ② 2년 이상
③ 3년 이상   ④ 5년 이상

SOLUTION

개념
소방안전관리자 자격시험에 응시할 수 있는 사람의 자격(화재예방법 시행령 별표 6, 화재예방법 시행령 제31조 관련)

- 1급 소방안전관리자
  - 대학 또는 고등학교에서 소방안전관리학과를 전공하고 졸업한 사람으로서 해당 학과를 졸업한 후 2년 이상 2급 소방안전관리대상물 또는 3급 소방안전관리대상물의 소방안전관리자로 근무한 실무경력이 있는 사람
  - 다음의 어느 하나에 해당하는 요건을 갖춘 후 3년 이상 2급 소방안전관리대상물 또는 3급 소방안전관리대상물의 소방안전관리자로 근무한 실무경력이 있는 사람
    1. 대학 또는 고등학교에서 소방안전 관련 교과목을 12학점 이상 이수하고 졸업한 사람
    2. 법령에 따라 1항에 해당하는 사람과 같은 수준의 학력이 있다고 인정되는 사람으로서 해당 학력 취득 과정에서 소방안전 관련 교과목을 12학점 이상 이수한 사람
    3. 대학 또는 고등학교에서 소방안전 관련 학과를 전공하고 졸업한 사람
  - 소방행정학 또는 소방안전공학 분야에서 석사 이상 학위를 취득한 사람
  - 법에 해당하는 사람을 대상으로 하는 강습교육을 수료한 사람
  - 2급 소방안전관리대상물의 소방안전관리자로 선임될 수 있는 자격을 갖춘 후 특급 또는 1급 소방안전관리대상물의 소방안전관리보조자로 5년 이상 근무한 실무경력이 있는 사람
  - 2급 소방안전관리대상물의 소방안전관리자로 선임될 수 있는 자격을 갖춘 후 2급 소방안전관리대상물의 소방안전관리보조자로 7년 이상 근무한 실무경력이 있는 사람
  - 산업안전기사 또는 산업안전산업기사의 자격을 취득한 후 2년 이상 2급 소방안전관리대상물 또는 3급 소방안전관리대상물의 소방안전관리자로 근무한 실무경력이 있는 사람
  - 특급 소방안전관리대상물의 소방안전관리자 시험응시 자격이 인정되는 사람

풀이
산업안전기사 또는 산업안전산업기사의 자격을 취득한 후 2년 이상 2급 소방안전관리대상물 또는 3급 소방안전관리대상물의 소방안전관리자로 근무한 실무경력이 있는 사람은 1급 소방안전관리자 자격시험 응시자격이 있다.

정답 27 ① 28 ②

29 ★★☆

위험물안전관리법령상 제소소등에 설치하여야 할 자동화재탐지설비의 설치기준 중 (   ) 안에 알맞은 내용은? (단, 광선식 분리형 감지기 설치는 제외한다)

> 하나의 경계구역의 면적은 (㉠)[m²] 이하로 하고 그 한 변의 길이는 (㉡)[m] 이하로 할 것. 다만, 당해 건축물 그 밖의 공작물의 주요한 출입구에서 그 내부의 전체를 볼 수 있는 경우에 있어서는 그 면적을 1,000[m²] 이하로 할 수 있다.

① ㉠ 300, ㉡ 20
② ㉠ 400, ㉡ 30
③ ㉠ 500, ㉡ 40
④ ㉠ 600, ㉡ 50

SOLUTION

개념

소화설비, 경보설비 및 피난설비의 기준(위험물법 시행규칙 별표 17, 위험물법 시행규칙 제41조제2항, 제42조제2항 및 제43조제2항 관련)

- 자동화재탐지설비의 설치기준
  - 자동화재탐지설비의 경계구역은 건축물 그 밖의 공작물의 2 이상의 층에 걸치지 아니하도록 할 것. 다만, 하나의 경계구역의 면적이 500[m²] 이하이면서 당해 경계구역이 두 개의 층에 걸치는 경우이거나 계단·경사로·승강기의 승강로 그 밖에 이와 유사한 장소에 연기감지기를 설치하는 경우에는 그러하지 아니한다.
  - 하나의 경계구역의 면적은 600[m²] 이하로 하고 그 한 변의 길이는 50[m] 이하로 할 것. 다만, 당해 건축물 그 밖의 공작물의 주요한 출입구에서 그 내부의 전체를 볼 수 있는 경우에 있어서는 그 면적을 1,000[m²] 이하로 할 수 있다.
  - 자동화재탐지설비의 감지기는 지붕 또는 벽의 옥내에 면한 부분에 유효하게 화재의 발생을 감지할 수 있도록 설치할 것

풀이

자동화재탐지설비의 설치는 하나의 경계구역의 면적은 600[m²] 이하로 하고 그 한 변의 길이는 50[m] 이하로 할 것. 다만, 당해 건축물 그 밖의 공작물의 주요한 출입구에서 그 내부의 전체를 볼 수 있는 경우에 있어서는 그 면적을 1,000[m²] 이하로 할 수 있다.

30 ★☆☆

화재의 예방 및 안전관리에 관한 법령상 특정소방대상물의 관계인은 소방안전관리자를 기준일로부터 30일 이내에 선임하여야 한다. 다음 중 기준일로 틀린 것은?

① 소방안전관리자를 해임한 경우 : 소방안전관리자를 해임한 날
② 특정소방대상물을 양수하여 관계인의 권리를 취득한 경우 : 해당 권리를 취득한 날
③ 신축으로 해당 특정소방대상물의 소방안전관리자를 신규로 선임하여야 하는 경우 : 해당 특정소방대상물의 완공일
④ 증축으로 인하여 특정소방대상물이 소방안전관리대상물로 된 경우 : 증축공사의 개시일

SOLUTION

개념

소방안전관리자의 선임 기준 등(화재예방법 시행규칙 제14조)

증축 또는 용도변경으로 인하여 특정소방대상물이 소방안전관리대상물로 된 경우 또는 특정소방대상물의 소방안전관리 등급이 변경된 경우 : 증축공사의 사용승인일 또는 용도변경 사실을 건축물 관리대장에 기재한 날

풀이

증축으로 인하여 특정소방대상물의 소방안전관리대상물로 된 경우 소방안전관리자는 증축공사의 사용승인일 또는 용도변경 사실을 건축물 관리대장에 기재한 날을 기준으로 30일 이내에 선임하여야 한다.

31 ★★★

위험물안전관리법령상 정기점검의 대상인 제조소등의 기준으로 틀린 것은?

① 지하탱크저장소
② 이동탱크저장소
③ 지정수량의 10배 이상의 위험물을 취급하는 제조소
④ 지정수량의 20배 이상의 위험물을 저장하는 옥외탱크저장소

SOLUTION

개념

정기점검의 대상인 제조소 등(위험물법 시행령 제16조)
- 지정수량의 10배 이상의 위험물을 취급하는 제조소
- 지정수량의 100배 이상의 위험물을 저장하는 옥외저장소
- 지정수량의 150배 이상의 위험물을 저장하는 옥내저장소
- 지정수량의 200배 이상의 위험물을 저장하는 옥외탱크저장소
- 암반탱크저장소
- 이송취급소
- 지정수량의 10배 이상의 위험물을 취급하는 일반취급소. 다만, 제4류 위험물(특수인화물을 제외한다)만을 지정수량의 50배 이하로 취급하는 일반취급소(제1석유류·알코올류의 취급량이 지정수량의 10배 이하인 경우에 한한다)로서 다음 어느 하나에 해당하는 것은 제외
  - 보일러·버너 또는 이와 비슷한 것으로서 위험물을 소비하는 장치로 이루어진 일반취급소
  - 위험물을 용기에 옮겨 담거나 차량에 고정된 탱크에 주입하는 일반취급소
- 지하탱크저장소
- 이동탱크저장소
- 위험물을 취급하는 탱크로서 지하에 매설된 탱크가 있는 제조소·주유취급소 또는 일반취급소

풀이

지정수량의 200배 이상의 위험물을 저장하는 옥외탱크저장소는 정기점검의 대상인 제조소이다.

32 ★★☆

소방시설 설치 및 관리에 관한 법령상 특정소방대상물의 관계인이 특정소방대상물의 규모·용도 및 수용인원 등을 고려하여 갖추어야 하는 소방시설의 종류에 대한 기준 중 다음 ( ) 안에 알맞은 것은?

> 화재안전기준에 따라 소화기구를 설치하여야 하는 특정소방대상물은 연면적 (㉠)[m^2] 이상인 것. 다만, 노유자시설의 경우에는 투척용 소화용구 등을 화재안전기준에 따라 산정된 소화기 수량의 (㉡) 이상으로 설치할 수 있다.

① ㉠ 33, ㉡ 1/2
② ㉠ 33, ㉡ 1/5
③ ㉠ 50, ㉡ 1/2
④ ㉠ 50, ㉡ 1/5

SOLUTION

개념

특정소방대상물의 관계인이 특정소방대상물에 설치·관리해야 하는 소방시설의 종류(소방시설법 시행령 별표 4, 소방시설법 시행령 제11조 관련)
- 소화기구
  1. 연면적 33[m^2] 이상인 것. 다만, 노유자시설의 경우에는 투척용 소화용구 등을 화재안전기준에 따라 산정된 소화기 수량의 2분의 1 이상으로 설치할 수 있다.
  2. 1항에 해당하지 않는 시설로서 가스시설, 발전시설 중 전기저장시설 및 문화재
  3. 터널
  4. 지하구

풀이

화재안전기준에 따라 소화기구를 설치하여야 하는 특정소방대상물은 연면적 33[m^2] 이상인 것. 다만, 노유자시설의 경우에는 투척용 소화용구 등을 화재안전기준에 따라 산정된 소화기 수량의 $\frac{1}{2}$ 이상으로 설치할 수 있다.

33 ★★★

소방시설 설치 및 관리에 관한 법령상 용어의 정의 중 (   ) 안에 알맞은 것은?

> 특정소방대상물이란 소방시설을 설치하여야 하는 소방대상물로서 (   )으로 정하는 것을 말한다.

① 대통령령
② 국토교통부령
③ 행정안전부령
④ 고용노동부령

SOLUTION

개념

정의(소방시설법 제2조)
- 소방시설 : 소화설비, 경보설비, 피난구조설비, 소화용수설비, 그 밖에 소화활동설비로서 대통령령으로 정하는 것
- 소방시설 등 : 소방시설과 비상구(非常口), 그 밖에 소방 관련 시설로서 대통령령으로 정하는 것
- 특정소방대상물 : 건축물 등의 규모·용도 및 수용인원 등을 고려하여 소방시설을 설치하여야 하는 소방대상물로서 대통령령으로 정하는 것
- 화재안전성능 : 화재를 예방하고 화재발생 시 피해를 최소화하기 위하여 소방대상물의 재료, 공간 및 설비 등에 요구되는 안전성능
- 성능위주설계 : 건축물 등의 재료, 공간, 이용자, 화재 특성 등을 종합적으로 고려하여 공학적 방법으로 화재 위험성을 평가하고 그 결과에 따라 화재안전성능이 확보될 수 있도록 특정소방대상물을 설계하는 것
- 화재안전기준 : 소방시설 설치 및 관리를 위한 다음의 기준
  - 성능기준 : 화재안전 확보를 위하여 재료, 공간 및 설비 등에 요구되는 안전성능으로서 소방청장이 고시로 정하는 기준
  - 기술기준 : 성능기준을 충족하는 상세한 규격, 특정한 수치 및 시험방법 등에 관한 기준으로서 행정안전부령으로 정하는 절차에 따라 소방청장의 승인을 받은 기준
- 소방용품 : 소방시설 등을 구성하거나 소방용으로 사용되는 제품 또는 기기로서 대통령령으로 정하는 것

풀이

특정소방대상물은 건축물 등의 규모·용도 및 수용인원 등을 고려하여 소방시설을 설치하여야 하는 소방대상물로서 대통령령으로 정하는 것이다.

34 ★☆☆

소방시설 설치 및 관리에 관한 법령상 분말형태의 소화약제를 사용하는 소화기의 내용연수로 옳은 것은? (단, 소방용품의 성능을 확인받아 그 사용기한을 연장하는 경우는 제외한다)

① 3년
② 5년
③ 7년
④ 10년

SOLUTION

개념

내용연수 설정대상 소방용품(소방시설법 시행령 제19조)
- 내용연수를 설정해야 하는 소방용품은 분말형태의 소화약제를 사용하는 소화기로 한다.
- 소방용품의 내용연수는 10년으로 한다.

풀이

소방용품의 내용연수는 10년으로 한다.

정답 33 ① 34 ④

35 ★☆☆

소방시설공사업법령상 전문 소방시설공사업의 등록기준 및 영업범위의 기준에 대한 설명으로 틀린 것은?

① 법인인 경우 자본금은 최소 1억원 이상이다.
② 개인인 경우 자산평가액은 최소 1억원 이상이다.
③ 주된 기술인력 최소 1명 이상, 보조기술인력 최소 3명 이상을 둔다.
④ 영업범위는 특정소방대상물에 설치되는 기계분야 및 전기분야 소방시설의 공사·개설·이전 및 정비이다.

SOLUTION

개념

소방시설업의 업종별 등록기준 및 영업범위(소방공사업법 시행령 별표 1, 소방공사업법 시행령 제2조제1항 관련)

- 소방시설공사업

항목 업종별		기술인력	자본금 (자산평가액)	영업범위
전문소방시설 공사업		가. 주된 기술인력 : 소방기술사 또는 기계분야와 전기분야의 소방설비기사 각 1명 (기계분야 및 전기분야의 자격을 함께 취득한 사람 1명) 이상 나. 보조기술인력 : 2명 이상	가. 법인 : 1억원 이상 나. 개인 : 자산평가액 1억원 이상	특정소방대상물에 설치되는 기계분야 및 전기분야 소방시설의 공사·개설·이전 및 정비
일반 소방 시설 공사업	기계 분야	가. 주된 기술인력 : 소방기술사 또는 기계분야 소방설비기사 1명 이상 나. 보조기술인력 : 1명 이상	가. 법인 : 1억원 이상 나. 개인 : 자산평가액 1억원 이상	가. 연면적 1만제곱미터 미만의 특정소방대상물에 설치되는 기계분야 소방시설의 공사·개설·이전 및 정비 나. 위험물제조소등에 설치되는 기계분야 소방시설의 공사·개설·이전 및 정비
	전기 분야	가. 주된 기술인력 : 소방기술사 또는 전기분야 소방설비기사 1명 이상 나. 보조기술인력 : 1명 이상	가. 법인 : 1억원 이상 나. 개인 : 자산평가액 1억원 이상	가. 연면적 1만제곱미터 미만의 특정소방대상물에 설치되는 전기분야 소방시설의 공사·개설·이전 및 정비 나. 위험물제조소등에 설치되는 전기분야 소방시설의 공사·개설·이전 및 정비

풀이

전문 소방시설공사업의 기술인력 등록기준은 주된 기술인력 1명 이상, 보조기술인력 2명 이상이다.

36 ★☆☆

다음 위험물안전관리법령의 자체소방대 기준에 대한 설명으로 틀린 것은?

> 다량의 위험물을 저장·취급하는 제조소등으로서 대통령령이 정하는 제조소등이 있는 동일한 사업소에서 대통령령이 정하는 수량 이상의 위험물을 저장 또는 취급하는 경우 당해 사업소의 관계인은 대통령령이 정하는 바에 따라 당해 사업소에 자체 소방대를 설치하여야 한다.

① "대통령령이 정하는 제조소등"은 제4류 위험물을 취급하는 제조소를 포함한다.
② "대통령령이 정하는 제조소등"은 제4류 위험물을 취급하는 일반취급소를 포함한다.
③ "대통령령이 정하는 수량 이상의 위험물"은 제4류 위험물의 최대수량의 합이 지정수량의 3천배 이상인 것을 포함한다.
④ "대통령령이 정하는 제조소등"은 보일러로 위험물을 소비하는 일반취급소를 포함한다.

SOLUTION

개념

자체소방대를 설치하여야 하는 사업소(위험물법 시행령 제18조)

- 제4류 위험물을 취급하는 제조소 또는 일반취급소 : 취급하는 제4류 위험물의 최대수량의 합이 지정수량의 3천배 이상
  다만, 보일러로 위험물을 소비하는 일반 취급소 등 행정안전부령으로 정하는 일반취급소는 제외
- 제4류 위험물을 저장하는 옥외탱크저장소 : 저장하는 제4류 위험물의 최대수량이 지정수량의 50만배 이상

풀이

보일러로 위험물을 소비하는 일반 취급소 등 행정안전부령으로 정하는 일반취급소는 자체소방대 설치하여야 하는 사업소에서 제외된다.

정답 35 ③ 36 ④

37 ★★★

소방기본법령상 소방본부 종합상황실의 실장이 서면·팩스 또는 컴퓨터통신 등으로 소방청 종합상황실에 보고하여야 하는 화재의 기준이 아닌 것은?

① 이재민이 100인 이상 발생한 화재
② 재산피해액이 50억원 이상 발생한 화재
③ 사망자가 3인 이상 발생하거나 사상자가 5인 이상 발생한 화재
④ 층수가 5층 이상이거나 병상이 30개 이상인 종합병원에서 발생한 화재

SOLUTION

개념

종합상황실의 실장의 업무 등(기본법 시행규칙 제3조)
- 종합상황실장의 서면·팩스 또는 컴퓨터통신 등의 보고대상 재해규모
  - 사망자가 5인 이상 발생하거나 사상자가 10인 이상 발생한 화재
  - 이재민이 100인 이상 발생한 화재
  - 재산피해액의 50억원 이상 발생한 화재
  - 관공서·학교·정부미도정공장·문화재·지하철 또는 지하구의 화재
  - 관광호텔, 층수가 11층 이상인 건축물, 지하상가, 시장, 백화점, 지정수량의 3천배 이상의 위험물의 제조소·저장소·취급소, 층수가 5층 이상이거나 객실이 30실 이상인 숙박시설, 층수가 5층 이상이거나 병상이 30개 이상인 종합병원·정신병원·한방병원·요양소, 연면적 1만5천제곱미터 이상인 공장 또는 화재예방강화지구에서 발생한 화재
  - 철도차량, 항구에 매어둔 총 톤수가 1천톤 이상인 선박, 항공기, 발전소 또는 변전소에서 발생한 화재
  - 가스 및 화약류의 폭발에 의한 화재
  - 다중이용업소의 화재
  - 통제단장의 현장지휘가 필요한 재난상황
  - 언론에 보도된 재난상황
  - 그 밖에 소방청장이 정하는 재난상황

풀이

사망자가 5인 이상 발생하거나 사상자가 10인 이상 발생한 화재일 경우 종합상황실에 보고해야 한다.

38 ★★★

화재의 예방 및 안전관리에 관한 법령상 특수가연물의 수량 기준으로 옳은 것은?

① 면화류 : 200[kg] 이상
② 가연성고체류 : 500[kg] 이상
③ 나무껍질 및 대팻밥 : 300[kg] 이상
④ 넝마 및 종이부스러기 : 400[kg] 이상

SOLUTION

개념

특수가연물(화재예방법 시행령 별표 2, 화재예방법 시행령 제19조 제1항 관련)

품명		수량
면화류		200[kg] 이상
나무껍질 및 대팻밥		400[kg] 이상
넝마 및 종이부스러기		1,000[kg] 이상
사류(絲類)		1,000[kg] 이상
볏짚류		1,000[kg] 이상
가연성 고체류		3,000[kg] 이상
석탄·목탄류		10,000[kg] 이상
가연성 액체류		2[m³] 이상
목재가공품 및 나무부스러기		10[m³] 이상
고무류·플라스틱류	발포시킨 것	20[m³] 이상
	그 밖의 것	3,000[kg] 이상

풀이

① 면화류 : 200[kg] 이상
② 가연성고체류 : 3,000[kg] 이상
③ 나무껍질 및 대팻밥 : 400[kg] 이상
④ 넝마 및 종이부스러기 : 1,000[kg] 이상

39 ★☆☆

위험물안전관리법령상 위험물을 취급함에 있어서 정전기가 발생할 우려가 있는 설비에 설치할 수 있는 정전기 제거설비 방법이 아닌 것은?

① 접지에 의한 방법
② 공기를 이온화하는 방법
③ 자동적으로 압력의 상승을 정지시키는 방법
④ 공기 중의 상대습도를 70[%] 이상으로 하는 방법

SOLUTION

개념
제조소의 위치·구조 및 설비의 기준(위험물법 시행규칙 별표 4, 위험물법 시행규칙 제28조 관련)

• 정전기 제거설비
위험물을 취급함에 있어서 정전기가 발생할 우려가 있는 설비에는 다음에 해당하는 방법으로 정전기를 유효하게 제거할 수 있는 설비를 설치하여야 한다.
- 접지에 의한 방법
- 공기 중의 상대습도를 70[%] 이상으로 하는 방법
- 공기를 이온화하는 방법

풀이
자동적으로 압력의 상승을 정지시키는 방법은 정전기 제거설비와 관련이 없다.

40 ★★☆

소방기본법령상 소방활동장비와 설비의 구입 및 설치 시 국고보조의 대상이 아닌 것은?

① 소방자동차
② 사무용 집기
③ 소방헬리콥터 및 소방정
④ 소방전용통신설비 및 전산설비

SOLUTION

개념
국고보조 대상사업의 범위와 기준보조율(기본법 시행령 제2조)
• 국고보조 대상사업의 범위
 - 소방자동차 구입 및 설치
 - 소방헬리콥터 및 소방정 구입 및 설치
 - 소방전용통신설비 및 전산설비 구입 및 설치
 - 그 밖에 방화복 등 소방활동에 필요한 소방장비 구입 및 설치
 - 소방관서용 청사의 건축
• 소방활동장비 및 설비의 종류와 규격 근거 : 행정안전부령
• 국고보조 대상사업의 기준보조율 : 「보조금 관리에 관한 법률 시행령」에 근거

풀이
사무용 집기는 국고보조 대상사업의 범위에 들어가지 않는다.

정답 39 ③ 40 ②

2022년 제1회 소방설비기사

21 ★☆☆

소방시설공사업법령상 소방시설업의 감독을 위하여 필요할 때에 소방시설업자나 관계인에게 필요한 보고나 자료 제출을 명할 수 있는 사람이 아닌 것은?

① 시·도지사
② 119안전센터장
③ 소방서장
④ 소방본부장

SOLUTION

개념
감독(소방시설법 제52조)
소방청장, 시·도지사, 소방본부장 또는 소방서장은 사업체 또는 소방대상물 등의 감독을 위하여 필요하면 관계인에게 필요한 보고 또는 자료제출을 명할 수 있으며, 관계 공무원으로 하여금 소방대상물·사업소·사무소 또는 사업장에 출입하여 관계 서류·시설 및 제품 등을 검사하게 하거나 관계인에게 질문하게 할 수 있다.

풀이
소방시설업자나 관계인에게 필요한 보고나 자료 제출을 명할 수 있는 사람은 시·도지사, 소방서장, 소방본부장, 소방청장이다.

22 ★☆☆

소방시설공사업법령상 소방시설업자가 소방시설공사등을 맡긴 특정소방대상물의 관계인에게 지체 없이 그 사실을 알려야 하는 경우가 아닌 것은?

① 소방시설업자의 지위를 승계한 경우
② 소방시설업의 등록취소처분 또는 영업정지처분을 받은 경우
③ 휴업하거나 폐업한 경우
④ 소방시설업의 주소지가 변경된 경우

SOLUTION

개념
소방시설업의 운영(소방공사업법 제8조)
• 소방시설업자는 다른 자에게 자기의 성명이나 상호를 사용하여 소방시설공사등을 수급 또는 시공하게 하거나 소방시설업의 등록증 또는 등록수첩을 빌려 주어서는 아니 된다.
• 소방시설업자는 다음 어느 하나에 해당하는 경우에는 소방시설공사등을 맡긴 특정소방대상물의 관계인에게 지체 없이 그 사실을 알려야 한다.
 - 소방시설업자의 지위를 승계한 경우
 - 소방시설업의 등록취소처분 또는 영업정지처분을 받은 경우
 - 휴업하거나 폐업한 경우

풀이
소방시설업의 주소지가 변경된 경우는 관계인에게 지체 없이 그 사실을 알려야할 사항은 아니다.

23 ★★★

소방기본법령상 이웃하는 다른 시·도지사와 소방업무에 관하여 시·도지사가 체결할 상호응원협정 사항이 아닌 것은?

① 화재조사활동
② 응원출동의 요청방법
③ 소방교육 및 응원출동훈련
④ 응원출동대상지역 및 규모

SOLUTION

개념
소방업무의 상호응원협정(기본법 시행규칙 제8조)
• 소방활동에 관한 사항
 - 화재의 경계·진압활동
 - 구조·구급업무의 지원
 - 화재조사활동
• 응원출동대상지역 및 규모
• 소요경비의 부담에 관한 사항
 - 출동대원의 수당·식사 및 의복의 수선
 - 소방장비 및 기구의 정비와 연료의 보급
 - 그 밖의 경비
• 응원출동의 요청방법
• 응원출동훈련 및 평가

풀이
소방교육 및 응원출동훈련은 상호응원협정 사항이 아니다.

정답 21 ② 22 ④ 23 ③

24 ★★☆

소방시설 설치 및 관리에 관한 법령상 소방시설의 종류에 대한 설명으로 옳은 것은?

① 소화기구, 옥외소화전설비는 소화설비에 해당된다.
② 유도등, 비상조명등은 경보설비에 해당된다.
③ 소화수조, 저수조는 소화활동설비에 해당된다.
④ 연결송수관설비는 소화용수설비에 해당된다.

SOLUTION

개념
소화시설(소방시설법 시행령 별표 1, 소방시설법 시행령 제3조 관련)
- 소화설비 : 소화기구, 옥외소화전설비, 자동소화장치, 스프링클러설비, 물분무등소화설비, 옥외소화전설비
- 피난구조설비 : 피난기구, 인명구조기구, 유도등, 비상조명등
- 소화용수설비 : 상수도소화용수설비, 소화수조, 저수조
- 소화활동설비 : 연결송수관설비, 제연설비, 연결살수설비, 비상콘센트설비, 무선통신보조설비, 연소방지설비
- 경보설비 : 단독경보형감지기, 비상경보설비(비상벨설비, 자동식사이렌설비), 자동화재탐지설비, 시각경보기, 화재알림설비, 비상방송설비, 자동화재속보설비, 통합감시시설, 누전경보기, 가스누설경보기

풀이
소화기구, 옥외소화전설비는 소화설비에 해당된다.

25 ★☆☆

소방시설 설치 및 관리에 관한 법령상 특정소방대상물의 소방시설 설치의 면제기준에 따라 연결살수설비를 설치면제 받을 수 있는 경우는?

① 송수구를 부설한 간이스프링클러설비를 설치하였을 때
② 송수구를 부설한 옥내소화전설비를 설치하였을 때
③ 송수구를 부설한 옥외소화전설비를 설치하였을 때
④ 송수구를 부설한 연결송수관설비를 설치하였을 때

SOLUTION

개념
특정소방대상물의 소방시설 설치의 면제 기준(소방시설법 시행령 별표 5, 소방시설법 시행령 제14조 관련)
- 연결살수설비 설치 면제기준
  - 송수구를 부설한 스프링클러설비, 간이스프링클러설비, 물분무소화설비 또는 미분무소화설비를 설치한 경우
  - 가스 관계 법령에 따라 설치되는 물분무장치 등에 소방대가 사용할 수 있는 연결송수구가 설치된 경우
  - 가스 관계 법령에 따라 설치되는 물분무장치 등에 6시간 이상 공급할 수 있는 수원이 확보된 경우

풀이
송수구를 부설한 간이스프링클러설비를 설치하였을 때는 특정소방대상물의 소방시설 설치의 면제기준에 따라 연결살수설비를 설치면제 받을 수 있다.

26 ★☆☆

위험물안전관리법령상 위험물 및 지정수량에 대한 기준 중 다음 ( ) 안에 알맞은 것은?

> 금속분이라 함은 알칼리금속·알칼리토류금속·철 및 마그네슘 외의 금속의 분말을 말하고, 구리분·니켈분 및 (㉠) 마이크로미터의 체를 통과하는 것이 (㉡) 중량퍼센트 미만인 것은 제외한다.

① ㉠ 150, ㉡ 50
② ㉠ 53, ㉡ 50
③ ㉠ 50, ㉡ 150
④ ㉠ 50, ㉡ 53

SOLUTION

개념
위험물 및 지정수량(위험물법 시행령 별표 1, 위험물법 시행령 제2조 및 제3조 관련)
금속분이라 함은 알칼리금속·알칼리토류금속·철 및 마그네슘 외의 금속의 분말을 말하고, 구리분·니켈분 및 150 마이크로미터의 체를 통과하는 것이 50 중량퍼센트 미만인 것은 제외한다.

27 ★★☆

위험물안전관리법령상 제조소등의 관계인은 위험물의 안전관리에 관한 직무를 수행하게 하기 위하여 제조소등마다 위험물의 취급에 관한 자격이 있는 자를 위험물안전관리자로 선임하여야 한다. 이 경우 제조소등의 관계인이 지켜야 할 기준으로 틀린 것은?

① 제조소등의 관계인은 안전관리자를 해임하거나 안전관리자가 퇴직한 때에는 해임하거나 퇴직한 날부터 15일 이내에 다시 안전관리자를 선임하여야 한다.
② 제조소등의 관계인이 안전관리자를 선임한 경우에는 선임한 날부터 14일 이내에 소방본부장 또는 소방서장에게 신고하여야 한다.
③ 제조소등의 관계인은 안전관리자가 여행·질병 그 밖의 사유로 인하여 일시적으로 직무를 수행할 수 없는 경우에는 국가기술자격법에 따른 위험물의 취급에 관한 자격취득자 또는 위험물안전에 관한 기본지식과 경험이 있는 자를 대리자로 지정하여 그 직무를 대행하게 하여야 한다. 이 경우 대행하는 기간은 30일을 초과할 수 없다.
④ 안전관리자는 위험물을 취급하는 작업을 하는 때에는 작업자에게 안전관리에 관한 필요한 지시를 하는 등 위험물의 취급에 관한 안전관리와 감독을 하여야 하고, 제조소등의 관계인은 안전관리자의 위험물안전관리에 관한 의견을 존중하고 그 권고에 따라야 한다.

SOLUTION

개념
위험물안전관리자(위험물법 제15조)
- 위험물안전관리자의 선임 기한 : 안전관리자를 선임한 제조소등의 관계인은 그 안전관리자를 해임하거나 안전관리자가 퇴직한 때에는 해임하거나 퇴직한 날부터 30일 이내
- 선임 신고 기한 : 선임한 날부터 14일 이내에 소방본부장 또는 소방서장에게 신고
- 대리자 직무대행 기간 : 30일 이내
- 역할 : 위험물 취급 시 입회 및 감독

풀이
안전관리자를 선임한 제조소 등의 관계인은 그 안전관리자를 해임하거나 안전관리자를 퇴직한 때에는 해임하거나 퇴직한 날로부터 30일 이내에 다시 안전관리자를 선임하여야 한다.

28 ★☆☆

화재의 예방 및 안전관리에 관한 법령에 따라 2급 소방안전관리대상물의 소방안전관리자 선임 기준으로 틀린 것은?

① 소방청장이 실시하는 2급 소방안전관리대상물의 소방안전관리에 관한 시험에 합격한 사람으로 2급 소방안전관리자 자격증을 발급받은 사람
② 소방공무원으로 3년 이상 근무한 경력이 있는 사람으로 2급 소방안전관리자 자격증을 발급받은 사람
③ 의용소방대원으로 5년 이상 근무한 경력이 있는 사람으로 2급 소방안전관리자 자격증을 발급받은 사람
④ 위험물산업기사 자격을 가진 사람으로 2급 소방안전관리자 자격증을 발급받은 사람

SOLUTION

개념
소방안전관리자를 선임해야 하는 소방안전관리대상물의 범위와 소방안전관리자의 선임 대상별 자격 및 인원 기준(화재예방법 시행령 별표 4, 화재예방법 시행령 제25조 제1항 관련)
- 2급 소방안전관리자 선임 기준
  다음의 어느 하나에 해당하는 사람으로서 2급 소방안전관리자 자격증을 발급받은 사람, 특급 소방안전관리대상물 또는 1급 소방안전관리대상물의 소방안전관리자 자격증을 발급받은 사람
  - 위험물기능장·위험물산업기사 또는 위험물기능사 자격이 있는 사람
  - 소방공무원으로 3년 이상 근무한 경력이 있는 사람
  - 소방청장이 실시하는 2급 소방안전관리대상물의 소방안전관리에 관한 시험에 합격한 사람

풀이
의용소방대원의 경력은 2급 소방안전관리자의 선임기준과 직접적인 관련이 없다.

29 ★☆☆

소방시설공사업법령상 감리업자는 소방시설공사가 설계도서 또는 화재안전기준에 적합하지 아니한 때에는 가장 먼저 누구에게 알려야 하는가?

① 감리업체 대표자   ② 시공자
③ 관계인   ④ 소방서장

SOLUTION

개념
위반사항에 대한 조치(소방공사업법 제19조)
감리업자는 감리를 할 때 소방시설공사가 설계도서나 화재안전기준에 맞지 아니할 때에는 관계인에게 알리고, 공사업자에게 그 공사의 시정 또는 보완 등을 요구하여야 한다.

30 ★★☆

위험물안전관리법령상 옥내주유취급소에 있어서 당해 사무소 등의 출입구 및 피난구와 당해 피난구로 통하는 통로·계단 및 출입구에 설치해야 하는 피난설비는?

① 유도등   ② 구조대
③ 피난사다리   ④ 완강기

SOLUTION

개념
소화설비, 경보설비 및 피난설비의 기준(위험물법 시행규칙 별표 17)
- 피난설비
- 주유취급소 중 건축물의 2층 이상의 부분을 점포·휴게음식점 또는 전시장의 용도로 사용하는 것에 있어서는 당해 건축물의 2층 이상으로부터 주유취급소의 부지 밖으로 통하는 출입구와 당해 출입구로 통하는 통로·계단 및 출입구에 유도등을 설치하여야 한다.
- 옥내주유취급소에 있어서는 당해 사무소 등의 출입구 및 피난로와 당해 피난구로 통하는 통로·계단 및 출입구에는 유도등을 설치해야 한다.
- 유도등에는 비상전원을 설치하여야 한다.

31 ★★☆

소방시설공사업법령상 소방시설업 등록의 결격사유에 해당되지 않는 법인은?

① 법인의 대표자가 피성년후견인인 경우
② 법인의 임원이 피성년후견인인 경우
③ 법인의 대표자가 소방시설공사업법에 따라 소방시설업 등록이 취소된 지 2년이 지나지 아니한 자인 경우
④ 법인의 임원이 소방시설공사업법에 따라 소방시설업 등록이 취소된 지 2년이 지나지 아니한 자인 경우

SOLUTION

개념
등록의 결격사유(소방공사업법 제5조)
1. 피성년후견인
2. 「소방시설공사업법」, 「소방기본법」, 「화재의 예방 및 안전관리에 관한 법률」, 「소방시설 설치 및 관리에 관한 법률」 또는 「위험물안전관리법」에 따른 금고 이상의 실형을 선고받고 그 집행이 끝나거나(집행이 끝난 것으로 보는 경우를 포함한다) 면제된 날부터 2년이 지나지 아니한 사람
3. 「소방시설공사업법」, 「소방기본법」, 「화재의 예방 및 안전관리에 관한 법률」, 「소방시설 설치 및 관리에 관한 법률」 또는 「위험물안전관리법」에 따른 금고 이상의 형의 집행유예를 선고받고 그 유예기간 중에 있는 사람
4. 등록하려는 소방시설업 등록이 취소(피성년후견인 결격으로 인한 등록이 취소된 경우는 제외)된날부터 2년이 지나지 아니한 자
5. 법인의 대표자가 1~4항에 해당하는 경우 그 법인
6. 법인의 임원이 2~4항에 해당하는 경우 그 법인

풀이
법인의 대표자가 아닌 임원이 피성년후견인인 경우 소방시설업 등록의 결격 사유가 되지 않는다.

32 ★★★

소방시설 설치 및 관리에 관한 법령상 건축허가등을 할 때 미리 소방본부장 또는 소방서장의 동의를 받아야 하는 건축물 등의 범위가 아닌 것은?

① 연면적 200[m²] 이상인 노유자시설 및 수련시설
② 항공기격납고, 관망탑
③ 차고·주차장으로 사용되는 바닥면적이 100[m²] 이상인 층이 있는 건축물
④ 지하층 또는 무창층이 있는 건축물로서 바닥면적이 150[m²] 이상인 층이 있는 것

SOLUTION

개념
건축허가 등의 동의대상물의 범위 등(소방시설법 시행령 제7조)
- 건축허가 동의대상 건축물
  - 연면적 400[m²] 이상인 건축물이나 시설. 다만, 다음에 해당하는 경우에는 아래 기준 이상인 것으로 할 것.
    · 학교시설 : 연면적 100[m²] 이상
    · 노유자 시설 및 수련시설 : 연면적 200[m²] 이상
    · 정신의료기관(입원실이 없는 정신건강의학과 의원은 제외) : 연면적 300[m²] 이상
    · 장애인 의료재활시설 : 연면적 300[m²] 이상
  - 지하층 또는 무창층이 있는 건축물로서 바닥면적이 150[m²](공연장의 경우에는 100[m²]) 이상인 층이 있는 것
  - 차고·주차장 또는 주차 용도로 사용되는 시설 중 다음 어느 하나에 해당하는 시설
    · 차고·주차장으로 사용되는 바닥면적이 200[m²] 이상인 층이 있는 건축물이나 주차시설
    · 승강기 등 기계장치에 의한 주차시설로서 자동차 20대 이상을 주차할 수 있는 시설
  - 층수가 6층 이상인 건축물
  - 항공기 격납고, 관망탑, 항공관제탑, 방송용 송수신탑
  - 특정소방대상물 중 공동주택, 의원(입원실이 있는 것으로 한정한다)·조산원·산후조리원, 숙박시설, 위험물 저장 및 처리 시설, 발전시설 중 풍력발전소·전기저장시설, 지하구(地下溝)
  - 노유자 시설 중 다음 어느 하나에 해당하는 시설
    · 노인 관련 시설(노인주거복지·노인의료복지·재가노인복지시설, 학대피해노인전용쉼터)
    · 아동복지시설(아동상담소, 아동전용시설 및 지역아동센터 제외)
    · 장애인 거주시설
    · 정신질환자 관련 시설(공동생활가정을 제외한 재활훈련시설, 종합시설 중 24시간 주거를 제공하지 않는 시설 제외)
    · 노숙인 관련 시설 중 노숙인자활시설, 노숙인재활시설 및 노숙인요양시설
    · 결핵환자나 한센인이 24시간 생활하는 노유자 시설
  - 요양병원(의료재활시설 제외)
  - 특정소방대상물 중 공장 또는 창고시설로서 지정수량의 750배 이상의 특수가연물을 저장·취급하는 것
  - 가스시설로서 지상에 노출된 탱크의 저장용량의 합계가 100[t] 이상인 것
- 건축허가 동의대상 제외 건축물
  - 특정소방대상물에 설치되는 소화기구, 자동소화장치, 누전경보기, 단독경보형감지기, 가스누설경보기 및 피난구조설비(비상조명등은 제외)가 화재안전기준에 적합한 경우 해당 특정소방대상물
  - 건축물의 증축 또는 용도변경으로 인하여 해당 특정소방대상물에 추가로 소방시설이 설치되지 않는 경우 해당 특정소방대상물
  - 「소방시설공사업법 시행령」에 따른 소방시설공사의 착공신고 대상에 해당하지 않는 경우 해당 특정소방대상물

풀이
차고·주차장으로 사용되는 면적이 200[m²] 이상인 층이 있는 건축물이어야 한다.

정답 32 ③

33 ★★★

화재의 예방 및 안전관리에 관한 법령상 화재가 발생할 우려가 높거나 화재가 발생하는 경우 그로 인하여 피해가 클 것으로 예상되는 지역을 화재예방강화지구로 지정할 수 있는 자는?

① 한국소방안전협회장 ② 소방시설관리사
③ 소방본부장   ④ 시·도지사

SOLUTION

개념
화재예방강화지구의 지정 등(화재예방법 제18조)
- 화재예방강화지구의 지정권자 : 시·도지사
- 화재예방강화지구 지정지역
  - 시장지역
  - 공장·창고가 밀집한 지역
  - 목조건물이 밀집한 지역
  - 노후·불량건축물이 밀집한 지역
  - 위험물의 저장 및 처리 시설이 밀집한 지역
  - 석유화학제품을 생산하는 공장이 있는 지역
  - 「산업입지 및 개발에 관한 법률」제2조제8호에 따른 산업단지
  - 소방시설·소방용수시설 또는 소방출동로가 없는 지역
  - 「물류시설의 개발 및 운영에 관한 법률」제2조제6호에 따른 물류단지
  - 그 밖에 위의 지역에 준하는 지역으로서 소방관서장이 화재예방강화지구로 지정할 필요가 있다고 인정하는 지역
- 시·도지사가 화재예방강화지구로 지정할 필요가 있는 지역을 화재예방강화지구로 지정하지 아니하는 경우 소방청장은 해당 시·도지사에게 해당 지역의 화재예방강화지구 지정을 요청 가능
- 화재안전조사 실시자 : 소방관서장

TIP
과거 문제에는 화재예방강화지구가 아닌 화재경계지구로 표기된 경우가 있다. 소방관계법규 변경으로 인해 단어가 변경된 것이기 때문에 혼동하지 않도록 한다.

34 ★★★

소방시설 설치 및 관리에 관한 법령상 특정소방대상물의 수용인원 산정방법으로 옳은 것은?

① 침대가 없는 숙박시설은 해당 특정소방대상물의 종사자의 수에 숙박시설의 바닥면적의 합계를 4.6[m²]로 나누어 얻은 수를 합한 수로 한다.
② 강의실로 쓰이는 특정소방대상물은 해당용도로 사용하는 바닥면적의 합계를 4.6[m²]로 나누어 얻은 수로 한다.
③ 관람석이 없을 경우 강당, 문화 및 집회시설, 운동시설, 종교시설은 해당용도로 사용하는 바닥면적의 합계를 4.6[m²]로 나누어 얻은 수로 한다.
④ 백화점은 해당 용도로 사용하는 바닥면적의 합계를 4.6[m²]로 나누어 얻은 수로 한다.

SOLUTION

개념
수용인원의 산정 방법(소방시설법 시행령 별표 7. 소방시설법 시행령 제17조 관련)

용도		수용인원의 산정
숙박시설	침대가 있는 숙박시설	종사자수 + 침대수 (2인용은 2개로 산정)
	침대가 없는 숙박시설	종사자수 + $\dfrac{\text{바닥면적의 합계}[m^2]}{3[m^2]}$
그 외 특정소방 대상물	강의실·교무실· 상담실·실습실· 휴게실	$\dfrac{\text{바닥면적의 합계}[m^2]}{1.9[m^2]}$
	강당, 문화 및 집회시설, 운동시설, 종교시설	$\dfrac{\text{바닥면적의 합계}[m^2]}{4.6[m^2]}$ · 관람석의 경우 : 고정식 의자 수 · 긴 의자의 경우 : $\dfrac{\text{의자 정면 너비}[m]}{0.45[m]}$
	그 밖의 특정소방대상물	$\dfrac{\text{바닥면적의 합계}[m^2]}{3[m^2]}$

* 계산결과 소수점 이하는 반올림한다.

풀이
특정소방대상물의 수용인원 산정방법에서 관람석이 없을 경우 강당, 문화 및 집회시설, 운동시설, 종교시설은 해당용도로 사용하는 바닥면적의 합계를 4.6[m²]로 나누어 얻은 수로 한다.

35 ★★☆

소방의 예방 및 안전관리에 관한 법령상 일반음식점에서 음식 조리를 위해 불을 사용하는 설비를 설치하는 경우 지켜야 하는 사항으로 틀린 것은?

① 주방시설에는 동물 또는 식물의 기름을 제거할 수 있는 필터 등을 설치할 것
② 열을 발생하는 조리기구는 반자 또는 선반으로부터 0.6미터 이상 떨어지게 할 것
③ 주방설비에 부속된 배출덕트는 0.2밀리미터 이상의 아연도금강판으로 설치할 것
④ 열을 발생하는 조리기구로부터 0.15미터 이내의 거리에 있는 가연성 주요구조부는 석면판 또는 단열성이 있는 불연재료로 덮어 씌울 것

SOLUTION

[개념]
보일러 등의 설비 또는 기구 등의 위치·구조 및 관리와 화재예방을 위하여 불을 사용할 때 지켜야 하는 사항(화재예방법 시행령 별표 1, 화재예방법 시행령 제18조 제2항 관련)

• 음식 조리를 위하여 설치하는 설비
 - 주방설비에 부속된 배출덕트(공기 배출통로) : 0.5[mm] 이상의 아연도금강판 또는 이와 같거나 그 이상의 내식성 불연재료로 설치
 - 주방시설 : 동물 또는 식물의 기름을 제거할 수 있는 필터 설치
 - 열을 발생하는 조리기구 : 반자 또는 선반으로부터 0.6[m] 이상 떨어지게 할 것
 - 열을 발생하는 조리기구로부터 0.15[m] 이내의 거리에 있는 가연성 주요구조부는 단열성이 있는 불연재료로 덮어 씌울 것

[풀이]
주방설비에 부속된 배출덕트는 0.5[mm] 이상의 아연도금강판으로 설치해야 한다.

36 ★★☆

소방기본법령상 소방업무의 응원에 대한 설명 중 틀린 것은?

① 소방본부장이나 소방서장은 소방활동을 할 때에 긴급한 경우에는 이웃한 소방본부장 또는 소방서장에게 소방업무의 응원을 요청할 수 있다.
② 소방업무의 응원 요청을 받은 소방본부장 또는 소방서장은 정당한 사유 없이 그 요청을 거절하여서는 아니 된다.
③ 소방업무의 응원을 위하여 파견된 소방대원은 응원을 요청한 소방본부장 또는 소방서장의 지휘에 따라야 한다.
④ 시·도지사는 소방업무의 응원을 요청하는 경우를 대비하여 출동 대상지역 및 규모와 필요한 경비의 부담 등에 관하여 필요한 사항을 대통령령으로 정하는 바에 따라 이웃하는 시·도지사와 협의하여 미리 규약으로 정하여야 한다.

SOLUTION

[개념]
소방업무의 응원(기본법 제11조)

• 소방활동을 할 때에 긴급한 경우에는 이웃한 소방본부장 또는 소방서장에게 소방업무의 응원(應援)을 요청 : 소방본부장, 소방서장
• 시·도지사는 소방업무의 응원을 요청하는 경우를 대비하여 출동 대상지역 및 규모와 필요한 경비의 부담 등에 관하여 필요한 사항을 행정안전부령으로 정하는 바에 따라 이웃하는 시·도지사와 협의하여 미리 규약(規約)으로 정함

[풀이]
시·도지사는 소방업무의 응원을 요청하는 경우를 대비하여 출동 대상지역 및 규모와 필요한 경비의 부담 등에 관하여 필요한 사항을 행정안전부령으로 정하는 바에 따라 이웃하는 시·도지사와 협의하여 미리 규약으로 정하여야 한다.

정답 35 ③ 36 ④

37 ★☆☆

소방시설공사업 법령상 소방공사감리업을 등록한 자가 수행하여야 할 업무가 아닌 것은?

① 완공된 소방시설등의 성능시험
② 소방시설등 설계 변경 사항의 적합성 검토
③ 소방시설등의 설치계획표의 적법성 검토
④ 소방용품 형식승인 및 제품검사의 기술기준에 대한 적합성 검토

SOLUTION

개념
감리(소방공사업법 제16조)
- 감리업자의 업무
  - 소방시설등의 설치계획표의 적법성 검토
  - 소방시설등 설계도서의 적합성(적법성과 기술상의 합리성) 검토
  - 소방시설등 설계 변경 사항의 적합성 검토
  - 소방용품의 위치·규격 및 사용 자재의 적합성 검토
  - 공사업자가 한 소방시설등의 시공이 설계도서와 화재안전기준에 맞는지에 대한 지도·감독
  - 완공된 소방시설등의 성능시험
  - 공사업자가 작성한 시공 상세 도면의 적합성 검토
  - 피난시설 및 방화시설의 적법성 검토
  - 실내장식물의 불연화(不燃化)와 방염 물품의 적합성 검토
- 용도와 구조에서 특별히 안전성과 보안성이 요구되는 소방대상물로서 대통령령으로 정하는 장소에서 시공되는 소방시설물에 대한 감리는 감리업자가 아닌 자도 가능
- 감리의 종류와 방법 기준 : 대통령령

풀이
소방공사감리업을 등록한 자는 소방용품 형식승인 및 제품검사의 기술기준에 대한 적합성이 아닌 소방용품의 위치·규격 및 사용 자재의 적합성을 검토하여야 한다.

38 ★☆☆

소방시설공사업법령상 소방시설업에 대한 행정처분기준에서 1차 행정처분 사항으로 등록취소에 해당하는 것은?

① 거짓이나 그 밖의 부정한 방법으로 등록한 경우
② 소방시설업자의 지위를 승계한 사실을 소방시설공사등을 맡긴 특정소방대상물의 관계인에게 통지를 하지 아니한 경우
③ 화재안전기준 등에 적합하게 설계·시공을 하지 아니하거나, 법에 따라 적합하게 감리를 하지 아니한 경우
④ 등록을 한 후 정당한 사유 없이 1년이 지날 때까지 영업을 시작하지 아니하거나 계속하여 1년 이상 휴업한 때

SOLUTION

개념
소방시설업에 대한 행정처분기준(소방공사업법 시행규칙 별표 1, 소방공사업법 시행규칙 제9조 관련)
- 1차 행정처분 사항으로 등록취소 기준
  - 거짓이나 그 밖의 부정한 방법으로 등록한 경우
  - 등록결격사유에 해당된 경우
  - 영업정지 기간 중에 소방시설공사 등을 한 경우

풀이
거짓이나 그 밖의 부정한 방법으로 등록한 경우 1차 행정처분 사항으로 등록취소가 된다.

39 ★★☆

다음 중 소방기본법령상 한국소방안전원의 업무가 아닌 것은?

① 소방기술과 안전관리에 관한 교육 및 조사·연구
② 위험물탱크 성능시험
③ 소방기술과 안전관리에 관한 각종 간행물 발간
④ 화재 예방과 안전관리의식 고취를 위한 대국민 홍보

SOLUTION

개념

안전원의 업무(기본법 제41조)
- 소방기술과 안전관리에 관한 교육 및 조사·연구
- 소방기술과 안전관리에 관한 각종 간행물 발간
- 화재 예방과 안전관리의식 고취를 위한 대국민 홍보
- 소방업무에 관하여 행정기관이 위탁하는 업무
- 소방안전에 관한 국제협력
- 그 밖에 회원에 대한 기술지원 등 정관으로 정하는 사항

풀이

위험물탱크 성능시험은 한국소방안전원의 업무가 아닌 한국소방산업기술원의 업무이다.

40 ★★★

위험물안전관리법령상 제조소 등이 아닌 장소에서 지정수량 이상의 위험물 취급에 대한 설명으로 틀린 것은?

① 임시로 저장 또는 취급하는 장소에서의 저장 또는 취급의 기준은 시·도의 조례로 정한다.
② 필요한 승인을 받아 지정수량 이상의 위험물을 120일 이내의 기간 동안 임시로 저장 또는 취급하는 경우 제조소 등이 아닌 장소에서 지정수량 이상의 위험물을 취급할 수 있다.
③ 제조소 등이 아닌 장소에서 지정수량 이상의 위험물을 취급할 경우 관할 소방서장의 승인을 받아야 한다.
④ 군부대가 지정수량 이상의 위험물을 군사목적으로 임시로 저장 또는 취급하는 경우 제조소 등이 아닌 장소에서 지정수량 이상의 위험물을 취급할 수 있다.

SOLUTION

개념

위험물의 저장 및 취급의 제한(위험물법 제5조)
- 지정수량 이상의 위험물을 저장소가 아닌 장소에서 저장하거나 제조소등이 아닌 장소에서 취급 제한
- 저장·취급 제한 예외
  - 시·도의 조례가 정하는 바에 따라 관할소방서장의 승인을 받아 지정수량 이상의 위험물을 90일 이내의 기간동안 임시로 저장 또는 취급하는 경우
  - 군부대가 지정수량 이상의 위험물을 군사목적으로 임시로 저장 또는 취급하는 경우
- 임시로 저장 또는 취급하는 장소에서의 저장 또는 취급의 기준과 임시로 저장 또는 취급하는 장소의 위치·구조 및 설비의 기준은 시·도의 조례로 정함
- 제조소등에서의 위험물의 저장 또는 취급에 관한 규정
  - 중요기준 : 화재 등 위해의 예방과 응급조치에 있어서 큰 영향을 미치거나 그 기준을 위반하는 경우 직접적으로 화재를 일으킬 가능성이 큰 기준으로서 행정안전부령이 정하는 기준
  - 세부기준 : 화재 등 위해의 예방과 응급조치에 있어서 중요기준보다 상대적으로 적은 영향을 미치거나 그 기준을 위반하는 경우 간접적으로 화재를 일으킬 수 있는 기준 및 위험물의 안전관리에 필요한 표시와 서류·기구 등의 비치에 관한 기준으로서 행정안전부령이 정하는 기준
- 제조소등의 위치·구조 및 설비의 기술기준은 행정안전부령으로 정함
- 둘 이상의 위험물을 같은 장소에서 저장 또는 취급하는 경우에 있어서 당해 장소에서 저장 또는 취급하는 각 위험물의 수량을 그 위험물의 지정수량으로 각각 나누어 얻은 수의 합계가 1 이상인 경우 당해 위험물은 지정수량 이상의 위험물로 봄

풀이

필요한 승인을 받아 지정수량 이상의 위험물을 90일 이내의 기간 동안 임시로 저장 또는 취급하는 경우 제조소 등이 아닌 장소에서 지정수량 이상의 위험물을 취급할 수 있다.

2022년 제2회 소방설비기사

21 ★☆☆

다음은 소방기본법령상 소방본부에 대한 설명이다. ( )에 알맞은 내용은?

> 소방업무를 수행하기 위하여 ( ) 직속으로 소방본부를 둔다.

① 경찰서장
② 시·도지사
③ 행정안전부장관
④ 소방청장

SOLUTION

개념
소방기관의 설치 등(기본법 제3조)
1. 시·도의 화재 예방·경계·진압 및 조사, 소방안전교육·홍보 및 화재, 재난·재해, 그 밖의 위급한 상황에서의 구조·구급 등의 업무(이하 "소방업무"라 한다)를 수행하는 소방기관의 설치에 필요한 사항은 대통령령으로 정한다.
2. 소방업무를 수행하는 소방본부장 또는 소방서장은 그 소재지를 관할하는 특별시장·광역시장·특별자치시장·도지사 또는 특별자치도지사(이하 "시·도지사"라 한다)의 지휘와 감독을 받는다.
3. 2항에도 불구하고 소방청장은 화재 예방 및 대형 재난 등 필요한 경우 시·도 소방본부장 및 소방서장을 지휘·감독할 수 있다.
4. 시·도에서 소방업무를 수행하기 위하여 시·도지사 직속으로 소방본부를 둔다.

22 ★★☆

위험물안전관리법령상 제4류 위험물을 저장·취급하는 제조소에 "화기엄금"이란 주의사항을 표시하는 게시판을 설치할 경우 게시판의 색상은?

① 청색바탕에 백색문자
② 적색바탕에 백색문자
③ 백색바탕에 적색문자
④ 백색바탕에 흑색문자

SOLUTION

개념
제조소의 위치·구조 및 설비의 기준(위험물법 시행규칙 별표 4, 위험물법 시행규칙 제28조 관련)
• 표지 및 게시판

위험물의 종류	주의사항	게시판
• 제1류 위험물 중 알칼리금속의 과산화물 • 제3류 위험물 중 금수성 물질	물기엄금	청색바탕에 백색문자
• 제2류 위험물(인화성 고체 제외)	화기주의	적색바탕에 백색문자
• 제2류 위험물 중 인화성 고체 • 제3류 위험물 중 자연발화성 물질 • 제4류 위험물 • 제5류 위험물	화기엄금	적색바탕에 백색문자

풀이
"화기엄금"이란 주의사항을 표시하는 게시판을 설치할 경우 게시판의 색상은 적색바탕에 백색문자이어야 한다.

TIP
물기엄금은 물과 관련되어 있기 때문에 청색바탕에 백색문자, 화기주의 및 화기엄금은 불과 관련되어 있기 때문에 적색바탕에 백색문자라고 기억하면 기억하기 수월할 것이다.

23 ★★☆

소방시설공사업법령상 소방시설업의 등록을 하지 아니하고 영업을 한 자에 대한 벌칙기준으로 옳은 것은?

① 1년 이하의 징역 또는 1천만원 이하의 벌금
② 2년 이하의 징역 또는 2천만원 이하의 벌금
③ 3년 이하의 징역 또는 3천만원 이하의 벌금
④ 5년 이하의 징역 또는 5천만원 이하의 벌금

SOLUTION

개념
3년 이하의 징역 또는 3천만원 이하의 벌금(소방공사업법 제35조)
• 소방시설업 등록을 하지 아니하고 영업을 한 자
• 부정한 청탁을 받고 재물 또는 재산상의 이익을 취득하거나 부정한 청탁을 하면서 재물 또는 재산상의 이익을 제공한 자

풀이
소방시설업 등록을 하지 아니하고 영업을 한 자는 3년 이하의 징역 또는 3천만원 이하의 벌금에 처한다.

24 ★☆☆

위험물안전관리법령상 유별을 달리하는 위험물을 혼재하여 저장할 수 있는 것으로 짝지어진 것은?

① 제1류 – 제2류
② 제2류 – 제3류
③ 제3류 – 제4류
④ 제5류 – 제6류

SOLUTION

개념
유별을 달리하는 위험물의 혼재기준(위험물법 시행규칙 부표 2, 위험물법 시행규칙 별표 19 관련)
- 제1류 위험물 + 제6류 위험물
- 제2류 위험물 + 제4류 위험물
- 제2류 위험물 + 제5류 위험물
- 제3류 위험물 + 제4류 위험물
- 제4류 위험물 + 제5류 위험물

풀이
제3류 위험물과 제4류 위험물은 혼재가 가능하다.

25 ★★★

소방기본법령상 상업지역에 소방용수시설 설치 시 소방대상물과의 수평거리 기준은 몇 [m] 이하인가?

① 100
② 120
③ 140
④ 160

SOLUTION

개념
소방용수시설의 설치기준(기본법 시행규칙 별표 3)
- 공통기준
  - 주거지역·상업지역 및 공업지역에 설치하는 경우 : 소방대상물과의 수평거리 100[m] 이하
  - 그 외 지역 : 소방대상물과의 수평거리 140[m] 이하
- 소화전
  - 상수도와 연결하여 지하식 또는 지상식의 구조
  - 소방용호스와 연결하는 소화전의 연결금속구의 구경은 65[mm]
- 급수탑
  - 급수배관의 구경은 100[mm] 이상
  - 개폐밸브는 지상에서 1.5[m] 이상 1.7[m] 이하의 위치에 설치
- 저수조
  - 지면으로부터의 낙차가 4.5[m] 이하
  - 흡수부분의 수심이 0.5[m] 이상
  - 소방펌프자동차가 쉽게 접근할 수 있도록 할 것
  - 흡수에 지장이 없도록 토사 및 쓰레기 등을 제거할 수 있는 설비를 갖출 것
  - 흡수관의 투입구가 사각형의 경우에는 한 변의 길이가 60[cm] 이상, 원형의 경우에는 지름이 60[cm] 이상
  - 저수조에 물을 공급하는 방법은 상수도에 연결하여 자동으로 급수되는 구조

풀이
상업지역에 소방용수시설 설치 시 소방대상물과의 수평거리는 100[m] 이하이다.

26 ★★★

소방시설 설치 및 관리에 관한 법령상 종합점검 실시대상이 되는 특정소방대상물의 기준 중 다음 ( ) 안에 알맞은 것은?

> 물분무등소화설비[호스릴(Hose Reel) 방식의 물분무등 소화설비만을 설치한 경우는 제외한다]가 설치된 연면적 (   )[m²] 이상인 특정소방대상물(위험물 제조소등은 제외한다)

① 2,000 ② 3,000
③ 4,000 ④ 5,000

SOLUTION

개념

소방시설 등 자체점검의 구분 및 대상, 점검자의 자격, 점검 장비, 점검 방법 및 횟수 등 자체점검 시 준수해야할 사항(소방시설법 시행규칙 별표 3, 소방시설법 시행규칙 제20조제1항 관련)

구분	작동점검	종합점검
점검 대상	작동점검 제외대상 외 특정소방대상물 작동점검 제외대상 ① 소방안전관리자를 선임하지 않는 특정소방대상물 ② 위험물 제조소 등 ③ 특급 소방안전 대상물	① 스프링클러설비가 설치된 특정소방대상물 ② 물분무등소화설비(호스릴 방식의 물분무등소화설비만을 설치한 경우 제외)가 설치된 연면적 5,000[m²] 이상인 특정소방대상물(위험물 제조소 등 제외) ③ 다중이용업의 영업장이 설치된 특정소방대상물로서 연면적이 2,000[m²] 이상인 것 ④ 제연설비가 설치된 터널 ⑤ 공공기관 중 연면적이 1,000[m²] 이상인 것(옥내소화전설비 또는 자동화재탐지설비 설치), 소방대가 근무하는 공공기관 제외

풀이

물분무등소화설비(호스릴 방식의 물분무등소화설비만을 설치한 경우 제외)가 설치된 연면적 5,000[m²] 이상인 특정소방대상물(위험물 제조소 등 제외)은 종합점검 실시대상이다.

27 ★★★

다음 소방기본법령상 용어 정의에 대한 설명으로 옳은 것은?

① 소방대상물이란 건축물, 차량, 선박(항구에 매어둔 선박은 제외) 등을 말한다.
② 관계인이란 소방대상물의 점유예정자를 포함한다.
③ 소방대란 소방공무원, 의무소방원, 의용소방대원으로 구성된 조직체이다.
④ 소방대장이란 화재, 재난·재해, 그 밖의 위급한 상황이 발생한 현장에서 소방대를 지휘하는 사람(소방서장은 제외)이다.

SOLUTION

개념

정의(기본법 제2조)

- 소방대상물 : 건축물, 차량, 선박(항구에 매어둔 선박만 해당), 선박 건조 구조물, 산림, 그 밖의 인공 구조물 또는 물건
- 관계인 : 소방대상물의 소유자·관리자 또는 점유자
- 소방대 : 소방공무원, 의무소방원, 의용소방대원
  - 소방대장 : 소방본부장 또는 소방서장 등 화재, 재난·재해, 그 밖의 위급한 상황이 발생한 현장에서 소방대를 지휘하는 사람

풀이

소방대란 소방공무원, 의무소방원, 의용소방대원으로 구성된 조직체이다.

28 ★★☆

화재의 예방 및 안전관리에 관한 법령상 총괄소방안전관리자를 선임하여야 하는 특정소방대상물 중 복합건축물은 지하층을 제외한 층수가 최소 몇 층 이상인 건축물만 해당되는가?

① 6층 ② 11층
③ 20층 ④ 30층

SOLUTION

[개념]
관리의 권원이 분리된 특정소방대상물의 소방안전관리(화재예방법 제35조)
• 총괄소방안전관리대상 특정소방대상물
 - 복합건축물(지하층을 제외한 층수가 11층 이상 또는 연면적 3만제곱미터 이상인 건축물)
 - 지하가(지하의 인공구조물 안에 설치된 상점 및 사무실, 그 밖에 이와 비슷한 시설이 연속하여 지하도에 접하여 설치된 것과 그 지하도를 합한 것)
 - 그 밖에 대통령령으로 정하는 특정소방대상물
  ‣ 판매시설 중 도매시장
  ‣ 소매시장 중 전통시장

[풀이]
지하층을 제외한 층수가 11층 이상인 복합건축물은 총괄소방안전관리자를 선임해야 한다.

29 ★★★

화재의 예방 및 안전관리에 관한 법령상 특수가연물의 저장 및 취급의 기준 중 ( )에 들어갈 내용으로 옳은 것은? (단, 석탄·목탄류의 경우는 제외한다)

> 쌓는 높이는 (㉠)[m] 이하가 되도록 하고, 쌓는 부분의 바닥면적은 (㉡)[m²] 이하가 되도록 할 것

① ㉠ 15, ㉡ 200 ② ㉠ 15, ㉡ 300
③ ㉠ 10, ㉡ 30 ④ ㉠ 10, ㉡ 50

SOLUTION

[개념]
특수가연물의 저장 및 취급 기준(화재예방법 시행령 별표 3, 화재예방법 시행령 제19조 제2항 관련)

구분	높이	쌓는 부분의 바닥면적
살수설비를 설치하거나 방사능력 범위에 해당특수가연물이 포함되도록 대형수동식소화기를 설치하는 경우	15[m] 이하	200[m²](석탄·목탄류의 경우에는 300[m²]) 이하
그 밖의 경우	10[m] 이하	50[m²](석탄·목탄류의 경우에는 200[m²]) 이하

다만, 석탄·목탄류를 발전용으로 저장하는 경우는 제외

[풀이]
대형수동식소화기를 설치했다는 언급이 따로 없으므로 석탄·목탄류의 경우를 제외한 특수가연물의 쌓는 높이는 10[m] 이하가 되도록 하고, 쌓는 부분의 바닥면적은 50[m²] 이하가 되도록 하여야 한다.

30 ★★★

소방시설 설치 및 관리에 관한 법령상 자동화재탐지설비를 설치하여야 하는 특정소방대상물의 기준으로 틀린 것은?

① 공장 및 창고시설로서 「소방기본법 시행령」에서 정하는 수량의 500배 이상의 특수가연물을 저장·취급하는 것
② 지하상가로서 연면적 600[m²] 이상인 것
③ 숙박시설이 있는 수련시설로서 수용인원 100명 이상인 것
④ 장례시설 및 복합건축물로서 연면적 600[m²] 이상인 것

SOLUTION

개념

특정소방대상물의 관계인이 특정소방대상물에 설치·관리해야 하는 소방시설의 종류(소방시설법 시행령 별표 4, 소방시설법 시행령 제11조 관련)

• 자동화재탐지설비를 설치해야 하는 특정소방대상물
1. 공동주택 중 아파트동·기숙사 및 숙박시설의 경우에는 모든 층
2. 층수가 6층 이상인 건축물의 경우에는 모든 층
3. 근린생활시설(목욕장은 제외), 의료시설(정신의료기관 및 요양병원은 제외), 위락시설, 장례시설 및 복합건축물로서 연면적 600[m2] 이상인 경우에는 모든 층
4. 근린생활시설 중 목욕장, 문화 및 집회시설, 종교시설, 판매시설, 운수시설, 운동시설, 업무시설, 공장, 창고시설, 위험물 저장 및 처리 시설, 항공기 및 자동차 관련 시설, 교정 및 군사시설 중 국방·군사시설, 방송통신시설, 발전시설, 관광 휴게시설, 지하상가로서 연면적 1,000[m²] 이상인 경우에는 모든 층
5. 교육연구시설(교육시설 내에 있는 기숙사 및 합숙소를 포함), 수련시설(수련시설 내에 있는 기숙사 및 합숙소를 포함, 숙박시설이 있는 수련시설은 제외), 동물 및 식물 관련 시설(기둥과 지붕만으로 구성되어 외부와 기류가 통하는 장소는 제외), 자원순환 관련 시설, 교정 및 군사시설(국방·군사시설은 제외) 또는 묘지 관련 시설로서 연면적 2,000[m²] 이상인 경우에는 모든 층
6. 노유자 생활시설의 경우에는 모든 층
7. 6항에 해당하지 않는 노유자 시설로서 연면적 400[m²] 이상인 노유자 시설 및 숙박시설이 있는 수련시설로서 수용인원 100명 이상인 경우에는 모든 층
8. 의료시설 중 정신의료기관 또는 요양병원으로서 다음의 어느 하나에 해당하는 시설
   - 요양병원(의료재활시설은 제외)
   - 정신의료기관 또는 의료재활시설로 사용되는 바닥면적의 합계가 300[m²] 이상인 시설
   - 정신의료기관 또는 의료재활시설로 사용되는 바닥면적의 합계가 300[m²] 미만이고, 창살(철재·플라스틱 또는 목재 등으로 사람의 탈출 등을 막기 위하여 설치한 것, 화재 시 자동으로 열리는 구조로 되어 있는 창살은 제외)이 설치된 시설
9. 판매시설 중 전통시장
10. 터널로서 길이가 1,000[m] 이상인 것
11. 지하구
12. 3항에 해당하지 않는 근린생활시설 중 조산원 및 산후조리원
13. 4항에 해당하지 않는 공장 및 창고시설로서 지정수량의 500배 이상의 특수가연물을 저장·취급하는 것
14. 4항에 해당하지 않는 발전시설 중 전기저장시설

풀이

자동화재탐지설비를 설치하여야 하는 지하상가는 연면적 1,000[m²] 이상인 것이어야 한다.

31 ★★★

위험물안전관리법령에서 정하는 제3류 위험물에 해당하는 것은?

① 나트륨
② 염소산염류
③ 무기과산화물
④ 유기과산화물

SOLUTION

개념

위험물 및 지정수량(위험물법 시행령 별표 1, 위험물법 시행령 제2조 및 제3조 관련)

• 위험물

유별	성질	품명
제1류	산화성 고체	• 아염소산염류 • 염소산염류 • 과염소산염류 • 무기과산화물 • 브롬산염류(브로민산염류) • 질산염류 • 요오드산염류(아이오딘산염류) • 과망간산염류(과망가니즈산염류) • 중크롬산염류(다이크로뮴산염류)
제2류	가연성 고체	• 황화린(황화인) • 적린 • 황(유황) • 철분 • 금속분 • 마그네슘 • 인화성 고체

정답 30 ② 31 ①

유별	성질	품명
제3류	자연발화성 물질 및 금수성 물질	• 칼륨 • 나트륨 • 알킬알루미늄 • 알킬리튬 • 황린 • 알칼리금속 및 알칼리토금속 • 유기금속화합물 • 금속의 수소화물 • 금속의 인화물 • 칼슘 또는 알루미늄의 탄화물
제4류	인화성 액체	• 특수인화물 • 제1석유류 • 알코올류 • 제2석유류 • 제3석유류 • 제4석유류 • 동식물유류
제5류	자기반응성 물질	• 유기과산화물 • 질산에스테르류(질산에스터류) • 니트로화합물(나이트로화합물) • 니트로소화합물(나이트로소화합물) • 아조화합물 • 디아조화합물(다이아조화합물) • 하이드라진 유도체(히드라진 유도체) • 히드록실아민(하이드록실아민) • 히드록실아민염류(하이드록실아민염류)
제6류	산화성 액체	• 과염소산 • 과산화수소 • 질산

풀이
나트륨은 제3류 위험물에 해당한다.

32 ★★☆

소방시설 설치 및 관리에 관한 법령상 방염성능기준 이상의 실내장식물 등을 설치하여야 하는 특정소방대상물이 아닌 것은?

① 방송국
② 종합병원
③ 11층 이상의 아파트
④ 숙박이 가능한 수련시설

SOLUTION

개념
방염성능기준 이상의 실내장식물 등을 설치해야 하는 특정소방대상물(소방시설법 시행령 제30조)
• 근린생활시설 중 다음 어느 하나의 시설
 - 의원
 - 치과의원
 - 한의원
 - 조산원
 - 산후조리원
 - 체력단련장
 - 공연장
 - 종교집회장
• 건축물의 옥내에 있는 시설 중 다음 어느 하나의 시설
 - 문화 및 집회시설
 - 종교시설
 - 운동시설(수영장은 제외)
• 의료시설
• 교육연구시설 중 합숙소
• 노유자 시설
• 숙박이 가능한 수련시설
• 숙박시설
• 방송통신시설 중 방송국 및 촬영소
• 다중이용업소
• 그 외 층수가 11층 이상인 것(아파트 등 제외)

풀이
층수가 11층 이상인 것 중 아파트는 방염성능기준 이상의 실내장식물 등을 설치하여야하는 특정소방대상물에서 제외한다.

33 ★☆☆

소방시설 설치 및 관리에 관한 법령상 무창층으로 판정하기 위한 개구부가 갖추어야 할 요건으로 틀린 것은?

① 크기는 반지름 30[cm] 이상의 원이 내접할 수 있을 것
② 해당 층의 바닥면으로부터 개구부 밑부분까지 높이가 1.2[m] 이내일 것
③ 도로 또는 차량이 진입할 수 있는 빈터를 향할 것
④ 화재 시 건축물로부터 쉽게 피난할 수 있도록 창살이나 그 밖의 장애물이 설치되지 아니할 것

SOLUTION

개념
정의(소방시설법 시행령 제2조)
- 무창층 : 지상층 중 다음 기준을 모두 갖춘 개구부의 면적의 합계가 해당 층의 바닥면적의 30분의 1 이하가 되는 층
  - 크기는 지름 50[cm] 이상의 원이 통과할 수 있을 것
  - 해당 층의 바닥면으로부터 개구부 밑부분까지의 높이가 1.2미터 이내일 것
  - 도로 또는 차량이 진입할 수 있는 빈터를 향할 것
  - 화재 시 건축물로부터 쉽게 피난할 수 있도록 창살이나 그 밖의 장애물이 설치되지 않을 것
  - 내부 또는 외부에서 쉽게 부수거나 열 수 있을 것

풀이
개구부의 크기는 50[cm] 이상의 원이 통과할 수 있는 크기여야 한다.

34 ★☆☆

소방시설공사업법령상 일반 소방시설설계업(기계분야)의 영업범위에 대한 기준 중 ( )에 알맞은 내용은? (단, 공장의 경우는 제외한다)

연면적 ( )[m²] 미만의 특정소방대상물(제연설비가 설치되는 특정소방대상물은 제외한다)에 설치되는 기계분야 소방시설의 설계

① 10,000   ② 20,000
③ 30,000   ④ 50,000

SOLUTION

개념
소방시설업의 업종별 등록기준 및 영업범위(소방공사업법 시행령 별표 1, 소방공사업법 시행령 제2조제1항 관련)
- 소방시설설계업

업종별 \ 항목		기술인력	영업범위
전문소방시설 설계업		가. 주된 기술인력 : 소방기술사 1명 이상 나. 보조기술인력 : 1명 이상	모든 특정소방대상물에 설치되는 소방시설의 설계
일반 소방시설 설계업	기계 분야	가. 주된 기술인력 : 소방기술사 또는 기계분야 소방설비기사 1명 이상 나. 보조기술인력 : 1명 이상	가. 아파트에 설치되는 기계분야 소방시설(제연설비는 제외한다)의 설계 나. **연면적 3만제곱미터**(공장의 경우에는 1만제곱미터) 미만의 특정소방대상물(제연설비가 설치되는 특정소방대상물은 제외한다)에 설치되는 기계분야 소방시설의 설계 다. 위험물제조소등에 설치되는 기계분야 소방시설의 설계
	전기 분야	가. 주된 기술인력 : 소방기술사 또는 전기분야 소방설비기사 1명 이상 나. 보조기술인력 : 1명 이상	가. 아파트에 설치되는 전기분야 소방시설의 설계 나. 연면적 3만제곱미터(공장의 경우에는 1만제곱미터) 미만의 특정소방대상물에 설치되는 전기분야 소방시설의 설계 다. 위험물제조소등에 설치되는 전기분야 소방시설의 설계

풀이
일반 소방시설설계업(기계분야)의 영업범위는 **연면적 30,000[m²]**(공장의 경우에는 10,000[m²]) 미만의 특정소방대상물(제연설비가 설치되는 특정소방대상물 제외)에 설치되는 기계분야 소방시설의 설계이다.

33 ① 34 ③

35 ★★★

소방시설 설치 및 관리에 관한 법령상 건축허가 등을 할 때 미리 소방본부장 또는 소방서장의 동의를 받아야 하는 건축물 등의 범위기준이 아닌 것은?

① 노유자시설 및 수련시설로서 연면적 100[m^2] 이상인 건축물
② 지하층 또는 무창층이 있는 건축물로서 바닥면적이 150[m^2] 이상인 층이 있는 것
③ 차고·주차장으로 사용되는 바닥면적이 200[m^2] 이상인 층이 있는 건축물이나 주차시설
④ 장애인 의료재활시설로서 연면적 300[m^2] 이상인 건축물

SOLUTION

개념

건축허가 등의 동의대상물의 범위 등(소방시설법 시행령 제7조)

- 건축허가 동의대상 건축물
  - 연면적 400[m^2] 이상인 건축물이나 시설. 다만, 다음에 해당하는 경우에는 아래 기준 이상인 것으로 할 것.
    · 학교시설 : 연면적 100[m^2] 이상
    · 노유자 시설 및 수련시설 : 연면적 200[m^2] 이상
    · 정신의료기관(입원실이 없는 정신건강의학과 의원은 제외) : 연면적 300[m^2] 이상
    · 장애인 의료재활시설 : 연면적 300[m^2] 이상
  - 지하층 또는 무창층이 있는 건축물로서 바닥면적이 150[m^2](공연장의 경우에는 100[m^2]) 이상인 층이 있는 것
  - 차고·주차장 또는 주차 용도로 사용되는 시설 중 다음 어느 하나에 해당하는 시설
    · 차고·주차장으로 사용되는 바닥면적이 200[m^2] 이상인 층이 있는 건축물이나 주차시설
    · 승강기 등 기계장치에 의한 주차시설로서 자동차 20대 이상을 주차할 수 있는 시설
  - 층수가 6층 이상인 건축물
  - 항공기 격납고, 관망탑, 항공관제탑, 방송용 송수신탑
  - 특정소방대상물 중 공동주택, 의원(입원실이 또는 인공신장실이 있는 것으로 한정한다)·조산원·산후조리원, 숙박시설, 위험물 저장 및 처리 시설, 발전시설 중 풍력발전소·전기저장시설, 지하구(地下溝)
  - 노유자 시설 중 다음 어느 하나에 해당하는 시설
    · 노인 관련 시설(노인거주복지·노인의료복지·재가노인복지시설, 학대피해노인전용쉼터)
    · 아동복지시설(아동상담소, 아동전용시설 및 지역아동센터 제외)
    · 장애인 거주시설
    · 정신질환자 관련 시설(공동생활가정을 제외한 재활훈련시설, 종합시설 중 24시간 주거를 제공하지 않는 시설 제외)
    · 노숙인 관련 시설 중 노숙인자활시설, 노숙인재활시설 및 노숙인요양시설
    · 결핵환자나 한센인이 24시간 생활하는 노유자 시설
  - 요양병원(의료재활시설 제외)
  - 특정소방대상물 중 공장 또는 창고시설로서 지정수량의 750배 이상의 특수가연물을 저장·취급하는 것
  - 가스시설로서 지상에 노출된 탱크의 저장용량의 합계가 100[t] 이상인 것

풀이

노유자 시설 및 수련시설로서 연면적 200[m^2] 이상이어야 건축허가 동의대상 건축물이 된다.

36 ★★☆

다음 중 소방기본법령에 따라 화재예방상 필요하다고 인정되거나 화재위험경보시 발령하는 소방신호의 종류로 옳은 것은?

① 경계신호 ② 발화신호
③ 경보신호 ④ 훈련신호

SOLUTION

개념

소방신호의 종류 및 방법(기본법 시행규칙 제10조)

- 경계신호 : 화재예방상 필요하거나 인정되거나 화재위험경보시 발령
- 발화신호 : 화재가 발생할 때 발령
- 해제신호 : 소화활동이 필요없다고 인정되는 때 발령
- 훈련신호 : 훈련상 필요하다고 인정되는 때 발령

37 ★★☆

화재의 예방 및 안전관리에 관한 법령상 보일러 등의 위치·구조 및 관리와 화재예방을 위하여 불의 사용에 있어서 지켜야 하는 사항 중 보일러에 경유·등유 등 액체연료를 사용하는 경우에 연료탱크는 보일러본체로부터 수평거리 최소 몇 [m] 이상의 간격을 두어 설치해야 하는가?

① 0.5
② 0.6
③ 1
④ 2

SOLUTION

개념
보일러 등의 설비 또는 기구 등의 위치·구조 및 관리와 화재예방을 위하여 불을 사용할 때 지켜야하는 사항(화재예방법 시행령 별표 1, 화재예방법 시행령 제18조 제2항 관련)

• 보일러
 - 경유·등유 등 액체원료를 사용하는 경우
  ‣ 연료탱크는 보일러 본체로부터 수평거리 1[m] 이상 간격을 두어 설치할 것
  ‣ 연료탱크에는 화재 등 긴급상황이 발생하는 경우 연료를 차단할 수 있는 개폐밸브를 연료탱크로부터 0.5[m] 이내에 설치할 것
  ‣ 연료탱크 또는 보일러 등에 연료를 공급하는 배관에는 여과장치를 설치할 것
  ‣ 사용이 허용된 연료 외의 것을 사용하지 않을 것
  ‣ 연료탱크가 넘어지지 않도록 받침대를 설치하고, 연료탱크 및 연료탱크 받침대는 불연재료로 할 것

풀이
보일러에 경유·등유 등 액체연료를 사용하는 경우에 연료탱크는 보일러 본체로부터 수평거리로부터 최소 1[m] 이상의 간격을 두어 설치해야 한다.

38 ★★☆

화재의 예방 및 안전관리에 관한 법령상 소방안전관리대상물의 관계인이 근무자 등에게 실시해야 하는 소방훈련의 종류에 해당하지 않는 것은?

① 소화훈련
② 통보훈련
③ 피난훈련
④ 경계훈련

SOLUTION

개념
소방안전관리대상물의 근무자 및 거주자에 대한 소방훈련 등(화재예방법 제37조)

• 실시자 : 소방안전관리대상물의 관계인
• 소방훈련의 종류
 - 소화훈련
 - 통보훈련
 - 피난훈련
• 소방훈련 및 교육 결과 제출 : 소방훈련 및 교육을 한 날부터 30일 이내에 소방본부장 또는 소방서장에게 제출

풀이
경계훈련은 소방훈련에 해당하지 않는다.

39 ★☆☆

소방시설 설치 및 관리에 관한 법령상 제조 또는 가공 공정에서 방염처리를 한 물품 중 방염대상물품이 아닌 것은?

① 카펫
② 전시용 합판
③ 창문에 설치하는 커튼류
④ 두께가 2[mm] 미만인 종이벽지

SOLUTION

개념
방염대상물품 및 방염성능기준(소방시설법 시행령 제31조)

• 방염대상물품
 - 제조 또는 가공 공정에서 방염처리를 한 물품
  ‣ 창문에 설치하는 커튼류(블라인드를 포함)
  ‣ 카펫
  ‣ 벽지류(두께가 2[mm] 미만인 종이벽지는 제외)
  ‣ 전시용 합판·목재 또는 섬유판, 무대용 합판·목재 또는 섬유판(합판·목재류의 경우 불가피하게 설치 현장에서 방염처리한 것을 포함)
  ‣ 암막·무대막(스크린 포함)
  ‣ 섬유류 또는 합성수지류 등을 원료로 하여 제작된 소파·의자(단란주점영업, 유흥주점영업 및 노래연습장업의 영업장에 설치하는 것으로 한정한다)

풀이
두께가 2[mm] 미만인 종이벽지는 방염대상물품에서 제외한다.

40 ★★☆

위험물안전관리법령상 관계인이 예방규정을 정하여야 하는 위험물 제조소등에 해당하지 않는 것은?

① 지정수량 10배의 특수인화물을 취급하는 일반취급소
② 지정수량 20배의 휘발유를 고정된 탱크에 주입하는 일반취급소
③ 지정수량 40배의 제3석유류를 용기에 옮겨 담는 일반취급소
④ 지정수량 15배의 알코올을 버너에 소비하는 장치로 이루어진 일반취급소

SOLUTION

개념
관계인이 예방규정을 정하여야 하는 제조소 등(위험물법 시행령 제15조)
- 지정수량의 10배 이상의 위험물을 취급하는 제조소
- 지정수량의 100배 이상의 위험물을 저장하는 옥외저장소
- 지정수량의 150배 이상의 위험물을 저장하는 옥내저장소
- 지정수량의 200배 이상의 위험물을 저장하는 옥외탱크저장소
- 암반탱크저장소
- 이송취급소
- 지정수량의 10배 이상의 위험물을 취급하는 일반취급소. 다만, 제4류 위험물(특수인화물을 제외한다)만을 지정수량의 50배 이하로 취급하는 일반취급소(제1석유류·알코올류의 취급량이 지정수량의 10배 이하인 경우에 한한다)로서 다음 어느 하나에 해당하는 것은 제외
  - 보일러·버너 또는 이와 비슷한 것으로서 위험물을 소비하는 장치로 이루어진 일반취급소
  - 위험물을 용기에 옮겨 담거나 차량에 고정된 탱크에 주입하는 일반취급소

풀이
제3석유류는 제4류 위험물에 해당한다. 제4류 위험물은 지정수량의 50배 이하의 용기에 옮겨 담는 일반취급소는 관계인이 예방규정을 정하여야 하는 위험물 제조소 대상에서 제외한다.

2022년 제4회 소방설비기사 CBT 복원문제

21 ★☆☆

위험물안전관리법령상 위험물 및 지정수량에 대한 기준 중 다음 ( ) 안에 알맞은 것은?

> 금속분이라 함은 알칼리금속·알칼리토류금속·철 및 마그네슘 외의 금속의 분말을 말하고, 구리분·니켈분 및 (㉠) 마이크로미터의 체를 통과하는 것이 (㉡) 중량퍼센트 미만인 것은 제외한다.

① ㉠ 150, ㉡ 50
② ㉠ 53, ㉡ 50
③ ㉠ 50, ㉡ 150
④ ㉠ 50, ㉡ 53

SOLUTION

개념
위험물 및 지정수량(위험물법 시행령 별표 1, 위험물법 시행령 제2조 및 제3조 관련)
금속분이라 함은 알칼리금속·알칼리토류금속·철 및 마그네슘 외의 금속의 분말을 말하고, 구리분·니켈분 및 150 마이크로미터의 체를 통과하는 것이 50 중량퍼센트 미만인 것은 제외한다.

정답 40 ③ / 21 ①

22 ★★★

소방기본법령상 이웃하는 다른 시·도지사와 소방업무에 관하여 시·도지사가 체결할 상호응원협정 사항이 아닌 것은?

① 화재조사활동
② 응원출동의 요청방법
③ 소방교육 및 응원출동훈련
④ 응원출동대상지역 및 규모

SOLUTION

개념
소방업무의 상호응원협정(기본법 시행규칙 제8조)
- 소방활동에 관한 사항
  - 화재의 경계·진압활동
  - 구조·구급업무의 지원
  - 화재조사활동
- 응원출동대상지역 및 규모
- 소요경비의 부담에 관한 사항
  - 출동대원의 수당·식사 및 의복의 수선
  - 소방장비 및 기구의 정비와 연료의 보급
  - 그 밖의 경비
- 응원출동의 요청방법
- 응원출동훈련 및 평가

풀이
소방교육 및 응원출동훈련은 상호응원협정 사항이 아니다.

23 ★★★

소방시설 설치 및 관리에 관한 법령상 소방시설등의 종합점검 대상기준에 맞게 (   )에 들어갈 내용으로 옳은 것은?

> 물분무등소화설비[호스릴 방식의 물분무등소화설비만을 설치한 경우는 제외]가 설치된 연면적 (   )[m²] 이상인 특정소방대상물(위험물 제조소등은 제외)

① 2,000
② 3,000
③ 4,000
④ 5,000

SOLUTION

개념
소방시설 등 자체점검의 구분 및 대상, 점검자의 자격, 점검 장비, 점검 방법 및 횟수 등 자체점검 시 준수해야할 사항(소방시설법 시행규칙 별표 3, 소방시설법 시행규칙 제20조제1항 관련)

구분	작동점검	종합점검
점검 대상	작동점검 제외대상 외 특정소방대상물 작동점검 제외대상 ① 소방안전관리자를 선임하지 않는 특정소방대상물 ② 위험물 제조소 등 ③ 특급 소방안전대상물	① 스프링클러설비가 설치된 특정소방대상물 ② 물분무등소화설비(호스릴 방식의 물분무등소화설비만을 설치한 경우 제외)가 설치된 연면적 5,000[m²] 이상인 특정소방대상물(위험물 제조소 등 제외) ③ 다중이용업의 영업장이 설치된 특정소방대상물로서 연면적이 2,000[m²] 이상인 것 ④ 제연설비가 설치된 터널 ⑤ 공공기관 중 연면적이 1,000[m²] 이상인 것(옥내소화전설비 또는 자동화재탐지설비 설치), 소방대가 근무하는 공공기관 제외

풀이
물분무등소화설비(호스릴 방식의 물분무등소화설비만을 설치한 경우 제외)가 설치된 연면적 5,000[m²] 이상인 특정소방대상물(위험물 제조소 등 제외)은 종합점검 실시대상이다.

24 ★★☆

위험물안전관리법령상 소화난이도등급 Ⅰ의 옥내탱크저장소에서 유황만을 저장·취급 할 경우 설치하여야 하는 소화설비로 옳은 것은?

① 물분무소화설비   ② 스프링클러설비
③ 포소화설비   ④ 옥내소화전설비

SOLUTION

개념

소화설비, 경보설비 및 피난설비의 기준(위험물법 시행규칙 별표 17, 위험물법 시행규칙 제41조제2항, 제42조제2항 및 제43조제2항 관련)

- 소화난이도등급 Ⅰ의 소화설비 설치기준
  - 옥내탱크저장소의 소화설비
    · 황(유황)만을 저장·취급하는 것 : 물분무소화설비
    · 인화점 70[℃] 이상의 제4류 위험물만을 저장·취급하는 것 : 물분무소화설비 또는 포소화설비
    · 그 밖의 것 : 고정식 포소화설비(포소화설비가 적응성이 없는 경우에는 분말소화설비)

풀이

옥내탱크저장소에서 황(유황)만을 저장·취급할 경우 설치하여야 하는 소화설비는 **물분무소화설비**이다.

25 ★★☆

화재의 예방 및 안전관리에 관한 법령상 1급 소방안전관리대상물에 해당하는 건축물은?

① 지하구
② 층수가 15층인 공공업무시설
③ 연면적 15,000[m²] 이상인 동물원
④ 층수가 20층이고, 지상으로부터 높이가 100미터인 아파트

SOLUTION

개념

소방안전관리자를 선임해야 하는 소방안전관리대상물의 범위와 소방안전관리자의 선임 대상별 자격 및 인원기준(화재예방법 시행령 별표 4, 화재예방법 시행령 제25조 제1항 관련)

- 소방안전관리자를 선임해야 하는 소방안전관리대상물

소방안전 관리대상물	특정소방대상물
특급 소방 안전관리 대상물	• 50층 이상(지하층 제외) 또는 높이 200[m] 이상 아파트 • 30층 이상(지하층 포함) 또는 높이 120[m] 이상(아파트 제외) • 연면적 10만[m²] 이상(아파트 제외) • 제외대상 : 동·식물원, 철강 등 불연성 물질을 저장·취급하는 창고, 지하구, 위험물 제조소 등
1급 소방 안전관리 대상물	• 30층 이상(지하층 제외) 또는 높이 120[m] 이상 아파트 • 11층 이상(아파트 제외) • 연면적 15,000[m²] 이상(아파트, 연립주택 제외) • 가연성 가스를 1,000[t] 이상 저장·취급하는 시설 • 제외대상 : 동·식물원, 철강 등 불연성 물질을 저장·취급하는 창고, 지하구, 위험물 제조소 등
2급 소방 안전관리 대상물	• 옥내소화전설비, 스프링클러설비 설치대상물 • 물분무등소화설비 설치대상물(호스릴 방식의 물분무소화설비만을 설치한 설치대상물은 제외) • 가연성 가스를 100[t] 이상 1,000[t] 미만 저장·취급하는 시설 • 지하구 • 공동주택(옥내소화전설비 또는 스프링클러설비가 설치된 공동주택으로 한정) • 보물 또는 국보로 지정된 목조건축물
3급 소방 안전관리 대상물	• 자동화재탐지설비 설치대상물 • 간이스프링클러설비 설치대상물(주택 전용 간이스프링클러설비 설치대상물 제외)

풀이

층수가 15층인 공공업무시설은 아파트가 아닌 층수가 11층 이상인 건축물이기 때문에 1급 소방안전관리대상물에 해당한다.

26 ★★☆

소방기본법령상 시장지역에서 화재로 오인할 만한 우려가 있는 불을 피우거나 연막소독을 하려는 자가 신고를 하지 아니하여 소방자동차를 출동하게 한 자에 대한 과태료 부과·징수권자는?

① 국무총리 ② 시·도지사
③ 행정안전부 장관 ④ 소방본부장 또는 소방서장

SOLUTION

개념
20만원 이하의 과태료(기본법 제57조)
- 다음 지역 또는 장소에서 화재로 오인할 만한 우려가 있는 불을 피우거나 연막 소독을 하려는 자가 신고를 하지 아니하여 소방자동차를 출동하게 한 자
  - 시장지역
  - 공장·창고가 밀집한 지역
  - 위험물의 저장 및 처리시설이 밀집한 지역
  - 목조건물이 밀집한 지역
  - 위험물의 저장 및 처리시설이 밀접한 지역
  - 석유화학제품을 생산하는 공장이 있는 지역
  - 그 밖에 시·도의 조례로 정하는 지역 또는 장소
- 과태료는 조례로 정하는 바에 따라 관할 소방본부장 또는 소방서장이 부과·징수한다.

풀이
화재로 오인할 만한 우려가 있는 불을 피우거나 연막소독을 하려는 자가 신고를 하지 아니하여 소방자동차를 출동하게 한 자에 대해서는 20만원 이하의 과태료가 부과되고, 과태료는 조례로 정하는 바에 따라 관할 소방본부장 또는 소방서장이 부과·징수한다.

27 ★★★

소방대라 함은 화재를 진압하고 화재, 재난·재해 그 밖의 위급한 상황에서 구조·구급 활동 등을 하기 위하여 구성된 조직체를 말한다. 소방대의 구성원으로 틀린 것은?

① 소방공무원 ② 소방안전관리원
③ 의무소방원 ④ 의용소방대원

SOLUTION

개념
정의(기본법 제2조)
- 소방대상물 : 건축물, 차량, 선박(항구에 매어둔 선박만 해당), 선박 건조 구조물, 산림, 그 밖의 인공 구조물 또는 물건
- 관계인 : 소방대상물의 소유자·관리자 또는 점유자
- 소방대 : 소방공무원, 의무소방원, 의용소방대원

풀이
소방대란 소방공무원, 의무소방원, 의용소방대원으로 구성된 조직체이다.

28 ★☆☆

위험물안전관리법상 청문을 실시하여 처분해야 하는 것은?

① 제조소 등 설치허가의 취소
② 제조소 등 영업정지 처분
③ 탱크시험자의 영업정지 처분
④ 과징금 부과 처분

SOLUTION

개념
청문(위험물법 제29조)
- 청문권자 : 시·도지사, 소방본부장, 소방서장
- 청문 해당 경우
  - 제조소 등 설치허가의 취소
  - 탱크시험자의 등록취소

풀이
제조소 등 설치허가의 취소는 청문을 실시해야 하는 경우이다.

29 ★★★

소방시설 설치 및 관리에 관한 법령상, 종사자 수가 5명이고, 숙박시설이 모두 2인용 침대이며 침대수량은 50개인 숙박시설에서 수용인원은 몇 명인가?

① 55
② 75
③ 85
④ 105

SOLUTION

개념
수용인원의 산정 방법(소방시설법 시행령 별표 7, 소방시설법 시행령 제17조 관련)

용도		수용인원의 산정
숙박시설	침대가 있는 숙박시설	종사자수 + 침대수 (2인용은 2개로 산정)
	침대가 없는 숙박시설	종사자수 + $\dfrac{\text{바닥면적의 합계[m}^2\text{]}}{3[\text{m}^2]}$
그 외 특정소방 대상물	강의실·교무실·상담실·실습실·휴게실	$\dfrac{\text{바닥면적의 합계[m}^2\text{]}}{1.9[\text{m}^2]}$
	강당, 문화 및 집회시설, 운동시설, 종교시설	$\dfrac{\text{바닥면적의 합계[m}^2\text{]}}{4.6[\text{m}^2]}$ • 관람석의 경우: 고정식 의자 수 • 긴 의자의 경우: $\dfrac{\text{의자 정면 너비[m]}}{0.45[\text{m}]}$
	그 밖의 특정소방대상물	$\dfrac{\text{바닥면적의 합계[m}^2\text{]}}{3[\text{m}^2]}$

* 계산결과 소수점 이하는 반올림한다.

풀이
수용인원
침대가 없는 숙박시설 = 종사자수 + 침대수(2인용은 2명)
= 5 + (50×2) = 105[명]

30 ★★☆

위험물안전관리법상 업무상 과실로 제조소등에서 위험물을 유출·방출 또는 확산시켜 사람의 생명·신체 또는 재산에 대하여 위험을 발생시킨 자에 대한 벌칙 기준으로 옳은 것은?

① 5년 이하의 금고 또는 2,000만원 이하의 벌금
② 5년 이하의 금고 또는 7,000만원 이하의 벌금
③ 7년 이하의 금고 또는 2,000만원 이하의 벌금
④ 7년 이하의 금고 또는 7,000만원 이하의 벌금

SOLUTION

개념
7년 이하의 금고 또는 7천만원 이하의 벌금(위험물법 제34조)
업무상 과실로 제조소등 또는 허가를 받지 않고 지정수량 이상의 위험물을 저장 또는 취급하는 장소에서 위험물을 유출·방출 또는 확산시켜 사람의 생명·신체 또는 재산에 대하여 위험을 발생시킨 자

풀이
업무상 과실로 제조소등 또는 허가를 받지 않고 지정수량 이상의 위험물을 저장 또는 취급하는 장소에서 위험물을 유출·방출 또는 확산시켜 사람의 생명·신체 또는 재산에 대하여 위험을 발생시킨 자는 7년 이하의 금고 또는 7천만원 이하의 벌금에 처한다.

31 ★☆☆

위험물안전관리법상 지정수량 미만인 위험물의 저장 또는 취급에 관한 기술상의 기준은 무엇으로 정하는가?

① 대통령령
② 총리령
③ 시·도의 조례
④ 행정안전부령

SOLUTION

개념
지정수량 미만의 위험물의 저장·취급(위험물법 제4조)
지정수량 미만인 위험물의 저장 또는 취급에 관한 기술상의 기준은 시·도 조례로 정함

풀이
지정수량 미만인 위험물의 저장 또는 취급에 관한 기술상의 기준은 시·도 조례로 정한다.

정답 29 ④ 30 ④ 31 ③

32 ★☆☆

위험물안전관리법령상 위험물의 안전관리와 관련된 업무를 수행하는 자로서 소방청장이 실시하는 안전교육대상자가 아닌 것은?

① 안전관리자로 선임된 자
② 탱크시험자의 기술인력으로 종사하는 자
③ 위험물운송자로 종사하는 자
④ 제조소등의 관계인

SOLUTION

개념
안전교육대상자(위험물법 시행령 제20조)
- 안전관리자로 선임된 자
- 탱크시험자의 기술인력으로 종사하는 자
- 위험물운반자로 종사하는 자
- 위험물운송자로 종사하는 자

풀이
제조소등의 관계인은 안전교육대상자의 대상이 아니다.

33 ★☆☆

소방시설 설치 및 관리에 관한 법령상 건축허가 등의 동의를 요구할 때 동의요구서에 첨부하여야 하는 설계도서가 아닌 것은? (단, 소방시설공사 착공신고대상에 해당하는 경우이다)

① 창호도
② 실내 전개도
③ 건축물의 배치도
④ 건축물의 주단면 상세도(내장 재료를 명시한 것)

SOLUTION

개념
건축허가등의 동의 요구(소방시설법 시행규칙 제3조)
- 동의요구서에 첨부하여야 하는 건축물 설계도서
  - 건축물 개요 및 배치도
  - 주단면도 및 입면도
  - 층별 평면도(용도별 기준층 평면도 포함)
  - 방화구획도(창호도 포함)
  - 실내·실외 마감재료표
  - 소방자동차 진입 동선도 및 부서 공간 위치도(조경계획도 포함)

풀이
실내전개도는 동의요구서에 첨부하여야 하는 설계도서에 해당하지 않는다.

34 ★☆☆

소방기본법령상 소방용수시설에 대한 설명으로 틀린 것은?

① 시·도지사는 소방활동에 필요한 소방용수 시설을 설치하고 유지·관리하여야 한다.
② 수도법의 규정에 따라 설치된 소화전도 시·도지사가 유지·관리하여야 한다.
③ 소방본부장 또는 소방서장은 원활한 소방활동을 위하여 소방용수시설에 대한 조사를 월 1회 이상 실시하여야 한다.
④ 소방용수시설 조사의 결과는 2년간 보관하여야 한다.

SOLUTION

개념
소방용수시설의 설치 및 관리 등(기본법 제10조)
- 소방활동에 필요한 소화전(消火栓)·급수탑(給水塔)·저수조(貯水槽) (이하 "소방용수시설"이라 한다)를 설치하고 유지·관리 : 시·도지사
- 「수도법」 따른 소화전을 설치(관할 소방서장과 사전협의 후)하고 유지·관리 : 일반수도사업자
- 소방자동차의 진입이 곤란한 지역 등 화재발생 시에 초기 대응이 필요한 지역으로서 대통령령으로 정하는 지역에 소방호스 또는 호스릴 등을 소방용수시설에 연결하여 화재를 진압하는 시설이나 장치(이하 "비상소화장치"라 한다)를 설치하고 유지·관리 : 시·도지사
- 설치기준 : 행정안전부령
- 소방용수시설 및 지리조사(기본법 시행규칙 제7조)
- 조사자 : 소방본부장, 소방서장
- 조사주기 : 월 1회 이상
- 조사내용
  - 설치된 소방용수시설에 대한 조사
  - 소방대상물 인접 도로의 폭·교통상황, 도로주변 토지의 고저·건축물 개황
  - 그 밖의 소방활동에 필요한 지리에 대한 조사
- 조사결과 보관 : 2년

풀이
「수도법」의 규정에 따른 소화전을 설치하고 유지·관리는 일반수도사업자가 하여야 한다.

35 ★★☆

소방기본법령상 소방대장의 권한이 아닌 것은?

① 화재 현장에 대통령령으로 정하는 사람외에는 그 구역에 출입하는 것을 제한할 수 있다.
② 화재 진압 등 소방활동을 위하여 필요할 때에는 소방용수 외에 댐·저수지 등의 물을 사용할 수 있다.
③ 국민의 안전의식을 높이기 위하여 소방박물관 및 소방체험관을 설립하여 운영할 수 있다.
④ 불이 번지는 것을 막기 위하여 필요할 때에는 불이 번질 우려가 있는 소방대상물 및 토지를 일시적으로 사용할 수 있다.

SOLUTION

개념
- 소방대장의 권한(기본법 제23조 ~ 27조)
  - 소방활동구역의 설정과 출입제한
  - 소방활동 종사 명령
  - 소방활동에 필요한 강제처분
  - 피난명령
  - 위험시설 등에 대한 긴급조치
- 소방박물관 등의 설립과 운영(기본법 제5조)
  - 소방박물관
    · 소방청장이 설립 및 운영
    · 소방의 역사와 안전문화를 발전시키고 국민의 안전 의식을 높이기 위함
    · 행정안전부령에 따라 운영
  - 소방체험관
    · 시·도지사가 설립 및 운영
    · 화재 현장에서의 피난 등을 체험
    · 시·도의 조례에 따라 운영

풀이
소방박물관의 설립과 운영은 소방청장이 담당하고, 소방체험관의 설립과 운영은 시·도지사가 담당한다.

36 ★☆☆

국민의 안전의식과 화재에 대한 경각심을 높이고 안전문화를 정착시키기 위한 소방의 날은 몇 월 며칠인가?

① 1월 19일
② 10월 9일
③ 11월 9일
④ 12월 19일

SOLUTION

개념
소방의 날 제정과 운영 등(기본법 제7조)
- 소방의 날 : 매년 11월 9일
- 시행 주체 : 소방청장 또는 시·도지사

풀이
소방의 날은 매년 11월 9일이다.

TIP
소방의 날 11월 9일은 119구급대를 생각하면 기억하기 수월할 것이다.

정답 35 ③ 36 ③

37 ★★☆

소방시설 설치 및 관리에 관한 법령상 대통령령 또는 화재안전기준이 변경되어 그 기준이 강화되는 경우 기존 특정소방대상물의 소방시설 중 강화된 기준을 적용할 수 있는 것은? (단, 건축물의 신축·개축·재축·이전 및 대수선중인 특정소방대상물을 포함한다)

① 제연설비
② 비상경보설비
③ 옥내소화전설비
④ 화재조기진압용 스프링클러설비

SOLUTION

개념
소방시설기준 적용의 특례(소방시설법 제13조)
- 대통령령 또는 화재안전기준의 변경 시 강화된 기준 적용 소방시설
  - 소화기구
  - 비상경보설비
  - 자동화재탐지설비
  - 자동화재속보설비
  - 피난구조설비
  - 공동구
  - 전력 및 통신사업용 지하구
  - 노유자시설
  - 의료시설

풀이
비상경보설비는 화재안전기준의 변경 시 강화된 기준을 적용할 수 있다.

38 ★★★

소방기본법의 정의상 소방대상물의 관계인이 아닌 자는?

① 감리자
② 관리자
③ 점유자
④ 소유자

SOLUTION

개념
정의(기본법 제2조)
- 소방대상물 : 건축물, 차량, 선박(항구에 매어둔 선박만 해당), 선박 건조 구조물, 산림, 그 밖의 인공 구조물 또는 물건
- 관계인 : 소방대상물의 소유자·관리자 또는 점유자
- 소방대 : 소방공무원, 의무소방원, 의용소방대원

풀이
소방대상물의 관계인은 소방대상물의 소유자, 관리자, 점유자를 말한다

39 ★★☆

위험물안전관리법령상 옥내주유취급소에 있어서 당해 사무소 등의 출입구 및 피난구와 당해 피난구로 통하는 통로·계단 및 출입구에 설치해야 하는 피난설비는?

① 유도등
② 구조대
③ 피난사다리
④ 완강기

SOLUTION

개념
소화설비, 경보설비 및 피난설비의 기준(위험물법 시행규칙 별표 17)
- 피난설비
  - 주유취급소 중 건축물의 2층 이상의 부분을 점포·휴게음식점 또는 전시장의 용도로 사용하는 것에 있어서는 당해 건축물의 2층 이상으로부터 주유취급소의 부지 밖으로 통하는 출입구와 당해 출입구로 통하는 통로·계단 및 출입구에 유도등을 설치하여야 한다.
  - 옥내주유취급소에 있어서는 당해 사무소 등의 출입구 및 피난로와 당해 피난구로 통하는 통로·계단 및 출입구에는 유도등을 설치해야 한다.
  - 유도등에는 비상전원을 설치하여야 한다.

40 ★★☆

소방시설공사업법령상 소방시설업 등록의 결격사유에 해당되지 않는 법인은?

① 법인의 대표자가 피성년후견인인 경우
② 법인의 임원이 피성년후견인인 경우
③ 법인의 대표자가 소방시설공사업법에 따라 소방시설업 등록이 취소된 지 2년이 지나지 아니한 자인 경우
④ 법인의 임원이 소방시설공사업법에 따라 소방시설업 등록이 취소된 지 2년이 지나지 아니한 자인 경우

SOLUTION

개념

등록의 결격사유(소방공사업법 제5조)
1. 피성년후견인
2. 「소방시설공사업법」, 「소방기본법」, 「화재의 예방 및 안전관리에 관한 법률」, 「소방시설 설치 및 관리에 관한 법률」 또는 「위험물안전관리법」에 따른 금고 이상의 실형을 선고받고 그 집행이 끝나거나(집행이 끝난 것으로 보는 경우를 포함한다) 면제된 날부터 2년이 지나지 아니한 사람
3. 「소방시설공사업법」, 「소방기본법」, 「화재의 예방 및 안전관리에 관한 법률」, 「소방시설 설치 및 관리에 관한 법률」 또는 「위험물안전관리법」에 따른 금고 이상의 형의 집행유예를 선고받고 그 유예기간 중에 있는 사람
4. 등록하려는 소방시설업 등록이 취소(피성년후견인 결격으로 인한 등록이 취소된 경우는 제외)된 날부터 2년이 지나지 아니한 자
5. 법인의 대표자가 1항~4항에 해당하는 경우 그 법인
6. 법인의 임원이 2항~4항에 해당하는 경우 그 법인

풀이

법인의 대표자가 아닌 임원이 피성년후견인인 경우 소방시설업 등록의 결격사유가 되지 않는다.

2023년 제1회 소방설비기사 CBT 복원문제

21 ★★★

소방기본법령상 상업지역에 소방용수시설 설치 시 소방대상물과의 수평거리 기준은 몇 [m] 이하인가?

① 100   ② 120
③ 140   ④ 160

SOLUTION

개념

소방용수시설의 설치기준(기본법 시행규칙 별표 3)
- 공통기준
  - 주거지역·상업지역 및 공업지역에 설치하는 경우 : 소방대상물과의 수평거리 100[m] 이하
  - 그 외 지역 : 소방대상물과의 수평거리 140[m] 이하
- 소화전
  - 상수도와 연결하여 지하식 또는 지상식의 구조
  - 소방용호스와 연결하는 소화전의 연결금속구의 구경은 65[mm]
- 급수탑
  - 급수배관의 구경은 100[mm] 이상
  - 개폐밸브는 지상에서 1.5[m] 이상 1.7[m] 이하의 위치에 설치
- 저수조
  - 지면으로부터의 낙차가 4.5[m] 이하
  - 흡수부분의 수심이 0.5[m] 이상
  - 소방펌프자동차가 쉽게 접근할 수 있도록 할 것
  - 흡수에 지장이 없도록 토사 및 쓰레기 등을 제거할 수 있는 설비를 갖출 것
  - 흡수관의 투입구가 사각형의 경우에는 한 변의 길이가 60[cm] 이상, 원형의 경우에는 지름이 60[cm] 이상
  - 저수조에 물을 공급하는 방법은 상수도에 연결하여 자동으로 급수되는 구조

풀이

상업지역에 소방용수시설 설치 시 소방대상물과의 수평거리는 100[m] 이하이다.

22 ★★★

소방시설 설치 및 관리에 관한 법령상 건축허가 등을 할 때 미리 소방본부장 또는 소방서장의 동의를 받아야 하는 건축물 등의 범위기준이 아닌 것은?

① 노유자시설 및 수련시설로서 연면적 100[m²] 이상인 건축물
② 지하층 또는 무창층이 있는 건축물로서 바닥면적이 150[m²] 이상인 층이 있는 것
③ 차고·주차장으로 사용되는 바닥면적이 200[m²] 이상인 층이 있는 건축물이나 주차시설
④ 장애인 의료재활시설로서 연면적 300[m²] 이상인 건축물

SOLUTION

개념
건축허가 등의 동의대상물의 범위 등(소방시설법 시행령 제7조)
- 건축허가 동의대상 건축물
  - 연면적 400[m²] 이상인 건축물이나 시설. 다만, 다음에 해당하는 경우에는 아래 기준 이상인 것으로 할 것
    · 학교시설 : 연면적 100[m²] 이상
    · 노유자 시설 및 수련시설 : 연면적 200[m²] 이상
    · 정신의료기관(입원실이 없는 정신건강의학과 의원은 제외) : 연면적 300[m²] 이상
    · 장애인 의료재활시설 : 연면적 300[m²] 이상
  - 지하층 또는 무창층이 있는 건축물로서 바닥면적이 150[m²](공연장의 경우에는 100[m²]) 이상인 층이 있는 것
  - 차고·주차장 또는 주차 용도로 사용되는 시설 중 다음 어느 하나에 해당하는 시설
    · 차고·주차장으로 사용되는 바닥면적이 200[m²] 이상인 층이 있는 건축물이나 주차시설
    · 승강기 등 기계장치에 의한 주차시설로서 자동차 20대 이상을 주차할 수 있는 시설
  - 층수가 6층 이상인 건축물
  - 항공기 격납고, 관망탑, 항공관제탑, 방송용 송수신탑
  - 특정소방대상물 중 공동주택, 의원(입원실이 있는 것으로 한정한다)·조산원·산후조리원, 숙박시설, 위험물 저장 및 처리 시설, 발전시설 중 풍력발전소·전기저장시설, 지하구(地下溝)
  - 노유자 시설 중 다음 어느 하나에 해당하는 시설
    · 노인 관련 시설(노인주거복지·노인의료복지·재가노인복지시설, 학대피해노인전용쉼터)
    · 아동복지시설(아동상담소, 아동전용시설 및 지역아동센터 제외)
    · 장애인 거주시설
    · 정신질환자 관련 시설(공동생활가정을 제외한 재활훈련시설, 종합시설 중 24시간 주거를 제공하지 않는 시설 제외)
    · 노숙인 관련 시설 중 노숙인자활시설, 노숙인재활시설 및 노숙인요양시설
    · 결핵환자나 한센인이 24시간 생활하는 노유자 시설
  - 요양병원(의료재활시설 제외)
  - 특정소방대상물 중 공장 또는 창고시설로서 지정수량의 750배 이상의 특수가연물을 저장·취급하는 것
  - 가스시설로서 지상에 노출된 탱크의 저장용량의 합계가 100[t] 이상인 것

풀이
노유자 시설 및 수련시설로서 연면적 200[m²] 이상이어야 건축허가 동의대상 건축물이 된다.

23 ★★☆

위험물안전관리법령상 관계인이 예방규정을 정하여야 하는 위험물 제조소등에 해당하지 않는 것은?

① 지정수량 10배의 특수인화물을 취급하는 일반취급소
② 지정수량 20배의 휘발유를 고정된 탱크에 주입하는 일반취급소
③ 지정수량 40배의 제3석유류를 용기에 옮겨 담는 일반취급소
④ 지정수량 15배의 알코올을 버너에 소비하는 장치로 이루어진 일반취급소

SOLUTION

개념
관계인이 예방규정을 정하여야 하는 제조소 등(위험물법 시행령 제15조)
- 지정수량의 10배 이상의 위험물을 취급하는 제조소
- 지정수량의 100배 이상의 위험물을 저장하는 옥외저장소
- 지정수량의 150배 이상의 위험물을 저장하는 옥내저장소
- 지정수량의 200배 이상의 위험물을 저장하는 옥외탱크저장소
- 암반탱크저장소
- 이송취급소
- 지정수량의 10배 이상의 위험물을 취급하는 일반취급소. 다만, 제4류 위험물(특수인화물을 제외한다)만을 지정수량의 50배 이하로 취급하는 일반취급소(제1석유류·알코올류의 취급량이 지정수량의 10배 이하인 경우에 한한다)로서 다음 어느 하나에 해당하는 것은 제외
  - 보일러·버너 또는 이와 비슷한 것으로서 위험물을 소비하는 장치로 이루어진 일반취급소
  - 위험물을 용기에 옮겨 담거나 차량에 고정된 탱크에 주입하는 일반취급소

풀이
제3석유류는 제4류 위험물에 해당한다. 제4류 위험물은 지정수량의 50배 이하의 용기에 옮겨 담는 일반취급소는 관계인이 예방규정을 정하여야 하는 위험물 제조소 대상에서 제외한다.

24 ★★☆

화재의 예방 및 안전관리에 관한 법령상 총괄소방안전관리자를 선임하여야 하는 특정소방대상물 중 복합건축물은 지하층을 제외한 층수가 최소 몇 층 이상인 건축물만 해당되는가?

① 6층
② 11층
③ 20층
④ 30층

SOLUTION

개념
관리의 권원이 분리된 특정소방대상물의 소방안전관리(화재예방법 제35조)
- 총괄소방안전관리대상 특정소방대상물
  - 복합건축물(지하층을 제외한 층수가 11층 이상 또는 연면적 3만[m²] 이상인 건축물)
  - 지하가(지하의 인공구조물 안에 설치된 상점 및 사무실, 그 밖에 이와 비슷한 시설이 연속하여 지하도에 접하여 설치된 것과 그 지하도를 합한 것)
  - 그 밖에 대통령령으로 정하는 특정소방대상물
    ‣ 판매시설 중 도매시장
    ‣ 소매시장 중 전통시장

풀이
지하층을 제외한 층수가 11층 이상인 복합건축물은 총괄소방안전관리자를 선임해야 한다.

25 ★★☆

위험물안전관리법령상 제4류 위험물 중 경유의 지정수량은 몇 리터인가?

① 500
② 1,000
③ 1,500
④ 2,000

SOLUTION

개념
위험물 및 지정수량(위험물법 시행령 별표 1, 위험물법 시행령 제2조 및 제3조 관련)
- 위험물의 지정수량

제4류	인화성 액체	1. 특수인화물		50리터
		2. 제1석유류	비수용성액체	200리터
			수용성액체	400리터
		3. 알코올류		400리터
		4. 제2석유류	비수용성액체	1,000리터
			수용성액체	2,000리터
		5. 제3석유류	비수용성액체	2,000리터
			수용성액체	4,000리터
		6. 제4석유류		6,000리터
		7. 동식물유류		10,000리터

풀이
경유는 제4류 위험물에서 제2석유류 비수용성액체에 속한다. 그러므로 경유의 지정수량은 1,000[L]이다.

26 ★☆☆

위험물안전관리법령상 위험물을 취급함에 있어서 정전기가 발생할 우려가 있는 설비에 설치할 수 있는 정전기 제거설비 방법이 아닌 것은?

① 접지에 의한 방법
② 공기를 이온화하는 방법
③ 자동적으로 압력의 상승을 정지시키는 방법
④ 공기 중의 상대습도를 70[%] 이상으로 하는 방법

SOLUTION

개념
제조소의 위치·구조 및 설비의 기준(위험물법 시행규칙 별표 4, 위험물법 시행규칙 제28조 관련)

- 정전기 제거설비
 위험물을 취급함에 있어서 정전기가 발생할 우려가 있는 설비에는 다음에 해당하는 방법으로 정전기를 유효하게 제거할 수 있는 설비를 설치하여야 한다.
 - 접지에 의한 방법
 - 공기 중의 상대습도를 70[%] 이상으로 하는 방법
 - 공기를 이온화하는 방법

풀이
자동적으로 압력의 상승을 정지시키는 방법은 정전기 제거설비와 관련이 없다.

27 ★★★

소방시설 설치 및 관리에 관한 법령상 용어의 정의 중 ( ) 안에 알맞은 것은?

> 특정소방대상물이란 소방시설을 설치하여야 하는 소방대상물로서 ( )으로 정하는 것을 말한다.

① 대통령령
② 국토교통부령
③ 행정안전부령
④ 고용노동부령

SOLUTION

개념
정의(소방시설법 제2조)

- 소방시설 : 소화설비, 경보설비, 피난구조설비, 소화용수설비, 그 밖에 소화활동설비로서 대통령령으로 정하는 것
- 소방시설 등 : 소방시설과 비상구(非常口), 그 밖에 소방 관련 시설로서 대통령령으로 정하는 것
- 특정소방대상물 : 건축물 등의 규모·용도 및 수용인원 등을 고려하여 소방시설을 설치하여야 하는 소방대상물로서 대통령령으로 정하는 것
- 화재안전성능 : 화재를 예방하고 화재발생 시 피해를 최소화하기 위하여 소방대상물의 재료, 공간 및 설비 등에 요구되는 안전성능
- 성능위주설계 : 건축물 등의 재료, 공간, 이용자, 화재 특성 등을 종합적으로 고려하여 공학적 방법으로 화재 위험성을 평가하고 그 결과에 따라 화재안전성능이 확보될 수 있도록 특정소방대상물을 설계하는 것
- 화재안전기준 : 소방시설 설치 및 관리를 위한 다음의 기준
 - 성능기준 : 화재안전 확보를 위하여 재료, 공간 및 설비 등에 요구되는 안전성능으로서 소방청장이 고시로 정하는 기준
 - 기술기준 : 성능기준을 충족하는 상세한 규격, 특정한 수치 및 시험방법 등에 관한 기준으로서 행정안전부령으로 정하는 절차에 따라 소방청장의 승인을 받은 기준
- 소방용품 : 소방시설 등을 구성하거나 소방용으로 사용되는 제품 또는 기기로서 대통령령으로 정하는 것

풀이
특정소방대상물은 건축물 등의 규모·용도 및 수용인원 등을 고려하여 소방시설을 설치하여야 하는 소방대상물로서 대통령령으로 정하는 것이다.

28 ★★☆

위험물안전관리법령상 제조소등에 설치하여야 할 자동화재탐지설비의 설치기준 중 ( ) 안에 알맞은 내용은? (단, 광선식 분리형 감지기 설치는 제외한다)

> 하나의 경계구역의 면적은 (㉠)[m²] 이하로 하고 그 한 변의 길이는 (㉡)[m] 이하로 할 것. 다만, 당해 건축물 그 밖의 공작물의 주요한 출입구에서 그 내부의 전체를 볼 수 있는 경우에 있어서는 그 면적을 1,000[m²] 이하로 할 수 있다.

① ㉠ 300, ㉡ 20
② ㉠ 400, ㉡ 30
③ ㉠ 500, ㉡ 40
④ ㉠ 600, ㉡ 50

SOLUTION

개념
소화설비, 경보설비 및 피난설비의 기준(위험물법 시행규칙 별표 17, 위험물법 시행규칙 제41조제2항, 제42조제2항 및 제43조제2항 관련)

- 자동화재탐지설비의 설치기준
  - 자동화재탐지설비의 경계구역은 건축물 그 밖의 공작물의 2 이상의 층에 걸치지 아니하도록 할 것. 다만, 하나의 경계구역의 면적이 500[m²] 이하이면서 당해 경계구역이 두 개의 층에 걸치는 경우이거나 계단·경사로·승강기의 승강로 그 밖에 이와 유사한 장소에 연기감지기를 설치하는 경우에는 그러하지 아니한다.
  - 하나의 경계구역의 면적은 600[m²] 이하로 하고 그 한 변의 길이는 50[m] 이하로 할 것. 다만, 당해 건축물 그 밖의 공작물의 주요한 출입구에서 그 내부의 전체를 볼 수 있는 경우에 있어서는 그 면적을 1,000[m²] 이하로 할 수 있다.
  - 자동화재탐지설비의 감지기는 지붕 또는 벽의 옥내에 면한 부분에 유효하게 화재의 발생을 감지할 수 있도록 설치할 것

풀이
자동화재탐지설비의 설치는 하나의 경계구역의 면적은 600[m²] 이하로 하고 그 한 변의 길이는 50[m] 이하로 할 것. 다만, 당해 건축물 그 밖의 공작물의 주요한 출입구에서 그 내부의 전체를 볼 수 있는 경우에 있어서는 그 면적을 1,000[m²] 이하로 할 수 있다.

29 ★★★

화재의 예방 및 안전관리에 관한 법령상 화재예방강화지구의 지정권자는?

① 소방서장
② 시·도지사
③ 소방본부장
④ 행정자치부장관

SOLUTION

개념
화재예방강화지구의 지정 등(화재예방법 제18조)

- 화재예방강화지구의 지정권자 : 시·도지사
- 화재예방강화지구 지정지역
  - 시장지역
  - 공장·창고가 밀집한 지역
  - 목조건물이 밀집한 지역
  - 노후·불량건축물이 밀집한 지역
  - 위험물의 저장 및 처리 시설이 밀집한 지역
  - 석유화학제품을 생산하는 공장이 있는 지역
  - 「산업입지 및 개발에 관한 법률」 제2조제8호에 따른 산업단지
  - 소방시설·소방용수시설 또는 소방출동로가 없는 지역
  - 「물류시설의 개발 및 운영에 관한 법률」 제2조제6호에 따른 물류단지
  - 그 밖에 위의 지역에 준하는 지역으로서 소방관서장이 화재예방강화지구로 지정할 필요가 있다고 인정하는 지역
- 시·도지사가 화재예방강화지구로 지정할 필요가 있는 지역을 화재예방강화지구로 지정하지 아니하는 경우 소방청장은 해당 시·도지사에게 해당 지역의 화재예방강화지구 지정을 요청 가능
- 화재안전조사 실시자 : 소방관서장

풀이
화재예방강화지구로 지정할 수 있는 사람은 시·도지사이다.

TIP
과거 문제에는 화재예방강화지구가 아닌 화재경계지구로 표기된 경우가 있다. 소방관계법규 변경으로 인해 단어가 변경된 것이기 때문에 혼동하지 않도록 한다.

정답 28 ④ 29 ②

30 ★☆☆

소방기본법령상 소방안전교육사의 배치대상별 배치기준으로 틀린 것은?

① 소방청 : 2명 이상 배치
② 소방서 : 1명 이상 배치
③ 소방본부 : 2명 이상 배치
④ 한국소방안전원(본회) : 1명 이상 배치

SOLUTION

개념
소방안전교육사의 배치대상별 배치기준(기본법 시행령 별표 2의3)

배치대상	배치기준(단위 : 명)	비고
1. 소방청	2 이상	
2. 소방본부	2 이상	
3. 소방서	1 이상	
4. 한국소방안전원	본회 : 2 이상 시·도지부 : 1 이상	
5. 한국소방산업기술원	2 이상	

풀이
한국소방안전원(본회)에는 소방안전교육사를 2명 이상 배치하여야 한다.

31 ★★☆

위험물안전관리법령상 위험물 중 제1석유류에 속하는 것은?

① 경유　　② 등유
③ 중유　　④ 아세톤

SOLUTION

개념
위험물 및 지정수량(위험물법 시행령 별표 1, 위험물법 시행령 제2조 및 제3조 관련)
• 제4류 위험물의 품명
 - 특수인화물 : 이황화탄소, 디에틸에테르 등
 - 제1석유류 : 휘발유, 아세톤 등
 - 알코올류
 - 제2석유류 : 경유, 등유 등
 - 제3석유류 : 중유, 크레오소트유 등
 - 제4석유류 : 기어유, 실린더유 등

풀이
보기 중에 제1석유류에 속하는 것은 아세톤이다.

32 ★☆☆

소방시설공사업법령상 도급을 받은 자가 제3자에게 소방시설 공사의 시공을 하도급한 경우에 대한 벌칙 기준으로 옳은 것은? (단, 대통령령으로 정하는 경우는 제외한다)

① 100만원 이하의 벌금
② 300만원 이하의 벌금
③ 1년 이하의 징역 또는 1,000만원 이하의 벌금
④ 3년 이하의 징역 또는 1,500만원 이하의 벌금

SOLUTION

개념
1년 이하의 징역 또는 1천만원 이하의 벌금(소방공사업법 제36조)
• 영업정지처분을 받고 그 영업정지 기간에 영업을 한 자
• 화재안전기준을 위반하여 설계나 시공을 한 자
• 감리업자의 업무범위를 위반하여 감리를 하거나 거짓으로 감리한 자
• 특정소방대상물의 관계인이 감리업자 지정의무를 위반하여 감리를 하게 하거나 거짓으로 감리한 자
• 감리결과에 따른 보고를 소방본부장이나 소방서장에게 거짓으로 한 자
• 공사감리 결과의 통보 또는 공사감리 결과보고서의 제출을 거짓으로 한 자
• 소방시설업자가 아닌 자에게 소방시설공사등을 도급한 자
• 도급받은 소방시설의 설계, 시공, 감리를 하도급한 자
• 하도급받은 소방시설공사를 다시 하도급한 자
• 소방기술자가 「소방시설공사업법」 또는 「소방시설공사업법」의 명령을 따르지 아니하고 업무를 수행한 자

풀이
도급받은 소방시설의 설계, 시공, 감리를 하도급한 경우에는 1년 이하의 징역 또는 1천만원 이하의 벌금에 처한다.

33 ★☆☆

소방안전관리자 및 소방안전관리보조자에 대한 실무교육의 교육대상, 교육일정 등 실무교육에 필요한 계획을 수립하여 매년 누구의 승인을 얻어 교육을 실시하는가?

① 한국소방안전원장
② 소방본부장
③ 소방청장
④ 시·도지사

SOLUTION

개념

소방기술자의 실무교육(소방공사업법 제29조)
- 화재 예방, 안전관리의 효율화, 새로운 기술 등 소방에 관한 지식의 보급을 위하여 소방시설관리업의 기술인력으로 등록된 소방기술자는 행정안전부령으로 정하는 바에 따라 실무교육을 받아야 한다.
- 소방기술자가 정하여진 교육을 받지 아니하면 그 교육을 이수할 때까지 그 소방기술자는 소방시설관리업의 기술인력으로 등록된 사람으로 보지 아니한다.
- 소방청장은 소방기술자에 대한 실무교육을 효율적으로 하기 위하여 실무교육기관을 지정할 수 있다.

풀이

실무교육은 위탁된 실무교육기관에서 이루어지고, 실무교육기관의 지정은 소방청장이 담당한다.

34 ★★★

다음 조건을 참고하여 숙박시설이 있는 특정소방대상물의 수용인원 산정 수로 옳은 것은?

> 침대가 있는 숙박시설로서 1인용 침대의 수는 20개이고, 2인용 침대의 수는 10개이며, 종업원의 수는 3명이다.

① 33명
② 40명
③ 43명
④ 46명

SOLUTION

개념

수용인원의 산정 방법(소방시설법 시행령 별표 7, 소방시설법 시행령 제17조 관련)

용도		수용인원의 산정
숙박시설	침대가 있는 숙박시설	종사자수 + 침대수 (2인용은 2개로 산정)
	침대가 없는 숙박시설	종사자수 + $\dfrac{\text{바닥면적의 합계}[m^2]}{3[m^2]}$
그 외 특정소방 대상물	강의실·교무실· 상담실·실습실· 휴게실	$\dfrac{\text{바닥면적의 합계}[m^2]}{1.9[m^2]}$
	강당, 문화 및 집회시설, 운동시설, 종교시설	$\dfrac{\text{바닥면적의 합계}[m^2]}{4.6[m^2]}$ • 관람석의 경우 : 고정식 의자 수 • 긴 의자의 경우 : $\dfrac{\text{의자 정면 너비}[m]}{0.45[m]}$
	그 밖의 특정소방대상물	$\dfrac{\text{바닥면적의 합계}[m^2]}{3[m^2]}$

*계산결과 소수점 이하는 반올림한다.

풀이

수용인원

침대가 있는 숙박시설 = 종사자수 + 침대수(2인용은 2명)
= 3 + {20 + (10×2)} = 43[명]

35 ★★★

위험물안전관리법령상 제조소등이 아닌 장소에서 지정수량 이상의 위험물을 취급할 수 있는 기준 중 다음 ( ) 안에 알맞은 것은?

> 시·도의 조례가 정하는 바에 따라 관할 소방서장의 승인을 받아 지정수량 이상의 위험물을 ( )일 이내의 기간 동안 임시로 저장 또는 취급하는 경우

① 15 ② 30
③ 60 ④ 90

SOLUTION

개념

위험물의 저장 및 취급의 제한(위험물법 제5조)
- 지정수량 이상의 위험물을 저장소가 아닌 장소에서 저장하거나 제조소등이 아닌 장소에서 취급 제한
- 저장·취급 제한 예외
  - 시·도의 조례가 정하는 바에 따라 관할 소방서장의 승인을 받아 지정수량 이상의 위험물을 90일 이내의 기간 동안 임시로 저장 또는 취급하는 경우
  - 군부대가 지정수량 이상의 위험물을 군사목적으로 임시로 저장 또는 취급하는 경우
- 임시로 저장 또는 취급하는 장소에서의 저장 또는 취급의 기준과 임시로 저장 또는 취급하는 장소의 위치·구조 및 설비의 기준은 시·도의 조례로 정함
- 제조소등에서의 위험물의 저장 또는 취급에 관한 규정
  - 중요기준 : 화재 등 위해의 예방과 응급조치에 있어서 큰 영향을 미치거나 그 기준을 위반하는 경우 직접적으로 화재를 일으킬 가능성이 큰 기준으로서 행정안전부령이 정하는 기준
  - 세부기준 : 화재 등 위해의 예방과 응급조치에 있어서 중요기준보다 상대적으로 적은 영향을 미치거나 그 기준을 위반하는 경우 간접적으로 화재를 일으킬 수 있는 기준 및 위험물의 안전관리에 필요한 표시와 서류·기구 등의 비치에 관한 기준으로서 행정안전부령이 정하는 기준
- 제조소등의 위치·구조 및 설비의 기술기준은 행정안전부령으로 정함
- 둘 이상의 위험물을 같은 장소에서 저장 또는 취급하는 경우에 있어서 당해 장소에서 저장 또는 취급하는 각 위험물의 수량을 그 위험물의 지정수량으로 각각 나누어 얻은 수의 합계가 1 이상인 경우 당해 위험물은 지정수량 이상의 위험물로 봄

풀이

시·도의 조례가 정하는 바에 따라 관할 소방서장의 승인을 받아 지정수량 이상의 위험물을 90일 이내의 기간 동안 임시로 저장 또는 취급하는 경우에는 제조소등이 아닌 장소에서 지정수량 이상의 위험물을 취급할 수 있다.

36 ★★☆

화재의 예방 및 안전관리에 관한 법령에 따른 용접 또는 용단 작업장에서 불꽃을 사용하는 용접·용단기구 사용에 있어서 작업자로부터 반경 몇 [m] 이내에 소화기를 갖추어야 하는가? (단, 산업안전보건법에 따른 안전조치의 적용을 받는 사업장의 경우는 제외한다)

① 1 ② 3
③ 5 ④ 7

SOLUTION

개념

보일러 등의 설비 또는 기구 등의 위치·구조 및 관리와 화재예방을 위하여 불을 사용할 때 지켜야하는 사항(화재예방법 시행령 별표 1, 화재예방법 시행령 제18조 제2항 관련)
- 불꽃을 사용하는 용접·용단기구
  - 용접 또는 용단 작업장 주변 반경 5[m] 이내에 소화기를 갖추어 둘 것
  - 용접 또는 용단 작업장 주변 반경 10[m] 이내에는 가연물을 쌓아두거나 놓아두지 말 것. 다만, 가연물의 제거가 곤란하여 방화포 등으로 방호조치를 한 경우는 제외

풀이

용접 또는 용단 작업자로부터 주변 반경 5[m] 이내에 소화기를 갖추어야 한다.

정답 35 ④ 36 ③

37 ★★☆

위험물안전관리법령에 따른 인화성액체 위험물(이황화탄소를 제외)의 옥외탱크 저장소의 탱크 주위에 설치하는 방유제의 설치기준 중 옳은 것은?

① 방유제의 높이는 0.5[m] 이상 2.0[m] 이하로 할 것
② 방유제내의 면적은 100,000[m²] 이하로 할 것
③ 방유제의 용량은 방유제안에 설치된 탱크가 2기 이상인 때에는 그 탱크 중 용량이 최대인 것의 용량의 120[%] 이상으로 할 것
④ 높이가 1[m]를 넘는 방유제 및 간막이 둑의 안팎에는 방유제 내에 출입하기 위한 계단 또는 경사로를 약 50[m]마다 설치할 것

SOLUTION

개념

옥외탱크저장소의 위치·구조 및 설비의 기준(위험물법 시행규칙 별표 6, 위험물법 시행규칙 제30조 관련)

- 인화성액체위험물 옥외탱크저장소의 방유제의 용량기준(이황화탄소 제외)
  - 높이 : 0.5[m] 이상 3[m] 이하
  - 두께 : 0.2[m] 이상
  - 지하매설깊이 : 1[m] 이상
  - 높이가 1[m]를 넘는 방유제 및 간막이 둑의 안팎에는 방유제 내에 출입하기 위한 계단 또는 경사로를 약 50[m]마다 설치
  - 방유제 내의 면적 : 80,000[m²] 이하
  - 탱크의 수 : 10기 이하
  - 방유제의 용량기준
    ▸ 탱크 1기 : 탱크용량의 110[%] 이상
    ▸ 탱크 2기 이상 : 설치된 탱크 중 용량이 최대인 것의 용량의 110[%] 이상

풀이

높이가 1[m]를 넘는 방유제 및 간막이 둑의 안팎에는 방유제 내에 출입하기 위한 계단 또는 경사로를 약 50[m]마다 설치해야 한다.

38 ★★☆

소방시설 설치 및 관리에 관한 법령에 따른 방염성능기준 이상의 실내 장식물 등을 설치하여야 하는 특정소방대상물의 기준 중 틀린 것은?

① 건축물의 옥내에 있는 시설로서 종교시설
② 층수가 11층 이상인 아파트
③ 의료시설 중 종합병원
④ 노유자시설

SOLUTION

개념

방염성능기준 이상의 실내장식물 등을 설치해야 하는 특정소방대상물(소방시설법 시행령 제30조)

- 근린생활시설 중 다음 어느 하나의 시설
  - 의원
  - 치과의원
  - 한의원
  - 조산원
  - 산후조리원
  - 체력단련장
  - 공연장
  - 종교집회장
- 건축물의 옥내에 있는 시설 중 다음 어느 하나의 시설
  - 문화 및 집회시설
  - 종교시설
  - 운동시설(수영장은 제외)
- 의료시설
- 교육연구시설 중 합숙소
- 노유자 시설
- 숙박이 가능한 수련시설
- 숙박시설
- 방송통신시설 중 방송국 및 촬영소
- 다중이용업소
- 그 외 층수가 11층 이상인 것(아파트 등 제외)

풀이

방염성능기준 이상의 실내장식물 등을 설치하여야 하는 특정소방대상물의 기준에서 층수가 11층 이상인 것에서 아파트는 제외한다.

39 ★★☆

시·도지사가 소방시설업의 영업정지처분에 갈음하여 부과할 수 있는 최대 과징금의 범위로 옳은 것은?

① 5,000만 원 이하
② 1억 원 이하
③ 2억 원 이하
④ 3억 원 이하

SOLUTION

개념
과징금처분(소방공사업법 제10조)
- 부과권자 : 시·도지사
- 부과금액 : 영업정지가 그 이용자에게 불편을 주거나 그 밖에 공익을 해칠 우려가 있을 때에는 영업정지처분을 갈음하여 2억원 이하의 과징금을 부과

풀이
소방시설업의 영업정지처분에 갈음하여 부과하는 과징금은 최대 2억 원 이하이다.

40 ★☆☆

자동화재탐지설비의 일반 공사감리기간으로 포함시켜 산정할 수 있는 항목은?

① 고정금속구를 설치하는 기간
② 전선관의 매립을 하는 공사기간
③ 공기유입구의 설치기간
④ 소화약제 저장용기 설치기간

SOLUTION

개념
일반 공사감리기간(소방공사업법 시행규칙 별표 3, 소방공사업법 시행규칙 제16조 관련)
자동화재탐지설비·시각경보기·비상경보설비·비상방송설비·통합감시시설·유도등·비상콘센트설비 및 무선통신보조설비의 경우 : 전선관의 매립, 감지기·유도등·조명등 및 비상콘센트의 설치, 증폭기의 접속, 누설동축케이블 등의 부설, 무선기기의 접속단자·분배기·증폭기의 설치 및 동력전원의 접속 공사를 하는 기간

풀이
전선관의 매립을 하는 공사기간은 자동화재탐지설비의 일반 공사감리기간으로 포함한다.

2023년 제2회 소방설비기사 CBT 복원문제

21 ★★☆

소방기본법령상 소방신호의 방법으로 틀린 것은?

① 타종에 의한 훈련신호는 연3타 반복
② 싸이렌에 의한 발화신호는 5초 간격을 두고 10초씩 3회
③ 타종에 의한 해제신호는 상당한 간격을 두고 1타씩 반복
④ 싸이렌에 의한 경계신호는 5초 간격을 두고 30초씩 3회

SOLUTION

개념
소방신호의 종류 및 방법(기본법 시행규칙 제10조)
- 경계신호 : 화재예방상 필요하거나 인정되거나 화재위험경보시 발령
- 발화신호 : 화재가 발생할 때 발령
- 해제신호 : 소화활동이 필요없다고 인정되는 때 발령
- 훈련신호 : 훈련상 필요하다고 인정되는 때 발령
- 소방신호의 방법(제10조 제2항 관련)

종별\신호방법	타종신호	싸이렌신호	그 밖의 신호
경계신호	1타와 연2타를 반복	5초 간격을 두고 30초씩 3회	"통풍대" "게시판" 적색/백색 화재경보발령중
발화신호	난타	5초 간격을 두고 5초씩 3회	
해제신호	상당한 간격을 두고 1타씩 반복	1분간 1회	"기" 적색/백색
훈련신호	연3타반복	10초 간격을 두고 1분씩 3회	

[비고] 1. 소방신호의 방법은 그 전부 또는 일부를 함께 사용할 수 있다.
2. 게시판을 철거하거나 통풍대 또는 기를 내리는 것으로 소방활동이 해제되었음을 알린다.
3. 소방대의 비상소집을 하는 경우에 훈련신호를 사용할 수 있다.

풀이
싸이렌에 의한 발화신호는 5초 간격을 두고 5초씩 3회이다.

22 ★☆☆

위험물안전관리법령상 위험물의 유별 저장·취급의 공통기준 중 다음 ( ) 안에 알맞은 것은?

( ) 위험물은 산화제와의 접촉·혼합이나 불티·불꽃·고온체와의 접근 또는 과열을 피하는 한편, 철분·금속분·마그네슘 및 이를 함유한 것에 있어서는 물이나 산과의 접촉을 피하고 인화성 고체에 있어서는 함부로 증기를 발생시키지 아니하여야 한다.

① 제1류
② 제2류
③ 제3류
④ 제4류

SOLUTION

개념

제조소등에서의 위험물의 저장 및 취급에 관한 기준(위험물법 시행규칙 별표 18, 위험물법 시행규칙 제49조 관련)

- 제2류 위험물의 저장·취급의 공통기준
  - 제2류 위험물은 산화제와의 접촉·혼합이나 불티·불꽃·고온체와의 접근 또는 과열을 피하는 한편, 철분·금속분·마그네슘 및 이를 함유한 것에 있어서는 물이나 산과의 접촉을 피하고 인화성 고체에 있어서는 함부로 증기를 발생시키지 아니하여야 한다.

풀이

제2류 위험물은 산화제와의 접촉·혼합이나 불티·불꽃·고온체와의 접근 또는 과열을 피하는 한편, 철분·금속분·마그네슘 및 이를 함유한 것에 있어서는 물이나 산과의 접촉을 피하고 인화성 고체에 있어서는 함부로 증기를 발생시키지 아니하여야 한다.

23 ★★★

화재의 예방 및 안전관리에 관한 법령상 특정소방대상물의 관계인이 수행하여야 하는 소방안전관리 업무가 아닌 것은?

① 소방훈련의 지도·감독
② 화기(火氣) 취급의 감독
③ 피난시설, 방화구획 및 방화시설의 유지·관리
④ 소방시설이나 그 밖의 소방 관련 시설의 유지·관리

SOLUTION

개념

특정소방대상물의 소방안전관리(화재예방법 제24조)

- 소방안전관리업무 대행자 : 소방시설관리업자(소방시설관리업을 등록한 자)
- 소방안전관리자의 선임
  - 선임해당사유 발생일로부터 30일 이내
  - 선임신고 : 선임한 날부터 14일 이내에 소방본부장 또는 소방서장에게 신고
- 특정소방대상물의 관계인 업무
  - 피난시설·방화구획 및 방화시설의 관리
  - 소방시설, 그 밖의 소방관련시설의 관리
  - 화기 취급의 감독
  - 화재발생 시 초기대응
  - 그 밖에 소방안전관리에 필요한 업무
- 소방안전관리대상물의 소방안전관리자 업무
  - 피난계획에 관한 사항과 소방계획서의 작성 및 시행
  - 자위소방대 및 초기대응체계의 구성, 운영 및 교육
  - 피난시설·방화구획 및 방화시설의 관리
  - 소방시설이나 그 밖의 소방 관련 시설의 관리
  - 소방훈련 및 교육
  - 화기 취급의 감독
  - 소방안전관리에 관한 업무수행에 관한 기록·유지
  - 화재발생 시 초기대응
  - 그 밖의 소방안전관리에 필요한 업무

풀이

소방훈련의 지도·감독은 소방본부장, 소방서장이 수행해야 하는 업무이다.

24 ★★★

소방시설공사업법령상 공사감리자 지정대상 특정소방대상물의 범위가 아닌 것은?

① 물분무등소화설비(호스릴 방식의 소화설비는 제외)를 신설·개설하거나 방호·방수 구역을 증설할 때
② 제연설비를 신설·개설하거나 제연구역을 증설할 때
③ 연소방지설비를 신설·개설하거나 살수구역을 증설할 때
④ 캐비닛형 간이스프링클러설비를 신설·개설 하거나 방호·방수 구역을 증설할 때

SOLUTION

개념
공사감리자 지정대상 특정소방대상물의 범위(소방공사업법 시행령 제10조)
- 옥내소화전설비를 신설·개설 또는 증설할 때
- 스프링클러설비등(캐비닛형 간이스프링클러설비는 제외)을 신설·개설 하거나 방호·방수 구역을 증설할 때
- 물분무등소화설비(호스릴 방식의 소화설비는 제외)를 신설·개설하거나 방호·방수 구역을 증설할 때
- 옥외소화전설비를 신설·개설 또는 증설할 때
- 자동화재탐지설비를 신설 또는 개설할 때
- 화재알림설비를 신설 또는 개설할 때
- 비상방송설비를 신설 또는 개설할 때
- 통합감시시설을 신설 또는 개설할 때
- 소화용수설비를 신설 또는 개설할 때
- 다음에 따른 소화활동설비의 시공
  - 제연설비를 신설·개설하거나 제연구역을 증설할 때
  - 연결송수관설비를 신설 또는 개설할 때
  - 연결살수설비를 신설·개설하거나 송수구역을 증설할 때
  - 비상콘센트설비를 신설·개설하거나 전용회로를 증설할 때
  - 무선통신보조설비를 신설 또는 개설할 때
  - 연소방지설비를 신설·개설하거나 살수구역을 증설할 때

풀이
스프링클러설비에서 캐비닛형 간이스프링클러설비의 신설, 개설하거나 방호, 방수 구역을 증설할 때는 공사감리자 지정대상 특정소방대상물의 범위에서 제외된다.

25 ★★★☆

위험물안전관리법령상 제조소등의 경보설비 설치기준에 대한 설명으로 틀린 것은?

① 제조소 및 일반취급소의 연면적이 500[m²] 이상인 것에는 자동화재탐지설비를 설치한다.
② 자동신호장치를 갖춘 스프링클러설비 또는 물분무등소화설비를 설치한 제조소등에 있어서는 자동화재탐지설비를 설치한 것으로 본다.
③ 경보설비는 자동화재탐지설비·비상경보설비(비상벨장치 또는 경종 포함)·확성장치(휴대용확성기 포함) 및 비상방송설비로 구분한다.
④ 지정수량의 10배 이상의 위험물을 저장 또는 취급하는 제조소등(이동탱크저장소를 포함한다)에는 화재발생 시 이를 알릴 수 있는 경보설비를 설치하여야 한다.

SOLUTION

개념
소화설비, 경보설비 및 피난설비의 기준(위험물법 시행규칙 별표 17, 위험물법 시행규칙 제41조제2항, 제42조제2항 및 제43조제2항 관련)
- 제조소등별로 설치해야 하는 경보설비의 종류
  - 지정수량의 10배 이상의 위험물을 저장 또는 취급하는 제조소등(이동탱크저장소를 제외) : 자동화재탐지설비, 비상경보설비, 확성장치 또는 비상방송설비 중 1종 이상
  - 연면적이 500[m²] 이상인 제조소 및 일반취급소 : 자동화재탐지설비

풀이
지정수량의 10배 이상의 위험물을 저장 또는 취급하는 제조소등(이동탱크저장소를 제외)에는 화재발생 시 이를 알릴 수 있는 경보설비를 설치하여야 한다.

26 ★★★

소방시설 설치 및 관리에 관한 법령상 소방시설 등에 대한 자체점검 중 종합점검 대상인 것은?

① 제연설비가 설치되지 않은 터널
② 스프링클러설비가 설치된 특정소방대상물
③ 물분무등소화설비가 설치된 연면적이 5,000[m²]인 위험물 제조소
④ 호스릴 방식의 물분무등소화설비만을 설치한 연면적 3,000[m²]인 특정소방대상물

SOLUTION

개념
소방시설 등 자체점검의 구분 및 대상, 점검자의 자격, 점검 장비, 점검 방법 및 횟수 등 자체점검 시 준수해야할 사항(소방시설법 시행규칙 별표 3, 소방시설법 시행규칙 제20조제1항 관련)

구분	작동점검	종합점검
점검 대상	작동점검 제외대상 외 특정소방대상물 작동점검 제외대상 ① 소방안전관리자를 선임하지 않는 특정소방대상물 ② 위험물 제조소 등 ③ 특급 소방안전 대상물	① 스프링클러설비가 설치된 특정소방 대상물 ② 물분무등소화설비(호스릴 방식의 물분무등소화설비만을 설치한 경우 제외)가 설치된 연면적 5,000[m²] 이상인 특정소방대상물(위험물 제조소 등 제외) ③ 다중이용업의 영업장이 설치된 특정소방 대상물로서 연면적이 2,000[m²] 이상인 것 ④ 제연설비가 설치된 터널 ⑤ 공공기관 중 연면적이 1,000[m²] 이상인 것(옥내소화전설비 또는 자동화재탐지설비 설치), 소방대가 근무하는 공공기관 제외

풀이
스프링클러설비가 설치된 특정소방대상물은 종합점검 실시대상이다.

27 ★☆☆

소방시설 설치 및 관리에 관한 법령상 화재위험도가 낮은 특정소방대상물 중 불연성 건축재료의 가공공장에 설치하지 아니할 수 있는 소방시설은?

① 피난기구
② 비상방송설비
③ 연결송수관설비
④ 연결살수설비

SOLUTION

개념
소방시설을 설치하지 않을 수 있는 특정소방대상물 및 소방시설의 범위(소방시설법 시행령 별표 6, 소방시설법 시행령 제16조 관련)
• 화재 위험도가 낮은 특정소방대상물
  - 석재, 불연성금속, 불연성 건축재료 등의 가공공장·기계조립공장 또는 불연성 물품을 저장하는 창고
    ‣ 설치하지 않을 수 있는 소방시설 : 옥외소화전 및 연결살수설비

풀이
연결살수설비는 화재 위험도가 낮은 특정소방대상물에 설치하지 않을 수 있는 소방시설이다.

28 ★★☆

소방시설공사업법령에 따른 소방시설업 등록이 가능한 사람은?

① 피성년후견인
② 위험물안전관리법에 따른 금고 이상의 형의 집행 유예를 선고받고 그 유예기간 중에 있는 사람
③ 등록하려는 소방시설업 등록이 취소된 날부터 3년이 지난 사람
④ 소방기본법에 따른 금고 이상의 실형을 선고받고 그 집행이 면제된 날부터 1년이 지난 사람

SOLUTION

개념
등록의 결격사유(소방공사업법 제5조)
1. 피성년후견인
2. 「소방시설공사업법」, 「소방기본법」, 「화재의 예방 및 안전관리에 관한 법률」, 「소방시설 설치 및 관리에 관한 법률」 또는 「위험물안전관리법」에 따른 금고 이상의 실형을 선고받고 그 집행이 끝나거나(집행이 끝난 것으로 보는 경우를 포함한다) 면제된 날부터 2년이 지나지 아니한 사람
3. 「소방시설공사업법」, 「소방기본법」, 「화재의 예방 및 안전관리에 관한 법률」, 「소방시설 설치 및 관리에 관한 법률」 또는 「위험물안전관리법」에 따른 금고 이상의 형의 집행유예를 선고받고 그 유예기간 중에 있는 사람
4. 등록하려는 소방시설업 등록이 취소(피성년후견인 결격으로 인한 등록이 취소된 경우는 제외)된날부터 2년이 지나지 아니한 자
5. 법인의 대표자가 1~4항에 해당하는 경우 그 법인
6. 법인의 임원이 2~4항에 해당하는 경우 그 법인

풀이
등록하려는 소방시설업 등록이 취소된 날부터 2년이 지나면 소방시설업 등록이 가능하다. 그러므로 등록하려는 소방시설업 등록이 취소된 날부터 3년이 지난 사람은 2년보다 지난 시점이기 때문에 소방시설업 등록이 가능하다.

29 ★★★

소방기본법령에 따라 주거지역·상업지역 및 공업지역에 소방용수시설을 설치하는 경우 소방대상물과의 수평거리를 몇 [m] 이하가 되도록 해야 하는가?

① 50
② 100
③ 150
④ 200

SOLUTION

개념
소방용수시설의 설치기준(기본법 시행규칙 별표 3)
- 공통기준
  - 주거지역·상업지역 및 공업지역에 설치하는 경우 : 소방대상물과의 수평거리 100[m] 이하
  - 그 외 지역 : 소방대상물과의 수평거리 140[m] 이하
- 소화전
  - 상수도와 연결하여 지하식 또는 지상식의 구조
  - 소방용호스와 연결하는 소화전의 연결금속구의 구경은 65[mm]
- 급수탑
  - 급수배관의 구경은 100[mm] 이상
  - 개폐밸브는 지상에서 1.5[m] 이상 1.7[m] 이하의 위치에 설치
- 저수조
  - 지면으로부터의 낙차가 4.5[m] 이하
  - 흡수부분의 수심이 0.5[m] 이상
  - 소방펌프자동차가 쉽게 접근할 수 있도록 할 것
  - 흡수에 지장이 없도록 토사 및 쓰레기 등을 제거할 수 있는 설비를 갖출 것
  - 흡수관의 투입구가 사각형의 경우에는 한 변의 길이가 60[cm] 이상, 원형의 경우에는 지름이 60[cm] 이상
  - 저수조에 물을 공급하는 방법은 상수도에 연결하여 자동으로 급수되는 구조

풀이
주거지역·상업지역 및 공업지역에 소방용수시설 설치 시 소방대상물과의 수평거리는 100[m] 이하이다.

30 ★★☆

소방시설공사업법령상 소방시설업 등록을 하지 아니하고 영업을 한 자에 대한 벌칙은?

① 500만원 이하의 벌금
② 1년 이하의 징역 또는 1,000만원 이하의 벌금
③ 3년 이하의 징역 또는 3,000만원 이하의 벌금
④ 5년 이하의 징역

SOLUTION

개념
3년 이하의 징역 또는 3천만원 이하의 벌금(소방공사업법 제35조)
- 소방시설업 등록을 하지 아니하고 영업을 한 자
- 부정한 청탁을 받고 재물 또는 재산상의 이익을 취득하거나 부정한 청탁을 하면서 재물 또는 재산상의 이익을 제공한 자

풀이
소방시설업 등록을 하지 아니하고 영업을 한 자는 3년 이하의 징역 또는 3천만원 이하의 벌금에 처한다.

31 ★☆☆

특정소방대상물의 관계인이 소방안전관리자를 해임한 경우 재선임을 해야 하는 기준은? (단, 해임한 날부터를 기준일로 한다)

① 10일 이내
② 20일 이내
③ 30일 이내
④ 40일 이내

SOLUTION

개념
소방안전관리자의 선임신고 등(화재예방법 시행규칙 제14조)
소방안전관리자의 해임, 퇴직 등으로 해당 소방안전관리자의 업무가 종료된 경우 : 소방안전 관리자가 해임된 날, 퇴직한 날 등 근무를 종료한 날로부터 30일 이내에 소방안전관리자를 선임해야 한다.

풀이
소방안전관리자를 해임한 경우 해임한 날부터 30일 이내에 다시 소방안전관리자를 재선임하여야 한다.

29 ② 30 ③ 31 ③

32 ★★★

아파트로 층수가 20층인 특정소방대상물에서 스프링클러 설비를 하여야 하는 층수는? (단, 아파트는 신축을 실시하는 경우이다)

① 전층 ② 15층 이상
③ 11층 이상 ④ 6층 이상

SOLUTION

개념
특정소방대상물의 관계인이 특정소방대상물에 설치·관리해야 하는 소방시설의 종류(소방시설법 시행령 별표 4, 소방시설법 시행령 제11조 관련)

- 스프링클러설비를 설치해야 하는 특정소방대상물
  - 층수가 6층 이상인 특정소방대상물의 경우에는 모든 층
  - 기숙사 또는 복합건축물로서 연면적 5,000[m²] 이상인 경우에는 모든 층
  - 문화 및 집회시설, 종교시설, 운동시설로서 다음의 어느 하나에 해당하는 경우에는 모든 층
    1. 수용인원이 100명 이상인 것
    2. 영화상영관의 용도로 쓰는 층의 바닥면적이 지하층 또는 무창층인 경우에는 500[m²] 이상, 그 밖의 경우에는 1,000[m²] 이상인 것
    3. 무대부가 지하층·무창층 또는 4층 이상의 층에 있는 경우에는 무대부의 면적이 300[m²] 이상인 것
    4. 무대부가 3항의 경우 제외한 층에 있는 경우에는 무대부의 면적이 500[m²] 이상인 것
  - 판매시설, 운수시설 및 창고시설(물류터미널로 한정)로서 바닥면적의 합계가 5,000[m²] 이상이거나 수용인원이 500명 이상인 경우에는 모든 층
  - 다음의 어느 하나에 해당하는 용도로 사용되는 시설의 바닥면적의 합계가 600[m²] 이상인 것은 모든 층
    • 근린생활시설 중 조산원 및 산후조리원
    • 의료시설 중 정신의료기관
    • 의료시설 중 종합병원, 병원, 치과병원, 한방병원 및 요양병원
    • 노유자 시설
    • 숙박이 가능한 수련시설
    • 숙박시설
  - 창고시설(물류터미널 제외)로서 바닥면적 합계가 5,000[m²] 이상인 경우에는 모든 층
  - 특정소방대상물의 지하층·무창층 또는 층수가 4층 이상인 층으로 바닥면적이 1,000[m²] 이상인 층이 있는 경우에는 해당 층
  - 지하상가로서 연면적 1,000[m²] 이상인 것

풀이
층수가 6층 이상인 특정소방대상물의 경우에는 모든 층에 스프링클러설비를 설치해야 한다. 20층인 아파트는 6층 이상인 특정소방대상물에 해당하기 때문에 전층에 스프링클러설비를 설치한다.

33 ★☆☆

화재안전조사 결과에 따른 조치명령으로 손실을 입어 손실을 보상하는 경우 그 손실을 입은 자는 누구와 손실보상을 협의하여야 하는가?

① 소방서장 ② 시·도지사
③ 소방본부장 ④ 행정안전부장관

SOLUTION

개념
손실보상(화재예방법 제15조)
소방청장 또는 시·도지사는 화재안전조사 결과에 따른 조치명령으로 손실을 입은 자가 있는 경우에는 대통령령으로 정하는 바에 따라 보상하여야 한다.

풀이
소방청장 또는 시·도지사는 화재안전조사 결과에 따른 조치명령으로 손실을 입은 자가 있는 경우에는 대통령령으로 정하는 바에 따라 보상하여야 한다.

34 ★★★

문화 및 자연 유산의 보존 및 활용에 관한 법률 규정에 의한 지정문화유산 및 천연기념물 등에 있어서는 제조소 등과의 수평거리를 몇 [m] 이상 유지하여야 하는가?

① 20
② 30
③ 50
④ 70

SOLUTION

개념
제조소의 위치·구조 및 설비의 기준(위험물법 시행규칙 별표 4, 위험물법 시행규칙 제28조 관련)

• 안전거리
 - 제조소(제6류 위험물을 취급하는 제조소를 제외) 건축물의 외벽 또는 이에 상당하는 공작물의 외측으로부터 해당 제조소의 외벽 또는 이에 상당하는 공작물의 외측까지의 사이에 다음 규정에 의한 수평거리를 두어야 함. 다만, 불연재료로 된 방화상 유효한 담 또는 벽 설치 시 안전거리 단축이 가능

건축물 및 그 밖의 공작물	안전거리
주거용(제조소가 설치된 부지 내에 있는 것 제외)	10[m] 이상
고압가스, 액화석유가스, 도시가스를 저장 또는 취급하는 시설	20[m] 이상
학원, 병원, 극장 등 다수의 수용시설	30[m] 이상
지정문화유산 및 천연기념물	50[m] 이상
사용전압 7,000[V] 초과 35,000[V] 이하 특고압가공전선	3[m] 이상
사용전압 35,000[V] 초과 특고압가공전선	5[m] 이상

풀이
지정문화유산 및 천연기념물 등의 안전거리는 50[m] 이상이다.

35 ★☆☆

화재의 예방 및 안전관리에 관한 법령상 화재안전조사위원회의 위원에 해당하지 아니하는 사람은?

① 소방기술사
② 소방시설관리사
③ 소방 관련 분야의 석사학위 이상을 취득한 사람
④ 소방 관련 법인 또는 단체에서 소방 관련 업무에 3년 이상 종사한 사람

SOLUTION

개념
화재안전조사위원회의 구성·운영 등(화재예방법 시행령 제11조)

• 위원장 : 소방관서장(소방청장, 소방본부장, 소방서장)
• 위촉권한자 : 소방관서장(소방청장, 소방본부장, 소방서장)
• 위원장 1명을 포함하여 7명 이내의 위원으로 성별을 고려하여 구성
• 구성
 - 과장급 직위 이상의 소방공무원
 - 소방기술사
 - 소방시설관리사
 - 소방 관련 분야의 석사 이상 학위를 취득한 사람
 - 소방 관련 법인 또는 단체 소방관련업무 5년 이상 종사자 소방공무원 교육훈련기관, 학교 또는 연구소에서 소방과 관련한 교육 또는 연구에 5년 이상 종사자

풀이
화재안전조사위원회의 위원이 되기 위해서는 소방 관련 법인 또는 단체에서 소방 관련 업무에 5년 이상 종사한 사람이어야 한다.

정답 34 ③ 35 ④

36 ★★★

위험물안전관리법령상 제조소의 위치·구조 및 설비의 기준 중 위험물을 취급하는 건축물 그 밖의 시설의 주위에는 그 취급하는 위험물을 최대수량이 지정수량의 10배 이하인 경우 보유하여야 할 공지의 너비는 몇 [m] 이상 이어야 하는가?

① 3
② 5
③ 8
④ 10

SOLUTION

개념

제조소의 위치·구조 및 설비의 기준(위험물법 시행규칙 별표 4, 위험물법 시행규칙 제28조 관련)

- 보유공지
  - 위험물을 취급하는 건축물 그 밖의 시설(위험물을 이송하기 위한 배관 그 밖에 이와 유사한 시설을 제외)의 주위에는 그 취급하는 위험물의 최대수량에 따라 다음 표에 의한 너비의 공지를 보유

취급하는 위험물의 최대수량	공지의 너비
지정수량의 10배 이하	3[m] 이상
지정수량의 10배 초과	5[m] 이상

풀이

위험물의 최대수량이 지정수량의 10배 이하인 경우에는 보유하여야 할 공지의 너비는 3[m] 이상이어야 한다.

37 ★☆☆

화재의 예방 및 안전관리에 관한 법령상 소방안전관리대상물의 소방안전관리자가 소방훈련 및 교육을 하지 않은 경우 과태료 금액 기준으로 옳은 것은?

① 200만원 이하
② 100만원 이하
③ 300만원 이하
④ 30만원 이하

SOLUTION

개념

과태료(화재예방법 제52조)

- 과태료는 대통령령으로 정하는 바에 따라 소방청장, 시·도지사, 소방본부장 또는 소방서장이 부과·징수
  - 300만원 이하의 과태료
    ‣ 정당한 사유 없이 화재예방강화지구 및 이에 준하는 대통령령으로 정하는 장소에서의 금지 명령에 해당하는 행위를 한 자
    ‣ 다른 안전관리자가 소방안전관리자를 겸한 자
    ‣ 소방안전관리업무를 하지 아니한 특정소방대상물의 관계인 또는 소방안전관리대상물의 소방안전관리자
    ‣ 소방안전관리업무의 지도·감독을 하지 아니한 자
    ‣ 건설현장 소방안전관리대상물의 소방안전관리자의 업무를 하지 아니한 소방안전관리자
    ‣ 피난유도 안내정보를 제공하지 아니한 자
    ‣ 소방훈련 및 교육을 하지 아니한 자
    ‣ 화재예방안전진단 결과를 제출하지 아니한 자
  - 200만원 이하의 과태료
    ‣ 불을 사용할 때 지켜야 하는 사항 및 특수가연물의 저장 및 취급 기준을 위반한 자
    ‣ 화재예방강화지구 내 화재안전조사 결과에 따른 소방설비 등의 설치 명령을 정당한 사유 없이 따르지 아니한 자
    ‣ 소방안전관리자 또는 소방안전관리보조자의 선임신고를 기간 내에 선임신고를 하지 아니하거나 소방안전관리자의 성명 등을 게시하지 아니한 자
    ‣ 건설현장 소방안전관리자 선임신고를 기간 내에 하지 아니한 자
    ‣ 기간 내에 소방안전관리대상물 근무자 및 거주자 등에 대한 소방훈련 및 교육 결과를 제출하지 아니한 자
  - 100만원 이하의 과태료
    ‣ 실무교육을 받지 아니한 소방안전관리자 및 소방안전관리보조자

풀이

소방안전관리대상물의 소방안전관리자가 소방훈련 및 교육을 하지 않은 경우 300만원 이하의 과태료가 부과된다.

38 ★☆☆

소방시설공사업법령상 특정소방대상물의 관계인 또는 발주자가 해당 도급계약의 수급인을 도급계약 해지할 수 있는 경우의 기준 중 틀린 것은?

① 하도급계약의 적정성 심사 결과 하수급인 또는 하도급계약 내용의 변경 요구에 정당한 사유 없이 따르지 아니하는 경우
② 정당한 사유 없이 15일 이상 소방시설공사를 계속하지 아니하는 경우
③ 소방시설업이 등록 취소되거나 영업 정지된 경우
④ 소방시설업을 휴업하거나 폐업한 경우

SOLUTION

개념
도급계약의 해지(소방공사업법 제23조)
- 특정소방대상물의 관계인 또는 발주자는 해당 도급계약의 수급인이 다음 어느 하나에 해당하는 경우에는 도급계약을 해지할 수 있다.
  - 소방시설업이 등록취소되거나 영업정지된 경우
  - 소방시설업을 휴업하거나 폐업한 경우
  - 정당한 사유 없이 30일 이상 소방시설공사를 계속하지 아니하는 경우
  - 적정성 심사에 따른 수급인에 대하여 하수급인 또는 하도급 계약내용의 변경요구에 정당한 사유 없이 따르지 아니하는 경우

풀이
정당한 사유 없이 30일 이상 소방시설공사를 계속하지 아니하는 경우에는 도급계약을 해지할 수 있다.

39 ★★★

소방시설 설치 및 관리에 관한 법령상 단독경보형감지기를 설치하여야 하는 특정소방대상물의 기준 중 옳은 것은?

① 연면적 600[m²] 미만의 아파트 등
② 연면적 400[m²] 미만의 유치원
③ 교육연구시설 또는 수련시설 내에 있는 기숙사로서 연면적 3,000[m²] 미만인 것
④ 교육연구시설 또는 수련시설 내에 있는 합숙소로서 연면적 3,000[m²] 미만인 것

SOLUTION

개념
특정소방대상물의 관계인이 특정소방대상물에 설치·관리해야 하는 소방시설의 종류(소방시설법 시행령 별표 4, 소방시설법 시행령 제11조 관련)
- 단독경보형 감지기를 설치해야하는 특정소방대상물
  - 교육연구시설 또는 수련시설 내에 있는 기숙사 또는 합숙소로서 연면적 2,000[m²] 미만인 것
  - 숙박시설이 있는 수련시설로서 수용인원 100명 미만인 모든 층
  - 연면적 400[m²] 미만의 유치원
  - 공동주택 중 연립주택 및 다세대주택(단독경보형 감지기는 연동형으로 설치해야 한다)

풀이
단독경보형 감지기를 설치하여야 하는 특정소방대상물의 기준에서 유치원은 연면적 400[m²] 미만이어야 한다.

정답 38 ② 39 ②

40 ★★☆

대통령령 또는 화재안전기준이 변경되어 그 기준이 강화되는 경우에 기존 특정소방 대상물의 소방시설에 대하여 변경으로 강화된 기준을 적용하여야 하는 소방시설은?

① 비상경보설비
② 비상콘센트설비
③ 비상방송설비
④ 옥내소화전설비

SOLUTION

개념

소방시설기준 적용의 특례(소방시설법 제13조)
- 대통령령 또는 화재안전기준의 변경 시 강화된 기준 적용 소방시설
  - 소화기구
  - 비상경보설비
  - 자동화재탐지설비
  - 자동화재속보설비
  - 피난구조설비
  - 공동구
  - 전력 및 통신사업용 지하구
  - 노유자시설
  - 의료시설

풀이

비상경보설비는 강화된 기준을 적용하여야 하는 소방시설이다.

2023년 제4회 소방설비기사 [CBT 복원문제]

21 ★☆☆

소방시설공사업 법령상 소방공사감리업을 등록한 자가 수행하여야 할 업무가 아닌 것은?

① 완공된 소방시설등의 성능시험
② 소방시설등 설계 변경 사항의 적합성 검토
③ 소방시설등의 설치계획표의 적법성 검토
④ 소방용품 형식승인 및 제품검사의 기술기준에 대한 적합성 검토

SOLUTION

개념

감리(소방공사업법 제16조)
- 감리업자의 업무
  - 소방시설등의 설치계획표의 적법성 검토
  - 소방시설등 설계도서의 적합성(적법성과 기술상의 합리성) 검토
  - 소방시설등 설계 변경 사항의 적합성 검토
  - 소방용품의 위치·규격 및 사용 자재의 적합성 검토
  - 공사업자가 한 소방시설등의 시공이 설계도서와 화재안전기준에 맞는지에 대한 지도·감독
  - 완공된 소방시설등의 성능시험
  - 공사업자가 작성한 시공 상세 도면의 적합성 검토
  - 피난시설 및 방화시설의 적법성 검토
  - 실내장식물의 불연화(不燃化)와 방염 물품의 적법성 검토
- 용도와 구조에서 특별히 안전성과 보안성이 요구되는 소방대상물로서 대통령령으로 정하는 장소에서 시공되는 소방시설물에 대한 감리는 감리업자가 아닌 자도 가능
- 감리의 종류와 방법 기준 : 대통령령

풀이

소방공사감리업을 등록한 자는 소방용품 형식승인 및 제품검사의 기술기준에 대한 적합성이 아닌 소방용품의 위치·규격 및 사용 자재의 적합성을 검토하여야 한다.

22 ★★★

화재의 예방 및 안전관리에 관한 법령상 화재가 발생할 우려가 높거나 화재가 발생하는 경우 그로 인하여 피해가 클 것으로 예상되는 지역을 화재예방강화지구로 지정할 수 있는 자는?

① 한국소방안전협회장 ② 소방시설관리사
③ 소방본부장 ④ 시·도지사

SOLUTION

개념
화재예방강화지구의 지정 등(화재예방법 제18조)
- 화재예방강화지구의 지정권자 : 시·도지사
- 화재예방강화지구 지정지역
  - 시장지역
  - 공장·창고가 밀집한 지역
  - 목조건물이 밀집한 지역
  - 노후·불량건축물이 밀집한 지역
  - 위험물의 저장 및 처리 시설이 밀집한 지역
  - 석유화학제품을 생산하는 공장이 있는 지역
  - 「산업입지 및 개발에 관한 법률」 제2조제8호에 따른 산업단지
  - 소방시설·소방용수시설 또는 소방출동로가 없는 지역
  - 「물류시설의 개발 및 운영에 관한 법률」 제2조제6호에 따른 물류단지
  - 그 밖에 위의 지역에 준하는 지역으로서 소방관서장이 화재예방강화지구로 지정할 필요가 있다고 인정하는 지역
- 시·도지사가 화재예방강화지구로 지정할 필요가 있는 지역을 화재예방강화지구로 지정하지 아니하는 경우 소방청장은 해당 시·도지사에게 해당 지역의 화재예방강화지구 지정을 요청 가능
- 화재안전조사 실시자 : 소방관서장

TIP
과거 문제에는 화재예방강화지구가 아닌 화재경계지구로 표기된 경우가 있다. 소방관계법규 변경으로 인해 단어가 변경된 것이기 때문에 혼동하지 않도록 한다.

23 ★★☆

위험물안전관리법령상 옥내주유취급소에 있어서 당해 사무소 등의 출입구 및 피난구와 당해 피난구로 통하는 통로·계단 및 출입구에 설치해야 하는 피난설비는?

① 유도등 ② 구조대
③ 피난사다리 ④ 완강기

SOLUTION

개념
소화설비, 경보설비 및 피난설비의 기준(위험물법 시행규칙 별표 17)
- 피난설비
  - 주유취급소 중 건축물의 2층 이상의 부분을 점포·휴게음식점 또는 전시장의 용도로 사용하는 것에 있어서는 당해 건축물의 2층 이상으로부터 주유취급소의 부지 밖으로 통하는 출입구와 당해 출입구로 통하는 통로·계단 및 출입구에 유도등을 설치하여야 한다.
  - 옥내주유취급소에 있어서는 당해 사무소 등의 출입구 및 피난로와 당해 피난구로 통하는 통로·계단 및 출입구에는 유도등을 설치해야 한다.
  - 유도등에는 비상전원을 설치하여야 한다.

24 ★★★

소방기본법령상 이웃하는 다른 시·도지사와 소방업무에 관하여 시·도지사가 체결할 상호응원협정 사항이 아닌 것은?

① 화재조사활동
② 응원출동의 요청방법
③ 소방교육 및 응원출동훈련
④ 응원출동대상지역 및 규모

SOLUTION

개념
소방업무의 상호응원협정(기본법 시행규칙 제8조)
- 소방활동에 관한 사항
  - 화재의 경계·진압활동
  - 구조·구급업무의 지원
  - 화재조사활동
- 응원출동대상지역 및 규모
- 소요경비의 부담에 관한 사항
  - 출동대원의 수당·식사 및 의복의 수선
  - 소방장비 및 기구의 정비와 연료의 보급
  - 그 밖의 경비
- 응원출동의 요청방법
- 응원출동훈련 및 평가

풀이
소방교육 및 응원출동훈련은 상호응원협정 사항이 아니다.

25 ★★★

화재의 예방 및 안전관리에 관한 법령상 특수가연물의 저장 및 취급기준이 아닌 것은? (단, 석탄/목탄류를 발전용으로 저장하는 경우는 제외)

① 품명별로 구분하여 쌓는다.
② 쌓는 높이는 20[m] 이하가 되도록 한다.
③ 쌓는 부분의 바닥면적 사이는 실외의 경우 3[m] 또는 쌓는 높이 중 큰 값 이상으로 간격을 두어야 한다.
④ 특수가연물을 저장 또는 취급하는 장소에는 품명·최대수량·단위체적당 질량·관리책임자 성명·직책, 연락처 및 화기취급의 금지 표지가 포함된 특수가연물 표지를 설치해야 한다.

SOLUTION

개념
특수가연물의 저장 및 취급 기준(화재예방법 시행령 별표 3, 화재예방법 시행령 제19조 제2항 관련)

구분	높이	쌓는 부분의 바닥면적
살수설비를 설치하거나 방사능력 범위에 해당특수가연물이 포함되도록 대형수동식소화기를 설치하는 경우	15[m] 이하	200[m²](석탄·목탄류의 경우에는 300[m²]) 이하
그 밖의 경우	10[m] 이하	50[m²](석탄·목탄류의 경우에는 200[m²]) 이하

다만, 석탄·목탄류를 발전용으로 저장하는 경우는 제외

풀이
대형수동식소화기를 설치했다는 언급이 따로 없으므로 특수가연물의 쌓는 높이는 10[m] 이하가 되도록 한다.

26 ★★☆

소방시설 설치 및 관리에 관한 법령상 대통령령 또는 화재안전기준이 변경되어 그 기준이 강화되는 경우 기존 특정 소방대상물의 소방시설 중 강화된 기준을 적용할 수 있는 것은? (단, 건축물의 신축·개축·재축·이전 및 대수선중인 특정소방대상물을 포함한다)

① 제연설비
② 비상경보설비
③ 옥내소화전설비
④ 화재조기진압용 스프링클러설비

SOLUTION

개념
소방시설기준 적용의 특례(소방시설법 제13조)

- 대통령령 또는 화재안전기준의 변경 시 강화된 기준 적용 소방시설
  - 소화기구
  - 비상경보설비
  - 자동화재탐지설비
  - 자동화재속보설비
  - 피난구조설비
  - 공동구
  - 전력 및 통신사업용 지하구
  - 노유자시설
  - 의료시설

풀이
비상경보설비는 화재안전기준의 변경 시 강화된 기준을 적용할 수 있다.

정답 25 ② 26 ②

27 ★★★

위험물안전관리법령상 위험물별 성질로서 틀린 것은?

① 제1류 : 산화성 고체 ② 제2류 : 가연성 고체
③ 제4류 : 인화성 액체 ④ 제6류 : 인화성 고체

SOLUTION

개념
위험물 및 지정수량(위험물법 시행령 별표 1, 위험물법 시행령 제2조 및 제3조 관련)
- 위험물

유별	성질	품명
제1류	산화성 고체	• 아염소산염류 • 염소산염류 • 과염소산염류 • 무기과산화물 • 브롬산염류(브로민산염류) • 질산염류 • 요오드산염류(아이오딘산염류) • 과망간산염류(과망가니즈산염류) • 중크롬산염류(다이크로뮴산염류)
제2류	가연성 고체	• 황화린(황화인) • 적린 • 황(유황) • 철분 • 금속분 • 마그네슘 • 인화성 고체
제3류	자연발화성 물질 및 금수성 물질	• 칼륨 • 나트륨 • 알킬알루미늄 • 알킬리튬 • 황린 • 알칼리금속 및 알칼리토금속 • 유기금속화합물 • 금속의 수소화물 • 금속의 인화물 • 칼슘 또는 알루미늄의 탄화물
제4류	인화성 액체	• 특수인화물 • 제1석유류 • 알코올류 • 제2석유류 • 제3석유류 • 제4석유류 • 동식물유류
제5류	자기반응성 물질	• 유기과산화물 • 질산에스테르류(질산에스터류) • 니트로화합물(나이트로화합물) • 니트로소화합물(나이트로소화합물) • 아조화합물 • 디아조화합물(다이아조화합물) • 하이드라진 유도체(히드라진 유도체) • 히드록실아민(하이드록실아민) • 히드록실아민염류(하이드록실아민염류)
제6류	산화성 액체	• 과염소산 • 과산화수소 • 질산

풀이
제6류 위험물은 산화성 액체이다.

28 ★☆☆

소방시설 설치 및 관리에 관한 법령상 터널로서 길이가 1천미터일 때 설치하지 않아도 되는 소방시설은?

① 인명구조기구 ② 옥내소화전설비
③ 연결송수관설비 ④ 무선통신보조설비

SOLUTION

개념
특정소방대상물의 관계인이 특정소방대상물에 설치·관리해야 하는 소방시설의 종류(소방시설법 시행령 별표 4, 소방시설법 시행령 제11조 관련)
- 터널에 설치하여야 할 소방시설

터널길이	소방시설
500[m] 이상	• 비상콘센트설비 • 비상경보설비 • 무선통신보조설비 • 비상조명등
1,000[m] 이상	• 비상콘센트설비 • 비상경보설비 • 무선통신보조설비 • 비상조명등 • 자동화재탐지설비 • 옥내소화전설비 • 연결송수관설비
모든 길이	• 소화기구

풀이
터널 길이가 1,000[m] 이상일 때는 옥내소화전설비, 연결송수관설비, 무선통신보조설비는 설치하여야 한다. 인명구조기구는 터널에 설치하여야 하는 소방시설은 아니다.

29 ★★☆

소방기본법령상 소방대장은 화재, 재난·재해 그 밖의 위급한 상황이 발생한 현장에 소방활동구역을 정하여 소방활동에 필요한 자로서 대통령령으로 정하는 사람 외에는 그 구역에의 출입을 제한할 수 있다. 다음 중 소방활동구역에 출입할 수 없는 사람은?

① 소방활동구역 안에 있는 소방대상물의 소유자·관리자 또는 점유자
② 전기·가스·수도·통신·교통의 업무에 종사하는 사람으로서 원활한 소방활동을 위하여 필요한 사람
③ 시·도지사가 소방활동을 위하여 출입을 허가한 사람
④ 의사·간호사 그 밖의 구조·구급업무에 종사하는 사람

SOLUTION

개념
소방활동구역의 출입자(기본법 시행령 제8조)
- 법령근거 : 대통령령
- 소방활동구역의 출입자
  - 소방활동구역 안에 있는 소방대상물의 소유자·관리자 또는 점유자
  - 전기·가스·수도·통신·교통의 업무에 종사하는 사람으로서 원활한 소방활동을 위하여 필요한 사람
  - 의사·간호사 그 밖의 구조·구급업무에 종사하는 사람
  - 취재인력 등 보도업무에 종사하는 사람
  - 수사업무에 종사하는 사람
  - 그 밖에 소방대장이 소방활동을 위하여 출입을 허가한 사람

풀이
소방활동구역에 출입할 수 있는 사람은 시·도지사가 아닌 소방대장이 소방활동을 위하여 출입을 허가한 사람이다.

30 ★★★

위험물안전관리법령상 위험물시설의 설치 및 변경 등에 관한 기준 중 다음 ( ) 안에 들어갈 내용으로 옳은 것은?

> 제조소등의 위치·구조 또는 설비의 변경 없이 당해 제조소 등에서 저장하거나 취급하는 위험물의 품명·수량 또는 지정수량의 배수를 변경하고자 하는 자는 변경하고자 하는 날의 (㉠)일 전까지 (㉡)이 정하는 바에 따라 (㉢)에게 신고하여야 한다.

① ㉠ 1, ㉡ 대통령령, ㉢ 소방본부장
② ㉠ 1, ㉡ 행정안전부령, ㉢ 시·도지사
③ ㉠ 14, ㉡ 대통령령, ㉢ 소방서장
④ ㉠ 14, ㉡ 행정안전부령, ㉢ 시·도지사

SOLUTION

개념
위험물시설의 설치 및 변경 등(위험물법 제6조)
- 제조소 등의 설치허가
  - 설치허가자 : 시·도지사
  - 설치허가 대상
    · 제조소 등을 설치하려는 자
    · 제조소 등의 위치·구조 또는 설비를 변경하고자 하는 자
- 품명 등의 변경신고
  - 변경신고 대상 : 시·도지사
  - 변경신고 기한 : 변경하고자 하는 날의 1일 전까지 행정안전부령에 따라 신고
  - 변경조건 : 해당 제조소 등의 위치·구조 또는 설비의 변경 없이 저장하거나 취급하는 위험물의 품명·수량 또는 지정수량의 배수를 변경
- 설치허가, 변경신고 등의 예외 조건
  - 주택의 난방시설(공동주택의 중앙난방시설 제외)용 저장소 또는 취급소
  - 농예용·축산용 또는 수산용으로 필요한 난방시설 또는 건조시설을 위한 지정수량 20배 이하의 저장소

풀이
제조소 등의 위치·구조 또는 설비의 변경 없이 당해 제조소 등에서 저장하거나 취급하는 위험물의 품명·수량 또는 지정수량의 배수를 변경하고자 하는 자는 변경하고자 하는 날의 1일 전까지 행정안전부령이 정하는 바에 따라 시·도지사에게 신고하여야 한다.

31 ★★☆

위험물안전관리법령상 허가를 받지 아니하고 당해 제조소등을 설치하거나 그 위치·구조 또는 설비를 변경할 수 있으며, 신고를 하지 아니하고 위험물의 품명·수량 또는 지정수량의 배수를 변경할 수 있는 기준으로 옳은 것은?

① 축산용으로 필요한 건조시설을 위한 지정수량 40배 이하의 저장소
② 수산용으로 필요한 건조시설을 위한 지정수량 30배 이하의 저장소
③ 농예용으로 필요한 난방시설을 위한 지정수량 40배 이하의 저장소
④ 주택의 난방시설(공동주택의 중앙난방시설 제외)을 위한 저장소

SOLUTION

[개념]
위험물시설의 설치 및 변경 등(위험물법 제6조)
- 제조소 등의 설치허가
  - 설치허가자 : 시·도지사
  - 설치허가 대상
    ‣ 제조소 등을 설치하려는 자
    ‣ 제조소 등의 위치·구조 또는 설비를 변경하고자 하는 자
- 품명 등의 변경신고
  - 변경신고 대상 : 시·도지사
  - 변경신고 기한 : 변경하고자 하는 날의 1일 전까지
  - 변경조건 : 해당 제조소 등의 위치·구조 또는 설비의 변경 없이 저장하거나 취급하는 위험물의 품명·수량 또는 지정수량의 배수를 변경
- 설치허가, 변경신고 등의 예외 조건
  - 주택의 난방시설(공동주택의 중앙난방시설 제외)용 저장소 또는 취급소
  - 농예용·축산용 또는 수산용으로 필요한 난방시설 또는 건조시설을 위한 지정수량 20배 이하의 저장소

[풀이]
농예용·축산용 또는 수산용으로 필요한 난방시설 또는 건조시설을 위한 지정수량 20배 이하의 저장소에서 시·도지사의 허가를 받지 아니하고 당해 제조소 등을 설치할 수 있다.

32 ★★★

다음 중 화재의 예방 및 안전관리에 관한 법령상 특수가연물에 해당하는 품명별 기준수량으로 틀린 것은?

① 사류 1,000[kg] 이상
② 면화류 200[kg] 이상
③ 나무껍질 및 대팻밥 400[kg] 이상
④ 넝마 및 종이부스러기 500[kg] 이상

SOLUTION

[개념]
특수가연물(화재예방법 시행령 별표 2, 화재예방법 시행령 제19조 제1항 관련)

품명		수량
면화류		200[kg] 이상
나무껍질 및 대팻밥		400[kg] 이상
넝마 및 종이부스러기		1,000[kg] 이상
사류(絲類)		1,000[kg] 이상
볏짚류		1,000[kg] 이상
가연성 고체류		3,000[kg] 이상
석탄·목탄류		10,000[kg] 이상
가연성 액체류		2[m³] 이상
목재가공품 및 나무부스러기		10[m³] 이상
고무류·플라스틱류	발포시킨 것	20[m³] 이상
	그 밖의 것	3,000[kg] 이상

[풀이]
넝마 및 종이부스러기는 1,000[kg] 이상일 때 특수가연물에 해당한다.

정답 31 ④ 32 ④

33 ★☆☆

다음 중 중급기술자에 해당하는 학력·경력 기준으로 옳은 것은?

① 전문학사학위를 취득한 후 1년 이상 소방 관련 업무를 수행한 사람
② 석사학위를 취득한 후 2년 이상 소방 관련 업무를 수행한 사람
③ 학사학위를 취득한 후 4년 이상 소방 관련 업무를 수행한 사람
④ 고등학교를 졸업한 후 8년 이상 소방 관련 업무를 수행한 사람

SOLUTION

개념

소방기술과 관련된 자격·학력 및 경력의 인정 범위(소방공사업법 시행규칙 별표 4의2, 소방공사업법 시행규칙 제24조제1항 관련)

- 중급기술자 학력·경력자에 대한 기준
  - 박사학위를 취득한 사람
  - 석사학위를 취득한 후 2년 이상 소방 관련 업무를 수행한 사람
  - 학사학위를 취득한 후 5년 이상 소방 관련 업무를 수행한 사람
  - 전문학사학위를 취득한 후 8년 이상 소방 관련 업무를 수행한 사람
  - 고등학교 소방학과를 졸업한 후 10년 이상 소방 관련 업무를 수행한 사람
  - 고등학교를 졸업한 후 12년 이상 소방 관련 업무를 수행한 사람

풀이

중급기술자의 학력·경력자에 대한 기준에서 석사학위를 취득한 경우 2년 이상 소방 관련 업무를 수행한 사람이어야 한다.

34 ★★☆

제4류 위험물을 저장·취급하는 제조소에 "화기엄금"이란 주의사항을 표시하는 게시판을 설치할 경우 게시판의 색상은?

① 청색바탕에 백색문자
② 적색바탕에 백색문자
③ 백색바탕에 적색문자
④ 백색바탕에 흑색문자

SOLUTION

개념

제조소의 위치·구조 및 설비의 기준(위험물법 시행규칙 별표 4, 위험물법 시행규칙 제28조 관련)

- 표지 및 게시판

위험물의 종류	주의사항	게시판
• 제1류 위험물 중 알칼리금속의 과산화물 • 제3류 위험물 중 금수성 물질	물기엄금	청색바탕에 백색문자
• 제2류 위험물(인화성 고체 제외)	화기주의	적색바탕에 백색문자
• 제2류 위험물 중 인화성 고체 • 제3류 위험물 중 자연발화성 물질 • 제4류 위험물 • 제5류 위험물	화기엄금	적색바탕에 백색문자

풀이

"화기엄금"이란 주의사항을 표시하는 게시판을 설치할 경우 게시판의 색상은 적색바탕에 백색문자이어야 한다.

TIP

물기엄금은 물과 관련되어 있기 때문에 청색바탕에 백색문자, 화기주의 및 화기엄금은 불과 관련되어 있기 때문에 적색바탕에 백색문자라고 기억하면 기억하기 수월할 것이다.

35 ★☆☆

다음 중 300만원 이하의 벌금에 해당되지 않는 것은?

① 소방시설공사의 완공검사를 받지 아니한 자
② 소방시설업의 등록수첩을 다른 자에게 빌려준 자
③ 소방기술자가 동시에 둘 이상의 업체에 취업한 사람
④ 소방시설공사 현장에 감리원을 배치하지 아니한 자

SOLUTION

개념
300만원 이하의 벌금(소방공사업법 제37조)
- 다른 자에게 자기의 성명이나 상호를 사용하여 소방시설공사등을 수급 또는 시공하게 하거나 소방시설업의 등록증이나 등록수첩을 빌려준 자
- 소방시설공사 현장에 감리원을 배치하지 아니한 자
- 감리업자의 보완 요구에 따르지 아니한 자
- 공사감리 계약을 해지하거나 대가 지급을 거부하거나 지연시키거나 불이익을 준 자
- 소방시설공사를 다른 업종의 공사와 분리하여 도급하지 아니한 자
- 자격수첩 또는 경력수첩을 빌려 준 사람
- 소방기술자가 동시에 둘 이상의 업체에 취업한 사람
- 관계인의 정당한 업무를 방해하거나 업무상 알게 된 비밀을 누설한 사람

풀이
소방시설공사의 완공검사를 받지 아니한 자는 200만원 이하의 과태료가 부과된다.

36 ★★★

소방기본법령상 소방본부 종합상황실 실장이 소방청의 종합상황실에 서면·팩스 또는 컴퓨터통신 등으로 보고하여야 하는 화재의 기준 중 틀린 것은?

① 항구에 매어둔 총 톤수가 1,000톤 이상인 선박에서 발생한 화재
② 층수가 5층 이상이거나 병상이 30개 이상인 종합병원·정신병원·한방병원·요양소에서 발생한 화재
③ 지정수량의 1,000배 이상의 위험물의 제조소·저장소·취급소에서 발생한 화재
④ 연면적 15,000[m^2] 이상인 공장 또는 화재예방강화지구에서 발생한 화재

SOLUTION

개념
종합상황실의 실장의 업무 등(기본법 시행규칙 제3조)
- 종합상황실장의 서면·팩스 또는 컴퓨터통신 등의 보고대상 재해규모
  - 사망자가 5인 이상 발생하거나 사상자가 10인 이상 발생한 화재
  - 이재민이 100인 이상 발생한 화재
  - 재산피해액이 50억원 이상 발생한 화재
  - 관공서·학교·정부미도정공장·문화재·지하철 또는 지하구의 화재
  - 관광호텔, 층수가 11층 이상인 건축물, 지하상가, 시장, 백화점, 지정수량의 3천배 이상의 위험물의 제조소·저장소·취급소, 층수가 5층 이상이거나 객실이 30실 이상인 숙박시설, 층수가 5층 이상이거나 병상이 30개 이상인 종합병원·정신병원·한방병원·요양소, 연면적 1만5천제곱미터 이상인 공장 또는 화재예방강화지구에서 발생한 화재
  - 철도차량, 항구에 매어둔 총 톤수가 1천톤 이상인 선박, 항공기, 발전소 또는 변전소에서 발생한 화재
  - 가스 및 화약류의 폭발에 의한 화재
  - 다중이용업소의 화재
  - 통제단장의 현장지휘가 필요한 재난상황
  - 언론에 보도된 재난상황
  - 그 밖에 소방청장이 정하는 재난상황

풀이
지정수량의 3,000배 이상의 위험물의 제조소·저장소·취급소에서 화재가 발생했을 때 소방본부 종합상황실 실장이 소방청의 종합상황실에 서면·팩스 또는 컴퓨터통신 등으로 보고하여야 한다.

37 ★☆☆

소방시설 설치 및 관리에 관한 법령상 특정소방대상물에 소방시설이 화재안전기준에 따라 설치 또는 유지·관리 되어 있지 아니할 때 해당 특정소방대상물의 관계인에게 필요한 조치를 명할 수 있는 자는?

① 소방본부장
② 소방청장
③ 시·도지사
④ 행정안전부장관

SOLUTION

개념

특정소방대상물에 설치하는 소방시설의 관리 등(소방시설법 제12조)
- 소방시설 설치·관리자 : 특정소방대상물의 관계인
- 소방시설 조치 명령자 : 소방본부장, 소방서장
- 소방시설정보관리시스템 : 소방시설의 작동정보 등을 실시간으로 수집·분석할 수 있는 시스템
- 소방시설정보관리시스템 구축·운영자 : 소방청장, 소방본부장, 소방서장

풀이

소방시설을 관계인에게 조치를 명할 수 있는 사람은 소방본부장과 소방서장이다.

38 ★★☆

소방시설 설치 및 관리에 관한 법령상 소방용품이 아닌 것은?

① 소화약제 외의 것을 이용한 간이소화용구
② 자동소화장치
③ 가스누설경보기
④ 소화용으로 사용하는 방염제

SOLUTION

개념

소방용품(소방시설법 시행령 별표 3, 소방시설법 제6조 관련)
- 소화설비를 구성하는 제품 또는 기기
  - 제품 : 소화기, 자동확산소화기, 간이소화용구(소화약제 외의 것을 이용한 간이소화용구는 제외), 자동소화장치
  - 기기 : 소화전, 관창, 소방호스, 스프링클러헤드, 기동용수압개폐장치, 유수제어밸브, 가스관선택밸브
- 경보설비를 구성하는 제품 또는 기기
  - 제품 : 누전경보기, 가스누설경보기
  - 기기 : 발신기, 수신기, 중계기, 감지기, 음향장치 중 경종
- 소화용으로 사용하는 제품 또는 기기 : 상업용 주방자동소화장치, 캐비닛형 자동소화장치, 포소화설비, 이산화탄소소화설비, 할론소화설비, 할로겐화합물 및 불활성기체소화설비, 분말소화설비, 강화액소화설비, 고체에어로졸소화설비의 소화약제, 방염제(방염액·방염도료 및 방염성 물질)

풀이

소화약제 외의 것을 이용한 간이소화용구는 제외는 소방용품에서 제외한다.

39 ★★☆

제조소등의 위치·구조 및 설비의 기준 중 위험물을 취급하는 건축물의 환기설비 설치 기준으로 다음 (   )안에 알맞은 것은?

> 급기구는 당해 급기구가 설치된 실의 바닥면적 (㉠)마다 1개 이상으로 하되, 급기구의 크기는 (㉡) 이상으로 할 것

① ㉠ 100[m²], ㉡ 800[cm²]
② ㉠ 150[m²], ㉡ 800[cm²]
③ ㉠ 100[m²], ㉡ 1,000[cm²]
④ ㉠ 150[m²], ㉡ 1,000[cm²]

SOLUTION

개념
제조소의 위치·구조 및 설비의 기준(위험물법 시행규칙 별표4, 위험물법 시행규칙 제28조 관련)
- 채광·조명 및 환기설비
  - 환기는 자연배기방식으로 할 것
  - 급기구는 해당 급기구가 설치된 실의 바닥면적 150[m²]마다 1개 이상으로 하되, 급기구의 크기는 800[cm²] 이상으로 할 것. 단, 바닥면적이 150[m²] 미만인 경우에는 다음의 크기로 할 것

바닥면적	급기구의 면적
60[m²] 미만	150[cm²] 이상
60[m²] 이상 90[m²] 미만	300[cm²] 이상
90[m²] 이상 120[m²] 미만	450[cm²] 이상
120[m²] 이상 150[m²] 미만	600[cm²] 이상

풀이
위험물을 취급하는 건축물의 환기설비에서 급기구는 해당 급기구가 설치된 실의 바닥면적 150[m²]마다 1개 이상으로 하되, 급기구의 크기는 800[cm²] 이상으로 하여야 한다.

40 ★☆☆

소방시설공사업법령상 특정소방대상물에 설치된 소방시설등을 구성하는 것의 전부 또는 일부를 개설, 이전 또는 정비하는 공사의 경우 소방시설공사의 착공신고 대상이 아닌 것은? (단, 고장 또는 파손 등으로 인하여 작동시킬 수 없는 소방시설을 긴급히 교체하거나 보수하여야 하는 경우는 제외한다)

① 수신반
② 소화펌프
③ 동력(감시)제어반
④ 압력챔버

SOLUTION

개념
소방시설공사의 착공신고 대상(소방공사업법 시행령 제4조)
- 신설공사 : 옥내소화전설비(호스릴옥내소화전설비를 포함), 옥외소화전설비, 스프링클러설비·간이스프링클러설비(캐비닛형 간이스프링클러설비를 포함) 및 화재조기진압용 스프링클러설비, 물분무소화설비·포소화설비·이산화탄소소화설비·할론소화설비·할로겐화합물 및 불활성기체 소화설비·미분무소화설비·강화액소화설비·분말소화설비 및 고체에어로졸소화설비, 연결송수관설비, 연결살수설비, 제연설비, 소화용수설비 또는 연소방지설비
- 증설공사 : 옥내·옥외소화전설비, 스프링클러설비등 또는 물분무등소화설비의 방호·방수구역, 자동화재탐지설비 또는 화재알림설비의 경계구역, 제연설비의 제연구역(소방용 외의 용도와 겸용되는 제연설비를 「건설산업기본법 시행령」 별표 1에 따른 기계설비·가스공사업자가 공사하는 경우는 제외), 연결송수관설비의 송수구역, 연결살수설비의 살수구역, 비상콘센트설비의 전용회로, 연소방지설비의 살수구역
- 교체보수공사 : 수신반, 소화펌프, 동력제어반, 감시제어반의 전부 또는 일부를 개설, 이전, 정비하는 공사(단, 고장 파손으로 인한 교체보수공사는 신고대상 제외)

풀이
압력챔버는 교체보수공사의 착공신고 대상이 아니다.

2024년 제1회 소방설비기사 [CBT 복원문제]

21 ★☆☆

소방시설공사업법령상 감리업자는 소방시설공사가 설계도서 또는 화재안전기준에 적합하지 아니한 때에는 가장 먼저 누구에게 알려야 하는가?

① 감리업체 대표자
② 시공자
③ 관계인
④ 소방서장

SOLUTION

개념
위반사항에 대한 조치(소방공사업법 제19조)
감리업자는 감리를 할 때 소방시설공사가 설계도서나 화재안전기준에 맞지 아니할 때에는 관계인에게 알리고, 공사업자에게 그 공사의 시정 또는 보완 등을 요구하여야 한다.

22 ★★★

화재의 예방 및 안전관리에 관한 법령상 화재가 발생할 우려가 높거나 화재가 발생하는 경우 그로 인하여 피해가 클 것으로 예상되는 지역을 화재예방강화지구로 지정할 수 있는 자는?

① 한국소방안전협회장
② 소방시설관리사
③ 소방본부장
④ 시·도지사

SOLUTION

개념
화재예방강화지구의 지정 등(화재예방법 제18조)
• 화재예방강화지구의 지정권자 : 시·도지사
• 화재예방강화지구 지정지역
  - 시장지역
  - 공장·창고가 밀집한 지역
  - 목조건물이 밀집한 지역
  - 노후·불량건축물이 밀집한 지역
  - 위험물의 저장 및 처리 시설이 밀집한 지역
  - 석유화학제품을 생산하는 공장이 있는 지역
  - 「산업입지 및 개발에 관한 법률」 제2조제8호에 따른 산업단지
  - 소방시설·소방용수시설 또는 소방출동로가 없는 지역
  - 「물류시설의 개발 및 운영에 관한 법률」 제2조제6호에 따른 물류단지
  - 그 밖에 위의 지역에 준하는 지역으로서 소방관서장이 화재예방강화지구로 지정할 필요가 있다고 인정하는 지역
• 시·도지사가 화재예방강화지구로 지정할 필요가 있는 지역을 화재예방강화지구로 지정하지 아니하는 경우 소방청장은 해당 시·도지사에게 해당 지역의 화재예방강화지구 지정을 요청 가능
• 화재안전조사 실시자 : 소방관서장

TIP
과거 문제에는 화재예방강화지구가 아닌 화재경계지구로 표기된 경우가 있다. 소방관계법규 변경으로 인해 단어가 변경된 것이기 때문에 혼동하지 않도록 한다.

23 ★★☆

화재의 예방 및 안전관리에 관한 법령상 소방청장, 소방본부장 또는 소방서장이 화재안전조사를 실시하려는 경우 조사대상, 조사기간 및 조사사유 등을 사전에 공개하여야 한다. 이 경우 공개기간은 며칠 이상으로 하는가?(단, 긴급하게 조사할 필요가 있는 경우와 사전에 통지하면 조사목적을 달성할 수 없다고 인정되는 경우는 제외한다)

① 7
② 10
③ 12
④ 14

SOLUTION

개념
화재안전조사의 방법·절차 등(화재예방법 시행령 제8조)
소방관서장은 화재안전조사를 실시하려는 경우 사전에 조사대상, 조사기간 및 조사사유 등 조사계획을 소방청, 소방본부 또는 소방서의 인터넷 홈페이지나 전산시스템을 통해 7일 이상 공개해야 한다.

정답 21 ③ 22 ④ 23 ①

24 ★★☆

소방시설 설치 및 관리에 관한 법령상 특정소방대상물의 관계인이 특정소방대상물의 규모·용도 및 수용인원 등을 고려하여 갖추어야 하는 소방시설의 종류에 대한 기준 중 다음 (   ) 안에 알맞은 것은?

> 화재안전기준에 따라 소화기구를 설치하여야 하는 특정소방대상물은 연면적 (㉠)[m²] 이상인 것. 다만, 노유자시설의 경우에는 투척용 소화용구 등을 화재안전기준에 따라 산정된 소화기 수량의 (㉡) 이상으로 설치할 수 있다.

① ㉠ 33, ㉡ 1/2
② ㉠ 33, ㉡ 1/5
③ ㉠ 50, ㉡ 1/2
④ ㉠ 50, ㉡ 1/5

SOLUTION

개념

특정소방대상물의 관계인이 특정소방대상물에 설치·관리해야 하는 소방시설의 종류(소방시설법 시행령 별표 4, 소방시설법 시행령 제11조 관련)

- 소화기구
  1. 연면적 33[m²] 이상인 것. 다만, 노유자시설의 경우에는 투척용 소화용구 등을 화재안전기준에 따라 산정된 소화기 수량의 2분의 1 이상으로 설치할 수 있다.
  2. 1항에 해당하지 않는 시설로서 가스시설, 발전시설 중 전기저장시설 및 문화재
  3. 터널
  4. 지하구

풀이

화재안전기준에 따라 소화기구를 설치하여야 하는 특정소방대상물은 연면적 33[m²] 이상인 것. 다만, 노유자시설의 경우에는 투척용 소화용구 등을 화재안전기준에 따라 산정된 소화기 수량의 $\frac{1}{2}$ 이상으로 설치할 수 있다.

25 ★★☆

화재의 예방 및 안전관리에 관한 법령상 총괄소방안전관리자를 선임해야 하는 특정소방대상물이 아닌 것은?

① 판매시설 중 전통시장
② 판매시설 중 도매시장 및 소매시장
③ 지하층을 제외한 층수가 7층 이하인 복합건축물
④ 복합건축물로서 연면적이 30,000[m²] 이상인 것

SOLUTION

개념

관리의 권원이 분리된 특정소방대상물의 소방안전관리(화재예방법 제35조)

- 총괄소방안전관리대상 특정소방대상물
  - 복합건축물(지하층을 제외한 층수가 11층 이상 또는 연면적 3만[m²] 이상인 건축물)
  - 지하가(지하의 인공구조물 안에 설치된 상점 및 사무실, 그 밖에 이와 비슷한 시설이 연속하여 지하도에 접하여 설치된 것과 그 지하도를 합한 것)
  - 그 밖에 대통령령으로 정하는 특정소방대상물 : 판매시설 중 도매시장, 소매시장, 전통시장

풀이

지하층을 제외한 층수가 11층 이상인 복합건축물에 총괄소방안전관리자를 선임해야 한다.

26 ★★☆

소방시설 설치 및 관리에 관한 법령상 소방시설등에 대한 자체점검을 하지 아니하거나 관리업자 등으로 하여금 정기적으로 점검하게 하지 아니한 자에 대한 벌칙 기준으로 옳은 것은?

① 6개월 이하의 징역 또는 1,000만원 이하의 벌금
② 1년 이하의 징역 또는 1,000만원 이하의 벌금
③ 3년 이하의 징역 또는 1,500만원 이하의 벌금
④ 3년 이하의 징역 또는 3,000만원 이하의 벌금

SOLUTION

개념
1년 이하의 징역 또는 1천만원 이하의 벌금(소방시설법 제58조)
- 소방시설 등에 대하여 스스로 점검을 하지 아니하거나 관리업자 등으로 하여금 정기적으로 점검하게 하지 아니한 자
- 소방시설관리사증을 다른 사람에게 빌려주거나 빌리거나 이를 알선한 자
- 동시에 둘 이상의 업체에 취업한 자
- 자격정지처분을 받고 그 자격정지기간 중에 관리사의 업무를 한 자
- 관리업의 등록증이나 등록수첩을 다른 자에게 빌려주거나 빌리거나 이를 알선한 자
- 영업정지처분을 받고 그 영업정지기간 중에 관리업의 업무를 한 자
- 제품검사에 합격하지 아니한 제품에 합격표시를 하거나 합격표시를 위조 또는 변조하여 사용한 자
- 형식승인의 변경승인을 받지 아니한 자
- 제품검사에 합격하지 아니한 소방용품에 성능인증을 받았다는 표시 또는 제품검사에 합격하였다는 표시를 하거나 성능인증을 받았다는 표시 또는 제품검사에 합격하였다는 표시를 위조 또는 변조하여 사용한 자
- 성능인증의 변경인증을 받지 아니한 자
- 우수품질인증을 받지 아니한 제품에 우수품질인증 표시를 하거나 우수품질인증 표시를 위조하거나 변조하여 사용한 자
- 관계인의 정당한 업무를 방해하거나 출입·검사 업무를 수행하면서 알게 된 비밀을 다른 사람에게 누설한 자

풀이
소방시설 등에 대하여 스스로 점검을 하지 아니하거나 관리업자 등으로 하여금 정기적으로 점검하게 하지 아니한 자는 1년 이하의 징역 또는 1천만원 이하의 벌금에 처한다.

27 ★☆☆

위험물안전관리법령에 따른 위험물제조소의 옥외에 있는 위험물 취급탱크 용량이 100[m³] 및 180[m³]인 2개의 취급탱크 주위에 하나의 방유제를 설치하는 경우 방유제의 최소 용량은 몇 [m³]이어야 하는가?

① 100
② 140
③ 180
④ 280

SOLUTION

개념
제조소의 위치·구조 및 설비의 기준(위험물 시행규칙 별표 4, 위험물법 시행규칙 제28조 관련)
- 위험물 취급탱크
  - 방유제 용량 계산

	옥내위험물취급 탱크의 방유턱	옥외위험물취급 탱크의 방유제 (액체위험물(이황화탄소 제외))
탱크 1기	탱크용량의 100[%]	탱크용량의 50[%]
탱크 2기 이상	최대탱크용량의 100[%]	최대탱크용량의 50[%]에 나머지 탱크용량의 합계의 10[%]를 가산한 양 이상

풀이
옥외에 2개의 탱크가 있으므로 최대탱크용량의 50[%]에 나머지 탱크용량의 합계의 10[%]를 가산한 양 이상이어야 한다. 이를 식으로 정리하면
방유제 용량 = 180(최대 탱크용량)×0.5 + 100(나머지 탱크용량)×0.1
= 100[m³]

28 ★☆☆

소방기본법에 따른 소방력의 기준에 따라 관할구역의 소방력을 확충하기 위하여 필요한 계획을 수립하여 시행하여야 하는 자는?

① 소방서장
② 소방본부장
③ 시·도지사
④ 행정안전부장관

SOLUTION

개념
소방력의 기준(기본법 제8조)
- 소방력 : 소방기관이 소방업무를 수행하는 데에 필요한 인력과 장비
- 기준 : 행정안전부령
- 관할구역의 소방력 확충에 필요한 계획의 수립·시행 : 시·도지사
- 소방자동차 등 소방장비의 분류·표준화와 그 관리 등에 필요한 사항은 따로 법률에서 정함.

풀이
관할구역의 소방력 확충에 필요한 계획의 수립·시행하는 자는 시·도지사이다.

29 ★☆☆

다음은 소방기본법령상 소방본부에 대한 설명이다. ( )에 알맞은 내용은?

> 소방업무를 수행하기 위하여 ( ) 직속으로 소방본부를 둔다.

① 경찰서장 ② 시·도지사
③ 행정안전부장관 ④ 소방청장

SOLUTION

개념
소방기관의 설치 등(기본법 제3조)
1. 시·도의 화재 예방·경계·진압 및 조사, 소방안전교육·홍보와 화재, 재난·재해, 그 밖의 위급한 상황에서의 구조·구급 등의 업무(이하 "소방업무"라 한다)를 수행하는 소방기관의 설치에 필요한 사항은 대통령령으로 정한다.
2. 소방업무를 수행하는 소방본부장 또는 소방서장은 그 소재지를 관할하는 특별시장·광역시장·특별자치시장·도지사 또는 특별자치도지사(이하 "시·도지사"라 한다)의 지휘와 감독을 받는다.
3. 2항에도 불구하고 소방청장은 화재 예방 및 대형 재난 등 필요한 경우 시·도 소방본부장 및 소방서장을 지휘·감독할 수 있다.
4. 시·도에서 소방업무를 수행하기 위하여 시·도지사 직속으로 소방본부를 둔다.

30 ★☆☆

소방기본법상 지하에 설치하는 소화전 또는 저수조의 경우 소방용수표지는 다음 기준에 따라 설치하여야 한다. ( )에 들어갈 내용으로 옳은 것은?

> • 맨홀 뚜껑은 지름 (㉠)밀리미터 이상의 것으로 할 것. 다만, 승하강식 소화전의 경우에는 이를 적용하지 않는다.
> • 맨홀 뚜껑 부근에는 (㉡) 반사도료로 폭 (㉢)센티미터의 선을 그 둘레로 칠할 것.

① ㉠ 648, ㉡ 노란색, ㉢ 15
② ㉠ 648, ㉡ 붉은색, ㉢ 15
③ ㉠ 688, ㉡ 노란색, ㉢ 25
④ ㉠ 688, ㉡ 붉은색, ㉢ 25

SOLUTION

개념
소방용수표지(기본법 시행규칙 별표 2, 기본법 시행규칙 제6조제1항 관련)
• 지하에 설치하는 소화전 또는 저수조의 경우 소방용수표지는 다음의 기준에 따라 설치할 것
 - 맨홀 뚜껑은 지름 648[mm] 이상의 것으로 할 것. 다만, 승하강식 소화전의 경우에는 이를 적용하지 않는다.
 - 맨홀 뚜껑에는 "소화전·주정차금지" 또는 "저수조·주정차금지"의 표시를 할 것
 - 맨홀 뚜껑 부근에는 노란색 반사도료로 폭 15[cm]의 선을 그 둘레를 따라 칠할 것

풀이
맨홀 뚜껑은 지름 648[mm] 이상의 것으로 해야 한다. 다만, 승하강식 소화전의 경우에는 이를 적용하지 않는다. 맨홀 뚜껑 부근에는 노란색 반사도료로 폭 15[cm]의 선을 그 둘레를 따라 칠해야 한다.

31 ★☆☆

소방시설공사업법령상 소방시설업에 대한 행정처분기준에서 1차 행정처분 사항으로 등록취소에 해당하는 것은?

① 거짓이나 그 밖의 부정한 방법으로 등록한 경우
② 소방시설업자의 지위를 승계한 사실을 소방시설공사등을 맡긴 특정소방대상물의 관계인에게 통지를 하지 아니한 경우
③ 화재안전기준 등에 적합하게 설계·시공을 하지 아니하거나, 법에 따라 적합하게 감리를 하지 아니한 경우
④ 등록을 한 후 정당한 사유 없이 1년이 지날 때까지 영업을 시작하지 아니하거나 계속하여 1년 이상 휴업한 때

SOLUTION

개념
소방시설업에 대한 행정처분기준(소방공사업법 시행규칙 별표 1, 소방공사업법 시행규칙 제9조 관련)
• 1차 행정처분 사항으로 등록취소 기준
 - 거짓이나 그 밖의 부정한 방법으로 등록한 경우
 - 등록결격사유에 해당된 경우
 - 영업정지 기간 중에 소방시설공사 등을 한 경우

풀이
거짓이나 그 밖의 부정한 방법으로 등록한 경우 1차 행정처분 사항으로 등록취소가 된다.

정답 29 ② 30 ① 31 ①

32 ★★☆

위험물안전관리법령상 제조소등의 관계인은 위험물의 안전관리에 관한 직무를 수행하게 하기 위하여 제조소등마다 위험물의 취급에 관한 자격이 있는 자를 위험물안전관리자로 선임하여야 한다. 이 경우 제조소등의 관계인이 지켜야 할 기준으로 틀린 것은?

① 제조소등의 관계인은 안전관리자를 해임하거나 안전관리자가 퇴직한 때에는 해임하거나 퇴직한 날부터 15일 이내에 다시 안전관리자를 선임하여야 한다.

② 제조소등의 관계인이 안전관리자를 선임한 경우에는 선임한 날부터 14일 이내에 소방본부장 또는 소방서장에게 신고하여야한다.

③ 제조소등의 관계인은 안전관리자가 여행·질병 그 밖의 사유로 인하여 일시적으로 직무를 수행할 수 없는 경우에는 국가기술자격법에 따른 위험물의 취급에 관한 자격 취득자 또는 위험물안전에 관한 기본지식과 경험이 있는 자를 대리자로 지정하여 그 직무를 대행하게 하여야한다. 이 경우 대행하는 기간은 30일을 초과할 수 없다.

④ 안전관리자는 위험물을 취급하는 작업을 하는 때에는 작업자에게 안전관리에 관한 필요한 지시를 하는 등 위험물의 취급에 관한 안전관리와 감독을 하여야 하고, 제조소등의 관계인은 안전관리자의 위험물안전관리에 관한 의견을 존중하고 그 권고에 따라야 한다.

SOLUTION

개념

위험물안전관리자(위험물법 제15조)
- 위험물안전관리자의 선임 기한 : 안전관리자를 선임한 제조소등의 관계인은 그 안전관리자를 해임하거나 안전관리자가 퇴직한 때에는 해임하거나 퇴직한 날부터 30일 이내
- 선임 신고 기한 : 선임한 날부터 14일 이내에 소방본부장 또는 소방서장에게 신고
- 대리자 직무대행 기간 : 30일 이내
- 역할 : 위험물 취급 시 입회 및 감독

풀이

안전관리자를 선임한 제조소 등의 관계인은 그 안전관리자를 해임하거나 안전관리자를 퇴직한 때에는 해임하거나 퇴직한 날로부터 30일 이내에 다시 안전관리자를 선임하여야 한다.

33 ★☆☆

소방시설공사업법령상 전문 소방시설공사업의 등록기준 및 영업범위의 기준에 대한 설명으로 틀린 것은?

① 법인인 경우 자본금은 최소 1억원 이상이다.
② 개인인 경우 자산평가액은 최소 1억원 이상이다.
③ 주된 기술인력 최소 1명 이상, 보조기술인력 최소 3명 이상을 둔다.
④ 영업범위는 특정소방대상물에 설치되는 기계분야 및 전기분야 소방시설의 공사·개설·이전 및 정비이다.

SOLUTION

개념

소방시설업의 업종별 등록기준 및 영업범위(소방공사업법 시행령 별표 1, 소방공사업법 시행령 제2조제1항 관련)

- 소방시설공사업

항목 업종별		기술인력	자본금 (자산평가액)	영업범위
전문소방시설 공사업		가. 주된 기술인력 : 소방기술사 또는 기계분야와 전기분야의 소방설비기사 각 1명(기계분야 및 전기분야의 자격을 함께 취득한 사람 1명) 이상 나. 보조기술인력 : 2명 이상	가. 법인 : 1억원 이상 나. 개인 : 자산평가액 1억원 이상	특정소방대상물에 설치되는 기계분야 및 전기분야 소방시설의 공사·개설·이전 및 정비
일반 소방 시설 공사업	기계 분야	가. 주된 기술인력 : 소방기술사 또는 기계분야 소방설비기사 1명 이상 나. 보조기술인력 : 1명 이상	가. 법인 : 1억원 이상 나. 개인 : 자산평가액 1억원 이상	가. 연면적 1만제곱미터 미만의 특정소방대상물에 설치되는 기계분야 소방시설의 공사·개설·이전 및 정비 나. 위험물제조소등에 설치하는 기계분야 소방시설의 공사·개설·이전 및 정비
	전기 분야	가. 주된 기술인력 : 소방기술사 또는 전기분야 소방설비기사 1명 이상 나. 보조기술인력 : 1명 이상	가. 법인 : 1억원 이상 나. 개인 : 자산평가액 1억원 이상	가. 연면적 1만제곱미터 미만의 특정소방대상물에 설치되는 전기분야 소방시설의 공사·개설·이전 및 정비 나. 위험물제조소등에 설치되는 전기분야 소방시설의 공사·개설·이전 및 정비

풀이

전문 소방시설공사업의 기술인력 등록기준은 주된 기술인력 1명 이상, 보조기술인력 2명 이상이다.

정답 32 ① 33 ③

34 ★★★

위험물안전관리법령상 정기점검의 대상인 제조소등의 기준으로 틀린 것은?

① 지하탱크저장소
② 이동탱크저장소
③ 지정수량의 10배 이상의 위험물을 취급하는 제조소
④ 지정수량의 20배 이상의 위험물을 저장하는 옥외탱크저장소

SOLUTION

개념
정기점검의 대상인 제조소 등(위험물법 시행령 제16조)
- 지정수량의 10배 이상의 위험물을 취급하는 제조소
- 지정수량의 100배 이상의 위험물을 저장하는 옥외저장소
- 지정수량의 150배 이상의 위험물을 저장하는 옥내저장소
- 지정수량의 200배 이상의 위험물을 저장하는 옥외탱크저장소
- 암반탱크저장소
- 이송취급소
- 지정수량의 10배 이상의 위험물을 취급하는 일반취급소. 다만, 제4류 위험물(특수인화물을 제외한다)만을 지정수량의 50배 이하로 취급하는 일반취급소(제1석유류·알코올류의 취급량이 지정수량의 10배 이하인 경우에 한한다)로서 다음 어느 하나에 해당하는 것은 제외
 - 보일러·버너 또는 이와 비슷한 것으로서 위험물을 소비하는 장치로 이루어진 일반취급소
 - 위험물을 용기에 옮겨 담거나 차량에 고정된 탱크에 주입하는 일반취급소
- 지하탱크저장소
- 이동탱크저장소
- 위험물을 취급하는 탱크로서 지하에 매설된 탱크가 있는 제조소·주유취급소 또는 일반취급소

풀이
지정수량의 200배 이상의 위험물을 저장하는 옥외탱크저장소는 정기점검의 대상인 제조소이다.

35 ★★☆

소방시설 설치 및 관리에 관한 법령상 특정소방대상물로서 숙박시설에 해당되지 않는 것은?

① 오피스텔
② 일반형 숙박시설
③ 생활형 숙박시설
④ 근린생활시설에 해당하지 않는 고시원

SOLUTION

개념
특정소방대상물(소방시설법 시행령 별표 2, 소방시설법 시행령 제5조 관련)
- 일반업무시설
 - 금융업소
 - 사무소
 - 신문사
 - 오피스텔
 - 그 밖에 이와 비슷한 것으로서 근린생활시설에 해당하지 않는 것
- 숙박시설
 - 일반형 숙박시설
 - 생활형 숙박시설
 - 고시원(근린생활시설에 해당하지 않는 것)

풀이
오피스텔은 숙박시설이 아닌 업무시설에 해당한다.

정답 34 ④ 35 ①

36 ★★★

소방시설 설치 및 관리에 관한 법령상 소방시설 등의 자체점검 중 종합점검을 받아야 하는 특정소방대상물 대상 기준으로 틀린 것은?

① 제연설비가 설치된 터널
② 스프링클러설비가 설치된 특정소방대상물
③ 공공기관 중 연면적이 1,000[m²] 이상인 것으로서 옥내소화전설비 또는 자동화재탐지설비가 설치된 것(단, 소방대가 근무하는 공공기관은 제외한다)
④ 호스릴 방식의 물분무등소화설비만이 설치된 연면적 5,000[m²] 이상인 특정소방대상물(단, 위험물 제조소등은 제외한다)

SOLUTION

개념

소방시설 등 자체점검의 구분 및 대상, 점검자의 자격, 점검 장비, 점검 방법 및 횟수 등 자체점검 시 준수해야할 사항(소방시설법 시행규칙 별표 3, 소방시설법 시행규칙 제20조제1항 관련)

구분	작동점검	종합점검
점검 대상	작동점검 제외대상 외 특정소방대상물 작동점검 제외대상 ① 소방안전관리자를 선임하지 않는 특정소방대상물 ② 위험물 제조소 등 ③ 특급 소방안전 대상물	① 스프링클러설비가 설치된 특정소방대상물 ② 물분무등소화설비(호스릴 방식의 물분무등소화설비만을 설치한 경우 제외)가 설치된 연면적 5,000[m²] 이상인 특정소방대상물(위험물 제조소 등 제외) ③ 다중이용업의 영업장이 설치된 특정소방대상물로서 연면적이 2,000[m²] 이상인 것 ④ 제연설비가 설치된 터널 ⑤ 공공기관 중 연면적이 1,000[m²] 이상인 것(옥내소화전설비 또는 자동화재탐지설비 설치), 소방대가 근무하는 공공기관 제외

풀이

호스릴 방식의 물분무등소화설비만을 설치한 경우는 종합점검 대상에서 제외된다.

37 ★★★

화재예방강화지구로 지정할 수 있는 대상이 아닌 것은?

① 시장지역
② 소방출동로가 있는 지역
③ 공장·창고가 밀집한 지역
④ 목조건물이 밀집한 지역

SOLUTION

개념

화재예방강화지구의 지정 등(화재예방법 제18조)
- 화재예방강화지구의 지정권자 : 시·도지사
- 화재예방강화지구 지정지역
  - 시장지역
  - 공장·창고가 밀집한 지역
  - 목조건물이 밀집한 지역
  - 노후·불량건축물이 밀집한 지역
  - 위험물의 저장 및 처리 시설이 밀집한 지역
  - 석유화학제품을 생산하는 공장이 있는 지역
  - 「산업입지 및 개발에 관한 법률」 제2조제8호에 따른 산업단지
  - 소방시설·소방용수시설 또는 소방출동로가 없는 지역
  - 「물류시설의 개발 및 운영에 관한 법률」 제2조제6호에 따른 물류단지
  - 그 밖에 위의 지역에 준하는 지역으로서 소방관서장이 화재예방강화지구로 지정할 필요가 있다고 인정하는 지역
- 시·도지사가 화재예방강화지구로 지정할 필요가 있는 지역을 화재예방강화지구로 지정하지 아니하는 경우 소방청장은 해당 시·도지사에게 해당 지역의 화재예방강화지구 지정을 요청 가능
- 화재안전조사 실시자 : 소방관서장

풀이

소방출동로가 있는 지역은 화재예방강화지구로 지정할 수 있는 대상이 아니다. 오히려 소방출동로가 없는 지역이 화재예방강화지구로 지정할 수 있는 대상이다.

38 ★☆☆

항공기격납고는 특정소방대상물 중 어느 시설에 해당하는가?

① 위험물 저장 및 처리 시설
② 항공기 및 자동차 관련 시설
③ 창고시설
④ 업무시설

SOLUTION

개념
특정소방대상물(소방시설법 시행령 별표 2, 소방시설법 시행령 제5조 관련)
항공기 및 자동차 관련 시설(건설기계 관련 시설을 포함)
• 항공기 격납고
• 차고, 주차용 건축물, 철골 조립식 주차시설(바닥면이 조립식 아닌 것을 포함) 및 기계장치에 의한 주차시설
• 세차장
• 폐차장
• 자동차 검사장
• 자동차 매매장
• 자동차 정비공장
• 운전학원·정비학원
• 주차장
• 차고 및 주기장

풀이
항공기 격납고는 항공기 및 자동차 관련 시설에 해당한다.

39 ★☆☆

소방대상물의 방염 등과 관련하여 방염성능기준은 무엇으로 정하는가?

① 대통령령
② 행정안전부령
③ 소방청훈령
④ 소방청예규

SOLUTION

개념
특정소방대상물의 방염 등(소방시설법 제20조)
• 방염성능기준 : 대통령령

풀이
방염성능기준은 대통령령으로 정한다.

40 ★☆☆

피난시설, 방화구획 또는 방화시설을 폐쇄·훼손·변경 등의 행위를 3차 이상 위반한 경우에 대한 과태료 부과기준으로 옳은 것은?

① 200만원
② 300만원
③ 500만원
④ 1,000만원

SOLUTION

개념
과태료의 부과기준(소방시설법 시행령 별표 10, 소방시설법 시행령 제52조 관련)
• 피난시설, 방화구획 또는 방화시설을 폐쇄·훼손·변경 등의 행위
 - 1차 위반 : 100만원
 - 2차 위반 : 200만원
 - 3차 이상 위반 : 300만원

풀이
피난시설, 방화구획 또는 방화시설을 폐쇄·훼손·변경 등의 행위를 3차 이상 위반한 경우에는 300만원의 과태료를 부과한다.

정답 38 ② 39 ① 40 ②

2024년 제2회 소방설비기사 [CBT 복원문제]

21 ★★★

소방시설공사업법령상 공사감리자 지정대상 특정소방대상물의 범위가 아닌 것은?

① 물분무등소화설비(호스릴 방식의 소화설비는 제외)를 신설·개설하거나 방호·방수 구역을 증설할 때
② 제연설비를 신설·개설하거나 제연구역을 증설할 때
③ 연소방지설비를 신설·개설하거나 살수구역을 증설할 때
④ 캐비닛형 간이스프링클러설비를 신설·개설 하거나 방호·방수 구역을 증설할 때

SOLUTION

개념
공사감리자 지정대상 특정소방대상물의 범위(소방공사업법 시행령 제10조)
- 옥내소화전설비를 신설·개설 또는 증설할 때
- 스프링클러설비등(캐비닛형 간이스프링클러설비는 제외)을 신설·개설하거나 방호·방수 구역을 증설할 때
- 물분무등소화설비(호스릴 방식의 소화설비는 제외)를 신설·개설하거나 방호·방수 구역을 증설할 때
- 옥외소화전설비를 신설·개설 또는 증설할 때
- 자동화재탐지설비를 신설 또는 개설할 때
- 화재알림설비를 신설 또는 개설할 때
- 비상방송설비를 신설 또는 개설할 때
- 통합감시시설을 신설 또는 개설할 때
- 소화용수설비를 신설 또는 개설할 때
- 다음에 따른 소화활동설비의 시공
  - 제연설비를 신설·개설하거나 제연구역을 증설할 때
  - 연결송수관설비를 신설 또는 개설할 때
  - 연결살수설비를 신설·개설하거나 송수구역을 증설할 때
  - 비상콘센트설비를 신설·개설하거나 전용회로를 증설할 때
  - 무선통신보조설비를 신설 또는 개설할 때
  - 연소방지설비를 신설·개설하거나 살수구역을 증설할 때

풀이
스프링클러설비에서 캐비닛형 간이스프링클러설비의 신설, 개설하거나 방호, 방수 구역을 증설할 때는 공사감리자 지정대상 특정소방대상물의 범위에서 제외된다.

22 ★★★

화재의 예방 및 안전관리에 관한 법령상 특정소방대상물의 관계인이 수행하여야 하는 소방안전관리 업무가 아닌 것은?

① 소방훈련의 지도·감독
② 화기(火氣) 취급의 감독
③ 피난시설, 방화구획 및 방화시설의 유지·관리
④ 소방시설이나 그 밖의 소방 관련 시설의 유지·관리

SOLUTION

개념
특정소방대상물의 소방안전관리(화재예방법 제24조)
- 소방안전관리업무 대행자 : 소방시설관리업자(소방시설관리업을 등록한 자)
- 소방안전관리자의 선임
  - 선임해당사유 발생일로부터 30일 이내
  - 선임신고 : 선임한 날부터 14일 이내에 소방본부장 또는 소방서장에게 신고
- 특정소방대상물의 관계인 업무
  - 피난시설·방화구획 및 방화시설의 관리
  - 소방시설, 그 밖의 소방관련시설의 관리
  - 화기 취급의 감독
  - 화재발생 시 초기대응
  - 그 밖에 소방안전관리에 필요한 업무
- 소방안전관리대상물의 소방안전관리자 업무
  - 피난계획에 관한 사항과 소방계획서의 작성 및 시행
  - 자위소방대 및 초기대응체계의 구성, 운영 및 교육
  - 피난시설·방화구획 및 방화시설의 관리
  - 소방시설이나 그 밖의 소방 관련 시설의 관리
  - 소방훈련 및 교육
  - 화기 취급의 감독
  - 소방안전관리에 관한 업무수행에 관한 기록·유지
  - 화재발생 시 초기대응
  - 그 밖의 소방안전관리에 필요한 업무

풀이
소방훈련의 지도·감독은 소방본부장, 소방서장이 수행해야 하는 업무이다.

23 ★★☆

소방시설 설치 및 관리에 관한 법령상 특정소방대상물의 소방시설 설치의 면제기준 중 다음 (   ) 안에 알맞은 것은?

> 물분무등소화설비를 설치하여야 하는 차고·주차장에 (   )를 화재안전 기준에 적합하게 설치한 경우에는 그 설비의 유효범위에서 설치가 면제된다.

① 옥내소화전설비
② 스프링클러설비
③ 간이스프링클러설비
④ 청정소화약제소화설비

SOLUTION

개념

특정소방대상물의 소방시설 설치의 면제 기준(소방시설법 시행령 별표 5, 소방시설법 시행령 제14조 관련)

- 물분무등소화설비
  - 물분무등소화설비를 설치하여야 하는 차고·주차장에 스프링클러설비를 화재안전기준에 적합하게 설치한 경우에는 그 설비의 유효범위에서 설치가 면제된다.

풀이

물분무등소화설비를 설치하여야 하는 차고·주차장에 스프링클러설비를 화재안전기준에 적합하게 설치한 경우에는 그 설비의 유효범위에서 설치가 면제된다.

24 ★★★

소방시설 설치 및 관리에 관한 법령상 자동화재탐지설비를 설치하여야 하는 특정소방대상물에 대한 기준 중 (   )에 알맞은 것은?

> 근린생활시설(목욕장 제외), 의료시설(정신의료기관 또는 요양병원 제외), 숙박시설, 위락시설, 장례시설 및 복합건축물로서 연면적 (   )[m²] 이상인 것

① 400   ② 600
③ 1,000   ④ 3,500

SOLUTION

개념

특정소방대상물의 관계인이 특정소방대상물에 설치·관리해야 하는 소방시설의 종류(소방시설법 시행령 별표 4, 소방시설법 시행령 제11조 관련)

- 자동화재탐지설비를 설치해야 하는 특정소방대상물
  1. 공동주택 중 아파트등·기숙사 및 숙박시설의 경우에는 모든 층
  2. 층수가 6층 이상인 건축물의 경우에는 모든 층
  3. 근린생활시설(목욕장은 제외), 의료시설(정신의료기관 및 요양병원은 제외), 위락시설, 장례시설 및 복합건축물로서 연면적 600[m²] 이상인 경우에는 모든 층
  4. 근린생활시설 중 목욕장, 문화 및 집회시설, 종교시설, 판매시설, 운수시설, 운동시설, 업무시설, 공장, 창고시설, 위험물 저장 및 처리 시설, 항공기 및 자동차 관련 시설, 교정 및 군사시설 중 국방·군사시설, 방송통신시설, 발전시설, 관광 휴게시설, 지하상가로서 연면적 1,000[m²] 이상인 경우에는 모든 층
  5. 교육연구시설(교육시설 내에 있는 기숙사 및 합숙소를 포함), 수련시설(수련시설 내에 있는 기숙사 및 합숙소를 포함, 숙박시설이 있는 수련시설은 제외), 동물 및 식물 관련 시설(기둥과 지붕만으로 구성되어 외부와 기류가 통하는 장소는 제외), 자원순환 관련 시설, 교정 및 군사시설(국방·군사시설은 제외) 또는 묘지 관련 시설로서 연면적 2,000[m²] 이상인 경우에는 모든 층
  6. 노유자 생활시설의 경우에는 모든 층
  7. 6항에 해당하지 않는 노유자 시설로서 연면적 400[m²] 이상인 노유자 시설 및 숙박시설이 있는 수련시설로서 수용인원 100명 이상인 경우에는 모든 층
  8. 의료시설 중 정신의료기관 또는 요양병원으로서 다음의 어느 하나에 해당하는 시설
     - 요양병원(의료재활시설은 제외)
     - 정신의료기관 또는 의료재활시설로 사용되는 바닥면적의 합계가 300[m²] 이상인 시설
     - 정신의료기관 또는 의료재활시설로 사용되는 바닥면적의 합계가 300[m²] 미만이고, 창살(철재·플라스틱 또는 목재 등으로 사람의 탈출 등을 막기 위하여 설치한 것, 화재 시 자동으로 열리는 구조로 되어 있는 창살은 제외)이 설치된 시설
  9. 판매시설 중 전통시장
  10. 터널로서 길이가 1,000[m] 이상인 것
  11. 지하구
  12. 3항에 해당하지 않는 근린생활시설 중 조산원 및 산후조리원
  13. 4항에 해당하지 않는 공장 및 창고시설로서 지정수량의 500배 이상의 특수가연물을 저장·취급하는 것
  14. 4항에 해당하지 않는 발전시설 중 전기저장시설

풀이

근린생활시설(목욕장은 제외), 의료시설(정신의료기관 및 요양병원은 제외), 위락시설, 장례시설 및 복합건축물로서 연면적 600[m²] 이상인 경우에는 모든 층에 자동화재탐지설비를 설치하여야 한다.

25 ★★★

소방기본법령상 저수조의 설치기준으로 틀린 것은?

① 지면으로부터의 낙차가 4.5[m] 이상일 것
② 흡수부분의 수심이 0.5[m] 이상일 것
③ 흡수에 지장이 없도록 토사 및 쓰레기 등을 제거할 수 있는 설비를 갖출 것
④ 흡수관의 투입구가 사각형의 경우에는 한 변의 길이가 60[cm] 이상, 원형의 경우에는 지름이 60[cm] 이상일 것

SOLUTION

개념
소방용수시설의 설치기준(기본법 시행규칙 별표 3, 기본법 시행규칙 제6조 제2항 관련)

- 공통기준
  - 주거지역·상업지역 및 공업지역에 설치하는 경우 : 소방대상물과의 수평거리 100[m] 이하
  - 그 외 지역 : 소방대상물과의 수평거리 140[m] 이하
- 소화전
  - 상수도와 연결하여 지하식 또는 지상식의 구조
  - 소방용호스와 연결하는 소화전의 연결금속구의 구경은 65[mm]
- 급수탑
  - 급수배관의 구경은 100[mm] 이상
  - 개폐밸브는 지상에서 1.5[m] 이상 1.7[m] 이하의 위치에 설치
- 저수조
  - 지면으로부터의 낙차가 4.5[m] 이하
  - 흡수부분의 수심이 0.5[m] 이상
  - 소방펌프자동차가 쉽게 접근할 수 있도록 할 것
  - 흡수에 지장이 없도록 토사 및 쓰레기 등을 제거할 수 있는 설비를 갖출 것
  - 흡수관의 투입구가 사각형의 경우에는 한 변의 길이가 60[cm] 이상, 원형의 경우에는 지름이 60[cm] 이상
  - 저수조에 물을 공급하는 방법은 상소도에 연결하여 자동으로 급수되는 구조

풀이
저수조는 지면으로부터의 낙차가 4.5[m] 이하이어야 한다.

26 ★☆☆

소방시설 설치 및 관리에 관한 법령상 소방용품의 형식승인을 받지 아니하고 소방용품을 제조하거나 수입한 자에 대한 벌칙기준은?

① 100만원 이하의 벌금
② 300만원 이하의 벌금
③ 1년 이하의 징역 또는 1천만원 이하의 벌금
④ 3년 이하의 징역 또는 3천만원 이하의 벌금

SOLUTION

개념
3년 이하의 징역 또는 3천만원 이하의 벌금(소방시설법 제57조)

- 다음의 명령을 정당한 사유 없이 위반한 자
  - 소방시설이 화재안전기준에 따라 설치·관리되고 있지 아니할 때 필요한 조치 명령
  - 임시소방시설 또는 소방시설의 설치 및 관리되지 아니할 때 필요한 조치 명령
  - 피난시설, 방화구획 및 방화시설의 관리를 위해 필요한 조치 명령
  - 특정소방대상물의 방염대상물품 제거 또는 방염성능검사 명령
  - 이행계획 미완료 시 필요한 조치 명령
  - 소방용품에 대한 제조자·수입자·판매자 또는 시공자에게 수거·폐기·교체 등 필요한 조치 명령
  - 소방용품의 회수·교환·폐기 또는 판매중지 명령
- 관리업의 등록을 하지 아니하고 영업을 한 자
- 소방용품의 형식승인을 받지 아니하고 소방용품을 제조하거나 수입한 자 또는 거짓이나 그 밖의 부정한 방법으로 형식승인을 받은 자
- 제품검사를 받지 아니한 자 또는 거짓이나 그 밖의 부정한 방법으로 제품검사를 받은 자
- 소방용품의 형식승인, 임의변경, 제품검사 및 합격표시 미이행 소방용품을 판매·진열하거나 소방시설공사에 사용한 자
- 거짓이나 그 밖의 부정한 방법으로 성능인증 또는 제품검사를 받은 자
- 제품검사를 받지 아니하거나 합격표시를 하지 아니한 소방용품을 판매·진열하거나 소방시설공사에 사용한 자
- 회수·교환·폐기 또는 판매중지 명령을 받은 사실을 구매자에게 알리지 아니하거나 필요한 조치를 하지 아니한 자
- 거짓이나 그 밖의 부정한 방법으로 전문기관으로 지정을 받은 자

풀이
소방용품의 형식승인을 받지 아니하고 소방용품을 제조하거나 수입한 자는 3년 이하의 징역 또는 3천만원 이하의 벌금에 처한다.

27 ★☆☆

소방시설공사업법령에 따른 소방시설업의 등록권자는?

① 국무총리 ② 소방서장
③ 시·도지사 ④ 한국소방안전협회장

SOLUTION

개념
소방시설업의 등록(소방공사업법 제4조)
- 등록권자 : 시·도지사
- 필요요건 : 자본금(개인인 경우에는 자산 평가액), 기술인력 등
- 업종별 영업범위 : 대통령령

풀이
소방시설업의 등록권자는 시·도지사이다.

28 ★☆☆

위험물안전관리법령상 다음의 규정을 위반하여 위험물의 운송에 관한 기준을 따르지 아니한 자에 대한 과태료 기준은?

> 위험물운송자는 이동탱크저장소에 의하여 위험물을 운송하는 때에는 행정안전부령으로 정하는 기준을 준수하는 등 당해 위험물의 안전확보를 위하여 세심한 주의를 기울여야 한다.

① 100만원 이하 ② 200만원 이하
③ 500만원 이하 ④ 1,000만원

SOLUTION

개념
500만원 이하의 과태료(위험물법 제39조)
- 위험물의 저장 및 취급규정에 따른 승인을 받지 아니한 자
- 위험물의 저장 및 취급규정에 따른 위험물의 저장 또는 취급에 관한 세부기준을 위반한 자
- 품명 등의 변경신고를 기간 이내에 하지 아니하거나 허위로 한 자
- 지위승계신고를 기간 이내에 하지 아니하거나 허위로 한 자
- 제조소 등의 폐지신고 또는 안전관리자의 선임신고를 기간 이내에 하지 아니하거나 허위로 한 자
- 사용 중지신고 또는 재개신고를 기간 이내에 하지 아니하거나 거짓으로 한 자
- 탱크시험자의 30일 이내 등록사항의 변경신고를 기간 이내에 하지 아니하거나 허위로 한 자
- 예방규정을 준수하지 아니한 자
- 제조소 등의 점검결과를 기록·보존하지 아니한 자
- 제조소 등의 점검결과를 기간 이내에 제출하지 아니한 자
- 위험물의 운반에 관한 세부기준을 위반한 자
- 위험물의 운송에 관한 기준을 따르지 아니한 자

풀이
위험물의 운송에 관한 기준을 따르지 아니한 자는 500만원 이하의 과태료에 처한다.

29 ★★☆

다음 소방시설 중 경보설비가 아닌 것은?

① 통합감시시설 ② 가스누설경보기
③ 비상콘센트설비 ④ 자동화재속보설비

SOLUTION

개념
소화시설(소방시설법 시행령 별표 1, 소방시설법 시행령 제3조 관련)
- 소화설비 : 소화기구, 옥외소화전설비, 자동소화장치, 스프링클러설비, 물분무등소화설비, 옥외소화전설비
- 피난구조설비 : 피난기구, 인명구조기구, 유도등, 비상조명등
- 소화용수설비 : 상수도소화용수설비, 소화수조, 저수조
- 소화활동설비 : 연결송수관설비, 제연설비, 연결살수설비, 비상콘센트설비, 무선통신보조설비, 연소방지설비
- 경보설비 : 단독경보형감지기, 비상경보설비(비상벨설비, 자동식사이렌설비), 자동화재탐지설비, 시각경보기, 화재알림설비, 비상방송설비, 자동화재속보설비, 통합감시시설, 누전경보기, 가스누설경보기

풀이
비상콘센트설비는 소화활동설비에 해당한다.

정답: 27 ③ 28 ③ 29 ③

30 ★☆☆

위험물안전관리법령상 정기검사를 받아야 하는 특정·준특정 옥외탱크저장소의 관계인은 특정·준특정옥외탱크저장소의 설치허가에 따른 완공검사필증을 발급받은 날부터 몇 년 이내에 정기검사를 받아야 하는가?

① 9
② 10
③ 11
④ 12

SOLUTION

개념
특정·준특정옥외탱크저장소의 정기점검(위험물법 시행규칙 제65조)
- 특정·준특정옥외탱크저장소의 설치허가에 따른 완공검사합격확인증을 발급받은 날부터 12년
- 최근의 정밀정기검사를 받은 날부터 11년
- 특정·준특정옥외저장탱크에 안전조치를 한 후 구조안전점검시기 연장 신청을 하여 해당 안전조치가 적정한 것으로 인정받은 경우에는 최근의 정밀정기검사를 받은 날부터 13년

풀이
특정·준특정옥외탱크저장소의 설치허가에 따른 완공검사합격확인증을 발급받은 날부터 12년 이내에 정기검사를 받아야 한다.

31 ★★★

화재가 발생하는 경우 인명 또는 재산의 피해가 클 것으로 예상되는 때 소방대상물의 개수·이전·제거, 사용금지 등의 필요한 조치를 명할 수 있는 자는?

① 시·도지사
② 의용소방대장
③ 기초자치단체장
④ 소방본부장 또는 소방서장

SOLUTION

개념
화재안전조사 결과에 따른 조치명령(화재예방법 제14조)
- 명령권자 : 소방청장, 소방본부장, 소방서장
- 명령사항 : 관계인에게 그 소방대상물의 개수(改修)·이전·제거, 사용의 금지 또는 제한, 사용폐쇄, 공사의 정지 또는 중지, 그 밖에 필요한 조치를 명함.

풀이
화재안전조사 결과에 따른 조치명령을 내릴 수 있는 사람은 소방청장, 소방본부장, 소장서장이다.

32 ★★☆

1급 소방안전관리대상물이 아닌 것은?

① 15층인 특정소방대상물(아파트는 제외)
② 가연성가스를 2000톤 저장·취급하는 시설
③ 21층인 아파트로서 300세대인 것
④ 연면적 20,000[m²]인 문화집회 및 운동시설

SOLUTION

개념
소방안전관리자를 선임해야 하는 소방안전관리대상물의 범위와 소방안전관리자의 선임 대상별 자격 및 인원기준(화재예방법 시행령 별표 4, 화재예방법 시행령 제25조 제1항 관련)

- 소방안전관리자를 선임해야 하는 소방안전관리대상물

소방안전관리대상물	특정소방대상물
특급 소방안전관리대상물	• 50층 이상(지하층 제외) 또는 높이 200[m] 이상 아파트 • 30층 이상(지하층 포함) 또는 높이 120[m] 이상(아파트 제외) • 연면적 10만[m²] 이상(아파트 제외) • 제외대상 : 동·식물원, 철강 등 불연성 물질을 저장·취급하는 창고, 지하구, 위험물 제조소 등
1급 소방안전관리대상물	• 30층 이상(지하층 제외) 또는 높이 120[m] 이상 아파트 • 11층 이상(아파트 제외) • 연면적 15,000[m²] 이상(아파트, 연립주택 제외) • 가연성 가스를 1,000[t] 이상 저장·취급하는 시설 • 제외대상 : 동·식물원, 철강 등 불연성 물질을 저장·취급하는 창고, 지하구, 위험물 제조소 등
2급 소방안전관리대상물	• 옥내소화전설비, 스프링클러설비 설치대상물 • 물분무등소화설비 설치대상물(호스릴 방식의 물분무등소화설비만을 설치한 설치대상물은 제외) • 가연성 가스를 100[t] 이상 1,000[t] 미만 저장·취급하는 시설 • 지하구 • 공동주택(옥내소화전설비 또는 스프링클러설비가 설치된 공동주택으로 한정) • 보물 또는 국보로 지정된 목조건축물
3급 소방안전관리대상물	• 자동화재탐지설비 설치대상물 • 간이스프링클러설비 설치대상물(주택 전용 간이스프링클러설비 설치대상물 제외)

풀이
아파트는 30층 이상(지하층은 제외) 또는 높이가 120[m] 이상일 때 1급 소방안전관리대상물에 해당한다. 21층인 아파트는 30층보다 낮기 때문에 1급 소방안전관리대상물이 될 수 없다.

33 ★★☆

화재의 예방 및 안전관리에 관한 법령상 소방본부장 또는 소방서장은 소방상 필요한 훈련 및 교육을 실시하고자 하는 때에는 화재예방강화지구 안의 관계인에게 훈련 또는 교육 며칠 전까지 그 사실을 통보하여야 하는가?

① 5
② 7
③ 10
④ 14

SOLUTION

개념

화재예방강화지구의 관리(화재예방법 시행령 제20조)
- 화재안전조사
  - 실시자 : 소방관서장
  - 실시횟수 : 연 1회 이상
  - 통보 : 훈련 또는 교육 10일 전까지 통보
  - 소방관서장은 화재예방강화지구 안의 관계인에 대하여 소방에 필요한 훈련 및 교육을 연 1회 이상 실시 가능
- 화재예방강화지구 관리대장
  - 작성 및 관리자 : 시·도지사
  - 내용
    ‣ 화재예방강화지구의 지정 현황
    ‣ 화재안전조사의 결과
    ‣ 소방설비 등 설치 명령 현황
    ‣ 소방훈련 및 교육 현황

풀이

소방관서장은 소방상 필요한 훈련 및 교육을 실시하고자 하는 때에는 화재예방강화지구 안의 관계인에게 훈련 또는 교육 10일 전까지 그 사실을 통보해야 한다.

34 ★★★

화재의 예방 및 안전관리에 관한 법령상 특수가연물의 저장 및 취급기준 중 석탄·목탄류를 저장하는 경우 쌓는 부분의 바닥면적은 몇 [m²] 이하인가? (단, 살수설비를 설치하거나, 방사능력 범위에 해당 특수가연물이 포함되도록 대형수동식소화기를 설치하는 경우이다)

① 200
② 250
③ 300
④ 350

SOLUTION

개념

특수가연물의 저장 및 취급 기준(화재예방법 시행령 별표 3, 화재예방법 시행령 제19조 제2항 관련)

구분	높이	쌓는 부분의 바닥면적
살수설비를 설치하거나 방사능력 범위에 해당특수가연물이 포함되도록 대형수동식소화기를 설치하는 경우	15[m] 이하	200[m²](석탄·목탄류의 경우에는 300[m²]) 이하
그 밖의 경우	10[m] 이하	50[m²](석탄·목탄류의 경우에는 200[m²]) 이하

다만, 석탄·목탄류를 발전용으로 저장하는 경우는 제외

풀이

살수설비를 설치하거나 방사능력 범위에 해당 특수가연물이 포함되도록 대형수동식소화기를 설치하는 경우 석탄·목탄류를 쌓는 부분의 바닥면적은 300[m²] 이하이어야 한다.

35 ★★☆

제3류 위험물 중 금수성 물품에 적응성이 있는 소화약제는?

① 물
② 강화액
③ 팽창질석
④ 인산염류분말

SOLUTION

개념

위험물 및 지정수량(위험물법 시행령 별표 1, 위험물법 시행령 제2조 및 제3조 관련)
- 제3류 위험물(자연발화성 물질 및 금수성 물질) 소화방법
  - 황린 외에는 물 소화 금지
  - 건조사, 팽창질석, 팽창진주암 등으로 질식소화
  - 이산화탄소, 사염화탄소 사용가능(칼륨, 나트륨 적용 제외)

풀이

건조사, 팽창질석, 팽창진주암 등은 질식소화 형태로 소화하는 소화약제로서 금수성 물품의 소화에 사용할 수 있다.

정답 33 ③ 34 ③ 35 ③

36 ★★☆

소방기본법상 소방업무의 응원에 대한 설명 중 틀린 것은?

① 소방본부장이나 소방서장은 소방활동을 할 때에 긴급한 경우에는 이웃한 소방본부장 또는 소방서장에게 소방업무의 응원을 요청할 수 있다.
② 소방업무의 응원 요청을 받은 소방본부장 또는 소방서장은 정당한 사유 없이 그 요청을 거절하여서는 아니 된다.
③ 소방업무의 응원을 위하여 파견된 소방대원은 응원을 요청한 소방본부장 또는 소방서장의 지휘에 따라야 한다.
④ 시·도지사는 소방업무의 응원을 요청하는 경우를 대비하여 출동 대상지역 및 규모와 필요한 경비의 부담 등에 관하여 필요한 사항을 대통령령으로 정하는 바에 따라 이웃하는 시·도지사와 협의하여 미리 규약으로 정하여야 한다.

SOLUTION

개념
소방업무의 응원(기본법 제11조)
- 소방활동을 할 때에 긴급한 경우에는 이웃한 소방본부장 또는 소방서장에게 소방업무의 응원(應援)을 요청 : 소방본부장, 소방서장
- 시·도지사는 소방업무의 응원을 요청하는 경우를 대비하여 출동 대상지역 및 규모와 필요한 경비의 부담 등에 관하여 필요한 사항을 행정안전부령으로 정하는 바에 따라 이웃하는 시·도지사와 협의하여 미리 규약(規約)으로 정함

풀이
시·도지사는 소방업무의 응원을 요청하는 경우를 대비하여 출동 대상지역 및 규모와 필요한 경비의 부담 등에 관하여 필요한 사항을 행정안전부령으로 정하는 바에 따라 이웃하는 시·도지사와 협의하여 미리 규약으로 정하여야 한다.

37 ★★☆

위험물안전관리법령상 인화성액체위험물(이황화탄소를 제외)의 옥외탱크저장소의 탱크 주위에 설치하여야 하는 방유제의 설치기준 중 틀린 것은?

① 방유제 내의 면적은 60,000[m^2] 이하로 하여야 한다.
② 방유제는 높이 0.5[m] 이상 3[m] 이하, 두께 0.2[m] 이상, 지하매설깊이 1[m] 이상으로 할 것. 다만, 방유제와 옥외저장탱크 사이의 지반면 아래에 불침윤성 구조물을 설치하는 경우에는 지하매설깊이를 해당 불침윤성 구조물까지로 할 수 있다.
③ 방유제의 용량은 방유제 안에 설치된 탱크가 하나인 때에는 그 탱크 용량의 110[%] 이상, 2기 이상인 때에는 그 탱크 중 용량이 최대인 것의 용량의 110[%] 이상으로 하여야 한다.
④ 방유제는 철근콘크리트로 하고, 방유제와 옥외저장탱크 사이의 지표면은 불연성과 불침윤성이 있는 구조(철근콘크리트 등)로 할 것. 다만, 누출된 위험물을 수용할 수 있는 전용유조 및 펌프 등의 설비를 갖춘 경우에는 방유제와 옥외저장탱크 사이의 지표면을 흙으로 할 수 있다.

SOLUTION

개념
옥외탱크저장소의 위치·구조 및 설비의 기준(위험물법 시행규칙 별표 6, 위험물법 시행규칙 제30조 관련)
- 인화성액체위험물 옥외탱크저장소의 방유제의 용량기준(이황화탄소 제외)
  - 높이 : 0.5[m] 이상 3[m] 이하
  - 두께 : 0.2[m] 이상
  - 지하매설깊이 : 1[m] 이상
  - 높이가 1[m]를 넘는 방유제 및 간막이 둑의 안팎에는 방유제 내에 출입하기 위한 계단 또는 경사로를 약 50[m]마다 설치
  - 방유제 내의 면적 : 80,000[m^2] 이하
  - 탱크의 수 : 10기 이하
  - 방유제의 용량기준
    · 탱크 1기 : 탱크용량의 110[%] 이상
    · 탱크 2기 이상 : 설치된 탱크 중 용량이 최대인 것의 용량의 110[%] 이상

풀이
방유제 내의 면적은 80,000[m^2] 이하로 하여야 한다.

38 ★☆☆

소방시설공사업법령상 특정소방대상물의 관계인 또는 발주자가 해당 도급계약의 수급인을 도급계약 해지할 수 있는 경우의 기준 중 틀린 것은?

① 하도급계약의 적정성 심사 결과 하수급인 또는 하도급계약 내용의 변경 요구에 정당한 사유 없이 따르지 아니하는 경우
② 정당한 사유 없이 15일 이상 소방시설공사를 계속하지 아니하는 경우
③ 소방시설업이 등록 취소되거나 영업 정지된 경우
④ 소방시설업을 휴업하거나 폐업한 경우

SOLUTION

개념

도급계약의 해지(소방공사업법 제23조)
- 특정소방대상물의 관계인 또는 발주자는 해당 도급계약의 수급인이 다음 어느 하나에 해당하는 경우에는 도급계약을 해지할 수 있다.
  - 소방시설업이 등록취소되거나 영업정지된 경우
  - 소방시설업을 휴업하거나 폐업한 경우
  - 정당한 사유 없이 30일 이상 소방시설공사를 계속하지 아니하는 경우
  - 적정성 심사에 따른 수급인에 대하여 하수급인 또는 하도급 계약내용의 변경요구에 정당한 사유 없이 따르지 아니하는 경우

풀이

정당한 사유 없이 30일 이상 소방시설공사를 계속하지 아니하는 경우에는 도급계약을 해지할 수 있다.

39 ★★★

화재의 예방 및 안전관리에 관한 법령상 특수가연물의 품명별 수량 기준으로 틀린 것은?

① 고무류·플라스틱류(발포시킨 것) : 20[m³] 이상
② 가연성액체류 : 2[m³] 이상
③ 넝마 및 종이부스러기 : 400[kg] 이상
④ 볏짚류 : 1,000[kg] 이상

SOLUTION

개념

특수가연물(화재예방법 시행령 별표 2, 화재예방법 시행령 제19조 제1항 관련)

품명		수량
면화류		200[kg] 이상
나무껍질 및 대팻밥		400[kg] 이상
넝마 및 종이부스러기		1,000[kg] 이상
사류(絲類)		1,000[kg] 이상
볏짚류		1,000[kg] 이상
가연성 고체류		3,000[kg] 이상
석탄·목탄류		10,000[kg] 이상
가연성 액체류		2[m³] 이상
목재가공품 및 나무부스러기		10[m³] 이상
고무류·플라스틱류	발포시킨 것	20[m³] 이상
	그 밖의 것	3,000[kg] 이상

풀이

넝마 및 종이부스러기는 1,000[kg] 이상일 때 특수가연물에 해당한다.

40 ★★★

위험물안전관리법상 위험물의 정의에서 (   )에 들어갈 내용으로 옳은 것은?

> 위험물은 (㉠) 또는 발화성 등의 성질을 가지고 있는 것으로서 (㉡)이 정하는 물품을 말한다.

① ㉠ 인화성, ㉡ 대통령령
② ㉠ 인화성, ㉡ 국무총리령
③ ㉠ 휘발성, ㉡ 대통령령
④ ㉠ 휘발성, ㉡ 국무총리령

SOLUTION

개념

정의(위험물법 제2조)
- 위험물 : 인화성 또는 발화성 등의 성질을 가지는 것으로서 대통령령이 정하는 물품
- 지정수량 : 위험물의 종류별로 위험성을 고려하여 대통령령이 정하는 수량으로서 제조소등의 설치허가 등에 있어서 최저의 기준이 되는 수량

풀이

위험물은 인화성 또는 발화성 등의 성질을 가지는 것으로서 대통령령이 정하는 물품을 말한다.

2024년 제3회 소방설비기사 [CBT 복원문제]

21 ★★★

소방시설 설치 및 관리에 관한 법령상 건축허가등을 할 때 미리 소방본부장 또는 소방서장의 동의를 받아야 하는 건축물 등의 범위가 아닌 것은?

① 연면적 200[m²] 이상인 노유자시설 및 수련시설
② 항공기격납고, 관망탑
③ 차고·주차장으로 사용되는 바닥면적이 100[m²] 이상인 층이 있는 건축물
④ 지하층 또는 무창층이 있는 건축물로서 바닥면적이 150[m²] 이상인 층이 있는 것

SOLUTION

개념

건축허가 등의 동의대상물의 범위 등(소방시설법 시행령 제7조)
- 건축허가 동의대상 건축물
  - 연면적 400[m²] 이상인 건축물이나 시설. 다만, 다음에 해당하는 경우에는 아래 기준 이상인 것으로 할 것.
    · 학교시설 : 연면적 100[m²] 이상
    · 노유자 시설 및 수련시설 : 연면적 200[m²] 이상
    · 정신의료기관(입원실이 없는 정신건강의학과 의원은 제외) : 연면적 300[m²] 이상
    · 장애인 의료재활시설 : 연면적 300[m²] 이상
  - 지하층 또는 무창층이 있는 건축물로서 바닥면적이 150[m²](공연장의 경우에는 100[m²]) 이상인 층이 있는 것
  - 차고·주차장 또는 주차 용도로 사용되는 시설 중 다음 어느 하나에 해당하는 시설
    · 차고·주차장으로 사용되는 바닥면적이 200[m²] 이상인 층이 있는 건축물이나 주차시설
    · 승강기 등 기계장치에 의한 주차시설로서 자동차 20대 이상을 주차할 수 있는 시설
  - 층수가 6층 이상인 건축물
  - 항공기 격납고, 관망탑, 항공관제탑, 방송용 송수신탑
  - 특정소방대상물 중 공동주택, 의원(입원실 또는 인공신장실이 있는 것으로 한정한다)·조산원·산후조리원, 숙박시설, 위험물 저장 및 처리 시설, 발전시설 중 풍력발전소·전기저장시설, 지하구(地下溝)
  - 노유자 시설 중 다음 어느 하나에 해당하는 시설
    · 노인 관련 시설(노인주거복지·노인의료복지·재가노인복지시설, 학대피해노인전용쉼터)
    · 아동복지시설(아동상담소, 아동전용시설 및 지역아동센터 제외)
    · 장애인 거주시설
    · 정신질환자 관련 시설(공동생활가정을 제외한 재활훈련시설, 종합시설 중 24시간 주거를 제공하지 않는 시설 제외)
    · 노숙인 관련 시설 중 노숙인자활시설, 노숙인재활시설 및 노숙인요양시설
    · 결핵환자나 한센인이 24시간 생활하는 노유자 시설
  - 요양병원(의료재활시설 제외)
  - 특정소방대상물 중 공장 또는 창고시설로서 지정수량의 750배 이상의 특수가연물을 저장·취급하는 것
  - 가스시설로서 지상에 노출된 탱크의 저장용량의 합계가 100[t] 이상인 것

- 건축허가 동의대상 제외 건축물
  - 특정소방대상물에 설치되는 소화기구, 자동소화장치, 누전경보기, 단독경보형감지기, 가스누설경보기 및 피난구조설비(비상조명등은 제외)가 화재안전기준에 적합한 경우 해당 특정소방대상물
  - 건축물의 증축 또는 용도변경으로 인하여 해당 특정소방대상물에 추가로 소방시설이 설치되지 않는 경우 해당 특정소방대상물
  - 「소방시설공사업법 시행령」에 따른 소방시설공사의 착공신고 대상에 해당하지 않는 경우 해당 특정소방대상물

풀이

차고·주차장으로 사용되는 면적이 200[m²] 이상인 층이 있는 건축물이어야 한다.

22 ★☆☆

소방시설공사업법령상 소방시설업자가 소방시설공사등을 맡긴 특정소방대상물의 관계인에게 지체 없이 그 사실을 알려야 하는 경우가 아닌 것은?

① 소방시설업자의 지위를 승계한 경우
② 소방시설업의 등록취소처분 또는 영업정지처분을 받은 경우
③ 휴업하거나 폐업한 경우
④ 소방시설업의 주소지가 변경된 경우

SOLUTION

개념

소방시설업의 운영(소방공사업법 제8조)
- 소방시설업자는 다른 자에게 자기의 성명이나 상호를 사용하여 소방시설공사등을 수급 또는 시공하게 하거나 소방시설업의 등록증 또는 등록수첩을 빌려 주어서는 아니 된다.

정답 21 ③ 22 ④

- 소방시설업자는 다음 어느 하나에 해당하는 경우에는 소방시설공사등을 맡긴 특정소방대상물의 관계인에게 지체 없이 그 사실을 알려야 한다.
  - 소방시설업자의 지위를 승계한 경우
  - 소방시설업의 등록취소처분 또는 영업정지처분을 받은 경우
  - 휴업하거나 폐업한 경우

풀이
소방시설업의 주소지가 변경된 경우는 관계인에게 지체 없이 그 사실을 알려야 할 사항은 아니다.

23 ★★☆

소방시설 설치 및 관리에 관한 법령상 소화설비를 구성하는 제품 또는 기기에 해당하지 않는 것은?

① 가스누설경보기　　② 소방호스
③ 스프링클러헤드　　④ 분말자동소화장치

SOLUTION

개념
소방용품(소방시설법 시행령 별표 3, 소방시설법 제6조 관련)
- 소화설비를 구성하는 제품 또는 기기
  - 제품 : 소화기, 자동확산소화기, 간이소화용구(소화약제 외의 것을 이용한 간이소화용구는 제외), 자동소화장치
  - 기기 : 소화전, 관창, 소방호스, 스프링클러헤드, 기동용수압개폐장치, 유수제어밸브, 가스관선택밸브
- 경보설비를 구성하는 제품 또는 기기
  - 제품 : 누전경보기, 가스누설경보기
  - 기기 : 발신기, 수신기, 중계기, 감지기, 음향장치 중 경종

풀이
가스누설경보기는 경보설비를 구성하는 제품이다.

24 ★★☆

소방시설공사업법령상 하자보수를 하여야하는 소방시설 중 하자보수 보증기간이 3년이 아닌 것은?

① 자동소화장치　　② 비상방송설비
③ 스프링클러설비　④ 소화용수설비

SOLUTION

개념
하자보수 대상 소방시설과 하자보수 보증기간(소방공사업법 시행령 제6조)
- 보증기간 2년 : 비상경보설비, 비상방송설비, 피난기구, 유도등, 비상조명등 및 무선통신보조설비
- 보증기간 3년 : 자동소화장치, 옥내소화전설비, 스프링클러설비등, 물분무등소화설비, 옥외소화전설비, 자동화재탐지설비, 화재알림설비, 소화용수설비 및 소화활동설비(무선통신보조설비는 제외)

풀이
비상방송설비의 하자보수 보증기간은 2년이다.

TIP
보증기간이 2년인 소방시설은 대부분 전기분야 설비이고, 보증기간이 3년인 소방시설은 대부분 기계분야 설비인 것을 알 수 있다.

25 ★★★

소방시설 설치 및 관리에 관한 법령상 수용인원 산정 방법 중 침대가 없는 숙박시설로서 해당 특정소방대상물의 종사자의 수는 5명, 복도, 계단 및 화장실의 바닥면적을 제외한 바닥면적이 158[m²]인 경우의 수용인원은 약 몇 명인가?

① 37　　② 45
③ 58　　④ 84

SOLUTION

개념
수용인원의 산정 방법(소방시설법 시행령 별표 7, 소방시설법 시행령 제17조 관련)

	용도	수용인원의 산정
숙박시설	침대가 있는 숙박시설	종사자수 + 침대수 (2인용은 2개로 산정)
	침대가 없는 숙박시설	종사자수 + $\dfrac{\text{바닥면적의 합계[m}^2\text{]}}{3[\text{m}^2]}$
그 외 특정소방 대상물	강의실·교무실· 상담실·실습실·휴게실	$\dfrac{\text{바닥면적의 합계[m}^2\text{]}}{1.9[\text{m}^2]}$
	강당, 문화 및 집회시설, 운동시설, 종교시설	$\dfrac{\text{바닥면적의 합계[m}^2\text{]}}{4.6[\text{m}^2]}$ • 관람석의 경우 : 고정식 의자 수 • 긴 의자의 경우 : $\dfrac{\text{의자 정면 너비[m]}}{0.45[\text{m}]}$
	그 밖의 특정소방대상물	$\dfrac{\text{바닥면적의 합계[m}^2\text{]}}{3[\text{m}^2]}$

* 계산결과 소수점 이하는 반올림한다.

📖 **풀이**
수용인원

침대가 없는 숙박시설 = 종사자수 + $\frac{바닥면적합계}{3[m^2]}$

$= 5 + \frac{158}{3} ≒ 57.67 ≒ 58$[명]

26 ★★☆

소방기본법령상 시장지역에서 화재로 오인할 만한 우려가 있는 불을 피우거나 연막소독을 하려는 자가 신고를 하지 아니하여 소방자동차를 출동하게 한 자에 대한 과태료 부과·징수권자는?

① 국무총리 ② 시·도지사
③ 행정안전부 장관 ④ 소방본부장 또는 소방서장

SOLUTION

📝 **개념**
20만원 이하의 과태료(기본법 제57조)
- 다음 지역 또는 장소에서 화재로 오인할 만한 우려가 있는 불을 피우거나 연막 소독을 하려는 자가 신고를 하지 아니하여 소방자동차를 출동하게 한 자
  - 시장지역
  - 공장·창고가 밀집한 지역
  - 위험물의 저장 및 처리시설이 밀집한 지역
  - 목조건물이 밀집한 지역
  - 위험물의 저장 및 처리시설이 밀접한 지역
  - 석유화학제품을 생산하는 공장이 있는 지역
  - 그 밖에 시·도의 조례로 정하는 지역 또는 장소
- 과태료는 조례로 정하는 바에 따라 관할 소방본부장 또는 소방서장이 부과·징수한다.

📖 **풀이**
화재로 오인할 만한 우려가 있는 불을 피우거나 연막소독을 하려는 자가 신고를 하지 아니하여 소방자동차를 출동하게 한 자에 대해서는 20만원 이하의 과태료가 부과되고, 과태료는 조례로 정하는 바에 따라 관할 소방본부장 또는 소방서장이 부과·징수한다.

27 ★☆☆

다음 중 품질이 우수하다고 인정되는 소방용품에 대하여 우수품질인증을 할 수 있는 자는?

① 산업통상자원부장관 ② 시·도지사
③ 소방청장 ④ 소방본부장 또는 소방서장

SOLUTION

📝 **개념**
우수품질 제품에 대한 인증(소방시설법 제43조)
- 소방청장은 형식승인의 대상이 되는 소방용품 중 품질이 우수하다고 인정하는 소방용품에 대하여 인증(이하 "우수품질인증"이라 한다)을 할 수 있다.
- 우수품질인증을 받으려는 자는 행정안전부령으로 정하는 바에 따라 소방청장에게 신청하여야 한다.
- 우수품질인증을 받은 소방용품에는 우수품질인증 표시를 할 수 있다.
- 우수품질인증의 유효기간은 5년의 범위에서 행정안전부령으로 정한다.

📖 **풀이**
소방용품에 대하여 우수품질인증을 할 수 있는 자는 소방청장이다.

28 ★★☆

소방기본법상 화재 현장에서의 피난 등을 체험할 수 있는 소방체험관의 설립·운영권자는?

① 시·도지사 ② 행정안전부장관
③ 소방본부장 또는 소방서장 ④ 소방청장

SOLUTION

📝 **개념**
소방박물관 등의 설립과 운영(기본법 제5조)
- 소방박물관
  - 소방청장이 설립 및 운영
  - 소방의 역사와 안전문화를 발전시키고 국민의 안전 의식을 높이기 위함, 행정안전부령에 따라 운영
- 소방체험관
  - 시·도지사가 설립 및 운영
  - 화재 현장에서의 피난 등을 체험
  - 시·도의 조례에 따라 운영

📖 **풀이**
현장에서의 피난 등을 체험할 수 있는 소방체험관의 설립과 운영은 시·도지사가 담당한다.

정답 26 ④ 27 ③ 28 ①

29 ★☆☆

소방기본법상 소방력의 기준에 대한 설명으로 옳지 않은 것은?

① 소방력은 소방기관이 소방업무를 수행하는 데에 필요한 인력과 장비를 말한다.
② 소방력의 기준은 행정안전부령으로 정한다.
③ 시·도지사는 소방력을 확충하기 위하여 필요한 계획을 수립하여 시행하여야 한다.
④ 소방자동차 등 소방장비의 분류·표준화와 그 관리 등에 필요한 사항은 시·도지사가 정한다.

SOLUTION
개념
소방력의 기준(기본법 제8조)
- 소방력 : 소방기관이 소방업무를 수행하는 데에 필요한 인력과 장비
- 기준 : 행정안전부령
- 관할구역의 소방력 확충에 필요한 계획의 수립·시행 : 시·도지사
- 소방자동차 등 소방장비의 분류·표준화와 그 관리 등에 필요한 사항은 따로 법률에서 정함.

풀이
소방자동차 등 소방장비의 분류·표준화와 그 관리 등에 필요한 사항은 시·도지사가 아닌 따로 법률에서 정한다.

30 ★☆☆

위험물안전관리법령상 제조소등의 완공검사 신청 시기 기준으로 틀린 것은?

① 지하탱크가 있는 제조소등의 경우에는 당해 지하탱크를 매설하기 전
② 이동탱크저장소의 경우에는 이동저장탱크를 완공하고 상치장소를 확보한 후
③ 이송취급소의 경우에는 이송배관 공사의 전체 또는 일부 완료한 후
④ 배관을 지하에 설치하는 경우에는 소방서장이 지정하는 부분을 매몰하고 난 직후

SOLUTION
개념
완공검사의 신청시기(위험물법 시행규칙 제20조)
- 지하탱크가 있는 제조소등의 경우 : 당해 지하탱크를 매설하기 전
- 이동탱크저장소의 경우 : 이동저장탱크를 완공하고 상시 설치 장소(이하 "상치장소"라한다)를 확보한 후
- 이송취급소의 경우 : 이송배관 공사의 전체 또는 일부를 완료한 후. 다만, 지하·하천 등에 매설하는 이송배관의 공사의 경우에는 이송배관을 매설하기 전
- 전체 공사가 완료된 후에는 완공검사를 실시하기 곤란한 경우
  - 위험물설비 또는 배관의 설치가 완료되어 기밀시험 또는 내압시험을 실시하는 시기
  - 배관을 지하에 설치하는 경우에는 시·도지사, 소방서장 또는 기술원이 지정하는 부분을 매몰하기 직전
  - 기술원이 지정하는 부분의 비파괴시험을 실시하는 시기
  - 그 밖의 제조소 등의 경우 : 제조소 등의 공사를 완료한 후

풀이
완공검사 신청시기는 배관을 지하에 설치하는 경우 시·도지사, 소방서장 또는 기술원이 지정하는 부분을 매몰하고 난 직후가 아닌 매몰하기 직전이다.

31 ★☆☆

소방시설공사업법령상 소방시설업에 대한 행정처분기준에서 1차 행정처분 사항으로 등록취소에 해당하는 것은?

① 거짓이나 그 밖의 부정한 방법으로 등록한 경우
② 소방시설업자의 지위를 승계한 사실을 소방시설공사등을 맡긴 특정소방대상물의 관계인에게 통지를 하지 아니한 경우
③ 화재안전기준 등에 적합하게 설계·시공을 하지 아니하거나, 법에 따라 적합하게 감리를 하지 아니한 경우
④ 등록을 한 후 정당한 사유 없이 1년이 지날 때까지 영업을 시작하지 아니하거나 계속하여 1년 이상 휴업한 때

SOLUTION
개념
소방시설업에 대한 행정처분기준(소방공사업법 시행규칙 별표 1, 소방공사업법 시행규칙 제9조 관련)
- 1차 행정처분 사항으로 등록취소 기준
  - 거짓이나 그 밖의 부정한 방법으로 등록한 경우
  - 등록결격사유에 해당된 경우
  - 영업정지 기간 중에 소방시설공사 등을 한 경우

풀이
거짓이나 그 밖의 부정한 방법으로 등록한 경우 1차 행정처분 사항으로 등록취소가 된다.

29 ④ 30 ④ 31 ①

32 ***

소방기본법령상 이웃하는 다른 시·도지사와 소방업무에 관하여 시·도지사가 체결할 상호응원협정 사항이 아닌 것은?

① 화재조사활동
② 응원출동의 요청방법
③ 소방교육 및 응원출동훈련
④ 응원출동대상지역 및 규모

SOLUTION

[개념]
소방업무의 상호응원협정(기본법 시행규칙 제8조)
- 소방활동에 관한 사항
  - 화재의 경계·진압활동
  - 구조·구급업무의 지원
  - 화재조사활동
- 응원출동대상지역 및 규모
- 소요경비의 부담에 관한 사항
  - 출동대원의 수당·식사 및 의복의 수선
  - 소방장비 및 기구의 정비와 연료의 보급
  - 그 밖의 경비
- 응원출동의 요청방법
- 응원출동훈련 및 평가

[풀이]
소방교육 및 응원출동훈련은 상호응원협정 사항이 아니다.

33 ***

소방기본법의 정의상 소방대상물의 관계인이 아닌 자는?

① 감리자　　② 관리자
③ 점유자　　④ 소유자

SOLUTION

[개념]
정의(기본법 제2조)
- 소방대상물 : 건축물, 차량, 선박(항구에 매어둔 선박만 해당), 선박 건조 구조물, 산림, 그 밖의 인공 구조물 또는 물건
- 관계인 : 소방대상물의 소유자·관리자 또는 점유자
- 소방대 : 소방공무원, 의무소방원, 의용소방대원

[풀이]
소방대상물의 관계인은 소방대상물의 소유자, 관리자, 점유자를 말한다.

34 ***

위험물안전관리법령상 위험물을 취급하는 건축물 그 밖의 시설의 주위에는 그 취급하는 위험물의 최대수량이 지정수량의 10배 이하인 경우 보유하여야 할 공지의 너비 기준은?

① 2[m] 이하　　② 2[m] 이상
③ 3[m] 이하　　④ 3[m] 이상

SOLUTION

[개념]
제조소의 위치·구조 및 설비의 기준(위험물법 시행규칙 별표 4, 위험물법 시행규칙 제28조 관련)
- 보유공지 : 위험물을 취급하는 건축물 그 밖의 시설(위험물을 이송하기 위한 배관 그 밖에 이와 유사한 시설을 제외)의 주위에는 그 취급하는 위험물의 최대수량에 따라 다음 표에 의한 너비의 공지를 보유

취급하는 위험물의 최대수량	공지의 너비
지정수량의 10배 이하	3[m] 이상
지정수량의 10배 초과	5[m] 이상

[풀이]
위험물의 최대수량이 지정수량의 10배 이하인 경우에는 보유하여야 할 공지의 너비는 3[m] 이상이어야 한다.

35 ***

화재의 예방 및 안전관리에 관한 법령상 화재안전조사 결과 소방대상물의 위치 상황이 화재 예방을 위하여 보완될 필요가 있을 것으로 예상되는 때에 소방대상물의 개수·이전·제거, 그 밖의 필요한 조치를 관계인에게 명령할 수 있는 사람은?

① 소방서장　　② 경찰청장
③ 시·도지사　　④ 해당구청장

SOLUTION

[개념]
화재안전조사 결과에 따른 조치명령(화재예방법 제14조)
- 명령권자 : 소방청장, 소방본부장, 소방서장
- 명령사항 : 관계인에게 그 소방대상물의 개수(改修)·이전·제거, 사용의 금지 또는 제한, 사용폐쇄, 공사의 정지 또는 중지, 그 밖에 필요한 조치를 명함.

[풀이]
화재안전조사 결과에 따른 조치명령을 내릴 수 있는 사람은 소방청장, 소방본부장, 소장서장이다.

정답 32 ③　33 ①　34 ④　35 ①

36 ★★☆

소방기본법령상 국고보조 대상사업의 범위 중 소방활동장비와 설비에 해당하지 않는 것은?

① 소방자동차
② 소방헬리콥터 및 소방정
③ 소화용수설비 및 피난구조설비
④ 방화복 등 소방활동에 필요한 소방장비

SOLUTION

개념
국고보조 대상사업의 범위와 기준보조율(기본법 시행령 제2조)
- 국고보조 대상사업의 범위
  - 소방자동차 구입 및 설치
  - 소방헬리콥터 및 소방정 구입 및 설치
  - 소방전용통신설비 및 전산설비 구입 및 설치
  - 그 밖에 방화복 등 소방활동에 필요한 소방장비 구입 및 설치
  - 소방관서용 청사의 건축
- 소방활동장비 및 설비의 종류와 규격 근거 : 행정안전부령
- 국고보조 대상사업의 기준보조율 : 「보조금 관리에 관한 법률 시행령」에 근거

풀이
소방용수설비 및 피난구조설비는 국고보조 대상사업의 범위에 들어가지 않는다.

37 ★★★

산화성 고체인 제1류 위험물에 해당되는 것은?

① 질산염류
② 특수인화물
③ 과염소산
④ 유기과산화물

SOLUTION

개념
위험물 및 지정수량(위험물법 시행령 별표 1, 위험물법 시행령 제2조 및 제3조 관련)

- 위험물

유별	성질	품명
제1류	산화성 고체	• 아염소산염류 • 염소산염류 • 과염소산염류 • 무기과산화물 • 브롬산염류(브로민산염류) • 질산염류 • 요오드산염류(아이오딘산염류) • 과망간산염류(과망가니즈산염류) • 중크롬산염류(다이크로뮴산염류)
제2류	가연성 고체	• 황화린(황화인) • 적린 • 황(유황) • 철분 • 금속분 • 마그네슘 • 인화성 고체
제3류	자연발화성 물질 및 금수성 물질	• 칼륨 • 나트륨 • 알킬알루미늄 • 알킬리튬 • 황린 • 알칼리금속 및 알칼리토금속 • 유기금속화합물 • 금속의 수소화물 • 금속의 인화물 • 칼슘 또는 알루미늄의 탄화물
제4류	인화성 액체	• 특수인화물 • 제1석유류 • 알코올류 • 제2석유류 • 제3석유류 • 제4석유류 • 동식물유류
제5류	자기반응성 물질	• 유기과산화물 • 질산에스테르류(질산에스터류) • 니트로화합물(나이트로화합물) • 니트로소화합물(나이트로소화합물) • 아조화합물 • 디아조화합물(다이아조화합물) • 하이드라진 유도체(히드라진 유도체) • 히드록실아민(하이드록실아민) • 히드록실아민염류(하이드록실아민염류)
제6류	산화성 액체	• 과염소산 • 과산화수소 • 질산

풀이
보기에서 제1류 위험물에 해당하는 것은 질산염류이다. 특수인화물은 제4류 위험물, 과염소산은 제6류 위험물, 유기과산화물은 제5류 위험물에 해당한다.

38 ★☆☆

위험물안전관리법상 지정수량 미만인 위험물의 저장 또는 취급에 관한 기술상의 기준은 무엇으로 정하는가?

① 대통령령 ② 총리령
③ 시·도의 조례 ④ 행정안전부령

SOLUTION

개념
지정수량 미만의 위험물의 저장·취급(위험물법 제4조)
지정수량 미만인 위험물의 저장 또는 취급에 관한 기술상의 기준은 시·도 조례로 정함

풀이
지정수량 미만인 위험물의 저장 또는 취급에 관한 기술상의 기준은 시·도 조례로 정한다.

39 ★★☆

위험물안전관리법상 업무상 과실로 제조소등에서 위험물을 유출·방출 또는 확산시켜 사람의 생명·신체 또는 재산에 대하여 위험을 발생시킨 자에 대한 벌칙 기준으로 옳은 것은?

① 5년 이하의 금고 또는 2,000만원 이하의 벌금
② 5년 이하의 금고 또는 7,000만원 이하의 벌금
③ 7년 이하의 금고 또는 2,000만원 이하의 벌금
④ 7년 이하의 금고 또는 7,000만원 이하의 벌금

SOLUTION

개념
7년 이하의 금고 또는 7천만원 이하의 벌금(위험물법 제34조)
업무상 과실로 제조소등 또는 허가를 받지 않고 지정수량 이상의 위험물을 저장 또는 취급하는 장소에서 위험물을 유출·방출 또는 확산시켜 사람의 생명·신체 또는 재산에 대하여 위험을 발생시킨 자

풀이
업무상 과실로 제조소등 또는 허가를 받지 않고 지정수량 이상의 위험물을 저장 또는 취급하는 장소에서 위험물을 유출·방출 또는 확산시켜 사람의 생명·신체 또는 재산에 대하여 위험을 발생시킨 자는 7년 이하의 금고 또는 7천만원 이하의 벌금에 처한다.

40 ★★☆

소방시설공사업법령상 상주 공사감리 대상 기준 중 다음 ( ) 안에 알맞은 것은?

- 연면적 (㉠)[m²] 이상의 특정소방대상물(아파트는 제외)에 대한 소방시설의 공사
- 지하층을 포함한 층수가 (㉡)층 이상으로서 (㉢)세대 이상인 아파트에 대한 소방시설의 공사

① ㉠ 10,000, ㉡ 11, ㉢ 600
② ㉠ 10,000, ㉡ 16, ㉢ 500
③ ㉠ 30,000, ㉡ 11, ㉢ 600
④ ㉠ 30,000, ㉡ 16, ㉢ 500

SOLUTION

개념
소방공사 감리의 종류, 방법 및 대상(소방공사업법 시행령 별표 3, 소방공사업법 시행령 제9조 관련)

- 상주 공사감리
  - 연면적 3만[m²] 이상의 특정소방대상물(아파트 제외)에 대한 소방시설의 공사
  - 지하층을 포함한 층수가 16층 이상으로서 500세대 이상인 아파트에 대한 소방시설의 공사

풀이
상주 공사감리 대상의 기준은 연면적 30,000[m²] 이상의 특정소방대상물(아파트 제외) 및 지하층을 포함한 층수가 16층 이상으로서 500세대 이상인 아파트에 대한 소방시설의 공사이다.

2025년 제1회 소방설비기사 [CBT 복원문제]

21 ★★★

화재의 예방 및 안전관리에 관한 법령상 특수가연물의 저장 및 취급기준 중 석탄·목탄류를 저장하는 경우 쌓는 부분의 바닥면적은 몇 [m²] 이하인가? (단, 살수설비를 설치하였고, 석탄·목탄류를 발전용으로 저장하는 경우는 제외한다)

① 200
② 250
③ 300
④ 350

SOLUTION

개념
특수가연물의 저장 및 취급 기준(화재예방법 시행령 별표 3, 화재예방법 시행령 제19조 제2항 관련)

구분	높이	쌓는 부분의 바닥면적
살수설비를 설치하거나 방사능력 범위에 해당특수가연물이 포함되도록 대형수동식소화기를 설치하는 경우	15[m] 이하	200[m²](석탄·목탄류의 경우에는 300[m²]) 이하
그 밖의 경우	10[m] 이하	50[m²](석탄·목탄류의 경우에는 200[m²]) 이하

다만, 석탄·목탄류를 발전용으로 저장하는 경우는 제외

풀이
살수설비를 설치하거나 방사능력 범위에 해당 특수가연물이 포함되도록 대형수동식소화기를 설치하는 경우 석탄·목탄류를 쌓는 부분의 바닥면적은 300[m²] 이하이어야 한다.

22 ★☆☆

소방시설공사업법상 특정소방대상물의 관계인 또는 발주자가 해당 도급계약의 수급인을 도급계약 해지할 수 있는 경우의 기준 중 틀린 것은?

① 하도급계약의 적정성 심사 결과 하수급인 또는 하도급계약 내용의 변경 요구에 정당한 사유 없이 따르지 아니하는 경우
② 정당한 사유 없이 15일 이상 소방시설공사를 계속하지 아니하는 경우
③ 소방시설업이 등록 취소되거나 영업 정지된 경우
④ 소방시설업을 휴업하거나 폐업한 경우

SOLUTION

개념
도급계약의 해지(소방공사업법 제23조)
- 특정소방대상물의 관계인 또는 발주자는 해당 도급계약의 수급인이 다음 어느 하나에 해당하는 경우에는 도급계약을 해지할 수 있다.
  - 소방시설업이 등록취소되거나 영업정지된 경우
  - 소방시설업을 휴업하거나 폐업한 경우
  - 정당한 사유 없이 30일 이상 소방시설공사를 계속하지 아니하는 경우
  - 적정성 심사에 따른 수급인에 대하여 하수급인 또는 하도급 계약내용의 변경요구에 정당한 사유 없이 따르지 아니하는 경우

풀이
정당한 사유 없이 30일 이상 소방시설공사를 계속하지 아니하는 경우에는 도급계약을 해지할 수 있다.

23 ★★☆

소방기본법령상 상업지역에 소방용수시설 설치 시 소방대상물과의 수평거리 기준은 몇 [m] 이하인가?

① 100
② 120
③ 140
④ 160

SOLUTION

개념
소방용수시설의 설치기준(기본법 시행규칙 별표 3, 기본법 시행규칙 제6조 제2항 관련)
- 공통기준
  - 주거지역·상업지역 및 공업지역에 설치하는 경우 : 소방대상물과의 수평거리 100[m] 이하
  - 그 외 지역 : 소방대상물과의 수평거리 140[m] 이하
- 소화전
  - 상수도와 연결하여 지하식 또는 지상식의 구조
  - 소방용호스와 연결하는 소화전의 연결금속구의 구경은 65[mm]
- 급수탑
  - 급수배관의 구경은 100[mm] 이상
  - 개폐밸브는 지상에서 1.5[m] 이상 1.7[m] 이하의 위치에 설치
- 저수조
  - 지면으로부터의 낙차가 4.5[m] 이하
  - 흡수부분의 수심이 0.5[m] 이상
  - 소방펌프자동차가 쉽게 접근할 수 있도록 할 것
  - 흡수에 지장이 없도록 토사 및 쓰레기 등을 제거할 수 있는 설비를 갖출 것
  - 흡수관의 투입구가 사격형의 경우에는 한 변의 길이가 60[cm] 이상, 원형의 경우에는 지름이 60[cm] 이상
  - 저수조에 물을 공급하는 방법은 상수도에 연결하여 자동으로 급수되는 구조

풀이
상업지역에 소방용수시설 설치 시 소방대상물과의 수평거리는 100[m] 이하이어야 한다.

24 ★★★

화재의 예방 및 안전관리에 관한 법령상 화재예방강화지구의 지정대상이 아닌 것은? (단, 소방청장·소방본부장 또는 소방서장이 화재예방강화지구로 지정할 필요가 있다고 인정하는 지역은 제외한다)

① 소방용수시설이 없는 지역
② 의류공장
③ 시장지역
④ 목조건물이 밀집한 지역

SOLUTION

개념
화재예방강화지구의 지정 등(화재예방법 제18조)
- 화재예방강화지구의 지정권자 : 시·도지사
- 화재예방강화지구 지정지역
  - 시장지역
  - 공장·창고가 밀집한 지역
  - 목조건물이 밀집한 지역
  - 노후·불량건축물이 밀집한 지역
  - 위험물의 저장 및 처리 시설이 밀집한 지역
  - 석유화학제품을 생산하는 공장이 있는 지역
  - 「산업입지 및 개발에 관한 법률」 제2조제8호에 따른 산업단지
  - 소방시설·소방용수시설 또는 소방출동로가 없는 지역
  - 「물류시설의 개발 및 운영에 관한 법률」 제2조제6호에 따른 물류단지
  - 그 밖에 위의 지역에 준하는 지역으로서 소방관서장이 화재예방강화지구로 지정할 필요가 있다고 인정하는 지역
- 시·도지사가 화재예방강화지구로 지정할 필요가 있는 지역을 화재예방강화지구로 지정하지 아니하는 경우 소방청장은 해당 시·도지사에게 해당 지역의 화재예방강화지구 지정을 요청 가능
- 화재안전조사 실시자 : 소방관서장

풀이
공장·창고가 밀집한 지역은 화재예방강화지구가 될 수 있겠지만 의류공장 단독으로 화재예방강화지구의 지정대상이 되는 것은 아니다.

TIP
과거 문제에는 화재예방강화지구가 아닌 화재경계지구로 표기된 경우가 있다. 소방관계법규 변경으로 인해 단어가 변경된 것이기 때문에 혼동하지 않도록 한다.

25 ★★★

위험물안전관리법령에 따른 정기점검의 대상인 제조소등의 기준 중 틀린 것은?

① 이동탱크저장소
② 저장탱크저장소
③ 지정수량의 10배 이상의 위험물을 취급하는 제조소
④ 지정수량의 20배 이상의 위험물을 취급하는 옥외탱크저장소

SOLUTION

개념

정기점검의 대상인 제조소 등(위험물법 시행령 제16조)
- 지정수량의 10배 이상의 위험물을 취급하는 제조소
- 지정수량의 100배 이상의 위험물을 저장하는 옥외저장소
- 지정수량의 150배 이상의 위험물을 저장하는 옥내저장소
- 지정수량의 200배 이상의 위험물을 저장하는 옥외탱크저장소
- 암반탱크저장소
- 이송취급소
- 지정수량의 10배 이상의 위험물을 취급하는 일반취급소. 다만, 제4류 위험물(특수인화물을 제외한다)만을 지정수량의 50배 이하로 취급하는 일반취급소(제1석유류·알코올류의 취급량이 지정수량의 10배 이하인 경우에 한한다)로서 다음 어느 하나에 해당하는 것은 제외
  - 보일러·버너 또는 이와 비슷한 것으로서 위험물을 소비하는 장치로 이루어진 일반취급소
  - 위험물을 용기에 옮겨 담거나 차량에 고정된 탱크에 주입하는 일반취급소
- 지하탱크저장소
- 이동탱크저장소
- 위험물을 취급하는 탱크로서 지하에 매설된 탱크가 있는 제조소·주유취급소 또는 일반취급소

풀이

지정수량의 200배 이상의 위험물을 저장하는 옥외탱크저장소는 정기점검의 대상인 제조소이다.

26 ★★★

위험물안전관리법령상 제조소의 기준에 따라 사용전압이 35,000[V]을 초과하는 특고압가공전선에 있어서는 제조소 등과의 안전거리를 몇 [m] 이상 유지하여야 하는가?

① 3
② 30
③ 5
④ 50

SOLUTION

개념

제조소의 위치·구조 및 설비의 기준(위험물법 시행규칙 별표 4, 위험물법 시행규칙 제28조 관련)

• 안전거리
제조소(제6류 위험물을 취급하는 제조소를 제외) 건축물의 외벽 또는 이에 상당하는 공작물의 외측으로부터 해당 제조소의 외벽 또는 이에 상당하는 공작물의 외측까지의 사이에 다음 규정에 의한 수평거리를 두어야 함. 다만, 불연재료로 된 방화상 유효한 담 또는 벽 설치 시 안전거리 단축이 가능

건축물 및 그 밖의 공작물	안전거리
주거용(제조소가 설치된 부지 내에 있는 것 제외)	10[m] 이상
고압가스, 액화석유가스, 도시가스를 저장 또는 취급하는 시설	20[m] 이상
학원, 병원, 극장 등 다수의 수용시설	30[m] 이상
지정문화유산 및 천연기념물	50[m] 이상
사용전압 7,000[V] 초과 35,000[V] 이하 특고압가공전선	3[m] 이상
사용전압 35,000[V] 초과 특고압가공전선	5[m] 이상

풀이

사용전압이 35,000[V]을 초과하는 특고압가공전선에 있어서는 제조소 등과의 안전거리는 5[m] 이상 유지해야 한다.

27 ★☆☆

화재의 예방 및 안전관리에 관한 법률상 화재안전조사를 정당한 사유 없이 거부·방해한 자에 대한 벌칙 기준으로 옳은 것은?

① 100만원 이하의 벌금
② 200만원 이하의 벌금
③ 300만원 이하의 벌금
④ 400만원 이하의 벌금

SOLUTION

풀이

화재의 예방 및 안전관리에 관한 법률 제50조에 따르면 화재안전조사를 정당한 사유 없이 거부·방해 또는 기피한자는 300만원 이하의 벌금에 처한다.

28 ★☆☆

피난시설, 방화구획 또는 방화시설을 폐쇄·훼손·변경 등의 행위를 3차 이상 위반한 경우에 대한 과태료 부과기준으로 옳은 것은?

① 200만원　　　　② 300만원
③ 500만원　　　　④ 1,000만원

SOLUTION

개념

과태료의 부과기준(소방시설법 시행령 별표 10, 소방시설법 시행령 제52조 관련)

- 피난시설, 방화구획 또는 방화시설을 폐쇄·훼손·변경 등의 행위
  - 1차 위반 : 100만원
  - 2차 위반 : 200만원
  - 3차 이상 위반 : 300만원

풀이

피난시설, 방화구획 또는 방화시설을 폐쇄·훼손·변경 등의 행위를 3차 이상 위반한 경우에는 300만원의 과태료를 부과한다.

29 ★★★

소방시설 설치 및 관리에 관한 법령상 스프링클러설비를 설치해야 하는 특정소방대상물의 기준으로 틀린 것은?

① 수련시설로서 바닥면적의 합계가 600[m²] 이상인 경우에는 모든 층
② 지하상가로서 연면적 1,000[m²] 이상인 것
③ 물류터미널로서 바닥면적의 합계가 3,000[m²] 이상인 경우에는 모든 층
④ 종교시설로서 수용인원이 100명 이상인 경우에는 모든 층

SOLUTION

개념

특정소방대상물의 관계인이 특정소방대상물에 설치·관리해야 하는 소방시설의 종류(소방시설법 시행령 별표 4, 소방시설법 시행령 제11조 관련)

- 스프링클러설비를 설치해야하는 특정소방대상물
  - 층수가 6층 이상인 특정소방대상물의 경우에는 모든 층
  - 기숙사 또는 복합건축물로서 연면적 5,000[m²] 이상인 경우에는 모든 층
  - 문화 및 집회시설, 종교시설, 운동시설로서 다음의 어느 하나에 해당하는 경우에는 모든 층
    1. 수용인원이 100명 이상인 것
    2. 영화상영관의 용도로 쓰는 층의 바닥면적이 지하층 또는 무창층인 경우에는 500[m²] 이상, 그 밖의 경우에는 1,000[m²] 이상인 것
    3. 무대부가 지하층·무창층 또는 4층 이상의 층에 있는 경우에는 무대부의 면적이 300[m²] 이상인 것
    4. 무대부가 3항의 경우 제외한 층에 있는 경우에는 무대부의 면적이 500[m²] 이상인 것
  - 판매시설, 운수시설 및 창고시설(물류터미널로 한정)로서 바닥면적의 합계가 5,000[m²] 이상이거나 수용인원이 500명 이상인 경우에는 모든 층
  - 다음의 어느 하나에 해당하는 용도로 사용되는 시설의 바닥면적의 합계가 600[m²] 이상인 것은 모든 층
    ᆞ 근린생활시설 중 조산원 및 산후조리원
    ᆞ 의료시설 중 정신의료기관
    ᆞ 의료시설 중 종합병원, 병원, 치과병원, 한방병원 및 요양병원
    ᆞ 노유자 시설
    ᆞ 숙박이 가능한 수련시설
    ᆞ 숙박시설
  - 창고시설(물류터미널 제외)로서 바닥면적 합계가 5,000[m²] 이상인 경우에는 모든 층
  - 특정소방대상물의 지하층·무창층 또는 층수가 4층 이상인 층으로 바닥면적이 1,000[m²] 이상인 층이 있는 경우에는 해당 층
  - 지하상가로서 연면적 1,000[m²] 이상인 것

풀이

물류터미널로서 바닥면적의 합계가 3,000[m²]가 아닌 5,000[m²] 이상인 경우에는 모든 층에 스프링클러설비를 설치해야 한다.

30 ★☆☆

화재의 예방 및 안전관리에 관한 법령상 소방안전관리대상물의 소방안전관리자의 업무가 아닌 것은?

① 소방훈련 및 교육
② 소방계획서의 작성 및 시행
③ 소방시설공사 발주
④ 자위소방대의 구성·운영·교육

SOLUTION

개념
특정소방대상물의 소방안전관리(화재예방법 제24조)
- 소방안전관리업무 대행자 : 소방시설관리업자(소방시설관리업을 등록한 자)
- 소방안전관리자의 선임
  - 선임해당사유 발생일로부터 30일 이내
  - 선임신고 : 선임한 날부터 14일 이내에 소방본부장 또는 소방서장에게 신고
- 특정소방대상물의 관계인 업무
  - 피난시설·방화구획 및 방화시설의 관리
  - 소방시설, 그 밖의 소방관련시설의 관리
  - 화기 취급의 감독
  - 화재발생 시 초기대응
  - 그 밖에 소방안전관리에 필요한 업무
- 소방안전관리대상물의 소방안전관리자 업무
  - 피난계획에 관한 사항과 소방계획서의 작성 및 시행
  - 자위소방대 및 초기대응체계의 구성, 운영 및 교육
  - 피난시설·방화구획 및 방화시설의 관리
  - 소방시설이나 그 밖의 소방 관련 시설의 관리
  - 소방훈련 및 교육
  - 화기 취급의 감독
  - 소방안전관리에 관한 업무수행에 관한 기록·유지
  - 화재발생 시 초기대응
  - 그 밖의 소방안전관리에 필요한 업무

풀이
소방시설공사 발주는 소방안전관리자의 업무에 해당하지 않는다.

31 ★☆☆

화재의 예방 및 안전관리에 관한 법령상 소방대상물의 개수·이전·제거, 사용의 금지 또는 제한, 사용폐쇄, 공사의 정지 또는 중지, 그 밖의 필요한 조치로 인하여 손실을 받은 자가 손실보상청구서에 첨부하여야 하는 서류로 틀린 것은?

① 손실보상 합의서
② 손실을 증명할 수 있는 사진
③ 손실을 증명할 수 있는 증빙자료
④ 소방대상물의 관계인임을 증명할 수 있는 서류(건축물대장은 제외)

SOLUTION

개념
손실보상 청구자가 제출해야 하는 서류 등(화재예방법 시행규칙 제6조)
- 소방대상물의 관계인임을 증명할 수 있는 서류(건축물대장은 제외)
- 손실을 증명할 수 있는 사진 및 그 밖의 증빙자료
- 손실보상 청구서

풀이
손실보상 청구자가 제출하여야 하는 서류는 손실보상 합의서가 아닌 손실보상 청구서이다. 손실보상 합의서는 손실보상에 관하여 협의가 이루어진 경우에 작성한다.

32 ★☆☆

소방시설공사업법령상 일반 공사감리 대상에서 감리현장 연면적의 총 합계가 10만[m²] 이하인 경우 1명의 감리원이 담당할 수 있는 소방공사감리현장의 수는 몇 개 이하인가?

① 2
② 3
③ 4
④ 5

SOLUTION

풀이
소방시설공사업법 시행규칙 제16조에 따르면 1명의 감리원이 담당하는 소방공사감리현장은 5개 이하로서 감리현장 연면적의 총 합계가 10만[m²] 이하이어야 한다.

33 ★☆☆

위험물안전관리법령상 위험물의 안전관리와 관련된 업무를 수행하는 자로서 소방청장이 실시하는 안전교육대상자가 아닌 것은?

① 제조소등의 관계인
② 안전관리자로 선임된 자
③ 위험물운송자로 종사하는 자
④ 탱크시험자의 기술인력으로 종사하는 자

SOLUTION

개념
안전교육대상자(위험물법 시행령 제20조)
- 안전관리자로 선임된 자
- 탱크시험자의 기술인력으로 종사하는 자
- 위험물운반자로 종사하는 자
- 위험물운송자로 종사하는 자

풀이
제조소등의 관계인은 안전교육대상자의 대상이 아니다.

34 ★★☆

소방시설 설치 및 관리에 관한 법령상 소화설비를 구성하는 제품 또는 기기에 해당하지 않는 것은?

① 소방호스
② 스프링클러헤드
③ 가스누설경보기
④ 분말자동소화장치

SOLUTION

개념
소방용품(소방시설법 시행령 별표 3, 소방시설법 제6조 관련)
- 소화설비를 구성하는 제품 또는 기기
  - 제품 : 소화기, 자동확산소화기, 간이소화용구(소화약제 외의 것을 이용한 간이소화용구는 제외), 자동소화장치
  - 기기 : 소화전, 관창, 소방호스, 스프링클러헤드, 기동용수압개폐장치, 유수제어밸브, 가스관선택밸브
- 경보설비를 구성하는 제품 또는 기기
  - 제품 : 누전경보기, 가스누설경보기
  - 기기 : 발신기, 수신기, 중계기, 감지기, 음향장치 중 경종

풀이
가스누설경보기는 경보설비를 구성하는 제품이다.

35 ★★☆

소방시설공사업법령에 따른 소방시설업 등록이 가능한 사람은?

① 피성년후견인
② 위험물안전관리법에 따른 금고 이상의 형의 집행 유예를 선고받고 그 유예기간 중에 있는 사람
③ 등록하려는 소방시설업 등록이 취소된 날부터 2년이 지난 사람
④ 소방기본법에 따른 금고 이상의 실형을 선고받고 그 집행이 면제된 날부터 1년이 지난 사람

SOLUTION

개념
등록의 결격사유(소방공사업법 제5조)
1. 피성년후견인
2. 「소방시설공사업법」, 「소방기본법」, 「화재의 예방 및 안전관리에 관한 법률」, 「소방시설 설치 및 관리에 관한 법률」 또는 「위험물안전관리법」에 따른 금고 이상의 실형을 선고받고 그 집행이 끝나거나(집행이 끝난 것으로 보는 경우를 포함한다) 면제된 날부터 2년이 지나지 아니한 사람
3. 「소방시설공사업법」, 「소방기본법」, 「화재의 예방 및 안전관리에 관한 법률」, 「소방시설 설치 및 관리에 관한 법률」 또는 「위험물안전관리법」에 따른 금고 이상의 형의 집행유예를 선고받고 그 유예기간 중에 있는 사람
4. 등록하려는 소방시설업 등록이 취소(피성년후견인 결격으로 인한 등록이 취소된 경우는 제외)된 날부터 2년이 지나지 아니한 자
5. 법인의 대표자가 1~4항에 해당하는 경우 그 법인
6. 법인의 임원이 2~4항에 해당하는 경우 그 법인

풀이
등록하려는 소방시설업 등록이 취소된 날부터 2년이 지나면 소방시설업 등록이 가능하다.

정답 33 ① 34 ③ 35 ③

36 ★★☆

다음 소방시설 중 경보설비가 아닌 것은?

① 통합감시시설
② 가스누설경보기
③ 비상콘센트설비
④ 자동화재속보설비

SOLUTION

개념
소화시설(소방시설법 시행령 별표 1, 소방시설법 시행령 제3조 관련)
- 소화설비 : 소화기구, 옥외소화전설비, 자동소화장치, 스프링클러설비, 물분무등소화설비, 옥외소화전설비
- 피난구조설비 : 피난기구, 인명구조기구, 유도등, 비상조명등
- 소화용수설비 : 상수도소화용수설비, 소화수조, 저수조
- 소화활동설비 : 연결송수관설비, 제연설비, 연결살수설비, 비상콘센트설비, 무선통신보조설비, 연소방지설비
- 경보설비 : 단독경보형감지기, 비상경보설비(비상벨설비, 자동식사이렌설비), 자동화재탐지설비, 시각경보기, 화재알림설비, 비상방송설비, 자동화재속보설비, 통합감시시설, 누전경보기, 가스누설경보기

풀이
비상콘센트설비는 소화활동설비에 해당한다.

37 ★★★

소방대라 함은 화재를 진압하고 화재, 재난·재해 그 밖의 위급한 상황에서 구조·구급 활동 등을 하기 위하여 구성된 조직체를 말한다. 소방대의 구성원으로 틀린 것은?

① 위험물안전관리법에 따른 자체소방대원
② 의무소방원
③ 의용소방대원
④ 소방공무원

SOLUTION

개념
정의(기본법 제2조)
- 소방대상물 : 건축물, 차량, 선박(항구에 매어둔 선박만 해당), 선박 건조 구조물, 산림, 그 밖의 인공 구조물 또는 물건
- 관계인 : 소방대상물의 소유자·관리자 또는 점유자
- 소방대 : 소방공무원, 의무소방원, 의용소방대원

풀이
소방대란 소방공무원, 의무소방원, 의용소방대원으로 구성된 조직체이다.

38 ★★★

자기반응성물질에 해당하는 것은?

① 알킬리튬
② 질산염류
③ 아조화합물
④ 과산화수소

SOLUTION

개념
위험물 및 지정수량(위험물법 시행령 별표 1, 위험물법 시행령 제2조 및 제3조 관련)
- 위험물

유별	성질	품명
제1류	산화성 고체	• 아염소산염류 • 염소산염류 • 과염소산염류 • 무기과산화물 • 브롬산염류(브로민산염류) • 질산염류 • 요오드산염류(아이오딘산염류) • 과망간산염류(과망가니즈산염류) • 중크롬산염류(다이크로뮴산염류)
제2류	가연성 고체	• 황화린(황화인) • 적린 • 황(유황) • 철분 • 금속분 • 마그네슘 • 인화성 고체
제3류	자연발화성 물질 및 금수성 물질	• 칼륨 • 나트륨 • 알킬알루미늄 • 알킬리튬 • 황린 • 알칼리금속 및 알칼리토금속 • 유기금속화합물 • 금속의 수소화물 • 금속의 인화물 • 칼슘 또는 알루미늄의 탄화물
제4류	인화성 액체	• 특수인화물 • 제1석유류 • 알코올류 • 제2석유류 • 제3석유류 • 제4석유류 • 동식물유류

유별	성질	품명
제5류	자기반응성 물질	• 유기과산화물 • 질산에스테르류(질산에스터류) • 니트로화합물(나이트로화합물) • 니트로소화합물(나이트로소화합물) • 아조화합물 • 디아조화합물(다이아조화합물) • 하이드라진 유도체(히드라진 유도체) • 히드록실아민(하이드록실아민) • 히드록실아민염류(하이드록실아민염류)
제6류	산화성 액체	• 과염소산 • 과산화수소 • 질산

풀이
아조화합물은 제5류 위험물(자기반응성물질)에 속한다.

39 ★☆☆

다음 중 대통령령으로 정하는 방염대상물품에 해당하는 것은?

① 설치 현장에서 방염처리한 커튼
② 설치 현장에서 방염처리한 전시용 합판
③ 설치 현장에서 방염처리한 무대막
④ 설치 현장에서 방염처리한 카펫

SOLUTION

개념
방염대상물품 및 방염성능기준(소방시설법 시행령 제31조)
• 방염대상물품
  - 제조 또는 가공 공정에서 방염처리를 한 물품
    ‣ 창문에 설치하는 커튼류(블라인드를 포함)
    ‣ 카펫
    ‣ 벽지류(두께가 2[mm] 미만인 종이벽지는 제외)
    ‣ 전시용 합판·목재 또는 섬유판, 무대용 합판·목재 또는 섬유판(합판·목재류의 경우 불가피하게 설치 현장에서 방염처리한 것을 포함)
    ‣ 암막·무대막(스크린 포함)
    ‣ 섬유류 또는 합성수지류 등을 원료로 하여 제작된 소파·의자(단란주점영업, 유흥주점영업 및 노래연습장업의 영업장에 설치하는 것으로 한정한다)

풀이
설치 현장에서 방염처리한 물품 중 방염대상물품에 해당하는 것은 전시용 합판이다.

40 ★☆☆

소방기본법상 지하에 설치하는 소화전 또는 저수조의 경우 소방용수표지는 다음 기준에 따라 설치하여야 한다. ( )에 들어갈 내용으로 옳은 것은?

• 맨홀 뚜껑은 지름 (㉠)[mm] 이상의 것으로 할 것. 다만, 승하강식 소화전의 경우에는 이를 적용하지 않는다.
• 맨홀 뚜껑 부근에는 (㉡) 반사도료로 폭 (㉢)[cm]의 선을 그 둘레로 칠할 것

① ㉠ 648, ㉡ 노란색, ㉢ 15
② ㉠ 648, ㉡ 붉은색, ㉢ 15
③ ㉠ 688, ㉡ 노란색, ㉢ 25
④ ㉠ 688, ㉡ 붉은색, ㉢ 25

SOLUTION

개념
소방용수표지(기본법 시행규칙 별표 2, 기본법 시행규칙 제6조제1항 관련)
• 지하에 설치하는 소화전 또는 저수조의 경우 소방용수표지는 다음의 기준에 따라 설치할 것
  - 맨홀 뚜껑은 지름 648[mm] 이상의 것으로 할 것. 다만, 승하강식 소화전의 경우에는 이를 적용하지 않는다.
  - 맨홀 뚜껑에는 "소화전·주정차금지" 또는 "저수조·주정차금지"의 표시를 할 것
  - 맨홀 뚜껑 부근에는 노란색 반사도료로 폭 15[cm]의 선을 그 둘레를 따라 칠할 것

풀이
맨홀 뚜껑은 지름 648[mm] 이상의 것으로 해야 한다. 다만, 승하강식 소화전의 경우에는 이를 적용하지 않는다. 맨홀 뚜껑 부근에는 노란색 반사도료로 폭 15[cm]의 선을 그 둘레를 따라 칠해야 한다.

정답 39 ② 40 ①

2025년 제2회 소방설비기사 (CBT 복원문제)

21 ★☆☆

소방시설공사업법에 따라 소방시설공사업의 등록을 하려는 자는 소방청장이 지정하는 금융회사 또는 소방산업공제조합이 담보를 제공받거나 현금의 예치 또는 출자를 받은 사실을 증명하여 발행하는 확인서를 누구에게 제출하여야 하는가?

① 소방청장
② 소방서장
③ 감리원
④ 시·도지사

SOLUTION | 풀이

소방시설업의 등록기준 및 영업범위(소방공사업법 시행령 제2조)에 따르면 소방시설공사업의 등록을 하려는 자는 소방청장이 지정하는 금융회사 또는 소방산업공제조합의 담보를 제공받거나 현금의 예치 또는 출자를 받은 사실을 증명하여 발행하는 확인서를 특별시장·광역시장·특별자치시장·도지사 또는 특별자치도지사(이하 "시·도지사"라 한다)에게 제출해야 한다.

22 ★☆☆

항공기격납고는 특정소방대상물 중 어느 시설에 해당하는가?

① 위험물 저장 및 처리 시설
② 항공기 및 자동차 관련 시설
③ 창고시설
④ 업무시설

SOLUTION | 개념

특정소방대상물(소방시설법 시행령 별표 2, 소방시설법 시행령 제5조 관련)
항공기 및 자동차 관련 시설(건실기계 관련 시설을 포함)
- 항공기 격납고
- 차고, 주차용 건축물, 철골 조립식 주차시설(바닥면이 조립식 아닌 것을 포함) 및 기계장치에 의한 주차시설
- 세차장
- 폐차장
- 자동차 검사장
- 자동차 매매장
- 자동차 정비공장
- 운전학원·정비학원
- 주차장
- 차고 및 주기장

풀이

항공기 격납고는 항공기 및 자동차 관련 시설에 해당한다.

23 ★★★

산화성 고체인 제1류 위험물에 해당되는 것은?

① 과염소산
② 특수인화물
③ 질산염류
④ 유기과산화물

SOLUTION | 개념

위험물 및 지정수량(위험물법 시행령 별표 1, 위험물법 시행령 제2조 및 제3조 관련)

- 위험물

유별	성질	품명
제1류	산화성 고체	• 아염소산염류 • 염소산염류 • 과염소산염류 • 무기과산화물 • 브롬산염류(브로민산염류) • 질산염류 • 요오드산염류(아이오딘산염류) • 과망간산염류(과망가니즈산염류) • 중크롬산염류(다이크로뮴산염류)
제2류	가연성 고체	• 황화린(황화인) • 적린 • 황(유황) • 철분 • 금속분 • 마그네슘 • 인화성 고체

정답 21 ④ 22 ② 23 ③

유별	성질	품명
제3류	자연발화성 물질 및 금수성 물질	• 칼륨 • 나트륨 • 알킬알루미늄 • 알킬리튬 • 황린 • 알칼리금속 및 알칼리토금속 • 유기금속화합물 • 금속의 수소화물 • 금속의 인화물 • 칼슘 또는 알루미늄의 탄화물
제4류	인화성 액체	• **특수인화물** • 제1석유류 • 알코올류 • 제2석유류 • 제3석유류 • 제4석유류 • 동식물유류
제5류	자기반응성 물질	• **유기과산화물** • 질산에스테르류(질산에스터류) • 니트로화합물(나이트로화합물) • 니트로소화합물(나이트로소화합물) • 아조화합물 • 디아조화합물(다이아조화합물) • 하이드라진 유도체(히드라진 유도체) • 히드록실아민(하이드록실아민) • 히드록실아민염류(하이드록실아민염류)
제6류	산화성 액체	• **과염소산** • 과산화수소 • 질산

풀이
보기에서 제1류 위험물에 해당하는 것은 질산염류이다. 특수인화물은 제4류 위험물, 과염소산은 제6류 위험물, 유기과산화물은 제5류 위험물에 해당한다.

24 ★★★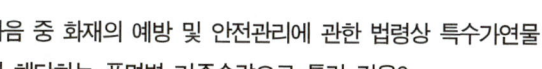

다음 중 화재의 예방 및 안전관리에 관한 법령상 특수가연물에 해당하는 품명별 기준수량으로 틀린 것은?

① 사류 1,000[kg] 이상
② 면화류 200[kg] 이상
③ 나무껍질 및 대팻밥 400[kg] 이상
④ 넝마 및 종이부스러기 500[kg] 이상

SOLUTION

개념
특수가연물(화재예방법 시행령 별표 2, 화재예방법 시행령 제19조 제1항 관련)

품명		수량
면화류		200[kg] 이상
나무껍질 및 대팻밥		400[kg] 이상
넝마 및 종이부스러기		1,000[kg] 이상
사류(絲類)		1,000[kg] 이상
볏짚류		1,000[kg] 이상
가연성 고체류		3,000[kg] 이상
석탄·목탄류		10,000[kg] 이상
가연성 액체류		2[m³] 이상
목재가공품 및 나무부스러기		10[m³] 이상
고무류·플라스틱류	발포시킨 것	20[m³] 이상
	그 밖의 것	3,000[kg] 이상

풀이
넝마 및 종이부스러기는 1,000[kg] 이상일 때 특수가연물에 해당한다.

25 ★★★

다음 소방기본법령상 용어 정의에 대한 설명으로 옳은 것은?

① 소방대상물이란 건축물, 차량, 선박(항구에 매어둔 선박은 제외) 등을 말한다.
② 관계인이란 소방대상물의 점유예정자를 포함한다.
③ 소방대란 소방공무원, 의무소방원, 의용소방대원으로 구성된 조직체이다.
④ 소방대장이란 화재, 재난·재해, 그 밖의 위급한 상황이 발생한 현장에서 소방대를 지휘하는 사람(소방서장은 제외)이다.

SOLUTION

개념
정의(기본법 제2조)

- **소방대상물** : 건축물, 차량, 선박(항구에 매어둔 선박만 해당), 선박 건조 구조물, 산림, 그 밖의 인공 구조물 또는 물건
- **관계인** : 소방대상물의 소유자·관리자 또는 **점유자**
- **소방대** : 소방공무원, 의무소방원, 의용소방대원
  - 소방대장 : 소방본부장 또는 **소방서장** 등 화재, 재난·재해, 그 밖의 위급한 상황이 발생한 현장에서 소방대를 지휘하는 사람

풀이
소방대란 **소방공무원, 의무소방원, 의용소방대원**으로 구성된 조직체이다.

26 ★☆☆

종합계획을 수립하고 실시하는 자는 누구인가?

① 시·도지사 ② 소방청장
③ 소방서장 ④ 소방관서장

SOLUTION

개념
소방업무에 관한 종합계획의 수립·시행 등(소방기본법 제6조)
1. 소방청장은 화재, 재난·재해, 그 밖의 위급한 상황으로부터 국민의 생명·신체 및 재산을 보호하기 위하여 소방업무에 관한 종합계획(이하 이 조에서 "종합계획"이라 한다)을 5년마다 수립·시행하여야 하고, 이에 필요한 재원을 확보하도록 노력하여야 한다.
2. 종합계획에는 다음의 사항이 포함되어야 한다.
   - 소방서비스의 질 향상을 위한 정책의 기본방향
   - 소방업무에 필요한 체계의 구축, 소방기술의 연구·개발 및 보급
   - 소방업무에 필요한 장비의 구비
   - 소방전문인력 양성
   - 소방업무에 필요한 기반조성
   - 소방업무의 교육 및 홍보(제21조에 따른 소방자동차의 우선 통행 등에 관한 홍보를 포함한다)
   - 그 밖에 소방업무의 효율적 수행을 위하여 필요한 사항으로서 대통령령으로 정하는 사항
3. 소방청장은 제1항에 따라 수립한 종합계획을 관계 중앙행정기관의 장, 시·도지사에게 통보하여야 한다.
4. 시·도지사는 관할 지역의 특성을 고려하여 종합계획의 시행에 필요한 세부계획(이하 이 조에서 "세부계획"이라 한다)을 매년 수립하여 소방청장에게 제출하여야 하며, 세부계획에 따른 소방업무를 성실히 수행하여야 한다.
5. 소방청장은 소방업무의 체계적 수행을 위하여 필요한 경우 제4항에 따라 시·도지사가 제출한 세부계획의 보완 또는 수정을 요청할 수 있다.
6. 그 밖에 종합계획 및 세부계획의 수립·시행에 필요한 사항은 대통령령으로 정한다.

풀이
종합계획을 5년마다 수립·시행하는 자는 소방청장이다.

27 ★★★

위험물안전관리법상 위험물의 정의에서 ( )에 들어갈 내용으로 옳은 것은?

> 위험물은 (㉠) 또는 발화성 등의 성질을 가지고 있는 것으로서 (㉡)이 정하는 물품을 말한다.

① ㉠ 인화성, ㉡ 대통령령
② ㉠ 인화성, ㉡ 국무총리령
③ ㉠ 휘발성, ㉡ 대통령령
④ ㉠ 휘발성, ㉡ 국무총리령

SOLUTION

개념
정의(위험물법 제2조)
- 위험물 : 인화성 또는 발화성 등의 성질을 가지는 것으로서 대통령령이 정하는 물품
- 지정수량 : 위험물의 종류별로 위험성을 고려하여 대통령령이 정하는 수량으로서 제조소등의 설치허가 등에 있어서 최저의 기준이 되는 수량

풀이
위험물은 인화성 또는 발화성 등의 성질을 가지는 것으로서 대통령령이 정하는 물품을 말한다.

28 ★★☆

위험물안전관리법령상 인화성액체위험물(이황화탄소를 제외)의 옥외탱크저장소의 탱크 주위에 설치하여야 하는 방유제의 기준 중 틀린 것은?

① 방유제의 용량은 방유제 안에 설치된 탱크가 하나인 때에는 그 탱크 용량의 110% 이상으로 할 것
② 방유제의 용량은 방유제안에 설치된 탱크가 2기 이상인 때에는 그 탱크 중 용량이 최대인 것의 용량의 110[%] 이상으로 할 것
③ 방유제의 높이 1[m] 이상 3[m] 이하, 두께 0.2[m] 이상, 지하매설깊이 0.5[m] 이상으로 할 것
④ 방유제내의 면적은 80,000[m²] 이하로 할 것

SOLUTION

개념

옥외탱크저장소의 위치·구조 및 설비의 기준(위험물법 시행규칙 별표 6, 위험물법 시행규칙 제30조 관련)

- 인화성액체위험물 옥외탱크저장소의 방유제의 용량기준(이황화탄소 제외)
  - 높이 : 0.5[m] 이상 3[m] 이하
  - 두께 : 0.2[m] 이상
  - 지하매설깊이 : 1[m] 이상
  - 높이가 1[m]를 넘는 방유제 및 간막이 둑의 안팎에는 방유제 내에 출입하기 위한 계단 또는 경사로를 약 50[m]마다 설치
  - 방유제 내의 면적 : 80,000[m²] 이하
  - 탱크의 수 : 10기 이하
  - 방유제의 용량기준
    ‣ 탱크 1기 : 탱크용량의 110[%] 이상
    ‣ 탱크 2기 이상 : 설치된 탱크 중 용량이 최대인 것의 용량의 110[%] 이상

풀이

방유제는 높이 0.5[m] 이상 3[m] 이하, 두께 0.2[m] 이상, 지하매설깊이 1[m] 이상으로 해야 한다.

29 ★☆☆

소방시설설치 및 관리에 관한 법령상 소방시설관리사 시험의 응시자격이 아닌 것은?

① 건축사
② 위험물기능장
③ 공조냉동기계기술사
④ 건설안전기술사

SOLUTION

개념

소방시설관리사시험의 응시자격(소방시설법 시행령 제37조)

- 소방기술사·건축사·건축기계설비기술사·건축전기설비기술사 또는 공조냉동기계기술사
- 위험물기능장
- 소방설비기사
- 「국가과학기술 경쟁력 강화를 위한 이공계지원 특별법」제2조제1호에 따른 이공계 분야의 박사학위를 취득한 사람
- 소방청장이 정하여 고시하는 소방안전 관련 분야의 석사 이상의 학위를 취득한 사람
- 소방설비산업기사 또는 소방공무원 등 소방청장이 정하여 고시하는 사람 중 소방에 관한 실무경력(자격 취득 후의 실무경력으로 한정한다)이 3년 이상인 사람

풀이

건설안전기술사는 소방, 전기, 기계분야에 직접 관련된 기술사로 인정되지 않으므로 응시자격에 해당하지 않는다.

30 ★☆☆

소방기본법령상 소방안전교육자의 대상별 배치 기준으로 틀린 것은?

① 소방청 : 2명 이상 배치
② 한국소방안전원(본회) : 1명 이상 배치
③ 소방본부 : 2명 이상 배치
④ 소방서 : 1명 이상 배치

SOLUTION

개념

소방안전교육사의 배치대상별 배치기준(기본법 시행령 별표 2의3)

배치대상	배치기준(단위 : 명)
1. 소방청	2 이상
2. 소방본부	2 이상
3. 소방서	1 이상
4. 한국소방안전원	본회 : 2 이상 시·도지부 : 1 이상
5. 한국소방산업기술원	2 이상

풀이

한국소방안전원(본회)에는 소방안전교육사를 2명 이상 배치하여야 한다.

정답 28 ③ 29 ④ 30 ②

31 ★☆☆

소방시설 설치 및 관리에 관한 법령상 무창층으로 판정하기 위한 개구부가 갖추어야 할 요건으로 옳지 않은 것은?

① 도로 또는 차량이 진입할 수 있는 빈터를 향할 것
② 크기는 지름 30[cm] 이상의 원이 통과할 수 있을 것
③ 해당 층의 바닥면으로부터 개구부 밑부분까지 높이가 1.2[m] 이내일 것
④ 화재 시 건축물로부터 쉽게 피난할 수 있도록 창살이나 그 밖의 장애물이 설치되지 아니할 것

SOLUTION

개념

정의(소방시설법 시행령 제2조)
- 무창층 : 지상층 중 다음 기준을 모두 갖춘 개구부의 면적의 합계가 해당 층의 바닥면적의 30분의 1 이하가 되는 층
  - 크기는 지름 50[cm] 이상의 원이 통과할 수 있을 것
  - 해당 층의 바닥면으로부터 개구부 밑부분까지의 높이가 1.2미터 이내일 것
  - 도로 또는 차량이 진입할 수 있는 빈터를 향할 것
  - 화재 시 건축물로부터 쉽게 피난할 수 있도록 창살이나 그 밖의 장애물이 설치되지 않을 것
  - 내부 또는 외부에서 쉽게 부수거나 열 수 있을 것

풀이

개구부의 크기는 50[cm] 이상의 원이 통과할 수 있는 크기여야 한다.

32 ★★☆

위험물안전관리법상 시·도지사의 허가를 받지 아니하고 당해 제조소등을 설치할 수 있는 기준 중 다음 (   ) 안에 알맞은 것은?

농예용·축산용 또는 수산용으로 필요한 난방시설 또는 건조시설을 위한 지정수량 (   )배 이하의 저장소

① 20   ② 30
③ 40   ④ 50

SOLUTION

개념

위험물시설의 설치 및 변경 등(위험물법 제6조)
- 제조소 등의 설치허가
  - 설치허가자 : 시·도지사
  - 설치허가 대상
    · 제조소 등을 설치하려는 자
    · 제조소 등의 위치·구조 또는 설비를 변경하고자 하는 자
- 품명 등의 변경신고
  - 변경신고 대상 : 시·도지사
  - 변경신고 기한 : 변경하고자 하는 날의 1일 전까지
  - 변경조건 : 해당 제조소 등의 위치·구조 또는 설비의 변경 없이 저장하거나 취급하는 위험물의 품명·수량 또는 지정수량의 배수를 변경
- 설치허가, 변경신고 등의 예외 조건
  - 주택의 난방시설(공동주택의 중앙난방시설 제외)용 저장소 또는 취급소
  - 농예용·축산용 또는 수산용으로 필요한 난방시설 또는 건조시설을 위한 지정수량 20배 이하의 저장소

풀이

농예용·축산용 또는 수산용으로 필요한 난방시설 또는 건조시설을 위한 지정수량 20배 이하의 저장소는 시·도지사의 허가를 받지 아니하고 당해 제조소 등을 설치할 수 있다.

31 ② 32 ①

33 ★★☆

소방시설공사업법에 따른 완공검사를 위한 현장확인대상 특정소방대상물의 범위 기준으로 틀린 것은? (단, 아파트는 제외한다)

① 문화 및 집회시설
② 스프링클러설비 또는 호스릴 방식의 소화설비가 설치되는 특정소방대상물
③ 연면적 1만제곱미터 이상이거나 11층 이상인 특정소방대상물
④ 가연성가스를 제조·저장 또는 취급하는 시설 중 지상에 노출된 가연성가스탱크의 저장용량 합계가 1천톤 이상인 시설

SOLUTION

개념
완공검사를 위한 현장확인 대상 특정소방대상물의 범위(소방공사업법 시행령 제5조)

- 문화 및 집회시설, 종교시설, 판매시설, 노유자(老幼者)시설, 수련시설, 운동시설, 숙박시설, 창고시설, 지하상가 및 다중이용업소
- 다음 어느 하나에 해당하는 설비가 설치되는 특정소방대상물
  - 스프링클러설비 등
  - 물분무등소화설비(호스릴 방식의 소화설비는 제외)
- 연면적 1만[m²] 이상이거나 11층 이상인 특정소방대상물(아파트는 제외)
- 가연성가스를 제조·저장 또는 취급하는 시설 중 지상에 노출된 가연성가스탱크의 저장용량 합계가 1천[t] 이상인 시설

풀이
완공검사를 위한 현장확인 대상 특정소방대상물에는 스프링클러설비는 들어가지만 호스릴 방식의 소화설비는 제외이다.

34 ★★☆

소방기본법령상 소방용호스와 연결하는 소화전의 연결금속구의 구경[mm]은 얼마인가?

① 45   ② 65
③ 50   ④ 100

SOLUTION

개념
소방용수시설의 설치기준(기본법 시행규칙 별표 3, 기본법 시행규칙 제6조 제2항 관련)

- 공통기준
  - 주거지역·상업지역 및 공업지역에 설치하는 경우 : 소방대상물과의 수평거리 100[m] 이하
  - 그 외 지역 : 소방대상물과의 수평거리 140[m] 이하
- 소화전
  - 상수도와 연결하여 지하식 또는 지상식의 구조
  - 소방용호스와 연결하는 소화전의 연결금속구의 구경은 65[mm]
- 급수탑
  - 급수배관의 구경은 100[mm] 이상
  - 개폐밸브는 지상에서 1.5[m] 이상 1.7[m] 이하의 위치에 설치
- 저수조
  - 지면으로부터의 낙차가 4.5[m] 이하
  - 흡수부분의 수심이 0.5[m] 이상
  - 소방펌프자동차가 쉽게 접근할 수 있도록 할 것
  - 흡수에 지장이 없도록 토사 및 쓰레기 등을 제거할 수 있는 설비를 갖출 것
  - 흡수관의 투입구가 사각형의 경우에는 한 변의 길이가 60[cm] 이상, 원형의 경우에는 지름이 60[cm] 이상
  - 저수조에 물을 공급하는 방법은 상수도에 연결하여 자동으로 급수되는 구조

풀이
소방용호스와 연결하는 소화전의 연결금속구의 구경은 65[mm]이다.

35 ★☆☆

소방기본법에서 소방력의 기준으로 옳지 않은 것은?

① 소방력은 소방기관이 소방업무를 수행하는 데에 필요한 인력과 장비를 말한다.
② 소방력의 기준은 행정안전부령으로 정한다.
③ 시·도지사는 소방력을 확충하기 위하여 필요한 계획을 수립하여 시행하여야 한다.
④ 소방자동차 등 소방장비의 분류·표준화와 그 관리 등에 필요한 사항은 시·도지사가 정한다.

SOLUTION

개념
소방력의 기준(기본법 제8조)
- 소방력 : 소방기관이 소방업무를 수행하는 데에 필요한 인력과 장비
- 기준 : 행정안전부령
- 관할구역의 소방력 확충에 필요한 계획의 수립·시행 : 시·도지사
- 소방자동차 등 소방장비의 분류·표준화와 그 관리 등에 필요한 사항은 따로 법률에서 정함

풀이
소방자동차 등 소방장비의 분류·표준화와 그 관리 등에 필요한 사항은 시·도지사가 아닌 따로 법률에서 정한다.

36 ★★☆

화재의 예방 및 안전관리에 관한 법령상 소방청장, 소방본부장 또는 소방서장이 화재안전조사를 실시하려는 경우 조사대상, 조사기간 및 조사사유 등을 사전에 공개하여야 한다. 이 경우 공개기간은 며칠 이상으로 하는가?(단, 긴급하게 조사할 필요가 있는 경우와 사전에 통지하면 조사목적을 달성할 수 없다고 인정되는 경우는 제외한다)

① 7 ② 10
③ 12 ④ 14

SOLUTION

풀이
화재안전조사의 방법·절차 등(화재예방법 시행령 제8조)
소방관서장은 화재안전조사를 실시하려는 경우 사전에 조사대상, 조사기간 및 조사사유 등 조사계획을 소방청, 소방본부 또는 소방서의 인터넷 홈페이지나 전산시스템을 통해 7일 이상 공개해야 한다.

37 ★★★

화재 예방 및 안전관리에 관한 법령상 특정소방대상물의 관계인이 수행하여야 하는 소방안전관리 업무가 아닌 것은?

① 소방훈련의 지도·감독
② 화기(火氣) 취급의 감독
③ 피난시설, 방화구획 및 방화시설의 유지·관리
④ 소방시설이나 그 밖의 소방 관련 시설의 유지·관리

SOLUTION

개념
특정소방대상물의 소방안전관리(화재예방법 제24조)
- 소방안전관리업무 대행자 : 소방시설관리업자(소방시설관리업을 등록한 자)
- 소방안전관리자의 선임
  - 선임해당사유 발생일로부터 30일 이내
  - 선임신고 : 선임한 날부터 14일 이내에 소방본부장 또는 소방서장에게 신고
- 특정소방대상물의 관계인 업무
  - 피난시설·방화구획 및 방화시설의 관리
  - 소방시설, 그 밖의 소방관련시설의 관리
  - 화기 취급의 감독
  - 화재발생 시 초기대응
  - 그 밖에 소방안전관리에 필요한 업무
- 소방안전관리대상물의 소방안전관리자 업무
  - 피난계획에 관한 사항과 소방계획서의 작성 및 시행
  - 자위소방대 및 초기대응체계의 구성, 운영 및 교육
  - 피난시설·방화구획 및 방화시설의 관리
  - 소방시설이나 그 밖의 소방 관련 시설의 관리
  - 소방훈련 및 교육
  - 화기 취급의 감독
  - 소방안전관리에 관한 업무수행에 관한 기록·유지
  - 화재발생 시 초기대응
  - 그 밖의 소방안전관리에 필요한 업무

풀이
소방훈련의 지도·감독은 소방본부장, 소방서장이 수행해야 하는 업무이다.

38 ★★☆

3류 위험물 중 금수성 물품에 적응성이 있는 소화약제는?

① 물
② 강화액
③ 팽창질석
④ 인산염류분말

SOLUTION

개념

위험물 및 지정수량(위험물법 시행령 별표 1, 위험물법 시행령 제2조 및 제3조 관련)

- 제3류 위험물(자연발화성 물질 및 금수성 물질) 소화방법
  - 황린 외에는 물 소화 금지
  - 건조사, 팽창질석, 팽창진주암 등으로 질식소화
  - 이산화탄소, 사염화탄소 사용가능(칼륨, 나트륨 적용 제외)

풀이

건조사, 팽창질석, 팽창진주암 등은 질식소화 형태로 소화하는 소화약제로서 금수성 물품의 소화에 사용할 수 있다.

39 ★★★

소방시설 설치 및 관리에 관한 법령상 수용인원 산정 방법 중 침대가 없는 숙박시설로서 해당 특정소방대상물의 종사자의 수는 5명, 복도, 계단 및 화장실의 바닥면적을 제외한 바닥 면적이 158[m²]인 경우의 수용인원은 약 몇 명인가?

① 37
② 45
③ 58
④ 84

SOLUTION

개념

수용인원의 산정 방법(소방시설법 시행령 별표 7, 소방시설법 시행령 제17조 관련)

구분	용도	수용인원의 산정
숙박시설	침대가 있는 숙박시설	종사자수 + 침대수 (2인용은 2개로 산정)
	침대가 없는 숙박시설	종사자수 + $\dfrac{\text{바닥면적의 합계[m}^2]}{3[m^2]}$
그 외 특정소방 대상물	강의실·교무실· 상담실·실습실· 휴게실	$\dfrac{\text{바닥면적의 합계[m}^2]}{1.9[m^2]}$
	강당, 문화 및 집회시설, 운동시설, 종교시설	$\dfrac{\text{바닥면적의 합계[m}^2]}{4.6[m^2]}$ • 관람석의 경우 : 고정식 의자 수 • 긴 의자의 경우 : $\dfrac{\text{의자 정면 너비[m]}}{0.45[m]}$
	그 밖의 특정소방대상물	$\dfrac{\text{바닥면적의 합계[m}^2]}{3[m^2]}$

* 계산결과 소수점 이하는 반올림한다.

풀이

수용인원

침대가 없는 숙박시설 = 종사자 수 + $\dfrac{\text{바닥면적 합계[m}^2]}{3[m^2]}$

$= 5 + \dfrac{158}{3} ≒ 57.67 ≒ 58$[명]

40 ★☯☯

위험물안전관리법령상 위험물을 취급함에 있어서 정전기가 발생할 우려가 있는 설비에 설치할 수 있는 정전기 제거설비 방법이 아닌 것은?

① 접지에 의한 방법
② 공기를 이온화하는 방법
③ 자동적으로 압력의 상승을 정지시키는 방법
④ 공기 중의 상대습도를 70% 이상으로 하는 방법

SOLUTION

개념
제조소의 위치·구조 및 설비의 기준(위험물법 시행규칙 별표 4, 위험물법 시행규칙 제28조 관련)

- 정전기 제거설비
  위험물을 취급함에 있어서 정전기가 발생할 우려가 있는 설비에는 다음에 해당하는 방법으로 정전기를 유효하게 제거할 수 있는 설비를 설치하여야 한다.
  - 접지에 의한 방법
  - 공기 중의 상대습도를 70[%] 이상으로 하는 방법
  - 공기를 이온화하는 방법

풀이
자동적으로 압력의 상승을 정지시키는 방법은 정전기 제거설비와 관련이 없다.

2025년 제3회 소방설비기사 (CBT 복원문제)

21 ★☯☯

소방시설설치 및 관리에 관한 법령상 소방시설관리사 시험의 공시자격이 아닌 것은?

① 건축사
② 위험물기능장
③ 공조냉동기계기술사
④ 건설안전기술사

SOLUTION

개념
소방시설관리사시험의 응시자격(소방시설법 시행령 제37조)

- 소방기술사·건축사·건축기계설비기술사·건축전기설비기술사 또는 공조냉동기계기술사
- 위험물기능장
- 소방설비기사
- 「국가과학기술 경쟁력 강화를 위한 이공계지원 특별법」 제2조제1호에 따른 이공계 분야의 박사학위를 취득한 사람
- 소방청장이 정하여 고시하는 소방안전 관련 분야의 석사 이상의 학위를 취득한 사람
- 소방설비산업기사 또는 소방공무원 등 소방청장이 정하여 고시하는 사람 중 소방에 관한 실무경력(자격 취득 후의 실무경력으로 한정한다)이 3년 이상인 사람

풀이
건설안전기술사는 소방, 전기, 기계분야에 직접 관련된 기술사로 인정되지 않으므로 응시자격에 해당하지 않는다.

정답 40 ③ / 21 ④

22 ★★☆

소방시설공사업법령상 소방시설업 등록을 하지 아니하고 영업을 한 자에 대한 벌칙은?

① 5년 이하의 징역
② 500만원 이하의 벌금
③ 3년 이하의 징역 또는 3,000만원 이하의 벌금
④ 1년 이하의 징역 또는 1,000만원 이하의 벌금

SOLUTION

개념
3년 이하의 징역 또는 3천만원 이하의 벌금(소방공사업법 제35조)
- 소방시설업 등록을 하지 아니하고 영업을 한 자
- 부정한 청탁을 받고 재물 또는 재산상의 이익을 취득하거나 부정한 청탁을 하면서 재물 또는 재산상의 이익을 제공한 자

풀이
소방시설업 등록을 하지 아니하고 영업을 한 자는 3년 이하의 징역 또는 3천만원 이하의 벌금에 처한다.

23 ★☆☆

소방시설 공사업 법령상 소방시설 공사업에 등록을 하려는 자는 금융회사 또는 소방산업공제조합이 법률에 따른 금액의 담보를 제공받거나 현금의 예치 또는 출자를 받은 사실을 증명하여 발행하는 확인서를 누구에게 제출하여야 하는가?

① 시·도지사
② 소방청장
③ 소방서장
④ 감리원

SOLUTION

풀이
소방시설업의 등록기준 및 영업범위(소방공사업법 시행령 제2조)에 따르면 소방시설공사업의 등록을 하려는 자는 소방청장이 지정하는 금융회사 또는 소방산업공제조합의 담보를 제공받거나 현금의 예치 또는 출자를 받은 사실을 증명하여 발행하는 확인서를 특별시장·광역시장·특별자치시장·도지사 또는 특별자치도지사(이하 "시·도지사"라 한다)에게 제출해야 한다.

24 ★★★

문화 및 자연 유산의 보존 및 활용에 관한 법률 규정에 의한 지정문화유산 및 천연기념물 등에 있어서는 제조소 등과의 수평거리를 몇 [m] 이상 유지하여야 하는가?

① 20
② 30
③ 50
④ 70

SOLUTION

개념
제조소의 위치·구조 및 설비의 기준(위험물법 시행규칙 별표 4, 위험물법 시행규칙 제28조 관련)

- 안전거리

제조소(제6류 위험물을 취급하는 제조소를 제외) 건축물의 외벽 또는 이에 상당하는 공작물의 외측으로부터 해당 제조소의 외벽 또는 이에 상당하는 공작물의 외측까지의 사이에 다음 규정에 의한 수평거리를 두어야 함. 다만, 불연재료로 된 방화상 유효한 담 또는 벽 설치 시 안전거리 단축이 가능

건축물 및 그 밖의 공작물	안전거리
주거용(제조소가 설치된 부지 내에 있는 것 제외)	10[m] 이상
고압가스, 액화석유가스, 도시가스를 저장 또는 취급하는 시설	20[m] 이상
학원, 병원, 극장 등 다수의 수용시설	30[m] 이상
지정문화유산 및 천연기념물	50[m] 이상
사용전압 7,000[V] 초과 35,000[V] 이하 특고압가공전선	3[m] 이상
사용전압 35,000[V] 초과 특고압가공전선	5[m] 이상

풀이
지정문화유산 및 천연기념물 등의 안전거리는 50[m] 이상이다.

25 ★★☆

위험물안전관리법령상 옥내주유취급소에 있어서 당해 사무소 등의 출입구 및 피난구와 당해 피난구로 통하는 통로·계단 및 출입구에 설치해야 하는 피난설비는?

① 유도등
② 구조대
③ 피난사다리
④ 완강기

SOLUTION

개념

소화설비, 경보설비 및 피난설비의 기준(위험물법 시행규칙 별표 17)

• 피난설비
 - 주유취급소 중 건축물의 2층 이상의 부분을 점포·휴게음식점 또는 전시장의 용도로 사용하는 것에 있어서는 당해 건축물의 2층 이상으로부터 주유취급소의 부지 밖으로 통하는 출입구와 당해 출입구로 통하는 통로·계단 및 출입구에 유도등을 설치하여야 한다.
 - 옥내주유취급소에 있어서는 당해 사무소 등의 출입구 및 피난로와 당해 피난구로 통하는 통로·계단 및 출입구에는 유도등을 설치해야 한다.
 - 유도등에는 비상전원을 설치하여야 한다.

26 ★☆☆

소방기본법령상 소방 활동 및 소방자동차 관련 기준으로 틀린 것은?

① 모든 차와 모든 사람은 소방자동차가 화재 진압활동을 위하여 출동할 때에는 이를 방해하여서는 아니된다.
② 관계인은 소방대상물에 화재가 발생한 경우에는 이를 소방본부, 소방서 또는 관계 행정기관에 지체없이 알려야 한다.
③ 소방자동차가 화재 진압을 위해 출동하거나 화재 진압을 마치고 소방서로 복귀할 때에는 사이렌을 사용할 수 있다.
④ 관계인은 소방대상물에 화재가 발생한 경우에는 소방대가 현장에 도착할 때까지 불을 꺼야 한다.

SOLUTION

풀이

소방자동차의 우선 통행 등(소방기본법 제21조)에 따르면 소방자동차가 화재 진압 및 구조·구급 활동을 위하여 출동하거나 훈련을 위하여 필요할 때에는 사이렌을 사용할 수 있다고 명시되어 있다. 하지만 소방서로 복귀할 때 사이렌 사용에 대한 내용이 명시되어 있지 않기 때문에 보기 3번이 틀린 기준이 된다.

27 ★★☆

소방시설 설치 및 관리에 관한 법령상 소방시설관리사증을 다른 사람에게 빌려주거나 빌리거나 이를 알선한 자에 대한 벌칙은?

① 1년 이하의 징역 또는 1천만원 이하의 벌금
② 5년 이하의 징역 또는 5천만원 이하의 벌금
③ 3년 이하의 징역 또는 3천만원 이하의 벌금
④ 2년 이하의 징역 또는 2천만원 이하의 벌금

SOLUTION

개념

1년 이하의 징역 또는 1천만원 이하의 벌금(소방시설법 제58조)

• 소방시설 등에 대하여 스스로 점검을 하지 아니하거나 관리업자 등으로 하여금 정기적으로 점검하게 하지 아니한 자
• 소방시설관리사증을 다른 사람에게 빌려주거나 빌리거나 이를 알선한 자
• 동시에 둘 이상의 업체에 취업한 자
• 자격정지처분을 받고 그 자격정지기간 중에 관리사의 업무를 한 자
• 자격정지처분을 받고 그 자격정지기간 중에 관리사의 업무를 한 자
• 영업정지처분을 받고 그 영업정지기간 중에 관리업의 업무를 한 자
• 제품검사에 합격하지 아니한 제품에 합격표시를 하거나 합격표시를 위조 또는 변조하여 사용한 자
• 형식승인의 변경승인을 받지 아니한 자
• 제품검사에 합격하지 아니한 소방용품에 성능인증을 받았다는 표시 또는 제품검사에 합격하였다는 표시를 하거나 성능인증을 받았다는 표시 또는 제품검사에 합격하였다는 표시를 위조 또는 변조하여 사용한 자
• 성능인증의 변경인증을 받지 아니한 자
• 우수품질인증을 받지 아니한 제품에 우수품질인증 표시를 하거나 우수품질인증 표시를 위조하거나 변조하여 사용한 자
• 관계인의 정당한 업무를 방해하거나 출입·검사 업무를 수행하면서 알게 된 비밀을 다른 사람에게 누설한 자

풀이

소방시설관리사증을 다른 사람에게 빌려주거나 빌리거나 이를 알선한 자는 1년 이하의 징역 또는 1천만원 이하의 벌금에 처한다.

28 ★★☆

소방시설공사업법령상 하자보수를 하여야하는 소방시설 중 하자보수 보증기간이 3년이 아닌 것은?

① 자동소화장치
② 비상방송설비
③ 스프링클러설비
④ 소화용수설비

SOLUTION

개념
하자보수 대상 소방시설과 하자보수 보증기간(소방공사업법 시행령 제6조)
- 보증기간 2년 : 비상경보설비, 비상방송설비, 피난기구, 유도등, 비상조명등 및 무선통신보조설비
- 보증기간 3년 : 자동소화장치, 옥내소화전설비, 스프링클러설비등, 물분무등소화설비, 옥외소화전설비, 자동화재탐지설비, 화재알림설비, 소화용수설비 및 소화활동설비(무선통신보조설비는 제외)

풀이
비상방송설비의 하자보수 보증기간은 2년이다.

TIP
보증기간이 2년인 소방시설은 대부분 전기분야 설비이고, 보증기간이 3년인 소방시설은 대부분 기계분야 설비인 것을 알 수 있다.

29 ★☆☆

소방시설공사업법령상 소방시설업의 감독을 위하여 필요할 때에 소방시설업자나 관계인에게 필요한 보고나 자료 제출을 명할 수 있는 사람이 아닌 것은?

① 시·도지사
② 119안전센터장
③ 소방서장
④ 소방본부장

SOLUTION

개념
감독(소방시설법 제52조)
소방청장, 시·도지사, 소방본부장 또는 소방서장은 사업체 또는 소방대상물 등의 감독을 위하여 필요하면 관계인에게 필요한 보고 또는 자료제출을 명할 수 있으며, 관계 공무원으로 하여금 소방대상물·사업소·사무소 또는 사업장에 출입하여 관계 서류·시설 및 제품 등을 검사하게 하거나 관계인에게 질문하게 할 수 있다.

풀이
소방시설업자나 관계인에게 필요한 보고나 자료 제출을 명할 수 있는 사람은 시·도지사, 소방서장, 소방본부장, 소방청장이다.

30 ★☆☆

소방시설 설치 및 관리에 관한 법령상 특정소방대상물에 설치되어 있는 소방시설 등이 이 법이나 이 법에 따른 명령 등에 적합한지 자체점검할 수 있는 행정안전부령으로 정하는 기술자격증에 해당하는 사람은?

① 소방안전관리자로 선임된 전기기사
② 소방안전관리자로 선임된 소방설비산업기사
③ 소방안전관리자로 선임된 소방설비기사
④ 소방안전관리자로 선임된 소방시설관리사 및 소방기술사

SOLUTION

개념
소방시설등의 자체점검 시 점검인력의 배치기준(소방시설법 시행규칙 별표 4, 소방시설법 시행규칙 제20조 제1항 관련)
- 점검인력 1단위는 다음과 같다.
  가. 관리업자가 점검하는 경우에는 주된 점검인력인 특급점검자 1명과 보조 점검인력인 영 별표 9에 따른 주된 기술인력 또는 보조 기술인력 2명을 점검인력 1단위로 하되, 점검인력 1단위에 보조 점검인력으로 2명(같은 건축물을 점검할 때는 4명) 이내의 주된 기술인력 또는 보조 기술인력을 추가할 수 있다.
  나. 소방안전관리자로 선임된 소방시설관리사 또는 소방기술사가 점검하는 경우에는 주된 점검인력인 소방시설관리사 또는 소방기술사 중 1명과 보조 점검인력 2명을 점검인력 1단위로 하되, 점검인력 1단위에 2명 이내의 보조점검인력을 추가할 수 있다. 이 경우 보조 점검인력은 해당 특정소방대상물의 관계인, 소방안전관리보조자 또는 관리업자 소속의 소방기술인력으로 할 수 있다.
  다. 관계인이 점검하는 경우에는 주된 점검인력인 관계인 1명과 보조 점검인력2명을 점검인력 1단위로 한다. 이 경우 보조 점검인력은 해당 특정소방대상물의 관계인, 소방안전관리자, 소방안전관리보조자 또는 관리업자 소속의 소방기술인력으로 할 수 있다.

풀이
소방안전관리자로 선임된 소방시설관리사 또는 소방기술사는 자체점검할 수 있는 점검인력에 해당한다.

31 ★★★

소방시설설치 및 관리에 관한 법령상 건축허가 등을 할 때 미리 소방본부장 또는 소방서장의 동의를 받아야하는 건축물 인증의 범위에 해당하는 것은?

① 연면적 200[m²]인 노유자시설 및 수련시설
② 승강기 등 기계 장치에 의한 주차 시설로서 자동차 10대를 주차할 수 있는 시설
③ 차고, 주차장으로 사용되는 바닥 면적이 150[m²]인 층이 있는 건축물
④ 연면적이 300[m²]인 업무시설로 사용되는 건축물

SOLUTION

개념

건축허가 등의 동의대상물의 범위 등(소방시설법 시행령 제7조)
- 건축허가 동의대상 건축물
  - 연면적 400[m²] 이상인 건축물이나 시설. 다만, 다음에 해당하는 경우에는 아래 기준 이상인 것으로 할 것.
    - 학교시설 : 연면적 100[m²] 이상
    - 노유자 시설 및 수련시설 : 연면적 200[m²] 이상
    - 정신의료기관(입원실이 없는 정신건강의학과 의원은 제외) : 연면적 300[m²] 이상
    - 장애인 의료재활시설 : 연면적 300[m²] 이상
  - 지하층 또는 무창층이 있는 건축물로서 바닥면적이 150[m²](공연장의 경우에는 100[m²]) 이상인 층이 있는 것
  - 차고·주차장 또는 주차 용도로 사용되는 시설 중 다음 어느 하나에 해당하는 시설
    - 차고·주차장으로 사용되는 바닥면적이 200[m²] 이상인 층이 있는 건축물이나 주차시설
    - 승강기 등 기계장치에 의한 주차시설로서 자동차 20대 이상을 주차할 수 있는 시설
  - 층수가 6층 이상인 건축물
  - 항공기 격납고, 관망탑, 항공관제탑, 방송용 송수신탑
  - 특정소방대상물 중 공동주택, 의원(입원실 또는 인공신장실이 있는 것으로 한정한다)·조산원·산후조리원, 숙박시설, 위험물 저장 및 처리 시설, 발전시설 중 풍력발전소·전기저장시설, 지하구(地下溝)
  - 노유자 시설 중 다음 어느 하나에 해당하는 시설
    - 노인 관련 시설(노인거주복지·노인의료복지·재가노인복지시설, 학대피해노인전용쉼터)
    - 아동복지시설(아동상담소, 아동전용시설 및 지역아동센터 제외)
    - 장애인 거주시설

- 정신질환자 관련 시설(공동생활가정을 제외한 재활훈련시설, 종합시설 중 24시간 주거를 제공하지 않는 시설 제외)
- 노숙인 관련 시설 중 노숙인자활시설, 노숙인재활시설 및 노숙인요양시설
- 결핵환자나 한센인이 24시간 생활하는 노유자 시설
- 요양병원(의료재활시설 제외)
- 특정소방대상물 중 공장 또는 창고시설로서 지정수량의 750배 이상의 특수가연물을 저장·취급하는 것
- 가스시설로서 지상에 노출된 탱크의 저장용량의 합계가 100[t] 이상인 것

풀이

노유자 시설 및 수련시설로서 연면적 200[m²] 이상은 건축허가 동의대상 건축물의 범위에 해당한다.

32 ★★☆

위험물안전관리법령상 제4류 위험물 중 경유의 지정수량은 몇 리터인가?

① 500
② 1,000
③ 1,500
④ 2,000

SOLUTION

개념

위험물 및 지정수량(위험물법 시행령 별표 1, 위험물법 시행령 제2조 및 제3조 관련)

- 위험물의 지정수량

		1. 특수인화물		50리터
제4류	인화성 액체	2. 제1석유류	비수용성액체	200리터
			수용성액체	400리터
		3. 알코올류		400리터
		4. 제2석유류	비수용성액체	1,000리터
			수용성액체	2,000리터
		5. 제3석유류	비수용성액체	2,000리터
			수용성액체	4,000리터
		6. 제4석유류		6,000리터
		7. 동식물유류		10,000리터

풀이

경유는 제4류 위험물에서 제2석유류 비수용성액체에 속한다. 그러므로 경유의 지정수량은 1,000[L]이다.

30 ④　31 ①　32 ②

33 ★★☆

소방기본법령상 소방용수시설 중 소화전의 설치 기준에 따라 소방용호스와 연결하는 소화전의 연결 금속구의 구경은 몇 [mm]로 하여야 하는가?

① 45
② 65
③ 50
④ 100

SOLUTION

개념

소방용수시설의 설치기준(기본법 시행규칙 별표 3, 기본법 시행규칙 제6조 제2항 관련)

- 공통기준
  - 주거지역·상업지역 및 공업지역에 설치하는 경우 : 소방대상물과의 수평거리 100[m] 이하
  - 그 외 지역 : 소방대상물과의 수평거리 140[m] 이하
- 소화전
  - 상수도와 연결하여 지하식 또는 지상식의 구조
  - 소방용호스와 연결하는 소화전의 연결금속구의 구경은 65[mm]
- 급수탑
  - 급수배관의 구경은 100[mm] 이상
  - 개폐밸브는 지상에서 1.5[m] 이상 1.7[m] 이하의 위치에 설치
- 저수조
  - 지면으로부터의 낙차가 4.5[m] 이하
  - 흡수부분의 수심이 0.5[m] 이상
  - 소방펌프자동차가 쉽게 접근할 수 있도록 할 것
  - 흡수에 지장이 없도록 토사 및 쓰레기 등을 제거할 수 있는 설비를 갖출 것
  - 흡수관의 투입구가 사각형의 경우에는 한 변의 길이가 60[cm] 이상, 원형의 경우에는 지름이 60[cm] 이상
  - 저수조에 물을 공급하는 방법은 상수도에 연결하여 자동으로 급수되는 구조

풀이

소방용호스와 연결하는 소화전의 연결금속구의 구경은 65[mm]이다.

34 ★★☆

소방시설공사업법령상 소방시설업 등록의 결격사유에 해당되지 않는 법인은?

① 법인의 대표자가 피성년후견인인 경우
② 법인의 임원이 피성년후견인인 경우
③ 법인의 대표자가 소방시설공사업법에 따라 소방시설업 등록이 취소된 지 2년이 지나지 아니한 자인 경우
④ 법인의 임원이 소방시설공사업법에 따라 소방시설업 등록이 취소된 지 2년이 지나지 아니한 자인 경우

SOLUTION

개념

등록의 결격사유(소방공사업법 제5조)

1. 피성년후견인
2. 「소방시설공사업법」, 「소방기본법」, 「화재의 예방 및 안전관리에 관한 법률」, 「소방시설 설치 및 관리에 관한 법률」 또는 「위험물안전관리법」에 따른 금고 이상의 실형을 선고받고 그 집행이 끝나거나(집행이 끝난 것으로 보는 경우를 포함한다) 면제된 날부터 2년이 지나지 아니한 사람
3. 「소방시설공사업법」, 「소방기본법」, 「화재의 예방 및 안전관리에 관한 법률」, 「소방시설 설치 및 관리에 관한 법률」 또는 「위험물안전관리법」에 따른 금고 이상의 형의 집행유예를 선고받고 그 유예기간 중에 있는 사람
4. 등록하려는 소방시설업 등록이 취소(피성년후견인 결격으로 인한 등록이 취소된 경우는 제외)된 날부터 2년이 지나지 아니한 자
5. 법인의 대표자가 1 ~ 4항에 해당하는 경우 그 법인
6. 법인의 임원이 2 ~ 4항에 해당하는 경우 그 법인

풀이

법인의 대표자가 아닌 임원이 피성년후견인인 경우 소방시설업 등록의 결격사유가 되지 않는다.

정답 33 ② 34 ②

35 ★☆☆

다음은 소방기본법령상 소방본부에 대한 설명이다. ( )에 알맞은 내용은?

> 소방업무를 수행하기 위하여 ( ) 직속으로 소방본부를 둔다.

① 경찰서장 ② 시·도지사
③ 행정안전부장관 ④ 소방청장

SOLUTION

개념
소방기관의 설치 등(기본법 제3조)
1. 시·도의 화재 예방·경계·진압 및 조사, 소방안전교육·홍보와 화재, 재난·재해, 그 밖의 위급한 상황에서의 구조·구급 등의 업무(이하 "소방업무"라 한다)를 수행하는 소방기관의 설치에 필요한 사항은 대통령령으로 정한다.
2. 소방업무를 수행하는 소방본부장 또는 소방서장은 그 소재지를 관할하는 특별시장·광역시장·특별자치시장·도지사 또는 특별자치도지사(이하 "시·도지사"라 한다)의 지휘와 감독을 받는다.
3. 2항에도 불구하고 소방청장은 화재 예방 및 대형 재난 등 필요한 경우 시·도 소방본부장 및 소방서장을 지휘·감독할 수 있다.
4. 시·도에서 소방업무를 수행하기 위하여 시·도지사 직속으로 소방본부를 둔다.

36 ★★☆

다음 중 소방기본법령에 따라 화재예방상 필요하다고 인정되거나 화재위험경보시 발령하는 소방신호의 종류로 옳은 것은?

① 경계신호 ② 발화신호
③ 경보신호 ④ 훈련신호

SOLUTION

개념
소방신호의 종류 및 방법(기본법 시행규칙 제10조)
- 경계신호 : 화재예방상 필요하거나 인정되거나 화재위험경보시 발령
- 발화신호 : 화재가 발생할 때 발령
- 해제신호 : 소화활동이 필요없다고 인정되는 때 발령
- 훈련신호 : 훈련상 필요하다고 인정되는 때 발령

37 ★☆☆

위험물 안전관리 법령상 제조소에 설치하는 피뢰 설비 기준 중 괄호 안에 알맞은 내용은?

> 지정 수량의 ( )배 이상의 위험물을 취급하는 제조소(제6류 위험물을 취급하는 위험물 제조소는 제외)에는 피뢰침을 설치하여야 한다.

① 100 ② 5
③ 50 ④ 10

SOLUTION

개념
제조소의 위치·구조 및 설비의 기준(위험물법 시행규칙 별표 4, 위험물법 시행규칙 제28조 관련)
- 기타설비
  가. 피뢰설비 : 지정수량의 10배 이상의 위험물을 취급하는 제조소(제6류 위험물을 취급하는 위험물제조소 제외)에는 피뢰침을 설치. 단, 제조소의 주위의 상황에 따라 안전상 지장이 없는 경우에는 피뢰침을 설치하지 아니할 수 있다.

풀이
지정수량의 10배 이상의 위험물을 취급하는 제조소(제6류 위험물을 취급하는 위험물 제조소 제외)에는 피뢰침을 설치해야 한다.

정답 35 ② 36 ① 37 ④

38 ★★☆

소방기본법령상 시장지역에서 화재로 오인할 만한 우려가 있는 불을 피우거나 연막소독을 하려는 자가 신고를 하지 아니하여 소방자동차를 출동하게 한 자에 대한 과태료 부과·징수권자는?

① 국무총리
② 시·도지사
③ 행정안전부 장관
④ 소방본부장 또는 소방서장

SOLUTION

개념

20만원 이하의 과태료(기본법 제57조)

- 다음 지역 또는 장소에서 화재로 오인할 만한 우려가 있는 불을 피우거나 연막 소독을 하려는 자가 신고를 하지 아니하여 소방자동차를 출동하게 한 자
  - 시장지역
  - 공장·창고가 밀집한 지역
  - 위험물의 저장 및 처리시설이 밀집한 지역
  - 목조건물이 밀집한 지역
  - 위험물의 저장 및 처리시설이 밀접한 지역
  - 석유화학제품을 생산하는 공장이 있는 지역
  - 그 밖에 시·도의 조례로 정하는 지역 또는 장소
- 과태료는 조례로 정하는 바에 따라 관할 소방본부장 또는 소방서장이 부과·징수한다.

풀이

화재로 오인할 만한 우려가 있는 불을 피우거나 연막소득을 하려는 자가 신고를 하지 아니하여 소방자동차를 출동하게 한 자에 대해서는 20만원 이하의 과태료가 부과되고, 과태료는 조례를 정하는 바에 따라 관할 소방본부장 또는 소방서장이 부과·징수한다.

39 ★★★

소방기본법의 정의상 소방대상물의 관계인이 아닌 자는?

① 감리자
② 관리자
③ 점유자
④ 소유자

SOLUTION

개념

정의(기본법 제2조)

- 소방대상물 : 건축물, 차량, 선박(항구에 매어둔 선박만 해당), 선박 건조 구조물, 산림, 그 밖의 인공 구조물 또는 물건
- 관계인 : 소방대상물의 소유자·관리자 또는 점유자
- 소방대 : 소방공무원, 의무소방원, 의용소방대원

풀이

소방대상물의 관계인은 소방대상물의 소유자, 관리자, 점유자를 말한다.

40 ★★☆

위험물안전관리법령상 제4류 위험물을 저장·취급하는 제조소에 "화기엄금"이란 주의사항을 표시하는 게시판을 설치할 경우 게시판의 색상은?

① 청색바탕에 백색문자
② 적색바탕에 백색문자
③ 백색바탕에 적색문자
④ 백색바탕에 흑색문자

SOLUTION

개념

제조소의 위치·구조 및 설비의 기준(위험물법 시행규칙 별표 4, 위험물법 시행규칙 제28조 관련)

- 표지 및 게시판

위험물의 종류	주의사항	게시판
• 제1류 위험물 중 알칼리금속의 과산화물 • 제3류 위험물 중 금수성 물질	물기엄금	청색바탕에 백색문자
• 제2류 위험물(인화성 고체 제외)	화기주의	적색바탕에 백색문자
• 제2류 위험물 중 인화성 고체 • 제3류 위험물 중 자연발화성 물질 • 제4류 위험물 • 제5류 위험물	화기엄금	적색바탕에 백색문자

풀이

"화기엄금"이란 주의사항을 표시하는 게시판을 설치할 경우 게시판의 색상은 적색바탕에 백색문자이어야 한다.

TIP

물기엄금은 물과 관련되어 있기 때문에 청색바탕에 백색문자, 화기주의 및 화기엄금은 불과 관련되어 있기 때문에 적색바탕에 백색문자라고 기억하면 기억하기 수월할 것이다.

정답 38 ④ 39 ① 40 ②

과목별 기출문제

제3과목 소방유체역학

2018년 제1회 소방설비기사

41 ★★★

유속 6[m/s]로 정상류의 물이 화살표 방향으로 흐르는 배관에 압력계와 피토계가 설치되어 있다. 이때 압력계의 계기압력이 300[kPa]이었다면 피토계의 계기압력은 약 몇 [kPa]인가?

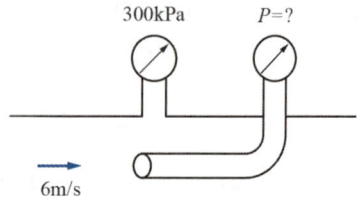

① 180　　② 280
③ 318　　④ 336

SOLUTION

개념
- 유속(토리첼리의 공식)

공식 정리
$$V = \sqrt{2gh}$$

여기서, V : 유속[m/s]
　　　　g : 중력가속도(9.8[m/s²])
　　　　h : 속도수두[m]

- 피토압 계기압력

공식 정리
$$P = P_0 + \gamma h = 정압 + 동압$$

여기서, P : 피토계 계기압력[kPa]
　　　　P_0 : 압력계 계기압력[kPa]
　　　　γ : 비중량(물의 비중량 : 9.8[kN/m³])
　　　　h : 속도수두[m]

풀이

1. 속도수두

유속의 식을 속도수두에 관한 식으로 정리하고 문제에서 주어진 값들을 대입하면

$$h = \frac{V^2}{2g} = \frac{6^2}{2 \times 9.8} ≒ 1.837[m]$$

2. 피토압 계기압력

피토압 계기압력의 공식에 문제에서 주어진 값과 앞서 구한 값을 대입하면

$$P = P_0 + \gamma h = 300 + 9.8 \times 1.837 ≒ 318[kPa]$$

∴ $P ≒ 318[kPa]$

42 ★★☆

관내에 흐르는 유체의 흐름을 구분하는데 사용되는 레이놀즈 수의 물리적인 의미는?

① $\dfrac{관성력}{중력}$　　② $\dfrac{관성력}{탄성력}$

③ $\dfrac{관성력}{압축력}$　　④ $\dfrac{관성력}{점성력}$

SOLUTION

개념
레이놀즈 수
배관 내 유체 흐름의 형태를 판단하는 척도로 사용되는 수

공식 정리
$$레이놀즈\ 수\ Re = \frac{관성력}{점성력}$$

정답 41 ③　42 ④

43 ★★☆

정육면체의 그릇에 물을 가득 채울 때, 그릇 밑면이 받는 압력에 의한 수직방향 평균 힘의 크기를 P라고 하면, 한 측면이 받는 압력에 의한 수평방향 평균 힘의 크기는 얼마인가?

① $0.5P$
② P
③ $2P$
④ $4P$

SOLUTION

개념
유체의 압력에 의한 힘

공식 정리
$$F = \gamma h A$$

여기서, F : 힘, γ : 비중량, h : 높이, A : 단면적

풀이
1. 정육면체 그릇의 밑면이 받는 힘
   $$F_{밑면} = P = \gamma h A$$

2. 정육면체 그릇의 측면이 받는 힘

   유체의 압력에 의한 힘은 물의 높이에 따라 달라진다. 정육면체 그릇의 밑면은 물의 높이가 일정하기 때문에 동일한 힘을 받는다. 반면 측면은 위쪽과 아래쪽의 높이 차이가 발생하기 때문에 다른 힘이 작용한다. 그러므로 수평방향 평균힘을 구하기 위해서는 측면의 윗부분과 아랫부분 높이의 평균인 $\frac{1}{2}h$를 사용한다. $\frac{1}{2}h$를 유체의 압력에 의한 힘에 대입한다면

   $$F_{측면} = \frac{1}{2}\gamma h A = \frac{1}{2}P = 0.5P$$

   $\therefore F_{측면} = 0.5P$

44 ★★★

그림과 같이 수직 평판에 속도 2[m/s]로 단면적이 0.01[m²]인 물제트가 수직으로 세워진 벽면에 충돌하고 있다. 벽면의 오른쪽에서 물제트를 왼쪽 방향으로 쏘아 벽면의 평형을 이루게 하려면 물제트의 속도를 약 몇 [m/s]로 해야 하는가? (단, 오른쪽에서 쏘는 물제트의 단면적은 0.005[m²]이다)

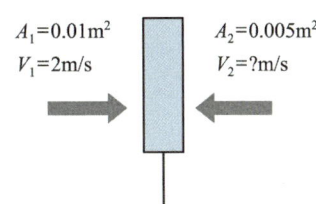

① 1.42
② 2.00
③ 2.83
④ 4.00

SOLUTION

개념
평판에 작용하는 힘

공식 정리
$$F = \rho Q V = \rho(AV)V = \rho A V^2$$

여기서, F : 힘[N], ρ : 밀도(물의 밀도 1,000[kg/m³])
Q : 유량[m³/s], A : 단면적[m²], V : 유속[m/s]

풀이
벽면의 평형을 이루게 하려면 왼쪽의 힘과 오른쪽의 힘이 동일한 $F_{왼} = F_{오}$ 상태여야 한다. 이를 평판에 작용하는 힘의 공식을 활용하여 식으로 표현하면

$$\rho A_1 V_1^2 = \rho A_2 V_2^2$$

위의 식을 오른쪽에서 쏘는 물제트의 속도(V_2)에 관한 식으로 정리하고 문제에서 주어진 값들을 대입하면

$$V_2 = \sqrt{V_1^2 \times \frac{A_1}{A_2}} = V_1 \times \sqrt{\frac{A_1}{A_2}} = 2 \times \sqrt{\frac{0.01}{0.005}} ≒ 2.83[m/s]$$

$\therefore V_2 ≒ 2.83[m/s]$

TIP
왼쪽과 오른쪽 둘 다 물이므로 ρ는 동일하다. 그러므로 이 문제에서 ρ는 생략할 수 있다.

45 ★★★

그림과 같은 사이펀에서 마찰손실을 무시할 때, 사이펀 끝단에서의 속도(V)가 4[m/s]이기 위해서는 h가 약 몇 [m]이어야 하는가?

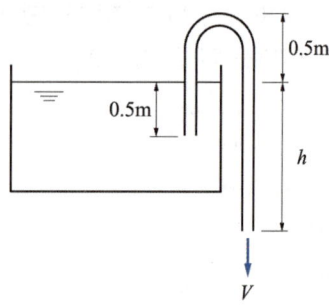

① 0.82[m] ② 0.77[m]
③ 0.72[m] ④ 0.87[m]

SOLUTION

개념
유속(토리첼리의 식)

공식
$$V = \sqrt{2gh}$$

여기서, V : 유속, g : 중력가속도, h : 유체의 높이

풀이
토리첼리의 식에서 유체의 높이는 수면과 사이펀 사이의 길이에 해당한다. 토리첼리의 식을 유체의 높이(h)에 관해 정리하고 문제에서 주어진 값들을 대입하면

$$h = \frac{V^2}{2g} = \frac{4^2}{2 \times 9.8} ≒ 0.82[m]$$

∴ $h ≒ 0.82[m]$

46 ★★★

펌프에 의하여 유체에 실제로 주어지는 동력은? (단, L_w는 동력[kW], r는 물의 비중량[N/m³], Q는 토출량[m³/min], H는 전양정[m], g는 중력가속도[m/s²]이다)

① $L_w = \dfrac{rQH}{102 \times 60}$ ② $L_w = \dfrac{rQH}{1,000 \times 60}$

③ $L_w = \dfrac{rQHg}{102 \times 60}$ ④ $L_w = \dfrac{rQHg}{1,000 \times 60}$

SOLUTION

개념
펌프(전동기)의 수동력

공식
$$L_w = \gamma Q H$$

여기서, L_w : 펌프의 수동력[kW], γ : 물의 비중량(9.8[kN/m³])
Q : 유량[m³/s], H : 양정(높이)[m]

풀이
펌프의 수동력 공식에서 물의 비중량은 [kN/m³]을 사용하지만 문제에서는 [N/m³]가 주어졌다. 그러므로 γ의 값에서 1,000을 나눈 값인 $\dfrac{\gamma}{1,000}$을 사용해야 한다.

마찬가지로 유량도 공식에서는 [m³/s]을 사용하지만 문제에서는 [m³/min]가 주어졌다. 그러므로 Q의 값에서 60을 나눈 값인 $\dfrac{Q}{60}$을 사용해야 한다.

이 관계들을 모아 식으로 나타내면

∴ $L_w = \dfrac{\gamma Q H}{1,000 \times 60}$

47 ★★☆

성능이 같은 3대의 펌프를 병렬로 연결하였을 경우 양정과 유량은 얼마인가? (단, 펌프 1대에서 유량은 Q, 양정은 H라고 한다)

① 유량은 $9Q$, 양정은 H
② 유량은 $9Q$, 양정은 $3H$
③ 유량은 $3Q$, 양정은 $3H$
④ 유량은 $3Q$, 양정은 H

SOLUTION

개념
- 펌프의 3대의 병렬 운전
  - 유량 : $3Q$(3배로 증가)/양정 : H(변화 없음)
- 펌프의 3대의 직렬 운전
  - 유량 : Q(변화 없음)/양정 : $3H$(3배로 증가)

TIP
펌프를 병렬로 운전하면 유량은 펌프의 개수만큼 증가하고 양정은 그대로이다. 반면 펌프를 직렬로 운전하면 유량은 그대로이고, 양정은 펌프의 개수만큼 증가한다.

48 ★☆☆

비압축성 유체의 2차원 정상 유동에서 x방향의 속도를 u, y방향의 속도를 v라고 할 때 다음에 주어진 식들 중에서 연속 방정식을 만족하는 것은 어느 것인가?

① $u=2x+2y$, $v=2x-2y$
② $u=x+2y$, $v=x^2-2y$
③ $u=2x+y$, $v=x^2+2y$
④ $u=x+2y$, $v=2x-y^2$

SOLUTION

개념
비압축성 유체의 2차원 정상유동

공식 정리
$$\frac{\partial u}{\partial x}+\frac{\partial v}{\partial y}=0$$

여기서, u : x방향의 속도
v : y방향의 속도

풀이
비압축성 유체의 2차원 정상 유동은 u를 x로 편미분한 값과 v를 y로 편미분한 값의 합이 0이어야 한다.

$$\frac{\partial u}{\partial x}=\frac{\partial}{\partial x}(2x+2y)=2$$

$$\frac{\partial v}{\partial y}=\frac{\partial}{\partial y}(2x-2y)=-2$$

으로 $\frac{\partial u}{\partial x}+\frac{\partial v}{\partial y}=0$을 만족하는 보기 ①번이 비압축성 유체의 2차원 정상 유동이다.

49 ★☆☆

다음 중 동력의 단위가 아닌 것은?

① $[J/s]$
② $[W]$
③ $[kg \cdot m^2/s]$
④ $[N \cdot m/s]$

SOLUTION

개념
동력(일률)의 단위
$1[W] = 1[J/s] = 1[kg \cdot m^2/s^3] = 1[N \cdot m/s]$

50 ★★☆

지름 10[cm]인 금속구가 대류에 의해 열을 외부공기로 방출한다. 이때 발생하는 열전달량이 40[W]이고, 구 표면과 공기 사이의 온도차가 50[℃]라면 공기와 구 사이의 대류 열전달 계수 [W/m²·K]는 약 얼마인가?

① 25
② 50
③ 75
④ 100

SOLUTION

개념
- 뉴턴의 냉각법칙(대류 법칙)

공식 정리
$$Q = hA\Delta T$$

여기서, Q : 열전달량[W], h : 대류열전달계수[W/m²·K]
A : 표면적[m²], ΔT : 온도차[K]

- 구의 단면적

공식 정리
$$A = 4\pi r^2$$

여기서, A : 구의 단면적[m²], r : 구의 반지름[m]

풀이
1. 구의 단면적
$$A = 4\pi r^2 = 4\pi \times \left(\frac{0.1}{2}\right)^2 ≒ 0.031 [m^2]$$

2. 공기와 구 사이의 대류열전달계수
   뉴턴의 냉각법칙을 대류열전달계수에 관해 식을 정리하고, 문제에서 주어진 값, 구한 값들을 대입하면
$$h = \frac{Q}{A\Delta T} = \frac{40}{0.031 \times 50} ≒ 25 [W/m^2 \cdot K]$$
$$\therefore h ≒ 25 [W/m^2 \cdot K]$$

[단위환산]
- 지름 $10[cm] = \frac{10}{100}[m] = 0.1[m]$
- 온도차 $50[℃] = 50[K]$

TIP
냉각 법칙 공식에서는 절대 온도차를 사용하고 있다. 문제에서는 섭씨 온도가 주어졌지만 절대 온도차와 섭씨 온도차는 어차피 동일하기 때문에 풀이에서는 그냥 섭씨 온도차로 사용했다.

51 ★★★

지름 0.4[m]인 관에 물이 0.5[m³/s]로 흐를 때 길이 300[m]에 대한 동력손실은 60[kW]였다. 이때 관마찰계수 f는 약 얼마인가?

① 0.015
② 0.020
③ 0.025
④ 0.030

SOLUTION

개념
- 유량

공식 정리
$$Q = AV = \left(\frac{\pi D^2}{4}\right)V$$

여기서, Q : 유량[m³/s], A : 단면적[m²]
V : 유속[m/s], D : 직경[m]

- 동력손실

공식 정리
$$P = \gamma Q H$$

여기서, P : 동력손실[kW], γ : 비중량(물의 비중량 9.8[kN/m³])
Q : 유량[m³/s], H : 손실수두[m]

- 손실수두

공식 정리
$$H = \frac{flV^2}{2gD}$$

여기서, H : 손실수두[m], f : 관마찰계수
l : 길이[m], V : 유속[m/s],
g : 중력가속도(9.8[m/s²]), D : 지름[m]

풀이
1. 유속
   유량의 공식을 유속에 관한 식으로 정리하고, 문제에서 주어진 값들을 대입하면
$$V = \frac{Q}{A} = \frac{Q}{\frac{\pi D^2}{4}} = \frac{0.5}{\frac{\pi \times 0.4^2}{4}} ≒ 3.98 [m/s]$$

2. 손실수두
   동력손실의 공식을 손실수두에 관한 식으로 정리하고, 문제에서 주어진 값들을 대입하면
$$H = \frac{P}{\gamma Q} = \frac{60}{9.8 \times 0.5} ≒ 12.24 [m]$$

3. 관마찰계수

손실수두의 공식을 관마찰계수에 관한 식으로 정리하고, 문제에서 주어진 값들과 앞서 구한 값들을 대입하면

$$f = \frac{2gDH}{lV^2} = \frac{2 \times 9.8 \times 0.4 \times 12.24}{300 \times 3.98^2} ≒ 0.02$$

$$\therefore f ≒ 0.02$$

52 ★★☆

체적이 10[m³]인 기름의 무게가 30,000[N]이라면 이 기름의 비중은 얼마인가? (단, 물의 밀도는 1,000[kg/m³]이다)

① 0.153
② 0.306
③ 0.459
④ 0.612

SOLUTION

개념
물체의 무게

공식 정리
$$W = mg = \rho V g = s \rho_w V g$$

여기서, W : 무게[N], m : 질량[kg], g : 중력가속도(9.8[m/s²])
ρ : 물체의 밀도[kg/m³], V : 부피[m³], s : 비중
ρ_w : 물의 밀도(1,000[kg/m³])

풀이
물체의 무게 공식을 비중에 관한 식으로 정리하고 문제에서 주어진 값들을 대입하면

$$s = \frac{W}{\rho_w V g} = \frac{30,000}{1,000 \times 10 \times 9.8} ≒ 0.306$$

$$\therefore s ≒ 0.306$$

53 ★★☆

비열에 대한 다음 설명 중 틀린 것은?

① 정적비열은 체적이 일정하게 유지되는 동안 온도변화에 대한 내부에너지 변화율이다.
② 정압비열을 정적비열로 나눈 것이 비열비이다.
③ 정압비열은 압력이 일정하게 유지될 때 온도변화에 대한 엔탈피 변화율이다.
④ 비열비는 일반적으로 1보다 크나 1보다 작은 물질도 있다.

SOLUTION

개념
• 비열비

공식 정리
$$k = \frac{C_p}{C_v}$$

여기서, k : 비열비, C_p : 정압비열, C_v : 정적비열

• 정압비열

공식 정리
$$C_p = C_v + R$$

여기서, C_p : 정압비열, C_v : 정적비열, R : 기체상수

풀이
기체의 정압비열은 정적비열과 기체상수의 합이다. 따라서 기체의 정압비열은 항상 정적비열보다 크다. 그러므로 비열비는 항상 1보다 크다.

54 ★★☆

비중 0.92인 빙산이 비중 1.025의 바닷물 수면에 떠 있다. 수면 위에 나온 빙산의 체적이 150[m³]이면 빙산의 전체 체적은 약 몇 [m³]인가?

① 1,314 ② 1,464
③ 1,725 ④ 1,875

SOLUTION

개념
- 부력

공식 정리
$$W = \gamma V = s\gamma_w V$$

여기서, W : 부력(무게)[kN], γ : 액체의 비중량[kN/m³]
V : 잠긴 부피[m³], s : 비중, γ_w : 물의 비중량(9,800[N/m³])

- 물체의 무게

공식 정리
$$W = mg = \rho V g = s\rho_w V g$$

여기서, W : 무게[N], m : 질량[kg], g : 중력가속도(9.8[m/s²])
ρ : 물체의 밀도[kg/m³], V : 부피[m³], s : 비중
ρ_w : 물의 밀도(1,000[kg/m³])

풀이

1. 빙산의 무게
$$W_{빙산} = s\rho_w V g = 0.92 \times 1,000 \times (V_{잠긴} + 150) \times 9.8$$
$$= 9,016 \times (V_{잠긴} + 150)[N]$$

2. 바닷물의 부력
$$W_{부력} = s\gamma_w V_{잠긴} = 1.025 \times 9,800 \times V_{잠긴}$$
$$= 10,045 \times V_{잠긴}[N]$$

3. 빙산의 잠긴 체적

빙산이 바닷물 위에 뜨기 위해서는 전체 빙산의 무게와 잠긴 부피에 대한 바닷물의 부력이 같아야 한다.

$W_{빙산} = W_{부력}$ 이므로 이를 빙산의 잠긴 부피($V_{잠긴}$)을 구하기 위해 식을 정리하면

$$9,016 \times (V_{잠긴} + 150) = 10,045 \times V_{잠긴}$$
$$V_{잠긴} ≒ 1,314[m³]$$

4. 빙산의 전체 체적

빙산의 전체 체적은 빙산의 수면 위에 나온 체적과 잠긴 체적의 합이다.
$$V = V_{수면위} + V_{잠긴} = 150 + 1,314 = 1,464[m³]$$
$$\therefore V = 1,464[m³]$$

55 ★★★

초기 상태에서 압력 100[kPa], 온도 15[℃]인 공기가 있다. 공기의 부피가 초기 부피의 1/200이 될 때까지 단열압축할 때 압축 후의 온도는 약 몇 [℃]인가? (단, 공기의 비열비는 1.4이다)

① 54 ② 348
③ 682 ④ 912

SOLUTION

개념
단열변화 시 온도, 체적, 압력의 관계

공식 정리
$$\frac{T_2}{T_1} = \left(\frac{V_1}{V_2}\right)^{k-1} = \left(\frac{P_2}{P_1}\right)^{\frac{k-1}{k}}$$

여기서, T : 절대온도[K], V : 체적[m³], k : 비열비, P : 압력[Pa]

풀이
단열변화 시 온도와 체적의 관계식을 온도에 대하여 정리하고 문제에서 주어진 값들을 대입하면

$$T_2 = T_1 \times \left(\frac{V_1}{V_2}\right)^{k-1} = (15+273) \times \left(\frac{V_1}{\frac{1}{20}V_1}\right)^{1.4-1}$$

$$= (15+273) \times 20^{0.4} ≒ 955[K] = 682[℃]$$

$$\therefore T_2 = 682[℃]$$

[단위환산]
- 온도 15[℃] = (15+273)[K]
- 온도 955[K] = (955−273)[℃] = 682[℃]

56 ★★☆

수격작용에 대한 설명으로 맞는 것은?

① 관로가 변할 때 물의 급격한 압력 저하로 인해 수중에서 공기가 분리되어 기포가 발생하는 것을 말한다.
② 펌프의 운전 중에 송출압력과 송출유량이 주기적으로 변동하는 현상을 말한다.
③ 관로의 급격한 온도변화로 인해 응결되는 현상을 말한다.
④ 흐르는 물을 갑자기 정지시킬 때 수압이 급격히 변화하는 현상을 말한다.

SOLUTION

개념
수격작용
배관 내의 물 흐름을 급격히 차단했을 때 운동에너지가 압력으로 변환되면서 발생하는 현상이다. 수격현상으로 인해 발생한 압력은 소음과 진동을 발생시킨다.

57 ★★★

그림에서 $h_1 = 120[\text{mm}]$, $h_2 = 180[\text{mm}]$, $h_3 = 100[\text{mm}]$일 때 A에서의 압력과 B에서의 압력의 차이($P_A - P_B$)를 구하면? (단, A, B 속의 액체는 물이고, 차압액주계에서의 중간 액체는 수은(비중 13.6)이다)

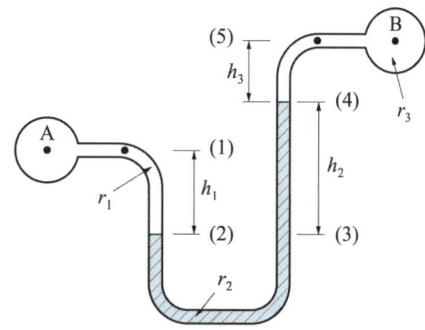

① 20.4[kPa]
② 23.8[kPa]
③ 26.4[kPa]
④ 29.8[kPa]

SOLUTION

풀이
U자관 차압액주계에서 동일한 수평선 내에 있는 모든 점의 압력은 같다. 즉 $P_{(2)} = P_{(3)}$이다.

1. (2) 지점의 압력 구하기
   $P_{(2)} = P_A + \gamma_1 h_1$

2. (3) 지점의 압력 구하기
   $P_{(3)} = P_B + \gamma_2 h_2 + \gamma_3 h_3$

   $P_{(2)} = P_{(3)}$이므로
   $P_A + \gamma_1 h_1 = P_B + \gamma_2 h_2 + \gamma_3 h_3$이다.

위의 식을 $P_A - P_B$에 관한 식으로 정리하고, 문제에서 주어진 값들을 식에 모두 대입하면

$$P_A - P_B = \gamma_2 h_2 + \gamma_3 h_3 - \gamma_1 h_1 = s_{수은}\gamma_w h_2 + \gamma_w h_3 - \gamma_w h_1$$
$$= 13.6 \times 9.8 \times 0.18 + 9.8 \times 0.1 - 9.8 \times 0.12$$
$$\approx 23.8[\text{kPa}]$$

∴ $P_A - P_B \approx 23.8[\text{kPa}]$

58 ★★☆

원형 단면을 가진 관내에 유체가 완전 발달된 비압축성 층류 유동으로 흐를 때 전단응력은?

① 중심에서 0이고, 중심선으로부터 거리에 비례하여 변한다.
② 관벽에서 0이고, 중심선에서 최대이며 선형분포한다.
③ 중심에서 0이고, 중심선으로부터 거리의 제곱에 비례하여 변한다.
④ 전 단면에 걸쳐 일정하다.

SOLUTION

개념
비압축성 층류유동

- 유체의 속도분포 : 유체의 속도는 관 벽에서 0이고, 관 중심에서 최대이다.
- 유체의 전단응력 : 유체의 전단응력은 관의 중심에서 0이고, 중심선으로부터 거리에 비례하여 증가한다.

59 ★★★

부피가 0.3[m³]으로 일정한 용기 내의 공기가 원래 300[kPa](절대압력), 400[K]의 상태였으나, 일정 시간동안 출구가 개방되어 공기가 빠져나가 200[kPa](절대압력), 350[K]의 상태가 되었다. 빠져나간 공기의 질량은 약 몇 [g]인가? (단, 공기는 이상기체로 가정하며 기체상수는 287[J/kg·K]이다)

① 74
② 187
③ 295
④ 388

SOLUTION

개념
이상기체상태 방정식

공식
$$PV = m\overline{R}T$$

여기서, P : 압력[kPa], V : 부피[m³], m : 질량[kg]
$\overline{R}$: 특정기체상수[kJ/kg·K], T : 절대온도[K]

풀이
문제에서 이상기체의 기체상수가 주어지기 때문에 특정기체상수를 활용한 이상기체상태 방정식을 사용한다.

1. 원래 상태 공기의 질량
$$m_1 = \frac{P_1 V_1}{\overline{R}T_1} = \frac{300 \times 0.3}{0.287 \times 400} ≒ 0.784[kg]$$

2. 남은 공기의 질량
$$m_2 = \frac{P_2 V_2}{\overline{R}T_2} = \frac{200 \times 0.3}{0.287 \times 350} ≒ 0.597[kg]$$

3. 빠져나간 공기의 질량
빠져나간 공기의 질량은 원래 상태 공기의 질량에서 빠져나간 공기의 질량을 뺀 값이다.
$$m = m_1 - m_2 = 0.784 - 0.597 = 0.187[kg] = 187[g]$$
$$\therefore m = 187[g]$$

[단위환산]
- 기체상수 $287[J/kg·K] = \frac{287}{1,000}[kJ/kg·K] = 0.287[kJ/kg·K]$
- 질량 $0.187[kg] = 0.187 \times 1,000[g] = 187[g]$

60 ★★☆

한 변의 길이가 L인 정사각형 단면의 수력지름(hydraulic diameter)은?

① $L/4$
② $L/2$
③ L
④ $2L$

SOLUTION

개념
수력지름

공식
$$D_h = 4 \times \frac{A}{S}$$

여기서, D_h : 수력지름, A : 단면의 넓이
S : 단면의 둘레

풀이
수력지름의 공식에 정사각형 단면의 넓이 및 둘레를 대입하면
$$D_h = 4 \times \frac{A}{S} = 4 \times \frac{L^2}{4L} = L$$

2018년 제2회 소방설비기사

41 ★★★

효율이 50[%]인 펌프를 이용하여 저수지의 물을 1초에 10[L]씩 30[m] 위 쪽에 있는 논으로 퍼 올리는 데 필요한 동력은 약 몇 [kW]인가?

① 18.83
② 10.48
③ 2.94
④ 5.88

SOLUTION

[개념]
펌프(전동기)의 소요동력

[공식]
$$P = \frac{\gamma Q H}{\eta} K$$

여기서, P : 전동기 용량[kW], γ : 물의 비중량(9.8[kN/m³])
Q : 유량[m³/s], H : 양정(높이)[m], η : 효율, K : 전달계수

[풀이]
전달계수는 문제에서 주어지지 않았기 때문에 무시한다. 문제에서 주어진 값들을 공식에 모두 대입하면

$$P = \frac{\gamma Q H}{\eta} = \frac{9.8 \times 0.01 \times 30}{0.5} = 5.88 [\text{kW}]$$

∴ $P = 5.88 [\text{kW}]$

[단위환산]
- 유량 $10[\text{L/s}] = \dfrac{10}{1,000} [\text{m}^3/\text{s}] = 0.01 [\text{m}^3/\text{s}]$

42 ★☆☆

펌프가 실제 유동시스템에 사용될 때 펌프의 운전점은 어떻게 결정하는 것이 좋은가?

① 시스템 곡선과 펌프 성능곡선의 교점에서 운전한다.
② 시스템 곡선과 펌프 효율곡선의 교점에서 운전한다.
③ 펌프 성능곡선과 펌프 효율곡선의 교점에서 운전한다.
④ 펌프 효율곡선의 최고점, 즉 최고 효율점에서 운전한다.

SOLUTION

[개념]
펌프 성능곡선과 시스템 곡선

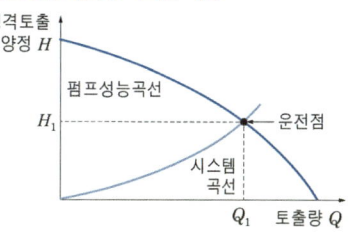

[풀이]
시스템 곡선과 펌프 성능 곡선의 교점은 해당 시스템에서의 운전점을 나타낸다.

43 ★★☆

비중이 1.03인 바닷물에 비중 0.9인 빙산이 떠있다. 전체 부피의 몇 [%]가 해수면 위로 올라와 있는가?

① 12.6
② 10.8
③ 7.2
④ 6.3

SOLUTION

개념
- 부력

$$W = \gamma V = s\gamma_w V$$

여기서, W : 부력(무게)[kN], γ : 액체의 비중량[kN/m³]
V : 잠긴 부피[m³], s : 비중, γ_w : 물의 비중량(9.8[kN/m³])

- 물체의 무게

$$W = mg = \rho V g = s\rho_w V g$$

여기서, W : 무게[N], m : 질량[kg], g : 중력가속도(9.8[m/s²])
ρ : 물체의 밀도[kg/m³], V : 부피[m³], s : 비중
ρ_w : 물의 밀도(1,000[kg/m³])

풀이

1. 빙산의 무게

$W_{빙산} = s\rho_w V g = 0.9 \times 1,000 \times V \times 9.8 = 8,820 V$ [N]

2. 바닷물의 부력

$W_{부력} = s\gamma_w V_{잠긴} = 1.03 \times 9,800 \times V_{잠긴}$
$= 10,094 V_{잠긴}$ [N]

3. 빙산의 잠긴 체적

빙산이 바닷물 위에 뜨기 위해서는 전체 빙산의 무게와 잠긴 부피에 대한 바닷물의 부력이 같아야 한다.

$W_{빙산} = W_{부력}$ 이므로 전체 부피에서 잠긴 부피의 비율에 대한 식으로 정리하면

$$\frac{V_{잠긴}}{V} = \frac{8,820}{10,094} \fallingdotseq 0.874$$

이다. 즉 해수면 아래 잠긴 빙산의 부피는 전체 부피의 87.4[%]이다.

4. 빙산의 해수면 위 부피

빙산의 해수면 위 부피는 해수면 아래 잠긴 빙산의 부피를 뺀 값이다.

$$\frac{V_{해수면위}}{V} = 100 - 87.4 = 12.6[\%]$$

$$\therefore \frac{V_{해수면위}}{V} = 12.6[\%]$$

44 ★★★

그림과 같이 중앙부분에 구멍이 뚫린 원판에 지름 D의 원형 물제트가 대기압 상태에서 V의 속도로 충돌하여, 원판 뒤로 지름 $D/2$의 원형 물제트가 V의 속도로 흘러나가고 있을 때, 이 원판이 받는 힘은 얼마인가? (단, ρ는 물의 밀도이다)

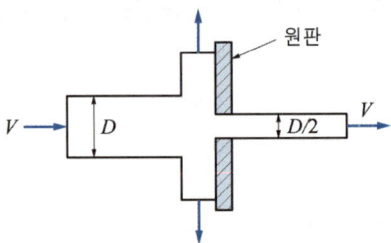

① $\dfrac{3}{16}\rho\pi V^2 D^2$
② $\dfrac{3}{8}\rho\pi V^2 D^2$
③ $\dfrac{3}{4}\rho\pi V^2 D^2$
④ $3\rho\pi V^2 D^2$

SOLUTION

개념
평판에 작용하는 힘

$$F = \rho Q V = \rho(AV)V = \rho A V^2 = \rho\left(\frac{\pi D^2}{4}\right)V^2$$

여기서, F : 힘[N], ρ : 밀도(물의 밀도 1,000[kg/m³])
Q : 유량[m³/s], A : 단면적[m²], V : 유속[m/s], D : 지름[m]

풀이

1. 왼쪽에서의 힘

$$F_{왼} = \rho \times \frac{\pi D^2}{4} \times V^2 = \frac{1}{4}\rho\pi V^2 D^2$$

2. 오른쪽에서의 힘

$$F_{오} = \rho \times \left\{\frac{\pi}{4} \times \left(\frac{D}{2}\right)^2\right\} \times V^2 = \frac{1}{16}\rho\pi V^2 D^2$$

3. 원판이 받는 힘

원판이 받는 힘은 왼쪽에서의 힘에서 오른쪽에서의 힘을 빼서 구해준다.

$$F = F_{왼} - F_{오} = \frac{1}{4}\rho\pi V^2 D^2 - \frac{1}{16}\rho\pi V^2 D^2 = \frac{3}{16}\rho\pi V^2 D^2$$

$$\therefore F = \frac{3}{16}\rho\pi V^2 D^2$$

45 ★★★

저장용기로부터 20[℃]의 물을 길이 300[m], 지름 900[mm]인 콘크리트 수평 원관을 통하여 공급하고 있다. 유량이 1[m³/s]일 때 원관에서의 압력강하는 약 몇 [kPa]인가? (단, 관마찰 계수는 약 0.023이다)

① 3.57 ② 9.47
③ 14.3 ④ 18.8

SOLUTION

개념
- 유량

$$Q = AV = \left(\frac{\pi D^2}{4}\right)V$$

여기서, Q : 유량[m³/s], A : 단면적[m²], V : 유속[m/s], D : 직경[m]

- 달시-바이스바하(마찰손실)의 식

$$H = \frac{\Delta P}{\gamma} = \frac{flV^2}{2gD}$$

여기서, H : 마찰손실수두[m], ΔP : 압력차[kPa],
γ : 유체의 비중량[kN/m³], f : 마찰손실계수
l : 등가길이[m], V : 유속[m/s]
g : 중력가속도(9.8[m/s²]), D : 지름[m]

풀이

1. 유속

유량의 공식을 유속에 관한 식으로 정리하고 문제에서 주어진 값들을 대입하면

$$V = \frac{Q}{A} = \frac{Q}{\frac{\pi D^2}{4}} = \frac{1 \times 4}{\pi \times 0.9^2} ≒ 1.572 [m/s]$$

2. 압력강하

마찰손실의 공식을 압력강하에 관한 식으로 정리하고 문제에서 주어진 값들, 앞서 구한 값을 대입하면

$$\Delta P = \frac{flV^2\gamma}{2gD} = \frac{0.023 \times 300 \times 1.572^2 \times 9.8}{2 \times 9.8 \times 0.9} ≒ 9.47 [kPa]$$

[단위환산]
- 지름 $900[mm] = \frac{900}{1000}[m] = 0.9[m]$

46 ★★★

물탱크에 담긴 물의 수면의 높이가 10[m]인데, 물탱크 바닥에 원형 구멍이 생겨서 10[L/s] 만큼 물이 유출되고 있다. 원형 구멍의 지름은 약 몇 [cm]인가? (단, 구멍의 유량보정계수는 0.6이다)

① 2.7 ② 3.1
③ 3.5 ④ 3.9

SOLUTION

개념
- 유량

$$Q = AV$$

여기서, Q : 유량[m³/s], A : 단면적[m²], V : 유속[m/s]

- 유속(토리첼리의 식) (보정계수 포함)

$$V = C\sqrt{2gh}$$

여기서, V : 유속[m/s], C : 보정계수, g : 중력가속도[m/s²],
h : 유체의 높이[m]

풀이

1. 유속

토리첼리의 식에서 문제에서 주어진 값들을 대입하면

$$V = C\sqrt{2gh} = 0.6 \times \sqrt{2 \times 9.8 \times 10} ≒ 8.4 [m/s]$$

2. 지름

유량의 공식을 지름에 관한 식으로 정리하고 문제에서 주어진 값, 앞서 구한 값을 대입하면

$$D = \sqrt{\frac{4Q}{\pi V}} = \sqrt{\frac{4 \times 0.01}{\pi \times 8.4}} ≒ 0.039 [m] = 3.9 [cm]$$

∴ $D ≒ 3.9[cm]$

[단위환산]
- 지름 $0.039[m] = 0.039 \times 100[cm] = 3.9[cm]$
- 유량 $10[L/s] = \frac{10}{1,000}[m³/s] = 0.01[m³/s]$

47 ★★☆

20[℃] 물 100[L]를 화재현장의 화염에 살수하였다. 물이 모두 끓는 온도(100[℃])까지 가열되는 동안 흡수하는 열량은 약 몇 [kJ]인가? (단, 물의 비열은 4.2[kJ/kg·K]이다)

① 500
② 2,000
③ 8,000
④ 33,600

SOLUTION

개념
- 질량

공식 정리
$$m = \rho V$$

여기서, m : 질량[kg], ρ : 밀도(물의 밀도 1,000[kg/m³]), V : 부피[m³]

- 현열 열량

공식 정리
$$Q = mC\Delta T$$

여기서, Q : 현열 열량[kJ], m : 질량[kg], C : 비열[kJ/kg·K], ΔT : 온도차[K]

풀이

1. 물의 질량
$$m = \rho V = 1,000 \times 0.1 = 100[\text{kg}]$$

2. 물이 흡수하는 열량

물이 수증기가 되기 전 20[℃]에서 100[℃]까지 온도가 상승할 때 흡수하는 열량은 현열 열량 공식을 통해 구한다.
$$Q = mC\Delta T = 100 \times 4.2 \times (100-20) = 33,600[\text{kJ}]$$
$$\therefore Q = 33,600[\text{kJ}]$$

[단위환산]
- 부피 $100[\text{L}] = \dfrac{100}{1,000}[\text{m}^3] = 0.1[\text{m}^3]$
- 온도차 $(100-20)[℃] = ((100+273)-(20+273))[\text{K}]$
$= (100-20)[\text{K}]$

48 ★★★

아래 그림과 같은 반지름이 1[m]이고, 폭이 3[m]인 곡면의 수문 AB가 받는 수평분력은 약 몇 [N]인가?

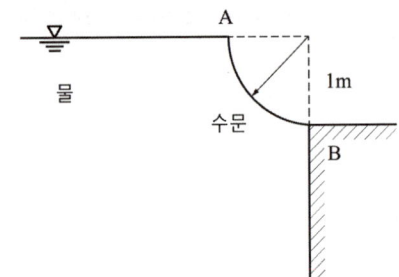

① 7,350
② 14,700
③ 23,900
④ 29,400

SOLUTION

개념
유체에 의한 힘의 수평분력

공식 정리
$$F_H = \gamma h A$$

여기서, F_H : 수평분력[kN]

γ : 유체의 비중량(물의 비중량(9,800[N/m³]))

h : 표면에서 투시경 중심까지의 수직거리[m]

A : 투시경의 단면적[m²]

풀이

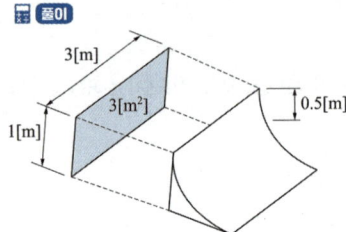

표면에서 수문 중심까지의 수직거리는 1[m]의 절반인 0.5[m]이다. 수평분력 공식에 문제에서 주어진 값들을 대입하면
$$F_H = \gamma h A = 9,800 \times 0.5 \times (1 \times 3) = 14,700[\text{N}]$$
$$\therefore F_H = 14,700[\text{N}]$$

47 ④ 48 ②

49 ★★★

초기온도와 압력이 각각 50[℃], 600[kPa]인 이상기체를 100[kPa]까지 가역 단열팽창시켰을 때 온도는 약 몇 [K]인가? (단, 이 기체의 비열비는 1.4이다)

① 194 ② 216
③ 248 ④ 262

SOLUTION

개념
단열변화 시 온도, 체적, 압력의 관계

공식 정리
$$\frac{T_2}{T_1} = \left(\frac{V_1}{V_2}\right)^{k-1} = \left(\frac{P_2}{P_1}\right)^{\frac{k-1}{k}}$$

여기서, T: 절대온도[K], V: 체적[m³], k: 비열비, P: 압력[Pa]

풀이
단열변화 시 온도와 압력의 관계식을 온도에 대하여 정리하고 문제에서 주어진 값들을 대입하면

$$T_2 = T_1 \times \left(\frac{P_2}{P_1}\right)^{\frac{k-1}{k}} = (50+273) \times \left(\frac{100}{600}\right)^{\frac{1.4-1}{1.4}} \fallingdotseq 194[K]$$

$\therefore T_2 \fallingdotseq 194[K]$

[단위환산]
- 온도 50[℃] = (50+273)[K]

50 ★★☆

100[cm]×100[cm]이고, 300[℃]로 가열된 평판에 25[℃]의 공기를 불어준다고 할 때 열전달량은 약 몇 [kW]인가? (단, 대류 열전달 계수는 30[W/m²·K]이다)

① 2.98 ② 5.34
③ 8.25 ④ 10.91

SOLUTION

개념
뉴턴의 냉각법칙(대류 법칙)

공식 정리
$$Q = hA\Delta T$$

여기서, Q: 열전달량[W], h: 대류열전달계수[W/m²·K]
A: 표면적[m²], ΔT: 온도차[K]

풀이
뉴턴의 냉각법칙 공식에 문제에서 주어진 값들을 대입하면
$Q = hA\Delta T = 30 \times (1 \times 1) \times (300-25) = 8,250[W] = 8.25[kW]$

$\therefore Q \fallingdotseq 8.25[kW]$

[단위환산]
- 길이 100[cm] = $\frac{100}{100}$[m] = 1[m]
- 온도차 (300-25)[℃] = ((300+273) - (25+273))[K] = (300-25)[K]
- 열전달량 8,250[W] = $\frac{8,250}{1,000}$[kW] = 8.25[kW]

51 ★☆☆

호주에서 무게가 20[N]인 어떤 물체를 한국에서 재어보니 19.8[N]이었다면 한국에서의 중력가속도는 약 몇 [m/s²]인가? (단, 호주에서의 중력가속도는 9.82[m/s²]이다)

① 9.72 ② 9.75
③ 9.78 ④ 9.82

SOLUTION

개념
무게

공식 정리
$$W = mg$$

여기서, W: 무게[N], m: 질량[kg], g: 중력가속도[m/s²]

풀이

1. 물체의 질량

물체의 질량은 어디에서든 항상 일정하다. 한국과 호주에서의 무게 차이는 중력가속도의 차이에 의해서 발생한다. 호주에서의 무게와 중력가속도가 주어졌기 때문에 물체의 질량을 우선 구한다. 무게의 공식을 질량에 관해 정리하고, 문제에서 주어진 값들을 대입하면

$$m = \frac{W_{호주}}{g_{호주}} = \frac{20}{9.82} \fallingdotseq 2.037[kg]$$

2. 한국에서의 중력가속도

무게의 공식을 중력가속도에 관한 식으로 정리하고, 문제에서 주어진 값과 앞서 구한 질량 값을 대입하면

$$g_{한국} = \frac{W_{한국}}{m} = \frac{19.8}{2.037} \fallingdotseq 9.72[m/s²]$$

$\therefore g_{한국} \fallingdotseq 9.72[m/s²]$

52 ★★☆

비압축성 유체를 설명한 것으로 가장 옳은 것은?

① 체적탄성계수가 0인 유체를 말한다.
② 관로 내에 흐르는 유체를 말한다.
③ 점성을 갖고 있는 유체를 말한다.
④ 난류 유동을 하는 유체를 말한다.

SOLUTION

풀이
비압축성 유체는 체적탄성계수가 0으로 압력에 의해 부피가 변화하지 않는 성질을 가지고 있다.

53 ★★★

지름 20[cm]의 소화용 호스에 물이 질량유량 80[kg/s]로 흐른다. 이때 평균유속은 약 몇 [m/s]인가?

① 0.58
② 2.55
③ 5.97
④ 25.48

SOLUTION

개념
질량유량

공식 정리
$$\overline{m} = \rho A V = \rho \left(\frac{\pi D^2}{4} \right) V$$

여기서, $\overline{m}$: 질량유량[kg/s], ρ : 밀도(물의 밀도 1,000[kg/m³])
A : 단면적[m²], V : 유속[m/s], D : 지름[m]

풀이
질량유량의 공식을 유속에 관한 식으로 정리하고 문제에서 주어진 값들을 대입하면

$$V = \frac{\overline{m}}{\rho A} = \frac{\overline{m}}{\rho \times \frac{\pi D^2}{4}} = \frac{80 \times 4}{1,000 \times \pi \times 0.2^2} ≒ 2.55[\text{m/s}]$$

∴ $V ≒ 2.55[\text{m/s}]$

[단위환산]
• 지름 $20[\text{cm}] = \frac{20}{100}[\text{m}] = 0.2[\text{m}]$

54 ★★★

깊이 1[m]까지 물을 넣은 물탱크의 밑에 오리피스가 있다. 수면에 대기압이 작용할 때의 초기 오리피스에서의 유속 대비 2배 유속으로 물을 유출시키려면 수면에는 몇 [kPa]의 압력을 더 가하면 되는가? (단, 손실은 무시한다)

① 9.8
② 19.6
③ 29.4
④ 39.2

SOLUTION

개념
• 유속(토리첼리의 식)

공식 정리
$$V = \sqrt{2gH}$$

여기서, V : 유속[m/s], g : 중력가속도(9.8[m/s²]), H : 수두[m]

• 압력수두 변화량

공식 정리
$$\Delta H = \frac{\Delta P}{\gamma}$$

여기서, ΔH : 수두의 변화량[m], ΔP : 추가 압력[kPa]
γ : 비중량(물의 비중량 9.8[kN/m³])

풀이
1. 수두의 변화량
    토리첼리의 식에 의하면 $V \propto \sqrt{H}$ 이므로 유속을 2배 증가시키면 수두는 4배로 증가한다. 이를 식으로 정리하면
    $H_2 = 4H_1 = 4 \times 1 = 4[\text{m}]$
    이다. 그러므로 수두의 변화량은
    $\Delta H = H_2 - H_1 = 4 - 1 = 3[\text{m}]$

2. 추가 압력
    압력 수두 변화량 공식을 추가 압력에 관한 식으로 정리하고 앞서 구한 값을 대입하면
    $\Delta P = \gamma \times \Delta H = 9.8 \times 3 = 29.4[\text{kPa}]$
    ∴ $\Delta P = 29.4$

55 ★★★

그림과 같은 거꾸로 된 마노미터에서 물과 기름, 수은이 채워져 있다. $a = 10[cm]$, $c = 25[cm]$이고 A의 압력이 B의 압력보다 80[kPa] 작을 때 b의 길이는 약 몇 [cm]인가? (단, 수은의 비중량은 133,100[N/m³], 기름의 비중은 0.90이다)

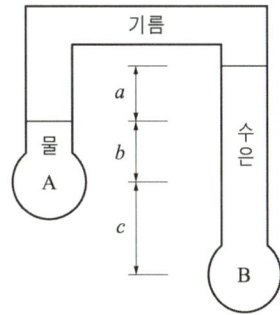

① 17.8 ② 27.8
③ 37.8 ④ 47.8

SOLUTION

풀이

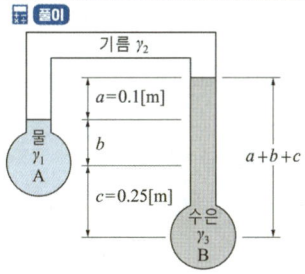

문제에서 A의 압력이 B의 압력보다 80[kPa] 작다고 했으므로
$P_A - P_B = -80[kPa]$이다.

역U자관 마노미터에서 동일한 수평선 내에 있는 모든 점의 압력은 같다. 기름과 수은의 경계선 높이에 있는 지점을 기준으로 잡고 관계식을 세우면 다음과 같다.

$P_A - \gamma_1 b - \gamma_2 a = P_B - \gamma_3 (a+b+c)$

위의 식을 높이 b에 관한 식으로 정리하고 문제에서 주어진 값들을 대입하면

$b = \dfrac{P_A - P_B - \gamma_2 a + \gamma_3 (a+c)}{\gamma_1 - \gamma_3}$

$= \dfrac{(-80) - (0.9 \times 9.8) \times 0.1 + 133.1 \times (0.1 + 0.25)}{9.8 - 133.1}$

$\fallingdotseq 0.278[m] = 27.8[cm]$

∴ $b \fallingdotseq 27.8[cm]$

[단위환산]
- 길이 $10[cm] = \dfrac{10}{100}[m] = 0.1[m]$
- 길이 $25[cm] = \dfrac{25}{100}[m] = 0.25[m]$
- 길이 $0.278[m] = 0.278 \times 100[cm] = 27.8[cm]$
- 비중량 $133,100[N/m^3] = \dfrac{133,100}{1,000}[kN/m^3] = 133.1[kN/m^3]$

TIP
기름의 비중량은 기름의 비중(0.9)에서 물의 비중량(9.8[kN/m³]) 곱한 값을 사용하면 된다.

56 ★☆☆

공기를 체적비율이 산소(O_2, 분자량 32[g/mol]) 20[%], 질소(N_2, 분자량 28[g/mol]) 80[%]의 혼합기체라 가정할 때 공기의 기체상수는 약 몇 [kJ/kg·K]인가? (단, 일반기체상수는 8.3145[kJ/kmol·K]이다)

① 0.294 ② 0.289
③ 0.284 ④ 0.279

SOLUTION

개념
특정기체상수

공식정리
$$\overline{R} = \dfrac{R}{M}$$

여기서, $\overline{R}$: 특정기체상수[kJ/kg·K], R : 일반기체상수[kJ/kmol·K]
M : 분자량[kg/kmol]

풀이

1. 공기의 분자량

   O(산소)의 분자량 = 32

   N(질소)의 분자량 = 28

   M = 산소의 분자량×산소의 체적비율 + 질소의 분자량×질소의 체적비율
   $= (32 \times 0.2) + (28 \times 0.8) = 28.8[g/mol] = 28.8[kg/kmol]$

2. 공기의 기체상수

   특정기체상수 공식에 문제에서 주어진 값 및 앞서 구한 값들을 대입하면

   $\overline{R} = \dfrac{R}{M} = \dfrac{8.3145}{28.8} \fallingdotseq 0.289[kJ/kg·K]$

   ∴ $\overline{R} \fallingdotseq 0.289[kJ/kg·K]$

57 ★★★

물이 소방노즐을 통해 대기로 방출될 때 유속이 24[m/s]가 되도록 하기 위해서는 노즐입구의 압력은 몇 [kPa]가 되어야 하는가? (단, 압력은 계기 압력으로 표시되며 마찰손실 및 노즐입구에서의 속도는 무시한다)

① 153
② 203
③ 288
④ 312

SOLUTION

개념

- 유속(토리첼리의 식)

공식 정리
$$V = \sqrt{2gh}$$

여기서, V : 유속[m/s], g : 중력가속도(9.8[m/s²]), h : 수두[m]

- 유체에 의한 압력

공식 정리
$$P = \gamma h$$

여기서, P : 압력[kPa], γ : 비중량(물의 비중량(9.8[kN/m³]), h : 수두[m]

풀이

1. 수두
  토리첼리의 공식을 수두에 관한 식으로 정리하고 문제에서 주어진 값을 대입하면
  $$h = \frac{V^2}{2g} = \frac{24^2}{2 \times 9.8} ≒ 29.4 [m]$$

2. 노즐입구의 압력
  유체에 의한 압력 공식에 앞서 구한 값을 대입하면
  $P = \gamma h = 9.8 \times 29.4 ≒ 288 [kPa]$
  ∴ $P ≒ 288 [kPa]$

58 ★★☆

무한한 두 평판 사이에 유체가 채워져 있고 한 평판은 정지해 있고 또 다른 평판은 일정한 속도로 움직이는 Couette 유동을 하고 있다. 유체 A만 채워져 있을 때 평판을 움직이기 위한 단위면적당 힘을 τ_1이라 하고 같은 평판 사이에 점성이 다른 유체 B만 채워져 있을 때 필요한 힘을 τ_2라 하면 유체 A와 B가 반반씩 위아래로 채워져 있을 때 평판을 같은 속도로 움직이기 위한 단위면적당 힘에 대한 표현으로 옳은 것은?

① $\dfrac{\tau_1 + \tau_2}{2}$
② $\sqrt{\tau_1 \tau_2}$
③ $\dfrac{2\tau_1 \tau_2}{\tau_1 + \tau_2}$
④ $\tau_1 + \tau_2$

SOLUTION

개념

Couette 흐름(쿠에토 흐름)
한쪽평판은 고정되어 있고 다른 쪽 평판은 움직이는 두 평행판 사이 유체의 유동을 말한다.

공식 정리
$$\tau = \frac{2\tau_1 \tau_2}{\tau_1 + \tau_2}$$

여기서, τ : 단위면적당 힘[N]
τ_1 : 평판을 움직이기 위한 단위면적당 힘[N]
τ_2 : 평판 사이에 다른 유체가 채워져 있을 때 필요한 힘[N]

59 ★★★

동점성계수가 1.15×10^{-6}[m²/s]인 물이 30[mm]의 지름 원관 속을 흐르고 있다. 층류가 기대될 수 있는 최대 유량은 약 몇 [m³/s]인가? (단, 임계 레이놀즈 수는 2,100이다)

① 2.85×10^{-5}
② 5.69×10^{-5}
③ 2.85×10^{-7}
④ 5.69×10^{-7}

SOLUTION

개념
- 레이놀즈 수 : 배관 내 유체 흐름의 형태를 판단하는 척도로 사용되는 수

공식
$$레이놀즈 수 \ Re = \frac{DV\rho}{\mu} = \frac{DV}{\nu}$$

여기서, Re : 레이놀즈 수, D : 지름[m], V : 유속[m/s], ρ : 밀도[kg/m³]
μ : 점성계수(점도)[N·s/m²], ν : 동점성계수[m²/s]

- 유량

공식
$$Q = AV = \left(\frac{\pi D^2}{4}\right) V$$

여기서, Q : 유량[m³/s], A : 단면적[m²], V : 유속[m/s], D : 지름[m]

풀이

1. 유속

층류가 기대될 수 있는 최대 유속을 구하기 위해서는 임계 레이놀즈 수 ($Re = 2,100$)를 넣어야 한다. 레이놀즈 수의 공식을 유속에 관한 식으로 정리하고 문제에서 주어진 값들을 대입하면

$$V = \frac{Re\nu}{D} = \frac{2,100 \times (1.15 \times 10^{-6})}{0.03} = 0.0805 \text{[m/s]}$$

2. 유량

유량의 공식에 문제에서 주어진 값 및 앞서 구한 값을 대입하면

$$Q = AV = \left(\frac{\pi D^2}{4}\right) V = \frac{\pi \times 0.03^2}{4} \times 0.0805 ≒ 5.69 \times 10^{-5} \text{[m³/s]}$$

$$\therefore Q ≒ 5.69 \times 10^{-5} \text{[m³/s]}$$

[단위환산]
- 지름 $30\text{[mm]} = \frac{30}{1,000}\text{[m]} = 0.03\text{[m]}$

60 ★★☆

다음과 같은 유동형태를 갖는 파이프 입구 영역의 유동에서 부차적 손실계수가 가장 큰 것은?

날카로운 모서리	약간 둥근 모서리
잘 다듬어진 모서리	돌출 입구

① 날카로운 모서리
② 약간 둥근 모서리
③ 잘 다듬어진 모서리
④ 돌출 입구

SOLUTION

개념
입구 형태별 부차적 손실계수
- 날카로운 모서리 : 0.5
- 약간 둥근 모서리 : 0.2
- 잘 다듬어진 모서리 : 0.04
- **돌출 입구 : 0.8**

TIP
출구측 손실계수는 형상에 상관없이 모두 같다. 입구측 손실계수와 출구측 손실계수를 헷갈리지 않게 잘 유의해야 한다.

정답 59 ② 60 ④

2018년 제4회 소방설비기사

41 ★★☆

이상기체의 등엔트로피 과정에 대한 설명 중 틀린 것은?

① 폴리트로픽 과정의 일종이다.
② 가역단열과정에서 나타난다.
③ 온도가 증가하면 압력이 증가한다.
④ 온도가 증가하면 비체적이 증가한다.

SOLUTION

개념
단열변화 시 온도, 체적, 압력의 관계

공식 정리
$$\frac{T_2}{T_1} = \left(\frac{V_1}{V_2}\right)^{k-1} = \left(\frac{P_2}{P_1}\right)^{\frac{k-1}{k}}$$

여기서, T : 절대온도[K], V : 체적[m³], k : 비열비, P : 압력[Pa]

풀이
이상기체의 등엔트로피 과정은 단열변화를 의미한다. 단열변화 시 관계에서 온도와 체적의 관계는 다음과 같다.

$$\frac{T_2}{T_1} = \left(\frac{V_1}{V_2}\right)^{k-1}$$

비체적은 질량이 따로 주어지지 않은 상태에서는 체적과 동일한 물리량이라고 생각하면 된다. 그러므로

$$\frac{T_2}{T_1} = \left(\frac{V_1}{V_2}\right)^{k-1} = \left(\frac{v_1}{v_2}\right)^{k-1}$$

이 성립한다. 이를 변화된 비체적과 온도의 관한 식으로 정리하면

$$v_2 = v_1 \times \left(\frac{T_1}{T_2}\right)^{\frac{1}{k-1}}$$

이다. 여기서 비열비의 범위는 $1 < k < 2$이기 때문에 $k-1$의 범위는 $0 < k-1 < 1$이다.

즉 온도가 증가한다는 것은 $\left(\frac{T_1}{T_2}\right)^{\frac{1}{k-1}} < 1$이 된다는 것이고 이는 비체적은 감소한다는 것을 의미한다.

42 ★★★

관내에서 물이 평균속도 9.8[m/s]로 흐를 때의 속도 수두는 약 몇 [m]인가?

① 4.9 ② 9.8
③ 48 ④ 128

SOLUTION

개념
속도 수두

공식 정리
$$H = \frac{V^2}{2g}$$

여기서, H : 속도수두[m], V : 유속[m/s], g : 중력가속도(9.8[m/s²])

풀이
속도 수두 공식에 문제에서 주어진 값을 대입하면

$$H = \frac{V^2}{2g} = \frac{9.8^2}{2 \times 9.8} = 4.9[m]$$

$\therefore H = 4.9[m]$

정답 41 ④ 42 ①

43 ★☆☆

그림과 같이 스프링상수(spring constant)가 10[N/cm]인 4개의 스프링으로 평판 A를 벽 B에 그림과 같이 설치되어 있다. 이 평판에 유량 0.01[m³/s], 속도 10[m/s]인 물 제트가 평판 A의 중앙에 직각으로 충돌할 때, 물 제트에 의해 평판과 벽 사이의 단축되는 거리는 약 몇 [cm]인가?

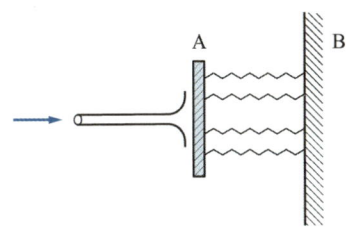

① 2.5
② 5
③ 10
④ 40

SOLUTION

개념
- 평판에 작용하는 힘

$$F = \rho QV = \rho(AV)V = \rho AV^2$$

여기서, F : 힘[N], ρ : 밀도(물의 밀도 1,000[kg/m³])
Q : 유량[m³/s], A : 단면적[m²], V : 유속[m/s]

- 스프링에 의한 단축거리

$$L = \frac{F}{nK}$$

여기서, L : 평판과 벽 사이의 단축거리[cm], F : 힘[N]
n : 스프링 개수, K : 스프링상수[N/cm]

풀이

1. 평판에 작용하는 힘
   평판에 작용하는 힘 공식에 문제에서 주어진 값들을 대입하면
   $F = \rho QV = 1,000 \times 0.01 \times 10 = 100[N]$

2. 평판과 벽 사이의 단축거리
   스프링에 의한 단축거리 공식에 문제에서 주어진 값 및 앞서 구한 값을 대입하면
   $L = \dfrac{F}{nK} = \dfrac{100}{4 \times 10} = 2.5[cm]$

   $\therefore L = 2.5[cm]$

44 ★★☆

이상기체의 정압비열 C_p와 정적비열 C_v와의 관계로 옳은 것은? (단, R은 이상기체 상수이고, k는 비열이다)

① $C_p = \dfrac{1}{2}C_v$

② $C_p < C_v$

③ $C_p - C_v = R$

④ $\dfrac{C_v}{C_p} = k$

SOLUTION

개념
- 정압비열

$$C_p = C_v + R$$

여기서, C_p : 정압비열, C_v : 정적비열, R : 기체상수

- 비열비

$$k = \frac{C_p}{C_v}$$

여기서, k : 비열비, C_p : 정압비열, C_v : 정적비열

풀이
기체의 정압비열은 정적비열과 기체상수의 합이다. 따라서 기체의 정압비열은 항상 정적비열보다 크다.

45 ★★☆

피스톤의 지름이 각각 10[mm], 50[mm]인 두 개의 유압장치가 있다. 두 피스톤 안에 작용하는 압력은 동일하고, 큰 피스톤이 1,000[N]의 힘을 발생시킨다고 할 때 작은 피스톤에서 발생시키는 힘은 약 몇 [N]인가?

① 40
② 400
③ 25,000
④ 245,000

SOLUTION

개념
파스칼의 원리

공식
$$\frac{F_1}{A_1} = \frac{F_2}{A_2}$$

여기서, F : 힘[N], A : 단면적[m²]

풀이
파스칼의 원리의 공식을 큰 피스톤의 하중(F_1)에 관해 정리하고 문제에서 주어진 값들을 대입하면

$$F_1 = F_2 \times \frac{A_1}{A_2} = F_2 \times \frac{\frac{\pi D_1^2}{4}}{\frac{\pi D_2^2}{4}} = F_2 \times \frac{D_1^2}{D_2^2} = 1,000 \times \frac{0.01^2}{0.05^2}$$

$$= 40[N]$$

∴ $F_1 = 40[N]$

46 ★★★

유체가 매끈한 원 관 속을 흐를 때 레이놀즈수가 1,200이라면 관 마찰계수는 얼마인가?

① 0.0254
② 0.00128
③ 0.0059
④ 0.053

SOLUTION

개념
관마찰계수(층류일 경우)

공식
$$f = \frac{64}{Re}$$

여기서, f : 관마찰계수, Re : 레이놀즈 수

풀이
레이놀즈 수가 1,200은 임계 레이놀즈 수인 2,100보다 작기 때문에 해당 유체는 층류이다. 그러므로 층류일 경우 관마찰계수 공식에 문제에서 주어진 값을 대입하면

$$f = \frac{64}{Re} = \frac{64}{1,200} ≒ 0.053$$

∴ $f ≒ 0.053$

47 ★☆☆

2[cm] 떨어진 두 수평한 판 사이에 기름이 차있고, 두 판 사이의 정중앙에 두께가 매우 얇은 한 변의 길이가 10[cm]인 정사각형 판이 놓여있다. 이 판을 10[cm/s]의 일정한 속도로 수평하게 움직이는데 0.02[N]의 힘이 필요하다면, 기름의 점도는 약 몇 [N·s/m²]인가? (단, 정사각형 판의 두께는 무시한다)

① 0.1
② 0.2
③ 0.01
④ 0.02

SOLUTION

개념
유체의 전단응력

공식 정리
$$\tau = \mu \frac{du}{dy} = \frac{F}{A}$$

여기서, τ : 전단응력[Pa], μ : 점성계수[N·s/m²]
$\frac{du}{dy}$: 속도구배(속도기울기)[s⁻¹], F : 힘[N], A : 단면적[m²]

풀이
정사각형 판은 두 판 사이의 정중앙에 놓여있다. 그러므로 힘(F)과 두 판 사이의 거리(dy)는 문제에서 주어진 값에서 $\frac{1}{2}$배 해주어야 한다.

$F = 0.02 \times \frac{1}{2} = 0.01$ [N]

$dy = 0.02 \times \frac{1}{2} = 0.01$ [m]

유체의 전단응력 공식을 점성계수에 관한 식으로 정리하고 문제에서 주어진 값 및 앞서 구한 값들을 대입하면

$\mu = \frac{F}{A} \times \frac{dy}{du} = \frac{0.01}{0.1 \times 0.1} \times \frac{0.01}{0.1} = 0.1$ [N·s/m²]

[단위환산]
- 거리 2[cm] = $\frac{2}{100}$ [m] = 0.02[m]
- 길이 10[cm] = $\frac{10}{100}$ [m] = 0.1[m]
- 속도 10[cm/s] = $\frac{10}{100}$ [m/s] = 0.1[m/s]

48 ★☆☆

부자(float)의 오르내림에 의해서 배관 내의 유량을 측정하는 기구의 명칭은?

① 피토관(pitot tube)
② 로터미터(rotameter)
③ 오리피스(orifice)
④ 벤투리미터(venturi meter)

SOLUTION

개념
유량 및 유속 측정 장치
- 피토관 : 차압에 의해 유체의 국부속도를 측정하는 장치
- 로터미터 : 부자의 오르내림에 의해서 배관 내의 유량을 측정하는 장치
- 오리피스 : 작은 구멍이 있는 얇은 판이 있는 장치로 관로의 중간에 설치하여 두 점 간의 압력차를 측정하여 유속 및 유량을 측정하는 장치
- 벤투리미터 : 관수로 도중에 좁은 관을 설치하여 압력차에 의해 유량을 측정하는 장치

49 ★☆☆

다음 열역학적 용어에 대한 설명으로 틀린 것은?

① 물질의 3중점(triple point)은 고체, 액체, 기체의 3상이 평형상태로 공존하는 상태의 지점을 말한다.
② 일정한 압력하에서 고체가 상변화를 일으켜 액체로 변화할 때 필요한 열을 융해열(융해 잠열)이라 한다.
③ 고체가 일정한 압력하에서 액체를 거치지 않고 직접 기체로 변화하는 데 필요한 열을 승화열이라 한다.
④ 포화액체를 정압하에서 가열할 때 온도변화 없이 포화증기로 상변화를 일으키는 데 사용되는 열을 현열이라 한다.

SOLUTION

개념
열의 종류
- 현열 : 상태의 변화 없이 물질의 온도변화에 필요한 열
- 잠열 : 온도의 변화 없이 상변화를 일으키는데 사용되는 열

50 ★★★

펌프를 이용하여 10[m] 높이 위에 있는 물탱크로 유량 0.3[m³/min]의 물을 퍼올리려고 한다. 관로 내 마찰손실수두가 3.8[m]이고, 펌프의 효율이 85[%]일 때 펌프에 공급해야 하는 동력은 약 몇 [W]인가?

① 128 ② 796
③ 677 ④ 219

SOLUTION

개념
펌프(전동기)의 소요동력

공식 정리
$$P = \frac{\gamma QH}{\eta} K$$

여기서, P : 전동기 용량[W], γ : 물의 비중량(9,800[N/m³]),
Q : 유량[m³/s], H : 양정(높이)[m], η : 효율, K : 전달계수

풀이
전달계수는 문제에서 주어지지 않았으므로 무시한다. 또한 펌프가 끌어올려야 할 양정은 마찰손실수두를 포함해야 하기 때문에 $(10+3.8)$[m]를 사용한다. 문제에서 주어진 값들을 공식에 모두 대입하면

$$P = \frac{\gamma QH}{\eta} = \frac{9{,}800 \times \frac{0.3}{60} \times (10+3.8)}{0.85} \fallingdotseq 796[W]$$

∴ $P \fallingdotseq 796[W]$

[단위환산]
- 유량 $0.3[m^3/min] = \frac{0.3}{60}[m^3/s]$

51 ★★★

회전속도 1,000[rpm] 일 때 송출량 Q[m³/min], 전양정 H[m]인 원심펌프가 상사한 조건에서 송출량이 $1.1Q$[m³/min]가 되도록 회전속도를 증가시킬 때, 전양정은 어떻게 되는가?

① $0.91H$ ② H
③ $1.1H$ ④ $1.21H$

SOLUTION

개념
펌프의 상사법칙

공식 정리
(1) 유량 $Q_2 = Q_1 \left(\dfrac{N_2}{N_1}\right)\left(\dfrac{D_2}{D_1}\right)^3$

(2) 양정 $H_2 = H_1 \left(\dfrac{N_2}{N_1}\right)^2 \left(\dfrac{D_2}{D_1}\right)^2$

(3) 축동력 $L_2 = L_1 \left(\dfrac{N_2}{N_1}\right)^3 \left(\dfrac{D_2}{D_1}\right)^5$

여기서, Q : 유량[m³/min], N : 회전속도[rpm], D : 지름[m]
H : 양정[m], L : 동력[kW]

풀이
1. 회전속도 관계

문제에서 지름에 대한 언급은 별도로 없기 때문에 펌프의 상사법칙에서 회전속도만 고려해 생각한다. 양정의 변화량을 알기 위해서는 회전속도의 관계를 알아야 한다. 이는 유량의 관계식을 통해 구할 수 있다.

$$\frac{N_2}{N_1} = \frac{Q_2}{Q_1} = \frac{1.1Q}{Q} = 1.1$$

2. 변화된 양정

$$H_2 = H_1 \times \left(\frac{N_2}{N_1}\right)^2 = H \times 1.1^2 = 1.21H$$

∴ $H_2 = 1.21H$

52 ★☆☆

모세관 현상에 있어서 물이 모세관을 따라 올라가는 높이에 대한 설명으로 옳은 것은?

① 표면장력이 클수록 높이 올라간다.
② 관의 지름이 클수록 높이 올라간다.
③ 밀도가 클수록 높이 올라간다.
④ 중력의 크기와는 무관하다.

SOLUTION

개념
모세관현상

공식
$$h = \frac{4\sigma\cos\theta}{\gamma D}$$

여기서, h : 상승높이[m], σ : 표면장력[N/m], θ : 접촉각
γ : 비중량[N/m³], D : 지름[m]

풀이
모세관현상의 상승높이 공식을 통해 표면장력이 클수록 높이 올라간다는 것을 확인할 수 있다.

53 ★★☆

그림과 같이 30°로 경사진 0.5[m]×3[m] 크기의 수문평판 AB가 있다. A 지점에서 힌지로 연결되어 있을 때 이 수문을 열기 위하여 B점에서 수문에 직각방향으로 가해야 할 최소 힘은 약 몇 [N]인가? (단, 힌지 A에서의 마찰은 무시한다)

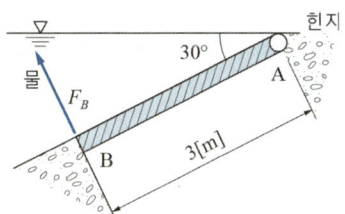

① 7,350 ② 7,355
③ 14,700 ④ 14,710

SOLUTION

개념
• 전압력

공식
$$F = \gamma h A = \gamma y \sin\theta\, A$$

여기서, F : 물이 수문을 밀어내는 힘[kN]
γ : 비중량(물의 비중량(9.8[kN/m³])
h : 표면에서 수면 중심까지의 수직거리[m]
A : 수면의 단면적[m²]
y : 수문에서 수문까지의 경사거리[m]
θ : 수문과 수면이 이루는 각도

• 작용점 깊이

공식
$$y_p = y + \frac{I_c}{Ay}$$

여기서, y_p : 작용점의 깊이[m]
y : 수면에서 수문 중심까지의 경사거리[m]
I_c : 단면 2차 모멘트[m⁴]
(사각형의 단면 2차 모멘트 $I_c = \frac{폭 \times 높이^3}{12}$)
A : 수문의 단면적[m²]

풀이
1. 물이 수문을 밀어내는 힘
$F = \gamma h A = \gamma y \sin\theta A = 9.8 \times 1.5 \times \sin 30 \times (0.5 \times 3)$
$= 11.025[\text{kN}]$

2. 수문에 작용하는 물의 작용점 깊이
$y_p = y + \frac{I_c}{Ay} = 1.5 + \frac{\frac{0.5 \times 3^3}{12}}{(0.5 \times 3) \times 1.5} = 2[\text{m}]$

3. B 지점에 가해야할 힘

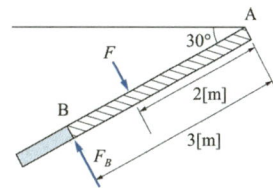

A점에 힌지가 있으므로 A점의 모멘트 합은 0이어야 한다.
$\sum M_A = (F_B \times 3) - (F \times 2) = 0$
위의 식을 F_B에 관해 식을 정리하고, 주어진 값 및 구한 값들을 대입하면
$F_B = \frac{F \times 2}{3} = \frac{11.025 \times 2}{3} = 7.35[\text{kN}] = 7,350[\text{N}]$

$\therefore F_B = 7,350[\text{N}]$

[단위환산]
• 힘 $7.35[\text{kN}] = 7.35 \times 1,000[\text{N}] = 7,350[\text{N}]$

54 ★★★

관내에 물이 흐르고 있을 때, 그림과 같이 액주계를 설치하였다. 관내에서 물의 유속은 약 몇 [m/s]인가?

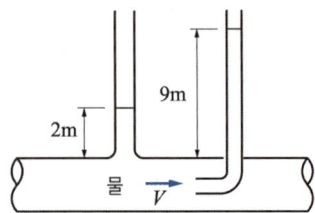

① 2.6
② 7
③ 11.7
④ 137.2

SOLUTION

개념
유속(토리첼리의 식)

공식 정리
$$V = \sqrt{2gh}$$

여기서, V : 유속[m/s], g : 중력가속도(9.8[m/s²]), h : 속도 수두[m]

풀이
이 문제에서의 속도 수두는 전수두(9[m])에서 압력수두(7[m])를 뺀 $(9-2)$[m]를 사용해주어야 한다. 토리첼리의 식에 문제에서 앞서 구한 값을 대입하면

$V = \sqrt{2gh} = \sqrt{2 \times 9.8 \times (9-2)} ≒ 11.7$[m/s]

∴ $V ≒ 11.7$[m/s]

55 ★★☆

파이프 단면적이 2.5배로 급격하게 확대되는 구간을 지난 후의 유속이 1.2[m/s]이다. 부차적 손실 계수가 0.36이라면 급격확대로 인한 손실수두는 몇 [m]인가?

① 0.0264
② 0.0661
③ 0.165
④ 0.331

SOLUTION

개념
- 유량의 연속방정식

공식 정리
$$Q = A_1 V_1 = A_2 V_2 = \left(\frac{\pi D_1^2}{4}\right) V_1 = \left(\frac{\pi D_2^2}{4}\right) V_2$$

여기서, Q : 유량[m³/s], A : 단면적[m²], V : 속도[m/s], D : 지름[m]

- 부차적 손실계수에 의한 손실

공식 정리
$$H = K \frac{V^2}{2g}$$

여기서, H : 손실수두[m], K : 부차적 손실계수, V : 유속[m/s]
g : 중력가속도(9.8[m/s²])

풀이
1. 작은 관에서의 유속
   파이프의 단면적에 상관없이 유량은 항상 일정하다. 그러므로 연속방정식을 작은 관에서의 유속(V_1)에 관한 식으로 정리하고 문제에서 주어진 값들을 대입하면

   $V_1 = V_2 \times \dfrac{A_2}{A_1} = 1.2 \times \dfrac{2.5 A_1}{A_1} = 3$[m/s]

2. 손실수두
   부차적 손실계수에 의한 손실 공식에 문제에서 주어진 값 및 앞서 구한 값을 대입하면

   $H = K \dfrac{V^2}{2g} = 0.36 \times \dfrac{3^2}{2 \times 9.8} ≒ 0.165$[m]

   ∴ $H ≒ 0.165$[m]

TIP
부차적 손실계수에 영향을 받는 것은 입구 형상에 따른 손실계수이다. 그러므로 이 문제를 풀기 위해서는 입구쪽 유속(V_1)을 대입해야 급격확대로 인한 손실수두를 구할 수 있다.

56 ★☆☆

관 A에는 비중 $S_1 = 1.5$인 유체가 있으며, 마노미터 유체는 비중 $S_2 = 13.6$인 수은이고, 마노미터에서의 수은의 높이차 h_2는 20[cm]이다. 이후 관 A의 압력을 종전보다 40[kPa] 증가했을 때, 마노미터에서 수은의 새로운 높이차(h_2')는 약 몇 [cm]인가?

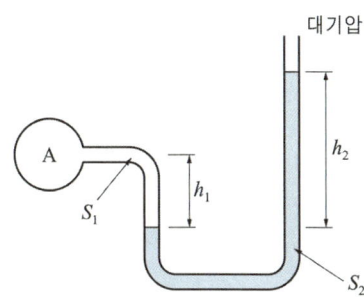

① 28.4　　　　② 35.9
③ 46.2　　　　④ 51.8

SOLUTION

풀이

다음은 추가 압력이 가해지고 나서의 그림이다.

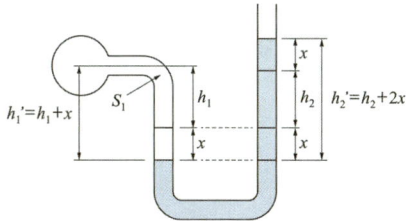

마노미터에서 동일한 수평선 내에 있는 모든 점의 압력은 같다.

1. 압력이 증가하기 전 마노미터 압력 관계
   s_1인 액체와 s_2인 유체의 경계선을 기준으로 하면
   $$P_A + \gamma_1 h_1 = \gamma_2 h_2$$
   의 관계가 성립한다.

2. 압력이 증가한 후 마노미터 압력 관계
   관 A의 압력이 종전보다 증가했기 때문에 s_1인 액체와 s_2인 유체의 경계선은 이전보다 조금 내려갔을 것이다. 새로운 s_1인 액체와 s_2인 유체의 경계선을 기준으로 하면
   $$(P_A + 40) + \gamma_1 h'_1 = \gamma_2 h'_2$$
   의 관계가 성립한다.
   $P_A = \gamma_2 h_2 - \gamma_1 h_1$이고, 해설지에 그림을 기준으로 본다면
   $h'_1 = h_1 + x$, $h'_2 = h_2 + 2x$이다.

식을 정리하면
$$(\gamma_2 h_2 - \gamma_1 h_1) + 40 + \gamma_1 (h_1 + x) = \gamma_2 (h_2 + 2x)$$
이다. 이를 압력이 증가한 후 변화된 높이 x에 대한 식으로 정리하고 문제에서 주어진 값들을 대입하면
$$x = \frac{40}{2\gamma_2 - \gamma_1} = \frac{40}{2 \times (13.6 \times 9.8) - (1.5 \times 9.8)}$$
$$\approx 0.1588 [\text{m}] = 15.88 [\text{cm}]$$
마노미터에서 수은의 새로운 높이는 기존의 높이에 $2x$를 합한 값이기 때문에
$$h'_2 = h_2 + 2x = 20 + 2 \times 15.88 \approx 51.8 [\text{cm}]$$
$$\therefore \; h'_2 \approx 51.8 [\text{cm}]$$

57 ★★☆

다음 기체, 유체, 액체에 대한 설명 중 옳은 것만을 모두 고른 것은?

> ㉠ 기체 : 매우 작은 응집력을 가지고 있으며, 자유표면을 가지지 않고 주어진 공간을 가득 채우는 물질
> ㉡ 유체 : 전단응력을 받을 때 연속적으로 변형하는 물질
> ㉢ 액체 : 전단응력이 전단변형률과 선형적인 관계를 가지는 물질

① ㉠, ㉡　　　　② ㉠, ㉢
③ ㉡, ㉢　　　　④ ㉠, ㉡, ㉢

SOLUTION

개념

- 액체 : 전단응력을 받을 때마다 형태가 연속적으로 변하는 물질
- 뉴턴 유체 : 전단응력이 전단변형률과 선형적인 관계를 가지는 물질

58 ★★☆

지름 2[cm]의 금속공은 선풍기를 켠 상태에서 냉각하고, 지름 4[cm]의 금속공은 선풍기를 끄고 냉각할 때 동일 시간당 발생하는 대류 열전달량의 비(2[cm] 공 : 4[cm] 공)는? (단, 두 경우 온도차는 같고, 선풍기를 켜면 대류 열전달계수가 10배가 된다고 가정한다)

① 1 : 0.3375
② 1 : 0.4
③ 1 : 5
④ 1 : 10

SOLUTION

개념
• 뉴턴의 냉각법칙(대류 법칙)

공식 정리
$$Q = hA\Delta T$$

여기서, Q : 열전달량[W], h : 대류열전달계수[W/m²·K]
A : 표면적[m²], ΔT : 온도차[K]

• 구의 단면적

공식 정리
$$A = 4\pi r^2$$

여기서, A : 구의 단면적[m²], r : 구의 반지름[m]

풀이
문제에서 두 가지 경우의 온도차는 같다고 했기 때문에 온도차는 무시한다.

1. 지름 2[cm]의 금속공의 열전달량

  선풍기를 켜면 대류열전달계수는 10배가 된다고 했으므로 $h_1 = 10h_2$이다. 대류 법칙 공식에 문제에서 주어진 값들을 대입하면

  $Q_1 = h_1 A_1 = (10 \times h_2) \times (4\pi \times 0.01^2) = 0.004\pi h_2$

2. 지름 4[cm]의 금속공의 열전달량

  대류 법칙 공식에 문제에서 주어진 값들을 대입하면

  $Q_2 = h_2 A_2 = h_2 \times (4\pi \times 0.02^2) = 0.0016\pi h_2$

3. 대류 열전달량의 비

  $Q_1 : Q_2 = 0.004 : 0.0016 = 1 : 0.4$

  $\therefore Q_1 : Q_2 = 1 : 0.4$

[단위환산]

• 반지름 $1[\text{cm}] = \dfrac{1}{100}[\text{m}] = 0.01[\text{m}]$

• 반지름 $2[\text{cm}] = \dfrac{2}{100}[\text{m}] = 0.02[\text{m}]$

59 ★★★

관로에서 20[℃]의 물이 수조에 5분 동안 유입되었을 때 유입된 물의 중량이 60[kN]이라면 이때 유량은 몇 [m³/s]인가?

① 0.015
② 0.02
③ 0.025
④ 0.03

SOLUTION

개념
중량유량

공식 정리
$$G = AV\gamma = Q\gamma$$

여기서, G : 중량유량[kN/s], A : 단면적[m²], V : 유속[m/s]
γ : 비중량(물의 비중량 : 9.8[kN/m³]), Q : 유량[m³/s]

풀이
중량유량의 공식을 유량에 관한 식으로 정리하고 문제에서 주어진 값들을 대입하면

$Q = \dfrac{G}{\gamma} = \dfrac{\frac{60}{60 \times 5}}{9.8} \fallingdotseq 0.02[\text{m}^3/\text{s}]$

$\therefore Q \fallingdotseq 0.02[\text{m}^3/\text{s}]$

[단위환산]

• 중량유량 $\dfrac{60}{5}[\text{kN/min}] = \dfrac{60}{60 \times 5}[\text{kN/s}]$

60 ★★☆

펌프의 캐비테이션을 방지하기 위한 방법으로 틀린 것은?

① 펌프의 설치 위치를 낮추어서 흡입 양정을 작게 한다.
② 흡입관을 크게 하거나 밸브, 플랜지 등을 조정하여 흡입 손실 수두를 줄인다.
③ 펌프의 회전속도를 높여 흡입 속도를 크게 한다.
④ 2대 이상의 펌프를 사용한다.

SOLUTION

개념
공동현상(cavitation, 캐비테이션)
펌프 흡입측 배관 내의 액체가 포화 증기압 이하에서 비등하여 기포가 발생하고 물이 흡입되지 않는 현상

- 공동현상 방지 방법
  - 펌프의 설치위치를 되도록 낮게 하여 흡입양정을 짧게 한다.
  - 펌프의 회전수를 작게 한다.
  - 펌프의 흡입 관경을 크게 한다.
  - 단흡입펌프보다는 양흡입펌프를 사용한다.
  - 펌프를 2개 이상 설치한다.
  - 펌프의 마찰손실을 작게 한다.

TIP
공동현상의 방지 방법의 반대는 공동현상의 발생원인이 될 수 있다는 것을 기억해주면 좋다.

2019년 제1회 소방설비기사

41 ★☆☆

다음 중 열역학 제1법칙에 관한 설명으로 옳은 것은?

① 열은 그 자신만으로 저온에서 고온으로 이동할 수 없다.
② 일은 열로 변환시킬 수 있고 열은 일로 변환시킬 수 있다.
③ 사이클 과정에서 열이 모두 일로 변화할 수 없다.
④ 열평형 상태에 있는 물체의 온도는 같다.

SOLUTION

개념
열역학 제1법칙(에너지보존의 법칙)
- 열에너지는 일 에너지로, 일 에너지는 열 에너지로 상호 전환될 수 있다.
- 전체 에너지는 내부에너지에서 외부에서 한 일의 합과 같다.

42 ★★★

안지름 25[mm], 길이 10m의 수평 파이프를 통해 비중 0.8, 점성계수는 5×10^{-3}[kg/m·s]인 기름을 유량 0.2×10^{-3}[m³/s]로 수송하고자 할 때, 필요한 펌프의 최소 동력은 약 몇 [W]인가?

① 0.21
② 0.58
③ 0.77
④ 0.81

SOLUTION

개념

• 유량

$$Q = AV = \left(\frac{\pi D^2}{4}\right) V$$

여기서, Q : 유량[m³/s], A : 단면적[m²]
V : 유속[m/s], D : 지름[m]

• 레이놀즈 수 : 배관 내 유체 흐름의 형태를 판단하는 척도로 사용되는 수

$$\text{레이놀즈 수 } Re = \frac{DV\rho}{\mu} = \frac{DV}{\nu}$$

여기서, Re : 레이놀즈 수, D : 지름[m]
V : 유속[m/s], ρ : 밀도[kg/m³]
μ : 점성계수(점도)[N·s/m²]
ν : 동점성계수[m²/s]

• 관마찰계수(층류일 경우)

$$f = \frac{64}{Re}$$

여기서, f : 관마찰계수, Re : 레이놀즈 수

• 달시-바이스바하(마찰손실)의 식

$$H = \frac{\Delta P}{\gamma} = \frac{flV^2}{2gD}$$

여기서, H : 마찰손실수두[m], ΔP : 압력차[kPa]
γ : 유체의 비중량[kN/m³], f : 마찰손실계수
l : 등가길이[m], V : 유속[m/s]
g : 중력가속도(9.8[m/s²]), D : 지름[m]

• 펌프(전동기)의 소요동력

$$P = \frac{\gamma Q H}{\eta} K$$

여기서, P : 전동기 용량[W], γ : 비중량[N/m³]
Q : 유량[m³/s], H : 마찰손실수두[m]
η : 효율, K : 전달계수

풀이

1. 유속

유량의 공식을 유속에 대하여 정리하고 주어진 값들을 대입하면

$$V = \frac{Q}{A} = \frac{Q}{\frac{\pi D^2}{4}} = \frac{0.2 \times 10^{-3} \times 4}{\pi \times 0.025^2} \fallingdotseq 0.41 [\text{m/s}]$$

2. 유체의 흐름 형태 파악

관마찰계수를 구하기 위해서는 유체의 흐름이 층류인지 난류인지를 파악해야 한다. 유체의 흐름을 파악해주는 것을 레이놀즈 수이기 때문에 레이놀즈 수의 공식을 활용한다.

층류	전이영역	난류
$Re \leq 2,100$	$2,100 < Re < 4,000$	$Re \geq 4,000$

기름의 밀도 $\rho = s\rho_w = 0.8 \times 1,000 = 800 [\text{kg/m}^3]$

기름의 비중량 $\gamma = s\gamma_w = 0.8 \times 9800 = 7,840 [\text{N/m}^3]$

레이놀즈 수 $Re = \frac{DV\rho}{\mu} = \frac{0.025 \times 0.41 \times 800}{5 \times 10^{-3}} = 1,640$

레이놀즈수가 2,100보다 낮은 1,640이므로 현재 기름은 층류라는 것을 알 수 있다.

3. 관마찰계수

관마찰계수는 층류일 경우 사용하는 공식을 활용한다.

$$f = \frac{64}{Re} = \frac{64}{1,640} \fallingdotseq 0.04$$

4. 마찰손실수두

마찰손실수두 공식에 문제에서 주어진 값들과 앞서 구한 값들을 모두 대입하면

$$H = \frac{flV^2}{2gD} = \frac{0.04 \times 10 \times 0.41^2}{2 \times 9.8 \times 0.025} \fallingdotseq 0.137 [\text{m}]$$

5. 펌프의 동력

문제에서 효율과 전달계수는 주어지지 않았으므로 무시한다. 펌프의 동력 공식에 문제에서 주어진 값 및 앞서 구한 값들을 대입하면

$$P = \gamma Q H = 7,840 \times (0.2 \times 10^{-3}) \times 0.137 \fallingdotseq 0.21 [\text{W}]$$

∴ $P \fallingdotseq 0.21 [\text{W}]$

[단위환산]

• 지름 $25 [\text{cm}] = \frac{25}{1,000} [\text{m}] = 0.025 [\text{m}]$

43 ★★★

수은의 비중이 13.6일 때 수은의 비체적은 몇 [m³/kg]인가?

① $\dfrac{1}{13.6}$ ② $\dfrac{1}{13.6} \times 10^{-3}$

③ 13.6 ④ 13.6×10^{-3}

SOLUTION

개념
- 밀도

공식 정리
$$\rho = s\rho_w$$

여기서, ρ : 물질의 밀도, s : 물질의 비중, ρ_w : 물의 밀도(1,000[kg/m³])

- 비체적

공식 정리
$$v = \dfrac{1}{\rho}$$

여기서, v : 비체적[m³/kg], ρ : 밀도[kg/m³]

풀이

1. 수은의 밀도

$\rho = s\rho_w = 13.6 \times 1,000 = 13.6 \times 10^3$ [kg/m³]

2. 수은의 비체적

$v = \dfrac{1}{\rho} = \dfrac{1}{13.6} \times 10^{-3}$ [m³/kg]

$\therefore v = \dfrac{1}{13.6} \times 10^{-3}$ [m³/kg]

44 ★★★

그림과 같은 U자관 차압 액주계에서 A와 B에 있는 유체는 물이고 그 중간에 유체는 수은(비중 13.6)이다. 또한, 그림에서 h_1 = 20[cm], h_2 = 30[cm], h_3 = 15[cm] 일 때 A의 압력(P_A)와 B의 압력(P_B)의 차이($P_A - P_B$)는 약 몇 [kPa]인가?

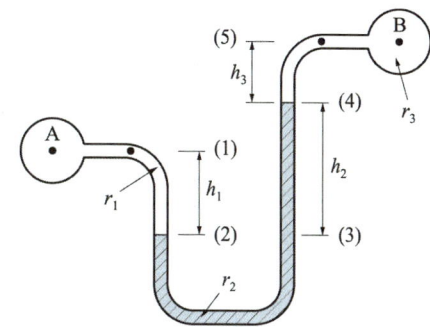

① 35.4 ② 39.5
③ 44.7 ④ 49.8

SOLUTION

풀이

U자관 차압액주계에서 동일한 수평선 내에 있는 모든 점의 압력은 같다. 즉 $P_{(2)} = P_{(3)}$이다.

1. (2) 지점의 압력 구하기

$P_{(2)} = P_A + \gamma_1 h_1$

2. (3) 지점의 압력 구하기

$P_{(3)} = P_B + \gamma_2 h_2 + \gamma_3 h_3$

$P_{(2)} = P_{(3)}$ 이므로

$P_A + \gamma_1 h_1 = P_B + \gamma_2 h_2 + \gamma_3 h_3$ 이다.

위의 식을 $P_A - P_B$에 관한 식으로 정리하고, 문제에서 주어진 값들을 식에 모두 대입하면

$P_A - P_B = \gamma_2 h_2 + \gamma_3 h_3 - \gamma_1 h_1 = s_{수은}\gamma_w h_2 + \gamma_w h_3 - \gamma_w h_1$

$= (13.6 \times 9.8) \times 0.3 + 9.8 \times 0.15 - 9.8 \times 0.2$

$\fallingdotseq 39.5$ [kPa]

$\therefore P_A - P_B \fallingdotseq 39.5$ [kPa]

45 ★★★

평균유속 2[m/s]로 50[L/s] 유량의 물을 흐르게 하는 데 필요한 관의 안지름은 약 몇 [mm]인가?

① 158
② 168
③ 178
④ 188

SOLUTION

개념
유량

공식 정리
$$Q = AV = \left(\frac{\pi D^2}{4}\right)V$$

여기서, Q : 유량[m³/s], A : 단면적[m²], V : 유속[m/s], D : 지름[m]

풀이
유량의 공식을 유속에 관한 식으로 정리하고 문제에서 주어진 값들을 대입하면

$$D = \sqrt{\frac{4Q}{\pi V}} = \sqrt{\frac{4 \times 0.05}{\pi \times 2}} \fallingdotseq 0.178[\text{m}] = 178[\text{mm}]$$

∴ $D \fallingdotseq 178[\text{mm}]$

[단위환산]
- 유량 $50[\text{L/s}] = \dfrac{50}{1,000}[\text{m}^3/\text{s}] = 0.05[\text{m}^3/\text{s}]$
- 안지름 $0.178[\text{m}] = 0.178 \times 1,000[\text{mm}] = 178[\text{mm}]$

46 ★★☆

30[℃]에서 부피가 10[L]인 이상기체를 일정한 압력으로 0[℃]로 냉각시키면 부피는 약 몇 [L]로 변하는가?

① 3
② 9
③ 12
④ 18

SOLUTION

개념
샤를의 법칙

공식 정리
$$\frac{V_1}{T_1} = \frac{V_2}{T_2}$$

여기서, V : 부피[L], T : 절대온도[K]

풀이
일정한 압력일 때 기체의 부피는 절대온도에 비례한다.
샤를의 법칙 공식을 정리하면

$$V_2 = V_1 \times \frac{T_2}{T_1} = 10 \times \frac{(0+273)}{(30+273)} \fallingdotseq 9[\text{L}]$$

∴ $V_2 \fallingdotseq 9[\text{L}]$

[단위환산]
- 온도 $0[℃] = (0+273)[\text{K}]$
- 온도 $30[℃] = (30+273)[\text{K}]$

정답 45 ③ 46 ②

47 ★☆☆

이상적인 카르노사이클의 과정인 단열압축과 등온압축의 엔트로피 변화에 관한 설명으로 옳은 것은?

① 등온압축의 경우 엔트로피 변화는 없고, 단열압축의 경우 엔트로피 변화는 감소한다.
② 등온압축의 경우 엔트로피 변화는 없고, 단열압축의 경우 엔트로피 변화는 증가한다.
③ 단열압축의 경우 엔트로피 변화는 없고, 등온압축의 경우 엔트로피 변화는 감소한다.
④ 단열압축의 경우 엔트로피 변화는 없고, 등온압축의 경우 엔트로피 변화는 증가한다.

SOLUTION

개념

이상적인 카르노사이클 과정

- 단열 압축 : 엔트로피가 변화가 없다.
- 등온 압축 : 엔트로피 변화는 감소한다.

48 ★★☆

그림에서 물 탱크차가 받는 추력은 약 몇 [N]인가? (단, 노즐의 단면적은 $0.03[m^2]$이며, 탱크 내의 계기압력은 $40[kPa]$이다. 또한 노즐에서 마찰 손실은 무시한다)

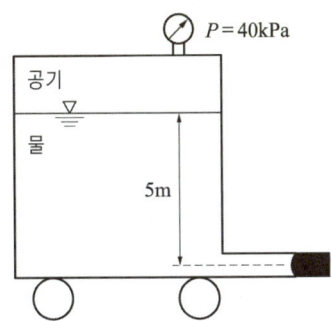

① 812 ② 1,489
③ 2,709 ④ 5,343

SOLUTION

개념

- 압력수두

$$H = \frac{P}{\gamma}$$

여기서, H : 압력수두[m], P : 압력[kPa]
γ : 유체의 비중량(물의 비중량 $9.8[kN/m^3]$)

- 유속

$$V = \sqrt{2gh}$$

여기서, V : 유속[m/s], g : 중력가속도($9.8[m/s^2]$), h : 전수두[m]

- 추력

$$F = \rho QV = \rho(AV)V = \rho AV^2$$

여기서, F : 추력[N], ρ : 밀도(물의 밀도 $1,000[kg/m^3]$)
Q : 유량[m^3/s], V : 유속[m/s], A : 단면적[m^3]

풀이

1. 전수두

유속을 구하기 위해서는 현재 물탱크차 내부에 가해지고 있는 전체 수두를 구할 필요가 있다. 기본적으로 물에 의한 수두도 존재하고 있지만 추가적으로 탱크 내의 계기압력도 주어졌다. 그렇기 때문에 물에 의한 수두와 압력에 의한 수두를 구해 합해줘야 한다.

$$H_{압력} = \frac{P}{\gamma} = \frac{40}{9.8} ≒ 4.08[m]$$

$$h_{전수두} = H_물 + H_{압력} = 5 + 4.08 = 9.08[m]$$

2. 유속

추력을 구하기 위해서는 유속이 필요하다. 유속은 전수두를 사용하기 때문에 앞서 구한 전수두의 값을 넣어 구한다.

$$V = \sqrt{2gh} = \sqrt{2 \times 9.8 \times 9.08} ≒ 13.34[m/s]$$

3. 추력

추력의 공식에 문제에서 주어진 값 및 앞서 구한 값들을 모두 대입하면

$$F = \rho AV^2 = 1,000 \times 0.03 \times 13.34^2 ≒ 5,339[N]$$

$$\therefore F ≒ 5,343[N]$$

49 ★★☆

비중이 0.877인 기름이 단면적이 변하는 원관을 흐르고 있으며 체적유량은 0.146[m³/s]이다. A점에서는 안지름이 150[mm], 압력이 91[kPa]이고, B점에서는 안지름이 450[mm], 압력이 60.3[kPa]이다. 또한 B점은 A점보다 3.66[m] 높은 곳에 위치한다. 기름이 A점에서 B점까지 흐르는 동안의 손실수두는 약 몇 [m]인가? (단, 물의 비중량은 9,810[N/m³]이다)

① 3.3
② 7.2
③ 10.7
④ 14.1

SOLUTION

개념
- 유량

공식 정리
$$Q = AV = \left(\frac{\pi D^2}{4}\right)V$$

여기서, Q : 유량[m³/s]
A : 단면적[m²]
V : 유속[m/s]
D : 지름[m]

- 수두로 표현한 베르누이의 정리(손실수두 포함)

공식 정리
$$\frac{P_A}{\gamma} + \frac{V_A^2}{2g} + Z_A = \frac{P_B}{\gamma} + \frac{V_B^2}{2g} + Z_B + \Delta H$$

여기서, P : 압력[kPa]
γ : 비중량[kN/m³]
V : 유속[m/s]
g : 중력가속도(9.8[m/s²])
Z : 위치수두[m]
ΔH : 손실수두[m]

풀이

1. 유속

유량의 공식을 유속에 대하여 정리하고 A점에 해당하는 값, B점에 해당하는 값들을 대입하면

$$V_A = \frac{Q}{\frac{\pi D_A^2}{4}} = \frac{0.146 \times 4}{\pi \times 0.15^2} \fallingdotseq 8.262[m/s]$$

$$V_B = \frac{Q}{\frac{\pi D_B^2}{4}} = \frac{0.146 \times 4}{\pi \times 0.45^2} \fallingdotseq 0.918[m/s]$$

2. 손실수두

기름에 대한 손실수두이기 때문에 기름의 비중량을 구할 필요가 있다.
$$\gamma = s\gamma_w = 0.877 \times 9.81 \fallingdotseq 8.6[kN/m³]$$

베르누이의 정리 공식을 손실수두에 대해 정리하고 문제에서 주어진 값들 및 앞서 구한 값들을 대입하면

$$\Delta H = \frac{V_A^2 - V_B^2}{2g} + \frac{P_A - P_B}{\gamma} + Z_A - Z_B$$

$$= \frac{8.262^2 - 0.918^2}{2 \times 9.8} + \frac{91 - 60.3}{8.6} + 0 - 3.66$$

$$\fallingdotseq 3.3[m]$$

∴ $\Delta H \fallingdotseq 3.3[m]$

[단위환산]
- 지름 $150[mm] = \frac{150}{1,000}[m] = 0.15[m]$
- 지름 $450[mm] = \frac{450}{1,000}[m] = 0.45[m]$

TIP
$Z_A = 0$으로 기준점을 잡는다면 $Z_B = 3.66[m]$가 된다.

50 ★★☆

그림과 같이 피스톤의 지름이 각각 25[cm]와 5[cm]이다. 작은 피스톤을 화살표 방향으로 20[cm] 만큼 움직일 경우 큰 피스톤이 움직이는 거리는 약 몇 [mm]인가? (단, 누설은 없고, 비압축성이라고 가정한다)

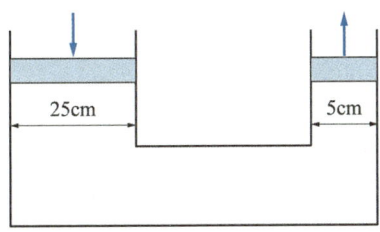

① 2 ② 4
③ 8 ④ 10

SOLUTION

풀이

용기 내의 유량은 일정하기 때문에 큰 피스톤에서 밀어낸 부피만큼 작은 피스톤에서 올라와야 한다.

1. 큰 피스톤이 밀어낸 부피

$$V_{큰} = (Ah)_{큰} = \left(\frac{\pi D_{큰}^2}{4}\right) \times h_{큰} = \left(\frac{\pi \times 25^2}{4}\right) \times h_{큰}$$
$$\fallingdotseq 490.87 h_{큰} \, [cm^3]$$

2. 작은 피스톤이 올라온 부피

$$V_{작} = (Ah)_{작} = \left(\frac{\pi D_{작}^2}{4}\right) \times h_{작} = \left(\frac{\pi \times 5^2}{4}\right) \times 20 \fallingdotseq 392.7 \, [cm^3]$$

3. 작은 피스톤 이동 거리

앞서 설명했듯 유량이 일정하기 때문에 $V_{큰} = V_{작}$ 이다. 이를 작은 피스톤이 오르는 식으로 정리하면

$$h_{큰} = \frac{392.7}{490.87} = 0.8 \, [cm] = 8 \, [mm]$$

∴ $h_{큰} = 8 \, [mm]$

[단위환산]
- 이동거리 $0.8[cm] = 0.8 \times 10[mm] = 8[mm]$

51 ★★☆

스프링클러 헤드의 방수압이 4배가 되면 방수량은 몇 배가 되는가?

① $\sqrt{2}$ 배 ② 2배
③ 4배 ④ 8배

SOLUTION

개념

스프링클러헤드의 방수량

$$Q = K\sqrt{10P}$$

여기서, Q : 방수량, K : 유출계수, P : 방수압

풀이

스프링클러헤드의 방수량 공식에 의하면 유량과 방수압은 $Q \propto \sqrt{P}$의 관계를 가진다. 그러므로 방수압이 4배가 되면 방수량은 $\sqrt{4} = 2$배가 된다.

∴ $Q_2 = 2Q_1$

52 ★☆☆

다음 중 표준대기압인 1기압에 가장 가까운 것은?

① 860[mmHg] ② 10.33[mAq]
③ 101.325[bar] ④ 1.0332[kg_f/m²]

SOLUTION

개념

표준대기압 1기압

1[atm] = 760[mmHg] = 10.332[mAq] = 10.332[mH₂O]
    = 10.332[kg_f/m²] = 1.013[bar] = 101.325[kPa]

풀이

1기압에 가장 가까운 것은 10.33[mAq]이다.

53 ★★★

안지름 10[cm]의 관로에서 마찰 손실 수두가 속도 수두와 같다면 그 관로의 길이는 약 몇 [m]인가? (단, 관마찰계수는 0.030이다)

① 1.58
② 2.54
③ 3.33
④ 4.52

SOLUTION

개념
- 달시-바이스바하(마찰손실)의 식

공식 정리
$$H = \frac{\Delta P}{\gamma} = \frac{flV^2}{2gD}$$

여기서, H : 마찰손실수두[m], ΔP : 압력차[kPa]
γ : 유체의 비중량[kN/m³], f : 마찰손실계수
l : 등가길이[m], V : 유속[m/s]
g : 중력가속도(9.8[m/s²]), D : 지름[m]

- 속도수두

공식 정리
$$H = \frac{V^2}{2g}$$

여기서, H : 속도수두[m], V : 유속[m/s], g : 중력가속도(9.8[m/s²])

풀이
마찰손실수두와 속도수두가 같다면 다음과 같은 관계식이 나온다.
$$\frac{flV^2}{2gD} = \frac{V^2}{2g}$$

이를 정리하면
$$\frac{fl}{D} = 1$$

이다. 위의 식을 관로의 길이에 관한 정리하고 문제에서 주어진 값들을 대입하면
$$l = \frac{D}{f} = \frac{0.1}{0.03} \fallingdotseq 3.33[m]$$

∴ $l \fallingdotseq 3.33[m]$

[단위환산]
- 지름 $10[cm] = \frac{10}{100}[m] = 0.1[m]$

54 ★★★

원심식 송풍기에서 회전수를 변화시킬 때 동력변화를 구하는 식으로 옳은 것은? (단, 변화 전후의 회전수는 각각 N_1, N_2, 동력은 L_1, L_2이다)

① $L_2 = L_1 \times \left(\dfrac{N_1}{N_2}\right)^3$
② $L_2 = L_1 \times \left(\dfrac{N_1}{N_2}\right)^2$
③ $L_2 = L_1 \times \left(\dfrac{N_2}{N_1}\right)^3$
④ $L_2 = L_1 \times \left(\dfrac{N_2}{N_1}\right)^2$

SOLUTION

개념
펌프의 상사법칙

공식 정리

(1) 유량 $Q_2 = Q_1 \left(\dfrac{N_2}{N_1}\right)\left(\dfrac{D_2}{D_1}\right)^3$

(2) 양정 $H_2 = H_1 \left(\dfrac{N_2}{N_1}\right)^2 \left(\dfrac{D_2}{D_1}\right)^2$

(3) 축동력 $L_2 = L_1 \left(\dfrac{N_2}{N_1}\right)^3 \left(\dfrac{D_2}{D_1}\right)^5$

여기서, Q : 유량[m³/min], N : 회전속도[rpm], D : 지름[m]
H : 양정[m], L : 동력[kW]

풀이
펌프의 상사법칙의 축동력 공식에서 지름 부분의 언급은 따로 없으므로 동력과 회전수의 관계를 나타내면 다음과 같다.

∴ $L_2 = L_1 \times \left(\dfrac{N_2}{N_1}\right)^3$

55 ★★★

그림과 같은 1/4원형의 수문(水門) AB가 받는 수평성분 힘(F_H)과 수직성분 힘(F_V)은 각각 약 몇 [kN]인가? (단, 수문의 반지름은 2[m]이고, 폭은 3[m]이다)

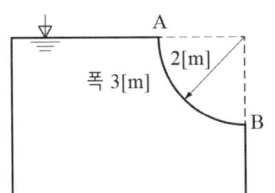

① $F_H=24.4$, $F_V=46.2$ ② $F_H=24.4$, $F_V=92.4$
③ $F_H=58.8$, $F_V=46.2$ ④ $F_H=58.8$, $F_V=92.4$

SOLUTION

개념
- 수평분력

공식
$$F_H = \gamma h A$$

여기서, F_H : 수평분력[kN], γ : 비중량(물의 비중량 9.8[kN/m³])
  h : 표면에서 수문 중심까지의 중심거리[m]
  A : 수평투영면적[m²]

- 수직분력

공식
$$F_V = \gamma V = \gamma \times \left(\frac{1}{4}\pi r^2 b\right)$$

여기서, F_V : 수직분력[kN], γ : 비중량(물의 비중량 9.8[kN/m³])
  V : 곡면 연직 상방향의 체적[m³], r : 곡면의 반지름[m]
  b : 폭[m]

풀이

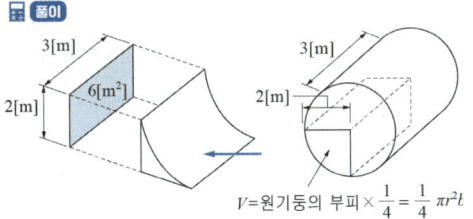

1. 수평분력
표면에서 수문 중심까지의 중심거리는 곡면 반지름의 절반인 1[m]이다.
수평분력 공식에 문제에서 주어진 값들을 대입하면
$$F_H = \gamma h A = 9.8 \times 1 \times (2 \times 3) = 58.8[\text{kN}]$$

2. 수직분력
수직분력 공식에 문제에서 주어진 값들을 대입하면
$$F_V = \gamma V = \gamma \times \left(\frac{1}{4}\pi r^2 b\right) = 9.8 \times \left(\frac{1}{4}\pi \times 2^2 \times 3\right) \fallingdotseq 92.4[\text{kN}]$$

∴ $F_H = 58.8[\text{kN}]$, $F_V \fallingdotseq 92.4[\text{kN}]$

56 ★★★

펌프 중심으로부터 2[m] 아래에 있는 물을 펌프 중심으로부터 15[m] 위에 있는 송출수면으로 양수하려 한다. 관로의 전 손실수두가 6[m]이고, 송출수량이 1[m³/min]라면 필요한 펌프의 동력은 약 몇 [W]인가?

① 2,777 ② 3,103
③ 3,430 ④ 3,757

SOLUTION

개념
펌프(전동기)의 소요동력

공식
$$P = \frac{\gamma Q H}{\eta} K$$

여기서, P : 전동기 용량[kW], γ : 물의 비중량(9.8[kN/m³])
  Q : 유량[m³/s], H : 양정(높이)[m], η : 효율, K : 전달계수

풀이
효율과 전달계수는 문제에서 따로 주어지지 않기 때문에 무시한다. 펌프의 동력 공식에 문제에서 주어진 값들을 대입하면
$$P = \gamma Q H = 9.8 \times \frac{1}{60} \times (2+15+6) \fallingdotseq 3.757[\text{kW}] = 3,757[\text{W}]$$

∴ $P \fallingdotseq 3,757[\text{W}]$

[단위환산]
- 송출수량 $1[\text{m}^3/\text{min}] = \frac{1}{60}[\text{m}^3/\text{s}]$
- 동력 $3.757[\text{kW}] = 3.757 \times 1,000[\text{W}] = 3,757[\text{W}]$

57 ★★☆

일반적인 배관 시스템에서 발생되는 손실을 주손실과 부차적 손실로 구분할 때 다음 중 주손실에 속하는 것은?

① 직관에서 발생하는 마찰 손실
② 파이프 입구와 출구에서의 손실
③ 단면의 확대 및 축소에 의한 손실
④ 배관부품(엘보, 리턴밴드, 티, 리듀서, 유니언, 밸브 등)에서 발생하는 손실

SOLUTION

개념
- 배관의 주손실
  - 직관에서 발생하는 마찰손실
  - 관로에 의한 마찰손실
- 배관의 부차적 손실
  - 관 단면의 확대 및 축소에 의한 손실
  - 관 내 부속품에 의한 손실
  - 배관 입구와 출구에서의 손실
  - 곡선부에 의한 손실
  - 유동단면의 장애물에 의한 손실

58 ★★☆

온도차이 20[℃], 열전도율 5[W/(m·K)], 두께 20[cm]인 벽을 통한 열유속(heat flux)과 온도차이 40[℃], 열전도율 10[W/(m·K)], 두께 t인 같은 면적을 가진 벽을 통한 열유속이 같다면 두께 t는 약 몇 [cm]인가?

① 10   ② 20
③ 40   ④ 80

SOLUTION

개념
전도를 통한 열유속

공식정리
$$q = \frac{k\Delta T}{t}$$

여기서, q : 열유속[W/m²], k : 열전도도[W/m·K]
ΔT : 온도차[K], t : 벽체 두께[m]

풀이
첫 번째 조건(q_1)과 두 번째 조건(q_2)의 열유속이 같다고 했으므로($q_1 = q_2$) 이를 식으로 정리하면

$$\frac{k_1 \Delta T_1}{t_1} = \frac{k_2 \Delta T_2}{t_2}$$

이다. 이를 t_2에 관한 식으로 정리하고 문제에서 주어진 값들을 대입하면

$$t_2 = t_1 \times \frac{k_2 \Delta T_2}{k_1 \Delta T_1} = 0.2 \times \frac{10 \times 40}{5 \times 20} = 0.8[\text{m}] = 80[\text{cm}]$$

∴ $t_2 = 80[\text{cm}]$

[단위환산]
- 두께 20[cm] = $\frac{20}{100}$[m] = 0.2[m]
- 두께 0.8[m] = 0.8×100[cm] = 80[cm]

TIP
전도를 통한 열유속 공식에서는 절대 온도차를 사용하고 있다. 문제에서는 섭씨 온도차가 주어졌지만 절대 온도차와 섭씨 온도차는 어차피 동일하기 때문에 풀이에서는 그냥 섭씨 온도차로 사용했다.

59 ★★☆

낙구식 점도계는 어떤 법칙을 이론적 근거로 하는가?

① Stokes의 법칙
② 열역학 제1법칙
③ Hagen-Poiseuille의 법칙
④ Boyle의 법칙

SOLUTION

개념
점도계의 종류

원리	종류
하겐-포아젤 (Hagen-Poiseuille)의 법칙	• 세이볼트(Saybolt) 점도계 • 레드우드(Redwoos) 점도계 • 앵글러(Engler) 점도계 • 바베이(Barbey) 점도계 • 오스왈트(Ostwald) 점도계
뉴턴(Newton)의 법칙	• 스토머(Stormer) 점도계 • 맥미셸(MacMichael) 점도계
스토크스(Stokes)의 법칙	낙구식 점도계

60 ★★☆

지면으로부터 4[m]의 높이에 설치된 수평관 내로 물이 4[m/s]로 흐르고 있다. 물의 압력이 78.4[kPa]인 관 내의 한 점에서 전수두는 지면을 기준으로 약 몇 [m]인가?

① 4.76   ② 6.24
③ 8.82   ④ 12.81

SOLUTION

개념
전수두

공식정리
$$H = \frac{P}{\gamma} + \frac{V^2}{2g} + Z$$

여기서, H : 전수두[m], P : 압력[kPa], γ : 비중량(물의 비중량 9.8[kN/m³])
V : 유속[m/s], g : 중력가속도(9.8[m/s²]), Z : 위치수두[m]

풀이
전수두의 공식에 문제에서 주어진 값들을 대입하면

$$H = \frac{P}{\gamma} + \frac{V^2}{2g} + Z = \frac{78.4}{9.8} + \frac{4^2}{2 \times 9.8} + 4 \fallingdotseq 12.82[m]$$

∴ $H \fallingdotseq 12.82$[m]

2019년 제2회 소방설비기사

41 ★★★

그림에서 물에 의하여 점 B에서 힌지된 사분원 모양의 수문이 평형을 유지하기 위하여 수면에서 수문을 잡아 당겨야 하는 힘 T는 약 몇 [kN]인가? (단, 수문의 폭 1[m], 반지름($r = \overline{OB}$)은 2[m], 4분원의 중심은 O점에서 왼쪽으로 $4r/3\pi$인 곳에 있다)

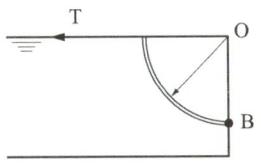

① 1.96   ② 9.8
③ 19.6   ④ 29.4

SOLUTION

개념
수평분력

공식정리
$$F_H = \gamma h A$$

여기서, F_H : 수평분력[kN], γ : 비중량(물의 비중량 9.8[kN/m³])
h : 표면에서 수문 중심까지의 중심거리[m]
A : 수평투영면적[m²]

풀이
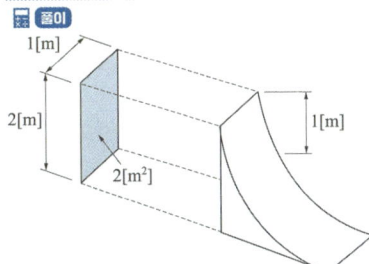

문제에서 수문을 잡아 당겨야 하는 힘은 곡면에 작용하는 수평분력의 힘의 크기와 동일하다. 표면에서 수문 중심까지의 중심거리는 곡면 반지름의 절반인 $h = \frac{2}{2} = 1$[m]이다. 수평분력 공식에 문제에서 주어진 값들을 대입하면

$T = F_H = \gamma h A = 9.8 \times 1 \times (2 \times 1) = 19.6$[kN]

∴ T = 19.6[kN]

42 ★★☆

물의 온도에 상응하는 증기압보다 낮은 부분이 발생하면 물은 증발되고 물속에 있던 공기와 물이 분리되어 기포가 발생하는 펌프의 현상은?

① 피드백(Feed Back)
② 서징현상(Surging)
③ 공동현상(Cavitation)
④ 수격작용(Water Hammering)

SOLUTION

📘 **개념**
- 서징 : 송출압력과 송출유량이 주기적으로 변하는 현상
- 공동현상(캐비테이션) : 액체가 포화 증기압 이하에서 비등하여 기포가 발생하는 현상
- 수격작용 : 관을 흐르던 물이 갑자기 정지할 때 압력파에 의해 이상음(異常音)이 발생하는 현상

43 ★★☆

단면적이 A와 2A인 U자형 관에 밀도가 d인 기름이 담겨져 있다. 단면적이 2A인 관에 관벽과는 마찰이 없는 물체를 놓았더니 그림과 같이 평형을 이루었다. 이때 이 물체의 질량은?

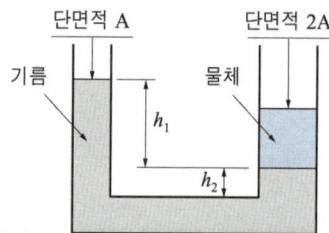

① $2Ah_1d$ ② Ah_1d
③ $A(h_1+h_2)d$ ④ $A(h_1-h_2)d$

SOLUTION

📘 **개념**
파스칼의 원리

공식
$$P_1 = \frac{F_1}{A_1} = \frac{F_2}{A_2} = P_2$$

여기서, P : 압력[Pa], F : 힘[N], A : 단면적[m²]

📗 **풀이**
물체와 기름의 경계선을 기준으로 하여 수평선을 그어 단면적 A부분의 압력과 단면적 $2A$ 부분의 압력이 같다는 원리를 활용해야 한다.

1. 단면적 A에서의 압력
   d를 기름의 밀도라고 한다면
   $P_A = dgh_1$

2. 단면적 $2A$에서의 압력
   F를 물체에 의한 힘이라고 한다면
   $P_{2A} = \frac{F}{2A} = \frac{mg}{2A}$

3. 물체의 질량
   파스칼의 원리에 의해서 $P_A = P_{2A}$이므로 식을 정리하면
   $dgh_1 = \frac{F}{2A} = \frac{mg}{2A}$
   이다. 이를 질량에 관한 식으로 정리하면
   ∴ $m = 2Ah_1d$

44 ★★★

그림과 같이 물이 들어있는 아주 큰 탱크에 사이펀이 장치되어 있다. 출구에서의 속도 V와 관의 상부 중심 A지점에서의 게이지 압력 p_A를 구하는 식은? (단, g는 중력가속도, ρ는 물의 밀도이며, 관의 직경은 일정하고 모든 손실은 무시한다)

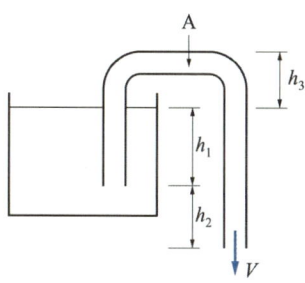

① $V=\sqrt{2g(h_1+h_2)}$, $p_A=-\rho g h_3$
② $V=\sqrt{2g(h_1+h_2)}$, $p_A=-\rho g(h_1+h_2+h_3)$
③ $V=\sqrt{2gh_2}$, $p_A=-\rho g(h_1+h_2+h_3)$
④ $V=\sqrt{2g(h_1+h_2)}$, $p_A=\rho g(h_1+h_2-h_3)$

SOLUTION

개념
유속(토리첼리의 식)

공식 정리
$$V=\sqrt{2gh}$$

여기서, V: 유속, g: 중력가속도, h: 유체의 높이

풀이
1. 유속
   토리첼리의 식에서 유체의 높이는 수면과 사이펀 사이의 길이에 해당한다. 그러므로 유속은
   $V=\sqrt{2gh}=\sqrt{2g(h_1+h_2)}$

2. A지점에서의 압력
   A지점의 압력(P_A)에 관한 식을 세워보면
   $P_A=-\gamma h_1-\gamma h_2-\gamma h_3$
   $=-\gamma(h_1+h_2+h_3)=-\rho g(h_1+h_2+h_3)$

   답을 모아서 정리하면
   ∴ $V=\sqrt{2g(h_1+h_2)}$, $P_A=-\rho g(h_1+h_2+h_3)$

45 ★★☆

0.02[m³]의 체적을 갖는 액체가 강체의 실린더 속에서 730[kPa]의 압력을 받고 있다. 압력이 1,030[kPa]로 증가되었을 때 액체의 체적이 0.019[m³]으로 축소되었다. 이때 이 액체의 체적탄성계수는 약 몇 [kPa]인가?

① 3,000   ② 4,000
③ 5,000   ④ 6,000

SOLUTION

개념
체적탄성계수

공식 정리
$$K=-\frac{\Delta P}{\dfrac{\Delta V}{V}}$$

여기서, K: 체적탄성계수[kPa], ΔP: 가해진 압력[kPa]
$\dfrac{\Delta V}{V}$: 체적의 변화율

풀이
체적탄성계수 공식을 가해진 압력에 대한 식으로 정리하고, 문제에서 주어진 값들 및 앞서 구한 값들을 대입하면

$K=-\dfrac{\Delta P}{\dfrac{\Delta V}{V_1}}=-\dfrac{P_2-P_1}{\dfrac{V_2-V_1}{V_1}}=-\dfrac{1,030-730}{\dfrac{0.019-0.02}{0.02}}=6,000[kPa]$

∴ $K=6,000[kPa]$

TIP
- 체적탄성계수의 (-)부호는 가해진 압력이 증가하면 부피가 줄어든다는 것을 의미한다.
- 체적의 변화율에서 V는 변화 전 체적을 의미하는 것이기 때문에 이 문제에서는 V에 변화 전 체적인 V_1을 넣으면 된다.

46 ★★☆

비중병의 무게가 비었을 때는 2[N]이고, 액체로 충만되어 있을 때는 8[N]이다. 액체의 체적이 0.5[L]이면 이 액체의 비중량은 약 몇 [N/m³]인가?

① 11,000 ② 11,500
③ 12,000 ④ 12,500

SOLUTION

개념
물체의 무게

공식
$$W = \gamma V$$

여기서, W: 액체의 무게[N], γ: 액체의 비중량[N/m³]
V: 액체의 체적[m³]

풀이
1. 액체의 무게
   액체의 무게는 액체가 채워져있는 비중병의 무게에 빈 비중병의 무게를 뺀 값이다.
   $W_{액} = W_{액+병} - W_{병} = 8 - 2 = 6[N]$

2. 액체의 비중량
   물체의 무게 공식에서 액체의 비중량에 대하여 정리하고 문제에서 주어진 값 및 앞서 구한 값을 대입하면
   $\gamma = \dfrac{W}{V} = \dfrac{6}{0.0005} = 12,000 [N/m^3]$

   $\therefore \gamma = 12,000 [N/m^3]$

[단위환산]
- 체적 $0.5[L] = \dfrac{0.5}{1,000}[m^3] = 0.0005[m^3]$

47 ★☆☆

10[kg]의 수증기가 들어 있는 체적 2[m³]의 단단한 용기를 냉각하여 온도를 200[℃]에서 150[℃]로 낮추었다. 나중 상태에서 액체상태의 물은 약 몇 [kg]인가? (단, 150[℃]에서 물의 포화액 및 포화증기의 비체적은 각각 0.0011[m³/kg], 0.3925 [m³/kg] 이다)

① 0.508 ② 1.24
③ 4.92   ④ 7.86

SOLUTION

개념
포화액 및 포화증기의 비체적과 전체 체적의 관계식

공식
$$V = v_2 m_2 + v_1 (m - m_2)$$

여기서, V: 체적[m³], v_2: 물의 포화액 비체적[m³/kg]
m_2: 액체 상태 물의 질량[kg]
v_1: 물의 포화증기 비체적[m³/kg]
m: 전체 질량[kg]

풀이
위의 관계식을 액체 상태 물의 질량(m_2)에 대하여 정리하고 문제에서 주어진 값들을 대입하면

$m_2 = \dfrac{V - v_1 m}{v_2 - v_1} = \dfrac{2 - 0.3925 \times 10}{0.0011 - 0.3925} \fallingdotseq 4.92 [kg]$

$\therefore m_2 \fallingdotseq 4.92 [kg]$

46 ③ 47 ③

48 ★☆☆

펌프의 입구 및 출구측에 연결된 진공계와 압력계가 각각 25[mmHg]와 260[kPa]을 가리켰다. 이 펌프의 배출 유량이 0.15[m³/s]가 되려면 펌프의 동력은 약 몇 [kW]가 되어야 하는가? (단, 펌프의 입구와 출구의 높이차는 없고, 입구측 안지름은 20[cm], 출구측 안지름은 15[cm]이다)

① 3.95 ② 4.32
③ 39.5 ④ 43.2

SOLUTION

개념

• 압력 단위 변환

공식 정리

$$1[atm] = 101.325[kPa] = 760[mmHg] = 10.332[mAq]$$

여기서, 1[atm] : 1기압, 760[mmHg] : 수은주 높이 760[mm]
10.332[mAq] : 물기둥 높이 10.332[m]

• 유량

공식 정리

$$Q = AV = \left(\frac{\pi D^2}{4}\right)V$$

여기서, Q : 유량[m³/s], A : 단면적[m²]
V : 유속[m/s], D : 지름[m]

• 수두로 표현한 베르누이의 정리(전양정, 손실수두 포함)

공식 정리

$$\frac{P_A}{\gamma} + \frac{V_A^2}{2g} + Z_A + H = \frac{P_B}{\gamma} + \frac{V_B^2}{2g} + Z_B + \Delta H$$

여기서, P : 압력[kPa], γ : 비중량[kN/m³]
V : 유속[m/s], g : 중력가속도(9.8[m/s²])
Z : 위치수두[m], ΔH : 손실수두[m]
H : 펌프의 전양정[m]

• 펌프(전동기)의 소요동력

공식 정리

$$P = \frac{\gamma Q H}{\eta} K$$

여기서, P : 전동기 용량[W], γ : 물의 비중량[9,800[N/m³])
Q : 유량[m³/s], H : 양정(높이)[m]
η : 효율, K : 전달계수

풀이

1. 단위 변환

펌프의 양정을 구하기 위해서는 우선 진공계의 계기 압력을 [kPa]으로 환산해주어야 한다. 문제에서 진공계라고 주어졌기 때문에 압력의 값은 (-)부호를 붙인다.

$$P_{입구} = -25[mmHg] \times \frac{101.325[kPa]}{760[mmHg]} \fallingdotseq -3.33[kPa]$$

2. 유속

유량의 공식을 유속에 관한 식으로 정리하고 펌프의 입구에 해당하는 값 및 펌프의 출구에 해당하는 값을 각각 대입하면

$$V_{입구} = \frac{Q}{\frac{\pi D_{입구}^2}{4}} = \frac{0.15 \times 4}{\pi \times 0.2^2} \fallingdotseq 4.8[m/s]$$

$$V_{출구} = \frac{Q}{\frac{\pi D_{출구}^2}{4}} = \frac{0.15 \times 4}{\pi \times 0.15^2} \fallingdotseq 8.5[m/s]$$

3. 펌프의 전양정

펌프의 전양정을 구하기 위해서는 베르누이의 정리를 활용한다. 펌프의 손실수두는 따로 언급되지 않았으므로 무시한다. $Z_{입구} = Z_{출구}$ 이므로 위치수두의 값은 양변에서 소거한다. 펌프의 입구와 출구 사이의 베르누이의 방정식을 적용하면

$$\frac{P_{입구}}{\gamma} + \frac{V_{입구}^2}{2g} + H = \frac{P_{출구}}{\gamma} + \frac{V_{출구}^2}{2g}$$

이다. 위의 식을 펌프의 전양정에 관해 정리하고 문제에서 주어진 값들을 대입하면

$$H = \frac{P_2 - P_1}{\gamma} + \frac{V_2^2 - V_1^2}{2g} = \frac{260 - (-3.33)}{9.8} + \frac{8.5^2 - 4.8^2}{2 \times 9.8}$$

$$\fallingdotseq 29.4[m]$$

4. 펌프의 동력

문제에서 효율과 전달계수는 따로 언급되지 않았으므로 무시한다. 펌프의 동력 공식에 문제에서 주어진 값, 앞서 구한 값들을 대입하면

$$P = \gamma Q H = 9.8 \times 0.15 \times 29.4 \fallingdotseq 43.2[kW]$$

$$\therefore P \fallingdotseq 43.2[kW]$$

[단위환산]

• 지름 20[cm] = $\frac{20}{100}$[m] = 0.2[m]

• 지름 15[cm] = $\frac{15}{100}$[m] = 0.15[m]

49 ★☆☆

피토관을 사용하여 일정 속도로 흐르고 있는 물의 유속(V)을 측정하기 위해, 그림과 같이 비중 S인 유체를 갖는 액주계를 설치하였다. $S=2$일 때 액주의 높이차이가 $H=h$가 되면, $S=3$일 때 액주의 높이 차(H)는 얼마가 되는가?

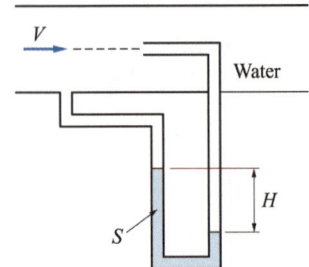

① $\dfrac{h}{9}$ ② $\dfrac{h}{\sqrt{3}}$

③ $\dfrac{h}{3}$ ④ $\dfrac{h}{2}$

SOLUTION

개념
비중에 따른 유속

공식
$$V = \sqrt{2g\left(\dfrac{s}{s_w}-1\right)H}$$

여기서, V : 유속[m/s], g : 중력가속도(9.8[m/s²])
s : 어떤 물질의 비중, s_w : 물의 비중(1), H : 높이차[m]

풀이
1. $s=2$일 때 유속

$$V_1 = \sqrt{2g\left(\dfrac{2}{1}-1\right)h} = \sqrt{2gh}$$

2. $s=3$일 때 유속

$$V_2 = \sqrt{2g\left(\dfrac{3}{1}-1\right)H} = \sqrt{4gH}$$

3. 액체의 높이차(H)
유속은 일정하므로

$$V_1 = V_2 = \sqrt{2gh} = \sqrt{4gH}$$

이다. 이를 액체의 높이차(H)에 관하여 식을 정리하면

$$H = \dfrac{2gh}{4g} = \dfrac{h}{2}$$

$$\therefore H = \dfrac{h}{2}$$

50 ★★☆

관내의 흐름에서 부차적으로 손실에 해당하지 않는 것은?

① 곡선부에 의한 손실
② 직선 원관 내의 손실
③ 유동단면의 장애물에 의한 손실
④ 관 단면의 급격한 확대에 의한 손실

SOLUTION

개념
- 배관의 주손실
  - 직관에서 발생하는 마찰손실
  - 관로에 의한 마찰손실
- 배관의 부차적 손실
  - 관 단면의 확대 및 축소에 의한 손실
  - 관 내 부속품에 의한 손실
  - 배관 입구와 출구에서의 손실
  - 곡선부에 의한 손실
  - 유동단면의 장애물에 의한 손실

51 ★☆☆

압력 2[MPa]인 수증기 건도가 0.2일 때 엔탈피는 몇 [kJ/kg]인가? (단, 포화증기 엔탈피는 2,780.5[kJ/kg]이고, 포화액의 엔탈피는 910[kJ/kg]이다)

① 1,284   ② 1,466
③ 1,845   ④ 2,406

SOLUTION

개념
습증기의 엔탈피

공식
$$h = xh_g + (1-x)h_f$$

여기서, h : 습증기의 엔탈피[kJ/kg], x : 건도
h_g : 포화증기의 엔탈피[kJ/kg], h_f : 포화액의 엔탈피[kJ/kg]

풀이
습증기의 엔탈피 공식에 문제에서 주어진 값들을 대입하면

$$h = xh_g + (1-x)h_f = 0.2 \times 2,780.5 + (1-0.2) \times 910$$
$$\fallingdotseq 1,284\,[\text{kJ/kg}]$$

$$\therefore h \fallingdotseq 1,284\,[\text{kJ/kg}]$$

정답 49 ④ 50 ② 51 ①

52 ★★★

출구 단면적이 0.02[m²]인 수평 노즐을 통하여 물이 수평 방향으로 8[m/s]의 속도로 노즐 출구에 놓여있는 수직 평판에 분사될 때 평판에 작용하는 힘은 약 몇 [N]인가?

① 800
② 1,280
③ 2,560
④ 12,544

SOLUTION

개념
평판에 작용하는 힘

공식 정리
$$F = \rho Q V = \rho (A V) V = \rho A V^2$$

여기서, F : 힘[N], ρ : 밀도(물의 밀도 1,000[kg/m³])
Q : 유량[m³/s], A : 단면적[m²], V : 유속[m/s]

풀이
평판에 작용하는 힘 공식에 문제에서 주어진 값들을 대입하면
$F = \rho A V^2 = 1,000 \times 0.02 \times 8^2 = 1,280 [\text{N}]$

∴ $F = 1,280 [\text{N}]$

---

53 ★★☆

안지름이 25[mm]인 노즐 선단에서의 방수 압력은 계기 압력으로 5.8×10^5[Pa]이다. 이때 방수량은 약 [m³/s]인가?

① 0.017
② 0.17
③ 0.034
④ 0.34

SOLUTION

개념
분당 방수량

공식 정리
$$Q = 0.653 D^2 \sqrt{10P}$$

여기서, Q : 방수량[L/min], D : 구경[mm]
P : 방수압[MPa]

풀이
분당 방수량 공식에 문제에서 주어진 값들을 대입하면
$Q = 0.653 D^2 \sqrt{10P} = 0.653 \times 25^2 \times \sqrt{10 \times 0.58}$
$\doteqdot 983 [\text{L/min}] \doteqdot 0.016 [\text{m}^3/\text{s}]$

∴ $Q \doteqdot 0.017 [\text{m}^3/\text{s}]$

[단위환산]
- 압력 $5.8 \times 10^5 [\text{Pa}] = \dfrac{5.8 \times 10^5}{10^6} [\text{MPa}] = 0.58 [\text{MPa}]$
- 방수량 $983 [\text{L/min}] = \dfrac{983}{1,000 \times 60} [\text{m}^3/\text{s}] \doteqdot 0.016 [\text{m}^3/\text{s}]$

TIP
분당 방수량 공식은 방수량, 구경, 방수압 모두 흔하게 쓰지 않는 단위들을 사용하고 있다. 반드시 문제의 단위를 확인하여 단위를 일치시키도록 한다.

---

54 ★★★

수평관의 길이가 100[m]이고, 안지름이 100[mm]인 소화설비 배관 내를 평균유속 2[m/s]로 물이 흐를 때 마찰손실수두는 약 몇 [m]인가? (단, 관의 마찰계수는 0.050이다)

① 9.2
② 10.2
③ 11.2
④ 12.2

SOLUTION

개념
달시-바이스바하(마찰손실)의 식

공식 정리
$$H = \frac{\Delta P}{\gamma} = \frac{f l V^2}{2gD}$$

여기서, H : 마찰손실수두[m], ΔP : 압력차[kPa]
γ : 유체의 비중량[kN/m³], f : 마찰손실계수
l : 등가길이[m], V : 유속[m/s]
g : 중력가속도(9.8[m/s²]), D : 지름[m]

풀이
마찰손실수두의 공식에 문제에서 주어진 값들을 대입하면
$H = \dfrac{f l V^2}{2gD} = \dfrac{0.05 \times 100 \times 2^2}{2 \times 9.8 \times 0.1} \doteqdot 10.2 [\text{m}]$

∴ $H \doteqdot 10.2 [\text{m}]$

[단위환산]
- 지름 $100 [\text{mm}] = \dfrac{100}{1,000} [\text{m}] = 0.1 [\text{m}]$

정답 52 ② 53 ① 54 ②

55 ★☆☆

수평 원관 내 완전발달 유동에서 유동을 일으키는 힘(㉠)과 방해하는 힘(㉡)은 각각 무엇인가?

① ㉠ 압력차에 의한 힘, ㉡ 점성력
② ㉠ 중력 힘, ㉡ 점성력
③ ㉠ 중력 힘, ㉡ 압력차에 의한 힘
④ ㉠ 압력차에 의한 힘, ㉡ 중력 힘

SOLUTION

[개념]
완전발달 유동에서의 힘
- 압력차에 의한 힘 : 수평 원관 내 완전발달 유동에서 유동을 일으키는 힘
- 점성력 : 수평 원관 내 완전발달 유동에서 유동을 방해하는 힘

56 ★★☆

외부표면의 온도가 24[℃], 내부표면의 온도가 24.5[℃]일 때, 높이 1.5[m], 폭 1.5[m], 두께 0.5[cm]인 유리창을 통한 열전달률은 약 몇 [W]인가? (단, 유리창의 열전도계수는 0.8[W/m·K]이다)

① 180 ② 200
③ 1,800 ④ 2,000

SOLUTION

[개념]
Fourier법칙(전도열전달)

[공식 정리]
$$Q = \frac{kA\Delta T}{l}$$

여기서, Q : 이동열량[W], k : 열전도도[W/m·K]
A : 단면적[m²], ΔT : 전열체 내·외부의 온도차[K]
l : 두께[m]

[풀이]
푸리에의 법칙 공식에 문제에서 주어진 값들을 대입하면

$$Q = \frac{kA\Delta T}{l} = \frac{0.8 \times (1.5 \times 1.5) \times (24.5-24)}{0.005} = 180[W]$$

$\therefore Q = 180[W]$

[단위환산]
- 두께 $0.5[cm] = \frac{0.5}{100}[m] = 0.005[m]$
- 온도차 $(24.5-24)[℃] = ((24.5+273)-(24+273))[K]$
  $= (24.5-24)[K]$

57 ★★★

어떤 용기 내의 이산화탄소 45[kg]가 방호공간에 가스 상태로 방출되고 있다. 방출 온도가 압력이 15[℃], 101[kPa]일 때 방출가스의 체적은 약 몇 [m³]인가? (단, 일반 기체상수는 8,314[J/kmol·K]이다)

① 2.2 ② 12.2
③ 20.2 ④ 24.3

SOLUTION

[개념]
이상기체상태 방정식

[공식 정리]
$$PV = nRT = \frac{m}{M}RT$$

여기서, P : 기압[kPa], V : 부피[m³], n : 몰수[kmol]
R : 기체상수[kJ/kmol·K], T : 절대온도[K], m : 질량[kg]
M : 분자량[kg/kmol]

[풀이]
1. 이산화탄소 분자량
   C(탄소)의 원자량 = 12
   O(산소)의 원자량 = 16
   CO_2(이산화탄소)의 분자량 = 탄소 1개의 원자량 + 산소 2개의 원자량
   $= 12 + 16 \times 2 = 44$

2. 방출가스의 체적
   이상기체상태 방정식을 체적에 관한 식으로 정리하고 문제에서 주어진 값, 앞서 구한 값들을 대입하면

$$V = \frac{mRT}{MP} = \frac{45 \times 8.314 \times (15+273)}{44 \times 101} ≒ 24.2[m^3]$$

$\therefore V ≒ 24.2[m^3]$

[단위환산]
- 온도 $15[℃] = (15+273)[K]$
- 기체상수 $8,314[J/kmol·K] = \frac{8,314}{1,000}[kJ/kmol·K]$
  $= 8.314[kJ/kmol·K]$

정답 55 ① 56 ① 57 ④

58 ★★☆

점성계수와 동점성계수에 관한 설명으로 올바른 것은?

① 동점성계수 = 점성계수 × 밀도
② 점성계수 = 동점성계수 × 중력가속도
③ 동점성계수 = 점성계수/밀도
④ 점성계수 = 동점성계수/중력가속도

SOLUTION

개념
동점성계수

공식 정리
$$\nu = \frac{\mu}{\rho}$$

여기서, ν : 동점성계수[m²/s], μ : 점성계수[N·s/m²], ρ : 밀도[kg/m³]

59 ★★★

그림과 같은 관에 비압축성 유체가 흐를 때 A 단면의 평균속도가 V_1이라면 B단면에서의 평균속도 V_2는? (단, A 단면의 지름은 d_1이고 B단면의 지름은 d_2이다)

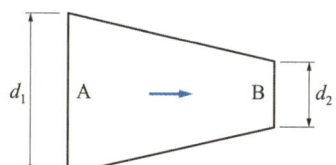

① $V_2 = \left(\dfrac{d_1}{d_2}\right) V_1$ ② $V_2 = \left(\dfrac{d_1}{d_2}\right)^2 V_1$

③ $V_2 = \left(\dfrac{d_2}{d_1}\right) V_1$ ④ $V_2 = \left(\dfrac{d_2}{d_1}\right)^2 V_1$

SOLUTION

개념
유량의 연속방정식

공식 정리
$$Q = A_1 V_1 = A_2 V_2 = \left(\frac{\pi D_1^2}{4}\right) V_1 = \left(\frac{\pi D_2^2}{4}\right) V_2$$

여기서, Q : 유량[m³/s], A : 단면적[m²]
V : 속도[m/s], D : 지름[m]

풀이
연속방정식을 B 단면에서의 평균속도 V_2에 관하여 정리하면

$$\therefore V_2 = \left(\frac{d_1}{d_2}\right)^2 V_1$$

60 ★☆☆

일률(시간당 에너지)의 차원을 기본 차원인 M(질량), L(길이), T(시간)로 올바르게 표시한 것은?

① $L^2 T^{-2}$ ② $MT^{-2}L^{-1}$
③ $ML^2 T^{-2}$ ④ $ML^2 T^{-3}$

SOLUTION

개념
일률(동력) 차원
- 절대차원 : $ML^2 T^{-3}$
- 중력차원 : FLT^{-1}

TIP
절대차원은 M(질량), L(길이), T(시간)을 활용해 표현하는 방식이고, 중력차원은 F(힘), L(길이), T(시간)을 활용해 표현하는 방식이다. F(힘)은 MLT^{-2}인 것을 알고 있다면 둘 중에 하나의 차원만 기억해 자유롭게 환산해주면 된다.

2019년 제4회 소방설비기사

41 ★★☆

아래 그림과 같이 두 개의 가벼운 공 사이로 빠른 기류를 불어 넣으면 두 개의 공은 어떻게 되겠는가?

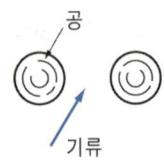

① 뉴턴의 법칙에 따라 벌어진다.
② 뉴턴의 법칙에 따라 가까워진다.
③ 베르누이의 법칙에 따라 벌어진다.
④ 베르누이의 법칙에 따라 가까워진다.

SOLUTION

[개념]
베르누이 방정식

[공식정리]
$$\frac{P}{\gamma} + \frac{V^2}{2g} + Z = 일정$$

여기서, P : 압력[kPa], γ : 비중량[kN/m³], V : 유속[m/s]
g : 중력가속도(9.8[m/s²]), Z : 위치수두[m]

[풀이]
베르누이 방정식은 압력수두, 속도수두, 위치수두의 합이 일정하다는 법칙이다. 두 개의 공 사이에 공기를 불어 넣으면 속도가 증가했기 때문에 속도수두가 증가한다. 압력수두, 속도수두, 위치수두의 합은 일정해야 하기 때문에 속도 수두가 증가하면 그만큼 압력 수두는 감소한다. 따라서 공 사이의 압력이 감소하여 2개의 공은 서로 가까워진다.

42 ★☆☆

다음 유체 기계들의 압력 상승이 일반적으로 큰 것부터 순서대로 바르게 나열한 것은?

① 압축기(compressor) > 블로어(blower) > 팬(fan)
② 블로어(blower) > 압축기(compressor) > 팬(fan)
③ 팬(fan) > 블로어(blower) > 압축기(compressor)
④ 팬(fan) > 압축기(compressor) > 블로어(blower)

SOLUTION

[개념]
유체 기계별 압력 상승
압축기(100[kPa] 이상) > 블로어(10 ~ 100[kPa]) > 팬(10[kPa] 미만)

43 ★★☆

표면적이 같은 두 물체가 있다. 표면온도가 2,000[K]인 물체가 내는 복사에너지는 표면온도가 1,000[K]인 물체가 내는 복사에너지의 몇 배인가?

① 4 ② 8
③ 16 ④ 32

SOLUTION

[개념]
스테판 - 볼츠만의 법칙

[공식정리]
$$Q = \varepsilon \sigma A T^4$$

여기서, Q : 복사열[W], ε : 방사율, σ : 스테판 - 볼츠만 상수[W/m²·K⁴]
A : 표면적[m²], T : 절대온도[K]

[풀이]
스테판 - 볼츠만의 법칙을 통해 복사에너지는 절대온도의 4제곱에 비례한다는 것을 알 수 있다. 이를 식으로 표현하면

$$\frac{Q_2}{Q_1} = \left(\frac{T_2}{T_1}\right)^4 = \left(\frac{2,000}{1,000}\right)^4 = 16$$

∴ $Q_2 = 16 Q_1$

44 ★★☆

이상기체의 폴리트로픽 변화 'PV^n = 일정'에서 $n = 1$인 경우 어느 변화에 속하는가? (단, P는 압력, V는 부피, n은 폴리트로픽 지수를 나타낸다)

① 단열변화
② 등온변화
③ 정적변화
④ 정압변화

SOLUTION

개념

폴리트로픽 변화(PV^n = 정수)

지수(n)	0	1	k	∞
과정	정압 과정	등온 과정	단열 변화	정적 변화

여기서, P : 압력, V : 체적, n : 폴리트로픽 지수, k : 비열비

45 ★★★

지름이 75[mm]인 관로 속에 평균 속도 4[m/s]로 흐르고 있을 때 유량[kg/s]은?

① 15.52
② 16.92
③ 17.67
④ 18.52

SOLUTION

개념

질량유량

공식

$$\overline{m} = \rho A V = \rho \left(\frac{\pi D^2}{4} \right) V$$

여기서, $\overline{m}$: 질량유량[kg/s], ρ : 밀도(물의 밀도 1,000[kg/m³])
A : 단면적[m²], V : 유속[m/s], D : 지름[m]

풀이

질량유량 공식에 문제에서 주어진 값들을 대입하면

$$\overline{m} = \rho \left(\frac{\pi D^2}{4} \right) V = 1{,}000 \times \left(\frac{\pi \times 0.075^2}{4} \right) \times 4 ≒ 17.67 [kg/s]$$

∴ $\overline{m} ≒ 17.67 [kg/s]$

[단위환산]
- 지름 $75[mm] = \dfrac{75}{1{,}000}[m] = 0.075[m]$

46 ★★★

초기에 비어 있는 체적이 0.1[m³]인 견고한 용기 안에 공기(이상기체)를 서서히 주입한다. 공기 1[kg]을 넣었을 때 용기 안의 온도가 300[K]가 되었다면 이때 용기 안의 압력[kPa]은? (단, 공기의 기체상수는 0.287[kJ/kg·K]이다)

① 287
② 300
③ 448
④ 861

SOLUTION

개념

이상기체상태 방정식

공식

$$PV = m\overline{R}T$$

여기서, P : 압력[kPa], V : 부피[m³], m : 질량[kg]
$\overline{R}$: 특정기체상수[kJ/kg·K], T : 절대온도[K]

풀이

이상기체상태 방정식을 압력에 대하여 정리하고 문제에서 주어진 값들을 대입하면

$$P = \frac{m\overline{R}T}{V} = \frac{1 \times 0.287 \times 300}{0.1} = 861 [kPa]$$

∴ $P = 861 [kPa]$

47 ★★☆

다음 중 Stokes의 법칙과 관계되는 점도계는?

① Ostwald 점도계
② 낙구식 점도계
③ Saybolt 점도계
④ 회전식 점도계

SOLUTION

개념

점도계의 종류

원리	종류
하겐-포아젤 (Hagen-Poiseuille)의 법칙	• 세이볼트(Saybolt) 점도계 • 레드우드(Redwoos) 점도계 • 앵글러(Engler) 점도계 • 바베이(Barbey) 점도계 • 오스왈트(Ostwald) 점도계
뉴턴(Newton)의 법칙	• 스토머(Stormer) 점도계 • 맥미셸(MacMichael) 점도계
스토크스(Stokes)의 법칙	• 낙구식 점도계

48 ★★★

피토관으로 파이프 중심선에서 흐르는 물의 유속을 측정할 때 피토관의 액주높이가 5.2[m], 정압튜브의 액주높이가 4.2[m]를 나타낸다면 유속[m/s]은? (단, 속도계수(C_v)는 0.97이다)

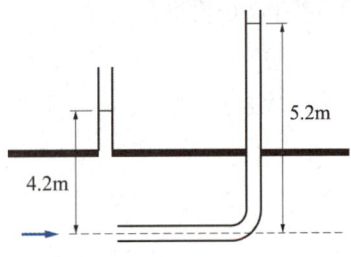

① 4.3　　　　　② 3.5
③ 2.8　　　　　④ 1.9

SOLUTION

개념
피토관의 유속

공식
$$V = C_V\sqrt{2gh}$$

여기서, V : 유속[m/s], C_V : 속도계수, g : 중력가속도(9.8[m/s²])
　　　　h : 유체의 높이[m]

풀이
유체의 높이는 물의 유속을 측정할 때 피토관의 액주높이에서 정압튜브의 액주높이를 빼준 값을 사용한다. 피토관의 유속 공식에 문제에서 주어진 값들을 대입하면
$$V = C_V\sqrt{2gh} = 0.97 \times \sqrt{2 \times 9.8 \times (5.2-4.2)} ≒ 4.3\text{[m/s]}$$
∴ $V ≒ 4.3\text{[m/s]}$

49 ★★★

그림의 역U자관 마노미터에서 압력 차($P_x - P_y$)는 약 몇 [Pa]인가?

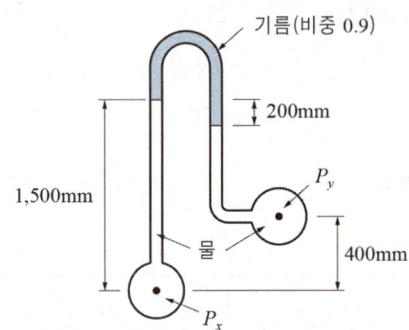

① 3,215　　　　　② 4,116
③ 5,045　　　　　④ 6,826

SOLUTION

풀이

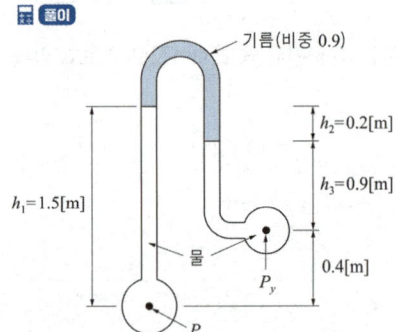

역U자관 마노미터에서 동일한 수평선 내에 있는 모든 점의 압력은 같다. P_x에서 1.5[m] 높이에 있는 지점을 기준으로 잡고 관계식을 세우면 다음과 같다.
$$P_x - \gamma_1 h_1 = P_y - \gamma_2 h_2 - \gamma_3 h_3$$
위의 식을 압력차($P_x - P_y$)에 관한 식으로 정리하고 문제에서 주어진 값들을 대입하면
$$P_x - P_y = \gamma_1 h_1 - \gamma_2 h_2 - \gamma_3 h_3$$
$$= 9,800 \times 1.5 - 0.9 \times 9,800 \times 0.2 - 9,800 \times 0.9$$
$$= 4,116\text{[Pa]}$$
∴ $P_x - P_y = 4,116\text{[Pa]}$

50 ★★☆

지름이 다른 두 개의 피스톤이 그림과 같이 연결되어 있다. "1" 부분의 피스톤의 지름이 "2" 부분의 2배일 때, 각 피스톤에 작용하는 힘 F_1과 F_2의 크기의 관계는?

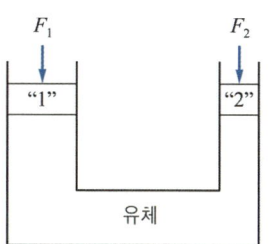

① $F_1 = F_2$ ② $F_1 = 2F_2$
③ $F_1 = 4F_2$ ④ $4F_1 = F_2$

SOLUTION

개념
파스칼의 원리

공식 정리
$$P_1 = \frac{F_1}{A_1} = \frac{F_2}{A_2} = P_2$$

여기서, P : 압력[Pa], F : 힘[N], A : 단면적[m²]

풀이
파스칼의 원리 공식을 문제에서 주어진 조건($D_1 = 2D_2$)대로 정리하면

$$\frac{F_1}{D_1^2} = \frac{F_1}{(2D_2)^2} = \frac{F_1}{4D_2^2} = \frac{F_2}{D_2^2}$$

이다. 이를 힘의 관계식으로 정리하면

∴ $F_1 = 4F_2$

51 ★★☆

용량 2,000[L]의 탱크에 물을 가득 채운 소방차가 화재 현장에 출동하여 노즐압력 390[kPa](계기압력), 노즐구경 2.5[cm]를 사용하여 방수한다면 소방차 내의 물이 전부 방수되는 데 걸리는 시간은?

① 약 2분 26초 ② 약 3분 35초
③ 약 4분 12초 ④ 약 5분 44초

SOLUTION

개념
분당 방수량

공식 정리
$$Q = 0.653D^2\sqrt{10P}$$

여기서, Q : 방수량[L/min], D : 구경[mm], P : 방수압[MPa]

풀이
1. 분당 방수량

분당 방수량 공식에 문제에서 주어진 값들을 대입하면
$Q = 0.653D^2\sqrt{10P} = 0.653 \times 25^2 \times \sqrt{10 \times 0.39}$
$≒ 805.98$[L/min]

2. 방수 시간

총 용량은 2,000[L]이고 분당 방수량은 약 805.98[L/min]이기 때문에 시간을 구하기 위해서는 총용량에 분당 방수량을 나눠주면 방수 시간을 구할 수 있다.

$t = \dfrac{2,000}{805.98} ≒ 2.48$[min] ≒ 2분 29초

∴ $t ≒ 2$분 26초

[단위환산]
- 압력 390[kPa] $= \dfrac{390}{1,000}$[MPa] $= 0.39$[MPa]
- 구경 2.5[cm] $= 2.5 \times 10$[mm] $= 25$[mm]
- 시간 0.48[min] $≒ 0.48 \times 60$[s] $≒ 29$[s]

TIP
분당 방수량 공식은 방수량, 구경, 방수압 모두 흔하게 쓰지 않는 단위들을 사용하고 있다. 반드시 문제의 단위를 확인하여 단위를 일치시키도록 한다.

52 ★★★

거리가 1,000[m] 되는 곳에 안지름 20[cm]의 관을 통하여 물을 수평으로 수송하려 한다. 한 시간에 800[m³]를 보내기 위해 필요한 압력[kPa]는? (단, 관의 마찰계수는 0.030이다)

① 1,370　② 2,010
③ 3,750　④ 4,580

SOLUTION

[개념]
- 유량

$$Q = AV = \left(\frac{\pi D^2}{4}\right)V$$

여기서, Q : 유량[m³/s], A : 단면적[m²], V : 유속[m/s], D : 지름[m]

- 달시-바이스바하(마찰손실)의 식

$$H = \frac{\Delta P}{\gamma} = \frac{flV^2}{2gD}$$

여기서, H : 마찰손실수두[m], ΔP : 압력차[kPa]
γ : 유체의 비중량[kN/m³], f : 마찰손실계수
l : 등가길이[m], V : 유속[m/s]
g : 중력가속도(9.8[m/s²]), D : 지름[m]

[풀이]

1. 유속

유량의 공식을 유속에 대한 식으로 정리하고 문제에서 주어진 값들을 대입하면

$$V = \frac{Q}{\frac{\pi D^2}{4}} = \frac{\frac{800}{3,600}}{\frac{\pi \times 0.2^2}{4}} \fallingdotseq 7.07 \, [m/s]$$

2. 필요한 압력

마찰손실수두 공식을 압력차에 대한 식으로 정리하고 문제에서 주어진 값들 및 앞서 구한 값을 대입하면

$$\Delta P = \frac{flV^2\gamma}{2gD} = \frac{0.03 \times 1,000 \times 7.07^2 \times 9.8}{2 \times 9.8 \times 0.2} \fallingdotseq 3,749 \, [kPa]$$

∴ $\Delta P \fallingdotseq 3,750 \, [kPa]$

[단위환산]
- 유량 $800[m^3/h] = \frac{800}{60 \times 60}[m^3/s] = \frac{800}{3,600}[m^3/s]$
- 지름 $20[cm] = \frac{20}{100}[m] = 0.2[m]$

53 ★★☆

글로브 밸브에 의한 손실을 지름이 10[cm]이고 관 마찰계수가 0.025인 관의 길이로 환산하면 상당길이가 40[m]가 된다. 이 밸브의 부차적 손실계수는?

① 0.25　② 1
③ 2.5　④ 10

SOLUTION

[개념]
관의 상당길이

$$L_e = \frac{KD}{f}$$

여기서, L_e : 관의 상당길이[m], K : 부차적 손실계수
D : 지름[m], f : 마찰손실계수

[풀이]
관의 상당길이 공식을 부차적 손실계수에 관한 식으로 정리하고 문제에서 주어진 값들을 대입하면

$$K = \frac{L_e f}{D} = \frac{40 \times 0.025}{0.1} = 10$$

∴ $K = 10$

[단위환산]
- 지름 $10[cm] = \frac{10}{100}[m] = 0.1[m]$

54 ★★☆

체적탄성계수가 2×10^9[Pa]인 물의 체적을 3[%] 감소시키려면 몇 [MPa]의 압력을 가하여야 하는가?

① 25　② 30
③ 45　④ 60

SOLUTION

개념
체적탄성계수

공식 정리
$$K = -\frac{\Delta P}{\frac{\Delta V}{V}}$$

여기서, K : 체적탄성계수[MPa], ΔP : 가해진 압력[MPa]
$\frac{\Delta V}{V}$: 체적의 변화율

풀이
체적탄성계수 공식을 가해진 압력에 대한 식을 정리하고, 문제에서 주어진 값들을 대입하면

$\Delta P = -K \times \frac{\Delta V}{V} = -(2 \times 10^3) \times (-0.03) = 60$[MPa]

∴ $\Delta P = 60$[MPa]

[단위환산]
- 압력 2×10^9[Pa] $= \frac{2 \times 10^9}{10^6}$[MPa] $= 2 \times 10^3$[MPa]

TIP
1. 체적탄성계수 공식의 (-)부호는 가해진 압력이 증가하면 부피가 줄어든다는 것을 의미한다.
2. 물의 체적을 감소시켜야 하므로 체적의 변화율 앞에 (-)부호를 붙여준다.

55 ★★★

물질의 열역학적 변화에 대한 설명으로 틀린 것은?

① 마찰은 비가역성의 원인이 될 수 있다.
② 열역학 제1법칙은 에너지 보존에 대한 것이다.
③ 이상기체는 이상기체 상태방정식을 만족한다.
④ 가역단열과정은 엔트로피가 증가하는 과정이다.

SOLUTION

풀이
등엔트로피 과정($\Delta S = 0$)이 가역단열과정이다. 여기서 등엔트로피 과정이란 엔트로피가 변하지 않는 동일한 상태인 과정을 의미한다. 반면 비가역 단열과정은 엔트로피 증가($\Delta S > 0$)의 값을 갖는다.

56 ★★★

폭이 4[m]이고 반경이 1[m]인 그림과 같은 1/4원형 모양으로 설치된 수문 AB가 있다. 이 수문이 받는 수직방향 분력 F_V의 크기[N]는?

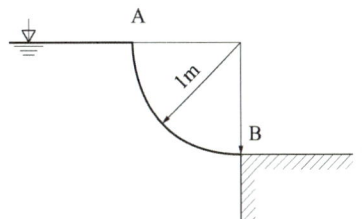

① 7,613
② 9,801
③ 30,787
④ 123,000

SOLUTION

개념
수직분력

공식 정리
$$F_V = \gamma V = \gamma \times \left(\frac{1}{4}\pi r^2 b\right)$$

여기서, F_V : 수직분력[N], γ : 비중량(물의 비중량 9,800[N/m³])
V : 곡면 연직 상방향의 체적[m³], r : 곡면의 반지름[m]
b : 폭[m]

풀이
수직분력 공식에 문제에서 주어진 값들을 대입하면

$F_V = \gamma \times \left(\frac{1}{4}\pi r^2 b\right) = 9,800 \times \left(\frac{1}{4}\pi \times 1^2 \times 4\right) ≒ 30,787$[N]

∴ $F_V ≒ 30,787$[N]

57 ★☆☆

다음 단위 중 3가지는 동일한 단위이고 나머지 하나는 다른 단위이다. 이 중 동일한 단위가 아닌 것은?

① [J]
② [N·s]
③ [Pa·m³]
④ [kg·m²/s²]

SOLUTION

개념
에너지 단위
1[J] = 1[N·m] = 1[Pa·m³] = 1[kg·m²/s²]

정답 55 ④ 56 ③ 57 ②

58 ★★★

전양정이 60[m], 유량이 6[m³/min], 효율이 60[%]인 펌프를 작동시키는 데 필요한 동력[kW]는?

① 44 ② 60
③ 98 ④ 117

SOLUTION

개념
펌프(전동기)의 소요동력

공식정리
$$P = \frac{\gamma QH}{\eta} K$$

여기서, P : 전동기 용량[kW], γ : 물의 비중량(9.8[kN/m³])
Q : 유량[m³/s], H : 양정(높이)[m]
η : 효율, K : 전달계수

풀이
문제에서 전달계수는 따로 주어지지 않았으므로 무시한다. 펌프의 동력 공식에 문제에서 주어진 값들을 대입하면

$$P = \frac{\gamma QH}{\eta} = \frac{9.8 \times \frac{6}{60} \times 60}{0.6} = 98 [kW]$$

[단위환산]
- 유량 $6[m^3/min] = \frac{6}{60}[m^3/s]$

59 ★★★

지름이 150[mm]인 원관에 비중이 0.85, 동점성계수가 1.33×10^{-4}[m²/s]인 기름이 0.01[m³/s]의 유량으로 흐르고 있다. 이때 관 마찰계수는? (단, 임계 레이놀즈수는 2,100이다)

① 0.10 ② 0.14
③ 0.18 ④ 0.22

SOLUTION

개념
- 유량

공식정리
$$Q = AV = \left(\frac{\pi D^2}{4}\right)V$$

여기서, Q : 유량[m³/s], A : 단면적[m²], V : 유속[m/s], D : 지름[m]

- 레이놀즈 수 : 배관 내 유체 흐름의 형태를 판단하는 척도로 사용되는 수

공식정리
$$레이놀즈 수\ Re = \frac{DV\rho}{\mu} = \frac{DV}{\nu}$$

여기서, Re : 레이놀즈 수, D : 지름[m], V : 유속[m/s], ρ : 밀도[kg/m³]
μ : 점성계수(점도)[N·s/m²], ν : 동점성계수[m²/s]

- 관마찰계수(층류일 경우)

공식정리
$$f = \frac{64}{Re}$$

여기서, f : 관마찰계수, Re : 레이놀즈 수

풀이
1. 유속
유량의 공식을 유속에 대하여 정리하고 주어진 값들을 대입하면
$$V = \frac{Q}{A} = \frac{Q}{\frac{\pi D^2}{4}} = \frac{0.01 \times 4}{\pi \times 0.15^2} \fallingdotseq 0.566[m/s]$$

2. 유체의 흐름 형태 파악
관마찰계수를 구하기 위해서는 유체의 흐름이 층류인지 난류인지를 파악해야 한다. 유체의 흐름을 파악해주는 것을 레이놀즈 수이기 때문에 레이놀즈 수의 공식을 활용한다.

층류	전이영역	난류
$Re \leq 2,100$	$2,100 < Re < 4,000$	$Re \geq 4,000$

$$Re = \frac{DV\rho}{\mu} = \frac{DV}{\nu} = \frac{0.15 \times 0.566}{1.33 \times 10^{-4}} \fallingdotseq 638.3$$

레이놀즈수가 2,100보다 낮은 638.3이므로 현재 기름은 층류라는 것을 알 수 있다.

3. 관마찰계수
관마찰계수는 층류일 경우 사용하는 공식을 활용한다.
$$f = \frac{64}{Re} = \frac{64}{638.3} \fallingdotseq 0.1$$

$\therefore f \fallingdotseq 0.1$

[단위환산]
- 지름 $150[mm] = \frac{150}{1,000}[m] = 0.15[m]$

60 ★☆☆

검사체적(control volume)에 대한 운동량방정식(momentum equation)과 가장 관계가 깊은 법칙은?

① 열역학 제2법칙
② 질량보존의 법칙
③ 에너지보존의 법칙
④ 뉴턴(Newton)의 법칙

SOLUTION

풀이
뉴턴의 운동 법칙(가속도의 법칙)은 운동량방정식의 근원이 되는 법칙이다.

2020년 제1·2회 소방설비기사

41 ★★★

비중이 0.8인 액체가 한 변이 10[cm]인 정육면체 모양 그릇의 반을 채울 때 액체의 질량[kg]은?

① 0.4
② 0.8
③ 400
④ 800

SOLUTION

개념
액체의 질량

공식 정리
$$m = \rho V = s\rho_w V$$

여기서, m : 액체의 질량[kg], ρ : 액체의 밀도[kg/m³]
V : 액체의 부피[m³], s : 액체의 비중
ρ_w : 물의 밀도(1,000[kg/m³])

풀이
그릇의 반을 채웠기 때문에 높이는 5[cm]이다.
액체의 질량 공식에 문제에서 주어진 값들을 대입하면
$m = s\rho_w V = 0.8 \times 1,000 \times (0.1 \times 0.1 \times 0.05) = 0.4$[kg]

∴ $m = 0.4$[kg]

42 ★☆☆

펌프의 입구에서 진공계의 계기압력은 -160[mmHg], 출구에서 압력계의 계기압력은 300[kPa], 송출 유량은 10[m³/min]일 때 펌프의 수동력[kW]은? (단, 진공계와 압력계 사이의 수직거리는 2[m]이고, 흡입관과 송출관의 직경은 같으며, 손실은 무시한다)

① 5.7
② 56.8
③ 557
④ 3,400

SOLUTION

개념
• 압력 단위 변환

공식 정리
$$1[\text{atm}] = 101.325[\text{kPa}] = 760[\text{mmHg}] = 10.332[\text{mAq}]$$

여기서, 1[atm] : 1기압, 760[mmHg] : 수은주 높이 760[mm]
10.332[mAq] : 물기둥 높이 10.332[m]

• 펌프(전동기)의 수동력

공식 정리
$$L_w = \gamma Q H$$

여기서, L_w : 펌프의 수동력[kW], γ : 물의 비중량(9.8[kN/m³])
Q : 유량[m³/s], H : 양정(높이)[m]

풀이
1. 양정 환산
   펌프의 양정을 구하기 위해서는 우선 진공계의 계기 압력과 펌프 압력계의 계기 압력을 양정으로 환산해주어야 한다.

$$H_{\text{진공계}} = -160[\text{mmHg}] \times \frac{10.332[\text{m}]}{760[\text{mmHg}]} \fallingdotseq -2.18[\text{m}]$$

$$H_{\text{압력계}} = 300[\text{kPa}] \times \frac{10.332[\text{m}]}{101.325[\text{kPa}]} \fallingdotseq 30.59[\text{m}]$$

2. 펌프의 양정
   펌프의 양정은 진공계와 압력계 사이의 수직거리에 압력계 양정은 합해주고 진공계 양정은 빼주면 된다.

$$H = H_{\text{수직거리}} + H_{\text{압력계}} - H_{\text{진공계}} = 2 + 30.59 - (-2.18)$$
$$= 34.77[\text{m}]$$

3. 펌프의 수동력
   펌프의 수동력 공식에 문제에서 주어진 값들과 앞서 구한 값들을 대입하면

$$P = \gamma Q H = 9.8 \times \frac{10}{60} \times 34.77 \fallingdotseq 56.8[\text{kW}]$$

$$\therefore P \fallingdotseq 56.8[\text{kW}]$$

[단위환산]
• 유량 $10[\text{m}^3/\text{min}] = \frac{10}{60}[\text{m}^3/\text{s}]$

43 ★★★

다음 (㉠), (㉡)에 알맞은 것은?

> 파이프 속을 유체가 흐를 때 파이프 끝의 밸브를 갑자기 닫으면 유체의 (㉠)에너지가 압력으로 변환되면서 밸브 직전에서 높은 압력이 발생하고, 상류로 압축파가 전달되는 (㉡) 현상이 발생한다.

① ㉠ 운동, ㉡ 서징
② ㉠ 운동, ㉡ 수격작용
③ ㉠ 위치, ㉡ 서징
④ ㉠ 위치, ㉡ 수격작용

SOLUTION

개념
수격작용
배관 내의 물 흐름을 급격하게 차단했을 때 운동에너지가 압력으로 변환되면서 발생하는 현상이다. 수격현상으로 인해 발생한 압력은 소음과 진동을 발생시킨다.

44 ★☆☆

과열증기의 대한 설명으로 틀린 것은?

① 과열증기의 압력은 해당온도에서의 포화압력보다 높다.
② 과열증기의 온도는 해당압력에서의 포화온도보다 높다.
③ 과열증기의 비체적은 해당온도에서의 포화증기의 비체적보다 크다.
④ 과열증기의 엔탈피는 해당압력에서의 포화증기의 엔탈피보다 크다.

SOLUTION

개념
과열증기
• 과열증기의 압력은 해당온도에서의 포화압력보다 낮다.
• 과열증기의 온도는 해당압력에서의 포화온도보다 높다.
• 과열증기의 비체적은 해당온도에서의 포화증기의 비체적보다 크다.
• 과열증기의 엔탈피는 해당압력에서의 포화증기의 엔탈피보다 크다.

45 ★★★

비중이 0.850이고 동점성계수가 3×10^{-4}[m²/s]인 기름이 직경 10[cm]의 수평 원형 관 내에 20[L/s]으로 흐른다. 이 원형 관의 100[m] 길이에서의 수두손실[m]은? (단, 정상 비압축성 유동이다)

① 16.6   ② 25.0
③ 49.8   ④ 82.2

SOLUTION

개념
- 유량

공식 정리
$$Q = AV = \left(\frac{\pi D^2}{4}\right)V$$

여기서, Q : 유량[m³/s], A : 단면적[m²]
V : 유속[m/s], D : 지름[m]

- 레이놀즈 수 : 배관 내 유체 흐름의 형태를 판단하는 척도로 사용되는 수

공식 정리
$$\text{레이놀즈 수 } Re = \frac{DV\rho}{\mu} = \frac{DV}{\nu}$$

여기서, Re : 레이놀즈 수, D : 지름[m]
V : 유속[m/s], ρ : 밀도[kg/m³]
μ : 점성계수(점도)[N·s/m²]
ν : 동점성계수[m²/s]

- 관마찰계수(층류일 경우)

공식 정리
$$f = \frac{64}{Re}$$

여기서, f : 관마찰계수, Re : 레이놀즈 수

- 달시-바이스바하(마찰손실)의 식

공식 정리
$$H = \frac{\Delta P}{\gamma} = \frac{flV^2}{2gD}$$

여기서, H : 마찰손실수두[m], ΔP : 압력차[kPa]
γ : 유체의 비중량[kN/m³], f : 마찰손실계수
l : 등가길이[m], V : 유속[m/s]
g : 중력가속도(9.8[m/s²]), D : 지름[m]

풀이

1. 유속

유량의 공식을 유속에 대하여 정리하고 주어진 값들을 대입하면
$$V = \frac{Q}{A} = \frac{Q}{\frac{\pi D^2}{4}} = \frac{0.02 \times 4}{\pi \times 0.1^2} \fallingdotseq 2.55 \text{[m/s]}$$

2. 유체의 흐름 형태 파악

관마찰계수를 구하기 위해서는 유체의 흐름이 층류인지 난류인지를 파악해야 한다. 유체의 흐름을 파악해주는 것을 레이놀즈 수이기 때문에 레이놀즈 수의 공식을 활용한다.

층류	전이영역	난류
$Re \leq 2{,}100$	$2{,}100 < Re < 4{,}000$	$Re \geq 4{,}000$

$$Re = \frac{DV\rho}{\mu} = \frac{DV}{\nu} = \frac{0.1 \times 2.55}{3 \times 10^{-4}} = 850$$

레이놀즈수가 2,100보다 낮은 850이므로 현재 기름은 층류라는 것을 알 수 있다.

3. 관마찰계수

관마찰계수는 층류일 경우 사용하는 공식을 활용한다.
$$f = \frac{64}{Re} = \frac{64}{850} \fallingdotseq 0.075$$

4. 마찰손실수두

마찰손실수두 공식에 문제에서 주어진 값들과 앞서 구한 값들을 모두 대입하면
$$H = \frac{\Delta P}{\gamma} = \frac{flV^2}{2gD} = \frac{0.075 \times 100 \times 2.55^2}{2 \times 9.8 \times 0.1} \fallingdotseq 25 \text{[m]}$$

[단위환산]
- 직경 $10\text{[cm]} = \frac{10}{100}\text{[m]} = 0.1\text{[m]}$
- 유량 $20\text{[L/s]} = \frac{20}{1{,}000}\text{[m}^3\text{/s]} = 0.02\text{[m}^3\text{/s]}$

정답 45 ②

46 ★★★

그림과 같이 수족관에 직경 3[m]의 투시경이 설치되어있다. 이 투시경에 작용하는 힘[kN]은?

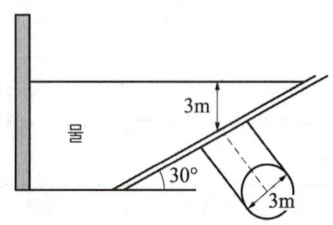

① 207.8
② 123.9
③ 87.1
④ 52.4

SOLUTION

개념
유체에 의한 힘의 수평분력

공식 정리
$$F_H = \gamma h A$$

여기서, F_H : 수평분력[kN]
γ : 유체의 비중량(물의 비중량 9.8[kN/m³])
h : 표면에서 투시경 중심까지의 수직거리[m]
A : 투시경의 단면적[m²]

풀이
유체에 의한 힘의 수평분력 공식에 문제에서 주어진 값들을 대입하면
$$F_H = \gamma h A = \gamma h \left(\frac{\pi D^2}{4}\right) = 9.8 \times 3 \times \frac{\pi \times 3^2}{4} ≒ 207.8[kN]$$
$$\therefore F_H ≒ 207.8[kN]$$

47 ★☆☆

점성에 관한 설명으로 틀린 것은?

① 액체의 점성은 분자 간 결합력에 관계된다.
② 기체의 점성은 분자 간 운동량 교환에 관계된다.
③ 온도가 증가하면 기체의 점성은 감소된다.
④ 온도가 증가하면 액체의 점성은 감소된다.

SOLUTION

풀이
온도가 증가하면 기체의 분자는 운동량이 증가하기 때문에 분자 사이의 마찰력도 증가하여 결국 점성이 증가한다. 반면 액체는 분자 사이의 결속력이 약해져서 점성은 감소한다.

48 ★★☆

240[mmHg]의 절대압력은 계기압력으로 약 몇 [kPa]인가?
(단, 대기압은 760[mmHg]이고, 수은의 비중은 13.6이다)

① -32.0
② 32.0
③ -69.3
④ 69.3

SOLUTION

개념
• 절대압력

공식 정리
절대압력 = 대기압 + 게이지 압력(계기압)
절대압력 = 대기압 - 진공압

• 압력 단위 변환

공식 정리
1[atm] = 101.325[kPa] = 760[mmHg] = 10.332[mAq]

여기서, 1[atm] : 1기압, 760[mmHg] : 수은주 높이 760[mm]
10.332[mAq] : 물기둥 높이 10.332[m]

풀이
절대압력의 공식을 계기압에 관해 정리하고 문제에서 주어진 값들을 대입하면
계기압 = 절대압 - 대기압 = 240 - 760 = -520[mmHg]
문제에서는 [kPa]를 요구했기 때문에 압력 단위 변환을 통해 [mmHg]를 [kPa]로 변환해준다.

계기압 = -520[mmHg] = -520[mmHg] × $\frac{101.325[kPa]}{760[mmHg]}$

≒ -69.3[kPa]

∴ 계기압 ≒ -69.3[kPa]

49 ★★☆

관의 길이가 l이고, 지름이 d, 관마찰계수가 f일 때, 총 손실수두 H[m]를 식으로 바르게 나타낸 것은? (단, 입구 손실계수가 0.5, 출구 손실계수가 1.0, 속도수두는 $\dfrac{V^2}{2g}$이다)

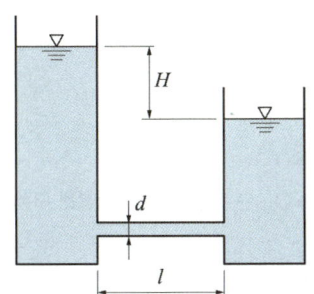

① $\left(1.5 + f\dfrac{l}{d}\right)\dfrac{V^2}{2g}$ ② $\left(f\dfrac{l}{d} + 1\right)\dfrac{V^2}{2g}$

③ $\left(0.5 + f\dfrac{l}{d}\right)\dfrac{V^2}{2g}$ ④ $\left(f\dfrac{l}{d}\right)\dfrac{V^2}{2g}$

SOLUTION

개념
- 돌연축소관에서의 손실수두(부차적손실)

공식정리
$$H = K\dfrac{V^2}{2g}$$

여기서, H : 손실수두[m], K : 손실계수, V : 유속[m/s]
  g : 중력가속도(9.8[m/s²])

- 달시-바이스바하(마찰손실)의 식(주손실)

공식정리
$$H = \dfrac{\Delta P}{\gamma} = \dfrac{flV^2}{2gD}$$

여기서, H : 마찰손실수두[m], ΔP : 압력차[kPa]
  γ : 유체의 비중량[kN/m³], f : 마찰손실계수
  l : 등가길이[m], V : 유속[m/s]
  g : 중력가속도(9.8[m/s²]), D : 지름[m]

풀이
마찰손실수두를 구할 때 입구 손실계수와 출구 손실계수가 주어졌을 때는 부차적손실도 고려해서 구해야 한다. 주손실의 식과 부차적손실의 식을 모두 고려하여 식을 정리하면

$$H = \dfrac{flV^2}{2gd} + (K_{입구} + K_{출구})\dfrac{V^2}{2g} = \dfrac{flV^2}{2gd} + (0.5 + 1.0) \times \dfrac{V^2}{2g}$$

$$= \left(f\dfrac{l}{d} + 0.5 + 1.0\right)\dfrac{V^2}{2g} = \left(1.5 + f\dfrac{l}{d}\right)\dfrac{V^2}{2g}$$

$$\therefore H = \left(1.5 + f\dfrac{l}{d}\right)\dfrac{V^2}{2g}$$

50 ★★★

회전속도 N[rpm]일 때 송출량 Q[m³/min], 전양정 H[m]인 원심펌프를 상사한 조건에서 회전속도를 $1.4N$[rpm]으로 바꾸어 작동할 때 (㉠)유량과 (㉡)전양정은?

① ㉠ $1.4Q$, ㉡ $1.4H$ ② ㉠ $1.4Q$, ㉡ $1.96H$
③ ㉠ $1.96Q$, ㉡ $1.4H$ ④ ㉠ $1.96Q$, ㉡ $1.96H$

SOLUTION

개념
펌프의 상사법칙

공식정리

(1) 유량 $Q_2 = Q_1\left(\dfrac{N_2}{N_1}\right)\left(\dfrac{D_2}{D_1}\right)^3$

(2) 양정 $H_2 = H_1\left(\dfrac{N_2}{N_1}\right)^2\left(\dfrac{D_2}{D_1}\right)^2$

(3) 축동력 $L_2 = L_1\left(\dfrac{N_2}{N_1}\right)^3\left(\dfrac{D_2}{D_1}\right)^5$

여기서, Q : 유량[m³/min], N : 회전속도[rpm], D : 지름[m]
  H : 양정[m], L : 동력[kW]

풀이
문제에서 지름에 대한 조건은 제시하지 않았기 때문에 펌프의 상사법칙에서 회전수만을 고려해서 풀어주면 된다.

1. 유량
   펌프의 상사법칙에서 유량에 해당하는 공식에 문제에서 주어진 값을 대입하면

   $$Q_2 = Q_1\left(\dfrac{N_2}{N_1}\right) = Q \times \dfrac{1.4N}{N} = 1.4Q$$

   $\therefore Q_2 = 1.4Q$

2. 양정
   펌프의 상사법칙에서 양정에 해당하는 공식에 문제에서 주어진 값들을 대입하면

   $$H_2 = H_1\left(\dfrac{N_2}{N_1}\right)^2 = H \times \left(\dfrac{1.4N}{N}\right)^2 = 1.96H$$

   $\therefore H_2 = 1.96H$

51 ★☆☆

그림과 같이 길이 5[m], 입구직경(D_1) 30[cm], 출구직경(D_2) 16[cm]인 직관을 수평면과 30° 기울어지게 설치하였다. 입구에서 0.3[m³/s]로 유입되어 출구에서 대기 중으로 분출된다면 입구에서의 압력[kPa]은? (단, 대기는 표준대기압 상태이고 마찰손실은 없다)

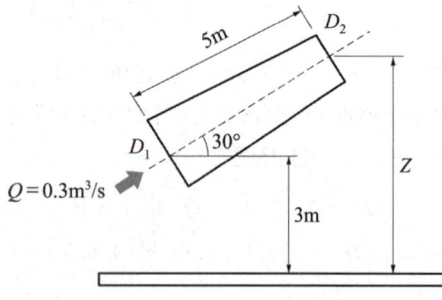

① 24.5
② 102
③ 127
④ 228

SOLUTION

개념
- 유량

공식 정리
$$Q = AV = \left(\frac{\pi D^2}{4}\right)V$$

여기서, Q : 유량[m³/s], A : 단면적[m²]
V : 유속[m/s], D : 지름[m]

- 수두로 표현한 베르누이의 정리

공식 정리
$$\frac{P_A}{\gamma} + \frac{V_A^2}{2g} + Z_A = \frac{P_B}{\gamma} + \frac{V_B^2}{2g} + Z_B + \Delta H$$

여기서, P : 압력[kPa], γ : 비중량[kN/m³]
V : 유속[m/s], g : 중력가속도(9.8[m/s²])
Z : 위치수두[m]

풀이

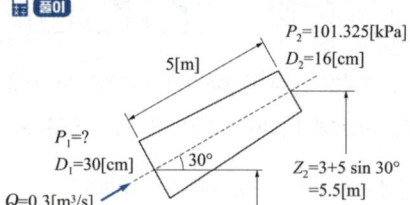

1. D_2 지점 수직높이
$$Z_2 = 3 + 5\sin 30° = 5.5[m]$$

2. 입구유속(V_1)과 출구유속(V_2)

    입구유속(V_1)과 출구유속(V_2)은 유량의 공식을 활용해 구한다.
$$V_1 = \frac{Q}{\frac{\pi D_1^2}{4}} = \frac{0.3 \times 4}{\pi \times 0.3^2} \fallingdotseq 4.24[m/s]$$
$$V_2 = \frac{Q}{\frac{\pi D_2^2}{4}} = \frac{0.3 \times 4}{\pi \times 0.16^2} \fallingdotseq 14.92[m/s]$$

3. 입구에서의 절대압력

    출구에서의 절대압력(P_2)는 대기압이기 때문에 $P_2 = 101.325[kPa]$이다. 베르누이의 정리를 입구에서의 절대압력(P_1)에 관해 정리하고 문제에서 주어진 값들 및 앞서 구한 값들을 대입하면
$$P_1 = P_2 + \gamma\left(\frac{V_2^2 - V_1^2}{2g} + Z_2 - Z_1\right)$$
$$= 101.325 + 9.8 \times \left(\frac{14.92^2 - 4.24^2}{2 \times 9.8} + 5.5 - 3\right) \fallingdotseq 228[kPa]$$

∴ $P_1 \fallingdotseq 228$

TIP

이 문제와 같이 문제들 중에 삼각함수의 개념을 반드시 인지해야 풀 수 있는 문제들이 있다. 수학적 개념이 잘 적립되어 있는 사람이라면 무리가 없겠지만 그렇지 않은 사람에게는 매우 어려운 문제가 될 수 있다. 이런 문제들은 단순히 풀이를 암기할 것이 아닌 삼각함수의 개념을 적립하고 난 뒤 풀어보는 것이 좋다.

52 ★☆☆

다음 중 배관의 유량을 측정하는 계측 장치가 아닌 것은?

① 로터미터(Rotameter)
② 유동노즐(Flow Nozzle)
③ 마노미터(Manometer)
④ 오리피스(Orifice)

SOLUTION

개념
배관의 유량 측정 장치
- 로터미터
- 유동노즐
- 오리피스
- 피토관
- 밴추리미터

풀이
마노미터는 배관의 압력을 측정하는 장치이다.

53 ★☆☆

지름 10[cm]의 호스에 출구 지름이 3[cm]인 노즐이 부착되어 있고, 1,500[L/min]의 물이 대기 중으로 뿜어져 나온다. 이때 4개의 플랜지 볼트를 사용하여 노즐을 호스에 부착하고 있다면 볼트 1개에 작용되는 힘의 크기[N]는? (단, 유동에서 마찰이 존재하지 않는다고 가정한다)

① 58.3
② 899.4
③ 1,018.4
④ 4,098.2

SOLUTION

개념
플랜지에 작용하는 힘

공식 정리
$$F = \frac{\gamma Q^2 A_1}{2g}\left(\frac{A_1 - A_2}{A_1 A_2}\right)^2 = \frac{\rho Q^2 A_1}{2}\left(\frac{A_1 - A_2}{A_1 A_2}\right)^2$$

여기서, F : 플랜지에 작용하는 힘[N]
γ : 비중량(물의 비중량 9.8[kN/m³])
Q : 유량[m³/s], A_1 : 호스의 단면적[m²]
A_2 : 노즐의 단면적[m²], g : 중력가속도(9.8[m/s²])
ρ : 밀도(물의 밀도 1,000[kg/m³])

풀이

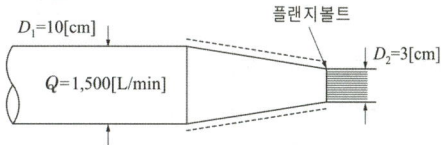

1. 호스의 단면적(A_1)과 노즐의 단면적(A_2)

$$A_1 = \frac{\pi \times 0.1^2}{4} \fallingdotseq 7.85 \times 10^{-3}[m^2]$$

$$A_2 = \frac{\pi \times 0.03^2}{4} \fallingdotseq 0.707 \times 10^{-3}[m^2]$$

2. 플랜지에 작용하는 힘

$$F = \frac{\rho Q^2 A_1}{2}\left(\frac{A_1 - A_2}{A_1 A_2}\right)^2$$

$$= \frac{1,000 \times \left(\frac{1.5}{60}\right)^2 \times (7.85 \times 10^{-3})}{2}$$

$$\times \left(\frac{(7.85 \times 10^{-3}) - (0.707 \times 10^{-3})}{(7.85 \times 10^{-3}) \times (0.707 \times 10^{-3})}\right)^2 \fallingdotseq 4,063.52[N]$$

3. 볼트 1개에 작용하는 힘

볼트는 총 4개를 사용했기 때문에 플랜지에 작용하는 힘에서 4를 나눠주면 된다.

$$F_{볼트} = \frac{F}{4} = \frac{4,063.52}{4} = 1,015.88[N]$$

1,015.88[N]가 없기 때문에 가장 근접값인 1,018.4[N]를 선택하면 된다.

∴ $F_{볼트} \fallingdotseq 1,018.4$[N]

[단위환산]
- 지름 10[cm] = $\frac{10}{100}$[m] = 0.1[m]
- 지름 3[cm] = $\frac{3}{100}$[m] = 0.03[m]
- 유량 1,500[L/min] = $\frac{1,500}{1,000 \times 60}$[m³/s] = $\frac{1.5}{60}$[m³/s]

54 ★★★

-10[℃], 6기압의 이산화탄소 10[kg]이 분사노즐에서 1기압까지 가역 단열팽창 하였다면 팽창 후의 온도는 몇 [℃]가 되겠는가? (단, 이산화탄소의 비열비는 1.289이다)

① -85
② -97
③ -105
④ -115

SOLUTION

개념
단열변화 관계식

공식 정리
$$\frac{T_2}{T_1} = \left(\frac{P_2}{P_1}\right)^{\frac{k-1}{k}} = \left(\frac{V_1}{V_2}\right)^{k-1}$$

여기서, T : 절대온도[K], P : 압력[atm], k : 비열비, V : 부피[m³]

풀이
단열변화 관계식 중 절대온도와 압력과의 관계식에서 변화 후의 온도에 관한 식으로 정리하고 문제에서 주어진 값들을 대입하면

$$T_2 = T_1\left(\frac{P_2}{P_1}\right)^{\frac{k-1}{k}} = (-10+273) \times \left(\frac{1}{6}\right)^{\frac{1.289-1}{1.289}} \fallingdotseq 176[K]$$

$= -97[℃]$

∴ $T_2 = -97[℃]$

[단위환산]
- 온도 $-10[℃] = (-10+273)[K]$
- 온도 $176[K] = (176-273)[K] = -97[℃]$

55 ★★★

다음 그림에서 A, B점의 압력차[kPa]는? (단, A는 비중 1의 물, B는 비중 0.899의 벤젠이다)

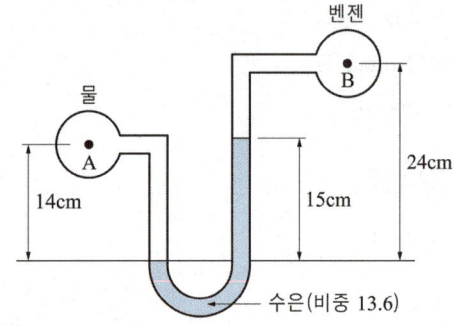

① 278.7
② 191.4
③ 23.07
④ 19.4

SOLUTION

개념
비중

공식 정리
$$s = \frac{\gamma}{\gamma_w}$$

여기서, s : 비중, γ : 물질의 비중량[kN/m³]

γ_w : 물의 비중량(9.8[kN/m³])

풀이
U자관 차압액주계에서 동일한 수평선 내에 있는 모든 점의 압력은 같다. 즉, 물과 수은이 만나는 점을 기준점으로 잡고 수평선을 긋는다면 왼쪽과 오른쪽의 압력은 $P_왼 = P_오$ 이다.

1. 왼쪽 지점의 압력 구하기

    $P_왼 = P_A + \gamma_물 h_물$

2. 오른쪽 지점의 압력 구하기

    $P_오 = P_B + \gamma_{수은} h_{수은} + \gamma_{벤젠} h_{벤젠}$

    $= P_B + s_{수은} \gamma_물 h_{수은} + s_{벤젠} \gamma_물 h_{벤젠}$

$P_왼 = P_오$ 이므로

$P_A + \gamma_물 h_물 = P_B + s_{수은} \gamma_물 h_{수은} + s_{벤젠} \gamma_물 h_{벤젠}$ 이다.

위의 식을 $P_A - P_B$에 관한 식으로 정리하고, 문제에서 주어진 값들을 식에 모두 대입하면

$P_A - P_B = s_{수은} \gamma_물 h_{수은} + s_{벤젠} \gamma_물 h_{벤젠} - \gamma_물 h_물$

$= 13.6 \times 9.8 \times 0.15 + 0.899 \times 9.8 \times 0.09 - 9.8 \times 0.14$

$\fallingdotseq 19.4[kPa]$

∴ $P_A - P_B \fallingdotseq 19.4[kPa]$

[단위환산]

- 높이 $15[\text{cm}] = \dfrac{15}{100}[\text{m}] = 0.15[\text{m}]$
- 높이 $9[\text{cm}] = \dfrac{9}{100}[\text{m}] = 0.09[\text{m}]$
- 높이 $14[\text{cm}] = \dfrac{14}{100}[\text{m}] = 0.14[\text{m}]$

TIP
벤젠의 높이는 24[cm]가 아닌 수은의 기둥과 벤젠 기둥의 높이 차를 이용해야 하기 때문에 24 - 15 = 9[cm]를 사용해야 한다.

56 ★★☆

펌프의 일과 손실을 고려할 때 베르누이 수정 방정식을 바르게 나타낸 것은? (단, H_P와 H_L은 펌프의 수두와 손실 수두를 나타내며, 하첨자 1, 2는 각각 펌프의 전후 위치를 나타낸다)

① $\dfrac{v_1^2}{g} + \dfrac{P_1}{\gamma} + z_1 = \dfrac{v_2^2}{2g} + \dfrac{P_2}{\gamma} + H_L$

② $\dfrac{v_1^2}{2g} + \dfrac{P_1}{\gamma} + z_1 + H_P = \dfrac{v_2^2}{2g} + \dfrac{P_2}{\gamma} + H_L$

③ $\dfrac{v_1^2}{2g} + \dfrac{P_1}{\gamma} + H_P = \dfrac{v_2^2}{2g} + \dfrac{P_2}{\gamma} + z_2 + H_L$

④ $\dfrac{v_1^2}{2g} + \dfrac{P_1}{\gamma} + z_1 + H_P = \dfrac{v_2^2}{2g} + \dfrac{P_2}{\gamma} + z_2 + H_L$

SOLUTION

개념
베르누이 수정 방정식(수두와 손실수두 포함)

공식 정리
$$\dfrac{P_1}{\gamma} + \dfrac{V_1^2}{2g} + Z_1 + H_P = \dfrac{P_2}{\gamma} + \dfrac{V_2^2}{2g} + Z_2 + H_L$$

여기서, P : 압력[kPa], γ : 비중량[kN/m³], V : 유속[m/s]
g : 중력가속도(9.8[m/s²]), Z : 위치수두[m]
H_P : 펌프의 수두[m], H_L : 펌프의 손실수두[m]

57 ★★★

그림과 같이 단면 A에서 정압이 500[kPa]이고 10[m/s]로 난류의 물이 흐르고 있을 때 단면 B에서의 유속[m/s]은?

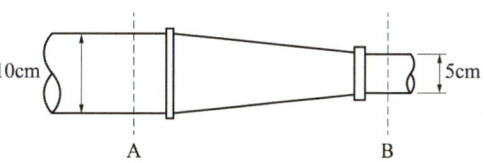

① 20　　② 40
③ 60　　④ 80

SOLUTION

개념
유량의 연속방정식

공식 정리
$$Q = A_1 V_1 = A_2 V_2 = \left(\dfrac{\pi D_1^2}{4}\right) V_1 = \left(\dfrac{\pi D_2^2}{4}\right) V_2$$

여기서, Q : 유량[m³/s], A : 단면적[m²], V : 속도[m/s], D : 지름[m]

풀이
단면 A와 단면 B의 유량은 일정하다. 유량의 연속 방정식을 단면 B의 유속에 관한 식으로 정리하고 문제에서 주어진 값들을 대입하면

$$V_B = V_A \times \dfrac{D_A^2}{D_B^2} = 10 \times \dfrac{0.1^2}{0.05^2} = 40[\text{m/s}]$$

$\therefore V_B = 40[\text{m/s}]$

[단위환산]

- 지름 $10[\text{cm}] = \dfrac{10}{100}[\text{m}] = 0.1[\text{m}]$
- 지름 $5[\text{cm}] = \dfrac{5}{100}[\text{m}] = 0.05[\text{m}]$

TIP
정압의 크기는 문제에서 베르누이의 정리를 활용하는 문제이게끔 속이기 위해 주어진 값이다.

58 ★★★

압력이 100[kPa]이고 온도가 20[℃]인 이산화탄소를 완전기체라고 가정할 때 밀도[kg/m³]는? (단, 이산화탄소의 기체상수는 188.95[J/kg·K]이다)

① 1.1　　② 1.8
③ 2.56　　④ 3.8

SOLUTION

개념
이상기체상태 방정식

공식 정리
$$PV = m\overline{R}T$$

여기서, P : 압력[kPa], V : 부피[m³], m : 질량[kg]
　　　　$\overline{R}$: 특정기체상수[kJ/kg·K], T : 절대온도[K]

풀이
밀도를 구하기 위해서는 이상기체상태 방정식을 활용한다. 밀도 $\rho = \dfrac{m}{V}$ 이기 때문에 이상기체상태 방정식을 밀도에 관한 식으로 정리하고 문제에서 주어진 값들을 대입하면

$$\rho = \frac{m}{V} = \frac{P}{\overline{R}T} = \frac{100}{188.95 \times 10^{-3} \times (20+273)} \fallingdotseq 1.8\,[\text{kg/m}^3]$$

$\therefore \rho \fallingdotseq 1.8\,[\text{kg/m}^3]$

[단위환산]
- 온도 $20[℃] = (20+273)[K]$
- 특정기체상수 $188.95[\text{J/kg·K}] = \dfrac{188.95}{1{,}000}[\text{kJ/kg·K}]$
　　　　　　　　　　　　　$= 188.95 \times 10^{-3}[\text{kJ/kg·K}]$

59 ★★☆

온도차이가 $\triangle T$, 열전도율이 k_1, 두께 x인 벽을 통한 열유속(Heat Flux)과 온도차이가 $2\triangle T$, 열전도율이 k_2, 두께 $0.5x$인 벽을 통한 열유속이 서로 같다면 두 재질의 열전도율비 k_1/k_2의 값은?

① 1　　② 2
③ 4　　④ 8

SOLUTION

개념
전도를 통한 열유속

공식 정리
$$q = \frac{k \Delta T}{x}$$

여기서, q : 열유속, k : 열전도도, ΔT : 온도차, x : 벽체 두께

풀이
첫 번째 조건(q_1)과 두 번째 조건(q_2)의 열유속이 같다고 했으므로($q_1 = q_2$) 이를 식으로 정리하면

$$\frac{k_1 \Delta T}{x} = \frac{k_2 \times 2\Delta T}{0.5x}$$

이다. 이를 열전도율비로 정리하면

$$\frac{k_1}{k_2} = \frac{x \times 2\Delta T}{0.5x \times \Delta T} = \frac{2}{0.5} = 4$$

$\therefore \dfrac{k_1}{k_2} = 4$

60 ★★☆

표준대기압 상태인 어떤 지방의 호수 밑 72.4[m]에 있던 공기의 기포가 수면으로 올라오면 기포의 부피는 최초 부피의 몇 배가 되는가? (단, 기포 내의 공기는 보일의 법칙을 따른다)

① 2 ② 4
③ 7 ④ 8

SOLUTION

개념
• 물속의 압력

공식 정리
$$P_1 = P_2 + \gamma h$$

여기서, P_1 : 물속의 압력[kPa]
P_2 : 수면의 압력(표준대기압 101.325[kPa])
γ : 비중량(물의 비중량 9.8[kN/m³])
h : 수면으로부터의 높이[m]

• 보일의 법칙

공식 정리
$$P_1 V_1 = P_2 V_2$$

여기서, P : 압력[kPa], V : 부피[m³]

풀이
1. 압력 비교

물속의 압력을 수면의 압력의 x배라고 한다면 물속의 압력 공식을 정리하면
$$P_1 = xP_2 = P_2 + \gamma h$$
이다. 위의 식을 x에 관해 정리하고 문제에서 주어진 값들을 대입하면
$$x = 1 + \frac{\gamma h}{P_2} = 1 + \frac{9.8 \times 72.4}{101.325} ≒ 8$$

즉, 물속의 압력은 현재 수면의 압력보다 8배가 높다는 결론이 나온다.

2. 부피 비교

앞서 압력의 관계를 파악했다. 그러므로 보일의 법칙을 활용하면 쉽게 부피의 관계도 알 수 있다. 보일의 법칙을 수면으로 올라온 부피에 관한 식으로 정리하고 앞서 구한 값들을 대입하면
$$V_2 = V_1 \times \frac{P_1}{P_2} = V_1 \times \frac{8P_2}{P_2} = 8V_1$$
$$\therefore V_2 = 8V_1$$

2020년 제3회 소방설비기사

41 ★☆☆

체적 0.1[m³]의 밀폐 용기 안에 기체상수가 0.4615[kJ/kg·K]인 기체 1[kg]이 압력 2[MPa], 온도 250[℃] 상태로 들어있다. 이때 이 기체의 압축계수(또는 압축성인자)는?

① 0.578 ② 0.828
③ 1.21 ④ 1.73

SOLUTION

개념
이상기체상태 방정식(압축계수 포함)

공식 정리
$$PV = m\overline{R}TZ$$

여기서, P : 기압[kPa], V : 부피[m³], m : 질량[kg]
$\overline{R}$: 특정기체상수[kJ/kg·K], T : 절대온도[K], Z : 압축계수

풀이
이상기체상태 방정식(압축계수 포함)의 식을 압축계수에 대하여 정리하고 문제에서 주어진 값들을 대입하면
$$Z = \frac{PV}{m\overline{R}T} = \frac{2,000 \times 0.1}{1 \times 0.4615 \times (250+273)} ≒ 0.829$$
$$\therefore Z ≒ 0.828$$

[단위환산]
• 압력 2[MPa] = 2 × 1,000[kPa] = 2,000[kPa]
• 온도 250[℃] = (250+273)[K]

정답 60 ④ / 41 ②

42 ★★☆

물의 체적탄성계수가 2.5[GPa]일 때 물의 체적을 1[%] 감소시키기 위해서 얼마의 압력[MPa]을 가하여야 하는가?

① 20 ② 25
③ 30 ④ 35

SOLUTION

개념
체적탄성계수

공식 정리
$$K = -\frac{\Delta P}{\dfrac{\Delta V}{V}}$$

여기서, K : 체적탄성계수[MPa], ΔP : 가해진 압력[MPa]
$\dfrac{\Delta V}{V}$: 체적의 변화율

풀이
체적탄성계수 공식을 가해진 압력에 대한 식으로 정리하고, 문제에서 주어진 값들을 대입하면

$$\Delta P = -K \times \frac{\Delta V}{V} = -2{,}500 \times (-0.01) = 25 \text{[MPa]}$$

∴ $\Delta P = 25$ [MPa]

[단위환산]
- 압력 2.5[GPa] $= 2.5 \times 1{,}000$[MPa] $= 2{,}500$[MPa]

TIP
체적탄성계수의 (-)부호는 가해진 압력이 증가하면 부피가 줄어든다는 것을 의미한다.

43 ★★★

안지름 40[mm]의 배관 속을 정상류의 물이 매분 150[L]로 흐를 때의 평균 유속[m/s]은?

① 0.99 ② 1.99
③ 2.45 ④ 3.01

SOLUTION

개념
유량

공식 정리
$$Q = AV = \left(\frac{\pi D^2}{4}\right) V$$

여기서, Q : 유량[m³/s], A : 단면적[m²], V : 유속[m/s], D : 지름[m]

풀이
유량의 공식을 유속에 관한 식으로 정리하고 문제에서 주어진 값들을 대입하면

$$V = \frac{Q}{\dfrac{\pi D^2}{4}} = \frac{\dfrac{0.15}{60} \times 4}{\pi \times 0.04^2} \fallingdotseq 1.99 \text{[m/s]}$$

∴ $V \fallingdotseq 1.99$ [m/s]

[단위환산]
- 안지름 40[mm] $= \dfrac{40}{1{,}000}$[m] $= 0.04$[m]
- 유량 150[L/min] $= \dfrac{150}{1{,}000 \times 60}$[m³/s] $= \dfrac{0.15}{60}$[m³/s]

44 ★★★

원심펌프를 이용하여 0.2[m³/s]로 저수지의 물을 2[m] 위의 물 탱크로 퍼 올리고자 한다. 펌프의 효율이 80[%]라고 하면 펌프에 공급해야 하는 동력[kW]은?

① 1.96
② 3.14
③ 3.92
④ 4.90

SOLUTION

개념
펌프(전동기)의 소요동력

공식 정리
$$P = \frac{\gamma Q H}{\eta} K$$

여기서, P : 전동기 용량[kW], γ : 물의 비중량(9.8[kN/m³])
Q : 유량[m³/s], H : 양정(높이)[m], η : 효율, K : 전달계수

풀이
전달계수는 문제에서 주어지지 않았기 때문에 고려하지 않고 계산한다.
문제에서 주어진 값들을 펌프의 소요동력 공식에 모두 대입하면
$$P = \frac{\gamma Q H}{\eta} = \frac{9.8 \times 0.2 \times 2}{0.8} = 4.9[kW]$$
$\therefore P = 4.9[kW]$

45 ★★★

원관에서 길이가 2배, 속도가 2배가 되면 손실수두는 원래의 몇 배가 되는가? (단, 두 경우 모두 완전발달 난류유동에 해당되며, 관 마찰계수는 일정하다)

① 동일하다.
② 2배
③ 4배
④ 8배

SOLUTION

개념
달시-바이스바하(마찰손실)의 식

공식 정리
$$H = \frac{\Delta P}{\gamma} = \frac{f l V^2}{2gD}$$

여기서, H : 마찰손실수두[m], ΔP : 압력차[kPa]
γ : 유체의 비중량[kN/m³], f : 마찰손실계수
l : 등가길이[m], V : 유속[m/s]
g : 중력가속도(9.8[m/s²]), D : 지름[m]

풀이
손실수두 공식에 길이가 2배, 속도가 2배를 대입하면
$$H_2 = \frac{f \times (2l) \times (2V)^2}{2gD} = 8 \times \frac{f l V^2}{2gD}$$
$\therefore H_2 = 8H$
원관에서 길이가 2배, 속도가 2배로 되면 손실수두는 원래의 8배가 된다.

46 ★★☆

펌프가 운전 중에 한숨을 쉬는 것과 같은 상태가 되어 펌프 입구의 진공계 및 출구의 압력계 지침이 흔들리고 송출유량도 주기적으로 변화하는 이상 현상을 무엇이라고 하는가?

① 공동현상(cavitation)
② 수격작용(water hammering)
③ 맥동현상(surging)
④ 언밸런스(unbalance)

SOLUTION

개념
펌프의 이상현상

- 공동현상 : 액체가 포화 증기압 이하에서 비등하여 기포가 발생하는 현상
- 수격작용 : 관을 흐르던 물이 갑자기 정지할 때 압력파에 의해 이상음(異常音)이 발생하는 현상
- **맥동현상 : 유량이 간헐적으로 변하여 진동과 소음이 일어나며 펌프의 토출유량이 주기적으로 변하는 현상**

47 ★★★

터보팬을 6,000[rpm]으로 회전시킬 경우, 풍량은 0.5[m³/min], 축동력은 0.049[kW]이었다. 만약 터보팬의 회전수를 8,000[rpm]으로 바꾸어 회전시킬 경우 축동력[kW]은?

① 0.0207 ② 0.207
③ 0.116   ④ 1.161

SOLUTION

개념
펌프의 상사법칙

공식 정리
(1) 유량 $Q_2 = Q_1 \left(\dfrac{N_2}{N_1}\right)\left(\dfrac{D_2}{D_1}\right)^3$

(2) 양정 $H_2 = H_1 \left(\dfrac{N_2}{N_1}\right)^2\left(\dfrac{D_2}{D_1}\right)^2$

(3) 축동력 $L_2 = L_1 \left(\dfrac{N_2}{N_1}\right)^3\left(\dfrac{D_2}{D_1}\right)^5$

여기서, Q : 유량[m³/min], N : 회전속도[rpm], D : 지름[m]
H : 양정[m], L : 동력[kW]

풀이
문제에서 지름에 대한 조건은 제시하지 않았기 때문에 펌프의 상사법칙에서 회전수만을 고려해서 풀어주면 된다. 펌프의 상사법칙의 축동력 공식에서 문제에서 주어진 값들을 대입하면

$$P_2 = P_1 \left(\dfrac{N_2}{N_1}\right)^3 = 0.049 \times \left(\dfrac{8,000}{6,000}\right)^3 \fallingdotseq 0.116 [\text{kW}]$$

48 ★★☆

어떤 기체를 20[℃]에서 등온 압축하여 절대압력이 0.2[MPa]에서 1[MPa]으로 변할 때 체적은 초기 체적과 비교하여 어떻게 변화하는가?

① 5배로 증가한다.   ② 10배로 증가한다.
③ 1/5로 감소한다.   ④ 1/10로 감소한다.

SOLUTION

개념
보일의 법칙

공식 정리
$$P_1 V_1 = P_2 V_2$$

여기서, P : 압력[MPa], V : 체적[m³]

풀이
등온인 상태에서 압력과 체적의 관계를 물었기 때문에 보일의 법칙을 사용한다. 보일의 법칙을 나중 체적(V_2)에 관해 정리하고 문제에서 주어진 값들을 대입하면

$$V_2 = V_1 \times \dfrac{P_1}{P_2} = V_1 \times \dfrac{0.2}{1} = \dfrac{1}{5} V_1$$

$\therefore V_2 = \dfrac{1}{5} V_1$

나중 체적은 초기 체적에 비해 $\dfrac{1}{5}$로 감소한다.

49 ★★☆

그림과 같이 매우 큰 탱크에 연결된 길이 100[m], 안지름 20[cm]인 원관에 부차적 손실계수가 50인 밸브 A가 부착되어 있다. 관 입구에서의 부차적 손실계수가 0.5, 관마찰계수는 0.020이고, 평균속도가 2[m/s]일 때 물의 높이 H[m]는?

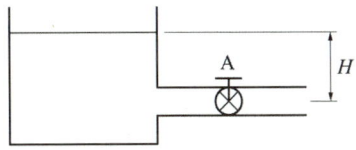

① 1.48 ② 2.14
③ 2.81 ④ 3.36

SOLUTION

개념
• 등가길이

공식 정리
$$L_e = \frac{KD}{f}$$

여기서, L_e : 등가길이[m], K : 손실계수
D : 지름[m], f : 마찰손실계수

• 달시-바이스바하(마찰손실)의 식

공식 정리
$$H = \frac{\Delta P}{\gamma} = \frac{flV^2}{2gD}$$

여기서, H : 마찰손실수두[m], ΔP : 압력차[kPa]
γ : 유체의 비중량[kN/m³], f : 마찰손실계수
l : 등가길이[m], V : 유속[m/s]
g : 중력가속도(9.8[m/s²]), D : 지름[m]

• 속도 수두

공식 정리
$$H = \frac{V^2}{2g}$$

여기서, H : 속도수두[m], V : 유속[m/s]
g : 중력가속도(9.8[m/s²])

풀이

1. 총 길이
총 길이를 알기 위해서는 관 길이 뿐만 아니라 손실에 의해 발생한 등가 길이도 필요하다. 부차적 손실계수가 원관일 때와 관 입구 일때로 따로 주어졌다. 그러므로 2개의 등가길이를 따로 구해준다.

$$L_{원관} = \left(\frac{KD}{f}\right)_{원관} = \frac{5 \times 0.2}{0.02} = 50[m]$$

$$L_{관입구} = \left(\frac{KD}{f}\right)_{관입구} = \frac{0.5 \times 0.2}{0.02} = 5[m]$$

총 길이는 관길이, 원관 등가길이, 관 입구 등가길이의 합이다. 이를 식으로 정리하고 값들을 대입하면

$$l = L_{관} + L_{원관} + L_{관입구} = 100 + 50 + 5 = 155[m]$$

2. 마찰손실수두
마찰손실수두 공식에 문제에서 주어진 값들과 앞서 구한 값을 대입하면

$$H_{마찰} = \frac{flV^2}{2gD} = \frac{0.02 \times 155 \times 2^2}{2 \times 9.8 \times 0.2} ≒ 3.16[m]$$

3. 물의 높이
물의 높이는 마찰손실수두와 속도수두의 합으로 구할 수 있다. 마찰손실수두는 구했기 때문에 속도수두의 값이 필요하다. 속도수두의 공식에 문제에서 주어진 값들을 대입하면

$$H_{속도} = \frac{V^2}{2g} = \frac{2^2}{2 \times 9.8} ≒ 0.2[m]$$

앞서 언급했듯 물의 높이는 마찰손실수두와 속도수두의 합이기 때문에 이를 식으로 정리하고 앞서 구한 값들을 대입하면

$$H_{물} = H_{마찰} + H_{속도} = 3.16 + 0.2 = 3.36[m]$$

∴ $H_{물} = 3.36[m]$

[단위환산]
• 지름 $20[cm] = \frac{20}{100}[m] = 0.2[m]$

50 ★★★

원관 속의 흐름에서 관의 직경, 유체의 속도, 유체의 밀도, 유체의 점성계수가 각각 D, V, ρ, μ로 표시될 때 층류 흐름의 마찰계수(f)는 어떻게 표현될 수 있는가?

① $f = \dfrac{64\mu}{DV\rho}$ ② $f = \dfrac{64\mu}{DV\mu}$

③ $f = \dfrac{64D}{V\rho\mu}$ ④ $f = \dfrac{64}{DV\rho\mu}$

SOLUTION

개념
- 레이놀즈 수 : 배관 내 유체 흐름의 형태를 판단하는 척도로 사용되는 수

공식 정리

$$\text{레이놀즈 수 } Re = \frac{DV\rho}{\mu} = \frac{DV}{\nu}$$

여기서, Re : 레이놀즈 수, D : 지름[m], V : 유속[m/s], ρ : 밀도[kg/m³]
μ : 점성계수(점도)[N·s/m²], ν : 동점성계수[m²/s]

- 관마찰계수(층류일 경우)

공식 정리

$$f = \frac{64}{Re}$$

여기서, f : 관마찰계수, Re : 레이놀즈 수

풀이
층류일 경우의 관마찰계수 공식에는 레이놀즈 수가 있다. 그곳에 레이놀즈 수의 공식을 대입하면

$$f = \frac{64}{Re} = \frac{64}{\dfrac{DV\rho}{\mu}} = \frac{64\mu}{DV\rho}$$

$$\therefore f = \frac{64\mu}{DV\rho}$$

51 ★☆☆

마그네슘은 절대온도 293[K]에서 열전도도가 156[W/m·K], 밀도는 1,740[kg/m³]이고, 비열이 1,017[J/kg·K]일 때 열확산계수[m²/s]는?

① 8.96×10^{-2} ② 1.53×10^{-1}
③ 8.81×10^{-5} ④ 8.81×10^{-4}

SOLUTION

개념
열확산계수

공식 정리

$$a = \frac{K}{\rho C}$$

여기서, a : 열확산계수[m²/s], K : 열전도도[W/m·K], ρ : 밀도[kg/m³]
C : 비열[J/kg·K]

풀이
열확산계수 공식에 문제에서 주어진 값들을 대입하면

$$a = \frac{K}{\rho C} = \frac{156}{1,740 \times 1,017} \fallingdotseq 8.81 \times 10^{-5}\,[\text{m}^2/\text{s}]$$

$$\therefore a \fallingdotseq 8.81 \times 10^{-5}\,[\text{m}^2/\text{s}]$$

52 ★★★

그림과 같이 반지름이 1[m], 폭(y방향) 2[m]인 곡면 AB에 작용하는 물에 의한 힘의 수직성분(z방향) F_z와 수평성분(x방향) F_x와의 비(F_z/F_x)는 얼마인가?

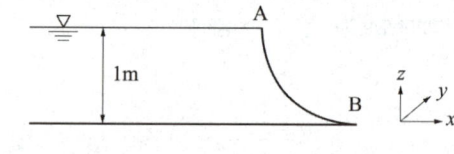

① $\dfrac{\pi}{2}$ ② $\dfrac{2}{\pi}$

③ 2π ④ $\dfrac{1}{2}\pi$

SOLUTION

개념
- 수평분력

공식
$$F_x = \gamma h A$$

여기서, F_x : 수평분력[N], γ : 비중량(물의 비중량 9,800[N/m³])
h : 표면에서 수문 중심까지의 중심거리[m]
A : 수평투영면적[m²]

- 수직분력

공식
$$F_z = \gamma V = \gamma \times \left(\frac{1}{4}\pi r^2 b\right)$$

여기서, F_z : 수직분력, γ : 비중량(물의 비중량 9,800[N/m³])
V : 곡면 연직 상방향의 체적[m³], r : 곡면의 반지름[m]
b : 폭[m]

풀이

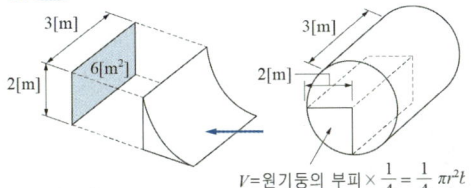

1. 수평분력

   표면에서 수문 중심까지의 중심거리는 곡면 반지름의 절반인 0.5[m]이다.
   수평분력 공식에 문제에서 주어진 값들을 대입하면
   $$F_x = \gamma h A = 9,800 \times 0.5 \times (1 \times 2) = 9,800[N]$$

2. 수직분력

   수직분력 공식에 문제에서 주어진 값들을 대입하면
   $$F_z = \gamma V = \gamma \times \left(\frac{1}{4}\pi r^2 b\right) = 9,800 \times \left(\frac{1}{4}\pi \times 1^2 \times 2\right) = 4,900\pi[N]$$

3. 수직분력과 수평분력의 비

   $$\frac{F_z}{F_x} = \frac{4,900\pi}{9,800} = \frac{\pi}{2}$$

   $$\therefore \frac{F_z}{F_x} = \frac{\pi}{2}$$

53 ★★☆

대기압하에서 10[℃]의 물 2[kg]이 전부 증발하여 100[℃]의 수증기로 되는 동안 흡수되는 열량[kJ]은 얼마인가? (단, 물의 비열은 4.2[kJ/kg·K], 기화열은 2,250[kJ/kg]이다)

① 756
② 2,638
③ 5,256
④ 5,360

SOLUTION

개념
- 현열 열량

공식
$$Q = mC\Delta T$$

여기서, Q : 현열 열량[kJ], m : 질량[kg], C : 비열[kJ/kg·K]
ΔT : 온도차[K]

- 기화 열량

공식
$$Q = mr$$

여기서, Q : 잠열 열량[kJ], m : 질량[kg], r : 기화열[kJ/kg]

풀이

1. 현열 열량

   물이 수증기가 되기 전 10[℃]에서 100[℃]까지 온도가 상승할 때 필요한 열량은 현열 열량 공식을 통해 구한다.
   $$Q_1 = mC\Delta T = 2 \times 4.2 \times (100-10) = 756[kJ]$$

2. 기화 열량

   물이 100[℃]가 됐을 때부터 수증기로 기화하기 시작한다. 물이 전부 수증기로 되기 위한 열량은 기화 열량 공식을 통해 구한다.
   $$Q_2 = mr = 2 \times 2,250 = 4,500[kJ]$$

3. 총 열량

   $$Q = Q_1 + Q_2 = 756 + 4,500 = 5,256[kJ]$$

[단위환산]
- 온도차 $(100-10)[℃] = ((100+273) - (10+273))[K]$
  $= (100-10)[K]$

54 ★☆☆

그림과 같이 폭(b)이 1[m]이고 깊이(h_0) 1[m]로 물이 들어있는 수조가 트럭 위에 실려 있다. 이 트럭이 7[m/s²]의 가속도로 달릴 때 물의 최대 높이(h_2)와 최소 높이(h_1)는 각각 몇 [m]인가?

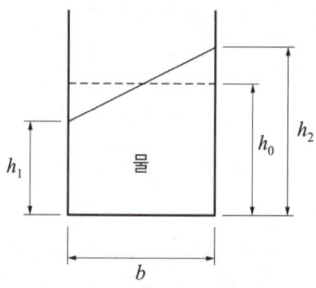

① $h_1 = 0.643$[m], $h_2 = 1.413$[m]
② $h_1 = 0.643$[m], $h_2 = 1.357$[m]
③ $h_1 = 0.676$[m], $h_2 = 1.413$[m]
④ $h_1 = 0.676$[m], $h_2 = 1.357$[m]

SOLUTION

개념
- 달리는 수조 안에 있는 물의 높이

공식 정리
$$y = \frac{ba}{g}$$

여기서, y : 높이[m], b : 폭[m], a : 가속도[m/s²]
g : 중력가속도(9.8[m/s²])

- 달리는 수조 안에 있는 물의 중심 높이

공식 정리
$$y' = \frac{y}{2}$$

여기서, y' : 중심 높이[m], y : 높이[m]

풀이
h_1을 기준으로 윗부분을 그림으로 표현하면 다음과 같다.

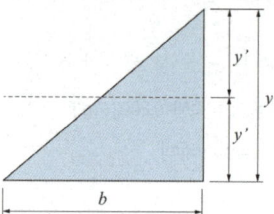

1. 물의 높이
   물의 높이 공식에 문제에서 주어진 값들을 대입하면
   $$y = \frac{ba}{g} = \frac{1 \times 7}{9.8} ≒ 0.714[m]$$

2. 물의 중심 높이
   물의 중심 높이 공식에 앞서 구한 값을 대입하면
   $$y' = \frac{y}{2} = \frac{0.714}{2} = 0.357[m]$$

3. 물의 최소 높이
   물의 최소 높이는 초기 높이에 물의 중심 높이를 뺀 값이다.
   $h_1 = h_0 - y' = 1 - 0.357 = 0.643[m]$
   ∴ $h_1 = 0.643[m]$

4. 물의 최대 높이
   물의 최대 높이는 초기 높이에 물의 중심 높이를 더한 값이다.
   $h_2 = h_0 + y' = 1 + 0.357 = 1.357[m]$
   ∴ $h_2 = 1.357$

55 ★☆☆

유체의 거동을 해석하는데 있어서 비점성 유체에 대한 설명으로 옳은 것은?

① 실제 유체를 말한다.
② 전단응력이 존재하는 유체를 말한다.
③ 유체 유동 시 마찰저항이 속도 기울기에 비례하는 유체이다.
④ 유체 유동 시 마찰저항을 무시한 유체를 말한다.

SOLUTION

풀이
비점성 유체는 유체 유동 시 발생하는 마찰저항(점성)을 무시한 유체이다. 이상 유체라고도 한다. 점성이 없으므로 운동 중에도 접선변형력은 항상 0이다.

정답 54 ② 55 ④

56 ★☆☆

경사진 관로의 유체흐름에서 수력기울기선의 위치로 옳은 것은?

① 언제나 에너지선보다 위에 있다.
② 에너지선보다 속도수두만큼 아래에 있다.
③ 항상 수평이 된다.
④ 개수로의 수면보다 속도수두 만큼 위에 있다.

SOLUTION

개념
• 수력기울기선

공식 정리
$$H.G.L = \frac{P}{\gamma} + Z$$

여기서, H.G.L : 수력에너지선, $\frac{P}{\gamma}$: 압력수두, Z : 위치수두

• 에너지선

공식 정리
$$E.L = \frac{P}{\gamma} + \frac{V^2}{2g} + Z$$

여기서, E.L : 에너지선, $\frac{P}{\gamma}$: 압력수두, $\frac{V^2}{2g}$: 속도수두, Z : 위치수두

풀이
수력기울기선은 에너지선보다 속도수두만큼 아래에 있다. 그렇기 때문에 수력기울기선은 항상 에너지선보다 아래에 있다.

57 ★★★

출구단면적이 0.0004[m²]인 소방호스로부터 25[m/s]의 속도로 수평으로 분출되는 물제트가 수직으로 세워진 평판과 충돌한다. 평판을 고정시키기 위한 힘(F)은 몇 [N]인가?

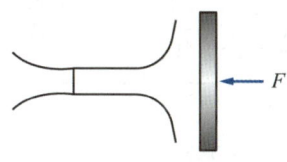

① 150
② 200
③ 250
④ 300

SOLUTION

개념
평판에 작용하는 힘

공식 정리
$$F = \rho Q V = \rho(AV)V = \rho A V^2$$

여기서, F : 힘[N], ρ : 밀도(물의 밀도 1,000[kg/m³])
Q : 유량[m³/s], A : 단면적[m²], V : 유속[m/s]

풀이
평판을 고정시키기 위해서는 유체가 평판에 작용하는 힘과 동일한 힘의 크기로 반대편에서 가해야 한다. 평판에 작용하는 힘 공식에 문제에서 주어진 값들을 대입하면
$F = \rho A V^2 = 1,000 \times 0.0004 \times 25^2 = 250$[N]
∴ $F = 250$[N]

58 ★★☆

두 개의 가벼운 공을 그림과 같이 실로 매달아 놓았다. 두 개의 공 사이로 공기를 불어 넣으면 공은 어떻게 되겠는가?

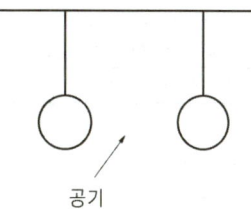

① 파스칼의 법칙에 따라 벌어진다.
② 파스칼의 법칙에 따라 가까워진다.
③ 베르누이의 법칙에 따라 벌어진다.
④ 베르누이의 법칙에 따라 가까워진다.

SOLUTION

개념
베르누이 방정식

공식 정리
$$\frac{P}{\gamma} + \frac{V^2}{2g} + Z = 일정$$

여기서, P : 압력[kPa], γ : 비중량[kN/m³], V : 유속[m/s]
g : 중력가속도(9.8[m/s²]), Z : 위치수두[m]

풀이
베르누이 방정식은 압력수두, 속도수두, 위치수두의 합이 일정하다는 법칙이다. 두 개의 공 사이에 공기를 불어 넣으면 속도가 증가했기 때문에 속도수두가 증가한다. 압력수두, 속도수두, 위치수두의 합은 일정해야 하기 때문에 속도 수두가 증가하면 그만큼 압력 수두는 감소한다. 따라서 공 사이의 압력이 감소하여 2개의 공은 서로 가까워진다.

59 ★★☆

다음 중 뉴튼(Newton)의 점성법칙을 이용하여 만든 회전 원통식 점도계는?

① 세이볼트(Saybolt) 점도계
② 오스왈트(Ostwald) 점도계
③ 레드우드(Redwood) 점도계
④ 맥미셸(MacMichael) 점도계

SOLUTION

개념
점도계의 종류

원리	종류
하겐-포아젤 (Hagen-Poiseuille)의 법칙	• 세이볼트(Saybolt) 점도계 • 레드우드(Redwoos) 점도계 • 앵글러(Engler) 점도계 • 바베이(Barbey) 점도계 • 오스왈트(Ostwald) 점도계
뉴턴(Newton)의 법칙	• 스토머(Stormer) 점도계 • 맥미셸(MacMichael) 점도계
스토크스(Stokes)의 법칙	• 낙구식 점도계

60 ★★★

그림과 같이 수은 마노미터를 이용하여 물의 유속을 측정하고자 한다. 마노미터에서 측정한 높이차(h)가 30[mm]일 때 오리피스 전후의 압력[kPa] 차이는? (단, 수은의 비중은 13.60이다)

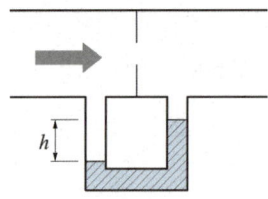

① 3.4   ② 3.7
③ 3.9   ④ 4.4

SOLUTION

개념
마노미터

공식
$$P_1 + \gamma_w h = P_2 + s\gamma_w h$$

여기서, P_1 : 오리피스 전의 압력[kPa], P_2 : 오리피스 후의 압력[kPa]
γ_w : 물의 비중량(9.8[kN,m³]), h : 높이차[m], s : 수은의 비중

풀이

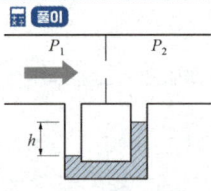

마노미터 공식을 오리피스 전후의 압력 차이에 관한 식으로 정리하고 문제에서 주어진 값들을 대입하면

$P_1 - P_2 = s\gamma_w h - \gamma_w h$
$\quad\quad\quad = 13.6 \times 9.8 \times 0.03 - 9.8 \times 0.03 ≒ 3.7[kPa]$

∴ $P_1 - P_2 ≒ 3.7[kPa]$

[단위환산]
• 높이차 $30[mm] = \dfrac{30}{1,000}[m] = 0.03[m]$

정답 59 ④ 60 ②

2020년 제4회 소방설비기사

41 ★★★

그림과 같이 수조의 밑부분에 구멍을 뚫고 물을 유량 Q로 방출시키고 있다. 손실을 무시할 때 수위가 처음 높이의 1/2로 되었을 때 방출되는 유량은 어떻게 되는가?

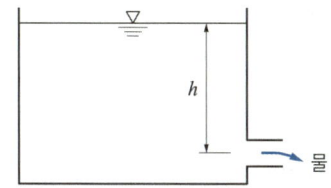

① $\dfrac{1}{\sqrt{2}}Q$ ② $\dfrac{1}{2}Q$

③ $\dfrac{1}{\sqrt{3}}Q$ ④ $\dfrac{1}{3}Q$

SOLUTION

개념
- 유량

공식
$$Q = AV$$

여기서, Q : 유량, A : 단면적, V : 유속

- 유속(토리첼리의 식)

공식
$$V = \sqrt{2gh}$$

여기서, V : 유속, g : 중력가속도, h : 유체의 높이

풀이
유량의 공식에서 토리첼리의 식을 대입하면
$Q = AV = A\sqrt{2gh}$
이다. 즉 다른 조건은 동일하고 높이만 변한다면 유량과 높이는
$Q \propto \sqrt{h}$ 의 관계를 갖는다. 처음 높이의 $\dfrac{1}{2}$ 가 된다면 유량은
$Q_2 = \sqrt{\dfrac{1}{2}}Q = \dfrac{1}{\sqrt{2}}Q$
∴ $Q_2 = \dfrac{1}{\sqrt{2}}Q$

42 ★★★

다음 중 등엔트로피 과정은 어느 과정인가?

① 가역 단열과정
② 가역 등온과정
③ 비가역 단열과정
④ 비가역 등온과정

SOLUTION

풀이
등엔트로피 과정($\Delta S = 0$)은 가역단열과정이다. 반면 비가역단열과정은 엔트로피 증가($\Delta S > 0$)의 값을 갖는다.

43 ★☆☆

어떤 밀폐계가 압력 200[kPa], 체적 0.1[m³]인 상태에서 100[kPa], 0.3[m³]인 상태까지 가역적으로 팽창하였다. 이 과정이 P-V 선도에서 직선으로 표시된다면 이 과정 동안에 계가 한 일[kJ]은?

① 20   ② 30
③ 45   ④ 60

SOLUTION

개념
일

공식
$$W = P(V_2 - V_1)$$

여기서, W : 계가 한 일[kJ], P : 압력[kPa], V : 체적[m³]

풀이
1. 압력

압력은 P-V 선도에서 직선으로 표시되었다는 표현이 있으므로 두 상태의 평균 압력을 사용한다.
$P = \dfrac{P_1 + P_2}{2} = \dfrac{200 + 100}{2} = 150[kPa]$

2. 일

일의 공식에 문제에서 주어진 값 및 앞서 구한 값들을 대입하면
$W = P(V_2 - V_1) = 150 \times (0.3 - 0.1) = 30[kJ]$
∴ $W = 30[kJ]$

정답 41 ①   42 ①   43 ②

44 ★★★

비중이 0.95인 액체가 흐르는 곳에 그림과 같이 피토 튜브를 직각으로 설치하였을 때 h가 150[mm], H가 30[mm]로 나타났다면 점 1위치에서의 유속[m/s]은?

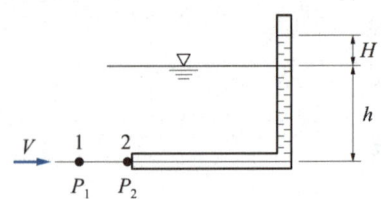

① 0.8 ② 1.6
③ 3.2 ④ 4.2

SOLUTION

개념
피토관의 유속

공식
$$V = C_V\sqrt{2gh}$$

여기서, V : 유속[m/s], C_V : 속도계수
  g : 중력가속도(9.8[m/s²]), h : 유체의 높이[m]

풀이
이 문제에서는 속도계수는 따로 주어지지 않기 때문에 속도계수는 제외하고 생각한다. 피토관의 유속을 구할 때는 피토관의 기둥과 수면에서의 높이차만 고려하면 된다. 즉 이 문제에서는 H값만 고려하고, h의 값은 고려하지 않는다. 이를 식으로 정리하면
$V = \sqrt{2gH} = \sqrt{2 \times 9.8 \times 0.03} = 0.76 ≒ 0.8$[m/s]

∴ $V ≒ 0.8$[m/s]

[단위환산]
- 높이차 30[mm] = $\dfrac{30}{1,000}$[m] = 0.03[m]

45 ★★☆

유체에 관한 설명으로 틀린 것은?

① 실제유체는 유동할 때 마찰로 인한 손실이 생긴다.
② 이상유체는 높은 압력에서 밀도가 변화하는 유체이다.
③ 유체에 압력을 가하면 체적이 줄어드는 유체는 압축성 유체이다.
④ 전단력을 받았을 때 저항하지 못하고 연속적으로 변형하는 물질을 유체라 한다.

SOLUTION

개념
유체에 관한 설명
- 실제유체는 점성이 존재하므로 유동할 때 마찰손실이 발생한다.
- 유체에 압력을 가하면 체적이 줄어드는 유체는 압축성 유체이다.
- 유체는 전단력을 받았을 때 연속적으로 변형하는 물질이다.

풀이
이상유체는 비압축성 유체로 압력에 따라 밀도가 변하지 않는 유체이다.

46 ★☆☆

대기압에서 10[℃]의 물 10[kg]을 70[℃]까지 가열할 경우 엔트로피 증가량[kJ/K]은? (단, 물의 정압비열은 4.18[kJ/kg·K]이다)

① 0.43 ② 8.03
③ 81.3 ④ 2508.1

SOLUTION

개념
엔트로피 증가량

공식
$$\Delta S = C_p m \ln \dfrac{T_2}{T_1}$$

여기서, ΔS : 엔트로피 증가량[kJ/K]
  C_p : 정압비열[kJ/kg·K]
  m : 질량[kg], T : 온도[K]

풀이
엔트로피 증가량 공식에 문제에서 주어진 값들을 대입하면

$$\Delta S = C_p m \ln \frac{T_2}{T_1} = 4.18 \times 10 \times \ln \frac{(70+273)}{(10+273)} \fallingdotseq 8.04 [kJ/K]$$

$\therefore \Delta S \fallingdotseq 8.04 [kJ/K]$

[단위환산]
- 온도 $70[℃] = (70+273)[K]$
- 온도 $10[℃] = (10+273)[K]$

47 ★☆☆

물속에 수직으로 완전히 잠긴 원판의 도심과 압력중심 사이의 최대 거리는 얼마인가? (단, 원판의 반지름은 R이며, 이 원판의 면적관성모멘트는 $I_{xc} = \dfrac{\pi R^4}{4}$ 이다)

① $R/8$
② $R/4$
③ $R/2$
④ $2R/3$

SOLUTION

개념
압력 중심의 거리

공식 정리

$$y_p = \bar{y} + \frac{I_{xc}}{A R}$$

여기서, y_p : 압력 중심의 거리, $\bar{y}$: 도심의 거리
I_{xc} : 면적 관성모멘트, A : 단면적, R : 반지름

풀이
압력 중심의 거리의 공식을 도심과 압력 중심 사이의 최대 거리에 관한 식으로 정리하고 문제에서 주어진 값들을 대입하면

$$y_p - \bar{y} = \frac{I_{xc}}{AR} = \frac{\dfrac{\pi R^4}{4}}{\pi R^2 \times R} = \frac{\pi R^4}{4 \pi R^3} = \frac{R}{4}$$

$\therefore y_p - \bar{y} = \dfrac{R}{4}$

48 ★★☆

물의 체적을 5[%] 감소시키려면 얼마의 압력[kPa]을 가하여야 하는가? (단, 물의 압축률은 $5 \times 10^{-10} [m^2/N]$이다)

① 1
② 10^2
③ 10^4
④ 10^5

SOLUTION

개념
체적탄성계수

공식 정리

$$K = -\frac{\Delta P}{\dfrac{\Delta V}{V}} = \frac{1}{\beta}$$

여기서, K : 체적탄성계수[Pa], ΔP : 가해진 압력[Pa]
$\dfrac{\Delta V}{V}$: 체적의 변화율, β : 압축률[m^2/N]

풀이
체적탄성계수 공식을 가해진 압력에 대한 식으로 정리하고, 문제에서 주어진 값들을 대입하면

$$\Delta P = -K \times \frac{\Delta V}{V} = -\frac{1}{\beta} \times \frac{\Delta V}{V} = -\frac{1}{5 \times 10^{-10}} \times (-0.05)$$

$$= 10^8 [Pa] = 10^5 [kPa]$$

$\therefore \Delta P = 10^5 [kPa]$

TIP
1. 체적탄성계수 공식의 (-)부호는 가해진 압력이 증가하면 부피가 줄어든다는 것을 의미한다.
2. 물의 체적을 감소시켜야 하므로 체적의 변화율 앞에 (-)부호를 붙여준다.

49 ★★★

점성계수가 0.101[N·s/m²], 비중이 0.85인 기름이 내경 300[mm], 길이 3[km]의 주철관 내부를 0.0444[m³/s]의 유량으로 흐를 때 손실수두[m]는?

① 7.1 ② 7.7
③ 8.1 ④ 8.9

SOLUTION

개념

• 유량

공식 정리
$$Q = AV = \left(\frac{\pi D^2}{4}\right)V$$

여기서, Q : 유량[m³/s], A : 단면적[m²]
V : 유속[m/s], D : 지름[m]

• 레이놀즈 수 : 배관 내 유체 흐름의 형태를 판단하는 척도로 사용되는 수

공식 정리
$$\text{레이놀즈 수 } Re = \frac{DV\rho}{\mu} = \frac{DV}{\nu}$$

여기서, Re : 레이놀즈 수, D : 지름[m]
V : 유속[m/s], ρ : 밀도[kg/m³]
μ : 점성계수(점도)[N·s/m²], ν : 동점성계수[m²/s]

• 관마찰계수(층류일 경우)

공식 정리
$$f = \frac{64}{Re}$$

여기서, f : 관마찰계수, Re : 레이놀즈 수

• 달시-바이스바하(마찰손실)의 식

공식 정리
$$H = \frac{\Delta P}{\gamma} = \frac{fl V^2}{2gD}$$

여기서, H : 마찰손실수두[m], ΔP : 압력차[kPa]
γ : 유체의 비중량[kN/m³], f : 마찰손실계수
l : 등가길이[m], V : 유속[m/s]
g : 중력가속도(9.8[m/s²]), D : 지름[m]

풀이

1. 유속

유량의 공식을 유속에 대하여 정리하고 주어진 값들을 대입하면

$$V = \frac{Q}{A} = \frac{Q}{\frac{\pi D^2}{4}} = \frac{0.0444 \times 4}{\pi \times 0.3^2} \fallingdotseq 0.628 [\text{m/s}]$$

2. 유체의 흐름 형태 파악

관마찰계수를 구하기 위해서는 유체의 흐름이 층류인지 난류인지를 파악해야 한다. 유체의 흐름을 파악해주는 것을 레이놀즈 수이기 때문에 레이놀즈 수의 공식을 활용한다.

층류	전이영역	난류
$Re \leq 2,100$	$2,100 < Re < 4,000$	$Re \geq 4,000$

기름의 밀도 $\rho = s\rho_w = 0.85 \times 1,000 = 850 [\text{kg/m}^3]$

레이놀즈 수 $Re = \frac{DV\rho}{\mu} = \frac{0.3 \times 0.628 \times 850}{0.101} \fallingdotseq 1,585.5$

레이놀즈수가 1,585.5로 2,100보다 낮으므로 현재 기름은 층류라는 것을 알 수 있다.

3. 관마찰계수

관마찰계수는 층류일 경우 사용하는 공식을 활용한다.

$$f = \frac{64}{Re} = \frac{64}{1,585.5} \fallingdotseq 0.04$$

4. 마찰손실수두

마찰손실수두 공식에 문제에서 주어진 값들과 앞서 구한 값들을 모두 대입하면

$$H = \frac{fl V^2}{2gD} = \frac{0.04 \times 3,000 \times 0.628^2}{2 \times 9.8 \times 0.3} \fallingdotseq 8.05 [\text{m}]$$

$$\therefore H \fallingdotseq 8.1 [\text{m}]$$

[단위환산]

• 내경 $300[\text{mm}] = \frac{300}{1,000}[\text{m}] = 0.3[\text{m}]$

• 길이 $3[\text{km}] = 3 \times 1,000[\text{m}] = 3,000[\text{m}]$

정답 ③

50 ★☆☆

그림과 같은 곡관에 물이 흐르고 있을 때 계기 압력으로 P_1이 98[kPa]이고, P_2가 29.42[kPa]이면 이 곡관을 고정시키는 데 필요한 힘[N]은? (단, 높이차 및 모든 손실은 무시한다)

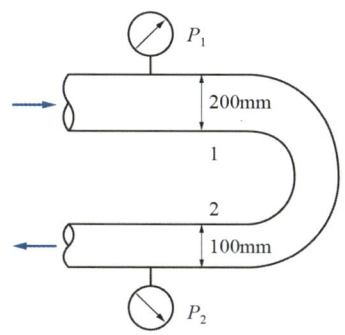

① 4,141 ② 4,314
③ 4,565 ④ 4,744

SOLUTION

개념
- 유량

$$Q = AV = \left(\frac{\pi D^2}{4}\right)V$$

여기서, Q : 유량[m³/s], A : 단면적[m²], V : 유속[m/s], D : 지름[m]

- 수두로 표현한 베르누이의 정리

$$\frac{P_A}{\gamma} + \frac{V_A^2}{2g} + Z_A = \frac{P_B}{\gamma} + \frac{V_B^2}{2g} + Z_B + \Delta H$$

여기서, P : 압력[kPa], γ : 비중량[kN/m³], V : 유속[m/s]
g : 중력가속도(9.8[m/s²]), Z : 위치수두[m]

풀이
1. 유속

1점일 때와 2점일 때의 상태에서의 베르누이의 정리를 통해 유속을 구한다. 문제에서 높이차를 무시하라고 했으므로 $Z_1 = Z_2$이다.

유량은 일정하므로 $Q_1 = Q_2 = \left(\frac{\pi D_1^2}{4}\right)V_1 = \left(\frac{\pi D_2^2}{4}\right)V_2$이다. 이를 속도에 관한 식으로 정리하면

$$\frac{V_2}{V_1} = \frac{D_2^2}{D_1^2} = \frac{0.2^2}{0.1^2} = 4$$

$V_2 = 4V_1$

베르누이의 정리 공식을 관계식으로 정리하면 다음과 같다.

$$\frac{P_1}{\gamma} + \frac{V_1^2}{2g} = \frac{P_2}{\gamma} + \frac{(4V_1)^2}{2g}$$

위의 식을 1점에서의 유속에 관한 식으로 정리하고 문제에서 주어진 값들을 대입하면

$$V_1 = \sqrt{\frac{2g(P_1 - P_2)}{15\gamma}} = \sqrt{\frac{2 \times 9.8 \times (98 - 29.42)}{15 \times 9.8}} \approx 3.024\text{[m/s]}$$

1점에서의 유속을 구했으면 2점에서의 유속도 관계식을 통해 구할 수 있다.

$V_2 = 4V_1 = 4 \times 3.024 = 12.096$[m/s]

2. 유량 계산

유속을 구했으므로 유량의 공식을 통해 유량을 구할 수 있다. 유량은 1점을 기준으로 구해도 되고, 2점을 기준으로 해서 구해도 동일하다. 해설에서는 1점을 기준으로 구하도록 하겠다.

$$Q = \left(\frac{\pi D_1^2}{4}\right)V_1 = \frac{\pi \times 0.2^2}{4} \times 3.024 \approx 0.095\text{[m}^3\text{/s]}$$

3. 힘

곡관에 작용하는 힘의 관계를 정리하면

$P_1 A_1 + \rho Q V_1 = P_2 A_2 \cos\theta + \rho Q V_2 \cos\theta + F$

곡관의 각도가 180°이므로 $\cos\theta = \cos(180°) = (-1)$을 대입한다. 위의 식을 곡관을 고정시키는 데 필요한 힘(F)에 대하여 정리하고 문제에서 주어진 값 및 앞서 구한 값들을 대입하면

$F = P_1 A_1 + \rho Q V_1 + P_2 A_2 + \rho Q V_2$

$= 98,000 \times \frac{\pi \times 0.2^2}{4} + 1,000 \times 0.095 \times 3.024$

$\quad + 29,420 \times \frac{\pi \times 0.1^2}{4} + 1,000 \times 0.095 \times 12.096$

$\approx 4,746$[N]

$\therefore F \approx 4,744$[N]

[단위환산]

- 지름 $200\text{[mm]} = \frac{200}{1,000}\text{[m]} = 0.2\text{[m]}$

- 지름 $100\text{[mm]} = \frac{100}{1,000}\text{[m]} = 0.1\text{[m]}$

- 압력 $98\text{[kPa]} = 98 \times 10^3\text{[Pa]} = 98,000\text{[Pa]}$

- 압력 $29.42\text{[kPa]} = 29.42 \times 10^3\text{[Pa]} = 29,420\text{[Pa]}$

51 ★★☆

옥내 소화전에서 노즐의 직경이 2[cm]이고, 방수량이 0.5[m³/min]이라면 방수압(계기압력, [kPa])은?

① 35.18 ② 351.8
③ 566.4 ④ 56.64

SOLUTION

개념
분당 방수량

공식 정리
$$Q = 0.653 D^2 \sqrt{10P}$$

여기서, Q : 방수량[L/min], D : 구경[mm], P : 방수압(계기압력)[MPa]

풀이
방수량의 공식을 방수압에 관한 식으로 정리하고 문제에서 주어진 값들을 대입하면

$$P = \frac{Q^2}{0.653^2 \times D^4 \times 10} = \frac{Q^2}{4.264 D^4} = \frac{500^2}{4.264 \times 20^4}$$

$$≒ 0.3664[\text{MPa}] = 366.4[\text{kPa}]$$

∴ $P ≒ 366.4[\text{kPa}]$

366.4[kPa]과 가장 근접한 351.8[kPa]이 정답이다.

[단위환산]
- 직경 2[cm] = 2×10[mm] = 20[mm]
- 방수압 0.3664[MPa] = 0.3664×1,000[kPa] = 366.4[kPa]
- 유량 0.5[m³/min] = 0.5×10³[L/min] = 500[L/min]

TIP
분당 방수량 공식은 방수량, 구경, 방수압 모두 흔하게 쓰지 않는 단위들을 사용하고 있다. 반드시 문제의 단위를 확인하여 단위를 일치시키도록 한다.

52 ★★☆

공기 중에서 무게가 941[N]인 돌이 물속에서 500[N]이라면 이 돌의 체적[m³]은? (단, 공기의 부력은 무시한다)

① 0.012 ② 0.028
③ 0.034 ④ 0.045

SOLUTION

개념
부력

공식 정리
$$F_B = \gamma V = s \gamma_w V$$

여기서, F_B : 부력[N], γ : 액체의 비중량[N/m³]
V : 물체가 잠긴 체적[m³], s : 비중
γ_w : 물의 비중량(9,800[N/m³])

풀이
부력의 크기는 공기 중에서의 무게에 물속에서의 무게를 뺀 값이다. 이를 식으로 정리하고 문제에서 주어진 값들을 대입하면

$$F_B = W_{공기} - W_{물} = 941 - 500 = 441[\text{N}]$$

이다. 부력의 공식을 물체의 체적에 관한 식으로 정리하고 앞서 구한 값들을 대입하면

$$V = \frac{F_B}{\gamma} = \frac{441}{9,800} = 0.045[\text{m}^3]$$

∴ $V = 0.045[\text{m}^3]$

53 ★★★

그림과 같이 비중이 0.8인 기름이 흐르고 있는 관에 U자관이 설치되어 있다. A점에서의 계기압력이 200[kPa]일 때 높이 h[m]는 얼마인가? (단, U자관 내의 유체의 비중은 13.6이다.)

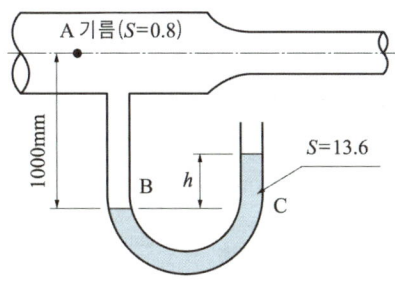

① 1.42 ② 1.56
③ 2.43 ④ 3.20

SOLUTION

개념
유체에 의한 압력

공식 정리
$$P = \gamma h = s\gamma_w h$$

여기서, P : 압력[kPa], γ : 유체의 비중량[N/m³], h : 높이[m], s : 비중
γ_w : 물의 비중량 : 9.8[kN/m³]

풀이

1. B점에서의 압력

   B점의 압력은 A점에서의 압력과 기름에 의한 압력의 합이다. 이를 식으로 정리하고 문제에서 주어진 값들을 대입하면

   $P_B = P_A + \gamma h_{AB} = P_A + s\gamma_w h_{AB} = 200 + 0.8 \times 9.8 \times 1$
   $= 207.84[kPa]$

   여기서, h_{AB}는 A점과 B점에서의 높이차다.

2. C점에서의 압력

   $P_C = \gamma h = s\gamma_w h = 13.6 \times 9.8 \times h = 133.28h[kPa]$

3. 높이 h

   $P_B = P_C$ 이므로 $207.84 = 133.28h$ 이다. 그러므로
   ∴ $h ≒ 1.56[m]$

54 ★★☆

열전달 면적이 A이고, 온도 차이가 10[℃], 벽의 열전도율이 10[W/(m·K)], 두께 25[cm]인 벽을 통한 열류량은 100[W]이다. 동일한 열전달 면적에서 온도 차이가 2배, 벽의 열전도율이 4배가 되고 벽의 두께가 2배가 되는 경우 열류량[W]은 얼마인가?

① 50 ② 200
③ 400 ④ 800

SOLUTION

개념
Fourier법칙(전도 열전달)

공식 정리
$$Q = \frac{kA\Delta T}{l}$$

여기서, Q : 열전달량[W], k : 열전도도[W/m·K]
A : 단면적[m²], ΔT : 전열체 내·외부의 온도차[K]
l : 두께[m]

풀이
첫 번째 조건에서의 열류량은 100[W]이다. 전도에 의한 열전달량의 공식을 통해 첫 번째 조건과 두 번째 조건에서의 관계를 통해 두 번째 조건에서의 열류량을 구할 수 있다.

$Q_2 = \left(\frac{kA\Delta T}{l}\right)_2 = \frac{4k_1 \times A_1 \times 2\Delta T_1}{2l_1} = 4 \times \left(\frac{kA\Delta T}{l}\right)_1 = 4 \times 100$
$= 400[W]$

∴ $Q_2 = 400[W]$

55 ★★★

지름 40[cm]인 소방용 배관에 물이 80[kg/s]로 흐르고 있다면 물의 유속[m/s]은?

① 6.4
② 0.64
③ 12.7
④ 1.27

SOLUTION

[개념] 질량유량

[공식정리]
$$\overline{m} = \rho A V = \rho \left(\frac{\pi D^2}{4}\right) V$$

여기서, $\overline{m}$: 질량유량[kg/s], ρ : 밀도(물의 밀도 1,000[kg/m³])
A : 단면적[m²], V : 유속[m/s], D : 지름[m]

[풀이]
질량유량의 공식을 유속에 관한 식으로 정리하고 문제에서 주어진 값들을 대입하면

$$V = \frac{\overline{m}}{\rho A} = \frac{\overline{m}}{\rho \times \frac{\pi D^2}{4}} = \frac{80 \times 4}{1,000 \times \pi \times 0.4^2} \fallingdotseq 0.64 \text{[m/s]}$$

$\therefore V \fallingdotseq 0.64$ [m/s]

[단위환산]
- 지름 $40\text{[cm]} = \frac{40}{100}\text{[m]} = 0.4\text{[m]}$

56 ★☆☆

지름이 400[mm]인 베어링이 400[rpm]으로 회전하고 있을 때 마찰에 의한 손실동력[kW]은? (단, 베어링과 축 사이에는 점성계수가 0.049[N·s/m²]인 기름이 차 있다)

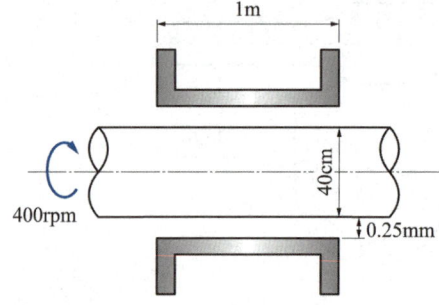

① 15.1
② 15.6
③ 16.3
④ 17.3

SOLUTION

[개념]
- 회전속도

[공식정리]
$$V = \frac{\pi D N}{60}$$

여기서, V : 회전속도[m/s], D : 지름[m]
N : 회전수[rpm]

- 점성에 의한 마찰손실 힘

[공식정리]
$$F = \mu \frac{V}{C} A = \mu \frac{V}{C} \pi D L$$

여기서, F : 마찰손실힘[N], μ : 점성계수[N·s/m²]
V : 회전속도[m/s], C : 틈새간격[m]
A : 기름과 베어링이 닿는 면적[m²]
D : 지름[m], L : 길이[m]

- 동력

[공식정리]
$$P = FV$$

여기서, P : 동력[W], F : 힘[N]
V : 속도[m/s]

55 ② 56 ④

풀이

1. 회전속도

   회전속도의 공식에 문제에서 주어진 값들을 대입하면

   $$V = \frac{\pi DN}{60} = \frac{\pi \times 0.4 \times 400}{60} \fallingdotseq 8.38 [\text{m/s}]$$

2. 점성에 의한 마찰손실 힘

   점성에 의한 마찰손실 힘 공식에 문제에서 주어진 값들 및 앞서 구한 값을 대입하면

   $$F = \mu \frac{V}{C} A = \mu \frac{V}{C} \pi DL$$
   $$= 0.049 \times \frac{8.38}{0.25 \times 10^{-3}} \times \pi \times 0.4 \times 1 \fallingdotseq 2,064 [\text{N}]$$

3. 손실동력

   손실동력을 구하기 위해서는 동력 공식에서 힘에 점성에 의한 마찰손실 힘의 값을 대입하면 된다.

   $$P = FV = 2,064 \times 8.38 \fallingdotseq 17,296 [\text{W}] = 17.296 [\text{kW}]$$
   $$\therefore P \fallingdotseq 17.3 [\text{kW}]$$

[단위환산]

- 지름 $400[\text{mm}] = \dfrac{400}{1,000}[\text{m}] = 0.4[\text{m}]$
- 틈새간격 $0.25[\text{mm}] = 0.25 \times 10^{-3}[\text{m}]$
- 동력 $17,296[\text{W}] = \dfrac{17,296}{1,000}[\text{kW}] = 17.296[\text{kW}]$

57 ★☆☆

12층 건물의 지하 1층에 제연설비용 배연기를 설치하였다. 이 배연기의 풍량은 500[m³/min]이고, 풍압이 290[Pa]일 때 배연기의 동력[kW]은? (단, 배연기의 효율은 60[%]이다)

① 3.55
② 4.03
③ 5.55
④ 6.11

SOLUTION

개념

송풍기(배연기)의 소요동력

공식 정리

$$P = \frac{P_T Q}{\eta} K$$

여기서, P : 송풍기(배연기)의 동력[kW], P_T : 풍압[kPa]
Q : 유량[m³/s], η : 효율, K : 전달계수

풀이

전달계수는 따로 주어지지 않았으므로 무시한다. 배연기의 소요동력 공식에 문제에서 주어진 값들을 대입하면

$$P = \frac{P_T Q}{\eta} = \frac{0.29 \times \dfrac{500}{60}}{0.6} \fallingdotseq 4.03 [\text{kW}]$$

$$\therefore P \fallingdotseq 4.03 [\text{kW}]$$

[단위환산]

- 풍압 $290[\text{Pa}] = \dfrac{290}{1,000}[\text{kPa}] = 0.29[\text{kPa}]$
- 풍량 $500[\text{m}^3/\text{min}] = \dfrac{500}{60}[\text{m}^3/\text{s}]$

정답 57 ②

58 ★★☆

다음 중 배관의 출구측 형상에 따라 손실계수가 가장 큰 것은?

㉠ 돌출 출구	㉡ 사각모서리 출구	㉢ 둥근 출구

① ㉠
② ㉡
③ ㉢
④ 모두 같다.

SOLUTION

풀이
출구측 손실계수는 형상에 상관없이 모두 같다.

59 ★★☆

원관 내에 유체가 흐를 때 유동의 특성을 결정하는 가장 중요한 요소는?

① 관성력과 점성력
② 압력과 관성력
③ 중력과 압력
④ 압력과 점성력

SOLUTION

개념
레이놀즈 수
배관 내 유체 흐름의 형태를 판단하는 척도로 사용되는 수

공식 정리
$$\text{레이놀즈 수 } Re = \frac{\text{관성력}}{\text{점성력}}$$

60 ★★★

토출량이 1,800[L/min], 회전차의 회전수가 1,000[rpm]인 소화펌프의 회전수를 1,400[rpm]으로 증가시키면 토출량은 처음보다 얼마나 더 증가되는가?

① 10[%]
② 20[%]
③ 30[%]
④ 40[%]

SOLUTION

개념
펌프의 상사법칙

공식 정리

(1) 유량 $Q_2 = Q_1 \left(\dfrac{N_2}{N_1}\right)\left(\dfrac{D_2}{D_1}\right)^3$

(2) 양정 $H_2 = H_1 \left(\dfrac{N_2}{N_1}\right)^2 \left(\dfrac{D_2}{D_1}\right)^2$

(3) 축동력 $L_2 = L_1 \left(\dfrac{N_2}{N_1}\right)^3 \left(\dfrac{D_2}{D_1}\right)^5$

여기서, Q : 유량[m³/min], N : 회전속도[rpm], D : 지름[m]
H : 양정[m], L : 동력[kW]

풀이
문제에서 지름에 대한 조건은 제시하지 않았기 때문에 펌프의 상사법칙에서 회전수만을 고려해서 풀어주면 된다. 펌프의 상사법칙의 유량 공식에서 문제에서 주어진 값들을 대입하면

$$Q_2 = Q_1 \times \frac{N_2}{N_1} = Q_1 \times \frac{1,400}{1,000} = 1.4 Q_1$$

$Q_2 = 1.4 Q_1$ 이므로 회전수를 증가시키면 토출량은 처음에 비해 40[%] 더 증가한다.

2021년 제1회 소방설비기사

41 ★★☆

대기압이 90[kPa]인 곳에서 진공 76[mmHg]는 절대압력[kPa]으로 약 얼마인가?

① 10.1
② 79.9
③ 99.9
④ 101.1

SOLUTION

개념
- 절대압력

공식
절대압력 = 대기압 + 게이지 압력(계기압)
절대압력 = 대기압 - 진공압

- 압력단위

공식
1[atm] = 101.325[kPa] = 760[mmHg] = 10.332[mAq]

풀이
1. 진공압력

$$76[\text{mmHg}] = \frac{76[\text{mmHg}] \times 101.325[\text{kPa}]}{760[\text{mmHg}]} ≒ 10.1[\text{kPa}]$$

2. 절대압력
문제에서 주어진 값들을 절대압력 식에 모두 대입하면
절대압력 = 대기압 - 진공압력 = 90 - 10.1 = 79.9[kPa]
∴ 절대압력 = 79.9[kPa]

TIP
1. 절대압력은 게이지 압력(계기압)이 주어지면 대기압에 더해주고, 진공압이 주어지면 대기압에서 빼준다.
2. 수은의 높이를 의미하는 [mmHg], 물의 높이를 의미하는 [mAq], 압력의 기본단위 [Pa]를 자유롭게 환산할 줄 알아야 한다.

42 ★★★

지름 0.4[m]인 관에 물이 0.5[m³/s]로 흐를 때 길이 300[m]에 대한 동력손실은 60[kW]이었다. 이때 관 마찰계수(f)는 얼마인가?

① 0.0151
② 0.0202
③ 0.0256
④ 0.0301

SOLUTION

개념
- 유량

공식
$$Q = AV = \left(\frac{\pi D^2}{4}\right)V$$

여기서, Q : 유량[m³/s], A : 단면적[m²], V : 유속[m/s], D : 직경[m]

- 동력손실

공식
$$P = \gamma Q H$$

여기서, P : 동력손실[kW], γ : 비중량(물의 비중량 9.8[kN/m³])
Q : 유량[m³/s], H : 손실수두[m]

- 손실수두

공식
$$H = \frac{flV^2}{2gD}$$

여기서, H : 손실수두[m], f : 관마찰계수, l : 길이[m]
V : 유속[m/s], g : 중력가속도(9.8[m/s²]), D : 지름[m]

풀이
1. 유속
유량의 공식을 유속에 관한 식으로 정리하고, 문제에서 주어진 값들을 대입하면

$$V = \frac{Q}{A} = \frac{Q}{\frac{\pi D^2}{4}} = \frac{0.5}{\frac{\pi \times 0.4^2}{4}} ≒ 3.98[\text{m/s}]$$

2. 손실수두
동력손실의 공식을 손실수두에 관한 식으로 정리하고, 문제에서 주어진 값들을 대입하면

$$H = \frac{P}{\gamma Q} = \frac{60}{9.8 \times 0.5} ≒ 12.24[\text{m}]$$

3. 관마찰계수
손실수두의 공식을 관마찰계수에 관한 식으로 정리하고, 문제에서 주어진 값들과 앞서 구한 값들을 대입하면

$$f = \frac{2gDH}{lV^2} = \frac{2 \times 9.8 \times 0.4 \times 12.24}{300 \times 3.98^2} ≒ 0.0202$$

∴ $f ≒ 0.0202$

43 ★☆☆

액체 분자들 사이의 응집력과 고체면에 대한 부착력의 차이에 의하여 관내 액체표면과 자유표면 사이에 높이 차이가 나타나는 것과 가장 관계가 깊은 것은?

① 관성력 ② 점성
③ 뉴턴의 마찰법칙 ④ 모세관현상

SOLUTION

개념
유체에 관한 다양한 용어
- 관성력 : 물체가 현재의 운동상태를 계속 유지하는 성질
- 점성 : 유체의 흐름에 대한 저항
- 뉴턴의 마찰법칙 : 레이놀즈 수가 큰 경우에 물체가 받는 마찰력이 속도의 제곱에 비례한다는 법칙
- 모세관 현상 : 액체분자들 사이의 응집력과 고체면에 대한 부착력의 차이에 의하여 관내 액체표면과 자유표면 사이에 높이 차이가 발생하는 것

44 ★☆☆

피스톤이 설치된 용기 속에서 1[kg]의 공기가 일정온도 50[℃]에서 처음 체적의 5배로 팽창되었다면 이때 전달된 열량[kJ]은 얼마인가? (단, 공기의 기체상수는 0.287[kJ/kg·K]이다)

① 149.2 ② 170.6
③ 215.8 ④ 240.3

SOLUTION

개념
등온변화 시 열량

공식 정리
$$Q = m\bar{R}T \ln \frac{V_2}{V_1}$$

여기서, Q : 열량[kJ], m : 질량[kg]
$\bar{R}$: 특정기체상수[kJ/kg·K]
T : 절대온도[K]
V : 체적[m³]

풀이
처음 체적의 5배로 팽창했기 때문에 $V_2 = 5V_1$이다. 문제에서 '일정온도'라고 주어졌기 때문에 등온변화라는 것을 알 수 있다. 따라서 등온변화 시 열량 공식에 문제에서 주어진 값들을 대입하면

$$Q = m\bar{R}T \ln \frac{V_2}{V_1} = 1 \times 0.287 \times (50+273) \times \ln \frac{5V_1}{V_1} ≒ 149.2[kJ]$$

∴ $Q ≒ 149.2[kJ]$

[단위환산]
- 온도 50[℃] = (50+273)[K]

45 ★☆☆

호주에서 무게가 20[N]인 어떤 물체를 한국에서 재어보니 19.8[N]이었다면 한국에서의 중력가속도[m/s²]는 얼마인가? (단, 호주에서의 중력가속도는 9.82[m/s²]이다)

① 9.46 ② 9.61
③ 9.72 ④ 9.82

SOLUTION

개념
무게

공식 정리
$$W = mg$$

여기서, W : 무게[N], m : 질량[kg], g : 중력가속도[m/s²]

풀이
1. 물체의 질량

   물체의 질량은 어디에서든 항상 일정하다. 한국과 호주에서의 무게 차이는 중력가속도의 차이에 의해서 발생한다. 호주에서의 무게와 중력가속도가 주어졌기 때문에 물체의 질량을 우선 구한다. 무게의 공식을 질량에 관해 정리하고, 문제에서 주어진 값들을 대입하면

   $$m = \frac{W_{호주}}{g_{호주}} = \frac{20}{9.82} ≒ 2.037[kg]$$

2. 한국에서의 중력가속도

   무게의 공식을 중력가속도에 관한 식으로 정리하고, 문제에서 주어진 값과 앞서 구한 질량 값을 대입하면

   $$g_{한국} = \frac{W_{한국}}{m} = \frac{19.8}{2.037} ≒ 9.72[m/s²]$$

   ∴ $g_{한국} ≒ 9.72[m/s²]$

43 ④ 44 ① 45 ③

46 ★★☆

두께 20[cm]이고 열전도율 4[W/m·K]인 벽의 내부 표면온도는 20[℃]이고, 외부 벽은 -10[℃]인 공기에 노출되어 있어 대류열전달이 일어난다. 외부의 대류열전달계수가 20[W/m²·K]일 때, 정상상태에서 벽의 외부표면온도[℃]는 얼마인가? (단, 복사열전달은 무시한다)

① 5　　② 10
③ 15　　④ 20

SOLUTION

개념
- Fourier법칙(전도열전달)

공식 정리
$$Q = \frac{kA\Delta T}{l}$$

여기서, Q : 이동열량[W], k : 열전도도[W/m·K]
A : 단면적[m²], ΔT : 전열체 내·외부의 온도차[K]
l : 두께[m]-식 박스 안에

- 대류열전달

공식 정리
$$Q = hA\Delta T$$

여기서, Q : 이동열량[W], h : 대류열전달계수[W/m²·K]
A : 표면적[m²], ΔT : 외기와 전열체의 온도차[K]

풀이

1. 전도에 의한 열량

전도에 의한 열량을 Q_1이라고 하고, 전도열전달 공식에 문제에서 주어진 값들을 대입하면

$$Q_1 = \frac{kA\Delta T}{l} = \frac{kA(T_{내벽} - T_{외벽})}{l}$$
$$= \frac{4 \times A \times (20 - T_{외벽})}{0.2} = 20A(20 - T_{외벽})$$

2. 대류에 의한 열량

$$Q_2 = hA\Delta T = hA(T_{외벽} - T_{외기})$$
$$= 20 \times A \times \{T_{외벽} - (-10)\} = 20A(T_{외벽} + 10)$$

3. 벽의 외부 표면온도

벽의 외부 표면온도는 전도에 의한 열전달과 대류에 의한 열전달 2가지 요소에 의해 온도가 정해질 것이다. 벽의 외부 표면온도는 전도에 의한 열량과 대류에 의한 열량이 균형을 이룰 때 비로소 하나의 값으로 수렴할 것이다. 그러므로 전도에 의한 열량과 대류에 의한 열량이 동일($Q_1 = Q_2$)하다고 가정한다면

$$20A(20 - T_{외벽}) = 20A(T_{외벽} + 10)$$

위의 식에서 단면적은 동일하기 때문에 양쪽 모두 소거하고, $T_{외벽}$에 관한 식으로 정리하면

$$\therefore T_{외벽} = 5[℃]$$

[단위환산]
- 두께 $20[cm] = \frac{20}{100}[m] = 0.2[m]$

TIP
전도열전달, 대류열전달 공식 모두 절대온도 K를 사용하지만 절대온도차와 섭씨온도차는 동일하기 때문에 굳이 절대온도로 환산하지 않고 섭씨온도를 사용했다. 만약 헷갈림을 방지하기 위해 절대온도로 환산해서 값을 구했다면 반드시 구한 값을 다시 섭씨온도로 환산해줘야 한다.

47 ★☆☆

질량 m[kg]의 어떤 기체로 구성된 밀폐계가 Q[kJ]의 열을 받아 일을 하고, 이 기체의 온도가 $\triangle T$[℃] 상승하였다면 이 계가 외부에 한 일 W[kJ]을 구하는 계산식으로 옳은 것은? (단, 이 기체의 정적비열은 C_v[kJ/kg·K], 정압비열은 C_p[kJ/kg·K]이다)

① $W = Q - mC_v \triangle T$
② $W = Q + mC_v \triangle T$
③ $W = Q - mC_p \triangle T$
④ $W = Q + mC_p \triangle T$

SOLUTION

개념
• 열

공식 정리
$$Q = \Delta U + W$$

여기서, Q : 열[kJ], ΔU : 내부에너지 변화[kJ], W : 일[kJ]

• 정적과정 시 내부에너지 변화

공식 정리
$$\Delta U = mC_v \Delta T$$

여기서, ΔU : 내부에너지 변화[kJ], m : 질량[kg]
C_v : 정적비열[kJ/kg·K], ΔT : 온도차[K]

풀이
문제에서 '밀폐계'라고 주어졌기 때문에 정적과정이라는 것을 알 수 있다. 열의 공식을 일에 관한 식으로 정리하고, 내부에너지 변화를 정적과정 시 내부에너지 변화의 식을 대입하면
$W = Q - \Delta U = Q - mC_v \Delta T$
∴ $W = Q - mC_v \Delta T$

TIP
정적과정 시 내부에너지 변화 공식에서는 절대 온도차를 사용하고 있다. 문제에서는 섭씨 온도차가 주어졌지만 절대 온도차와 섭씨 온도차는 어차피 동일하기 때문에 풀이에서는 그냥 섭씨 온도차로 사용했다.

48 ★★☆

정육면체의 그릇에 물을 가득 채울 때, 그릇밑면이 받는 압력에 의한 수직방향 평균 힘의 크기를 P라고 하면, 한 측면이 받는 압력에 의한 수평방향 평균 힘의 크기는 얼마인가?

① $0.5P$
② P
③ $2P$
④ $4P$

SOLUTION

개념
유체의 압력에 의한 힘

공식 정리
$$F = \gamma h A$$

여기서, F : 힘, γ : 비중량, h : 높이, A : 단면적

풀이
1. 정육면체 그릇의 밑면이 받는 힘
$F_{밑면} = P = \gamma h A$

2. 정육면체 그릇의 측면이 받는 힘
유체의 압력에 의한 힘은 물의 높이에 따라 달라진다. 정육면체 그릇의 밑면은 물의 높이가 일정하기 때문에 동일한 힘을 받는다. 반면 측면은 위쪽과 아래쪽의 높이 차이가 발생하기 때문에 다른 힘이 작용하고 있다. 그러므로 수평방향 평균힘을 구하기 위해서는 측면의 윗부분과 아랫부분 높이의 평균인 $\frac{1}{2}h$를 사용한다. $\frac{1}{2}h$를 유체의 압력에 의한 힘에 대입한다면
$F_{측면} = \frac{1}{2}\gamma h A = \frac{1}{2}P = 0.5P$
∴ $F_{측면} = 0.5P$

49 ★★☆

베르누이 방정식을 적용할 수 있는 기본 전제조건으로 옳은 것은?

① 비압축성 흐름, 점성 흐름, 정상 유동
② 압축성 흐름, 비점성 흐름, 정상 유동
③ 비압축성 흐름, 비점성 흐름, 비정상 유동
④ 비압축성 흐름, 비점성 흐름, 정상 유동

SOLUTION

개념
베르누이 방정식 기본 전제조건
- 정상유동
- 동일한 유선을 따르는 유동
- 마찰손실이 없는 유동(비점성 흐름)
- 비압축성 유체

50 ★★☆

Newton의 점성법칙에 대한 옳은 설명으로 모두 짝지은 것은?

㉠ 전단응력은 점성계수와 속도기울기의 곱이다.
㉡ 전단응력은 점성계수에 비례한다.
㉢ 전단응력은 속도기울기에 반비례한다.

① ㉠, ㉡
② ㉡, ㉢
③ ㉠, ㉢
④ ㉠, ㉡, ㉢

SOLUTION

개념
Newton의 점성법칙

$$\tau = \mu \frac{du}{dy}$$

여기서, τ : 전단응력, μ : 점성계수, $\frac{du}{dy}$: 속도기울기(속도구배)

풀이
- 전단응력은 점성계수와 속도기울기의 곱이다.
- 전단응력은 점성계수에 비례한다.
- 전단응력은 속도기울기에 비례한다.
- 속도기울기가 0인 곳에서 전단응력은 0이다.

51 ★★☆

물이 배관 내에 유동하고 있을 때 흐르는 물속 어느 부분의 정압이 그 때 물의 온도에 해당하는 증기압 이하로 되면 부분적으로 기포가 발생하는 현상을 무엇이라고 하는가?

① 수격현상
② 서징현상
③ 공동현상
④ 와류현상

SOLUTION

개념
펌프의 이상 현상
- 수격현상 : 관을 흐르던 물이 갑자기 정지할 때 압력파에 의해 이상음(異常音)이 발생하는 현상
- 서징현상 : 송출압력과 송출유량이 주기적으로 변하는 현상
- 공동현상 : 액체가 포화 증기압 이하에서 비등하여 기포가 발생하는 현상
- 와류현상 : 유체흐름의 일부가 교란되어 본류와 반대되는 방향으로 소용돌이치는 현상

52 ★★☆

그림과 같이 사이폰에 의해 용기 속의 물이 4.8[m³/min]로 방출된다면 전체 손실수두(m)는 얼마인가? (단, 관 내 마찰은 무시한다)

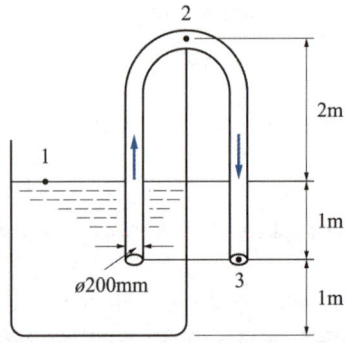

① 0.668
② 0.330
③ 1.043
④ 1.826

SOLUTION

개념
• 유량

공식 정리
$$Q = AV = \left(\frac{\pi D^2}{4}\right)V$$

여기서, Q : 유량[m³/s], A : 단면적[m²]
V : 유속[m/s], D : 지름직경[m]

• 수두로 표현한 베르누이의 정리

공식 정리
$$\frac{P_A}{\gamma} + \frac{V_A^2}{2g} + Z_A = \frac{P_B}{\gamma} + \frac{V_B^2}{2g} + Z_B + \Delta H$$

여기서, P : 압력[kPa], γ : 비중량[kN/m³]
V : 유속[m/s], g : 중력가속도(9.8[m/s²]),
Z : 위치수두[m], ΔH : 손실수두[m]

풀이
전체 손실수두를 구하기 위해서는 1지점과 3지점의 비교가 필요하다. 왜냐하면 1지점과 3지점 모두 압력이 대기압이기 때문에 $P_1 = P_3$이므로 변수 하나를 줄일 수 있다. 더불어 용기의 크기가 정의되지 않은 상태에서 용기는 무한히 크다는 가정하에(유체가 무한히 있다라고 생각하면 된다) 용기에서 유체가 줄어드는 속도인 1지점에서의 유속은 $V_1 ≒ 0$으로 정할 수 있다.

1. 3지점에서의 유속

유량의 공식을 유속에 관한 식으로 정리하고, 문제에서 주어진 값들을 대입하면

$$V_3 = \frac{Q}{A} = \frac{Q}{\frac{\pi D^2}{4}} = \frac{\frac{4.8}{60}}{\frac{\pi \times 0.2^2}{4}} ≒ 2.55[\text{m/s}]$$

2. 손실수두

위의 설명과 마찬가지로 손실수두를 구하기 위해서는 1지점과 3지점의 값들을 활용하는 것이 가장 효율적이다.

베르누이의 정리를 손실수두에 관한 식으로 정리하고 문제에서 주어진 값과 앞서 구한 값들을 대입하면

$$\Delta H = \left(\frac{P_1 - P_3}{\gamma}\right) + \left(\frac{V_1^2 - V_3^2}{2g}\right) + (Z_1 - Z_3)$$

$$= 0 + \left(\frac{0 - 2.55^2}{2 \times 9.8}\right) + (0 - (-1)) ≒ 0.668[\text{m}]$$

∴ $\Delta H ≒ 0.668$

[단위환산]

• 유량 $4.8[\text{m}^3/\text{min}] = \frac{4.8}{60}[\text{m}^3/\text{s}]$

• 지름 $200[\text{mm}] = \frac{200}{1,000}[\text{m}] = 0.2[\text{m}]$

TIP
베르누이의 정리에서 위치수두는 $Z_1 = 0$을 기준으로 잡는다면 Z_3은 Z_1보다 1m 아래에 있기 때문 $Z_3 = (-1)$라는 것을 알 수 있다.

53 ★☆☆

반지름 R_0인 원형파이프에 유체가 층류로 흐를 때, 중심으로부터 거리 R에서의 유속 U와 최대속도 U_{max}의 비에 대한 분포식으로 옳은 것은?

① $\dfrac{U}{U_{max}} = \left(\dfrac{R}{R_0}\right)^2$
② $\dfrac{U}{U_{max}} = 2\left(\dfrac{R}{R_0}\right)^2$
③ $\dfrac{U}{U_{max}} = \left(\dfrac{R}{R_0}\right)^2 - 2$
④ $\dfrac{U}{U_{max}} = 1 - \left(\dfrac{R}{R_0}\right)^2$

SOLUTION

개념
국부속도

공식 정리
$$U = U_{max}\left[1 - \left(\dfrac{R}{R_0}\right)^2\right]$$

여기서, U : 국부속도, U_{max} : 최대속도
R : 중심에서의 거리, R_0 : 반경

풀이
국부속도의 식을 정리하면
$$\dfrac{U}{U_{max}} = 1 - \left(\dfrac{R}{R_0}\right)^2$$

54 ★☆☆

이상기체의 기체상수에 대해 옳은 설명으로 모두 짝지어진 것은?

> ㉠ 기체상수의 단위는 비열의 단위와 차원이 같다.
> ㉡ 기체상수는 온도가 높을수록 커진다.
> ㉢ 분자량이 큰 기체의 기체상수가 분자량이 작은 기체의 기체상수보다 크다.
> ㉣ 기체상수의 값은 기체의 종류에 관계없이 일정하다.

① ㉠
② ㉠, ㉢
③ ㉡, ㉢
④ ㉠, ㉡, ㉣

SOLUTION

개념
기체상수
- 기체상수의 단위는 [J/kg·℃]으로 비열의 단위와 차원이 같다.
- 기체상수는 온도가 높을수록 작아진다.
- 분자량이 큰 기체의 기체상수가 분자량이 작은 기체의 기체상수보다 작다.
- 기체상수의 값은 기체의 종류에 따라 그 값이 달라진다.

55 ★★☆

그림에서 두 피스톤이 지름이 각각 30[cm]와 5[cm]이다. 큰 피스톤이 1[cm] 아래로 움직이면 작은 피스톤은 위로 몇 [cm] 움직이는가?

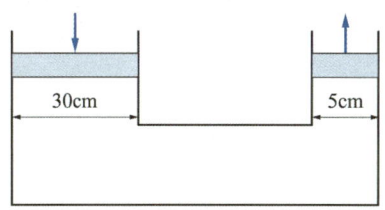

① 1
② 5
③ 30
④ 36

SOLUTION

풀이
용기 내의 유량은 일정하기 때문에 큰 피스톤에서 밀어낸 부피만큼 작은 피스톤에서 올라와야 한다.

1. 큰 피스톤이 밀어낸 부피
$$V_\text{큰} = (Ah)_\text{큰} = \left(\dfrac{\pi D_\text{큰}^2}{4}\right) \times h_\text{큰} = \left(\dfrac{\pi \times 30^2}{4}\right) \times 1 ≒ 706.86[cm^3]$$

2. 작은 피스톤이 올라온 부피
$$V_\text{작} = (Ah)_\text{작} = \left(\dfrac{\pi D_\text{작}^2}{4}\right) \times h_\text{작} = \left(\dfrac{\pi \times 5^2}{4}\right) \times h_\text{작}$$
$$≒ 19.63 h_\text{작} [cm^3]$$

3. 작은 피스톤 이동 거리
앞서 설명 했듯이 유량이 일정하기 때문에 $V_\text{큰} = V_\text{작}$ 이다. 이를 작은 피스톤이 오르는 식으로 정리하면
$$h_\text{작} = \dfrac{706.86}{19.63} = 36[cm]$$
$$\therefore h_\text{작} = 36[cm]$$

56 ★☆☆

흐르는 유체에서 정상류의 의미로 옳은 것은?

① 흐름의 임의의 점에서 흐름특성이 시간에 따라 일정하게 변하는 흐름
② 흐름의 임의의 점에서 흐름특성이 시간에 관계없이 항상 일정한 상태에 있는 흐름
③ 임의의 시각에 유로 내 모든 점의 속도벡터가 일정한 흐름
④ 임의의 시각에 유로 내 각점의 속도벡터가 다른 흐름

SOLUTION

개념
정상류
유체가 시간에 따른 흐름 특성(속도, 밀도, 압력, 온도 등)의 변화가 없는 상태

57 ★★☆

용량 1,000[L]의 탱크차가 만수 상태로 화재현장에 출동하여 노즐압력 294.2[kPa], 노즐구경 21[mm]를 사용하여 방수한다면 탱크차 내의 물을 전부 방수하는데 몇 분 소요되는가? (단, 모든 손실은 무시한다)

① 1.7분
② 2분
③ 2.3분
④ 2.7분

SOLUTION

개념
분당 방수량

공식
$$Q = 0.653 D^2 \sqrt{10P}$$

여기서, Q : 방수량[L/min], D : 구경[mm], P : 방수압[MPa]

풀이
1. 분당 방수량

분당 방수량 공식에 문제에서 주어진 값들을 대입하면
$$Q = 0.653 D^2 \sqrt{10P} = 0.653 \times 21^2 \times \sqrt{10 \times 0.2942}$$
$$≒ 493.94 [L/min]$$

2. 방수 시간

총 용량은 1,000[L]이고 분당 방수량은 약 493.94[L/min]이기 때문에 시간을 구하기 위해서는 총용량에 분당 방수량을 나눠주면 방수 시간을 구할 수 있다.

$$t = \frac{1,000}{493.94} ≒ 2[min]$$

∴ $t ≒ 2[min]$

[단위환산]
- 방수압 $294.2[kPa] = \frac{294.2}{1,000}[MPa] = 0.2942[MPa]$

TIP
분당 방수량 공식은 방수량, 구경, 방수압 모두 흔하게 쓰지 않는 단위들을 사용하고 있다. 반드시 문제의 단위를 확인하여 단위를 일치시키도록 한다.

58 ★★★

그림과 같이 60°로 기울어진 고정된 평판에 직경 50[mm]의 물 분류가 속도(V) 20[m/s]로 충돌하고 있다. 분류가 충돌할 때 판에 수직으로 작용하는 충격력 R[N]은?

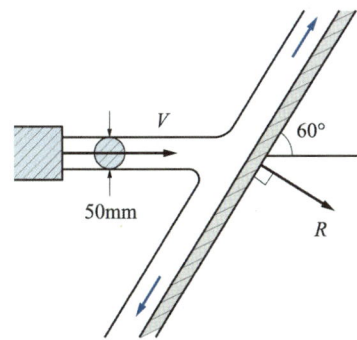

① 296
② 393
③ 680
④ 785

SOLUTION

개념
평판에 작용하는 힘

공식 정리
$$F = \rho QV = \rho(AV)V = \rho AV^2 = \rho\left(\frac{\pi D^2}{4}\right)V^2$$

여기서, F : 힘[N], ρ : 밀도(물의 밀도 1,000[kg/m³])
Q : 유량[m³/s], A : 단면적[m²], V : 유속[m/s], D : 지름[m]

풀이
물분류가 충돌할 때 판에 수직으로 작용하는 작용하는 충격력 R은 평판에 작용하는 힘과 다음의 관계를 가진다.
$R = F \times \sin\theta$

위의 식에 문제에서 주어진 값들을 대입하면

$R = F \times \sin\theta = \rho\left(\frac{\pi D^2}{4}\right)V^2 \times \sin\theta$

$= 1,000 \times \left(\frac{\pi \times 0.05^2}{4}\right) \times 20^2 \times \sin(60°) ≒ 680[N]$

$\therefore R ≒ 680[N]$

[단위환산]
• 지름 $50[mm] = \frac{50}{1,000}[m] = 0.05[m]$

59 ★★☆

외부지름이 30[cm]이고 내부지름이 20[cm]인 길이 10[m]의 환형(annular)관 물이 2[m/s]의 평균속도로 흐르고 있다. 이때 손실수두가 1[m]일 때, 수력직경에 기초한 마찰계수는 얼마인가?

① 0.049
② 0.054
③ 0.065
④ 0.078

SOLUTION

개념
• 수력직경

공식 정리
$$D_h = 4 \times \frac{A}{L}$$

여기서, D_h : 수력직경, A : 단면 넓이, L : 단면 둘레

• 손실수두

공식 정리
$$H = \frac{flV^2}{2gD}$$

여기서, H : 손실수두[m], f : 관마찰계수, l : 길이[m]
V : 유속[m/s], g : 중력가속도(9.8[m/s²]), D : 지름[m]

풀이
1. 수력직경
수력직경 공식에 문제에서 주어진 값들을 대입하면
$D_h = D_1 - D_2 = 0.3 - 0.2 = 0.1[m]$

2. 마찰계수
관의 외경과 내경이 모두 주어졌기 때문에 손실수두의 공식에서 지름은 수력직경의 값을 사용한다. 손실수두의 공식을 관마찰계수에 관한 식으로 정리하고 문제에서 주어진 값, 앞서 구한 값들을 대입하면

$f = \frac{2gD_h H}{lV^2} = \frac{2 \times 9.8 \times 0.1 \times 1}{10 \times 2^2} = 0.049$

$\therefore f = 0.049$

[단위환산]
• 지름 $30[cm] = \frac{30}{100}[m] = 0.3[m]$
• 지름 $20[cm] = \frac{20}{100}[m] = 0.2[m]$

정답 58 ③ 59 ①

60 ★★★

토출량이 0.65[m³/min]인 펌프를 사용하는 경우 펌프의 소요 축동력[kW]은? (단, 전양정은 40[m]이고, 펌프의 효율은 50[%]이다)

① 4.2
② 8.5
③ 17.2
④ 50.9

SOLUTION

[개념] 펌프(전동기)의 축동력

[공식 정리]
$$P = \frac{\gamma QH}{\eta}$$

여기서, P : 펌프의 축동력[kW], γ : 물의 비중량(9.8[kN/m³])
Q : 유량[m³/s], H : 양정(높이)[m], η : 효율

[풀이]
펌프의 축동력 공식에 문제에서 주어진 값들을 대입하면

$$P = \frac{\gamma QH}{\eta} = \frac{9.8 \times \frac{0.65}{60} \times 40}{0.5} \fallingdotseq 8.5[kW]$$

∴ $P \fallingdotseq 8.5[kW]$

[단위환산]
- 토출량 $0.65[m^3/min] = \frac{0.65}{60}[m^3/s]$

2021년 제2회 소방설비기사

41 ★★★

직경 20[cm]의 소화용 호스에 물이 392[N/s] 흐른다. 이때의 평균유속[m/s]은?

① 2.96
② 4.34
③ 3.68
④ 1.27

SOLUTION

[개념] 중량유량

[공식 정리]
$$G = AV\gamma = \left(\frac{\pi D^2}{4}\right) V\gamma$$

여기서, G : 중량유량[N/s], A : 단면적[m²], V : 유속[m/s]
γ : 비중량(물의 비중량 : 9,800[N/m³]), D : 직경[m]

[풀이]
중량유량 공식을 유속에 관한 식으로 정리하고 문제에서 주어진 값들을 대입하면

$$V = \frac{G}{A\gamma} = \frac{G}{\frac{\pi D^2}{4} \times \gamma} = \frac{392}{\frac{\pi \times 0.2^2}{4} \times 9{,}800} \fallingdotseq 1.27[m/s]$$

∴ $V \fallingdotseq 1.27[m/s]$

[단위환산]
- 지름 $20[cm] = \frac{20}{100}[m] = 0.2[m]$

정답 60 ② / 41 ④

42 ★★★

수은이 채워진 U자관에 수은보다 비중이 작은 어떤 액체를 넣었다. 액체기둥의 높이가 10[cm], 수은과 액체의 자유 표면의 높이 차이가 6[cm]일 때 이 액체의 비중은? (단, 수은의 비중은 13.6이다)

① 5.44   ② 8.16
③ 9.63   ④ 10.88

SOLUTION

개념
유체에 의한 압력

공식 정리
$$P = \gamma h = s\gamma_w h$$

여기서, P : 압력[kPa], γ : 유체의 비중량[N/m³], h : 높이[m], s : 비중
γ_w : 물의 비중량 : 9.8[kN/m³]

풀이

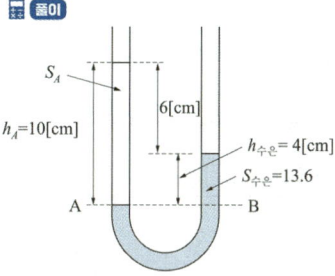

1. A지점에서의 압력
   $$P_A = s_A \gamma_w h_A$$

2. B지점에서의 압력
   $$P_B = s_{수은} \gamma_w h_{수은}$$

3. 액체A의 비중
   U자관에서 수평으로 같은 높이에 위치한다면 압력이 같다. 즉, A지점과 B지점은 같은 높이에 위치하기 때문에 $P_A = P_B$ 이다. 이를 식으로 정리하면
   $$s_A \gamma_w h_A = s_{수은} \gamma_w h_{수은}$$
   위의 식을 액체 A의 비중에 관한 식으로 정리하고 문제에서 주어진 값들을 대입하면
   $$s_A = s_{수은} \times \frac{h_{수은}}{h_A} = 13.6 \times \frac{4}{10} = 5.44$$
   $$\therefore s_A = 5.44$$

43 ★★★☆

수압기에서 피스톤의 반지름이 각각 20[cm]와 10[cm]이다. 작은 피스톤에 19.6[N]의 힘을 가하는 경우 평형을 이루기 위해 큰 피스톤에는 몇 [N]의 하중을 가하여야 하는가?

① 4.9   ② 9.8
③ 68.4   ④ 78.4

SOLUTION

개념
파스칼의 원리

공식 정리
$$\frac{F_1}{A_1} = \frac{F_2}{A_2}$$

여기서, F : 힘[N], A : 단면적[m²]

풀이
파스칼의 원리의 공식을 큰 피스톤의 하중(F_1)에 관해 정리하고 문제에서 주어진 값들을 대입하면

$$F_1 = F_2 \times \frac{A_1}{A_2} = F_2 \times \frac{\pi r_1^2}{\pi r_2^2} = 19.6 \times \frac{\pi \times 0.2^2}{\pi \times 0.1^2} = 78.4[N]$$

$$\therefore F_1 = 78.4[N]$$

[단위환산]

- 반지름 $20[cm] = \frac{20}{100}[m] = 0.2[m]$
- 반지름 $10[cm] = \frac{10}{100}[m] = 0.1[m]$

44 ★★★

그림과 같이 중앙부분에 구멍이 뚫린 원판에 지름 D의 원형 물제트가 대기압 상태에서 V의 속도로 충돌하여 원판 뒤로 지름 $D/2$의 원형 물제트가 V의 속도로 흘러나가고 있을 때, 이 원판이 받는 힘을 구하는 계산식으로 옳은 것은? (단, ρ는 물의 밀도이다)

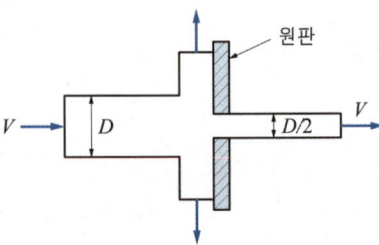

① $\dfrac{3}{16}\rho\pi V^2 D^2$ ② $\dfrac{3}{8}\rho\pi V^2 D^2$

③ $\dfrac{3}{4}\rho\pi V^2 D^2$ ④ $3\rho\pi V^2 D^2$

SOLUTION

개념
평판에 작용하는 힘

공식 정리
$$F = \rho Q V = \rho(AV)V = \rho A V^2 = \rho\left(\dfrac{\pi D^2}{4}\right)V^2$$

여기서, F : 힘[N], ρ : 밀도(물의 밀도 1,000[kg/m³])
Q : 유량[m³/s], A : 단면적[m²], V : 유속[m/s], D : 지름[m]

풀이

1. 왼쪽에서의 힘
$$F_{왼} = \rho \times \dfrac{\pi D^2}{4} \times V^2 = \dfrac{1}{4}\rho\pi V^2 D^2$$

2. 오른쪽에서의 힘
$$F_{오} = \rho \times \left\{\dfrac{\pi}{4} \times \left(\dfrac{D}{2}\right)^2\right\} \times V^2 = \dfrac{1}{16}\rho\pi V^2 D^2$$

3. 원판이 받는 힘
원판이 받는 힘은 왼쪽에서의 힘에서 오른쪽에서의 힘을 빼서 구해준다.
$$F = F_{왼} - F_{오} = \dfrac{1}{4}\rho\pi V^2 D^2 - \dfrac{1}{16}\rho\pi V^2 D^2$$
$$= \dfrac{3}{16}\rho\pi V^2 D^2$$
$$\therefore F = \dfrac{3}{16}\rho\pi V^2 D^2$$

45 ★☆☆

압력 0.1[MPa], 온도 250[℃] 상태인 물의 엔탈피가 2,974.33 [kJ/kg]이고 비체적은 2.40604[m³/kg]이다. 이 상태에서 물의 내부에너지[kJ/kg]는 얼마인가?

① 2,733.7 ② 2,974.1
③ 3,214.9 ④ 3,582.7

SOLUTION

개념
엔탈피

공식 정리
$$H = U + Pv$$

여기서, H : 엔탈피[kJ/kg], U : 내부에너지[kJ/kg]
P : 압력[kPa], v : 비체적[m³/kg]

풀이
엔탈피 공식을 내부에너지에 관하여 정리하고 문제에서 주어진 값들을 대입하면
$U = H - Pv = 2,974.33 - 100 \times 2.40604 ≒ 2,733.7$ [kJ/kg]
$\therefore U ≒ 2,733.7$ [kJ/kg]

[단위환산]
- 압력 $0.1[\text{MPa}] = 0.1 \times 1,000[\text{kPa}] = 100[\text{kPa}]$

46 ★☆☆

300[K]의 저온 열원을 가지고 카르노 사이클로 작동하는 열기관의 효율이 70[%]가 되기 위해서 필요한 고온 열원의 온도(K)는?

① 800　　② 900
③ 1,000　　④ 1,100

SOLUTION

개념
카르노사이클의 열효율

공식 정리
$$\eta = 1 - \frac{T_L}{T_H}$$

여기서, η : 카르노사이클의 열효율, T_L : 저열원의 절대온도[K]
T_H : 고열원의 절대온도[K]

풀이
카르노사이클의 열효율 공식을 고열원의 절대온도에 관하여 정리하고 문제에서 주어진 값들을 대입하면

$$T_H = \frac{T_L}{1-\eta} = \frac{300}{1-0.7} = 1,000 [K]$$

$\therefore T_H = 1,000 [K]$

47 ★★★

물이 들어 있는 탱크에 수면으로부터 20[m] 깊이에 지름 50[mm]의 오리피스가 있다. 이 오리피스에서 흘러나오는 유량 [m³/min]은? (단, 탱크의 수면 높이는 일정하고 모든 손실은 무시한다)

① 1.3　　② 2.3
③ 3.3　　④ 4.3

SOLUTION

개념
• 유속(토리첼리의 식)

공식 정리
$$V = \sqrt{2gh}$$

여기서, V : 유속, g : 중력가속도, h : 유체의 높이

• 유량

공식 정리
$$Q = AV = \left(\frac{\pi D^2}{4}\right)V$$

여기서, Q : 유량[m³/s], A : 단면적[m²], V : 유속[m/s], D : 직경[m]

풀이
1. 오리피스 방출 유속
　유속의 공식에 문제에서 주어진 값들을 대입하면
　$V = \sqrt{2gh} = \sqrt{2 \times 9.8 \times 20} ≒ 19.8 [m/s]$

2. 오리피스 분출 유량
　유량의 공식에 문제에서 주어진 값과 앞서 구한 값들을 대입하면
　$Q = AV = \left(\frac{\pi D^2}{4}\right) \times V = \frac{\pi \times 0.05^2}{4} \times 19.8$
　$≒ 0.039 [m^3/s] ≒ 2.3 [m^3/min]$

　$\therefore Q ≒ 2.3 [m^3/min]$

[단위환산]
• 유량 $0.039 [m^3/s] = 0.039 \times 60 [m^3/min] ≒ 2.3 [m^3/min]$
• 지름 $50 [mm] = \frac{50}{1,000} [m] = 0.05 [m]$

48 ★★☆

다음 중 열전달 매질이 없이도 열이 전달되는 형태는?

① 전도 ② 자연대류
③ 복사 ④ 강제대류

SOLUTION

개념
열전달의 형태
- 전도 : 물질이 직접 이동하지 않고 물체에 이웃한 분자들의 연속적인 충돌로 열이 전달되는 현상
- 대류 : 액체나 기체 상태의 분자가 직접 이동하면서 열을 전달하는 현상
- 복사 : 매질의 도움 없이 전자기파의 형태로 열이 직접 전달되는 현상

49 ★☆☆

양정 220m, 유량 0.025[m³/s], 회전수 2,900[rpm]인 4단 원심펌프의 비교회전도(비속도)[m, m³/min, rpm]는 얼마인가?

① 176 ② 167
③ 45   ④ 23

SOLUTION

개념
비교회전도(비속도)

공식 정리
$$N_s = \frac{N\sqrt{Q}}{\left(\dfrac{H}{n}\right)^{\frac{3}{4}}}$$

여기서, N_s : 비교회전도(비속도)[m, m³/min, rpm]
N : 회전수[rpm], Q : 유량[m³/min], H : 양정[m], n : 단수

풀이
비교회전도 공식에 문제에서 주어진 값들을 대입하면
$$N_s = \frac{N\sqrt{Q}}{\left(\dfrac{H}{n}\right)^{\frac{3}{4}}} = \frac{2,900 \times \sqrt{0.025 \times 60}}{\left(\dfrac{220}{4}\right)^{\frac{3}{4}}} ≒ 176[m, m^3/min, rpm]$$

∴ $N_s ≒ 176[m, m^3/min, rpm]$

[단위환산]
- 유량 $0.025[m^3/s] = 0.025 \times 60[m^3/min]$

50 ★☆☆

동력(power)의 차원을 MLT(질량 M, 길이 L, 시간 T)계로 바르게 나타낸 것은?

① MLT^{-1} ② M^2LT^{-2}
③ ML^2T^{-3} ④ MLT^{-2}

SOLUTION

개념
동력(power) 차원
- 절대차원 : ML^2T^{-3}
- 중력차원 : FLT^{-1}

TIP
절대차원은 M(질량), L(길이), T(시간)을 활용해 표현하는 방식이고, 중력차원은 F(힘), L(길이), T(시간)을 활용해 표현하는 방식이다. F(힘)은 MLT^{-2}인 것을 알고 있다면 둘 중에 하나의 차원만 기억해 자유롭게 환산해주면 된다.

48 ③ 49 ① 50 ③

51 ★★☆

직사각형 단면의 덕트에서 가로와 세로가 각각 a 및 $1.5a$이고, 길이가 L이며, 이 안에서 공기가 V의 평균속도로 흐르고 있다. 이때 손실수두를 구하는 식으로 옳은 것은? (단, f는 이 수력지름에 기초한 마찰계수이고, g는 중력가속도를 의미한다)

① $f \dfrac{L}{a} \dfrac{V^2}{2.4g}$ ② $f \dfrac{L}{a} \dfrac{V^2}{2g}$

③ $f \dfrac{L}{a} \dfrac{V^2}{1.4g}$ ④ $f \dfrac{L}{a} \dfrac{V^2}{g}$

SOLUTION

개념
- 수력직경

공식정리
$$D_h = 4 \times \dfrac{A}{L}$$

여기서, D_h : 수력직경, A : 단면 넓이, L : 단면 둘레

- 손실수두

공식정리
$$H = \dfrac{flV^2}{2gD}$$

여기서, H : 손실수두[m], f : 관마찰계수, l : 길이[m]
V : 유속[m/s], g : 중력가속도(9.8[m/s²]), D : 지름[m]

풀이

1. 수력직경

   수력직경 공식에 문제에서 주어진 값들을 대입하면
   $$D_h = 4 \times \dfrac{A}{L} = 4 \times \dfrac{a \times 1.5a}{(a+1.5a) \times 2} = 1.2a$$

2. 마찰계수

   직사각형 단면의 덕트가 주어졌기 때문에 손실수두의 공식에서 필요한 지름은 수력직경으로 변경하여 사용한다. 손실수두의 공식에 문제에서 주어진 값, 앞서 구한 값들을 대입하면
   $$H = \dfrac{flV^2}{2gD} = \dfrac{flV^2}{2g \times 1.2a} = f \dfrac{l}{a} \dfrac{V^2}{2.4g}$$

   $\therefore\ H = f \dfrac{l}{a} \dfrac{V^2}{2.4g}$

52 ★★☆

무차원수 중 레이놀즈수(Reynolds number)의 물리적인 의미는?

① $\dfrac{\text{관성력}}{\text{중력}}$ ② $\dfrac{\text{관성력}}{\text{탄성력}}$

③ $\dfrac{\text{관성력}}{\text{점성력}}$ ④ $\dfrac{\text{관성력}}{\text{음속}}$

SOLUTION

개념
레이놀즈 수

배관 내 유체 흐름의 형태를 판단하는 척도로 사용되는 수

공식정리
$$\text{레이놀즈 수 } Re = \dfrac{\text{관성력}}{\text{점성력}}$$

53 ★★☆

동일한 노즐구경을 갖는 소방차에서 방수압력이 1.5배가 되면 방수량은 몇 배로 되는가?

① 1.22배   ② 1.41배
③ 1.52배   ④ 2.25배

SOLUTION

개념
분당 방수량

공식정리
$$Q = 0.653 D^2 \sqrt{10P}$$

여기서, Q : 방수량[L/min], D : 구경[mm], P : 방수압[MPa]

풀이

압력만 변화하고 모든 조건이 동일한 상황에서 방수량은 $\sqrt{\text{압력}}$ 에 비례한다. 방수압력이 1.5배된다면 방수량 Q'는

$Q' = \sqrt{1.5}\, Q ≒ 1.22Q$

$\therefore\ Q' ≒ 1.22Q$

TIP
분당 방수량 공식은 방수량, 구경, 방수압 모두 흔하게 쓰지 않는 단위들을 사용하고 있다. 반드시 문제의 단위를 확인하여 단위를 일치시키도록 한다.

54 ★★★

전양정 80[m], 토출량 500 [L/min]인 물을 사용하는 소화펌프가 있다. 펌프효율 65[%], 전달계수(K) 1.1인 경우 필요한 전동기의 최소동력[kW]은?

① 9
② 11
③ 13
④ 15

SOLUTION

개념
펌프(전동기)의 소요동력

공식 정리
$$P = \frac{\gamma QH}{\eta} K$$

여기서, P : 전동기 용량[kW], γ : 물의 비중량[9.8[kN/m³]]
Q : 유량[m³/s], H : 양정(높이)[m], η : 효율, K : 전달계수

풀이
문제에서 주어진 값들을 공식에 모두 대입하면

$$P = \frac{\gamma QH}{\eta} K = \frac{9.8 \times \frac{0.5}{60} \times 80}{0.65} \times 1.1 \approx 11 \,[\text{kW}]$$

∴ $P \approx 11$ [kW]

[단위환산]
- 토출량 $500[\text{L/min}] = \frac{500}{1,000 \times 60} [\text{m}^3/\text{s}] = \frac{0.5}{60} [\text{m}^3/\text{s}]$

55 ★★☆

안지름 10[cm]인 수평 원관의 층류유동으로 4km 떨어진 곳에 원유(점성계수 0.02[N·s/m²], 비중 0.86)를 0.10[m³/min]의 유량으로 수송하려 할 때 펌프에 필요한 동력[W]은? (단, 펌프의 효율은 100[%]로 가정한다)

① 76
② 91
③ 10,900
④ 9,100

SOLUTION

개념
- 펌프(전동기)의 동력

공식 정리
$$P = \frac{\gamma QH}{\eta} K$$

여기서, P : 펌프의 동력[W], γ : 비중량[N/m³], Q : 유량[m³/s]
H : 양정(높이)[m], η : 효율[%], K : 전달계수

- 하겐-포아젤 방정식

공식 정리
$$H = \frac{128 \mu l Q}{\gamma \pi D^4}$$

여기서, H : 마찰손실수두(양정)[m], μ : 점도(점성계수)[N·s/m²]
l : 길이[m], γ : 비중량[N/m³], D : 지름[m]

풀이
펌프의 동력 공식을 사용한다. 펌프의 동력 공식에서 양정은 하겐-포아젤 방정식(점성계수가 포함된 수두 공식)을 사용하고, 효율은 100[%]이기 때문에 1, 전달계수는 따로 주어지지 않았으므로 무시한다. 펌프의 동력 공식에 문제에서 주어진 값 및 하겐-포아젤 방정식을 대입하면

$$P = \frac{\gamma QH}{\eta} = \frac{128 \mu l Q^2}{\pi D^4 \eta} = \frac{128 \times 0.02 \times 4,000 \times \left(\frac{0.1}{60}\right)^2}{\pi \times 0.1^4 \times 1}$$
≈ 91 [W]

∴ $P \approx 91$ [W]

[단위환산]
- 유량 $0.10[\text{m}^3/\text{min}] = \frac{0.1}{60} [\text{m}^3/\text{s}]$
- 길이 $4[\text{km}] = 4 \times 1,000[\text{m}] = 4,000[\text{m}]$

56 ★★★

유속 6[m/s]로 정상류의 물이 화살표 방향으로 흐르는 배관에 압력계와 피토계가 설치되어있다. 이때 압력계의 계기압력이 300[kPa]이었다면 피토계의 계기압력은 약 몇 [kPa]인가?

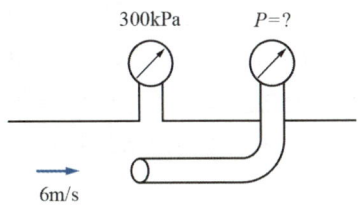

① 180   ② 280
③ 318   ④ 336

SOLUTION

개념
- 유속(토리첼리의 식)

공식
$$V = \sqrt{2gh}$$

여기서, V : 유속, g : 중력가속도, h : 유체의 높이

- 피토압 계기압력

공식
$$P = P_0 + \gamma h = 정압 + 동압$$

여기서, P : 피토계 계기압력[kPa], P_0 : 압력계 계기압력[kPa]
γ : 비중량(물의 비중량 : 9.8[kN/m³]), h : 속도수두[m]

풀이

1. 속도수두

유속의 식을 속도수두에 관한 식으로 정리하고 문제에서 주어진 값들을 대입하면
$$h = \frac{V^2}{2g} = \frac{6^2}{2 \times 9.8} \fallingdotseq 1.837[m]$$

2. 피토압 계기압력

피토압 계기압력의 공식에 문제에서 주어진 값과 앞서 구한 값을 대입하면
$P = P_0 + \gamma h = 300 + 9.8 \times 1.837 \fallingdotseq 318[kPa]$

∴ $P \fallingdotseq 318[kPa]$

57 ★★☆

유체의 압축률에 관한 설명으로 올바른 것은?

① 압축률 = 밀도 × 체적탄성계수
② 압축률 = 1/체적탄성계수
③ 압축률 = 밀도/체적탄성계수
④ 압축률 = 체적탄성계수/밀도

SOLUTION

개념
압축률

공식
$$\beta = \frac{1}{K}$$

여기서, β : 압축률[Pa⁻¹], K : 체적탄성계수[Pa]

풀이
압축률은 압력변화에 대한 체적변화율을 의미하며, 체적탄성계수의 역수이다. 압축률이 작다는 것은 압축하기 어렵다는 의미이다.

58 ★☆☆

질량이 5[kg]인 공기(이상기체)가 온도 333[K]로 일정하게 유지되면서 체적이 10배가 되었다. 이 계(system)가 한 일[kJ]은? (단, 공기의 기체상수는 287[J/kg·K]이다)

① 220
② 478
③ 1,100
④ 4,779

SOLUTION

개념
등온변화 시 일량

공식 정리
$$W = m\bar{R}T \ln \frac{V_2}{V_1}$$

여기서, W : 일량[kJ], m : 질량[kg], $\bar{R}$: 특정기체상수[kJ/kg·K]
T : 절대온도[K], V : 체적[m³]

풀이
처음 체적의 10배로 팽창했기 때문에 $V_2 = 10V_1$이다. '온도가 333[K]로 일정하게 유지'라고 제시되어 있기 때문에 등온변화라는 것을 알 수 있다. 등온변화 시 일량에 공식에 문제에서 주어진 값들을 대입하면

$$W = m\bar{R}T \ln \frac{V_2}{V_1} = 5 \times 0.287 \times 333 \times \ln \frac{10V_1}{V_1} ≒ 1,100[kJ]$$

∴ $W ≒ 1,100[kJ]$

[단위환산]
- 기체상수 $287[J/kg·K] = \frac{287}{1,000}[kJ/kg·K] = 0.287[kJ/kg·K]$

TIP
열량은 내부에너지의 변화량과 일량의 합이다. 내부에너지의 변화량은 오직 온도차에 의해서 발생한다. 하지만 등온변화는 말그대로 온도가 그대로 유지된 상태에서 변화가 발생하는 과정이기 때문에 온도차가 발생하지 않는다. 그렇기 때문에 등온변화에서는 내부에너지 변화가 발생하지 않는다.
즉, 등온변화 시에는 열량과 일량은 같은 값이라는 결론을 도출할 수 있다.

59 ★★☆

무한한 두 평판 사이에 유체가 채워져 있고 한 평판은 정지해 있고 또 다른 평판은 일정한 속도로 움직이는 Couette 유동을 하고 있다. 유체 A만 채워져 있을 때 평판을 움직이기 위한 단위면적당 힘을 τ_1이라 하고 같은 평판 사이에 점성이 다른 유체 B만 채워져 있을 때 필요한 힘을 τ_2라 하면 유체 A와 B가 반반씩 위아래로 채워져 있을 때 평판을 같은 속도로 움직이기 위한 단위면적당 힘에 대한 표현으로 옳은 것은?

① $\frac{\tau_1 + \tau_2}{2}$
② $\sqrt{\tau_1 \tau_2}$
③ $\frac{2\tau_1 \tau_2}{\tau_1 + \tau_2}$
④ $\tau_1 + \tau_2$

SOLUTION

개념
Couette 흐름(쿠에토 흐름)
한쪽 평판은 고정되어 있고 다른 쪽 평판은 움직이는 두 평행판 사이 유체의 유동을 말한다.

공식 정리
$$\tau = \frac{2\tau_1 \tau_2}{\tau_1 + \tau_2}$$

여기서, τ : 단위면적당 힘[N]
τ_1 : 평판을 움직이기 위한 단위면적당 힘[N]
τ_2 : 평판 사이에 다른 유체가 채워져 있을 때 필요한 힘[N]

60 ★★★

2[m] 깊이로 물이 차있는 물 탱크 바닥에 한 변이 20[cm]인 정사각형 모양의 관측창이 설치되어 있다. 관측창이 물로 인하여 받는 순 힘(net force)은 몇 [N]인가? (단, 관측창 밖의 압력은 대기압이다)

① 784   ② 392
③ 196   ④ 98

SOLUTION

개념
유체에 의한 힘

공식 정리
$$F = \gamma h A$$

여기서, F : 힘[N], γ : 비중량(물의 비중량 : 9,800[N/m³])
h : 높이[m], A : 면적[m²]

풀이
물 탱크 바닥에 설치된 관측창은 2[m] 높이의 유체의 힘을 받고 있다. 유체에 의한 힘의 공식에 문제에서 주어진 값들을 대입하면
$F = \gamma h A = 9,800 \times 2 \times (0.2 \times 0.2) = 784[N]$
∴ $F = 784[N]$

[단위환산]
- 길이 20[cm] = $\dfrac{20}{100}$[m] = 0.2[m]

2021년 제4회 소방설비기사

41 ★☆☆

표면장력에 관련된 설명 중 옳은 것은?

① 표면장력의 차원은 힘/면적이다.
② 액체와 공기의 경계면에서 액체분자의 응집력보다 공기 분자와 액체분자 사이의 부착력이 클 때 발생된다.
③ 대기 중의 물방울은 크기가 작을수록 내부압력이 크다.
④ 모세관현상에 의한 수면 상승 높이는 모세관의 직경에 비례한다.

SOLUTION

풀이
③ 대기 중의 물방울의 크기가 작을수록 내부압력이 커진다.
① 표면장력의 차원은 힘/길이이다.
② 액체의 표면장력은 응집력이 부착력보다 클 때 발생한다.
④ 모세관 현상에 의한 수면 상승 높이는 모세관의 직경에 반비례한다.

42 ★★★

지름이 5[cm]인 원형 관내에 이상기체가 층류로 흐른다. 다음 중 이 기체의 속도가 될 수 있는 것을 모두 고르면? (단, 이 기체의 절대압력은 200[kPa], 온도는 27[℃], 기체상수는 2,080[J/kg·K], 점성계수는 2×10^{-5}[N·s/m^2], 하임계 레이놀즈 수는 2,200으로 한다)

㉠ 0.3[m/s] ㉡ 1.5[m/s]
㉢ 8.3[m/s] ㉣ 15.5[m/s]

① ㉠
② ㉠, ㉡
③ ㉠, ㉡, ㉢
④ ㉠, ㉡, ㉢, ㉣

SOLUTION

개념
이상기체상태 방정식

공식정리
$$PV = m\overline{R}T$$

여기서, P : 압력[kPa], V : 부피[m^3], m : 질량[kg]
$\overline{R}$: 특정기체상수[kJ/kg·K], T : 절대온도[K]

• 레이놀즈 수 : 배관 내 유체 흐름의 형태를 판단하는 척도로 사용되는 수

공식정리
$$\text{레이놀즈 수 } Re = \frac{DV\rho}{\mu} = \frac{DV}{\nu}$$

여기서, Re : 레이놀즈 수, D : 지름[m]
V : 유속[m/s], ρ : 밀도[kg/m^3]
μ : 점성계수(점도)[N·s/m^2]

풀이
1. 밀도

레이놀즈 수에 들어갈 밀도를 구하기 위해서는 이상기체상태 방정식을 활용한다. 밀도 $\rho = \frac{m}{V}$ 이기 때문에 이상기체상태 방정식을 밀도에 관한 식으로 정리하고 문제에서 주어진 값들을 대입하면

$$\rho = \frac{m}{V} = \frac{P}{\overline{R}T} = \frac{200}{2.08 \times (27+273)} ≒ 0.3205 \text{[kg/m}^3\text{]}$$

2. 기체의 속도

층류로 흐르기 위해서는 하임계 레이놀즈 수에 해당하는 유속보다 기체의 속도가 느려야 한다. 그러므로 하임계 레이놀즈 수에 해당하는 유속부터 구할 필요가 있다. 하임계 레이놀즈 수의 유속을 구하기 위해서 레이놀즈의 수 공식을 유속에 관해 정리하고, 주어진 값 및 앞서 구한 값들을 대입하면

$$V = \frac{Re\mu}{D\rho} = \frac{2,200 \times (2 \times 10^{-5})}{0.05 \times 0.3205} ≒ 2.75 \text{[m/s]}$$

하임계 레이놀즈 수에 해당하는 유속이 2.75[m/s]이므로 이보다 낮은 보기의 ㉠, ㉡이 층류가 흐를 수 있는 유체의 속도가 된다.

[단위환산]
• 온도 27[℃] = (27 + 273)[K]
• 기체상수 2,080[J/kg·K] = $\frac{2,080}{1,000}$[kJ/kg·K] = 2.08[kJ/kg·K]

43 ★☆☆

유체의 점성에 대한 설명으로 틀린 것은?

① 질소 기체의 동점성계수는 온도 증가에 따라 감소한다.
② 물(액체)의 점성계수는 온도 증가에 따라 감소한다.
③ 점성은 유동에 대한 유체의 저항을 나타낸다.
④ 뉴턴유체에 작용하는 전단응력은 속도기울기에 비례한다.

SOLUTION

개념
유체의 점성

• 기체의 점성(점성계수, 동점성계수)은 온도가 증가하면 증가한다.
• 액체의 점성(점성계수, 동점성계수)은 온도가 증가하면 감소한다.
• 점성은 유동에 대한 유체의 저항이다.
• 뉴턴유체에 작용하는 전단응력은 속도기울기(속도구배)에 비례한다.

유체의 전단응력

공식정리
$$\tau = \mu \frac{du}{dy}$$

여기서, τ : 전단응력[Pa], μ : 점성계수[N·s/m^2]
$\frac{du}{dy}$: 속도구배(속도기울기)[s^{-1}]

44 ★★☆

그림과 같이 노즐이 달린 수평관에서 계기압력이 0.49[MPa]이었다. 이 관의 안지름이 6[cm]이고 관의 끝에 달린 노즐의 지름이 2[cm]이라면 노즐의 분출속도는 몇 [m/s]인가? (단, 노즐에서의 손실은 무시하고, 관마찰계수는 0.0250이다)

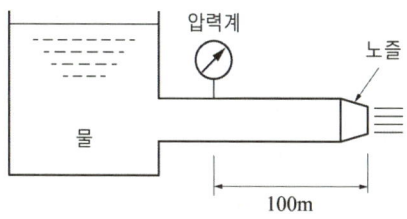

① 16.8 ② 20.4
③ 25.5 ④ 28.4

SOLUTION

개념

- 유량의 연속방정식

공식 정리

$$Q = A_1 V_1 = A_2 V_2 = \left(\frac{\pi D_1^2}{4}\right) V_1 = \left(\frac{\pi D_2^2}{4}\right) V_2$$

여기서, Q: 유량[m³/s], A: 단면적[m²]
V: 속도[m/s], D: 지름[m]

- 달시-바이스바하(마찰손실)의 식

공식 정리

$$H = \frac{\Delta P}{\gamma} = \frac{flV^2}{2gD}$$

여기서, H: 마찰손실수두[m], ΔP: 압력차[kPa]
γ: 유체의 비중량[kN/m³], f: 마찰손실계수
l: 등가길이[m], V: 유속[m/s]
g: 중력가속도(9.8[m/s²]), D: 지름[m]

- 수두로 표현한 베르누이의 정리

공식 정리

$$\frac{P_A}{\gamma} + \frac{V_A^2}{2g} + Z_A = \frac{P_B}{\gamma} + \frac{V_B^2}{2g} + Z_B + \Delta H$$

여기서, P: 압력[kPa], γ: 비중량[kN/m³]
V: 유속[m/s], g: 중력가속도(9.8[m/s²])
Z: 위치수두[m], ΔH: 손실수두[m]

풀이

1. 관 내에서의 유속

   유량의 연속방정식을 통해 관의 유속과 노즐의 유속의 관계를 구할 수 있다. 유량의 연속방정식을 관의 유속에 관하여 정리하고, 주어진 값들을 대입하면

$$V_{관} = V_{노즐} \times \frac{D_{노즐}^2}{D_{관}^2} = V_{노즐} \times \frac{0.02^2}{0.06^2} ≒ 0.111 V_{노즐}$$

2. 마찰손실수두

   유량이 흐를 때 마찰손실이 발생한다. 이를 고려해서 마찰손실수두를 구해야하는데 문제에서 노즐에서의 손실은 무시하라고 했으므로, 관에서의 손실만 구해주면 된다. 마찰손실수두 공식에 문제에서 주어진 값들을 대입하면

$$H = \frac{\Delta P}{\gamma} = \frac{flV^2}{2gD} = \frac{0.025 \times 100 \times (0.111 V_{노즐})^2}{2 \times 9.8 \times 0.06}$$

$$≒ 0.02619 V_{노즐}^2$$

3. 노즐의 분출속도

$$\frac{P_{관}}{\gamma} + \frac{V_{관}^2}{2g} + Z_{관} = \frac{P_{노즐}}{\gamma} + \frac{V_{노즐}^2}{2g} + Z_{노즐} + H$$

   식에서 관과 노즐 간의 높이차가 존재하지 않으므로 $Z_{관} = Z_{노즐}$이고, 서로 소거가 된다. 노즐에서 대기로 물이 분출되기 때문에 노즐에서의 압력 $P_{노즐} = 0$이다. 베르누이의 정리 식을 노즐에 관한 속도의 식으로 정리하고 주어진 값들을 대입하면

$$V_{노즐}^2 = V_{관}^2 + \frac{2gP_{관}}{\gamma} - 2gH$$

$$= (0.111 V_{노즐})^2 + \frac{2 \times 9.8 \times 490}{9.8} - 2 \times 9.8 \times 0.02619 V_{노즐}^2$$

$$≒ 980 - 0.5 V_{노즐}^2$$

$$\therefore V_{노즐} ≒ 25.5 \text{[m/s]}$$

[단위환산]

- 지름 2[cm] = $\frac{2}{100}$[m] = 0.02[m]
- 지름 6[cm] = $\frac{6}{100}$[m] = 0.06[m]
- 압력 0.49[MPa] = 0.49 × 1,000[kPa] = 490[kPa]

TIP

유량이 흐를 때의 마찰손실은 보통 관마찰계수 또는 마찰손실수두가 주어졌을 때 고려해준다.

정답 44 ③

45 ★★★

회전속도 1,000[rpm] 일 때 송출량 Q[m³/min], 전양정 H[m]인 원심펌프가 상사한 조건에서 송출량이 $1.1Q$[m³/min]가 되도록 회전속도를 증가시킬 때, 전양정은 어떻게 되는가?

① $0.91H$
② H
③ $1.1H$
④ $1.21H$

SOLUTION

개념
펌프의 상사법칙

공식 정리

(1) 유량 $Q_2 = Q_1 \left(\dfrac{N_2}{N_1}\right)\left(\dfrac{D_2}{D_1}\right)^3$

(2) 양정 $H_2 = H_1 \left(\dfrac{N_2}{N_1}\right)^2 \left(\dfrac{D_2}{D_1}\right)^2$

(3) 축동력 $L_2 = L_1 \left(\dfrac{N_2}{N_1}\right)^3 \left(\dfrac{D_2}{D_1}\right)^5$

여기서, Q : 유량[m³/min], N : 회전속도[rpm], D : 지름[m]
H : 양정[m], L : 동력[kW]

풀이

1. 회전속도 관계

문제에서 지름에 대한 언급은 별도로 없기 때문에 펌프의 상사법칙에서 회전속도만 고려해 생각한다. 양정의 변화량을 알기 위해서는 회전속도의 관계를 알아야 한다. 이는 유량의 관계식을 통해 구할 수 있다.

$\dfrac{N_2}{N_1} = \dfrac{Q_2}{Q_1} = \dfrac{1.1Q}{Q} = 1.1$

2. 변화된 양정

$H_2 = H_1 \times \left(\dfrac{N_2}{N_1}\right)^2 = H \times 1.1^2 = 1.21H$

$\therefore H_2 = 1.21H$

46 ★★☆

원심펌프가 전양정 120[m]에 대해 6[m³/s]의 물을 공급할 때 필요한 축동력이 9,530[kW]이었다. 이때 펌프의 체적효율과 기계효율이 각각 88[%], 89[%]라고 하면, 이 펌프의 수력효율은 약 몇 [%]인가?

① 74.1
② 84.2
③ 88.5
④ 94.5

SOLUTION

개념
- 펌프(전동기)의 축동력

공식 정리

$$P = \dfrac{\gamma QH}{\eta}$$

여기서, P : 펌프의 축동력[kW], γ : 물의 비중량(9.8[kN/m³])
Q : 유량[m³/s], H : 양정(높이)[m], η : 효율

- 펌프의 효율

공식 정리

$$\eta = \eta_m \times \eta_h \times \eta_v$$

여기서, η : 펌프의 효율, η_m : 펌프의 기계효율
η_h : 펌프의 수력효율, η_v : 펌프의 체적효율

풀이

1. 펌프의 효율

펌프의 축동력 공식을 펌프의 효율에 대하여 정리하고 주어진 값들을 대입하면

$\eta = \dfrac{\gamma QH}{P} = \dfrac{9.8 \times 6 \times 120}{9,530} \fallingdotseq 0.74 = 74[\%]$

2. 펌프의 수력효율

펌프의 효율 공식을 펌프의 수력효율에 대하여 정리하고 주어진 값들을 대입하면

$\eta_h = \dfrac{\eta}{\eta_m \times \eta_v} = \dfrac{0.74}{0.89 \times 0.88} \fallingdotseq 0.945 = 94.5[\%]$

$\therefore \eta_h = 94.5[\%]$

47 ★★☆

안지름 4[cm], 바깥지름 6[cm]인 동심 이중관의 수력직경(hydraulic diameter)은 몇 [cm]인가?

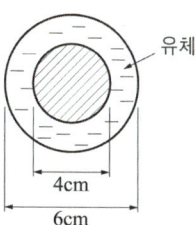

① 2
② 3
③ 4
④ 5

SOLUTION

개념 수력직경

공식
$$D_h = D_1 - D_2$$

여기서, D_h : 수력직경[cm]

D_1 : 외경[cm]

D_2 : 내경[cm]

풀이
수력직경 공식에 문제에서 주어진 값들을 대입하면
$D_h = D_1 - D_2 = 6 - 4 = 2$[cm]
∴ $D_h = 2$[cm]

48 ★★☆

열역학 관련 설명 중 틀린 것은?

① 삼중점에서는 물체의 고상, 액상, 기상이 공존한다.
② 압력이 증가하면 물의 끓는점도 높아진다.
③ 열을 완전히 일로 변환할 수 있는 효율이 100%인 열기관은 만들 수 없다.
④ 기체의 정적비열은 정압비열보다 크다.

SOLUTION

개념 정압비열

공식
$$C_p = C_v + R$$

여기서, C_p : 정압비열, C_v : 정적비열, R : 기체상수

풀이
기체의 정압비열은 정적비열과 기체상수의 합이다. 따라서 기체의 정압비열은 항상 정적비열보다 크다.

49 ★☆☆

다음 중 차원이 서로 같은 것을 모두 고르면? (단, P : 압력, ρ : 밀도, V : 속도, h : 높이, F : 힘, m : 질량, g : 중력가속도)

㉠ ρV^2	㉡ $\rho g h$
㉢ P	㉣ F/m

① ㉠, ㉡
② ㉠, ㉢
③ ㉠, ㉡, ㉢
④ ㉠, ㉡, ㉢, ㉣

SOLUTION

풀이

㉠ $\rho V^2 = [kg/m^3] \times [m/s]^2 = [kg/m \cdot s^2]$

㉡ $\rho g h = [kg/m^3] \times [m/s^2] \times [m] = [kg/m \cdot s^2]$

㉢ $P = \dfrac{F}{A} = \dfrac{[N]}{[m^2]} = \dfrac{[kg \cdot m/s^2]}{[m^2]} = [kg/m \cdot s^2]$

㉣ $\dfrac{F}{m} = \dfrac{[N]}{[kg]} = \dfrac{[kg \cdot m/s^2]}{[kg]} = [m/s^2]$

㉣만 차원이 다르다.

50 ★★★

밀도가 10[kg/m³]인 유체가 지름 30[cm]인 관내를 1[m³/s]로 흐른다. 이때의 평균유속은 몇 [m/s]인가?

① 4.25
② 14.1
③ 15.7
④ 84.9

SOLUTION

개념
유량

공식
$$Q = AV = \left(\frac{\pi D^2}{4}\right)V$$

여기서, Q : 유량[m³/s], A : 단면적[m²], V : 유속[m/s], D : 지름[m]

풀이
유량의 공식을 유속에 관한 식으로 정리하고 문제에서 주어진 값들을 대입하면

$$V = \frac{Q}{\frac{\pi D^2}{4}} = \frac{1 \times 4}{\pi \times 0.3^2} \fallingdotseq 14.1 [\text{m/s}]$$

∴ $V \fallingdotseq 14.1$[m/s]

[단위환산]
- 지름 30[cm] = $\frac{30}{100}$[m] = 0.3[m]

TIP
문제에서 주어진 밀도의 값은 수험자를 속이기 위해 주어진 값들이다. 문제에서 주어진 모든 값들이 반드시 사용될 것이라고 생각하면 안 된다.

51 ★★★

초기 상태에서 압력 100[kPa], 온도 15[℃]인 공기가 있다. 공기의 부피가 초기 부피의 1/200이 될 때까지 가역단열 압축할 때 압축 후의 온도는 약 몇 [℃]인가? (단, 공기의 비열비는 1.4이다)

① 54
② 348
③ 682
④ 912

SOLUTION

개념
단열변화 시 온도, 체적, 압력의 관계

공식
$$\frac{T_2}{T_1} = \left(\frac{V_1}{V_2}\right)^{k-1} = \left(\frac{P_2}{P_1}\right)^{\frac{k-1}{k}}$$

여기서, T : 절대온도[K], V : 체적[m³], k : 비열비, P : 압력[Pa]

풀이
단열변화 시 온도와 체적의 관계식을 온도에 대하여 정리하고 문제에서 주어진 값들을 대입하면

$$T_2 = T_1 \times \left(\frac{V_1}{V_2}\right)^{k-1} = (15+273) \times \left(\frac{V_1}{\frac{1}{20}V_1}\right)^{1.4-1}$$

$$= (15+273) \times 20^{0.4} \fallingdotseq 955[\text{K}] = 682[℃]$$

∴ $T_2 = 682$[℃]

[단위환산]
- 온도 15[℃] = (15+273)[K]
- 온도 955[K] = (955-273)[℃] = 682[℃]

52 ★★★

부피가 240[m³]인 방 안에 들어 있는 공기의 질량은 약 몇 [kg]인가? (단, 압력은 100[kPa], 온도는 300[K]이며, 공기의 기체상수는 0.287[kJ/kg·K]이다)

① 0.279 ② 2.79
③ 27.9   ④ 279

SOLUTION

개념
이상기체상태 방정식

공식정리
$$PV = nRT = \frac{m}{M}RT = m\overline{R}T$$

여기서, P : 기압[kPa], V : 부피[m³], n : 몰수[mol],
R : 기체상수[kJ/mol·K], T : 절대온도[K], m : 질량[kg]
M : 분자량[kg/mol], $\overline{R}$: 특정기체상수[kJ/kg·K]

풀이
문제에서 공기의 기체상수가 주어졌기 때문에 특정기체상수를 활용한 이상기체상태 방정식을 사용한다. 공식을 질량에 관한 식으로 정리하고, 문제에서 주어진 값들을 대입하면

$$m = \frac{PV}{RT} = \frac{100 \times 240}{0.287 \times 300} ≒ 279[kg]$$

∴ $m ≒ 279[kg]$

TIP
1. 이상기체상태 방정식은 주어진 단위에 따라 식이 다양한 형태로 달라진다. 주어진 단위를 항상 확인해서 식을 활용할 수 있도록 한다.
2. 서적에 따라 질량의 기호가 w, m, W 다양하게 주어진다. 식의 기호만 기억하기 보다는 의미를 함께 기억할 수 있도록 한다.

53 ★★★

그림의 액주계에서 밀도 $\rho_1 = 1,000[kg/m^3]$, $\rho_2 = 13,600[kg/m^3]$, 높이 $h_1 = 500[mm]$, $h_2 = 800[mm]$ 일 때 중심 A의 계기압력은 몇 [kPa]인가?

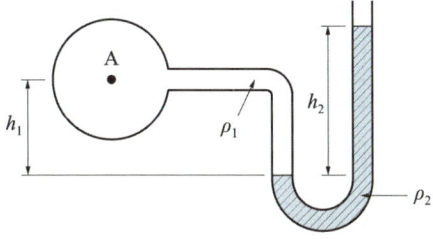

① 101.7 ② 109.6
③ 126.4 ④ 131.7

SOLUTION

개념
유체에 의한 압력

공식정리
$$P = \gamma h = \rho g h$$

여기서, P : 압력[kPa], γ : 유체의 비중량[N/m³], h : 높이[m]
ρ : 물질의 밀도[kg/m³], g : 중력가속도(9.8[m/s²])

풀이
1. 왼쪽에서의 압력
   $P_{왼} = P_A + \rho_1 g h_1$

2. 오른쪽에서의 압력
   $P_{오} = \rho_2 g h_2$

3. 관 중심 A의 계기압력
   액주계에서 수평으로 같은 높이에 위치한다면 압력이 같다. 왼쪽에서의 압력과 오른쪽에서의 압력이 같은 높이에 위치하기 때문에 $P_{왼} = P_{오}$이다. 이를 식으로 정리하면

   $P_A + \rho_1 g h_1 = \rho_2 g h_2$

   이다. 위의 식을 P_A에 관해 정리하고 문제에서 주어진 값들을 대입하면

   $P_A = g(\rho_2 h_2 - \rho_1 h_1) = 9.8 \times (13,600 \times 0.8 - 1,000 \times 0.5)$
   $≒ 101,700[Pa] = 101.7[kPa]$

   ∴ $P_A ≒ 101.7[kPa]$

[단위환산]
- 높이 $500[mm] = \frac{500}{1,000}[m] = 0.5[m]$
- 높이 $800[mm] = \frac{800}{1,000}[m] = 0.8[m]$
- 압력 $101,700[Pa] = \frac{101,700}{1,000}[kPa] = 101.7[kPa]$

54 ★☆☆

그림과 같이 수조의 두 노즐에서 물이 분출하여 한 점(A)에서 만나려고 하면 어떤 관계가 성립되어야 하는가? (단, 공기저항과 노즐의 손실은 무시한다)

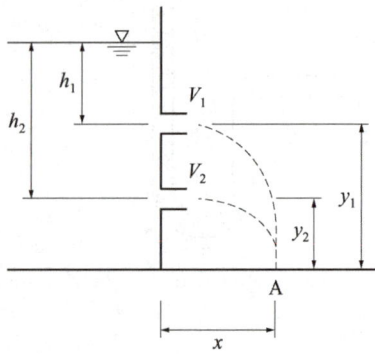

① $h_1y_1 = h_2y_2$
② $h_1y_2 = h_2y_1$
③ $h_1h_2 = y_1y_2$
④ $h_1y_1 = 2h_2y_2$

SOLUTION

개념

- 등속도 운동

공식 정리
$$x = V_x t$$

여기서, x : x방향의 이동거리[m], V_x : 속도[m/s]
t : 이동시간[s]

- 등가속도 운동

공식 정리
$$y = V_y t + \frac{1}{2}at^2$$

여기서, y : y방향의 이동거리[m], V_y : 초기속도[m/s]
t : 이동시간[s], a : 가속도[m/s²]

풀이

1. y방향의 이동거리

y방향의 초기속도인 $V_{y_0} = 0$이고 가속도는 물줄기에 작용하는 가속도는 중력가속도(9.8[m/s²])이므로 이를 등가속도 운동에 대입하면

$$y = V_{y_0}t + \frac{1}{2}at^2 = \frac{1}{2}gt^2$$

2. x방향의 이동거리

x방향의 속도는 $V_x = \sqrt{2gh}$ 이고, y방향의 이동거리 식에서 시간에 관한 식으로 정리한 이동시간은 $t = \sqrt{\frac{2y}{g}}$ 이다.

이를 등속도운동 식에 대입하면

$$x = V_x t = \sqrt{2gh} \times \sqrt{\frac{2y}{g}} = 2\sqrt{hy}$$

3. 관계 정리

h_1일때의 x방향의 이동거리와 h_2일때의 x방향의 이동거리가 같으므로 $x_1 = x_2$이다. 이를 식으로 정리하면

$$2\sqrt{h_1y_1} = 2\sqrt{h_2y_2}$$

이다. 그러므로 이를 관계로 정리하면

$$\therefore h_1y_1 = h_2y_2$$

55 ★★★

길이 100[m], 직경 50[mm], 상대조도 0.01인 원형 수도관 내에 물이 흐르고 있다. 관내 평균유속이 3[m/s]에서 6[m/s]로 증가하면 압력손실은 몇 배로 되겠는가? (단, 유동은 마찰계수가 일정한 완전난류로 가정한다)

① 1.41배
② 2배
③ 4배
④ 8배

SOLUTION

개념

달시-바이스바하(마찰손실)의 식

공식 정리
$$H = \frac{\Delta P}{\gamma} = \frac{flV^2}{2gD}$$

여기서, H : 마찰손실수두[m], ΔP : 압력차[kPa]
γ : 유체의 비중량[kN/m³], f : 마찰손실계수
l : 등가길이[m], V : 유속[m/s]
g : 중력가속도(9.8[m/s²]), D : 지름[m]

풀이

달시-바이스바하의 식에서 유속을 제외한 모든 조건이 일정하므로 마찰손실은 유속의 제곱에 비례($\Delta P \propto V^2$)한다. 유속이 처음에 3[m/s]에서 6[m/s]로 2배로 증가했다. 그러므로 압력손실은 유속의 제곱인 $2^2 = 4$배 증가한다.

56 ★★☆

한 변이 8[cm]인 정육면체를 비중이 1.26인 글리세린에 담그니 절반의 부피가 잠겼다. 이때 정육면체를 수직방향으로 눌러 완전히 잠기게 하는 데 필요한 힘은 약 몇 [N]인가?

① 2.56   ② 3.16
③ 6.53   ④ 12.5

SOLUTION

개념
부력

공식 정리
$$W = \gamma V = s\gamma_w V$$

여기서, W : 부력(무게)[kN], γ : 액체의 비중량[kN/m³]
V : 부피[m³], s : 비중, γ_w : 물의 비중량(9.8[kN/m³])

풀이

1. 절반의 부피가 잠겼을 때의 부력

$$W_1 = \gamma V = s\gamma_w V = 1.26 \times 9,800 \times (0.08 \times 0.08 \times 0.08) \times \frac{1}{2}$$

$$\fallingdotseq 3.16[N]$$

2. 완전히 부피가 잠겼을 때의 부력

$$W_2 = \gamma V = s\gamma_w V = 1.26 \times 9,800 \times (0.08 \times 0.08 \times 0.08)$$

$$\fallingdotseq 6.32[N]$$

3. 완전히 잠기게 하는데 필요한 힘

완전히 부피가 잠겼을 때의 부력에서 절반의 부피가 잠겼을 때의 부력을 빼주면 된다.

$$F = W_2 - W_1 = 6.32 - 3.16 = 3.16[N]$$

$$\therefore F = 3.16[N]$$

57 ★★★

그림과 같이 반지름 0.8[m]이고 폭이 2[m]인 곡면 AB가 수문으로 이용된다. 물에 의한 힘의 수평성분의 크기는 약 몇 [kN]인가? (단, 수문의 폭은 2[m]이다)

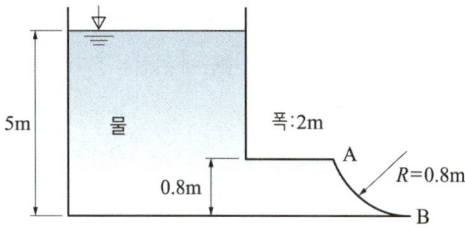

① 72.1   ② 84.7
③ 90.2   ④ 95.4

SOLUTION

개념
유체에 의한 힘의 수평분력

공식 정리
$$F_H = \gamma h A$$

여기서, F_H : 수평분력[kN]
γ : 유체의 비중량(물의 비중량 9.8[kN/m³])
h : 표면에서 투시경 중심까지의 수직거리[m]
A : 투시경의 단면적[m²]

풀이

1. 표면에서 수문 중심까지의 수직거리

표면에서 바닥까지의 거리는 5[m]이고 바닥에서 수문 중심까지의 수직거리는 0.4[m]이다. 즉 표면에서 수문 중심까지의 수직거리는
$h = 5 - 0.4 = 4.6[m]$

2. 물에 의한 힘의 수평성분의 크기

$$F_H = \gamma h A = 9.8 \times 4.6 \times (0.8 \times 2) \fallingdotseq 72.1[kN]$$

$$\therefore F_H \fallingdotseq 72.1[kN]$$

58 ★★☆

펌프 운전 시 발생하는 캐비테이션의 발생을 예방하는 방법이 아닌 것은?

① 펌프의 회전수를 높여 흡입 비속도를 높게 한다.
② 펌프의 설치높이를 될 수 있는 대로 낮춘다.
③ 입형펌프를 사용하고, 회전차를 수중에 완전히 잠기게 한다.
④ 양흡입 펌프를 사용한다.

SOLUTION

개념
공동현상(cavitation, 캐비테이션)
펌프 흡입측 배관 내의 액체가 포화 증기압 이하에서 비등하여 기포가 발생하고 물이 흡입되지 않는 현상

- 공동현상 방지 방법
  - 펌프의 설치위치를 되도록 낮게 하여 흡입양정을 짧게 한다.
  - 펌프의 회전수를 작게 한다.
  - 펌프의 흡입 관경을 크게 한다.
  - 단흡입펌프보다는 양흡입펌프를 사용한다.
  - 펌프를 2개 이상 설치한다.
  - 펌프의 마찰손실을 작게 한다.

TIP
공동현상의 방지 방법의 반대는 공동현상의 발생원인이 될 수 있다는 것을 기억해주면 좋다.

59 ★☆☆

실내의 난방용 방열기(물-공기 열교환기)에는 대부분 방열 핀(fin)이 달려 있다. 그 주된 이유는?

① 열전달 면적 증가
② 열전달계수 증가
③ 방사율 증가
④ 열저항 증가

SOLUTION

개념
방열핀
방열핀은 열전달 표면적을 크게 하여 열을 외부로 효과적으로 방출시킨다.

60 ★★☆

그림에서 물 탱크차가 받는 추력은 약 몇 [N]인가? (단, 노즐의 단면적은 0.03[m²]이며, 탱크 내의 계기압력은 40[kPa]이다. 또한 노즐에서 마찰 손실은 무시한다)

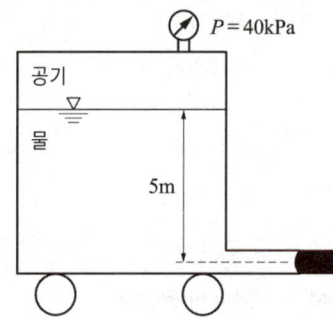

① 812
② 1,490
③ 2,710
④ 5,340

SOLUTION

개념
- 압력수두

공식
$$H = \frac{P}{\gamma}$$

여기서, H : 압력수두[m], P : 압력[kPa]
γ : 유체의 비중량(물의 비중량 9.8[kN/m³])

- 유속

공식
$$V = \sqrt{2gh}$$

여기서, V : 유속[m/s], g : 중력가속도(9.8[m/s²])
h : 전수두[m]

- 추력

공식
$$F = \rho QV = \rho(AV)V = \rho AV^2$$

여기서, F : 추력[N], ρ : 밀도(물의 밀도 1,000[kg/m³])
Q : 유량[m³/s], V : 유속[m/s]
A : 단면적[m³]

풀이

1. 전수두

유속을 구하기 위해서는 현재 물탱크차 내부에 가해지고 있는 전체 수두를 구할 필요가 있다. 기본적으로 물에 의한 수두도 존재하고 있지만 추가적으로 탱크 내의 계기압력도 주어졌다. 그렇기 때문에 물에 의한 수두에 압력에 의한 수두를 구해 합해줘야 한다.

$$H_{압력} = \frac{P}{\gamma} = \frac{40}{9.8} \fallingdotseq 4.08[m]$$

$$h_{전수두} = H_{물} + H_{압력} = 5 + 4.08 = 9.08[m]$$

2. 유속

추력을 구하기 위해서는 유속이 필요하다. 유속은 전수두를 사용하기 때문에 앞서 구한 전수두의 값을 넣어 구한다.

$$V = \sqrt{2gh} = \sqrt{2 \times 9.8 \times 9.08} \fallingdotseq 13.34[m/s]$$

3. 추력

추력의 공식에 문제에서 주어진 값 및 앞서 구한 값들을 모두 대입하면

$$F = \rho A V^2 = 1{,}000 \times 0.03 \times 13.34^2 \fallingdotseq 5{,}339[N]$$

$$\therefore F \fallingdotseq 5{,}340[N]$$

2022년 제1회 소방설비기사

41 ★★☆

30[℃]에서 부피가 10[L]인 이상기체를 일정한 압력으로 0[℃]로 냉각시키면 부피는 약 몇 [L]로 변하는가?

① 3   ② 9
③ 12   ④ 18

SOLUTION

개념

샤를의 법칙

공식

$$\frac{V_1}{T_1} = \frac{V_2}{T_2}$$

여기서, V : 부피[L], T : 절대온도[K]

풀이

일정한 압력일 때 기체의 부피는 절대온도에 비례한다.

샤를의 법칙 공식을 정리하면

$$V_2 = V_1 \times \frac{T_2}{T_1} = 10 \times \frac{(0+273)}{(30+273)} \fallingdotseq 9[L]$$

$$\therefore V_2 \fallingdotseq 9[L]$$

[단위환산]
- 온도 $0[℃] = (0+273)[K]$
- 온도 $30[℃] = (30+273)[K]$

정답 41 ②

42 ★★☆

비중이 0.6이고 길이 20[m], 폭 10[m], 높이 3[m]인 직육면체 모양의 소방정 위에 비중이 0.9인 포소화약제 5톤을 실었다. 바닷물의 비중이 1.03일 때 바닷물 속에 잠긴 소방정의 깊이는 몇 [m]인가?

① 3.54 ② 2.5
③ 1.77 ④ 0.6

SOLUTION

개념
• 부력

공식 정리
$$W = \gamma V = s\gamma_w V$$

여기서, W : 부력(무게)[kN], γ : 액체의 비중량[kN/m³]
V : 잠긴 부피[m³], s : 비중, γ_w : 물의 비중량(9.8[kN/m³])

• 물체의 무게

공식 정리
$$W = mg = \rho Vg = s\rho_w Vg$$

여기서, W : 무게[N], m : 질량[kg], g : 중력가속도(9.8[m/s²])
ρ : 물체의 밀도[kg/m³], V : 부피[m³], s : 비중
ρ_w : 물의 밀도(1,000[kg/m³])

풀이

1. 소방정의 공기 중 무게
$$W_{소방정} = s_{소방정}\rho_w Vg = 0.6 \times 1,000 \times (20 \times 10 \times 3) \times 9.8$$
$$= 3,528,000[N] = 3,528[kN]$$

2. 포소화약제의 공기 중 무게
$$W_{포소화약제} = m_{포소화약제} \times g = 5,000 \times 9.8$$
$$= 49,000[N] = 49[kN]$$

3. 바닷물의 부력
바닷물 속에 잠긴 소방정의 깊이를 L[m]이라 하면
$$W_{부력} = s_{바닷물} \times \gamma_w \times V = 1.03 \times 9.8 \times (20 \times 10 \times L)$$
$$= 2,018.8L[kN]$$

소방정이 바닷물에 뜨고 있다면 소방정, 포소화약제의 공기 중 무게의 합은 바닷물의 부력과 같다.

$W_{소방정} + W_{포소화약제} = W_{부력}$ 이므로 값을 대입하면
$3,528 + 49 = 2,018.8L$
∴ $L ≒ 1.77[m]$

43 ★★★

그림과 같이 대기압 상태에서 V의 균열한 속도로 분출된 직경 D의 원형 물제트가 원판에 충돌할 때 원판이 U의 속도로 오른쪽으로 계속 동일한 속도로 이동하려면 외부에서 원판에 가해야 하는 힘 F는? (단, ρ는 물의 밀도, g는 중력가속도이다)

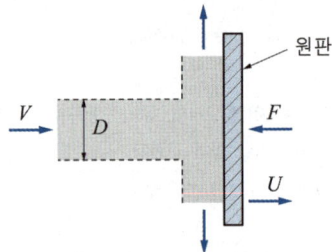

① $\dfrac{\rho\pi D^2}{4}(V-U)^2$

② $\dfrac{\rho\pi D^2}{4}(V+U)^2$

③ $\rho\pi D^2(V-U)(V+U)$

④ $\dfrac{\rho\pi D^2(V-U)(V+U)}{4}$

SOLUTION

개념
평판에 작용하는 힘

공식 정리
$$F = \rho QV = \rho(AV)V = \rho AV^2$$

여기서, F : 힘, ρ : 밀도, Q : 유량, A : 단면적, V : 유속

풀이

1. 평판의 넓이
평판은 원판으로 주어졌으므로 넓이는 다음과 같다.
$$A = \frac{\pi D^2}{4} \text{ (여기서, } D : 지름)$$

2. 유속
물이 오른쪽으로 속도 V만큼 평판에 충돌하고 있지만 평판도 U만큼 오른쪽으로 이동하므로 유속의 속도는 $V-U$이다.
공식에 모든 것들을 대입해보면

∴ $F = \rho AV^2 = \rho\left(\dfrac{\pi D^2}{4}\right)(V-U)^2 = \dfrac{\rho\pi D^2}{4}(V-U)^2$

44 ★☆☆

그림과 같이 폭이 넓은 두 평판 사이를 흐르는 유체의 속도 분포 $u(y)$가 다음과 같을 때, 평판 벽에 작용하는 전단응력은 약 몇 [Pa]인가? (단, $u_m = 1$[m/s], $h = 0.01$[m], 유체의 점성계수는 0.1[N·s/m^2]이다)

$$u(y) = u_m\left[1 - \left(\frac{y}{h}\right)^2\right]$$

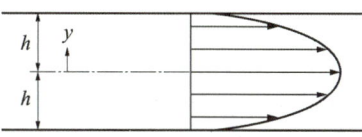

① 1 ② 2
③ 10 ④ 20

SOLUTION

개념
유체의 전단응력

공식
$$\tau = \mu \frac{du}{dy}$$

여기서, τ : 전단응력[Pa], μ : 점성계수[N·s/m^2]

$\frac{du}{dy}$: 속도구배(속도기울기)[s^{-1}]

풀이
문제에서 주어진 유체의 속도 분포를 공식에 대입하면

$$\tau = \mu\frac{du(y)}{dy} = \mu\frac{d}{dy}\left(u_m\left[1 - \left(\frac{y}{h}\right)^2\right]\right) = \mu \times u_m \times \left(-\frac{2y}{h^2}\right)$$

벽면의 위치는 $y = \pm h$이므로 y의 값에 $-h$를 대입한다.
주어진 값들을 식에 대입하면

$$\tau = \mu \times u_m \times \frac{2h}{h^2} = 0.1 \times 1 \times \frac{2 \times 0.01}{0.01^2} = 20\text{[Pa]}$$

$\therefore \tau = 20$[Pa]

TIP
문제 풀이의 편의성을 위해서 y의 값에 $-h$를 넣었지만 h를 넣어도 무방하다. 여기서 (-), (+)는 응력의 방향을 의미하는 것이지 전단응력의 크기에서는 관련이 없다.

45 ★★☆

-15[℃]의 얼음 10[g]을 100[℃]의 증기로 만드는데 필요한 열량은 약 몇 [kJ]인가? (단, 얼음의 융해열은 335[kJ/kg], 물의 증발잠열은 2256[kJ/kg], 얼음의 평균 비열은 2.1[kJ/kg·K]이고, 물의 평균 비열은 4.18[kJ/kg·K]이다.

① 7.85 ② 27.1
③ 30.4 ④ 35.2

SOLUTION

개념
• 현열 열량 계산

공식
$$Q = mC\Delta T$$

여기서, Q : 현열 열량[kJ], m : 질량[kg], C : 비열[kJ/kg·K]
ΔT : 온도차[K]

• 잠열 열량 계산

공식
$$Q = mr$$

여기서, Q : 잠열 열량[kJ], m : 질량[kg], r : 잠열[kJ/kg]

풀이
1. -15[℃] 얼음 → 0[℃] 얼음 현열 열량
   $Q_1 = mC_{얼음}\Delta T = 0.01 \times 2.1 \times (0-(-15)) = 0.315$[kJ]

2. 0[℃] 얼음 → 0[℃] 물 잠열 열량
   $Q_2 = mr_{융해} = 0.01 \times 335 = 3.35$[kJ]

3. 0[℃] 물 → 100[℃] 물 현열 열량
   $Q_3 = mC_{물}\Delta T = 0.01 \times 4.18 \times (100-0) = 4.18$[kJ]

4. 100[℃] 물 → 100[℃] 증기 잠열 열량
   $Q_4 = mr_{증발} = 0.01 \times 2,256 = 22.56$[kJ]

총열량 Q는
$Q = Q_1 + Q_2 + Q_3 + Q_4 = 0.315 + 3.35 + 4.18 + 22.56$
$\fallingdotseq 30.4$[kJ]

$\therefore Q \fallingdotseq 30.4$[kJ]

[단위환산]
• 질량 10[g] = $\frac{10}{1,000}$[kg] = 0.01[kg]
• 온도차 $(0-(-15))$[℃] = $((0+273)-(-15+273))$[K]
$= (0-(-15))$[K]
• 온도차 $(100-0)$[℃] = $((100+273)-(0+273))$[K]
$= (100-0)$[K]

정답 44 ④ 45 ③

46 ★☆☆

포화액 - 증기 혼합물 300[g]이 100[kPa]의 일정한 압력에서 기화가 일어나서 건도가 10[%]에서 30[%]로 높아진다면 혼합물의 체적 증가량은 약 몇 [m³]인가? (단, 100[kPa]에서 포화액과 포화증기의 비체적은 각각 0.00104[m³/kg]과 1.694[m³/kg]이다)

① 3.386
② 1.693
③ 0.508
④ 0.102

SOLUTION

개념
혼합물의 비체적

공식 정리
$$v = xv_g + (1-x)v_f$$

여기서, v : 혼합물의 비체적[m³/kg], x : 건도
v_g : 포화증기의 비체적[m³/kg]
v_f : 포화액의 비체적[m³/kg]

풀이

1. 건도 10[%]일 때 체적
$v_{10\%} = xv_g + (1-x)v_f = 0.1 \times 1.694 + (1-0.1) \times 0.00104$
$\fallingdotseq 0.17 [m^3/kg]$

체적 $V_{10\%}$ = 질량×10[%]일 때의 비체적 = 0.3×0.17
$= 0.051[m^3]$

2. 건도 30[%]일 때 체적
$v_{30\%} = xv_g + (1-x)v_f = 0.3 \times 1.694 + (1-0.3) \times 0.00104$
$\fallingdotseq 0.51 [m^3/kg]$

체적 $V_{30\%}$ = 질량×30[%]일 때의 비체적 = 0.3×0.51
$= 0.153[m^3]$

3. 혼합물의 체적 증가량
$V = V_{30\%} - V_{10\%} = 0.153 - 0.051 = 0.102[m^3]$

∴ $V = 0.102[m^3]$

47 ★☆☆

비중량 및 비중에 대한 설명으로 옳은 것은?

① 비중량은 단위부피당 유체의 질량이다.
② 비중은 유체의 질량 대 표준상태 유체의 질량비이다.
③ 기체인 수소의 비중은 액체인 수은의 비중보다 크다.
④ 압력의 변화에 대한 액체의 비중량 변화는 기체 비중량 변화보다 작다.

SOLUTION

풀이
- 비중량은 물질의 단위부피당 중량이다.
- 비중은 물질의 밀도와 표준 물질의 밀도와의 비이다.
- 기체인 수소의 비중은 액체인 수은의 비중보다 작다.

48 ★★★

물분무 소화설비의 가압송수장치로 전동기 구동형 펌프를 사용하였다. 펌프의 토출량 800[L/min], 전양정 50[m], 효율 0.65, 전달계수 1.1인 경우 적당한 전동기 용량은 몇 [kW]인가?

① 4.2
② 4.7
③ 10.0
④ 11.1

SOLUTION

개념
펌프(전동기)의 소요동력

공식 정리
$$P = \frac{\gamma QH}{\eta} K$$

여기서, P : 전동기 용량[kW], γ : 물의 비중량(9.8[kN/m³])
Q : 유량[m³/s], H : 양정(높이)[m], η : 효율, K : 전달계수

풀이
문제에서 주어진 값들을 공식에 모두 대입하면

$P = \frac{\gamma QH}{\eta} K = \frac{9.8 \times \frac{0.8}{60} \times 50}{0.65} \times 1.1 \fallingdotseq 11.1 [kW]$

∴ $P \fallingdotseq 11.1 [kW]$

[단위환산]
- 유량 $800[L/min] = \frac{800}{1,000 \times 60}[m^3/s] = \frac{0.8}{60}[m^3/s]$

49 ★★☆

수평원관 속을 층류상태로 흐르는 경우 유량에 대한 설명으로 틀린 것은?

① 점성계수에 반비례한다.
② 관의 길이에 반비례한다.
③ 관 지름의 4제곱에 비례한다.
④ 압력강하량에 반비례한다.

SOLUTION

개념
하겐-포아젤 방정식

공식 정리
$$\Delta P = \frac{128\mu l Q}{\pi D^4}$$

여기서, ΔP : 압력강하, μ : 점도(점성계수), l : 길이
Q : 유량, D : 내경

풀이
하겐-포아젤 방정식을 유량을 구하는 식으로 정리하면
$Q = \frac{\Delta P \pi D^4}{128\mu l}$ 이므로 유량은 점성계수, 관의 길이에 반비례,
관 지름의 4제곱, 압력강하량에 비례한다.

50 ★★☆

부차적 손실계수 K가 2인 관 부속품에서의 손실 수두가 2[m]이라면 이때의 유속은 약 몇 [m/s]인가?

① 4.43   ② 3.14
③ 2.21   ④ 2.00

SOLUTION

개념
부차적 손실에 의한 손실수두

공식 정리
$$H = K \frac{V^2}{2g}$$

여기서, H : 손실수두[m], K : 부차적 손실계수
V : 유속[m/s], g : 중력가속도(9.8[m/s²])

풀이
부차적 손실 공식을 유속에 관한 식으로 정리하고, 문제에서 주어진 값들을 식에 모두 대입하면
$$V = \sqrt{\frac{2gH}{K}} = \sqrt{\frac{2 \times 9.8 \times 2}{2}} \fallingdotseq 4.43 \text{[m/s]}$$

∴ $V \fallingdotseq 4.43$[m/s]

51 ★★☆

관내에 흐르는 유체의 흐름을 구분하는 데 사용되는 레이놀즈 수의 물리적인 의미는?

① $\frac{관성력}{중력}$ ② $\frac{관성력}{점성력}$
③ $\frac{관성력}{탄성력}$ ④ $\frac{관성력}{압축력}$

SOLUTION

개념
레이놀즈 수
배관 내 유체 흐름의 형태를 판단하는 척도로 사용되는 수

공식 정리
$$\text{레이놀즈 수 } Re = \frac{관성력}{점성력}$$

52 ★★★

그림과 같은 U자관 차압액주계에서 $\gamma_1 = 9.8[kN/m^3]$, $\gamma_2 = 133[kN/m^3]$, $\gamma_3 = 9.0[kN/m^3]$, $h_1 = 0.2[m]$, $h_3 = 0.1[m]$ 이고 압력차 $p_A - p_B = 30[kPa]$이다. h_2는 몇 [m]인가?

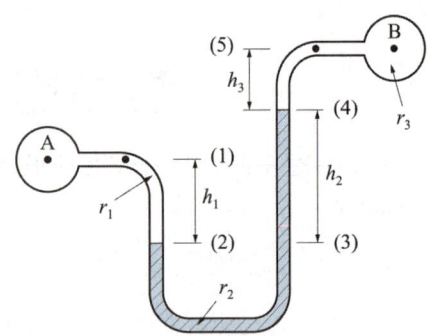

① 0.218 ② 0.226
③ 0.234 ④ 0.247

SOLUTION

풀이
U자관 차압액주계에서 동일한 수평선 내에 있는 모든 점의 압력은 같다.
즉 $P_{(2)} = P_{(3)}$이다.

1. (2) 지점의 압력 구하기
   $P_{(2)} = P_A + \gamma_1 h_1$

2. (3) 지점의 압력 구하기
   $P_{(3)} = P_B + \gamma_2 h_2 + \gamma_3 h_3$
   $P_{(2)} = P_{(3)}$이므로
   $P_A + \gamma_1 h_1 = P_B + \gamma_2 h_2 + \gamma_3 h_3$이다.
   위의 식을 h_2에 관한 식으로 정리하고, 문제에서 주어진 값들을 식에 모두 대입하면
   $h_2 = \dfrac{P_A - P_B + \gamma_1 h_1 - \gamma_3 h_3}{\gamma_2} = \dfrac{30 + (9.8 \times 0.2) - (9.0 \times 0.1)}{133}$
   $\fallingdotseq 0.234[m]$
   $\therefore h_2 \fallingdotseq 0.234[m]$

53 ★★☆

펌프와 관련된 용어의 설명으로 옳은 것은?

① 캐비테이션 : 송출압력과 송출유량이 주기적으로 변하는 현상
② 서징 : 액체가 포화 증기압 이하에서 비등하여 기포가 발생하는 현상
③ 수격작용 : 관을 흐르던 물이 갑자기 정지할 때 압력파에 의해 이상음(異常音)이 발생하는 현상
④ NPSH : 펌프에서 상사법칙을 나타내기 위한 비속도

SOLUTION

개념
- 캐비테이션 : 액체가 포화 증기압 이하에서 비등하여 기포가 발생하는 현상
- 서징 : 송출압력과 송출유량이 주기적으로 변하는 현상
- 수격작용 : 관을 흐르던 물이 갑자기 정지할 때 압력파에 의해 이상음(異常音)이 발생하는 현상
- NPSH : 펌프 흡입측 배관에서 공동현상을 일으키지 않고 흡입 가능한 압력을 수두로 표시한 값
- 비교회전도 : 펌프에서 상사법칙을 나타내기 위한 비속도

54 ★★☆

베르누이의 정리 $\left(\dfrac{P}{\rho} + \dfrac{V^2}{2} + gZ = \text{constant} \right)$가 적용되는 조건이 아닌 것은?

① 압축성의 흐름이다.
② 정상 상태의 흐름이다.
③ 마찰이 없는 흐름이다.
④ 베르누이 정리가 적용되는 임의의 두 점은 같은 유선 상에 있다.

SOLUTION

개념
베르누이의 정리 적용되는 조건
- 비압축성의 흐름이다(비압축성 유체).
- 정상 상태의 흐름이다(정상유동).
- 마찰이 없는 흐름이다(비점성 흐름).
- 베르누이 정리가 적용되는 임의의 두 점은 같은 유선 상에 있다.
- 이상유체이다.

55 ★★☆

그림과 같이 수평과 30° 경사된 폭 50[cm]인 수문 AB가 A점에서 힌지(hinge)로 되어있다. 이 문을 열기 위한 최소한의 힘 F_B(수문에 직각 방향)는 약 몇 [kN]인가? (단, 수문의 무게는 무시하고, 유체의 비중은 1이다)

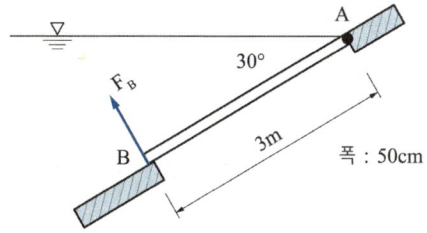

① 11.5
② 7.35
③ 5.51
④ 2.71

SOLUTION

개념
- 전압력

공식 정리
$$F = \gamma h A = \gamma y \sin\theta A$$

여기서, F : 물이 수문을 밀어내는 힘[kN]
γ : 비중량(물의 비중량(9.8[kN/m³])
h : 표면에서 수면 중심까지의 수직거리[m]
A : 수면의 단면적[m²]
y : 수문에서 수문까지의 경사거리[m]
θ : 수문과 수면이 이루는 각도

- 작용점 깊이

공식 정리
$$y_p = y + \frac{I_c}{Ay}$$

여기서, y_p : 작용점의 깊이[m]
y : 수면에서 수문 중심까지의 경사거리[m]
I_c : 단면 2차 모멘트[m⁴]
(사각형의 단면 2차 모멘트 $I_c = \frac{폭 \times 높이^3}{12}$)
A : 수면의 단면적[m²]

풀이

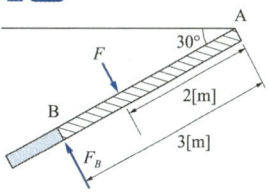

1. 물이 수문을 밀어내는 힘
$$F = \gamma h A = \gamma y \sin\theta A = 9.8 \times 1.5 \times \sin 30 \times (3 \times 0.5)$$
$$= 11.025[\text{kN}]$$

2. 수문에 작용하는 물의 작용점 깊이
$$y_p = y + \frac{I_c}{Ay} = 1.5 + \frac{\frac{0.5 \times 3^3}{12}}{(3 \times 0.5) \times 1.5} = 2[\text{m}]$$

3. B 지점에 가해야할 힘

A점에 힌지가 있으므로 A점의 모멘트 합은 0이어야 한다.
$$\sum M_A = (F_B \times 3) - (F \times 2) = 0$$

위의 F_B에 관해 식을 정리하고, 문제에서 주어진 값 및 구한 값들을 대입하면
$$F_B = \frac{F \times 2}{3} = \frac{11.025 \times 2}{3} = 7.35[\text{kN}]$$

$\therefore F_B = 7.35[\text{kN}]$

56 ★★☆

성능이 같은 3대의 펌프를 병렬로 연결하였을 경우 양정과 유량은 얼마인가? (단, 펌프 1대의 유량은 Q, 양정은 H이다)

① 유량은 $3Q$, 양정은 H
② 유량은 $3Q$, 양정은 $3H$
③ 유량은 $9Q$, 양정은 H
④ 유량은 $9Q$, 양정은 $3H$

SOLUTION

개념
- 펌프의 3대의 병렬 운전
  - 유량 : $3Q$(3배로 증가)/양정 : H(변화 없음)
- 펌프의 3대의 직렬 운전
  - 유량 : Q(변화 없음)/양정 : $3H$(3배로 증가)

TIP
펌프를 병렬로 운전하면 유량은 펌프의 개수만큼 증가하고 양정은 그대로이다. 반면 펌프를 직렬로 운전하면 유량은 그대로이고, 양정은 펌프의 개수만큼 증가한다.

57 ★★☆

수평 배관 설비에서 상류 지점인 A지점의 배관을 조사해 보니 지름 100[mm], 압력 0.45[MPa], 평균 유속 1[m/s]이었다. 또, 하류의 B지점을 조사해 보니 지름 50[mm], 압력 0.4[MPa]이었다면 두 지점 사이의 손실 수두는 약 몇 [m]인가? (단, 배관 내 유체의 비중은 1이다)

① 4.34
② 4.95
③ 5.87
④ 8.67

SOLUTION

개념
수두로 표현한 베르누이의 정리(손실수두 포함)

공식 정리

$$\frac{P_A}{\gamma} + \frac{V_A^2}{2g} + Z_A = \frac{P_B}{\gamma} + \frac{V_B^2}{2g} + Z_B + \Delta H$$

여기서, P : 압력[kPa], γ : 비중량[kN/m³], V : 유속[m/s]
g : 중력가속도(9.8[m/s²]), Z : 위치수두[m], ΔH : 손실수두[m]

풀이

1. B지점의 유속 V_B

유량 $Q = AV = \left(\frac{\pi D^2}{4}\right)V$ 이다. 연속방정식에 의해 $Q_A = Q_B$ 이므로

$\left(\frac{\pi D_A^2}{4}\right) \times V_A = \left(\frac{\pi D_B^2}{4}\right) \times V_B$ 이다.

위의 식을 V_B에 관한 식으로 정리하고, 주어진 값들을 식에 대입하면

$V_B = V_A \times \left(\frac{D_A}{D_B}\right)^2 = 1 \times \left(\frac{100}{50}\right)^2 = 4[m/s]$

2. 손실수두 구하기

베르누이의 정리를 손실수두에 관해 정리하면

$\Delta H = \frac{P_A - P_B}{\gamma} + \frac{V_A^2 - V_B^2}{2g} + (Z_A - Z_B)$

문제에서 수평배관설비라고 주어졌기 때문에 위치수두의 차이는 존재하지 않으므로 손실수두의 식은 다음과 같다.

$\Delta H = \frac{P_A - P_B}{\gamma} + \frac{V_A^2 - V_B^2}{2g}$

위의 식에 문제에 주어진 값 및 앞서 구한 V_B값을 대입하면

$\Delta H = \frac{P_A - P_B}{\gamma} + \frac{V_A^2 - V_B^2}{2g} = \frac{450 - 400}{9.8} + \frac{1^2 - 4^2}{2 \times 9.8} ≒ 4.34[m]$

∴ $\Delta H ≒ 4.34[m]$

[단위환산]
- 압력 0.45[MPa] = 0.45 × 1,000[kPa] = 450[kPa]
- 압력 0.4[MPa] = 0.4 × 1,000[kPa] = 400[kPa]

TIP
관 속을 흐르는 물의 유량은 어느 점에 있어서나 일정하다는 것이 연속방정식이다. 즉 어느 점에서나 유량이 일정하기 때문에 관의 넓이가 좁은 곳에서는 유속이 빠를 것이고, 관의 넓이가 넓은 곳에서는 유속이 느릴 것이다. 실생활에서 우리는 호스의 끝을 눌러서 호스의 넓이를 좁히면 유속이 빨라지는 것을 통해 연속방정식을 쉽게 관찰할 수 있다.

58 ★☆☆

원관 속을 층류상태로 흐르는 유체의 속도분포가 다음과 같을 때 관벽에서 30[mm] 떨어진 곳에서 유체의 속도기울기(속도구배)는 약 몇 [s⁻¹]인가?

$$u = 3y^{\frac{1}{2}}$$

- u : 유속[m/s]
- y : 관벽으로부터의 거리[m]

① 0.87
② 2.74
③ 8.66
④ 27.4

SOLUTION

풀이
속도기울기(속도구배)

$\frac{du}{dy} = \frac{d}{dy}(3y^{\frac{1}{2}}) = \frac{3}{2}y^{-\frac{1}{2}} = \frac{3}{2} \times (0.03)^{-\frac{1}{2}} ≒ 8.66[s⁻¹]$

∴ $\frac{du}{dy} ≒ 8.66[s⁻¹]$

59 ★★☆

대기의 압력이 106[kPa]이라면 게이지 압력이 1,226[kPa]인 용기에서 절대압력은 몇 [kPa]인가?

① 1,120
② 1,125
③ 1,327
④ 1,332

SOLUTION

개념
절대압력

공식 정리
절대압력 = 대기압 + 게이지 압력(계기압)
절대압력 = 대기압 - 진공압

풀이
문제에서 주어진 값들을 절대압력 식에 모두 대입하면
절대압력 = 대기압 + 게이지 압력 = 106 + 1,226 = 1,332[kPa]
∴ 절대압력 = 1,332[kPa]

TIP
절대압력은 게이지 압력(계기압)이 주어지면 대기압에 더해주고, 진공압이 주어지면 대기압에서 빼준다.

60 ★★☆

표면온도 15[℃], 방사율 0.85인 40[cm]×50[cm] 직사각형 나무판의 한쪽 면으로부터 방사되는 복사열은 약 몇 [W]인가? (단 스테판-볼츠만 상수는 5.67×10^{-8}[W/m²·K⁴]이다)

① 12
② 66
③ 78
④ 521

SOLUTION

개념
스테판-볼츠만의 법칙(열복사 법칙)

공식 정리
$$Q = \varepsilon \sigma A T^4$$

여기서, Q: 복사열[W], ε: 방사율, σ: 스테판-볼츠만 상수[W/m²·K⁴], A: 표면적[m²], T: 절대온도[K]

풀이
문제에서 주어진 값들을 스테판-볼츠만의 공식에 모두 대입하면
$Q = \varepsilon \sigma A T^4 = 0.85 \times (5.67 \times 10^{-8}) \times (0.4 \times 0.5) \times (15 + 273)^4$
≒ 66[W]
∴ Q ≒ 66[W]

[단위환산]
- 면적 $40[cm] \times 50[cm] = \frac{40}{100}[m] \times \frac{50}{100}[m] = 0.4[m] \times 0.5[m]$
- 온도 $15[℃] = (15 + 273)[K]$

2022년 제2회 소방설비기사

41 ★☆☆

2[MPa], 400[℃]의 과열 증기를 단면확대 노즐을 통하여 20[kPa]로 분출시킬 경우 최대 속도는 약 몇 [m/s]인가? (단, 노즐입구에서 엔탈피는 3,243.3[kJ/kg]이고, 출구에서 엔탈피는 2,345.8[kJ/kg]이며, 입구속도는 무시한다)

① 1,340
② 1,349
③ 1,402
④ 1,412

SOLUTION

[개념]
에너지 보존의 법칙

[공식정리]
$$H_1 + \frac{1}{2}V_1^2 = H_2 + \frac{1}{2}V_2^2$$

여기서, H : 엔탈피[J/kg], V : 속도[m/s]

[풀이]
에너지 보존의 법칙을 노즐 출구 속도 V_2로 정리하면 다음과 같다.

$$V_2 = \sqrt{V_1^2 + 2(H_1 - H_2)}$$

위의 공식에 주어진 값을 대입한다. 단 '입구속도는 무시한다'는 것이 있으므로 $V_1 = 0$으로 대입한다.

$$V_2 = \sqrt{V_1^2 + 2(H_1 - H_2)} = \sqrt{0 + 2\times(3,243,300 - 2,345,800)}$$
$$\fallingdotseq 1,340$$

∴ $V_2 \fallingdotseq 1,340$[m/s]

[단위환산]
- 엔탈피 $3,243.3$[kJ/kg] $= 3,243.3 \times 1,000$[J/kg]
  $= 3,243,300$[J/kg]
- 엔탈피 $2,345.8$[kJ/kg] $= 2,345.8 \times 1,000$[J/kg]
  $= 2,345,800$[J/kg]

42 ★★★

원형 물탱크의 안지름이 1[m]이고, 아래쪽 옆면에 안지름 100[mm]인 송출관을 통해 물을 수송할 때의 순간 유속이 3[m/s]이었다. 이때 탱크 내 수면이 내려오는 속도는 몇 [m/s]인가?

① 0.015
② 0.02
③ 0.025
④ 0.03

SOLUTION

[개념]
유량의 연속방정식

[공식정리]
$$Q = A_1 V_1 = A_2 V_2 = \left(\frac{\pi D_1^2}{4}\right)V_1 = \left(\frac{\pi D_2^2}{4}\right)V_2$$

여기서, Q : 유량[m³/s], A : 단면적[m²], V : 속도[m/s], D : 지름[m]

[풀이]
유량의 연속방정식에서 수면이 내려오는 속도 V_1로 정리하고 문제에서 주어진 값들을 대입하면

$$V_1 = V_2 \times \left(\frac{D_2}{D_1}\right)^2 = 3 \times \left(\frac{0.1}{1}\right)^2 = 0.03\text{[m/s]}$$

∴ $V_1 = 0.03$[m/s]

[단위환산]
- 안지름 100[mm] $= \dfrac{100}{1,000}$[m] $= 0.1$[m]

43 ★★☆

지름 5[cm]인 구가 대류에 의해 열을 외부공기로 방출한다. 이 구는 50W의 전기히터에 의해 내부에서 가열되고 있고 구 표면과 공기 사이의 온도차가 30[℃]라면 공기와 구 사이의 대류 열전달계수는 약 몇 [W/m²·℃]인가?

① 111　　　　② 212
③ 313　　　　④ 414

SOLUTION

개념
- 뉴턴의 냉각법칙(대류 법칙)

공식 정리
$$Q = hA\Delta T$$

여기서, Q : 열전달량[W], h : 대류열전달계수[W/m²·℃]
A : 표면적[m²], ΔT : 온도차[℃]

- 구의 단면적

공식 정리
$$A = 4\pi r^2$$

여기서, A : 구의 단면적[m²], r : 구의 반지름[m]

풀이
1. 구의 단면적
$$A = 4\pi r^2 = 4\pi \left(\frac{0.05}{2}\right)^2 \fallingdotseq 7.854 \times 10^{-3} [m^2]$$

뉴턴의 냉각법칙을 대류열전달계수에 관해 식을 정리하고, 문제에서 주어진 값, 구한 값들을 대입하면

$$h = \frac{Q}{A\Delta T} = \frac{50}{(7.854 \times 10^{-3}) \times 30} \fallingdotseq 212 [W/m^2 \cdot ℃]$$

$$\therefore h \fallingdotseq 212 [W/m^2 \cdot ℃]$$

[단위환산]
- 지름 $5[cm] = \frac{5}{100}[m] = 0.05[m]$

44 ★★★

소화펌프의 회전수가 1,450[rpm]일 때 양정이 25[m], 유량이 5[m³/min]이었다. 펌프의 회전수를 1,740[rpm]으로 높일 경우 양정[m]과 유량[m³/min]은? (단, 완전상사가 유지되고, 회전차의 지름은 일정하다)

① 양정 : 17, 유량 : 4.2　　② 양정 : 21, 유량 : 5
③ 양정 : 30.2, 유량 : 5.2　　④ 양정 : 36, 유량 : 6

SOLUTION

개념
펌프의 상사법칙

공식 정리

(1) 유량 $Q_2 = Q_1 \left(\frac{N_2}{N_1}\right)\left(\frac{D_2}{D_1}\right)^3$

(2) 양정 $H_2 = H_1 \left(\frac{N_2}{N_1}\right)^2\left(\frac{D_2}{D_1}\right)^2$

(3) 축동력 $L_2 = L_1 \left(\frac{N_2}{N_1}\right)^3\left(\frac{D_2}{D_1}\right)^5$

여기서, Q : 유량[m³/min], N : 회전속도[rpm], D : 지름[m]
H : 양정[m], L : 동력[kW]

풀이
문제에서 지름은 일정하다고 주어졌기 때문에 펌프의 상사법칙 공식에서 회전수만 활용한다. 문제에서 주어진 값들을 공식에 대입하면

1. 양정
$$H_2 = H_1 \left(\frac{N_2}{N_1}\right)^2 = 25 \times \left(\frac{1,740}{1,450}\right)^2 = 36[m]$$

$$\therefore H_2 = 36[m]$$

2. 유량
$$Q_2 = Q_1 \left(\frac{N_2}{N_1}\right) = 5 \times \left(\frac{1,740}{1,450}\right) = 6[m^3/min]$$

$$\therefore Q_2 = 6[m^3/min]$$

TIP
축동력은 회전수의 3제곱, 지름의 5제곱에 비례한다. 이는 유량과 양정의 상사 법칙을 곱한 값과 동일하기 때문에 유량과 회전수, 양정과 회전수의 관계만 기억한다면 축동력과 회전수의 관계는 기억하기 훨씬 수월할 것이다.

정답 43 ② 44 ④

45 ★★☆

다음 중 이상기체에서 폴리트로픽 지수(n)가 1인 과정은?

① 단열 과정
② 정압 과정
③ 등온 과정
④ 정적 과정

SOLUTION

개념

폴리트로픽 변화($PV^n =$ 정수)

지수(n)	0	1	k	∞
과정	정압 과정	등온 과정	단열 변화	정적 변화

여기서, P : 압력, V : 체적, n : 폴리트로픽 지수, k : 비열비

46 ★★☆

정수력에 의해 수직평판의 힌지(hinge)점에 작용하는 단위폭당 모멘트를 바르게 표시한 것은? (단, ρ는 유체의 밀도, g는 중력가속도이다)

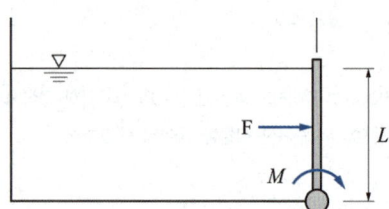

① $\dfrac{1}{6}\rho g L^3$
② $\dfrac{1}{3}\rho g L^3$
③ $\dfrac{1}{2}\rho g L^3$
④ $\dfrac{2}{3}\rho g L^3$

SOLUTION

개념

• 물이 평판을 수직으로 밀어내는 힘

$$F = \gamma h A = \rho g h A$$

여기서, F : 물이 평판을 수직으로 밀어내는 힘, γ : 비중량
h : 표면에서 평판 중심까지의 수직거리, A : 수문의 단면적
ρ : 밀도, g : 중력가속도

• 작용점 깊이

$$y_p = y + \dfrac{I_c}{Ay}$$

여기서, y_p : 작용점의 깊이, y : 수면에서 수문 중심까지의 경사거리
I_c : 단면 2차 모멘트(사각형의 단면 2차 모멘트 $I_c = \dfrac{\text{폭} \times \text{높이}^3}{12}$)
A : 수문의 단면적

• 힌지점 모멘트

$$M = F \times L_{힌지}$$

여기서, M : 모멘트, F : 작용점에 가해지는 힘
$L_{힌지}$: 힌지로부터 작용점까지의 거리

풀이

1. 물이 평판을 수직으로 밀어내는 힘
물이 평판을 수직으로 밀어내는 힘 공식에 문제에서 주어진 값을 대입하면
$$F = \gamma h A = \rho g h A = \rho g \times \left(\dfrac{1}{2}L\right) \times (1 \times L) = \dfrac{1}{2}\rho g L^2$$

2. 평판에 작용하는 물의 작용점 깊이
작용점 깊이 공식에 문제에서 주어진 값을 대입하면
$$y_p = y + \dfrac{I_c}{Ay} = \dfrac{L}{2} + \dfrac{\dfrac{1 \times L^3}{12}}{(1 \times L) \times \dfrac{L}{2}} = \dfrac{2}{3}L$$

3. 힌지점에 작용하는 단위폭당 모멘트
L은 힌지로부터 작용점까지의 거리이다.
평판에 작용하는 물의 작용점 깊이가 $\dfrac{2}{3}L$이기 때문에 힌지로부터 작용점까지의 거리는 $L_{힌지} = 1 - \dfrac{2}{3}L = \dfrac{1}{3}L$이라는 것을 알 수 있다.
힌지점 모멘트 공식에, 앞서 구한 값들을 대입하면
$$M = F \times L_{힌지} = \dfrac{1}{2}\rho g L^2 \times \dfrac{1}{3}L = \dfrac{1}{6}\rho g L^3$$
$$\therefore M = \dfrac{1}{6}\rho g L^3$$

TIP

폭의 길이는 따로 주어지지 않기 때문에 계산의 편의성을 위해 1로 잡고 계산을 진행했다. 폭의 길이를 기호 또는 다른 임의의 숫자를 사용하더라도 답은 동일할 것이다.

47 ★★★

그림과 같은 중앙부분에 구멍이 뚫린 원판에 지름 20[cm]의 원형 물제트가 대기압 상태에서 5[m/s]의 속도로 충돌하여, 원판 뒤로 지름 10[cm]의 원형 물제트가 5[m/s]의 속도로 흘러나가고 있을 때, 원판을 고정하기 위한 힘은 약 몇 [N]인가?

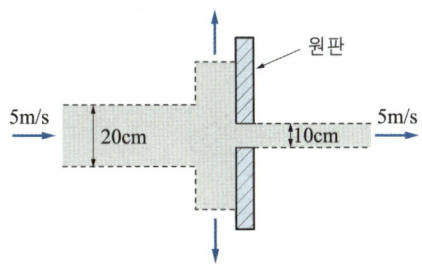

① 589　　② 673
③ 770　　④ 893

SOLUTION

개념
평판에 작용하는 힘

공식·정리
$$F = \rho Q V = \rho(AV)V = \rho A V^2$$

여기서, F : 힘[N], ρ : 밀도(물의 밀도 1,000[kg/m³])
Q : 유량[m³/s], A : 단면적[m²], V : 유속[m/s]

풀이

1. 평판의 넓이
   평판은 원판으로 주어졌으므로 넓이는 다음과 같다.
   $$A = \frac{\pi D^2}{4} \text{ (여기서, } D : \text{지름[m])}$$

2. 원판의 좌측에서 들어오는 힘
   앞서 구한 평판의 넓이를 공식에 대입하면
   $$F_1 = \rho \left(\frac{\pi D_1^2}{4} \right) V_1^2 = \frac{1}{4} \rho \pi D_1^2 V_1^2$$

3. 원판의 우측으로 나가는 힘
   문제에서 주어진 값들을 정리하면 $V_2 = V_1$, $D_2 = \frac{D_1}{2}$ 이다.
   이를 공식에 대입하면
   $$F_2 = \rho \left(\frac{\pi D_2^2}{4} \right) V_2^2 = \rho \left(\frac{\pi D_1^2}{16} \right) V_1^2 = \frac{1}{16} \rho \pi D_1^2 V_1^2$$

4. 원판이 고정하기 위해 받아야 할 힘
   원판을 고정하기 위해서는 원판이 현재 최종적으로 어떤 크기로 힘이 작용하는지를 파악해야 한다.
   $$F = F_1 - F_2 = \frac{1}{4} \rho \pi D_1^2 V_1^2 - \frac{1}{16} \rho \pi D_1^2 V_1^2 = \frac{3}{16} \rho \pi D_1^2 V_1^2$$
   $$= \frac{3}{16} \times 1,000 \times \pi \times 0.2^2 \times 5^2 \fallingdotseq 589[N]$$
   $$\therefore F \fallingdotseq 589[N]$$

원판은 좌측에서 약 589[N]의 힘을 받고 있기 때문에 원판을 고정하기 위해서는 우측에서 약 589[N]의 힘을 가해야 한다.

[단위환산]
- 지름 $20[cm] = \frac{20}{100}[m] = 0.2[m]$

48 ★★☆

펌프의 공동현상(cavitation)을 방지하기 위한 방법이 아닌 것은?

① 펌프의 설치 위치를 되도록 낮게 하여 흡입양정을 짧게 한다.
② 펌프의 회전수를 크게 한다.
③ 펌프의 흡입 관경을 크게 한다.
④ 단흡입펌프보다는 양흡입펌프를 사용한다.

SOLUTION

개념
공동현상(cavitation, 캐비테이션)
펌프 흡입측 배관 내의 액체가 포화 증기압 이하에서 비등하여 기포가 발생하고 물이 흡입되지 않는 현상

- 공동현상 방지 방법
  - 펌프의 설치위치를 되도록 낮게 하여 흡입양정을 짧게 한다.
  - 펌프의 회전수를 작게 한다.
  - 펌프의 흡입 관경을 크게 한다.
  - 단흡입펌프보다는 양흡입펌프를 사용한다.
  - 펌프를 2개 이상 설치한다.
  - 펌프의 마찰손실을 작게 한다.

TIP
공동현상의 방지 방법의 반대는 공동현상의 발생원인이 될 수 있다는 것을 기억해주면 좋다.

49 ★★★

물을 송출하는 펌프의 소요동력이 70[kW], 펌프의 효율이 78[%], 전양정이 60[m]일 때, 펌프의 송출유량은 약 몇 [m³/min]인가?

① 5.57　　② 2.57
③ 1.09　　④ 0.093

SOLUTION

개념
펌프(전동기)의 소요동력

공식 정리
$$P = \frac{\gamma Q H}{\eta} K$$

여기서, P : 전동기 용량[kW], γ : 물의 비중량(9.8[kN/m³])
　　　　Q : 유량[m³/s], H : 양정(높이)[m], η : 효율, K : 전달계수

풀이
전달계수는 따로 언급되지 않으므로 전달계수는 빼고 계산한다. 공식을 유량에 관한 식으로 정리하고 문제에서 주어진 값들을 대입하면

$$Q = \frac{P\eta}{\gamma H} = \frac{70 \times 0.78}{9.8 \times 60} \fallingdotseq 0.0929[\text{m}^3/\text{s}] \fallingdotseq 5.57[\text{m}^3/\text{min}]$$

$\therefore\ Q \fallingdotseq 5.57[\text{m}^3/\text{min}]$

[단위환산]
- 유량 $0.0929[\text{m}^3/\text{s}] = 0.0929 \times 60[\text{m}^3/\text{min}] \fallingdotseq 5.57[\text{m}^3/\text{min}]$

50 ★☆☆

그림에 표시된 원형 관로로 비중이 0.8, 점성계수가 0.4[Pa·s]인 기름이 층류로 흐른다. ❶지점의 압력이 111.8[kPa]이고, ❷지점의 압력이 206.9[kPa]일 때 유체의 유량은 약 몇 [L/s]인가?

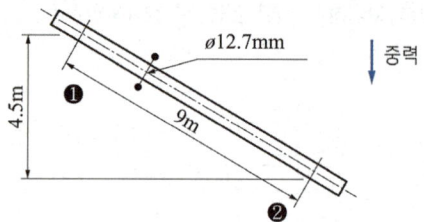

① 0.0149　　② 0.0138
③ 0.0121　　④ 0.0106

SOLUTION

개념
압력손실의 식

공식 정리
$$\triangle P = \frac{128 \mu l Q}{\pi D^4}$$

여기서, $\triangle P$: 압력손실[Pa], μ : 점성계수[Pa·s], l : 길이[m]
　　　　Q : 유량[m³/s], D : 직경[m]

풀이
1. 압력손실
①지점에서 ②지점까지 가는데 발생한 압력손실은 ②지점의 압력에서 ①지점의 압력과 두 지점의 높이차에 의해 발생하는 압력을 빼서 구한다.

$$\triangle P = P_2 - P_1 - \gamma h = P_2 - P_1 - s \gamma_w h$$
$$= (206.9 \times 10^3) - (111.8 \times 10^3) - 0.8 \times 9,800 \times 4.5$$
$$= 59,820[\text{Pa}]$$

2. 유체의 유량
압력손실의 공식을 유량에 관한 식으로 정리하고 문제에서 주어진 값, 앞서 구한 값을 식에 대입하면

$$Q = \frac{\pi D^4 \triangle P}{128 \mu l} = \frac{\pi \times 0.0127^4 \times 59,820}{128 \times 0.4 \times 9}$$
$$\fallingdotseq 0.0106 \times 10^{-3}[\text{m}^3/\text{s}] = 0.0106[\text{L/s}]$$

$\therefore\ Q \fallingdotseq 0.0106[\text{L/s}]$

[단위환산]
- 지름 $12.7[\text{mm}] = \frac{12.7}{1,000}[\text{m}] = 0.0127[\text{m}]$
- 유량 $0.0106 \times 10^{-3}[\text{m}^3/\text{s}] = 0.0106 \times 10^{-3} \times 1,000[\text{L/s}]$
　　　　$= 0.0106[\text{L/s}]$

정답 49 ①　50 ④

51 ★☆☆

다음 중 점성계수 μ의 차원은 어느 것인가? (단, M : 질량, L : 길이, T : 시간의 차원이다)

① $ML^{-1}T^{-1}$
② $ML^{-1}T^{-2}$
③ $ML^{-2}T^{-1}$
④ $M^{-1}L^{-1}T$

SOLUTION

개념

점성계수 μ의 차원

- 절대차원 : $ML^{-1}T^{-1}$
- 중력차원 : $FL^{-2}T$

TIP

절대차원은 M(질량), L(길이), T(시간)을 활용해 표현하는 방식이고, 중력차원은 F(힘), L(길이), T(시간)을 활용해 표현하는 방식이다. F(힘)은 MLT^{-2}인 것을 알고 있다면 둘 중에 하나의 차원만 기억해 자유롭게 환산해주면 된다.

52 ★★★

20[℃]의 이산화탄소 소화약제가 체적 4[m³]의 용기 속에 들어 있다. 용기 내 압력이 1[MPa]일 때 이산화탄소 소화약제의 질량은 약 몇 [kg]인가? (단, 이산화탄소의 기체상수는 189[J/kg·K]이다)

① 0.069
② 0.072
③ 68.9
④ 72.2

SOLUTION

개념

이상기체상태 방정식

공식 정리

$$PV = m\overline{R}T$$

여기서, P : 압력[kPa], V : 부피[m³], m : 질량[kg]
$\overline{R}$: 특정기체상수[kJ/kg·K], T : 절대온도[K]

풀이

문제에서 이산화탄소의 기체상수가 주어졌기 때문에 특정기체상수를 활용한 이상기체상태 방정식을 사용한다. 공식을 질량에 관한 식으로 정리하고, 문제에서 주어진 값들을 대입하면

$$m = \frac{PV}{\overline{R}T} = \frac{1,000 \times 4}{0.189 \times (20+273)} \fallingdotseq 72.2[kg]$$

$\therefore m \fallingdotseq 72.2[kg]$

[단위환산]

- 압력 $1[MPa] = 1 \times 1,000[kPa] = 1,000[kPa]$
- 온도 $20[℃] = (20+273)[K]$
- 기체상수 $189[J/kg·K] = \frac{189}{1,000}[kJ/kg·K] = 0.189[kJ/kg·K]$

TIP

1. 이상기체상태 방정식은 주어진 단위에 따라 식이 다양한 형태로 달라진다. 주어진 단위를 항상 확인해서 식을 활용할 수 있도록 한다.
2. 서적에 따라 질량의 기호가 w, m, W 다양하게 주어진다. 식의 기호만 기억하기 보다는 의미를 함께 기억할 수 있도록 한다.

53 ★★☆

압축률에 대한 설명으로 틀린 것은?

① 압축률은 체적탄성계수의 역수이다.
② 압축률의 단위는 압력의 단위인 [Pa]이다.
③ 밀도와 압축률의 곱은 압력에 대한 밀도의 변화율과 같다.
④ 압축률이 크다는 것은 같은 압력변화를 가할 때 압축하기 쉽다는 것을 의미한다.

SOLUTION

개념
압축률

공식 정리
$$\beta = \frac{1}{K}$$

여기서, β : 압축률[Pa^{-1}], K : 체적탄성계수[Pa]

풀이
압축률은 압력변화에 대한 체적변화율을 의미하며, 체적탄성계수의 역수이다.
압축률이 작다는 것은 압축하기 어렵다는 의미이다.
압축률의 단위는 [Pa^{-1}]이다.

54 ★★★

밸브가 장치된 지름 10[cm]인 원관에 비중 0.8인 유체가 2[m/s]의 평균속도로 흐르고 있다. 밸브 전후의 압력 차이가 4[kPa]일 때, 이 밸브의 등가길이는 몇 [m]인가? (단, 관의 마찰계수는 0.02이다)

① 10.5 ② 12.5
③ 14.5 ④ 16.5

SOLUTION

개념
달시-바이스바하(마찰손실)의 식

공식 정리
$$H = \frac{\Delta P}{\gamma} = \frac{flV^2}{2gD}$$

여기서, H : 마찰손실수두[m], ΔP : 압력차[kPa]
γ : 유체의 비중량[kN/m^3], f : 마찰손실계수
l : 등가길이[m], V : 유속[m/s]
g : 중력가속도(9.8[m/s^2]), D : 지름[m]

풀이
1. 유체의 비중량
   유체의 비중량(γ)은 물의 비중량($\gamma_w = 9.8$[kN/m^3])에서 유체의 비중($s = 0.8$)을 곱한 값이다.
   $\gamma = s\gamma_w = 0.8 \times 9.8 = 7.84$[kN/m^3]

2. 등가길이
   달시-바이스바하의 식을 등가길이에 관한 식으로 정리하고, 문제에서 주어진 값 및 앞서 구한 값들을 대입하면
   $$l = \frac{2gD\Delta P}{fV^2\gamma} = \frac{2 \times 9.8 \times 0.1 \times 4}{0.02 \times 2^2 \times 7.84} = 12.5[m]$$
   $\therefore l = 12.5$[m]

[단위환산]
- 지름 $10[cm] = \frac{10}{100}[m] = 0.1[m]$

55 ★★★

그림과 같이 물이 수조에 연결된 원형 파이프를 통해 분출하고 있다. 수면과 파이프의 출구 사이에 총 손실수두가 200[mm]이라고 할 때 파이프에서의 방출유량은 약 몇 [m³/s]인가? (단, 수면 높이의 변화 속도는 무시한다)

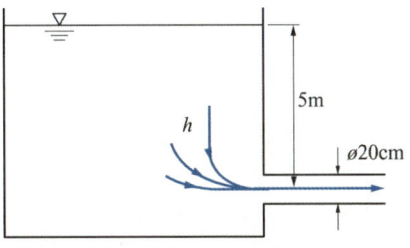

① 0.285　② 0.295
③ 0.305　④ 0.315

SOLUTION

개념
- 유속(토리첼리의 식)

$$V = \sqrt{2gh}$$

여기서, V : 유속, g : 중력가속도, h : 유체의 높이

- 유량

$$Q = AV = \left(\frac{\pi D^2}{4}\right)V$$

여기서, Q : 유량[m³/s], A : 단면적[m²], V : 유속[m/s], D : 직경[m]

풀이

1. 유속

   손실수두가 200[mm](0.2[m])이므로 수면과 출구 사이의 실제적인 높이는 $(5-0.2)$[m]가 된다. 높이 값을 식에 대입하면

   $V = \sqrt{2gh} = \sqrt{2 \times 9.8 \times (5-0.2)} \fallingdotseq 9.7$ [m/s]

2. 방출유량

   유량의 식에 문제에서 주어진 값과 앞서 구한 값을 대입하면

   $Q = AV = \left(\frac{\pi D^2}{4}\right) \times V = \left(\frac{\pi \times 0.2^2}{4}\right) \times 9.7 \fallingdotseq 0.305$ [m³/s]

   ∴ $Q \fallingdotseq 0.305$ [m³/s]

[단위환산]
- 지름 20[cm] = $\frac{20}{100}$ [m] = 0.2[m]

56 ★★☆

유체의 흐름에 적용되는 다음과 같은 베르누이 방정식에 관한 설명으로 옳은 것은?

$$\frac{P}{\gamma} + \frac{V^2}{2g} + Z = C \text{ (일정)}$$

① 비정상상태의 흐름에 대해 적용된다.
② 동일한 유선상이 아니더라도 흐름 유체의 임의점에 대해 항상 적용된다.
③ 흐름 유체의 마찰효과가 충분히 고려된다.
④ 압력수두, 속도수두, 위치수두의 합이 일정함을 표시한다.

SOLUTION

개념
베르누이 방정식 전제조건
- 정상유동
- 동일한 유선을 따르는 유동
- 마찰손실이 없는 유동(비점성 흐름)
- 비압축성 유체

풀이
베르누이 방정식은 유체에 적용하는 에너지 보존의 법칙이다. 베르누이 방정식은 압력수두$\left(\frac{P}{\gamma}\right)$, 속도수두$\left(\frac{V^2}{2g}\right)$, 위치수두($Z$) 합이 일정함을 표시한다.

정답 55 ③　56 ④

57 ★☆☆

유체의 흐름 중 난류 흐름에 대한 설명으로 틀린 것은?

① 원관 내부 유동에서는 레이놀즈수가 약 4,000 이상인 경우에 해당한다.
② 유체의 각 입자가 불규칙한 경로를 따라 움직인다.
③ 유체의 입자가 갖는 관성력이 입자에 작용하는 점성력에 비하여 매우 크다.
④ 원관 내 완전 발달 유동에서는 평균속도가 최대속도의 1/2 이다.

SOLUTION | 풀이

층류일 때의 평균속도는 최대속도의 $\frac{1}{2}$이고, 난류일 때의 평균속도는 최대속도의 $\frac{4}{5}$이다. 문제에서는 난류 흐름에 대한 설명을 물어봤기 때문에 평균속도는 최대속도의 $\frac{1}{2}$이 아닌 $\frac{4}{5}$가 올바른 설명이다.

58 ★★☆

어떤 물체가 공기 중에서 무게는 588[N]이고, 수중에서 무게는 98[N]이었다. 이 물체의 체적(V)과 비중(S)은?

① $V=0.05[m^3]$, $S=1.2$ ② $V=0.05[m^3]$, $S=1.5$
③ $V=0.5[m^3]$, $S=1.2$ ④ $V=0.5[m^3]$, $S=1.5$

SOLUTION | 개념

• 부력

$$W = \gamma V = s\gamma_w V$$

여기서, W : 부력(무게)[kN], γ : 액체의 비중량[kN/m³]
  V : 잠긴 부피[m³], s : 비중, γ_w : 물의 비중량(9.8[kN/m³])

• 물체의 무게

$$W = mg = \rho V g = s\rho_w V g$$

여기서, W : 무게[N], m : 질량[kg], g : 중력가속도(9.8[m/s²])
  ρ : 물체의 밀도[kg/m³], V : 부피[m³], s : 비중
  ρ_w : 물의 밀도(1,000[kg/m³])

풀이

1. 체적

  부력 $F_B = 588 - 98 = 490[N]$이다. 수중에서 무게를 쟀기 때문에 액체의 비중량은 물의 비중량의 값인 9,800[N/m³]을 사용하면 된다. 부력 공식을 체적에 관한 식으로 정리하고 값들을 대입하면

  $$V = \frac{F_B}{\gamma} = \frac{490}{9,800} = 0.05[m^3]$$

  ∴ $V = 0.05[m^3]$

2. 비중

  물체에 무게 공식을 비중에 관한 식으로 정리하고, 문제에서 주어진 값 및 구한 값을 대입하면

  $$S = \frac{W}{\rho_w V g} = \frac{588}{1,000 \times 0.05 \times 9.8} = 1.2$$

  ∴ $S = 1.2$

59 ★★☆

유체에 관한 설명 중 옳은 것은?

① 실제유체는 유동할 때 마찰손실이 생기지 않는다.
② 이상유체는 높은 압력에서 밀도가 변화하는 유체이다.
③ 유체에 압력을 가하면 체적이 줄어드는 유체는 압축성 유체이다.
④ 압력을 가해도 밀도변화가 없으며 점성에 의한 마찰손실만 있는 유체가 이상유체이다.

SOLUTION

개념
유체에 관한 설명
- 실제유체는 점성이 존재하므로 유동할 때 마찰손실이 발생한다.
- 이상유체는 비압축성 유체로 압력에 의해 밀도가 변하지 않는 유체이다.
- 이상유체는 점성이 없으므로 점성에 의한 마찰손실은 발생하지 않는다.

풀이
압축성 유체는 유체에 압력을 가하면 체적이 줄어드는 유체를 의미한다.

60 ★★★

그림에서 물과 기름의 표면은 대기에 개방되어 있고, 물과 기름 표면의 높이가 같을 때 h는 약 몇 [m]인가? (단, 기름의 비중은 0.8, 액체 A의 비중은 1.60이다)

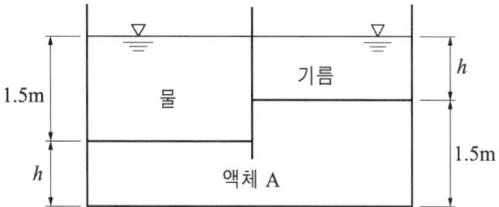

① 1 ② 1.1
③ 1.125 ④ 1.25

SOLUTION

개념
유체에 의한 압력

공식정리
$$P = \rho g h = s \rho_w g h$$

여기서, P : 압력[Pa], ρ : 밀도[kg/m³], g : 중력가속도(9.8[m/s²])
h : 높이, s : 비중, ρ_w : 물의 밀도(1,000[kg/m³])

풀이

1. 물 + 액체 A 압력

    왼쪽 바닥은 물과 액체 A의 압력을 받고 있다. 왼쪽 바닥의 압력을 P_1이라고 하고, 공식에 주어진 값을 대입하면
    $P_1 = (\rho g h)_{물} + (\rho g h)_{액체 A} = (s \rho_w g h)_{물} + (s \rho_w g h)_{액체 A}$
    $= 1 \times 1,000 \times 9.8 \times 1.5 + 1.6 \times 1,000 \times 9.8 \times h$
    $= (14,700 + 15,680h)[Pa]$

2. 기름 + 액체 A 압력

    오른쪽 바닥은 기름과 액체 A의 압력을 받고 있다. 오른쪽 바닥의 압력을 P_2라고 하고, 공식에 주어진 값을 대입하면
    $P_2 = (\rho g h)_{기름} + (\rho g h)_{액체 A} = (s \rho_w g h)_{기름} + (s \rho_w g h)_{액체 A}$
    $= 0.8 \times 1,000 \times 9.8 \times h + 1.6 \times 1,000 \times 9.8 \times 1.5$
    $= (7,840h + 23,520)[Pa]$

3. h 계산

    그림에 있는 용기의 바닥면은 모두 동일한 압력을 받는다. 그러므로 왼쪽 바닥의 압력과 오른쪽 바닥의 압력은 동일하게 받는다는 것을 알 수 있다. 따라서 $P_1 = P_2$로 표현할 수 있고, 이를 식으로 정리하면
    $14,700 + 15,680h = 7,840h + 23,520$
    $\therefore h = 1.125[m]$

2022년 제4회 소방설비기사 CBT 복원문제

41 ★★☆

정육면체의 그릇에 물을 가득 채울 때, 그릇밑면이 받는 압력에 의한 수직방향 평균 힘의 크기를 P라고 하면, 한 측면이 받는 압력에 의한 수평방향 평균 힘의 크기는 얼마인가?

① $0.5P$
② P
③ $2P$
④ $4P$

SOLUTION

[개념]
유체의 압력에 의한 힘

[공식정리]
$$F = \gamma h A$$

여기서, F : 힘, γ : 비중량, h : 높이, A : 단면적

[풀이]
1. 정육면체 그릇의 밑면이 받는 힘
   $F_{밑면} = P = \gamma h A$

2. 정육면체 그릇의 측면이 받는 힘
   유체의 압력에 의한 힘은 물의 높이에 따라 달라진다. 정육면체 그릇의 밑면은 물의 높이가 일정하기 때문에 동일한 힘을 받는다. 반면 측면은 위쪽과 아래쪽의 높이 차이가 발생하기 때문에 다른 힘이 작용하고 있다. 그러므로 수평방향 평균힘을 구하기 위해서는 측면의 윗부분과 아랫부분 높이의 평균인 $\frac{1}{2}h$를 사용한다.

   $\frac{1}{2}h$를 유체의 압력에 의한 힘에 대입한다면

   $F_{측면} = \frac{1}{2}\gamma h A = \frac{1}{2}P = 0.5P$

   $\therefore F_{측면} = 0.5P$

42 ★☆☆

그림과 같이 폭(b)이 1[m]이고 깊이(h_0) 1[m]로 물이 들어있는 수조가 트럭 위에 실려 있다. 이 트럭이 7[m/s²]의 가속도로 달릴 때 물의 최대 높이(h_2)와 최소 높이(h_1)는 각각 몇 [m]인가?

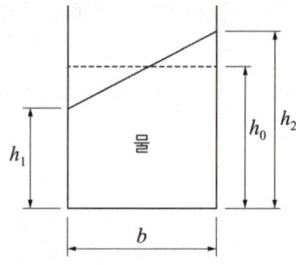

① $h_1 = 0.643$[m], $h_2 = 1.413$[m]
② $h_1 = 0.643$[m], $h_2 = 1.357$[m]
③ $h_1 = 0.676$[m], $h_2 = 1.413$[m]
④ $h_1 = 0.676$[m], $h_2 = 1.357$[m]

SOLUTION

[개념]
• 달리는 수조 안에 있는 물의 높이

[공식정리]
$$y = \frac{ba}{g}$$

여기서, y : 높이[m], b : 폭[m], a : 가속도[m/s²]
g : 중력가속도(9.8[m/s²])

• 달리는 수조 안에 있는 물의 중심 높이

[공식정리]
$$y' = \frac{y}{2}$$

여기서, y' : 중심 높이[m], y : 높이[m]

정답 41 ① 42 ②

풀이

h_1을 기준으로 윗부분을 그림으로 표현하면 다음과 같다.

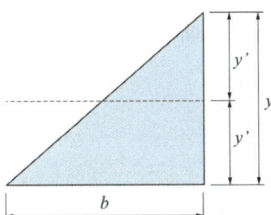

1. 물의 높이

   물의 높이 공식에 문제에서 주어진 값들을 대입하면

   $y = \dfrac{ba}{g} = \dfrac{1 \times 7}{9.8} \fallingdotseq 0.714\,[\text{m}]$

2. 물의 중심 높이

   물의 중심 높이 공식에 앞서 구한 값을 대입하면

   $y' = \dfrac{y}{2} = \dfrac{0.714}{2} = 0.357\,[\text{m}]$

3. 물의 최소 높이

   물의 최소 높이는 초기 높이에 물의 중심 높이를 뺀 값이다.

   $h_1 = h_0 - y' = 1 - 0.357 = 0.643\,[\text{m}]$

   $h_1 = 0.643\,[\text{m}]$

4. 물의 최대 높이

   물의 최대 높이는 초기 높이에 물의 중심 높이를 더한 값이다.

   $h_2 = h_0 + y' = 1 + 0.357 = 1.357\,[\text{m}]$

   $\therefore\ h_2 = 1.357\,[\text{m}]$

43 ★★☆

안지름이 25[mm]인 노즐 선단에서의 방수 압력은 계기 압력으로 5.8×10^5[Pa]이다. 이때 방수량은 약[m³/s]인가?

① 0.017　　　② 0.17
③ 0.034　　　④ 0.34

SOLUTION

개념

분당 방수량

공식

$$Q = 0.653 D^2 \sqrt{10P}$$

여기서, Q : 방수량[L/min], D : 구경[mm], P : 방수압[MPa]

풀이

분당 방수량 공식에 문제에서 주어진 값들을 대입하면

$Q = 0.653 D^2 \sqrt{10P} = 0.653 \times 25^2 \times \sqrt{10 \times 0.58}$

$\quad \fallingdotseq 983\,[\text{L/min}] \fallingdotseq 0.016\,[\text{m}^3/\text{s}]$

$\therefore\ Q \fallingdotseq 0.017\,[\text{m}^3/\text{s}]$

[단위환산]

- 압력 $5.8 \times 10^5\,[\text{Pa}] = \dfrac{5.8 \times 10^5}{10^6}\,[\text{MPa}] = 0.58\,[\text{MPa}]$

- 방수량 $983\,[\text{L/min}] = \dfrac{983}{1{,}000 \times 60}\,[\text{m}^3/\text{s}] \fallingdotseq 0.016\,[\text{m}^3/\text{s}]$

TIP

분당 방수량 공식은 방수량, 구경, 방수압 모두 흔하게 쓰지 않는 단위들을 사용하고 있다. 반드시 문제의 단위를 확인하여 단위를 일치시키도록 한다.

44 ★★☆

외부표면의 온도가 24[℃], 내부표면의 온도가 24.5[℃]일 때, 높이 1.5[m], 폭 1.5[m], 두께 0.5[cm]인 유리창을 통한 열전달률은 약 몇 [W]인가? (단, 유리창의 열전도계수는 0.8[W/m·K]이다.)

① 180
② 200
③ 1,800
④ 2,000

SOLUTION

개념
Fourier법칙(전도열전달)

공식
$$Q = \frac{kA\Delta T}{l}$$

여기서, Q : 이동열량[W], k : 열전도도[W/m·K]
A : 단면적[m²], ΔT : 전열체 내·외부의 온도차[K]
l : 두께[m]

풀이
푸리에의 법칙 공식에 문제에서 주어진 값들을 대입하면
$$Q = \frac{kA\Delta T}{l} = \frac{0.8 \times (1.5 \times 1.5) \times (24.5 - 24)}{0.005} = 180[W]$$
∴ $Q = 180[W]$

[단위환산]
- 두께 $0.5[cm] = \frac{0.5}{100}[m] = 0.005[m]$
- 온도차 $(24.5 - 24)[℃] = ((24.5 + 273) - (24 + 273))[K]$
  $= (24.5 - 24)[K]$

45 ★★☆

관내에 흐르는 유체의 흐름을 구분하는 데 사용되는 레이놀즈 수의 물리적인 의미는?

① $\frac{관성력}{중력}$
② $\frac{관성력}{탄성력}$
③ $\frac{관성력}{압축력}$
④ $\frac{관성력}{점성력}$

SOLUTION

개념
레이놀즈 수
배관 내 유체 흐름의 형태를 판단하는 척도로 사용되는 수

공식
$$레이놀즈 수\ Re = \frac{관성력}{점성력}$$

46 ★★☆

다음 중 뉴튼(Newton)의 점성법칙을 이용하여 만든 회전 원통식 점도계는?

① 세이볼트(Saybolt) 점도계
② 오스왈트(Ostwald) 점도계
③ 레드우드(Redwood) 점도계
④ 맥미셸(MacMichael) 점도계

SOLUTION

개념
점도계의 종류

원리	종류
하센-포아젤 (Hagen-Poiseuille)의 법칙	• 세이볼트(Saybolt) 점도계 • 레드우드(Redwoos) 점도계 • 앵글러(Engler) 점도계 • 바베이(Barbey) 점도계 • 오스왈트(Ostwald) 점도계
뉴턴(Newton)의 법칙	• 스토머(Stormer) 점도계 • 맥미셸(MacMichael) 점도계
스토크스(Stokes)의 법칙	• 낙구식 점도계

44 ① 45 ④ 46 ④

47 ★★★

가역 단열 과정에서 엔트로피 변화 △S는?

① △S > 1
② 0 < △S < 1
③ △S = 1
④ △S = 0

SOLUTION | 풀이

등엔트로피 과정(△S = 0)은 가역 단열 과정이다. 반면 비가역 단열 과정은 엔트로피 증가(△S > 0)의 값을 갖는다.

48 ★☆☆

수면에 잠긴 무게가 490[N]인 매끈한 쇠구슬을 줄에 매달아서 일정한 속도로 내리고 있다. 쇠구슬이 물속으로 내려갈수록 들고 있는데 필요한 힘은 어떻게 되는가? (단, 물은 정지된 상태이며, 쇠구슬은 완전한 구형체이다)

① 적어진다.
② 동일하다.
③ 수면 위보다 커진다.
④ 수면 바로 아래보다 커진다.

SOLUTION | 풀이

부력은 배재된 부피만큼의 유체의 무게와 해당하는 힘이다. 부력은 항상 위쪽으로 작용하므로 쇠구슬이 물속으로 내려가더라도 들고 있는 데 필요한 힘은 동일하다.

49 ★☆☆

타원형 단면의 금속관이 팽창하는 원리를 이용하는 압력 측정 장치는?

① 액주계
② 수은기압계
③ 경사미압계
④ 부르돈압력계

SOLUTION | 풀이

개념
부르돈압력계
타원형 단면의 금속관이 팽창하는 원리를 이용하여 유체의 압력을 측정하는 장치

50 ★★★

반지름이 같은 4분원 모양의 두 수문 AB와 CD에 작용하는 단위 폭당 수직정수력의 크기의 비는? (단, 대기압은 무시하며 물속에서 A와 C의 압력은 같다)

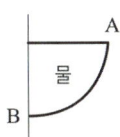 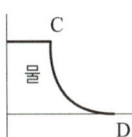

① 1 : 1
② $1 : \left(1 - \dfrac{\pi}{4}\right)$
③ $1 : \dfrac{2}{3}$
④ $\left(1 - \dfrac{\pi}{4}\right) : 1$

SOLUTION

개념
수직분력

공식

$$F_z = \gamma V = \gamma \times \left(\dfrac{1}{4}\pi r^2 b\right)$$

여기서, F_z : 수직분력, γ : 비중량(물의 비중량 9,800[N/m³])
V : 곡면 연직 상방향의 체적[m³], r : 곡면의 반지름[m]
b : 폭[m]

풀이

수직분력 공식에 의하면 같은 유체라는 가정하에 수직분력은 곡면의 반지름의 제곱과 폭에 비례한다. 문제에서 두 수문 곡면의 반지름과 폭은 모두 동일하기 때문에 수직정수력의 크기도 동일하다. 그러므로
∴ $F_{AB} : F_{CD} = 1 : 1$

51 ★★★

토출량이 0.65[m³/min]인 펌프를 사용하는 경우 펌프의 소요 축동력[kW]은? (단, 전양정은 40[m]이고, 펌프의 효율은 50[%]이다)

① 4.2 ② 8.5
③ 17.2 ④ 50.9

SOLUTION

[개념]
펌프(전동기)의 축동력

[공식 정리]
$$P = \frac{\gamma QH}{\eta}$$

여기서, P : 펌프의 축동력[kW], γ : 물의 비중량(9.8[kN/m³]), Q : 유량[m³/s], H : 양정(높이)[m], η : 효율

[풀이]
펌프의 축동력 공식에 문제에서 주어진 값들을 대입하면

$$P = \frac{\gamma QH}{\eta} = \frac{9.8 \times \frac{0.65}{60} \times 40}{0.5} \fallingdotseq 8.5[kW]$$

∴ $P \fallingdotseq 8.5[kW]$

[단위환산]
- 토출량 $0.65[m^3/min] = \frac{0.65}{60}[m^3/s]$

52 ★★★

안지름 40[mm]의 배관 속을 정상류의 물이 매분 150[L]로 흐를 때의 평균 유속[m/s]은?

① 0.99 ② 1.99
③ 2.45 ④ 3.01

SOLUTION

[개념]
유량

[공식 정리]
$$Q = AV = \left(\frac{\pi D^2}{4}\right)V$$

여기서, Q : 유량[m³/s], A : 단면적[m²], V : 유속[m/s], D : 지름[m]

[풀이]
유량의 공식을 유속에 관한 식으로 정리하고 문제에서 주어진 값들을 대입하면

$$V = \frac{Q}{\frac{\pi D^2}{4}} = \frac{\frac{0.15}{60} \times 4}{\pi \times 0.04^2} \fallingdotseq 1.99[m/s]$$

∴ $V \fallingdotseq 1.99[m/s]$

[단위환산]
- 안지름 $40[mm] = \frac{40}{1,000}[m] = 0.04[m]$
- 유량 $150[L/min] = \frac{150}{1,000 \times 60}[m^3/s] = \frac{0.15}{60}[m^3/s]$

51 ② 52 ②

53 ★★☆

관내의 흐름에서 부차적으로 손실에 해당하지 않는 것은?

① 곡선부에 의한 손실
② 직선 원관 내의 손실
③ 유동단면의 장애물에 의한 손실
④ 관 단면의 급격한 확대에 의한 손실

SOLUTION

개념
- 배관의 주손실
  - 직관에서 발생하는 마찰손실
  - 관로에 의한 마찰손실
- 배관의 부차적 손실
  - 관 단면의 확대 및 축소에 의한 손실
  - 관 내 부속품에 의한 손실
  - 배관 입구와 출구에서의 손실
  - 곡선부에 의한 손실
  - 유동단면의 장애물에 의한 손실

54 ★★☆

성능이 같은 3대의 펌프를 병렬로 연결하였을 경우 양정과 유량은 얼마인가? (단, 펌프 1대에서 유량은 Q, 양정은 H라고 한다)

① 유량은 $9Q$, 양정은 H　② 유량은 $9Q$, 양정은 $3H$
③ 유량은 $3Q$, 양정은 $3H$　④ 유량은 $3Q$, 양정은 H

SOLUTION

풀이
- 펌프의 3대의 병렬 운전
  - 유량 : $3Q$(3배로 증가)/양정 : H(변화 없음)
- 펌프의 3대의 직렬 운전
  - 유량 : Q(변화 없음)/양정 : $3H$(3배로 증가)

TIP
펌프를 병렬로 운전하면 유량은 펌프의 개수만큼 증가하고 양정은 그대로이다. 반면 펌프를 직렬로 운전하면 유량은 그대로이고, 양정은 펌프의 개수만큼 증가한다.

55 ★★★

초기 상태에서 압력 100[kPa], 온도 15[℃]인 공기가 있다. 공기의 부피가 초기 부피의 1/200이 될 때까지 단열압축할 때 압축 후의 온도는 약 몇 [℃]인가? (단, 공기의 비열비는 1.4이다)

① 54　　　　　　　② 348
③ 682　　　　　　④ 912

SOLUTION

개념
단열변화 시 온도, 체적, 압력의 관계

$$\frac{T_2}{T_1} = \left(\frac{V_1}{V_2}\right)^{k-1} = \left(\frac{P_2}{P_1}\right)^{\frac{k-1}{k}}$$

여기서, T : 절대온도[K], V : 체적[m³], k : 비열비, P : 압력[Pa]

풀이
단열변화 시 온도와 체적의 관계식을 온도에 대하여 정리하고 문제에서 주어진 값들을 대입하면

$$T_2 = T_1 \times \left(\frac{V_1}{V_2}\right)^{k-1} = (15+273) \times \left(\frac{V_1}{\frac{1}{20}V_1}\right)^{1.4-1}$$

$$= (15+273) \times 20^{0.4} \approx 955[K] = 682[℃]$$

∴ $T_2 = 682[℃]$

[단위환산]
- 온도 15[℃] = (15+273)[K]
- 온도 955[K] = (955−273)[℃] = 682[℃]

56 ★★☆

직사각형 단면의 덕트에서 가로와 세로가 각각 a 및 $1.5a$이고, 길이가 L이며, 이 안에서 공기가 V의 평균속도로 흐르고 있다. 이때 손실수두를 구하는 식으로 옳은 것은? (단, f는 이 수력지름에 기초한 마찰계수이고, g는 중력가속도를 의미한다)

① $f\dfrac{L}{a}\dfrac{V^2}{2.4g}$ ② $f\dfrac{L}{a}\dfrac{V^2}{2g}$

③ $f\dfrac{L}{a}\dfrac{V^2}{1.4g}$ ④ $f\dfrac{L}{a}\dfrac{V^2}{g}$

SOLUTION

개념
• 수력직경

$$D_h = 4 \times \dfrac{A}{L}$$

여기서, D_h : 수력직경, A : 단면 넓이, L : 단면 둘레

• 손실수두

$$H = \dfrac{flV^2}{2gD}$$

여기서, H : 손실수두[m], f : 관마찰계수, l : 길이[m], V : 유속[m/s], g : 중력가속도(9.8[m/s²]), D : 지름[m]

풀이
1. 수력직경
   수력직경 공식에 문제에서 주어진 값들을 대입하면
   $$D_h = 4 \times \dfrac{A}{L} = 4 \times \dfrac{a \times 1.5a}{(a+1.5a) \times 2} = 1.2a$$

2. 마찰계수
   직사각형 단면의 덕트가 주어졌기 때문에 손실수두의 공식에서 필요한 지름은 수력직경으로 변경하여 사용한다. 손실수두의 공식에 문제에서 주어진 값, 앞서 구한 값들을 대입하면
   $$H = \dfrac{flV^2}{2gD} = \dfrac{flV^2}{2g \times 1.2a} = f\dfrac{l}{a}\dfrac{V^2}{2.4g}$$
   $$\therefore H = f\dfrac{l}{a}\dfrac{V^2}{2.4g}$$

57 ★★☆

화씨온도 200[°F] 섭씨온도[℃]로 약 얼마인가?

① 93.3[℃]   ② 186.6[℃]
③ 279.9[℃]   ④ 392[℃]

SOLUTION

개념
섭씨온도와 화씨온도의 관계

$$℃ = \dfrac{5}{9}(°F - 32)$$

여기서, ℃ : 섭씨온도[℃], °F : 화씨온도[°F]

풀이
섭씨온도와 화씨온도의 관계식에 문제에서 주어진 값들을 대입하면
$$℃ = \dfrac{5}{9}(°F - 32) = \dfrac{5}{9}(200 - 32) ≒ 93.3[℃]$$
$$\therefore ℃ ≒ 93.3[℃]$$

58 ★★☆

베르누이의 정리 $\left(\dfrac{P}{\rho} + \dfrac{V^2}{2} + gZ = \text{constant}\right)$가 적용되는 조건이 아닌 것은?

① 압축성의 흐름이다.
② 정상 상태의 흐름이다.
③ 마찰이 없는 흐름이다.
④ 베르누이 정리가 적용되는 임의의 두 점은 같은 유선 상에 있다.

SOLUTION

개념
베르누이의 정리 적용되는 조건
• 비압축성의 흐름이다(비압축성 유체).
• 정상 상태의 흐름이다(정상유동).
• 마찰이 없는 흐름이다(비점성 흐름).
• 베르누이 정리가 적용되는 임의의 두 점은 같은 유선 상에 있다.
• 이상유체이다.

59 ★★☆

펌프에서 기계효율이 0.8, 수력효율이 0.85, 체적효율이 0.75인 경우 전효율은 얼마인가?

① 0.51
② 0.68
③ 0.8
④ 0.9

SOLUTION

[개념]
펌프의 전효율

[공식 정리]
$$\eta = \eta_m \times \eta_h \times \eta_v$$

여기서, η : 펌프의 전효율, η_m : 펌프의 기계효율
η_h : 펌프의 수력효율, η_v : 펌프의 체적효율

[풀이]
펌프의 전효율 공식에 문제에서 주어진 값들을 대입하면
$\eta = \eta_m \times \eta_h \times \eta_v = 0.8 \times 0.85 \times 0.75 ≒ 0.51$
∴ $\eta ≒ 0.51$

60 ★★☆

절대압력을 가장 적절히 표현한 것은?

① 절대압력 = 대기압력 + 게이지압력
② 절대압력 = 대기압력 − 게이지압력
③ 절대압력 = 표준대기압력 + 게이지압력
④ 절대압력 = 표준대기압력 − 게이지압력

SOLUTION

[개념]
절대압력

[공식 정리]
절대압력 = 대기압력 + 게이지 압력(계기압)
절대압력 = 대기압력 − 진공압력

[TIP]
절대압력은 게이지 압력(계기압력)이 주어지면 대기압력에 더해주고, 진공압력이 주어지면 대기압력에서 빼준다.

2023년 제1회 소방설비기사 [CBT 복원문제]

41 ★★☆

이상적인 교축 과정(throttling process)에 대한 설명 중 옳은 것은?

① 압력이 변하지 않는다.
② 온도가 변하지 않는다.
③ 엔탈피가 변하지 않는다.
④ 엔트로피가 변하지 않는다.

SOLUTION

[개념]
- 교축 과정 : 이상기체의 엔탈피가 변하지 않는 과정
- 가역단열과정 : 이상기체의 엔트로피가 변하지 않는 과정

42 ★★☆

직사각형 단면의 덕트에서 가로와 세로가 각각 a 및 $1.5a$이고, 길이가 L이며, 이 안에서 공기가 V의 평균속도로 흐르고 있다. 이때 손실수두를 구하는 식으로 옳은 것은? (단, f는 이 수력지름에 기초한 마찰계수이고, g는 중력가속도를 의미한다)

① $f\dfrac{L}{a}\dfrac{V^2}{2.4g}$ ② $f\dfrac{L}{a}\dfrac{V^2}{2g}$

③ $f\dfrac{L}{a}\dfrac{V^2}{1.4g}$ ④ $f\dfrac{L}{a}\dfrac{V^2}{g}$

SOLUTION

개념
- 수력직경

$$D_h = 4 \times \dfrac{A}{L}$$

여기서, D_h : 수력직경, A : 단면 넓이, L : 단면 둘레

- 손실수두

$$H = \dfrac{flV^2}{2gD}$$

여기서, H : 손실수두[m], f : 관마찰계수, l : 길이[m], V : 유속[m/s], g : 중력가속도(9.8[m/s²]), D : 지름[m]

풀이

1. 수력직경

   수력직경 공식에 문제에서 주어진 값들을 대입하면
   $$D_h = 4 \times \dfrac{A}{L} = 4 \times \dfrac{a \times 1.5a}{(a+1.5a) \times 2} = 1.2a$$

2. 마찰계수

   직사각형 단면의 덕트가 주어졌기 때문에 손실수두의 공식에서 필요한 지름은 수력직경으로 변경하여 사용한다. 손실수두의 공식에 문제에서 주어진 값, 앞서 구한 값들을 대입하면
   $$H = \dfrac{flV^2}{2gD} = \dfrac{flV^2}{2g \times 1.2a} = f\dfrac{l}{a}\dfrac{V^2}{2.4g}$$

   $\therefore H = f\dfrac{l}{a}\dfrac{V^2}{2.4g}$

43 ★☆☆

Carnot 사이클이 800[K]의 고온 열원과 500[K]의 저온 열원 사이에서 작동한다. 이 사이클에 공급하는 열량이 사이클 당 800[kJ]이라 할 때, 한 사이클 당 외부에 하는 일은 약 몇 [kJ]인가?

① 200   ② 300
③ 400   ④ 500

SOLUTION

개념
카르노사이클의 출력(일)

$$W = Q_H\left(1 - \dfrac{T_L}{T_H}\right)$$

여기서, W : 출력(일)[kJ], Q_H : 공급열량[kJ], T_L : 저열원의 절대온도[K], T_H : 고열원의 절대온도[K]

풀이
카르노사이클의 출력(일) 공식에 문제에서 주어진 값들을 대입하면
$$W = Q_H\left(1 - \dfrac{T_L}{T_H}\right) = 800 \times \left(1 - \dfrac{500}{800}\right) = 300[\text{kJ}]$$

$\therefore W = 300[\text{kJ}]$

44 ★☆☆

펌프에 대한 설명 중 틀린 것은?

① 회전식 펌프는 대용량에 적당하며 고장 수리가 간단하다.
② 기어 펌프는 회전식 펌프의 일종이다.
③ 플런저 펌프는 왕복식 펌프이다.
④ 터빈 펌프는 고양정, 대용량에 적합하다.

SOLUTION

풀이
회전식 펌프는 저용량, 저양정에 적합하다. 대용량, 고양정에 적합한 것은 터빈펌프이다.

정답: 42 ① 43 ② 44 ①

45 ★★★

안지름이 15[cm]인 소화용 호스에 물이 질량유량 100[kg/s]로 흐르는 경우 평균유속은 약 몇 [m/s]인가?

① 1 ② 1.41
③ 3.18 ④ 5.66

SOLUTION

개념
질량유량

공식
$$\overline{m} = \rho AV = \rho\left(\frac{\pi D^2}{4}\right)V$$

여기서, $\overline{m}$: 질량유량[kg/s], ρ : 밀도(물의 밀도 1,000[kg/m³])
A : 단면적[m²], V : 유속[m/s], D : 지름[m]

풀이
질량유량의 공식을 유속에 관한 식으로 정리하고 문제에서 주어진 값들을 대입하면

$$V = \frac{\overline{m}}{\rho A} = \frac{\overline{m}}{\rho \times \frac{\pi D^2}{4}} = \frac{100 \times 4}{1,000 \times \pi \times 0.15^2} \fallingdotseq 5.66\text{[m/s]}$$

∴ $V \fallingdotseq 5.66\text{[m/s]}$

[단위환산]
- 지름 $15[\text{cm}] = \frac{15}{100}[\text{m}] = 0.15[\text{m}]$

46 ★☆☆

경사진 관로의 유체흐름에서 수력기울기선의 위치로 옳은 것은?

① 언제나 에너지선보다 위에 있다.
② 에너지선보다 속도수두만큼 아래에 있다.
③ 항상 수평이 된다.
④ 개수로의 수면보다 속도수두 만큼 위에 있다.

SOLUTION

개념
- 수력기울기선

공식
$$H.G.L = \frac{P}{\gamma} + Z$$

여기서, H.G.L : 수력에너지선, $\frac{P}{\gamma}$: 압력수두, Z : 위치수두

- 에너지선

공식
$$E.L = \frac{P}{\gamma} + \frac{V^2}{2g} + Z$$

여기서, E.L : 에너지선, $\frac{P}{\gamma}$: 압력수두, $\frac{V^2}{2g}$: 속도수두, Z : 위치수두

풀이
수력기울기선은 에너지선보다 속도수두만큼 아래에 있다. 그렇기 때문에 수력기울기선은 항상 에너지선보다 아래에 있다.

47 ★★★

단면적이 일정한 물 분류가 속도 20[m/s], 유량 0.3[m³/s]로 분출되고 있다. 분류와 같은 방향으로 10[m/s]의 속도로 운동하고 있는 평판에 이 분류가 수직으로 충돌할 경우 판에 작용하는 충격력은 몇 [N]인가?

① 1,500 ② 2,000
③ 2,500 ④ 3,000

SOLUTION

개념
평판에 작용하는 힘

공식
$$F = \rho QV = \rho(AV)V = \rho AV^2$$

여기서, F : 힘[N], ρ : 밀도(물의 밀도 1,000[kg/m³])
Q : 유량[m³/s], A : 단면적[m²], V : 유속[m/s]

풀이

1. 유속

문제에서 물 분류의 방향과 운동하고 있는 평판의 방향이 동일하다고 했다. 그러므로 평판과 물의 분류가 실제로 부딪히는 속도(유속)는 다음과 같다.
$$V = V_{물분류} - V_{평판} = 20 - 10 = 10\text{[m/s]}$$

2. 충격력

평판에 작용하는 힘 공식에 문제에서 주어진 값 앞서 구한 값들을 대입하면
$$F = \rho QV = 1,000 \times 0.3 \times 10 = 3,000\text{[N]}$$

∴ $F = 3,000\text{[N]}$

48 ★★☆

물질의 온도변화 형태로 나타나는 열에너지는 무엇인가?

① 현열   ② 잠열
③ 비열   ④ 증발열

SOLUTION

개념
- 현열 : 상태의 변화 없이 물질의 온도변화에 필요한 열
- 잠열 : 온도의 변화 없이 물질의 상태변화에 필요한 열
- 비열 : 어떤 물질 1[g]의 온도를 1[°C]올리는 데 필요한 열량
- 증발열 : 액체가 기체로 되면서 주위에서 빼앗는 열량

49 ★☆☆

직경이 40[mm]인 비눗방울의 내부 초과압력이 30[N/m²]일 때 비눗방울의 표면장력은 몇 [N/m]인가?

① 0.075   ② 0.15
③ 0.2   ④ 0.3

SOLUTION

개념
비눗방울의 표면장력

공식
$$\sigma = \frac{\Delta P D}{8}$$

여기서, σ : 비눗방울의 표면장력[N/m], ΔP : 압력차[N/m²], D : 직경[m]

풀이
비눗방울의 표면장력 공식에 문제에서 주어진 값들을 대입하면

$$\sigma = \frac{\Delta P D}{8} = \frac{30 \times 0.04}{8} = 0.15 \,[\text{N/m}]$$

∴ $\sigma = 0.15\,[\text{N/m}]$

[단위환산]
- 직경 $40[\text{mm}] = \dfrac{40}{1,000}[\text{m}] = 0.04[\text{m}]$

50 ★★☆

두 개의 가벼운 공을 그림과 같이 실로 매달아 놓았다. 두 개의 공 사이로 공기를 불어 넣으면 공은 어떻게 되겠는가?

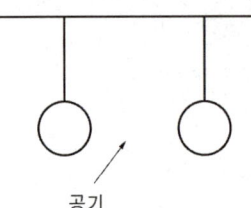

공기

① 파스칼의 법칙에 따라 벌어진다.
② 파스칼의 법칙에 따라 가까워진다.
③ 베르누이의 법칙에 따라 벌어진다.
④ 베르누이의 법칙에 따라 가까워진다.

SOLUTION

개념
베르누이 방정식

공식
$$\frac{P}{\gamma} + \frac{V^2}{2g} + Z = 일정$$

여기서, P : 압력[kPa], γ : 비중량[kN/m³], V : 유속[m/s]
g : 중력가속도(9.8[m/s²]), Z : 위치수두[m]

풀이
베르누이 방정식은 압력수두, 속도수두, 위치수두의 합이 일정하다는 법칙이다. 두 개의 공 사이에 공기를 불어 넣으면 속도가 증가했기 때문에 속도수두가 증가한다. 압력수두, 속도수두, 위치수두의 합은 일정해야 하기 때문에 속도 수두가 증가하면 그만큼 압력 수두는 감소한다. 따라서 공 사이의 압력이 감소하여 2개의 공은 서로 가까워진다.

51 ★★★

물분무 소화설비의 가압송수장치로 전동기 구동형 펌프를 사용하였다. 펌프의 토출량 800[L/min], 전양정 50[m], 효율 0.65, 전달계수 1.1인 경우 적당한 전동기 용량은 몇 [kW]인가?

① 4.2
② 4.7
③ 10.0
④ 11.1

SOLUTION

개념
펌프(전동기)의 소요동력

공식 정리
$$P = \frac{\gamma Q H}{\eta} K$$

여기서, P : 전동기 용량[kW], γ : 물의 비중량(9.8[kN/m³])
Q : 유량[m³/s], H : 양정(높이)[m], η : 효율, K : 전달계수

풀이
문제에서 주어진 값들을 공식에 모두 대입하면

$$P = \frac{\gamma Q H}{\eta} K = \frac{9.8 \times \frac{0.8}{60} \times 50}{0.65} \times 1.1 \approx 11.1 [\text{kW}]$$

∴ $P \approx 11.1$[kW]

[단위환산]
- 유량 $800[\text{L/min}] = \frac{800}{1,000 \times 60}[\text{m}^3/\text{s}] = \frac{0.8}{60}[\text{m}^3/\text{s}]$

52 ★★☆

수평 배관 설비에서 상류 지점인 A지점의 배관을 조사해 보니 지름 100[mm], 압력 0.45[MPa], 평균 유속 1[m/s]이었다. 또, 하류의 B지점을 조사해 보니 지름 50[mm], 압력 0.4[MPa]이 었다면 두 지점 사이의 손실 수두는 약 몇 [m]인가? (단, 배관 내 유체의 비중은 1이다)

① 4.34
② 4.95
③ 5.87
④ 8.67

SOLUTION

개념
수두로 표현한 베르누이의 정리(손실수두 포함)

공식 정리
$$\frac{P_A}{\gamma} + \frac{V_A^2}{2g} + Z_A = \frac{P_B}{\gamma} + \frac{V_B^2}{2g} + Z_B + \Delta H$$

여기서, P : 압력[kPa], γ : 비중량[kN/m³], V : 유속[m/s]
g : 중력가속도(9.8[m/s²]), Z : 위치수두[m], ΔH : 손실수두[m]

풀이

1. B지점의 유속 V_B

유량 $Q = AV = \left(\frac{\pi D^2}{4}\right)V$이다. 연속방정식에 의해 $Q_A = Q_B$이므로

$\left(\frac{\pi D_A^2}{4}\right) \times V_A = \left(\frac{\pi D_B^2}{4}\right) \times V_B$이다.

위의 식을 V_B에 관한 식으로 정리하고, 주어진 값들을 식에 대입하면

$$V_B = V_A \times \left(\frac{D_A}{D_B}\right)^2 = 1 \times \left(\frac{100}{50}\right)^2 = 4[\text{m/s}]$$

2. 손실수두 구하기

베르누이의 정리를 손실수두에 관해 정리하면

$$\Delta H = \frac{P_A - P_B}{\gamma} + \frac{V_A^2 - V_B^2}{2g} + (Z_A - Z_B)$$

문제에서 수평배관설비라고 주어졌기 때문에 위치수두의 차이는 존재하지 않으므로 손실수두의 식은 다음과 같다.

$$\Delta H = \frac{P_A - P_B}{\gamma} + \frac{V_A^2 - V_B^2}{2g}$$

위의 식에 문제에 주어진 값 및 앞서 구한 V_B 값을 대입하면

$$\Delta H = \frac{P_A - P_B}{\gamma} + \frac{V_A^2 - V_B^2}{2g} = \frac{450 - 400}{9.8} + \frac{1^2 - 4^2}{2 \times 9.8} \approx 4.34[\text{m}]$$

∴ $\Delta H \approx 4.34$[m]

[단위환산]
- 압력 $0.45[\text{MPa}] = 0.45 \times 1,000[\text{kPa}] = 450[\text{kPa}]$
- 압력 $0.4[\text{MPa}] = 0.4 \times 1,000[\text{kPa}] = 400[\text{kPa}]$

TIP
관 속을 흐르는 물의 유량은 어느 점에 있어서나 일정하다는 것이 연속방정식이다. 즉 어느 점에서나 유량이 일정하기 때문에 관의 넓이가 좁은 곳에서는 유속이 빠를 것이고, 관의 넓이가 넓은 곳에서는 유속이 느릴 것이다. 실생활에서 우리는 호스의 끝을 눌러서 호스의 넓이를 좁히면 유속이 빨라지는 것을 통해 연속방정식을 쉽게 관찰할 수 있다.

53 ★★★

그림과 같이 중앙부분에 구멍이 뚫린 원판에 지름 D의 원형 물제트가 대기압 상태에서 V의 속도로 충돌하여 원판 뒤로 지름 $D/2$의 원형 물제트가 V의 속도로 흘러나가고 있을 때, 이 원판이 받는 힘을 구하는 계산식으로 옳은 것은? (단, ρ는 물의 밀도이다)

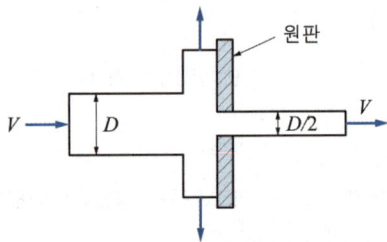

① $\dfrac{3}{16}\rho\pi V^2 D^2$ ② $\dfrac{3}{8}\rho\pi V^2 D^2$

③ $\dfrac{3}{4}\rho\pi V^2 D^2$ ④ $3\rho\pi V^2 D^2$

SOLUTION

개념
평판에 작용하는 힘

공식 정리
$$F = \rho QV = \rho(AV)V = \rho AV^2 = \rho\left(\dfrac{\pi D^2}{4}\right)V^2$$

여기서, F : 힘[N], ρ : 밀도(물의 밀도 1,000[kg/m³])
Q : 유량[m³/s], A : 단면적[m²], V : 유속[m/s], D : 지름[m]

풀이

1. 왼쪽에서의 힘

$F_{왼} = \rho \times \dfrac{\pi D^2}{4} \times V^2 = \dfrac{1}{4}\rho\pi V^2 D^2$

2. 오른쪽에서의 힘

$F_{오} = \rho \times \left\{\dfrac{\pi}{4} \times \left(\dfrac{D}{2}\right)^2\right\} \times V^2 = \dfrac{1}{16}\rho\pi V^2 D^2$

3. 원판이 받는 힘

원판이 받는 힘은 왼쪽에서의 힘에서 오른쪽에서의 힘을 빼서 구해준다.

$F = F_{왼} - F_{오} = \dfrac{1}{4}\rho\pi V^2 D^2 - \dfrac{1}{16}\rho\pi V^2 D^2$

$= \dfrac{3}{16}\rho\pi V^2 D^2$

∴ $\therefore F = \dfrac{3}{16}\rho\pi V^2 D^2$

54 ★★☆

유체의 압축률에 관한 설명으로 올바른 것은?

① 압축률 = 밀도 × 체적탄성계수
② 압축률 = 1/체적탄성계수
③ 압축률 = 밀도/체적탄성계수
④ 압축률 = 체적탄성계수/밀도

SOLUTION

개념
압축률

공식 정리
$$\beta = \dfrac{1}{K}$$

여기서, β : 압축률[Pa⁻¹], K : 체적탄성계수[Pa]

풀이
압축률은 압력변화에 대한 체적변화율을 의미하며, 체적탄성계수의 역수이다. 압축률이 작다는 것은 압축하기 어렵다는 의미이다.

55 ★★★

그림과 같이 수조의 밑부분에 구멍을 뚫고 물을 유량 Q로 방출시키고 있다. 손실을 무시할 때 수위가 처음 높이의 1/2로 되었을 때 방출되는 유량은 어떻게 되는가?

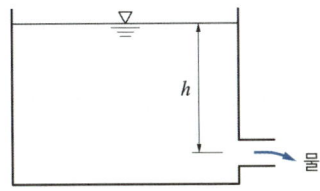

① $\dfrac{1}{\sqrt{2}}Q$ ② $\dfrac{1}{2}Q$

③ $\dfrac{1}{\sqrt{3}}Q$ ④ $\dfrac{1}{3}Q$

SOLUTION

개념
- 유량

공식 정리
$$Q = AV$$

여기서, Q : 유량, A : 단면적, V : 유속

- 유속(토리첼리의 식)

공식 정리
$$V = \sqrt{2gh}$$

여기서, V : 유속, g : 중력가속도, h : 유체의 높이

풀이
유량의 공식에서 토리첼리의 식을 대입하면
$Q = AV = A\sqrt{2gh}$
이다. 즉 다른 조건은 동일하고 높이만 변한다면 유량과 높이는
$Q \propto \sqrt{h}$ 의 관계를 갖는다.

처음 높이의 $\dfrac{1}{2}$가 된다면 유량은 $Q_2 = \sqrt{\dfrac{1}{2}}Q = \dfrac{1}{\sqrt{2}}Q$

$\therefore Q_2 = \dfrac{1}{\sqrt{2}}Q$

56 ★☆☆

물속에 수직으로 완전히 잠긴 원판의 도심과 압력중심 사이의 최대 거리는 얼마인가? (단, 원판의 반지름은 R이며, 이 원판의 면적관성모멘트는 $I_{xc} = \dfrac{\pi R^4}{4}$ 이다)

① $R/8$ ② $R/4$
③ $R/2$ ④ $2R/3$

SOLUTION

개념
압력 중심의 거리

공식 정리
$$y_p = \bar{y} + \dfrac{I_{xc}}{AR}$$

여기서, y_p : 압력 중심의 거리, $\bar{y}$: 도심의 거리
I_{xc} : 면적 관성모멘트, A : 단면적, R : 반지름

풀이
압력 중심의 거리의 공식을 도심과 압력 중심 사이의 최대 거리에 관한 식으로 정리하고 문제에서 주어진 값들을 대입하면

$$y_p - \bar{y} = \dfrac{I_{xc}}{AR} = \dfrac{\dfrac{\pi R^4}{4}}{\pi R^2 \times R} = \dfrac{\pi R^4}{4\pi R^3} = \dfrac{R}{4}$$

$\therefore y_p - \bar{y} = \dfrac{R}{4}$

57 ★★★

안지름 25[mm], 길이 10[m]의 수평 파이프를 통해 비중 0.8, 점성계수는 5×10^{-3}[kg/m·s]인 기름을 유량 0.2×10^{-3}[m³/s]로 수송하고자 할 때, 필요한 펌프의 최소 동력은 약 몇 [W]인가?

① 0.21
② 0.58
③ 0.77
④ 0.81

SOLUTION

개념

• 유량

$$Q = AV = \left(\frac{\pi D^2}{4}\right)V$$

여기서, Q : 유량[m³/s], A : 단면적[m²]
V : 유속[m/s], D : 지름[m]

• 레이놀즈 수 : 배관 내 유체 흐름의 형태를 판단하는 척도로 사용되는 수

$$레이놀즈 수\ Re = \frac{DV\rho}{\mu} = \frac{DV}{\nu}$$

여기서, Re : 레이놀즈 수, D : 지름[m]
V : 유속[m/s], ρ : 밀도[kg/m³]
μ : 점성계수(점도)[N·s/m²], ν : 동점성계수[m²/s]

• 관마찰계수(층류일 경우)

$$f = \frac{64}{Re}$$

여기서, f : 관마찰계수, Re : 레이놀즈 수

• 달시-바이스바하(마찰손실)의 식

$$H = \frac{\Delta P}{\gamma} = \frac{flV^2}{2gD}$$

여기서, H : 마찰손실수두[m], ΔP : 압력차[kPa]
γ : 유체의 비중량[kN/m³], f : 마찰손실계수
l : 등가길이[m], V : 유속[m/s]
g : 중력가속도(9.8[m/s²]), D : 지름[m]

• 펌프(전동기)의 소요동력

$$P = \frac{\gamma Q H}{\eta} K$$

여기서, P : 전동기 용량[W], γ : 비중량[N/m³]
Q : 유량[m³/s], H : 마찰손실수두[m]
η : 효율, K : 전달계수

풀이

1. 유속

유량의 공식을 유속에 대하여 정리하고 주어진 값들을 대입하면

$$V = \frac{Q}{A} = \frac{Q}{\frac{\pi D^2}{4}} = \frac{0.2 \times 10^{-3} \times 4}{\pi \times 0.025^2} ≒ 0.41[m/s]$$

2. 유체의 흐름 형태 파악

관마찰계수를 구하기 위해서는 유체의 흐름이 층류인지 난류인지를 파악해야 한다. 유체의 흐름을 파악해주는 것을 레이놀즈 수이기 때문에 레이놀즈 수의 공식을 활용한다.

층류	전이영역	난류
$Re \leq 2{,}100$	$2{,}100 < Re < 4{,}000$	$Re \geq 4{,}000$

기름의 밀도 $\rho = s\rho_w = 0.8 \times 1{,}000 = 800$[kg/m³]

기름의 비중량 $\gamma = s\gamma_w = 0.8 \times 9{,}800 = 7{,}840$[N/m³]

레이놀즈 수 $Re = \frac{DV\rho}{\mu} = \frac{0.025 \times 0.41 \times 800}{5 \times 10^{-3}} = 1{,}640$

레이놀즈수가 1,640으로 2,100보다 낮으므로 현재 기름은 층류라는 것을 알 수 있다.

3. 관마찰계수

관마찰계수는 층류일 경우 사용하는 공식을 활용한다.

$$f = \frac{64}{Re} = \frac{64}{1{,}640} ≒ 0.04$$

4. 마찰손실수두

마찰손실수두 공식에 문제에서 주어진 값들과 앞서 구한 값들을 모두 대입하면

$$H = \frac{flV^2}{2gD} = \frac{0.04 \times 10 \times 0.41^2}{2 \times 9.8 \times 0.025} ≒ 0.137[m]$$

5. 펌프의 동력

문제에서 효율과 전달계수는 주어지지 않았으므로 무시한다. 펌프의 동력 공식에 문제에서 주어진 값 및 앞서 구한 값들을 대입하면

$P = \gamma Q H = 7{,}840 \times (0.2 \times 10^{-3}) \times 0.137 ≒ 0.21$[W]

∴ $P ≒ 0.21$[W]

[단위환산]

• 지름 $25[mm] = \frac{25}{1{,}000}[m] = 0.025[m]$

58 ★★☆

30[℃]에서 부피가 10[L]인 이상기체를 일정한 압력으로 0[℃]로 냉각시키면 부피는 약 몇 [L]로 변하는가?

① 3 ② 9
③ 12 ④ 18

SOLUTION

개념
샤를의 법칙

공식 정리
$$\frac{V_1}{T_1} = \frac{V_2}{T_2}$$

여기서, V : 부피[L], T : 절대온도[K]

풀이
일정한 압력일 때 기체의 부피는 절대온도에 비례한다.
샤를의 법칙 공식을 정리하면

$$V_2 = V_1 \times \frac{T_2}{T_1} = 10 \times \frac{(0+273)}{(30+273)} \fallingdotseq 9[L]$$

∴ $V_2 \fallingdotseq 9[L]$

[단위환산]
- 온도 0[℃] = (0+273)[K]
- 온도 30[℃] = (30+273)[K]

59 ★☆☆

펌프가 실제 유동시스템에 사용될 때 펌프의 운전점은 어떻게 결정하는 것이 좋은가?

① 시스템 곡선과 펌프 성능곡선의 교점에서 운전한다.
② 시스템 곡선과 펌프 효율곡선의 교점에서 운전한다.
③ 펌프 성능곡선과 펌프 효율곡선의 교점에서 운전한다.
④ 펌프 효율곡선의 최고점, 즉 최고 효율점에서 운전한다.

SOLUTION

개념
펌프 성능곡선과 시스템 곡선

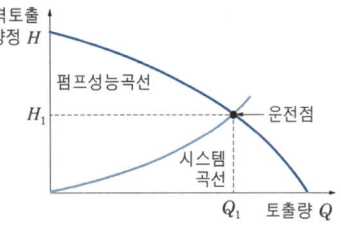

풀이
시스템 곡선과 펌프 성능 곡선의 교점은 해당 시스템에서의 운전점을 나타낸다.

60 ★★★

아래 그림과 같은 반지름이 1[m]이고, 폭이 3[m]인 곡면의 수문 AB가 받는 수평분력은 약 몇 [N]인가?

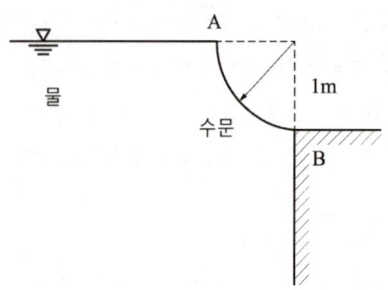

① 7,350
② 14,700
③ 23,900
④ 29,400

SOLUTION

개념
유체에 의한 힘의 수평분력

공식 정리
$$F_H = \gamma h A$$

여기서, F_H : 수평분력[kN]
γ : 유체의 비중량(물의 비중량 9,800[N/m³])
h : 표면에서 투시경 중심까지의 수직거리[m]
A : 투시경의 단면적[m²]

풀이

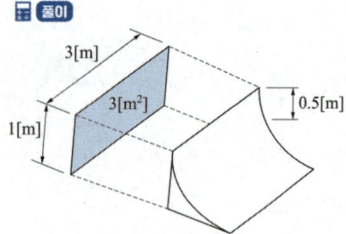

표면에서 수문 중심까지의 수직거리는 1[m]의 절반인 0.5[m]이다. 수평분력 공식에 문제에서 주어진 값들을 대입하면

$F_H = \gamma h A = 9,800 \times 0.5 \times (1 \times 3) = 14,700[N]$

∴ $F_H = 14,700[N]$

2023년 제2회 소방설비기사 <small>CBT 복원문제</small>

41 ★☆☆

호주에서 무게가 20[N]인 어떤 물체를 한국에서 재어보니 19.8[N]이었다면 한국에서의 중력가속도는 약 몇 [m/s²]인가? (단, 호주에서의 중력가속도는 9.82[m/s²]이다)

① 9.72
② 9.75
③ 9.78
④ 9.80

SOLUTION

개념
무게

공식 정리
$$W = mg$$

여기서, W : 무게[N], m : 질량[kg], g : 중력가속도[m/s²]

풀이

1. 물체의 질량

   물체의 질량은 어디에서든 항상 일정하다. 한국과 호주에서의 무게 차이는 중력가속도의 차이에 의해서 발생한다. 호주에서의 무게와 중력가속도가 주어졌기 때문에 물체의 질량을 우선 구한다. 무게의 공식을 질량에 관해 정리하고, 문제에서 주어진 값들을 대입하면

   $m = \dfrac{W_{호주}}{g_{호주}} = \dfrac{20}{9.82} ≒ 2.037[kg]$

2. 한국에서의 중력가속도

   무게의 공식을 중력가속도에 관한 식으로 정리하고, 문제에서 주어진 값과 앞서 구한 질량 값을 대입하면

   $g_{한국} = \dfrac{W_{한국}}{m} = \dfrac{19.8}{2.037} ≒ 9.72[m/s²]$

   ∴ $g_{한국} ≒ 9.72[m/s²]$

42 ★☆☆

검사체적(control volume)에 대한 운동량방정식의 근원이 되는 법칙 또는 방정식은?

① 질량보존법칙
② 연속방정식
③ 베르누이방정식
④ 뉴턴의 운동 제2법칙

SOLUTION

풀이
뉴턴의 운동 법칙(가속도의 법칙)은 운동량방정식의 근원이 되는 법칙이다.

43 ★★★

구조가 상사한 2대의 펌프에서, 유동상태가 상사할 경우 2대의 펌프 사이에 성립하는 상사법칙이 아닌 것은? (단, 비압축성유체인 경우이다)

① 유량에 관한 상사법칙
② 전양정에 관한 상사법칙
③ 축동력에 관한 상사법칙
④ 밀도에 관한 상사법칙

SOLUTION

개념
펌프의 상사법칙

(1) 유량 $Q_2 = Q_1 \left(\dfrac{N_2}{N_1}\right)\left(\dfrac{D_2}{D_1}\right)^3$

(2) 양정 $H_2 = H_1 \left(\dfrac{N_2}{N_1}\right)^2\left(\dfrac{D_2}{D_1}\right)^2$

(3) 축동력 $L_2 = L_1 \left(\dfrac{N_2}{N_1}\right)^3\left(\dfrac{D_2}{D_1}\right)^5$

여기서, Q: 유량[m³/min], N: 회전속도[rpm], D: 지름[m]
H: 양정[m], L: 동력[kW]

44 ★★☆

동일한 성능의 두 펌프를 직렬 또는 병렬로 연결하는 경우의 주된 목적은?

① 직렬: 유량 증가, 병렬: 양정 증가
② 직렬: 유량 증가, 병렬: 유량 증가
③ 직렬: 양정 증가, 병렬: 유량 증가
④ 직렬: 양정 증가, 병렬: 양정 증가

SOLUTION

풀이
펌프를 병렬로 운전하면 유량은 펌프의 개수만큼 증가하고 양정은 그대로이다. 반면 펌프를 직렬로 운전하면 유량은 그대로이고 양정은 펌프의 개수만큼 증가한다.

45 ★☆☆

프루드(Froude)수의 물리적인 의미는?

① $\dfrac{관성력}{탄성력}$
② $\dfrac{관성력}{중력}$
③ $\dfrac{압축력}{관성력}$
④ $\dfrac{관성력}{점성력}$

SOLUTION

개념
유체의 무차원수

- 프루드수 $Fr = \dfrac{관성력}{중력}$
- 레이놀즈수 $Re = \dfrac{관성력}{점성력}$

46 ★★★

관내에서 물이 평균속도 9.8[m/s]로 흐를 때의 속도 수두는 약 몇 [m]인가?

① 4.9
② 9.8
③ 48
④ 128

SOLUTION

개념
속도 수두

공식 정리
$$H = \frac{V^2}{2g}$$

여기서, H : 속도수두[m], V : 유속[m/s], g : 중력가속도(9.8[m/s²])

풀이
속도 수두 공식에 문제에서 주어진 값을 대입하면
$$H = \frac{V^2}{2g} = \frac{9.8^2}{2 \times 9.8} = 4.9[m]$$
∴ $H = 4.9[m]$

47 ★☆☆

압력 2[MPa]인 수증기 건도가 0.2일 때 엔탈피는 몇 [kJ/kg]인가? (단, 포화증기 엔탈피는 2,780.5[kJ/kg]이고, 포화액의 엔탈피는 910[kJ/kg]이다)

① 1,284
② 1,466
③ 1,845
④ 2,406

SOLUTION

개념
습증기의 엔탈피

공식 정리
$$h = xh_g + (1-x)h_f$$

여기서, h : 습증기의 엔탈피[kJ/kg], x : 건도
h_g : 포화증기의 엔탈피[kJ/kg]
h_f : 포화액의 엔탈피[kJ/kg]

풀이
습증기의 엔탈피 공식에 문제에서 주어진 값들을 대입하면
$h = xh_g + (1-x)h_f = 0.2 \times 2,780.5 + (1-0.2) \times 910$
$\fallingdotseq 1,284[kJ/kg]$
∴ $h \fallingdotseq 1,284[kJ/kg]$

48 ★★★

-10[℃], 6기압의 이산화탄소 10[kg]이 분사노즐에서 1기압까지 가역 단열팽창 하였다면 팽창 후의 온도는 몇 [℃]가 되겠는가? (단, 이산화탄소의 비열비는 1.289이다)

① -85
② -97
③ -105
④ -115

SOLUTION

개념
단열변화 관계식

공식 정리
$$\frac{T_2}{T_1} = \left(\frac{P_2}{P_1}\right)^{\frac{k-1}{k}} = \left(\frac{V_1}{V_2}\right)^{k-1}$$

여기서, T : 절대온도[K], P : 압력[atm], k : 비열비, V : 부피[m³]

풀이
단열변화 관계식 중 절대온도와 압력과의 관계식에서 변화 후의 온도에 관한 식으로 정리하고 문제에서 주어진 값들을 대입하면
$T_2 = T_1 \left(\frac{P_2}{P_1}\right)^{\frac{k-1}{k}} = (-10+273) \times \left(\frac{1}{6}\right)^{\frac{1.289-1}{1.289}} \fallingdotseq 176[K]$
$= -97[℃]$
∴ $T_2 \fallingdotseq -97[℃]$

[단위환산]
- 온도 $-10[℃] = (-10+273)[K]$
- 온도 $176[K] = (176-273)[K] = -97[℃]$

49 ★★★

부피가 240[m³]인 방 안에 들어 있는 공기의 질량은 약 몇 [kg]인가? (단, 압력은 100[kPa], 온도는 300[K]이며, 공기의 기체상수는 0.287[kJ/kg·K]이다)

① 0.279　　② 2.79
③ 27.9　　④ 279

SOLUTION

개념
이상기체상태 방정식

공식 정리
$$PV = m\overline{R}T$$

여기서, P : 압력[kPa], V : 부피[m³], m : 질량[kg]
$\overline{R}$: 특정기체상수[kJ/kg·K], T : 절대온도[K]

풀이
문제에서 공기의 기체상수가 주어졌기 때문에 특정기체상수를 활용한 이상기체상태 방정식을 사용한다. 공식을 질량에 관한 식으로 정리하고, 문제에서 주어진 값들을 대입하면

$$m = \frac{PV}{\overline{R}T} = \frac{100 \times 240}{0.287 \times 300} \fallingdotseq 279 [kg]$$

∴ $m \fallingdotseq 279 [kg]$

TIP
1. 이상기체상태 방정식은 주어진 단위에 따라 식이 다양한 형태로 달라진다. 주어진 단위를 항상 확인해서 식을 활용할 수 있도록 한다.
2. 서적에 따라 질량의 기호가 w, m, W 다양하게 주어진다. 식의 기호만 기억하기 보다는 의미를 함께 기억할 수 있도록 한다.

50 ★★★

소화펌프의 회전수가 1,450[rpm]일 때 양정이 25[m], 유량이 5[m³/min]이었다. 펌프의 회전수를 1,740[rpm]으로 높일 경우 양정(m)과 유량[m³/min]은? (단, 완전상사가 유지되고, 회전차의 지름은 일정하다)

① 양정 : 17, 유량 : 4.2　　② 양정 : 21, 유량 : 5
③ 양정 : 30.2, 유량 : 5.2　　④ 양정 : 36, 유량 : 6

SOLUTION

개념
펌프의 상사법칙

공식 정리

(1) 유량 $Q_2 = Q_1 \left(\dfrac{N_2}{N_1}\right)\left(\dfrac{D_2}{D_1}\right)^3$

(2) 양정 $H_2 = H_1 \left(\dfrac{N_2}{N_1}\right)^2\left(\dfrac{D_2}{D_1}\right)^2$

(3) 축동력 $L_2 = L_1 \left(\dfrac{N_2}{N_1}\right)^3\left(\dfrac{D_2}{D_1}\right)^5$

여기서, Q : 유량[m³/min], N : 회전속도[rpm], D : 지름[m]
H : 양정[m], L : 동력[kW]

풀이
문제에서 지름은 일정하다고 주어졌기 때문에 펌프의 상사법칙 공식에서 회전수만 활용한다. 문제에서 주어진 값들을 공식에 대입하면

1. 양정

$$H_2 = H_1 \left(\frac{N_2}{N_1}\right)^2 = 25 \times \left(\frac{1,740}{1,450}\right)^2 = 36 [m]$$

∴ $H_2 = 36 [m]$

2. 유량

$$Q_2 = Q_1 \left(\frac{N_2}{N_1}\right) = 5 \times \left(\frac{1,740}{1,450}\right) = 6 [m^3/min]$$

∴ $Q_2 = 6 [m^3/min]$

TIP
축동력은 회전수의 3제곱, 지름의 5제곱에 비례한다. 이는 유량과 양정의 상사 법칙을 곱한 값과 동일하기 때문에 유량과 회전수, 양정과 회전수의 관계만 기억한다면 축동력과 회전수의 관계는 기억하기 훨씬 수월할 것이다.

51 ★★★

물을 송출하는 펌프의 소요동력이 70[kW], 펌프의 효율이 78[%], 전양정이 60[m]일 때, 펌프의 송출유량은 약 몇 [m³/min]인가?

① 5.57 ② 2.57
③ 1.09 ④ 0.093

SOLUTION

개념

펌프(전동기)의 소요동력

공식 정리

$$P = \frac{\gamma Q H}{\eta} K$$

여기서, P : 전동기 용량[kW], γ : 물의 비중량(9.8[kN/m³])
Q : 유량[m³/s], H : 양정(높이)[m], η : 효율, K : 전달계수

풀이

전달계수는 따로 언급되지 않았으므로 전달계수는 빼고 계산한다. 공식을 유량에 관한 식으로 정리하고 문제에서 주어진 값들을 대입하면

$$Q = \frac{P\eta}{\gamma H} = \frac{70 \times 0.78}{9.8 \times 60} \fallingdotseq 0.0929 [\text{m}^3/\text{s}] \fallingdotseq 5.57 [\text{m}^3/\text{min}]$$

∴ $Q \fallingdotseq 5.57 [\text{m}^3/\text{min}]$

[단위환산]
- 유량 $0.0929[\text{m}^3/\text{s}] = 0.0929 \times 60 [\text{m}^3/\text{min}] \fallingdotseq 5.57 [\text{m}^3/\text{min}]$

52 ★★☆

그림과 같이 노즐이 달린 수평관에서 계기압력이 0.49[MPa]이었다. 이 관의 안지름이 6[cm]이고 관의 끝에 달린 노즐의 지름이 2[cm]이라면 노즐의 분출속도는 몇 [m/s]인가?
(단, 노즐에서의 손실은 무시하고, 관마찰계수는 0.025이다)

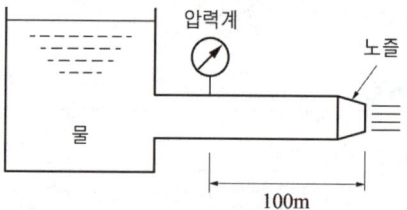

① 16.8 ② 20.4
③ 25.5 ④ 28.4

SOLUTION

개념

- 유량의 연속방정식

공식 정리

$$Q = A_1 V_1 = A_2 V_2 = \left(\frac{\pi D_1^2}{4}\right) V_1 = \left(\frac{\pi D_2^2}{4}\right) V_2$$

여기서, Q : 유량[m³/s], A : 단면적[m²]
V : 속도[m/s], D : 지름[m]

- 달시-바이스바하(마찰손실)의 식

공식 정리

$$H = \frac{\Delta P}{\gamma} = \frac{f l V^2}{2gD}$$

여기서, H : 마찰손실수두[m], ΔP : 압력차[kPa]
γ : 유체의 비중량[kN/m³], f : 마찰손실계수
l : 등가길이[m], V : 유속[m/s]
g : 중력가속도(9.8[m/s²]), D : 지름[m]

- 수두로 표현한 베르누이의 정리(손실 수두 포함)

공식 정리

$$\frac{P_A}{\gamma} + \frac{V_A^2}{2g} + Z_A = \frac{P_B}{\gamma} + \frac{V_B^2}{2g} + Z_B + \Delta H$$

여기서, P : 압력[kPa], γ : 비중량[kN/m³]
V : 유속[m/s], g : 중력가속도(9.8[m/s²])
Z : 위치수두[m], ΔH : 손실수두[m]

풀이

1. 관 내에서의 유속

유량의 연속방정식을 통해 관의 유속과 노즐의 유속의 관계를 구할 수 있다. 유량의 연속방정식을 관의 유속에 관하여 정리하고, 주어진 값들을 대입하면

$$V_{관} = V_{노즐} \times \frac{D_{노즐}^2}{D_{관}^2} = V_{노즐} \times \frac{0.02^2}{0.06^2} ≒ 0.111 V_{노즐}$$

2. 마찰손실수두

유량이 흐를 때 마찰손실이 발생한다. 이를 고려해서 마찰손실수두를 구해야하는데 문제에서 노즐에서의 손실은 무시하라고 했으므로, 관에서의 손실만 구해주면 된다. 마찰손실수두 공식에 문제에서 주어진 값들을 대입하면

$$H = \frac{\Delta P}{\gamma} = \frac{flV^2}{2gD} = \frac{0.025 \times 100 \times (0.111V_{노즐})^2}{2 \times 9.8 \times 0.06}$$

$$≒ 0.02619 V_{노즐}^2$$

3. 노즐의 분출속도

$$\frac{P_{관}}{\gamma} + \frac{V_{관}^2}{2g} + Z_{관} = \frac{P_{노즐}}{\gamma} + \frac{V_{노즐}^2}{2g} + Z_{노즐} + H$$

식에서 관과 노즐 간의 높이차가 존재하지 않으므로 $Z_{관} = Z_{노즐}$ 이고, 서로 소거가 된다. 노즐에서 대기로 물이 분출되기 때문에 노즐에서의 압력 $P_{노즐} = 0$이다. 베르누이의 정리 식을 노즐에 관한 속도의 식으로 정리하고 주어진 값들을 대입하면

$$V_{노즐}^2 = V_{관}^2 + \frac{2gP_{관}}{\gamma} - 2gH$$

$$= (0.111 V_{노즐})^2 + \frac{2 \times 9.8 \times 490}{9.8} - 2 \times 9.8 \times 0.02619 V_{노즐}^2$$

$$≒ 980 - 0.5 V_{노즐}^2$$

$$\therefore V_{노즐} ≒ 25.5 [m/s]$$

[단위환산]
- 지름 $2[cm] = \frac{2}{100}[m] = 0.02[m]$
- 지름 $6[cm] = \frac{6}{100}[m] = 0.06[m]$
- 압력 $0.49[MPa] = 0.49 \times 1,000[kPa] = 490[kPa]$

TIP

유량이 흐를 때의 마찰손실은 보통 관마찰계수 또는 마찰손실수두가 주어졌을 때 고려해준다.

53 ★★★

그림과 같이 수족관에 직경 3[m]의 투시경이 설치되어있다. 이 투시경에 작용하는 힘[kN]은?

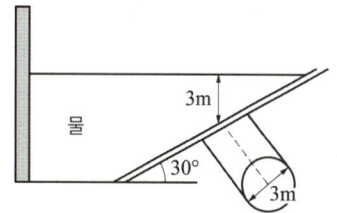

① 207.8
② 123.9
③ 87.1
④ 52.4

SOLUTION

개념

유체에 의한 힘의 수평분력

공식 정리

$$F_H = \gamma h A$$

여기서, F_H : 수평분력[kN]

γ : 유체의 비중량(물의 비중량 9.8[kN/m³])

h : 표면에서 투시경 중심까지의 수직거리[m]

A : 투시경의 단면적[m²]

풀이

유체에 의한 힘의 수평분력 공식에 문제에서 주어진 값들을 대입하면

$$F_H = \gamma h A = \gamma h \left(\frac{\pi D^2}{4}\right) = 9.8 \times 3 \times \frac{\pi \times 3^2}{4} ≒ 207.8[kN]$$

$$\therefore F_H ≒ 207.8 [kN]$$

54 ★★★

그림과 같이 물이 들어있는 아주 큰 탱크에 사이펀이 장치되어 있다. 출구에서의 속도 V와 관의 상부 중심 A지점에서의 게이지 압력 p_A를 구하는 식은? (단, g는 중력가속도, ρ는 물의 밀도이며, 관의 직경은 일정하고 모든 손실은 무시한다)

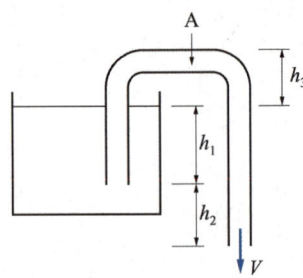

① $V = \sqrt{2g(h_1 + h_2)}$, $p_A = -\rho g h_3$
② $V = \sqrt{2g(h_1 + h_2)}$, $p_A = -\rho g(h_1 + h_2 + h_3)$
③ $V = \sqrt{2gh_2}$, $p_A = -\rho g(h_1 + h_2 + h_3)$
④ $V = \sqrt{2g(h_1 + h_2)}$, $p_A = \rho g(h_1 + h_2 - h_3)$

SOLUTION

개념
유속(토리첼리의 식)

공식정리
$$V = \sqrt{2gh}$$

여기서, V : 유속, g : 중력가속도, h : 유체의 높이

풀이

1. 유속

   토리첼리의 식에서 유체의 높이는 수면과 사이펀 사이의 길이에 해당한다. 그러므로 유속은
   $V = \sqrt{2gh} = \sqrt{2g(h_1 + h_2)}$

2. A지점에서의 압력

   A지점의 압력(P_A)에 관한 식을 세워보면
   $P_A = -\gamma h_1 - \gamma h_2 - \gamma h_3 = -\gamma(h_1 + h_2 + h_3)$
   $= -\rho g(h_1 + h_2 + h_3)$

   답을 모아서 정리하면
   ∴ $V = \sqrt{2g(h_1 + h_2)}$, $P_A = -\rho g(h_1 + h_2 + h_3)$

55 ★★★

관로에서 20[℃]의 물이 수조에 5분 동안 유입되었을 때 유입된 물의 중량이 60[kN]이라면 이때 유량은 몇 [m³/s]인가?

① 0.015　　② 0.02
③ 0.025　　④ 0.03

SOLUTION

개념
중량유량

공식정리
$$G = AV\gamma = Q\gamma$$

여기서, G : 중량유량[kN/s], A : 단면적[m²], V : 유속[m/s]
　　　　γ : 비중량(물의 비중량 : 9.8[kN/m³]), Q : 유량[m³/s]

풀이
중량유량의 공식을 유량에 관한 식으로 정리하고 문제에서 주어진 값들을 대입하면

$Q = \dfrac{G}{\gamma} = \dfrac{\frac{60}{60 \times 5}}{9.8} ≒ 0.02[\text{m}^3/\text{s}]$

∴ $Q ≒ 0.02[\text{m}^3/\text{s}]$

[단위환산]
- 중량유량 $\dfrac{60}{5}$ [kN/min] = $\dfrac{60}{60 \times 5}$ [kN/s]

정답 54 ② 55 ②

56 ★★★

지름이 5[cm]인 원형 관내에 이상기체가 층류로 흐른다. 다음 중 이 기체의 속도가 될 수 있는 것을 모두 고르면? (단, 이 기체의 절대압력은 200[kPa], 온도는 27[℃], 기체상수는 2,080[J/kg·K], 점성계수는 2×10^{-5}[N·s/m²], 하임계 레이놀즈 수는 2,200으로 한다)

㉠ 0.3[m/s]	㉡ 1.5[m/s]
㉢ 8.3[m/s]	㉣ 15.5[m/s]

① ㉠
② ㉠, ㉡
③ ㉠, ㉡, ㉢
④ ㉠, ㉡, ㉢, ㉣

SOLUTION

개념
이상기체상태 방정식

공식 정리
$$PV = m\overline{R}T$$

여기서, P : 압력[kPa], V : 부피[m³], m : 질량[kg]
$\overline{R}$: 특정기체상수[kJ/kg·K], T : 절대온도[K]

- 레이놀즈 수 : 배관 내 유체 흐름의 형태를 판단하는 척도로 사용되는 수

공식 정리
$$\text{레이놀즈 수 } Re = \frac{DV\rho}{\mu} = \frac{DV}{\nu}$$

여기서, Re : 레이놀즈 수, D : 지름[m]
V : 유속[m/s], ρ : 밀도[kg/m³]
μ : 점성계수(점도)[N·s/m²]

풀이
1. 밀도

레이놀즈 수에 들어갈 밀도를 구하기 위해서는 이상기체상태 방정식을 활용한다. 밀도 $\rho = \dfrac{m}{V}$ 이기 때문에 이상기체상태 방정식을 밀도에 관한 식으로 정리하고 문제에서 주어진 값들을 대입하면

$$\rho = \frac{m}{V} = \frac{P}{RT} = \frac{200}{2.08 \times (27+273)} \fallingdotseq 0.3205[\text{kg/m}^3]$$

2. 기체의 속도

층류로 흐르기 위해서는 하임계 레이놀즈 수에 해당하는 유속보다 기체의 속도가 느려야 한다. 그러므로 하임계 레이놀즈 수에 해당하는 유속부터 구할 필요가 있다. 하임계 레이놀즈 수의 유속을 구하기 위해서 레이놀즈의 수 공식을 유속에 관해 정리하고, 주어진 값 및 앞서 구한 값들을 대입하면

$$V = \frac{Re\mu}{D\rho} = \frac{2,200 \times (2 \times 10^{-5})}{0.05 \times 0.3205} \fallingdotseq 2.75[\text{m/s}]$$

하임계 레이놀즈 수에 해당하는 유속이 2.75[m/s]이므로 이보다 낮은 보기의 ㉠, ㉡이 층류가 흐를 수 있는 유체의 속도가 된다.

[단위환산]
- 온도 27[℃] = (27+273)[K]
- 기체상수 2,080[J/kg·K] = $\dfrac{2,080}{1,000}$[kJ/kg·K] = 2.08[kJ/kg·K]

57 ★☆☆

파이프 내에 정상 비압축성 유동에 있어서 관마찰계수는 어떤 변수들의 함수인가?

① 절대조도와 관지름
② 절대조도와 상대조도
③ 레이놀즈수와 상대조도
④ 마하수와 코우시수

SOLUTION

풀이
정상 비압축성 유동에 있어서 관마찰계수는 레이놀즈수와 상대조도의 함수이다.

58 ★☆☆

그림과 같이 매끄러운 유리관에 물이 채워져 있을 때 모세관 상승높이 h는 약 몇 [m]인가?

[조건]
- 액체의 표면장력 $\sigma = 0.073$[N/m]
- $R = 1$[mm]
- 매끄러운 유리관의 접촉각 $\theta \approx 0°$

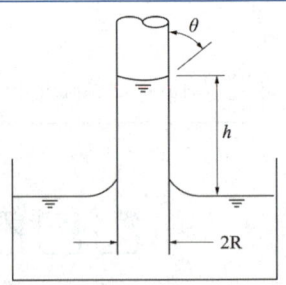

① 0.007
② 0.015
③ 0.07
④ 0.15

SOLUTION

개념
모세관현상

공식
$$h = \frac{4\sigma\cos\theta}{\gamma D}$$

여기서, h : 상승높이[m], σ : 표면장력[N/m], θ : 접촉각
γ : 비중량[N/m³], D : 지름[m]

풀이
모세관현상 공식에 문제에서 주어진 값들을 대입하면
$h = \frac{4\sigma\cos\theta}{\gamma D} = \frac{4 \times 0.073 \times \cos(0°)}{9,800 \times 0.002} ≒ 0.015$[m]

∴ $h ≒ 0.015$[m]

[단위환산]
- 지름 2[mm] = $\frac{2}{1,000}$[m] = 0.002[m]

59 ★★★

이상기체의 정압과정에 해당하는 것은? (단, P는 압력, T는 절대온도, v는 비체적, k는 비열비를 나타낸다)

① $\frac{P}{T}$=일정
② Pv=일정
③ Pvk=일정
④ $\frac{v}{T}$=일정

SOLUTION

개념
정압과정
압력이 일정한 상태에서의 과정

공식
$$\frac{v}{T} = 일정$$

여기서, v : 비체적, T : 절대온도

TIP
이상기체의 모든 과정은 보일-샤를의 법칙$\left(\frac{PV}{T}=일정\right)$을 따른다. 정압과정은 압력이 일정한 상태에서의 과정이다. 그러므로 보일-샤를의 법칙에서 동일한 값인 압력을 제거하면 $\frac{V}{T}$=일정이라는 과정을 손쉽게 유추할 수 있다. 더불어 비체적은 체적/질량이고 현재 문제에서는 질량이 따로 주어지지 않았다. 그러므로 이 문제에 한해서는 비체적과 체적은 같은 물리량이라고 이해해도 무방하다.

60 ★★★

그림과 같은 거꾸로 된 마노미터에서 물과 기름, 수은이 채워져 있다. $a = 10[cm]$, $c = 25[cm]$이고 A의 압력이 B의 압력보다 80[kPa]작을 때 b의 길이는 약 몇 [cm]인가? (단, 수은의 비중량은 133,100[N/m³], 기름의 비중은 0.90이다)

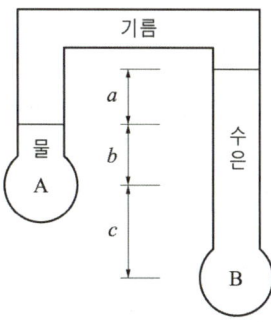

① 17.8
② 27.8
③ 37.8
④ 47.8

[단위환산]

- 길이 $10[cm] = \dfrac{10}{100}[m] = 0.1[m]$
- 길이 $25[cm] = \dfrac{25}{100}[m] = 0.25[m]$
- 길이 $0.278[m] = 0.278 \times 100[cm] = 27.8[cm]$
- 비중량 $133,100[N/m^3] = \dfrac{133,100}{1,000}[kN/m^3] = 133.1[kN/m^3]$

TIP
기름의 비중량은 기름의 비중(0.9)에서 물의 비중량(9.8[kN/m³]) 곱한 값을 사용하면 된다.

SOLUTION

풀이

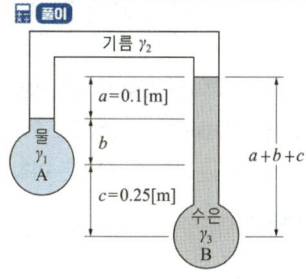

문제에서 A의 압력이 B의 압력보다 80[kPa] 작다고 했으므로 $P_A - P_B = -80[kPa]$이다.

역U자관 마노미터에서 동일한 수평선 내에 있는 모든 점의 압력은 같다. 기름과 수은의 경계선 높이에 있는 지점을 기준으로 잡고 관계식을 세우면 다음과 같다.

$$P_A - \gamma_1 b - \gamma_2 a = P_B - \gamma_3(a+b+c)$$

위의 식을 높이 b에 관한 식으로 정리하고 문제에서 주어진 값들을 대입하면

$$b = \dfrac{P_A - P_B - \gamma_2 a + \gamma_3(a+c)}{\gamma_1 - \gamma_3}$$

$$= \dfrac{(-80) - (0.9 \times 9.8) \times 0.1 + 133.1 \times (0.1 + 0.25)}{9.8 - 133.1}$$

$\fallingdotseq 0.278[m] = 27.8[cm]$

∴ $b \fallingdotseq 27.8[cm]$

정답 60 ②

2023년 제4회 소방설비기사 CBT 복원문제

41 ★★★

펌프에 의하여 유체에 실제로 주어지는 동력은? (단, L_w는 동력 [kW], r는 물의 비중량[N/m³], Q는 토출량[m³/min], H는 전양정 [m], g는 중력가속도[m/s²]이다)

① $L_w = \dfrac{\gamma QH}{102 \times 60}$ ② $L_w = \dfrac{\gamma QH}{1,000 \times 60}$

③ $L_w = \dfrac{\gamma QHg}{102 \times 60}$ ④ $L_w = \dfrac{\gamma QHg}{1,000 \times 60}$

SOLUTION

개념
펌프(전동기)의 수동력

공식
$$L_w = \gamma QH$$

여기서, L_w : 펌프의 수동력[kW], γ : 물의 비중량(9.8[kN/m³])
Q : 유량[m³/s], H : 양정(높이)[m]

풀이
펌프의 수동력 공식에서 물의 비중량은 [kN/m³]을 사용하지만 문제에서는 [N/m³]가 주어졌다. 그러므로 γ의 값에서 1,000을 나눈 값인 $\dfrac{\gamma}{1,000}$을 사용해야 한다.
마찬가지로 유량도 공식에서는 [m³/s]을 사용하지만 문제에서는 [m³/min]가 주어졌다. 그러므로 Q의 값에서 60을 나눈 값인 $\dfrac{Q}{60}$을 사용해야 한다.
이 관계들을 모아 식으로 나타내면
$\therefore L_w = \dfrac{\gamma QH}{1,000 \times 60}$

42 ★☆☆

오일러의 운동방정식은 유체운동에 대하여 어떠한 관계를 표시하는가?

① 유체입자의 운동경로와 힘의 관계를 나타낸다.
② 유선에 따라 유체의 질량이 어떻게 변화하는가를 표시한다.
③ 유체가 가지는 에너지와 이것이 하는 일과의 관계를 표시한다.
④ 비점성 유동에서 유선상의 한 점을 통과하는 유체입자의 가속도와 그것에 미치는 힘과의 관계를 표시한다.

SOLUTION

개념
오일러의 운동방정식
비점성유동에서 유선상의 한 점을 통과하는 유체입자의 가속도와 그것에 미치는 힘과의 관계를 표시하는 방정식이다. 즉 전단응력이 0인 유체(비점성유동)의 운동량의 변화에 관한 방정식이다.

43 ★★★

길이 100[m], 직경 50[mm]인 상대조도 0.01인 원형 수도관 내에 물이 흐르고 있다. 관내 평균유속이 2[m/s]에서 4[m/s]로 2배 증가하였다면 압력 손실은 몇 배로 되겠는가? (단, 유동은 마찰계수가 일정한 완전난류로 가정한다)

① 1.41배 ② 2배
③ 4배 ④ 8배

SOLUTION

개념
달시-바이스바하(마찰손실)의 식

공식
$$H = \dfrac{\Delta P}{\gamma} = \dfrac{flV^2}{2gD}$$

여기서, H : 마찰손실수두[m], ΔP : 압력차[kPa]
γ : 유체의 비중량[kN/m³], f : 마찰손실계수
l : 등가길이[m], V : 유속[m/s]
g : 중력가속도(9.8[m/s²]), D : 지름[m]

정답 41 ② 42 ④ 43 ③

풀이
마찰손실 공식에 의하면 압력 손실은 유속의 제곱에 비례한다($\Delta P \propto V^2$). 그러므로 관내 평균유속이 두 배로 증가하면 압력손실은 다음과 같다.

$$\frac{\Delta P_2}{\Delta P_1} = \left(\frac{V_2}{V_1}\right)^2 = \left(\frac{4}{2}\right)^2 = 4$$

$\therefore \Delta P_2 = 4\Delta P_1$

44 ★★☆

관내의 흐름에서 부차적 손실에 해당되지 않는 것은?

① 곡선부에 의한 손실
② 직선 원관 내의 손실
③ 유동단면의 장애물에 의한 손실
④ 관 단면의 급격한 확대에 의한 손실

SOLUTION
개념
- 배관의 주손실
  - 직관에서 발생하는 마찰손실
  - 관로에 의한 마찰손실
- 배관의 부차적 손실
  - 관 단면의 확대 및 축소에 의한 손실
  - 관 내 부속품에 의한 손실
  - 배관 입구와 출구에서의 손실
  - 곡선부에 의한 손실
  - 유동단면의 장애물에 의한 손실

45 ★★★

직경 50[cm]의 배관 내를 유속 0.06[m/s]의 속도로 흐르는 물의 유량은 약 몇 [L/min]인가?

① 153
② 255
③ 338
④ 707

SOLUTION
개념
유량

공식 정리

$$Q = AV = \left(\frac{\pi D^2}{4}\right) V$$

여기서, Q : 유량[m³/s], A : 단면적[m²], V : 유속[m/s], D : 직경[m]

풀이
유량의 공식에 문제에서 주어진 값들을 대입하면

$Q = AV = \left(\frac{\pi D^2}{4}\right) \times V = \frac{\pi \times 0.5^2}{4} \times 0.06 ≒ 0.0118\,[\text{m}^3/\text{s}]$

$= 708\,[\text{L/min}]$

$\therefore Q ≒ 707\,[\text{L/min}]$

[단위환산]
- 직경 $50\,[\text{cm}] = \frac{50}{100}\,[\text{m}] = 0.5\,[\text{m}]$
- 부피 $1\,[\text{m}^3] = 1{,}000\,[\text{L}]$
- 유량 $0.0118\,[\text{m}^3/\text{s}] = 0.0118 \times 1{,}000 \times 60\,[\text{L/min}] = 708\,[\text{L/min}]$

46 ★☆☆

그림과 같은 곡관에 물이 흐르고 있을 때 계기압력으로 P_1이 98[kPa]이고, P_2이 29.42[kPa]이면 이 곡관을 고정 시키는 데 필요한 힘은 몇 [N]인가? (단, 높이차 및 모든 손실은 무시한다)

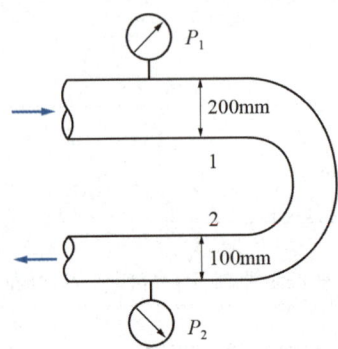

① 4,141
② 4,314
③ 4,565
④ 4,743

SOLUTION

개념

• 유량

공식정리

$$Q = AV = \left(\frac{\pi D^2}{4}\right)V$$

여기서, Q : 유량[m³/s], A : 단면적[m²], V : 유속[m/s], D : 지름[m]

• 수두로 표현한 베르누이의 정리

공식정리

$$\frac{P_A}{\gamma} + \frac{V_A^2}{2g} + Z_A = \frac{P_B}{\gamma} + \frac{V_B^2}{2g} + Z_B + \Delta H$$

여기서, P : 압력[kPa], γ : 비중량[kN/m³], V : 유속[m/s]
g : 중력가속도(9.8[m/s²]), Z : 위치수두[m]

풀이

1. 유속

1점일 때와 2점일 때의 상태에서의 베르누이의 정리를 통해 유속을 구한다. 문제에서 높이차를 무시하라고 했으므로 $Z_1 = Z_2$이다.

유량은 일정하므로 $Q_1 = Q_2 = \left(\frac{\pi D_1^2}{4}\right)V_1 = \left(\frac{\pi D_2^2}{4}\right)V_2$이다. 이를 속도에 관한 식으로 정리하면

$\frac{V_2}{V_1} = \frac{D_2^2}{D_1^2} = \frac{0.2^2}{0.1^2} = 4$

$V_2 = 4V_1$

베르누이의 정리 공식을 관계식으로 정리하면 다음과 같다.

$$\frac{P_1}{\gamma} + \frac{V_1^2}{2g} = \frac{P_2}{\gamma} + \frac{(4V_1)^2}{2g}$$

위의 식을 1점에서의 유속에 관한 식으로 정리하고 문제에서 주어진 값들을 대입하면

$$V_1 = \sqrt{\frac{2g(P_1 - P_2)}{15\gamma}} = \sqrt{\frac{2 \times 9.8 \times (98 - 29.42)}{15 \times 9.8}} \fallingdotseq 3.024 \text{[m/s]}$$

1점에서의 유속을 구했으면 2점에서의 유속도 관계식을 통해 구할 수 있다.

$V_2 = 4V_1 = 4 \times 3.024 = 12.096 \text{[m/s]}$

2. 유량 계산

유속을 구했으므로 유량의 공식을 통해 유량을 구할 수 있다. 유량은 1점을 기준으로 구해도 되고, 2점을 기준으로 해서 구해도 동일하다. 해설에서는 1점을 기준으로 구하도록 하겠다.

$$Q = \left(\frac{\pi D_1^2}{4}\right)V_1 = \frac{\pi \times 0.2^2}{4} \times 3.024 \fallingdotseq 0.095 \text{[m}^3\text{/s]}$$

3. 힘

곡관에 작용하는 힘의 관계를 정리하면
$P_1 A_1 + \rho Q V_1 = P_2 A_2 \cos\theta + \rho Q V_2 \cos\theta + F$

곡관의 각도가 180°이므로 $\cos\theta = \cos(180°) = (-1)$을 대입한다. 위의 식을 곡관을 고정시키는 데 필요한 힘(F)에 대하여 정리하고 문제에서 주어진 값 및 앞서 구한 값들을 대입하면

$F = P_1 A_1 + \rho Q V_1 + P_2 A_2 + \rho Q V_2$

$= 98,000 \times \frac{\pi \times 0.2^2}{4} + 1,000 \times 0.095 \times 3.024$

$\quad + 29,420 \times \frac{\pi \times 0.1^2}{4} + 1,000 \times 0.095 \times 12.096$

$\fallingdotseq 4,746 \text{[N]}$

$\therefore F = 4,743 \text{[N]}$

[단위환산]

• 지름 $200 \text{[mm]} = \frac{200}{1,000} \text{[m]} = 0.2 \text{[m]}$

• 지름 $100 \text{[mm]} = \frac{100}{1,000} \text{[m]} = 0.1 \text{[m]}$

• 압력 $98 \text{[kPa]} = 98 \times 10^3 \text{[Pa]} = 98,000 \text{[Pa]}$

• 압력 $29.42 \text{[kPa]} = 29.42 \times 10^3 \text{[Pa]} = 29,420 \text{[Pa]}$

47 ★☆☆

다음 계측기 중 측정하고자 하는 것이 다른 것은?

① Bourdon 압력계 ② U자관 마노미터
③ 피에조미터 ④ 열선풍속계

SOLUTION

풀이
열선풍속계는 유속을 측정할 때 사용하는 계측기이다. 보기의 나머지 계측기들은 정압을 측정할 때 사용하는 계측기이다.

48 ★☆☆

동력(power)의 차원을 옳게 표시 한 것은? (단, M : 질량, L : 길이, T : 시간을 나타낸다)

① ML^2T^{-3} ② L^2T^{-1}
③ $ML^{-1}T^{-1}$ ④ MLT^{-2}

SOLUTION

개념
동력(power) 차원
- 절대차원 : ML^2T^{-3}
- 중력차원 : FLT^{-1}

TIP
절대차원은 M(질량), L(길이), T(시간)을 활용해 표현하는 방식이고, 중력차원은 F(힘), L(길이), T(시간)을 활용해 표현하는 방식이다. F(힘)은 MLT^{-2} 인 것을 알고 있다면 둘 중에 하나의 차원만 기억해 자유롭게 환산해주면 된다.

49 ★★☆

펌프의 공동현상(cavitation)을 방지하기 위한 방법이 아닌 것은?

① 펌프의 설치 위치를 되도록 낮게 하여 흡입 양정을 짧게 한다.
② 단흡입펌프보다는 양흡입펌프를 사용한다.
③ 펌프의 흡입 관경을 크게 한다.
④ 펌프의 회전수를 크게 한다.

SOLUTION

개념
공동현상(cavitation, 캐비테이션)
펌프 흡입측 배관 내의 액체가 포화 증기압 이하에서 비등하여 기포가 발생하고 물이 흡입되지 않는 현상

- 공동현상 방지 방법
  - 펌프의 설치위치를 되도록 낮게 하여 흡입양정을 짧게 한다.
  - 펌프의 회전수를 작게 한다.
  - 펌프의 흡입 관경을 크게 한다.
  - 단흡입펌프보다는 양흡입펌프를 사용한다.
  - 펌프를 2개 이상 설치한다.
  - 펌프의 마찰손실을 작게 한다.

TIP
공동현상의 방지 방법의 반대는 공동현상의 발생원인이 될 수 있다는 것을 기억해주면 좋다.

정답 47 ④ 48 ① 49 ④

50 ★★☆

압력의 변화가 없을 경우 0[℃]의 이상기체는 약 몇 [℃]가 되면 부피가 2배로 되는가?

① 273[℃]   ② 373[℃]
③ 546[℃]   ④ 646[℃]

SOLUTION

개념
샤를의 법칙
일정한 압력일 때 기체의 부피는 절대온도에 비례한다.

공식 정리
$$\frac{V_1}{T_1} = \frac{V_2}{T_2}$$

여기서, V : 부피[L], T : 절대온도[K]

풀이
샤를의 법칙 공식을 변화된 온도에 관한 식으로 정리하고 문제에서 주어진 값들을 대입하면

$$T_2 = T_1 \times \frac{V_2}{V_1} = (0+273) \times \frac{2V_1}{V_1} = 546[K] = 273[℃]$$

∴ $T_2 = 273[℃]$

[단위환산]
- 온도 $0[℃] = (0+273)[K]$
- 온도 $546[K] = (546-273)[℃] = 273[℃]$

51 ★★☆

한 변의 길이가 L인 정사각형 단면의 수력지름(hydraulic diameter)은?

① $L/4$ ② $L/2$
③ L ④ $2L$

SOLUTION

개념
수력지름

공식 정리
$$D_h = 4 \times \frac{A}{S}$$

여기서, D_h : 수력지름, A : 단면 넓이, S : 단면 둘레

풀이
수력지름의 공식에 정사각형 단면의 넓이 및 둘레를 대입하면

$$D_h = 4 \times \frac{A}{S} = 4 \times \frac{L^2}{4L} = L$$

52 ★★★

지름 0.4[m]인 관에 물이 0.5[m³/s]로 흐를 때 길이 300[m]에 대한 동력손실은 60[kW]였다. 이때 관마찰계수 f는 약 얼마인가?

① 0.015　　② 0.020
③ 0.025　　④ 0.030

SOLUTION

개념
- 유량

공식 정리
$$Q = AV = \left(\frac{\pi D^2}{4}\right)V$$

여기서, Q : 유량[m³/s], A : 단면적[m²], V : 유속[m/s], D : 직경[m]

- 동력손실

공식 정리
$$P = \gamma Q H$$

여기서, P : 동력손실[kW], γ : 비중량(물의 비중량 9.8[kN/m³])
Q : 유량[m³/s], H : 손실수두[m]

- 손실수두

공식 정리
$$H = \frac{f l V^2}{2gD}$$

여기서, H : 손실수두[m], f : 관마찰계수, l : 길이[m]
V : 유속[m/s], g : 중력가속도(9.8[m/s²]), D : 지름[m]

풀이
1. 유속

유량의 공식을 유속에 관한 식으로 정리하고, 문제에서 주어진 값들을 대입하면

$$V = \frac{Q}{A} = \frac{Q}{\frac{\pi D^2}{4}} = \frac{0.5}{\frac{\pi \times 0.4^2}{4}} \fallingdotseq 3.98[\text{m/s}]$$

2. 손실수두

동력손실의 공식을 손실수두에 관한 식으로 정리하고, 문제에서 주어진 값들을 대입하면

$$H = \frac{P}{\gamma Q} = \frac{60}{9.8 \times 0.5} \fallingdotseq 12.24[\text{m}]$$

3. 관마찰계수

손실수두의 공식을 관마찰계수에 관한 식으로 정리하고, 문제에서 주어진 값들과 앞서 구한 값들을 대입하면

$$f = \frac{2gDH}{lV^2} = \frac{2 \times 9.8 \times 0.4 \times 12.24}{300 \times 3.98^2} \fallingdotseq 0.02$$

$\therefore f \fallingdotseq 0.02$

53 ★☆☆

비압축성 유체의 2차원 정상 유동에서 x방향의 속도를 u, y방향의 속도를 v라고 할 때 다음에 주어진 식들 중에서 연속방정식을 만족하는 것은 어느 것인가?

① $u = 2x + 2y$,　$v = 2x - 2y$
② $u = x + 2y$,　$v = x^2 - 2y$
③ $u = 2x + y$,　$v = x^2 + 2y$
④ $u = x + 2y$,　$v = 2x - y^2$

SOLUTION

개념
비압축성 유체의 2차원 정상유동

공식 정리
$$\frac{\partial u}{\partial x} + \frac{\partial v}{\partial y} = 0$$

여기서, u : x방향의 속도, v : y방향의 속도

풀이
비압축성 유체의 2차원 정상 유동은 u를 x로 편미분한 값과 v를 y로 편미분한 값의 합이 0이어야 한다.

$$\frac{\partial u}{\partial x} = \frac{\partial}{\partial x}(2x + 2y) = 2$$

$$\frac{\partial v}{\partial y} = \frac{\partial}{\partial y}(2x - 2y) = -2$$

으로 $\frac{\partial u}{\partial x} + \frac{\partial v}{\partial y} = 0$을 만족하는 보기 ①번이 비압축성 유체의 2차원 정상 유동이다.

54 ★★☆

체적탄성계수가 2×10^9[Pa]인 물의 체적을 3[%] 감소시키려면 몇 [MPa]의 압력을 가하여야 하는가?

① 25 ② 30
③ 45 ④ 60

SOLUTION

[개념]
체적탄성계수

[공식·정리]

$$K = -\frac{\Delta P}{\dfrac{\Delta V}{V}}$$

여기서, K : 체적탄성계수[MPa], ΔP : 가해진 압력[MPa]

$\dfrac{\Delta V}{V}$: 체적의 변화율

[풀이]
체적탄성계수 공식을 가해진 압력에 대한 식을 정리하고, 문제에서 주어진 값들을 대입하면

$\Delta P = -K \times \dfrac{\Delta V}{V} = -(2 \times 10^3) \times (-0.03) = 60$[MPa]

∴ $\Delta P = 60$[MPa]

[단위환산]
• 압력 2×10^9[Pa] $= \dfrac{2 \times 10^9}{10^6}$[MPa] $= 2 \times 10^3$[MPa]

TIP
1. 체적탄성계수 공식의 (-)부호는 가해진 압력이 증가하면 부피가 줄어든다는 것을 의미한다.
2. 물의 체적을 감소시켜야 하므로 체적의 변화율 앞에 (-)부호를 붙여준다.

55 ★★★

그림의 역U자관 마노미터에서 압력 차($P_x - P_y$)는 약 몇 [Pa] 인가?

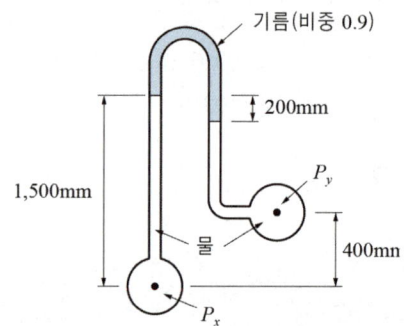

① 3,215 ② 4,116
③ 5,045 ④ 6,826

SOLUTION

[풀이]

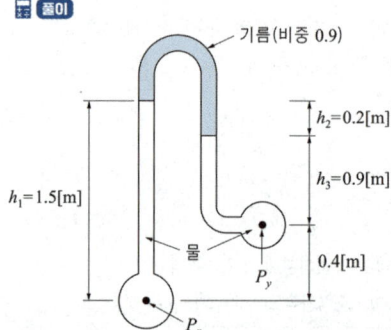

역U자관 마노미터에서 동일한 수평선 내에 있는 모든 점의 압력은 같다. P_x에서 1.5[m] 높이에 있는 지점을 기준으로 잡고 관계식을 세우면 다음과 같다.

$P_x - \gamma_1 h_1 = P_y - \gamma_2 h_2 - \gamma_3 h_3$

위의 식을 압력차($P_x - P_y$)에 관한 식으로 정리하고 문제에서 주어진 값들을 대입하면

$P_x - P_y = \gamma_1 h_1 - \gamma_2 h_2 - \gamma_3 h_3$
$= 9,800 \times 1.5 - 0.9 \times 9,800 \times 0.2 - 9,800 \times 0.9$
$= 4,116$[Pa]

∴ $P_x - P_y = 4,116$[Pa]

56 ★★★

피토관으로 파이프 중심선에서 흐르는 물의 유속을 측정할 때 피토관의 액주높이가 5.2[m], 정압튜브의 액주높이가 4.2[m]를 나타낸다면 유속[m/s]은? (단, 속도계수(C_v)는 0.970이다)

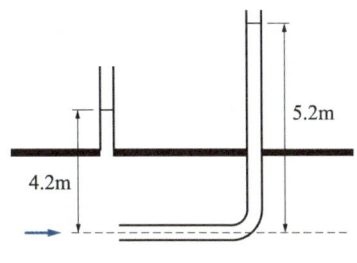

① 4.3　　② 3.5
③ 2.8　　④ 1.9

SOLUTION

개념
피토관의 유속

공식
$$V = C_V \sqrt{2gh}$$

여기서, V : 유속[m/s], C_V : 속도계수, g : 중력가속도(9.8[m/s²])
h : 유체의 높이[m]

풀이
유체의 높이는 물의 유속을 측정할 때 피토관의 액주높이에서 정압튜브의 액주높이를 빼준 값을 사용한다. 피토관의 유속 공식에 문제에서 주어진 값들을 대입하면

$V = C_V\sqrt{2gh} = 0.97 \times \sqrt{2 \times 9.8 \times (5.2 - 4.2)} ≒ 4.3$[m/s]

∴ $V ≒ 4.3$[m/s]

57 ★★☆

펌프가 운전 중에 한숨을 쉬는 것과 같은 상태가 되어 펌프 입구의 진공계 및 출구의 압력계 지침이 흔들리고 송출유량도 주기적으로 변화하는 이상 현상을 무엇이라고 하는가?

① 공동현상(cavitation)
② 수격작용(water hammering)
③ 맥동현상(surging)
④ 언밸런스(unbalance)

SOLUTION

개념
펌프의 이상현상
- 공동현상 : 액체가 포화 증기압 이하에서 비등하여 기포가 발생하는 현상
- 수격작용 : 관을 흐르던 물이 갑자기 정지할 때 압력파에 의해 이상음(異常音)이 발생하는 현상
- 맥동현상 : 유량이 간헐적으로 변하여 진동과 소음이 일어나며 펌프의 토출유량이 주기적으로 변하는 현상

58 ★☆☆

체적 0.1[m³]의 밀폐 용기 안에 기체상수가 0.4615[kJ/kg·K]인 기체 1[kg]이 압력 2[MPa], 온도 250[℃] 상태로 들어있다. 이때 이 기체의 압축계수(또는 압축성인자)는?

① 0.578　　② 0.828
③ 1.21　　④ 1.73

SOLUTION

개념
이상기체상태 방정식(압축계수 포함)

공식
$$PV = m\overline{R}TZ$$

여기서, P : 기압[kPa], V : 부피[m³], m : 질량[kg]
$\overline{R}$: 특정기체상수[kJ/kg·K], T : 절대온도[K], Z : 압축계수

풀이
이상기체상태 방정식(압축계수 포함)의 식을 압축계수에 대하여 정리하고 문제에서 주어진 값들을 대입하면

$Z = \dfrac{PV}{m\overline{R}T} = \dfrac{2,000 \times 0.1}{1 \times 0.4615 \times (250+273)} ≒ 0.829$

∴ $Z ≒ 0.828$

[단위환산]
- 압력 2[MPa] = 2×1,000[kPa] = 2,000[kPa]
- 온도 250[℃] = (250+273)[K]

59 ★☆☆

질량 m[kg]의 어떤 기체로 구성된 밀폐계가 Q[kJ]의 열을 받아 일을 하고, 이 기체의 온도가 $\triangle T$[℃] 상승하였다면 이 계가 외부에 한 일 W[kJ]을 구하는 계산식으로 옳은 것은? (단, 이 기체의 정적비열은 C_v[kJ/kg·K], 정압비열은 C_p[kJ/kg·K]이다)

① $W = Q - mC_v \triangle T$ ② $W = Q + mC_v \triangle T$
③ $W = Q - mC_p \triangle T$ ④ $W = Q + mC_p \triangle T$

SOLUTION

개념
• 열

공식 정리
$$Q = \Delta U + W$$

여기서, Q : 열[kJ], ΔU : 내부에너지 변화[kJ], W : 일[kJ]

• 정적과정 시 내부에너지 변화

공식 정리
$$\Delta U = mC_v \Delta T$$

여기서, ΔU : 내부에너지 변화[kJ], m : 질량[kg]
C_v : 정적비열[kJ/kg·K], ΔT : 온도차[K]

풀이
문제에서 '밀폐계'라고 주어졌기 때문에 정적과정이라는 것을 알 수 있다. 열의 공식을 일에 관한 식으로 정리하고, 내부에너지 변화를 정적과정 시 내부에너지 변화의 식을 대입하면
$W = Q - \Delta U = Q - mC_v \Delta T$
$\therefore W = Q - mC_v \Delta T$

TIP
정적과정 시 내부에너지 변화 공식에서는 절대 온도차를 사용하고 있다. 문제에서는 섭씨 온도차가 주어졌지만 절대 온도차와 섭씨 온도차는 어차피 동일하기 때문에 풀이에서는 그냥 섭씨 온도차로 사용했다.

60 ★★★

관내에서 물이 평균속도 9.8[m/s]로 흐를 때의 속도 수두는 약 몇 [m]인가?

① 4.9 ② 9.8
③ 48   ④ 128

SOLUTION

개념
속도 수두

공식 정리
$$H = \frac{V^2}{2g}$$

여기서, H : 속도수두[m], V : 유속[m/s]
g : 중력가속도(9.8[m/s²])

풀이
속도 수두 공식에 문제에서 주어진 값을 대입하면
$H = \dfrac{V^2}{2g} = \dfrac{9.8^2}{2 \times 9.8} = 4.9$[m]
$\therefore H = 4.9$[m]

2024년 제1회 소방설비기사 CBT 복원문제

41 ★★☆

비중 0.92인 빙산이 비중 1.025의 바닷물 수면에 떠 있다. 수면 위에 나온 빙산의 체적이 150[m³]이면 빙산의 전체 체적은 약 몇 [m³]인가?

① 1,314 ② 1,464
③ 1,725 ④ 1,875

SOLUTION

개념
• 부력

$$W = \gamma V = s\gamma_w V$$

여기서, W : 부력(무게)[kN], γ : 액체의 비중량[kN/m³]
V : 잠긴 부피[m³], s : 비중, γ_w : 물의 비중량(9,800[N/m³])

• 물체의 무게

$$W = mg = \rho V g = s\rho_w V g$$

여기서, W : 무게[N], m : 질량[kg], g : 중력가속도(9.8[m/s²])
ρ : 물체의 밀도[kg/m³], V : 부피[m³], s : 비중
ρ_w : 물의 밀도(1,000[kg/m³])

풀이

1. 빙산의 무게

$W_{빙산} = s\rho_w V g = 0.92 \times 1,000 \times (V_{잠긴} + 150) \times 9.8$
$= 9,016 \times (V_{잠긴} + 150)$[N]

2. 바닷물의 부력

$W_{부력} = s\gamma_w V_{잠긴} = 1.025 \times 9,800 \times V_{잠긴}$
$= 10,045 \times V_{잠긴}$[N]

3. 빙산의 잠긴 체적

빙산이 바닷물 위에 뜨기 위해서는 전체 빙산의 무게와 잠긴 부피에 대한 바닷물의 부력이 같아야 한다.
$W_{빙산} = W_{부력}$ 이므로 이를 빙산의 잠긴 부피($V_{잠긴}$)을 구하기 위해 식을 정리하면

$9,016 \times (V_{잠긴} + 150) = 10,045 \times V_{잠긴}$

$V_{잠긴} ≒ 1,314$[m³]

4. 빙산의 전체 체적

빙산의 전체 체적은 빙산의 수면 위에 나온 체적과 잠긴 체적의 합이다.

$V = V_{수면위} + V_{잠긴} = 150 + 1,314 = 1,464$[m³]

∴ $V = 1,464$[m³]

42 ★★★

그림에서 물에 의하여 점 B에서 힌지된 사분원모양의 수문이 평형을 유지하기 위하여 잡아 당겨야 하는 힘 T 는 몇 [kN]인가? (단, 폭은 1[m], 반지름($r = \overline{OB}$)은 2[m], 4분원의 중심은 0점에서 왼쪽으로 $4r/3\pi$인 곳에 있으며 물의 밀도는 1,000[kg/m³]이다)

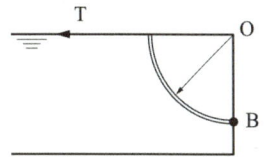

① 1.96 ② 9.8
③ 19.6 ④ 29.4

SOLUTION

개념
수평분력

$$F_H = \gamma h A$$

여기서, F_H : 수평분력[kN], γ : 비중량(물의 비중량 9.8[kN/m³])
h : 표면에서 수문 중심까지의 중심거리[m]
A : 수평투영면적[m²]

풀이

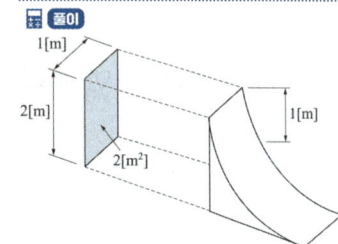

문제에서 수문을 잡아 당겨야 하는 힘은 곡면에 작용하는 수평분력의 힘의 크기와 동일하다. 표면에서 수문 중심까지의 중심거리는 곡면 반지름의 절반인 $h = \dfrac{2}{2} = 1$[m]이다. 수평분력 공식에 문제에서 주어진 값을 대입하면

$T = F_H = \gamma h A = 9.8 \times 1 \times (2 \times 1) = 19.6$[kN]

∴ T = 19.6[kN]

정답 41 ② 42 ③

43 ★★☆

베르누이의 정리 $\left(\dfrac{P}{\rho}+\dfrac{V^2}{2}+gZ=\text{constant}\right)$가 적용되는 조건이 아닌 것은?

① 압축성의 흐름이다.
② 정상 상태의 흐름이다.
③ 마찰이 없는 흐름이다.
④ 베르누이 정리가 적용되는 임의의 두 점은 같은 유선 상에 있다.

SOLUTION

개념
베르누이의 정리 적용되는 조건
- 비압축성의 흐름이다(비압축성 유체).
- 정상 상태의 흐름이다(정상유동).
- 마찰이 없는 흐름이다(비점성 흐름).
- 베르누이 정리가 적용되는 임의의 두 점은 같은 유선 상에 있다.
- 이상유체이다.

44 ★★★

가역 단열 과정에서 엔트로피 변화 $\triangle S$는?

① $\triangle S>1$
② $0<\triangle S<1$
③ $\triangle S=1$
④ $\triangle S=0$

SOLUTION

풀이
가역 단열 과정은 등엔트로피 과정($\Delta S=0$)이다. 반면 비가역 단열 과정은 엔트로피 증가($\Delta S>0$)의 값을 갖는다.

45 ★★☆

낙구식 점도계는 어떤 법칙을 이론적 근거로 하는가?

① Stokes의 법칙
② 열역학 제1법칙
③ Hagen-Poiseuille의 법칙
④ Boyle의 법칙

SOLUTION

개념
점도계의 종류

원리	종류
하겐-포아젤 (Hagen-Poiseuille)의 법칙	• 세이볼트(Saybolt) 점도계 • 레드우드(Redwoos) 점도계 • 앵글러(Engler) 점도계 • 바베이(Barbey) 점도계 • 오스왈트(Ostwald) 점도계
뉴턴(Newton)의 법칙	• 스토머(Stormer) 점도계 • 맥미셸(MacMichael) 점도계
스토크스(Stokes)의 법칙	• 낙구식 점도계

46 ★★☆

성능이 같은 3대의 펌프를 병렬로 연결하였을 경우 양정과 유량은 얼마인가? (단, 펌프 1대에서 유량은 Q, 양정은 H라고 한다)

① 유량은 $9Q$, 양정은 H
② 유량은 $9Q$, 양정은 $3H$
③ 유량은 $3Q$, 양정은 $3H$
④ 유량은 $3Q$, 양정은 H

SOLUTION

개념
- 펌프의 3대의 병렬 운전
  - 유량 : $3Q$(3배로 증가)/양정 : H(변화 없음)
- 펌프의 3대의 직렬 운전
  - 유량 : Q(변화 없음)/양정 : $3H$(3배로 증가)

TIP
펌프를 병렬로 운전하면 유량은 펌프의 개수만큼 증가하고 양정은 그대로이다. 반면 펌프를 직렬로 운전하면 유량은 그대로이고, 양정은 펌프의 개수만큼 증가한다.

정답 43 ① 44 ④ 45 ① 46 ④

47 ★★★

초기에 비어 있는 체적이 0.1[m³]인 견고한 용기 안에 공기(이상기체)를 서서히 주입한다. 공기 1[kg]을 넣었을 때 용기 안의 온도가 300[K]가 되었다면 이때 용기 안의 압력[kPa]은? (단, 공기의 기체상수는 0.287[kJ/kg·K]이다)

① 287　　　② 300
③ 448　　　④ 861

SOLUTION

개념
이상기체상태 방정식

공식 정리
$$PV = m\overline{R}T$$

여기서, P : 압력[kPa], V : 부피[m³], m : 질량[kg]
　　　　$\overline{R}$: 특정기체상수[kJ/kg·K], T : 절대온도[K]

풀이
문제에서 공기의 기체상수가 주어졌기 때문에 특정기체상수를 활용한 이상기체상태 방정식을 사용한다.

$$P = \frac{m\overline{R}T}{V} = \frac{1 \times 0.287 \times 300}{0.1} = 861[\text{kPa}]$$

$\therefore P = 861[\text{kPa}]$

48 ★★☆

이상기체의 폴리트로픽 변화 'PV^n = 일정'에서 $n = 1$인 경우 어느 변화에 속하는가? (단, P는 압력, V는 부피, n은 폴리트로픽 지수를 나타낸다)

① 단열변화　　　② 등온변화
③ 정적변화　　　④ 정압변화

SOLUTION

개념
폴리트로픽 변화(PV^n =정수)

지수(n)	0	1	k	∞
과정	정압 과정	등온 과정	단열 변화	정적 변화

여기서, P : 압력, V : 체적, n : 폴리트로픽 지수, k : 비열비

49 ★★☆

대기압하에서 10[℃]의 물 2[kg]이 전부 증발하여 100[℃]의 수증기로 되는 동안 흡수되는 열량[kJ]은 얼마인가? (단, 물의 비열은 4.2[kJ/kg·K], 기화열은 2,250[kJ/kg]이다)

① 756　　　② 2,638
③ 5,256　　　④ 5,360

SOLUTION

개념
• 현열 열량

공식 정리
$$Q = mC\Delta T$$

여기서, Q : 현열 열량[kJ], m : 질량[kg], C : 비열[kJ/kg·K]
　　　　ΔT : 온도차[K]

• 기화 열량

공식 정리
$$Q = mr$$

여기서, Q : 잠열 열량[kJ], m : 질량[kg], r : 기화열[kJ/kg]

풀이

1. 현열 열량

물이 수증기가 되기 전 10[℃]에서 100[℃]까지 온도가 상승할 때 필요한 열량은 현열 열량 공식을 통해 구한다.
$Q_1 = mC\Delta T = 2 \times 4.2 \times (100 - 10) = 756[\text{kJ}]$

2. 기화 열량

물이 100[℃]가 됐을 때부터 수증기로 기화하기 시작한다. 물이 전부 수증기로 되기 위한 열량은 기화 열량 공식을 통해 구한다.
$Q_2 = mr = 2 \times 2,250 = 4,500[\text{kJ}]$

3. 총 열량

$Q = Q_1 + Q_2 = 756 + 4,500 = 5,256[\text{kJ}]$

[단위환산]
• 온도차 $(100-10)[℃] = ((100+273) - (10+273))[\text{K}]$
　　　　　　　　　　　$= (100-10)[\text{K}]$

정답 47 ④　48 ②　49 ③

50 ★★☆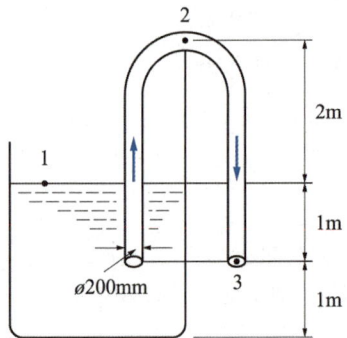

그림과 같이 사이폰에 의해 용기 속의 물이 4.8[m³/min]로 방출된다면 전체 손실수두[m]는 얼마인가? (단, 관 내 마찰은 무시한다)

① 0.668
② 0.330
③ 1.043
④ 1.826

SOLUTION

개념
• 유량

공식정리
$$Q = AV = \left(\frac{\pi D^2}{4}\right) \times V$$

여기서, Q : 유량[m³/s], A : 단면적[m²]
V : 유속[m/s], D : 직경[m]

• 수두로 표현한 베르누이의 정리(손실 수두 포함)

공식정리
$$\frac{P_A}{\gamma} + \frac{V_A^2}{2g} + Z_A = \frac{P_B}{\gamma} + \frac{V_B^2}{2g} + Z_B + \Delta H$$

여기서, P : 압력[kPa], γ : 비중량[kN/m³]
V : 유속[m/s], g : 중력가속도(9.8[m/s²])
Z : 위치수두[m], ΔH : 손실수두[m]

풀이
전체 손실수두를 구하기 위해서는 1지점과 3지점의 비교가 필요하다. 왜냐하면 1지점과 3지점 모두 압력이 대기압이기 때문에 $P_1 = P_3$이므로 변수 하나를 줄일 수 있다. 더불어 용기의 크기가 정의되지 않은 상태에서 용기는 무한히 크다는 가정하에(유체가 무한히 있다라고 생각하면 된다) 용기에서 유체가 줄어드는 속도인 1지점에서의 유속은 $V_1 \fallingdotseq 0$으로 정할 수 있다.

1. 3지점에서의 유속
유량의 공식을 유속에 관한 식으로 정리하고, 문제에서 주어진 값들을 대입하면

$$V_3 = \frac{Q}{A} = \frac{Q}{\frac{\pi D^2}{4}} = \frac{\frac{4.8}{60}}{\frac{\pi \times 0.2^2}{4}} \fallingdotseq 2.55[m/s]$$

2. 손실수두
위의 설명과 마찬가지로 손실수두를 구하기 위해서는 1지점과 3지점의 값들을 활용하는 것이 가장 효율적이다.
베르누이의 정리를 손실수두에 관한 식으로 정리하고 문제에서 주어진 값과 앞서 구한 값들을 대입하면

$$\Delta H = \left(\frac{P_1 - P_3}{\gamma}\right) + \left(\frac{V_1^2 - V_3^2}{2g}\right) + (Z_1 - Z_3)$$
$$= 0 + \left(\frac{0 - 2.55^2}{2 \times 9.8}\right) + (0 - (-1)) \fallingdotseq 0.668[m]$$

$\therefore \Delta H \fallingdotseq 0.668[m]$

TIP
베르누이의 정리에서 위치수두는 $Z_1 = 0$을 기준으로 잡는다면 Z_3은 Z_1보다 1m 아래에 있기 때문 $Z_3 = (-1)$라는 것을 알 수 있다.

[단위환산]
• 유량 $4.8[m^3/min] = \frac{4.8}{60}[m^3/s]$
• 지름 $200[mm] = \frac{200}{1,000}[m] = 0.2[m]$

51 ★☆☆

일반적인 유체에 관한 설명으로 옳지 않은 것은?

① 작은 전단력에도 저항하지 못하고 쉽게 변형한다.
② 유체가 정지상태에 있을 때는 전단력을 받지 않는다.
③ 일반적으로 액체의 전단력은 온도가 올라갈수록 증가한다.
④ 유체에 작용하는 압력은 절대압력과 계기압력으로 구분할 수 있다.

SOLUTION

풀이
일반적으로 액체의 전단력은 온도와는 무관하다. 오히려 압력의 증가의 따라 액체의 전단력은 직선적으로 증가한다.

52 ★★☆

펌프 운전 중에 펌프 입구와 출구에 설치된 진공계, 압력계의 지침이 흔들리고 동시에 토출 유량이 변화하는 현상으로 송출압력과 송출유량 사이에 주기적인 변동이 일어나는 현상은?

① 수격현상 ② 서징현상
③ 공동현상 ④ 와류현상

SOLUTION

개념
펌프의 이상 현상

- 수격현상 : 관을 흐르던 물이 갑자기 정지할 때 압력파에 의해 이상음(異常音)이 발생하는 현상
- 서징현상 : 송출압력과 송출유량이 주기적으로 변하는 현상
- 공동현상 : 액체가 포화 증기압 이하에서 비등하여 기포가 발생하는 현상
- 와류현상 : 유체 흐름의 일부가 교란되어 본류와 반대되는 방향으로 소용돌이치는 현상

53 ★★★

그림과 같이 수족관에 직경 3[m]의 투시경이 설치되어 있다. 이 투시경에 작용하는 힘은 약 몇 [kN]인가?

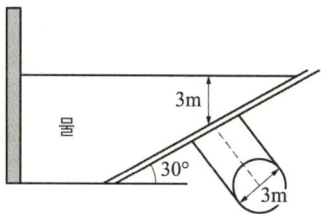

① 207.8 ② 123.9
③ 87.1   ④ 52.4

SOLUTION

개념
유체에 의한 힘의 수평분력

공식 정리
$$F_H = \gamma h A$$

여기서, F_H : 수평분력[kN]
γ : 유체의 비중량(물의 비중량 9.8[kN/m³])
h : 표면에서 투시경 중심까지의 수직거리[m]
A : 투시경의 단면적[m²]

풀이
유체에 의한 힘의 수평분력 공식에 문제에서 주어진 값들을 대입하면
$$F_H = \gamma h A = \gamma h \left(\frac{\pi D^2}{4}\right) = 9.8 \times 3 \times \frac{\pi \times 3^2}{4} \approx 207.8 [kN]$$

∴ $F_H \approx 207.8[kN]$

54 ★★☆

부차적 손실계수 $K = 40$인 밸브를 통과할 때의 수두손실이 2[m]일 때, 이 밸브를 지나는 유체의 평균 유속은 약 몇 [m/s]인가?

① 0.49 ② 0.99
③ 1.98 ④ 9.81

SOLUTION

개념
밸브에서의 수두손실

공식 정리
$$H = K\frac{V^2}{2g}$$

여기서, H : 수두손실[m], K : 손실계수, V : 유속[m/s]
g : 중력가속도(9.8[m/s²])

풀이
밸브에서의 수두손실 공식을 유속에 관한 식으로 정리하고 문제에서 주어진 값들을 대입하면
$$V = \sqrt{\frac{2gH}{K}} = \sqrt{\frac{2 \times 9.8 \times 2}{40}} \approx 0.99[m/s]$$

∴ $V \approx 0.99[m/s]$

정답 52 ② 53 ① 54 ②

55 ★★☆

계기압력(gauge pressure)이 50[kPa]인 파이프 속의 압력은 진공압력(vacuum pressure)이 30[kPa]인 용기 속의 압력보다 얼마나 높은가?

① 0[kPa](동일하다) ② 20[kPa]
③ 80[kPa] ④ 130[kPa]

SOLUTION

개념
절대압력

공식정리
> 절대압력 = 대기압 + 게이지 압력(계기압)
> 절대압력 = 대기압 - 진공압

풀이

1. 파이프 속의 절대압력(P_1)

   파이프 속의 압력(P_1)은 계기압력이 가해지고 있다. 그러므로 파이프 속의 절대압력을 식으로 정리하면

   $P_1 = 대기압 + 50[kPa]$

2. 용기 속의 압력(P_2)

   용기 속의 압력(P_2)은 진공압력이 가해지고 있다. 그러므로 용기 속의 절대압력을 식으로 정리하면

   $P_2 = 대기압 - 30[kPa]$

3. 압력차(P)

   파이프와 용기 속의 압력차를 구하면

   $P = P_1 - P_2 = (대기압 + 50) - (대기압 - 30) = 80[kPa]$

   ∴ $P = 80[kPa]$

TIP
절대압력은 게이지 압력(계기압)이 주어지면 대기압에 더해주고, 진공압이 주어지면 대기압에서 빼준다.

56 ★★★

초기 상태에서 압력 100[kPa], 온도 15[℃]인 공기가 있다. 공기의 부피가 초기 부피의 1/200이 될 때까지 단열압축할 때 압축 후의 온도는 약 몇 [℃]인가? (단, 공기의 비열비는 1.4이다)

① 54 ② 348
③ 682 ④ 912

SOLUTION

개념
단열변화 시 온도, 체적, 압력의 관계

공식정리

$$\frac{T_2}{T_1} = \left(\frac{V_1}{V_2}\right)^{k-1} = \left(\frac{P_2}{P_1}\right)^{\frac{k-1}{k}}$$

여기서, T : 절대온도[K], V : 체적[m³], k : 비열비, P : 압력[Pa]

풀이
단열변화 시 온도와 체적의 관계식을 온도에 대하여 정리하고 문제에서 주어진 값들을 대입하면

$$T_2 = T_1 \times \left(\frac{V_1}{V_2}\right)^{k-1} = (15+273) \times \left(\frac{V_1}{\frac{1}{20}V_1}\right)^{1.4-1}$$

$$= (15+273) \times 20^{0.4} \fallingdotseq 955[K] = 682[℃]$$

∴ $T_2 = 682[℃]$

[단위환산]
- 온도 15[℃] = (15+273)[K]
- 온도 955[K] = (955-273)[℃] = 682[℃]

57 ★★☆

지름 10[cm]인 금속구가 대류에 의해 열을 외부공기로 방출한다. 이때 발생하는 열전달량이 40[W]이고, 구 표면과 공기 사이의 온도차가 50[℃]라면 공기와 구 사이의 대류 열전달 계수 [W/m²·K]는 약 얼마인가?

① 25　　　　　② 50
③ 75　　　　　④ 100

SOLUTION

개념
- 뉴턴의 냉각법칙(대류 법칙)

공식 정리
$$Q = hA\Delta T$$

여기서, Q : 열전달량[W], h : 대류열전달계수[W/m²·K]
A : 표면적[m²], ΔT : 온도차[K]

- 구의 단면적

공식 정리
$$A = 4\pi r^2$$

여기서, A : 구의 단면적[m²], r : 구의 반지름[m]

풀이
1. 구의 단면적

$$A = 4\pi r^2 = 4\pi \times \left(\frac{0.1}{2}\right)^2 \fallingdotseq 0.031[\text{m}^2]$$

2. 공기와 구 사이의 대류열전달계수

뉴턴의 냉각법칙을 대류열전달계수에 관해 식을 정리하고, 문제에서 주어진 값, 구한 값들을 대입하면

$$h = \frac{Q}{A\Delta T} = \frac{40}{0.031 \times 50} \fallingdotseq 25[\text{W/m}^2 \cdot \text{K}]$$

∴ $h \fallingdotseq 25[\text{W/m}^2 \cdot \text{K}]$

[단위환산]
- 지름 $10[\text{cm}] = \frac{10}{100}[\text{m}] = 0.1[\text{m}]$
- 온도차 $50[℃] = 50[\text{K}]$

TIP
냉각 법칙 공식에서는 절대 온도차를 사용하고 있다. 문제에서는 섭씨 온도가 주어졌지만 절대 온도차와 섭씨 온도차는 어차피 동일하기 때문에 풀이에서는 그냥 섭씨 온도차로 사용했다.

58 ★★☆

용량 2,000[L]의 탱크에 물을 가득 채운 소방차가 화재 현장에 출동하여 노즐압력 390[kPa](계기압력), 노즐구경 2.5[cm]를 사용하여 방수한다면 소방차 내의 물이 전부 방수되는 데 걸리는 시간은?

① 약 2분 26초　　　② 약 3분 35초
③ 약 4분 12초　　　④ 약 5분 44초

SOLUTION

개념
분당 방수량

공식 정리
$$Q = 0.653D^2\sqrt{10P}$$

여기서, Q : 방수량[L/min], D : 구경[mm], P : 방수압[MPa]

풀이
1. 분당 방수량

분당 방수량 공식에 문제에서 주어진 값들을 대입하면

$$Q = 0.653D^2\sqrt{10P} = 0.653 \times 25^2 \times \sqrt{10 \times 0.39}$$
$$\fallingdotseq 805.98[\text{L/min}]$$

2. 방수 시간

총 용량은 2,000[L]이고 분당 방수량은 약 805.98[L/min]이기 때문에 시간을 구하기 위해서는 총용량에 분당 방수량을 나눠주면 방수 시간을 구할 수 있다.

$$t = \frac{2,000}{805.98} \fallingdotseq 2.48[\text{min}] \fallingdotseq 2분 29초$$

∴ $t \fallingdotseq 2분 26초$

[단위환산]
- 압력 $390[\text{kPa}] = \frac{390}{1,000}[\text{MPa}] = 0.39[\text{MPa}]$
- 구경 $2.5[\text{cm}] = 2.5 \times 10[\text{mm}] = 25[\text{mm}]$
- 시간 $0.48[\text{min}] = 0.48 \times 60[\text{초}] \fallingdotseq 29[\text{초}]$

TIP
분당 방수량 공식은 방수량, 구경, 방수압 모두 흔하게 쓰이지 않는 단위들을 사용하고 있다. 반드시 문제의 단위를 확인하여 단위를 일치시키도록 한다.

59 ★★★

원관에서 길이가 2배, 속도가 2배가 되면 손실수두는 원래의 몇 배가 되는가? (단, 두 경우 모두 완전발달 난류유동에 해당되며, 관 마찰계수는 일정하다)

① 동일하다. ② 2배
③ 4배 ④ 8배

SOLUTION

개념
달시-바이스바하(마찰손실)의 식

공식 정리
$$H = \frac{\Delta P}{\gamma} = \frac{flV^2}{2gD}$$

여기서, H : 마찰손실수두[m], ΔP : 압력차[kPa]
γ : 유체의 비중량[kN/m³], f : 마찰손실계수
l : 등가길이[m], V : 유속[m/s]
g : 중력가속도(9.8[m/s²]), D : 지름[m]

풀이
손실수두 공식에 길이가 2배, 속도가 2배를 대입하면
$$H_2 = \frac{f \times (2l) \times (2V)^2}{2gD} = 8 \times \frac{flV^2}{2gD}$$
$$\therefore H_2 = 8H$$

원관에서 길이가 2배, 속도가 2배로 되면 손실수두는 원래의 8배가 된다.

60 ★★☆

두께 20[cm]이고 열전도율 4[W/m·K]인 벽의 내부 표면온도는 20[℃]이고, 외부 벽은 -10[℃]인 공기에 노출되어 있어 대류열전달이 일어난다. 외부의 대류열전달계수가 20[W/m²·K]일 때, 정상상태에서 벽의 외부표면온도[℃]는 얼마인가? (단, 복사열전달은 무시한다)

① 5 ② 10
③ 15 ④ 20

SOLUTION

개념
• Fourier법칙(전도열전달)

공식 정리
$$Q = \frac{kA\Delta T}{l}$$

여기서, Q : 이동열량[W], k : 열전도도[W/m·K]
A : 단면적[m²], ΔT : 전열체 내·외부의 온도차[K]
l : 두께[m]

• 대류열전달

공식 정리
$$Q = hA\Delta T$$

여기서, Q : 이동열량[W], h : 대류열전달계수[W/m²·K]
A : 표면적[m²], ΔT : 외기와 전열체의 온도차[K]

풀이
1. 전도에 의한 열량
   전도에 의한 열량을 Q_1이라고 하고, 전도열전달 공식에 문제에서 주어진 값들을 대입하면
   $$Q_1 = \frac{kA\Delta T}{l} = \frac{kA(T_{내벽} - T_{외벽})}{l}$$
   $$= \frac{4 \times A \times (20 - T_{외벽})}{0.2} = 20A(20 - T_{외벽})$$

2. 대류에 의한 열량
   $$Q_2 = hA\Delta T = hA(T_{외벽} - T_{외기})$$
   $$= 20 \times A \times \{T_{외벽} - (-10)\} = 20A(T_{외벽} + 10)$$

3. 벽의 외부 표면온도
   벽의 외부 표면온도는 전도에 의한 열전달과 대류에 의한 열전달 2가지 요소에 의해 온도가 정해질 것이다. 벽의 외부 표면온도는 전도에 의한 열량과 대류에 의한 열량이 균형을 이룰 때 비로소 하나의 값으로 수렴할 것이다. 그러므로 전도에 의한 열량과 대류에 의한 열량이 동일($Q_1 = Q_2$)하다고 가정한다면
   $$20A(20 - T_{외벽}) = 20A(T_{외벽} + 10)$$
   위의 식에서 단면적은 동일하기 때문에 양쪽 모두 소거하고, $T_{외벽}$에 관한 식으로 정리하면
   $$\therefore T_{외벽} = 5[℃]$$

[단위환산]
• 두께 20[cm] = $\frac{20}{100}$[m] = 0.2[m]

TIP
전도열전달, 대류열전달 공식 모두 절대온도 K를 사용하지만 절대온도차와 섭씨온도차는 동일하기 때문에 굳이 절대온도로 환산하지 않고 섭씨온도를 사용했다. 만약 헷갈림을 방지하기 위해 절대온도로 환산해서 값을 구했다면 반드시 구한 값을 다시 섭씨온도로 환산해줘야 한다.

2024년 제2회 소방설비기사 CBT 복원문제

41 ★★☆

-15[℃]의 얼음 10[g]을 100[℃]의 증기로 만드는데 필요한 열량은 약 몇 [kJ]인가? (단, 얼음의 융해열은 335[kJ/kg], 물의 증발 잠열은 2256[kJ/kg], 얼음의 평균 비열은 2.1[kJ/kg·K]이고, 물의 평균 비열은 4.18[kJ/kg·K]이다.)

① 7.85
② 27.1
③ 30.4
④ 35.2

SOLUTION

개념
• 현열 열량 계산

공식정리
$$Q = mC\Delta T$$

여기서, Q : 현열 열량[kJ], m : 질량[kg], C : 비열[kJ/kg·K]
ΔT : 온도차[K]

• 잠열 열량 계산

공식정리
$$Q = mr$$

여기서, Q : 잠열 열량[kJ], m : 질량[kg], r : 잠열[kJ/kg]

풀이

1. -15[℃] 얼음 → 0[℃] 얼음 현열 열량
$Q_1 = mC_{얼음}\Delta T = 0.01 \times 2.1 \times (0-(-15)) = 0.315$[kJ]

2. 0[℃] 얼음 → 0[℃] 물 잠열 열량
$Q_2 = mr_{융해} = 0.01 \times 335 = 3.35$[kJ]

3. 0[℃] 물 → 100[℃] 물 현열 열량
$Q_3 = mC_{물}\Delta T = 0.01 \times 4.18 \times (100-0) = 4.18$[kJ]

4. 100[℃] 물 → 100[℃] 증기 잠열 열량
$Q_4 = mr_{증발} = 0.01 \times 2,256 = 22.56$[kJ]

총열량 Q는
$Q = Q_1 + Q_2 + Q_3 + Q_4 = 0.315 + 3.35 + 4.18 + 22.56 ≒ 30.4$[kJ]
∴ $Q ≒ 30.4$[kJ]

[단위환산]

• 질량 $10[g] = \dfrac{10}{1,000}[kg] = 0.01[kg]$

• 온도차 $(0-(-15))[℃] = ((0+273)-(-15+273))[K]$
$= (0-(-15))[K]$

• 온도차 $(100-0)[℃] = ((100+273)-(0+273))[K]$
$= (100-0)[K]$

42 ★★★

수은이 채워진 U자관에 수은보다 비중이 작은 어떤 액체를 넣었다. 액체기둥의 높이가 10[cm], 수은과 액체의 자유 표면의 높이 차이가 6[cm]일 때 이 액체의 비중은? (단, 수은의 비중은 13.6이다)

① 5.44
② 8.16
③ 9.63
④ 10.88

SOLUTION

개념
유체에 의한 압력

공식정리
$$P = \gamma h = s\gamma_w h$$

여기서, P : 압력[kPa], γ : 유체의 비중량[N/m³], h : 높이[m], s : 비중
γ_w : 물의 비중량 9.8[kN/m³]

풀이

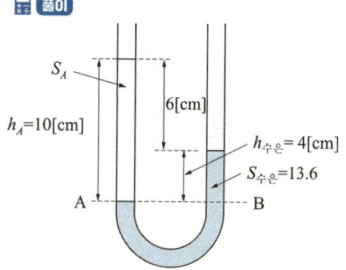

1. A지점에서의 압력
$P_A = s_A \gamma_w h_A$

2. B지점에서의 압력
$P_B = s_{수은} \gamma_w h_{수은}$

3. 액체A의 비중
U자관에서 수평으로 같은 높이에 위치한다면 압력이 같다. 즉, A지점과 B지점은 같은 높이에 위치하기 때문에 $P_A = P_B$이다. 이를 식으로 정리하면
$s_A \gamma_w h_A = s_{수은} \gamma_w h_{수은}$

위의 식을 액체 A의 비중에 관한 식으로 정리하고 문제에서 주어진 값들을 대입하면
$s_A = s_{수은} \times \dfrac{h_{수은}}{h_A} = 13.6 \times \dfrac{4}{10} = 5.44$

∴ $s_A = 5.44$

정답 41 ③ 42 ①

43 ★★☆

옥내 소화전에서 노즐의 직경이 2[cm]이고, 방수량이 0.5[m³/min]이라면 방수압(계기압력, [kPa])은?

① 35.18 ② 351.8
③ 566.4 ④ 56.64

SOLUTION

개념
분당 방수량

공식 정리
$$Q = 0.653 D^2 \sqrt{10P}$$

여기서, Q : 방수량[L/min], D : 구경[mm], P : 방수압(계기압력)[MPa]

풀이
방수량의 공식을 방수압에 관한 식으로 정리하고 문제에서 주어진 값들을 대입하면

$$P = \frac{Q^2}{0.653^2 \times D^4 \times 10} = \frac{Q^2}{4.264 D^4} = \frac{500^2}{4.264 \times 20^4}$$

$\fallingdotseq 0.3664 \text{[MPa]} = 366.4 \text{[kPa]}$

∴ $P \fallingdotseq 366.4 \text{[kPa]}$

366.4[kPa]과 가장 근접한 351.8[kPa]이 정답이다.

[단위환산]
- 직경 2[cm] = 2×10[mm] = 20[mm]
- 방수압 0.3664[MPa] = 0.3664×1,000[kPa] = 366.4[kPa]
- 유량 0.5[m³/min] = 0.5×10³[L/min] = 500[L/min]

TIP
분당 방수량 공식은 방수량, 구경, 방수압 모두 흔하게 쓰지 않는 단위들을 사용하고 있다. 반드시 문제의 단위를 확인하여 단위를 일치시키도록 한다.

44 ★★★

안지름 25[mm], 길이 10m의 수평 파이프를 통해 비중 0.8, 점성계수는 5×10⁻³[kg/m·s]인 기름을 유량 0.2×10⁻³[m³/s]로 수송하고자 할 때, 필요한 펌프의 최소 동력은 약 몇 [W]인가?

① 0.21 ② 0.58
③ 0.77 ④ 0.81

SOLUTION

개념
• 유량

공식 정리
$$Q = AV = \left(\frac{\pi D^2}{4}\right) V$$

여기서, Q : 유량[m³/s], A : 단면적[m²]
V : 유속[m/s], D : 지름[m]

• 레이놀즈 수 : 배관 내 유체 흐름의 형태를 판단하는 척도로 사용되는 수

공식 정리
$$\text{레이놀즈 수 } Re = \frac{DV\rho}{\mu} = \frac{DV}{\nu}$$

여기서, Re : 레이놀즈 수, D : 지름[m]
V : 유속[m/s], ρ : 밀도[kg/m³]
μ : 점성계수(점도)[N·s/m²], ν : 동점성계수[m²/s]

• 관마찰계수(층류일 경우)

공식 정리
$$f = \frac{64}{Re}$$

여기서, f : 관마찰계수, Re : 레이놀즈 수

• 달시-바이스바하(마찰손실)의 식

공식 정리
$$H = \frac{\Delta P}{\gamma} = \frac{flV^2}{2gD}$$

여기서, H : 마찰손실수두[m], ΔP : 압력차[kPa]
γ : 유체의 비중량[kN/m³], f : 마찰손실계수
l : 등가길이[m], V : 유속[m/s]
g : 중력가속도(9.8[m/s²]), D : 지름[m]

• 펌프(전동기)의 소요동력

공식 정리

$$P = \frac{\gamma Q H}{\eta} K$$

여기서, P : 전동기 용량[W], γ : 비중량[N/m³]
Q : 유량[m³/s], H : 마찰손실수두[m]
η : 효율, K : 전달계수

풀이

1. 유속

   유량의 공식을 유속에 대하여 정리하고 주어진 값들을 대입하면

   $$V = \frac{Q}{A} = \frac{Q}{\frac{\pi D^2}{4}} = \frac{0.2 \times 10^{-3} \times 4}{\pi \times 0.025^2} ≒ 0.41 [\text{m/s}]$$

2. 유체의 흐름 형태 파악

   관마찰계수를 구하기 위해서는 유체의 흐름이 층류인지 난류인지를 파악해야 한다. 유체의 흐름을 파악해주는 것을 레이놀즈 수이기 때문에 레이놀즈 수의 공식을 활용한다.

층류	전이영역	난류
$Re \leq 2,100$	$2,100 < Re < 4,000$	$Re \geq 4,000$

   기름의 밀도 $\rho = s\rho_w = 0.8 \times 1,000 = 800 [\text{kg/m}^3]$

   기름의 비중량 $\gamma = s\gamma_w = 0.8 \times 9,800 = 7,840 [\text{N/m}^3]$

   레이놀즈 수 $Re = \frac{DV\rho}{\mu} = \frac{0.025 \times 0.41 \times 800}{5 \times 10^{-3}} ≒ 1,640$

   레이놀즈수가 1,640으로 2,100보다 낮으므로 현재 기름은 층류라는 것을 알 수 있다.

3. 관마찰계수

   관마찰계수는 층류일 경우 사용하는 공식을 활용한다.

   $$f = \frac{64}{Re} = \frac{64}{1,640} ≒ 0.04$$

4. 마찰손실수두

   마찰손실수두 공식에 문제에서 주어진 값들과 앞서 구한 값들을 모두 대입하면

   $$H = \frac{flV^2}{2gD} = \frac{0.04 \times 10 \times 0.41^2}{2 \times 9.8 \times 0.025} ≒ 0.137 [\text{m}]$$

5. 펌프의 동력

   문제에서 효율과 전달계수는 주어지지 않았으므로 무시한다. 펌프의 동력 공식에 문제에서 주어진 값 및 앞서 구한 값들을 대입하면

   $$P = \gamma Q H = 7,840 \times (0.2 \times 10^{-3}) \times 0.137 ≒ 0.21 [\text{W}]$$

   ∴ $P ≒ 0.21 [\text{W}]$

[단위환산]

• 지름 $25[\text{mm}] = \frac{25}{1,000}[\text{m}] = 0.025[\text{m}]$

45 ★☆☆

공기를 체적비율이 산소(O_2, 분자량 32[g/mol]) 20[%], 질소(N_2, 분자량 28[g/mol]) 80[%]의 혼합기체라 가정할 때 공기의 기체상수는 약 몇 [kJ/kg·K]인가? (단, 일반기체상수는 8.3145 [kJ/(kmol·K)]이다)

① 0.294 ② 0.289
③ 0.284 ④ 0.279

SOLUTION

개념

특정기체상수

공식 정리

$$\overline{R} = \frac{R}{M}$$

여기서, $\overline{R}$: 특정기체상수[kJ/kg·K], R : 일반기체상수[kJ/kg·K]
M : 분자량[kg/kmol]

풀이

1. 공기의 분자량

   O(산소)의 분자량 = 32

   N(질소)의 분자량 = 28

   M = 산소의 분자량 × 산소의 체적비율 + 질소의 분자량 × 질소의 체적비율
   $= (32 \times 0.2) + (28 \times 0.8) = 28.8 [\text{g/mol}] = 28.8 [\text{kg/kmol}]$

2. 공기의 기체상수

   특정기체상수 공식에 문제에서 주어진 값 및 앞서 구한 값들을 대입하면

   $$\overline{R} = \frac{R}{M} = \frac{8.3145}{28.8} ≒ 0.289 [\text{kJ/kg·K}]$$

   ∴ $\overline{R} ≒ 0.289 [\text{kJ/kg·K}]$

정답 45 ②

46 ★★★

그림과 같이 수은 마노미터를 이용하여 물의 유속을 측정하고자 한다. 마노미터에서 측정한 높이차(h)가 30[mm]일 때 오리피스 전후의 압력[kPa] 차이는? (단, 수은의 비중은 13.6이다)

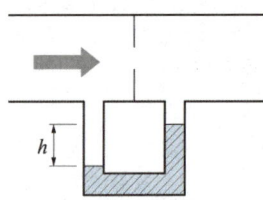

① 3.4   ② 3.7
③ 3.9   ④ 4.4

SOLUTION

개념
마노미터

공식
$$P_1 + \gamma_w h = P_2 + s\gamma_w h$$

여기서, P_1 : 오리피스 전의 압력[kPa], P_2 : 오리피스 후의 압력[kPa]
γ_w : 물의 비중량(9.8[kN.m³]), h : 높이차[m], s : 수은의 비중

풀이

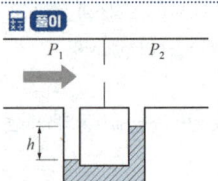

마노미터 공식을 오리피스 전후의 압력 차이에 관한 식으로 정리하고 문제에서 주어진 값들을 대입하면

$P_1 - P_2 = s\gamma_w h - \gamma_w h$
$\qquad = 13.6 \times 9.8 \times 0.03 - 9.8 \times 0.03 ≒ 3.7$[kPa]

∴ $P_1 - P_2 ≒ 3.7$[kPa]

[단위환산]
- 높이차 $30[\text{mm}] = \dfrac{30}{1{,}000}[\text{m}] = 0.03[\text{m}]$

47 ★☆☆

질량 m[kg]의 어떤 기체로 구성된 밀폐계가 Q[kJ]의 열을 받아 일을 하고, 이 기체의 온도가 $\triangle C$[℃] 상승하였다면 이 계가 외부에 한 일[kJ]은? (단, 이 기체의 정적비열은 C_v[kJ/kg·K], 정압비열은 C_p[kJ/kg·K]이다)

① $W = Q - mC_v\triangle T$ ② $W = Q + mC_v\triangle T$
③ $W = Q - mC_p\triangle T$ ④ $W = Q + mC_p\triangle T$

SOLUTION

개념
- 열

공식
$$Q = \Delta U + W$$

여기서, Q : 열[kJ], ΔU : 내부에너지 변화[kJ], W : 일[kJ]

- 정적과정 시 내부에너지 변화

공식
$$\Delta U = mC_v \Delta T$$

여기서, ΔU : 내부에너지 변화[kJ], m : 질량[kg]
C_v : 정적비열[kJ/kg·K], ΔT : 온도차[K]

풀이
문제에서 '밀폐계'라고 주어졌기 때문에 정적과정이라는 것을 알 수 있다. 열의 공식을 일에 관한 식으로 정리하고, 내부에너지 변화를 정적과정 시 내부에너지 변화의 식을 대입하면
$W = Q - \Delta U = Q - mC_v\Delta T$
∴ $W = Q - mC_v\Delta T$

TIP
정적과정 시 내부에너지 변화 공식에서는 절대 온도차를 사용하고 있다. 문제에서는 섭씨 온도차가 주어졌지만 절대 온도차와 섭씨 온도차는 어차피 동일하기 때문에 풀이에서는 그냥 섭씨 온도차로 사용했다.

48 ★★☆

기체의 체적탄성계수에 관한 설명으로 옳지 않은 것은?

① 체적탄성계수는 압력의 차원을 가진다.
② 체적탄성계수가 큰 기체는 압축하기가 쉽다.
③ 체적탄성계수의 역수를 압축률이라 한다.
④ 이상기체를 등온압축 시킬 때 체적탄성계수는 절대압력과 같은 값이다.

SOLUTION

개념
압축률

공식 정리
$$\beta = \frac{1}{K}$$

여기서, β : 압축률[Pa^{-1}], K : 체적탄성계수[Pa]

풀이
압축률은 압력변화에 대한 체적변화율을 의미하며, 체적탄성계수의 역수이다. 체적탄성계수가 크다는 것(압축률이 작다는 것)은 압축하기 어렵다는 의미이다.

49 ★★★

피토관으로 파이프 중심선에서의 유속을 측정할 때 피토관의 액주높이가 5.2[m], 정압튜브의 액주높이가 4.2[m]를 나타낸다면 유속은 약 몇 [m/s]인가? (단, 물의 밀도 1,000[kg/m³]이다)

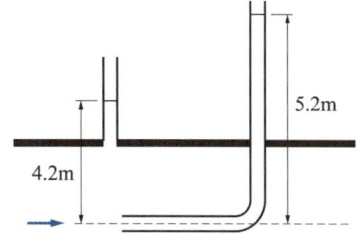

① 2.8
② 3.5
③ 4.4
④ 5.8

SOLUTION

개념
피토관의 유속

공식 정리
$$V = C_V \sqrt{2gh}$$

여기서, V : 유속[m/s], C_V : 속도계수, g : 중력가속도(9.8[m/s^2])
h : 유체의 높이[m]

풀이
속도계수는 문제에서 따로 주어지지 않았기 때문에 속도계수는 무시하고 풀어준다.
유체의 높이는 물의 유속을 측정할 때 피토관의 액주높이에서 정압튜브의 액주높이를 빼준 값을 사용한다. 피토관의 유속 공식에 문제에서 주어진 값들을 대입하면
$$V = \sqrt{2gh} = \sqrt{2 \times 9.8 \times (5.2-4.2)} \fallingdotseq 4.4 [m/s]$$
∴ $V \fallingdotseq 4.4$[m/s]

50 ★★★

회전속도 1,000[rpm]일 때 송출량 Q[m³/min], 전양정 H[m]인 원심펌프가 상사한 조건에서 송출량이 $1.1Q$[m³/min]가 되도록 회전속도를 증가시킬 때, 전양정은?

① $0.9H$
② H
③ $1.1H$
④ $1.21H$

SOLUTION

개념
펌프의 상사법칙

공식 정리

(1) 유량 $Q_2 = Q_1 \left(\dfrac{N_2}{N_1}\right)\left(\dfrac{D_2}{D_1}\right)^3$

(2) 양정 $H_2 = H_1 \left(\dfrac{N_2}{N_1}\right)^2 \left(\dfrac{D_2}{D_1}\right)^2$

(3) 축동력 $L_2 = L_1 \left(\dfrac{N_2}{N_1}\right)^3 \left(\dfrac{D_2}{D_1}\right)^5$

여기서, Q : 유량[m³/min], N : 회전속도[rpm], D : 지름[m]
H : 양정[m], L : 동력[kW]

풀이

1. 회전속도 관계

문제에서 지름에 대한 언급은 별도로 없기 때문에 펌프의 상사법칙에서 회전속도만 고려해 생각한다. 양정의 변화량을 알기 위해서는 회전속도의 관계를 알아야 한다. 이는 유량의 관계식을 통해 구할 수 있다.

$\dfrac{N_2}{N_1} = \dfrac{Q_2}{Q_1} = \dfrac{1.1Q}{Q} = 1.1$

2. 변화된 양정

$H_2 = H_1 \times \left(\dfrac{N_2}{N_1}\right)^2 = H \times 1.1^2 = 1.21H$

$\therefore H_2 = 1.21H$

51 ★★★

그림과 같은 U자관 차압액주계에서 γ_1 = 9.8[kN/m³], γ_2 = 133[kN/m³], γ_3 = 9.0[kN/m³], h_1 = 0.2[m], h_3 = 0.1[m]이고 압력차 $p_A - p_B$ = 30[kPa]이다. h_2는 몇 [m]인가?

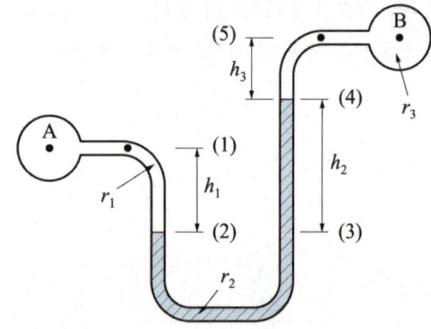

① 0.218
② 0.226
③ 0.234
④ 0.247

SOLUTION

풀이

U자관 차압액주계에서 동일한 수평선 내에 있는 모든 점의 압력은 같다.
즉 $P_{(2)} = P_{(3)}$이다.

1. (2) 지점의 압력 구하기

$P_{(2)} = P_A + \gamma_1 h_1$

2. (3) 지점의 압력 구하기

$P_{(3)} = P_B + \gamma_2 h_2 + \gamma_3 h_3$

$P_{(2)} = P_{(3)}$이므로

$P_A + \gamma_1 h_1 = P_B + \gamma_2 h_2 + \gamma_3 h_3$이다.

위의 식을 h_2에 관한 식으로 정리하고, 문제에서 주어진 값들을 식에 모두 대입하면

$h_2 = \dfrac{P_A - P_B + \gamma_1 h_1 - \gamma_3 h_3}{\gamma_2} = \dfrac{30 + (9.8 \times 0.2) - (9.0 \times 0.1)}{133}$

$\fallingdotseq 0.234$[m]

$\therefore h_2 \fallingdotseq 0.234$[m]

52 ★★☆

다음 중 열전달 매질이 없이도 열이 전달되는 형태는?

① 전도 ② 자연대류
③ 복사 ④ 강제대류

SOLUTION

개념
열전달의 형태
- 전도 : 물질이 직접 이동하지 않고 물체에 이웃한 분자들의 연속적인 충돌로 열이 전달되는 현상
- 대류 : 액체나 기체 상태의 분자가 직접 이동하면서 열을 전달하는 현상
- 복사 : 매질의 도움 없이 전자기파의 형태로 열이 직접 전달되는 현상

53 ★☆☆

물속에 수직으로 완전히 잠긴 원판의 도심과 압력중심 사이의 최대 거리는 얼마인가? (단, 원판의 반지름은 R이며, 이 원판의 면적관성모멘트는 $I_{xc} = \dfrac{\pi R^4}{4}$이다)

① $R/8$ ② $R/4$
③ $R/2$ ④ $2R/3$

SOLUTION

개념
압력 중심의 거리

공식
$$y_p = \bar{y} + \frac{I_{xc}}{AR}$$

여기서, y_p : 압력 중심의 거리, $\bar{y}$: 도심의 거리
I_{xc} : 면적 관성모멘트, A : 단면적, R : 반지름

풀이
압력 중심의 거리의 공식을 도심과 압력 중심 사이의 최대 거리에 관한 식으로 정리하고 문제에서 주어진 값들을 대입하면

$$y_p - \bar{y} = \frac{I_{xc}}{AR} = \frac{\frac{\pi R^4}{4}}{\pi R^2 \times R} = \frac{\pi R^4}{4\pi R^3} = \frac{R}{4}$$

$\therefore y_p - \bar{y} = \dfrac{R}{4}$

54 ★★★

물탱크에 담긴 물의 수면의 높이가 10[m]인데, 물탱크 바닥에 원형 구멍이 생겨서 10[L/s] 만큼 물이 유출되고 있다. 원형 구멍의 지름은 약 몇 [cm]인가? (단, 구멍의 유량보정계수는 0.60이다)

① 2.7 ② 3.1
③ 3.5 ④ 3.9

SOLUTION

개념
- 유량

공식
$$Q = AV$$

여기서, Q : 유량, A : 단면적, V : 유속

- 유속(토리첼리의 식) (보정계수 포함)

공식
$$V = C\sqrt{2gh}$$

여기서, V : 유속, C : 보정계수
g : 중력가속도, h : 유체의 높이

풀이
1. 유속
   토리첼리의 식에서 문제에서 주어진 값들을 대입하면
   $V = C\sqrt{2gh} = 0.6 \times \sqrt{2 \times 9.8 \times 10} = 8.4[\text{m/s}]$

2. 지름
   유량의 공식을 지름에 관한 식으로 정리하고 문제에서 주어진 값, 앞서 구한 값을 대입하면
   $D = \sqrt{\dfrac{4Q}{\pi V}} = \sqrt{\dfrac{4 \times 0.01}{\pi \times 8.4}} ≒ 0.039[\text{m}] = 3.9[\text{cm}]$

   $\therefore D ≒ 3.9[\text{cm}]$

[단위환산]
- 지름 $0.039[\text{m}] = 0.039 \times 100[\text{cm}] = 3.9[\text{cm}]$
- 유량 $10[\text{L/s}] = \dfrac{10}{1,000}[\text{m}^3/\text{s}] = 0.01[\text{m}^3/\text{s}]$

55 ★★☆

그림에서 물 탱크차가 받는 추력은 약 몇 [N]인가? (단, 노즐의 단면적은 0.03[m²]이며, 탱크 내의 계기압력은 40[kPa]이다. 또한 노즐에서 마찰 손실은 무시한다)

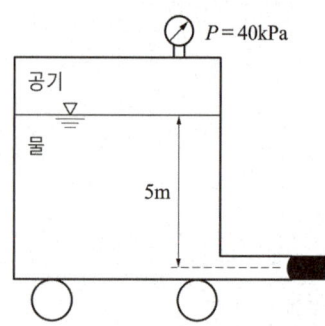

① 8.12　　　　② 1,489
③ 2,709　　　　④ 5,343

SOLUTION

• 압력수두

$$H = \frac{P}{\gamma}$$

여기서, H : 압력수두[m], P : 압력[kPa]
　　　　γ : 유체의 비중량(물의 비중량 9.8[kN/m³])

• 유속

$$V = \sqrt{2gh}$$

여기서, V : 유속[m/s], g : 중력가속도(9.8[m/s²])
　　　　h : 전수두[m]

• 추력

$$F = \rho QV = \rho(AV)V = \rho AV^2$$

여기서, F : 추력[N], ρ : 밀도(물의 밀도 1,000[kg/m³])
　　　　Q : 유량[m³/s], V : 유속[m/s]
　　　　A : 단면적[m³]

풀이

1. 전수두

유속을 구하기 위해서는 현재 물탱크차 내부에 가해지고 있는 전체 수두를 구할 필요가 있다. 기본적으로 물에 의한 수두도 존재하고 있지만 추가적으로 탱크 내의 계기압력도 주어졌다. 그렇기 때문에 물에 의한 수두와 압력에 의한 수두를 구해 합해줘야 한다.

$$H_{압력} = \frac{P}{\gamma} = \frac{40}{9.8} ≒ 4.08[m]$$

$$h_{전수두} = H_물 + H_{압력} = 5 + 4.08 = 9.08[m]$$

2. 유속

추력을 구하기 위해서는 유속이 필요하다. 유속은 전수두를 사용하기 때문에 앞서 구한 전수두의 값을 넣어 구한다.

$$V = \sqrt{2gh} = \sqrt{2 \times 9.8 \times 9.08} ≒ 13.34[m/s]$$

3. 추력

추력의 공식에 문제에서 주어진 값 및 앞서 구한 값들을 모두 대입하면

$$F = \rho AV^2 = 1,000 \times 0.03 \times 13.34^2 ≒ 5,339[N]$$

∴ $F ≒ 5,343[N]$

56 ★★★

전양정 80[m], 토출량 500[L/min]인 물을 사용하는 소화펌프가 있다. 펌프효율 65[%], 전달계수(K) 1.1인 경우 필요한 전동기의 최소 동력은 약 몇 [kW]인가?

① 9[kW]　　　　② 11[kW]
③ 13[kW]　　　　④ 15[kW]

SOLUTION

펌프(전동기)의 소요동력

$$P = \frac{\gamma QH}{\eta} K$$

여기서, P : 전동기 용량[kW], γ : 물의 비중량(9.8[kN/m³])
　　　　Q : 유량[m³/s], H : 양정(높이)[m], η : 효율, K : 전달계수

풀이

펌프의 소요동력 공식에 문제에서 주어진 값들을 대입하면

$$P = \frac{\gamma QH}{\eta} K = \frac{9.8 \times \frac{0.5}{60} \times 80}{0.65} \times 1.1 ≒ 11[kW]$$

∴ $P ≒ 11[kW]$

[단위환산]

• 유량 $500[L/min] = \frac{500}{1,000 \times 60}[m^3/s] = \frac{0.5}{60}[m^3/s]$

57 ★★☆

Newton의 점성법칙에 대한 옳은 설명으로 모두 짝지은 것은?

> ㉠ 전단응력은 점성계수와 속도기울기의 곱이다.
> ㉡ 전단응력은 점성계수에 비례한다.
> ㉢ 전단응력은 속도기울기에 반비례한다.

① ㉠, ㉡ ② ㉡, ㉢
③ ㉠, ㉢ ④ ㉠, ㉡, ㉢

SOLUTION

개념
Newton의 점성법칙

공식 정리
$$\tau = \mu \frac{du}{dy}$$

여기서, τ : 전단응력, μ : 점성계수, $\frac{du}{dy}$: 속도기울기(속도구배)

- 전단응력은 점성계수와 속도기울기의 곱이다.
- 전단응력은 점성계수에 비례한다.
- 전단응력은 속도기울기에 비례한다.
- 속도기울기가 0인 곳에서 전단응력은 0이다.

58 ★★☆

수두 100[mmAq]로 표시되는 압력은 몇 [Pa]인가?

① 0.098 ② 0.98
③ 9.8 ④ 980

SOLUTION

개념
압력 단위 변환

공식 정리
1[atm] = 101.325[kPa] = 760[mmHg] = 10.332[mAq]

여기서, 1[atm] : 1기압, 760[mmHg] : 수은주 높이 760[mm]
10.332[mAq] : 물기둥 높이 10.332[m]

풀이
압력 단위 변환을 활용해 수두(물기둥 높이) 100[mmAq]를 [Pa]로 환산하면

$100[mmAq] = 0.1[mAq] = 0.1 \times \frac{101.325}{10.332} ≒ 0.98[kPa] = 980[Pa]$

∴ $100[mmAq] ≒ 980[Pa]$

[단위환산]
- 수두 $100[mmAq] = \frac{100}{1,000}[mAq] = 0.1[mAq]$
- 파스칼 $0.98[kPa] = 0.98 \times 1,000[Pa] = 980[Pa]$

59 ★☆☆

액체 분자들 사이의 응집력과 고체면에 대한 부착력의 차이에 의하여 관내 액체표면과 자유표면 사이에 높이 차이가 나타나는 것과 가장 관계가 깊은 것은?

① 관성력 ② 점성
③ 뉴턴의 마찰법칙 ④ 모세관현상

SOLUTION

개념
유체에 관한 다양한 용어

- 관성력 : 물체가 현재의 운동상태를 계속 유지하는 성질
- 점성 : 유체의 흐름에 대한 저항
- 뉴턴의 마찰법칙 : 레이놀즈 수가 큰 경우에 물체가 받는 마찰력이 속도의 제곱에 비례한다는 법칙
- 모세관 현상 : 액체분자들 사이의 응집력과 고체면에 대한 부착력의 차이에 의하여 관내 액체표면과 자유표면 사이에 높이 차이가 발생하는 것

정답 57 ① 58 ④ 59 ④

60 ★★★

그림과 같이 지름이 300[mm]에서 200[mm]로 축소된 관으로 물이 흐를 때 질량 유량이 130[kg/s]라면 작은 관에서의 평균 속도는 약 몇 [m/s]인가?

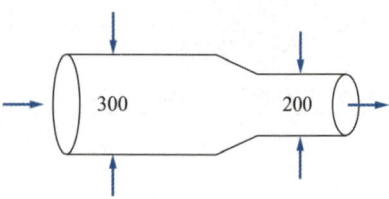

① 3.84 ② 4.14
③ 6.24 ④ 18.4

SOLUTION

개념
질량유량

공식 정리
$$\overline{m} = \rho A V = \rho \left(\frac{\pi D^2}{4}\right) V$$

여기서, $\overline{m}$: 질량유량[kg/s], ρ : 밀도(물의 밀도 1,000[kg/m³])
A : 단면적[m²], V : 유속[m/s], D : 지름[m]

풀이
작은 관의 지름은 200[mm]이기 때문에 이 값을 지름의 값으로 대입한다. 질량유량의 공식을 유속에 관한 식으로 정리하고 문제에서 주어진 값들을 대입하면

$$V = \frac{\overline{m}}{\rho \times \left(\frac{\pi D^2}{4}\right)} = \frac{130}{1,000 \times \left(\frac{\pi \times 0.2^2}{4}\right)} \approx 4.14 [m/s]$$

∴ $V \approx 4.14 [m/s]$

[단위환산]
• 지름 $200[mm] = \frac{200}{1,000}[m] = 0.2[m]$

2024년 제3회 소방설비기사 [CBT 복원문제]

41 ★★☆

부차적 손실계수가 5인 밸브가 관에 부착되어 있으며 물의 평균 유속 4[m/s]인 경우, 이 밸브에서 발생하는 부차적 손실수두는 몇 [m]인가?

① 61.3 ② 6.13
③ 40.8 ④ 4.08

SOLUTION

개념
부차적 손실수두

공식 정리
$$H = K\frac{V^2}{2g}$$

여기서, H : 손실수두[m], K : 손실계수, V : 유속[m/s]
g : 중력가속도(9.8[m/s²])

풀이
부차적 손실수두 공식에 문제에서 주어진 값들을 대입하면
$$H = K\frac{V^2}{2g} = 5 \times \frac{4^2}{2 \times 9.8} \approx 4.08[m]$$

∴ $H \approx 4.08[m]$

42 ★★★

구조가 상사한 2대의 펌프에서, 유동상태가 상사할 경우 2대의 펌프 사이에 성립하는 상사법칙이 아닌 것은? (단, 비압축성유체인 경우이다)

① 유량에 관한 상사법칙
② 전양정에 관한 상사법칙
③ 축동력에 관한 상사법칙
④ 밀도에 관한 상사법칙

SOLUTION

개념
펌프의 상사법칙

공식정리

(1) 유량 $Q_2 = Q_1 \left(\dfrac{N_2}{N_1}\right)\left(\dfrac{D_2}{D_1}\right)^3$

(2) 양정 $H_2 = H_1 \left(\dfrac{N_2}{N_1}\right)^2\left(\dfrac{D_2}{D_1}\right)^2$

(3) 축동력 $L_2 = L_1 \left(\dfrac{N_2}{N_1}\right)^3\left(\dfrac{D_2}{D_1}\right)^5$

여기서, Q : 유량[m³/min], N : 회전속도[rpm], D : 지름[m]
H : 양정[m], L : 동력[kW]

풀이
밀도에 관한 펌프의 상사법칙은 존재하지 않는다.

43 ★☆☆

질량이 5[kg]인 공기(이상기체)가 온도 333[K]로 일정하게 유지되면서 체적이 10배가 되었다. 이 계(system)가 한 일[kJ]은? (단, 공기의 기체상수는 287[J/kg·K]이다)

① 220   ② 478
③ 1,100   ④ 4,779

SOLUTION

개념
등온변화 시 일량

공식정리

$$W = m\overline{R}T \ln \dfrac{V_2}{V_1}$$

여기서, W : 일량[kJ], m : 질량[kg], $\overline{R}$: 특정기체상수[kJ/kg·K]
T : 절대온도[K], V : 체적[m³]

풀이
처음 체적의 10배로 팽창했기 때문에 $V_2 = 10 V_1$ 이다. '온도가 333[K]로 일정하게 유지'라고 제시되어 있기 때문에 등온변화라는 것을 알 수 있다. 등온변화 시 일량의 공식에 문제에서 주어진 값들을 대입하면

$W = m\overline{R}T \ln \dfrac{V_2}{V_1} = 5 \times 0.287 \times 333 \times \ln \dfrac{10 V_1}{V_1} ≒ 1,100[kJ]$

∴ $W ≒ 1,100[kJ]$

[단위환산]
- 기체상수 $287[J/kg \cdot K] = \dfrac{287}{1,000}[kJ/kg \cdot K] = 0.287[kJ/kg \cdot K]$

TIP
열량은 내부에너지의 변화량과 일량의 합이다. 내부에너지의 변화량은 오직 온도차에 의해서 발생한다. 하지만 등온변화는 말그대로 온도가 그대로 유지된 상태에서 변화가 발생하는 과정이기 때문에 온도차가 발생하지 않는다. 그렇기 때문에 등온변화에서는 내부에너지 변화가 발생하지 않는다. 즉, 등온변화 시에는 열량과 일량은 같은 값이라는 결론을 도출할 수 있다.

44 ★★★

그림과 같이 60°로 기울어진 고정된 평판에 직경 50[mm]의 물 분류가 속도(V) 20[m/s]로 충돌하고 있다. 분류가 충돌할 때 판에 수직으로 작용하는 충격력 R[N]은?

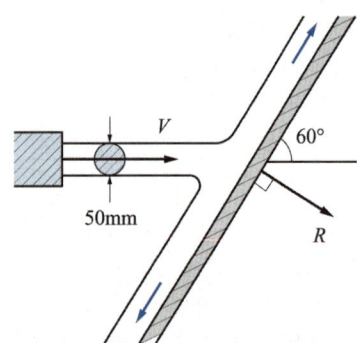

① 296　　② 393
③ 680　　④ 785

SOLUTION

개념
평판에 작용하는 힘

공식
$$F = \rho Q V = \rho(AV)V = \rho A V^2 = \rho\left(\frac{\pi D^2}{4}\right)V^2$$

여기서, F : 힘[N], ρ : 밀도(물의 밀도 1,000[kg/m³])
Q : 유량[m³/s], A : 단면적[m²], V : 유속[m/s], D : 지름[m]

풀이
물분류가 충돌할 때 판에 수직으로 작용하는 작용하는 충격력 R은 평판에 작용하는 힘과 다음의 관계를 가진다.

$R = F \times \sin\theta$

위의 식에 문제에서 주어진 값들을 대입하면

$R = F \times \sin\theta = \rho\left(\dfrac{\pi D^2}{4}\right)V^2 \times \sin\theta$

$= 1,000 \times \left(\dfrac{\pi \times 0.05^2}{4}\right) \times 20^2 \times \sin(60°) ≒ 680[\text{N}]$

∴ $R ≒ 680[\text{N}]$

[단위환산]
• 지름 50[mm] $= \dfrac{50}{1,000}$[m] $= 0.05$[m]

45 ★★☆

원형 단면을 가진 관내에 유체가 완전 발달된 비압축성 층류 유동으로 흐를 때 전단응력은?

① 중심에서 0이고, 중심선으로부터 거리에 비례하여 변한다.
② 관벽에서 0이고, 중심선에서 최대이며 선형분포한다.
③ 중심에서 0이고, 중심선으로부터 거리의 제곱에 비례하여 변한다.
④ 전 단면에 걸쳐 일정하다.

SOLUTION

개념
비압축성 층류유동
• 유체의 속도분포 : 유체의 속도는 관 벽에서 0이고, 관 중심에서 최대이다.
• 유체의 전단응력 : 유체의 전단응력은 관의 중심에서 0이고, 중심선으로부터 거리에 비례하여 증가한다.

46 ★☆☆

수평 원관 내 완전발달 유동에서 유동을 일으키는 힘(㉠)과 방해하는 힘(㉡)은 각각 무엇인가?

① ㉠ 압력차에 의한 힘, ㉡ 점성력
② ㉠ 중력 힘, ㉡ 점성력
③ ㉠ 중력 힘, ㉡ 압력차에 의한 힘
④ ㉠ 압력차에 의한 힘, ㉡ 중력 힘

SOLUTION

개념
완전발달 유동에서의 힘
• 압력차에 의한 힘 : 수평 원관 내 완전발달 유동에서 유동을 일으키는 힘
• 점성력 : 수평 원관 내 완전발달 유동에서 유동을 방해하는 힘

44 ③　45 ①　46 ①

47 ★★☆

표면적이 A, 절대온도가 T_1인 흑체와 절대 온도가 T_2인 흑체 주위 밀폐 공간 사이의 열전달량은?

① $T_1 - T_2$에 비례한다.
② $T_1^2 - T_2^2$에 비례한다.
③ $T_1^3 - T_2^3$에 비례한다.
④ $T_1^4 - T_2^4$에 비례한다.

SOLUTION

개념
스테판 - 볼츠만의 법칙

공식
$$Q = \varepsilon \sigma A T^4$$

여기서, Q : 복사열[W], ε : 방사율, σ : 스테판 - 볼츠만 상수[W/m² · K⁴]
A : 표면적[m²], T : 절대온도[K]

풀이
스테판 - 볼츠만의 법칙을 통해 복사에너지는 절대온도의 4제곱에 비례한다는 것을 알 수 있다. 그러므로 흑체에 의한 열전달량(복사에너지)는 $T_1^4 - T_2^4$에 비례한다.

TIP
흑체에 의한 열전달은 복사에 의해 이루어진다.

48 ★★☆

지름 2[cm]의 금속 공은 선풍기를 켠 상태에서 냉각하고, 지름 4[cm]의 금속 공은 선풍기를 끄고 냉각할 때 동일 시간당 발생하는 대류 열전달량의 비(2[cm] 공 : 4[cm] 공)은? (단, 두 경우 온도차는 같고, 선풍기를 켜면 대류 열전달계수가 10배가 된다고 가정한다)

① 1 : 0.3375
② 1 : 0.4
③ 1 : 5
④ 1 : 10

SOLUTION

개념
• 뉴턴의 냉각법칙(대류 법칙)

공식
$$Q = hA\Delta T$$

여기서, Q : 열전달량[W], h : 대류열전달계수[W/m² · K]
A : 표면적[m²], ΔT : 온도차[K]

• 구의 단면적

공식
$$A = 4\pi r^2$$

여기서, A : 구의 단면적[m²], r : 구의 반지름[m]

풀이
문제에서 두 가지 경우의 온도차는 같다고 했기 때문에 온도차는 무시한다.

1. 지름 2[cm]의 금속공의 열전달량
   선풍기를 켜면 대류열전달계수는 10배가 된다고 했으므로 $h_1 = 10 h_2$이다. 대류 법칙 공식에 문제에서 주어진 값들을 대입하면
   $$Q_1 = h_1 A_1 = (10 \times h_2) \times (4\pi \times 0.01^2) = 0.004\pi h_2$$

2. 지름 4[cm]의 금속공의 열전달량
   대류 법칙 공식에 문제에서 주어진 값들을 대입하면
   $$Q_2 = h_2 A_2 = h_2 \times (4\pi \times 0.02^2) = 0.0016\pi h_2$$

3. 대류 열전달량의 비
   $Q_1 : Q_2 = 0.004 : 0.0016 = 1 : 0.4$
   ∴ $Q_1 : Q_2 = 1 : 0.4$

[단위환산]

• 반지름 1[cm] = $\frac{1}{100}$ [m] = 0.01[m]

• 반지름 2[cm] = $\frac{2}{100}$ [m] = 0.02[m]

49 ★★☆

다음 보기는 열역학적 사이클에서 일어나는 여러 가지의 과정이다. 이들 중, 카르노(Carnot) 사이클에서 일어나는 과정을 모두 고른 것은?

㉠ 등온 압축	㉡ 단열 팽창
㉢ 정적 압축	㉣ 정압 팽창

① ㉠
② ㉠, ㉡
③ ㉡, ㉢, ㉣
④ ㉠, ㉡, ㉢, ㉣

SOLUTION

개념
• 카르노사이클 : 열기관 사이클 중 가장 이상적인 사이클
• 카르노사이클의 순서 : 등온팽창 → 단열팽창 → 등온압축 → 단열압축

TIP
카르노사이클은 두 개의 등온과정(등온팽창, 등온압축)과 두 개의 단열과정(단열팽창, 단열압축)으로 구성되어 있다.

정답 47 ④ 48 ② 49 ②

50 ★★☆

이상기체의 정압비열 C_p와 정적비열 C_v와의 관계로 옳은 것은? (단, R은 이상기체 상수이고, k는 비열이다)

① $C_p = \dfrac{1}{2} C_v$
② $C_p < C_v$
③ $C_p - C_v = R$
④ $\dfrac{C_v}{C_p} = k$

SOLUTION

개념
• 정압비열

공식 정리
$$C_p = C_v + R$$

여기서, C_p : 정압비열, C_v : 정적비열, R : 기체상수

• 비열비

공식 정리
$$k = \dfrac{C_p}{C_v}$$

여기서, k : 비열비, C_p : 정압비열, C_v : 정적비열

풀이
기체의 정압비열은 정적비열과 기체상수의 합이다. 따라서 기체의 정압비열은 항상 정적비열보다 크다.

51 ★☆☆

2[MPa], 400[℃]의 과열 증기를 단면확대 노즐을 통하여 20[kPa]로 분출시킬 경우 최대 속도는 약 몇 [m/s]인가? (단, 노즐입구에서 엔탈피는 3,243.3[kJ/kg]이고, 출구에서 엔탈피는 2,345.8[kJ/kg]이며, 입구속도는 무시한다)

① 1,340
② 1,349
③ 1,402
④ 1,412

SOLUTION

개념
에너지 보존의 법칙

공식 정리
$$H_1 + \dfrac{1}{2} V_1^2 = H_2 + \dfrac{1}{2} V_2^2$$

여기서, H : 엔탈피[J/kg], V : 속도[m/s]

풀이
에너지 보존의 법칙을 노즐 출구 속도 V_2로 정리하면 다음과 같다.

$$V_2 = \sqrt{V_1^2 + 2(H_1 - H_2)}$$

위의 공식에 주어진 값을 대입한다. 단 '입구속도는 무시한다'는 것이 있으므로 $V_1 = 0$으로 대입한다.

$$V_2 = \sqrt{V_1^2 + 2(H_1 - H_2)} = \sqrt{0 + 2 \times (3{,}243{,}300 - 2{,}345{,}800)}$$
$$\fallingdotseq 1{,}340 \text{[m/s]}$$

∴ $V_2 \fallingdotseq 1{,}340$[m/s]

[단위환산]
• 엔탈피 3,243.3[kJ/kg] = 3,243.3 × 1,000[J/kg]
  = 3,243,300[J/kg]
• 엔탈피 2,345.8[kJ/kg] = 2,345.8 × 1,000[J/kg]
  = 2,345,800[J/kg]

정답 50 ③ 51 ①

52 ★★☆

정수력에 의해 수직평판의 힌지(hinge)점에 작용하는 단위폭당 모멘트를 바르게 표시한 것은? (단, ρ는 유체의 밀도, g는 중력가속도이다)

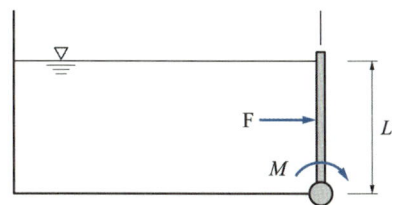

① $\dfrac{1}{6}\rho gL^3$ ② $\dfrac{1}{3}\rho gL^3$

③ $\dfrac{1}{2}\rho gL^3$ ④ $\dfrac{2}{3}\rho gL^3$

SOLUTION

개념

- 물이 평판을 수직으로 밀어내는 힘

공식 정리
$$F = \gamma hA = \rho ghA$$

여기서, F : 물이 평판을 수직으로 밀어내는 힘
  γ : 비중량
  h : 표면에서 평판 중심까지의 수직거리
  A : 수문의 단면적
  ρ : 밀도, g : 중력가속도

- 작용점 깊이

공식 정리
$$y_p = y + \dfrac{I_c}{Ay}$$

여기서, y_p : 작용점의 깊이
  y : 수면에서 수문 중심까지의 경사거리
  I_c : 단면 2차 모멘트(사각형의 단면 2차 모멘트 $I_c = \dfrac{\text{폭} \times \text{높이}^3}{12}$)
  A : 수문의 단면적

- 힌지점 모멘트

공식 정리
$$M = F \times L_{\text{힌지}}$$

여기서, M : 모멘트, F : 작용점에 가해지는 힘
  $L_{\text{힌지}}$: 힌지로부터 작용점까지의 거리

풀이

1. 물이 평판을 수직으로 밀어내는 힘
   물이 평판을 수직으로 밀어내는 힘 공식에 문제에서 주어진 값을 대입하면
   $$F = \gamma hA = \rho ghA = \rho g \times \left(\dfrac{1}{2}L\right) \times (1 \times L) = \dfrac{1}{2}\rho gL^2$$

2. 평판에 작용하는 물의 작용점 깊이
   작용점 깊이 공식에 문제에서 주어진 값을 대입하면
   $$y_p = y + \dfrac{I_c}{Ay} = \dfrac{L}{2} + \dfrac{\dfrac{1 \times L^3}{12}}{(1 \times L) \times \dfrac{L}{2}} = \dfrac{2}{3}L$$

3. 힌지점에 작용하는 단위폭당 모멘트
   L은 힌지로부터 작용점까지의 거리이다.
   평판에 작용하는 물의 작용점 깊이가 $\dfrac{2}{3}L$이기 때문에 힌지로부터 작용점까지의 거리는 $L_{\text{힌지}} = 1 - \dfrac{2}{3}L = \dfrac{1}{3}L$이라는 것을 알 수 있다.
   힌지점 모멘트 공식에, 앞서 구한 값들을 대입하면
   $$M = F \times L_{\text{힌지}} = \dfrac{1}{2}\rho gL^2 \times \dfrac{1}{3}L = \dfrac{1}{6}\rho gL^3$$
   $$\therefore M = \dfrac{1}{6}\rho gL^3$$

TIP

폭의 길이는 따로 주어지지 않았기 때문에 계산의 편의성을 위해 1로 잡고 계산을 진행했다. 폭의 길이를 기호 또는 다른 임의의 숫자를 사용하더라도 답은 동일할 것이다.

53 ★★☆

안지름 4[cm], 바깥지름 6[cm]인 동심 이중관의 수력직경(hydraulic diameter)은 몇 [cm]인가?

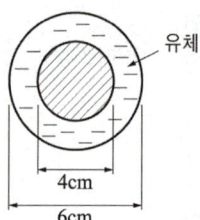

① 2
② 3
③ 4
④ 5

SOLUTION

개념
수력직경

공식
$$D_h = D_1 - D_2$$

여기서, D_h : 수력직경[cm], D_1 : 외경[cm], D_2 : 내경[cm]

풀이
수력직경 공식에 문제에서 주어진 값들을 대입하면
$D_h = D_1 - D_2 = 6 - 4 = 2$[cm]
∴ $D_h = 2$[cm]

54 ★★★

그림의 액주계에서 밀도 ρ_1 = 1,000[kg/m³], ρ_2 = 13,600[kg/m³], 높이 h_1 = 500[mm], h_2 = 800[mm] 일 때 중심 A의 계기압력은 몇 [kPa]인가?

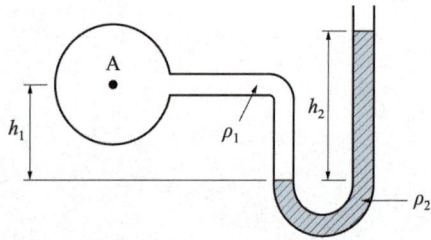

① 101.7
② 109.6
③ 126.4
④ 131.7

SOLUTION

개념
유체에 의한 압력

공식
$$P = \gamma h = \rho g h$$

여기서, P : 압력[kPa], γ : 유체의 비중량[N/m³], h : 높이[m]
ρ : 물질의 밀도[kg/m³], g : 중력가속도(9.8[m/s²])

풀이
1. 왼쪽에서의 압력
   $P_\text{왼} = P_A + \rho_1 g h_1$
2. 오른쪽에서의 압력
   $P_\text{오} = \rho_2 g h_2$
3. 관 중심 A의 계기압력
   액주계에서 수평으로 같은 높이에 위치한다면 압력이 같다. 왼쪽에서의 압력과 오른쪽에서의 압력이 같은 높이에 위치하기 때문에 $P_\text{왼} = P_\text{오}$ 이다. 이를 식으로 정리하면
   $P_A + \rho_1 g h_1 = \rho_2 g h_2$
   이다. 위의 식을 P_A에 관해 정리하고 문제에서 주어진 값들을 대입하면
   $P_A = g(\rho_2 h_2 - \rho_1 h_1) = 9.8 \times (13{,}600 \times 0.8 - 1{,}000 \times 0.5)$
   ≒ 101,724[Pa] = 101.727[kPa]
   ∴ P_A ≒ 101.7[kPa]

[단위환산]

- 높이 500[mm] = $\frac{500}{1{,}000}$ [m] = 0.5[m]
- 높이 800[mm] = $\frac{800}{1{,}000}$ [m] = 0.8[m]
- 압력 101,724[Pa] = $\frac{101{,}724}{1{,}000}$ [kPa] = 101.724[kPa]

55 ★★★

그림과 같이 단면 A에서 정압이 500[kPa]이고 10[m/s]로 난류의 물이 흐르고 있을 때 단면 B에서의 유속[m/s]은?

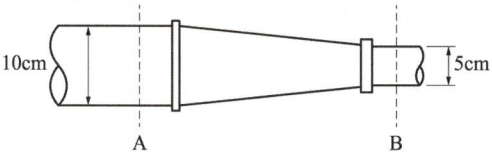

① 20   ② 40
③ 60   ④ 80

SOLUTION

개념
유량의 연속방정식

공식 정리
$$Q = A_1 V_1 = A_2 V_2 = \left(\frac{\pi D_1^2}{4}\right) V_1 = \left(\frac{\pi D_2^2}{4}\right) V_2$$

여기서, Q : 유량[m³/s], A : 단면적[m²], V : 속도[m/s], D : 지름[m]

풀이
단면 A와 단면 B의 유량은 일정하다. 유량의 연속 방정식을 단면 B의 유속에 관한 식으로 정리하고 문제에서 주어진 값들을 대입하면

$$V_B = V_A \times \frac{D_A^2}{D_B^2} = 10 \times \frac{0.1^2}{0.05^2} = 40 [\text{m/s}]$$

$\therefore V_B = 40 [\text{m/s}]$

[단위환산]
- 지름 $10[\text{cm}] = \frac{10}{100}[\text{m}] = 0.1[\text{m}]$
- 지름 $5[\text{cm}] = \frac{5}{100}[\text{m}] = 0.05[\text{m}]$

TIP
정압의 크기는 문제에서 베르누이의 정리를 활용하는 문제이게끔 속이기 위해 주어진 값이다.

56 ★★☆

표준대기압 상태인 어떤 지방의 호수 밑 72.4[m]에 있던 공기의 기포가 수면으로 올라오면 기포의 부피는 최초 부피의 몇 배가 되는가? (단, 기포 내의 공기는 보일의 법칙을 따른다)

① 2   ② 4
③ 7   ④ 8

SOLUTION

개념
- 물속의 압력

공식 정리
$$P_1 = P_2 + \gamma h$$

여기서, P_1 : 물속의 압력[kPa]
P_2 : 수면의 압력(표준대기압 101.325[kPa])
γ : 비중량(물의 비중량 9.8[kN/m³])
h : 수면으로부터의 높이[m]

- 보일의 법칙

공식 정리
$$P_1 V_1 = P_2 V_2$$

여기서, P : 압력[kPa], V : 부피[m³]

풀이
1. 압력 비교

물속의 압력을 수면의 압력의 x배라고 한다면 물속의 압력 공식을 정리하면

$P_1 = x P_2 = P_2 + \gamma h$

이다. 위의 식을 x에 관해 정리하고 문제에서 주어진 값들을 대입하면

$$x = 1 + \frac{\gamma h}{P_2} = 1 + \frac{9.8 \times 72.4}{101.325} \fallingdotseq 8$$

즉, 물속의 압력은 현재 수면의 압력보다 8배가 높다는 결론이 나온다.

2. 부피 비교

앞서 압력의 관계를 파악했다. 그러므로 보일의 법칙을 활용하면 쉽게 부피의 관계도 알 수 있다. 보일의 법칙을 수면으로 올라온 부피에 관한 식으로 정리하고 앞서 구한 값들을 대입하면

$$V_2 = V_1 \times \frac{P_1}{P_2} = V_1 \times \frac{8 P_2}{P_2} = 8 V_1$$

$\therefore V_2 = 8 V_1$

정답 55 ② 56 ④

57 ★★☆

비중병의 무게가 비었을 때는 2[N]이고, 액체로 충만되어 있을 때는 8[N]이다. 액체의 체적이 0.5[L]이면 이 액체의 비중량은 약 몇 [N/m³]인가?

① 11,000
② 11,500
③ 12,000
④ 12,500

SOLUTION

개념
물체의 무게

공식 정리
$$W = \gamma V$$

여기서, W : 액체의 무게[N], γ : 액체의 비중량[N/m³]
V : 액체의 체적[m³]

풀이

1. 액체의 무게

   액체의 무게는 액체가 채워져있는 비중병의 무게에 빈 비중병의 무게를 뺀 값이다.
   $$W_{액} = W_{액+병} - W_{병} = 8 - 2 = 6[N]$$

2. 액체의 비중량

   물체의 무게 공식에서 액체의 비중량에 대하여 정리하고 문제에서 주어진 값 및 앞서 구한 값을 대입하면
   $$\gamma = \frac{W}{V} = \frac{6}{0.0005} = 12,000 [N/m^3]$$
   $$\therefore \gamma = 12,000 [N/m^3]$$

[단위환산]
- 체적 $0.5[L] = \frac{0.5}{1,000}[m^3] = 0.0005[m^3]$

58 ★☆☆

피토관을 사용하여 일정 속도로 흐르고 있는 물의 유속(V)을 측정하기 위해, 그림과 같이 비중 S인 유체를 갖는 액주계를 설치하였다. $S = 2$일 때 액주의 높이차이가 $H = h$가 되면, $S = 3$일 때 액주의 높이 차(H)는 얼마가 되는가?

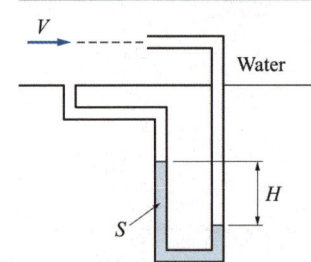

① $\frac{h}{9}$
② $\frac{h}{\sqrt{3}}$
③ $\frac{h}{3}$
④ $\frac{h}{2}$

SOLUTION

개념
비중에 따른 유속

공식 정리
$$V = \sqrt{2g\left(\frac{s}{s_w} - 1\right)H}$$

여기서, V : 유속[m/s], g : 중력가속도(9.8[m/s²])
s : 어떤 물질의 비중, s_w : 물의 비중(1), H : 높이차[m]

풀이

1. $s = 2$일 때 유속
   $$V_1 = \sqrt{2g\left(\frac{2}{1} - 1\right)h} = \sqrt{2gh}$$

2. $s = 3$일 때 유속
   $$V_2 = \sqrt{2g\left(\frac{3}{1} - 1\right)H} = \sqrt{4gH}$$

3. 액체의 높이차(H)

   유속은 일정하므로
   $$V_1 = V_2 = \sqrt{2gh} = \sqrt{4gH}$$
   이다. 이를 액체의 높이차(H)에 관하여 식을 정리하면
   $$H = \frac{2gh}{4g} = \frac{h}{2}$$
   $$\therefore H = \frac{h}{2}$$

59 ★☆☆

점성계수의 단위로 사용되는 푸아즈(Poise)의 환산 단위로 옳은 것은?

① $[cm^2/s]$
② $[N \cdot s^2/m^2]$
③ $[dyne/cm \cdot s]$
④ $[dyne \cdot s/cm^2]$

SOLUTION

개념
푸아즈(poise)의 환산 단위
$1[poise] = 1[dyne \cdot s/cm^2] = 1[g/cm \cdot s]$

60 ★★☆

대기의 압력이 1.08[kgf/cm²]였다면 게이지 압력이 12.5[kgf/cm²]인 용기에서 절대압력[kgf/cm²]은?

① 12.50
② 13.58
③ 11.42
④ 14.50

SOLUTION

개념
절대압력

공식정리
절대압력 = 대기압 + 게이지 압력(계기압)
절대압력 = 대기압 - 진공압

풀이
문제에서 주어진 값들을 절대압력 식에 모두 대입하면
절대압력 = 대기압 + 게이지 압력 = 1.08 + 12.5 = 13.58[kgf/cm²]
∴ 절대압력 = 13.58[kgf/cm²]

TIP
절대압력은 게이지 압력(계기압)이 주어지면 대기압에 더해주고, 진공압이 주어지면 대기압에서 빼준다.

2025년 제1회 소방설비기사 CBT 복원문제

41 ★★☆

이상기체의 폴리트로픽 변화 'PV^n = 일정'에서 n = 1인 경우 어느 변화에 속하는가? (단, P는 압력, V는 부피, n은 폴리트로픽 지수를 나타낸다)

① 단열변화
② 등온변화
③ 정적변화
④ 정압변화

SOLUTION

개념
폴리트로픽 변화(PV^n = 정수)

지수(n)	0	1	k	∞
과정	정압 과정	등온 과정	단열 변화	정적 변화

여기서, P : 압력, V : 체적, n : 폴리트로픽 지수, k : 비열비

42 ★★★

물이 파이프 속을 가득 차서 흐를 때, 정전 등의 원인으로 유속이 급속히 변하면서 물에 심한 변동이 생기고 큰 소음이 발생하는 현상을 무엇이라 하는가?

① 서징
② 실속
③ 수격작용
④ 캐비테이션

SOLUTION

개념
펌프의 이상 현상
- 서징현상 : 송출압력과 송출유량이 주기적으로 변하는 현상
- 실속 : 펌프의 임펠러(회전날개) 내부의 유동이 불안정해지면서 발생하는 현상
- 수격현상 : 관을 흐르던 물이 갑자기 정지할 때 압력파에 의해 이상음(異常音)이 발생하는 현상
- 공동현상(캐비테이션) : 액체가 포화 증기압 이하에서 비등하여 기포가 발생하는 현상

43 ★★☆

비중 0.92인 빙산이 비중 1.025의 바닷물 수면에 떠 있다. 수면 위에 나온 빙산의 체적이 150[m³]이면 빙산의 전체 체적은 약 몇 [m³]인가?

① 1,314   ② 1,464
③ 1,725   ④ 1,875

SOLUTION

개념
• 부력

공식
$$W = \gamma V = s\gamma_w V$$

여기서, W : 부력(무게)[kN], γ : 액체의 비중량[kN/m³]
V : 잠긴 부피[m³], s : 비중, γ_w : 물의 비중량(9,800[N/m³])

• 물체의 무게

공식
$$W = mg = \rho V g = s\rho_w V g$$

여기서, W : 무게[N], m : 질량[kg], g : 중력가속도(9.8[m/s²])
ρ : 물체의 밀도[kg/m³], V : 부피[m³], s : 비중
ρ_w : 물의 밀도(1,000[kg/m³])

풀이

1. 빙산의 무게
$$W_{빙산} = s\rho_w V g = 0.92 \times 1{,}000 \times (V_{잠긴} + 150) \times 9.8$$
$$= 9{,}016 \times (V_{잠긴} + 150)[\text{N}]$$

2. 바닷물의 부력
$$W_{부력} = s\gamma_w V_{잠긴} = 1.025 \times 9{,}800 \times V_{잠긴}$$
$$= 10{,}045 \times V_{잠긴}[\text{N}]$$

3. 빙산의 잠긴 체적
빙산이 바닷물 위에 뜨기 위해서는 전체 빙산의 무게와 잠긴 부피에 대한 바닷물의 부력이 같아야 한다.
$W_{빙산} = W_{부력}$ 이므로 이를 빙산의 잠긴 부피($V_{잠긴}$)을 구하기 위해 식을 정리하면
$$9{,}016 \times (V_{잠긴} + 150) = 10{,}045 \times V_{잠긴}$$
$$V_{잠긴} \approx 1{,}314[\text{m}^3]$$

4. 빙산의 전체 체적
빙산의 전체 체적은 빙산의 수면 위에 나온 체적과 잠긴 체적의 합이다.
$$V = V_{수면위} + V_{잠긴} = 150 + 1{,}314 = 1{,}464[\text{m}^3]$$
$$\therefore V = 1{,}464[\text{m}^3]$$

44 ★★★

원관에서 길이가 2배, 속도가 2배가 되면 손실수두는 원래의 몇 배가 되는가? (단, 두 경우 모두 완전발달 난류유동에 해당 되며, 관 마찰계수는 일정하다)

① 동일하다.   ② 2배
③ 4배   ④ 8배

SOLUTION

개념
달시-바이스바하(마찰손실)의 식

공식
$$H = \frac{\Delta P}{\gamma} = \frac{f l V^2}{2gD}$$

여기서, H : 마찰손실수두[m], ΔP : 압력차[kPa]
γ : 유체의 비중량[kN/m³], f : 마찰손실계수
l : 등가길이[m], V : 유속[m/s]
g : 중력가속도(9.8[m/s²]), D : 지름[m]

풀이
손실수두 공식에 길이가 2배, 속도가 2배를 대입하면
$$H_2 = \frac{f \times (2l) \times (2V^2)}{2gD} = 8 \times \frac{f l V^2}{2gD}$$
$$\therefore H_2 = 8H$$

원관에서 길이가 2배, 속도가 2배로 되면 손실수두는 원래의 8배가 된다.

45 ★★★

그림과 같이 수은 마노미터를 이용하여 물의 유속을 측정하고자 한다. 마노미터에서 측정한 높이차(h)가 30[mm]일 때 오리피스 전후의 압력[kPa] 차이는? (단, 수은의 비중은 13.6이다)

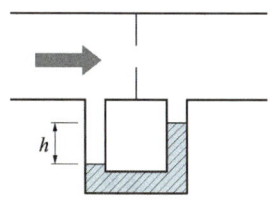

① 3.4 ② 3.7
③ 3.9 ④ 4.4

SOLUTION

개념
마노미터

공식 정리
$$P_1 + \gamma_w h = P_2 + s\gamma_w h$$

여기서, P_1 : 오리피스 전의 압력[kPa], P_2 : 오리피스 후의 압력[kPa]
γ_w : 물의 비중량(9.8[kN/m³]), h : 높이차[m], s : 수은의 비중

풀이

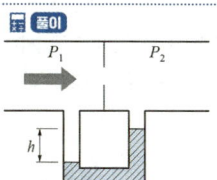

마노미터 공식을 오리피스 전후의 압력 차이에 관한 식으로 정리하고 문제에서 주어진 값들을 대입하면

$$P_1 - P_2 = s\gamma_w h - \gamma_w h$$
$$= 13.6 \times 9.8 \times 0.03 - 9.8 \times 0.03 \fallingdotseq 3.7[\text{kPa}]$$

$\therefore P_1 - P_2 \fallingdotseq 3.7[\text{kPa}]$

[단위환산]
- 높이차 $30[\text{mm}] = \dfrac{30}{1,000}[\text{m}] = 0.03[\text{m}]$

46 ★★☆

가로 5[cm], 세로 4[cm]인 직사각 덕트에 유체가 흐르고 있다. 이때 수력직경은 약 몇 [cm]인가?

① 1.66 ② 2.75
③ 3.6   ④ 4.44

SOLUTION

개념
- 수력직경

공식 정리
$$D_h = 4 \times \frac{A}{L}$$

여기서, D_h : 수력직경, A : 단면 넓이, L : 단면 둘레

풀이
수력직경 공식에 문제에서 주어진 값들을 대입하면
$$D_h = 4 \times \frac{A}{L} = 4 \times \frac{5 \times 4}{(5+4) \times 2} \fallingdotseq 4.44$$

$\therefore D_h = 4.44[\text{cm}]$

47 ★★☆

물질의 온도변화 형태로 나타나는 열에너지는 무엇인가?

① 현열 ② 잠열
③ 비열 ④ 증발열

SOLUTION

풀이
- 현열 : 상태의 변화 없이 물질의 온도변화에 필요한 열
- 잠열 : 온도의 변화 없이 물질의 상태변화에 필요한 열
- 비열 : 어떤 물질 1[g]의 온도를 1[℃]만큼 올리는 데 필요한 열량
- 증발열 : 액체가 기체로 되면서 주위에서 빼앗는 열량

정답 45 ② 46 ④ 47 ①

48 ★☆☆

검사체적에 대한 운동량방정식과 가장 관계가 깊은 법칙은?

① 뉴턴의 법칙 ② 열역학 제2법칙
③ 질량보존의 법칙 ④ 에너지보존의 법칙

SOLUTION

풀이
뉴턴의 운동 법칙(가속도의 법칙)은 운동량방정식의 근원이 되는 법칙이다.

49 ★☆☆

압력 2[MPa]인 수증기 건도가 0.2일 때 엔탈피는 몇 [kJ/kg]인가? (단, 포화증기 엔탈피는 2,780.5[kJ/kg]이고, 포화액의 엔탈피는 910[kJ/kg]이다)

① 1,284 ② 1,466
③ 1,845 ④ 2,406

SOLUTION

개념
습증기의 엔탈피

공식 정리
$$h = xh_g + (1-x)h_f$$

여기서, h : 습증기의 엔탈피[kJ/kg], x : 건도
h_g : 포화증기의 엔탈피[kJ/kg]
h_f : 포화액의 엔탈피[kJ/kg]

풀이
습증기의 엔탈피 공식에 문제에서 주어진 값들을 대입하면
$h = xh_g + (1-x)h_f = 0.2 \times 2,780.5 + (1-0.2) \times 910$
$≒ 1,284$[kJ/kg]
∴ $h ≒ 1,284$[kJ/kg]

50 ★★★

이상기체의 정압과정에 해당하는 것은? (단, P는 압력, T는 절대온도, v는 비체적, k는 비열비를 나타낸다)

① $\dfrac{P}{T}$ = 일정 ② Pv = 일정
③ Pvk = 일정 ④ $\dfrac{v}{T}$ = 일정

SOLUTION

개념
정압과정
압력이 일정한 상태에서의 과정

공식 정리
$$\dfrac{v}{T} = 일정$$

여기서, v : 비체적, T : 절대온도

TIP
이상기체의 모든 과정은 보일-샤를의 법칙 $\left(\dfrac{PV}{T} = 일정\right)$을 따른다. 정압과정은 압력이 일정한 상태에서의 과정이다. 그러므로 보일-샤를의 법칙에서 동일한 값인 압력을 제거하면 $\dfrac{V}{T}$ = 일정이라는 과정을 손쉽게 유추할 수 있다. 더불어 비체적은 체적/질량이고 현재 문제에서는 질량이 따로 주어지지 않았다. 그러므로 이 문제에 한해서는 비체적과 체적은 같은 물리량이라고 이해해도 무방하다.

51 ★★★

원관 유동에서 레이놀즈 수가 1,500이면 관마찰계수는?

① 0.0316
② 0.0427
③ 0.4276
④ 0.0646

SOLUTION

개념
관마찰계수(층류일 경우)

공식 정리
$$f = \frac{64}{Re}$$

여기서, f : 관마찰계수, Re : 레이놀즈 수

풀이
관마찰 계수를 구하기 위해서는 유체의 흐름이 층류인지 난류인지를 파악해야 한다.

층류	전이영역	난류
$Re \leq 2,100$	$2,100 < Re < 4,000$	$Re \geq 4,000$

문제에서 주어진 레이놀즈 수는 1,500이기 때문에 층류에 해당한다. 관마찰계수는 층류일 경우 사용하는 공식을 활용한다.

$$f = \frac{64}{Re} = \frac{64}{1,500} ≒ 0.0427$$

52 ★★☆

30[℃]에서 부피가 10[L]인 이상기체를 일정한 압력으로 0[℃]로 냉각시키면 부피는 약 몇 [L]로 변하는가?

① 3
② 9
③ 12
④ 18

SOLUTION

개념
샤를의 법칙

공식 정리
$$\frac{V_1}{T_1} = \frac{V_2}{T_2}$$

여기서, V : 부피[L], T : 절대온도[K]

풀이
일정한 압력일 때 기체의 부피는 절대온도에 비례한다.

샤를의 법칙 공식을 정리하면

$$V_2 = V_1 \times \frac{T_2}{T_1} = 10 \times \frac{(0+273)}{(30+273)} ≒ 9[L]$$

∴ $V_2 ≒ 9[L]$

[단위환산]
- 온도 $0[℃] = (0+273)[K]$
- 온도 $30[℃] = (30+273)[K]$

53 ★★☆

비중이 0.877인 기름이 단면적이 변하는 원관을 흐르고 있으며 체적유량은 0.146[m³/s]이다. A점에서는 안지름이 150[mm], 압력이 91[kPa]이고, B점에서는 안지름이 450[mm], 압력이 60.3[kPa]이다. 또한 B점은 A점보다 3.66[m] 높은 곳에 위치한다. 기름이 A점에서 B점까지 흐르는 동안의 손실수두는 약 몇 [m]인가? (단, 물의 비중량은 9,810[N/m³]이다)

① 3.3　　② 7.2
③ 10.7　　④ 14.1

SOLUTION

개념
- 유량

공식 정리
$$Q = AV = \left(\frac{\pi D^2}{4}\right) V$$

여기서, Q : 유량[m³/s]
　　　　A : 단면적[m²]
　　　　V : 유속[m/s]
　　　　D : 지름[m]

- 수두로 표현한 베르누이의 정리(손실수두 포함)

공식 정리
$$\frac{P_A}{\gamma} + \frac{V_A^2}{2g} + Z_A = \frac{P_B}{\gamma} + \frac{V_B^2}{2g} + Z_B + \Delta H$$

여기서, P : 압력[kPa]
　　　　γ : 비중량[kN/m³]
　　　　V : 유속[m/s]
　　　　g : 중력가속도(9.8[m/s²])
　　　　Z : 위치수두[m]
　　　　ΔH : 손실수두[m]

풀이
1. 유속

유량의 공식을 유속에 대하여 정리하고 A점에 해당하는 값, B점에 해당하는 값들을 대입하면

$$V_A = \frac{Q}{\frac{\pi D_A^2}{4}} = \frac{0.146 \times 4}{\pi \times 0.15^2} \fallingdotseq 8.262[\text{m/s}]$$

$$V_B = \frac{Q}{\frac{\pi D_B^2}{4}} = \frac{0.146 \times 4}{\pi \times 0.45^2} \fallingdotseq 0.918[\text{m/s}]$$

2. 손실수두

기름에 대한 손실수두이기 때문에 기름의 비중량을 구할 필요가 있다.
$$\gamma = s\gamma_w = 0.877 \times 9.81 \fallingdotseq 8.6[\text{kN/m}^3]$$

베르누이의 정리 공식을 손실수두에 대해 정리하고 문제에서 주어진 값들 및 앞서 구한 값들을 대입하면

$$\Delta H = \frac{V_A^2 - V_B^2}{2g} + \frac{P_A - P_B}{\gamma} + Z_A - Z_B$$

$$= \frac{8.262^2 - 0.918^2}{2 \times 9.8} + \frac{91 - 60.3}{8.6} + 0 - 3.66$$

$$\fallingdotseq 3.3[\text{m}]$$

∴ $\Delta H \fallingdotseq 3.3[\text{m}]$

[단위환산]
- 지름 $150[\text{mm}] = \frac{150}{1,000}[\text{m}] = 0.15[\text{m}]$
- 지름 $450[\text{mm}] = \frac{450}{1,000}[\text{m}] = 0.45[\text{m}]$

TIP
$Z_A = 0$으로 기준점을 잡는다면 $Z_B = 3.66[\text{m}]$가 된다.

54 ★★☆

아래 그림과 같이 두 개의 가벼운 공 사이로 빠른 기류를 불어 넣으면 두 개의 공은 어떻게 되겠는가?

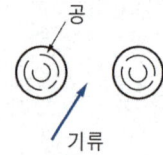

① 뉴턴의 법칙에 따라 벌어진다.
② 뉴턴의 법칙에 따라 가까워진다.
③ 베르누이의 법칙에 따라 벌어진다.
④ 베르누이의 법칙에 따라 가까워진다.

SOLUTION

개념
베르누이 방정식

공식 정리
$$\frac{P}{\gamma} + \frac{V^2}{2g} + Z = 일정$$

여기서, P : 압력[kPa], γ : 비중량[kN/m³], V : 유속[m/s]
　　　　g : 중력가속도(9.8[m/s²]), Z : 위치수두[m]

풀이
베르누이 방정식은 압력수두, 속도수두, 위치수두의 합이 일정하다는 법칙이다. 두 개의 공 사이에 공기를 불어 넣으면 속도가 증가했기 때문에 속도수두가 증가한다. 압력수두, 속도수두, 위치수두의 합은 일정해야 하기 때문에 속도 수두가 증가하면 그만큼 압력 수두는 감소한다. 따라서 공 사이의 압력이 감소하여 2개의 공은 서로 가까워진다.

55 ★★☆

체적탄성계수가 2×10^9[Pa]인 물의 체적을 3[%] 감소시키려면 몇 [MPa]의 압력을 가하여야 하는가?

① 25　　　　　② 30
③ 45　　　　　④ 60

SOLUTION
개념 체적탄성계수

공식 정리
$$K = -\frac{\Delta P}{\frac{\Delta V}{V}}$$

여기서, K : 체적탄성계수[MPa], ΔP : 가해진 압력[MPa]

$\frac{\Delta V}{V}$: 체적의 변화율

풀이
체적탄성계수 공식을 가해진 압력에 대한 식을 정리하고, 문제에서 주어진 값들을 대입하면
$\Delta P = -K \times \frac{\Delta V}{V} = -(2 \times 10^3) \times (-0.03) = 60$[MPa]

∴ $\Delta P = 60$[MPa]

[단위환산]
- 압력 2×10^9[Pa] $= \frac{2 \times 10^9}{10^6}$[MPa] $= 2 \times 10^3$[MPa]

TIP
1. 체적탄성계수 공식의 (-)부호는 가해진 압력이 증가하면 부피가 줄어든다는 것을 의미한다.
2. 물의 체적을 감소시켜야 하므로 체적의 변화율 앞에 (-)부호를 붙여준다.

56 ★☆☆

다음 단위 중 3가지는 동일한 단위이고 나머지 하나는 다른 단위이다. 이 중 동일한 단위가 아닌 것은?

① J　　　　　　② N·s
③ Pa·m³　　　　④ kg·m²/s²

SOLUTION
개념 에너지 단위

1[J] = 1[N·m] = 1[Pa·m³] = 1[kg·m²/s²]

57 ★☆☆

펌프의 회전수는 변동이 없고 유량과 양정을 각각 2배로 하면 비속도는 어떻게 되는가?

① $2^{-\frac{1}{2}}$　　　　② $2^{-\frac{1}{4}}$
③ $2^{\frac{1}{2}}$　　　　　④ $2^{\frac{1}{4}}$

SOLUTION
개념 비교회전도(비속도)

공식 정리
$$N_s = \frac{N\sqrt{Q}}{\left(\frac{H}{n}\right)^{\frac{3}{4}}}$$

여기서, N_s : 비교회전도(비속도)[m, m³/min, rpm]
N : 회전수[rpm], Q : 유량[m³/min], H : 양정[m], n : 단수

풀이
비교회전도 공식에서 변경전(N_{s1})과 변경후(N_{s2})의 관계식을 세워보면

$N_{s1} = \dfrac{N\sqrt{Q_1}}{\left(\dfrac{H_1}{n}\right)^{\frac{3}{4}}}$

$N_{s2} = \dfrac{N\sqrt{Q_2}}{\left(\dfrac{H_2}{n}\right)^{\frac{3}{4}}} = \dfrac{N\sqrt{2Q_1}}{\left(\dfrac{2H_1}{n}\right)^{\frac{3}{4}}} = N_{s1} \times \dfrac{\sqrt{2}}{2^{\frac{3}{4}}} = N_{s1} \times \dfrac{2^{\frac{1}{2}}}{2^{\frac{3}{4}}}$

$= N_{s1} \times 2^{\frac{1}{2} - \frac{3}{4}} = N_{s1} \times 2^{-\frac{1}{4}}$

∴ $\dfrac{N_{s2}}{N_{s1}} = 2^{-\frac{1}{4}}$

정답　55 ④　56 ②　57 ②

58 ★★★

2[m] 깊이로 물이 차있는 물탱크 바닥에 한 변이 20[cm]인 정사각형 모양의 관측창이 설치되어 있다. 관측창이 물로 인하여 받는 순 힘(net force)은 몇 [N]인가? (단, 관측창 밖의 압력은 대기압이다)

① 784   ② 392
③ 196   ④ 98

SOLUTION

개념
유체에 의한 힘의 수평분력

공식 정리
$$F = \gamma h A$$

여기서, F : 힘[N]
γ : 비중량(물의 비중량 : 9,800[N/m³])
h : 높이[m]
A : 면적[m²]

풀이
물 탱크 바닥에 설치된 관측창은 2[m] 높이의 유체의 힘을 받고 있다. 유체에 의한 힘의 공식에 문제에서 주어진 값들을 대입하면
$F = \gamma h A = 9,800 \times 2 \times (0.2 \times 0.2) = 784$[N]
$\therefore F = 784$[N]

[단위 환산]
길이 $20[cm] = \dfrac{20}{100}[m] = 0.2[m]$

59 ★★☆

유체에 관한 설명으로 틀린 것은?

① 실제유체는 유동할 때 마찰로 인한 손실이 생긴다.
② 이상유체는 높은 압력에서 밀도가 변화하는 유체이다.
③ 유체에 압력을 가하면 체적이 줄어드는 유체는 압축성 유체이다.
④ 전단력을 받았을 때 저항하지 못하고 연속적으로 변형되는 물질을 유체라 한다.

SOLUTION

개념
유체에 관한 설명
• 실제유체는 점성이 존재하므로 유동할 때 마찰손실이 발생한다.
• 유체에 압력을 가하면 체적이 줄어드는 유체는 압축성 유체이다.
• 유체는 전단력을 받았을 때 연속적으로 변형하는 물질이다.

풀이
이상유체는 비압축성 유체로 압력에 따라 밀도가 변하지 않는 유체이다.

60 ★☆☆

지름이 400[mm]인 베어링이 400[rpm]으로 회전하고 있을 때 마찰에 의한 손실동력[kW]은? (단, 베어링과 축 사이에는 점성계수가 0.049[N·s/m²]인 기름이 차 있다)

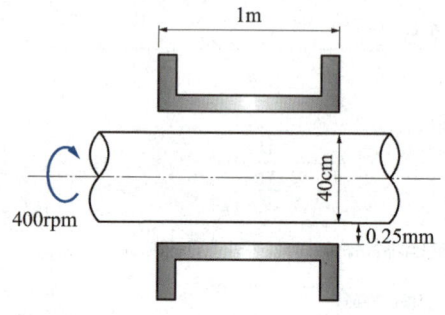

① 15.1   ② 15.6
③ 16.3   ④ 17.3

SOLUTION

개념
• 회전속도

공식 정리
$$V = \dfrac{\pi D N}{60}$$

여기서, V : 회전속도[m/s], D : 지름[m]
N : 회전수[rpm]

• 점성에 의한 마찰손실 힘

공식 정리
$$F = \mu \dfrac{V}{C} A = \mu \dfrac{V}{C} \pi D L$$

여기서, F : 마찰손실힘[N], μ : 점성계수[N·s/m²]
V : 회전속도[m/s], C : 틈새간격[m],
A : 기름과 베어링이 닿는 면적[m²]
D : 지름[m], L : 길이[m]

- 동력

공식 정리

$$P = FV$$

여기서, P : 동력[W], F : 힘[N]
V : 속도[m/s]

풀이

1. 회전속도

   회전속도의 공식에 문제에서 주어진 값들을 대입하면

   $$V = \frac{\pi DN}{60} = \frac{\pi \times 0.4 \times 400}{60} ≒ 8.38 [m/s]$$

2. 점성에 의한 마찰손실 힘

   점성에 의한 마찰손실 힘 공식에 문제에서 주어진 값들 및 앞서 구한 값을 대입하면

   $$F = \mu \frac{V}{C} A = \mu \frac{V}{C} \pi DL$$
   $$= 0.049 \times \frac{8.38}{0.25 \times 10^{-3}} \times \pi \times 0.4 \times 1 ≒ 2,064[N]$$

3. 손실동력

   손실동력을 구하기 위해서는 동력 공식에서 힘에 점성에 의한 마찰손실 힘의 값을 대입하면 된다.

   $$P = FV = 2,064 \times 8.38 ≒ 17,296[W] = 17.296[kW]$$
   $$\therefore P ≒ 17.3[kW]$$

[단위환산]

- 지름 $400[mm] = \frac{400}{1,000}[m] = 0.4[m]$
- 틈새간격 $0.25[mm] = 0.25 \times 10^{-3}[m]$
- 동력 $17,296[W] = \frac{17,296}{1,000}[kW] = 17.296[kW]$

2025년 제2회 소방설비기사 CBT 복원문제

41 ★★☆

다음 중 배관의 출구측 형상에 따라 손실계수가 가장 큰 것은?

㉠ 돌출 출구	㉡ 사각모서리 출구	㉢ 둥근 출구

① ㉠   ② ㉡
③ ㉢   ④ 모두 같다.

SOLUTION

풀이

출구측 손실계수는 형상에 상관없이 모두 같다.

42 ★☆☆

다음 물성량 중 길이의 단위로 표시할 수 없는 것은?

① 속도수두   ② 물의 밀도
③ 펌프의 전양정 ④ 수차의 유효낙차

SOLUTION

풀이

속도수두, 펌프의 전양정, 수차의 유효낙차는 모두 [m] 단위를 주로 사용하는 길이의 단위로 표시가능한 물성량이다. 반면 물의 밀도 단위는 [kg/m³] 단위를 주로 사용하는 단위부피당 질량을 나타내는 물성량이다.

43 ***

안지름 25[mm], 길이 10[m]의 수평 파이프를 통해 비중 0.8, 점성계수는 5×10^{-3}[kg/m·s]인 기름을 유량 0.2×10^{-3}[m³/s]로 수송하고자 할 때, 필요한 펌프의 최소 동력은 약 몇 [W]인가?

① 0.21 ② 0.58
③ 0.77 ④ 0.81

SOLUTION

개념
- 유량

공식정리
$$Q = AV = \left(\frac{\pi D^2}{4}\right)V$$

여기서, Q : 유량[m³/s], A : 단면적[m²]
V : 유속[m/s], D : 지름[m]

- 레이놀즈 수 : 배관 내 유체 흐름의 형태를 판단하는 척도로 사용되는 수

공식정리
$$레이놀즈 수\ Re = \frac{DV\rho}{\mu} = \frac{DV}{\nu}$$

여기서, Re : 레이놀즈 수, D : 지름[m]
V : 유속[m/s], ρ : 밀도[kg/m³]
μ : 점성계수(점도)[N·s/m²]
ν : 동점성계수[m²/s]

- 관마찰계수(층류일 경우)

공식정리
$$f = \frac{64}{Re}$$

여기서, f : 관마찰계수, Re : 레이놀즈 수

- 달시-바이스바하(마찰손실)의 식

공식정리
$$H = \frac{\Delta P}{\gamma} = \frac{flV^2}{2gD}$$

여기서, H : 마찰손실수두[m], ΔP : 압력차[kPa]
γ : 유체의 비중량[kN/m³], f : 마찰손실계수
l : 등가길이[m], V : 유속[m/s]
g : 중력가속도(9.8[m/s²]), D : 지름[m]

- 펌프(전동기)의 소요동력

공식정리
$$P = \frac{\gamma QH}{\eta}K$$

여기서, P : 전동기 용량[W], γ : 비중량[N/m³]
Q : 유량[m³/s], H : 마찰손실수두[m]
η : 효율, K : 전달계수

풀이

1. 유속

유량의 공식을 유속에 대하여 정리하고 주어진 값들을 대입하면
$$V = \frac{Q}{A} = \frac{Q}{\frac{\pi D^2}{4}} = \frac{0.2 \times 10^{-3} \times 4}{\pi \times 0.025^2} ≒ 0.41 [m/s]$$

2. 유체의 흐름 형태 파악

관마찰계수를 구하기 위해서는 유체의 흐름이 층류인지 난류인지를 파악해야 한다. 유체의 흐름을 파악해주는 것을 레이놀즈 수이기 때문에 레이놀즈 수의 공식을 활용한다.

층류	전이영역	난류
$Re \leq 2,100$	$2,100 < Re < 4,000$	$Re \geq 4,000$

기름의 밀도 $\rho = s\rho_w = 0.8 \times 1,000 = 800$[kg/m³]

기름의 비중량 $\gamma = s\gamma_w = 0.8 \times 9,800 = 7,840$[N/m³]

레이놀즈 수 $Re = \frac{DV\rho}{\mu} = \frac{0.025 \times 0.41 \times 800}{5 \times 10^{-3}} = 1,640$

레이놀즈수가 2,100보다 낮은 1,640이므로 현재 기름은 층류라는 것을 알 수 있다.

3. 관마찰계수

관마찰계수는 층류일 경우 사용하는 공식을 활용한다.
$$f = \frac{64}{Re} = \frac{64}{1,640} ≒ 0.04$$

4. 마찰손실수두

마찰손실수두 공식에 문제에서 주어진 값들과 앞서 구한 값들을 모두 대입하면
$$H = \frac{flV^2}{2gD} = \frac{0.04 \times 10 \times 0.41^2}{2 \times 9.8 \times 0.025} ≒ 0.137[m]$$

5. 펌프의 동력

문제에서 효율과 전달계수는 주어지지 않았으므로 무시한다. 펌프의 동력 공식에 문제에서 주어진 값 및 앞서 구한 값들을 대입하면
$$P = \gamma QH = 7,840 \times (0.2 \times 10^{-3}) \times 0.137 ≒ 0.21[W]$$
$\therefore P ≒ 0.21$[W]

[단위환산]
- 지름 $25[mm] = \frac{25}{1,000}[m] = 0.025[m]$

44 ★★★

그림과 같은 U자관 차압 액주계에서 A와 B에 있는 유체는 물이고 그 중간에 유체는 수은(비중 13.6)이다. 또한, 그림에서 $h_1 = 20[cm]$, $h_2 = 30[cm]$, $h_3 = 15[cm]$일 때 A의 압력(P_A)와 B의 압력(P_B)의 차이($P_A - P_B$)는 약 몇 [kPa]인가?

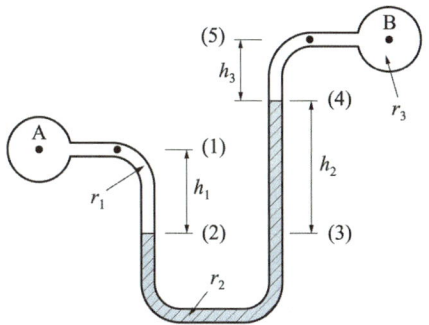

① 35.4 ② 39.5
③ 44.7 ④ 49.8

SOLUTION

풀이

U자관 차압액주계에서 동일한 수평선 내에 있는 모든 점의 압력은 같다.
즉 $P_{(2)} = P_{(3)}$이다.

1. (2) 지점의 압력 구하기
   $P_{(2)} = P_A + \gamma_1 h_1$

2. (3) 지점의 압력 구하기
   $P_{(3)} = P_B + \gamma_2 h_2 + \gamma_3 h_3$
   $P_{(2)} = P_{(3)}$이므로
   $P_A + \gamma_1 h_1 = P_B + \gamma_2 h_2 + \gamma_3 h_3$이다.
   위의 식을 $P_A - P_B$에 관한 식으로 정리하고, 문제에서 주어진 값들을 식에 모두 대입하면
   $P_A - P_B = \gamma_2 h_2 + \gamma_3 h_3 - \gamma_1 h_1 = s_{수은}\gamma_w h_2 + \gamma_w h_3 - \gamma_w h_1$
   $= (13.6 \times 9.8) \times 0.3 + 9.8 \times 0.15 - 9.8 \times 0.2$
   $≒ 39.5[kPa]$

∴ $P_A - P_B ≒ 39.5[kPa]$

45 ★★☆

지면으로부터 4[m]의 높이에 설치된 수평관 내로 물이 4[m/s]로 흐르고 있다. 물의 압력이 78.4[kPa]인 관 내의 한 점에서 전수두는 지면을 기준으로 약 몇 [m]인가?

① 4.76 ② 6.24
③ 8.82 ④ 12.81

SOLUTION

개념
전수두

공식

$$H = \frac{P}{\gamma} + \frac{V^2}{2g} + Z$$

여기서, H : 전수두[m], P : 압력[kPa], γ : 비중량(물의 비중량 9.8[kN/m³])
V : 유속[m/s], g : 중력가속도(9.8[m/s²]), Z : 위치수두[m]

풀이
전수두의 공식에 문제에서 주어진 값들을 대입하면
$H = \frac{P}{\gamma} + \frac{V^2}{2g} + Z = \frac{78.4}{9.8} + \frac{4^2}{2 \times 9.8} + 4 ≒ 12.82[m]$

∴ $H ≒ 12.82[m]$

46 ★☆☆

피토관을 사용하여 일정 속도로 흐르고 있는 물의 유속(V)을 측정하기 위해, 그림과 같이 비중 S인 유체를 갖는 액주계를 설치하였다. $S = 2$일 때 액주의 높이차이가 $H = h$가 되면, $S = 3$일 때 액주의 높이 차(H)는 얼마가 되는가?

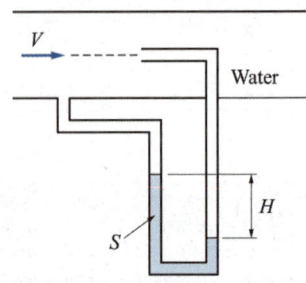

① $\dfrac{h}{9}$ ② $\dfrac{h}{\sqrt{3}}$

③ $\dfrac{h}{3}$ ④ $\dfrac{h}{2}$

SOLUTION

개념
비중에 따른 유속

공식
$$V = \sqrt{2g\left(\dfrac{s}{s_w} - 1\right)H}$$

여기서, V : 유속[m/s], g : 중력가속도(9.8[m/s²])
s : 어떤 물질의 비중, s_w : 물의 비중(1), H : 높이차[m]

풀이
1. $s = 2$일 때 유속
$$V_1 = \sqrt{2g\left(\dfrac{2}{1} - 1\right)h} = \sqrt{2gh}$$

2. $s = 3$일 때 유속
$$V_2 = \sqrt{2g\left(\dfrac{3}{1} - 1\right)H} = \sqrt{4gH}$$

3. 액체의 높이차(H)
유속은 일정하므로
$$V_1 = V_2 = \sqrt{2gh} = \sqrt{4gH}$$
이다. 이를 액체의 높이차(H)에 관하여 식을 정리하면
$$H = \dfrac{2gh}{4g} = \dfrac{h}{2}$$
$$\therefore H = \dfrac{h}{2}$$

47 ★★☆

글로브 밸브에 의한 손실을 지름이 10[cm]이고 관 마찰계수가 0.025인 관의 길이로 환산하면 상당길이가 40[m]가 된다. 이 밸브의 부차적 손실계수는?

① 0.25 ② 1
③ 2.5 ④ 10

SOLUTION

개념
관의 상당길이

공식
$$L_e = \dfrac{KD}{f}$$

여기서, L_e : 관의 상당길이[m], K : 부차적 손실계수
D : 지름[m], f : 마찰손실계수

풀이
관의 상당길이 공식을 부차적 손실계수에 관한 식으로 정리하고 문제에서 주어진 값들을 대입하면
$$K = \dfrac{L_e f}{D} = \dfrac{40 \times 0.025}{0.1} = 10$$
$$\therefore K = 10$$

[단위환산]
- 지름 $10[\text{cm}] = \dfrac{10}{100}[\text{m}] = 0.1[\text{m}]$

48 ★☆☆

고속주행시 타이어의 온도가 20[℃]에서 80[℃]로 상승하였다. 타이어의 체적이 변화하지 않고, 타이어 내의 공기를 이상 기체라고 가정했을 때 압력상승은 약 몇 [kPa]인가? (단, 온도 20[℃]에서의 게이지압력은 0.183[MPa], 대기압은 101.3[kPa]이다)

① 345
② 58
③ 266
④ 37

SOLUTION

개념

- 보일-샤를의 법칙
일정한 압력일 때 기체의 부피는 절대온도에 비례하고 압력에 반비례한다.

공식 정리

$$\frac{P_1 V_1}{T_1} = \frac{P_2 V_2}{T_2}$$

여기서, V : 부피[L], T : 절대온도[K], P : 압력[kPa]

풀이

보일-샤를의 법칙 공식을 변화된 압력에 관한 식으로 정리하고 문제에서 주어진 값들을 대입하면

$$P_2 = \frac{P_1 V_1}{T_1} \times \frac{T_2}{V_2} = \frac{(101.3+183)V_1}{(273+20)} \times \frac{(273+80)}{V_1}$$

$\fallingdotseq 342.518$[kPa]

문제에서는 압력상승한 값을 묻고 있기 때문에

$\triangle P = P_2 - P_1 = 342.518 - (101.3 + 183)$

$= 58.218 \fallingdotseq 58$[kPa]

$\therefore \triangle P \fallingdotseq 58$[kPa]

[단위 환산]
- 온도 20[℃] = (20+273)[K]
- 온도 80[℃] = (80+273)[K]
- 압력 0.183[MPa] = 0.183×1,000[kPa] = 183[kPa]

49 ★☆☆

카르노 사이클이 1,000[K]의 고온 열원과 400[K]의 저온 열원 사이에서 작동할 때 사이클의 열효율은 얼마인가?

① 20[%]
② 40[%]
③ 60[%]
④ 80[%]

SOLUTION

개념

카르노사이클의 열효율

공식 정리

$$\eta = 1 - \frac{T_L}{T_H}$$

여기서, η : 카르노사이클의 열효율, T_L : 저열원의 절대온도[K], T_H : 고열원의 절대온도[K]

풀이

카르노사이클의 열효율 공식에 문제에서 주어진 값들을 대입하면

$$\eta = 1 - \frac{T_L}{T_H} = 1 - \frac{400}{1,000} = 0.6 = 60[\%]$$

$\therefore \eta = 60[\%]$

50 ★☆☆

비압축성 유체의 2차원 정상 유동에서 x방향의 속도를 u, y방향의 속도를 v라고 할 때 다음에 주어진 식들 중에서 연속 방정식을 만족하는 것은 어느 것인가?

① $u = 2x + 2y$, $v = 2x - 2y$
② $u = x + 2y$, $v = x^2 - 2y$
③ $u = 2x + y$, $v = x^2 + 2y$
④ $u = x + 2y$, $v = 2x - y^2$

SOLUTION

개념

비압축성 유체의 2차원 정상유동

공식 정리

$$\frac{\partial u}{\partial x} + \frac{\partial v}{\partial y} = 0$$

여기서, u : x방향의 속도, v : y방향의 속도

풀이

비압축성 유체의 2차원 정상 유동은 u를 x로 편미분한 값과 v를 y로 편미분한 값의 합이 0이어야 한다.

$\frac{\partial u}{\partial x} = \frac{\partial}{\partial x}(2x + 2y) = 2$

$\frac{\partial v}{\partial y} = \frac{\partial}{\partial y}(2x - 2y) = -2$

으로 $\frac{\partial u}{\partial x} + \frac{\partial v}{\partial y} = 0$을 만족하는 보기 ①번이 비압축성 유체의 2차원 정상 유동이다.

51 ★☆☆

질량 m[kg]의 어떤 기체로 구성된 밀폐계가 Q[kJ]의 열을 받아 일을 하고, 이 기체의 온도가 $\triangle T$[℃] 상승하였다면 이 계가 외부에 한 일 W[kJ]을 구하는 계산식으로 옳은 것은? (단, 이 기체의 정적비열은 C_v[kJ/kg·K], 정압비열은 C_p[kJ/kg·K]이다)

① $W = Q - mC_v\triangle T$ ② $W = Q + mC_v\triangle T$
③ $W = Q - mC_p\triangle T$ ④ $W = Q + mC_p\triangle T$

SOLUTION

개념
- 열

공식 정리
$$Q = \Delta U + W$$
여기서, Q : 열[kJ], ΔU : 내부에너지 변화[kJ], W : 일[kJ]

- 정적과정 시 내부에너지 변화

공식 정리
$$\Delta U = mC_v\Delta T$$
여기서, ΔU : 내부에너지 변화[kJ], m : 질량[kg]
C_v : 정적비열[kJ/kg·K], ΔT : 온도차[K]

풀이
문제에서 '밀폐계'라고 주어졌기 때문에 정적과정이라는 것을 알 수 있다. 열의 공식을 일에 관한 식으로 정리하고, 내부에너지 변화를 정적과정 시 내부에너지 변화의 식을 대입하면
$W = Q - \Delta U = Q - mC_v\Delta T$
$\therefore W = Q - mC_v\Delta T$

52 ★☆☆

이상유체에 대한 다음 설명 중 올바른 것은?

① 압축성 유체로서 점성이 없다.
② 압축성 유체로서 점성이 있다.
③ 비압축성 유체로서 점성이 없다.
④ 비압축성 유체로서 점성이 있다.

SOLUTION

풀이
이상유체는 비압축성 유체이면서 점성이 없는 비점성 유체이다.

53 ★★☆

표면적이 같은 두 물체가 있다. 표면온도가 2,000[K]인 물체가 내는 복사에너지는 표면온도가 1,000[K]인 물체가 내는 복사에너지의 몇 배인가?

① 4   ② 8
③ 16   ④ 32

SOLUTION

개념
스테판-볼츠만의 법칙

공식 정리
$$Q = \varepsilon\sigma AT^4$$
여기서, Q : 복사열[W], ε : 방사율, σ : 스테판-볼츠만 상수[W/m²·K⁴]
A : 표면적[m²], T : 절대온도[K]

풀이
스테판-볼츠만의 법칙을 통해 복사에너지는 절대온도의 4제곱에 비례한다는 것을 알 수 있다. 이를 식으로 표현하면
$$\frac{Q_2}{Q_1} = \left(\frac{T_2}{T_1}\right)^4 = \left(\frac{2,000}{1,000}\right)^4 = 16$$
$\therefore Q_2 = 16Q_1$

54 ★★☆

다음 중 뉴튼(Newton)의 점성법칙을 이용하여 만든 회전 원통식 점도계는?

① 세이볼트(Saybolt) 점도계
② 오스왈트(Ostwald) 점도계
③ 레드우드(Redwood) 점도계
④ 맥미셸(MacMichael) 점도계

SOLUTION

개념
점도계의 종류

원리	종류
하겐-포아젤(Hagen-Poiseuille)의 법칙	• 세이볼트(Saybolt) 점도계 • 레드우드(Redwood) 점도계 • 앵글러(Engler) 점도계 • 바베이(Barbey) 점도계 • 오스왈트(Ostwald) 점도계
뉴턴(Newton)의 점성법칙	• 스토머(Stormer) 점도계 • 맥미셸(MacMichael) 점도계
스토크스(Stokes)의 법칙	• 낙구식 점도계

55 ★★★

안지름 40[mm]의 배관 속을 정상류의 물이 매분 150[L]로 흐를 때의 평균 유속[m/s]은?

① 0.99
② 1.99
③ 2.45
④ 3.01

SOLUTION

개념
유량

공식 정리
$$Q = AV = \left(\frac{\pi D^2}{4}\right)V$$

여기서, Q : 유량[m³/s], A : 단면적[m²], V : 유속[m/s], D : 지름[m]

풀이
유량의 공식을 유속에 관한 식으로 정리하고 문제에서 주어진 값들을 대입하면

$$V = \frac{Q}{\frac{\pi D^2}{4}} = \frac{\frac{0.15}{60} \times 4}{\pi \times 0.04^2} ≒ 1.99 [m/s]$$

∴ $V ≒ 1.99$ [m/s]

[단위환산]
• 안지름 40[mm] = $\frac{40}{1,000}$[m] = 0.04[m]
• 유량 150[L/min] = $\frac{150}{1,000 \times 60}$[m³/s] = $\frac{0.15}{60}$[m³/s]

정답 54 ④ 55 ②

56 ★☆☆

그림과 같이 폭(b)이 1[m]이고 깊이(h_0) 1[m]로 물이 들어있는 수조가 트럭 위에 실려 있다. 이 트럭이 7[m/s²]의 가속도로 달릴 때 물의 최대 높이(h_2)와 최소 높이(h_1)는 각각 몇 [m] 인가?

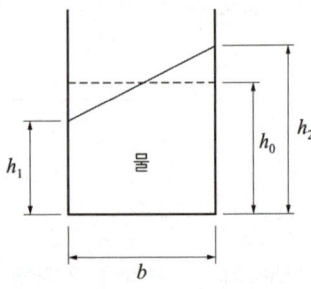

① $h_1 = 0.643$[m], $h_2 = 1.413$[m]
② $h_1 = 0.643$[m], $h_2 = 1.357$[m]
③ $h_1 = 0.676$[m], $h_2 = 1.413$[m]
④ $h_1 = 0.676$[m], $h_2 = 1.357$[m]

SOLUTION

개념

h_1을 기준으로 윗부분을 그림으로 표현하면 다음과 같다.

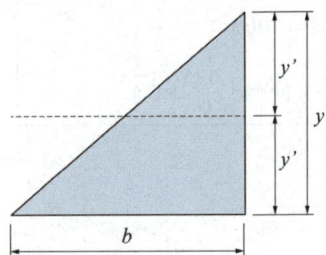

- 달리는 수조 안에 있는 물의 높이

공식 정리

$$y = \frac{ba}{g}$$

여기서, y : 높이[m], b : 폭[m], a : 가속도[m/s²]
       g : 중력가속도(9.8[m/s²])

- 달리는 수조 안에 있는 물의 중심 높이

공식 정리

$$y' = \frac{y}{2}$$

여기서, y' : 중심 높이[m], y : 높이[m]

풀이

1. 물의 높이
   물의 높이 공식에 문제에서 주어진 값들을 대입하면
   $$y = \frac{ba}{g} = \frac{1 \times 7}{9.8} ≒ 0.714[m]$$

2. 물의 중심 높이
   물의 중심 높이 공식에 앞서 구한 값을 대입하면
   $$y' = \frac{y}{2} = \frac{0.714}{2} = 0.357[m]$$

3. 물의 최소 높이
   물의 최소 높이는 초기 높이에 물의 중심 높이를 뺀 값이다.
   $$h_1 = h_0 - y' = 1 - 0.357 = 0.643[m]$$
   ∴ $h_1 = 0.643$[m]

4. 물의 최대 높이
   물의 최대 높이는 초기 높이에 물의 중심 높이를 더한 값이다.
   $$h_2 = h_0 + y' = 1 + 0.357 = 1.357[m]$$
   ∴ $h_2 = 1.357$[m]

57 ★☆☆

표준기압 40[℃]인 공기 속에서 어떤 물체가 일정한 속도로 움직이고 있다. 이때 음속[m/s]은 약 얼마인가? (단, 공기의 비열비는 1.4, 기체상수는 287[J/(kg·K)]이다)

① 354
② 327
③ 397
④ 378

SOLUTION

개념

음속

공식 정리

$$V = \sqrt{CR_s T}$$

여기서 V : 음속[m/s], C : 비열비, R_s : 특정기체상수[J/(kg·K)]
       T : 절대온도[K]

풀이

음속의 공식에 문제에서 주어진 값들을 대입하면
$$V = \sqrt{CR_s T} = \sqrt{1.4 \times 287 \times (40+273)} ≒ 354[m/s]$$
∴ $V ≒ 354$[m/s]

[단위환산]
- 온도 40[℃] = (40+273)[K]

정답 56 ② 57 ①

58 ★★☆

그림에서 두 피스톤이 지름이 각각 30[cm]와 5[cm]이다. 큰 피스톤이 1[cm] 아래로 움직이면 작은 피스톤은 위로 몇 [cm] 움직이는가?

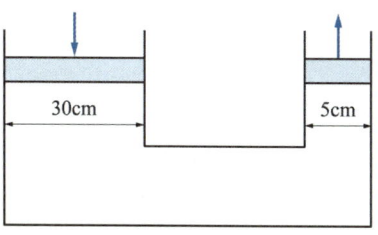

① 1
② 5
③ 30
④ 36

SOLUTION

풀이
용기 내의 유량은 일정하기 때문에 큰 피스톤에서 밀어낸 부피만큼 작은 피스톤에서 올라와야 한다.

1. 큰 피스톤이 밀어낸 부피

$$V_{큰} = (Ah)_{큰} = \left(\frac{\pi D_{큰}^2}{4}\right) \times h_{큰} = \left(\frac{\pi \times 30^2}{4}\right) \times 1 \fallingdotseq 706.86[cm^3]$$

2. 작은 피스톤이 올라온 부피

$$V_{작} = (Ah)_{작} = \left(\frac{\pi D_{작}^2}{4}\right) \times h_{작} = \left(\frac{\pi \times 5^2}{4}\right) \times h_{작}$$
$$\fallingdotseq 19.63 h_{작}[cm^3]$$

3. 작은 피스톤 이동 거리

앞서 설명 했듯이 유량이 일정하기 때문에 $V_{큰} = V_{작}$ 이다. 이를 작은 피스톤이 오르는 식으로 정리하면

$$h_{작} = \frac{706.86}{19.63} = 36[cm]$$

$$\therefore h_{작} = 36[cm]$$

59 ★☆☆

호주에서 무게가 20[N]인 어떤 물체를 한국에서 재어보니 19.8[N]이었다면 한국에서의 중력가속도[m/s²]는 얼마인가? (단, 호주에서의 중력가속도는 9.82[m/s²]이다)

① 9.46
② 9.61
③ 9.72
④ 9.82

SOLUTION

개념
무게

공식 정리

$$W = mg$$

여기서, W : 무게[N], m : 질량[kg], g : 중량가속도[m/s²]

풀이
1. 물체의 질량

물체의 질량은 어디에서든 항상 일정하다. 한국과 호주에서의 무게 차이는 중력가속도의 차이에 의해서 발생한다. 호주에서의 무게와 중력가속도가 주어졌기 때문에 물체의 질량을 우선 구한다. 무게의 공식을 질량에 관해 정리하고, 문제에서 주어진 값들을 대입하면

$$m = \frac{W_{호주}}{g_{호주}} = \frac{20}{9.82} \fallingdotseq 2.037[kg]$$

2. 한국에서의 중력가속도

무게의 공식을 중력가속도에 관한 식으로 정리하고, 문제에서 주어진 값과 앞서 구한 질량 값을 대입하면

$$g_{한국} = \frac{W_{한국}}{m} = \frac{19.8}{2.037} \fallingdotseq 9.72[m/s^2]$$

$$\therefore g_{한국} \fallingdotseq 9.72[m/s^2]$$

60 ★★☆

무차원수 중 레이놀즈수(Reynolds number)의 물리적인 의미는?

① $\dfrac{관성력}{중력}$
② $\dfrac{관성력}{탄성력}$
③ $\dfrac{관성력}{점성력}$
④ $\dfrac{관성력}{음속}$

SOLUTION

개념
레이놀즈 수

배관 내 유체 흐름의 형태를 판단하는 척도로 사용되는 수

공식 정리

$$레이놀즈 수\ Re = \frac{관성력}{점성력}$$

정답 58 ④ 59 ③ 60 ③

2025년 제3회 소방설비기사 CBT 복원문제

41 ★☆☆

다음은 어떤 열역학 법칙을 설명한 것인가?

> 열은 고온 열원에서 저온의 물체로 이동하나, 반대로 스스로 돌아갈 수 없는 비가역 변화이다.

① 열역학 제0법칙 ② 열역학 제1법칙
③ 열역학 제2법칙 ④ 열역학 제3법칙

SOLUTION

풀이
열은 고원 열원에서 저온의 물체로 이동하나, 반대로 스스로 돌아갈 수 없는 열에너지의 방향성을 제시하는 법칙은 열역학 제2법칙이다.

42 ★★☆

유체의 압축률에 관한 설명으로 올바른 것은?

① 압축률 = 밀도 × 체적탄성계수
② 압축률 = $\dfrac{1}{체적탄성계수}$
③ 압축률 = $\dfrac{밀도}{체적탄성계수}$
④ 압축률 = $\dfrac{체적탄성계수}{밀도}$

SOLUTION

개념
압축률

공식
$$\beta = \frac{1}{K}$$

여기서, β : 압축률[Pa^{-1}], K : 체적탄성계수[Pa]

풀이
압축률은 압력변화에 대한 체적변화율을 의미하며, 체적탄성계수의 역수이다. 압축률이 작다는 것은 압축하기 어렵다는 의미이다.

43 ★★★

회전속도 1,000[rpm]일 때 송출량 Q[m³/min], 전양정 H[m]인 원심펌프가 상사한 조건에서 송출량이 $1.1Q$[m³/min]가 되도록 회전속도를 증가시킬 때, 전양정은 어떻게 되는가?

① $0.91H$ ② H
③ $1.1H$ ④ $1.21H$

SOLUTION

개념
펌프의 상사법칙

공식

(1) 유량 $Q_2 = Q_1 \left(\dfrac{N_2}{N_1}\right)\left(\dfrac{D_2}{D_1}\right)^3$

(2) 양정 $H_2 = H_1 \left(\dfrac{N_2}{N_1}\right)^2 \left(\dfrac{D_2}{D_1}\right)^2$

(3) 축동력 $L_2 = L_1 \left(\dfrac{N_2}{N_1}\right)^3 \left(\dfrac{D_2}{D_1}\right)^5$

여기서, Q : 유량[m³/min], N : 회전속도[rpm], D : 지름[m]
H : 양정[m], L : 동력[kW]

풀이
1. 회전속도 관계
 문제에서 지름에 대한 언급은 별도로 없기 때문에 펌프의 상사법칙에서 회전속도만 고려해 생각한다. 양정의 변화량을 알기 위해서는 회전속도의 관계를 알아야 한다. 이는 유량의 관계식을 통해 구할 수 있다.

$$\frac{N_2}{N_1} = \frac{Q_2}{Q_1} = \frac{1.1Q}{Q} = 1.1$$

2. 변화된 양정

$$H_2 = H_1 \times \left(\frac{N_2}{N_1}\right)^2 = H \times 1.1^2 = 1.21H$$

∴ $H_2 = 1.21H$

정답 41 ③ 42 ② 43 ④

44 ★★★

그림과 같이 단면 A에서 정압이 500[kPa]이고 10[m/s]로 난류의 물이 흐르고 있을 때 단면 B에서의 유속[m/s]은?

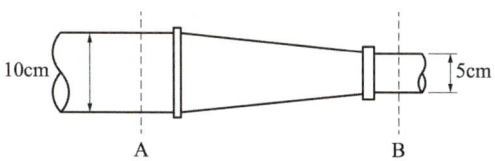

① 20
② 40
③ 60
④ 80

SOLUTION

개념
유량의 연속방정식

공식
$$Q = A_1 V_1 = A_2 V_2 = \left(\frac{\pi D_1^2}{4}\right) V_1 = \left(\frac{\pi D_2^2}{4}\right) V_2$$

여기서, Q : 유량[m³/s], A : 단면적[m²], V : 속도[m/s], D : 지름[m]

풀이
단면 A와 단면 B의 유량은 일정하다. 유량의 연속 방정식을 단면 B의 유속에 관한 식으로 정리하고 문제에서 주어진 값들을 대입하면

$$V_B = V_A \times \frac{D_A^2}{D_B^2} = 10 \times \frac{0.1^2}{0.05^2} = 40[\text{m/s}]$$

∴ $V_B = 40[\text{m/s}]$

[단위환산]
- 지름 $10[\text{cm}] = \frac{10}{100}[\text{m}] = 0.1[\text{m}]$
- 지름 $5[\text{cm}] = \frac{5}{100}[\text{m}] = 0.05[\text{m}]$

TIP
정압의 크기는 문제에서 베르누이의 정리를 활용하는 문제이게끔 속이기 위해 주어진 값이다.

45 ★☆☆

이상기체를 단열팽창 시키면 온도와 압력은 어떻게 변하는가?

① 온도와 압력 모두 증가한다.
② 온도와 압력 모두 내려간다.
③ 온도는 상승하고 압력은 내려간다.
④ 온도는 내려가고 압력은 상승한다.

SOLUTION

풀이
이상기체를 단열팽창 시키면 온도와 압력 모두 내려간다.

46 ★☆☆

피토관으로 측정된 동압이 2배가 되면 유속은 몇 배가 되는가?

① $\sqrt{2}$ 배
② 2배
③ 4배
④ $\frac{1}{\sqrt{2}}$ 배

SOLUTION

개념
동압

공식
$$P = \frac{1}{2}\rho V^2$$

여기서, P : 동압[Pa], ρ : 유체의 밀도[kg/m³], V : 유속[m/s]

풀이
동압의 공식을 유속에 관한 식으로 정리하고 동압을 2배로 해준다면

$$V_1 = \sqrt{\frac{2P_1}{\rho}}$$

$$V_2 = \sqrt{\frac{2P_2}{\rho}} = \sqrt{\frac{2 \times 2P_1}{\rho}} = \sqrt{2}\, V_1$$

∴ $\frac{V_2}{V_1} = \sqrt{2}$

정답 44 ② 45 ② 46 ①

47 ★★★

직경 20[cm]의 소화용 호스에 물이 393[N/s]가 흐른다. 이 때의 평균유속[m/s]은 얼마인가?

① 2.96　　　　② 4.34
③ 1.27　　　　④ 3.68

SOLUTION

개념
중량유량

공식 정리
$$G = AV\gamma = Q\gamma$$

여기서, G : 중량유량[N/s], A : 단면적[m²], V : 유속[m/s]
　　　　γ : 비중량(물의 비중량 : 9,800[N/m³]), Q : 유량[m³/s]

풀이
중량유량의 공식을 유속에 관한 식으로 정리하고 문제에서 주어진 값들을 대입하면

$$V = \frac{G}{A\gamma} = \frac{G}{\frac{\pi}{4}D^2 \times \gamma} = \frac{393}{\left(\frac{\pi}{4} \times 0.2^2\right) \times 9{,}800} \fallingdotseq 1.27 \text{[m/s]}$$

$\therefore\ V \fallingdotseq 1.27 \text{[m/s]}$

[단위환산]
- 길이 $20\text{[cm]} = \dfrac{20}{100}\text{[m]} = 0.2\text{[m]}$

48 ★★☆

표준대기압 상태인 어떤 지방의 호수 밑 72.4[m]에 있던 공기의 기포가 수면으로 올라오면 기포의 부피는 최초 부피의 몇 배가 되는가? (단, 기포 내의 공기는 보일의 법칙을 따른다)

① 2　　　　② 4
③ 7　　　　④ 8

SOLUTION

개념
- 물속의 압력

공식 정리
$$P_1 = P_2 + \gamma h$$

여기서, P_1 : 물속의 압력[kPa]
　　　　P_2 : 수면의 압력(표준대기압 101.325[kPa])
　　　　γ : 비중량(물의 비중량 9.8[kN/m³])
　　　　h : 수면으로부터의 높이[m]

- 보일의 법칙

공식 정리
$$P_1 V_1 = P_2 V_2$$

여기서, P : 압력[kPa], V : 부피[m³]

풀이
1. 압력 비교
   물속의 압력을 수면의 압력의 x배라고 한다면 물속의 압력 공식을 정리하면
   $$P_1 = xP_2 = P_2 + \gamma h$$
   이다. 위의 식을 x에 관해 정리하고 문제에서 주어진 값들을 대입하면
   $$x = 1 + \frac{\gamma h}{P_2} = 1 + \frac{9.8 \times 72.4}{101.325} \fallingdotseq 8$$
   즉, 물속의 압력은 현재 수면의 압력보다 8배가 높다는 결론이 나온다.

2. 부피 비교
   앞서 압력의 관계를 파악했다. 그러므로 보일의 법칙을 활용하면 쉽게 부피의 관계도 알 수 있다. 보일의 법칙을 수면으로 올라온 부피에 관한 식으로 정리하고 앞서 구한 값들을 대입하면
   $$V_2 = V_1 \times \frac{P_1}{P_2} = V_1 \times \frac{8P_2}{P_2} = 8V_1$$
   $\therefore\ V_2 = 8V_1$

49 ★★☆

동일한 성능의 두 펌프를 병렬로 연결하는 주된 목적은?

① 손실 감소
② 효율 증가
③ 양정 증가
④ 송출유량 증가

SOLUTION

개념

펌프를 병렬로 운전하면 송출유량은 펌프의 개수만큼 증가하고 양정은 그대로이다. 반면 펌프를 직렬로 운전하면 송출유량은 그대로이고, 양정은 펌프의 개수만큼 증가한다.

50 ★★★

부피가 240[m³]인 방 안에 들어 있는 공기의 질량은 약 몇 [kg] 인가? (단, 압력은 100[kPa], 온도는 300[K]이며, 공기의 기체상수는 0.287[kJ/kg·K]이다)

① 0.279
② 2.79
③ 27.9
④ 279

SOLUTION

개념
이상기체상태 방정식

공식 정리

$$PV = nRT = \frac{m}{M}RT = m\overline{R}T$$

여기서, P : 기압[kPa], V : 부피[m³], n : 몰수[mol],
R : 기체상수[kJ/mol·K], T : 절대온도[K], m : 질량[kg]
M : 분자량[kg/mol], $\overline{R}$: 특정기체상수[kJ/kg·K]

풀이
문제에서 공기의 기체상수가 주어졌기 때문에 특정기체상수를 활용한 이상기체상태 방정식을 사용한다. 공식을 질량에 관한 식으로 정리하고, 문제에서 주어진 값들을 대입하면

$$m = \frac{PV}{\overline{R}T} = \frac{100 \times 240}{0.287 \times 300} \fallingdotseq 279[kg]$$

∴ $m \fallingdotseq 279[kg]$

TIP
1. 이상기체상태 방정식은 주어진 단위에 따라 식이 다양한 형태로 달라진다. 주어진 단위를 항상 확인해서 식을 활용할 수 있도록 한다.
2. 서적에 따라 질량의 기호가 w, m, W 다양하게 주어진다. 식의 기호만 기억하기 보다는 의미를 함께 기억할 수 있도록 한다.

51 ★☆☆

그림과 같이 매끄러운 유리관에 물이 채워져 있을 때 모세관 상승높이 h는 약 몇 [m]인가?

[조건]
1. 액체의 표면장력 $\sigma = 0.073[N/m]$
2. R = 1[mm]
3. 매끄러운 유리관의 접촉각 $\theta \approx 0°$

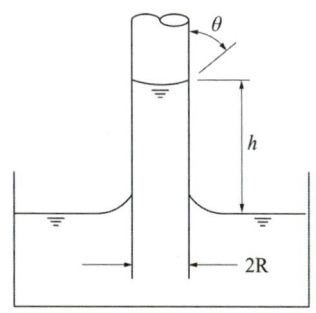

① 0.007
② 0.015
③ 0.07
④ 0.15

SOLUTION

개념
모세관현상

공식 정리

$$h = \frac{4\sigma\cos\theta}{\gamma D}$$

여기서, h : 상승높이[m], σ : 표면장력[N/m], θ : 접촉각
γ : 비중량[N/m³], D : 지름[m]

풀이
모세관현상 공식에 문제에서 주어진 값들을 대입하면

$$h = \frac{4\sigma\cos\theta}{\gamma D} = \frac{4 \times 0.073 \times \cos(0°)}{9,800 \times 0.002} \fallingdotseq 0.015[m]$$

∴ $h \fallingdotseq 0.015[m]$

[단위환산]
• 지름 $2[mm] = \frac{2}{1,000}[m] = 0.002[m]$

정답 49 ④ 50 ④ 51 ②

52 ★☆☆

유체 속에 완전히 잠긴 경사 평면에 작용하는 압력힘의 작용점은 어디에 위치하는가?

① 경사 평면의 도심보다 밑에 있다.
② 경사 평면의 도심보다 위에 있다.
③ 경사 평면의 도심에 있다.
④ 경사 평면의 도심과 관계가 없다.

SOLUTION

개념
작용점 깊이

공식 정리
$$y_p = y + \frac{I_c}{Ay}$$

여기서, y_p : 작용점의 깊이[m]
y : 수면에서 수문 중심까지의 경사거리[m]
I_c : 단면 2차 모멘트[m⁴]
(사각형의 단면 2차 모멘트 $I_c = \frac{폭 \times 높이^3}{12}$)
A : 수문의 단면적[m²]

풀이
작용점 깊이 공식에 따르면 작용점의 깊이의 값 y_p는 수면에서 수문 중심까지의 경사거리(도심) y에 $\frac{I_c}{Ay}$를 더했기 때문에 y보다 항상 크다. 그 말은 y_p는 수면에서의 거리가 y보다 항상 크다는 것을 의미한다. 즉, 작용점 깊이는 항상 경사 평면의 도심보다 아래(수면에서 더 깊은 곳)에 있다는 것이다.

53 ★★★

그림과 같이 물이 수조에 연결된 원형 파이프를 통해 분출하고 있다. 수면과 파이프의 출구 사이에 총 손실수두가 200[mm]이라고 할 때 파이프에서의 방출유량은 약 몇 [m³/s]인가? (단, 수면 높이의 변화 속도는 무시한다)

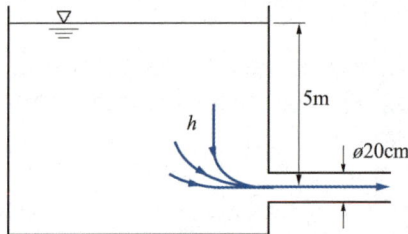

① 0.285
② 0.295
③ 0.305
④ 0.315

SOLUTION

개념
• 유속(토리첼리의 식)

공식 정리
$$V = \sqrt{2gh}$$

여기서, V : 유속, g : 중력가속도(9.8[m/s²]), h : 유체의 높이

• 유량

공식 정리
$$Q = AV = \left(\frac{\pi D^2}{4}\right)V$$

여기서, Q : 유량[m³/s], A : 단면적[m²], V : 유속[m/s], D : 직경[m]

풀이
1. 유속
손실수두가 200[mm](0.2[m])이므로 수면과 출구 사이의 실제적인 높이는 $(5-0.2)$[m]가 된다. 높이 값을 식에 대입하면
$$V = \sqrt{2gh} = \sqrt{2 \times 9.8 \times (5-0.2)} \fallingdotseq 9.7[m/s]$$

2. 방출유량
유량의 식에 문제에서 주어진 값과 앞서 구한 값을 대입하면
$$Q = AV = \left(\frac{\pi D^2}{4}\right) \times V = \left(\frac{\pi \times 0.2^2}{4}\right) \times 9.7 \fallingdotseq 0.305[m^3/s]$$

∴ $Q \fallingdotseq 0.305[m^3/s]$

54 ★★☆

정수력에 의해 수직평판의 힌지(hinge)점에 작용하는 단위폭당 모멘트를 바르게 표시한 것은? (단, ρ는 유체의 밀도, g는 중력가속도이다)

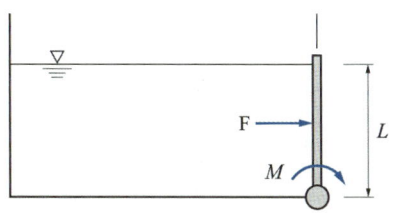

① $\frac{1}{6}\rho gL^3$ ② $\frac{1}{3}\rho gL^3$

③ $\frac{1}{2}\rho gL^3$ ④ $\frac{2}{3}\rho gL^3$

SOLUTION

개념

- 물이 평판을 수직으로 밀어내는 힘

공식 정리
$$F = \gamma hA = \rho ghA$$

여기서, F : 물이 평판을 수직으로 밀어내는 힘, γ : 비중량
h : 표면에서 평판 중심까지의 수직거리, A : 수문의 단면적
ρ : 밀도, g : 중력가속도

- 작용점 깊이

공식 정리
$$y_p = y + \frac{I_c}{Ay}$$

여기서, y_p : 작용점의 깊이, y : 수면에서 수문 중심까지의 경사거리
I_c : 단면 2차 모멘트(사각형의 단면 2차 모멘트 $I_c = \frac{\text{폭} \times \text{높이}^3}{12}$)
A : 수문의 단면적

- 힌지점 모멘트

공식 정리
$$M = F \times L_\text{힌지}$$

여기서, M : 모멘트, F : 작용점에 가해지는 힘
$L_\text{힌지}$: 힌지로부터 작용점까지의 거리

풀이

1. 물이 평판을 수직으로 밀어내는 힘
   물이 평판을 수직으로 밀어내는 힘 공식에 문제에서 주어진 값을 대입하면
   $$F = \gamma hA = \rho ghA = \rho g \times \left(\frac{1}{2}L\right) \times (1 \times L) = \frac{1}{2}\rho gL^2$$

2. 평판에 작용하는 물의 작용점 깊이
   작용점 깊이 공식에 문제에서 주어진 값을 대입하면
   $$y_p = y + \frac{I_c}{Ay} = \frac{L}{2} + \frac{\frac{1 \times L^3}{12}}{(1 \times L) \times \frac{L}{2}} = \frac{2}{3}L$$

3. 힌지점에 작용하는 단위폭당 모멘트
   L은 힌지로부터 작용점까지의 거리이다.
   평판에 작용하는 물의 작용점 깊이가 $\frac{2}{3}L$이기 때문에 힌지로부터 작용점까지의 거리는 $L_\text{힌지} = 1 - \frac{2}{3}L = \frac{1}{3}L$이라는 것을 알 수 있다.
   힌지점 모멘트 공식에, 앞서 구한 값들을 대입하면
   $$M = F \times L_\text{힌지} = \frac{1}{2}\rho gL^2 \times \frac{1}{3}L = \frac{1}{6}\rho gL^3$$
   $$\therefore M = \frac{1}{6}\rho gL^3$$

TIP
폭의 길이는 따로 주어지지 않았기 때문에 계산의 편의성을 위해 1로 잡고 계산을 진행했다. 폭의 길이를 기호 또는 다른 임의의 숫자를 사용하더라도 답은 동일할 것이다.

55 ★★☆

절대압력을 가장 적절히 표현한 것은?

① 절대압력 = 대기압력 + 게이지압력
② 절대압력 = 대기압력 - 게이지압력
③ 절대압력 = 표준대기압력 + 게이지압력
④ 절대압력 = 표준대기압력 - 게이지압력

SOLUTION

개념
절대압력

공식 정리
절대압력 = 대기압 + 게이지 압력(계기압)
절대압력 = 대기압 - 진공압

TIP
절대압력은 게이지 압력(계기압력)이 주어지면 대기압력에 더해주고, 진공압력이 주어지면 대기압력에서 빼준다.

정답 54 ① 55 ①

56 ★★☆

표면온도 15[℃], 방사율 0.85인 40[cm]×50[cm] 직사각형 나무판의 한쪽 면으로부터 방사되는 복사열은 약 몇 [W]인가? (단, 스테판-볼츠만 상수는 5.67×10^{-8}[W/m²·K⁴]이다)

① 12
② 66
③ 78
④ 521

SOLUTION

개념
스테판-볼츠만의 법칙(열복사 법칙)

공식 정리
$$Q = \varepsilon \sigma A T^4$$

여기서, Q : 복사열[W], ε : 방사율, σ : 스테판-볼츠만 상수[W/m²·K⁴]
A : 표면적[m²], T : 절대온도[K]

풀이
문제에서 주어진 값들을 스테판-볼츠만 공식에 모두 대입하면
$Q = \varepsilon \sigma A T^4 = 0.85 \times (5.67 \times 10^{-8}) \times (0.4 \times 0.5) \times (15 + 273)^4$
$\fallingdotseq 66$[W]

∴ $Q \fallingdotseq 66$[W]

[단위환산]
- 면적 $40[cm] \times 50[cm] = \dfrac{40}{100}[m] \times \dfrac{50}{100}[m] = 0.4[m] \times 0.5[m]$
- 온도 $15[℃] = (15 + 273)[K]$

57 ★★★

초기 상태에서 압력 100[kPa], 온도 15[℃]인 공기가 있다. 공기의 부피가 초기 부피의 1/200이 될 때까지 단열압축할 때 압축 후의 온도는 약 몇 [℃]인가? (단, 공기의 비열비는 1.40이다)

① 54
② 348
③ 682
④ 912

SOLUTION

개념
단열변화 시 온도, 체적, 압력의 관계

공식 정리
$$\frac{T_2}{T_1} = \left(\frac{V_1}{V_2}\right)^{k-1} = \left(\frac{P_2}{P_1}\right)^{\frac{k-1}{k}}$$

여기서, T : 절대온도[K], V : 체적[m³], k : 비열비, P : 압력[Pa]

풀이
단열변화 시 온도와 체적의 관계식을 온도에 대하여 정리하고 문제에서 주어진 값들을 대입하면
$T_2 = T_1 \times \left(\dfrac{V_1}{V_2}\right)^{k-1} = (15 + 273) \times \left(\dfrac{V_1}{\frac{1}{20}V_1}\right)^{1.4-1}$

$= (15 + 273) \times 20^{0.4} \fallingdotseq 955[K] = 682[℃]$

∴ $T_2 = 682[℃]$

[단위환산]
- 온도 $15[℃] = (15 + 273)[K]$
- 온도 $955[K] = (955 - 273)[℃] = 682[℃]$

58 ★★★

토출량이 0.65[m³/min]인 펌프를 사용하는 경우 펌프의 소요 축동력[kW]은? (단, 전양정은 40[m]이고, 펌프의 효율은 50[%]이다)

① 4.2
② 8.5
③ 17.2
④ 50.9

SOLUTION

개념
펌프(전동기)의 축동력

공식 정리
$$P = \frac{\gamma Q H}{\eta}$$

여기서, P : 펌프의 축동력[kW], γ : 물의 비중량(9.8[kN/m³])
Q : 유량[m³/s], H : 양정(높이)[m], η : 효율

풀이
펌프의 축동력 공식에 문제에서 주어진 값들을 대입하면
$P = \dfrac{\gamma Q H}{\eta} = \dfrac{9.8 \times \frac{0.65}{60} \times 40}{0.5} \fallingdotseq 8.5$[kW]

∴ $P \fallingdotseq 8.5$[kW]

[단위환산]
- 토출량 $0.65[m³/min] = \dfrac{0.65}{60}[m³/s]$

56 ② 57 ③ 58 ②

59 ★★★

펌프의 상사법칙에서 펌프의 직경을 절반으로 줄이면 처음 동력의 몇 배가 되는가?

① $\frac{1}{32}$ 배
② $\frac{1}{16}$ 배
③ $\frac{1}{8}$ 배
④ $\frac{1}{4}$ 배

SOLUTION

개념
펌프의 상사법칙

공식 정리

(1) 유량 $Q_2 = Q_1 \left(\frac{N_2}{N_1}\right)\left(\frac{D_2}{D_1}\right)^3$

(2) 양정 $H_2 = H_1 \left(\frac{N_2}{N_1}\right)^2\left(\frac{D_2}{D_1}\right)^2$

(3) 축동력 $L_2 = L_1 \left(\frac{N_2}{N_1}\right)^3\left(\frac{D_2}{D_1}\right)^5$

여기서, Q : 유량[m³/min], N : 회전속도[rpm], D : 지름[m]
H : 양정[m], L : 동력[kW]

풀이
펌프의 상사법칙에서 축동력은 지름⁵에 비례한다. 회전수의 언급은 따로 없으므로 회전수는 무시하고 지름에 관해 다시 식을 세워보면

$P_2 = P_1 \left(\frac{D_2}{D_1}\right)^5 = P_1 \left(\frac{\frac{1}{2}D_1}{D_1}\right)^5 = P_1 \times \left(\frac{D_1}{2D_1}\right)^5 = P_1 \times \left(\frac{1}{2}\right)^5$

$= \frac{1}{32} P_1$

$\therefore \frac{P_2}{P_1} = \frac{1}{32}$

60 ★★★☆

안지름 4[cm], 바깥지름 6[cm]인 동심 이중관의 수력직경(hydraulic diameter)은 몇 [cm]인가?

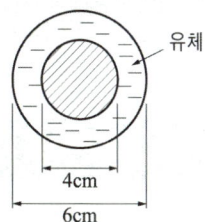

① 2
② 3
③ 4
④ 5

SOLUTION

개념
수력직경

공식 정리
$$D_h = D_1 - D_2$$

여기서, D_h : 수력직경[cm]
D_1 : 외경[cm]
D_2 : 내경[cm]

풀이
수력직경 공식에 문제에서 주어진 값들을 대입하면
$D_h = D_1 - D_2 = 6 - 4 = 2$[cm]
$\therefore D_h = 2$[cm]

정답 59 ① 60 ①

과목별 기출문제

제4과목 소방기계시설의 구조 및 원리

2018년 제1회 소방설비기사

61 ★☆☆

제연설비의 배출량 기준 중 다음 ( ) 안에 알맞은 것은?

> 거실의 바닥면적이 400[m²] 미만으로 구획된 예상제연구역에 대한 배출량은 바닥면적 1[m²]당 (㉠)[m³/min] 이상으로 하되, 예상제연구역 전체에 대한 최저배출량은 (㉡)[m³/hr] 이상으로 하여야 한다.

① ㉠ 0.5, ㉡ 10,000
② ㉠ 1, ㉡ 5,000
③ ㉠ 1.5, ㉡ 15,000
④ ㉠ 2, ㉡ 5,000

SOLUTION

개념

제연설비의 배출량 및 배출방식(바닥면적 400[m²] 미만인 거실)
- 예상제연 구역에 대한 배출량 : 바닥면적 1[m²]당 1[m³/min] 이상
- 예상제연구역 전체에 대한 최저 배출량 : 5,000[m³/hr] 이상

62 ★★★

케이블트레이에 물분무소화설비를 설치하는 경우 저장하여야 할 수원의 최소 저수량은 몇 [m³]인가? (단, 케이블트레이의 투영된 바닥면적은 70[m²]이다)

① 12.4
② 14
③ 16.8
④ 28

SOLUTION

개념

물분무소화설비의 수원

설치장소	가압송수장치 토출량[L/min·m²]	방수시간 [min]	기준면적 [m²]
특수가연물을 저장·취급하는 특정소방대상물	10	20	바닥면적 (최소 50[m²])
절연유 봉입 변압기	10		바닥부분을 제외한 표면적
컨베이어 벨트 (콘베이어 벨트)	10		벨트 부분의 바닥면적
케이블트레이, 케이블 덕트	12		투영된 바닥면적
차고·주차장	20		바닥면적 (최소 50[m²])

풀이

케이블트레이에 물분무소화설비를 설치하는 경우의 수원 최소 저수량을 식으로 정리하면

케이블트레이 = 가압송수장치토출량 × 방수시간 × 기준면적
$= 12 \times 20 \times 70 = 16,800[L] = 16.8[m^3]$

∴ 케이블트레이 $= 16.8[m^3]$

[단위환산]
- 부피 $16,800[L] = \frac{16,800}{1,000}[m^3] = 16.8[m^3]$

정답 61 ② 62 ③

63 ★☆☆

호스릴 이산화탄소소화설비의 노즐은 20[℃]에서 하나의 노즐마다 몇 [kg/min] 이상의 소화약제를 방사할 수 있는 것이어야 하는가?

① 40
② 50
③ 60
④ 80

SOLUTION

개념
호스릴이산화탄소소화설비의 설치기준

- 노즐은 20[℃]에서 하나의 노즐마다 60[kg/min] 이상의 소화약제를 방사할 수 있을 것
- 방호대상물의 각 부분으로부터 하나의 호스접결구까지의 수평거리가 15[m] 이하가 되도록 할 것

64 ★★☆

차고·주차장의 부분에 호스릴포소화설비 또는 포소화전설비를 설치할 수 있는 기준 중 틀린 것은?

① 지상 1층으로서 방화구획 되거나 지붕이 없는 부분
② 고가 밑의 주차장으로서 주된 벽이 없고 기둥 뿐이거나 주위가 위해방지용 철주 등으로 둘러쌓인 부분
③ 옥외로 통하는 개구부가 상시 개방된 구조의 부분으로서 그 개방된 부분의 합계면적이 해당 차고 또는 주차장의 바닥면적의 20[%] 이상인 부분
④ 완전 개방된 옥상주차장

SOLUTION

개념
특정소방대상물에 따른 포소화설비의 적응성

특정소방대상물	포소화설비
• 특수가연물을 저장·취급하는 공장 또는 창고 • 항공기격납고 • 차고 또는 주차장	• 포워터스프링클러설비 • 고정포방출설비 • 압축공기포소화설비 • 포헤드설비
• 완전 개방된 옥상주차장 또는 고가 밑의 주차장으로서 주된 벽이 없고 기둥 뿐이거나 주위가 위해방지용 철주 등으로 둘러쌓인 부분 • 지상 1층 차고·주차장으로서 지붕이 없는 부분	• 호스릴포소화설비 • 포소화전설비
• 발전기실, 변압기, 전기케이블실, 엔진펌프실, 유압설비로서 바닥면적의 합계 300[㎡] 미만의 장소	• 고정식 압축공기포소화설비

65 ★★☆

특별피난계단의 계단실 및 부속실 제연설비의 수직풍도에 따른 배출기준 중 각층의 옥내와 면하는 수직풍도의 관통부에 설치하여야 하는 배출댐퍼 설치기준으로 틀린 것은?

① 화재층의 옥내에 설치된 화재감지기의 동작에 따라 당해층의 댐퍼가 개방될 것
② 풍도의 배출댐퍼는 이·탈착구조가 되지 않도록 설치할 것
③ 개폐여부를 당해 장치 및 제어반에서 확인할 수 있는 감지기능을 내장하고 있을 것
④ 배출댐퍼는 두께 1.5[mm] 이상의 강판 또는 이와 동등 이상의 성능이 있는 것으로 설치하여야 하며 비 내식성 재료의 경우에는 부식방지 조치를 할 것

SOLUTION

개념
특별피난계단의 계단실 및 부속실 제연설비의 배출댐퍼 설치기준
- 화재 층의 옥내에 설치된 화재감지기의 동작에 따라 해당 층의 댐퍼가 개방될 것
- 풍도의 내부마감상태에 대한 점검 및 댐퍼의 장비가 가능한 이·탈착구조로 할 것
- 개폐여부를 당해 장치 및 제어반에서 확인할 수 있는 감지기능을 내장하고 있을 것
- 배출댐퍼는 두께 1.5[mm] 이상의 강판 또는 이와 동등 이상의 성능이 있는 것으로 설치하여야 하며 비 내식성 재료의 경우에는 부식방지 조치를 할 것
- 평상시 닫힌 구조로 기밀상태를 유지할 것
- 구동부의 작동상태와 닫혀 있을 때의 기밀상태를 수시로 점검할 수 있는 구조일 것
- 개방 시의 실제개구부의 크기는 수직풍도의 최소 내부단면적 이상으로 할 것
- 댐퍼는 풍도 내의 공기흐름에 지장을 주지 않도록 수직풍도의 내부로 돌출하지 않게 설치할 것

66 ★★☆

인명구조기구의 종류가 아닌 것은?

① 방열복　② 구조대
③ 공기호흡기　④ 인공소생기

SOLUTION

개념
인명구조기구의 종류
- 방열복
- 공기호흡기
- 인공소생기
- 방화복

풀이
구조대는 피난기구이다.

67 ★★★

분말소화약제의 가압용 가스용기의 설치기준 중 틀린 것은?

① 분말 소화약제의 저장용기에 접속하여 설치하여야 한다.
② 가압용가스는 질소가스 또는 이산화탄소로 하여야 한다.
③ 가압용 가스용기를 3병 이상 설치한 경우에 있어서는 2개 이상의 용기에 전자개방밸브를 부착하여야 한다.
④ 가압용 가스용기에는 2.5[MPa] 이상의 압력에서 압력조정이 가능한 압력조정기를 설치하여야 한다.

SOLUTION

개념
분말소화약제의 가압용가스 또는 축압용가스의 설치기준

구분	질소가스식소화약제 1[kg]당 양, 35[℃], 1기압 기준	이산화탄소
가압용	40[ℓ] 이상	소화약제 1[kg]당 20[g]
축압용	10[ℓ] 이상	+배관 청소 필요량 이상

- 분말소화약제의 가스용기는 분말소화약제의 저장용기에 접속하여 설치할 것
- 분말소화약제의 가압용가스 용기를 3병 이상 설치한 경우에는 2개 이상의 용기에 전자개방밸브를 부착할 것
- 분말소화약제의 가압용가스 용기에는 2.5[MPa] 이하의 압력에서 조정이 가능한 압력조정기를 설치할 것

68 ★★☆

스프링클러헤드의 설치기준 중 옳은 것은?

① 살수가 방해되지 아니하도록 스프링클러 헤드로부터 반경 30[cm] 이상의 공간을 보유할 것
② 스프링클러헤드와 그 부착면과의 거리는 60[cm] 이하로 할 것
③ 측벽형스프링클러헤드를 설치하는 경우 긴 변의 한쪽 벽에 일렬로 설치하고 3.2[m] 이내마다 설치할 것
④ 연소할 우려가 있는 개구부에는 그 상하좌우에 2.5[m] 간격으로 스프링클러 헤드를 설치하되, 스프링클러헤드와 개구부의 내측 면으로부터 직선거리는 15[cm] 이하가 되도록 할 것

SOLUTION

개념
스프링클러헤드의 설치기준

- 살수에 방해되지 아니하도록 스프링클러헤드로부터 반경 60[cm] 이상의 공간을 보유할 것. 다만, 벽과 스프링클러헤드 간의 공간은 10[cm] 이상으로 한다.
- 스프링클러헤드와 그 부착면과의 거리는 30[cm] 이하로 할 것
- 측벽형스프링클러를 설치하는 경우 긴 벽의 한쪽 벽에 일렬로 설치하고 3.6[m] 이내마다 설치할 것
- 연소할 우려가 있는 개구부에는 그 상하좌우에 2.5[m] 간격으로 스프링클러헤드를 설치하되, 스프링클러헤드와 개구부의 내측 면으로부터 직선거리는 15[cm] 이하가 되도록 할 것

69 ★★★

포헤드의 설치기준 중 다음 ( ) 안에 알맞은 것은?

압축공기포소화설비의 분사헤드는 천장 또는 반자에 설치하되 방호대상물에 따라 측벽에 설치할 수 있으며 유류탱크 주위에는 바닥면적 (㉠)[m²]마다 1개 이상, 특수가연물저장소에는 바닥면적 (㉡)[m²]마다 1개 이상으로 당해 방호대상물의 화재를 유효하게 소화할 수 있도록 할 것

① ㉠ 8, ㉡ 9
② ㉠ 9, ㉡ 8
③ ㉠ 9.3, ㉡ 13.9
④ ㉠ 13.9, ㉡ 9.3

SOLUTION

개념
압축공기포소화설비의 분사헤드

구분	설치개수
유류탱크 주위	13.9[m²]마다 1개 이상
특수가연물 저장소	9.3[m²]마다 1개 이상

70 ★★☆

분말소화설비의 수동식 기동장치의 부근에 설치하는 비상스위치에 대한 설명으로 옳은 것은?

① 자동복귀형 스위치로서 수동식 기동장치의 타이머를 순간 정지 시키는 기능의 스위치를 말한다.
② 자동복귀형 스위치로서 수동식 기동장치가 수신기를 순간 정지 시키는 기능의 스위치를 말한다.
③ 수동복귀형 스위치로서 수동식 기동장치의 타이머를 순간 정지 시키는 기능의 스위치를 말한다.
④ 수동복귀형 스위치로서 수동식 기동장치가 수신기를 순간 정지 시키는 기능의 스위치를 말한다.

SOLUTION

개념
방출지연스위치(방출지연 비상스위치)
자동복귀형 스위치로서 수동식 기동장치의 부근에 설치하며 수동식 기동장치의 타이머를 순간정지시키는 기능의 스위치

정답 68 ④ 69 ④ 70 ①

71 ★☆☆

이산화탄소 소화설비의 배관의 설치기준 중 다음 ( ) 안에 알맞은 것은?

> 고압식의 경우 개폐밸브 또는 선택밸브의 2차측 배관부속은 최소사용설계압력 4.5[MPa] 이상의 것을 사용하여야 하며, 1차측 배관부속은 최소사용설계압력 (㉠)[MPa] 이상의 것을 사용하여야 하고, 저압식의 경우에는 (㉡)[MPa]의 압력에 견딜 수 있는 배관부속을 사용할 것

① ㉠ 9.0, ㉡ 4.5
② ㉠ 9.5, ㉡ 4.5
③ ㉠ 9.0, ㉡ 5.0
④ ㉠ 9.5, ㉡ 5.0

SOLUTION

개념
이산화탄소소화설비 배관의 성능기준

구분		성능기준
개폐밸브, 선택밸브의 배관부속	고압식	• 1차측 : 최소사용설계압력 9.5[MPa] • 2차측 : 최소사용설계압력 4.5[MPa]
	저압식	최소사용설계압력 4.5[MPa]

72 ★☆☆

옥외소화전설비 설치 시 고가수조의 자연 낙차를 이용한 가압송수장치의 설치기준 중 고가수조의 최소 자연낙차수두 산출공식으로 옳은 것은? (단, H : 필요한 낙차[m], h_1 : 소방용 호스 마찰손실 수두[m], h_2 : 배관의 마찰손실 수두[m]이다)

① $H = h_1 + h_2 + 25$
② $H = h_1 + h_2 + 17$
③ $H = h_1 + h_2 + 12$
④ $H = h_1 + h_2 + 10$

SOLUTION

개념
옥외소화전설비 고가수조방식의 자연낙차수두

공식 정리
$$H = h_1 + h_2 + 25$$

여기서, H : 필요한 낙차[m], h_1 : 호스의 마찰손실수두[m]
h_2 : 배관의 마찰손실수두[m]

TIP
공식에서 25는 옥외소화전설비의 규정방수압인 0.25[MPa]를 수두로 환산했을 때 나오는 값이다.

73 ★★☆

물분무헤드의 설치제외 기준 중 다음 ( ) 안에 알맞은 것은?

> 운전 시에 표면의 온도가 ( )[℃] 이상으로 되는 등 직접 분무를 하는 경우 그 부분에 손상을 입힐 우려가 있는 기계장치 등이 있는 장소

① 100
② 260
③ 280
④ 980

SOLUTION

개념
물분무헤드의 설치 제외 장소

• 운전 시에 표면의 온도가 260[℃] 이상으로 되는 등 직접 분무를 하는 경우 그 부분에 손상을 입힐 우려가 있는 기계장치 등이 있는 장소
• 물에 심하게 반응하는 물질 또는 물과 반응하여 위험한 물질을 생성하는 물질을 저장 또는 취급하는 장소
• 고온의 물질 및 증류범위가 넓어 끓어 넘치는 위험이 있는 물질을 저장 또는 취급하는 장소

74 ★★★

연면적이 35,000[m²]인 특정소방대상물에 소화용수설비를 설치하는 경우 소화수조의 최소 저수량은 약 몇 [m³]인가? (단, 지상 1층 및 2층의 바닥면적 합계가 15,000[m²] 이상인 경우이다)

① 28
② 46.7
③ 56
④ 100

SOLUTION

개념
소화수조 및 저수조의 저수량

공식 정리
$$저수량 = \frac{연면적}{기준면적}(절상한 값) \times 20[m^3]$$

소방대상물의 구분	기준면적[m²]
1층 및 2층의 바닥면적 합계가 15,000[m²] 이상인 특정소방대상물	7,500
그 밖의 특정소방대상물	12,500

정답 71 ② 72 ① 73 ② 74 ④

풀이
1층 및 2층의 바닥면적 합계가 15,000[m²] 이상인 특정소방대상물이므로 기준면적은 7,500[m²]이다. 연면적을 기준면적으로 나누면 $\dfrac{35,000}{7,500} ≒ 4.67 ≒ 5$(절상)이다. 이 값에 20[m³]을 곱해주면 저수량을 구할 수 있다. 그러므로

저수량 = $5 × 20 = 100[m³]$

∴ 저수량 = $100[m³]$

75 ★☆☆

소화기에 호스를 부착하지 아니할 수 있는 기준 중 틀린 것은?

① 소화약제의 중량이 2[kg] 미만인 분말소화기
② 소화약제의 중량이 3[kg] 미만인 이산화탄소 소화기
③ 소화약제의 중량이 4[kg] 미만인 할로겐화합물 소화기
④ 소화약제의 중량이 5[kg] 미만인 산알칼리 소화기

SOLUTION
개념
소화기에 호스를 부착하지 아니할 수 있는 기준
- 소화약제의 중량이 2[kg] 미만인 분말소화기
- 소화약제의 중량이 3[kg] 미만인 이산화탄소소화기
- 소화약제의 중량이 4[kg] 미만인 할로겐화합물소화기
- 소화약제의 용량이 3[L] 미만인 액체계 소화약제소화기

76 ★★☆

발전실의 용도로 사용되는 바닥면적이 280[m²]인 발전실에 부속용도별로 추가하여야 할 적응성이 있는 소화기의 최소 수량은 몇 개인가?

① 2
② 4
③ 6
④ 12

SOLUTION
개념
소화기 추가 설치개수

용도별	추가 설치개수
전기설비(발전실·변전실·송전실·변압기실·배전반실 등)	바닥면적 50[m²]마다 적응성이 있는 소화기 1개 이상
보일러·음식점·의료시설·업무시설 등	바닥면적 25[m²]마다 적응성이 있는 소화기 1개 이상

풀이
발전실에는 바닥면적 50[m²]마다 적응성이 있는 소화기를 1개 이상 설치해야 한다. 바닥면적이 280[m²]이므로

소화기의 개수 = $\dfrac{280}{50} = 5.6 ≒ 6$개이다.

TIP
개수를 구할 때 소수점이 있다면 별도의 지시가 없는 경우에는 올림(절상)을 하면 된다. 5.6을 올림 하면 6개이므로 답은 6개이다.

77 ★☆☆

고정식 사다리의 구조에 따른 분류로 틀린 것은?

① 굽히는식
② 수납식
③ 접는식
④ 신축식

SOLUTION
개념
고정식 사다리의 분류
- 수납식
- 접는식
- 신축식

78 ★☆☆

폐쇄형 스프링클러헤드 퓨지블링크형의 표시온도가 121 ~ 162[℃]인 경우 후레임의 색별로 옳은 것은? (단, 폐쇄형헤드이다)

① 파랑
② 빨강
③ 초록
④ 흰색

SOLUTION

개념
폐쇄형스프링클러헤드의 퓨지블링크형 표시온도

표시온도	프레임의 색별
77[℃] 미만	색 표시 안함
78 ~ 120[℃]	흰색
121 ~ 162[℃]	파랑
163 ~ 203[℃]	빨강
204 ~ 259[℃]	초록
260 ~ 319[℃]	오렌지
320[℃] 이상	검정

79 ★★☆

습식유수검지장치를 사용하는 스프링클러 설비에 동장치를 시험할 수 있는 시험 장치의 설치위치 기준으로 옳은 것은?

① 유수검지장치 2차측 배관에 연결하여 설치할 것
② 교차관의 중간 부분에 연결하여 설치할 것
③ 유수검지장치의 측면배관에 연결하여 설치할 것
④ 유수검지장치에서 가장 먼 교차배관의 끝으로부터 연결하여 설치할 것

SOLUTION

개념
스프링클러설비 시험장치의 설치기준

스프링클러설비	설치기준
습식스프링클러설비 부압식스프링클러설비	• 유수검지장치 2차 측 배관에 연결하여 설치할 것
건식스프링클러설비	• 유수검지장치에서 가장 먼 거리에 위치한 가지배관의 끝으로부터 연결하여 설치할 것 • 유수검지장치 2차 측 설비의 내용적이 2,840[L]를 초과하는 경우 시험장치 개폐밸브를 완전 개방 후 1분 이내에 물이 방사 될 것

• 시험배관의 끝에는 물받이 통 및 배수관을 설치하여 시험 중 방사된 물이 바닥에 흘러내리지 않도록 할 것
• 화장실과 같은 배수처리가 쉬운 장소에 시험배관을 설치한 경우에는 물받이통 및 배수관을 생략할 수 있음
• 시험장치 배관의 구경은 25[mm] 이상으로 하고, 그 끝에 개폐밸브 및 개방형헤드 또는 스프링클러헤드와 동등한 방수성능을 가진 오리피스를 설치할 것

80 ★★★

물분무소화설비 수원의 저수량 설치기준으로 옳지 않은 것은?

① 특수가연물을 저장 또는 취급하는 특정소방대상물 또는 그 부분에 있어서 그 바닥면적 1[m²]에 대하여 10[l/min]으로 20분간 방수할 수 있는 양 이상으로 할 것
② 차고 또는 주차장은 그 바닥면적 1[m²]에 대하여 20[l/min]으로 20분간 방수할 수 있는 양 이상으로 할 것
③ 케이블 덕트는 투영된 바닥면적 1[m²]에 대하여 12[l/min]으로 20분간 방수할 수 있는 양 이상으로 할 것
④ 콘베이어 벨트 등은 벨트부분의 바닥면적 1[m²]에 대하여 20[l/min]으로 20분간 방수할 수 있는 양 이상으로 할 것

SOLUTION

개념
물분무소화설비의 수원

설치장소	가압송수장치 토출량[L/min·m²]	방수시간 [min]	기준면적 [m²]
특수가연물을 저장·취급하는 특정소방대상물	10	20	바닥면적 (최소 50[m²])
절연유 봉입 변압기	10		바닥부분을 제외한 표면적
컨베이어 벨트 (콘베이어 벨트)	10		벨트 부분의 바닥면적
케이블트레이, 케이블 덕트	12		투영된 바닥면적
차고·주차장	20		바닥면적 (최소 50[m²])

정답 78 ① 79 ① 80 ④

2018년 제2회 소방설비기사

61 ★★☆

전역방출방식의 분말소화설비에 있어서 방호구역의 용적이 500[m³]일 때 적합한 분사헤드의 수는? (단, 제1종 분말이며, 체적 1[m³]당 소화약제의 양은 0.60[kg]이며, 분사헤드 1개의 분당 표준 방사량은 18[kg]이다)

① 17개   ② 30개
③ 34개   ④ 134개

SOLUTION

개념
소화약제의 저장량

공식 정리
$$Q = V \times K_1 + A \times K_2$$

여기서, Q : 소화약제의 저장량[kg], V : 방호구역의 체적[m³]
K_1 : 방호구역 1[m³]에 대한 소화약제의 양[kg/m³]
A : 방호구역의 개구부면적[m²]
K_2 : 개구부 가산량(자동폐쇄장치가 없는 경우)[kg/m²]

풀이
문제에서 제시된 $K_1 = 0.6$[kg/m³]이다. 또한 개구부에 대한 조건이 주어지지 않았으므로 개구부 가산량은 무시하고 계산한다. 이 값들과 문제에서 주어진 값들을 공식에 대입하면 소화약제의 저장량은
$Q = V \times K_1 = 500 \times 0.6 = 300$[kg]이다.
전역방출방식의 경우 소화약제 저장량을 30초 이내에 방출할 수 있어야 하고, 분사헤드 1개당 1분에 18[kg]을 방출할 수 있으므로 30초동안 방출할 수 있는 양은 $\frac{18}{0.5} = 9$[kg]이다. 따라서 소화약제의 저장량을 9로 나눠주면

분사헤드의 수 = $\frac{300}{9} ≒ 33.33 ≒ 34$[개]

∴ 분사헤드의 수 ≒ 34[개]

TIP
개수를 구할 때 소수점이 있다면 별도의 지시가 없는 경우에는 올림(절상)을 하면 된다. 33.33을 올림 하면 34개이므로 답은 34개이다.

62 ★★★

이산화탄소 소화약제의 저장용기 설치기준 중 옳은 것은?

① 저장용기의 충전비는 고압식은 1.9 이상 2.3 이하, 저압식은 1.5 이상 1.9 이하로 할 것
② 저압식 저장용기에는 액면계 및 압력계와 2.1[MPa] 이상 1.9[MPa] 이하의 압력에서 작동하는 압력경보장치를 설치할 것
③ 저장용기 고압식은 25[MPa] 이상, 저압식은 3.5[MPa] 이상의 내압시험압력에 합격한 것으로 할 것
④ 저압식 저장용기에는 내압시험압력의 1.8배의 압력에서 작동하는 안전밸브와 내압시험압력의 0.8배로부터 내압시험압력에서 작동하는 봉판을 설치할 것

SOLUTION

개념
이산화탄소소화약제 저장용기의 기준

- 저압식 저장용기에는 내압시험압력의 0.64배부터 0.8배의 압력에서 작동하는 안전밸브와 내압시험압력의 0.8배부터 내압시험압력에서 작동하는 봉판을 설치할 것
- 저장용기의 충전비는 고압식은 1.5 이상 1.9 이하, 저압식은 1.1 이상 1.4 이하로 할 것
- 저압식 저장용기에는 액면계 및 압력계와 2.3[MPa] 이상 1.9[MPa] 이하의 압력에서 작동하는 압력경보장치를 설치할 것
- 저압식 저장용기에는 용기 내부의 온도가 -18[℃] 이하에서 2.1[MPa]의 압력을 유지할 수 있는 자동냉동장치를 설치할 것
- **저장용기는 고압식은 25[MPa] 이상, 저압식은 3.5[MPa] 이상의 내압시험압력에 합격한 것으로 할 것**

63 ★★☆

화재 시 연기가 찰 우려가 없는 장소로서 호스릴분말소화설비를 설치할 수 있는 기준 중 다음 ( ) 안에 알맞은 것은?

- 지상 1층 및 피난층에 있는 부분으로서 지상에서 수동 또는 원격조작에 따라 개방할 수 있는 개구부의 유효면적의 합계가 바닥면적의 (㉠)[%] 이상이 되는 부분
- 전기설비가 설치되어 있는 부분 또는 다량의 화기를 사용하는 부분의 바닥면적이 해당 설비가 설치되어 있는 구획의 바닥면적의 (㉡) 미만이 되는 부분

① ㉠ 15, ㉡ 1/5 ② ㉠ 15, ㉡ 1/2
③ ㉠ 20, ㉡ 1/5 ④ ㉠ 20, ㉡ 1/2

SOLUTION

개념
호스릴분말소화설비의 설치대상
- 지상 1층 및 피난층에 있는 부분으로서 지상에서 수동 또는 원격조작에 따라 개방할 수 있는 개구부의 유효면적의 합계가 바닥면적의 15[%] 이상이 되는 부분
- 전기설비가 설치되어 있는 부분 또는 다량의 화기를 사용하는 부분의 바닥면적이 해당 설비가 설치되어 있는 구획의 바닥면적의 $\frac{1}{5}$ 미만이 되는 부분

64 ★★★

소화수조의 소요수량이 20[m³] 이상 40[m³] 미만인 경우 설치하여야 하는 채수구의 개수로 옳은 것은?

① 1개 ② 2개
③ 3개 ④ 4개

SOLUTION

개념
소화용수설비에 설치하는 채수구의 수

소요수량[m³]	20 이상 40 미만	40 이상 100 미만	100 이상
채수구의 수	1개	2개	3개

65 ★★☆

건축물에 설치하는 연결살수설비 헤드의 설치기준 중 다음 ( ) 안에 알맞은 것은?

천장 또는 반자의 각 부분으로부터 하나의 살수헤드까지의 수평거리가 연결살수설비 전용헤드의 경우는 (㉠)[m] 이하, 스프링클러헤드의 경우는 (㉡)[m] 이하로 할 것. 다만, 살수헤드의 부착면과 바닥과의 높이가 (㉢)[m] 이하인 부분은 살수헤드의 살수분포에 따른 거리로 할 수 있다.

① ㉠ 3.7, ㉡ 2.3, ㉢ 2.1
② ㉠ 3.7, ㉡ 2.1, ㉢ 2.3
③ ㉠ 2.3, ㉡ 3.7, ㉢ 2.3
④ ㉠ 2.3, ㉡ 3.7, ㉢ 2.1

SOLUTION

개념
건축물에 설치하는 연결살수설비의 헤드
- 천장 또는 반자의 실내에 면하는 부분에 설치할 것
- 천장 또는 반자의 각 부분으로부터 하나의 살수헤드까지의 수평거리가 연결살수용설비전용헤드의 경우는 3.7[m] 이하, 스프링클러헤드의 경우는 2.3[m] 이하로 할 것. 다만, 살수헤드의 부착면과 바닥과의 높이가 2.1[m] 이하인 부분은 살수헤드의 살수분포에 따른 거리로 할 수 있다.

66 ★★★

포소화설비의 자동식 기동장치를 폐쇄형 스프링클러헤드의 개방과 연동하여 가압송수장치·일제 개방밸브 및 포 소화약제 혼합장치를 기동하는 경우의 설치 기준 중 다음 ( ) 안에 알맞은 것은? (단, 자동화재탐지설비의 수신기가 설치된 장소에 상시 사람이 근무하고 있고, 화재 시 즉시 해당 조작부를 작동시킬 수 있는 경우는 제외한다)

> 표시온도가 (㉠)[℃] 미만인 것을 사용하고, 1개의 스프링클러헤드의 경계면적은 (㉡)[m²] 이하로 할 것

① ㉠ 79, ㉡ 8
② ㉠ 121, ㉡ 8
③ ㉠ 79, ㉡ 20
④ ㉠ 121, ㉡ 20

SOLUTION

개념
포소화설비 자동식 기동창치의 폐쇄형스프링클러헤드
- 표시온도가 79[℃] 미만인 것을 사용하고, 1개의 스프링클러헤드의 경계면적은 20[m²] 이하로 할 것
- 부착면의 높이는 바닥으로부터 5[m] 이하로 하고, 화재를 유효하게 감지할 수 있도록 할 것
- 하나의 감지장치 경계구역은 하나의 층이 되도록 할 것

67 ★★☆

스프링클러설비 가압송수장치의 설치기준 중 고가수조를 이용한 가압송수장치에 설치하지 않아도 되는 것은?

① 수위계
② 배수관
③ 오버플로우관
④ 압력계

SOLUTION

풀이
스프링클러설비 고가수조에는 수위계·배수관·오버플로우관·급수관·맨홀을 설치해야 한다.

68 ★★★

특별피난계단의 계단실 및 부속실 제연설비의 차압 등에 관한 기준 중 다음 ( ) 안에 알맞은 것은?

> 제연설비가 가동되었을 경우 출입문의 개방에 필요한 힘은 ( )[N] 이하로 하여야 한다.

① 12.5
② 40
③ 70
④ 110

SOLUTION

개념
특수피난계단의 계단실 및 부속실 제연설비의 차압 등
- 제연구역과 옥내 사이에 유지하여야 하는 최소차압은 40[Pa](옥내에 스프링클러설비가 설치된 경우는 12.5[Pa]) 이상
- 제연설비가 가동되었을 경우 출입문의 개방에 필요한 힘은 110[N] 이하
- 출입문이 일시적으로 개방되는 경우 개방되지 아니하는 제연구역과 옥내와의 차압은 기준차압의 70[%] 이상
- 계단실과 부속실을 동시에 제연하는 경우 부속실의 기압은 계단실과 같게 하거나 계단실의 기압보다 낮게 할 경우에는 부속실과 계단실의 압력 차이는 5[Pa] 이하
- 계단실 및 그 부속실을 동시에 제연하는 것 또는 계단실만 제연할 때의 방연풍속은 0.5[m/s] 이상

69 ★★☆

완강기의 최대사용자수 기준 중 다음 ( ) 안에 알맞은 것은?

> 최대사용자수(1회에 강하할 수 있는 사용자의 최대수)는 최대사용하중을 ( )[N]으로 나누어서 얻은 값으로 한다.

① 250
② 500
③ 750
④ 1,500

SOLUTION

개념
완강기의 하중 및 최대사용자수
- 최대사용하중은 1,500[N] 이상의 하중일 것
- 최소사용하중은 250[N] 이상의 하중일 것
- 최대사용자수(1회에 강하할 수 있는 사용자의 최대수)는 최대사용하중을 1,500[N]을 나누어서 얻은 값으로 할 것

70 ★★☆

화재조기진압용 스프링클러설비 가지배관의 배열기준 중 천장의 높이가 9.1[m] 이상 13.7[m] 이하인 경우 가지배관 사이의 거리 기준으로 옳은 것은?

① 2.4[m] 이상 3.1[m] 이하
② 2.4[m] 이상 3.7[m] 이하
③ 6.0[m] 이상 8.5[m] 이하
④ 6.0[m] 이상 9.3[m] 이하

SOLUTION

개념
화재조기진압용 스프링클러설비 가지배관의 배열기준

천장 높이	가지배관 헤드 사이의 거리
9.1[m] 미만	2.4[m] 이상 3.7[m] 이하
9.1[m] 이상 13.7[m] 이하	2.4[m] 이상 3.1[m] 이하

71 ★★★

스프링클러설비 헤드의 설치기준 중 다음 ( ) 안에 알맞은 것은?

> 살수가 방해되지 아니하도록 스프링클러헤드부터 반경 (㉠)[cm] 이상의 공간을 보유할 것. 다만, 벽과 스프링클러헤드 간의 공간은 (㉡)[cm] 이상으로 한다.

① ㉠ 10, ㉡ 60
② ㉠ 30, ㉡ 10
③ ㉠ 60, ㉡ 10
④ ㉠ 90, ㉡ 60

SOLUTION

개념
스프링클러헤드의 공간

구분	거리
벽과 스프링클러헤드 간의 공간	10[cm] 이상
스프링클러헤드의 자체 공간	반경 60[cm] 이상
스프링클러헤드와 부착면 간의 공간	30[cm] 이하

72 ★★★

포 소화약제의 혼합장치에 대한 설명 중 옳은 것은?

① 라인 프로포셔너방식 이란 펌프의 토출관과 흡입관 사이의 배관 도중에 설치한 흡입기에 펌프에서 토출된 물의 일부를 보내고, 농도 조절밸브에서 조정된 포 소화약제의 필요량을 포 소화약제 탱크에서 펌프 흡입측으로 보내어 이를 혼합하는 방식을 말한다.

② 프레셔사이드 프로포셔너방식 이란 펌프의 토출관에 압입기를 설치하여 포 소화약제 압입용펌프로 포 소화약제를 압입시켜 혼합하는 방식을 말한다.

③ 프레셔 프로포셔너방식 이란 펌프와 발포기 중간에 설치된 벤추리관의 벤추리작용에 따라 포 소화약제를 흡입·혼합하는 방식을 말한다.

④ 펌프 프로포셔너방식 이란 펌프와 발포기의 중간에 설치된 벤추리관의 벤추리작용과 펌프 가압수의 포 소화약제 저장탱크에 대한 압력에 따라 포 소화약제를 흡입·혼합하는 방식을 말한다.

SOLUTION

개념
포소화약제의 혼합장치

- 라인 프로포셔너방식 : 펌프와 발포기의 중간에 설치된 벤추리관의 벤추리작용에 따라 포소화약제를 흡입·혼합하는 방식
- **프레셔사이드 프로포셔너방식 : 펌프의 토출관에 압입기를 설치하여 포소화약제 압입용펌프로 포소화약제를 압입시켜 혼합하는 방식**
- 프레셔 프로포셔너방식 : 펌프와 발포기의 중간에 설치된 벤추리관의 벤추리작용과 펌프 가압수의 포소화약제 저장탱크에 대한 압력에 따라 포소화약제를 흡입·혼합하는 방식
- 펌프 프로포셔너방식 : 펌프의 토출관과 흡입관 사이의 배관 도중에 설치한 흡입기에 펌프에서 토출된 물의 일부를 보내고, 농도 조정밸브에서 조정된 포소화약제의 필요량을 포소화약제 저장탱크에서 펌프 흡입측으로 보내어 이를 혼합하는 방식

73 ★★☆

전동기 또는 내연기관에 따른 펌프를 이용하는 옥외소화전설비의 가압송수장치의 설치 기준 중 다음 ( ) 안에 알맞은 것은?

> 해당 특정소방대상물에 설치된 옥외소화전(2개 이상 설치된 경우에는 2개의 옥외소화전)을 동시에 사용할 경우 각 옥외소화전의 노즐선단에서의 방수압력이 (㉠)[MPa] 이상이고, 방수량이 (㉡)[L/min] 이상이 되는 성능의 것으로 할 것

① ㉠ 0.17, ㉡ 350
② ㉠ 0.25, ㉡ 350
③ ㉠ 0.17, ㉡ 130
④ ㉠ 0.25, ㉡ 130

SOLUTION

개념
옥외소화전설비의 가압송수장치
특정소방대상물에 설치된 옥외소화전(2개 이상 설치된 경우에는 2개의 옥외소화전)을 동시에 사용할 경우 각 옥외소화전의 노즐선단에서의 방수압력이 0.25[MPa] 이상이고, 방수량이 350[L/min] 이상이 되는 성능인 것으로 할 것. 다만, 하나의 옥외소화전을 사용하는 노즐선단에서의 방수압력이 0.7[MPa]을 초과할 경우에는 호스접결구의 인입 측에 감압장치를 설치할 것

74 ★★☆

미분무소화설비 용어의 정의 중 다음 ( ) 안에 알맞은 것은?

> "미분무"란 물만을 사용하여 소화하는 방식으로 최소설계압력에서 헤드로부터 방출되는 물입자 중 99[%]의 누적체적분포가 (㉠)[μm] 이하로 분무되고 (㉡)급 화재에 적응성을 갖는 것을 말한다.

① ㉠ 400, ㉡ A, B, C
② ㉠ 400, ㉡ B, C
③ ㉠ 200, ㉡ A, B, C
④ ㉠ 200, ㉡ B, C

SOLUTION

개념
미분무
물만을 사용하여 사용하는 방식으로 최소설계압력에서 헤드로부터 방출되는 물입자 중 99[%]의 누적체적분포가 400[μm] 이하로 분무되고 A, B, C급 화재에 적응성을 갖는 것

75 ★★★

소화기구의 소화약제별 적응성 중 C급 화재에 적응성이 없는 소화약제는?

① 마른 모래
② 할로겐화합물 및 불활성기체 소화약제
③ 이산화탄소 소화약제
④ 중탄산염류 소화약제

SOLUTION

개념
소화기구의 소화약제별 적응성

소화약제		일반화재 (A급화재)	유류화재 (B급 화재)	전기화재 (C급 화재)
분말	중탄산염류	-	○	○
기타	마른모래	○	○	-
가스	이산화탄소		○	○
	할로겐화합물 및 불활성 기체	○	○	○

76 ★★☆

소화약제 외의 것을 이용한 간이소화용구의 능력단위 기준 중 다음 ( ) 안에 알맞은 것은?

간이소화용구		능력단위
마른모래	삽을 상비한 50[L] 이상의 것 1포	( )단위

① 0.5
② 1
③ 3
④ 5

SOLUTION

개념
소화약제 외의 것을 이용한 간이소화용구

간이소화용구		능력단위
마른모래	삽을 상비한 50[L] 이상의 것 1포	0.5
팽창질석 또는 팽창진주암	삽을 상비한 80[L] 이상의 것 1포	

정답 73 ② 74 ① 75 ① 76 ①

77 ★☆☆

다음과 같은 소방대상물의 부분에 완강기를 설치할 경우 부착 금속구의 부착위치로서 가장 적합한 위치는?

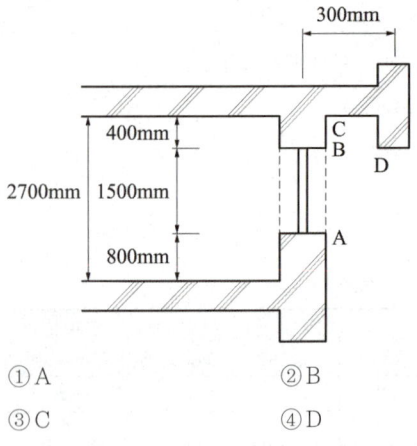

① A
② B
③ C
④ D

SOLUTION

풀이
완강기의 설치 위치는 부착 금속구의 D위치이다.

78 ★★★

물분무소화설비를 설치하는 차고의 배수설비 설치기준 중 틀린 것은?

① 차량이 주차하는 장소의 적당한 곳에 높이 10[cm] 이상의 경계턱으로 배수구를 설치할 것
② 길이 40[m] 이하마다 집수관, 소화핏트 등 기름분리장치를 설치할 것
③ 차량이 주차하는 바닥은 배수구를 향하여 100분의 1 이상의 기울기를 유지할 것
④ 배수설비는 가압송수장치의 최대 송수능력의 수량을 유효하게 배수할 수 있는 크기 및 기울기로 할 것

SOLUTION

개념
물분무소화설비의 배수설비
- 차량이 주차하는 바닥은 배수구를 향하여 100분의 2 이상의 기울기를 유지할 것
- 차량이 주차하는 장소의 적당한 곳에 높이 10[cm] 이상의 경계턱으로 배수구를 설치할 것
- 배수설비는 가압송수장치의 최대송수능력의 수량을 유효하게 배수할 수 있는 크기 및 기울기로 할 것
- 배수구에는 새어나온 기름을 모아 소화할 수 있도록 길이 40[m] 이하마다 집수관·소화핏트 등 기름분리장치를 설치할 것

79 ★★★

상수도소화용수설비의 소화전은 특정소방대상물의 수평투영면의 각 부분으로부터 몇 [m] 이하가 되도록 설치하여야 하는가?

① 200
② 140
③ 100
④ 70

SOLUTION

개념
상수도소화용수설비의 설치기준
- 호칭지름 75[mm] 이상의 수도배관에 호칭지름 100[mm] 이상의 소화전을 접속할 것
- 소화전은 소방자동차 등의 진입이 쉬운 도로변 또는 공지에 설치할 것
- 소화전은 특정소방대상물의 수평투영면의 각 부분으로부터 140[m] 이하가 되도록 설치할 것

80 ★★★

이산화탄소 소화약제 저압식 저장용기의 충전비로 옳은 것은?

① 0.9 이상 1.1 이하
② 1.1 이상 1.4 이하
③ 1.4 이상 1.7 이하
④ 1.5 이상 1.9 이하

SOLUTION

개념
이산화탄소소화약제 저장용기의 기준
- 저압식 저장용기에는 내압시험압력의 0.64배부터 0.8배의 압력에서 작동하는 안전밸브와 내압시험압력의 0.8배부터 내압시험압력에서 작동하는 봉판을 설치할 것
- 저장용기의 충전비는 고압식은 1.5 이상 1.9 이하, 저압식은 1.1 이상 1.4 이하로 할 것
- 저압식 저장용기에는 액면계 및 압력계와 2.3[MPa] 이상 1.9[MPa] 이하의 압력에서 작동하는 압력경보장치를 설치할 것
- 저압식 저장용기에는 용기 내부의 온도가 -18[℃] 이하에서 2.1[MPa]의 압력을 유지할 수 있는 자동냉동장치를 설치할 것
- 저장용기는 고압식은 25[MPa] 이상, 저압식은 3.5[MPa] 이상의 내압시험압력에 합격한 것으로 할 것

2018년 제4회 소방설비기사

61 ★★★

자동화재탐지설비의 감지기의 작동과 연동하는 분말소화설비 자동식 기동장치의 설치기준 중 다음 ( ) 안에 알맞은 것은?

- 전기식 기동장치로서 (㉠)병 이상의 저장용기를 동시에 개방하는 설비는 2병 이상의 저장용기에 전자개방밸브를 부착할 것
- 가스압력식 기동장치의 기동용 가스용기 및 해당 용기에 사용하는 밸브는 (㉡)[MPa] 이상의 압력에 견딜 수 있는 것으로 할 것

① ㉠ 3, ㉡ 2.5
② ㉠ 7, ㉡ 2.5
③ ㉠ 3, ㉡ 25
④ ㉠ 7, ㉡ 25

SOLUTION

개념
분말소화설비 자동식 기동장치의 설치기준
- 전기식 기동장치로서 7병 이상의 저장용기를 동시에 개방하는 설비는 2병 이상의 저장용기에 전자 개방밸브를 부착할 것
- 가스압력식 기동장치의 기동용가스용기 및 해당 용기에 사용하는 밸브는 25[MPa] 이상의 압력에 견딜 수 있는 것으로 할 것
- 가스압력식 기동장치의 기동용가스용기에는 내압시험압력의 0.8배부터 내압시험압력 이하에서 작동하는 안전장치를 설치할 것
- 가스압력식 기동장치의 기동용가스용기의 체적은 5[L] 이상으로 하고, 해당 용기에 저장하는 질소 등의 비활성기체는 6[MPa] 이상(21[℃] 기준)의 압력으로 충전할 것. 다만, 기동용가스용기의 체적을 1[L] 이상으로 하고, 해당 용기에 저장하는 이산화탄소의 양은 0.6[kg] 이상으로 하며, 충전비는 1.5 이상 1.9 이하의 기동용가스용기로 가능
- 자동식 기동장치는 수동으로도 기동할 수 있는 구조로 할 것
- 기계식 기동장치는 저장용기를 쉽게 개방할 수 있는 구조로 할 것

정답 80 ② / 61 ④

62 ★★★

소화용수설비인 소화수조가 옥상 또는 옥탑 부근에 설치된 경우에는 지상에 설치된 채수구에서의 압력이 최소 몇 [MPa] 이상이 되어야 하는가?

① 0.8 ② 0.13
③ 0.15 ④ 0.25

SOLUTION

개념
소화수조 및 저수조의 설치기준
- 소화수조가 옥상 또는 옥탑부분에 설치된 경우에는 지상에 설치된 채수구에서의 압력 0.15[MPa] 이상 되도록 할 것
- 소화수조의 깊이가 4.5[m] 이상일 경우 가압송수장치를 설치할 것
- 소화수조는 소방차가 채수구로부터 2[m] 이내의 지점까지 접근할 수 있는 위치에 설치할 것

63 ★★☆

옥내소화전설비 수원의 산출된 유효수량 외에 유효수량의 1/3 이상을 옥상에 설치하지 아니할 수 있는 경우의 기준 중 다음 (   ) 알맞은 것은?

- 수원이 건축물의 최상층에 설치된 (㉠)보다 높은 위치에 설치된 경우
- 건축물의 높이가 지표면으로부터 (㉡)[m] 이하인 경우

① ㉠ 송수구, ㉡ 7
② ㉠ 방수구, ㉡ 7
③ ㉠ 송수구, ㉡ 10
④ ㉠ 방수구, ㉡ 10

SOLUTION

개념
옥내소화전 옥상 수조 설치 제외 장소
- 지하층만 있는 건축물
- 고가수조를 가압송수장치로 설치한 경우
- 수원이 건축물의 최상층에 설치된 방수구보다 높은 위치에 설치된 경우
- 건축물의 높이가 지표면으로부터 10[m] 이하인 경우
- 가압수조를 가압송수장치로 설치한 경우

64 ★★★

특별피난계단의 계단실 및 부속실 제연설비의 차압 등에 관한 기준 중 옳은 것은?

① 제연설비가 가동되었을 경우 출입문의 개방에 필요한 힘은 130[N] 이하로 하여야 한다.
② 제연구역과 옥내와의 사이에 유지하여야 하는 최소차압은 40[Pa](옥내에 스프링클러설비가 설치된 경우에는 12.5[Pa]) 이상으로 하여야 한다.
③ 피난을 위하여 제연구역의 출입문이 일시적으로 개방되는 경우 개방되지 아니하는 제연구역과 옥내와의 차압은 기준차압의 60[%] 미만이 되어서는 아니 된다.
④ 계단실과 부속실을 동시에 제연하는 경우 부속실의 기압은 계단실과 같게 하거나 계단실의 기압보다 낮게 할 경우에는 부속실과 계단실의 압력차이는 10[Pa] 이하가 되도록 하여야 한다.

SOLUTION

개념
특수피난계단의 계단실 및 부속실 제연설비의 차압 등
- 제연구역과 옥내 사이에 유지하여야 하는 최소차압은 40[Pa](옥내에 스프링클러설비가 설치된 경우는 12.5[Pa]) 이상
- 제연설비가 가동되었을 경우 출입문의 개방에 필요한 힘은 110[N] 이하
- 출입문이 일시적으로 개방되는 경우 개방되지 아니하는 제연구역과 옥내와의 차압은 기준차압의 70[%] 이상
- 계단실과 부속실을 동시에 제연하는 경우 부속실의 기압은 계단실과 같게 하거나 계단실의 기압보다 낮게 할 경우에는 부속실과 계단실의 압력차이는 5[Pa] 이하
- 계단실 및 그 부속실을 동시에 제연하는 것 또는 계단실만 제연 할 때의 방연풍속은 0.5[m/s] 이상

65 ★★★

소화용수설비에 설치하는 채수구의 설치기준 중 다음 (　) 안에 알맞은 것은?

> 채수구는 지면으로부터의 높이가 (㉠)[m] 이상 (㉡) 이하의 위치에 설치하고 "채수구"라고 표시한 표지를 할 것

① ㉠ 0.5, ㉡ 1.0
② ㉠ 0.5, ㉡ 1.5
③ ㉠ 0.8, ㉡ 1.0
④ ㉠ 0.8, ㉡ 1.5

SOLUTION

개념
소화용수설비에 설치하는 채수구의 설치기준
- 채수구는 지면으로부터 높이가 0.5[m] 이상 1[m] 이하의 위치에 설치하고 "채수구"라고 표지를 할 것
- 채수구는 소방용호수 또는 소방용흡수관에 사용하는 구경 65[mm] 이상의 나사식 결합금속구를 설치할 것

66 ★★☆

개방형스프링클러헤드 30개를 설치하는 경우 급수관의 구경은 몇 [mm]로 하여야 하는가?

① 65
② 80
③ 90
④ 100

SOLUTION

개념
스프링클러헤드 수별 급수관의 구경

	25[mm]	32[mm]	40[mm]	50[mm]	65[mm]
폐쇄형 헤드수	2	3	5	10	30
개방형 헤드수	1	2	5	8	15

	80[mm]	90[mm]	100[mm]	125[mm]	150[mm]
폐쇄형 헤드수	60	80	100	160	161 이상
개방형 헤드수	27	40	55	90	91 이상

풀이
개방형 스프링클러헤드 개수는 30개이므로 27개가 넘는다. 그러므로 40개에 해당하는 구경 90[mm]로 해야 한다.

67 ★★☆

특정소방대상물에 따라 적응하는 포소화설비의 설치기준 중 특수가연물을 저장·취급하는 공장 또는 창고에 적응성을 갖는 포소화설비가 아닌 것은?

① 포헤드설비
② 고정포방출설비
③ 압축공기포소화설비
④ 호스릴포소화설비

SOLUTION

개념
특정소방대상물에 따른 포소화설비의 적응성

특정소방대상물	포소화설비
• 특수가연물을 저장·취급하는 공장 또는 창고 • 항공기격납고 • 차고 또는 주차장	• 포워터스프링클러설비 • 고정포방출설비 • 압축공기포소화설비 • 포헤드설비
• 완전 개방된 옥상주차장 또는 고가 밑의 주차장으로서 주된 벽이 없고 기둥 뿐이거나 주위가 위해방지용 철주 등으로 둘러쌓인 부분 • 지상 1층 차고·주차장으로서 지붕이 없는 부분	• 호스릴포소화설비 • 포소화전설비
• 발전기실, 변압기, 전기케이블실, 엔진펌프실, 유압설비로서 바닥면적의 합계 300[m²] 미만의 장소	• 고정식 압축공기포소화설비

68 ★★★

포 소화약제의 혼합장치에 대한 설명 중 옳은 것은?

① 라인 프로포셔너방식 이란 펌프의 토출관과 흡입관 사이의 배관 도중에 설치한 흡입기에 펌프에서 토출된 물의 일부를 보내고, 농도 조절밸브에서 조정된 포 소화약제의 필요량을 포 소화약제 탱크에서 펌프 흡입측으로 보내어 이를 혼합하는 방식을 말한다.
② 프레셔사이드 프로포셔너방식 이란 펌프의 토출관에 압입기를 설치하여 포 소화약제 압입용펌프로 포 소화약제를 압입시켜 혼합하는 방식을 말한다.
③ 프레셔 프로포셔너방식 이란 펌프와 발포기 중간에 설치된 벤추리관의 벤추리작용에 따라 포 소화약제를 흡입·혼합하는 방식을 말한다.
④ 펌프 프로포셔너방식 이란 펌프와 발포기의 중간에 설치된 벤추리관의 벤추리작용과 펌프 가압수의 포 소화약제 저장탱크에 대한 압력에 따라 포 소화약제를 흡입·혼합하는 방식을 말한다.

SOLUTION

개념
포소화약제의 혼합장치
- 라인 프로포셔너 방식 : 펌프와 발포기의 중간에 설치된 벤추리관의 벤추리작용에 따라 포소화약제를 흡입·혼합하는 방식
- 프레셔사이드 프로포셔너방식 : 펌프의 토출관에 압입기를 설치하여 포소화약제 압입용펌프로 포소화약제를 압입시켜 혼합하는 방식
- 프레셔 프로포셔너방식 : 펌프와 발포기의 중간에 설치된 벤추리관의 벤추리작용과 펌프 가압수의 포소화약제 저장탱크에 대한 압력에 따라 포소화약제를 흡입·혼합하는 방식
- 펌프 프로포셔너방식 : 펌프의 토출관과 흡입관 사이의 배관 도중에 설치한 흡입기에 펌프에서 토출된 물의 일부를 보내고, 농도 조정밸브에서 조정된 포소화약제의 필요량을 포소화약제 저장탱크에서 펌프 흡입측으로 보내어 이를 혼합하는 방식

69 ★★★

고압의 전기기기가 있는 장소에 있어서 전기의 절연을 위한 전기기기와 물분무헤드 사이의 최소 이격거리 기준 중 옳은 것은?

① 66[kV] 이하 - 60[cm] 이상
② 66[kV] 초과 77[kV] 이하 - 80[cm] 이상
③ 77[kV] 초과 110[kV] 이하 - 100[cm] 이상
④ 110[kV] 초과 154[kV] 이하 - 140[cm] 이상

SOLUTION

개념
고압의 전기기기와 물분무헤드의 이격거리

전압	거리
66[kV] 이하	70[cm] 이상
66[kV] 초과 77[kV] 이하	80[cm] 이상
77[kV] 초과 110[kV] 이하	110[cm] 이상
110[kV] 초과 154[kV] 이하	150[cm] 이상
154[kV] 초과 181[kV] 이하	180[cm] 이상
181[kV] 초과 220[kV] 이하	210[cm] 이상
220[kV] 초과 275[kV] 이하	260[cm] 이상

70 ★☆☆

청정소화약제소화설비(할로겐화합물 및 불활성기체 소화설비)를 설치할 수 없는 장소의 기준 중 옳은 것은? (단, 소화성능이 인정되는 위험물은 제외한다)

① 제1류위험물 및 제2류위험물 사용
② 제2류위험물 및 제4류위험물 사용
③ 제3류위험물 및 제5류위험물 사용
④ 제4류위험물 및 제6류위험물 사용

SOLUTION

개념
할로겐화합물 및 불활성기체 소화설비 설치 제외 장소
- 제3류 위험물 및 제5류 위험물을 저장·보관·사용하는 장소(소화성능이 인정되는 위험물은 제외할 것)
- 사람이 상주하는 곳으로서 최대허용설계농도를 초과하는 장소

71 ★★☆

스프링클러설비를 설치하여야 할 특정소방 대상물에 있어서 스프링클러헤드를 설치하지 아니할 수 있는 기준 중 틀린 것은?

① 천장과 반자 양쪽이 불연재료로 되어 있고 천장과 반자 사이의 거리가 2.5[m] 미만인 부분
② 천장 및 반자가 불연재료 외의 것으로 되어 있고 천장과 반자사이의 거리가 0.5[m] 미만인 부분
③ 천장·반자 중 한쪽이 불연재료로 되어 있고 천장과 반자 사이의 거리가 1[m] 미만인 부분
④ 현관 또는 로비 등으로서 바닥으로부터 높이가 20[m] 이상인 장소

SOLUTION

개념
스프링클러헤드의 설치 제외 장소
- 천장과 반자 양쪽이 불연재료로 되어 있고 천장과 반자 사이의 거리가 2[m] 미만인 부분
- 천장과 반자 양쪽이 불연재료로 되어 있고 천장과 반자 사이의 거리가 2[m] 이상으로서 그 사이에 가연물이 존재하지 않는 부분
- 천장 및 반자가 불연재료 외의 것으로 되어 있고 천장과 반자 사이의 거리가 0.5[m] 미만인 부분
- 천장·반자 중 한쪽이 불연재료로 되어 있고 천장과 반자 사이의 거리가 1[m] 미만인 부분
- 현관 또는 로비 등으로서 바닥으로부터 높이가 20[m] 이상인 장소
- 통신기기실·전자기기실, 기타 이와 유사한 장소
- 발전실·변전실·변압기, 기타 이와 유사한 전기설비가 설치되어 있는 장소
- 병원의 수술실·응급처치실, 기타 이와 유사한 장소

72 ★★☆

대형소화기에 충전하는 최소 소화약제의 기준 중 다음 ( ) 안에 알맞은 것은?

- 분말소화기 : (㉠)[kg] 이상
- 물소화기 : (㉡)[L] 이상
- 이산화탄소소화기 : (㉢)[kg] 이상

① ㉠ 30, ㉡ 80, ㉢ 50   ② ㉠ 30, ㉡ 50, ㉢ 60
③ ㉠ 20, ㉡ 80, ㉢ 50   ④ ㉠ 20, ㉡ 50, ㉢ 60

SOLUTION

개념
대형소화기의 소화약제 충전량

구분	충전량
포소화기	20[L] 이상
강화액소화기	60[L] 이상
물소화기	80[L] 이상
분말소화기	20[kg] 이상
할로겐화합물소화기	30[kg] 이상
이산화탄소소화기	50[kg] 이상

정답 71 ① 72 ③

73 ★★★

물분무소화설비를 설치하는 차고의 배수설비 설치기준 중 틀린 것은?

① 차량이 주차하는 장소의 적당한 곳에 높이 10[cm] 이상의 경계턱으로 배수구를 설치할 것
② 길이 40[m] 이하마다 집수관, 소화핏트 등 기름분리장치를 설치할 것
③ 차량이 주차하는 바닥은 배수구를 향하여 100분의 1 이상의 기울기를 유지할 것
④ 배수설비는 가압송수장치의 최대 송수능력의 수량을 유효하게 배수할 수 있는 크기 및 기울기로 할 것

SOLUTION

개념
물분무소화설비의 배수설비
- 차량이 주차하는 바닥은 배수구를 향하여 100분의 2 이상의 기울기를 유지할 것
- 차량이 주차하는 장소의 적당한 곳에 높이 10[cm] 이상의 경계턱으로 배수구를 설치할 것
- 배수설비는 가압송수장치의 최대송수능력의 수량을 유효하게 배수할 수 있는 크기 및 기울기로 할 것
- 배수구에는 새어나온 기름을 모아 소화할 수 있도록 길이 40[m] 이하마다 집수관·소화핏트 등 기름분리장치를 설치할 것

74 ★☆☆

국소방출방식의 할로겐화합물소화설비(할론 소화설비)의 분사헤드 설치기준 중 다음 ( ) 안에 알맞은 것은?

분사헤드의 방사압력은 할론 2402를 방사하는 것은 (㉠) [MPa] 이상, 할론 2402를 방출하는 분사헤드는 해당 소화약제가 (㉡)으로 분무되는 것으로 하여야 하며, 기준저장량의 소화약제를 (㉢)초 이내에 방사할 수 있는 것으로 할 것

① ㉠ 0.1, ㉡ 무상, ㉢ 10
② ㉠ 0.2, ㉡ 적상, ㉢ 10
③ ㉠ 0.1, ㉡ 무상, ㉢ 30
④ ㉠ 0.2, ㉡ 적상, ㉢ 30

SOLUTION

개념
할론소화설비 분사헤드의 방출압력

소화약제의 종류	방출압력[MPa]
할론 1211	0.2 이상
할론 1301	0.9 이상
할론 2402	0.1 이상

- 할론 2402를 방출하는 분사헤드는 해당 소화약제가 무상으로 분무되는 것으로 할 것
- 기준저장량의 소화약제를 10초 이내에 방출할 수 있는 것으로 할 것

75 ★★☆

특정소방대상물의 용도 및 장소별로 설치하여야 할 인명구조기구 종류의 기준 중 다음 ( ) 안에 알맞은 것은?

특정소방대상물	인명구조기구의 종류
물분무등소화설비 중 ( )를 설치하여야 하는 특정소방대상물	공기호흡기

① 이산화탄소소화설비
② 분말소화설비
③ 할로겐화합물소화설비(할론소화설비)
④ 청정소화약제소화설비(할로겐화합물 및 불활성기체소화설비)

SOLUTION

개념
인명구조기의 설치대상

특정소방대상물	인명구조기구의 종류	설치 수량
물분무등소화설비 중 이산화탄소소화설비를 설치하는 특정소방대상물	공기호흡기	이산화탄소소화설비가 설치된 장소의 출입구 외부 인근에 1대 이상 비치할 것

76 ★☆☆

송수구가 부설된 옥내소화전을 설치한 특정·소방대상물로서 연결송수관설비의 방수구를 설치하지 아니할 수 있는 층의 기준 중 다음 ( ) 안에 알맞은 것은? (단, 집회장·관람장·백화점·도매시장·소매시장·판매시설·공장·창고시설 또는 지하가를 제외한다)

- 지하층을 제외한 층수가 (㉠)층 이하이고 연면적이 (㉡)[m²] 미만인 특정소방대상물의 지상층의 용도로 사용되는 층
- 지하층의 층수가 (㉢) 이하인 특정소방대상물의 지하층

① ㉠ 3, ㉡ 5,000, ㉢ 3   ② ㉠ 4, ㉡ 6,000, ㉢ 2
③ ㉠ 5, ㉡ 3,000, ㉢ 3   ④ ㉠ 6, ㉡ 4,000, ㉢ 2

SOLUTION

개념
연결송수관설비 방수구의 설치 제외 장소

- 송수구가 부설된 옥내소화전을 설치한 특정소방대상물(집회장·관람장·백화점·도매시장·소매시장·판매시설·공장·창고시설 또는 지하가 제외)에서 지하층을 제외한 층수가 4층 이하이고 연면적이 6,000[m²] 미만인 특정소방대상물의 지상층
- 송수구가 부설된 옥내소화전을 설치한 특정소방대상물(집회장·관람장·백화점·도매시장·소매시장·판매시설·공장·창고시설 또는 지하가 제외)에서 지하층의 층수가 2 이하인 특정소방대상물의 지하층
- 아파트의 1층 및 2층
- 소방차의 접근이 가능하고 소방대원이 소방차로부터 각 부분에 쉽게 도달할 수 있는 피난층

77 ★☆☆

다수인 피난장비 설치기준 중 틀린 것은?

① 사용 시에 보관실 외측 문이 먼저 열리고 탑승기가 외측으로 자동으로 전개될 것
② 보관실의 문은 상시 개방상태를 유지하도록 할 것
③ 하강 시에 탑승기가 건물 외벽이나 돌출물에 충돌하지 않도록 설치할 것
④ 피난층에는 해당 층에 설치된 피난기구가 착지에 지장이 없도록 충분한 공간을 확보할 것

SOLUTION

개념
다수인피난장비의 설치기준

- 사용 시에 보관실 외측 문이 먼저 열리고 탑승기가 외측으로 자동으로 전개될 것
- 하강 시에 탑승기가 건물 외벽이나 돌출물에 충돌하지 않도록 설치할 것
- 피난층에는 해당 층에 설치된 피난기구가 착지에 지장이 없도록 충분한 공간을 확보할 것

78 ★★★

분말소화설비 분말소화약제의 저장용기의 설치기준 중 옳은 것은?

① 저장용기에는 가압식은 최고사용압력의 0.8배 이하, 축압식은 용기의 내압시험 압력의 1.8배 이하의 압력에서 작동하는 안전밸브를 설치할 것
② 저장용기의 충전비는 0.8 이상으로 할 것
③ 저장용기간의 간격은 점검에 지장이 없도록 5[cm] 이상의 간격을 유지할 것
④ 저장용기에는 저장용기의 내부압력이 설정 압력으로 되었을 때 주밸브를 개방하는 압력조정기를 설치할 것

SOLUTION

개념
분말소화설비 자동식 기동장치의 설치기준

- 저장용기에는 가압식은 최고사용압력의 1.8배 이하, 축압식은 용기의 내압시험압력의 0.8배 이하의 압력에서 작동하는 안전밸브를 설치할 것
- 저장용기의 충전비는 0.8 이상으로 할 것
- 저장용기간의 간격은 점검에 지장이 없도록 3[cm] 이상의 간격을 유지할 것
- 저장용기에는 저장용기의 내부압력이 설정압력으로 되었을 때 주밸브를 개방하는 정압작동장치를 설치할 것

정답 76 ② 77 ② 78 ②

79 ★★★

바닥면적이 1,300[m²]인 관람장에 소화기구를 설치할 경우 소화기구의 최소 능력단위는? (단, 주요구조부가 내화구조이고, 벽 및 반자의 실내와 면하는 부분이 불연재료로 된 특정 소방대상물이다)

① 7단위
② 13단위
③ 22단위
④ 26단위

SOLUTION

개념

특정소방대상물별 소화기구의 능력단위

특정소방대상물	소화기구의 능력단위
위락시설	해당 용도의 바닥면적 30[m²]마다 능력단위 1단위 이상
공연장·집회장·관람장·문화재·장례식장·의료시설	해당 용도의 바닥면적 50[m²]마다 능력단위 1단위 이상
근린생활시설·판매시설·운수시설·숙박시설·노유자시설·전시장·공동주택·업무시설·방송통신시설·공장·창고시설·항공기 및 자동차 관련 시설·관광휴게시설	해당 용도의 바닥면적 100[m²]마다 능력단위 1단위 이상
그 밖의 것	해당 용도의 바닥면적 200[m²]마다 능력단위 1단위 이상

• 소화기구의 능력단위를 산출함에 있어서 건축물의 주요구조부가 내화구조이고, 벽 및 반자의 실내에 면하는 부분이 불연재료·준불연재료 또는 난연재료로 된 특정소방대상물에 있어서는 위 표의 바닥면적의 2배를 해당 특정소방대상물의 기준면적으로 한다.

풀이

관람장은 해당 용도의 바닥면적 50[m²]마다 능력단위 1단위 이상의 소화기구를 배치한다. 하지만 주요구조부가 내화구조이고, 벽 및 반자의 실내에 면하는 부분이 불연재료로 된 노유자시설이기 때문에 2배인 바닥면적 100[m²]마다 능력단위 1단위 이상의 소화기구를 배치한다. 바닥면적이 1,300[m²]이기 때문에 기준면적으로 나누어주면

$$능력단위 = \frac{바닥면적}{기준면적} = \frac{1,300}{100} = 13단위$$

∴ 능력단위 = 13단위

80 ★☆☆

화재조기진압용 스프링클러설비 헤드의 기준 중 다음 ( ) 안에 알맞은 것은?

> 헤드 하나의 방호면적은 (㉠)[m²] 이상 (㉡)[m²] 이하로 할 것

① ㉠ 2.4, ㉡ 3.7
② ㉠ 3.7, ㉡ 9.1
③ ㉠ 6.0, ㉡ 9.3
④ ㉠ 9.1, ㉡ 13.7

SOLUTION

풀이

화재조기진압용 스프링클러설비의 헤드 하나의 방호면적은 6.0[m²] 이상 9.3[m²] 이하로 할 것

2019년 제1회 소방설비기사

61 ★★☆

대형 이산화탄소 소화기의 소화약제 충전량은 얼마인가?

① 20[kg] 이상 ② 30[kg] 이상
③ 50[kg] 이상 ④ 70[kg] 이상

SOLUTION

개념
대형소화기의 소화약제 충전량

구분	충전량
포소화기	20[L] 이상
강화액소화기	60[L] 이상
물소화기	80[L] 이상
분말소화기	20[kg] 이상
할로겐화합물소화기	30[kg] 이상
이산화탄소소화기	50[kg] 이상

62 ★★☆

개방형스프링클러설비에서 하나의 방수구역을 담당하는 헤드의 개수는 몇 개 이하로 해야 하는가? (단, 방수구역은 나누어져 있지 않고 하나의 구역으로 되어 있다)

① 50 ② 40
③ 30 ④ 20

SOLUTION

개념
개방형스프링클러설비의 방수구역

- 하나의 방수구역은 2개 층에 미치지 아니할 것
- 방수구역마다 일제개방밸브를 설치할 것
- 하나의 방수구역을 담당하는 헤드의 개수는 50개 이하로 할 것. 다만, 둘 이상의 방수구역으로 나눌 경우에는 하나의 방수구역을 담당하는 헤드의 개수는 25개 이상으로 할 것
- 일제개방밸브의 설치위치는 폐쇄형스프링클러설비의 유수검지장치의 설치장소 기준에 따르고, 표시는 "일제개방밸브실"이라고 표시할 것

63 ★★★

분말소화설비의 가압용 가스용기에 대한 설명으로 틀린 것은?

① 가압용가스 용기를 3병 이상 설치한 경우에는 2개 이상의 용기에 전자개방밸브를 부착할 것
② 가압용가스 용기에는 2.5[MPa] 이하의 압력에서 조정이 가능한 압력조정기를 설치할 것
③ 가압용가스에 질소가스를 사용하는 것의 질소가스는 소화약제 1[kg]마다 20[L](35[℃]에서 1기압의 압력상태로 환산한 것) 이상으로 할 것
④ 축압용가스에 질소가스를 사용하는 것의 질소가스는 소화약제 1[kg]마다 10[L](35[℃]에서 1기압의 압력상태로 환산한 것) 이상으로 할 것

SOLUTION

개념
분말소화약제의 가압용가스 또는 축압용가스의 설치기준

구분	질소가스(소화약제 1[kg]당 양, 35[℃], 1기압 기준)	이산화탄소
가압용	40[L] 이상	소화약제 1[kg]당 20[g] +배관 청소 필요량 이상
축압용	10[L] 이상	

- 분말소화약제의 가스용기는 분말소화약제의 저장용기에 접속하여 설치할 것
- 분말소화약제의 가압용가스 용기를 3병 이상 설치한 경우에는 2개 이상의 용기에 전자개방밸브를 부착할 것
- 분말소화약제의 가압용가스 용기에는 2.5[MPa] 이하의 압력에서 조정이 가능한 압력조정기를 설치할 것

64 ★★★

소화용수 설비의 소화수조가 옥상 또는 옥탑의 부분에 설치된 경우 지상에 설치된 채수구에서의 압력은 얼마 이상이어야 하는가?

① 0.15[MPa] ② 0.20[MPa]
③ 0.25[MPa] ④ 0.35[MPa]

SOLUTION

개념
소화수조 및 저수조의 설치기준

- 소화수조가 옥상 또는 옥탑부분에 설치된 경우에는 지상에 설치된 채수구에서의 압력 0.15[MPa] 이상 되도록 할 것
- 소화수조의 깊이가 4.5[m] 이상일 경우 가압송수장치를 설치할 것
- 소화수조는 소방차가 채수구로부터 2[m] 이내의 지점까지 접근할 수 있는 위치에 설치할 것

65 ★★☆

스프링클러소화설비의 배관 내 압력이 얼마 이상일 때 압력배관용 탄소강관을 사용해야 하는가?

① 0.1[MPa] ② 0.5[MPa]
③ 0.8[MPa] ④ 1.2[MPa]

SOLUTION

개념
스프링클러설비의 배관 내 사용압력

배관 내 사용압력	배관의 종류
1.2[MPa] 미만	• 배관용 탄소강관 • 이음매 없는 구리 및 구리합금관(다만, 습식의 배관에 한함) • 배관용 스테인리스강관 또는 일반 배관용 스테인리스강관 • 덕타일 주철관
1.2[MPa] 이상	• 압력배관용 탄소강관 • 배관용 아크용접 탄소강관

66 ★☆☆

할론소화설비에서 국소방출방식의 경우 할론소화약제의 양을 산출하는 식은 다음과 같다. 여기서 A는 무엇을 의미하는가? (단, 가연물이 비산할 우려가 있는 경우로 가정한다)

$$Q = X - Y\frac{a}{A}$$

① 방호공간의 벽면적의 합계
② 창문이나 문의 틈새면적의 합계
③ 개구부 면적의 합계
④ 방호대상물 주위에 설치된 벽의 면적의 합계

SOLUTION

개념
국소방출방식 할론소화설비 소화약제의 저장량(가연물이 비산할 우려가 있는 경우)

공식 정리
$$Q = X - Y\frac{a}{A}$$

여기서, Q : 방호공간 1[m³]에 대한 할론소화약제 저장량[kg/m³]
X, Y : 약제별 수치
a : 방호대상물의 주위에 설치된 벽면적 합계[m²]
A : 방호공간의 벽면적 합계[m²]

정답: 64 ① 65 ④ 66 ①

67 ★★★

이산화탄소 소화약제의 저장용기 설치기준 중 옳은 것은?

① 저장용기의 충전비는 고압식은 1.9 이상 2.3 이하, 저압식은 1.5 이상 1.9 이하로 할 것
② 저압식 저장용기에는 액면계 및 압력계와 2.1[MPa] 이상 1.7[MPa] 이하의 압력에서 작동하는 압력경보장치를 설치할 것
③ 저장용기는 고압식은 25[MPa] 이상, 저압식은 3.5[MPa] 이상의 내압시험압력에 합격한 것으로 할 것
④ 저압식 저장용기에는 내압시험압력의 1.8배의 압력에서 작동하는 안전밸브와 내압시험압력의 0.8배부터 내압시험압력까지의 범위에서 작동하는 봉판을 설치할 것

SOLUTION

개념
이산화탄소소화약제 저장용기의 기준

- 저압식 저장용기에는 내압시험압력의 0.64배부터 0.8배의 압력에서 작동하는 안전밸브와 내압시험압력의 0.8배부터 내압시험압력에서 작동하는 봉판을 설치할 것
- 저장용기의 충전비는 고압식은 1.5 이상 1.9 이하, 저압식은 1.1 이상 1.4 이하로 할 것
- 저압식 저장용기에는 액면계 및 압력계와 2.3[MPa] 이상 1.9[MPa] 이하의 압력에서 작동하는 압력경보장치를 설치할 것
- 저압식 저장용기에는 용기 내부의 온도가 -18[℃] 이하에서 2.1[MPa]의 압력을 유지할 수 있는 자동냉동장치를 설치할 것
- **저장용기는 고압식은 25[MPa] 이상, 저압식은 3.5[MPa] 이상의 내압시험압력에 합격한 것으로 할 것**

68 ★★★

포헤드를 정방형으로 설치 시 헤드와 벽과의 최대 이격거리는 약 몇 [m]인가?

① 1.48
② 1.62
③ 1.76
④ 1.91

SOLUTION

개념
- 포헤드 상호간의 최대 거리(정방형, 정사각형)

공식 정리
$$S = 2r \times \cos 45°$$

여기서, S : 포헤드 상호 간의 거리[m], r : 유효반경(2.1[m])

- 헤드와 벽과의 최대 이격거리

공식 정리
$$X = \frac{S}{2}$$

여기서, X : 헤드와 벽과의 이격거리[m]
S : 포헤드 상호 간의 거리[m]

풀이
포헤드 상호간의 최대 거리는
$S = 2r \times \cos 45° = 2 \times 2.1 \times \cos 45° ≒ 2.97$[m]

이다. 여기서 포헤드와 벽과의 경계선 사이의 거리는 포헤드 상호간의 최대 거리의 반값이기 때문에 이를 구해보면

$X = \dfrac{S}{2} = \dfrac{2.97}{2} ≒ 1.48$[m]

∴ $X ≒ 1.48$[m]

정답 67 ③ 68 ①

69 ★☆☆

소화용수설비와 관련하여 다음 설명 중 괄호 안에 들어갈 항목으로 옳게 짝지어진 것은?

> 상수도소화용수설비를 설치하여야 하는 특정소방대상물은 다음 각 목의 어느 하나와 같다. 다만, 상수도소화용수설비를 설치하여야 하는 특정소방대상물의 대지 경계선으로부터 (㉠)[m] 이내에 지름 (㉡)[mm] 이상인 상수도용 배수관이 설치되지 않은 지역의 경우에는 화재안전기준에 따른 소화수조 또는 저수조를 설치하여야 한다.

① ㉠ 150, ㉡ 75
② ㉠ 150, ㉡ 100
③ ㉠ 180, ㉡ 75
④ ㉠ 180, ㉡ 100

SOLUTION

풀이
특정소방대상물로의 대지 경계선으로부터 180[m] 이내에 지름 75[mm] 이상인 상수도용 배수관이 설치되지 않은 지역의 경우에는 소화수조 또는 저수조를 설치할 것

70 ★★★

물분무소화설비를 설치하는 차고의 배수설비 설치기준 중 틀린 것은?

① 차량이 주차하는 장소의 적당한 곳에 높이 10[cm] 이상의 경계턱으로 배수구를 설치할 것
② 길이 40[m] 이하마다 집수관, 소화핏트 등 기름분리장치를 설치할 것
③ 차량이 주차하는 바닥은 배수구를 향하여 100분의 1 이상의 기울기를 유지할 것
④ 배수설비는 가압송수장치의 최대 송수능력의 수량을 유효하게 배수할 수 있는 크기 및 기울기로 할 것

SOLUTION

개념
물분무소화설비의 배수설비
- 차량이 주차하는 바닥은 배수구를 향하여 100분의 2 이상의 기울기를 유지할 것
- 차량이 주차하는 장소의 적당한 곳에 높이 10[cm] 이상의 경계턱으로 배수구를 설치할 것
- 배수설비는 가압송수장치의 최대송수능력의 수량을 유효하게 배수할 수 있는 크기 및 기울기로 할 것
- 배수구에는 새어나온 기름을 모아 소화할 수 있도록 길이 40[m] 이하마다 집수관·소화핏트 등 기름분리장치를 설치할 것

71 ★☆☆

예상제연구역 바닥면적 400[m²] 미만 거실의 공기유입구와 배출구간의 직선거리 기준으로 옳은 것은? (단, 제연경계에 의한 구획을 제외한다)

① 2[m] 이상 확보되어야 한다.
② 3[m] 이상 확보되어야 한다.
③ 5[m] 이상 확보되어야 한다.
④ 10[m] 이상 확보되어야 한다.

SOLUTION

개념
예상제연구역 공기유입구의 기준

구분	설치기준
• 바닥면적 400[m²] 미만의 거실	• 공기유입구와 배출구간의 직선거리는 5[m] 이상 • 구획된 실의 장변의 $\frac{1}{2}$ 이상
• 바닥면적 400[m²] 이상의 거실 • 바닥면적 200[m²] 초과의 공연장·집회장·위락시설	• 바닥으로부터 1.5[m] 이하의 높이 • 주변이 공기의 유입에 장애가 없을 것

72 ★☆☆

다음 중 스프링클러설비와 비교하여 물분무 소화설비의 장점으로 옳지 않은 것은?

① 소량의 물을 사용함으로써 물의 사용량 및 방사량을 줄일 수 있다.
② 운동에너지가 크므로 파괴주수 효과가 크다.
③ 전기 절연성이 높아서 고압통전기기의 화재에도 안전하게 사용할 수 있다.
④ 물의 방수과정에서 화재열에 따른 부피증가량이 커서 질식 효과를 높일 수 있다.

SOLUTION

풀이
분무상태의 물은 안개형태의 매우 작은 물입자이다. 운동에너지는 질량의 크기에 영향을 받으므로 분무상태의 물은 운동에너지가 매우 작다. 파괴수주 효과를 얻기 위해서는 봉상으로 주수해야 한다.

73 ★☆☆

오피스텔에서는 모든 층에 주거용 주방자동소화장치를 설치해야 하는데, 몇 층 이상인 경우 이러한 조치를 취해야 하는가?

① 15층 이상
② 20층 이상
③ 25층 이상
④ 층수 무관

SOLUTION

개념
주거용 주방자동소화장치 설치대상
• 아파트 등(모든 층, 층수 무관)
• 오피스텔(모든 층, 층수무관)

74 ★★☆

수직강하식 구조대가 구조적으로 갖추어야 할 조건으로 옳지 않은 것은? (단, 건물내부의 별실에 설치하는 경우는 제외한다)

① 구조대의 포지는 외부포지와 내부포지로 구성한다.
② 포지는 사용 시 충격을 흡수하도록 수직방향으로 현저하게 늘어나야 한다.
③ 구조대는 연속하여 강하할 수 있는 구조이어야 한다.
④ 입구틀 및 취부틀의 입구는 지름 60[cm] 이상의 구체가 통과할 수 있어야 한다.

SOLUTION

개념
수직강하식 구조대의 구조
• 구조대는 안전하고 쉽게 사용할 수 있는 구조이어야 한다.
• 구조대는 연속하여 강하할 수 있는 구조이어야 한다.
• 입구틀 및 취부틀의 입구는 지름 60[cm] 이상의 구체가 통과할 수 있는 것이어야 한다.
• 구조대의 포지는 외부포지와 내부포지로 구성하되, 외부포지와 내부포지의 사이에 충분한 공기층을 두어야 한다. 다만, 건물 내부의 별실에 설치하는 것은 외부포지를 설치하지 아니할 수 있다.
• 포지는 사용 시 수직방향으로 현저하게 늘어나지 아니하여야 한다.
• 포지, 지지틀, 취부틀, 그 밖의 부속장치 등은 견고하게 부착되어야 한다.

정답 71 ③ 72 ② 73 ④ 74 ②

75 ★★★

주차장에 분말소화약제 120[kg]을 저장하려고 한다. 이때 필요한 저장용기의 최소 내용적[L]은?

① 96
② 120
③ 150
④ 180

SOLUTION

개념
분말소화약제 저장용기의 내용적

소화약제의 종류	소화약제 1[kg]당 저장용기의 내용적
제1종 분말(탄산수소나트륨)	0.8[L]
제2종 분말(탄산수소칼륨)	1[L]
제3종 분말(제1인산암모늄)	1[L]
제4종 분말(탄산수소칼륨 + 요소)	1.25[L]

풀이
차고 또는 주차장에 설치하는 분말소화설비의 소화약제는 제3종 분말로 하여야 한다. 그러므로 제3종 분말의 소화약제 1[kg]당 저장용기의 내용적은 1[L]이므로 이를 식으로 정리하면

최소 내용적 = $1 \times 120 = 120$[L]

∴ 최소 내용적 = 120[L]

76 ★★★

다음 중 노유자 시설의 4층 이상 10층 이하에서 적응성이 있는 피난기구가 아닌 것은?

① 피난교
② 다수인피난장비
③ 승강식피난기
④ 미끄럼대

SOLUTION

개념
노유자시설 피난기구의 적응성

	1층	2층	3층	4층 이상 10층 이하
노유자 시설	• 미끄럼대 • 구조대 • 피난교 • 다수인피난장비 • 승강식피난기	• 미끄럼대 • 구조대 • 피난교 • 다수인피난장비 • 승강식피난기	• 미끄럼대 • 구조대 • 피난교 • 다수인피난장비 • 승강식피난기	• 구조대 • 피난교 • 다수인피난장비 • 승강식피난기

4층 이상 10층 이하에서 구조대의 적응성은 장애인 관련 시설로서 주된 사용자 중 스스로 피난이 불가한 자가 있는 경우 추가로 설치하는 경우에 한한다.

풀이
노유자시설에서 미끄럼대는 1층, 2층, 3층에만 적응성이 있다.

77 ★★☆

물분무소화설비의 가압송수장치로 압력수조의 필요압력을 산출할 때 필요한 것이 아닌 것은?

① 낙차의 환산 수두압
② 물분무헤드의 설계압력
③ 배관의 마찰손실 수두압
④ 소방용 호스의 마찰손실 수두압

SOLUTION

개념
물분무소화설비 압력수조의 필요압력

$$P = P_1 + P_2 + P_3$$

여기서, P : 필요한 압력[MPa]
P_1 : 물분무헤드의 설계압력[MPa]
P_2 : 배관의 마찰손실수두압[MPa]
P_3 : 낙차의 환산수두압[MPa]

풀이
물분무소화설비 압력수조의 필요압력 식에서 필요하지 않은 것은 소방용 호스의 마찰손실 수두압이다.

78 ★☆☆

층수가 10층인 일반창고에 습식 폐쇄형 스프링클러헤드가 설치되어 있다면 이 설비에 필요한 수원의 양은 얼마 이상이어야 하는가? (단, 이 창고는 특수가연물을 저장·취급하지 않는 일반물품을 적용하고, 헤드가 가장 많이 설치된 층은 8층으로서 40개가 설치되어 있다)

① $16[m^3]$ ② $32[m^3]$
③ $48[m^3]$ ④ $64[m^3]$

SOLUTION

개념
- 폐쇄형 헤드 수원의 저수량

$$Q = 1.6N$$

여기서, Q: 수원의 저수량$[m^3]$
N: 폐쇄형 헤드의 기준 개수(기준개수 보다 적은 경우에는 설치 개수)

- 폐쇄형 헤드의 기준개수

스프링클러설비의 설치장소		기준개수
지하층을 제외한 층수가 10층 이하인 특정소방대상물	공장 또는 창고 (렉크식 창고 포함) · 특수가연물을 저장·취급하는 것	30
	그 밖의 것	20

풀이
폐쇄형 헤드 수원의 저수량 공식에 문제에서 해당하는 설치장소의 기준개수를 대입하면
$Q = 1.6N = 1.6 \times 20 = 32[m^3]$
∴ $Q = 32[m^3]$

79 ★★★

포소화설비에서 펌프의 토출관에 압입기를 설치하여 포 소화약제 압입용 펌프로 포소화약제를 압입시켜 혼합하는 방식은?

① 라인 프로포셔너방식
② 펌프 프로포셔너방식
③ 프레셔 프로포셔너방식
④ 프레셔사이드 프로포셔너방식

SOLUTION

개념
프레셔사이드 프로포셔너
펌프의 토출관에 압입기를 설치하여 포소화약제 압입용펌프로 포소화약제를 압입시켜 혼합하는 방식

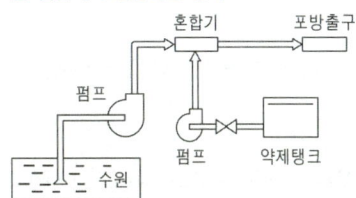

80 ★★☆

다음 중 옥내소화전의 배관 등에 대한 설치방법으로 옳지 않은 것은?

① 펌프의 토출 측 주배관의 구경은 평균 유속을 5[m/s] 가 되도록 설치하였다.
② 배관 내 사용압력이 1.1[MPa] 인 곳에 배관용탄소강관을 사용하였다.
③ 옥내소화전 송수구를 단구형으로 설치하였다.
④ 송수구로부터 주배관에 이르는 연결배관에는 개폐밸브를 설치하지 않았다.

SOLUTION

개념
- 옥내소화전설비의 배관
  - 펌프의 토출 측 주배관의 구경은 유속이 4[m/s] 이하가 될 수 있는 크기 이상으로 할 것
  - 송수구는 구경 65[mm]의 쌍구형 또는 단구형으로 할 것
  - 송수구로부터 옥내소화전설비의 주배관에 이르는 연결배관에는 개폐밸브를 설치하지 않을 것

- 스프링클러설비의 배관 내 사용압력

배관 내 사용압력	배관의 종류
1.2[MPa] 미만	• 배관용 탄소강관 • 이음매 없는 구리 및 구리합금관(다만, 습식의 배관에 한함) • 배관용 스테인리스강관 또는 일반 배관용 스테인리스강관 • 덕타일 주철관
1.2[MPa] 이상	• 압력배관용 탄소강관 • 배관용 아크용접 탄소강관

2019년 제2회 소방설비기사

61 ★★★

작동전압이 22,900[V]의 고압의 전기기기가 있는 장소에 물분무 설비를 설치할 때 전기기기와 물 분무 헤드 사이의 최소 이격 거리는 얼마로 해야 하는가?

① 70[cm] 이상　② 80[cm] 이상
③ 110[cm] 이상　④ 150[cm] 이상

SOLUTION

개념
고압의 전기기기와 물분무헤드의 이격거리

전압	거리
66[kV] 이하	70[cm] 이상
66[kV] 초과 77[kV] 이하	80[cm] 이상
77[kV] 초과 110[kV] 이하	110[cm] 이상
110[kV] 초과 154[kV] 이하	150[cm] 이상
154[kV] 초과 181[kV] 이하	180[cm] 이상
181[kV] 초과 220[kV] 이하	210[cm] 이상
220[kV] 초과 275[kV] 이하	260[cm] 이상

풀이
22,900[V]는 22.9[kV]이기 때문에 66[kV] 이하에 해당한다. 그러므로 최소 이격거리는 70[cm]가 된다.

62 ★★★

다음 중 일반화재(A급 화재)에 적응성을 만족하지 못한 소화약제는?

① 포 소화약제
② 강화액 소화약제
③ 할론 소화약제
④ 중탄산염류소화약제

SOLUTION

개념
소화기구의 소화약제별 적응성

소화약제		일반화재 (A급화재)	유류화재 (B급 화재)	전기화재 (C급 화재)
분말	중탄산염류	-	○	○
가스	할론	○	○	○
액체	강화액	○	○	*
	포	○	○	*

* : 조건부 적응성 인정

63 ★☆☆

거실 제연설비 설계 중 배출량 선정에 있어서 고려하지 않아도 되는 사항은?

① 예상제연구역의 수직거리
② 예상제연구역의 바닥면적
③ 제연설비의 배출방식
④ 자동식 소화설비 및 피난설비의 설치 유무

SOLUTION

개념
거실 제연설비 배출량 산정 시 고려사항
- 예상제연구역의 수직거리
- 예상제연구역의 바닥면적
- 제연설비의 배출방식
- 예상제연구역의 구획 기준
- 예상제연구역의 사용용도

64 ★★★

폐쇄형 스프링클러 헤드를 최고 주위온도 40[℃]인 장소(공장 및 창고 제외)에 설치할 경우 표시온도는 몇 [℃]의 것을 설치하여야 하는가?

① 79[℃] 미만
② 79[℃] 이상 121[℃] 미만
③ 121[℃] 이상 162[℃] 미만
④ 162[℃] 이상

SOLUTION

개념
폐쇄형스프링클러헤드의 표시온도

설치장소의 최고 주위온도	표시온도
39[℃] 미만	79[℃] 미만
39[℃] 이상 64[℃] 미만	79[℃] 이상 121[℃] 미만
64[℃] 이상 106[℃] 미만	121[℃] 이상 162[℃] 미만
106[℃] 이상	162[℃] 이상

풀이
최고 주위온도는 40[℃]이기 때문에 39[℃] 이상 64[℃] 미만에 해당한다. 그러므로 표시온도는 79[℃] 이상 121[℃] 미만이 된다.

정답 62 ④ 63 ④ 64 ②

65 ★☆☆

할론소화설비의 화재안전기기준상 자동차차고나 주차장에 할론 1301 소화약제로 전역방출방식의 소화설비를 설치한 경우 방호구역의 체적 1[m³]당 얼마의 소화약제가 필요한가?

① 0.32[kg] 이상 0.64[kg] 이하
② 0.36[kg] 이상 0.71[kg] 이하
③ 0.40[kg] 이상 1.10[kg] 이하
④ 0.60[kg] 이상 0.71[kg] 이하

SOLUTION

개념

전역방출방식 할론1301의 약제량

특정소방대상물 또는 그 부분		방호구역 1[m³]당 소화약제의 양[kg/m³]
차고·주차장·전기실·통신기기실·전산실		0.32 이상 0.64 이하
특수가연물을 저장·취급하는 특정소방대상물 또는 그 부분	가연성 고체류·가연성 액체류	0.32 이상 0.64 이하
	면화류·나무껍질 및 대팻밥·넝마 및 종이부스러기·사류·볏집류·목재가공품 및 나무부스러기	0.52 이상 0.64 이하
	합성수지류	0.32 이상 0.64 이하

66 ★★☆

학교, 공장, 창고시설에 설치하는 옥내소화전에서 가압송수장치 및 기동장치가 동결의 우려가 있는 경우 일부 사항을 제외하고는 주펌프와 동등 이상의 성능이 있는 별도의 펌프로서 내연기관의 기동과 연동하여 작동되거나 비상전원을 연결한 펌프를 추가 설치해야 한다. 다음 중 이러한 조치를 취해야 하는 경우는?

① 지하층이 없이 지상층만 있는 건축물
② 고가수조를 가압송수장치로 설치한 경우이다.
③ 수원이 건축물의 최상층에 설치된 방수구보다 높은 위치에 설치된 경우
④ 건축물의 높이가 지표면으로부터 10[m] 이하인 경우

SOLUTION

개념

옥내소화전 비상전원을 연결한 펌프의 추가 설치 제외 장소
• 지하층만 있는 건축물
• 고가수조를 가압송수장치로 설치한 경우
• 수원이 건축물의 최상층에 설치된 방수구보다 높은 위치에 설치된 경우
• 건축물의 높이가 지표면으로부터 10[m] 이하인 경우
• 가압수조를 가압송수장치로 설치한 경우

67 ★★☆

다음은 할로겐화합물 소화설비의 수동 기동장치 점검 내용으로 맞지 않은 것은?

① 방호구역마다 설치되어 있는지 점검한다.
② 방출지연용 비상스위치가 설치되어 있는지 점검한다.
③ 화재감지기와 연동되어있는지 점검한다.
④ 조작부는 바닥으로부터 0.8[m] 이상 1.5[m] 이하의 위치에 설치되어 있는지 점검한다.

SOLUTION

개념

할로겐화합물 소화설비 수동식 기동장치의 설치기준
• 방호구역마다 설치할 것
• 기동장치의 방출용스위치는 음향경보장치와 연동하여 조작될 수 있는 것으로 할 것
• 전기를 사용하는 기동장치에는 전원표시등을 설치할 것
• 조작부는 바닥으로부터 높이 0.8[m] 이상 1.5[m] 이하의 위치에 설치할 것
• 수동식 기동장치의 부근에는 소화약제의 방출을 지연시킬 수 있는 방출지연스위치를 설치할 것
• 해당 방호구역의 출입구 부분 등 조작을 하는 자가 쉽게 피난할 수 있는 장소에 설치할 것
• 기동장치 인근의 보기 쉬운 곳에 "할로겐화합물 소화설비 수동식 기동장치"라는 표지를 할 것

풀이

할로겐화합물 수동식 기동장치는 화재감지기와 연동할 필요가 없다.

65 ① 66 ① 67 ③

68 ★★☆

화재 시 연기가 찰 우려가 없는 장소로서 호스릴분말소화설비를 설치할 수 있는 기준 중 다음 ( ) 안에 알맞은 것은?

- 지상 1층 및 피난층에 있는 부분으로서 지상에서 수동 또는 원격조작에 따라 개방할 수 있는 개구부의 유효면적의 합계가 바닥면적의 (㉠)[%] 이상이 되는 부분
- 전기설비가 설치되어 있는 부분 또는 다량의 화기를 사용하는 부분의 바닥면적이 해당 설비가 설치되어 있는 구획의 바닥면적의 (㉡) 미만이 되는 부분

① ㉠ 15, ㉡ 1/5 ② ㉠ 15, ㉡ 1/2
③ ㉠ 20, ㉡ 1/5 ④ ㉠ 20, ㉡ 1/2

SOLUTION

개념

호스릴분말소화설비의 설치대상

- 지상 1층 및 피난층에 있는 부분으로서 지상에서 수동 또는 원격조작에 따라 개방할 수 있는 개구부의 유효면적의 합계가 **바닥면적의 15[%] 이상**이 되는 부분
- 전기설비가 설치되어 있는 부분 또는 다량의 화기를 사용하는 부분의 바닥면적이 해당 설비가 설치되어 있는 구획의 바닥면적의 $\frac{1}{5}$ 미만이 되는 부분

69 ★★★

다음 ( ) 안에 들어가는 기기로 옳은 것은?

- 분말소화약제의 가압용가스 용기를 3병 이상 설치한 경우에는 2개 이상의 용기를 (㉠)를 부착하여야 한다.
- 분말소화약제의 가압용가스 용기를 2.5[MPa] 이하의 압력에서 조정이 가능한 (㉡)를 설치하여야 한다.

① ㉠ 전자개방밸브, ㉡ 압력조정기
② ㉠ 전자개방밸브, ㉡ 정압작동장치
③ ㉠ 압력조정기, ㉡ 전자개방밸브
④ ㉠ 압력조장기, ㉡ 정압개방밸브

SOLUTION

개념

분말소화약제의 가압용가스 또는 축압용가스의 설치기준

구분	질소가스(소화약제 1[kg]당 양, 35[℃], 1기압 기준)	이산화탄소
가압용	40[L] 이상	소화약제 1[kg]당 20[g] +배관 청소 필요량 이상
축압용	10[L] 이상	

- 분말소화약제의 가스용기는 분말소화약제의 저장용기에 접속하여 설치할 것
- 분말소화약제의 가압용가스 용기를 3병 이상 설치한 경우에는 2개 이상의 용기에 **전자개방밸브**를 부착할 것
- 분말소화약제의 가압용가스 용기에는 2.5[MPa] 이하의 압력에서 조정이 가능한 **압력조정기**를 설치할 것

70 ★★☆

이산화탄소 소화약제의 저장용기에 관한 일반적인 설명으로 옳지 않은 것은?

① 방호구역 내의 장소에 설치하되 피난구 부근을 피하여 설치할 것
② 온도가 40[℃] 이하이고, 온도변화가 적은 곳에 설치할 것
③ 직사광선 및 빗물이 침투할 우려가 없는 곳에 설치할 것
④ 용기간의 간격은 점검에 지장이 없도록 3[cm] 이상의 간격을 유지할 것

SOLUTION

개념
이산화탄소소화약제 저장용기 설치장소의 기준
- 방호구역 외의 장소에 설치할 것. 다만, 방호구역 내에 설치할 경우에는 피난 및 조작이 용이하도록 피난구 부근에 설치할 것
- 온도가 40[℃] 이하이고, 온도변화가 작은 곳에 설치할 것
- 직사광선 및 빗물이 침투할 우려가 없는 곳에 설치할 것
- 용기간의 간격은 점검에 지장이 없도록 3[cm] 이상의 간격을 유지할 것
- 방화문으로 구획된 실에 설치할 것
- 용기의 설치장소에는 해당 용기가 설치된 곳임을 표시하는 표지를 할 것
- 저장용기와 집합관을 연결하는 연결배관에는 체크밸브를 설치할 것. 다만, 저장용기가 하나의 방호구역만을 담당하는 경우에는 그러하지 아니한다.

71 ★☆☆

다음 중 피난사다리 하부 지지점에 미끄럼 방지장치를 설치하여야 하는 것은?

① 내림식 사다리　② 올림식 사다리
③ 수납식 사다리　④ 신축식 사다리

SOLUTION

풀이
올림식 사다리 하부지점에는 미끄럼방지장치를 설치해야 한다.

72 ★★★

포소화약제의 혼합장치 중 펌프의 토출관에 압입기를 설치하여 포 소화약제 압입용 펌프로 소화약제를 압입시켜 혼합하는 방식은?

① 펌프 프로포셔너 방식
② 프레셔사이드 프로포셔너 방식
③ 라인 프로포셔너 방식
④ 프레셔 프로포셔너 방식

SOLUTION

개념
프레셔사이드 프로포셔너
펌프의 토출관에 압입기를 설치하여 포소화약제 압입용펌프로 포소화약제를 압입시켜 혼합하는 방식

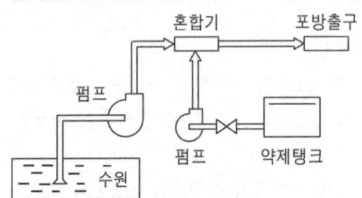

73 ★★☆

제연설비에서 예상제연구역의 각 부분으로부터 하나의 배출구까지의 수평거리를 몇 [m] 이내가 되도록 하여야 하는가?

① 10[m]　② 12[m]
③ 15[m]　④ 20[m]

SOLUTION

풀이
제연설비 예상제연구역의 각 부분으로부터 하나의 배출구까지의 수평거리는 10[m] 이내가 되도록 하여야 한다.

74 ★★★

상수도소화용수설비의 소화전은 특정 소방대상물의 수평투영면 각 부분으로부터 최대 몇 [m] 이하가 되도록 설치하는가?

① 25[m]
② 40[m]
③ 100[m]
④ 140[m]

SOLUTION

개념
상수도소화용수설비의 설치기준
- 호칭지름 75[mm] 이상의 수도배관에 호칭지름 100[mm] 이상의 소화전을 접속할 것
- 소화전은 소방자동차 등의 진입이 쉬운 도로변 또는 공지에 설치할 것
- 소화전은 특정소방대상물의 수평투영면의 각 부분으로부터 140[m] 이하가 되도록 설치할 것

75 ★★★

물분무소화설비 가압송수장치의 토출량에 대한 최소기준으로 옳은 것은? (단, 특수가연물을 저장 취급하는 특정 소방대상물 및 차고 주차장의 바닥면적은 50[m²] 이하인 경우는 50[m²]를 기준으로 한다)

① 차고 또는 주차장의 바닥면적 1[m²]에 대해 10[L/min]로 20분간 방수할 수 있는 양 이상
② 특수가연물을 저장·취급하는 특정 소방대상물의 바닥면적 1[m²]에 대해 20[L/min]로 20분간 방수할 수 있는 양 이상
③ 케이블 트레이, 케이블 덕트는 투영된 바닥면적 1[m²]에 대해 10[L/mim]로 20분간 방수할 수 있는 양 이상
④ 절연유 봉입 변압기는 바닥면적을 제외한 표면적을 합한 면적 1[m²]에 대해 10[L/min]로 20분간 방수할 수 있는 양 이상

SOLUTION

개념
물분무소화설비의 수원

설치장소	가압송수장치 토출량[L/min·m²]	방수시간 [min]	기준면적 [m²]
특수가연물을 저장·취급하는 특정소방대상물	10	20	바닥면적 (최소 50[m²])
절연유 봉입 변압기	10	20	바닥부분을 제외한 표면적
컨베이어 벨트 (콘베이어 벨트)	10	20	벨트 부분의 바닥면적
케이블트레이, 케이블 덕트	12	20	투영된 바닥면적
차고·주차장	20	20	바닥면적 (최소 50[m²])

정답 74 ④ 75 ④

76 ★★☆

피난기구 설치 기준으로 옳지 않은 것은?

① 피난기구는 소방대상물의 기둥·바닥·보, 기타 구조상 견고한 부분에 볼트조임·매입·용접, 기타의 방법으로 견고하게 부착할 것
② 2층 이상의 층에 피난사다리(하향식 피난구용 내림식 사다리는 제외한다)를 설치하는 경우에는 금속성 고정사다리를 설치하고, 피난에 방해되지 않도록 노대는 설치되지 않아야 할 것
③ 승강식피난기 및 하향식 피난구용 내림식사다리는 설치 경로가 설치층에서 피난층까지 연계될 수 있는 구조로 설치할 것. 다만, 건축물의 구조 및 설치 여건 상 불가피한 경우에는 그러하지 아니한다.
④ 승강식피난기 및 하향식 피난구용 내림식사다리의 하강식 내측에는 기구의 연결 금속구 등이 없어야 하며 전개된 피난 기구는 하강구 수평투영면적 공간 내의 범위를 침범하지 않는 구조이어야 할 것. 단, 직경 60[cm] 크기의 범위를 벗어난 경우이거나, 직하층의 바닥 면으로부터 높이 50[cm] 이하의 범위는 제외한다.

SOLUTION
개념
피난기구의 설치기준
- 피난기구를 설치하는 개구부는 서로 동일직선상이 아닌 위치에 있어야 할 것
- 피난기구를 설치한 장소에는 가까운 곳의 보기 쉬운 곳에 피난기구의 위치를 표시하는 발광식 또는 축광식표지와 그 사용방법을 표시한 표지를 부착할 것
- 피난기구는 특정소방대상물의 기둥·바닥·보·기타 구조상 견고한 부분에 볼트조임·매입 및 용접 등의 방법으로 견고하게 부착할 것
- 계단·피난구·기타 피난시설로부터 적당한 거리에 있는 안전한 구조로 된 피난 또는 소화 활동상 유효한 개구부에 고정하여 설치하거나 필요한 때에 신속하고 유효하고 설치할 수 있는 상태로 둘 것
- 4층 이상의 층에 피난사다리(하향식 피난구용 내림식사다리 제외)를 설치하는 경우에는 금속성 고정사다리를 설치하고, 해당 고정사다리에는 쉽게 피난할 수 있는 구조의 노대를 설치할 것

77 ★★★

포소화설비의 자동식 기동장치를 폐쇄형 스프링클러헤드의 개방과 연동하여 가압송수장치·일제개방밸브 및 포 소화약제 혼합 장치를 기동하는 경우 다음 ( ) 안에 알맞은 것은? (단, 자동화재탐지설비의 수신기가 설치된 장소에 상시 사람이 근무하고 있고, 화재시 즉시 해당 조작부를 작동시킬 수 있는 경우는 제외한다)

표시온도가 (㉠)[℃] 미만인 것을 사용하고, 1개의 스프링클러헤드의 경계면적은 (㉡)[m²] 이하로 할 것

① ㉠ 79, ㉡ 8
② ㉠ 121, ㉡ 8
③ ㉠ 79, ㉡ 20
④ ㉠ 121, ㉡ 20

SOLUTION
개념
포소화설비 자동식 기동장치의 폐쇄형스프링클러헤드
- 표시온도가 79[℃] 미만인 것을 사용하고, 1개의 스프링클러헤드의 경계면적은 20[m²] 이하로 할 것
- 부착면의 높이는 바닥으로부터 5[m] 이하로 하고, 화재를 유효하게 감지할 수 있도록 할 것
- 하나의 감지장치 경계구역은 하나의 층이 되도록 할 것

78 ★★★

특정소방대상물별 소화기구의 능력단위의 기준 중 다음 ( ) 안에 알맞은 것은?

특정 소방대상물	소화기구의 능력단위
장례식장 및 의료시설	해당 용도의 바닥면적 (㉠)[m²]마다 능력 단위 1단위 이상
노유자시설	해당 용도의 바닥면적 (㉡)[m²]마다 능력 단위 1단위 이상
위락시설	해당 용도의 바닥면적 (㉢)[m²]마다 능력 단위 1단위 이상

① ㉠ 30, ㉡ 50, ㉢ 100 ② ㉠ 30, ㉡ 100, ㉢ 50
③ ㉠ 50, ㉡ 100, ㉢ 30 ④ ㉠ 50, ㉡ 30, ㉢ 100

SOLUTION

개념

특정소방대상물별 소화기구의 능력단위

특정소방대상물	소화기구의 능력단위
위락시설	해당 용도의 바닥면적 30[m²]마다 능력단위 1단위 이상
공연장·집회장·관람장·문화재·장례식장·의료시설	해당 용도의 바닥면적 50[m²]마다 능력단위 1단위 이상
근린생활시설·판매시설·운수시설·숙박시설·노유자시설·전시장·공동주택·업무시설·방송통신시설·공장·창고시설·항공기 및 자동차 관련 시설·관광휴게시설	해당 용도의 바닥면적 100[m²]마다 능력단위 1단위 이상
그 밖의 것	해당 용도의 바닥면적 200[m²]마다 능력단위 1단위 이상

• 소화기구의 능력단위를 산출함에 있어서 건축물의 주요구조부가 내화구조이고, 벽 및 반자의 실내에 면하는 부분이 불연재료·준불연재료 또는 난연재료로 된 특정소방대상물에 있어서는 위 표의 바닥면적의 2배를 해당 특정소방대상물의 기준면적으로 한다.

79 ★★★

아래 평면도와 같이 반자가 있는 어느 실내에 전등이나 공조용 디퓨저 등의 시설물을 무시하고 수평거리를 2.1[m]로 하여 스프링클러헤드를 정방형으로 설치하고자 할 때 최소 몇 개의 헤드를 설치해야 하는가? (단, 반자 속에는 헤드를 설치하지 아니하는 것으로 본다)

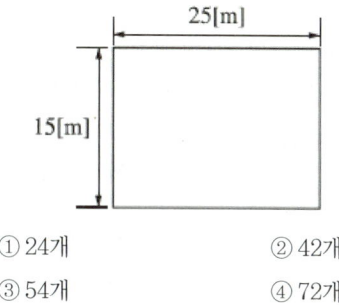

① 24개 ② 42개
③ 54개 ④ 72개

SOLUTION

개념

스프링클러헤드 상호간의 최대 거리(정방형, 정사각형)

공식 정리
$$S = 2r \times \cos 45°$$

여기서, S : 포헤드 상호 간의 거리[m], r : 유효반경(2.1[m])

풀이

스프링클러헤드헤드 상호간의 최대 거리는
$S = 2r \times \cos 45° = 2 \times 2.1 \times \cos 45° ≒ 2.97[m]$
이다. 이를 활용해 가로, 세로 안에 설치 가능한 헤드 개수를 구하면

• 가로줄에 설치 가능한 헤드 개수 : $\frac{25}{2.97} ≒ 8.42 ≒ 9[개]$

• 세로줄에 설치 가능한 헤드 개수 : $\frac{15}{2.97} ≒ 5.05 ≒ 6[개]$

가로줄에 9개 설치, 세로줄에 6개 설치 가능하므로 9×6구조이다. 이를 개수로 구해보면
총개수= $9 \times 6 = 54$[개]
∴ 총개수= 54[개]

80 ★★★

소화용수설비 중 소화수조 및 저수조에 대한 설명으로 틀린 것은?

① 소화수조, 저수조의 채수구 또는 흡수관투입구는 소방차가 2[m] 이내의 지점까지 접근할 수 있는 위치에 설치할 것
② 지하에 설치하는 소방용수설비의 흡수관투입구는 그 한 변이 0.6[m] 이상인 것으로 할 것
③ 채수구는 지면으로부터의 높이가 0.5[m] 이상 1[m] 이하의 위치에 설치하고 "채수구"라고 표시한 표지를 할 것
④ 소화수조가 옥상 또는 옥탑의 부분에 설치된 경우에는 지상에 설치된 채수구에서의 압력이 0.1[MPa] 이상이 되도록 할 것

SOLUTION

개념
- 소화수조 및 저수조의 설치기준
  - 소화수조가 옥상 또는 옥탑부분에 설치된 경우에는 지상에 설치된 채수구에서의 압력 0.15[MPa] 이상 되도록 할 것
  - 소화수조의 깊이가 4.5[m] 이상일 경우 가압송수장치를 설치할 것
  - 소화수조는 소방차가 채수구로부터 2[m] 이내의 지점까지 접근할 수 있는 위치에 설치할 것

- 채수구 또는 흡수관투입구의 설치기준
  - 소화수조 및 저수조의 채수구 또는 흡수관투입구는 소방차가 2[m] 이내의 지점까지 접근할 수 있는 위치에 설치할 것
  - 지하에 설치하는 소방용수설비의 흡수관투입구는 그 한 변이 0.6[m] 이상이거나 직경이 0.6[m] 이상인 것으로 하고, 소요수량이 80[m³] 미만인 것은 1개 이상, 80[m³] 이상인 것은 2개 이상을 설치할 것
  - 소화용설비에 설치하는 채수구는 소방용호스 또는 소방용흡수관에 사용하는 구경 65[mm] 이상의 나사식 결합금속구를 설치할 것
  - 소화용설비에 설치하는 채수구는 지면으로부터의 높이가 0.5[m] 이상 1[m] 이하의 위치에 설치하고 "채수구"라고 표시한 표지를 할 것

2019년 제4회 소방설비기사

61 ★★☆

이산화탄소소화설비의 기동장치에 대한 기준으로 틀린 것은?

① 자동식 기동장치에는 수동으로도 기동할 수 있는 구조이어야 한다.
② 가스압력식 기동장치에서 기동용가스용기 및 해당용기에 사용하는 밸브는 20[MPa] 이상의 압력에 견딜 수 있어야 한다.
③ 수동식 기동장치의 조작부는 바닥으로부터 높이 0.8[m] 이상 1.5[m] 이하의 위치에 설치한다.
④ 전기식 기동장치로서 7병 이상의 저장용기를 동시에 개방하는 설비는 2병 이상의 저장용기에 전자 개방밸브를 부착해야 한다.

SOLUTION

개념
- 이산화탄소소화설비의 수동식 기동장치 설치기준
  - 전역방출방식은 방호구역마다, 국소방출방식은 방호대상물마다 설치할 것
  - 전기를 사용하는 기동장치에는 전원표시등을 설치할 것
  - 기동장치의 조작부는 바닥으로부터 높이 0.8[m] 이상 1.5[m] 이하의 위치에 설치하고, 보호판 등에 따른 보호장치를 설치할 것
  - 기동장치의 방출용 스위치는 음향경보장치와 연동하여 조작될 수 있도록 할 것
  - 수동식 기동장치의 부근에는 소화약제의 방출을 지연시킬 수 있는 방출지연스위치를 설치할 것
  - 해당 방호구역의 출입구 부분 등 조작을 하는 자가 쉽게 피난할 수 있는 장소에 설치할 것
  - 기동장치 인근의 보기 쉬운 곳에 "이산화탄소소화설비 수동식 기동장치"라는 표지를 할 것

- 이산화탄소소화설비의 자동식 기동장치 설치기준
  - 자동식 기동장치는 수동으로도 기동할 수 있는 구조로 하여야 한다.
  - 전자식 기동장치로서 7병 이상의 저장용기를 동시에 개방하는 설비는 2병 이상의 저장용기에 전자 개방밸브를 부착할 것
  - 기동용가스용기 및 해당용기에 해당하는 밸브는 25[MPa] 이상의 압력에 견딜 수 있는 것으로 할 것
  - 기동용가스용기에는 내압시험압력의 0.8배부터 내압시험압력 이하에서 작동하는 안전장치를 설치할 것

정답 80 ④ / 61 ②

- 기동용가스용기의 체적은 5[L] 이상으로 하고, 해당 용기에 저장하는 질소 등의 비활성기체는 6.0[MPa] 이상(21[℃] 기준)의 압력으로 충전할 것
- 질소 등의 비활성기체 기동용가스용기에는 충전 여부를 확인할 수 있는 압력게이지를 설치할 것

62 ★☆☆

천장의 기울기가 10분의 1을 초과할 경우에 가지관의 최상부에 설치되는 톱날지붕의 스프링클러헤드는 천장의 최상부로부터의 수직거리가 몇 [cm] 이하가 되도록 설치하여야 하는가?

① 50 ② 70
③ 90 ④ 120

SOLUTION

개념
스프링클러를 경사천장에 설치하는 경우

구분	거리
천장의 최상부로부터의 수직거리	90[cm] 이하
최상부의 가지관 상호간의 거리	가지관상의 스프링클러헤드 상호간의 거리의 $\frac{1}{2}$ 이하(최소 1[m] 이상)

63 ★☆☆

주요 구조부가 내화구조이고 건널 복도가 설치된 층의 피난기구 수의 설치 감소 방법으로 적합한 것은?

① 피난기구를 설치하지 아니할 수 있다.
② 피난기구의 수에서 1/2을 감소한 수로 한다.
③ 원래의 수에서 건널 복도 수를 더한 수로 한다.
④ 피난기구의 수에서 해당 건널 복도의 수의 2배의 수를 뺀 수로 한다.

SOLUTION

풀이
주요 구조부가 내화구조이고 건널 복도가 설치된 층은 피난 기구의 수에서 해당 건널 복도의 수의 2배의 수를 뺀 수로 한다.

64 ★★☆

제연설비의 설치장소에 따른 제연구역의 구획 기준으로 틀린 것은?

① 거실과 통로는 각각 제연구획 할 것
② 하나의 제연구역의 면적은 600[m²] 이내로 할 것
③ 하나의 제연구역은 직경 60[m] 원 내에 들어갈 수 있을 것
④ 하나의 제연구역은 2개 이상 층에 미치지 아니하도록 할 것

SOLUTION

개념
제연설비의 설치장소
- 하나의 제연구역의 면적은 1,000[m²] 이내로 할 것
- 하나의 제연구역은 직경 60[m] 원 내에 들어갈 수 있을 것
- 하나의 제연구역은 2개 이상의 층에 미치지 아니할 것 다만, 층의 구분이 불분명한 부분은 그 부분을 다른 부분과 별도로 제연구획 할 것
- 통로상의 제연구역은 보행중심선의 길이가 60[m]를 초과하지 아니할 것
- 거실과 통로(복도 포함)는 각각 제연구획 할 것

65 ★☆☆

물분무소화설비의 가압송수장치로 압력수조의 필요압력을 산출할 때 필요한 것이 아닌 것은?

① 낙차의 환산 수두압
② 물분무헤드의 설계압력
③ 배관의 마찰손실 수두압
④ 소방용 호스의 마찰손실 수두압

SOLUTION

개념
물분무소화설비 압력수조의 필요압력

공식 정리
$$P = P_1 + P_2 + P_3$$

여기서, P : 필요한 압력[MPa], P_1 : 물분무헤드의 설계압력[MPa]
P_2 : 배관의 마찰손실수두압[MPa], P_3 : 낙차의 환산수두압[MPa]

풀이
물분무소화설비 압력수조의 필요압력 식에서 필요하지 않은 것은 **소방용 호스의 마찰손실 수두압**이다.

66 ★★☆

주거용 주방자동소화장치의 설치기준으로 틀린 것은?

① 감지부는 형식승인 받은 유효한 높이 및 위치에 설치해야 한다.
② 소화약제 방출구는 환기구의 청소부분과 분리되어 있어야 한다.
③ 가스차단 장치는 상시 확인 및 점검이 가능하도록 설치해야 한다.
④ 탐지부는 수신부와 분리하여 설치하되, 공기보다 무거운 가스를 사용하는 장소에는 바닥면으로부터 0.2[m] 이하의 위치에 설치해야 한다.

SOLUTION

개념
주거용 주방자동소화장치의 설치기준
- 감지부는 형식승인 받은 유효한 높이 및 위치에 설치할 것
- 소화약제 방출구는 환기부의 청소부분과 분리되어 있어야 할 것
- 가스차단 장치는 상시 확인 및 점검이 가능하도록 설치할 것
- 탐지부는 수신부와 분리하여 설치하되, 공기보다 무거운 가스를 사용하는 장소에는 바닥면으로부터 0.3[m] 이하의 위치에 설치할 것
- 탐지부는 수신부와 분리하여 설치하되, 공기보다 가벼운 가스를 사용하는 장소에는 천장면으로부터 0.3[m] 이하의 위치에 설치할 것

67 ★★★

물분무소화설비의 소화작용이 아닌 것은?

① 부촉매작용   ② 냉각작용
③ 질식작용   ④ 희석작용

SOLUTION

개념
부촉매작용
연소의 연쇄반응을 차단하는 작용

풀이
부촉매작용을 활용하여 소화하는 약제는 할로겐화합물 소화약제이다. 물분무소화설비의 소화작용은 냉각작용, 질식작용, 희석작용 등이 있다.

68 ★★★

소화용수설비에서 소화수조의 소요수량이 20[m³] 이상 40[m³] 미만인 경우에 설치하여야 하는 채수구의 개수는?

① 1개   ② 2개
③ 3개   ④ 4개

SOLUTION

개념
소화용수설비에 설치하는 채수구의 수

소요수량[m³]	20 이상 40 미만	40 이상 100 미만	100 이상
채수구의 수	1개	2개	3개

69 ★★★

분말소화설비의 분말소화약제 1[kg]당 저장용기의 내용적 기준으로 틀린 것은?

① 제1종 분말 : 0.8[L]   ② 제2종 분말 : 1.0[L]
③ 제3종 분말 : 1.0[L]   ④ 제4종 분말 : 1.8[L]

SOLUTION

개념
분말소화약제 저장용기의 내용적

소화약제의 종류	소화약제 1[kg] 당 저장용기의 내용적
제1종 분말(탄산수소나트륨)	0.8[L]
제2종 분말(탄산수소칼륨)	1[L]
제3종 분말(제1인산암모늄)	1[L]
제4종 분말(탄산수소칼륨 + 요소)	1.25[L]

70 ★★★

다음은 상수도소화용수설비의 설치기준에 관한 설명이다. ( ) 안에 들어갈 내용으로 알맞은 것은?

> 호칭지름 75[mm] 이상의 수도배관에 호칭지름 ( ) [mm] 이상의 소화전을 접속할 것

① 50 ② 80
③ 100 ④ 125

SOLUTION | 개념

상수도소화용설비의 설치기준

- 호칭지름 75[mm] 이상의 수도배관에 **호칭지름 100[mm] 이상의 소화전을** 접속할 것
- 소화전은 소방자동차 등의 진입이 쉬운 도로변 또는 공지에 설치할 것
- 소화전은 특정소방대상물의 수평투영면의 각 부분으로부터 140[m] 이하가 되도록 설치할 것

71 ★★★

특별피난계단의 계단실 및 부속실 제연설비의 안전기준에 대한 내용으로 틀린 것은?

① 제연구역과 옥내와의 사이에 유지하여야 하는 최소 차압은 40[Pa] 이상으로 하여야 한다.
② 제연설비가 가동되었을 경우 출입문의 개방에 필요한 힘은 110[N] 이상으로 하여야 한다.
③ 계단실과 부속실을 동시에 제연하는 경우 부속실의 기압은 계단실과 같게 하거나 부속실과 계단실의 압력차이가 5[Pa] 이하가 되도록 하여야 한다.
④ 계단실 및 그 부속실을 동시에 제연하거나 또는 계단실만 단독으로 제연할 때의 방연풍속은 0.5[m/s] 이상이어야 한다.

SOLUTION | 개념

특수피난계단의 계단실 및 부속실 제연설비의 차압 등

- 제연구역과 옥내 사이에 유지하여야 하는 최소차압은 40[Pa](옥내에 스프링클러설비가 설치된 경우는 12.5[Pa]) 이상
- 제연설비가 가동되었을 경우 출입문의 개방에 필요한 힘은 110[N] 이하
- 출입문이 일시적으로 개방되는 경우 개방되지 아니하는 제연구역과 옥내와의 차압은 기준차압의 70[%] 이상
- 계단실과 부속실을 동시에 제연하는 경우 부속실의 기압은 계단실과 같게 하거나 계단실의 기압보다 낮게 할 경우에는 부속실과 계단실의 압력차이는 5[Pa] 이하
- 계단실 및 그 부속실을 동시에 제연하는 것 또는 계단실만 제연할 때의 방연풍속은 0.5[m/s] 이상

72 ★★☆

스프링클러설비의 가압송수장치의 정격토출압력은 하나의 헤드선단에 얼마의 방수압력이 될 수 있는 크기이어야 하는가?

① 0.01[MPa] 이상 0.05[MPa] 이하
② 0.1[MPa] 이상 1.2[MPa] 이하
③ 1.5[MPa] 이상 2.0[MPa] 이하
④ 2.5[MPa] 이상 3.3[MPa] 이하

SOLUTION | 풀이

스프링클러설비의 가압송수장치의 정격토출압력은 하나의 헤드선단에 0.1[MPa] 이상 1.2[MPa] 이하의 방수압력이 될 수 있는 크기이어야 한다.

73 ★★★

스프링클러설비의 교차배관에서 분기되는 지점을 기점으로 한쪽 가지배관에 설치되는 간이헤드는 몇 개 이하로 설치하여야 하는가? (단, 수리학적 배관방식의 경우는 제외한다)

① 8
② 10
③ 12
④ 18

SOLUTION

개념
스프링클러설비 가지배관의 배열
- 교차배관에서 분기되는 지점을 기준으로 한쪽 가지배관에 설치되는 간이헤드의 개수는 8개 이하이어야 한다.
- 토너먼트 방식이 아니어야 한다.
- 가지배관과 스프링클러헤드 사이의 배관을 신축배관으로 하는 경우에는 소방청장이 정하여 고시한 기준에 적합한 것으로 설치하여야 한다.

74 ★☆☆

지상으로부터 높이 30[m]가 되는 창문에서 구조대용 유도로프의 모래주머니를 자연낙하 시킨 경우 지상에 도달할 때까지 걸리는 시간(초)은?

① 2.5
② 5
③ 7.5
④ 10

SOLUTION

개념
자유낙하이론

공식·정리
$$y = \frac{1}{2}gt^2$$

여기서, y : 지면에서의 높이[m], g : 중력가속도(9.8[m/s^2])
t : 지면까지의 낙하시간[s]

풀이
자유낙하이론의 공식을 지면까지의 낙하시간에 관한 식으로 정리하고 문제에서 주어진 값들을 대입하면

$t = \sqrt{\frac{2y}{g}} = \sqrt{\frac{2 \times 30}{9.8}} ≒ 2.5[s]$

∴ $t ≒ 2.5[s]$

75 ★★★

포소화설비의 자동식 기동장치에서 폐쇄형스프링클러헤드를 사용하는 경우의 설치기준에 대한 설명이다. ㉠~㉢의 내용으로 옳은 것은?

- 표시온도가 (㉠)[℃] 미만인 것을 사용하고 1개의 스프링클러헤드의 경계 면적은 (㉡)[m^2] 이하로 할 것
- 부착면의 높이는 바닥으로부터 (㉢)[m] 이하로 하고 화재를 유효하게 감지할 수 있도록 할 것

① ㉠ 68, ㉡ 20, ㉢ 5
② ㉠ 68, ㉡ 30, ㉢ 7
③ ㉠ 79, ㉡ 20, ㉢ 5
④ ㉠ 79, ㉡ 30, ㉢ 7

SOLUTION

개념
포소화설비 자동식 기동창치의 폐쇄형스프링클러헤드
- 표시온도가 79[℃] 미만인 것을 사용하고, 1개의 스프링클러헤드의 경계면적은 20[m^2] 이하로 할 것
- 부착면의 높이는 바닥으로부터 5[m] 이하로 하고, 화재를 유효하게 감지할 수 있도록 할 것
- 하나의 감지장치 경계구역은 하나의 층이 되도록 할 것

76 ★☆☆

할론소화설비의 화재안전기기준상 자동차차고나 주차장에 할론 1301 소화약제로 전역방출방식의 소화설비를 설치한 경우 방호구역의 체적 1[m^3]당 얼마의 소화약제가 필요한가?

① 0.32[kg] 이상 0.64[kg] 이하
② 0.36[kg] 이상 0.71[kg] 이하
③ 0.40[kg] 이상 1.10[kg] 이하
④ 0.60[kg] 이상 0.71[kg] 이하

SOLUTION

개념
전역방출방식 할론1301의 약제량

특정소방대상물 또는 그 부분		방호구역 1[m³]당 소화약제의 양[kg/m³]
차고·주차장·전기실·통신기기실·전산실		0.32 이상 0.64 이하
특수가연물을 저장·취급하는 특정소방대상물 또는 그 부분	가연성 고체류·가연성 액체류	0.32 이상 0.64 이하
	면화류·나무껍질 및 대팻밥·넝마 및 종이부스러기·사류·볏짚류·목재가공품 및 나무부스러기	0.52 이상 0.64 이하
	합성수지류	0.32 이상 0.64 이하

77 ★★☆

옥내소화전이 하나의 층에는 6개, 또 다른 층에는 3개, 나머지 모든 층에는 4개씩 설치되어 있다. 수원의 최소 수량[m³] 기준은?

① 7.8 ② 10.4
③ 5.2 ④ 15.6

SOLUTION

개념
옥내소화전설비의 수원

공식
$$Q = 2.6N$$

여기서, Q : 수원의 양[m³]
N : 가장 많이 설치된 층의 옥내소화전 개수(최대 2개)

풀이
가장 많이 설치된 층의 옥내소화전 개수는 6개이다. 최대 개수인 2개를 넘어가기 때문에 N에는 2를 대입한다.
$Q = 2.6N = 2 \times 2.6 = 5.2[m^3]$
∴ $Q = 5.2[m^3]$

78 ★★☆

스프링클러설비의 누수로 인한 유수검지장치의 오작동을 방지하기 위한 목적으로 설치하는 것은?

① 솔레노이드 밸브   ② 리타딩 챔버
③ 물올림 장치   ④ 성능시험배관

SOLUTION

개념
리타딩챔버의 역할
- 자동경보밸브의 오보(오작동) 방지
- 압력스위치의 손상을 방지

79 ★★☆

전역방출방식 분말 소화설비에서 방호구역의 개구부에 자동폐쇄장치를 설치하지 아니한 경우, 개구부의 면적 1[m²]에 대한 분말 소화약제의 가산량으로 잘못 연결된 것은?

① 제1종 분말 - 4.5[kg]   ② 제2종 분말 - 2.7[kg]
③ 제3종 분말 - 2.5[kg]   ④ 제4종 분말 - 1.8[kg]

SOLUTION

개념
전역방출방식 분말소화설비

소화약제의 종류	방호구역 1[m³]에 대한 소화약제의 양[kg/m³]	개구부 가산량 [kg/m²]
제1종 분말	0.60	4.5
제2종 분말 또는 제3종 분말	0.36	2.7
제4종 분말	0.24	1.8

80 ★★☆

체적 100[m³]의 면화류 창고에 전역방출 방식의 이산화탄소 소화설비를 설치하는 경우에 소화약제는 몇 [kg] 이상 저장하여야 하는가? (단, 방호구역의 개구부에 자동폐쇄장치가 부착되어 있다)

① 12　　　　　　② 27
③ 120　　　　　　④ 270

SOLUTION

개념

- 소화약제의 저장량

공식 정리

$$Q = V \times K_1 + A \times K_2$$

여기서, Q : 소화약제의 저장량[kg], V : 방호구역의 체적[m³]
　　　　K_1 : 방호구역 1[m³]에 대한 소화약제의 양[kg/m³]
　　　　A : 방호구역의 개구부면적[m²]
　　　　K_2 : 개구부 가산량(자동폐쇄장치가 없는 경우)[kg/m²]

- 전역방출방식 이산화탄소설비의 소화약제 저장량

방호대상물	방호구역 1[m³]에 대한 소화약제의 양[kg/m³]	개구부 가산량 (자동폐쇄장치가 없는 경우)[kg/m²]
유압기기를 제외한 전기설비 (체적 55[m³] 이상), 케이블실	1.3	10
체적 55[m³] 미만의 전기설비	1.6	
서고, 전자제품창고, 목재가공품창고, 박물관	2.0	
고무류·면화류창고, 모피창고, 석탄창고, 집진설비	2.7	

풀이

면화류창고의 경우 $K_1 = 2.7$[kg/m³]이다. 또한 자동폐쇄장치가 부착되어 있으므로 $K_2 = 0$이다. 이 값들과 문제에서 주어진 값들을 공식에 대입하면
$Q = V \times K_1 + A \times K_2 = 100 \times 2.7 + 0 = 270$[kg]
∴ $Q = 270$[kg]

2020년 제1·2회 소방설비기사

61 ★★☆

분말소화설비의 화재안전기준상 차고 또는 주차장에 설치하는 분말소화설비의 소화약제는?

① 인산염을 주성분으로 한 분말
② 탄산수소칼륨을 주성분으로 한 분말
③ 탄산수소칼륨과 요소가 화합된 분말
④ 탄산수소나트륨을 주성분으로 한 분말

SOLUTION

개념

분말소화약제의 종류 및 적응화재
- 제1종 분말 : 탄산수소나트륨($NaHCO_3$) → 적응화재 : B, C급
- 제2종 분말 : 탄산수소칼륨($KHCO_3$) → 적응화재 : B, C급
- 제3종 분말 : 제1인산암모늄($NH_4H_2PO_4$) → 적응화재 : A, B, C급
- 제4종 분말 : 탄산수소칼륨($KHCO_3$) + 요소($CO(NH_2)_2$) → 적응화재 : B, C급

풀이

차고 또는 주차장에 설치하는 분말소화설비의 소화약제는 제3종 분말로 하여야 한다. 제3종 분말의 주성분은 인산염이다.

62 ★★☆

할론소화설비의 화재안전기준상 축압식 할론소화약제 저장용기에 사용되는 축압용가스로서 적합한 것은?

① 질소　　　　　　② 산소
③ 이산화탄소　　　④ 불활성가스

SOLUTION

개념

할론소화약제 축압식 저장용기(20[℃] 기준)

구분	할론 1301	할론 1211
저장용기의 압력	2.5[MPa] 또는 4.2[MPa]	1.1[MPa] 또는 2.5[MPa]
축압가스	질소가스	

63 ★★★

물분무소화설비의 화재안전기준에 따른 물분무소화설비의 설치장소별 1[m²]당 수원의 최소 저수량으로 맞는 것은?

① 차고 : 30[L/min]×20분×바닥면적
② 케이블트레이 : 12[L/min]×20분×투영된 바닥면적
③ 컨베이어 벨트 : 37[L/min]×20분×벨트부분의 바닥면적
④ 특수가연물을 취급하는 특정소방대상물 : 20[L/min]×20분×바닥면적

SOLUTION

개념
물분무소화설비의 수원

설치장소	가압송수장치 토출량[L/min·m²]	방수시간 [min]	기준면적 [m²]
특수가연물을 저장·취급하는 특정소방대상물	10	20	바닥면적 (최소 50[m²])
절연유 봉입 변압기	10		바닥부분을 제외한 표면적
컨베이어 벨트 (콘베이어 벨트)	10		벨트 부분의 바닥면적
케이블트레이, 케이블 덕트	12		투영된 바닥면적
차고·주차장	20		바닥면적 (최소 50[m²])

64 ★☆☆

화재예방, 소방시설 설치·유지 및 안전관리에 관한 법률상 자동소화장치를 모두 고른 것은?

ㄱ. 분말자동소화장치
ㄴ. 액체자동소화장치
ㄷ. 고체에어로졸자동소화장치
ㄹ. 공업용 주방자동소화장치
ㅁ. 캐비닛형 자동소화장치

① ㄱ, ㄴ
② ㄴ, ㄷ, ㄹ
③ ㄱ, ㄷ, ㅁ
④ ㄱ, ㄴ, ㄷ, ㄹ, ㅁ

SOLUTION

개념
자동소화장치의 종류
- 분말자동소화장치
- 고체에어로졸자동소화장치
- 캐비닛형 자동소화장치
- 주거용 주방자동소화장치
- 상업용 주방자동소화장치
- 가스자동소화장치

65 ★☆☆

피난기구를 설치하여야 할 소방대상물 중 피난기구의 2분의 1을 감소할 수 있는 조건이 아닌 것은?

① 주요구조부가 내화구조로 되어 있다.
② 특별피난계단이 2 이상 설치되어 있다.
③ 소방구조용(비상용) 엘리베이터가 설치되어 있다.
④ 직통계단인 피난계단이 2 이상 설치되어 있다.

SOLUTION

개념
피난기구의 $\frac{1}{2}$ 감소 조건
- 주요구조부가 내화구조로 되어 있을 것
- 특별피난계단이 2개 이상 설치되어 있을 것
- 직통계단이 피난계단이 2개 이상 설치되어 있을 것

66 ★★★

소화수조 및 저수조의 화재안전기준에 따라 소화용수설비에 설치하는 채수구의 수는 소요수량이 40[m³] 이상 100[m³] 미만인 경우 몇 개를 설치해야 하는가?

① 1
② 2
③ 3
④ 4

SOLUTION

개념
소화용수설비에 설치하는 채수구의 수

소요수량[m³]	20 이상 40 미만	40 이상 100 미만	100 이상
채수구의 수	1개	2개	3개

67 ★☆☆

포소화설비의 화재안전기준에 따라 바닥면적이 180[m²]인 건축물 내부에 호스릴 방식의 포소화설비를 설치할 경우 가능한 포소화약제의 최소 필요량은 몇 [L]인가? (단, 호스 접결구 : 2개, 약제 농도 : 3[%])

① 180　　② 270
③ 650　　④ 720

SOLUTION

개념
- 호스릴방식 포소화약제의 저장량(바닥면적 200[m²] 미만)

$$Q = N \times S \times 6{,}000 \times 0.75$$

여기서, Q : 포소화약제의 양[L], N : 호스접결구 수(최대 5개)
S : 포소화약제의 사용농도[%]

- 호스릴방식 포소화약제의 저장량(바닥면적 200[m²] 이상)

$$Q = N \times S \times 6{,}000$$

여기서, Q : 포소화약제의 양[L], N : 호스접결구 수(최대 5개)
S : 포소화약제의 사용농도[%]

풀이
문제에서 주어진 바닥면적은 180[m²]이다. 그러므로 바닥면적이 200[m²] 미만인 경우에 사용하는 식을 사용하면 된다. 호스릴방식 포소화약제의 저장량 공식에 문제에서 주어진 값들을 대입하면
$Q = N \times S \times 6{,}000 \times 0.75 = 2 \times 0.03 \times 6{,}000 \times 0.75 = 270[L]$
∴ $Q = 270[L]$

68 ★★☆

소화수조 및 저수조의 화재안전기준에 따라 소화용수 설비를 설치하여야 할 특정소방대상물에 있어서 유수의 양이 최소 몇 [m³/min] 이상인 유수를 사용할 수 있는 경우에 소화수조를 설치하지 아니할 수 있는가?

① 0.8　　② 1
③ 1.5　　④ 2

SOLUTION

풀이
소화용설비를 설치하여야 할 특정소방대상물에 있어 유수의 양이 0.8[m³/min] 이상의 유수를 사용할 수 있는 경우에는 소화수조를 설치하지 아니할 수 있다.

69 ★★☆

스프링클러설비의 화재안전기준에 따라 개방형스프링클러설비에서 하나의 방수구역을 담당하는 헤드 개수는 최대 몇 개 이하로 설치하여야 하는가?

① 30　　② 40
③ 50　　④ 60

SOLUTION

개념
개방형스프링클러설비의 방수구역
- 하나의 방수구역은 2개 층에 미치지 아니할 것
- 방수구역마다 일제개방밸브를 설치할 것
- 하나의 방수구역을 담당하는 헤드의 개수는 50개 이하로 할 것. 다만, 둘 이상의 방수구역으로 나눌 경우에는 하나의 방수구역을 담당하는 헤드의 개수는 25개 이상으로 할 것
- 일제개방밸브의 설치위치는 폐쇄형스프링클러설비의 유수검지장치의 설치장소 기준에 따르고, 표시는 "일제개방밸브실"이라고 표시할 것

70 ★★☆

완강기의 형식승인 및 제품검사의 기술기준상 완강기의 최대사용하중은 최소 몇 [N] 이상의 하중이어야 하는가?

① 800　　② 1,000
③ 1,200　　④ 1,500

SOLUTION

개념
완강기의 하중 및 최대사용자수
- 최대사용하중은 1,500[N] 이상의 하중일 것
- 최소사용하중은 250[N] 이상의 하중일 것
- 최대사용자수(1회에 강하할 수 있는 사용자의 최대수)는 최대사용하중을 1,500[N]을 나누어서 얻은 값으로 할 것

정답 67 ② 68 ① 69 ③ 70 ④

71 ★★☆

옥외소화전설비의 화재안전기준에 따라 옥외소화전 배관은 특정소방대상물의 각 부분으로부터 하나의 호스접결구까지의 수평거리가 최대 몇 [m] 이하가 되도록 설치하여야 하는가?

① 25
② 35
③ 40
④ 50

SOLUTION

개념
옥외소화전설비의 호스접결구
- 수평거리 : 특정소방대상물의 각 부분으로부터 하나의 호스접결구까지의 수평거리 40[m] 이하
- 설치높이 : 지면으로부터 높이 0.5[m] 이상 1[m] 이하

72 ★☆☆

난방설비가 없는 교육장소에 비치하는 소화기로 가장 적합한 것은? (단, 교육장소의 겨울 최저온도는 -15[℃]이다)

① 화학포소화기
② 기계포소화기
③ 산알칼리 소화기
④ ABC 분말소화기

SOLUTION

개념
소화기별 사용온도범위

소화기의 종류	사용온도[℃]
강화액, 분말	-20 이상 40 이하
그 밖의 소화기	0 이상 40 이하

풀이
난방설비가 없는 교육장소는 동결의 위험이 가장 낮은 소화기를 사용해야 한다. 그러므로 사용온도가 낮은 강화액 소화기 또는 분말 소화기를 사용해야 한다. 보기에서 ABC 분말 소화기는 분말소화기에 속하기 때문에 난방설비가 없는 교육장소에 사용할 수 있다.

73 ★★☆

스프링클러설비의 화재안전기준에 따라 연소할 우려가 있는 개구부에 드렌처설비를 설치한 경우 해당 개구부에 한하여 스프링클러헤드를 설치하지 아니할 수 있다. 관련 기준으로 틀린 것은?

① 드렌처헤드는 개구부 위 측에 2.5[m] 이내마다 1개를 설치할 것
② 제어밸브는 특정소방대상물 층마다에 바닥면으로부터 0.5[m] 이상 1.5[m] 이하의 위치에 설치할 것
③ 드렌처헤드가 가장 많이 설치된 제어밸브에 설치된 드렌처헤드를 동시에 사용하는 경우에 각 헤드 선단의 방수압력은 0.1[MPa] 이상이 되도록 할 것
④ 드렌처헤드가 가장 많이 설치된 제어밸브에 설치된 드렌처헤드를 동시에 사용하는 경우에 각 헤드선단의 방수량은 80[L/min] 이상이 되도록 할 것

SOLUTION

개념
스프링클러헤드의 설치 제외 기준
- 연소할 우려가 있는 개구부에 다음의 기준에 따른 드렌처설비를 설치한 경우에는 해당 개구부에 한하여 스프링클러헤드를 설치하지 않을 수 있다.
- 드렌처헤드는 개구부 위 측에 2.5[m] 이내마다 1개를 설치할 것
- 제어밸브는 특정소방대상물 층마다에 바닥면으로부터 0.8[m] 이상 1.5[m] 이하의 위치에 설치할 것
- 드렌처헤드가 가장 많이 설치된 제어밸브에 설치된 드렌처헤드를 동시에 사용하는 경우에 각 헤드 산단의 방수압력은 0.1[MPa] 이상이 되도록 할 것
- 드렌처헤드가 가장 많이 설치된 제어밸브에 설치된 드렌처헤드를 동시에 사용하는 경우에 각 헤드선단의 방수량은 80[L/min] 이상이 되도록 할 것
- 수원의 수량은 드렌처헤드가 가장 많이 설치된 제어밸브의 드렌처헤드의 설치개수에 1.6[m³]를 곱하여 얻은 수치 이상이 되도록 할 것
- 수원에 연결하는 가압송수장치는 점검이 쉽고 화재 등의 재해로 인한 피해우려가 없는 장소에 설치할 것

74 ★★☆

연결살수설비의 화재안전기준에 따른 건축물에 설치하는 연결살수설비의 헤드에 대한 기준 중 다음 ( ) 안에 알맞은 것은?

> 천장 또는 반자의 각 부분으로부터 하나의 살수헤드까지의 수평거리가 연결살수설비 전용헤드의 경우는 (㉠)[m] 이하, 스프링클러헤드의 경우는 (㉡)[m] 이하로 할 것. 다만, 살수헤드의 부착면과 바닥과의 높이가 (㉢)[m] 이하인 부분은 살수헤드의 살수분포에 따른 거리로 할 수 있다.

① ㉠ 3.7, ㉡ 2.3, ㉢ 2.1
② ㉠ 3.7, ㉡ 2.3, ㉢ 2.3
③ ㉠ 2.3, ㉡ 3.7, ㉢ 2.3
④ ㉠ 2.3, ㉡ 3.7, ㉢ 2.1

SOLUTION
개념
건축물에 설치하는 연결살수설비의 헤드
- 천장 또는 반자의 실내에 면하는 부분에 설치할 것
- 천장 또는 반자의 각 부분으로부터 하나의 살수헤드까지의 수평거리가 연결살수용설비전용헤드의 경우는 3.7[m] 이하, 스프링클러헤드의 경우는 2.3[m] 이하로 할 것. 다만, 살수헤드의 부착면과 바닥과의 높이가 2.1[m] 이하인 부분은 살수헤드의 살수분포에 따른 거리로 할 수 있다.

75 ★★★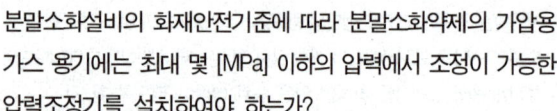

분말소화설비의 화재안전기준에 따라 분말소화약제의 가압용 가스 용기에는 최대 몇 [MPa] 이하의 압력에서 조정이 가능한 압력조정기를 설치하여야 하는가?

① 1.5
② 2.0
③ 2.5
④ 3.0

SOLUTION
개념
분말소화약제의 가압용가스 또는 축압용가스의 설치기준

구분	질소가스(소화약제 1[kg]당 양, 35[℃], 1기압 기준)	이산화탄소
가압용	40[L] 이상	소화약제 1[kg]당 20[g] +배관 청소 필요량 이상
축압용	10[L] 이상	

- 분말소화약제의 가스용기는 분말소화약제의 저장용기에 접속하여 설치할 것
- 분말소화약제의 가압용가스 용기를 3병 이상 설치한 경우에는 2개 이상의 용기에 전자개방밸브를 부착할 것
- 분말소화약제의 가압용가스 용기에는 2.5[MPa] 이하의 압력에서 조정이 가능한 압력조정기를 설치할 것

76 ★★☆

포소화설비의 화재안전기준상 차고·주차장에 설치하는 포소화전설비의 설치 기준 중 다음 ( ) 안에 알맞은 것은? (단, 1개 층의 바닥면적이 200[m²] 이하인 경우는 제외한다)

> 특정소방대상물의 어느 층에 있어서도 그 층에 설치된 포소화전방수구(포소화전방수구가 5개 이상 설치된 경우에는 5개)를 동시에 사용할 경우 각 이동식 포노즐선단의 포수용액 방사압력이 (㉠)[MPa] 이상이고 (㉡)[L/min] 이상의 포수용액을 수평거리 15[m] 이상으로 방사할 수 있도록 할 것

① ㉠ 0.25, ㉡ 230
② ㉠ 0.25, ㉡ 300
③ ㉠ 0.35, ㉡ 230
④ ㉠ 0.35, ㉡ 300

SOLUTION
개념
차고·주차장에 설치하는 포소화전설비의 기준
- 방사압력: 0.35[MPa] 이상
- 방출량: 300[L/min] 이상(단, 1개 층의 바닥면적이 200[m²] 이하인 경우 230[L/min] 이상)
- 방사능력: 수평거리 15[m] 이상
- 약제: 저발포 포소화약제 사용

77 ★★☆

이산화탄소소화설비의 화재안전기준에 따른 이산화탄소소화설비 기동장치의 설치기준으로 맞는 것은?

① 가스압력식 기동장치 기동용가스용기의 용적은 3[L] 이상으로 한다.
② 수동식 기동장치는 전역방출방식에 있어서 방호대상물마다 설치한다.
③ 수동식 기동장치의 부근에는 소화약제의 방출을 지연시킬 수 있는 방출지연스위치를 설치해야 한다.
④ 전기식 기동장치로서 5병의 저장용기를 동시에 개방하는 설비는 2병 이상의 저장용기에 전자개방밸브를 부착해야 한다.

SOLUTION

개념
- 이산화탄소소화설비의 수동식 기동장치 설치기준
  - 전역방출방식은 방호구역마다, 국소방출방식은 방호대상물마다 설치할 것
  - 전기를 사용하는 기동장치에는 전원표시등을 설치할 것
  - 기동장치의 조작부는 바닥으로부터 높이 0.8[m] 이상 1.5[m] 이하의 위치에 설치하고, 보호판 등에 따른 보호장치를 설치할 것
  - 기동장치의 방출용 스위치는 음향경보장치와 연동하여 조작될 수 있도록 할 것
  - 수동식 기동장치의 부근에는 소화약제의 방출을 지연시킬 수 있는 방출지연스위치를 설치할 것
  - 해당 방호구역의 출입구 부분 등 조작을 하는 자가 쉽게 피난할 수 있는 장소에 설치할 것
  - 기동장치 인근의 보기 쉬운 곳에 "이산화탄소소화설비 수동식 기동장치"라는 표지를 할 것

- 이산화탄소소화설비의 자동식 기동장치 설치기준
  - 자동식 기동장치는 수동으로도 기동할 수 있는 구조로 하여야 한다.
  - 전자식 기동장치로서 7병 이상의 저장용기를 동시에 개방하는 설비는 2병 이상의 저장용기에 전자 개방밸브를 부착할 것
  - 기동용가스용기 및 해당용기에 해당하는 밸브는 25[MPa] 이상의 압력에 견딜 수 있는 것으로 할 것
  - 기동용가스용기에는 내압시험압력의 0.8배부터 내압시험압력 이하에서 작동하는 안전장치를 설치할 것
  - 기동용가스용기의 체적은 5[L] 이상으로 하고, 해당 용기에 저장하는 질소 등의 비활성기체는 6.0[MPa] 이상(21[℃] 기준)의 압력으로 충전할 것
  - 질소 등의 비활성기체 기동용가스용기에는 충전 여부를 확인할 수 있는 압력게이지를 설치할 것

78 ★★★

물분무소화설비의 화재안전기준에 따른 물분무소화설비의 저수량에 대한 기준 중 다음 ( ) 안의 내용으로 맞는 것은?

> 절연유 봉입 변압기는 바닥부분을 제외한 표면적을 합한 면적 1[m²]에 대하여 ( )[L/min]로 20분간 방수할 수 있는 양 이상으로 할 것

① 4 ② 8
③ 10 ④ 12

SOLUTION

개념
물분무소화설비의 수원

설치장소	가압송수장치 토출량[L/min·m²]	방수시간 [min]	기준면적 [m²]
특수가연물을 저장·취급하는 특정소방대상물	10	20	바닥면적 (최소 50[m²])
절연유 봉입 변압기	10		바닥부분을 제외한 표면적
컨베이어 벨트 (콘베이어 벨트)	10		벨트 부분의 바닥면적
케이블트레이, 케이블 덕트	12		투영된 바닥면적
차고·주차장	20		바닥면적 (최소 50[m²])

79 ★☆☆

화재조기진압용 스프링클러설비의 화재안전기준상 화재조기진압용 스프링클러설비 설치 장소의 구조 기준으로 틀린 것은?

① 창고 내의 선반의 형태는 하부로 물이 침투되는 구조로 할 것
② 천장의 기울기가 1,000분의 168을 초과하지 않아야 하고, 이를 초과하는 경우에는 반자를 지면과 수평으로 설치할 것
③ 천장은 평평하여야 하며 철재나 목재트러스 구조인 경우, 철재나 목재의 돌출부분이 102[mm]를 초과하지 아니할 것
④ 해당 층의 높이가 10[m] 이하일 것. 다만, 3층 이상일 경우에는 해당 층의 바닥을 내화구조로 하고 다른 부분과 방화구획 할 것

SOLUTION

개념
화재조기진압용 스프링클러설비의 설치장소

- 창고 내의 선반 등의 형태는 하부로 물이 침투되는 구조로 할 것
- 천장의 기울기가 $\dfrac{168}{1,000}$ 을 초과하지 않아야 하고, 이를 초과하는 경우에는 반자를 지면과 수평으로 설치할 것
- 천장은 평평하여야 하며 철재나 목재트러스 구조인 경우, 철재나 목재의 돌출부분이 102[mm]를 초과하지 아니할 것
- 해당 층의 높이가 13.7[m] 이하일 것. 다만, 2층 이상일 경우에는 해당 층의 바닥을 내화구조로 하고 다른 부분과 방화구획 할 것
- 보로 사용되는 목재·콘크리트 및 철재 사이의 간격이 0.9[m] 이상 2.3[m] 이하로 할 것. 다만, 보의 간격이 2.3[m] 이상인 경우에는 헤드의 동작을 원활히 하기 위해 보로 구획된 부분의 천장 및 반자의 넓이가 28[m²]를 초과하지 않아야 한다.

80 ★★☆

제연설비의 화재안전기준상 유입풍도 및 배출풍도에 관한 설명으로 맞는 것은?

① 유입풍도 안의 풍속은 25[m/s] 이하로 한다.
② 배출풍도는 석면재료와 같은 내열성의 단열재로 유효한 단열 처리를 한다.
③ 배출풍도와 유입풍도의 아연도금강판 최소 두께는 0.45[mm] 이상으로 하여야 한다.
④ 배출기 흡입측 풍도 안의 풍속은 15[m/s] 이하로 하고 배출측 풍속은 20[m/s] 이하로 한다.

SOLUTION

개념
제연설비의 풍속

조건	풍속
예상제연구역의 공기유입 풍속	5[m/s] 이하
배출기의 흡입측 풍속	15[m/s] 이하
배출기의 배출측 풍속	20[m/s] 이하

2020년 제3회 소방설비기사

61 ★★☆

다음 중 스프링클러설비에서 자동경보밸브에 리타딩 챔버(retarding chamber)를 설치하는 목적으로 가장 적절한 것은?

① 자동으로 배수하기 위하여
② 압력수의 압력을 조절하기 위하여
③ 자동경보밸브의 오보를 방지하기 위하여
④ 경보를 발하기까지 시간을 단축하기 위하여

SOLUTION

개념
리타딩챔버의 역할
- 자동경보밸브의 오보(오작동) 방지
- 압력스위치의 손상을 방지

62 ★★☆

구조대의 형식승인 및 제품검사의 기술기준상 수직강하식 구조대의 구조 기준 중 틀린 것은?

① 구조대는 연속하여 강하할 수 있는 구조이어야 한다.
② 구조대는 안전하고 쉽게 사용할 수 있는 구조이어야 한다.
③ 입구틀 및 취부틀의 입구는 지름 40[cm] 이하의 구체가 통과할 수 있는 것이어야 한다.
④ 구조대의 포지는 외부포지와 내부포지로 구성하되, 외부포지와 내부포지의 사이에 충분한 공기층을 두어야 한다.

SOLUTION

개념
수직강하식 구조대의 구조
- 구조대는 안전하고 쉽게 사용할 수 있는 구조이어야 한다.
- 구조대는 연속하여 강하할 수 있는 구조이어야 한다.
- 입구틀 및 취부틀의 입구는 지름 60[cm] 이상의 구체가 통과할 수 있는 것이어야 한다.
- 구조대의 포지는 외부포지와 내부포지로 구성하되, 외부포지와 내부포지의 사이에 충분한 공기층을 두어야 한다. 다만, 건물 내부의 별실에 설치하는 것은 외부포지를 설치하지 아니할 수 있다.
- 포지는 사용 시 수직방향으로 현저하게 늘어나지 아니하여야 한다.
- 포지, 지지틀, 취부틀, 그 밖의 부속장치 등은 견고하게 부착되어야 한다.

63 ★★★

분말소화설비의 화재안전기준상 분말소화설비의 가압용가스로 질소가스를 사용하는 경우 질소가스는 소화약제 1[kg]마다 최소 몇 [L] 이상이어야 하는가? (단, 질소가스의 양은 35[℃]에서 1기압의 압력상태로 환산한 것이다)

① 10
② 20
③ 30
④ 40

SOLUTION

개념
분말소화약제의 가압용가스 또는 축압용가스의 설치기준

구분	질소가스(소화약제 1[kg]당 양, 35[℃], 1기압 기준)	이산화탄소
가압용	40[L] 이상	소화약제 1[kg]당 20[g] +배관 청소 필요량 이상
축압용	10[L] 이상	

64 ★☆☆

도로터널의 화재안전기준상 옥내소화전설비 설치 기준 중 괄호 안에 알맞은 것은?

> 가압송수장치는 옥내소화전 2개(4차로 이상의 터널인 경우 3개)를 동시에 사용할 경우 각 옥내소화전의 노즐선단에서의 방수압력은 (㉠)[MPa] 이상이고 방수량은 (㉡)[L/min] 이상이 되는 성능의 것으로 할 것

① ㉠ 0.1, ㉡ 130
② ㉠ 0.17, ㉡ 130
③ ㉠ 0.25, ㉡ 350
④ ㉠ 0.35, ㉡ 190

SOLUTION

풀이
도로터널 옥내소화전설비의 가압송수장치는 옥내소화전 2개(4차로 이상의 터널인 경우 3개)를 동시에 사용할 경우 각 옥내소화전의 노즐선단에서의 방수압력은 0.35[MPa] 이상이고 방수량은 190[L/min] 이상이 되는 성능의 것으로 할 것

정답 61 ③ 62 ③ 63 ④ 64 ④

65 ★★★

물분무소화설비의 화재안전기준상 110[kV] 초과 154[kV] 이하의 고압 전기기기와 물분무헤드 사이의 이격거리는 최소 몇 [cm] 이상이어야 하는가?

① 110
② 150
③ 180
④ 210

SOLUTION

개념

고압의 전기기기와 물분무헤드의 이격거리

전압	거리
66[kV] 이하	70[cm] 이상
66[kV] 초과 77[kV] 이하	80[cm] 이상
77[kV] 초과 110[kV] 이하	110[cm] 이상
110[kV] 초과 154[kV] 이하	150[cm] 이상
154[kV] 초과 181[kV] 이하	180[cm] 이상
181[kV] 초과 220[kV] 이하	210[cm] 이상
220[kV] 초과 275[kV] 이하	260[cm] 이상

66 ★★☆

분말소화설비의 화재안전기준상 분말소화설비의 배관으로 동관을 사용하는 경우에는 최고사용압력의 최소 몇 배 이상의 압력에 견딜 수 있는 것을 사용하여야 하는가?

① 1
② 1.5
③ 2
④ 2.5

SOLUTION

개념

• 분말소화설비의 배관
  - 배관은 전용으로 할 것
  - 밸브류는 개폐위치 또는 개폐방향을 표시한 것으로 할 것
• 배관의 성능기준

구분	성능기준	
강관	아연도금에 따른 배관용 탄소강관	
	축압식(20℃)에서 2.5[MPa] 이상 4.2[MPa] 이하)	압력배관용 탄소강관 중 이음이 없는 스케줄 40 이상
동관	고정압력 또는 최고사용압력의 1.5배 이상의 압력에 견딜수 있는 것	

67 ★☆☆

소화기의 형식승인 및 제품검사의 기술기준상 A급 화재용 소화기의 능력단위 산정을 위한 소화능력시험의 내용으로 틀린 것은?

① 모형 배열 시 모형 간의 간격은 3[m] 이상으로 한다.
② 소화는 최초의 모형에 불을 붙인 다음 1분 후에 시작한다.
③ 소화는 무풍상태(풍속 0.5[m/s] 이하)와 사용상태에서 실시한다.
④ 소화약제의 방사가 완료된 때 잔염이 없어야 하며, 방사 완료 후 2분 이내에 다시 불타지 아니한 경우 그 모형은 완전히 소화된 것으로 본다.

SOLUTION

개념

A급 화재용 소화기의 능력단위 산정을 위한 소화능력시험
• 모형 배열 시 모형 간의 간격은 3[m] 이상으로 한다.
• 소화는 최초의 모형에 불을 붙인 다음 3분 후에 시작하되, 불을 붙인 순으로 한다. 이 경우 모형에 잔염이 있다고 인정될 경우에는 다음 모형에 대한 소화를 계속할 수 없다.
• 소화는 무풍상태(풍속이 0.5[m/s] 이하인 상태)와 사용상태(휴대식은 손에 휴대한 상태, 멜빵식은 멜빵으로 착용한 상태, 차륜식은 고정된 상태)에서 실시한다.
• 소화약제의 방사가 완료될 때 잔염이 없어야 하며, 방사완료 후 2분 이내에 다시 불타지 아니한 경우 그 모형은 완전 소화된 것으로 본다.

68 ★★★

상수도소화용수설비의 화재안전기준상 소화전은 특정소방대상물의 수평투영면의 각 부분으로부터 몇 [m] 이하가 되도록 설치하여야 하는가?

① 70
② 100
③ 140
④ 200

SOLUTION

개념

상수도소화용수설비의 설치기준

- 호칭지름 75[mm] 이상의 수도배관에 호칭지름 100[mm] 이상의 소화전을 접속할 것
- 소화전은 소방자동차 등의 진입이 쉬운 도로변 또는 공지에 설치할 것
- 소화전은 특정소방대상물의 수평투영면의 각 부분으로부터 140[m] 이하가 되도록 설치할 것

69 ★★★

물분무소화설비를 설치하는 차고의 배수설비 설치기준 중 틀린 것은?

① 차량이 주차하는 장소의 적당한 곳에 높이 10[cm] 이상의 경계턱으로 배수구를 설치할 것
② 길이 40[m] 이하마다 집수관, 소화핏트 등 기름분리장치를 설치할 것
③ 차량이 주차하는 바닥은 배수구를 향하여 100분의 1 이상의 기울기를 유지할 것
④ 배수설비는 가압송수장치의 최대 송수능력의 수량을 유효하게 배수할 수 있는 크기 및 기울기로 할 것

SOLUTION

개념

물분무소화설비의 배수설비

- 차량이 주차하는 바닥은 배수구를 향하여 100분의 2 이상의 기울기를 유지할 것
- 차량이 주차하는 장소의 적당한 곳에 높이 10[cm] 이상의 경계턱으로 배수구를 설치할 것
- 배수설비는 가압송수장치의 최대송수능력의 수량을 유효하게 배수할 수 있는 크기 및 기울기로 할 것
- 배수구에는 새어나온 기름을 모아 소화할 수 있도록 길이 40[m] 이하마다 집수관·소화핏트 등 기름분리장치를 설치할 것

70 ★★★

포소화설비의 화재안전기준상 포헤드의 설치 기준 중 다음 괄호 안에 알맞은 것은?

> 압축공기포소화설비의 분사헤드는 천장 또는 반자에 설치하되 방호대상물에 따라 측벽에 설치할 수 있으며 유류탱크 주위에는 바닥면적 (㉠)[m²]마다 1개 이상, 특수가연물저장소에는 바닥면적 (㉡)[m²]마다 1개 이상으로 당해 방호대상물의 화재를 유효하게 소화할 수 있도록 할 것

① ㉠ 8, ㉡ 9
② ㉠ 9, ㉡ 8
③ ㉠ 9.3, ㉡ 13.9
④ ㉠ 13.9, ㉡ 9.3

SOLUTION

개념

압축공기포소화설비의 분사헤드

구분	설치개수
유류탱크 주위	13.9[m²]마다 1개 이상
특수가연물 저장소	9.3[m²]마다 1개 이상

71 ★★☆

제연설비의 화재안전기준상 배출구 설치 시 예상제연구역의 각 부분으로부터 하나의 배출구까지의 수평거리는 최대 몇 [m] 이내가 되어야 하는가?

① 5
② 10
③ 15
④ 20

SOLUTION

풀이

제연설비 예상제연구역의 각 부분으로부터 하나의 배출구까지의 수평거리는 10[m] 이내가 되도록 하여야 한다.

72 ★☆☆

스프링클러설비의 화재안전기준상 스프링클러헤드를 설치하는 천장·반자·천장과 반자사이·덕트·선반 등의 각 부분으로부터 하나의 스프링클러헤드까지의 수평거리 기준으로 틀린 것은? (단, 성능이 별도로 인정된 스프링클러헤드를 수리계산에 따라 설치하는 경우는 제외한다)

① 무대부에 있어서는 1.7[m] 이하
② 공동주택(아파트) 세대 내의 거실에 있어서는 3.2[m] 이하
③ 특수가연물을 저장 또는 취급하는 장소에 있어서는 2.1[m] 이하
④ 특수가연물을 저장 또는 취급하는 랙크식 창고의 경우에는 1.7[m] 이하

SOLUTION

개념
스프링클러헤드의 수평거리(천장·반자·천장과 반자 사이·덕트·선반 등의 각 부분으로부터 하나의 스프링클러헤드까지의 수평거리)

설치장소		수평거리[m]
무대부·특수가연물 저장·취급장소		1.7 이하
랙크식 창고	일반적인 경우	2.5 이하
	특수가연물 저장·취급하는 경우	1.7 이하
공동주택(아파트) 세대 내의 거실		3.2 이하
상기 외의 특정소방대상물	비내화구조	2.1 이하
	내화구조	2.3 이하

73 ★☆☆

이산화탄소소화설비의 화재안전기준상 전역방출방식의 이산화탄소소화설비의 분사헤드 방사압력은 저압식인 경우 최소 몇 [MPa] 이상이어야 하는가?

① 0.5   ② 1.05
③ 1.4   ④ 2.0

SOLUTION

개념
전역방출방식 이산화탄소설비 분사헤드의 방출압력
- 고압식 : 2.1[MPa] 이상
- 저압식 : 1.05[MPa] 이상

74 ★☆☆

완강기의 형식승인 및 제품검사의 기술기준상 완강기 및 간이 완강기의 구성으로 적합한 것은?

① 속도조절기, 속도조절기의 연결부, 하부지지장치, 연결금속구, 벨트
② 속도조절기, 속도조절기의 연결부, 로프, 연결금속구, 벨트
③ 속도조절기, 가로봉 및 세로봉, 로프, 연결금속구, 벨트
④ 속도조절기, 가로봉 및 세로봉, 로프, 하부지지장치, 벨트

SOLUTION

개념
완강기 및 간이 완강기의 구성
- 속도조절기(조속기)
- 속도조절기의 연결부(후크)
- 로프
- 연결금속구
- 벨트

75 ★★★

스프링클러설비의 화재안전기준상 스프링클러설비의 교차배관에서 분기되는 지점을 기점으로 한쪽 가지배관에 설치되는 간이헤드의 개수는 최대 몇 개 이하인가? (단, 방호구역 안에서 칸막이 등으로 구획하여 헤드를 증설하는 경우와 격자형 배관방식을 채택하는 경우는 제외한다)

① 8   ② 10
③ 12   ④ 15

SOLUTION

개념
스프링클러설비 가지배관의 배열
- 교차배관에서 분기되는 지점을 기준으로 한쪽 가지배관에 설치되는 간이헤드의 개수는 8개 이하이어야 한다.
- 토너먼트 방식이 아니어야 한다.
- 가지배관과 스프링클러헤드 사이의 배관을 신축배관으로 하는 경우에는 소방청장이 정하여 고시한 기준에 적합한 것으로 설치하여야 한다.

정답 72 ③ 73 ② 74 ② 75 ①

76 ★★☆

제연설비의 화재안전기준상 제연설비의 설치장소 기준 중 하나의 제연구역의 면적은 최대 몇 [m²] 이내로 하여야 하는가?

① 700
② 1,000
③ 1,300
④ 1,500

SOLUTION

개념
제연설비의 설치장소
- 하나의 제연구역의 면적은 1,000[m²] 이내로 할 것
- 하나의 제연구역은 직경 60[m] 원 내에 들어갈 수 있을 것
- 하나의 제연구역은 2개 이상의 층에 미치지 아니하도록 할 것 다만, 층의 구분이 불분명한 부분은 그 부분을 다른 부분과 별도로 제연구획 할 것
- 통로상의 제연구역은 보행중심선의 길이가 60[m]를 초과하지 아니할 것
- 거실과 통로(복도 포함)는 각각 제연구획 할 것

77 ★★☆

옥내소화전설비의 화재안전기준상 배관의 설치기준 중 다음 괄호 안에 알맞은 것은?

> 연결송수관설비의 배관과 겸용할 경우의 주배관은 구경 (㉠)[mm] 이상, 방수구로 연결되는 배관의 구경은 (㉡)[mm] 이상의 것으로 하여야 한다.

① ㉠ 80, ㉡ 65
② ㉠ 80, ㉡ 50
③ ㉠ 100, ㉡ 65
④ ㉠ 125, ㉡ 80

SOLUTION

개념
옥내소화전설비의 배관
- 펌프의 토출 측 주배관의 구경은 유속이 4[m/s] 이하가 될 수 있는 크기 이상일 것
- 연결송수관설비와 겸용하는 경우 주배관은 구경 100[mm] 이상, 방수구로 연결되는 배관의 구경은 65[mm] 이상의 것
- 가압송수장치에는 체절운전 시 수온의 상승을 방지하기 위하여 체크밸브와 펌프 사이에서 분기한 배관에 체절압력 미만에서 개방되는 릴리프밸브를 설치할 것

78 ★★★

이산화탄소소화설비의 화재안전기준상 저압식 이산화탄소 소화약제 저장용기에 설치하는 안전밸브의 작동압력은 내압시험압력의 몇 배에서 작동해야 하는가?

① 0.24 ~ 0.4
② 0.44 ~ 0.6
③ 0.64 ~ 0.8
④ 0.84 ~ 1

SOLUTION

개념
이산화탄소소화약제 저장용기의 기준
- 저압식 저장용기에는 내압시험압력의 0.64배부터 0.8배의 압력에서 작동하는 안전밸브와 내압시험압력의 0.8배부터 내압시험압력에서 작동하는 봉판을 설치할 것
- 저장용기의 충전비는 고압식은 1.5 이상 1.9 이하, 저압식은 1.1 이상 1.4 이하로 할 것
- 저압식 저장용기에는 액면계 및 압력계와 2.3[MPa] 이상 1.9[MPa] 이하의 압력에서 작동하는 압력경보장치를 설치할 것
- 저압식 저장용기에는 용기 내부의 온도가 -18[℃] 이하에서 2.1[MPa]의 압력을 유지할 수 있는 자동냉동장치를 설치할 것
- 저장용기는 고압식은 25[MPa] 이상, 저압식은 3.5[MPa] 이상의 내압시험압력에 합격한 것으로 할 것

79 ★★★

소화기구 및 자동소화장치의 화재안전기준상 노유자시설은 당해 용도의 바닥면적 얼마마다 능력단위 1단위 이상의 소화기구를 비치해야 하는가?

① 바닥면적 30[m²]마다 ② 바닥면적 50[m²]마다
③ 바닥면적 100[m²]마다 ④ 바닥면적 200[m²]마다

SOLUTION

개념
특정소방대상물별 소화기구의 능력단위

특정소방대상물	소화기구의 능력단위
위락시설	해당 용도의 바닥면적 30[m²]마다 능력단위 1단위 이상
공연장·집회장·관람장·문화재·장례식장·의료시설	해당 용도의 바닥면적 50[m²]마다 능력단위 1단위 이상
근린생활시설·판매시설·운수시설·숙박시설·노유자시설·전시장·공동주택·업무시설·방송통신시설·공장·창고시설·항공기 및 자동차 관련 시설·관광휴게시설	해당 용도의 바닥면적 100[m²]마다 능력단위 1단위 이상
그 밖의 것	해당 용도의 바닥면적 200[m²]마다 능력단위 1단위 이상

· 소화기구의 능력단위를 산출함에 있어서 건축물의 주요구조부가 내화구조이고, 벽 및 반자의 실내에 면하는 부분이 불연재료·준불연재료 또는 난연재료로 된 특정소방대상물에 있어서는 위 표의 바닥면적의 2배를 해당 특정소방대상물의 기준면적으로 한다.

80 ★★☆

포소화설비의 화재안전기준상 전역방출방식 고발포용 고정포방출구의 설치기준으로 옳은 것은? (단, 해당 방호구역에서 외부로 새는 양 이상의 포수용액을 유효하게 추가하여 방출하는 설비가 있는 경우는 제외한다)

① 개구부에 자동폐쇄장치를 설치할 것
② 바닥면적 600[m²]마다 1개 이상으로 할 것
③ 방호대상물의 최고부분보다 낮은 위치에 설치할 것
④ 특정소방대상물 및 포의 팽창비에 따른 종별에 관계없이 해당 방호구역의 관포체적 1[m³]에 대한 1분당 포수용액 방출량은 1[L] 이상으로 할 것

SOLUTION

개념
전역방출방식의 고발포용 고정포방출구
· 개구부에 자동폐쇄장치를 설치할 것
· 고정포방출구는 바닥면적 500[m²]마다 1개 이상으로 할 것
· 고정포방출구는 방호대상물의 최고부분보다 높은 위치에 설치할 것
· 특정소방대상물 및 포의 팽창비에 따른 종류별에 따라 해당 방호 구역의 관포체적 1[m³]에 대한 1분당 포수용액 방출량을 다르게 할 것

2020년 제4회 소방설비기사

61 ★★★

상수도소화용수설비의 화재안전기준에 따라 호칭지름 75[mm] 이상의 수도배관에 호칭지름 100[mm] 이상의 소화전을 접속한 경우 상수도소화용수설비 소화전의 설치 기준으로 맞는 것은?

① 특정소방대상물의 수평투영면의 각 부분으로부터 80[m] 이하가 되도록 설치할 것
② 특정소방대상물의 수평투영면의 각 부분으로부터 100[m] 이하가 되도록 설치할 것
③ 특정소방대상물의 수평투영면의 각 부분으로부터 120[m] 이하가 되도록 설치할 것
④ 특정소방대상물의 수평투영면의 각 부분으로부터 140[m] 이하가 되도록 설치할 것

SOLUTION

개념
상수도소화용수설비의 설치기준
- 호칭지름 75[mm] 이상의 수도배관에 호칭지름 100[mm] 이상의 소화전을 접속할 것
- 소화전은 소방자동차 등의 진입이 쉬운 도로변 또는 공지에 설치할 것
- 소화전은 특정소방대상물의 수평투영면의 각 부분으로부터 140[m] 이하가 되도록 설치할 것

62 ★★☆

분말소화설비의 화재안전기준에 따른 분말소화설비의 배관과 선택밸브의 설치기준에 대한 내용으로 틀린 것은?

① 배관은 겸용으로 설치할 것
② 선택밸브는 방호구역 또는 방호대상물마다 설치할 것
③ 동관은 고정압력 또는 최고사용압력의 1.5배 이상의 압력에 견딜 수 있는 것을 사용할 것
④ 강관은 아연도금에 따른 배관용탄소강관이나 이와 동등 이상의 강도·내식성 및 내열성을 가진 것을 사용할 것

SOLUTION

개념
- 분말소화설비의 배관
  - 배관은 전용으로 할 것
  - 밸브류는 개폐위치 또는 개폐방향을 표시한 것으로 할 것

- 배관의 성능기준

구분	성능기준	
강관	아연도금에 따른 배관용 탄소강관	
	축압식(20[℃]에서 2.5[MPa] 이상 4.2[MPa] 이하)	압력배관용 탄소강관 중 이음이 없는 스케줄 40 이상
동관	고정압력 또는 최고사용압력의 1.5배 이상의 압력에 견딜수 있는 것	

- 분말소화설비의 선택밸브
  - 하나의 특정소방대상물 또는 그 부분에 둘 이상의 방호구역 또는 방호대상물이 있어 분말소화설비 저장용기를 공용하는 경우에는 방호구역 또는 방호대상물마다 선택밸브를 설치하여야 한다.

63 ★★☆

피난기구의 화재안전기준에 따라 숙박시설·노유자시설 및 의료시설로 사용되는 층에 있어서는 그 층의 바닥면적이 몇 [m²]마다 피난기구를 1개 이상 설치해야하는가?

① 300
② 500
③ 800
④ 1,000

SOLUTION

개념
피난기구 설치 시 특정소방대상물의 기준면적

특정소방대상물	기준면적마다 1개 이상
숙박시설·노유자시설·의료시설	바닥면적 500[m²]
위락시설·문화집회·운동시설·판매시설·복합용도의 층	바닥면적 800[m²]
계단실형 아파트	각 세대
그 밖의 용도의 층	바닥면적 1,000[m²]

64 ★☆☆

다음 설명은 미분무소화설비의 화재안전기준에 따른 미분무소화설비 기동장치의 화재감지기 회로에서 발신기 설치기준이다. ( ) 안에 알맞은 내용은? (단, 자동화재탐지설비의 발신기가 설치된 경우는 제외한다)

- 조작이 쉬운 장소에 설치하고, 스위치는 바닥으로부터 0.8[m] 이상 (㉠)[m] 이하의 높이에 설치할 것
- 소방대상물의 층마다 설치하되, 당해 소방대상물의 각 부분으로부터 하나의 발신기까지의 수평거리가 (㉡)[m] 이하가 되도록 할 것
- 발신기의 위치를 표시하는 표시등은 함의 상부에 설치하되, 그 불빛은 부착면으로부터 15° 이상의 범위 안에서 부착지점으로부터 (㉢)[m] 이내의 어느 곳에서도 쉽게 식별할 수 있는 적색등으로 할 것

① ㉠ 1.5, ㉡ 20, ㉢ 10   ② ㉠ 1.5, ㉡ 25, ㉢ 10
③ ㉠ 2.0, ㉡ 20, ㉢ 15   ④ ㉠ 2.0, ㉡ 25, ㉢ 15

SOLUTION

개념

미분무소화설비의 발신기의 설치기준

- 조작이 쉬운 장소에 설치하고, 스위치는 바닥으로부터 0.8[m] 이상 1.5[m] 이하의 높이에 설치할 것
- 소방대상물의 층마다 설치하되, 해당 소방대상물의 각 부분으로부터 하나의 발신기까지의 수평거리가 25[m] 이하가 되도록 할 것. 다만, 복도 또는 별도로 구획된 실로서 보행거리가 40[m] 이상일 경우에는 추가로 설치할 것
- 발신기의 위치를 표시하는 표시등은 함의 상부에 설치하되, 그 불빛은 부착면으로부터 15° 이상의 범위 안에서 부착지점으로부터 10[m] 이내의 어느 곳에서라도 쉽게 식별할 수 있는 적색등으로 할 것

65 ★★☆

소화기구 및 자동소화장치의 화재안전기준에 따른 캐비닛형자동소화장치 분사헤드의 설치 높이 기준은 방호구역의 바닥으로부터 얼마이어야 하는가?

① 최소 0.1[m] 이상 최대 2.7[m] 이하
② 최소 0.1[m] 이상 최대 3.7[m] 이하
③ 최소 0.2[m] 이상 최대 2.7[m] 이하
④ 최소 0.2[m] 이상 최대 3.7[m] 이하

SOLUTION

풀이

캐비닛형 자동소화장치 분사헤드는 방호구역의 바닥으로부터 최소 0.2[m] 이상 최대 3.7[m] 이하가 되어야 한다.

TIP

현재는 캐비닛형 자동소화장치 분사헤드(방출구)의 설치 높이는 방호구역의 바닥으로부터 형식승인을 받은 범위 내에서 유효하게 소화약제를 방출시킬 수 있는 높이에 설치할 것으로 수정되었기 때문에 현재 법규로는 답이 존재하지 않는다.

66 ★★☆

할로겐화합물 및 불활성기체소화설비의 화재안전기준에 따른 할로겐화합물 및 불활성기체소화설비의 수동식 기동장치의 설치기준에 대한 설명으로 틀린 것은?

① 50[N] 이상의 힘을 가하여 기동할 수 있는 구조로 할 것
② 전기를 사용하는 기동장치에는 전원표시등을 설치할 것
③ 기동장치의 방출용스위치는 음향경보장치와 연동하여 조작될 수 있는 것으로 할 것
④ 해당 방호구역의 출입구 부근 등 조작을 하는 자가 쉽게 피난할 수 있는 장소에 설치할 것

SOLUTION

개념

할로겐화합물 및 불활성기체소화설비 수동식 기동장치의 설치 기준
- 50[N] 이하의 힘을 가하여 기동할 수 있는 구조로 할 것
- 전기를 사용하는 기동장치에는 전원표시등을 설치할 것
- 기동장치의 방출용스위치는 음향경보장치와 연동하여 조작될 수 있는 것으로 할 것

- 해당 방호구역의 출입구 부근 등 조작을 하는 자가 쉽게 피난할 수 있는 장소에 설치할 것
- 수동식 기동장치 부근에는 소화약제의 방출을 지연시킬 수 있는 방출지연 스위치를 설치할 것
- 방호구역마다 설치할 것
- 기동장치의 조작부는 바닥으로부터 0.8[m] 이상 1.5[m] 이상의 위치에 설치하고, 보호판 등에 따른 보호장치를 설치할 것
- 기동장치 인근의 보기 쉬운 곳에 "할로겐화합물 및 불활성기체소화설비 기동장치"라는 표지를 할 것

67 ★★★

연소방지설비의 화재안전기준에 따라 연소방지설비의 살수구역은 환기구 등을 기준으로 지하구와 길이방향으로 최대 몇 [m] 이내마다 1개 이상의 방수헤드를 설치하여야 하는가?

① 150
② 200
③ 700
④ 1,000

SOLUTION

개념

지하구 연소방지설비헤드의 설치기준
- 천장 또는 벽면에 설치할 것
- 헤드 간의 수평거리는 연소방지설비 전용헤드의 경우에는 2[m] 이하로 할 것
- 헤드 간의 수평거리는 스프링클러헤드의 경우에는 1.5[m] 이하로 할 것
- 소방대원의 출입이 가능한 환기구·작업구마다 지하구의 양쪽 방향으로 살수헤드를 설정하되, 한쪽 방향의 살수구역의 길이는 3[m] 이상으로 할 것(단, 환기구 사이의 간격이 700[m]를 초과할 경우에는 700[m] 이내마다 살수구역을 설정하되, 지하구의 구조를 고려하여 방화벽을 설치한 경우에는 제외)
- 연소방지설비 전용헤드를 설치할 경우에는 기준에 적합한 살수헤드를 설치할 것

68 ★★☆

구조대의 형식승인 및 제품검사의 기술기준에 따른 경사하강식구조대의 구조에 대한 설명으로 틀린 것은?

① 구조대 본체는 강하방향으로 봉합부가 설치되어야 한다.
② 연속하여 활강할 수 있는 구조로 안전하고 쉽게 사용할 수 있어야 한다.
③ 땅에 닿을 때 충격을 받는 부분에는 완충장치로서 받침포 등을 부착하여야 한다.
④ 입구틀 및 취부틀의 입구는 지름 60[cm] 이상의 구체가 통과할 수 있어야 한다.

SOLUTION

개념

경사강하식 구조대의 구조
- 연속하여 활강할 수 있는 구조로 안전하고 쉽게 사용할 수 있어야 한다.
- 구조대 본체는 강하방향으로 봉합부가 설치되지 아니하여야 한다.
- 입구틀 및 취부틀의 입구는 지름 60[cm] 이상의 구체가 통과할 수 있어야 한다.
- 본체의 포지는 하부지지장치에 인장력이 균등하게 걸리도록 부착하여야 하며 하부지지장치는 쉽게 조작할 수 있어야 한다.
- 땅에 닿을 때 충격을 받는 부분에는 완충장치로서 받침포 등을 부착하여야 한다.

69 ★★☆

스프링클러설비의 화재안전기준에 따른 습식유수검지장치를 사용하는 스프링클러설비시험장치의 설치기준에 대한 설명으로 틀린 것은?

① 유수검지장치에서 가장 가까운 가지배관의 끝으로부터 연결하여 설치해야 한다.
② 시험배관의 끝에는 물받이 통 및 배수관을 설치하여 시험 중 방사된 물이 바닥에 흘러내리지 않도록 해야 한다.
③ 화장실과 같은 배수처리가 쉬운 장소에 시험배관을 설치한 경우에는 물받이 통 및 배수관을 생략할 수 있다.
④ 시험장치 배관의 구경은 유수검지장치에서 가장 먼 가지배관의 구경과 동일한 구경으로 하고 그 끝에 개폐밸브 및 개방형헤드를 설치해야 한다.

SOLUTION

개념
스프링클러설비 시험장치의 설치기준

스프링클러설비	설치기준
습식스프링클러설비	유수검지장치 2차 측 배관에 연결하여 설치할 것
부압식스프링클러설비	
건식스프링클러설비	• 유수검지장치에서 가장 먼 거리에 위치한 가지배관의 끝으로부터 연결하여 설치할 것 • 유수검지장치 2차 측 설비의 내용적이 2,840ℓ를 초과하는 경우 시험장치 개폐밸브를 완전개방 후 1분 이내에 물이 방사 될 것

• 시험배관의 끝에는 물받이 통 및 배수관을 설치하여 시험 중 방사된 물이 바닥에 흘러내리지 않도록 할 것
• 화장실과 같은 배수처리가 쉬운 장소에 시험배관을 설치한 경우에는 물받이통 및 배수관을 생략할 수 있음
• 시험장치 배관의 구경은 25[mm] 이상으로 하고, 그 끝에 개폐밸브 및 개방형헤드 또는 스프링클러헤드와 동등한 방수성능을 가진 오리피스를 설치할 것

70 ★★☆

화재조기진압용 스프링클러설비의 화재안전기준에 따라 가지배관을 배열할 때 천장의 높이가 9.1[m] 이상 13.7[m] 이하인 경우 가지배관 사이의 거리 기준으로 맞는 것은?

① 2.4[m] 이상 3.1[m] 이하
② 2.4[m] 이상 3.7[m] 이하
③ 6.0[m] 이상 8.5[m] 이하
④ 6.0[m] 이상 9.3[m] 이하

SOLUTION

개념
화재조기진압용 스프링클러설비 가지배관의 배열기준

천장 높이	가지배관 헤드 사이의 거리
9.1[m] 미만	2.4[m] 이상 3.7[m] 이하
9.1[m] 이상 13.7[m] 이하	2.4[m] 이상 3.1[m] 이하

71 ★☆☆

옥내소화전설비의 화재안전기준에 따라 옥내소화전 방수구를 반드시 설치하여야 하는 곳은?

① 식물원
② 수족관
③ 수영장의 관람석
④ 냉장창고 중 온도가 영하인 냉장실

SOLUTION

개념
옥내소화전 방수구의 설치 제외 장소
• 식물원·수족관·목욕실·수영장(관람석 부분제외) 또는 이와 비슷한 장소
• 냉동창고 중 온도가 영하인 냉장실 또는 냉동창고의 냉동실
• 고온의 노가 설치된 장소 또는 물과 격렬하게 반응하는 물품의 저장 또는 취급 장소
• 발전소·변전소 등으로서 전기시설이 설치된 장소
• 야외 음악당·야외극장 또는 이와 비슷한 장소

72 ★★☆

스프링클러설비의 화재안전기준에 따른 특정소방대상물의 방호구역 층마다 설치하는 폐쇄형 스프링클러설비 유수검지장치의 설치 높이 기준은?

① 바닥으로부터 0.8[m] 이상 1.2[m] 이하
② 바닥으로부터 0.8[m] 이상 1.5[m] 이하
③ 바닥으로부터 1.0[m] 이상 1.2[m] 이하
④ 바닥으로부터 1.0[m] 이상 1.5[m] 이하

SOLUTION

개념
폐쇄형스프링클러설비의 유수검지장치 설치장소
- 설치높이는 바닥으로부터 0.8[m] 이상 1.5[m] 이하로 할 것
- 출입문은 개구부가 가로 0.5[m] 이상, 세로 1[m] 이상으로 할 것

73 ★★★

포소화설비의 화재안전기준에 따른 용어 정의 중 다음 ( ) 안에 알맞은 내용은?

> ( ) 프로포셔너방식이란 펌프와 발포기의 중간에 설치된 벤추리관의 벤추리작용과 펌프 가압수의 포 소화약제, 저장탱크에 대한 압력에 따라 포 소화약제를 흡입·혼합하는 방식을 말한다.

① 라인 ② 펌프
③ 프레셔 ④ 프레셔사이드

SOLUTION

개념
프레셔 프로포셔너
펌프와 발포기의 중간에 설치된 벤추리관의 벤추리작용과 펌프 가압수의 포소화약제 저장탱크에 대한 압력에 따라 포소화약제를 흡입·혼합하는 방식

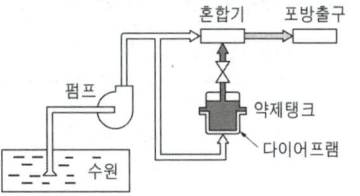

74 ★★☆

소화기구 및 자동소화장치의 화재안전기준에 따른 수동으로 조작하는 대형소화기 B급의 능력단위 기준은?

① 10단위 이상 ② 15단위 이상
③ 20단위 이상 ④ 25단위 이상

SOLUTION

개념
능력단위에 따른 소화기의 분류

구분	능력단위
소형소화기	능력단위가 1단위 이상이고 대형소화기의 능력단위 미만인 소화기
대형소화기	A급 10단위 이상, B급 20단위 이상인 소화기

75 ★★☆

소화기구 및 자동소화장치의 화재안전기준에 따라 대형소화기를 설치할 때 특정소방대상물의 각 부분으로부터 1개의 소화기까지의 보행거리가 최대 몇 [m] 이내가 되도록 배치하여야 하는가?

① 20 ② 25
③ 30 ④ 40

SOLUTION

개념
소화기의 설치기준
- 특정소방대상물의 각 층마다 설치하되, 특정소방대상물의 각 부분으로부터 1개의 소화기까지의 보행거리가 소형소화기의 경우에는 20[m] 이내, 대형소화기의 경우에는 30[m] 이내가 되도록 배치할 것
- 각 층이 둘 이상의 거실로 구획된 경우에는 각 층마다 설치하는 것 외에 바닥면적이 33[m²] 이상으로 구획된 각 거실에도 배치할 것

76 ★☆☆

포소화설비의 화재안전기준에 따른 포소화설비의 포헤드 설치 기준에 대한 설명으로 틀린 것은?

① 항공기격납고에 단백포 소화약제가 사용되는 경우 1분당 방사량은 바닥면적 1[m²]당 6.5[L] 이상 방사되도록 할 것
② 특수가연물을 저장·취급하는 소방대상물에 단백포 소화약제가 사용되는 경우 1분당 방사량은 바닥면적 1[m²]당 6.5[L] 이상 방사되도록 할 것
③ 특수가연물을 저장·취급하는 소방대상물에 합성계면활성제포 소화약제가 사용되는 경우 1분당 방사량은 바닥면적 1[m²]당 8.0[L] 이상 방사되도록 할 것
④ 포헤드는 특정소방대상물의 천장 또는 반자에 설치하되, 바닥면적 9[m²]마다 1개 이상으로 하여 해당 방호대상물의 화재를 유효하게 소화할 수 있도록 할 것

SOLUTION

개념
- 포소화설비 포헤드의 방사량 기준

소방대상물	포소화약제의종류	바닥면적 1[m²]당 방사량
차고·주차장·항공기격납고	단백포 소화약제	6.5[L] 이상
	합성계면활성제포 소화약제	8[L] 이상
	수성막포 소화약제	3.7[L] 이상
특수가연물을 저장·취급하는 소방대상물	단백포 소화약제	6.5[L] 이상
	합성계면활성제포 소화약제	
	수성막포 소화약제	

- 포헤드의 설치기준
 - 특정소방대상물의 천장 또는 반자에 설치할 것
 - 바닥면적 9[m²]마다 1개 이상으로 설치할 것

77

소화수조 및 저수조와 화재안전기준에 따라 소화수조의 채수구는 소방차가 최대 몇 [m] 이내의 지점까지 접근할 수 있도록 설치하여야 하는가?

① 1
② 2
③ 4
④ 5

SOLUTION

개념
채수구 또는 흡수관투입구의 설치기준
- 소화수조 및 저수조의 채수구 또는 흡수관투입구는 소방차가 2[m] 이내의 지점까지 접근할 수 있는 위치에 설치할 것
- 지하에 설치하는 소방용수설비의 흡수관투입구는 그 한 변이 0.6[m] 이상이거나 직경이 0.6[m] 이상인 것으로 하고, 소요수량이 80[m³] 미만인 것은 1개 이상, 80[m³] 이상인 것은 2개 이상을 설치할 것

78 ★★☆

미분무소화설비의 화재안전기준에 따른 용어 정의 중 다음 (　) 안에 알맞은 것은?

> "미분무"란 물만을 사용하여 소화하는 방식으로 최소설계압력에서 헤드로부터 방출되는 물입자 중 99[%]의 누적 체적분포가 (㉠)[μm] 이하로 분무되고 (㉡)급 화재에 적응성을 갖는 것을 말한다.

① ㉠ 400, ㉡ A, B, C
② ㉠ 400, ㉡ B, C
③ ㉠ 200, ㉡ A, B, C
④ ㉠ 200, ㉡ B, C

SOLUTION

개념
미분무
물만을 사용하여 사용하는 방식으로 최소설계압력에서 헤드로부터 방출되는 물입자 중 99[%]의 누적체적분포가 400[μm] 이하로 분무되고 A, B, C급 화재에 적응성을 갖는 것

79 ★★★

분말소화설비의 화재안전기준에 따라 분말소화약제 저장용기의 설치기준으로 맞는 것은?

① 저장용기의 충전비는 0.5 이상으로 할 것
② 제1종 분말(탄산수소나트륨을 주성분으로 한 분말)의 경우 소화약제 1[kg]당 저장용기의 내용적은 1.25[L]일 것
③ 저장용기에는 저장용기의 내부압력이 설정압력으로 되었을 때 주밸브를 개방하는 정압작동장치를 설치할 것
④ 저장용기에는 가압식은 최고사용압력 2배 이하, 축압식은 용기의 내압시험압력의 1배 이하의 압력에서 작동하는 안전밸브를 설치할 것

SOLUTION

개념

• 분말소화약제 저장용기의 설치기준
 - 저장용기의 충전비는 0.8 이상으로 할 것
 - 가압식 저장용기에는 내부압력이 설정압력으로 되었을 때 주밸브를 개방하는 정압작동장치를 설치할 것
 - 저장용기에는 가압식은 최고사용압력의 1.8배 이하, 축압식은 용기의 내압시험압력의 0.8배 이하의 압력에서 작동하는 안전밸브를 설치할 것
 - 저장용기 및 배관에는 잔류 소화약제를 처리할 수 있는 청소장치를 설치할 것
 - 축압식 저장용기에는 사용압력 범위를 표시한 지시압력계를 설치할 것

• 분말소화약제 저장용기의 내용적

소화약제의 종류	소화약제 1[kg] 당 저장용기의 내용적
제1종 분말(탄산수소나트륨)	0.8[L]
제2종 분말(탄산수소칼륨)	1[L]
제3종 분말(제1인산암모늄)	1[L]
제4종 분말(탄산수소칼륨 + 요소)	1.25[L]

80 ★☆☆

할론소화설비의 화재안전기준에 따른 할론 1301 소화약제의 저장용기에 대한 설명으로 틀린 것은?

① 저장용기의 충전비는 0.9 이상 1.6 이하로 할 것
② 동일 집합관에 접속되는 용기의 충전비는 같도록 할 것
③ 저장용기의 개방밸브는 안전장치가 부착된 것으로 하며 수동으로 개방되지 않도록 할 것
④ 축압식 용기의 경우에는 20[℃]에서 2.5[MPa] 또는 4.2[MPa]의 압력이 되도록 질소가스로 축압할 것

SOLUTION

풀이

할론소화약제 저장용기의 개방밸브는 안전장치가 부착된 것으로 하며 자동방법 및 수동방법 모두의 방법으로 개방되는 것이어야 한다.

정답 79 ③ 80 ③

2021년 제1회 소방설비기사

61 ★☆☆

스프링클러설비의 화재안전기준상 폐쇄형 스프링클러헤드의 방호구역·유수검지장치에 대한 기준으로 틀린 것은?

① 하나의 방호구역에는 1개 이상의 유수검지장치를 설치하되, 화재발생시 접근이 쉽고 점검하기 편리한 장소에 설치할 것
② 하나의 방호구역에는 2개 층에 미치지 아니하도록 할 것. 다만, 1개 층에 설치되는 스프링클러헤드의 수가 10개 이하인 경우와 복층형구조의 공동주택에는 3개 층 이내로 할 수 있다.
③ 송수구를 통하여 스프링클러헤드에 공급되는 물은 유수검지장치 등을 지나도록 할 것
④ 조기반응형 스프링클러헤드를 설치하는 경우에는 습식유수검지장치 또는 부압식스프링클러설비를 설치할 것

SOLUTION

개념
폐쇄형스프링클러설비의 방호구역 및 유수검지장치
- 하나의 방호구역에는 1개 이상의 유수검지장치를 설치하되, 화재발생시 접근이 쉽고 점검하기 편리한 장소에 설치할 것
- 하나의 방호구역에는 2개 층에 미치지 아니하도록 할 것. 다만, 1개 층에 설치되는 스프링클러헤드의 수가 10개 이하인 경우와 복층형구조의 공동주택에는 3개 층 이내로 할 수 있다.
- 스프링클러헤드에 공급되는 물은 유수검지장치를 지나도록 할 것. 다만, 송수구를 통하여 공급되는 물은 제외할 것
- 조기반응형 스프링클러헤드를 설치하는 경우에는 습식유수검지장치 또는 부압식스프링클러설비를 설치할 것

62 ★★☆

스프링클러설비의 화재안전기준상 조기반응형 스프링클러헤드를 설치해야 하는 장소가 아닌 것은?

① 수련시설의 침실 ② 공동주택의 거실
③ 오피스텔의 침실 ④ 병원의 입원실

SOLUTION

개념
조기반응형 스프링클러헤드의 설치장소
- 공동주택의 거실
- 노유자시설의 거실
- 오피스텔의 침실
- 숙박시설의 침실
- 병원의 입원실

63 ★★☆

스프링클러설비의 화재안전기준상 스프링클러설비를 설치하여야 할 특정소방대상물에 있어서 스프링클러헤드를 설치하지 아니할 수 있는 장소 기준으로 틀린 것은?

① 천장과 반자 양쪽이 불연재료로 되어 있고 천장과 반자 사이의 거리가 2.5[m] 미만인 부분
② 천장 및 반자가 불연재료 외의 것으로 되어 있고 천장과 반자사이의 거리가 0.5[m] 미만인 부분
③ 천장·반자 중 한쪽이 불연재료로 되어 있고 천장과 반자 사이의 거리가 1[m] 미만인 부분
④ 현관 또는 로비 등으로서 바닥으로부터 높이가 20[m] 이상인 장소

SOLUTION

개념
스프링클러헤드의 설치 제외 장소
- 천장과 반자 양쪽이 불연재료로 되어 있고 천장과 반자 사이의 거리가 2[m] 미만인 부분
- 천장과 반자 양쪽이 불연재료로 되어 있고 천장과 반자 사이의 거리가 2[m] 이상으로서 그 사이에 가연물이 존재하지 않는 부분
- 천장 및 반자가 불연재료 외의 것으로 되어 있고 천장과 반자 사이의 거리가 0.5[m] 미만인 부분
- 천장·반자 중 한쪽이 불연재료로 되어 있고 천장과 반자 사이의 거리가 1[m] 미만인 부분
- 현관 또는 로비 등으로서 바닥으로부터 높이가 20[m] 이상인 장소
- 통신기기실·전자기기실, 기타 이와 유사한 장소
- 발전실·변전실·변압기, 기타 이와 유사한 전기설비가 설치되어 있는 장소
- 병원의 수술실·응급처치실, 기타 이와 유사한 장소

정답 61 ③ 62 ① 63 ①

64 ★★★

포 소화약제의 혼합장치에 대한 설명 중 옳은 것은?

① 라인 프로포셔너방식 이란 펌프의 토출관과 흡입관 사이의 배관 도중에 설치한 흡입기에 펌프에서 토출된 물의 일부를 보내고, 농도 조절밸브에서 조정된 포 소화약제의 필요량을 포 소화약제 탱크에서 펌프 흡입측으로 보내어 이를 혼합하는 방식을 말한다.

② 프레셔사이드 프로포셔너방식 이란 펌프의 토출관에 압입기를 설치하여 포 소화약제 압입용펌프로 포 소화약제를 압입시켜 혼합하는 방식을 말한다.

③ 프레셔 프로포셔너방식 이란 펌프와 발포기 중간에 설치된 벤추리관의 벤추리작용에 따라 포 소화약제를 흡입·혼합하는 방식을 말한다.

④ 펌프 프로포셔너방식 이란 펌프와 발포기의 중간에 설치된 벤추리관의 벤추리작용과 펌프 가압수의 포 소화약제 저장탱크에 대한 압력에 따라 포 소화약제를 흡입·혼합하는 방식을 말한다.

SOLUTION

개념

포소화약제의 혼합장치

- 라인 프로포셔너 방식 : 펌프와 발포기의 중간에 설치된 벤추리관의 벤추리작용에 따라 포소화약제를 흡입·혼합하는 방식
- 프레셔사이드 프로포셔너방식 : 펌프의 토출관에 압입기를 설치하여 포소화약제 압입용펌프로 포소화약제를 압입시켜 혼합하는 방식
- 프레셔 프로포셔너방식 : 펌프와 발포기의 중간에 설치된 벤추리관의 벤추리작용과 펌프 가압수의 포소화약제 저장탱크에 대한 압력에 따라 포소화약제를 흡입·혼합하는 방식
- 펌프 프로포셔너방식 : 펌프의 토출관과 흡입관 사이의 배관 도중에 설치한 흡입기에 펌프에서 토출된 물의 일부를 보내고, 농도 조정밸브에서 조정된 포소화약제의 필요량을 포소화약제 저장탱크에서 펌프 흡입측으로 보내어 이를 혼합하는 방식

65 ★★☆

분말소화설비의 화재안전기준상 배관에 관한 기준으로 틀린 것은?

① 배관은 전용으로 할 것

② 배관은 모두 스케줄 40 이상으로 할 것

③ 동관을 사용하는 경우의 배관은 고정압력 또는 최고사용압력의 1.5배 이상의 압력에 견딜 수 있는 것을 사용할 것

④ 밸브류는 개폐위치 또는 개폐방향을 표시한 것으로 할 것

SOLUTION

개념

- 분말소화설비의 배관
  - 배관은 전용으로 할 것
  - 밸브류는 개폐위치 또는 개폐방향을 표시한 것으로 할 것

- 배관의 성능기준

구분	성능기준	
강관	아연도금에 따른 배관용 탄소강관	
	축압식(20[℃])에서 2.5[MPa] 이상 4.2[MPa] 이하	압력배관용 탄소강관 중 이음이 없는 스케줄 40 이상
동관	고정압력 또는 최고사용압력의 1.5배 이상의 압력에 견딜수 있는 것	

풀이

분말소화설비의 강관 중 축압식(20[℃])에서 2.5[MPa] 이상 4.2[MPa] 이하)의 조건에 해당하지 않는 강관만 스케줄 40 이상으로 한다.

정답 64 ② 65 ②

66 ★★★

물분무소화설비의 화재안전기준상 수원의 저수량 설치 기준으로 틀린 것은?

① 특수가연물을 저장 또는 취급하는 특정소방대상물 또는 그 부분에 있어서 그 바닥면적(최대 방수구역의 바닥면적을 기준으로 하며, 50[m²] 이하인 경우에는 50[m²]) 1[m²]에 대하여 10[l/min]로 20분간 방수할 수 있는 양 이상으로 할 것
② 차고 또는 주차장은 그 바닥면적(최대방수구역의 바닥면적을 기준으로 하며, 50[m²] 이하인 경우에는 50[m²]) 1[m²]에 대하여 20[l/min]로 20분간 방수할 수 있는 양 이상으로 할 것
③ 케이블트레이, 케이블덕트 등은 투영된 바닥면적 1[m²]에 대하여 12[l/min]로 20분간 방수할 수 있는 양 이상으로 할 것
④ 컨베이어 벨트 등은 벨트부분의 바닥면적 1[m²]에 대하여 20[l/min]로 20분간 방수할 수 있는 양 이상으로 할 것

SOLUTION

개념
물분무소화설비의 수원

설치장소	가압송수장치 토출량[L/min·m²]	방수시간 [min]	기준면적 [m²]
특수가연물을 저장·취급하는 특정소방대상물	10		바닥면적 (최소 50[m²])
절연유 봉입 변압기	10		바닥부분을 제외한 표면적
컨베이어 벨트 (콘베이어 벨트)	10	20	벨트부분의 바닥면적
케이블트레이, 케이블 덕트	12		투영된 바닥면적
차고·주차장	20		바닥면적 (최소 50[m²])

67 ★★☆

분말소화설비의 화재안전기준상 제1종 분말을 사용한 전역방출방식 분말소화설비에서 방호구역의 체적 1[m³]에 대한 소화약제의 양은 몇 [kg]인가?

① 0.24
② 0.36
③ 0.60
④ 0.72

SOLUTION

개념
전역방출방식 분말소화설비

소화약제의 종류	방호구역 1[m³]에 대한 소화약제의 양[kg/m³]	개구부 가산량 [kg/m²]
제1종 분말	0.60	4.5
제2종 분말 또는 제3종 분말	0.36	2.7
제4종 분말	0.24	1.8

68 ★☆☆

옥내소화설비의 화재안전기준상 가압송수장치를 기동용수압개폐장치로 사용할 경우 압력챔버의 용적 기준은?

① 50[L] 이상
② 100[L] 이상
③ 150[L] 이상
④ 200[L] 이상

SOLUTION

개념
옥내소화설비의 기동용수압개폐장치

- 기동용수압개폐장치 중 압력챔버를 사용할 경우 용적은 100[L] 이상의 것으로 할 것
- 기동장치로는 기동용 수압개폐장치 또는 이와 동등 이상의 성능이 있는 것으로 설치할 것

69 ★★☆

포소화설비의 화재안전기준상 포헤드를 소방대상물의 천장 또는 반자에 설치하여야 할 경우 헤드 1개가 방호해야 할 바닥면적은 최대 몇 [m²]인가?

① 3
② 5
③ 7
④ 9

SOLUTION

개념
포소화설비 포헤드의 설치기준
- 바닥면적 9[m²]마다 1개 이상으로 하여 해당 방호대상물의 화재를 유효하게 소화할 수 있도록 할 것
- 특정소방대상물의 천장 또는 반자에 설치할 것

70 ★★★

소화기구 및 자동소화장치의 화재안전기준상 규정하는 화재의 종류가 아닌 것은?

① A급 화재
② B급 화재
③ G급 화재
④ K급 화재

SOLUTION

개념
화재의 종류와 정의

화재의 종류	정의
일반화재(A급 화재)	나무, 섬유, 종이, 고무와 같은 일반 가연물이 타고나서 재가 남는 화재
유류화재(B급 화재)	인화성 액체, 가연성 액체, 인화성 가스와 같은 유류가 타고 나서 재가 남지 않는 화재
전기화재(C급 화재)	전기기기, 전기배선과 관련된 화재
금속화재(D급 화재)	가연성 금속에서 일어나는 화재
주방화재(K급 화재)	주방에서 동식물유를 취급하는 조리기구에서 일어나는 화재

71 ★★★

상수도소화용수설비의 화재안전기준상 소화전은 구경(호칭지름)이 최소 얼마 이상의 수도배관에 접속하여야 하는가?

① 50[mm] 이상의 수도배관
② 75[mm] 이상의 수도배관
③ 85[mm] 이상의 수도배관
④ 100[mm] 이상의 수도배관

SOLUTION

개념
상수도소화용수설비의 설치기준
- 호칭지름 75[mm] 이상의 수도배관에 호칭지름 100[mm] 이상의 소화전을 접속할 것
- 소화전은 소방자동차 등의 진입이 쉬운 도로변 또는 공지에 설치할 것
- 소화전은 특정소방대상물의 수평투영면의 각 부분으로부터 140[m] 이하가 되도록 설치할 것

72 ★★☆

제연설비의 화재안전기준상 제연풍도의 설치 기준으로 틀린 것은?

① 배출기의 전동기 부분과 배풍기 부분은 분리하여 설치할 것
② 배출기와 배출풍도의 접속 부분에 사용하는 캔버스는 내열성이 있는 것으로 할 것
③ 배출기의 흡입측 풍도 안의 풍속은 20[m/s] 이하로 할 것
④ 유입풍도 안의 풍속은 20[m/s] 이하로 할 것

SOLUTION

개념
제연설비의 풍속

조건	풍속
예상제연구역의 공기유입 풍속	5[m/s] 이하
배출기의 흡입측 풍속	15[m/s] 이하
배출기의 배출측 풍속	20[m/s] 이하

73 ★☆☆

할로겐화합물 및 불활성기체소화설비의 화재안전기준상 저장용기 설치기준으로 틀린 것은?

① 온도가 40[℃] 이하이고 온도의 변화가 작은 곳에 설치할 것
② 용기간의 간격은 점검에 지장이 없도록 3[cm] 이상의 간격을 유지할 것
③ 직사광선 및 빗물이 침투할 우려가 없는 곳에 설치할 것
④ 저장용기를 방호구역 외에 설치한 경우에는 방화문으로 구획된 실에 설치할 것

SOLUTION

개념
할로겐화합물 및 불활성기체소화설비 저장용기의 설치기준
- 온도가 55[℃] 이하이고, 온도 변화가 적은 곳에 설치할 것
- 용기 간의 간격은 점검에 지장이 없도록 3[cm] 이상의 간격을 유지할 것
- 직사광선 및 빗물이 침투할 우려가 없는 곳에 설치할 것
- 저장용기를 방호구역 외에 설치한 경우에는 방화문으로 구획된 실에 설치할 것
- 용기의 설치장소에는 해당 용기가 설치된 곳임을 표시하는 표지를 할 것
- 방호구역 외의 장소에 설치할 것. 다만, 방호구역 내에 설치할 경우에는 피난 및 조작이 용이하도록 피난구 부근에 설치할 것
- 저장용기와 집합관을 연결하는 연결배관에는 체크밸브를 설치할 것. 다만, 저장용기가 하나의 방호구역만을 담당하는 경우에는 제외할 것

74 ★★★

포소화설비의 화재안전기준상 압축공기포소화설비의 분사헤드를 유류탱크 주위에 설치하는 경우 바닥면적 몇 [m²]마다 1개 이상 설치하여야 하는가?

① 9.3 ② 10.8
③ 12.3 ④ 13.9

SOLUTION

개념
압축공기포소화설비의 분사헤드

구분	설치개수
유류탱크 주위	13.9[m²]마다 1개 이상
특수가연물 저장소	9.3[m²]마다 1개 이상

75 ★★★

소화기구 및 자동소화장치의 화재안전기준상 일반화재, 유류화재, 전기화재 모두에 적응성이 있는 소화약제는?

① 마른모래 ② 인산염류소화약제
③ 중탄산염류소화약제 ④ 팽창질석·팽창진주암

SOLUTION

개념
소화기구의 소화약제별 적응성

소화약제		일반화재 (A급화재)	유류화재 (B급 화재)	전기화재 (C급 화재)
분말	인산염류	○	○	○
	중탄산염류	–	○	○
기타	마른모래	○	○	–
	팽창질석·팽창진주암	○	○	–

정답 73 ① 74 ④ 75 ②

76 ★★☆

소화기구 및 자동소화장치의 화재안전기준상 바닥면적이 280[m²]인 발전실에 부속용도별로 추가하여야 할 적응성이 있는 소화기의 최소 수량은 몇 개인가?

① 2
② 4
③ 6
④ 12

SOLUTION

개념
소화기 추가 설치개수

용도별	추가 설치개수
전기설비(발전실·변전실·송전실·변압기실·배전반실 등)	바닥면적 50[m²]마다 적응성이 있는 소화기 1개 이상
보일러·음식점·의료시설·업무시설 등	바닥면적 25[m²]마다 적응성이 있는 소화기 1개 이상

풀이
발전실에는 바닥면적 50[m²]마다 적응성이 있는 소화기를 1개 이상 설치해야 한다. 바닥면적이 280[m²]이므로

소화기의 개수 $= \dfrac{280}{50} = 5.6 = 6$개이다.

TIP
개수를 구할 때 소수점이 있다면 별도의 지시가 없는 경우에는 올림(절상)을 하면 된다. 5.6을 올림 하면 6개이므로 답은 6개이다.

77 ★★★

상수도소화용수설비의 화재안전기준상 소화전은 소방대상물의 수평투영면의 각 부분으로부터 최대 몇 [m] 이하가 되도록 설치하는가?

① 75
② 100
③ 125
④ 140

SOLUTION

개념
상수도소화용수설비의 설치기준
- 호칭지름 75[mm] 이상의 수도배관에 호칭지름 100[mm] 이상의 소화전을 접속할 것
- 소화전은 소방자동차 등의 진입이 쉬운 도로변 또는 공지에 설치할 것
- 소화전은 특정소방대상물의 수평투영면의 각 부분으로부터 140[m] 이하가 되도록 설치할 것

78 ★☆☆

이산화탄소소화설비의 화재안전기준상 배관의 설치 기준 중 다음 (   ) 안에 알맞은 것은?

> 고압식의 경우 개폐밸브 또는 선택밸브의 2차측 배관부속은 최소사용설계압력 4.5[MPa] 이상의 것을 사용하여야 하며, 1차측 배관부속은 최소사용설계압력 (㉠)[MPa] 이상의 것을 사용하여야 하고, 저압식의 경우에는 (㉡)[MPa]의 압력에 견딜 수 있는 배관부속을 사용할 것

① ㉠ 9.0, ㉡ 4.5
② ㉠ 9.5, ㉡ 4.5
③ ㉠ 9.0, ㉡ 5.0
④ ㉠ 9.5, ㉡ 5.0

SOLUTION

개념
이산화탄소소화설비 배관의 성능기준

구분		성능기준
개폐밸브, 선택밸브의 배관부속	고압식	• 1차측: 최소사용설계압력 9.5[MPa] • 2차측: 최소사용설계압력 4.5[MPa]
	저압식	최소사용설계압력 4.5[MPa]

79 ★★★

피난기구의 화재안전기준상 의료시설에 구조대를 설치해야할 층이 아닌 것은?

① 2
② 3
③ 4
④ 5

SOLUTION

개념
소방대상물의 설치장소별 피난기구의 적응성

	1층	2층	3층	4층 이상 10층 이하
의료시설·근린생활시설 중 입원실이 있는 의원·접골원·조산원	-	-	• 미끄럼대 • 구조대 • 피난교 • 피난용트랩 • 다수인피난장비 • 승강식피난기	• 구조대 • 피난교 • 피난용트랩 • 다수인피난장비 • 승강식피난기

풀이
의료시설의 경우 3층과 4층 이상 10층 이하에 해당하는 층에 구조대를 설치하여야 한다. 여기에 해당하지 않는 층은 2층이다.

80 ★★☆

인명구조기구의 화재안전기준상 특정소방대상물의 용도 및 장소별로 설치하여야 할 인명구조기구 종류의 기준 중 다음 (   ) 안에 알맞은 것은?

특정소방대상물	인명구조기구의 종류
물분무등소화설비 중 ( )를 설치하여야 하는 특정소방대상물	공기호흡기

① 분말소화설비
② 할론소화설비
③ 이산화탄소소화설비
④ 할로겐화합물 및 불활성기체소화설비

SOLUTION
개념
인명구조기의 설치대상

특정소방대상물	인명구조기구의 종류	설치 수량
물분무등소화설비 중 이산화탄소소화설비를 설치하는 특정소방대상물	공기호흡기	이산화탄소소화설비가 설치된 장소의 출입구 외부 인근에 1대 이상 비치할 것

2021년 제2회 소방설비기사

61 ★☆☆

화재조기진압용 스프링클러설비의 화재안전기준상 헤드의 설치기준 중 (   ) 안에 알맞은 것은?

> 헤드 하나의 방호면적은 (㉠)[m²] 이상 (㉡)[m²] 이하로 할 것

① ㉠ 2.4, ㉡ 3.7   ② ㉠ 3.7, ㉡ 9.1
③ ㉠ 6.0, ㉡ 9.3   ④ ㉠ 9.1, ㉡ 13.7

SOLUTION
풀이
화재조기진압용 스프링클러설비의 헤드 하나의 방호면적은 6.0[m²] 이상 9.3[m²] 이하로 할 것

62 ★★☆

분말소화설비의 화재안전기준상 수동식 기동장치의 부근에 설치하는 방출지연스위치에 대한 설명으로 옳은 것은?

① 자동복귀형 스위치로서 수동식 기동장치의 타이머를 순간정지 시키는 기능의 스위치를 말한다.
② 자동복귀형 스위치로서 수동식 기동장치가 수신기를 순간정지 시키는 기능의 스위치를 말한다.
③ 수동복귀형 스위치로서 수동식 기동장치의 타이머를 순간정지 시키는 기능의 스위치를 말한다.
④ 수동복귀형 스위치로서 수동식 기동장치가 수신기를 순간정지 시키는 기능의 스위치를 말한다.

SOLUTION
개념
방출지연스위치(방출지연 비상스위치)
자동복귀형 스위치로서 수동식 기동장치의 부근에 설치하며 수동식 기동장치의 타이머를 순간정지시키는 기능의 스위치

정답 80 ③ / 61 ③ 62 ①

63 ★☆☆

할론소화설비의 화재안전기준상 화재표시반의 설치 기준이 아닌 것은?

① 소화약제 방출지연 비상스위치를 설치할 것
② 소화약제의 방출을 명시하는 표시등을 설치할 것
③ 수동식 기동장치는 그 방출용 스위치의 작동을 명시하는 표시등을 설치할 것
④ 자동식 기동장치는 자동·수동의 절환을 명시하는 표시등을 설치할 것

SOLUTION

개념
할론소화설비 화재표시반의 설치기준
- 각 방호구역마다 음향경보장치의 조작 및 감지기의 작동을 명시하는 표시등과 이와 연동하여 작동하는 벨·버저 등의 경보기를 설치할 것. 이 경우 음향경보장치의 조작 및 감지기의 작동을 명시하는 표시등을 겸용할 수 있다.
- 수동식 기동장치는 그 방출용 스위치의 작동을 명시하는 표시등을 설치할 것
- 소화약제의 방출을 명시하는 표시등을 설치할 것
- 자동식 기동장치는 자동·수동의 절환을 명시하는 표시등을 설치할 것

풀이
방출지연 비상스위치는 화재표시반이 아닌 수동식 기동장치의 부근에 설치한다.

64 ★★★

피난기구의 화재안전기준상 노유자 시설의 4층 이상 10층 이하에서 적응성이 있는 피난기구가 아닌 것은?

① 피난교
② 다수인피난장비
③ 승강식피난기
④ 미끄럼대

SOLUTION

개념
노유자시설 피난기구의 적응성

	1층	2층	3층	4층 이상 10층 이하
노유자 시설	· 미끄럼대 · 구조대 · 피난교 · 다수인피난장비 · 승강식피난기	· 미끄럼대 · 구조대 · 피난교 · 다수인피난장비 · 승강식피난기	· 미끄럼대 · 구조대 · 피난교 · 다수인피난장비 · 승강식피난기	· 구조대 · 피난교 · 다수인피난장비 · 승강식피난기

4층 이상 10층 이하에서 구조대의 적응성은 장애인 관련 시설로서 주된 사용자 중 스스로 피난이 불가한 자가 있는 경우 추가로 설치하는 경우에 한한다.

풀이
노유자시설에서 미끄럼대는 1층, 2층, 3층에만 적응성이 있다.

65 ★★★

분말소화설비의 화재안전기준상 다음 (   ) 안에 알맞은 것은?

> 분말소화약제의 가압용가스 용기에는 (   )의 압력에서 조정이 가능한 압력조정기를 설치하여야 한다.

① 2.5[MPa] 이하
② 2.5[MPa] 이상
③ 25[MPa] 이하
④ 25[MPa] 이상

SOLUTION

개념
분말소화약제의 가압용가스 또는 축압용가스의 설치기준

구분	질소가스(소화약제 1[kg]당 양, 35[℃], 1기압 기준)	이산화탄소
가압용	40[ℓ] 이상	소화약제 1[kg]당 20[g]
축압용	10[ℓ] 이상	+배관 청소 필요량 이상

- 분말소화약제의 가스용기는 분말소화약제의 저장용기에 접속하여 설치할 것
- 분말소화약제의 가압용가스 용기를 3병 이상 설치한 경우에는 2개 이상의 용기에 전자개방밸브를 부착할 것
- 분말소화약제의 가압용가스 용기에는 2.5[MPa] 이하의 압력에서 조정이 가능한 압력조정기를 설치할 것

정답 63 ① 64 ④ 65 ①

66 ★★☆

스프링클러설비의 화재안전기준상 개방형스프링클러설비에서 하나의 방수구역을 담당하는 헤드의 개수는 최대 몇 개 이하로 해야 하는가? (단, 방수구역은 나누어져 있지 않고 하나의 구역으로 되어 있다)

① 50
② 40
③ 30
④ 20

SOLUTION

개념
개방형스프링클러설비의 방수구역
- 하나의 방수구역은 2개 층에 미치지 아니할 것
- 방수구역마다 일제개방밸브를 설치할 것
- 하나의 방수구역을 담당하는 헤드의 개수는 50개 이하로 할 것. 다만, 둘 이상의 방수구역으로 나눌 경우에는 하나의 방수구역을 담당하는 헤드의 개수는 25개 이상으로 할 것
- 일제개방밸브의 설치위치는 폐쇄형스프링클러설비의 유수검지장치의 설치장소 기준에 따르고, 표시는 "일제개방밸브실"이라고 표시할 것

67 ★★☆

연결살수설비의 화재안전기준상 배관의 설치기준 중 하나의 배관에 부착하는 살수헤드의 개수가 3개인 경우 배관의 구경은 최소 몇 [mm] 이상으로 설치해야 하는가? (단, 연결살수설비 전용 헤드를 사용하는 경우이다)

① 40
② 50
③ 65
④ 80

SOLUTION

개념
연소방지설비(전용헤드를 사용하는 경우) 배관의 구경

하나의 배관에 부착하는 살수헤드의 개수	배관의 구경[mm]
1개	32
2개	40
3개	50
4개 또는 5개	65
6개 이상	80

68 ★★☆

이산화탄소소화설비의 화재안전기준상 수동식 기동장치의 설치기준에 적합하지 않은 것은?

① 전역방출방식에 있어서는 방호대상물마다 설치
② 전기를 사용하는 기동장치에는 전원표시등을 설치할 것
③ 기동장치의 조작부는 바닥으로부터 높이 0.8[m] 이상 1.5[m] 이하의 위치에 설치하고, 보호판 등에 따른 보호장치를 설치할 것
④ 기동장치의 방출용 스위치는 음향경보장치와 연동하여 조작될 수 있는 것으로 할 것

SOLUTION

개념
이산화탄소소화설비의 수동식 기동장치 설치기준
- 전역방출방식은 방호구역마다, 국소방출방식은 방호대상물마다 설치할 것
- 전기를 사용하는 기동장치에는 전원표시등을 설치할 것
- 기동장치의 조작부는 바닥으로부터 높이 0.8[m] 이상 1.5[m] 이하의 위치에 설치하고, 보호판 등에 따른 보호장치를 설치할 것
- 기동장치의 방출용 스위치는 음향경보장치와 연동하여 조작될 수 있도록 할 것
- 수동식 기동장치의 부근에는 소화약제의 방출을 지연시킬 수 있는 방출지연스위치를 설치할 것
- 해당 방호구역의 출입구 부분 등 조작을 하는 자가 쉽게 피난할 수 있는 장소에 설치할 것
- 기동장치 인근의 보기 쉬운 곳에 "이산화탄소소화설비 수동식 기동장치"라는 표지를 할 것

69 ★☆☆

옥내소화전설비의 화재안전기준상 옥내소화전펌프의 후드밸브를 소방용 설비외의 다른 설비의 후드밸브보다 낮은 위치에 설치한 경우의 유효수량으로 옳은 것은? (단, 옥내소화전설비와 다른 설비 수원을 저수조로 겸용하여 사용한 경우이다)

① 저수조의 바닥면과 상단 사이의 전체 수량
② 옥내소화전설비 후드밸브와 소방용 설비외의 다른 설비의 후드밸브 사이의 수량
③ 옥내소화전설비의 후드밸브와 저수조 상단 사이의 수량
④ 저수조의 바닥면과 소방용 설비 외의 다른 설비의 후드밸브 사이의 수량

SOLUTION

풀이

옥내소화전설비의 유효수량(다른 설비 수원을 저수조로 겸용한 경우)은 옥내소화전용 펌프의 후드밸브와 일반급수펌프의 후드 밸브 사이의 수량을 의미한다.

70 ★☆☆

할론소화설비의 화재안전기준상 자동차차고나 주차장에 할론1301 소화약제로 전역방출방식의 소화설비를 설치한 경우 방호구역의 체적 1[m³]당 얼마의 소화약제가 필요한가?

① 0.32[kg] 이상 0.64[kg] 이하
② 0.36[kg] 이상 0.71[kg] 이하
③ 0.40[kg] 이상 1.10[kg] 이하
④ 0.60[kg] 이상 0.71[kg] 이하

SOLUTION

개념

전역방출방식 할론1301의 약제량

특정소방대상물 또는 그 부분		방호구역 1[m³]당 소화약제의 양[kg/m³]
차고·주차장·전기실·통신기기실·전산실		0.32 이상 0.64 이하
특수가연물을 저장·취급하는 특정소방대상물 또는 그 부분	가연성 고체류·가연성 액체류	0.32 이상 0.64 이하
	면화류·나무껍질 및 대팻밥·넝마 및 종이부스러기·사류·볏짚류·목재가공품 및 나무부스러기	0.52 이상 0.64 이하
	합성수지류	0.32 이상 0.64 이하

71 ★★☆

물분무소화설비의 화재안전기준상 송수구의 설치기준으로 틀린 것은?

① 구경 65[mm]의 쌍구형으로 할 것
② 지면으로부터 높이가 0.5[m] 이상 1[m] 이하의 위치에 설치할 것
③ 송수구는 하나의 층의 바닥면적이 1,500[m²]를 넘을 때마다 1개(5개를 넘을 경우에는 5개로 한다) 이상을 설치할 것
④ 가연성가스의 저장·취급시설에 설치하는 송수구는 그 방호대상물로부터 20[m] 이상의 거리를 두거나 방호대상물에 면하는 부분이 높이 1.5[m] 이상, 폭 2.5[m] 이상의 철근콘크리트 벽으로 가려진 장소에 설치할 것

SOLUTION

개념

물분무소화설비의 송수구

- 송수구는 구경 65[mm]의 쌍구형으로 할 것
- 지면으로부터 높이가 0.5[m] 이상 1[m] 이하의 위치에 설치할 것
- 송수구는 하나의 층의 바닥면적이 3,000[m²]를 넘을 때마다 1개 이상 최대 5개를 설치할 것
- 송수구는 화재층으로부터 지면으로 떨어지는 유리창 등이 송수 및 그 밖의 소화작업에 지장을 주지 않는 장소에 설치할 것. 이 경우 가연성 가스의 저장·취급시설에 설치하는 송수구는 그 방호대상물로부터 20[m] 이상의 거리를 두거나 방호대상물에 면하는 부분이 높이 1.5[m] 이상, 폭 2.5[m] 이상의 철근콘크리트 벽으로 가려진 장소에 설치할 것

72

미분무소화설비의 화재안전기준상 미분무소화설비의 성능을 확인하기 위하여 하나의 발화원을 가정한 설계도서 작성 시 고려하여야 할 인자를 모두 고른 것은?

> ㉠ 화재 위치
> ㉡ 점화원의 형태
> ㉢ 시공 유형과 내장재 유형
> ㉣ 초기 점화되는 연료 유형
> ㉤ 공기조화설비, 자연형(문, 창문) 및 기계형 여부
> ㉥ 문과 창문의 초기상태(열림, 닫힘) 및 시간에 따른 변화상태

① ㉠, ㉢, ㉥
② ㉠, ㉡, ㉢, ㉤
③ ㉠, ㉡, ㉣, ㉤, ㉥
④ ㉠, ㉡, ㉢, ㉣, ㉤, ㉥

SOLUTION

개념

미분무소화설비의 성능 확인을 위한 설계도서 작성 고려사항
- 화재 위치
- 점화원의 형태
- 시공 유형과 내장재 유형
- 초기 점화되는 연료 유형
- 공기조화설비, 자연형(문, 창문) 및 기계형 여부
- 문과 창문의 초기상태(열림, 닫힘) 및 시간에 따른 변화상태

73 ★★★

특별피난계단의 계단실 및 부속실 제연설비의 화재안전기준상 차압 등에 관한 기준 중 다음 괄호 안에 알맞은 것은?

> 제연설비가 가동되었을 경우 출입문의 개방에 필요한 힘은 ( )[N] 이하로 하여야 한다.

① 12.5   ② 40
③ 70   ④ 110

SOLUTION

개념

특수피난계단의 계단실 및 부속실 제연설비의 차압 등
- 제연구역과 옥내 사이에 유지하여야 하는 최소차압은 40[Pa](옥내에 스프링클러설비가 설치된 경우는 12.5[Pa]) 이상
- 제연설비가 가동되었을 경우 출입문의 개방에 필요한 힘은 110[N] 이하
- 출입문이 일시적으로 개방되는 경우 개방되지 아니하는 제연구역과 옥내와의 차압은 기준차압의 70[%] 이상
- 계단실과 부속실을 동시에 제연하는 경우 부속실의 기압은 계단실과 같게 하거나 계단실의 기압보다 낮게 할 경우에는 부속실과 계단실의 압력차이는 5[Pa] 이하
- 계단실 및 그 부속실을 동시에 제연하는 것 또는 계단실만 제연할 때의 방연풍속은 0.5[m/s] 이상

74 ★★★

포소화설비의 화재안전기준상 펌프의 토출관에 압입기를 설치하여 포 소화약제 압입용 펌프로 포 소화약제를 압입시켜 혼합하는 방식은?

① 라인 프로포셔너 방식
② 펌프 프로포셔너 방식
③ 프레셔 프로포셔너 방식
④ 프레셔사이드 프로포셔너 방식

SOLUTION

개념

프레셔사이드 프로포셔너
펌프의 토출관에 압입기를 설치하여 포소화약제 압입용펌프로 포소화약제를 압입시켜 혼합하는 방식

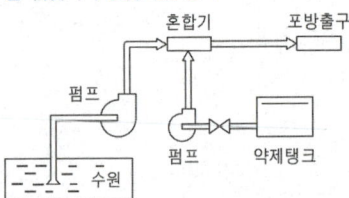

정답 72 ④ 73 ④ 74 ④

75 ★★☆

소화기구 및 자동소화장치의 화재안전기준에 따라 다음과 같이 간이소화용구를 비치하였을 경우 능력 단위의 합은?

- 삽을 상비한 마른모래 50[L]포 2개
- 삽을 상비한 팽창질석 80[L]포 1개

① 1단위
② 1.5단위
③ 2.5단위
④ 3단위

SOLUTION

개념
소화약제 외의 것을 이용한 간이소화용구

간이소화용구		능력단위
마른모래	삽을 상비한 50[L] 이상의 것 1포	0.5
팽창질석 또는 팽창진주암	삽을 상비한 80[L] 이상의 것 1포	

풀이
표를 활용해 능력단위를 구하면
삽을 상비한 마른모래 50[L] 2개 = 0.5단위 × 2 = 1단위
삽을 상비한 팽창질석 80[L] 1개 = 0.5단위 × 1 = 0.5단위
- 능력단위의 합 = 1 + 0.5 = 1.5단위
∴ 총 능력단위 = 1.5단위

76 ★★★

소화수조 및 저수조의 화재안전기준상 연면적이 40,000[m²]인 특정소방대상물에 소화용수설비를 설치하는 경우 소화수조의 최소 저수량은 몇 [m³]인가? (단, 지상 1층 및 2층의 바닥면적 합계가 15,000[m²] 이상인 경우이다)

① 53.3
② 60
③ 106.7
④ 120

SOLUTION

개념
소화수조 및 저수조의 저수량

공식
$$저수량 = \frac{연면적}{기준면적}(절상한 값) \times 20[m^3]$$

소방대상물의 구분	기준면적[m²]
1층 및 2층의 바닥면적 합계가 15,000[m²] 이상인 특정소방대상물	7,500
그 밖의 특정소방대상물	12,500

풀이
1층 및 2층의 바닥면적 합계가 15,000[m²] 이상인 특정소방대상물이므로 기준면적은 7,500[m²]이다. 연면적을 기준면적으로 나누면
$\frac{40,000}{7,500} ≒ 5.33 ≒ 6$(절상)이다. 이 값에 20[m³]을 곱해주면 저수량을 구할 수 있다. 그러므로
저수량 = 6 × 20 = 120[m³]
∴ 저수량 = 120[m³]

77 ★★★

소화기구 및 자동소화장치의 화재안전기준에 따른 용어에 대한 정의로 틀린 것은?

① "소화약제"란 소화기구 및 자동소화장치에 사용되는 소화성능이 있는 고체·액체 및 기체의 물질을 말한다.
② "대형소화기"란 화재 시 사람이 운반할 수 있도록 운반대와 바퀴가 설치되어 있고 능력 단위가 A급 20단위 이상, B급 10단위 이상인 소화기를 말한다.
③ "전기화재(C급 화재)"란 전류가 흐르고 있는 전기기기, 배선과 관련된 화재를 말한다.
④ "능력단위"란 소화기 및 소화약제에 따른 간이소화용구에 있어서는 소방시설법에 따라 형식승인 된 수치를 말한다.

SOLUTION

개념
능력단위에 따른 소화기의 분류

구분	능력단위
소형소화기	능력단위가 1단위 이상이고 대형소화기의 능력단위 미만인 소화기
대형소화기	A급 10단위 이상, B급 20단위 이상인 소화기

대형 소화기는 화재 시 사람이 운반할 수 있도록 운반대와 바퀴가 설치되어 있어야 한다.

정답 75 ② 76 ④ 77 ②

78 ★★☆

옥내소화전설비의 화재안전기준상 배관 등에 관한 설명으로 옳은 것은?

① 펌프의 토출측 주배관의 구경은 유속이 5[m/s] 이하가 될 수 있는 크기 이상으로 하여야 한다.
② 연결송수관설비의 배관과 겸용할 경우의 주배관은 구경 80[mm] 이상, 방수구로 연결되는 배관의 구경은 65[mm] 이상의 것으로 하여야 한다.
③ 성능시험배관은 펌프의 토출측에 설치된 개폐밸브 이전에서 분기하여 설치하고, 유량측정장치를 기준으로 전단 직관부에 개폐밸브를 후단 직관부에는 유량조절밸브를 설치하여야 한다.
④ 가압송수장치의 체절운전 시 수온의 상승을 방지하기 위하여 체크밸브와 펌프사이에서 분기한 구경 20[mm] 이상의 배관에 체절압력 이상에서 개방되는 릴리프밸브를 설치하여야 한다.

SOLUTION

개념
옥내소화전설비의 배관
- 펌프의 토출 측 주배관의 구경은 유속이 4[m/s] 이하가 될 수 있는 크기 이상일 것
- 연결송수관설비와 겸용하는 경우 주배관은 구경 100[mm] 이상, 방수구로 연결되는 배관의 구경은 65[mm] 이상의 것
- 가압송수장치에는 체절운전 시 수온의 상승을 방지하기 위하여 체크밸브와 펌프 사이에서 분기한 배관에 체절압력 미만에서 개방되는 릴리프밸브를 설치할 것

옥내소화전설비의 성능시험배관의 기준
- 펌프의 토출측에 설치된 개폐밸브 이전에서 분기하여 설치할 것
- 유량측정장치를 기준으로 전단 직관부에 개폐밸브를, 후단 직관부에는 유량조절밸브를 설치할 것
- 유량측정장치는 성능시험배관의 직관부에 설치하되, 펌프의 정격토출량의 175[%] 이상까지 측정할 수 있는 성능이 있을 것

79 ★☆☆

소화전함의 성능인증 및 제품검사의 기술기준상 옥내 소화전함의 재질을 합성수지 재료로 할 경우 두께는 최소 몇 [mm] 이상이어야 하는가?

① 1.5　② 2.0
③ 3.0　④ 4.0

SOLUTION

개념
옥내소화전설비함의 재질에 따른 두께

재질	합성수지	강판
두께	4[mm] 이상	1.5[mm] 이상

80 ★☆☆

소화설비용 헤드의 성능인증 및 제품검사의 기술기준상 소화설비용 헤드의 분류 중 수류를 살수판에 충돌하여 미세한 물방울을 만드는 물분무헤드 형식은?

① 디프렉타형　② 충돌형
③ 슬리트형　④ 분사형

SOLUTION

개념
물분무헤드의 종류

헤드	정의
디프렉타형	수류를 살수판에 충돌하여 미세한 물방울을 만드는 헤드
충돌형	유수와 유수의 충돌에 의해 미세한 물방울을 만드는 헤드
슬리트형	수류를 슬리트에 의해 방출하여 수막상의 분무를 만드는 헤드
분사형	소구경의 오리피스로부터 고압으로 분사하여 미세한 물방울을 만드는 헤드
선회류형	선회류에 의해 확산·방출하든가 선회류와 직선류의 충돌에 의해 확산 방출하여 미세한 물방울을 만드는 물분무 헤드

2021년 제4회 소방설비기사

61 ★★☆

특별피난계단의 계단실 및 부속실 제연설비의 화재안전기준상 수직풍도에 따른 배출기준 중 각 층의 옥내와 면하는 수직풍도의 관통부에 설치하여야 하는 배출댐퍼 설치기준으로 틀린 것은?

① 화재층의 옥내에 설치된 화재감지기의 동작에 따라 해당 층의 댐퍼가 개방될 것
② 풍도의 배출댐퍼는 이·탈착구조가 되지 않도록 설치할 것
③ 개폐여부를 당해 장치 및 제어반에서 확인할 수 있는 감지기능을 내장하고 있을 것
④ 배출댐퍼는 두께 1.5[mm] 이상의 강판 또는 이와 동등 이상의 성능이 있는 것으로 설치하여야 하며 비 내식성 재료의 경우에는 부식방지 조치를 할 것

SOLUTION

개념
특별피난계단의 계단실 및 부속실 제연설비의 배출댐퍼 설치기준
- 화재 층의 옥내에 설치된 화재감지기의 동작에 따라 해당 층의 댐퍼가 개방될 것
- 풍도의 내부마감상태에 대한 점검 및 댐퍼의 정비가 가능한 이·탈착구조로 할 것
- 개폐여부를 당해 장치 및 제어반에서 확인할 수 있는 감지기능을 내장하고 있을 것
- 배출댐퍼는 두께 1.5[mm] 이상의 강판 또는 이와 동등 이상의 성능이 있는 것으로 설치하여야 하며 비 내식성 재료의 경우에는 부식방지 조치를 할 것
- 평상시 닫힌 구조로 기밀상태를 유지할 것
- 구동부의 작동상태와 닫혀 있을 때의 기밀상태를 수시로 점검할 수 있는 구조일 것
- 개방 시의 실제개구부의 크기는 수직풍도의 최소 내부단면적 이상으로 할 것
- 댐퍼는 풍도 내의 공기흐름에 지장을 주지 않도록 수직풍도의 내부로 돌출하지 않게 설치할 것

62 ★★☆

포소화설비의 화재안전기준에 따라 포소화설비 송수구의 설치기준에 대한 설명으로 옳은 것은?

① 구경 65[mm]의 쌍구형으로 할 것
② 지면으로부터 높이가 0.5[m] 이상 1.5[m] 이하의 위치에 설치할 것
③ 하나의 층 바닥면적이 2,000[m²]를 넘을 때마다 1개 이상을 설치할 것
④ 송수구의 가까운 부분에 자동배수밸브(또는 직경 3[mm]의 배수공) 및 안전밸브를 설치할 것

SOLUTION

개념
포소화설비 송수구의 설치기준
- **구경 65[mm]의 쌍구형으로 할 것**
- 하나의 층의 바닥면적이 3,000[m²]를 넘을 때마다 1개 이상(최대 5개)를 설치할 것
- 지면으로부터 높이가 0.5[m] 이상 1[m] 이하의 위치에 설치할 것
- 송수구의 가까운 부분에 자동배수밸브(또는 직경 5[mm] 배수공) 및 체크밸브를 설치할 것

정답 61 ② 62 ①

63 ★☆☆

스프링클러설비 본체내의 유수현상을 자동적으로 검지하여 신호 또는 경보를 발하는 장치는?

① 수압개폐장치 ② 물올림장치
③ 일제개방밸브장치 ④ 유수검지장치

SOLUTION

개념
- 수압개폐장치 : 소화설비의 배관 내 압력변동을 검지하여 자동적으로 펌프를 기동 및 정지시키는 장치
- 물올림장치 : 펌프의 설치 위치가 수원보다 높은 경우 펌프 및 흡입 측 배관에서 상시 물을 보급할 수 있도록 하는 장치
- 일제개방밸브장치 : 일제살수식스프링클러에 설치되는 유수검지장치
- 유수검지장치 : 유수현상을 자동적으로 검지하여 신호 또는 경보를 발하는 장치

TIP
유수현상을 자동적으로 검지한다는 것만으로도 유수검지장치를 어느정도 유추할 수 있다.

64 ★☆☆

옥내소화전설비 화재안전기준에 따라 옥내소화전설비의 표시등 설치기준으로 옳은 것은?

① 가압송수장치의 기동을 표시하는 표시등은 옥내소화전 설비함의 상부 또는 그 직근에 설치한다.
② 가압송수장치의 기동을 표시하는 표시등은 녹색등으로 한다.
③ 자체소방대를 구성하여 운영하는 경우 가압송수장치의 기동 표시등을 반드시 설치해야 한다.
④ 옥내소화전설비의 위치를 표시하는 표시등은 함의 하부에 설치하되, 「표시등의 성능인증 및 제품검사의 기술기준」에 적합한 것으로 한다.

SOLUTION

개념
옥내소화전설비 표시등의 설치기준
- 가압송수장치의 기동을 표시하는 표시등은 옥내소화전설비함의 상부 또는 그 직근에 설치하되 적색등으로 할 것. 다만, 자체소방대를 구성하여 운영하는 경우 가압송수장치의 기동표시등을 설치하지 않을 수 있다.
- 옥내소화전설비의 위치를 표시하는 표시등은 함의 상부에 설치하되, 소방청장이 고시하는 기준에 적합한 것으로 할 것

65 ★★★

소화기구 및 자동소화장치의 화재안전기준상 건축물의 주요 구조부가 내화구조이고, 벽 및 반자의 실내에 면하는 부분이 불연재료로 된 바닥 면적이 600[m²]인 노유자시설에 필요한 소화기구의 능력단위는 최소 얼마 이상으로 하여야 하는가?

① 2단위 ② 3단위
③ 4단위 ④ 6단위

SOLUTION

개념
특정소방대상물별 소화기구의 능력단위

특정소방대상물	소화기구의 능력단위
위락시설	해당 용도의 바닥면적 30[m²]마다 능력단위 1단위 이상
공연장·집회장·관람장·문화재·장례식장·의료시설	해당 용도의 바닥면적 50[m²]마다 능력단위 1단위 이상
근린생활시설·판매시설·운수시설·숙박시설·노유자시설·전시장·공동주택·업무시설·방송통신시설·공장·창고시설·항공기 및 자동차 관련 시설·관광휴게시설	해당 용도의 바닥면적 100[m²]마다 능력단위 1단위 이상
그 밖의 것	해당 용도의 바닥면적 200[m²]마다 능력단위 1단위 이상

- 소화기구의 능력단위를 산출함에 있어서 건축물의 주요구조부가 내화구조이고, 벽 및 반자의 실내에 면하는 부분이 불연재료·준불연재료 또는 난연재료로 된 특정소방대상물에 있어서는 위 표의 바닥면적의 2배를 해당 특정소방대상물의 기준면적으로 한다.

풀이
노유자시설은 해당 용도의 바닥면적 100[m²]마다 능력단위 1단위 이상의 소화기구를 배치한다. 하지만 주요구조부가 내화구조이고, 벽 및 반자의 실내에 면하는 부분이 불연재료로 된 노유자시설이기 때문에 2배인 바닥면적 200[m²]마다 능력단위 1단위 이상의 소화기구를 배치한다. 바닥면적이 600[m²]이기 때문에 기준면적으로 나누어주면

$$능력단위 = \frac{바닥면적}{기준면적} = \frac{600}{200} = 3단위$$

∴ 능력단위 = 3단위

63 ④ 64 ① 65 ②

66 ★★★

분말소화설비의 화재안전기준에 따라 분말소화설비의 자동식 기동장치의 설치기준으로 틀린 것은? (단, 자동식 기동장치는 자동화재탐지설비의 감지기의 작동과 연동하는 것이다)

① 기동용 가스용기의 충전비는 1.5 이상, 1.9 이하로 할 것
② 자동식 기동장치에는 수동으로도 기동할 수 있는 구조로 할 것
③ 전기식 기동장치로서 3병 이상의 저장용기를 동시에 개방하는 설비는 2병 이상의 저장용기에 전자개방밸브를 부착할 것
④ 기동용 가스용기에는 내압시험압력의 0.8배부터 내압시험압력 이하에서 작동하는 안전장치를 설치할 것

SOLUTION

개념
분말소화설비 자동식 기동장치의 설치기준
- 전기식 기동장치로서 7병 이상의 저장용기를 동시에 개방하는 설비는 2병 이상의 저장용기에 전자 개방밸브를 부착할 것
- 가스압력식 기동장치의 기동용가스용기 및 해당 용기에 사용하는 밸브는 25[MPa] 이상의 압력에 견딜 수 있는 것으로 할 것
- 가스압력식 기동장치의 기동용가스용기에는 내압시험압력의 0.8배부터 내압시험압력 이하에서 작동하는 안전장치를 설치할 것
- 가스압력식 기동장치의 기동용가스용기의 체적은 5[L] 이상으로 하고, 해당 용기에 저장하는 질소 등의 비활성기체는 6[MPa] 이상(21[℃] 기준)의 압력으로 충전할 것. 다만, 기동용가스용기의 체적을 1[L] 이상으로 하고, 해당 용기에 저장하는 이산화탄소의 양은 0.6[kg] 이상으로 하며, 충전비는 1.5 이상 1.9 이하의 기동용가스용기로 가능
- 자동식 기동장치는 수동으로도 기동할 수 있는 구조로 할 것
- 기계식 기동장치는 저장용기를 쉽게 개방할 수 있는 구조로 할 것

67 ★★★

상수도소화용수설비의 화재안전기준에 따른 설치기준 중 다음 ( ) 안에 알맞은 것은?

호칭지름 (㉠)[mm] 이상의 수도배관에 호칭지름 (㉡)[mm] 이상의 소화전을 접속하여야 하며, 소화전은 특정소방대상물의 수평투영면의 각 부분으로부터 (㉢)[m] 이하가 되도록 설치할 것

① ㉠ 65, ㉡ 80, ㉢ 120
② ㉠ 65, ㉡ 100, ㉢ 140
③ ㉠ 75, ㉡ 80, ㉢ 120
④ ㉠ 75, ㉡ 100, ㉢ 140

SOLUTION

개념
상수도소화용수설비의 설치기준
- 호칭지름 75[mm] 이상의 수도배관에 호칭지름 100[mm] 이상의 소화전을 접속할 것
- 소화전은 소방자동차 등의 진입이 쉬운 도로변 또는 공지에 설치할 것
- 소화전은 특정소방대상물의 수평투영면의 각 부분으로부터 140[m] 이하가 되도록 설치할 것

68 ★★★

포 소화약제의 혼합장치에 대한 설명 중 옳은 것은?

① 라인 프로포셔너방식 이란 펌프의 토출관과 흡입관 사이의 배관 도중에 설치한 흡입기에 펌프에서 토출된 물의 일부를 보내고, 농도 조절밸브에서 조정된 포 소화약제의 필요량을 포 소화약제 탱크에서 펌프 흡입측으로 보내어 이를 혼합하는 방식을 말한다.

② 프레셔사이드 프로포셔너방식 이란 펌프의 토출관에 압입기를 설치하여 포 소화약제 압입용펌프로 포 소화약제를 압입시켜 혼합하는 방식을 말한다.

③ 프레셔 프로포셔너방식 이란 펌프와 발포기 중간에 설치된 벤추리관의 벤추리작용에 따라 포 소화약제를 흡입·혼합하는 방식을 말한다.

④ 펌프 프로포셔너방식 이란 펌프와 발포기의 중간에 설치된 벤추리관의 벤추리작용과 펌프 가압수의 포 소화약제 저장탱크에 대한 압력에 따라 포 소화약제를 흡입·혼합하는 방식을 말한다.

SOLUTION

개념
포소화약제의 혼합장치

- 라인 프로포셔너 방식 : 펌프와 발포기의 중간에 설치된 벤추리관의 벤추리작용에 따라 포소화약제를 흡입·혼합하는 방식
- 프레셔사이드 프로포셔너방식 : 펌프의 토출관에 압입기를 설치하여 포소화약제 압입용펌프로 포소화약제를 압입시켜 혼합하는 방식
- 프레셔 프로포셔너방식 : 펌프와 발포기의 중간에 설치된 벤추리관의 벤추리작용과 펌프 가압수의 포소화약제 저장탱크에 대한 압력에 따라 포소화약제를 흡입·혼합하는 방식
- 펌프 프로포셔너방식 : 펌프의 토출관과 흡입관 사이의 배관 도중에 설치한 흡입기에 펌프에서 토출된 물의 일부를 보내고, 농도 조정밸브에서 조정된 포소화약제의 필요량을 포소화약제 저장탱크에서 펌프 흡입측으로 보내어 이를 혼합하는 방식

69 ★☆☆

포소화설비의 화재안전기준에 따라 포소화설비에 소방용 합성수지배관을 설치할 수 있는 경우로 틀린 것은?

① 배관을 지하에 매설하는 경우
② 다른 부분과 내화구조로 구획된 덕트 또는 피트의 내부에 설치하는 경우
③ 동결방지조치로 하거나 동결의 우려가 없는 경우
④ 천장과 반자를 불연재료 또는 준불연재료로 설치하고 그 내부에 습식으로 배관을 설치하는 경우

SOLUTION

개념
소방용 합성수지배관으로 설치할 수 있는 경우

- 배관을 지하에 매설하는 경우
- 다른 부분과 내화구조로 구획된 덕트 또는 피트의 내부에 설치하는 경우
- 천장과 반자를 불연재료 또는 준불연재료로 설치하고 소화배관 내부에 항상 소화수가 채워진 상태로 설치하는 경우

70 ★☆☆

다음 중 피난기구의 화재안전기준에 따라 피난기구를 설치하지 아니하여도 되는 소방대상물로 틀린 것은?

① 발코니에 해당하는 구조 또는 시설을 설치하여 인접세대로 피난할 수 있는 아파트
② 주요구조부가 내화구조로서 거실의 각 부분으로 직접 복도로 피난할 수 있는 학교(강의실 용도로 사용되는 층에 한함)
③ 무인공장 또는 자동창고로서 사람의 출입이 금지된 장소
④ 문화집회 및 운동시설·판매시설 및 영업시설 또는 노유자시설의 용도로 사용되는 층으로서 그 층의 바닥면적이 1,000[m²] 이상인 것

SOLUTION

개념

피난기구의 설치 제외 장소

- 주요구조부가 내화구조이고 지하층을 제외한 층수가 4층 이하이며 소방사다리차가 쉽게 통행할 수 있는 도로 또는 공지에 면하는 부분에 기준에 적합한 개구부가 둘 이상 설치되어 있는 층(문화집회 및 운동시설·판매시설 및 영업시설 또는 노유자시설의 용도로 사용되는 층으로서 그 층의 바닥면적이 1,000[m²] 이상인 것 제외)
- 갓복도식 아파트 또는 발코니에 해당하는 구조 또는 시설을 설치하여 인접세대로 피난할 수 있는 아파트
- 주요구조부가 내화구조로서 거실의 각 부분으로 직접 복도로 피난할 수 있는 학교(강의실 용도로 사용되는 층에 한함)
- 무인공장 또는 자동창고로서 사람의 출입이 금지된 장소(관리를 위하여 일시적으로 출입하는 장소 포함)
- 건축물의 옥상부분으로서 거실에 해당하지 아니하고 층수로 산정된 층으로 사람이 근무하거나 거주하지 아니하는 장소

71 ★★★

지하구의 화재안전기준에 따라 연소방지설비헤드의 설치기준으로 옳은 것은?

① 헤드간의 수평거리는 연소방지설비 전용헤드의 경우에는 1.5[m] 이하로 할 것
② 헤드간의 수평거리는 스프링클러헤드의 경우에는 2[m] 이하로 할 것
③ 천장 또는 벽면에 설치할 것
④ 한쪽 방향의 살수구역의 길이는 2[m] 이상으로 할 것

SOLUTION

개념

지하구 연소방지설비헤드의 설치기준

- 천장 또는 벽면에 설치할 것
- 헤드 간의 수평거리는 연소방지설비 전용헤드의 경우에는 2[m] 이하로 할 것
- 헤드 간의 수평거리는 스프링클러헤드의 경우에는 1.5[m] 이하로 할 것
- 소방대원의 출입이 가능한 환기구·작업구마다 지하구의 양쪽 방향으로 살수헤드를 설정하되, 한쪽 방향의 살수구역의 길이는 3[m] 이상으로 할 것
- 연소방지설비 전용헤드를 설치할 경우에는 기준에 적합한 살수헤드를 설치할 것

72 ★★★

소화기구 및 자동소화장치의 화재안전기준상 소화기구의 소화약제별 적응성 중 C급 화재에 적응성이 없는 소화약제는?

① 마른 모래
② 할로겐화합물 및 불활성기체 소화약제
③ 이산화탄소 소화약제
④ 중탄산염류 소화약제

SOLUTION

개념

소화기구의 소화약제별 적응성

소화약제		일반화재 (A급화재)	유류화재 (B급 화재)	전기화재 (C급 화재)
분말	중탄산염류	–	○	○
기타	마른모래	○	○	–
가스	이산화탄소	–	–	○
	할로겐화합물 및 불활성 기체	○	○	○

73 ★☆☆

이산화탄소소화설비 및 할론소화설비의 국소방출방식에 대한 설명으로 옳은 것은?

① 고정식 소화약제 공급장치에 배관 및 분사헤드를 설치하여 직접 화점에 소화약제를 방출하는 방식이다.
② 고정된 분사헤드에서 밀폐 방호구역 공간 전체로 소화약제를 방출하는 방식이다.
③ 호스 선단에 부착된 노즐을 이동하여 방호대상물에 직접 소화약제를 방출하는 방식이다.
④ 소화약제 용기 노즐 등을 운반기구에 적재하고 방호대상물에 직접 소화약제를 방출하는 방식이다.

SOLUTION

개념

국소방출방식
소화약제 공급장치에 배관 및 분사헤드를 설치하여 직접 화점에 소화약제를 방출하는 방식

정답 71 ③ 72 ① 73 ①

74 ★☆☆

특고압의 전기시설을 보호하기 위한 소화설비로 물분무소화설비를 사용한다. 그 주된 이유로 옳은 것은?

① 물분무설비는 다른 물 소화설비에 비해서 신속한 소화를 보여주기 때문이다.
② 물분무설비는 다른 물 소화설비에 비해서 물의 소모량이 적기 때문이다.
③ 분무상태의 물은 전기적으로 비전도성이기 때문이다.
④ 물분무입자 역시 물이므로 전기전도성이 있으나 전기 시설물을 젖게 하지 않기 때문이다.

SOLUTION | 풀이

보통의 물은 전기적으로 전도성이기 때문에 사용하지 않는다. 하지만 분무상태의 물(무상수주)은 매우 작은 입자 형태의 물이기 때문에 전기적으로 비전도성으로 변한다. 그러므로 전기시설을 보호하기 위한 소화설비로 물분무소화설비를 사용한다.

75 ★★★

물분무소화설비의 화재안전기준에 따라 물분무소화설비를 설치하는 차고 또는 주차장이 배수설비 설치기준으로 틀린 것은?

① 차량이 주차하는 바닥은 배수구를 향해 1/100 이상의 기울기를 유지할 것
② 배수구에서 새어나온 기름을 모아 소화할 수 있도록 길이 40[m] 이하마다 집수관·소화핏트 등 기름분리장치를 설치할 것
③ 차량이 주차하는 장소의 적당한 곳에 높이 10[cm] 이상이 경계턱으로 배수구를 설치할 것
④ 배수설비는 가압송수장치의 최대송소능력이 수량을 유효하게 배수할 수 있는 크기 및 기울기로 할 것

SOLUTION | 개념

물분무소화설비의 배수설비

- 차량이 주차하는 바닥은 배수구를 향하여 $\frac{2}{100}$ 이상의 기울기를 유지할 것
- 차량이 주차하는 장소의 적당한 곳에 높이 10[cm] 이상의 경계턱으로 배수구를 설치할 것
- 배수설비는 가압송수장치의 최대송수능력의 수량을 유효하게 배수할 수 있는 크기 및 기울기로 할 것
- 배수구에는 새어나온 기름을 모아 소화할 수 있도록 길이 40[m] 이하마다 집수관·소화핏트 등 기름분리장치를 설치할 것

76 ★☆☆

연결송수관설비의 화재안전기준에 따라 송수구가 부설된 옥내소화전을 설치한 특정소방대상물로서 연결송수관설비의 방수구를 설치하지 아니할 수 있는 층의 기준 중 다음 ( ) 안에 알맞은 것은? (단, 집회장·관람장·백화점·도매시장·소매시장·판매시설·공장·창고시설 또는 지하가를 제외한다)

- 지하층을 제외한 층수가 (㉠)층 이하이고 연면적이 (㉡)[m²] 미만인 특정소방대상물의 지상층의 용도로 사용되는 층
- 지하층의 층수가 (㉢) 이하인 특정소방대상물의 지하층

① ㉠ 3, ㉡ 5,000, ㉢ 3   ② ㉠ 4, ㉡ 6,000, ㉢ 2
③ ㉠ 5, ㉡ 3,000, ㉢ 3   ④ ㉠ 6, ㉡ 4,000, ㉢ 2

SOLUTION | 개념

연결송수관설비 방수구의 설치 제외 장소

- 송수구가 부설된 옥내소화전을 설치한 특정소방대상물(집회장·관람장·백화점·도매시장·소매시장·판매시설·공장·창고시설 또는 지하가 제외)에서 지하층을 제외한 층수가 4층 이하이고 연면적이 6,000[m²] 미만인 특정소방대상물의 지상층
- 송수구가 부설된 옥내소화전을 설치한 특정소방대상물(집회장·관람장·백화점·도매시장·소매시장·판매시설·공장·창고시설 또는 지하가 제외)에서 지하층의 층수가 2 이하인 특정소방대상물의 지하층
- 아파트의 1층 및 2층
- 소방차의 접근이 가능하고 소방대원이 소방차로부터 각 부분에 쉽게 도달할 수 있는 피난층

77 ★★★

스프링클러설비의 화재안전기준에 따라 폐쇄형스프링클러헤드를 최고 주위온도 40[℃]인 장소(공장 및 창고 제외)에 설치할 경우 표시온도는 몇 [℃]의 것을 설치하여야 하는가?

① 79[℃] 미만
② 79[℃] 이상 121[℃] 미만
③ 121[℃] 이상 162[℃] 미만
④ 162[℃] 이상

SOLUTION

개념
폐쇄형스프링클러헤드의 표시온도

설치장소의 최고 주위온도	표시온도
39[℃] 미만	79[℃] 미만
39[℃] 이상 64[℃] 미만	79[℃] 이상 121[℃] 미만
64[℃] 이상 106[℃] 미만	121[℃] 이상 162[℃] 미만
106[℃] 이상	162[℃] 이상

풀이
최고 주위온도는 40[℃]이기 때문에 39[℃] 이상 64[℃] 미만에 해당한다. 그러므로 표시온도는 79[℃] 이상 121[℃] 미만이 된다.

78 ★☆☆

할론소화설비의 화재안전기준상 할론 1211을 국소방출방식으로 방사할 때 분사헤드의 방사압력 기준은 몇 [MPa] 이상인가?

① 0.1
② 0.2
③ 0.9
④ 1.05

SOLUTION

개념
할론소화설비 분사헤드의 방출압력

소화약제의 종류	방출압력[MPa]
할론 1211	0.2 이상
할론 1301	0.9 이상
할론 2402	0.1 이상

79 ★★☆

물분무소화설비의 화재안전기준상 물분무헤드를 설치하지 아니할 수 있는 장소의 기준 중 다음 ( ) 안에 알맞은 것은?

> 운전시에 표면의 온도가 ( )[℃] 이상으로 되는 등 직접 분무를 하는 경우 그 부분에 손상을 입힐 우려가 있는 기계장치 등이 있는 장소

① 160
② 200
③ 260
④ 300

SOLUTION

개념
물분무헤드의 설치 제외 장소
- 운전 시에 표면의 온도가 260[℃] 이상으로 되는 등 직접 분무를 하는 경우 그 부분에 손상을 입힐 우려가 있는 기계장치 등이 있는 장소
- 물에 심하게 반응하는 물질 또는 물과 반응하여 위험한 물질을 생성하는 물질을 저장 또는 취급하는 장소
- 고온의 물질 및 증류범위가 넓어 끓어 넘치는 위험이 있는 물질을 저장 또는 취급하는 장소

정답 77 ② 78 ② 79 ③

80 ★☆☆

인명구조기구의 화재안전기준에 따라 특정소방대상물의 용도 및 장소별로 설치해야 할 인명구조기구의 기준으로 틀린 것은?

① 지하가 중 지하상가는 인공소생기를 층마다 2개 이상 비치할 것
② 판매시설 중 대규모 점포는 공기호흡기를 층마다 2개 이상 비치할 것
③ 지하층을 포함하는 층수가 7층 이상인 관광호텔은 방열복(또는 방화복), 공기호흡기, 인공소생기를 각 2개 이상 비치할 것
④ 물분무등소화설비 중 이산화탄소 소화설비를 설치해야 하는 특정소방대상물은 공기호흡기를 이산화탄소 소화설비가 설치된 장소의 출입구 외부 인근에 1대 이상 비치할 것

SOLUTION

개념
인명구조기구의 설치대상 및 수량

특정소방대상물	인명구조기구의 종류	설치 수량
• 지하층을 포함하는 층수가 7층 이상인 관광호텔 및 5층 이상인 병원	• 방열복 또는 방화복 • 공기호흡기 • 인공소생기	• 각 2개 이상 비치할 것(병원의 경우 인공소생기를 설치하지 않을 수 있음)
• 문화 및 집회시설 중 수용인원 100명 이상의 영화상영관 • 판매시설 중 대규모 점포 • 운수시설 중 지하역사 • 지하가 중 지하상가	• 공기호흡기	• 층마다 2개 이상 비치할 것 (각 층마다 갖추어 두어야 할 공기호흡기 중 일부를 직원이 상주하는 인근 사무실에 갖추어 둘 수 있음)
• 물분무등소화설비 중 이산화탄소화설비를 설치하는 특정소방대상물	• 공기호흡기	• 이산화탄소소화설비가 설치된 장소의 출입구 외부 인근에 1대 이상 비치할 것

2022년 제1회 소방설비기사

61 ★★★

소화기구 및 자동소화장치의 화재안전기준상 대형소화기의 정의 중 다음 ( ) 안에 알맞은 것은?

> 화재 시 사람이 운반할 수 있도록 운반대와 바퀴가 설치되어 있고 능력단위가 A급 (㉠)단위 이상, B급 (㉡)단위 이상인 소화기를 말한다.

① ㉠ 20, ㉡ 10
② ㉠ 10, ㉡ 20
③ ㉠ 10, ㉡ 5
④ ㉠ 5, ㉡ 10

SOLUTION

개념
능력단위에 따른 소화기의 분류

구분	능력단위
소형소화기	능력단위가 1단위 이상이고 대형소화기의 능력단위 미만인 소화기
대형소화기	A급 10단위 이상, B급 20단위 이상인 소화기

62 ★★★

분말소화설비의 화재안전기준상 분말소화약제의 가압용가스 또는 축압용가스의 설치 기준으로 틀린 것은?

① 가압용가스에 질소가스를 사용하는 것의 질소가스는 소화약제 1[kg]마다 40[L](35[℃]에서 1기압의 압력상태로 환산한 것) 이상으로 할 것
② 가압용가스에 이산화탄소를 사용하는 것의 이산화탄소는 소화약제 1[kg]에 대하여 20[g]에 배관의 청소에 필요한 양을 가산한 양 이상으로 할 것
③ 축압용가스에 질소가스를 사용하는 것의 질소가스는 소화약제 1[kg]에 대하여 40[L](35[℃]에서 1기압의 압력상태로 환산한 것) 이상으로 할 것
④ 축압용가스에 이산화탄소를 사용하는 것의 이산화탄소는 소화약제 1[kg]에 대하여 20[g]에 배관의 청소에 필요한 양을 가산한 양 이상으로 할 것

SOLUTION

개념

분말소화약제의 가압용가스 또는 축압용가스의 설치기준

구분	질소가스(소화약제 1[kg]당 양, 35[℃], 1기압 기준)	이산화탄소
가압용	40[L] 이상	소화약제 1[kg]당 20[g] +배관 청소 필요량 이상
축압용	10[L] 이상	

63 ★☆☆

포소화설비의 화재안전기준상 포소화설비의 자동식 기동장치에 화재감지기를 사용하는 경우, 화재감지기 회로의 발신기 설치기준 중 ( ) 안에 알맞은 것은? (단, 자동화재탐지설비의 수신기가 설치된 장소에 상시 사람이 근무하고 있고, 화재 시 즉시 해당 조작부를 작동시킬 수 있는 경우는 제외한다)

> 특정소방대상물의 층마다 설치하되, 해당 특정소방대상물의 각 부분으로부터 수평거리가 (㉠)[m] 이하가 되도록 할 것. 다만, 복도 또는 별도로 구획된 실로서 보행거리가 (㉡)[m] 이상일 경우에는 추가로 설치하여야 한다.

① ㉠ 25, ㉡ 30 ② ㉠ 25, ㉡ 40
③ ㉠ 15, ㉡ 30 ④ ㉠ 15, ㉡ 40

SOLUTION

개념

포소화설비 자동식 기동장치의 화재감지기

- 화재감지기 회로에는 다음의 기준에 따른 발신기를 설치하여야 한다.
  - 조작이 쉬운 장소에 설치하고, 스위치는 바닥으로부터 0.8[m] 이상 1.5[m] 이하의 높이에 설치하여야 한다.
  - 특정소방대상물의 층마다 설치하되, 해당 특정소방대상물의 각 부분으로부터 수평거리가 25[m] 이하가 되도록 하여야 한다. 다만, 복도 또는 별도로 구획된 실로서 보행거리가 40[m] 이상일 경우에는 추가로 설치하여야 한다.

64 ★☆☆

특별피난계단의 계단실 및 부속실 제연설비의 화재안전기준상 급기풍도 단면의 긴 변 길이가 1,300[mm]인 경우, 강판의 두께는 최소 몇 [mm] 이상이어야 하는가?

① 0.6 ② 0.8
③ 1.0 ④ 1.2

SOLUTION

개념

급기풍도 단면의 긴 변 또는 직경의 크기에 따른 강판 두께

풍도 단면의 긴변 또는 직경의 크기[mm]	강판두께[mm]
450 이하	0.5
450 초과 750 이하	0.6
750 초과 1,500 이하	0.8
1,500 초과 2,250 이하	1.0
2,250 초과	1.2

65 ★★☆

옥외소화전설비의 화재안전기준상 옥외소화전설비에서 성능시험배관의 직관부에 설치된 유량측정장치는 펌프 및 정격토출량의 최소 몇 [%] 이상 측정할 수 있는 성능이 있어야 하는가?

① 175 ② 150
③ 75 ④ 50

SOLUTION

개념

옥외소화전설비 성능시험배관의 설치기준

- 펌프의 토출측에 설치된 개폐밸브 이전에 분기하여 직선으로 설치하여야 한다.
- 유량측정장치를 기준으로 전단 직관부에 개폐밸브를 설치하여야 한다.
- 유량측정장치를 기준으로 후단 직관부에 유량조절밸브를 설치하여야 한다.
- 유량측정장치는 펌프의 정격토출량 175[%] 이상 측정할 수 있는 성능이 있어야 한다.

정답 63 ② 64 ② 65 ①

66 ★☆☆

할론소화설비의 화재안전기기준상 자동차차고나 주차장에 할론 1301 소화약제로 전역방출방식의 소화설비를 설치한 경우 방호구역의 체적 1[m³]당 얼마의 소화약제가 필요한가?

① 0.32[kg] 이상 0.64[kg] 이하
② 0.36[kg] 이상 0.71[kg] 이하
③ 0.40[kg] 이상 1.10[kg] 이하
④ 0.60[kg] 이상 0.71[kg] 이하

SOLUTION

개념
할론1301의 약제량

특정소방대상물 또는 그 부분		방호구역 1[m³]당 소화약제의 양[kg/m³]
차고·주차장·전기실·통신기기실·전산실		0.32 이상 0.64 이하
특수가연물을 저장·취급하는 특정소방대상물 또는 그 부분	가연성 고체류·가연성 액체류	0.32 이상 0.64 이하
	면화류·나무껍질 및 대팻밥·넝마 및 종이부스러기·사류·볏짚류·목재가공품 및 나무부스러기	0.52 이상 0.64 이하
	합성수지류	0.32 이상 0.64 이하

67 ★★★

소화기구 및 자동소화장치의 화재안전기기준상 타고 나서 재가 남는 일반화재에 해당하는 일반 가연물은?

① 고무
② 타르
③ 솔벤트
④ 유성도료

SOLUTION

개념
화재의 종류와 정의

화재의 종류	정의
일반화재(A급 화재)	나무, 섬유, 종이, 고무와 같은 일반 가연물이 타고나서 재가 남는 화재
유류화재(B급 화재)	인화성 액체, 가연성 액체, 인화성 가스와 같은 유류가 타고 나서 재가 남지 않는 화재
전기화재(C급 화재)	전기기기, 전기배선과 관련된 화재
금속화재(D급 화재)	가연성 금속에서 일어나는 화재
주방화재(K급 화재)	주방에서 동식물유를 취급하는 조리기구에서 일어나는 화재

풀이
타고 나서 재가 남는 일반화재는 A급 화재이다. 그리고 A급 화재에 해당하는 가연물은 나무, 섬유, 종이, 고무, 플라스틱류 등이 있다.

68 ★★★

특별피난계단의 계단실 및 부속실 제연설비의 화재안전기준상 차압 등에 관한 기준으로 옳은 것은?

① 제연설비가 가동되었을 경우 출입문의 개방에 필요한 힘은 150[N] 이하로 하여야 한다.
② 제연구역과 옥내와의 사이에 유지하여야 하는 최소차압은 옥내에 스프링클러설비가 설치된 경우에는 40[Pa] 이상으로 하여야 한다.
③ 계단실과 부속실을 동시에 제연하는 경우 부속실의 기압은 계단실과 같게 하거나 계단실의 기압보다 낮게 할 경우에는 부속실과 계단실의 압력차이는 3[Pa] 이하가 되도록 하여야 한다.
④ 피난을 위하여 제연구역의 출입문이 일시적으로 개방되는 경우 개방되지 아니하는 제연구역과 옥내와의 차압은 기준에 따른 차압은 기준에 따른 차압의 70[%] 미만이 되어서는 아니 된다.

SOLUTION

개념
특수피난계단의 계단실 및 부속실 제연설비의 차압 등
- 제연구역과 옥내 사이에 유지하여야 하는 최소차압은 40[Pa](옥내에 스프링클러설비가 설치된 경우는 12.5[Pa]) 이상
- 제연설비가 가동되었을 경우 출입문의 개방에 필요한 힘은 110[N] 이하
- 출입문이 일시적으로 개방되는 경우 개방되지 아니하는 제연구역과 옥내와의 차압은 기준차압의 70[%] 이상
- 계단실과 부속실을 동시에 제연하는 경우 부속실의 기압은 계단실과 같게 하거나 계단실의 기압보다 낮게 할 경우에는 부속실과 계단실의 압력차이는 5[Pa] 이하
- 계단실 및 그 부속실을 동시에 제연하는 것 또는 계단실만 제연할 때의 방연풍속은 0.5[m/s] 이상

69 ★★☆

스프링클러설비의 화재안전기준상 고가수조를 이용한 가압송수장치의 설치기준 중 고가수조에 설치하지 않아도 되는 것은?

① 수위계
② 배수관
③ 압력계
④ 오버플로우관

SOLUTION

풀이
스프링클러설비 고가수조에는 수위계·배수관·오버플로우관·급수관·맨홀을 설치하여야 한다.

70 ★★★

상수도소화용수설비의 화재안전기준상 소화전은 특정소방대상물의 수평투영면의 각 부분으로부터 최대 몇 [m] 이하가 되도록 설치하여야 하는가?

① 100
② 120
③ 140
④ 150

SOLUTION

개념
상수도소화용수설비의 설치기준
- 호칭지름 75[mm] 이상의 수도배관에 호칭지름 100[mm] 이상의 소화전을 접속할 것
- 소화전은 소방자동차 등의 진입이 쉬운 도로변 또는 공지에 설치할 것
- 소화전은 특정소방대상물의 수평투영면의 각 부분으로부터 140[m] 이하가 되도록 설치할 것

정답 68 ④ 69 ③ 70 ③

71 ★★☆

할론소화설비의 화재안전기준상 할론소화약제 저장용기의 설치 기준 중 다음 ( ) 안에 알맞은 것은?

> 축압식 저장용기의 압력은 온도 20[℃]에서 할론 1301을 저장하는 것은 (㉠)[MPa] 또는 (㉡)[MPa]이 되도록 질소가스로 축압될 것

① ㉠ 2.5, ㉡ 4.2
② ㉠ 2.0, ㉡ 3.5
③ ㉠ 1.5, ㉡ 3.0
④ ㉠ 1.1, ㉡ 2.5

SOLUTION

개념
할론소화약제 축압식 저장용기(20[℃] 기준)

구분	할론 1301	할론 1211
저장용기의 압력	2.5[MPa] 또는 4.2[MPa]	1.1[MPa] 또는 2.5[MPa]
축압가스	질소가스	

72 ★★☆

구조대의 형식승인 및 제품검사의 기술기준상 경사하강식 구조대의 구조 기준으로 틀린것은?

① 연속하여 활강할 수 있는 구조로 안전하고 쉽게 사용할 수 있어야 한다.
② 구조대 본체는 강하방향으로 봉합부가 설치되지 아니하여야 한다.
③ 입구틀 및 취부틀의 입구는 지름 40[cm] 이상의 구체가 통할 수 있어야 한다.
④ 본체의 포지는 하부지지장치에 인장력이 균등하게 걸리도록 부착하여야 하며 하부지지장치는 쉽게 조작할 수 있어야 한다.

SOLUTION

개념
경사강하식 구조대의 구조
- 연속하여 활강할 수 있는 구조로 안전하고 쉽게 사용할 수 있어야 한다.
- 구조대 본체는 강하방향으로 봉합부가 설치되지 아니하여야 한다.
- 입구틀 및 취부틀의 입구는 지름 60[cm] 이상의 구체가 통과할 수 있어야 한다.
- 본체의 포지는 하부지지장치에 인장력이 균등하게 걸리도록 부착하여야 하며 하부지지장치는 쉽게 조작할 수 있어야 한다.

73 ★★☆

분말소화설비의 화재안전기준상 차고 또는 주차장에 설치하는 분말소화설비의 소화약제는?

① 제1종 분말
② 제2종 분말
③ 제3종 분말
④ 제4종 분말

SOLUTION

풀이
차고 또는 주차장에 설치하는 분말소화설비의 소화약제는 제3종 분말로 하여야 한다.

74 ★☆☆

피난사다리의 형식승인 및 제품검사의 기술기준상 피난사다리의 일반구조 기준으로 옳은 것은?

① 피난사다리는 2개 이상의 횡봉으로 구성되어야 한다. 다만, 고정식사다리인 경우에는 횡봉의 수를 1개로 할 수 있다.
② 피난사다리(종봉이 1개인 고정식사다리는 제외)의 종봉의 간격은 최외각 종봉 사이의 안치수가 15[cm] 이상이어야 한다.
③ 피난사다리의 횡봉은 지름 15[mm] 이상 25[mm] 이하의 원형인 단면이거나 또는 이와 비슷한 손으로 잡을 수 있는 형태의 단면이 있는 것이어야 한다.
④ 피난사다리의 횡봉은 종봉에 동일한 간격으로 부착한 것이어야 하며, 그 간격은 25[cm] 이상 35[cm] 이하이어야 한다.

SOLUTION

개념
피난사다리의 구조
- 안전하고 확실하며 쉽게 사용할 수 있는 구조이어야 한다.
- 피난사다리는 2개 이상의 종봉 및 횡봉으로 구성되어야 한다. 다만, 고정식사다리인 경우에는 종봉의 수를 1개로 가능하다.
- 피난사다리(종봉이 1개인 고정식사다리는 제외)의 종봉의 간격은 최외각 종봉 사이의 안치수가 30[cm] 이상이어야 한다.
- 피난사다리의 횡봉은 지름 14[mm] 이상 35[mm] 이하의 원형인 단면이거나 또는 이와 비슷한 손으로 잡을 수 있는 형태의 단면이 있는 것이어야 한다.
- 피난사다리의 횡봉은 종봉에 동일한 간격으로 부착한 것이어야 하며, 그 간격은 25[cm] 이상 35[cm] 이하이어야 한다.
- 피난사다리 횡봉의 디딤면은 미끄러지지 아니하는 구조이어야 한다.

75 ★☆☆

간이스프링클러설비의 화재안전기준상 간이스프링클러설비의 배관 및 밸브 등의 설치순서로 맞는 것은? (단, 수원이 펌프보다 낮은 경우이다)

① 상수도직결형은 수도용계량기, 급수차단장치, 개폐표시형밸브, 체크밸브, 압력계, 유수검지장치, 2개의 시험밸브 순으로 설치할 것

② 펌프 설치 시에는 수원, 연성계 또는 진공계, 펌프 또는 압력수조, 압력계, 체크밸브, 개폐표시형밸브, 유수검지장치, 2개의 시험밸브 순으로 설치할 것

③ 가압수조 이용 시에는 수원, 가압수조, 압력계, 체크밸브, 개폐표시형밸브, 유수검지장치, 1개의 시험밸브 순으로 설치할 것

④ 캐비닛형인 경우 수원, 펌프 또는 압력수조, 압력계, 체크밸브, 연성계 또는 진공계, 개폐표시형밸브 순으로 설치할 것

SOLUTION

개념
간이스프링클러설비의 배관 및 밸브 등의 순서

- 상수도직결형
  수도용계량기 → 급수차단장치 → 개폐표시형밸브 → 체크밸브 → 압력계 → 유수검지장치 → 시험밸브(2개)
- 펌프
  수원 → 연성계 또는 진공계 → 펌프 또는 압력수조 → 압력계 → 체크밸브 → 성능시험배관 → 개폐표시형밸브 → 유수검지장치 → 시험밸브
- 가압수조
  수원 → 가압수조 → 압력계 → 체크밸브 → 성능시험배관 → 개폐표시형밸브 → 유수검지장치 → 시험밸브(2개)
- 캐비닛형
  수원 → 연성계 또는 진공계 → 펌프 또는 압력수조 → 압력계 → 체크밸브 → 개폐표시형밸브 → 시험밸브(2개)

76 ★★★

스프링클러설비의 화재안전기준상 스프링클러헤드 설치 시 살수가 방해되지 아니하도록 벽과 스프링클러헤드 간의 공간은 최소 몇 [cm] 이상으로 하여야 하는가?

① 60 ② 30
③ 20 ④ 10

SOLUTION

개념
스프링클러헤드의 공간

구분	거리
벽과 스프링클러헤드 간의 공간	10[cm] 이상
스프링클러헤드의 자체 공간	반경 60[cm] 이상
스프링클러헤드와 부착면 간의 공간	30[cm] 이하

77 ★★★

물분무소화설비의 화재안전기준상 차고 또는 주차장에 설치하는 물분무소화설비의 배수설비 기준으로 틀린 것은?

① 차량이 주차하는 바닥은 배수구를 향하여 100분의 2 이상의 기울기를 유지할 것

② 차량이 주차하는 장소의 적당한 곳에 높이 5[cm] 이상의 경계턱으로 배수구를 설치할 것

③ 배수설비는 가압송수장치의 최대송수능력의 수량을 유효하게 배수할 수 있는 크기 및 기울기로 할 것

④ 배수구에는 새어나온 기름을 모아 소화할 수 있도록 길이 40[m] 이하마다 집수관·소화핏트 등 기름분리장치를 설치할 것

SOLUTION

개념
물분무소화설비의 배수설비

- 차량이 주차하는 바닥은 배수구를 향하여 100분의 2 이상의 기울기를 유지할 것
- 차량이 주차하는 장소의 적당한 곳에 높이 10[cm] 이상의 경계턱으로 배수구를 설치할 것
- 배수설비는 가압송수장치의 최대송수능력의 수량을 유효하게 배수할 수 있는 크기 및 기울기로 할 것
- 배수구에는 새어나온 기름을 모아 소화할 수 있도록 길이 40[m] 이하마다 집수관·소화핏트 등 기름분리장치를 설치할 것

78 ★★☆

미분무소화설비의 화재안전기준상 용어의 정의 중 다음 ( ) 안에 알맞은 것은?

> "미분무"란 물만을 사용하여 소화하는 방식으로 최소설계압력에서 헤드로부터 방출되는 물입자 중 99[%]의 누적체적분포가 (㉠)[μm] 이하로 분무되고 (㉡)급 화재에 적응성을 갖는 것을 말한다.

① ㉠ 400, ㉡ A, B, C
② ㉠ 400, ㉡ B, C
③ ㉠ 200, ㉡ A, B, C
④ ㉠ 200, ㉡ B, C

SOLUTION

개념
미분무
물만을 사용하여 사용하는 방식으로 최소설계압력에서 헤드로부터 방출되는 물입자 중 99[%]의 누적체적분포가 400[μm] 이하로 분무되고 A, B, C급 화재에 적응성을 갖는 것

79 ★★★

포소화설비의 화재안전기준상 포소화설비의 자동식 기동장치에 폐쇄형 스프링클러헤드를 사용하는 경우에 대한 설치 기준 중 다음 ( ) 안에 알맞은 것은? (단, 자동화재탐지설비의 수신기가 설치된 장소에 상시 사람이 근무하고 있고, 화재 시 즉시 해당 조작부를 작동시킬 수 있는 경우는 제외한다)

> • 표시온도가 (㉠)[℃] 미만인 것을 사용하고 1개의 스프링클러헤드의 경계 면적은 (㉡)[m²] 이하로 할 것
> • 부착면의 높이는 바닥으로부터 (㉢)[m] 이하로 하고 화재를 유효하게 감지할 수 있도록 할 것

① ㉠ 60, ㉡ 10, ㉢ 7
② ㉠ 60, ㉡ 20, ㉢ 7
③ ㉠ 79, ㉡ 10, ㉢ 5
④ ㉠ 79, ㉡ 20, ㉢ 5

SOLUTION

개념
포소화설비 자동식 기동장치의 폐쇄형스프링클러헤드
• 표시온도가 79[℃] 미만인 것을 사용하고, 1개의 스프링클러헤드의 경계면적은 20[m²] 이하로 할 것
• 부착면의 높이는 바닥으로부터 5[m] 이하로 하고, 화재를 유효하게 감지할 수 있도록 할 것
• 하나의 감지장치 경계구역은 하나의 층이 되도록 할 것

80 ★★★

상수도소화용수설비의 화재안전기준상 상수도소화용수설비 소화전의 설치 기준 중 다음 ( ) 안에 알맞은 것은?

> 호칭지름 (㉠)[mm] 이상의 수도배관에 호칭지름 (㉡)[mm] 이상의 소화전을 접속할 것

① ㉠ 65, ㉡ 120
② ㉠ 75, ㉡ 100
③ ㉠ 80, ㉡ 90
④ ㉠ 100, ㉡ 100

SOLUTION

개념
상수도소화용수설비의 설치기준
• 호칭지름 75[mm] 이상의 수도배관에 호칭지름 100[mm] 이상의 소화전을 접속할 것
• 소화전은 소방자동차 등의 진입이 쉬운 도로변 또는 공지에 설치할 것
• 소화전은 특정소방대상물의 수평투영면의 각 부분으로부터 140[m] 이하가 되도록 설치할 것

2022년 제2회 소방설비기사

61 ★★☆

할론소화설비의 화재안전기준에 따른 할론소화설비의 수동식 기동장치의 설치기준으로 틀린 것은?

① 국소방출방식은 방호대상물마다 설치할 것
② 기동장치의 방출용스위치는 음향경보장치와 개별적으로 조작될 수 있는 것으로 할 것
③ 전기를 사용하는 기동장치에는 전원표시등을 설치할 것
④ 조작부는 바닥으로부터 높이 0.8[m] 이상 1.5[m] 이하의 위치에 설치할 것

SOLUTION

개념
할론소화설비 수동식 기동장치의 설치기준
- 전역방출방식은 방호구역마다, 국소방출방식은 방호대상물마다 설치할 것
- 기동장치의 방출용스위치는 음향경보장치와 연동하여 조작될 수 있는 것으로 할 것
- 전기를 사용하는 기동장치에는 전원표시등을 설치할 것
- 조작부는 바닥으로부터 높이 0.8[m] 이상 1.5[m] 이하의 위치에 설치할 것
- 수동식 기동장치의 부근에는 소화약제의 방출을 지연시킬 수 있는 방출지연스위치를 설치할 것
- 해당 방호구역의 출입구 부분 등 조작을 하는 자가 쉽게 피난할 수 있는 장소에 설치할 것
- 기동장치 인근의 보기 쉬운 곳에 "할론소화설비 수동식 기동장치"라는 표지를 할 것

62 ★☆☆

미분무소화설비의 화재안전기준에 따라 최저사용압력이 몇 [MPa]를 초과할 때 고압 미분무소화설비로 분류하는가?

① 1.2   ② 2.5
③ 3.5   ④ 4.2

SOLUTION

개념
미분무소화설비의 종류

구분	저압	중압	고압
최저사용압력	1.2[MPa] 이하	1.2[MPa] 초과 3.5[MPa] 이하	3.5[MPa] 초과

63 ★★☆

피난기구의 화재안전기준에 따른 피난기구의 설치 및 유지에 관한 사항 중 틀린 것은?

① 피난기구를 설치하는 개구부는 서로 동일직선상의 위치에 있을 것
② 설치장소에는 피난기구의 위치를 표시하는 발광식 또는 축광식표지와 그 사용방법을 표시한 표지를 부착할 것
③ 피난기구는 소방대상물의 기둥·바닥·보 기타 구조상 견고한 부분에 볼트조임·매입·용접 기타의 방법으로 견고하게 부착할 것
④ 피난기구는 계단·피난구 기타 피난시설로부터 적당한 거리에 있는 안전한 구조로 된 피난 또는 소화활동상 유효한 개구부에 고정하여 설치할 것

SOLUTION

개념
피난기구의 설치기준
- 피난기구를 설치하는 개구부는 서로 동일직선상이 아닌 위치에 있어야 할 것
- 피난기구를 설치한 장소에는 가까운 곳의 보기 쉬운 곳에 피난기구의 위치를 표시하는 발광식 또는 축광식표지와 그 사용방법을 표시한 표지를 부착할 것
- 피난기구는 특정소방대상물의 기둥·바닥·보·기타 구조상 견고한 부분에 볼트조임·매입 및 용접 등의 방법으로 견고하게 부착할 것
- 계단·피난구·기타 피난시설로부터 적당한 거리에 있는 안전한 구조로 된 피난 또는 소화 활동상 유효한 개구부에 고정하여 설치하거나 필요한 때에 신속하고 유효하게 설치할 수 있는 상태로 둘 것

64 ★★☆

이산화탄소소화설비의 화재안전기준에 따라 케이블실에 전역방출방식으로 이산화탄소소화설비를 설치하고자 한다. 방호구역 체적은 750[m³], 개구부의 면적은 3[m²]이고, 개구부에는 자동폐쇄장치가 설치되어 있지 않다. 이때 필요한 소화약제의 양은 최소 몇 [kg] 이상인가?

① 930
② 1,005
③ 1,230
④ 1,530

SOLUTION

개념
- 소화약제의 저장량

공식정리

$$Q = V \times K_1 + A \times K_2$$

여기서, Q : 소화약제의 저장량[kg], V : 방호구역의 체적[m³]
K_1 : 방호구역 1[m³]에 대한 소화약제의 양[kg/m³]
A : 방호구역의 개구부면적[m²]
K_2 : 개구부 가산량(자동폐쇄장치가 없는 경우)[kg/m²]

- 전역방출방식 이산화탄소설비의 소화약제 저장량

방호대상물	방호구역 1[m³]에 대한 소화약제의 양[kg/m³]	개구부 가산량 (자동폐쇄장치가 없는 경우)[kg/m²]
유압기기를 제외한 전기설비 (체적 55[m³] 이상), 케이블실	1.3	10
체적 55[m³] 미만의 전기설비	1.6	
서고, 전자제품창고, 목재가공품창고, 박물관	2.0	
고무류·면화류창고, 모피창고, 석탄창고, 집진설비	2.7	

풀이
케이블실의 경우 $K_1 = 1.3$[kg/m³], $K_2 = 10$[kg/m²]이다. 소화약제의 저장량 공식에 문제에서 주어진 값과 케이블실에 해당하는 값들을 대입하면
$Q = V \times K_1 + A \times K_2 = 750 \times 1.3 + 3 \times 10 = 1,005$[kg]
∴ $Q = 1,005$[kg]

65 ★★★

다음 중 피난기구의 화재안전기준에 따라 의료시설에 구조대를 설치하여야 할 층은?

① 지하 2층
② 지하 1층
③ 지상 1층
④ 지상 3층

SOLUTION

개념
소방대상물의 설치장소별 피난기구의 적응성

	1층	2층	3층	4층 이상 10층 이하
의료시설· 근린생활시설 중 입원실이 있는 의원 ·접골원· 조산원	-	-	· 미끄럼대 · 구조대 · 피난교 · 피난용트랩 · 다수인피난장비 · 승강식피난기	· 구조대 · 피난교 · 피난용트랩 · 다수인피난장비 · 승강식피난기

풀이
의료시설의 경우 3층과 4층 이상 10층 이하에 해당하는 층에 구조대를 설치하여야 한다.

66 ★★☆

화재안전기준상 물계통의 소화설비 중 펌프의 성능시험배관에 사용되는 유량측정장치는 펌프의 정격 토출량의 몇 [%] 이상 측정할 수 있는 성능이 있어야 하는가?

① 65
② 100
③ 120
④ 175

SOLUTION

개념
성능시험배관의 설치기준
- 펌프의 토출측에 설치된 개폐밸브 이전에 분기하여 직선으로 설치하여야 한다.
- 유량측정장치를 기준으로 전단 직관부에 개폐밸브를 설치하여야 한다.
- 유량측정장치를 기준으로 후단 직관부에 유량조절밸브를 설치하여야 한다.
- 유량측정장치는 펌프의 정격토출량 175[%] 이상 측정할 수 있는 성능이 있어야 한다.

67 ★★★

피난기구의 화재안전기준상 근린생활시설 3층에서만 적응성이 있는 피난기구는? (단, 근린생활시설 중 입원실이 있는 의원·접골원·조산원에 한한다)

① 미끄럼대
② 피난용트랩
③ 구조대
④ 피난교

SOLUTION

개념
소방대상물의 설치장소별 피난기구의 적응성

	1층	2층	3층	4층 이상 10층 이하
의료시설·근린생활시설 중 입원실이 있는 의원·접골원·조산원	-	-	• 미끄럼대 • 구조대 • 피난교 • 피난용트랩 • 다수인피난장비 • 승강식피난기	• 구조대 • 피난교 • 피난용트랩 • 다수인피난장비 • 승강식피난기

풀이
근린생활시설 중 입원실이 있는 의원·접골원·조산원의 경우 미끄럼대는 3층에만 적응성이 있는 피난기구이다.

68 ★★☆

제연설비의 화재안전기준에 따른 배출풍도의 설치기준 중 다음 ( ) 안에 알맞은 것은?

배출기의 흡입측 풍도 안의 풍속은 (㉠)[m/s] 이하로 하고 배출측 풍속은 (㉡)[m/s] 이하로 할 것

① ㉠ 15, ㉡ 10
② ㉠ 10, ㉡ 15
③ ㉠ 20, ㉡ 15
④ ㉠ 15, ㉡ 20

SOLUTION

개념
제연설비의 풍속

조건	풍속
예상제연구역의 공기유입 풍속	5[m/s] 이하
배출기의 흡입측 풍속	15[m/s] 이하
배출기의 배출측 풍속	20[m/s] 이하

69 ★☆☆

스프링클러헤드에서 이융성 금속으로 용착되거나 이융성 물질에 의하여 조립된 것은?

① 프레임(frame)
② 디플렉터(deflector)
③ 유리벌브(glass bulb)
④ 퓨지블링크(fusible link)

SOLUTION

개념
용어 설명

- 프레임(frame) : 스프링클러헤드의 나사부분과 반사판(디플렉터)를 연결하는 이음쇠부분
- 반사판(디플렉터, deflector) : 스프링클러헤드의 방수구에서 유출되는 물을 세분시키는 작용을 하는 것
- 유리벌브(glass bulb) : 감열체 중 유리구 안에 액체 등을 넣어 봉한 것
- 퓨지블링크(fusible link) : 감열체 중 이융성 금속으로 용착되거나 이융성 물질에 의하여 조립된 것

TIP
퓨지블링크(fusible link)에서 앞에 퓨즈(fuse)는 금속이 녹는다는 의미를 가지고 있다. 금속이 용착되기 위해서는 금속이 녹아야하기 때문에 퓨즈(fuse)의 의미를 기억한다면 조금 더 기억하기 쉬울 것이다.

정답 67 ① 68 ④ 69 ④

70 ★★☆

포소화설비의 화재안전기준상 특수가연물을 저장·취급하는 공장 또는 창고에 적응성이 없는 포소화설비는?

① 고정포방출설비 ② 포소화전설비
③ 압축공기포소화설비 ④ 포워터스프링클러설비

SOLUTION

개념
특정소방대상물에 따른 포소화설비의 적응성

특정소방대상물	포소화설비
• 특수가연물을 저장·취급하는 공장 또는 창고 • 항공기격납고 • 차고 또는 주차장	• 포워터스프링클러설비 • 고정포방출설비 • 압축공기포소화설비 • 포헤드설비
• 완전 개방된 옥상주차장 또는 고가 밑의 주차장으로서 주된 벽이 없고 기둥 뿐이거나 주위가 위해방지용 철주 등으로 둘러쌓인 부분 • 지상 1층 차고·주차장으로서 지붕이 없는 부분	• 호스릴포소화설비 • 포소화전설비
• 발전기실, 변압기, 전기케이블실, 엔진펌프실, 유압설비로서 바닥면적의 합계 300[㎡] 미만의 장소	• 고정식 압축공기 포소화설비

71 ★★★

분말소화설비의 화재안전기준상 자동화재탐지설비의 감지기의 작동과 연동하는 분말소화설비 자동식 기동장치의 설치기준 중 다음 ( ) 안에 알맞은 것은?

- 전기식 기동장치로서 (㉠)병 이상의 저장용기를 동시에 개방하는 설비는 2병 이상의 저장용기에 전자개방밸브를 부착할 것
- 가스압력식 기동장치의 기동용 가스용기 및 해당 용기에 사용하는 밸브는 (㉡)[MPa] 이상의 압력에 견딜 수 있는 것으로 할 것

① ㉠ 3, ㉡ 2.5 ② ㉠ 7, ㉡ 2.5
③ ㉠ 3, ㉡ 25 ④ ㉠ 7, ㉡ 25

SOLUTION

개념
분말소화설비 자동식 기동장치의 설치기준

- 전기식 기동장치로서 7병 이상의 저장용기를 동시에 개방하는 설비는 2병 이상의 저장용기에 전자 개방밸브를 부착할 것
- 가스압력식 기동장치의 기동용가스용기 및 해당 용기에 사용하는 밸브는 25[MPa] 이상의 압력에 견딜 수 있는 것으로 할 것
- 가스압력식 기동장치의 기동용가스용기에는 내압시험압력의 0.8배부터 내압시험압력 이하에서 작동하는 안전장치를 설치할 것
- 가스압력식 기동장치의 기동용가스용기의 체적은 5[L] 이상으로 하고, 해당 용기에 저장하는 질소 등의 비활성기체는 6[MPa] 이상(21[℃] 기준)의 압력으로 충전할 것. 다만, 기동용가스용기의 체적을 1[L] 이상으로 하고, 해당 용기에 저장하는 이산화탄소의 양은 0.6[kg] 이상으로 하며, 충전비는 1.5 이상 1.9 이하의 기동용가스용기로 가능
- 자동식 기동장치는 수동으로도 기동할 수 있는 구조로 할 것
- 기계식 기동장치는 저장용기를 쉽게 개방할 수 있는 구조로 할 것

72 ★★★

분말소화설비의 화재안전기준상 분말소화약제의 가압용가스 용기에 대한 설명으로 틀린 것은?

① 가압용가스 용기를 3병 이상 설치한 경우에는 2개 이상의 용기에 전자개방밸브를 부착할 것
② 가압용가스 용기에는 2.5[MPa] 이하의 압력에서 조정이 가능한 압력조정기를 설치할 것
③ 가압용가스에 질소가스를 사용하는 것의 질소가스는 소화약제 1[kg]마다 20[L](35[℃]에서 1기압의 압력상태로 환산한 것) 이상으로 할 것
④ 축압용가스에 질소가스를 사용하는 것의 질소가스는 소화약제 1[kg]에 대하여 10[L](35[℃]에서 1기압의 압력상태로 환산한 것) 이상으로 할 것

SOLUTION

개념
분말소화약제의 가압용가스 또는 축압용가스의 설치기준

구분	질소가스(소화약제 1[kg]당 양, 35[℃], 1기압 기준)	이산화탄소
가압용	40[L] 이상	소화약제 1[kg]당 20[g] +배관 청소 필요량 이상
축압용	10[L] 이상	

- 분말소화약제의 가스용기는 분말소화약제의 저장용기에 접속하여 설치할 것
- 분말소화약제의 가압용가스 용기를 3병 이상 설치한 경우에는 2개 이상의 용기에 전자개방밸브를 부착할 것
- 분말소화약제의 가압용가스 용기에는 2.5[MPa] 이하의 압력에서 조정이 가능한 압력조정기를 설치할 것

73 ★★☆

화재조기진압용 스프링클러설비의 화재안전기준상 화재조기진압용 스프링클러설비 가지배관의 배열기준 중 천장의 높이가 9.1[m] 이상 13.7[m] 이하인 경우 가지배관 사이의 거리 기준으로 옳은 것은?

① 2.4[m] 이상 3.1[m] 이하
② 2.4[m] 이상 3.7[m] 이하
③ 6.0[m] 이상 8.5[m] 이하
④ 6.0[m] 이상 9.3[m] 이하

SOLUTION

개념
화재조기진압용 스프링클러설비 가지배관의 배열기준

천장 높이	가지배관 헤드 사이의 거리
9.1[m] 미만	2.4[m] 이상 3.7[m] 이하
9.1[m] 이상 13.7[m] 이하	2.4[m] 이상 3.1[m] 이하

74 ★★★

포소화설비에서 펌프의 토출관에 압입기를 설치하여 포소화약제 압입용 펌프로 포소화약제를 압입시켜 혼합하는 방식은?

① 라인 프로포셔너
② 펌프 프로포셔너
③ 프레셔 프로포셔너
④ 프레셔사이드 프로포셔너

SOLUTION

개념
프레셔사이드 프로포셔너
펌프의 토출관에 압입기를 설치하여 포소화약제 압입용펌프로 포소화약제를 압입시켜 혼합하는 방식

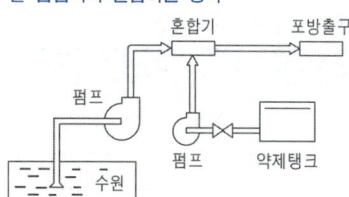

75 ★★☆

스프링클러설비의 화재안전기준상 스프링클러설비의 배관 내 사용압력이 몇 [MPa] 이상일 때 압력배관용 탄소강관을 사용해야 하는가?

① 0.1
② 0.5
③ 0.8
④ 1.2

SOLUTION

개념
스프링클러설비의 배관 내 사용압력

배관 내 사용압력	배관의 종류
1.2[MPa] 미만	• 배관용 탄소강관 • 이음매 없는 구리 및 구리합금관(다만, 습식의 배관에 한함) • 배관용 스테인리스강관 또는 일반 배관용 스테인리스강관 • 덕타일 주철관
1.2[MPa] 이상	• 압력 배관용 탄소강관 • 배관용 아크 용접 탄소강관

76 ★★☆

지하구의 화재안전기준에 따라 연소방지설비전용헤드를 사용할 때 배관의 구경이 65[mm]인 경우 하나의 배관에 부착하는 살수헤드의 최대 개수로 옳은 것은?

① 2
② 3
③ 5
④ 6

SOLUTION

개념
연소방지설비(전용헤드를 사용하는 경우) 배관의 구경

하나의 배관에 부착하는 살수헤드의 개수	배관의 구경[mm]
1개	32
2개	40
3개	50
4개 또는 5개	65
6개 이상	80

77 ★☆☆

지하구의 화재안전기준에 따른 지하구의 통합감시시설 설치기준으로 틀린 것은?

① 소방관서와 지하구의 통제실 간에 화재 등 소방활동과 관련된 정보를 상시 교환할 수 있는 정보통신망을 구축할 것
② 수신기는 방재실과 공동구의 입구 및 연소방지설비 송수구가 설치된 장소(지상)에 설치할 것
③ 정보통신망(무선통신망 포함)은 광케이블 또는 이와 유사한 성능을 가진 선로일 것
④ 수신기는 화재신호, 경보, 발화지점 등 수신기에 표시되는 정보가 기준에 적합한 방식으로 119상황실이 있는 관할 소방관서의 정보통신장치에 표시되도록 할 것

SOLUTION

개념
통합감시시설의 설치기준
• 소방관서와 지하구의 통제실 간에 화재 등 소방활동과 관련된 정보를 상시 교환할 수 있는 정보통신망을 구축할 것
• 수신기는 지하구의 통제실에 설치할 것
• 정보통신망(무선통신망 포함)은 광케이블 또는 이와 유사한 성능을 가진 선로일 것
• 수신기는 화재신호, 경보, 발화지점 등 수신기에 표시되는 정보가 기준에 적합한 방식으로 119상황실이 있는 관할 소방관서의 정보통신장치에 표시되도록 할 것

78 ★★★

소화수조 및 저수조의 화재안전기준에 따라 소화용수설비에 설치하는 채수구의 지면으로부터 설치 높이 기준은?

① 0.3[m] 이상 1[m] 이하
② 0.3[m] 이상 1.5[m] 이하
③ 0.5[m] 이상 1[m] 이하
④ 0.5[m] 이상 1.5[m] 이하

SOLUTION

개념

소화용수설비에 설치하는 채수구의 설치기준

- 채수구는 지면으로부터 높이가 0.5[m] 이상 1[m] 이하의 위치에 설치하고 "채수구"라고 표지를 할 것
- 채수구는 소방용호수 또는 소방용흡수관에 사용하는 구경 65[mm] 이상의 나사식 결합금속구를 설치할 것

79 ★★★

다음은 물분무소화설비의 화재안전기준에 따른 수원의 저수량 기준이다. ( )에 들어갈 내용으로 옳은 것은?

> 특수가연물을 저장 또는 취급하는 특정소방대상물 또는 그 부분에 있어서 수원의 저수량은 그 바닥면적 $1[m^2]$에 대하여 (   )[L/min]로 20분간 방수할 수 있는 양 이상으로 할 것

① 10
② 12
③ 15
④ 20

SOLUTION

개념

물분무소화설비의 수원

설치장소	가압송수장치 토출량[L/min·m²]	방수시간 [min]	기준면적 [m²]
특수가연물을 저장·취급하는 특정소방대상물	10	20	바닥면적 (최소 50[m²])
절연유 봉입 변압기	10		바닥부분을 제외한 표면적
컨베이어 벨트 (콘베이어 벨트)	10		벨트 부분의 바닥면적
케이블트레이, 케이블 덕트	12		투영된 바닥면적
차고·주차장	20		바닥면적 (최소 50[m²])

80 ★★☆

제연설비의 화재안전기준상 제연설비 설치장소의 제연구역 구획 기준으로 틀린 것은?

① 하나의 제연구역의 면적은 $1,000[m^2]$ 이내로 할 것
② 하나의 제연구역은 직경 60[m] 원 내에 들어갈 수 있을 것
③ 하나의 제연구역은 3개 이상 층에 미치지 아니하도록 할 것
④ 통로상의 제연구역은 보행중심선의 길이가 60[m]를 초과하지 아니할 것

SOLUTION

개념

제연설비의 설치장소

- 하나의 제연구역의 면적은 $1,000[m^2]$ 이내로 할 것
- 하나의 제연구역은 직경 60[m] 원 내에 들어갈 수 있을 것
- 하나의 제연구역은 2개 이상의 층에 미치지 아니하도록 할 것. 다만, 층의 구분이 불분명한 부분은 그 부분을 다른 부분과 별도로 제연구획 할 것
- 통로상의 제연구역은 보행중심선의 길이가 60[m]를 초과하지 아니할 것
- 거실과 통로(복도 포함)는 각각 제연구획 할 것

정답 79 ① 80 ③

2022년 제4회 소방설비기사 CBT 복원문제

61 ★☆☆

할론소화설비의 화재안전기기준상 자동차차고나 주차장에 할론 1301 소화약제로 전역방출방식의 소화설비를 설치한 경우 방호구역의 체적 1[m³]당 얼마의 소화약제가 필요한가?

① 0.32[kg] 이상 0.64[kg] 이하
② 0.36[kg] 이상 0.71[kg] 이하
③ 0.40[kg] 이상 1.10[kg] 이하
④ 0.60[kg] 이상 0.71[kg] 이하

SOLUTION

개념
할론1301의 약제량

특정소방대상물 또는 그 부분		방호구역 1[m³]당 소화약제의 양[kg/m³]
차고·주차장·전기실·통신기기실·전산실		0.32 이상 0.64 이하
특수가연물을 저장·취급하는 특정소방대상물 또는 그 부분	가연성 고체류·가연성 액체류	0.32 이상 0.64 이하
	면화류·나무껍질 및 대팻밥·넝마 및 종이부스러기·사류·볏집류·목재가공품 및 나무부스러기	0.52 이상 0.64 이하
	합성수지류	0.32 이상 0.64 이하

62 ★★☆

이산화탄소소화설비의 화재안전기기준상 수동식 기동장치의 설치기준에 적합하지 않은 것은?

① 전역방출방식에 있어서는 방호대상물마다 설치
② 전기를 사용하는 기동장치에는 전원표시등을 설치할 것
③ 기동장치의 조작부는 바닥으로부터 높이 0.8[m] 이상 1.5[m] 이하의 위치에 설치하고, 보호판 등에 따른 보호장치를 설치할 것
④ 기동장치의 방출용 스위치는 음향경보장치와 연동하여 조작될 수 있는 것으로 할 것

SOLUTION

개념
이산화탄소소화설비의 수동식 기동장치 설치기준
• 전역방출방식은 방호구역마다, 국소방출방식은 방호대상물마다 설치할 것
• 전기를 사용하는 기동장치에는 전원표시등을 설치할 것
• 기동장치의 조작부는 바닥으로부터 높이 0.8[m] 이상 1.5[m] 이하의 위치에 설치하고, 보호판 등에 따른 보호장치를 설치할 것
• 기동장치의 방출용 스위치는 음향경보장치와 연동하여 조작될 수 있도록 할 것
• 수동식 기동장치의 부근에는 소화약제의 방출을 지연시킬 수 있는 방출지연스위치를 설치할 것
• 해당 방호구역의 출입구 부분 등 조작을 하는 자가 쉽게 피난할 수 있는 장소에 설치할 것
• 기동장치 인근의 보기 쉬운 곳에 "이산화탄소소화설비 수동식 기동장치"라는 표지를 할 것

63 ★★★

포소화설비의 화재안전기기준상 펌프의 토출관에 압입기를 설치하여 포 소화약제 압입용 펌프로 포 소화약제를 압입시켜 혼합하는 방식은?

① 라인 프로포셔너 방식
② 펌프 프로포셔너 방식
③ 프레셔 프로포셔너 방식
④ 프레셔사이드 프로포셔너 방식

SOLUTION

개념
프레셔사이드 프로포셔너
펌프의 토출관에 압입기를 설치하여 포소화약제 압입용펌프로 포소화약제를 압입시켜 혼합하는 방식

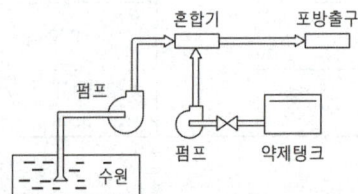

정답 61 ① 62 ① 63 ④

64 ★★★

소화수조 및 저수조의 화재안전기준상 연면적이 40,000[m²]인 특정소방대상물에 소화용수설비를 설치하는 경우 소화수조의 최소 저수량은 몇 [m³]인가? (단, 지상 1층 및 2층의 바닥면적 합계가 15,000[m²] 이상인 경우이다)

① 53.3 ② 60
③ 106.7 ④ 120

SOLUTION

개념
소화수조 및 저수조의 저수량

공식
$$저수량 = \frac{연면적}{기준면적}(절상한\ 값) \times 20[m^3]$$

소방대상물의 구분	기준면적[m²]
1층 및 2층의 바닥면적 합계가 15,000[m²] 이상인 특정소방대상물	7,500
그 밖의 특정소방대상물	12,500

풀이
1층 및 2층의 바닥면적 합계가 15,000[m²] 이상인 특정소방대상물이므로 기준면적은 7,500[m²]이다. 연면적을 기준면적으로 나누면 $\frac{40,000}{7,500} ≒ 5.33 ≒ 6$(절상)이다. 이 값에 20[m³]을 곱해주면 저수량을 구할 수 있다. 그러므로

저수량 $= 6 \times 20 = 120[m^3]$

∴ 저수량 $= 120[m^3]$

65 ★★☆

분말소화설비의 화재안전기준상 분말소화설비의 배관으로 동관을 사용하는 경우에는 최고사용압력의 최소 몇 배 이상의 압력에 견딜 수 있는 것을 사용하여야 하는가?

① 1 ② 1.5
③ 2 ④ 2.5

SOLUTION

개념
배관의 성능기준

구분	성능기준	
강관	아연도금에 따른 배관용 탄소강관	
	축압식(20[℃]에서 2.5[MPa] 이상 4.2[MPa] 이하)	압력배관용 탄소강관 중 이음이 없는 스케줄 40 이상
동관	고정압력 또는 최고사용압력의 1.5배 이상의 압력에 견딜수 있는 것	

정답 64 ④ 65 ②

66 ★★☆

전역방출방식의 분말소화설비에 있어서 방호구역의 용적이 500[m³]일 때 적합한 분사헤드의 수는? (단, 제1종 분말이며, 체적 1[m³]당 소화약제의 양은 0.60[kg]이며, 분사헤드 1개의 분당 표준 방사량은 18[kg]이다)

① 17개
② 30개
③ 34개
④ 134개

SOLUTION

개념
소화약제의 저장량

공식 정리
$$Q = V \times K_1 + A \times K_2$$

여기서, Q : 소화약제의 저장량[kg], V : 방호구역의 체적[m³]
K_1 : 방호구역 1[m³]에 대한 소화약제의 양[kg/m³]
A : 방호구역의 개구부면적[m²]
K_2 : 개구부 가산량(자동폐쇄장치가 없는 경우)[kg/m²]

풀이
문제에서 제시된 $K_1 = 0.6$[kg/m³]이다. 또한 개구부에 대한 조건이 주어지지 않았으므로 개구부 가산량은 무시하고 계산한다. 이 값들과 문제에서 주어진 값들을 공식에 대입하면 소화약제의 저장량은
$Q = V \times K_1 = 500 \times 0.6 = 300$[kg]
전역방출방식의 경우 소화약제 저장량을 30초 이내에 방출할 수 있어야 하고, 분사헤드 1개당 1분에 18[kg]을 방출할 수 있으므로 30초동안 방출할 수 있는 양은 $\frac{18}{0.5} = 9$[kg]이다. 따라서 소화약제의 저장량을 9로 나눠주면

분사헤드의 수 $= \frac{300}{9} ≒ 33.33 ≒ 34$[개]

∴ 분사헤드의 수 ≒ 34[개]

TIP
개수를 구할 때 소수점이 있다면 별도의 지시가 없는 경우에는 올림(절상)을 하면 된다. 33.33을 올림 하면 34개이므로 답은 34개이다.

67 ★☆☆

할로겐화합물 및 불활성기체 소화약제 소화설비 중 약제의 저장용기 내에서 저장상태가 기체상태의 압축가스인 소화약제는?

① IG 541
② HCFC BLEND A
③ HFC ~ 227ea
④ HFC-23

SOLUTION

풀이
불활성기체 IG 541은 저장용기 내 기체상태로 저장되어 있다. 나머지 보기들은 저장용기 내 액체상태로 저장되어 있다.

68 ★★★

스프링클러설비 헤드의 설치기준 중 다음 ( ) 안에 알맞은 것은?

살수가 방해되지 아니하도록 스프링클러헤드부터 반경 (㉠)[cm] 이상의 공간을 보유할 것. 다만, 벽과 스프링클러헤드 간의 공간은 (㉡)[cm] 이상으로 한다.

① ㉠ 10, ㉡ 60
② ㉠ 30, ㉡ 10
③ ㉠ 60, ㉡ 10
④ ㉠ 90, ㉡ 60

SOLUTION

개념
스프링클러헤드의 공간

구분	거리
벽과 스프링클러헤드 간의 공간	10[cm] 이상
스프링클러헤드의 자체 공간	반경 60[cm] 이상
스프링클러헤드와 부착면 간의 공간	30[cm] 이하

정답 66 ③ 67 ① 68 ③

69 ★★★

이산화탄소 소화약제 저압식 저장용기의 충전비로 옳은 것은?

① 0.9 이상 1.1 이하
② 1.1 이상 1.4 이하
③ 1.4 이상 1.7 이하
④ 1.5 이상 1.9 이하

SOLUTION

개념
이산화탄소소화약제 저장용기의 기준
- 저압식 저장용기에는 내압시험압력의 0.64배부터 0.8배의 압력에서 작동하는 안전밸브와 내압시험압력의 0.8배부터 내압시험압력에서 작동하는 봉판을 설치할 것
- 저장용기의 충전비는 고압식은 1.5 이상 1.9 이하, 저압식은 1.1 이상 1.4 이하로 할 것
- 저압식 저장용기에는 액면계 및 압력계와 2.3[MPa] 이상 1.9[MPa] 이하의 압력에서 작동하는 압력경보장치를 설치할 것
- 저압식 저장용기에는 용기 내부의 온도가 -18[℃] 이하에서 2.1[MPa]의 압력을 유지할 수 있는 자동냉동장치를 설치할 것
- 저장용기는 고압식은 25[MPa] 이상, 저압식은 3.5[MPa] 이상의 내압시험 압력에 합격한 것으로 할 것

70 ★★☆

물분무소화설비의 가압송수장치로 압력수조의 필요압력을 산출할 때 필요한 것이 아닌 것은?

① 낙차의 환산 수두압
② 물분무헤드의 설계압력
③ 배관의 마찰손실 수두압
④ 소방용 호스의 마찰손실 수두압

SOLUTION

개념
물분무소화설비 압력수조의 필요압력

$$P = P_1 + P_2 + P_3$$

여기서, P : 필요한 압력[MPa], P_1 : 물분무헤드의 설계압력[MPa]
P_2 : 배관의 마찰손실수두압[MPa], P_3 : 낙차의 환산수두압[MPa]

풀이
물분무소화설비 압력수조의 필요압력 식에서 필요하지 않은 것은 소방용 호스의 마찰손실 수두압이다.

71 ★★★

소화용수설비에 설치하는 채수구의 설치기준 중 다음 ( ) 안에 알맞은 것은?

> 채수구는 지면으로부터의 높이가 (㉠)[m] 이상 (㉡) 이하의 위치에 설치하고 "채수구"라고 표시한 표지를 할 것

① ㉠ 0.5, ㉡ 1.0
② ㉠ 0.5, ㉡ 1.5
③ ㉠ 0.8, ㉡ 1.0
④ ㉠ 0.8, ㉡ 1.5

SOLUTION

개념
소화용수설비에 설치하는 채수구의 설치기준
- 채수구는 지면으로부터 높이가 0.5[m] 이상 1[m] 이하의 위치에 설치하고 "채수구"라고 표지를 할 것
- 채수구는 소방용호수 또는 소방용흡수관에 사용하는 구경 65[mm] 이상의 나사식 결합금속구를 설치할 것

정답 69 ② 70 ④ 71 ①

72 ★☆☆

송수구가 부설된 옥내소화전을 설치한 특정·소방대상물로서 연결송수관설비의 방수구를 설치하지 아니할 수 있는 층의 기준 중 다음 ( ) 안에 알맞은 것은? (단, 집회장·관람장·백화점·도매시장·소매시장·판매시설·공장·창고시설 또는 지하가를 제외한다)

- 지하층을 제외한 층수가 (㉠)층 이하이고 연면적이 (㉡)[m²] 미만인 특정소방대상물의 지상층의 용도로 사용되는 층
- 지하층의 층수가 (㉢) 이하인 특정소방대상물의 지하층

① ㉠ 3, ㉡ 5,000, ㉢ 3　② ㉠ 4, ㉡ 6,000, ㉢ 2
③ ㉠ 5, ㉡ 3,000, ㉢ 3　④ ㉠ 6, ㉡ 4,000, ㉢ 2

SOLUTION

개념

연결송수관설비 방수구의 설치 제외 장소

- 송수구가 부설된 옥내소화전을 설치한 특정소방대상물(집회장·관람장·백화점·도매시장·소매시장·판매시설·공장·창고시설 또는 지하가 제외)에서 지하층을 제외한 층수가 4층 이하이고 연면적이 6,000[m²] 미만인 특정소방대상물의 지상층
- 송수구가 부설된 옥내소화전을 설치한 특정소방대상물(집회장·관람장·백화점·도매시장·소매시장·판매시설·공장·창고시설 또는 지하가 제외)에서 지하층의 층수가 2 이하인 특정소방대상물의 지하층
- 아파트의 1층 및 2층
- 소방차의 접근이 가능하고 소방대원이 소방차로부터 각 부분에 쉽게 도달할 수 있는 피난층

73 ★★★

아래 평면도와 같이 반자가 있는 어느 실내에 전등이나 공조용 디퓨져 등의 시설물을 무시하고 수평거리를 2.1[m]로 하여 스프링클러헤드를 정방형으로 설치하고자 할 때 최소 몇 개의 헤드를 설치해야 하는가? (단, 반자 속에는 헤드를 설치하지 아니하는 것으로 본다)

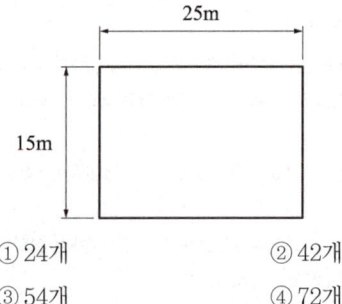

① 24개　② 42개
③ 54개　④ 72개

SOLUTION

개념

스프링클러헤드 상호간의 최대 거리(정방형, 정사각형)

공식 정리

$$S = 2r \times \cos 45°$$

여기서, S : 포헤드 상호 간의 거리[m], r : 유효반경(2.1[m])

풀이

스프링클러헤드헤드 상호간의 최대 거리는
$S = 2r \times \cos 45° = 2 \times 2.1 \times \cos 45° ≒ 2.97$[m]
이다. 이를 활용해 가로, 세로 안에 설치 가능한 헤드 개수를 구하면

- 가로줄에 설치 가능한 헤드 개수 : $\dfrac{25}{2.97} ≒ 8.42 ≒ 9$[개]

- 세로줄에 설치 가능한 헤드 개수 : $\dfrac{15}{2.97} ≒ 5.05 ≒ 6$[개]

가로줄에 9개 설치, 세로줄에 6개 설치 가능하므로 9×6구조이다. 이를 개수로 구해보면
총개수 = $9 \times 6 = 54$[개]
∴ 총개수 = 54[개]

74 ★★☆

피난기구 설치 기준으로 옳지 않은 것은?

① 피난기구는 소방대상물의 기둥·바닥·보, 기타 구조상 견고한 부분에 볼트조임·매입·용접, 기타의 방법으로 견고하게 부착할 것
② 2층 이상의 층에 피난사다리(하향식 피난구용 내림식사다리는 제외한다)를 설치하는 경우에는 금속성 고정사다리를 설치하고, 피난에 방해되지 않도록 노대는 설치되지 않아야 할 것
③ 승강식피난기 및 하향식 피난구용 내림식사다리는 설치 경로가 설치층에서 피난층까지 연계될 수 있는 구조로 설치할 것. 다만, 건축물의 구조 및 설치 여건 상 불가피한 경우에는 그러하지 아니한다.
④ 승강식피난기 및 하향식 피난구용 내림식사다리의 하강식 내측에는 기구의 연결 금속구 등이 없어야 하며 전개된 피난기구는 하강수 수평투영면적 공간 내의 범위를 침범하지 않는 구조이어야 할 것. 단, 직경 60[cm] 크기의 범위를 벗어난 경우이거나, 직하층의 바닥 면으로부터 높이 50[cm] 이하의 범위는 제외한다.

SOLUTION

개념

피난기구의 설치기준

- 피난기구를 설치하는 개구부는 서로 동일직선상이 아닌 위치에 있어야 할 것
- 피난기구를 설치한 장소에는 가까운 곳의 보기 쉬운 곳에 피난기구의 위치를 표시하는 발광식 또는 축광식표지와 그 사용방법을 표시한 표지를 부착할 것
- 피난기구는 특정소방대상물의 기둥·바닥·보·기타 구조상 견고한 부분에 볼트조임·매입 및 용접 등의 방법으로 견고하게 부착할 것
- 계단·피난구·기타 피난시설로부터 적당한 거리에 있는 안전한 구조로 된 피난 또는 소화 활동상 유효한 개구부에 고정하여 설치하거나 필요한 때에 신속하고 유효하고 설치할 수 있는 상태로 둘 것
- 4층 이상의 층에 피난사다리(하향식 피난구용 내림식사다리 제외)를 설치하는 경우에는 금속성 고정사다리를 설치하고, 해당 고정사다리에는 쉽게 피난할 수 있는 구조의 노대를 설치할 것

75 ★☆☆

피난기구를 설치하여야 할 소방대상물 중 피난기구의 2분의 1을 감소할 수 있는 조건이 아닌 것은?

① 주요구조부가 내화구조로 되어 있다.
② 특별피난계단이 2 이상 설치되어 있다.
③ 소방구조용(비상용) 엘리베이터가 설치되어 있다.
④ 직통계단인 피난계단이 2 이상 설치되어 있다.

SOLUTION

개념

피난기구의 $\frac{1}{2}$ 감소 조건

- 주요구조부가 내화구조로 되어 있을 것
- 특별피난계단이 2개 이상 설치되어 있을 것
- 직통계단이 피난계단이 2개 이상 설치되어 있을 것

76 ★★★

물분무소화설비의 화재안전기준에 따른 물분무소화설비의 저수량에 대한 기준 중 다음 ( ) 안의 내용으로 맞는 것은?

> 절연유 봉입 변압기는 바닥부분을 제외한 표면적을 합한 면적 1[m²]에 대하여 ( )[L/min]로 20분간 방수할 수 있는 양 이상으로 할 것

① 4
② 8
③ 10
④ 12

SOLUTION
개념
물분무소화설비의 수원

설치장소	가압송수장치 토출량[L/min·m²]	방수시간 [min]	기준면적 [m²]
특수가연물을 저장·취급하는 특정소방대상물	10	20	바닥면적 (최소 50[m²])
절연유 봉입 변압기	10		바닥부분을 제외한 표면적
컨베이어 벨트 (콘베이어 벨트)	10		벨트 부분의 바닥면적
케이블트레이, 케이블 덕트	12		투영된 바닥면적
차고·주차장	20		바닥면적 (최소 50[m²])

77 ★★★

스프링클러설비의 화재안전기준상 스프링클러설비의 교차배관에서 분기되는 지점을 기점으로 한쪽 가지배관에 설치되는 간이헤드의 개수는 최대 몇 개 이하인가? (단, 방호구역 안에서 칸막이 등으로 구획하여 헤드를 증설하는 경우와 격자형 배관방식을 채택하는 경우는 제외한다)

① 8
② 10
③ 12
④ 15

SOLUTION
개념
스프링클러설비 가지배관의 배열

- 교차배관에서 분기되는 지점을 기준으로 한쪽 가지배관에 설치되는 간이헤드의 개수는 8개 이하이어야 한다.
- 토너먼트 방식이 아니어야 한다.
- 가지배관과 스프링클러헤드 사이의 배관을 신축배관으로 하는 경우에는 소방청장이 정하여 고시한 기준에 적합한 것으로 설치하여야 한다.

78 ★★★

포소화설비의 화재안전기준상 포헤드의 설치 기준 중 다음 괄호 안에 알맞은 것은?

> 압축공기포소화설비의 분사헤드는 천장 또는 반자에 설치하되 방호대상물에 따라 측벽에 설치할 수 있으며 유류탱크 주위에는 바닥면적 (㉠)[m²]마다 1개 이상, 특수가연물저장소에는 바닥면적 (㉡)[m²]마다 1개 이상으로 당해 방호대상물의 화재를 유효하게 소화할 수 있도록 할 것

① ㉠ 8, ㉡ 9
② ㉠ 9, ㉡ 8
③ ㉠ 9.3, ㉡ 13.9
④ ㉠ 13.9, ㉡ 9.3

SOLUTION
개념
압축공기포소화설비의 분사헤드

구분	설치개수
유류탱크 주위	13.9[m²]마다 1개 이상
특수가연물 저장소	9.3[m²]마다 1개 이상

79 ★★★

소화기구 및 자동소화장치의 화재안전기준상 대형소화기의 정의 중 다음 ( ) 안에 알맞은 것은?

> 화재 시 사람이 운반할 수 있도록 운반대와 바퀴가 설치되어 있고 능력단위가 A급 (㉠)단위 이상, B급 (㉡)단위 이상인 소화기를 말한다.

① ㉠ 20, ㉡ 10
② ㉠ 10, ㉡ 20
③ ㉠ 10, ㉡ 5
④ ㉠ 5, ㉡ 10

SOLUTION

개념
능력단위에 따른 소화기의 분류

구분	능력단위
소형소화기	능력단위가 1단위 이상이고 대형소화기의 능력단위 미만인 소화기
대형소화기	A급 10단위 이상, B급 20단위 이상인 소화기

80 ★☆☆

포소화설비의 화재안전기준상 포소화설비의 자동식 기동장치에 화재감지기를 사용하는 경우, 화재감지기 회로의 발신기 설치기준 중 ( ) 안에 알맞은 것은? (단, 자동화재탐지설비의 수신기가 설치된 장소에 상시 사람이 근무하고 있고, 화재 시 즉시 해당 조작부를 작동시킬 수 있는 경우는 제외한다)

> 특정소방대상물의 층마다 설치하되, 해당 특정소방대상물의 각 부분으로부터 수평거리가 (㉠)[m] 이하가 되도록 할 것. 다만, 복도 또는 별도로 구획된 실로서 보행거리가 (㉡)[m] 이상일 경우에는 추가로 설치하여야 한다.

① ㉠ 25, ㉡ 30
② ㉠ 25, ㉡ 40
③ ㉠ 15, ㉡ 30
④ ㉠ 15, ㉡ 40

SOLUTION

개념
포소화설비 자동식 기동장치의 화재감지기

- 화재감지기 회로에는 다음의 기준에 따른 발신기를 설치하여야 한다.
  - 조작이 쉬운 장소에 설치하고, 스위치는 바닥으로부터 0.8[m] 이상 1.5[m] 이하의 높이에 설치하여야 한다.
  - 특정소방대상물의 층마다 설치하되, 해당 특정소방대상물의 각 부분으로부터 수평거리가 25[m] 이하가 되도록 하여야 한다. 다만, 복도 또는 별도로 구획된 실로서 보행거리가 40[m] 이상일 경우에는 추가로 설치하여야 한다.

2023년 제1회 소방설비기사 (CBT 복원문제)

61 ★★★

특별피난계단의 계단실 및 부속실 제연설비의 화재안전기준상 차압 등에 관한 기준으로 옳은 것은?

① 제연설비가 가동되었을 경우 출입문의 개방에 필요한 힘은 150[N] 이하로 하여야 한다.
② 제연구역과 옥내와의 사이에 유지하여야 하는 최소차압은 옥내에 스프링클러설비가 설치된 경우에는 40[Pa] 이상으로 하여야 한다.
③ 계단실과 부속실을 동시에 제연하는 경우 부속실의 기압은 계단실과 같게 하거나 계단실의 기압보다 낮게 할 경우에는 부속실과 계단실의 압력차이는 3[Pa] 이하가 되도록 하여야 한다.
④ 피난을 위하여 제연구역의 출입문이 일시적으로 개방되는 경우 개방되지 아니하는 제연구역과 옥내와의 차압은 기준에 따른 차압은 기준에 따른 차압의 70[%] 미만이 되어서는 아니 된다.

SOLUTION

개념
특수피난계단의 계단실 및 부속실 제연설비의 차압 등
- 제연구역과 옥내 사이에 유지하여야 하는 최소차압은 40[Pa](옥내에 스프링클러설비가 설치된 경우는 12.5[Pa]) 이상
- 제연설비가 가동되었을 경우 출입문의 개방에 필요한 힘은 110[N] 이하
- 출입문이 일시적으로 개방되는 경우 개방되지 아니하는 제연구역과 옥내와의 차압은 기준차압의 70[%] 이상
- 계단실과 부속실을 동시에 제연하는 경우 부속실의 기압은 계단실과 같게 하거나 계단실의 기압보다 낮게 할 경우에는 부속실과 계단실의 압력차이는 5[Pa] 이하
- 계단실 및 그 부속실을 동시에 제연하는 것 또는 계단실만 제연할 때의 방연풍속은 0.5[m/s] 이상

62 ★★★

분말소화설비의 화재안전기준상 다음 ( ) 안에 알맞은 것은?

> 분말소화약제의 가압용 가스용기에는 ( )의 압력에서 조정이 가능한 압력조정기를 설치하여야 한다.

① 2.5[MPa] 이하   ② 2.5[MPa] 이상
③ 25[MPa] 이하   ④ 25[MPa] 이상

SOLUTION

개념
분말소화약제의 가압용가스 또는 축압용가스의 설치기준

구분	질소가스(소화약제 1[kg]당 양, 35[℃], 1기압 기준)	이산화탄소
가압용	40[ℓ] 이상	소화약제 1[kg]당 20[g] +배관 청소 필요량 이상
축압용	10[ℓ] 이상	

- 분말소화약제의 가스용기는 분말소화약제의 저장용기에 접속하여 설치할 것
- 분말소화약제의 가압용가스 용기를 3병 이상 설치한 경우에는 2개 이상의 용기에 전자개방밸브를 부착할 것
- 분말소화약제의 가압용가스 용기에는 2.5[MPa] 이하의 압력에서 조정이 가능한 압력조정기를 설치할 것

정답 61 ④ 62 ①

63 ★★☆

소화기구 및 자동소화장치의 화재안전기준에 따라 다음과 같이 간이소화용구를 비치하였을 경우 능력 단위의 합은?

- 삽을 상비한 마른모래 50[L]포 2개
- 삽을 상비한 팽창질석 80[L]포 1개

① 1단위 ② 1.5단위
③ 2.5단위 ④ 3단위

SOLUTION

개념
소화약제 외의 것을 이용한 간이소화용구

간이소화용구		능력단위
마른모래	삽을 상비한 50[L] 이상의 것 1포	0.5
팽창질석 또는 팽창진주암	삽을 상비한 80[L] 이상의 것 1포	

풀이
표를 활용해 능력단위를 구하면
삽을 상비한 마른모래 50[L] 2개 = 0.5단위 × 2 = 1단위
삽을 상비한 팽창질석 80[L] 1개 = 0.5단위 × 1 = 0.5단위
- 능력단위의 합 = 1 + 0.5 = 1.5단위
∴ 총 능력단위 = 1.5단위

64 ★★★

상수도소화용수설비의 화재안전기준상 소화전은 특정소방대상물의 수평투영면의 각 부분으로부터 몇 [m] 이하가 되도록 설치하여야 하는가?

① 70 ② 100
③ 140 ④ 200

SOLUTION

개념
상수도소화용수설비의 설치기준
- 호칭지름 75[mm] 이상의 수도배관에 호칭지름 100[mm] 이상의 소화전을 접속할 것
- 소화전은 소방자동차 등의 진입이 쉬운 도로변 또는 공지에 설치할 것
- 소화전은 특정소방대상물의 수평투영면의 각 부분으로부터 140[m] 이하가 되도록 설치할 것

65 ★☆☆

완강기의 형식승인 및 제품검사의 기술기준상 완강기 및 간이 완강기의 구성으로 적합한 것은?

① 속도조절기, 속도조절기의 연결부, 하부지지장치, 연결금속구, 벨트
② 속도조절기, 속도조절기의 연결부, 로프, 연결금속구, 벨트
③ 속도조절기, 가로봉 및 세로봉, 로프, 연결금속구, 벨트
④ 속도조절기, 가로봉 및 세로봉, 로프, 하부지지장치, 벨트

SOLUTION

개념
완강기 및 간이 완강기의 구성
- 속도조절기(조속기)
- 속도조절기의 연결부(후크)
- 로프
- 연결금속구
- 벨트

66 ★★★

특정소방대상물별 소화기구의 능력단위의 기준 중 다음 ( ) 안에 알맞은 것은?

특정 소방대상물	소화기구의 능력단위
장례식장 및 의료시설	해당 용도의 바닥면적 (㉠)[m²]마다 능력 단위 1단위 이상
노유자시설	해당 용도의 바닥면적 (㉡)[m²]마다 능력 단위 1단위 이상
위락시설	해당 용도의 바닥면적 (㉢)[m²]마다 능력 단위 1단위 이상

① ㉠ 30, ㉡ 50, ㉢ 100
② ㉠ 30, ㉡ 100, ㉢ 50
③ ㉠ 50, ㉡ 100, ㉢ 30
④ ㉠ 50, ㉡ 30, ㉢ 100

SOLUTION

개념
특정소방대상물별 소화기구의 능력단위

특정소방대상물	소화기구의 능력단위
위락시설	해당 용도의 바닥면적 30[m²]마다 능력단위 1단위 이상
공연장·집회장·관람장·문화재· 장례식장·의료시설	해당 용도의 바닥면적 50[m²]마다 능력단위 1단위 이상
근린생활시설·판매시설·운수시설· 숙박시설·노유자시설·전시장· 공동주택·업무시설·방송통신시설· 공장·창고시설·항공기 및 자동차 관련 시설·관광휴게시설	해당 용도의 바닥면적 100[m²]마다 능력단위 1단위 이상
그 밖의 것	해당 용도의 바닥면적 200[m²]마다 능력단위 1단위 이상

• 소화기구의 능력단위를 산출함에 있어서 건축물의 주요구조부가 내화구조이고, 벽 및 반자의 실내에 면하는 부분이 불연재료·준불연재료 또는 난연재료로 된 특정소방대상물에 있어서는 위 표의 바닥면적의 2배를 해당 특정소방대상물의 기준면적으로 한다.

67 ★★☆

화재 시 연기가 찰 우려가 없는 장소로서 호스릴분말소화설비를 설치할 수 있는 기준 중 다음 ( ) 안에 알맞은 것은?

• 지상 1층 및 피난층에 있는 부분으로서 지상에서 수동 또는 원격조작에 따라 개방할 수 있는 개구부의 유효면적의 합계가 바닥면적의 (㉠)[%] 이상이 되는 부분
• 전기설비가 설치되어 있는 부분 또는 다량의 화기를 사용하는 부분의 바닥면적이 해당 설비가 설치되어 있는 구획의 바닥면적의 (㉡) 미만이 되는 부분

① ㉠ 15, ㉡ 1/5
② ㉠ 15, ㉡ 1/2
③ ㉠ 20, ㉡ 1/5
④ ㉠ 20, ㉡ 1/2

SOLUTION

개념
호스릴분말소화설비의 설치대상

• 지상 1층 및 피난층에 있는 부분으로서 지상에서 수동 또는 원격조작에 따라 개방할 수 있는 개구부의 유효면적의 합계가 바닥면적의 15[%] 이상이 되는 부분
• 전기설비가 설치되어 있는 부분 또는 다량의 화기를 사용하는 부분의 바닥면적이 해당 설비가 설치되어 있는 구획의 바닥면적의 $\frac{1}{5}$ 미만이 되는 부분

68 ★★★

스프링클러설비 헤드의 설치기준 중 다음 ( ) 안에 알맞은 것은?

살수가 방해되지 아니하도록 스프링클러헤드부터 반경 (㉠)[cm] 이상의 공간을 보유할 것. 다만, 벽과 스프링클러헤드 간의 공간은 (㉡)[cm] 이상으로 한다.

① ㉠ 10, ㉡ 60
② ㉠ 30, ㉡ 10
③ ㉠ 60, ㉡ 10
④ ㉠ 90, ㉡ 60

SOLUTION

개념
스프링클러헤드의 공간

구분	거리
벽과 스프링클러헤드 간의 공간	10[cm] 이상
스프링클러헤드의 자체 공간	반경 60[cm] 이상
스프링클러헤드와 부착면 간의 공간	30[cm] 이하

69 ★★☆

스프링클러설비 가압송수장치의 설치기준 중 고가수조를 이용한 가압송수장치에 설치하지 않아도 되는 것은?

① 수위계
② 배수관
③ 오버플로우관
④ 압력계

SOLUTION

풀이
스프링클러설비 고가수조에는 수위계·배수관·오버플로우관·급수관·맨홀을 설치해야 한다.

70 ★☆☆

소화설비용 헤드의 성능인증 및 제품검사의 기술기준상 소화설비용 헤드의 분류 중 수류를 살수판에 충돌하여 미세한 물방울을 만드는 물분무헤드 형식은?

① 디프렉타형
② 충돌형
③ 슬리트형
④ 분사형

SOLUTION

개념
물분무헤드의 종류

헤드	정의
디프렉타형	수류를 살수판에 충돌하여 미세한 물방울을 만드는 헤드
충돌형	유수와 유수의 충돌에 의해 미세한 물방울을 만드는 헤드
슬리트형	수류를 슬리트에 의해 방출하여 수막상의 분무를 만드는 헤드
분사형	소구경의 오리피스로부터 고압으로 분사하여 미세한 물방울을 만드는 헤드
선회류형	선회류에 의해 확산·방출하든가 선회류와 직선류의 충돌에 의해 확산 방출하여 미세한 물방울을 만드는 물분무 헤드

71 ★★☆

미분무소화설비의 화재안전기준상 용어의 정의 중 다음 ( )안에 알맞은 것은?

"미분무"란 물만을 사용하여 소화하는 방식으로 최소설계압력에서 헤드로부터 방출되는 물입자 중 99[%]의 누적체적분포가 (㉠)[μm] 이하로 분무되고 (㉡)급 화재에 적응성을 갖는 것을 말한다.

① ㉠ 400, ㉡ A, B, C
② ㉠ 400, ㉡ B, C
③ ㉠ 200, ㉡ A, B, C
④ ㉠ 200, ㉡ B, C

SOLUTION

개념
미분무
물만을 사용하여 사용하는 방식으로 최소설계압력에서 헤드로부터 방출되는 물입자 중 99[%]의 누적체적분포가 400[μm] 이하로 분무되고 A, B, C급 화재에 적응성을 갖는 것

72 ★★★

소화기구 및 자동소화장치의 화재안전기준상 타고 나서 재가 남는 일반화재에 해당하는 일반 가연물은?

① 고무
② 타르
③ 솔벤트
④ 유성도료

SOLUTION

개념
화재의 종류와 정의

화재의 종류	정의
일반화재(A급 화재)	나무, 섬유, 종이, 고무와 같은 일반 가연물이 타고나서 재가 남는 화재
유류화재(B급 화재)	인화성 액체, 가연성 액체, 인화성 가스와 같은 유류가 타고 나서 재가 남지 않는 화재
전기화재(C급 화재)	전기기기, 전기배선과 관련된 화재
금속화재(D급 화재)	가연성 금속에서 일어나는 화재
주방화재(K급 화재)	주방에서 동식물유를 취급하는 조리기구에서 일어나는 화재

풀이
타고 나서 재가 남는 일반화재는 A급 화재이다. 그리고 A급 화재에 해당하는 가연물은 나무, 섬유, 종이, 고무, 플라스틱류 등이 있다.

정답 69 ④ 70 ① 71 ① 72 ①

73 ★★☆

분말소화설비의 화재안전기준상 수동식 기동장치의 부근에 설치하는 방출지연스위치에 대한 설명으로 옳은 것은?

① 자동복귀형 스위치로서 수동식 기동장치의 타이머를 순간 정지 시키는 기능의 스위치를 말한다.
② 자동복귀형 스위치로서 수동식 기동장치가 수신기를 순간 정지 시키는 기능의 스위치를 말한다.
③ 수동복귀형 스위치로서 수동식 기동장치의 타이머를 순간 정지 시키는 기능의 스위치를 말한다.
④ 수동복귀형 스위치로서 수동식 기동장치가 수신기를 순간 정지 시키는 기능의 스위치를 말한다.

SOLUTION
개념
방출지연스위치(방출지연 비상스위치)
자동복귀형 스위치로서 수동식 기동장치의 부근에 설치하며 수동식 기동장치의 타이머를 순간정지시키는 기능의 스위치

74 ★★★

이산화탄소소화설비의 화재안전기준상 저압식 이산화탄소 소화약제 저장용기에 설치하는 안전밸브의 작동압력은 내압시험압력의 몇 배에서 작동해야 하는가?

① 0.24 ~ 0.4
② 0.44 ~ 0.6
③ 0.64 ~ 0.8
④ 0.84 ~ 1

SOLUTION
개념
이산화탄소소화약제 저장용기의 기준
• 저압식 저장용기에는 내압시험압력의 0.64배부터 0.8배의 압력에서 작동하는 안전밸브와 내압시험압력의 0.8배부터 내압시험압력에서 작동하는 봉판을 설치할 것
• 저장용기의 충전비는 고압식은 1.5 이상 1.9 이하, 저압식은 1.1 이상 1.4 이하로 할 것
• 저압식 저장용기에는 액면계 및 압력계와 2.3[MPa] 이상 1.9[MPa] 이하의 압력에서 작동하는 압력경보장치를 설치할 것
• 저압식 저장용기에는 용기 내부의 온도가 -18[℃] 이하에서 2.1[MPa]의 압력을 유지할 수 있는 자동냉동장치를 설치할 것
• 저장용기는 고압식은 25[MPa] 이상, 저압식은 3.5[MPa] 이상의 내압시험 압력에 합격한 것으로 할 것

75 ★★★

다음 중 일반화재(A급 화재)에 적응성을 만족하지 못한 소화약제는?

① 포 소화약제
② 강화액 소화약제
③ 할론 소화약제
④ 중탄산염류소화약제

SOLUTION
개념
소화기구의 소화약제별 적응성

소화약제		일반화재 (A급화재)	유류화재 (B급 화재)	전기화재 (C급 화재)
분말	중탄산염류	—	○	○
가스	할론	○	○	○
액체	강화액	○	○	*
	포	○	○	*

* : 조건부 적응성 인정

76 ★★☆

학교, 공장, 창고시설에 설치하는 옥내소화전에서 가압송수장치 및 기동장치가 동결의 우려가 있는 경우 일부 사항을 제외하고는 주펌프와 동등 이상의 성능이 있는 별도의 펌프로서 내연기관의 기동과 연동하여 작동되거나 비상전원을 연결한 펌프를 추가 설치해야 한다. 다음 중 이러한 조치를 취해야 하는 경우는?

① 지하층이 없이 지상층만 있는 건축물
② 고가수조를 가압송수장치로 설치한 경우
③ 수원이 건축물의 최상층에 설치된 방수구보다 높은 위치에 설치된 경우
④ 건축물의 높이가 지표면으로부터 10[m] 이하인 경우

SOLUTION
개념
옥내소화전 비상전원을 연결한 펌프의 추가 설치 제외 장소
• 지하층만 있는 건축물
• 고가수조를 가압송수장치로 설치한 경우
• 수원이 건축물의 최상층에 설치된 방수구보다 높은 위치에 설치된 경우
• 건축물의 높이가 지표면으로부터 10[m] 이하인 경우
• 가압수조를 가압송수장치로 설치한 경우

정답 73 ① 74 ③ 75 ④ 76 ①

77 ★★☆

이산화탄소 소화설비 기동장치의 설치기준으로 옳은 것은?

① 가스압력식 기동장치 기동용가스용기의 용적은 3[L] 이상으로 한다.
② 전기식 기동장치로서 5병의 저장용기를 동시에 개방하는 설비는 2병 이상의 저장 용기에 전자개방밸브를 부착해야 한다.
③ 수동식 기동장치는 전역방출방식에 있어서 방호대상물마다 설치한다.
④ 수동식 기동장치의 부근에는 방출지연을 위한 방출지연스위치를 설치해야 한다.

SOLUTION

개념
- 이산화탄소소화설비의 수동식 기동장치 설치기준
  - 전역방출방식은 방호구역마다, 국소방출방식은 방호대상물마다 설치할 것
  - 전기를 사용하는 기동장치에는 전원표시등을 설치할 것
  - 기동장치의 조작부는 바닥으로부터 높이 0.8[m] 이상 1.5[m] 이하의 위치에 설치하고, 보호판 등에 따른 보호장치를 설치할 것
  - 기동장치의 방출용 스위치는 음향경보장치와 연동하여 조작될 수 있도록 할 것
  - **수동식 기동장치의 부근에는 소화약제의 방출을 지연시킬 수 있는 방출지연스위치를 설치할 것**
  - 해당 방호구역의 출입구 부분 등 조작을 하는 자가 쉽게 피난할 수 있는 장소에 설치할 것
  - 기동장치 인근의 보기 쉬운 곳에 "이산화탄소소화설비 수동식 기동장치"라는 표지를 할 것

- 이산화탄소소화설비의 자동식 기동장치 설치기준
  - 자동식 기동장치는 수동으로도 기동할 수 있는 구조로 하여야 한다.
  - 전자식 기동장치로서 7병 이상의 저장용기를 동시에 개방하는 설비는 2병 이상의 저장용기에 전자 개방밸브를 부착할 것
  - 기동용가스용기 및 해당용기에 해당하는 밸브는 25[MPa] 이상의 압력에 견딜 수 있는 것으로 할 것
  - 기동용가스용기에는 내압시험압력의 0.8배부터 내압시험압력 이하에서 작동하는 안전장치를 설치할 것
  - 기동용가스용기의 체적은 5[L] 이상으로 하고, 해당 용기에 저장하는 질소 등의 비활성기체는 6.0[MPa] 이상(21[℃] 기준)의 압력으로 충전할 것
  - 질소 등의 비활성기체 기동용가스용기에는 충전 여부를 확인할 수 있는 압력게이지를 설치할 것

78 ★★★

( ) 안에 들어갈 내용으로 알맞은 것은?

> 이산화탄소 소화설비 이산화탄소 소화약제의 저압식 저장용기에는 용기 내부의 온도가 (㉠)에서 (㉡)의 압력을 유지할 수 있는 자동냉동장치를 설치할 것

① ㉠ 0[℃] 이상, ㉡ 4[MPa]
② ㉠ -18[℃] 이하, ㉡ 2.1[MPa]
③ ㉠ 20[℃] 이하, ㉡ 2[MPa]
④ ㉠ 40[℃] 이하, ㉡ 2.1[MPa]

SOLUTION

개념
이산화탄소소화약제 저장용기의 기준
- 저압식 저장용기에는 내압시험압력의 0.64배부터 0.8배의 압력에서 작동하는 안전밸브와 내압시험압력의 0.8배부터 내압시험압력에서 작동하는 봉판을 설치할 것
- 저장용기의 충전비는 고압식은 1.5 이상 1.9 이하, 저압식은 1.1 이상 1.4 이하로 할 것
- 저압식 저장용기에는 액면계 및 압력계와 2.3[MPa] 이상 1.9[MPa] 이하의 압력에서 작동하는 압력경보장치를 설치할 것
- **저압식 저장용기에는 용기 내부의 온도가 -18[℃] 이하에서 2.1[MPa]의 압력을 유지할 수 있는 자동냉동장치를 설치할 것**
- 저장용기는 고압식은 25[MPa] 이상, 저압식은 3.5[MPa] 이상의 내압시험압력에 합격한 것으로 할 것

정답 77 ④ 78 ②

79 ★☆☆

폐쇄형 스프링클러헤드 퓨지블링크형의 표시온도가 121~162[℃]인 경우 후레임의 색별로 옳은 것은? (단, 폐쇄형헤드이다)

① 파랑
② 빨강
③ 초록
④ 흰색

SOLUTION

개념
폐쇄형스프링클러헤드의 퓨지블링크형 표시온도

표시온도	프레임의 색별
77[℃] 미만	색 표시 안함
78~120[℃]	흰색
121~162[℃]	파랑
163~203[℃]	빨강
204~259[℃]	초록
260~319[℃]	오렌지
320[℃] 이상	검정

80 ★☆☆

축압식 분말소화기 지시압력계의 정상 사용압력 범위 중 상한값은?

① 0.68[MPa]
② 0.78[MPa]
③ 0.88[MPa]
④ 0.98[MPa]

SOLUTION

풀이
축압식 분말소화기의 지시압력계의 정상 사용압력 범위는 0.7~0.98[MPa]이다.

2023년 제2회 소방설비기사 [CBT 복원문제]

61 ★☆☆

소화기에 호스를 부착하지 아니할 수 있는 기준 중 옳은 것은?

① 소화약제의 중량이 2[kg] 미만인 이산화탄소소화기
② 소화약제의 중량이 3[L] 미만인 액체계 소화약제소화기
③ 소화약제의 중량이 3[kg] 미만인 할로겐화합물소화기
④ 소화약제의 중량이 4[kg] 미만인 분말소화기

SOLUTION

개념
소화기에 호스를 부착하지 아니할 수 있는 기준
- 소화약제의 중량이 2[kg] 미만인 분말소화기
- 소화약제의 중량이 3[kg] 미만인 이산화탄소소화기
- 소화약제의 중량이 4[kg] 미만인 할로겐화합물소화기
- 소화약제의 용량이 3[L] 미만인 액체계 소화약제소화기

62 ★☆☆

완강기와 간이완강기를 소방대상물에 고정 설치해 줄 수 있는 지지대의 강도시험 기준 중 (　) 안에 알맞은 것은?

> 지지대는 연직 방향으로 최대 사용자수에 (　)[N]을 곱한 하중을 가하는 경우 파괴·균열 및 현저한 변형이 없어야 한다.

① 250
② 750
③ 1,500
④ 5,000

SOLUTION

풀이
완강기 및 간이완강기 지지대는 연직 방향으로 최대 사용자수에 5,000[N]을 곱한 하중을 가하는 경우 파괴·균열 및 현저한 변형이 없어야 한다.

정답: 79 ① 80 ④ / 61 ② 62 ④

63 ★★☆

스프링클러헤드의 설치기준 중 다음 ( ) 안에 알맞은 것은?

> 연소할 우려가 있는 개구부에는 그 상하좌우에 (㉠)[m] 간격으로 스프링클러헤드를 설치하되, 스프링클러헤드와 개구부의 내측 면으로부터 직선거리는 (㉡)[cm] 이하가 되도록 할 것

① ㉠ 1.7, ㉡ 15
② ㉠ 2.5, ㉡ 15
③ ㉠ 1.7, ㉡ 25
④ ㉠ 2.5, ㉡ 25

SOLUTION

개념
스프링클러헤드의 설치기준

- 살수에 방해되지 아니하도록 스프링클러헤드로부터 반경 60[cm] 이상의 공간을 보유할 것. 다만, 벽과 스프링클러헤드 간의 공간은 10[cm] 이상으로 한다.
- 스프링클러헤드와 그 부착면과의 거리는 30[cm] 이하로 할 것
- 측벽형스프링클러를 설치하는 경우 긴 벽의 한쪽 벽에 일렬로 설치하고 3.6[m] 이내마다 설치할 것
- 연소할 우려가 있는 개구부에는 그 상하좌우에 2.5[m] 간격으로 스프링클러헤드를 설치하되, 스프링클러헤드와 개구부의 내측 면으로부터 직선거리는 15[cm] 이하가 되도록 할 것

64 ★☆☆

완강기 벨트의 강도는 늘어뜨린 방향으로 1개에 대하여 몇 [N]의 인장하중을 가하는 시험에서 끊어지거나 현저한 변형이 생기지 않아야 하는가?

① 1,500
② 3,900
③ 5,000
④ 6,500

SOLUTION

개념
완강기 벨트의 구조
- 강도시험 : 6,500[N]

65 ★★☆

배출풍도의 설치기준 중 다음 ( ) 안에 알맞은 것은?

> 배출기 흡입측 풍도 안의 풍속은 (㉠)[m/s] 이하로 하고 배출측 풍속은 (㉡)[m/s] 이하로 할 것

① ㉠ 15, ㉡ 10
② ㉠ 10, ㉡ 15
③ ㉠ 20, ㉡ 15
④ ㉠ 15, ㉡ 20

SOLUTION

개념
제연설비의 풍속

조건	풍속
예상제연구역의 공기유입 풍속	5[m/s] 이하
배출기의 흡입측 풍속	15[m/s] 이하
배출기의 배출측 풍속	20[m/s] 이하

66 ★☆☆

미분무소화설비의 화재안전기준에 따라 최저사용압력이 몇 [MPa]를 초과할 때 고압 미분무소화설비로 분류하는가?

① 1.2
② 2.5
③ 3.5
④ 4.2

SOLUTION

개념
미분무소화설비의 종류

구분	저압	중압	고압
최저사용압력	1.2[MPa] 이하	1.2[MPa] 초과 3.5[MPa] 이하	3.5[MPa] 초과

정답 63 ② 64 ④ 65 ④ 66 ③

67 ★★☆

포소화설비의 화재안전기준상 특수가연물을 저장·취급하는 공장 또는 창고에 적응성이 없는 포소화설비는?

① 고정포방출설비
② 포소화전설비
③ 압축공기포소화설비
④ 포워터스프링클러설비

SOLUTION

개념
특정소방대상물에 따른 포소화설비의 적응성

특정소방대상물	포소화설비
• 특수가연물을 저장·취급하는 공장 또는 창고 • 항공기격납고 • 차고 또는 주차장	• 포워터스프링클러설비 • 고정포방출설비 • 압축공기포소화설비 • 포헤드설비
• 완전 개방된 옥상주차장 또는 고가 밑의 주차장으로서 주된 벽이 없고 기둥 뿐이거나 주위가 위해방지용 철주 등으로 둘러쌓인 부분 • 지상 1층 차고·주차장으로서 지붕이 없는 부분	• 호스릴포소화설비 • 포소화전설비
• 발전기실, 변압기, 전기케이블실, 엔진펌프실, 유압설비로서 바닥면적의 합계 300[m²] 미만의 장소	• 고정식 압축공기 포소화설비

68 ★★☆

스프링클러설비의 화재안전기준상 스프링클러설비의 배관 내 사용압력이 몇 [MPa] 이상일 때 압력배관용 탄소강관을 사용해야 하는가?

① 0.1
② 0.5
③ 0.8
④ 1.2

SOLUTION

개념
스프링클러설비의 배관 내 사용압력

배관 내 사용압력	배관의 종류
1.2[MPa] 미만	• 배관용 탄소강관 • 이음매 없는 구리 및 구리합금관(다만, 습식의 배관에 한함) • 배관용 스테인리스강관 또는 일반 배관용 스테인리스강관 • 덕타일 주철관
1.2[MPa] 이상	• 압력 배관용 탄소강관 • 배관용 아크 용접 탄소강관

69 ★★★

분말소화설비의 화재안전기준에 따라 분말소화설비의 자동식 기동장치의 설치기준으로 틀린 것은? (단, 자동식 기동장치는 자동화재탐지설비의 감지기의 작동과 연동하는 것이다)

① 기동용 가스용기의 충전비는 1.5 이상으로 할 것
② 자동식 기동장치에는 수동으로도 기동할 수 있는 구조로 할 것
③ 전기식 기동장치로서 3병 이상의 저장용기를 동시에 개방하는 설비는 2병 이상의 저장용기에 전자개방밸브를 부착할 것
④ 기동용 가스용기에는 내압시험압력의 0.8배 내지 내압시험압력 이하에서 작동하는 안전장치를 설치할 것

SOLUTION

개념
분말소화설비 자동식 기동장치의 설치기준

- 전기식 기동장치로서 7병 이상의 저장용기를 동시에 개방하는 설비는 2병 이상의 저장용기에 전자 개방밸브를 부착할 것
- 가스압력식 기동장치의 기동용가스용기 및 해당 용기에 사용하는 밸브는 25[MPa] 이상의 압력에 견딜 수 있는 것으로 할 것
- 가스압력식 기동장치의 기동용가스용기에는 내압시험압력의 0.8배부터 내압시험압력 이하에서 작동하는 안전장치를 설치할 것
- 가스압력식 기동장치의 기동용가스용기의 체적은 5[L] 이상으로 하고, 해당 용기에 저장하는 질소 등의 비활성기체는 6[MPa] 이상(21[℃] 기준)의 압력으로 충전할 것. 다만, 기동용가스용기의 체적을 1[L] 이상으로 하고, 해당 용기에 저장하는 이산화탄소의 양은 0.6[kg] 이상으로 하며, 충전비는 1.5 이상 1.9 이하의 기동용가스용기로 가능
- 자동식 기동장치는 수동으로도 기동할 수 있는 구조로 할 것
- 기계식 기동장치는 저장용기를 쉽게 개방할 수 있는 구조로 할 것

정답 67 ② 68 ④ 69 ③

70 ★★★

스프링클러설비의 화재안전기준에 따라 폐쇄형스프링클러헤드를 최고 주위온도 40[℃]인 장소(공장 및 창고 제외)에 설치할 경우 표시온도는 몇 [℃]의 것을 설치하여야 하는가?

① 79[℃] 미만
② 79[℃] 이상 121[℃] 미만
③ 121[℃] 이상 162[℃] 미만
④ 162[℃] 이상

SOLUTION

개념
폐쇄형스프링클러헤드의 표시온도

설치장소의 최고 주위온도	표시온도
39[℃] 미만	79[℃] 미만
39[℃] 이상 64[℃] 미만	79[℃] 이상 121[℃] 미만
64[℃] 이상 106[℃] 미만	121[℃] 이상 162[℃] 미만
106[℃] 이상	162[℃] 이상

풀이
최고 주위온도는 40[℃]이기 때문에 39[℃] 이상 64[℃] 미만에 해당한다. 그러므로 표시온도는 79[℃] 이상 121[℃] 미만이 된다.

71 ★★☆

특별피난계단의 계단실 및 부속실 제연설비의 화재안전기준상 수직풍도에 따른 배출기준 중 각층의 옥내와 면하는 수직풍도의 관통부에 설치하여야 하는 배출댐퍼 설치기준으로 틀린 것은?

① 화재층의 옥내에 설치된 화재감지기의 동작에 따라 당해층의 댐퍼가 개방될 것
② 풍도의 배출댐퍼는 이·탈착구조가 되지 않도록 설치할 것
③ 개폐여부를 당해 장치 및 제어반에서 확인할 수 있는 감지기능을 내장하고 있을 것
④ 배출댐퍼는 두께 1.5[mm] 이상의 강판 또는 이와 동등 이상의 성능이 있는 것으로 설치하여야 하며 비 내식성 재료의 경우에는 부식방지 조치를 할 것

SOLUTION

개념
특별피난계단의 계단실 및 부속실 제연설비의 배출댐퍼 설치기준
- 화재 층의 옥내에 설치된 화재감지기의 동작에 따라 해당 층의 댐퍼가 개방될 것
- 풍도의 내부마감상태에 대한 점검 및 댐퍼의 장비가 가능한 이·탈착구조로 할 것
- 개폐여부를 당해 장치 및 제어반에서 확인할 수 있는 감지기능을 내장하고 있을 것
- 배출댐퍼는 두께 1.5[mm] 이상의 강판 또는 이와 동등 이상의 성능이 있는 것으로 설치하여야 하며 비 내식성 재료의 경우에는 부식방지 조치를 할 것
- 평상시 닫힌 구조로 기밀상태를 유지할 것
- 구동부의 작동상태와 닫혀 있을 때의 기밀상태를 수시로 점검할 수 있는 구조일 것
- 개방 시의 실제개구부의 크기는 수직풍도의 최소 내부단면적 이상으로 할 것
- 댐퍼는 풍도 내의 공기흐름에 지장을 주지 않도록 수직풍도의 내부로 돌출하지 않게 설치할 것

72 ★☆☆

다음 설명은 미분무소화설비의 화재안전기준에 따른 미분무 소화설비 기동장치의 화재감지기 회로에서 발신기 설치기준이다. ( ) 안에 알맞은 내용은? (단, 자동화재탐지설비의 발신기가 설치된 경우는 제외한다)

- 조작이 쉬운 장소에 설치하고, 스위치는 바닥으로부터 0.8[m] 이상 (㉠)[m] 이하의 높이에 설치할 것
- 소방대상물의 층마다 설치하되, 당해 소방대상물의 각 부분으로부터 하나의 발신기까지의 수평거리가 (㉡)[m] 이하가 되도록 할 것
- 발신기의 위치를 표시하는 표시등은 함의 상부에 설치하되, 그 불빛은 부착면으로부터 15° 이상의 범위 안에서 부착지점으로부터 (㉢)[m] 이내의 어느 곳에서도 쉽게 식별할 수 있는 적색등으로 할 것

① ㉠ 1.5, ㉡ 20, ㉢ 10　② ㉠ 1.5, ㉡ 25, ㉢ 10
③ ㉠ 2.0, ㉡ 20, ㉢ 15　④ ㉠ 2.0, ㉡ 25, ㉢ 15

SOLUTION

개념
미분무소화설비의 발신기의 설치기준

- 조작이 쉬운 장소에 설치하고, 스위치는 바닥으로부터 0.8[m] 이상 1.5[m] 이하의 높이에 설치할 것
- 소방대상물의 층마다 설치하되, 해당 소방대상물의 각 부분으로부터 하나의 발신기까지의 수평거리가 25[m] 이하가 되도록 할 것. 다만, 복도 또는 별도로 구획된 실로서 보행거리가 40[m] 이상일 경우에는 추가로 설치할 것
- 발신기의 위치를 표시하는 표시등은 함의 상부에 설치하되, 그 불빛은 부착면으로부터 15° 이상의 범위 안에서 부착지점으로부터 10[m] 이내의 어느 곳에서라도 쉽게 식별할 수 있는 적색등으로 할 것

73 ★★☆

피난기구의 화재안전기준에 따라 숙박시설·노유자시설 및 의료시설로 사용되는 층에 있어서는 그 층의 바닥면적이 몇 [m²]마다 피난기구를 1개 이상 설치해야하는가?

① 300　② 500
③ 800　④ 1,000

SOLUTION

개념
피난기구 설치 시 특정소방대상물의 기준면적

특정소방대상물	기준면적마다 1개 이상
숙박시설·노유자시설·의료시설	바닥면적 500[m²]
위락시설·문화집회·운동시설·판매시설·복합용도의 층	바닥면적 800[m²]
계단실형 아파트	각 세대
그 밖의 용도의 층	바닥면적 1,000[m²]

74 ★★★

포소화설비의 화재안전기준에 따른 용어 정의 중 다음 ( ) 안에 알맞은 내용은?

( ) 프로포셔너방식이란 펌프와 발포기의 중간에 설치된 벤추리관의 벤추리작용과 펌프 가압수의 포 소화약제 저장탱크에 대한 압력에 따라 포 소화약제를 흡입·혼합하는 방식을 말한다.

① 라인　② 펌프
③ 프레셔　④ 프레셔사이드

SOLUTION

개념
프레셔 프로포셔너
펌프와 발포기의 중간에 설치된 벤추리관의 벤추리작용과 펌프 가압수의 포소화약제 저장탱크에 대한 압력에 따라 포소화약제를 흡입·혼합하는 방식

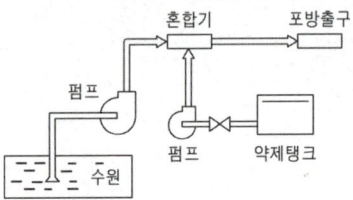

75 ★★★

소화용수설비에서 소화수조의 소요수량이 20[m³] 이상 40[m³] 미만인 경우에 설치하여야 하는 채수구의 개수는?

① 1개 ② 2개
③ 3개 ④ 4개

SOLUTION

개념
소화용수설비에 설치하는 채수구의 수

소요수량[m³]	20 이상 40 미만	40 이상 100 미만	100 이상
채수구의 수	1개	2개	3개

76 ★★☆

스프링클러설비의 가압송수장치의 정격토출압력은 하나의 헤드선단에 얼마의 방수압력이 될 수 있는 크기이어야 하는가?

① 0.01[MPa] 이상 0.05[MPa] 이하
② 0.1[MPa] 이상 1.2[MPa] 이하
③ 1.5[MPa] 이상 2.0[MPa] 이하
④ 2.5[MPa] 이상 3.3[MPa] 이하

SOLUTION

풀이
스프링클러설비의 가압송수장치의 정격토출압력은 하나의 헤드선단에 0.1[MPa] 이상 1.2[MPa] 이하의 방수압력이 될 수 있는 크기이어야 한다.

77 ★☆☆

천장의 기울기가 10분의 1을 초과할 경우에 가지관의 최상부에 설치되는 톱날지붕의 스프링클러헤드는 천장의 최상부로부터의 수직거리가 몇 [cm] 이하가 되도록 설치하여야 하는가?

① 50 ② 70
③ 90 ④ 120

SOLUTION

개념
스프링클러를 경사천장에 설치하는 경우

구분	거리
천장의 최상부로부터의 수직거리	90[cm] 이하
최상부의 가지관 상호간의 거리	가지관상의 스프링클러헤드 상호간의 거리의 $\frac{1}{2}$ 이하(최소 1[m] 이상)

78 ★★★

소화용수설비인 소화수조가 옥상 또는 옥탑 부근에 설치된 경우에는 지상에 설치된 채수구에서의 압력이 최소 몇 [MPa] 이상이 되어야 하는가?

① 0.8 ② 0.13
③ 0.15 ④ 0.25

SOLUTION

개념
소화수조 및 저수조의 설치기준

- 소화수조가 옥상 또는 옥탑부분에 설치된 경우에는 지상에 설치된 채수구에서의 압력 0.15[MPa] 이상 되도록 할 것
- 소화수조의 깊이가 4.5[m] 이상일 경우 가압송수장치를 설치할 것
- 소화수조는 소방차가 채수구로부터 2[m] 이내의 지점까지 접근할 수 있는 위치에 설치할 것

정답 75 ① 76 ② 77 ③ 78 ③

79 ★☆☆

국소방출방식의 할로겐화합물소화설비(할론 소화설비)의 분사헤드 설치기준 중 다음 ( ) 안에 알맞은 것은?

> 분사헤드의 방사압력은 할론 2402를 방사하는 것은 (㉠)[MPa] 이상, 할론 2402를 방출하는 분사헤드는 해당 소화약제가 (㉡)으로 분무되는 것으로 하여야 하며, 기준저장량의 소화약제를 (㉢)초 이내에 방사할 수 있는 것으로 할 것

① ㉠ 0.1, ㉡ 무상, ㉢ 10
② ㉠ 0.2, ㉡ 적상, ㉢ 10
③ ㉠ 0.1, ㉡ 무상, ㉢ 30
④ ㉠ 0.2, ㉡ 적상, ㉢ 30

SOLUTION

개념
할론소화설비 분사헤드의 방출압력

소화약제의 종류	방출압력[MPa]
할론 1211	0.2 이상
할론 1301	0.9 이상
할론 2402	0.1 이상

- 할론 2402를 방출하는 분사헤드는 해당 소화약제가 무상으로 분무되는 것으로 할 것
- 기준저장량의 소화약제를 10초 이내에 방출할 수 있는 것으로 할 것

80 ★☆☆

할론소화설비의 화재안전기기준상 자동차차고나 주차장에 할론 1301 소화약제로 전역방출방식의 소화설비를 설치한 경우 방호구역의 체적 1[m³]당 얼마의 소화약제가 필요한가?

① 0.32[kg] 이상 0.64[kg] 이하
② 0.36[kg] 이상 0.71[kg] 이하
③ 0.40[kg] 이상 1.10[kg] 이하
④ 0.60[kg] 이상 0.71[kg] 이하

SOLUTION

개념
전역방출방식 할론1301의 약제량

특정소방대상물 또는 그 부분		방호구역 1[m³]당 소화약제의 양[kg/m³]
차고·주차장·전기실·통신기기실·전산실		0.32 이상 0.64 이하
특수가연물을 저장·취급하는 특정소방대상물 또는 그 부분	가연성 고체류·가연성 액체류	0.32 이상 0.64 이하
	면화류·나무껍질 및 대팻밥·넝마 및 종이부스러기·사류·볏집류·목재가공품 및 나무부스러기	0.52 이상 0.64 이하
	합성수지류	0.32 이상 0.64 이하

정답 79 ① 80 ①

2023년 제4회 소방설비기사 (CBT 복원문제)

61 ★☆☆

분말소화설비의 저장용기에 설치된 밸브 중 잔압 방출시 개방·폐쇄 상태로 옳은 것은?

① 가스도입밸브 – 폐쇄
② 주밸브(방출밸브) – 개방
③ 배기밸브 – 폐쇄
④ 클리닝밸브 – 개방

SOLUTION

개념
분말소화설비 저장용기에 설치된 밸브 상태

	가스도입밸브	주밸브	배기밸브	클리닝밸브
잔압 방출 시기	폐쇄	폐쇄	개방	폐쇄
약제 이동 시기	개방	개방	폐쇄	폐쇄
클리닝 시기	폐쇄	폐쇄	폐쇄	개방

62 ★★★

포소화설비의 자동식 기동장치로 폐쇄형 스프링클러헤드를 사용하는 경우의 설치기준 중 다음 ( ) 안에 알맞은 것은?

- 표시온도가 (㉠)[℃] 미만인 것을 사용하고 1개의 스프링클러헤드의 경계 면적은 (㉡)[m²] 이하로 할 것
- 부착면의 높이는 바닥으로부터 (㉢)[m] 이하로 하고 화재를 유효하게 감지할 수 있도록 할 것

① ㉠ 60, ㉡ 10, ㉢ 7
② ㉠ 60, ㉡ 20, ㉢ 7
③ ㉠ 79, ㉡ 10, ㉢ 5
④ ㉠ 79, ㉡ 20, ㉢ 5

SOLUTION

개념
포소화설비 자동식 기동장치의 폐쇄형스프링클러헤드
- 표시온도가 79[℃] 미만인 것을 사용하고, 1개의 스프링클러헤드의 경계면적은 20[m²] 이하로 할 것
- 부착면의 높이는 바닥으로부터 5[m] 이하로 하고, 화재를 유효하게 감지할 수 있도록 할 것
- 하나의 감지장치 경계구역은 하나의 층이 되도록 할 것

63 ★★☆

인명구조기구의 종류가 아닌 것은?

① 방열복
② 구조대
③ 공기호흡기
④ 인공소생기

SOLUTION

개념
인명구조기구의 종류
- 방열복
- 공기호흡기
- 인공소생기
- 방화복

풀이
구조대는 피난기구이다.

64 ★★☆

발전실의 용도로 사용되는 바닥면적이 280[m²]인 발전실에 부속 용도별로 추가하여야 할 적응성이 있는 소화기의 최소 수량은 몇 개인가?

① 2
② 4
③ 6
④ 12

SOLUTION

개념
소화기 추가 설치개수

용도별	추가 설치개수
전기설비(발전실·변전실·송전실·변압기실·배전반실 등)	바닥면적 50[m²]마다 적응성이 있는 소화기 1개 이상
보일러·음식점·의료시설·업무시설 등	바닥면적 25[m²]마다 적응성이 있는 소화기 1개 이상

풀이
발전실에는 바닥면적 50[m²]마다 적응성이 있는 소화기를 1개 이상 설치해야 한다. 바닥면적이 280[m²]이므로

소화기의 개수 $= \dfrac{280}{50} = 5.6 ≒ 6$개이다.

TIP
개수를 구할 때 소수점이 있다면 별도의 지시가 없는 경우에는 올림(절상)을 하면 된다. 5.6을 올림 하면 6개이므로 답은 6개이다.

정답 61 ① 62 ④ 63 ② 64 ③

65 ★☆☆

호스릴 이산화탄소소화설비의 노즐은 20[℃]에서 하나의 노즐마다 몇 [kg/min] 이상의 소화약제를 방사할 수 있는 것이어야 하는가?

① 40   ② 50
③ 60   ④ 80

SOLUTION

개념
호스릴이산화탄소소화설비의 설치기준
- 노즐은 20[℃]에서 하나의 노즐마다 60[kg/min] 이상의 소화약제를 방사할 수 있을 것
- 방호대상물의 각 부분으로부터 하나의 호스접결구까지의 수평거리가 15[m] 이하가 되도록 할 것

66 ★★★

다음 중 노유자 시설의 4층 이상 10층 이하에서 적응성이 있는 피난기구가 아닌 것은?

① 피난교   ② 다수인피난장비
③ 승강식피난기   ④ 미끄럼대

SOLUTION

개념
노유자시설 피난기구의 적응성

노유자 시설	1층	2층	3층	4층 이상 10층 이하
	• 미끄럼대	• 미끄럼대	• 미끄럼대	• 구조대
	• 구조대	• 구조대	• 구조대	• 피난교
	• 피난교	• 피난교	• 피난교	• 다수인피난장비
	• 다수인피난장비	• 다수인피난장비	• 다수인피난장비	• 승강식피난기
	• 승강식피난기	• 승강식피난기	• 승강식피난기	

4층 이상 10층 이하에서 구조대의 적응성은 장애인 관련 시설로서 주된 사용자 중 스스로 피난이 불가한 자가 있는 경우 추가로 설치하는 경우에 한한다.

풀이
노유자시설에서 미끄럼대는 1층, 2층, 3층에만 적응성이 있다.

67 ★★★

포헤드를 정방형으로 설치 시 헤드와 벽과의 최대 이격거리는 약 몇 [m]인가?

① 1.48   ② 1.62
③ 1.76   ④ 1.91

SOLUTION

개념
- 포헤드 상호간의 최대 거리(정방형, 정사각형)

공식 정리
$$S = 2r \times \cos 45°$$

여기서, S : 포헤드 상호 간의 거리[m], r : 유효반경(2.1[m])

- 헤드와 벽과의 최대 이격거리

공식 정리
$$X = \frac{S}{2}$$

여기서, X : 헤드와 벽과의 이격거리[m]
S : 포헤드 상호 간의 거리[m]

풀이
포헤드 상호간의 최대 거리는
$S = 2r \times \cos 45° = 2 \times 2.1 \times \cos 45° ≒ 2.97$[m]
이다. 여기서 포헤드와 벽과의 경계선 사이의 거리는 포헤드 상호간의 최대 거리의 반값이기 때문에 이를 구해보면
$X = \frac{S}{2} = \frac{2.97}{2} ≒ 1.48$[m]
∴ $X ≒ 1.48$[m]

68 ★★☆

포소화설비의 화재안전기준상 차고·주차장에 설치하는 포소화전설비의 설치 기준 중 다음 ( ) 안에 알맞은 것은? (단, 1개 층의 바닥면적이 200[m²] 이하인 경우는 제외한다)

> 특정소방대상물의 어느 층에 있어서도 그 층에 설치된 포소화전방수구(포소화전방수구가 5개 이상 설치된 경우에는 5개)를 동시에 사용할 경우 각 이동식 포노즐선단의 포수용액 방사압력이 (㉠)[MPa] 이상이고 (㉡)[L/min] 이상의 포수용액을 수평거리 15[m] 이상으로 방사할 수 있도록 할 것

① ㉠ 0.25, ㉡ 230
② ㉠ 0.25, ㉡ 300
③ ㉠ 0.35, ㉡ 230
④ ㉠ 0.35, ㉡ 300

SOLUTION
개념
차고·주차장에 설치하는 포소화전설비의 기준
- 방사압력 : 0.35[MPa] 이상
- 방출량 : 300[L/min] 이상(단, 1개 층의 바닥면적이 200[m²] 이하인 경우 230[L/min] 이상)
- 방사능력 : 수평거리 15[m] 이상
- 약제 : 저발포 포소화약제 사용

69 ★★★

상수도소화용수설비의 화재안전기준상 소화전은 구경(호칭지름)이 최소 얼마 이상의 수도배관에 접속하여야 하는가?

① 50[mm] 이상의 수도배관
② 75[mm] 이상의 수도배관
③ 85[mm] 이상의 수도배관
④ 100[mm] 이상의 수도배관

SOLUTION
개념
상수도소화용수설비의 설치기준
- 호칭지름 75[mm] 이상의 수도배관에 호칭지름 100[mm] 이상의 소화전을 접속할 것
- 소화전은 소방자동차 등의 진입이 쉬운 도로변 또는 공지에 설치할 것
- 소화전은 특정소방대상물의 수평투영면의 각 부분으로부터 140[m] 이하가 되도록 설치할 것

70 ★★★

소화기구 및 자동소화장치의 화재안전기준상 규정하는 화재의 종류가 아닌 것은?

① A급 화재
② B급 화재
③ G급 화재
④ K급 화재

SOLUTION
개념
화재의 종류와 정의

화재의 종류	정의
일반화재(A급 화재)	나무, 섬유, 종이, 고무와 같은 일반 가연물이 타고나서 재가 남는 화재
유류화재(B급 화재)	인화성 액체, 가연성 액체, 인화성 가스와 같은 유류가 타고 나서 재가 남지 않는 화재
전기화재(C급 화재)	전기기기, 전기배선과 관련된 화재
금속화재(D급 화재)	가연성 금속에서 일어나는 화재
주방화재(K급 화재)	주방에서 동식물유를 취급하는 조리기구에서 일어나는 화재

71 ★★★

고압의 전기기기가 있는 장소에 있어서 전기의 절연을 위한 전기기기와 물분무헤드 사이의 최소 이격거리 기준 중 옳은 것은?

① 66[kV] 이하 – 60[cm] 이상
② 66[kV] 초과 77[kV] 이하 – 80[cm] 이상
③ 77[kV] 초과 110[kV] 이하 – 100[cm] 이상
④ 110[kV] 초과 154[kV] 이하 – 140[cm] 이상

SOLUTION

개념
고압의 전기기기와 물분무헤드의 이격거리

전압	거리
66[kV] 이하	70[cm] 이상
66[kV] 초과 77[kV] 이하	80[cm] 이상
77[kV] 초과 110[kV] 이하	110[cm] 이상
110[kV] 초과 154[kV] 이하	150[cm] 이상
154[kV] 초과 181[kV] 이하	180[cm] 이상
181[kV] 초과 220[kV] 이하	210[cm] 이상
220[kV] 초과 275[kV] 이하	260[cm] 이상

72 ★☆☆

피난기구를 설치하여야 할 소방대상물 중 피난기구의 2분의 1을 감소할 수 있는 조건이 아닌 것은?

① 주요구조부가 내화구조로 되어 있다.
② 특별피난계단이 2 이상 설치되어 있다.
③ 소방구조용 (비상용) 엘리베이터가 설치되어 있다.
④ 직통계단인 피난계단이 2 이상 설치되어 있다.

SOLUTION

개념
피난기구의 $\frac{1}{2}$ 감소 조건

• 주요구조부가 내화구조로 되어 있을 것
• 특별피난계단이 2개 이상 설치되어 있을 것
• 직통계단인 피난계단이 2개 이상 설치되어 있을 것

73 ★★☆

스프링클러설비의 화재안전기준에 따라 개방형스프링클러설비에서 하나의 방수구역을 담당하는 헤드 개수는 최대 몇 개 이하로 설치하여야 하는가?

① 30
② 40
③ 50
④ 60

SOLUTION

개념
개방형스프링클러설비의 방수구역

• 하나의 방수구역은 2개 층에 미치지 아니할 것
• 방수구역마다 일제개방밸브를 설치할 것
• 하나의 방수구역을 담당하는 헤드의 개수는 50개 이하로 할 것. 다만, 둘 이상의 방수구역으로 나눌 경우에는 하나의 방수구역을 담당하는 헤드의 개수는 25개 이상으로 할 것
• 일제개방밸브의 설치위치는 폐쇄형스프링클러설비의 유수검지장치의 설치장소 기준에 따르고, 표시는 "일제개방밸브실"이라고 표시할 것

74 ★★★

주차장에 분말소화약제 120[kg]을 저장하려고 한다. 이때 필요한 저장용기의 최소 내용적[L]은?

① 96
② 120
③ 150
④ 180

SOLUTION

개념
분말소화약제 저장용기의 내용적

소화약제의 종류	소화약제 1[kg]당 저장용기의 내용적
제1종 분말(탄산수소나트륨)	0.8[L]
제2종 분말(탄산수소칼륨)	1[L]
제3종 분말(제1인산암모늄)	1[L]
제4종 분말(탄산수소칼륨 + 요소)	1.25[L]

풀이
차고 또는 주차장에 설치하는 분말소화설비의 소화약제는 제3종 분말로 하여야 한다. 그러므로 제3종 분말의 소화약제 1[kg]당 저장용기의 내용적은 1[L]이므로 이를 식으로 정리하면
최소 내용적 = 1 × 120 = 120[L]
∴ 최소 내용적 = 120[L]

정답 71 ② 72 ③ 73 ③ 74 ②

75 ★★★

특정소방대상물별 소화기구의 능력단위기준 중 다음 ( ) 안에 알맞은 것은? (단, 건축물의 주요구조부는 내화구조가 아니고 벽 및 반자의 실내에 면하는 부분이 불연재료·준불연재료 또는 난연재료로 된 특정소방대상물이 아니다)

| 공연장은 해당 용도의 바닥면적 ( )[m²]마다 소화기구의 능력단위 1단위 이상 |

① 30 ② 50
③ 100 ④ 200

SOLUTION

개념
특정소방대상물별 소화기구의 능력단위

특정소방대상물	소화기구의 능력단위
위락시설	해당 용도의 바닥면적 30[m²]마다 능력단위 1단위 이상
공연장·집회장·관람장·문화재·장례식장·의료시설	해당 용도의 바닥면적 50[m²]마다 능력단위 1단위 이상
근린생활시설·판매시설·운수시설·숙박시설·노유자시설·전시장·공동주택·업무시설·방송통신시설·공장·창고시설·항공기 및 자동차 관련 시설·관광휴게시설	해당 용도의 바닥면적 100[m²]마다 능력단위 1단위 이상
그 밖의 것	해당 용도의 바닥면적 200[m²]마다 능력단위 1단위 이상

- 소화기구의 능력단위를 산출함에 있어서 건축물의 주요구조부가 내화구조이고, 벽 및 반자의 실내에 면하는 부분이 불연재료·준불연재료 또는 난연재료로 된 특정소방대상물에 있어서는 위 표의 바닥면적의 2배를 해당 특정소방대상물의 기준면적으로 한다.

76 ★☆☆

이산화탄소 소화설비에서 방출되는 가스압력을 이용하여 배기덕트를 차단하는 장치는?

① 방화셔터
② 피스톤릴리져댐퍼
③ 가스체크밸브
④ 방화댐퍼

SOLUTION

풀이
피스톤릴리져댐퍼는 이산화탄소 소화설비에서 방출되는 가스압력을 이용하여 배기덕트를 차단하는 장치이다.

77 ★★★

특별피난계단의 계단실 및 부속실 제연설비의 차압 등에 관한 기준 중 옳은 것은?

① 제연설비가 가동되었을 경우 출입문의 개방에 필요한 힘은 130[N] 이하로 하여야 한다.
② 제연구역과 옥내와의 사이에 유지하여야 하는 최소차압은 40[Pa](옥내에 스프링클러설비가 설치된 경우에는 12.5[Pa]) 이상으로 하여야 한다.
③ 피난을 위하여 제연구역의 출입문이 일시적으로 개방되는 경우 개방되지 아니하는 제연구역과 옥내와의 차압은 기준 차압의 60[%] 미만이 되어서는 아니 된다.
④ 계단실과 부속실을 동시에 제연 하는 경우 부속실의 기압은 계단실과 같게 하거나 계단실의 기압보다 낮게 할 경우에는 부속실과 계단실의 압력차이는 10[Pa] 이하가 되도록 하여야 한다.

SOLUTION

개념
특수피난계단의 계단실 및 부속실 제연설비의 차압 등

- 제연구역과 옥내 사이에 유지하여야 하는 최소차압은 40[Pa](옥내에 스프링클러설비가 설치된 경우는 12.5[Pa]) 이상
- 제연설비가 가동되었을 경우 출입문의 개방에 필요한 힘은 110[N] 이하
- 출입문이 일시적으로 개방되는 경우 개방되지 아니하는 제연구역과 옥내와의 차압은 기준차압의 70[%] 이상
- 계단실과 부속실을 동시에 제연하는 경우 부속실의 기압은 계단실과 같게 하거나 계단실의 기압보다 낮게 할 경우에는 부속실과 계단실의 압력차이는 5[Pa] 이하
- 계단실 및 그 부속실을 동시에 제연하는 것 또는 계단실만 제연 할 때의 방연풍속은 0.5[m/s] 이상

정답 75 ② 76 ② 77 ②

78 ★★☆

대형 이산화탄소 소화기의 소화약제 충전량은 얼마인가?

① 20[kg] 이상
② 30[kg] 이상
③ 50[kg] 이상
④ 70[kg] 이상

SOLUTION

개념
대형소화기의 소화약제 충전량

구분	충전량
포소화기	20[ℓ] 이상
강화액소화기	60[ℓ] 이상
물소화기	80[ℓ] 이상
분말소화기	20[kg] 이상
할로겐화합물소화기	30[kg] 이상
이산화탄소소화기	50[kg] 이상

79 ★★★

분말소화설비의 가압용 가스용기에 대한 설명으로 틀린 것은?

① 가압용가스 용기를 3병 이상 설치한 경우에는 2개 이상의 용기에 전자개방밸브를 부착할 것
② 가압용가스 용기에는 2.5[MPa] 이하의 압력에서 조정이 가능한 압력조정기를 설치할 것
③ 가압용가스에 질소가스를 사용하는 것의 질소가스는 소화약제 1[kg]마다 20[L](35[℃]에서 1기압의 압력상태로 환산한 것) 이상으로 할 것
④ 축압용가스에 질소가스를 사용하는 것의 질소가스는 소화약제 1[kg]마다 10[L](35[℃]에서 1기압의 압력상태로 환산한 것) 이상으로 할 것

SOLUTION

개념
분말소화약제의 가압용가스 또는 축압용가스의 설치기준

구분	질소가스(소화약제 1[kg]당 양, 35[℃], 1기압 기준)	이산화탄소
가압용	40[ℓ] 이상	소화약제 1[kg]당 20[g] +배관 청소 필요량 이상
축압용	10[ℓ] 이상	

· 분말소화약제의 가스용기는 분말소화약제의 저장용기에 접속하여 설치할 것
· 분말소화약제의 가압용가스 용기를 3병 이상 설치한 경우에는 2개 이상의 용기에 전자개방밸브를 부착할 것
· 분말소화약제의 가압용가스 용기에는 2.5[MPa] 이하의 압력에서 조정이 가능한 압력조정기를 설치할 것

80 ★★★

포 소화약제의 혼합장치에 대한 설명 중 옳은 것은?

① 라인 프로포셔너방식 이란 펌프의 토출관과 흡입관 사이의 배관 도중에 설치한 흡입기에 펌프에서 토출된 물의 일부를 보내고, 농도 조절밸브에서 조정된 포 소화약제의 필요량을 포 소화약제 탱크에서 펌프 흡입측으로 보내어 이를 혼합하는 방식을 말한다.
② 프레셔사이드 프로포셔너방식 이란 펌프의 토출관에 압입기를 설치하여 포 소화약제 압입용펌프로 포 소화약제를 압입시켜 혼합하는 방식을 말한다.
③ 프레셔 프로포셔너방식 이란 펌프와 발포기 중간에 설치된 벤추리관의 벤추리작용에 따라 포 소화약제를 흡입·혼합하는 방식을 말한다.
④ 펌프 프로포셔너방식 이란 펌프와 발포기의 중간에 설치된 벤추리관의 벤추리작용과 펌프 가압수의 포 소화약제 저장탱크에 대한 압력에 따라 포 소화약제를 흡입·혼합하는 방식을 말한다.

SOLUTION

개념
포소화약제의 혼합장치

· 라인 프로포셔너 방식 : 펌프와 발포기의 중간에 설치된 벤추리관의 벤추리작용에 따라 포소화약제를 흡입·혼합하는 방식
· 프레셔사이드 프로포셔너방식 : 펌프의 토출관에 압입기를 설치하여 포소화약제 압입용펌프로 포소화약제를 압입시켜 혼합하는 방식
· 프레셔 프로포셔너방식 : 펌프와 발포기의 중간에 설치된 벤추리관의 벤추리작용과 펌프 가압수의 포소화약제 저장탱크에 대한 압력에 따라 포소화약제를 흡입·혼합하는 방식
· 펌프 프로포셔너방식 : 펌프의 토출관과 흡입관 사이의 배관 도중에 설치한 흡입기에 펌프에서 토출된 물의 일부를 보내고, 농도 조정밸브에서 조정된 포소화약제의 필요량을 포소화약제 저장탱크에서 펌프 흡입측으로 보내어 이를 혼합하는 방식

2024년 제1회 소방설비기사 CBT 복원문제

61 ★★★

상수도소화용수설비의 소화전은 특정 소방대상물의 수평투영면 각 부분으로부터 최대 몇 [m] 이하가 되도록 설치하는가?

① 25[m] ② 40[m]
③ 100[m] ④ 140[m]

SOLUTION

개념
상수도소화용수설비의 설치기준
- 호칭지름 75[mm] 이상의 수도배관에 호칭지름 100[mm] 이상의 소화전을 접속할 것
- 소화전은 소방자동차 등의 진입이 쉬운 도로변 또는 공지에 설치할 것
- 소화전은 특정소방대상물의 수평투영면의 각 부분으로부터 140[m] 이하가 되도록 설치할 것

62 ★★★

물분무소화설비 가압송수장치의 토출량에 대한 최소기준으로 옳은 것은? (단, 특수가연물을 저장 취급하는 특정 소방대상물 및 차고 주차장의 바닥면적은 50[m²] 이하인 경우는 50[m²]를 기준으로 한다)

① 차고 또는 주차장의 바닥면적 1[m²]에 대해 10[L/min]로 20분간 방수할 수 있는 양 이상
② 특수가연물을 저장·취급하는 특정 소방대상물의 바닥면적 1[m²]에 대해 20[L/min]로 20분간 방수할 수 있는 양 이상
③ 케이블 트레이, 케이블 덕트는 투영된 바닥면적 1[m²]에 대해 10[L/mim]로 20분간 방수할 수 있는 양 이상
④ 절연유 봉입 변압기는 바닥면적을 제외한 표면적을 합한 면적 1[m²]에 대해 10[L/min]로 20분간 방수할 수 있는 양 이상

SOLUTION

개념
물분무소화설비의 수원

설치장소	가압송수장치 토출량[L/min·m²]	방수시간 [min]	기준면적 [m²]
특수가연물을 저장·취급하는 특정소방대상물	10	20	바닥면적 (최소 50[m²])
절연유 봉입 변압기	10		바닥부분을 제외한 표면적
컨베이어 벨트 (콘베이어 벨트)	10		벨트 부분의 바닥면적
케이블트레이, 케이블 덕트	12		투영된 바닥면적
차고·주차장	20		바닥면적 (최소 50[m²])

63 ★★★

소화수조의 소요수량이 20[m³] 이상 40[m³] 미만인 경우 설치하여야 하는 채수구의 개수로 옳은 것은?

① 1개 ② 2개
③ 3개 ④ 4개

SOLUTION

개념
소화용수설비에 설치하는 채수구의 수

소요수량[m³]	20 이상 40 미만	40 이상 100 미만	100 이상
채수구의 수	1개	2개	3개

64 ★★☆

완강기의 최대사용자수 기준 중 다음 ( ) 안에 알맞은 것은?

> 최대사용자수(1회에 강하할 수 있는 사용자의 최대수)는 최대사용하중을 ( )[N]으로 나누어서 얻은 값으로 한다.

① 250 ② 500
③ 750 ④ 1,500

SOLUTION

개념
완강기의 하중 및 최대사용자수
- 최대사용하중은 1,500[N] 이상의 하중일 것
- 최소사용하중은 250[N] 이상의 하중일 것
- 최대사용자수(1회에 강하할 수 있는 사용자의 최대수)는 최대사용하중을 1,500[N]을 나누어서 얻은 값으로 할 것

65 ★★☆

국소방출방식의 분말소화설비 분사헤드는 기준저장량의 소화약제를 몇 초 이내에 방사할 수 있는 것이어야 하는가?

① 60 ② 30
③ 20 ④ 10

SOLUTION

풀이
국소방출방식 분말소화설비의 분사헤드는 기준저장량의 30초 이내에 방출할 수 있는 것으로 하여야 한다.

66 ★☆☆

내림식사다리의 구조기준 중 다음 ( ) 안에 공통으로 들어갈 내용은?

> 사용 시 소방대상물로부터 ( )[cm] 이상의 거리를 유지하기 위한 유효한 돌자를 횡봉의 위치마다 설치하여야 한다. 다만, 그 돌자를 설치하지 아니하여도 사용 시 소방대상물에서 ( )[cm] 이상의 거리를 유지할 수 있는 것은 그러하지 아니하다.

① 15 ② 10
③ 7   ④ 5

SOLUTION

개념
내림식사다리의 구조
- 사용 시 대상대상물로부터 10[cm] 이상의 거리를 유지하기 위한 유효한 돌자를 횡봉의 위치마다 설치하여야 한다. 다만, 그 돌자를 설치하지 아니하여도 사용 시 소방대상물에서 10[cm] 이상의 거리를 유지할 수 있는 것은 그러하지 아니한다.
- 걸림장치 등은 쉽게 이탈하거나 파손되지 아니하는 구조이어야 한다.
- 종봉의 끝 부분에는 가변식 걸고리 또는 걸림장치가 부착되어야 한다.
- 하향식피난구용 내림식사다리는 사다리를 접거나 천천히 펼쳐지게 하는 완강장치를 부착할 수 있다.

67 ★☆☆

할로겐화합물 및 불활성기체 소화약제 소화설비 중 약제의 저장용기 내에서 저장상태가 기체상태의 압축가스인 소화약제는?

① IG 541 ② HCFC BLEND A
③ HFC ~ 227ea ④ HFC-23

SOLUTION

풀이
불활성기체 IG 541은 저장용기 내 기체상태로 저장되어 있다. 나머지 보기들은 저장용기 내 액체상태로 저장되어 있다.

정답 64 ④ 65 ② 66 ② 67 ①

68 ★★★

포 소화약제의 혼합장치에 대한 설명 중 옳은 것은?

① 라인 프로포셔너방식 이란 펌프의 토출관과 흡입관 사이의 배관 도중에 설치한 흡입기에 펌프에서 토출된 물의 일부를 보내고, 농도 조절밸브에서 조정된 포 소화약제의 필요량을 포 소화약제 탱크에서 펌프 흡입측으로 보내어 이를 혼합하는 방식을 말한다.
② 프레셔사이드 프로포셔너방식 이란 펌프의 토출관에 압입기를 설치하여 포 소화약제 압입용펌프로 포 소화약제를 압입시켜 혼합하는 방식을 말한다.
③ 프레셔 프로포셔너방식 이란 펌프와 발포기 중간에 설치된 벤추리관의 벤추리작용에 따라 포 소화약제를 흡입·혼합하는 방식을 말한다.
④ 펌프 프로포셔너방식 이란 펌프와 발포기의 중간에 설치된 벤추리관의 벤추리작용과 펌프 가압수의 포 소화약제 저장탱크에 대한 압력에 따라 포 소화약제를 흡입·혼합하는 방식을 말한다.

SOLUTION

개념
포소화약제의 혼합장치

- 라인 프로포셔너 방식 : 펌프와 발포기의 중간에 설치된 벤추리관의 벤추리작용에 따라 포소화약제를 흡입·혼합하는 방식
- 프레셔사이드 프로포셔너방식 : 펌프의 토출관에 압입기를 설치하여 포소화약제 압입용펌프로 포소화약제를 압입시켜 혼합하는 방식
- 프레셔 프로포셔너방식 : 펌프와 발포기의 중간에 설치된 벤추리관의 벤추리작용과 펌프 가압수의 포소화약제 저장탱크에 대한 압력에 따라 포소화약제를 흡입·혼합하는 방식
- 펌프 프로포셔너방식 : 펌프의 토출관과 흡입관 사이의 배관 도중에 설치한 흡입기에 펌프에서 토출된 물의 일부를 보내고, 농도 조정밸브에서 조정된 포소화약제의 필요량을 포소화약제 저장탱크에서 펌프 흡입측으로 보내어 이를 혼합하는 방식

69 ★★☆

다음에서 설명하는 기계 제연방식은?

> 화재시 배출기만 작동하여 화재장소의 내부압력을 낮추어 연기를 배출시키며 송풍기는 설치하지 않고 연기를 배출시킬 수 있으나 연기량이 많으면 배출이 완전하지 못한 설비로 화재초기에 유리하다.

① 제1종 기계 제연방식 ② 제2종 기계 제연방식
③ 제3종 기계 제연방식 ④ 스모크타워 제연방식

SOLUTION

개념
제연방식

- 제1종 기계제연방식 : 제연팬으로 급기와 배기를 동시에 행하는 방식
- 제2종 기계제연방식 : 송풍기로 급기를 하고 자연배기를 하는 방식
- 제3종 기계제연방식 : 배출기로 배기를 하고 자연급기를 하는 방식

70 ★☆☆

폐쇄형헤드를 사용하는 연결살수설비의 주배관을 옥내소화전설비의 주배관에 접속할 때 접속부분에 설치해야 하는 것은? (단, 옥내소화전설비가 설치된 경우이다)

① 체크밸브   ② 게이트밸브
③ 글로브밸브   ④ 버터플라이밸브

SOLUTION

풀이
폐쇄형헤드를 사용하는 연결살수설비의 주배관을 옥내소화전설비의 주배관에 접속할 때는 접속부분에 체크밸브를 설치해야 한다.

71 ★★☆

옥외소화전설비의 화재안전기준상 옥외소화전설비에서 성능시험배관의 직관부에 설치된 유량측정장치는 펌프 및 정격토출량의 최소 몇 [%] 이상 측정할 수 있는 성능이 있어야 하는가?

① 175
② 150
③ 75
④ 50

SOLUTION

개념
옥외소화전설비 성능시험배관의 설치기준
- 펌프의 토출측에 설치된 개폐밸브 이전에 분기하여 직선으로 설치하여야 한다.
- 유량측정장치를 기준으로 전단 직관부에 개폐밸브를 설치하여야 한다.
- 유량측정장치를 기준으로 후단 직관부에 유량조절밸브를 설치하여야 한다.
- 유량측정장치는 펌프의 정격토출량 175[%] 이상 측정할 수 있는 성능이 있어야 한다.

72 ★★★

상수도소화용수설비의 화재안전기준상 상수도소화용수설비소화전의 설치 기준 중 다음 ( ) 안에 알맞은 것은?

호칭지름 (㉠)[mm] 이상의 수도배관에 호칭지름 (㉡)[mm] 이상의 소화전을 접속할 것

① ㉠ 65, ㉡ 120
② ㉠ 75, ㉡ 100
③ ㉠ 80, ㉡ 90
④ ㉠ 100, ㉡ 100

SOLUTION

개념
상수도소화용수설비의 설치기준
- 호칭지름 75[mm] 이상의 수도배관에 호칭지름 100[mm] 이상의 소화전을 접속할 것
- 소화전은 소방자동차 등의 진입이 쉬운 도로변 또는 공지에 설치할 것
- 소화전은 특정소방대상물의 수평투영면의 각 부분으로부터 140[m] 이하가 되도록 설치할 것

73 ★★★

포소화설비의 화재안전기준상 포소화설비의 자동식 기동장치에 폐쇄형 스프링클러헤드를 사용하는 경우에 대한 설치 기준 중 다음 ( ) 안에 알맞은 것은? (단, 자동화재탐지설비의 수신기가 설치된 장소에 상시 사람이 근무하고 있고, 화재 시 즉시 해당 조작부를 작동시킬 수 있는 경우는 제외한다)

- 표시온도가 (㉠)[℃] 미만인 것을 사용하고 1개의 스프링클러헤드의 경계 면적은 (㉡)[m²] 이하로 할 것
- 부착면의 높이는 바닥으로부터 (㉢)[m] 이하로 하고 화재를 유효하게 감지할 수 있도록 할 것

① ㉠ 60, ㉡ 10, ㉢ 7
② ㉠ 60, ㉡ 20, ㉢ 7
③ ㉠ 79, ㉡ 10, ㉢ 5
④ ㉠ 79, ㉡ 20, ㉢ 5

SOLUTION

개념
포소화설비 자동식 기동장치의 폐쇄형스프링클러헤드
- 표시온도가 79[℃] 미만인 것을 사용하고, 1개의 스프링클러헤드의 경계면적은 20[m²] 이하로 할 것
- 부착면의 높이는 바닥으로부터 5[m] 이하로 하고, 화재를 유효하게 감지할 수 있도록 할 것
- 하나의 감지장치 경계구역은 하나의 층이 되도록 할 것

74 ★★★

소화수조 및 저수조의 화재안전기준상 연면적이 40,000[m²]인 특정소방대상물에 소화용수설비를 설치하는 경우 소화수조의 최소 저수량은 몇 [m³]인가? (단, 지상 1층 및 2층의 바닥면적 합계가 15,000[m²] 이상인 경우이다)

① 53.3
② 60
③ 106.7
④ 120

SOLUTION

개념
소화수조 및 저수조의 저수량

공식 정리

$$저수량 = \frac{연면적}{기준면적}(절상한\ 값) \times 20[m^3]$$

소방대상물의 구분	기준면적[m²]
1층 및 2층의 바닥면적 합계가 15,000[m²] 이상인 특정소방대상물	7,500
그 밖의 특정소방대상물	12,500

풀이
1층 및 2층의 바닥면적 합계가 15,000[m²] 이상인 특정소방대상물이므로 기준면적은 7,500[m²]이다. 연면적을 기준면적으로 나누면 $\frac{40,000}{7,500} ≒ 5.33 ≒ 6(절상)$이다. 이 값에 20[m³]을 곱해주면 저수량을 구할 수 있다. 그러므로
저수량 = 6 × 20 = 120[m³]
∴ 저수량 = 120[m³]

75 ★☆☆

미분무소화설비의 화재안전기준상 미분무소화설비의 성능을 확인하기 위하여 하나의 발화원을 가정한 설계도서 작성 시 고려하여야 할 인자를 모두 고른 것은?

㉠ 화재 위치
㉡ 점화원의 형태
㉢ 시공 유형과 내장재 유형
㉣ 초기 점화되는 연료 유형
㉤ 공기조화설비, 자연형(문, 창문) 및 기계형 여부
㉥ 문과 창문의 초기상태(열림, 닫힘) 및 시간에 따른 변화상태

① ㉠, ㉢, ㉥
② ㉠, ㉡, ㉢, ㉤
③ ㉠, ㉡, ㉣, ㉤, ㉥
④ ㉠, ㉡, ㉢, ㉣, ㉤, ㉥

SOLUTION

개념
미분무소화설비의 성능 확인을 위한 설계도서 작성 고려사항
- 화재 위치
- 점화원의 형태
- 시공 유형과 내장재 유형
- 초기 점화되는 연료 유형
- 공기조화설비, 자연형(문, 창문) 및 기계형 여부
- 문과 창문의 초기상태(열림, 닫힘) 및 시간에 따른 변화상태

76 ★☆☆

화재조기진압용 스프링클러설비의 화재안전기준상 헤드의 설치기준 중 ( ) 안에 알맞은 것은?

헤드 하나의 방호면적은 (㉠)[m²] 이상 (㉡)[m²] 이하로 할 것

① ㉠ 2.4, ㉡ 3.7
② ㉠ 3.7, ㉡ 9.1
③ ㉠ 6.0, ㉡ 9.3
④ ㉠ 9.1, ㉡ 13.7

SOLUTION

풀이
화재조기진압용 스프링클러설비의 헤드 하나의 방호면적은 6.0[m²] 이상 9.3[m²] 이하로 할 것

77 ★★★

물분무소화설비의 화재안전기준상 110[kV] 초과 154[kV] 이하의 고압 전기기기와 물분무헤드 사이의 이격거리는 최소 몇 [cm] 이상이어야 하는가?

① 110　　　② 150
③ 180　　　④ 210

SOLUTION

개념
고압의 전기기기와 물분무헤드의 이격거리

전압	거리
66[kV] 이하	70[cm] 이상
66[kV] 초과 77[kV] 이하	80[cm] 이상
77[kV] 초과 110[kV] 이하	110[cm] 이상
110[kV] 초과 154[kV] 이하	150[cm] 이상
154[kV] 초과 181[kV] 이하	180[cm] 이상
181[kV] 초과 220[kV] 이하	210[cm] 이상
220[kV] 초과 275[kV] 이하	260[cm] 이상

78 ★☆☆

이산화탄소소화설비의 화재안전기준상 전역방출방식의 이산화탄소소화설비의 분사헤드 방사압력은 저압식인 경우 최소 몇 [MPa] 이상이어야 하는가?

① 0.5　　　② 1.05
③ 1.4　　　④ 2.0

SOLUTION

개념
전역방출방식 이산화탄소설비 분사헤드의 방출압력
- 고압식 : 2.1[MPa] 이상
- 저압식 : 1.05[MPa] 이상

79 ★☆☆

소화기의 형식승인 및 제품검사의 기술기준상 A급 화재용 소화기의 능력단위 산정을 위한 소화능력시험의 내용으로 틀린 것은?

① 모형 배열 시 모형 간의 간격은 3[m] 이상으로 한다.
② 소화는 최초의 모형에 불을 붙인 다음 1분 후에 시작한다.
③ 소화는 무풍상태(풍속 0.5[m/s] 이하)와 사용상태에서 실시한다.
④ 소화약제의 방사가 완료된 때 잔염이 없어야 하며, 방사 완료 후 2분 이내에 다시 불타지 아니한 경우 그 모형은 완전히 소화된 것으로 본다.

SOLUTION

개념
A급 화재용 소화기의 능력단위 산정을 위한 소화능력시험
- 모형 배열 시 모형 간의 간격은 3[m] 이상으로 한다.
- 소화는 최초의 모형에 불을 붙인 다음 3분 후에 시작하되, 불을 붙인 순으로 한다. 이 경우 모형에 잔염이 있다고 인정될 경우에는 다음 모형에 대한 소화를 계속할 수 없다.
- 소화는 무풍상태(풍속이 0.5[m/s] 이하인 상태)와 사용상태(휴대식은 손에 휴대한 상태, 멜빵식은 멜빵으로 착용한 상태, 차륜식은 고정된 상태)에서 실시한다.
- 소화약제의 방사가 완료될 때 잔염이 없어야 하며, 방사완료 후 2분 이내에 다시 불타지 아니한 경우 그 모형은 완전 소화된 것으로 본다.

80 ★★★

다음 중 일반화재(A급 화재)에 적응성을 만족하지 못한 소화약제는?

① 포 소화약제
② 강화액 소화약제
③ 할론 소화약제
④ 중탄산염류소화약제

SOLUTION

개념
소화기구의 소화약제별 적응성

소화약제		일반화재 (A급화재)	유류화재 (B급 화재)	전기화재 (C급 화재)
분말	중탄산염류	-	○	○
가스	할론	○	○	○
액체	강화액	○	○	*
	포	○	○	*

* : 조건부 적응성 인정

2024년 제2회 소방설비기사 CBT 복원문제

61 ★☆☆

스프링클러헤드에서 이용성 금속으로 융착되거나 이용성 물질에 의하여 조립된 것은?

① 프레임(frame)
② 디플렉터(deflector)
③ 유리벌브(glass bulb)
④ 퓨지블링크(fusible link)

SOLUTION

개념
용어 설명

- 프레임(frame) : 스프링클러헤드의 나사부분과 반사판(디플렉터)를 연결하는 이음쇠부분
- 반사판(디플렉터, deflector) : 스프링클러헤드의 방수구에서 유출되는 물을 세분시키는 작용을 하는 것
- 유리벌브(glass bulb) : 감열체 중 유리구 안에 액체 등을 넣어 봉한 것
- 퓨지블링크(fusible link) : 감열체 중 이용성 금속으로 융착되거나 이용성 물질에 의하여 조립된 것

TIP
퓨지블링크(fusible link)에서 앞에 퓨즈(fuse)는 금속이 녹는다는 의미를 가지고 있다. 금속이 융착되기 위해서는 금속이 녹아야하기 때문에 퓨즈(fuse)의 의미를 기억한다면 조금 더 기억하기 쉬울 것이다.

62 ★★★

소화용수설비에 설치하는 채수구의 수는 소요수량이 40[m³] 이상 100[m³] 미만인 경우 몇 개를 설치해야 하는가?

① 1
② 2
③ 3
④ 4

SOLUTION

개념
소화용수설비에 설치하는 채수구의 수

소요수량[m³]	20 이상 40 미만	40 이상 100 미만	100 이상
채수구의 수	1개	2개	3개

63 ★★☆

피난기구의 화재안전기준에 따라 숙박시설·노유자시설 및 의료시설로 사용되는 층에 있어서는 그 층의 바닥면적이 몇 [m²]마다 피난기구를 1개 이상 설치해야 하는가?

① 300
② 500
③ 800
④ 1,000

SOLUTION

개념
피난기구 설치 시 특정소방대상물의 기준면적

특정소방대상물	기준면적마다 1개 이상
숙박시설·노유자시설·의료시설	바닥면적 500[m²]
위락시설·문화집회·운동시설·판매시설·복합용도의 층	바닥면적 800[m²]
계단실형 아파트	각 세대
그 밖의 용도의 층	바닥면적 1,000[m²]

64 ★★☆

물분무소화설비의 가압송수장치로 압력수조의 필요압력을 산출할 때 필요한 것이 아닌 것은?

① 낙차의 환산 수두압
② 물분무헤드의 설계압력
③ 배관의 마찰손실 수두압
④ 소방용 호스의 마찰손실 수두압

SOLUTION

개념
• 물분무소화설비 압력수조의 필요압력

공식정리
$$P = P_1 + P_2 + P_3$$

여기서, P : 필요한 압력[MPa], P_1 : 물분무헤드의 설계압력[MPa]
P_2 : 배관의 마찰손실수두압[MPa], P_3 : 낙차의 환산수두압[MPa]

풀이
물분무소화설비 압력수조의 필요압력 식에서 필요하지 않은 것은 소방용 호스의 마찰손실 수두압이다.

65 ★★☆

차고 또는 주차장에 설치하는 분말소화설비의 소화약제로 옳은 것은?

① 제1종 분말
② 제2종 분말
③ 제3종 분말
④ 제4종 분말

SOLUTION

풀이
차고 또는 주차장에 설치하는 분말소화설비의 소화약제는 제3종 분말로 하여야 한다.

66 ★★☆

포 소화약제의 저장량 설치기준 중 포헤드방식 및 압축공기포 소화설비에 있어서 하나의 방사구역 안에 설치된 포헤드를 동시에 개방하여 표준방사량으로 몇 분간 방사할 수 있는 양 이상으로 하여야 하는가?

① 10
② 20
③ 30
④ 60

SOLUTION

풀이
포헤드방식 및 압축공기 포소화설비에 있어서는 하나의 방사구역 안에 설치된 포헤드를 동시에 개방하여 표준방사량으로 10분간 방사할 수 있는 양 이상으로 하여야 한다.

67 ★☆☆

특별피난계단의 계단실 및 부속실 제연설비의 비상전원은 제연설비를 유효하게 최소 몇 분 이상 작동할 수 있도록 하여야 하는가? (단, 층수가 30층 이상 49층 이하인 경우이다)

① 20
② 30
③ 40
④ 60

SOLUTION

풀이
층수가 30층 이상 49층 이하이거나 높이가 120[m] 이상인 고층건축물의 특별피난계단의 계단실 및 부속실 제연설비의 비상전원은 제연설비를 유효하게 **40분 이상** 작동할 수 있도록 하여야 한다.

TIP
50층 이상의 고층건축물은 제연설비를 유효하게 60분 이상 작동할 수 있도록 하여야 한다.

68 ★☆☆

화재조기진압용 스프링클러설비 헤드의 기준 중 다음 ( ) 안에 알맞은 것은?

> 헤드 하나의 방호면적은 (㉠)[m²] 이상 (㉡)[m²] 이하로 할 것

① ㉠ 2.4, ㉡ 3.7
② ㉠ 3.7, ㉡ 9.1
③ ㉠ 6.0, ㉡ 9.3
④ ㉠ 9.1, ㉡ 13.7

SOLUTION

풀이
화재조기진압용 스프링클러설비의 헤드 하나의 방호면적은 **6.0[m²] 이상 9.3[m²] 이하**로 할 것

69 ★★☆

대형소화기에 충전하는 최소 소화약제의 기준 중 다음 ( ) 안에 알맞은 것은?

> • 분말소화기 : (㉠)[kg] 이상
> • 물소화기 : (㉡)[L] 이상
> • 이산화탄소소화기 : (㉢)[kg] 이상

① ㉠ 30, ㉡ 80, ㉢ 50
② ㉠ 30, ㉡ 50, ㉢ 60
③ ㉠ 20, ㉡ 80, ㉢ 50
④ ㉠ 20, ㉡ 50, ㉢ 60

SOLUTION

개념
대형소화기의 소화약제 충전량

구분	충전량
포소화기	20[L] 이상
강화액소화기	60[L] 이상
물소화기	80[L] 이상
분말소화기	20[kg] 이상
할로겐화합물소화기	30[kg] 이상
이산화탄소소화기	50[kg] 이상

70 ★★☆

개방형스프링클러헤드 30개를 설치하는 경우 급수관의 구경은 몇 [mm]로 하여야 하는가?

① 65
② 80
③ 90
④ 100

SOLUTION

개념
스프링클러헤드 수별 급수관의 구경

	25[mm]	32[mm]	40[mm]	50[mm]	65[mm]
폐쇄형 헤드수	2	3	5	10	30
개방형 헤드수	1	2	5	8	15

	80[mm]	90[mm]	100[mm]	125[mm]	150[mm]
폐쇄형 헤드수	60	80	100	160	161 이상
개방형 헤드수	27	40	55	90	91 이상

풀이
개방형 스프링클러헤드 개수는 30개이므로 27개가 넘는다. 그러므로 40개에 해당하는 구경 90[mm]로 해야한다.

71 ★★★

물분무소화설비의 소화작용이 아닌 것은?

① 부촉매작용 ② 냉각작용
③ 질식작용 ④ 희석작용

SOLUTION

개념
부촉매작용
연소의 연쇄반응을 차단하는 작용

풀이
부촉매작용을 활용하여 소화하는 약제는 할로겐화합물소화약제이다. 물분무소화설비의 소화작용은 냉각작용, 질식작용, 희석작용 등이 있다.

72 ★★★

스프링클러설비의 교차배관에서 분기되는 지점을 기점으로 한쪽 가지배관에 설치되는 간이헤드는 몇 개 이하로 설치하여야 하는가? (단, 수리학적 배관방식의 경우는 제외한다)

① 8 ② 10
③ 12 ④ 18

SOLUTION

개념
스프링클러설비 가지배관의 배열
- 교차배관에서 분기되는 지점을 기준으로 한쪽 가지배관에 설치되는 간이헤드의 개수는 8개 이하이어야 한다.
- 토너먼트 방식이 아니어야 한다.
- 가지배관과 스프링클러헤드 사이의 배관을 신축배관으로 하는 경우에는 소방청장이 정하여 고시한 기준에 적합한 것으로 설치하여야 한다.

73 ★★☆

스프링클러설비의 누수로 인한 유수검지장치의 오작동을 방지하기 위한 목적으로 설치하는 것은?

① 솔레노이드 밸브 ② 리타딩 챔버
③ 물올림 장치 ④ 성능시험배관

SOLUTION

개념
리타딩챔버의 역할
- 자동경보밸브의 오보(오작동) 방지
- 압력스위치의 손상을 방지

74 ★★★

분말소화설비의 분말소화약제 1[kg]당 저장용기의 내용적 기준으로 틀린 것은?

① 제1종 분말 : 0.8[L] ② 제2종 분말 : 1.0[L]
③ 제3종 분말 : 1.0[L] ④ 제4종 분말 : 1.8[L]

SOLUTION

개념
분말소화약제 저장용기의 내용적

소화약제의 종류	소화약제 1[kg] 당 저장용기의 내용적
제1종 분말(탄산수소나트륨)	0.8[L]
제2종 분말(탄산수소칼륨)	1[L]
제3종 분말(제1인산암모늄)	1[L]
제4종 분말(탄산수소칼륨 + 요소)	1.25[L]

75 ★☆☆

인명구조기구의 화재안전기준에 따라 특정소방대상물의 용도 및 장소별로 설치해야 할 인명구조기구의 기준으로 틀린 것은?

① 지하가 중 지하상가는 인공소생기를 층마다 2개 이상 비치할 것
② 판매시설 중 대규모 점포는 공기호흡기를 층마다 2개 이상 비치할 것
③ 지하층을 포함하는 층수가 7층 이상인 관광호텔은 방열복(또는 방화복), 공기호흡기, 인공소생기를 각 2개 이상 비치할 것
④ 물분무등소화설비 중 이산화탄소 소화설비를 설치해야 하는 특정소방대상물은 공기호흡기를 이산화탄소 소화설비가 설치된 장소의 출입구 외부 인근에 1대 이상 비치할 것

SOLUTION

개념
인명구조기구의 설치대상 및 수량

특정소방대상물	인명구조기구의 종류	설치 수량
• 지하층을 포함하는 층수가 7층 이상인 관광호텔 및 5층 이상인 병원	• 방열복 또는 방화복 • 공기호흡기 • 인공소생기	• 각 2개 이상 비치할 것(병원의 경우 인공소생기를 설치하지 않을 수 있음)
• 문화 및 집회시설 중 수용인원 100명 이상의 영화상영관 • 판매시설 중 대규모 점포 • 운수시설 중 지하역사 • 지하가 중 지하상가	• 공기호흡기	• 층마다 2개 이상 비치할 것(각 층마다 갖추어 두어야 할 공기호흡기 중 일부를 직원이 상주하는 인근 사무실에 갖추어 둘 수 있음)
• 물분무등소화설비 중 이산화탄소화설비를 설치하는 특정소방대상물	• 공기호흡기	• 이산화탄소소화설비가 설치된 장소의 출입구 외부 인근에 1대 이상 비치할 것

76 ★★★

소화기구 및 자동소화장치의 화재안전기준상 소화기구의 소화약제별 적응성 중 C급 화재에 적응성이 없는 소화약제는?

① 마른 모래
② 할로겐화합물 및 불활성기체 소화약제
③ 이산화탄소 소화약제
④ 중탄산염류 소화약제

SOLUTION

개념
소화기구의 소화약제별 적응성

소화약제		일반화재 (A급화재)	유류화재 (B급 화재)	전기화재 (C급 화재)
분말	중탄산염류	-	○	○
기타	마른모래	○	○	-
가스	이산화탄소	-	○	○
	할로겐화합물 및 불활성 기체	○	○	○

77 ★★☆

포소화설비의 화재안전기준에 따라 포소화설비 송수구의 설치기준에 대한 설명으로 옳은 것은?

① 구경 65[mm]의 쌍구형으로 할 것
② 지면으로부터 높이가 0.5[m] 이상 1.5[m] 이하의 위치에 설치할 것
③ 하나의 층 바닥면적이 2,000[m²]를 넘을 때마다 1개 이상을 설치할 것
④ 송수구의 가까운 부분에 자동배수밸브(또는 직경 3[mm]의 배수공) 및 안전밸브를 설치할 것

SOLUTION

개념
포소화설비 송수구의 설치기준
• 구경 65[mm]의 쌍구형으로 할 것
• 하나의 층의 바닥면적이 3,000[m²]를 넘을 때마다 1개 이상(최대 5개)를 설치할 것
• 지면으로부터 높이가 0.5[m] 이상 1[m] 이하의 위치에 설치할 것
• 송수구의 가까운 부분에 자동배수밸브(또는 직경 5[mm] 배수공) 및 체크밸브를 설치할 것

78 ★★★

포소화설비에서 펌프의 토출관에 압입기를 설치하여 포소화약제 압입용 펌프로 포소화약제를 압입시켜 혼합하는 방식은?

① 라인 프로포셔너
② 펌프 프로포셔너
③ 프레셔 프로포셔너
④ 프레셔사이드 프로포셔너

SOLUTION

개념
프레셔사이드 프로포셔너
펌프의 토출관에 압입기를 설치하여 포소화약제 압입용펌프로 포소화약제를 압입시켜 혼합하는 방식

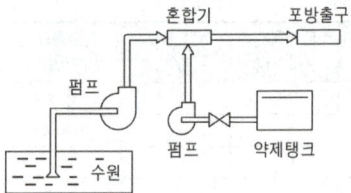

79 ★★☆

제연설비의 화재안전기준에 따른 배출풍도의 설치기준 중 다음 ( ) 안에 알맞은 것은?

> 배출기의 흡입측 풍도 안의 풍속은 (㉠)[m/s] 이하로 하고 배출측 풍속은 (㉡)[m/s] 이하로 할 것

① ㉠ 15, ㉡ 10
② ㉠ 10, ㉡ 15
③ ㉠ 20, ㉡ 15
④ ㉠ 15, ㉡ 20

SOLUTION

개념
제연설비의 풍속

조건	풍속
예상제연구역의 공기유입 풍속	5[m/s] 이하
배출기의 흡입측 풍속	15[m/s] 이하
배출기의 배출측 풍속	20[m/s] 이하

80 ★★☆

이산화탄소소화설비의 화재안전기준에 따라 케이블실에 전역방출방식으로 이산화탄소소화설비를 설치하고자 한다. 방호구역 체적은 750[m³], 개구부의 면적은 3[m²]이고, 개구부에는 자동폐쇄장치가 설치되어 있지 않다. 이때 필요한 소화약제의 양은 최소 몇 [kg] 이상인가?

① 930
② 1,005
③ 1,230
④ 1,530

SOLUTION

개념
- 소화약제의 저장량

공식
$$Q = V \times K_1 + A \times K_2$$

여기서, Q : 소화약제의 저장량[kg], V : 방호구역의 체적[m³]
K_1 : 방호구역 1[m³]에 대한 소화약제의 양[kg/m³]
A : 방호구역의 개구부면적[m²]
K_2 : 개구부 가산량(자동폐쇄장치가 없는 경우)[kg/m²]

- 전역방출방식 이산화탄소설비의 소화약제 저장량

방호대상물	방호구역 1[m³]에 대한 소화약제의 양[kg/m³]	개구부 가산량(자동폐쇄장치가 없는 경우)[kg/m²]
유압기기를 제외한 전기설비 (체적 55[m³] 이상), 케이블실	1.3	10
체적 55[m³] 미만의 전기설비	1.6	10
서고, 전자제품창고, 목재가공품창고, 박물관	2.0	10
고무류·면화류창고, 모피창고, 석탄창고, 집진설비	2.7	10

풀이
케이블실의 경우 $K_1 = 1.3[kg/m^3]$, $K_2 = 10[kg/m^2]$이다. 소화약제의 저장량 공식에 문제에서 주어진 값과 케이블실에 해당하는 값들을 대입하면
$Q = V \times K_1 + A \times K_2 = 750 \times 1.3 + 3 \times 10 = 1,005[kg]$
∴ $Q = 1,005[kg]$

2024년 제3회 소방설비기사 CBT 복원문제

61 ★★★

포소화설비의 화재안전기준상 압축공기포소화설비의 분사헤드를 유류탱크 주위에 설치하는 경우 바닥면적 몇 [m²]마다 1개 이상 설치하여야 하는가?

① 9.3
② 10.8
③ 12.3
④ 13.9

SOLUTION

개념
압축공기포소화설비의 분사헤드

구분	설치개수
유류탱크 주위	13.9[m²]마다 1개 이상
특수가연물 저장소	9.3[m²]마다 1개 이상

62 ★★★

피난기구의 화재안전기준상 의료시설에 구조대를 설치해야할 층이 아닌 것은?

① 2
② 3
③ 4
④ 5

SOLUTION

개념
소방대상물의 설치장소별 피난기구의 적응성

	1층	2층	3층	4층 이상 10층 이하
의료시설·근린생활시설 중 입원실이 있는 의원·접골원·조산원	-	-	• 미끄럼대 • 구조대 • 피난교 • 피난용트랩 • 다수인피난장비 • 승강식피난기	• 구조대 • 피난교 • 피난용트랩 • 다수인피난장비 • 승강식피난기

풀이
의료시설의 경우 3층과 4층 이상 10층 이하에 해당하는 층에 구조대를 설치하여야 한다. 여기에 해당하지 않는 층은 2층이다.

63 ★★☆

스프링클러설비의 화재안전기준상 조기반응형 스프링클러헤드를 설치해야 하는 장소가 아닌 것은?

① 수련시설의 침실
② 공동주택의 거실
③ 오피스텔의 침실
④ 병원의 입원실

SOLUTION

개념
조기반응형 스프링클러헤드의 설치장소
- 공동주택의 거실
- 노유자시설의 거실
- 오피스텔의 침실
- 숙박시설의 침실
- 병원의 입원실

64 ★★☆

분말소화설비의 화재안전기준상 차고 또는 주차장에 설치하는 분말소화설비의 소화약제는?

① 인산염을 주성분으로 한 분말
② 탄산수소칼륨을 주성분으로 한 분말
③ 탄산수소칼륨과 요소가 화합된 분말
④ 탄산수소나트륨을 주성분으로 한 분말

SOLUTION

개념
분말소화약제의 종류 및 적응화재
- 제1종 분말 : 탄산수소나트륨($NaHCO_3$) → 적응화재 : B, C급
- 제2종 분말 : 탄산수소칼륨($KHCO_3$) → 적응화재 : B, C급
- 제3종 분말 : 제1인산암모늄($NH_4H_2PO_4$) → 적응화재 : A, B, C급
- 제4종 분말 : 탄산수소칼륨($KHCO_3$) + 요소($CO(NH_2)_2$) → 적응화재 : B, C급

풀이
차고 또는 주차장에 설치하는 분말소화설비의 소화약제는 제3종 분말로 하여야 한다. 제3종 분말의 주성분은 인산염이다.

정답 61 ④ 62 ① 63 ① 64 ①

65 ★☆☆

난방설비가 없는 교육장소에 비치하는 소화기로 가장 적합한 것은? (단, 교육장소의 겨울 최저온도는 -15[℃]이다)

① 화학포소화기 ② 기계포소화기
③ 산알칼리 소화기 ④ ABC 분말소화기

SOLUTION

개념
소화기별 사용온도범위

소화기의 종류	사용온도[℃]
강화액, 분말	-20 이상 40 이하
그 밖의 소화기	0 이상 40 이하

풀이
난방설비가 없는 교육장소는 동결의 위험이 가장 낮은 소화기를 사용해야 한다. 그러므로 사용온도가 낮은 강화액 소화기 또는 분말 소화기를 사용해야 한다. 보기에서 ABC 분말 소화기는 분말소화기에 속하기 때문에 난방설비가 없는 교육장소에 사용할 수 있다.

66 ★★☆

포소화설비의 화재안전기준상 차고·주차장에 설치하는 포소화전설비의 설치 기준 중 다음 (   ) 안에 알맞은 것은? (단, 1개 층의 바닥면적이 200[m²] 이하인 경우는 제외한다)

> 특정소방대상물의 어느 층에 있어서도 그 층에 설치된 포소화전방수구(포소화전방수구가 5개 이상 설치된 경우에는 5개)를 동시에 사용할 경우 각 이동식 포노즐선단의 포수용액 방사압력이 (㉠)[MPa] 이상이고 (㉡)[L/min] 이상의 포수용액을 수평거리 15[m] 이상으로 방사할 수 있도록 할 것

① ㉠ 0.25, ㉡ 230
② ㉠ 0.25, ㉡ 300
③ ㉠ 0.35, ㉡ 230
④ ㉠ 0.35, ㉡ 300

SOLUTION

개념
차고·주차장에 설치하는 포소화전설비의 기준
- 방사압력 : 0.35[MPa] 이상
- 방출량 : 300[L/min] 이상(단, 1개 층의 바닥면적이 200[m²] 이하인 경우 230[L/min] 이상)
- 방사능력 : 수평거리 15[m] 이상
- 약제 : 저발포 포소화약제 사용

67 ★★☆

스프링클러소화설비의 배관 내 압력이 얼마 이상일 때 압력배관용 탄소강관을 사용해야 하는가?

① 0.1[MPa] ② 0.5[MPa]
③ 0.8[MPa] ④ 1.2[MPa]

SOLUTION

개념
스프링클러설비의 배관 내 사용압력

배관 내 사용압력	배관의 종류
1.2[MPa] 미만	• 배관용 탄소강관 • 이음매 없는 구리 및 구리합금관(다만, 습식의 배관에 한함) • 배관용 스테인리스강관 또는 일반 배관용 스테인리스강관 • 덕타일 주철관
1.2[MPa] 이상	• 압력 배관용 탄소강관 • 배관용 아크 용접 탄소강관

68 ★☆☆

오피스텔에서는 모든 층에 주거용 주방자동소화장치를 설치해야 하는데, 몇 층 이상인 경우 이러한 조치를 취해야 하는가?

① 15층 이상 ② 20층 이상
③ 25층 이상 ④ 층수 무관

SOLUTION

개념
주거용 주방자동소화장치 설치대상
- 아파트 등(모든 층, 층수 무관)
- 오피스텔(모든 층, 층수무관)

69 ★☆☆

층수가 10층인 일반창고에 습식 폐쇄형 스프링클러헤드가 설치되어 있다면 이 설비에 필요한 수원의 양은 얼마 이상이어야 하는가? (단, 이 창고는 특수가연물을 저장·취급하지 않는 일반물품을 적용하고, 헤드가 가장 많이 설치된 층은 8층으로서 40개가 설치되어 있다)

① 16[m³] ② 32[m³]
③ 48[m³] ④ 64[m³]

SOLUTION

[개념]
- 폐쇄형 헤드 수원의 저수량

[공식정리]
$$Q = 1.6N$$

여기서, Q : 수원의 저수량[m³]
N : 폐쇄형 헤드의 기준 개수(기준개수 보다 적은 경우에는 설치 개수)

- 폐쇄형 헤드의 기준개수

스프링클러설비의 설치장소			기준개수
지하층을 제외한 층수가 10층 이하인 특정소방대상물	공장 또는 창고 (렉크식 창고 포함)	특수가연물을 저장·취급하는 것	30
		그 밖의 것	20

[풀이]
폐쇄형 헤드 수원의 저수량 공식에 문제에서 해당하는 설치장소의 기준개수를 대입하면

$Q = 1.6N = 1.6 \times 20 = 32[m^3]$

∴ $Q = 32[m^3]$

70 ★★★

케이블트레이에 물분무소화설비를 설치하는 경우 저장하여야 할 수원의 최소 저수량은 몇 [m³]인가? (단, 케이블트레이의 투영된 바닥면적은 70[m²]이다)

① 12.4 ② 14
③ 16.8 ④ 28

SOLUTION

[개념]
물분무소화설비의 수원

설치장소	가압송수장치 토출량[L/min·m²]	방수시간 [min]	기준면적 [m²]
특수가연물을 저장·취급하는 특정소방대상물	10	20	바닥면적 (최소 50[m²])
절연유 봉입 변압기	10		바닥부분을 제외한 표면적
컨베이어 벨트 (콘베이어 벨트)	10		벨트 부분의 바닥면적
케이블트레이, 케이블 덕트	12		투영된 바닥면적
차고·주차장	20		바닥면적 (최소 50[m²])

[풀이]
케이블트레이에 물분무소화설비를 설치하는 경우의 수원 최소 저수량을 식으로 정리하면

케이블트레이 = 가압송수장치토출량 × 방수시간 × 기준면적
= 12 × 20 × 70 = 16,800[L] = 16.8[m³]

∴ 케이블트레이 = 16.8[m³]

[단위환산]
- 부피 $16,800[L] = \dfrac{16,800}{1,000}[m^3] = 16.8[m^3]$

71 ★☆☆

옥외소화전설비 설치 시 고가수조의 자연 낙차를 이용한 가압송수장치의 설치기준 중 고가수조의 최소 자연낙차수두 산출 공식으로 옳은 것은? (단, H : 필요한 낙차[m], h_1 : 소방용 호스 마찰손실 수두[m], h_2 : 배관의 마찰손실 수두[m]이다)

① $H = h_1 + h_2 + 25$
② $H = h_1 + h_2 + 17$
③ $H = h_1 + h_2 + 12$
④ $H = h_1 + h_2 + 10$

SOLUTION

개념
옥외소화전설비 고가수조방식의 자연낙차수두

공식/정리
$$H = h_1 + h_2 + 25$$

여기서, H : 필요한 낙차[m], h_1 : 호스의 마찰손실수두[m]
h_2 : 배관의 마찰손실수두[m]

TIP
공식에서 25는 옥외소화전설비의 규정방수압인 0.25[MPa]를 수두로 환산했을 때 나오는 값이다.

72 ★★★

물분무소화설비 수원의 저수량 설치기준으로 옳지 않은 것은?

① 특수가연물을 저장 또는 취급하는 특정소방대상물 또는 그 부분에 있어서 그 바닥면적 1[m²]에 대하여 10[l/min]으로 20분간 방수할 수 있는 양 이상으로 할 것
② 차고 또는 주차장은 그 바닥면적 1[m²]에 대하여 20[l/min]으로 20분간 방수할 수 있는 양 이상으로 할 것
③ 케이블 덕트는 투영된 바닥면적 1[m²]에 대하여 12[l/min]으로 20분간 방수할 수 있는 양 이상으로 할 것
④ 콘베이어 벨트 등은 벨트부분의 바닥면적 1[m²]에 대하여 20[l/min]으로 20분간 방수할 수 있는 양 이상으로 할 것

SOLUTION

개념
물분무소화설비의 수원

설치장소	가압송수장치 토출량[L/min·m²]	방수시간 [min]	기준면적 [m²]
특수가연물을 저장·취급하는 특정소방대상물	10	20	바닥면적 (최소 50[m²])
절연유 봉입 변압기	10	20	바닥부분을 제외한 표면적
컨베이어 벨트 (콘베이어 벨트)	10	20	벨트부분의 바닥면적
케이블트레이, 케이블 덕트	12	20	투영된 바닥면적
차고·주차장	20	20	바닥면적 (최소 50[m²])

71 ① 72 ④

73 ★★☆

할로겐화합물 소화약제 저장용기의 설치기준 중 다음 ( ) 안에 알맞은 것은?

> 축압식 저장용기의 압력은 온도 20[℃]에서 할론 1301을 저장하는 것은 (㉠)[MPa] 또는 (㉡)[MPa]이 되도록 질소가스로 축압할 것

① ㉠ 2.5, ㉡ 4.2
② ㉠ 2.0, ㉡ 3.5
③ ㉠ 1.5, ㉡ 3.0
④ ㉠ 1.1, ㉡ 2.5

SOLUTION

개념

할론소화약제 축압식 저장용기(20[℃] 기준)

구분	할론 1301	할론 1211
저장용기의 압력	2.5[MPa] 또는 4.2[MPa]	1.1[MPa] 또는 2.5[MPa]
축압가스	질소가스	

74 ★★☆

제연설비 설치장소의 제연구역 구획 기준으로 틀린 것은?

① 하나의 제연구역의 면적은 1,000[m²] 이내로 할 것
② 하나의 제연구역은 직경 60[m] 원 내에 들어갈 수 있을 것
③ 하나의 제연구역은 3개 이상 층에 미치지 아니하도록 할 것
④ 통로상의 제연구역은 보행중심선의 길이가 60[m]를 초과하지 아니할 것

SOLUTION

개념

제연설비의 설치장소
- 하나의 제연구역의 면적은 1,000[m²] 이내로 할 것
- 하나의 제연구역은 직경 60[m] 원 내에 들어갈 수 있을 것
- 하나의 제연구역은 2개 이상의 층에 미치지 아니하도록 할 것. 다만, 층의 구분이 불분명한 부분은 그 부분을 다른 부분과 별도로 제연구획 할 것
- 통로상의 제연구역은 보행중심선의 길이가 60[m]를 초과하지 아니할 것
- 거실과 통로(복도 포함)는 각각 제연구획 할 것

75 ★★☆

완강기의 최대사용하중은 몇 [N] 이상의 하중이어야 하는가?

① 800
② 1,000
③ 1,200
④ 1,500

SOLUTION

개념

완강기의 하중 및 최대사용자수
- 최대사용하중은 1,500[N] 이상의 하중일 것
- 최소사용하중은 250[N] 이상의 하중일 것
- 최대사용자수(1회에 강하할 수 있는 사용자의 최대수)는 최대사용하중을 1,500[N]을 나누어서 얻은 값으로 할 것

76 ★★★

소화기구의 소화약제별 적응성 중 C급 화재에 적응성이 없는 소화약제는?

① 마른 모래
② 할로겐화합물 및 불활성기체 소화약제
③ 이산화탄소 소화약제
④ 중탄산염류 소화약제

SOLUTION

개념

소화기구의 소화약제별 적응성

	소화약제	일반화재 (A급화재)	유류화재 (B급 화재)	전기화재 (C급 화재)
분말	중탄산염류	-	○	○
기타	마른모래	○	○	-
가스	이산화탄소	-	○	○
	할로겐화합물 및 불활성 기체	○	○	○

77 ★☆☆

분말소화설비에서 사용하지 않는 밸브는?

① 드라이밸브 ② 클리닝밸브
③ 안전밸브   ④ 배기밸브

SOLUTION

풀이
드라이밸브는 건식 스프링클러설비에서 사용한다.

TIP
분말 자체가 이미 가루 입자의 형태이기 때문에 굳이 드라이 밸브를 사용할 필요 없다고 생각하면 좀 더 기억하기 쉽다.

78 ★★☆

액화천연가스(LNG)를 사용하는 아파트 주방에 주방용 자동소화장치를 설치할 경우 탐지부의 설치위치로 옳은 것은?

① 바닥 면으로부터 30[cm] 이하의 위치
② 천장 면으로부터 30[cm] 이하의 위치
③ 가스차단장치로부터 30[cm] 이상의 위치
④ 소화약제 분사 노즐로부터 30[cm] 이상의 위치

SOLUTION

개념
주거용 주방자동소화장치의 설치기준
- 감지부는 형식승인 받은 유효한 높이 및 위치에 설치할 것
- 소화약제 방출구는 환기구의 청소부분과 분리되어 있어야 할 것
- 가스차단 장치는 상시 확인 및 점검이 가능하도록 설치할 것
- 탐지부는 수신부와 분리하여 설치하되, 공기보다 무거운 가스를 사용하는 장소에는 바닥면으로부터 0.3[m] 이하의 위치에 설치할 것
- 탐지부는 수신부와 분리하여 설치하되, 공기보다 가벼운 가스를 사용하는 장소에는 천장면으로부터 0.3[m] 이하의 위치에 설치할 것

풀이
액화천연가스(LNG)는 공기보다 가벼운 가스이기 때문에 천장면으로부터 0.3[m](30[cm]) 이하의 위치에 설치한다.

TIP
액화석유가스(LPG)는 공기보다 무겁기 때문에 바닥면으로부터 0.3[m](30[cm]) 이하의 위치에 설치한다.

79 ★★☆

다음은 포의 팽창비를 설명한 것이다. ㉠ 및 ㉡에 들어갈 용어로 옳은 것은?

> 팽창비라 함은 최종 발생한 포 (㉠)을 원래 포 수용액 (㉡)으로 나눈 값을 말한다.

① ㉠ 체적, ㉡ 중량   ② ㉠ 체적, ㉡ 질량
③ ㉠ 체적, ㉡ 체적   ④ ㉠ 중량, ㉡ 중량

SOLUTION

개념
팽창비

$$팽창비 = \frac{최종\ 발생한\ 포의\ 체적}{원래\ 포\ 수용액\ 체적}$$

80 ★☆☆

피난사다리에 해당되지 않는 것은?

① 미끄럼식 사다리   ② 고정식 사다리
③ 올림식 사다리   ④ 내림식 사다리

SOLUTION

개념
피난사다리의 분류
- 고정식 사다리(수납식, 신축식, 접는식)
- 올림식 사다리
- 내림식 사다리(체인식, 와이어식, 접는식)

2025년 제1회 소방설비기사 CBT 복원문제

61 ★★☆

다음에서 설명하는 기계 제연방식은?

> 화재시 배출기만 작동하여 화재장소의 내부압력을 낮추어 연기를 배출시키며 송풍기는 설치하지 않고 연기를 배출시킬 수 있으나 연기량이 많으면 배출이 완전하지 못한 설비로 화재초기에 유리하다.

① 제1종 기계 제연방식
② 제2종 기계 제연방식
③ 제3종 기계 제연방식
④ 스모크타워 제연방식

SOLUTION

개념
제연방식
- 제1종 기계제연방식 : 제연팬으로 급기와 배기를 동시에 행하는 방식
- 제2종 기계제연방식 : 송풍기로 급기를 하고 자연배기를 하는 방식
- 제3종 기계제연방식 : 배출기로 배기를 하고 자연급기를 하는 방식

62 ★★★

상수도소화용수설비의 화재안전기준상 상수도소화용수설비 소화전의 설치 기준 중 다음 ( ) 안에 알맞은 것은?

> 호칭지름 (㉠)[mm] 이상의 수도배관에 호칭지름 (㉡)[mm] 이상의 소화전을 접속할 것

① ㉠ 65, ㉡ 120
② ㉠ 75, ㉡ 100
③ ㉠ 80, ㉡ 90
④ ㉠ 100, ㉡ 100

SOLUTION

개념
상수도소화용수설비의 설치기준
- 호칭지름 75[mm] 이상의 수도배관에 호칭지름 100[mm] 이상의 소화전을 접속할 것
- 소화전은 소방자동차 등의 진입이 쉬운 도로변 또는 공지에 설치할 것
- 소화전은 특정소방대상물의 수평투영면의 각 부분으로부터 140[m] 이하가 되도록 설치할 것

63 ★★☆

국소방출방식의 분말소화설비 분사헤드는 기준저장량의 소화약제를 몇 초 이내에 방사할 수 있는 것이어야 하는가?

① 60
② 30
③ 20
④ 10

SOLUTION

풀이
국소방출방식 분말소화설비의 분사헤드는 기준저장량의 30초 이내에 방출할 수 있는 것으로 하여야 한다.

64 ★★☆

물분무소화설비의 가압송수장치로 압력수조의 필요압력을 산출할 때 필요한 것이 아닌 것은?

① 낙차의 환산 수두압
② 물분무헤드의 설계압력
③ 배관의 마찰손실 수두압
④ 소방용 호스의 마찰손실 수두압

SOLUTION

개념
물분무소화설비 압력수조의 필요압력

공식
$$P = P_1 + P_2 + P_3$$

여기서, P : 필요한 압력[MPa], P_1 : 물분무헤드의 설계압력[MPa]
P_2 : 배관의 마찰손실수두압[MPa], P_3 : 낙차의 환산수두압[MPa]

풀이
물분무소화설비 압력수조의 필요압력 식에서 필요하지 않은 것은 소방용 호스의 마찰손실수두압이다.

정답 61 ③ 62 ② 63 ② 64 ④

65 ★★☆

할로겐화합물 및 불활성기체 소화설비를 설치할 수 없는 장소의 기준 중 옳은 것은? (단, 소화성능이 인정되는 위험물은 제외할 것)

① 제4류 위험물 및 제6류 위험물 사용
② 제3류 위험물 및 제5류 위험물 사용
③ 제2류 위험물 및 제4류 위험물 사용
④ 제1류 위험물 및 제2류 위험물 사용

SOLUTION

개념
할로겐화합물 및 불활성기체 소화설비 설치제외 장소
- 사람이 상주하는 곳으로써 최대허용 설계농도를 초과하는 장소
- 제3류 위험물 및 제5류 위험물을 저장·보관·사용하는 장소. 다만, 소화성능이 인정되는 위험물은 제외한다.

66 ★★★

물분무소화설비의 소화작용이 아닌 것은?

① 부촉매작용
② 냉각작용
③ 질식작용
④ 희석작용

SOLUTION

개념
부촉매작용
연소의 연쇄반응을 차단하는 작용

풀이
부촉매작용을 활용하여 소화하는 약제는 할로겐화합물소화약제이다. 물분무소화설비의 소화작용은 냉각작용, 질식작용, 희석작용 등이 있다.

67 ★★★

포소화설비에서 펌프의 토출관에 압입기를 설치하여 포소화약제 압입용 펌프로 포소화약제를 압입시켜 혼합하는 방식은?

① 라인 프로포셔너
② 펌프 프로포셔너
③ 프레셔 프로포셔너
④ 프레셔사이드 프로포셔너

SOLUTION

개념
프레셔사이드 프로포셔너
펌프의 토출관에 압입기를 설치하여 포소화약제 압입용펌프로 포소화약제를 압입시켜 혼합하는 방식

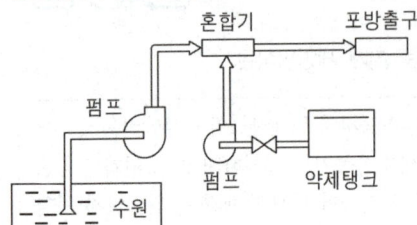

68 ★★☆

분말소화설비의 화재안전기준상 차고 또는 주차장에 설치하는 분말소화설비의 소화약제는?

① 인산염을 주성분으로 한 분말
② 탄산수소칼륨을 주성분으로 한 분말
③ 탄산수소칼륨과 요소가 화합된 분말
④ 탄산수소나트륨을 주성분으로 한 분말

SOLUTION

개념
분말소화약제의 종류 및 적응화재
제1종 분말 : 탄산수소나트륨($NaHCO_3$)
→ 적응화재 : B, C급 화재
제2종 분말 : 탄산수소칼륨($KHCO_3$)
→ 적응화재 : B, C급 화재
제3종 분말 : 제1인산암모늄($NH_4H_2PO_4$)
→ 적응화재 : A, B, C급 화재
제4종 분말 : 탄산수소칼륨($KHCO_3$) + 요소($CO(NH_2)_2$)
→ 적응화재 : B, C급 화재

풀이
차고 또는 주차장에 설치하는 분말소화설비의 소화약제는 제3종 분말로 하여야 한다. 제3종 분말의 주성분은 인산염이다.

69 ★★☆

할로겐화합물 소화약제 저장용기의 설치기준 중 다음 ( ) 안에 알맞은 것은?

> 축압식 저장용기의 압력은 온도 20[℃]에서 할론 1301을 저장하는 것은 (㉠)[MPa] 또는 (㉡)[MPa]이 되도록 질소가스로 축압할 것

① ㉠ 2.5, ㉡ 4.2
② ㉠ 2.0, ㉡ 3.5
③ ㉠ 1.5, ㉡ 3.0
④ ㉠ 1.1, ㉡ 2.5

SOLUTION

개념

할로겐화합물 소화약제 축압식 저장용기(20[℃] 기준)

구분	할론 1301	할론 1211
저장용기의 압력	2.5[MPa] 또는 4.2[MPa]	1.1[MPa] 또는 2.5[MPa]
축압가스	질소가스	

70 ★★★

특정소방대상물별 소화기구의 능력단위의 기준 중 다음 ( ) 안에 알맞은 것은?

특정 소방대상물	소화기구의 능력단위
장례식장 및 의료시설	해당 용도의 바닥면적 (㉠)[m²]마다 능력 단위 1단위 이상
노유자시설	해당 용도의 바닥면적 (㉡)[m²]마다 능력 단위 1단위 이상
위락시설	해당 용도의 바닥면적 (㉢)[m²]마다 능력 단위 1단위 이상

① ㉠ 30, ㉡ 50, ㉢ 100
② ㉠ 30, ㉡ 100, ㉢ 50
③ ㉠ 50, ㉡ 100, ㉢ 30
④ ㉠ 50, ㉡ 30, ㉢ 100

SOLUTION

개념

특정소방대상물별 소화기구의 능력단위

특정소방대상물	소화기구의 능력단위
위락시설	해당 용도의 바닥면적 30[m²]마다 능력단위 1단위 이상
공연장·집회장·관람장·문화재·장례식장·의료시설	해당 용도의 바닥면적 50[m²]마다 능력단위 1단위 이상
근린생활시설·판매시설·운수시설·숙박시설·노유자시설·전시장·공동주택·업무시설·방송통신시설·공장·창고시설·항공기 및 자동차 관련 시설·관광휴게시설	해당 용도의 바닥면적 100[m²]마다 능력단위 1단위 이상
그 밖의 것	해당 용도의 바닥면적 200[m²]마다 능력단위 1단위 이상

건축물의 주요구조부가 내화구조이고, 벽 및 반자의 실내에 면하는 부분이 불연재료·준불연재료 또는 난연재료로 된 특정소방대상물에 있어서는 위 표의 기준면적의 2배를 해당 특정소방대상물의 기준면적으로 한다.

71 ★☆☆

축압식 분말소화기 지시압력계의 정상 사용압력 범위 중 상한 값은?

① 0.68[MPa]
② 0.78[MPa]
③ 0.88[MPa]
④ 0.98[MPa]

SOLUTION

풀이

축압식 분말소화기의 지시압력계의 정상 사용압력 범위는 0.7 ~ 0.98[MPa]이다.

72 ★☆☆

할로겐화합물 및 불활성기체 소화약제 소화설비 중 약제의 저장용기 내에서 저장상태가 기체상태의 압축가스인 소화약제는?

① IG 541
② HCFC BLEND A
③ HFC ~ 227ea
④ HFC-23

SOLUTION

풀이
불활성기체 IG 541은 저장용기 내 기체상태로 저장되어 있다. 나머지 보기들은 저장용기 내 액체상태로 저장되어 있다.

73 ★☆☆

소화용수가 지표면으로부터 내부 수조바닥까지의 깊이가 지하 몇 [m] 이상인 경우에 가압송수장치를 설치해야 하는가?

① 4
② 4.5
③ 5
④ 5.5

SOLUTION

풀이
소화수조 또는 저수조가 지표면으로부터의 깊이(수조 내부 바닥까지의 길이)가 4.5[m] 이상인 지하에 있는 경우에는 가압송수장치(펌프)를 설치해야 한다.

74 ★★☆

분말소화설비의 화재안전기준상 제1종 분말을 사용한 전역방출방식 분말소화설비에서 방호구역의 체적 1[m³]에 대한 소화약제의 양은 몇 [kg]인가?

① 0.24
② 0.60
③ 0.36
④ 0.72

SOLUTION

개념
전역방출방식 분말소화설비

소화약제의 종류	방호구역 1[m³]에 대한 소화약제의 양[kg/m³]	개구부 가산량 [kg/m²]
제1종 분말	0.60	4.5
제2종 분말 또는 제3종 분말	0.36	2.7
제4종 분말	0.24	1.8

75 ★★☆

발전실의 용도로 사용되는 바닥면적이 280[m²]인 발전실에 부속용도별로 추가하여야 할 적응성이 있는 소화기의 최소 수량은 몇 개인가?

① 2
② 4
③ 6
④ 12

SOLUTION

개념
소화기 추가 설치개수

용도별	추가 설치개수
전기설비 (발전실·변전실·송전실·변압기실·배전반실 등)	바닥면적 50[m²]마다 적응성이 있는 소화기 1개 이상
보일러·음식점·의료시설·업무시설 등	바닥면적 25[m²]마다 적응성이 있는 소화기 1개 이상

풀이
발전실에는 바닥면적 50[m²]마다 적응성이 있는 소화기를 1개 이상 설치해야 한다. 바닥면적이 280[m²]이므로

소화기의 개수 $= \dfrac{280}{50} = 5.6 ≒ 6$개이다.

TIP
개수를 구할 때 소수점이 있다면 별도의 지시가 없는 경우에는 올림(절상)을 하면 된다. 5.6을 올림 하면 6개이므로 답은 6개이다.

76 ★★★

소화기구 및 자동소화장치의 화재안전기준상 대형소화기의 정의 중 다음 (   ) 안에 알맞은 것은?

> 화재 시 사람이 운반할 수 있도록 운반대와 바퀴가 설치되어 있고 능력단위가 A급 (㉠)단위 이상, B급 (㉡) 단위 이상인 소화기를 말한다.

① ㉠ 20, ㉡ 10
② ㉠ 10, ㉡ 20
③ ㉠ 10, ㉡ 5
④ ㉠ 5, ㉡ 10

SOLUTION

개념
능력단위에 따른 소화기의 분류

구분	능력단위
소형소화기	능력단위가 1단위 이상이고 대형소화기의 능력단위 미만인 소화기
대형소화기	A급 10단위 이상, B급 20단위 이상인 소화기

77 ★★★

소화기구 및 자동소화장치의 화재안전기준상 규정하는 화재의 종류가 아닌 것은?

① A급 화재
② B급 화재
③ G급 화재
④ K급 화재

SOLUTION

개념
화재의 종류와 정의

화재의 종류	정의
일반화재(A급 화재)	나무, 섬유, 종이, 고무와 같은 일반 가연물이 타고나서 재가 남는 화재
유류화재(B급 화재)	인화성 액체, 가연성 액체, 인화성 가스와 같은 유류가 타고 나서 재가 남지 않는 화재
전기화재(C급 화재)	전기기기, 전기배선과 관련된 화재
금속화재(D급 화재)	가연성 금속에서 일어나는 화재
주방화재(K급 화재)	주방에서 동식물유를 취급하는 조리기구에서 일어나는 화재

78 ★☆☆

이산화탄소 소화설비에서 방출되는 가스압력을 이용하여 배기덕트를 차단하는 장치는?

① 방화셔터
② 피스톤릴리져댐퍼
③ 가스체크밸브
④ 방화댐퍼

SOLUTION

개념
피스톤릴리져댐퍼
이산화탄소 소화설비에서 방출되는 가스압력을 이용하여 배기덕트를 차단하는 장치이다.

79 ★☆☆

할론소화설비의 화재안전기기준상 자동차차고나 주차장에 할론 1301 소화약제로 전역방출방식의 소화설비를 설치한 경우 방호구역의 체적 1[m³]당 얼마의 소화약제가 필요한가?

① 0.32[kg] 이상 0.64[kg] 이하
② 0.36[kg] 이상 0.71[kg] 이하
③ 0.40[kg] 이상 1.10[kg] 이하
④ 0.60[kg] 이상 0.71[kg] 이하

SOLUTION

개념
전역방출방식 할론1301의 약제량

특정소방대상물 또는 그 부분		방호구역 1[m³]당 소화약제의 양[kg/m³]
차고 · 주차장 · 전기실 · 통신기기실 · 전산실		0.32 이상 0.64 이하
특수가연물을 저장 · 취급하는 특정소방대상물 또는 그 부분	가연성 고체류 · 가연성 액체류	0.32 이상 0.64 이하
	면화류 · 나무껍질 및 대팻밥 · 넝마 및 종이부스러기 · 사류 · 볏집류 · 목재가공품 및 나무부스러기	0.52 이상 0.64 이하
	합성수지류	0.32 이상 0.64 이하

정답 76 ② 77 ③ 78 ② 79 ①

80 ★★★

소화기구 및 자동소화장치의 화재안전기준상 재가 타고 나서 재가 남는 일반 화재에 해당하는 일반 가연물은?

① 타르
② 고무
③ 유성도료
④ 솔벤트

SOLUTION

개념
화재의 종류와 정의

화재의 종류	정의
일반화재(A급 화재)	나무, 섬유, 종이, 고무와 같은 일반 가연물이 타고나서 재가 남는 화재
유류화재(B급 화재)	인화성 액체, 가연성 액체, 인화성 가스와 같은 유류가 타고 나서 재가 남지 않는 화재
전기화재(C급 화재)	전기기기, 전기배선과 관련된 화재
금속화재(D급 화재)	가연성 금속에서 일어나는 화재
주방화재(K급 화재)	주방에서 동식물유를 취급하는 조리기구에서 일어나는 화재

풀이
타고 나서 재가 남는 일반화재는 A급 화재이다. 그리고 A급 화재에 해당하는 가연물은 나무, 섬유, 종이, 고무, 플라스틱류 등이 있다.

2025년 제2회 소방설비기사 [CBT 복원문제]

61 ★★★

상수도소화용수설비의 화재안전기준상 상수도소화용수설비 소화전의 설치 기준 중 다음 ( ) 안에 알맞은 것은?

> 호칭지름 (㉠)[mm] 이상의 수도배관에 호칭지름 (㉡)[mm] 이상의 소화전을 접속할 것

① ㉠ 65, ㉡ 120
② ㉠ 75, ㉡ 100
③ ㉠ 80, ㉡ 90
④ ㉠ 100, ㉡ 100

SOLUTION

개념
상수도소화용수설비의 설치기준

- 호칭지름 75[mm] 이상의 수도배관에 호칭지름 100[mm] 이상의 소화전을 접속할 것
- 소화전은 소방자동차 등의 진입이 쉬운 도로변 또는 공지에 설치할 것
- 소화전은 특정소방대상물의 수평투영면의 각 부분으로부터 140[m] 이하가 되도록 설치할 것

62 ★★☆

소화수조 및 저수조의 화재안전기준에 따라 소화수조의 채수구는 소방차가 최대 몇 [m] 이내의 지점까지 접근할 수 있도록 설치하여야 하는가?

① 1
② 2
③ 3
④ 4

SOLUTION

풀이
채수구 또는 흡수관투입구의 설치기준

- 소화수조 및 저수조의 채수구 또는 흡수관투입구는 소방차가 2[m] 이내의 지점까지 접근할 수 있는 위치에 설치할 것
- 지하에 설치하는 소방용수설비의 흡수관투입구는 그 한 변이 0.6[m] 이상이거나 직경이 0.6[m] 이상인 것으로 하고, 소요수량이 80[m³] 미만인 것은 1개 이상, 80[m³] 이상인 것은 2개 이상을 설치할 것

80 ② / 61 ② 62 ②

63 ★★★

스프링클러설비의 화재안전기준상 스프링클러헤드 설치 시 살수가 방해되지 아니하도록 벽과 스프링클러헤드간의 공간은 최소 몇 [cm] 이상으로 하여야 하는가?

① 60
② 30
③ 20
④ 10

SOLUTION

개념
스프링클러헤드의 공간

구분	거리
벽과 스프링클러헤드 간의 공간	10[cm] 이상
스프링클러헤드의 자체 공간	반경 60[cm] 이상
스프링클러헤드와 부착면 간의 공간	30[cm] 이하

64 ★★☆

옥외소화전설비의 화재안전기준상 옥외소화전설비에서 성능시험배관의 직관부에 설치된 유량측정장치는 펌프 및 정격토출량의 최소 몇 % 이상 측정할 수 있는 성능이 있어야 하는가?

① 175
② 150
③ 75
④ 50

SOLUTION

개념
옥외소화전설비 성능시험배관의 설치기준
- 펌프의 토출측에 설치된 개폐밸브 이전에 분기하여 직선으로 설치하여야 한다.
- 유량측정장치를 기준으로 전단 직관부에 개폐밸브를 설치하여야 한다.
- 유량측정장치를 기준으로 후단 직관부에 유량조절밸브를 설치하여야 한다.
- 유량측정장치는 펌프의 정격토출량 175[%] 이상 측정할 수 있는 성능이 있어야 한다.

65 ★★★

바닥면적이 1,300[m²]인 판매시설에 소화기구를 설치하려 한다. 소화기구의 최소 능력단위는 얼마인가? (단, 주요구조부는 내화구조이고, 벽 및 반자의 실내에 면하는 부분이 불연재료이다)

① 7단위
② 10단위
③ 9단위
④ 13단위

SOLUTION

개념
특정소방대상물별 소화기구의 능력단위

특정소방대상물	소화기구의 능력단위
위락시설	해당 용도의 바닥면적 30[m²]마다 능력단위 1단위 이상
공연장·집회장·관람장·문화재·장례식장 및 의료시설	해당 용도의 바닥면적 50[m²]마다 능력단위 1단위 이상
근린생활시설·판매시설·운수시설·숙박시설·노유자시설·전시장·공동주택·업무시설·방송통신시설·공장·창고시설·항공기 및 자동차 관련 시설 및 관광휴게시설	해당 용도의 바닥면적 100[m²]마다 능력단위 1단위 이상
그 밖의 것	해당 용도의 바닥면적 200[m²]마다 능력단위 1단위 이상

- 건축물의 주요구조부가 내화구조이고, 벽 및 반자의 실내에 면하는 부분이 불연재료·준불연재료 또는 난연재료로 된 특정소방대상물에 있어서는 위 표의 기준면적의 2배를 해당 특정소방대상물의 기준면적으로 한다.

풀이
판매시설은 해당 용도의 바닥면적 100[m²]마다 능력단위 1단위 이상의 소화기구를 배치한다. 하지만 주요구조부가 내화구조이고, 벽 및 반자의 실내에 면하는 부분이 불연재료로 된 판매시설이기 때문에 2배인 바닥면적 200[m²]마다 능력단위 1단위 이상의 소화기구를 배치한다. 바닥면적이 600[m²]이기 때문에 기준면적으로 나누어주면

능력단위 = $\frac{바닥면적}{기준면적}$ = $\frac{1,300}{200}$ = 6.5 ≒ 7단위

∴ 능력단위 = 7단위

TIP
능력단위를 구할 때 소수점이 있다면 별도의 지시가 없는 경우에는 올림(절상)을 하면 된다. 6.5을 올림 하면 7단위이므로 답은 7단위이다.

66 ★★★

특별피난계단의 계단실 및 부속실 제연설비의 차압 등에 관한 기준 중 옳은 것은?

① 제연설비가 가동되었을 경우 출입문의 개방에 필요한 힘은 130[N] 이하로 하여야 한다.
② 제연구역과 옥내와의 사이에 유지하여야 하는 최소차압은 40[Pa](옥내에 스프링클러설비가 설치된 경우에는 12.5[Pa]) 이상으로 하여야 한다.
③ 피난을 위하여 제연구역의 출입문이 일시적으로 개방되는 경우 개방되지 아니하는 제연구역과 옥내와의 차압은 기준 차압의 60[%] 미만이 되어서는 아니 된다.
④ 계단실과 부속실을 동시에 제연 하는 경우 부속실의 기압은 계단실과 같게 하거나 계단실의 기압보다 낮게 할 경우에는 부속실과 계단실의 압력 차이는 10[Pa] 이하가 되도록 하여야 한다.

SOLUTION

개념
특수피난계단의 계단실 및 부속실 제연설비의 차압 등
- 제연구역과 옥내 사이에 유지하여야 하는 최소차압은 40[Pa](옥내에 스프링클러설비가 설치된 경우는 12.5[Pa]) 이상
- 제연설비가 가동되었을 경우 출입문의 개방에 필요한 힘은 110[N] 이하
- 출입문이 일시적으로 개방되는 경우 개방되지 아니하는 제연구역과 옥내와의 차압은 기준차압의 70[%] 이상
- 계단실과 부속실을 동시에 제연하는 경우 부속실의 기압은 계단실과 같게 하거나 계단실의 기압보다 낮게 할 경우에는 부속실과 계단실의 압력차이는 5[Pa] 이하
- 계단실 및 그 부속실을 동시에 제연하는 것 또는 계단실만 제연 할 때의 방연풍속은 0.5[m/s] 이상

67 ★★☆

미분무소화설비의 화재안전기준상 용어의 정의 중 다음 ( ) 안에 알맞은 것은?

> "미분무"란 물만을 사용하여 소화하는 방식으로 최소설계압력에서 헤드로부터 방출되는 물입자 중 99[%]의 누적체적분포가 (㉠)[μm] 이하로 분무되고 (㉡)급 화재에 적응성을 갖는 것을 말한다.

① ㉠ 400, ㉡ A,B,C ② ㉠ 400, ㉡ B,C
③ ㉠ 200, ㉡ A,B,C ④ ㉠ 200, ㉡ B,C

SOLUTION

개념
미분무
물만을 사용하여 사용하는 방식으로 최소설계압력에서 헤드로부터 방출되는 물입자 중 99[%]의 누적체적분포가 400[μm] 이하로 분무되고 A, B, C급 화재에 적응성을 갖는 것

68 ★★☆

건설현장의 화재안전성능기준에 따른 간이소화장치에 대한 설명으로 옳지 않은 것은?

① 방수량은 분당 65[L] 이상이어야 한다.
② 소화수의 방수압력은 최소 0.17[MPa] 이상이어야 한다.
③ 수원은 20분 이상의 소화수를 공급할 수 있는 양을 확보해야 한다.
④ 간이소화장치란 공사현장에서 화재위험작업 시 신속한 화재 진압이 가능하도록 물을 방수하는 이동식 또는 고정식 형태의 소화장치를 말한다.

SOLUTION

풀이
소화수의 방수압력은 최소 0.1[MPa] 이상이어야 한다.

69 ★★☆

할론소화설비의 화재안전기준상 할론소화약제 저장용기의 설치 기준 중 다음 (   ) 안에 알맞은 것은?

> 축압식 저장용기의 압력은 온도 20[℃]에서 할론 1301을 저장하는 것은 (㉠)[MPa] 또는 (㉡)[MPa]이 되도록 질소가스로 축압하는 것

① ㉠ 2.5, ㉡ 4.2
② ㉠ 2.0, ㉡ 3.5
③ ㉠ 1.5, ㉡ 3.0
④ ㉠ 1.1, ㉡ 2.5

SOLUTION

개념

할론소화약제 축압식 저장용기(20[℃] 기준)

구분	할론 1301	할론 1211
저장용기의 압력	2.5[MPa] 또는 4.2[MPa]	1.1[MPa] 또는 2.5[MPa]
축압가스	질소가스	

70 ★★☆

이산화탄소소화설비의 화재안전기준에 따라 케이블실에 전역방출방식으로 이산화탄소소화설비를 설치하고자 한다. 방호구역 체적은 750[m³], 개구부의 면적은 3[m²]이고, 개구부에는 자동폐쇄장치가 설치되어 있지 않다. 이때 필요한 소화약제의 양은 최소 몇 [kg] 이상인가?

① 930
② 1,005
③ 1,230
④ 1,530

SOLUTION

개념

- 소화약제의 저장량

공식

$$Q = V \times K_1 + A \times K_2$$

여기서, Q : 소화약제의 저장량[kg]
V : 방호구역의 체적[m³]
K_1 : 방호구역 1[m³]에 대한 소화약제의 양[kg/m³]
A : 방호구역의 개구부면적[m²]
K_2 : 개구부 가산량(자동폐쇄장치가 없는 경우)[kg/m²]

- 전역방출방식 이산화탄소설비의 소화약제 저장량

방호대상물	방호구역 1[m³]에 대한 소화약제의 양[kg/m³]	개구부 가산량(자동폐쇄장치가 없는 경우)[kg/m²]
유압기기를 제외한 전기설비(체적 55[m³] 이상), 케이블실	1.3	10
체적 55[m³] 미만의 전기설비	1.6	
서고, 전자제품창고, 목재가공품창고, 박물관	2.0	
고무류·면화류창고, 모피창고, 석탄창고, 집진설비	2.7	

풀이

케이블실의 경우 $K_1 = 1.3$[kg/m³], $K_2 = 10$[kg/m²]이다. 소화약제의 저장량 공식에 문제에서 주어진 값과 케이블실에 해당하는 값들을 대입하면
$Q = V \times K_1 + A \times K_2 = 750 \times 1.3 + 3 \times 10 = 1,005$[kg]
∴ $Q = 1,005$[kg]

71 ★☆☆

피난기구의 설치기준에 관한 설명으로 틀린 것은?

① 피난기구를 설치하는 개구부는 서로 동일직선상의 위치에 있을 것
② 4층 이상의 층에 피난사다리를 설치하는 경우에는 금속성 고정사다리를 설치할 것
③ 미끄럼대는 안전한 강하속도를 유지하도록 하고, 전락방지를 위한 안전조치를 할 것
④ 피난기구는 계단, 피난구 등으로부터 적당한 거리에 있는 안전한 구조로 된 소화활동상 유효한 개구부에 고정하여 설치할 것

SOLUTION

풀이

피난기구를 설치하는 개구부는 화재 시 연소 확대 및 피난 상의 안전을 고려하여 서로 동일직선상이 아닌 위치에 있을 것으로 규정하고 있다. 이는 아래층으로 피난하는 도중 위층에서 발생하는 화염이나 연기에 직접 노출되는 것을 방지하고, 지그재그 형태로 피난 경로를 확보하여 안전성을 높이기 위해서다.

72 ★★☆

제연설비의 화재안전기준에 따른 배출풍도의 설치기준 중 다음 ( ) 안에 알맞은 것은?

> 배출기의 흡입측 풍도안의 풍속은 (㉠)[m/s] 이하로 하고 배출측 풍속은 (㉡)[m/s] 이하로 할 것

① ㉠ 15, ㉡ 10　　② ㉠ 10, ㉡ 15
③ ㉠ 20, ㉡ 15　　④ ㉠ 15, ㉡ 20

SOLUTION

개념

제연설비의 풍속

조건	풍속
예상제연구역의 공기유입 풍속	5[m/s] 이하
배출기의 흡입측 풍속	15[m/s] 이하
배출기의 배출측 풍속	20[m/s] 이하

73 ★★☆

스프링클러설비의 화재안전기준상 스프링클러설비의 배관 내 사용압력이 몇 [MPa] 이상일 때 압력배관용 탄소강관을 사용해야 하는가?

① 0.1　　② 0.5
③ 0.8　　④ 1.2

SOLUTION

개념

스프링클러설비의 배관 내 사용압력

배관 내 사용압력	배관의 종류
1.2[MPa] 미만	• 배관용 탄소강관 • 이음매 없는 구리 및 구리합금관(다만, 습식의 배관에 한함) • 배관용 스테인리스강관 또는 일반 배관용 스테인리스강관 • 덕타일 주철관
1.2[MPa] 이상	• 압력배관용 탄소강관 • 배관용 아크용접 탄소강관

74 ★★★

스프링클러설비의 화재안전기준상 스프링클러설비의 교차배관에서 분기되는 지점을 기점으로 한쪽 가지배관에 설치되는 헤드의 개수는 최대 몇 개 이하인가? (단, 방호구역 안에서 칸막이 등으로 구획하여 헤드를 증설하는 경우와 격자형 배관방식을 채택하는 경우는 제외한다)

① 8　　② 10
③ 12　　④ 15

SOLUTION

개념

스프링클러설비 가지배관의 배열

- 교차배관에서 분기되는 지점을 기준으로 한쪽 가지배관에 설치되는 간이헤드의 개수는 8개 이하이어야 한다.
- 토너먼트 방식이 아니어야 한다.
- 가지배관과 스프링클러헤드 사이의 배관을 신축배관으로 하는 경우에는 소방청장이 정하여 고시한 기준에 적합한 것으로 설치하여야 한다.

75 ★★☆

포소화설비의 화재안전기준상 포헤드를 소방대상물의 천장 또는 반자에 설치하여야 할 경우 헤드 1개가 방호해야 할 바닥면적은 최대 몇 [m²]인가?

① 3　　② 5
③ 7　　④ 9

SOLUTION

개념

포소화설비 포헤드의 설치기준

- 바닥면적 9[m²]마다 1개 이상으로 하여 해당 방호대상물의 화재를 유효하게 소화할 수 있도록 할 것
- 특정소방대상물의 천장 또는 반자에 설치할 것

76 ★★☆

인명구조기구의 화재안전기준상 특정소방대상물의 용도 및 장소별로 설치하여야 할 인명구조기구 종류의 기준 중 다음 ( ) 안에 알맞은 것은?

특정소방대상물	인명구조기구의 종류
물분무등소화설비 중 ( )를 설치하여야 하는 특정 소방대상물	공기호흡기

① 분말소화설비
② 할론소화설비
③ 이산화탄소소화설비
④ 할로겐화합물 및 불활성기체소화설비

SOLUTION

개념
인명구조기의 설치대상

특정소방대상물	인명구조기구의 종류	설치 수량
물분무등소화설비 중 이산화탄소소화설비를 설치하는 특정소방대상물	공기호흡기	이산화탄소소화설비가 설치된 장소의 출입구 외부 인근에 1대 이상 비치할 것

77 ★★☆

소화기구 및 자동소화장치의 화재안전기준에 따라 다음과 같이 간이소화용구를 비치하였을 경우 능력 단위의 합은?

- 삽을 상비한 마른모래 50[L]포 2개
- 삽을 상비한 팽창질석 80[L]포 1개

① 1 단위
② 1.5 단위
③ 2.5 단위
④ 3 단위

SOLUTION

개념
소화약제 외의 것을 이용한 간이소화용구

간이소화용구		능력단위
마른모래	삽을 상비한 50[L]이상의 것 1포	0.5
팽창질석 또는 팽창진주암	삽을 상비한 80[L]이상의 것 1포	

풀이
표를 활용해 능력단위를 구하면
삽을 상비한 마른모래 50[L] 2개 = 0.5단위×2 = 1단위
삽을 상비한 팽창질석 80[L] 1개 = 0.5단위×1 = 0.5단위
- 능력단위의 합 = 1 + 0.5 = 1.5단위
∴ 총 능력단위 = 1.5단위

78 ★★☆

스프링클러설비의 화재안전기준상 개방형스프링클러설비에서 하나의 방수구역을 담당하는 헤드의 개수는 최대 몇 개 이하로 해야 하는가? (단, 방수구역은 나누어져 있지 않고 하나의 구역으로 되어 있다)

① 50
② 40
③ 30
④ 20

SOLUTION

개념
개방형스프링클러설비의 방수구역

- 하나의 방수구역은 2개 층에 미치지 아니할 것
- 방수구역마다 일제개방밸브를 설치할 것
- 하나의 방수구역을 담당하는 헤드의 개수는 50개 이하로 할 것. 다만, 둘 이상의 방수구역으로 나눌 경우에는 하나의 방수구역을 담당하는 헤드의 개수는 25개 이상으로 할 것
- 일제개방밸브의 설치위치는 폐쇄형스프링클러설비의 유수검지장치의 설치 장소 기준에 따르고, 표시는 "일제개방밸브실"이라고 표시할 것

79 ★★☆

건축물에 연결살수설비헤드로서 스프링클러헤드를 설치할 경우 천장 또는 반자의 각 부분으로부터 하나의 헤드까지의 수평거리의 기준은 얼마인가?

① 3.7[m] 이하
② 3.2[m] 이하
③ 2.7[m] 이하
④ 2.3[m] 이하

SOLUTION

풀이
연결살수설비헤드로서 스프링클러헤드를 설치할 경우 천장 또는 반자의 각 부분으로부터 하나의 헤드까지의 수평거리는 2.3[m] 이하이다.

80 ★☆☆

다음 중 피난기구의 설치 감소 조건이 아닌 것은?

① 계단수에 의한 감소
② 건널복도에 의한 감소
③ 층별구조에 의한 감소
④ 비상용 엘리베이터에 의한 감소

SOLUTION

개념
피난기구의 설치 감소 조건
- 계단수에 의한 감소 : 직통계단인 피난계단 또는 특별피난계단이 2개 이상 설치되어 있는 경우 피난기구 설치 개수를 1/2 감소할 수 있다(주요구조부가 내화구조인 층에 한함).
- 건널복도에 의한 감소 : 주요구조부가 내화구조이고 특정 기준에 적합한 건널복도가 설치되어 있는 층에는 건널복도의 수의 2배수를 피난기구 설치 개수에서 뺄 수 있다.
- 층별구조에 의한 감소(노대 설치 등) : 노대(발코니 등)가 피난상 유효하게 설치되어 있는 경우 해당 노대에 면한 거실의 바닥면적은 피난기구 설치 개수 산정을 위한 바닥면적에서 제외할 수 있다. 이는 사실상 해당 공간의 피난기구 설치 부담을 줄여주는 효과가 있다.

풀이
비상용 엘리베이터는 화재 시 소방관의 진입 및 소화 활동을 지원하는 시설이다. 그러므로 비상용 엘리베이터는 피난기구의 설치개수를 감소시키는 조건에 해당하지 않는다.

2025년 제3회 소방설비기사 | CBT 복원문제

61 ★★★

스프링클러설비의 교차배관에서 분기되는 지점을 기점으로 한쪽 가지배관에 설치되는 헤드의 개수는 최대 몇 개인가? (단, 방호구역 안에서 칸막이 등으로 구획하여 헤드를 증설하는 경우와 격자형 배관방식을 채택하는 경우는 제외한다)

① 8
② 10
③ 12
④ 15

SOLUTION

개념
스프링클러설비 가지배관의 배열
- 교차배관에서 분기되는 지점을 기준으로 한쪽 가지배관에 설치되는 간이헤드의 개수는 8개 이하이어야 한다.
- 토너먼트 방식이 아니어야 한다.
- 가지배관과 스프링클러헤드 사이의 배관을 신축배관으로 하는 경우에는 소방청장이 정하여 고시한 기준에 적합한 것으로 설치하여야 한다.

62 ★☆☆

폐쇄형헤드를 사용하는 연결살수설비의 주배관을 옥내소화전설비의 주배관에 접속할 때 접속부분에 설치해야 하는 것은? (단, 옥내소화전설비가 설치된 경우이다)

① 체크밸브
② 게이트밸브
③ 글로브밸브
④ 버터플라이밸브

SOLUTION

풀이
폐쇄형헤드를 사용하는 연결살수설비의 주배관을 옥내소화전설비의 주배관에 접속할 때는 접속부분에 체크밸브를 설치해야 한다.

63 ★★★

포소화설비의 화재안전기준상 포헤드의 설치 기준 중 다음 괄호 안에 알맞은 것은?

> 압축공기포소화설비의 분사헤드는 천장 또는 반자에 설치하되 방호대상물에 따라 측벽에 설치할 수 있으며 유류탱크 주위에는 바닥면적 (㉠)[m²]마다 1개 이상, 특수가연물저장소에는 바닥면적 (㉡)[m²]마다 1개 이상으로 당해 방호대상물의 화재를 유효하게 소화할 수 있도록 할 것

① ㉠ 8, ㉡ 9
② ㉠ 9, ㉡ 8
③ ㉠ 9.3, ㉡ 13.9
④ ㉠ 13.9, ㉡ 9.3

SOLUTION

개념 압축공기포소화설비의 분사헤드

구분	설치개수
유류탱크 주위	13.9[m²]마다 1개 이상
특수가연물 저장소	9.3[m²]마다 1개 이상

64 ★★★

소화기구 및 자동소화장치의 화재안전기준상 일반화재, 유류화재, 전기화재 모두에 적응성이 있는 소화약제는?

① 마른모래
② 인산염류소화약제
③ 중탄산염류소화약제
④ 팽창질석·팽창진주암

SOLUTION

개념 소화기구의 소화약제별 적응성

소화약제		일반화재 (A급화재)	유류화재 (B급 화재)	전기화재 (C급 화재)
분말	인산염류	○	○	○
	중탄산염류	-	○	○
기타	마른모래	○	○	-
	팽창질석·팽창진주암	○	○	-

65 ★★★

물분무소화설비의 화재안전기준상 수원의 저수량 설치 기준으로 틀린 것은?

① 특수가연물을 저장 또는 취급하는 특정소방대상물 또는 그 부분에 있어서 그 바닥면적(최대 방수구역의 바닥면적을 기준으로 하며, 50[m²] 이하인 경우에는 50[m²]) 1[m²]에 대하여 10[ℓ/min]로 20분간 방수할 수 있는 양 이상으로 할 것

② 차고 또는 주차장은 그 바닥면적(최대방수구역의 바닥면적을 기준으로 하며, 50[m²] 이하인 경우에는 50[m²]) 1[m²]에 대하여 20[ℓ/min]로 20분간 방수할 수 있는 양 이상으로 할 것

③ 케이블트레이, 케이블덕트 등은 투영된 바닥면적 1[m²]에 대하여 12[ℓ/min]로 20분간 방수할 수 있는 양 이상으로 할 것

④ 콘베이어 벨트 등은 벨트부분의 바닥면적 1[m²]에 대하여 20[ℓ/min]로 20분간 방수할 수 있는 양 이상으로 할 것

SOLUTION

개념 물분무소화설비의 수원

설치장소	가압송수장치 토출량[L/min·m²]	방수시간 [min]	기준면적 [m²]
특수가연물을 저장· 취급하는 특정소방대상물	10	20	바닥면적 (최소 50[m²])
절연유 봉입 변압기	10		바닥부분을 제외한 표면적
컨베이어 벨트 (콘베이어 벨트)	10		벨트 부분의 바닥면적
케이블트레이, 케이블 덕트	12		투영된 바닥면적
차고·주차장	20		바닥면적 (최소 50[m²])

정답 63 ④ 64 ② 65 ④

66 ★☆☆

화재조기진압용 스프링클러설비의 화재안전기준상 헤드의 설치기준 중 ( ) 안에 알맞은 것은?

> 헤드 하나의 방호면적은 (㉠)[m²] 이상 (㉡)[m²] 이하로 할 것

① ⓐ 2.4, ⓑ 3.7
② ⓐ 3.7, ⓑ 9.1
③ ⓐ 6.0, ⓑ 9.3
④ ⓐ 9.1, ⓑ 13.7

SOLUTION | 풀이

화재조기진압용 스프링클러설비의 헤드 하나의 방호면적은 6.0[m²] 이상 9.3[m²] 이하로 할 것

68 ★★☆

호스릴 분말소화설비 설치 시 하나의 노즐이 1분당 방사하는 제4종 분말소화약제의 기준량은 몇 [kg]인가?

① 9
② 18
③ 27
④ 45

SOLUTION | 개념

호스릴분말소화설비 시 하나의 노즐이 1분당 방사하는 분말소화약제의 기준량
- 제1종 분말 : 분당 45[kg] 이상
- 제2종 또는 제3종 분말 : 분당 27[kg] 이상
- 제4종 분말 : 분당 18[kg] 이상

67 ★★★

포소화설비의 화재안전기준상 펌프의 토출관에 압입기를 설치하여 포 소화약제 압입용 펌프로 포 소화약제를 압입시켜 혼합하는 방식은?

① 라인 프로포셔너 방식
② 펌프 프로포셔너 방식
③ 프레셔 프로포셔너 방식
④ 프레셔사이드 프로포셔너 방식

SOLUTION | 개념

프레셔사이드 프로포셔너
펌프의 토출관에 압입기를 설치하여 포소화약제 압입용펌프로 포소화약제를 압입시켜 혼합하는 방식

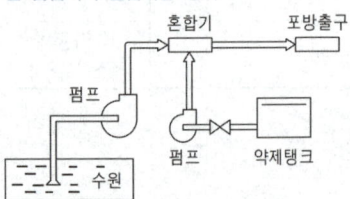

69 ★★★

소화수조 및 저수조의 화재안전기준상 연면적이 40,000[m²]인 특정소방대상물에 소화용수설비를 설치하는 경우 소화수조의 최소 저수량은 몇 [m³]인가? (단, 지상 1층 및 2층의 바닥면적 합계가 15,000[m²] 이상인 경우이다)

① 53.3
② 60
③ 106.7
④ 120

SOLUTION | 개념

소화수조 및 저수조의 저수량

$$저수량 = \frac{연면적}{기준면적}(절상한\ 값) \times 20[m^3]$$

소방대상물의 구분	기준면적[m²]
1층 및 2층의 바닥면적 합계가 15,000[m²] 이상인 특정소방대상물	7,500
그 밖의 특정소방대상물	12,500

1층 및 2층의 바닥면적 합계가 15,000[m²] 이상인 특정소방대상물이므로 기준면적은 7,500[m²]이다. 연면적을 기준면적으로 나누면 $\frac{40,000}{7,500} ≒ 5.33 ≒ 6$(절상)이다. 이 값에 20[m³]을 곱해주면 저수량을 구할 수 있다. 그러므로 저수량 = 6×20 = 120[m³]

∴ 저수량 = 120[m³]

70 ★☆☆

스프링클러설비 본체내의 유수현상을 자동적으로 검지하여 신호 또는 경보를 발하는 장치는?

① 수압개폐장치   ② 물올림장치
③ 일제개방밸브장치   ④ 유수검지장치

SOLUTION

개념
- 수압개폐장치 : 소화설비의 배관 내 압력변동을 검지하여 자동적으로 펌프를 기동 및 정지시키는 장치
- 물올림장치 : 펌프의 설치 위치가 수원보다 높은 경우 펌프 및 흡입 측 배관에서 상시 물을 보급할 수 있도록 하는 장치
- 일제개방밸브장치 : 일제살수식스프링클러에 설치되는 유수검지장치
- 유수검지장치 : 유수현상을 자동적으로 검지하여 신호 또는 경보를 발하는 장치

TIP
유수현상을 자동적으로 검지한다는 것만으로도 유수검지장치를 어느정도 유추할 수 있다.

71 ★☆☆

포소화설비의 화재안전기준에 따라 포소화설비에 소방용 합성수지배관을 설치할 수 있는 경우로 틀린 것은?

① 배관을 지하에 매설하는 경우
② 다른 부분과 내화구조로 구획된 덕트 또는 피트의 내부에 설치하는 경우
③ 동결방지조치로 하거나 동결의 우려가 없는 경우
④ 천장과 반자를 불연재료 또는 준불연재료로 설치하고 그 내부에 습식으로 배관을 설치하는 경우

SOLUTION

개념
소방용 합성수지배관으로 설치할 수 있는 경우
- 배관을 지하에 매설하는 경우
- 다른 부분과 내화구조로 구획된 덕트 또는 피트의 내부에 설치하는 경우
- 천장과 반자를 불연재료 또는 준불연재료로 설치하고 소화배관 내부에 항상 소화수가 채워진 상태로 설치하는 경우

72 ★★☆

간이스프링클러설비의 화재안전기술기준에 따라 펌프를 이용하는 가압송수장치를 설치하는 경우에 있어서의 정격토출압력은 가장 먼 가지배관에서 2개의 간이헤드를 동시에 개방할 경우 간이헤드 선단의 방수압력은 몇 [MPa] 이상인가?

① 0.1   ② 1.4
③ 3.5   ④ 0.35

SOLUTION

풀이
펌프를 이용하는 가압송수장치를 설치하는 경우, 가장 먼 가지배관에서 2개의 간이헤드를 동시에 개방할 경우 각각의 간이헤드 선단 방수압력은 0.1[MPa] 이상이어야 한다.

73 ★★★

소화기구 및 자동소화장치의 화재안전기준상 소화기구의 소화약제별 적응성 중 C급 화재에 적응성이 없는 소화약제는?

① 마른 모래
② 할로겐화합물 및 불활성기체 소화약제
③ 이산화탄소 소화약제
④ 중탄산염류 소화약제

SOLUTION

개념
소화기구의 소화약제별 적응성

	소화약제	일반화재 (A급화재)	유류화재 (B급 화재)	전기화재 (C급 화재)
분말	중탄산염류	-	○	○
기타	마른모래	○	○	-
가스	이산화탄소	-	○	○
	할로겐화합물 및 불활성 기체	○	○	○

정답 70 ④ 71 ③ 72 ① 73 ①

74 ★★★

스프링클러설비의 화재안전기준에 따라 폐쇄형스프링클러헤드를 최고 주위온도 40[℃]인 장소(공장 및 창고 제외)에 설치할 경우 표시온도는 몇 [℃]의 것을 설치하여야 하는가?

① 79[℃] 미만
② 79[℃] 이상 121[℃] 미만
③ 121[℃] 이상 162[℃] 미만
④ 162[℃] 이상

SOLUTION

개념
폐쇄형스프링클러헤드의 표시온도

설치장소의 최고 주위온도	표시온도
39[℃] 미만	79[℃] 미만
39[℃] 이상 64[℃] 미만	79[℃] 이상 121[℃] 미만
64[℃] 이상 106[℃] 미만	121[℃] 이상 162[℃] 미만
106[℃] 이상	162[℃] 이상

풀이
최고 주위온도는 40[℃]이기 때문에 39[℃] 이상 64[℃] 미만에 해당한다. 그러므로 표시온도는 79[℃] 이상 121[℃] 미만이 된다.

75 ★★☆

할론소화설비의 화재안전기준상 축압식 할론소화약제 저장용기에 사용되는 축압용가스로서 적합한 것은?

① 질소　　② 산소
③ 이산화탄소　　④ 불활성가스

SOLUTION

개념
할론소화약제 축압식 저장용기(20[℃] 기준)

구분	할론 1301	할론 1211
저장용기의 압력	2.5[MPa] 또는 4.2[MPa]	1.1[MPa] 또는 2.5[MPa]
축압가스	질소가스	

76 ★★☆

소화기구 및 자동소화장치의 화재안전기술기준에 따라 발전실은 부속용도별로 추가해야 할 소화기구 및 자동소화장치에 해당한다. 소화기구의 능력단위로 옳은 것은?

① 해당 용도의 바닥면적 35[m²]마다 능력단위 1단위 이상의 소화기로 할 것
② 해당 용도의 바닥면적 35[m²]마다 적응성이 있는 소화기 1개 이상을 설치할 것
③ 해당 용도의 바닥면적 50[m²]마다 능력단위 1단위 이상의 소화기로 할 것
④ 해당 용도의 바닥면적 50[m²]마다 적응성이 있는 소화기 1개 이상을 설치할 것

SOLUTION

개념
소화기 추가 설치개수

용도별	추가 설치개수
전기설비(발전실·변전실·송전실·변압기실·배전반실 등)	바닥면적 50[m²]마다 적응성이 있는 소화기 1개 이상
보일러·음식점·의료시설·업무시설 등	바닥면적 25[m²]마다 적응성이 있는 소화기 1개 이상

77 ★★★

소화수조의 소요수량이 20[m³] 이상 40[m³] 미만인 경우 설치하여야 하는 채수구의 개수로 옳은 것은?

① 1개　　② 2개
③ 3개　　④ 4개

SOLUTION

개념
소화용수설비에 설치하는 채수구의 수

소요수량[m³]	20 이상 40 미만	40 이상 100 미만	100 이상
채수구의 수	1개	2개	3개

정답 74 ② 75 ① 76 ④ 77 ①

78 ★★☆

소화기구 및 자동소화장치의 화재안전기준에 따라 다음과 같이 간이소화용구를 비치하였을 경우 능력 단위의 합은?

- 삽을 상비한 마른모래 50[L]포 2개
- 삽을 상비한 팽창질석 80[L]포 1개

① 1 단위 ② 1.5 단위
③ 2.5 단위 ④ 3 단위

SOLUTION

개념
소화약제 외의 것을 이용한 간이소화용구

간이소화용구		능력단위
마른모래	삽을 상비한 50[L] 이상의 것 1포	0.5
팽창질석 또는 팽창진주암	삽을 상비한 80[L] 이상의 것 1포	

풀이
표를 활용해 능력단위를 구하면
삽을 상비한 마른모래 50[L] 2개 = 0.5단위 × 2 = 1단위
삽을 상비한 팽창질석 80[L] 1개 = 0.5단위 × 1 = 0.5단위
- 능력단위의 합 = 1 + 0.5 = 1.5단위
∴ 총 능력단위 = 1.5단위

79 ★☆☆

물분무소화설비 대상 공장에서 물분무헤드의 설치제외 장소로서 틀린 것은?

① 물에 반응하여 위험한 물질을 생성하는 물질을 취급하는 장소
② 니트로셀룰로스, 셀룰로이드제품 등 자기연소성물질을 저장·취급하는 장소
③ 고온의 물질 및 증류범위가 넓어 끓어 넘치는 위험이 있는 물질을 저장하는 장소
④ 운전시에 표면의 온도가 260[℃] 이상으로 되는 등 직접 분무를 하는 경우에 그 부분에 손상을 입힐 우려가 있는 기계장치가 있는 장소

SOLUTION

풀이
자기연소성물질을 저장·취급하는 장소는 물분무헤드의 설치제외 장소가 아닌 이산화탄소소화설비의 분사헤드 설치제외 장소이다.

TIP
니트로(나이트로)셀룰로스, 셀룰로이드제품 등 자기연소성물질은 물분무 소화설비로 소화가 어렵거나, 물이 오히려 반응을 촉진하여 위험을 증대시킬 수 있다. 하지만 이 장소들이 물분무소화설비의 설치 제외 대상 명시 목록에는 일반적으로 직접적으로 포함되지 않고 있으므로 물분무헤드의 설치제외 장소로서 틀린 보기이다.

80 ★☆☆

소화기에 호스를 부착하지 아니할 수 있는 기준 중 옳은 것은?

① 소화약제의 중량이 2[kg] 미만인 이산화탄소소화기
② 소화약제의 중량이 3[L] 미만의 액체계 소화약제소화기
③ 소화약제의 중량이 3[kg] 미만인 할로겐화합물소화기
④ 소화약제의 중량이 4[kg] 미만의 분말소화기

SOLUTION

풀이
소화기에 호스를 부착하지 아니할 수 있는 기준은 소화약제의 용량이 3[L] 미만이 아닌 3[L] 이하인 액체계 소화약제소화기가 해당한다.

개념
소화기에 호스를 부착하지 아니할 수 있는 기준
- 소화약제의 중량이 2[kg] 미만인 분말소화기
- 소화약제의 중량이 3[kg] 미만인 이산화탄소소화기
- 소화약제의 중량이 4[kg] 미만인 할로겐화합물소화기
- 소화약제의 용량이 3[L] 미만인 액체계 소화약제소화기

소방설비기사 [기계] 필기
무료특강

무료특강 신청방법   신규 무료특강은 교재 출간 후 순차적으로 촬영 및 편집되어 업로드 됩니다.

▲ 카페 바로가기

1 나합격 카페 가입
cafe.naver.com/napass1

2 사진 촬영
하단 공란에 닉네임 기입

3 카페 게시물 작성
등업 후 영상 시청 가능

카페 닉네임

- 가입한 카페 닉네임과 동일하게 기입
- 지워지지 않는 펜으로 크게 기입
- 화이트 및 수정테이프 사용 금지
- 중복기입 및 중고도서는 등업 불가능

처음이신가요?   자세한 등업방법은 아래의 QR 코드 참고해 주세요.

모바일 등업방법

PC 등업방법

카카오톡 오픈채팅방

나합격 소방설비기사 [기계] 필기 + 무료특강

2025년 3월 5일 1판 발행 | 2026년 1월 5일 2판 발행

지은이 나합격콘텐츠연구소 | 발행인 오정자 | 발행처 삼원북스 | 팩스 02-6280-2650
등록 제2017-000048호 | 홈페이지 www.samwonbooks.com | ISBN 979-11-94997-12-2 13500 | 정가 42,000원
Copyright ⓒ samwonbooks.Co.,Ltd.

- 낙장 및 파손된 책은 구입한 서점에서 바꿔드립니다.
- 이 책에 실린 모든 내용, 디자인, 이미지, 편집 형태에 대한 저작권은 삼원북스와 저자에게 있습니다. 허락없이 복제 및 게재는 법에 저촉을 받습니다.